NATURA

Biologie für Gymnasien

bearbeitet von

Andrea Becker
Silke Widerstein

Oberstufe

Ernst Klett Verlag
Stuttgart • Leipzig

Online-Link 045407-0002

Gefahren und Experimente im Unterricht

Eine Naturwissenschaft wie Biologie ist ohne Experimente nicht denkbar. Auch in Natura Rheinland-Pfalz Oberstufe findet sich eine Reihe von Versuchen.

Experimentieren mit Chemikalien ist jedoch nie völlig gefahrlos. Deswegen ist es wichtig, vor jedem Versuch mit dem Lehrer die möglichen Gefahrenquellen zu besprechen. Insbesondere müssen immer wieder die im Labor selbstverständlichen Verhaltensregeln beachtet werden. Die Vorsichtsmaßnahmen richten sich nach der Gefahr durch die jeweils verwendeten Stoffe.

Die geltenden Richtlinien zur Vermeidung von Unfällen beim Experimentieren sind zu beachten.

Da Experimentieren grundsätzlich umsichtig erfolgen muss, wird auf die üblichen Verhaltensregeln und die Regeln für die Sicherheit und den Gesundheitsschutz beim Umgang mit Gefahrstoffen im Unterricht nicht bei jedem Versuch gesondert hingewiesen.

Beim Experimentieren muss immer eine Schutzbrille getragen werden.

Zu gefährlichen Stoffen und Gefahrensymbolen erhalten Sie Informationen mit dem oben genannten Online-Link.

1. Auflage 1 5 4 3 2 1 | 14 13 12 11 10

Alle Drucke dieser Auflage sind unverändert und können im Unterricht nebeneinander verwendet werden.
Die letzte Zahl bezeichnet das Jahr des Druckes.

Unter Mitarbeit von: Andrea Becker, Kastellaun; Dr. Irmtraud Beyer, Dreieich; Dr. Horst Bickel, Düsseldorf; Prof. Dr. Harald Gropengießer, Hannover; Prof. Dr. Siegfried Kluge, Neumark; Bernhard Knauer, Göttingen; Dr. Inge Kronberg, Hohenwestedt; Hans-Peter Krull, Kaarst; Hans-Dieter Lichtner, Stadthagen; Roman Remé, Hannover; Gunther Sack, Hannover; Mirko Schäfer, Wunstorf; Dr. Horst Schneeweiß, Hamburg; Christian Steinert, Hannover; Gerhard Ströhla, Münchberg; Dr. Wolfgang Tischer, Sarstedt; Silke Widerstein, Speyer

Redaktion: Nancy Heuer, Rolf Strecker
Mediengestaltung: Ingrid Walter

Gestaltung: normaldesign GbR, Schwäbisch Gmünd
Umschlaggestaltung: normaldesign GbR, Schwäbisch Gmünd; unter Verwendung zweier Fotos:
Focus (Dr. Torsten Wittmann/SPL), Hamburg; Mauritius Images (imagebroker/Kurt Möbus), Mittenwald
Illustrationen: Otto Nehren, Achern; Ingrid Schobel, Illustration und Kartographie, München; Nora Wirth, Frankfurt sowie Prof. Jürgen Wirth; Visuelle Kommunikation, Dreieich, unter Mitarbeit von Matthias Balonier und Evelyn Junqueira
Reproduktion: Meyle + Müller, Medien-Management, Pforzheim

Druck: Firmengruppe APPL, aprinta druck, Wemding

Printed in Germany
ISBN 978-3-12-045407-6

9 783120 454076

Dieses Buch

Evolution ist ein übergeordnetes Teilgebiet der Biologie, das zahlreiche biologische Disziplinen miteinander verknüpft. Die Evolutionsbiologie sucht nach Indizien für die historische Entwicklung der Arten und fragt nach der Entstehung und den Angepasstheiten von Strukturen und Funktionsweisen, die im Laufe der Erdgeschichte und unter wandelnden Selektionsdrücken entstanden. Ohne evolutive Aspekte ist Biologie nicht zu verstehen. Deshalb werden in diesem Buch innerhalb der biologischen Teilgebiete immer wieder Aspekte der Evolutionsbiologie eingeschoben (und mit diesem Zeichen * versehen).

Ihr Biologiebuch enthält ganz unterschiedlich gestaltete Seiten. Den größten Anteil haben die zweispaltigen **Informationsseiten**, auf denen Sie hin und wieder eine Infobox finden. Zwischenüberschriften sollen Ihnen die Orientierung erleichtern. Viele Seiten enthalten Aufgaben zum Üben.

Außerdem enthält das Buch eine Reihe von dreispaltigen **Sonderseiten**, die Ihnen auf unterschiedliche Weise beim Lernen helfen können. Die Seitentypen können Sie an den farbigen Balken leicht erkennen.

Methoden
In der Biologie werden — wie auch in anderen Naturwissenschaften — immer wieder bestimmte Methoden angewendet. Dazu gehören neben dem Experimentieren auch das Recherchieren, das Bewerten und das grafische Darstellen von Versuchsergebnissen. Auf den Methodenseiten am Anfang des Buches können Sie sich darüber informieren und immer wieder nachschlagen.

Lexikon

Hier erhalten Sie Informationen zu Elementen einer Gruppe: Beispiele sind Sinne, Vitamine und Zeigerorganismen in Fließgewässern.

Praktikum

Hier finden Sie Versuchsanleitungen und Aufgaben zur Auswertung der Experimente. Experimente sind ein wichtiges Mittel, Dinge herauszubekommen, um die Natur zu verstehen.

Material

Diese Seiten enthalten Materialien und Aufgaben, mit deren Hilfe Sie üben können, selbstständig Fragestellungen zu bearbeiten. Dazu gehört z. B. auch, Versuchsergebnisse sinnvoll in einer Grafik darzustellen.

Impulse

Manche Themen der Biologie lassen sich nur vollständig verstehen, wenn man Gesichtspunkte anderer Naturwissenschaften, also aus der Physik oder Chemie, berücksichtigt oder sich Gedanken macht über gesellschaftliche Zusammenhänge, wie z. B. beim Thema Energieversorgung. Auf diesen Seiten finden Sie Ideen zu solchen Zusammenhängen und Anregungen zur Beschäftigung damit.

Übungen

Am Ende jedes Kapitels finden Sie eine Doppelseite, die Ihnen hilft zu überprüfen, ob Sie die wesentlichen Kapitelinhalte verstanden haben. Neben einer Zusammenfassung finden Sie hier Aufgaben, mit deren Hilfe Sie Ihr Wissen testen können. Die Lösungen finden Sie im Anhang des Buches.

Glossar
Zu den wichtigsten Begriffen des Bandes enthält es kurze Erklärungen. So können Sie sich schnell über die Bedeutung eines Fachbegriffs informieren.

Register
Mithilfe des ausführlichen Registers finden Sie die richtigen Seiten im Buch, um sich über ein Thema zu informieren.

Basiskonzepte
Basiskonzepte nennt man grundlegende Prinzipien der Biologie. Ein Beispiel: Lebewesen sind auf unterschiedlichste Weise an Lebensraum und Lebensweise angepasst. Der Lebensraum Wasser setzt der Fortbewegung mehr Widerstand entgegen als Luft. Nicht verwandte Wirbeltiere weisen als Angepasstheit die Stromlinienform auf. Dies gilt für alle Artgenossen und ist genetisch bedingt. Andererseits gibt es nicht vererbte individuelle Anpassungen an Umweltfaktoren. Diese Modifikationen treten z. B. beim Löwenzahn auf. Die mögliche Bandbreite ist genetisch beeinflusst.

Auf vielen Seiten in diesem Buch finden Sie Hinweise auf acht derartige Basiskonzepte. Jedem Basiskonzept ist eine Doppelseite gewidmet, auf der die Zusammenhänge dargestellt sind. Diese Basiskonzepte helfen Ihnen, sich in der Vielzahl der Themen der Biologie zurechtzufinden. [Basiskonzept S. 370]

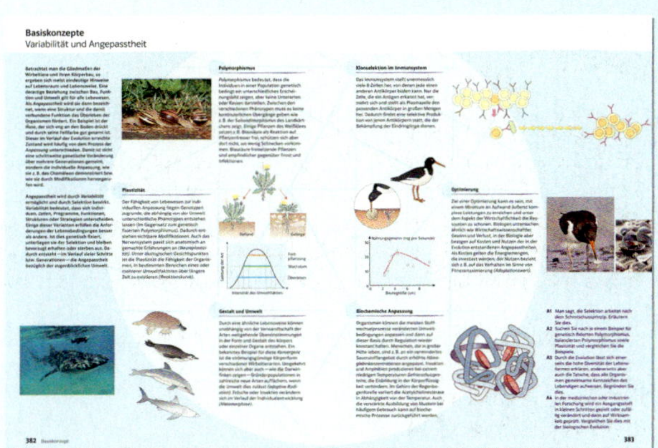

Inhalt

Arbeitsmethoden in der Biologie

1 Zellbiologie

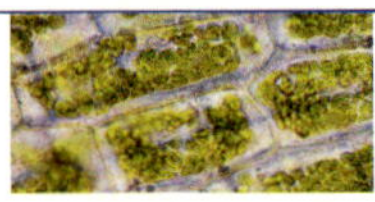

2 Stoffwechsel

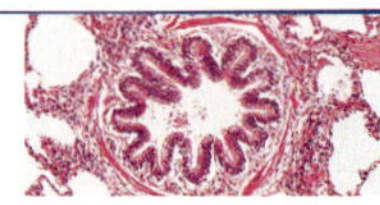

3 Ökologie

4 Genetik

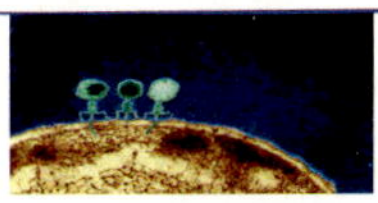

Inhalt

6 Evolution

Basiskonzepte

Anhang

Methoden
Lernen mit Strategie

12. Klasse — es wird ernst. Das Abitur ist nicht mehr weit weg. Bis dorthin den gesamten Stoff der Oberstufe vorzubereiten, erscheint wie ein riesiger Berg, den man besteigen soll. Wie soll man das alles schaffen?

Keine Angst, es ist keine Erstbesteigung. Viele andere vor Ihnen haben das ja auch geschafft. Aber es ist ein Unterschied, ob Sie sich irgendwie durchwursteln wie viele andere, oder ob Sie sich Lernstrategien erarbeiten, die motivieren, Arbeit ersparen und das Lernen effektiver gestalten.

Immer mehr Literatur und Seminare werden angeboten, um „zu lernen, wie man lernt". Zu Recht, denn lernen werden Sie Ihr ganzes Leben lang, in der Schule und im Beruf. Umso besser, wenn Sie es jetzt schon gut organisieren. Dazu sollen Ihnen diese Lerntipps eine Hilfe sein.

Zeitmanagement

Wir können Zeit nicht vermehren, aber gut einteilen, so, dass neben der Arbeitszeit auch genug Zeit zur Erholung bleibt. Bei großen Aufgaben (wie dem Abitur) hilft dabei ein Zeit- oder Lernplan. Ein paar Tipps dazu:

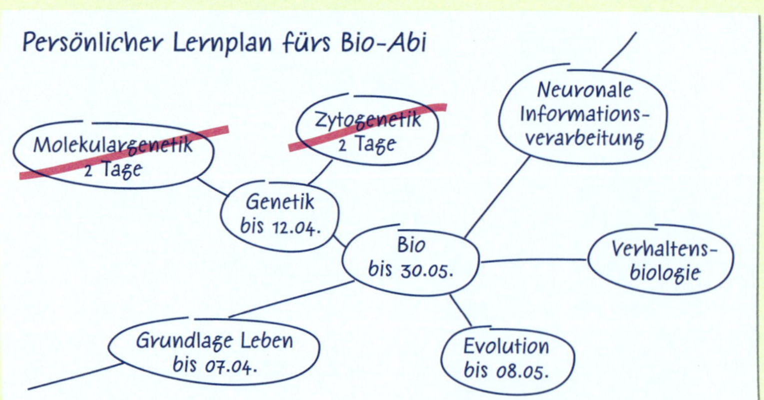

- Planen Sie früh genug. Wieso nicht schon am Anfang der 12. Klasse? Je länger Ihr Planungszeitraum ist, desto großzügiger können Sie planen.
- Teilen Sie sich den Stoff in Lernportionen ein, und die großen davon in kleine. Von der Salami eine Scheibe nach der anderen zu verarbeiten ist besser als sofort die ganze Wurst vertilgen (zu müssen).
- Planen Sie großzügig. Es kommt Ihnen sicher immer wieder etwas dazwischen.
- Ein Plan in Form einer Mindmap verschafft Übersicht. Hängen Sie ihn gut sichtbar auf und streichen Sie erreichte Lernziele. Auch das sorgt für Motivation.
- Feste Lernzeiten schleifen sich als gute Gewohnheit ein. Man muss sich dann nicht jedesmal neu überwinden …
- Am besten arbeiten die meisten vormittags und nachmittags. Allerdings können sich die Biorhythmen von „Lerchen" und „Eulen" stark unterscheiden. Probieren Sie es aus.

Erholung — das Leben ist mehr als Lernen

Länger als 45 Minuten konzentriert hintereinander lernen schafft kaum jemand. Außerdem haben Sie sich nach einer halben Stunde intensiver Arbeit auch wirklich eine Erholungspause verdient.
Deshalb:

- Planen Sie genug Pausen in Ihrer Lernzeit ein.
- Vorsicht: Strengen Sie Ihr Gehirn nicht auch während der Pausen an. Computer, Lesen oder Fernsehen bringen neue Eindrücke und löschen womöglich das Gelernte im Gedächtnis. Außerdem bedeuten sie Stress, der das Gehirn eher blockiert.
- Bewegung zwischendurch kann Wunder bei der Konzentration wirken. Der Kreislauf kommt wieder in Schwung, Ihr Gehirn profitiert von der gesteigerten Durchblutung und freut sich schon auf die nächste Lerneinheit.
- Schlaf ist keine unproduktive Zeit, sondern eine Zeit, um das Gelernte zu festigen. Wir lernen tatsächlich im Schlaf, weil das Gehirn die Eindrücke wiederholt und ordnet.
- Einen Ruhetag in der Woche haben die Menschen schon seit Jahrtausenden, obwohl es früher sicher geruhsamer zuging. Planen Sie ihn bewusst ein. Selbst Gott hat nach der Erschaffung der Welt erst mal ausgeruht.

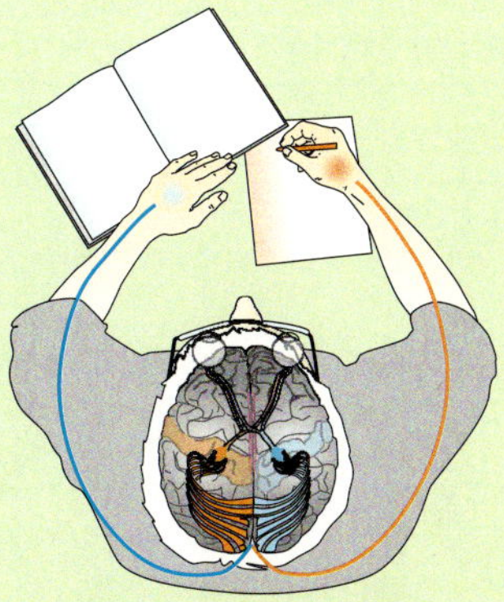

1 *Das Gehirn verarbeitet Gelesenes und Geschriebenes unterschiedlich*

Lernen — allein oder in der Gruppe

„Getrennt marschieren, vereint schlagen", das war mal eine alte Feldherrenregel. Es gibt Dinge, die macht man effektiver allein. Aber ein Austausch in einer Lerngruppe hilft bei offenen Fragen oft schneller. Und wenn Sie anderen etwas erklären, hilft das auch Ihnen zum besseren Verständnis.
Außerdem kann eine Gruppe auch gut motivieren.

So kann's gehen:

- Die optimale Gruppengröße liegt bei etwa 4 Personen.
- Den Stoff zu lernen geht am besten allein. Dazu muss man ungestört arbeiten können. Dabei können Sie offene Fragen schon mal notieren. Die werden dann in der Gruppe reihum durchgesprochen.
- Besorgen Sie sich Prüfungsfragen und sprechen Sie sie reihum durch: einer löst sie, die anderen ergänzen danach, was sie noch wichtig finden. Dann ist der Nächste dran.
- Sagen Sie einander ruhig auch mal, wie toll Sie sind. Die Anerkennung von anderen Personen ist sicher eine der stärksten Motivationen.

Methoden
Klausur- und Abituraufgaben

Begründen, skizzieren, erläutern, ... bei der Erfassung einer Prüfungsaufgabe begegnen Ihnen oft diese Wörter, aber wissen Sie eigentlich genau, was bei der Bearbeitung von Ihnen erwartet wird? Diese Seiten sollen Ihnen helfen, Aufgabenstellungen richtig zu erfassen und diese den Anforderungen entsprechend zu lösen.

Anforderungsbereiche
Grundsätzlich können bei einer Prüfungsaufgabe drei Anforderungsbereiche unterschieden werden:
- Anforderungsbereich I:
  gelernte Sachverhalte werden wiedergegeben.
- Anforderungsbereich II:
  Vorhandenes Wissen wird auf unbekannte Sachverhalte angewendet.
- Anforderungsbereich III:
  Auf eigenem Wissen basierend werden neue Lösungswege entwickelt.

Erfassen der Aufgabenstellung
1. Nehmen Sie sich Zeit, die Frage gründlich zu lesen.
2. Ordnen Sie die Frage einem bzw. mehreren Themengebiet(en) zu.
3. Gliedern Sie die Frage und das Aufgabenmaterial — dazu können Sie wichtige Wörter markieren, Textabschnitte mit verschiedenen Farben kennzeichnen oder Fachbegriffe als Randnotizen ergänzen. Auch die Visualisierung von Texten kann zum Verständnis beitragen.
4. Analysieren Sie das Aufgabenmaterial sorgfältig. Welche Materialien stehen Ihnen zur Verfügung?
   Worin besteht das Problem? Erkennen Sie die formulierten Arbeitsanweisungen (s. Operatoren)?
5. Vermeiden Sie eine zu frühe Fixierung! Gewichten Sie Ihre Antworten sinnvoll und geben Sie diese anschließend strukturiert wieder. Beachten Sie dabei die genaue Einhaltung der vorgegebenen Arbeitsaufträge.
6. Überprüfen Sie Ihre Lösung durch einen erneuten Vergleich mit der Aufgabenstellung. So können Sie erkennen, ob wesentliche Aspekte der Fragestellung ganz oder nur teilweise übersehen wurden.

Operatoren
Prüfungsfragen werden häufig mit speziellen Verben *(Operatoren)* versehen, die Ihnen in etwa zeigen, welchen Anforderungsbereich die Aufgabe in sich trägt. Derartige Arbeitsanweisungen können Ihnen helfen, die Art und die Ausführlichkeit der erwarteten Antwort zu erkennen.

Die Bedeutung verschiedener Operatoren soll Ihnen am Beispiel eines Neurons verdeutlicht werden:

a) Skizzieren und beschriften Sie eine markhaltige Nervenzelle des Menschen.

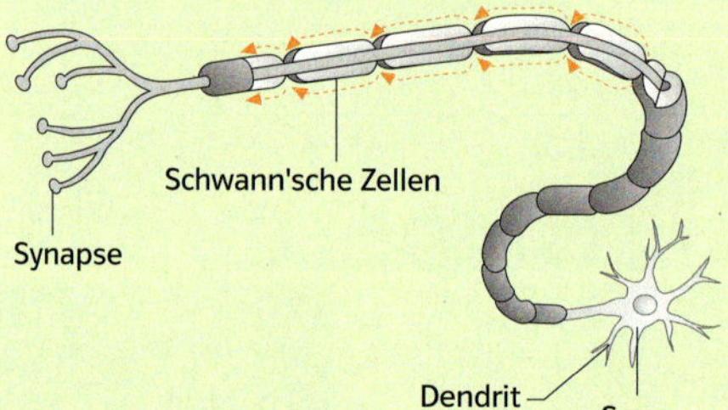

1 *Markhaltiges Neuron*

→ Eine markhaltige Nervenzelle wird entsprechend Abbildung 1 gezeichnet und beschriftet.

b) Erläutern Sie die Erregungsleitung an einem markhaltigen Neuron.
→ Umfassende Darstellung der saltatorischen Erregungsleitung eventuell unter Einbeziehung einfacher Skizzen entsprechend Abbildung 2 und Tabellen.

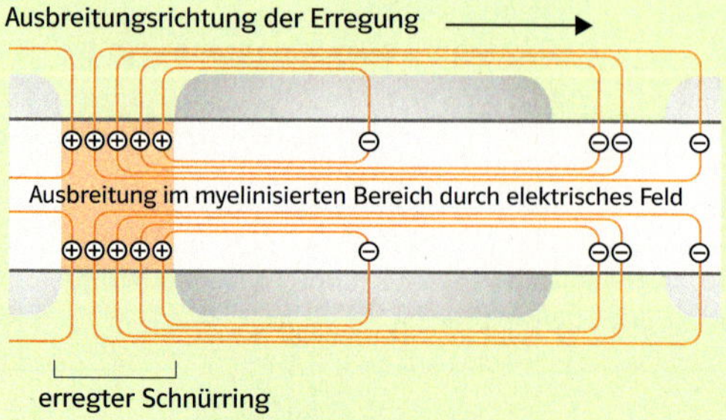

2 *Saltatorische Erregungsleitung*

c) Vergleichen Sie die Erregungsleitung an einem markhaltigen und einem marklosen Neuron.
→ Auswahl signifikanter Unterschiede zwischen beiden Nervenzelltypen, z. B. Geschwindigkeit der Erregungsleitung
→ und evtl. tabellarische Darstellung

d) Stellen Sie die molekularbiologischen Vorgänge der Erregungsleitung an einer markhaltigen Nervenzelle umfassend dar.
→ Entstehung eines Aktionspotentials wird strukturiert, d. h. in Phasen untergliedert wiedergegeben.

e) Das Gift des Kugelfisches entfaltet seine Wirkung am Axon eines Neurons. Interpretieren Sie das folgende Diagramm und erörtern Sie die Giftwirkung.

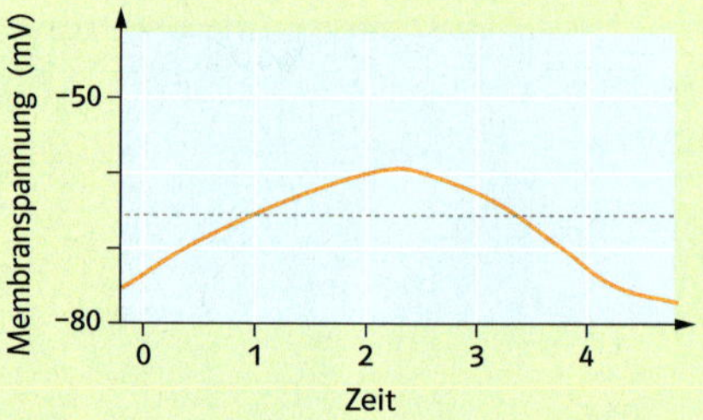

3 *Wirkung des Kugelfischgiftes*

→ Das Diagramm (Abb. 3) stellt den Schlüssel zur Problemlösung dar. Erkenntnisse des Diagramms werden formuliert und eine mögliche Lösung wird aufgezeigt.

In der nebenstehenden Tabelle finden Sie eine Auswahl von Operatoren mit ihrer Bedeutung.

Operator	Beschreibung	Beispiel
Skizzieren	Sachverhalte, Strukturen oder Ergebnisse auf das Wesentliche reduziert grafisch übersichtlich darstellen.	Skizzieren Sie den Bau eines Antikörpers.
Nennen	Elemente, Sachverhalte, Begriffe, Daten ohne Erläuterungen aufzählen.	Nennen Sie die Endprodukte der Milchsäuregärung und der alkoholischen Gärung.
Darstellen	Sachverhalte, Zusammenhänge, Methoden etc. strukturiert und ggf. fachsprachlich wiedergeben.	Stellen Sie den Ablauf der Erregungsübertragung an einer neuromuskulären Synapse dar.
Beschreiben	Strukturen, Sachverhalte oder Zusammenhänge strukturiert und fachsprachlich richtig mit eigenen Worten wiedergeben.	Beschreiben Sie ausführlich die Entstehung des Ruhepotentials am Axon einer Nervenfaser.
Zusammenfassen	Das Wesentliche in konzentrierter Form herausstellen.	Fassen Sie Darwins Selektionstheorie zusammen.
Anwenden	Einen bekannten Sachverhalt oder eine bekannte Methode auf etwas Neues beziehen.	Wenden Sie die Mendel'schen Regeln auf folgenden Stammbaum an.
Erklären	Einen Sachverhalt nachvollziehbar und verständlich zum Ausdruck bringen mit Bezug auf Regeln, Gesetzmäßigkeiten und Ursachen.	Erklären Sie die Beobachtungsergebnisse der folgenden Versuche.
Erläutern	Einen Sachverhalt durch zusätzliche Informationen veranschaulichen und verständlich machen.	Erläutern Sie die Wirkung eines dichteabhängigen Faktors auf die bestehende Fuchspopulation.
Begründen	Sachverhalte auf Regeln und Gesetzmäßigkeiten bzw. kausale Beziehungen von Ursache und Wirkung zurückführen.	Begründen Sie die Zuordnung des Fundes zur Gruppe der Hominiden.
Vergleichen	Gemeinsamkeiten, Ähnlichkeiten und Unterschiede feststellen.	Vergleichen Sie die Stoff- und Energiebilanz der Milchsäuregärung und der alkoholischen Gärung.
Analysieren	Wichtige Bestandteile oder Eigenschaften auf eine bestimmte Fragestellung hin herausarbeiten.	Analysieren Sie das Verhalten der Strandschnecke im Hinblick auf die Osmoregulation.
Erörtern	Argumente, Sachverhalte und Beispiele zu einer Aussage oder These einander gegenüberstellen und abwägen.	Erörtern Sie die dargestellte Meinung.
Beurteilen	Zu einem Sachverhalt ein selbstständiges Urteil unter Verwendung von Fachwissen und Fachmethoden formulieren und begründen.	Beurteilen Sie die dargestellten Varietäten vor dem Hintergrund der Darwin'schen Selektionstheorie.
Stellung nehmen	Zu einem Gegenstand, der an sich nicht eindeutig ist, nach kritischer Prüfung und sorgfältiger Abwägung ein begründetes Urteil abgeben.	Nehmen Sie Stellung zu der Aussage „Reifung ist eine Lernform".
Prüfen	Sachverhalte oder Aussagen an Fakten oder innerer Logik messen und eventuelle Widersprüche aufdecken.	Prüfen Sie die Gültigkeit des Homologiekriteriums der Lage an folgendem Beispiel.
Bewerten	Einen Gegenstand an erkennbaren Wertkategorien oder an bekannten Beurteilungskriterien messen.	Bewerten Sie das folgende Züchtungsvorhaben aus deontologischer Sicht.

Methoden
Umgang mit Fachtexten

Neben Experimenten und Freilandbeobachtungen ist auch die Fachtextrecherche eine zentrale Arbeitsmethode der Biologie. Hierzu ist die Beschaffung geeigneter Literatur, deren Auswertung und angemessenes Zitieren zu zählen.

1 *Recherche in Büchereien und im Internet*

Fachtexte im Internet
Ein erster Überblick zu dem gewünschten Thema findet sich im Internet. Verschiedene Suchmaschinen liefern sofort eine Fülle von frei zugänglichen Links, in denen der Suchbegriff erwähnt wird. Aus der unübersehbaren Vielzahl der Einträge die Erfolg versprechenden auszuwählen, ist hier erforderlich. Je präziser der Begriff oder die Wortverbindung eingegeben wird, desto höher ist der Anteil sinnvoller Treffer bzw. desto geringer ist die Zahl von Ergebnissen, die nicht weiterhelfen. Da im Internet jeder veröffentlichen kann, ist die Güte der Einträge sehr unterschiedlich. In der Regel kann man davon ausgehen, dass Seiten, deren Zugehörigkeit zu einer Universität oder einem Fachinstitut deutlich wird, verlässliche Sachinformationen bieten.

Bei sehr speziellen Fragestellungen kann meistens nicht darauf verzichtet werden, ein Fachbuch oder eine Fachzeitschrift zu Rate zu ziehen.

Fachbücher
Wissenschaftliche Büchereien, wie sie in Universitätsstädten vertreten sind, bieten in der Regel eine gute Auswahl von Fachbüchern zum gewünschten Thema. Bei nicht zu speziellen Fragestellungen kommt man mit den Allgemeindarstellungen von Fachbüchern aus dem Freihandbereich der Büchereien gut zurecht. Für den schulischen Bereich ist diese Informationsquelle sehr häufig ergiebig und voll ausreichend. Manche Fachbücher legen jedoch großen Wert auf eine zusammenfassende allgemeine Darstellung eines Themenbereichs. Da können sehr spezielle Fragen nicht beantwortet werden. So kommen hier statt Einzelmessergebnissen eher allgemeine Gesetzmäßigkeiten zur Sprache. An die Quelle der biologischen Forschung gelangt derjenige, der nach den in den Fachzeitschriften veröffentlichten Primärartikeln sucht.

Fachzeitschriften
In Fachzeitschriften werden biologische Forschungsergebnisse veröffentlicht. Hier publizieren Wissenschaftler der biologischen Fachdisziplinen. Diese Fachzeitschriften werden von einem ausgewählten Publikum mit speziellen Interessen gelesen und haben in der Regel eine sehr kleine Auflage. Da es unmöglich ist, die Vielzahl der Zeitschriften zu überblicken, besteht die Kunst zum gesuchten Thema einen Artikel zu erhalten darin, diesen überhaupt aufzuspüren. In den wissenschaftlichen Büchereien gibt es Suchmaschinen, die auf Fachzeitschriften spezialisiert sind. Wer einen Zugang zum Katalog dieser Bücherei hat, kann diese Suchmaschine auch vom heimischen Computer aus ansteuern. Einige Fachzeitschriften sind jedoch auch frei im Internet verfügbar. Bitte beachten Sie, dass fast alle Fachartikel in englischer Sprache veröffentlicht sind.

A1 Finden Sie im Internet oder in der Bücherei den Fachzeitschriftenartikel, in dem die Antibiotika-Resistenzbildung des Bakteriums *Pseudomonas aeruginosa* durch die Einwirkung von Desinfektionsmitteln beschrieben wird.

Fachtexte lesen und verstehen
Der erste Verständnisschritt ist die Klärung unbekannter Wörter. Hierzu werden im Text die betreffenden Wörter dünn unterstrichen. Die Bedeutung dieser Wörter wird mithilfe eines Wörterbuches o.ä. ermittelt und an den Rand geschrieben. Es hat sich als hilfreich erwiesen, wenn diese Begriffe jemandem anderen erklärt werden. Dadurch werden Sie auf eigene begriffliche Unsicherheiten aufmerksam.

In einem zweiten Schritt werden Schlüsselbegriffe und erläuternde Nebeninformationen mit einem Textmarker in zwei verschiedenen Farben angestrichen.

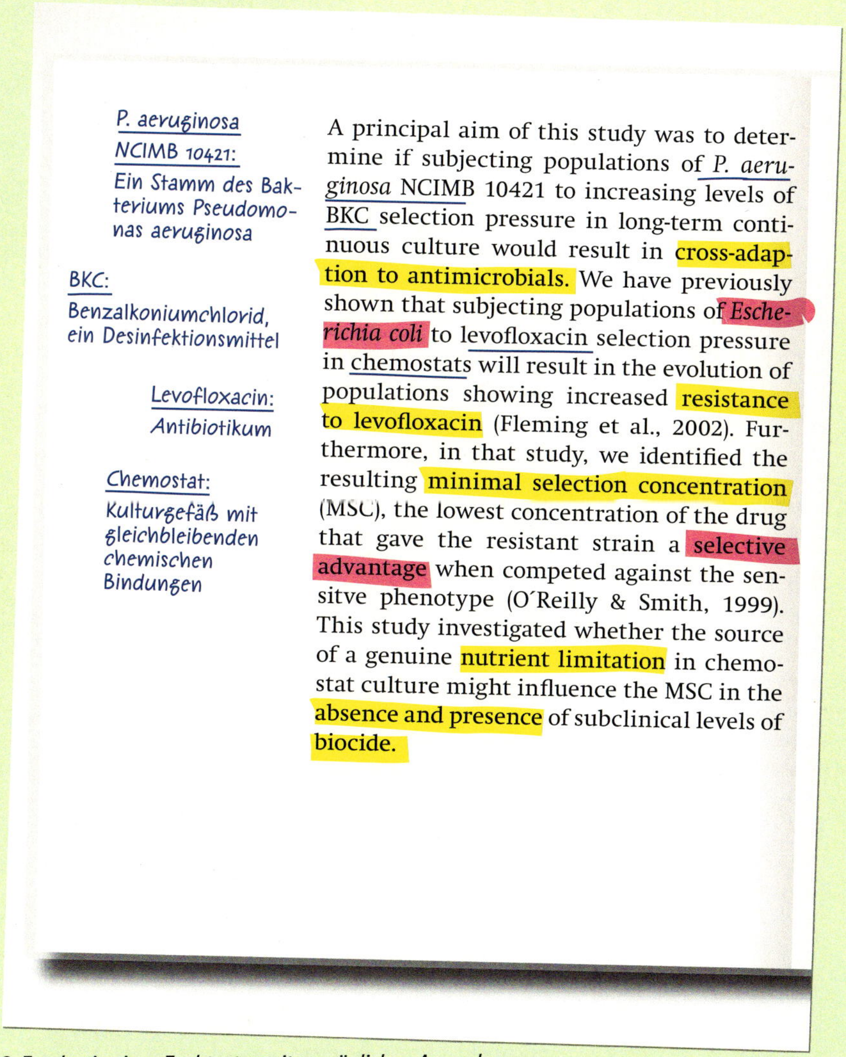

P. aeruginosa NCIMB 10421: Ein Stamm des Bakteriums Pseudomonas aeruginosa

BKC: Benzalkoniumchlorid, ein Desinfektionsmittel

Levofloxacin: Antibiotikum

Chemostat: Kulturgefäß mit gleichbleibenden chemischen Bindungen

A principal aim of this study was to determine if subjecting populations of *P. aeruginosa* NCIMB 10421 to increasing levels of BKC selection pressure in long-term continuous culture would result in cross-adaptation to antimicrobials. We have previously shown that subjecting populations of *Escherichia coli* to levofloxacin selection pressure in chemostats will result in the evolution of populations showing increased resistance to levofloxacin (Fleming et al., 2002). Furthermore, in that study, we identified the resulting minimal selection concentration (MSC), the lowest concentration of the drug that gave the resistant strain a selective advantage when competed against the sensitve phenotype (O'Reilly & Smith, 1999). This study investigated whether the source of a genuine nutrient limitation in chemostat culture might influence the MSC in the absence and presence of subclinical levels of biocide.

2 *Fotokopie eines Fachtextes mit persönlichen Anmerkungen*

Inhalte aufbereiten
Aus den Schlüsselbegriffen und den erläuternden Nebeninformationen lässt sich der Text in kurzer Form exzerpieren. Dabei müssen diese Begriffe nur noch sinnvoll verbunden werden. Diese Art der Textaufbereitung dient gleichzeitig der Verarbeitung des Gelesenen und damit der Einprägung ins Gedächtnis.

A2 Exzerpieren Sie den unten stehenden Text mithilfe der Schlüsselbegriffe und der erläuternden Nebeninformationen.

Quellen richtig angeben
Bei Literaturzitaten muss die Quelle von interessierten Lesern auffindbar sein. Dazu müssen
- Autor
- Titel, ggf. Untertitel
- Verlag (bei Büchern, bei Zeitschriften Titel der Zeitschrift und Bandnummer)
- Erscheinungsort (bei Büchern)
- Erscheinungsjahr
- Seitenangaben

aufgelistet werden.

Beispiel zum nebenstehenden Textauszug:

- Mc Cay, P. H., Ocampo-Sosa, A. A., Fleming, G. T. A.;
- Effect of subinhibitory concentrations of benzalkonium chloride on the competitiveness of Pseudomonas aeruginosa grown in continuous culture
- Microbiology 156
- 2010
- S. 30 f.

Internetpublikationen sollten in Anlehnung an das für das Zitieren gedruckter Veröffentlichungen gewählte Muster (Autor, Titel, Jahr) mit Internetadresse und Tagesdatum des Abrufs zitiert werden.

Wird ein Tagesdatum angegeben, so könnte es sich sowohl um das Datum der Erstellung oder letzten Änderung als auch um das Datum des letzten Zugriffs durch den Zitierenden handeln. Wenn möglich, kann man durch klarstellende Zusätze Missverständnisse vermeiden.

E. G. Beck: „Genetik von Bakterien & Viren — Antibiotikaentwicklung", 2003
www.zum.de/Faecher/Materialien/beck/13/bs13.htm
(Datum des Abrufes: 04/09/2010)

Methoden
Die Präsentation

Im der Oberstufe müssen Sie nicht nur Arbeiten schreiben, sondern auch eine Zwischen- und Endpräsentation abliefern.

Definition
Die Präsentation ist die Darstellung von Inhalten, um die anderen Schüler verständlich und nachhaltig zu informieren.

Abgrenzung zum Referat
Die Präsentation unterscheidet sich vom Referat durch die Art der Vermittlung. Zwar wird auch sie, wie das Referat, einem Publikum vorgetragen, aber der Visualisierungsaspekt spielt bei ihr eine wesentlich größere Rolle. Die Bedeutung der Präsentation in Gruppen- bzw. Teamarbeit ist an der Universität und im Berufsleben inzwischen zum wichtigen Standard geworden. Durch die Visualisierung ist die Präsentation sehr viel effektiver als der Vortrag in einem Referat.

Vorüberlegungen zur Präsentation
Der Umfang der Präsentation, der Umgang mit Fachbegriffen, die gewählte Sprachebene, das Auftreten sollten sich am Wissensstand der Zuhörer orientieren. Wählen Sie bestimmte Aspekte aus und arbeiten Sie das Wesentliche heraus.

1 Ablauf der Präsentation
Zur **Eröffnung** gehören
- Begrüßung. Überlegen Sie sich Worte und Inhalte der Eröffnung möglichst genau, weil sie die Zuhörer positiv oder negativ einstimmt.
- Thema und Ziel der Präsentation.
- „Fahrplan" mit den Hauptgliederungspunkten.
- Organisatorische Hinweise (z. B. ob Unterlagen an das Auditorium ausgegeben werden).
- Klärung, ob Fragen zwischendurch oder nach Abschluss des Vortrags gestellt werden.
- Überleitung zum Hauptteil, z. B. mit Fragen, die eine persönliche Betroffenheit auslösen. Möglich sind auch Cartoons oder Fotografien, die zum Thema hinleiten.

Hauptteil
Zum Gelingen der Präsentation tragen bei:
- eine deutliche Gliederung des Stoffes,
- die Beschränkung auf das für die Teilnehmenden Aufnehmbare und
- eine wirkungsvolle Visualisierung.

Abschluss
Ebenso sorgfältig wie der Einstieg muss der Abschluss des Vortrags geplant und vorbereitet sein, denn der letzte Eindruck bleibt hängen. Es bietet sich beispielsweise an, auf eine in der Eröffnung gestellte Frage zurückzugreifen oder mit einem originellen Gedanken den Vortrag zu beenden.

Tipp: Eine Generalprobe des Vortrags mit einem kritischen Zuhörer gibt Ihnen die nötige Sicherheit.

2 Visualisierung
Visualisieren heißt, Informationen zusätzlich zum gesprochenen Wort bildhaft darzustellen. Vorteile der Visualisierung sind:
- Informationen werden leichter und rascher erfassbar.
- Informationen werden über unterschiedliche Sinnesorgane (Augen und Ohren) intensiver vermittelt.
- Sie erreichen unterschiedliche Lerntypen.
- Sie konzentrieren die Aufmerksamkeit auf das Wesentliche.
- Sie machen den roten Faden sichtbar.

2.1 Visualisierungstechniken
Man unterscheidet die Informationen, also z. B. Texte, Grafiken, Symbole und Diagramme, von den **Medien**, die diese Informationen transportieren. Dazu gehören z. B. der Overhead-Projektor mit Folien, Flipcharts, die Pinnwand und der Computer mit einem Beamer.
- Die Informationen müssen **gut wahrnehmbar** sein und sollten plakativ gestaltet werden.
- Verwenden Sie eine **große Schrift** und präsentieren Sie nur wenige Elemente gleichzeitig.
- Verteilen Sie komplexe Sachverhalte auf mehrere Darstellungen, z. B. **nur ein Thema pro Folie**.
- Entwickeln Sie Ihre Gedankengänge sukzessiv.
- Wählen Sie **treffende Überschriften**.

2.2 Der Text
- Texte, die ausschließlich aus Großbuchstaben bestehen, sind nicht gut lesbar.
- Gehen Sie sparsam mit unterschiedlichen Schrifttypen und -größen um.
- Beschränken Sie sich auf Schlüsselbegriffe und kurze Sätze.

2.3 Bilder und Diagramme

- Grafiken sind anschaulicher als Texte und brauchen weniger Platz.
- **Diagramme** veranschaulichen Größenverhältnisse und können vom Zuhörer schneller erfasst werden als Zahlentabellen.
- **Organigramme** (Aufbau-, Ablaufdiagramme) stellen Strukturen und Abläufe oder Beziehungen dar. Beachten Sie die Lesegewohnheiten von links nach rechts.
- Versehen Sie jede Grafik mit einem Titel und beschriften Sie die Achsen mit Maßzahlen.

2.4 Komposition der Darstellung

- Platzieren Sie Vergleiche nebeneinander.
- Ordnen Sie die Gestaltungselemente so, dass sie der logischen Struktur des Inhalts entsprechen.
- Farben unterstützen die Präsentation, da sie Gefühle ansprechen. Heben Sie Wichtiges z. B. durch farbige Unterlegungen hervor.
- Gestalten Sie farbig, aber nicht zu bunt! Beachten Sie den Signalcharakter der Farbe rot.
- Ein guter Kontrast zur Hintergrundfarbe erleichtert die Lesbarkeit.
- Denken Sie auch an allgemeine Funktionsbedeutungen der Farben, z. B. Rot = stopp, Grün = erlaubt!
- Schaffen Sie Zusammenhänge durch Farben, besonders in mehreren zusammenhängenden Darstellungen, z. B. Fakten werden schwarz, Schlussfolgerungen oder Zusammenfassungen rot geschrieben.

3 Das Handout

- Planen Sie den Ausgabezeitpunkt und wägen Sie die Nachteile der verschiedenen Ausgabezeitpunkte ab. Werden alle Handouts vorab ausgeteilt, so sinkt die Spannung. Erhält man sie am Ende, können keine Zusatzbemerkungen eingefügt werden.
- Folien und Plakate der Präsentation sollten sich vom Handout unterscheiden. Ihrem Handout soll man wesentliche Informationen und Details auch ohne eine vermittelnde Person entnehmen können.

4 Der Vortrag

- Der Erfolg einer Präsentation wird stark vom persönlichen Auftreten bestimmt. Hierzu gehören die Körpersprache, die Stimme und die äußere Erscheinung.
- Stellen Sie Blickkontakt zum Publikum her und beginnen Sie laut und deutlich mit dem Vortrag.
- Sprechen Sie frei, Stichwortzettel, z. B. DIN-A-5-Karteikarten werden in großer Schrift mit den wichtigsten Stichpunkten versehen.
- Sprechen Sie anschaulich und lebendig.
- Sprechen Sie zum Publikum, nicht zu den visuellen Darstellungen.
- Kurze Sätze und Sprechpausen erleichtern das Verständnis.
- Variieren Sie Stimmlage, Lautstärke, Sprechgeschwindigkeit.
- Bauen Sie Phasen kurzer Wiederholungen oder veranschaulichender Beispiele ein.
- Beantworten Sie Verständnisfragen sofort.
- Zeigen Sie in Ihrer Visualisierung nur die Punkte, über die Sie gerade sprechen.
- Bei Folien können Sie einen Stift als Zeiger auf der Folie oder einen Laserpointer verwenden.
- Lassen Sie den Overhead-Projektor nur laufen, während er genutzt wird.
- Als Abschluss Ihres Vortrages können Sie die wesentlichen Punkte kurz zusammenfassen.
- Leiten Sie dann zur Diskussion oder Fragerunde über.

Präsentation mit Computer und Beamer
Präsentationsprogramme ermöglichen ein professionelles Gestalten Ihrer Texte und Grafiken und eine Präsentation in guter Bildqualität mithilfe von Beamern. Denken Sie jedoch daran, dass die Visualisierung der Vermittlung von Inhalten dient. Erliegen Sie nicht der Faszination des am Computer Möglichen.
Es gilt: Die präsentierende Person, das Publikum und die Inhalte stehen im Mittelpunkt.

Checkliste zum organisatorischen Rahmen

- Eignet sich der Raum für die vorgesehene Präsentation?
- Soll die Sitzordnung beibehalten oder verändert werden?
- Welche Medien sollen/können eingesetzt werden (z.B. Pinnwand, Overhead-Projektor, Computer)?
- Sind die benötigten Medien und Materialien im Raum vorhanden?
- Funktionieren die benötigten Geräte?
- Wie setzen Sie die Medien ein, damit sie von allen Teilnehmern gut wahrgenommen werden können?
- Ist eine Verdunkelung des Raums erforderlich?
- Ist Ihnen der Umgang mit diesen Medien vertraut?
- Eventuell sollten Sie den Medieneinsatz zuvor ausprobieren.
- Überlegen Sie, welche Pannen beim Medieneinsatz auftreten können.
- Sind die Handouts in ausreichender Anzahl vorhanden?

Methoden
Bewerten

Sehr viele Fragen unseres Alltagslebens sind biologischer Natur. Dazu gehören auch Fragen, die uns Entscheidungen abverlangen. Genaue biologische Kenntnisse ermöglichen sachlich gut begründete Entscheidungen. Darüber hinaus sollten wir aber in der Lage sein, diese Entscheidungen systematisch und nachvollziehbar zu treffen. Das befähigt uns, in wechselnden Problemsituationen zu sicheren Entscheidungen zu kommen. Wenn auch mehrere Wege zu einem begründeten Urteil führen, so haben diese Wege doch eine ähnliche Struktur:
- **Identifikation einer Problemsituation**
- **Entwicklung von Handlungsoptionen**
- **Vergleich der Handlungsoptionen und Entscheidung**
- **Reflexion der Entscheidung**

Problemsituation benennen
Zunächst muss die Problemsituation analysiert werden. Das tragende Fundament dieser Analyse ist eine genaue Sachinformation. Außerdem muss in den Blick genommen werden, wer von der Problemsituation betroffen ist und welche Vorstellungen hierzu bereits vorliegen.

> Beispiel Doping
>
> Etwa eine Million Freizeitsportler benutzen in Deutschland leistungssteigernde Medikamente, besonders betroffen ist die Bodybuilderszene. Hierzu wird z.B. das männliche Sexualhormon Testosteron eingenommen, das die Muskelentwicklung fördert. Die fortgesetzte Einnahme dieses Hormons geht jedoch mit beträchtlichen körperlichen und psychischen Nebenwirkungen einher.

A1 Fassen Sie nach Recherche die Nebenwirkungen von Testosterondoping zusammen und benennen Sie den vorliegenden Konflikt.

> Betroffen von den Auswirkungen von Doping ist bei Freizeitsportlern in erster Linie der Sportler selbst. Indirekt sind aber auch weitere Personen betroffen. Wer in dieser Konfliktsituation entscheidet, hängt z.B. vom Alter des Sportlers ab. Ein weiterer die Entscheidung bestimmender Faktor ist z.B. die Rechtslage.

Handlungsoptionen entwickeln
Welche Möglichkeiten zu handeln gibt es in der Problemsituation? Für diese Situationen ist charakteristisch, dass die Handlungsoptionen entgegengesetzt sein können.

> Handlungsoptionen beim Beispiel Doping
>
> a) Einnahme von Testosteron
> b) keine Einnahme von Testosteron

In der Regel gibt es mehr als zwei Handlungsoptionen, auch abwegige Varianten können zielführend sein.

Handlungsoptionen bewerten
Alle Handlungsoptionen berühren Werte. Diese Werte kommen in Pro- und Contra-Argumenten zum Ausdruck. Für eine wohlbegründete Entscheidung ist es notwendig, sich über diese Werte Klarheit zu verschaffen. Anschließend wird aus den Werten eine persönliche Rangskala gebildet.

> Werte, die beim Beispiel Doping berührt werden
>
> Für die Rechtfertigung von Testosterondoping spricht, dass jeder für seinen Körper selbst verantwortlich ist, der betroffene Wert ist die Selbstbestimmung. Gegen die Rechtfertigung des Testosterondopings spricht die gesundheitliche Beeinträchtigung durch Nebenwirkungen, der betroffene Wert ist die Gesundheit.

A2 Nennen Sie weitere Pro- und Contra-Argumente für das Dopingbeispiel und kennzeichnen Sie die hierbei betroffenen Werte.

1 *Medikamente mit Schattenseite: Doping*

Werte stammen aus zwei grundsätzlich verschiedenen Sichtweisen. Hat der Wert eine absolute und prinzipielle Gültigkeit, unabhängig von den Folgen, so bezeichnet man dies als eine *deontologische Sichtweise*. Wird die Folge bei dem Wert betont, so liegt eine *konsequenzialistische Sichtweise* vor.

> Deontologische und konsequenzialistische Argumente beim Dopingbeispiel
>
> Wird mit der Selbstverantwortung argumentiert, so wird eine deontologische Sichtweise eingenommen. Die Selbstbestimmung gilt immer, als Wert ist sie unabhängig von den Folgen des Arguments. Wird mit der Beeinträchtigung für die Gesundheit argumentiert, so rücken die Folgen ins Blickzentrum. Dies ist ein Beispiel für eine konsequenzialistische Sichtweise.

Richtig argumentieren
Argumente sind Schlussfolgerungen, die sich aus der Verbindung einer Beschreibung mit einer Wertaussage ergeben. Die *beschreibende Aussage* ist wertfrei und

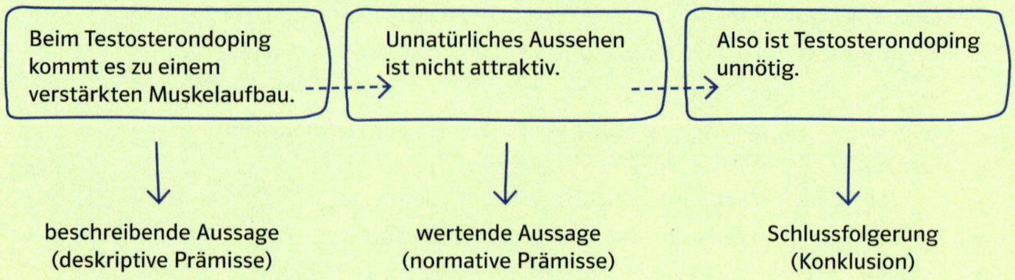

2 *Aufbau eines Arguments*

3 *Amazone im Kampf gegen Krieger*

ergibt sich aus der Sachinformation. Die *wertende Aussage* bezieht sich auf Prinzipien oder moralische Vorstellungen.

A3 Bilden Sie aus allen Pro- und Contra-Argumenten des Dopingbeispiels eine Rangskala. Stellen Sie dabei heraus, welcher Wert für Sie die höchste Bedeutung hat.

Entscheidung und Reflexion

Nach Abwägung der Pro- und Contra-Argumente und der Aufstellung einer persönlichen Rangfolge kann ein begründetes Urteil gefällt werden. Zu einer Beurteilung gehört die Folgenabschätzung der eigenen Entscheidung. In einem Perspektivwechsel werden die Urteile anderer Menschen, die natürlich anders ausfallen können, wahrgenommen und auf ihre Folgen hin analysiert.

A4 Fällen Sie im Beispiel Doping eine Entscheidung. Analysieren Sie die Folgen der Entscheidung.

A5 Vollziehen Sie einen Perspektivwechsel, indem Sie Stellung zu den Folgen nehmen, die ein anders lautendes Urteil haben würde.

Nach der Folgenabschätzung muss es ggf. zu einer Revision der eigenen Entscheidung kommen.

Spezialfall Ökologie

Auch in ökologischen Problemsituationen geschieht eine Bewertung in den oben genannten Schritten. Viele ökologische Entscheidungssituationen erfolgen jedoch in ökologisch-sozialen Dilemmata. Diese sind dadurch gekennzeichnet, dass

- mehrere Parteien gleiche Verfügungsrechte auf eine Ressource haben;
- die Übernutzung der Ressource zu deren Schädigung führt;
- keine der Parteien allein das Ausmaß der Nutzung kontrollieren kann;
- die Nutzung der Ressource einen ökonomischen Vorteil darstellt.

Als Beispiel kann hier die Befischung des Kabeljaus in der Nord- und Ostsee dienen. Die Anrainerstaaten haben das gleiche Recht auf Nutzung dieser Ressource, der durch Überfischung Schaden droht. Diese Schädigung kann kaum dadurch aufgehalten werden, dass einzelne Anrainerstaaten die Befischung einstellen. Da die Nutzung des Kabeljaus ein ökonomischer Vorteil ist, sind alle Voraussetzungen für ein ökologisch-soziales Dilemma gegeben.

Soziale Fallen

Ökologische Entscheidungen können Härten zur Folge haben, die nicht die Entscheidenden selber tragen müssen, sondern andere Menschen. In diesem Fall spricht man von einer sozialen Falle.

Beispiel Fischfang

Die ökonomischen Härten, die aus einem Fangverbot erwachsen, treffen unter Umständen auch Staaten, die nicht an dieser Entscheidung beteiligt waren.

Zeitliche Fallen

Wenn die Auswirkung ökologischer Entscheidungen zeitlich verzögert eintritt und somit nicht von denjenigen, die die Entscheidung zu verantworten haben, getragen werden muss, spricht man von einer *zeitlichen Falle*.

Beispiel Fischfang

Die starke Überfischung einzelner Fischarten kann dazu führen, dass diese sich langfristig nicht regenerieren. Damit stehen nachfolgenden Generationen diese Ressourcen nicht mehr zur Verfügung.

Räumliche Fallen

Wirken sich ökologische Entscheidungen nicht am Ort der Entscheidung, sondern in entfernten Gegenden aus, so liegt eine *räumliche Falle* vor.

Beispiel Fischfang

Der unkontrollierte Beifang von Wanderfischen in den Küstenabschnitten der Nordsee führt zum Bestandsrückgang dieser Arten z.B. im Rhein.

Nachhaltigkeit

Nur diejenigen Handlungsoptionen, die die genannten Fallen vermeiden, erweisen sich in ökologischer Hinsicht als nachhaltig. *Nachhaltigkeit* ist damit ein wesentliches Kriterium für die Tragfähigkeit einer Handlungsoption.

4 *Nordseefisch — stark genutzte Ressource*

1 Zellbiologie

Die *Zelle* ist die kleinste Einheit des Lebendigen. Sie ist der im mikroskopischen Bild stets wiederkehrende Grundbaustein und die Funktionseinheit aller Lebewesen. Die ersten Zellen enstanden vermutlich vor 3,7 Mrd. Jahren. Im Laufe der Jahre entwickelten sich in einem evolutiven Prozess aus winzigen Hohlkugeln komplexe Systeme aus Wasser, organischen Verbindungen und Salzen.

Die kleinsten Lebewesen bestehen aus nur einer einzigen Zelle; andere sind aus vielen unterschiedlichen Zellen zusammengesetzt.

Im Lichtmikroskop und erst recht bei elektronenmikroskopischer Betrachtung erkennt man innerhalb jeder Zelle deutliche Strukturen, die *Organellen*. Sie besitzen einen typischen Feinbau und erfüllen bestimmte Lebensfunktionen. Biochemische Untersuchungen zeigen, dass die Lebensprozesse durch Moleküle bzw. Ionen und durch deren wechselseitige Reaktionen bestimmt werden.

Die *Zellbiologie* befasst sich mit dem Aufbau von Zellen, mit ihrem Zusammenwirken innerhalb des Organismus sowie mit

der Funktion der Zellbestandteile bis hin zu den Wechselwirkungen auf molekularer Ebene.

Die Zelle ist ein offenes System. Sie kann mit einer chemischen Fabrik verglichen werden, der Rohstoffe (= Nahrungsstoffe) zugeführt werden, die mit den verfügbaren Maschinen (= Organellen) verarbeitet werden. Daraus entstehen Produkte für die eigene Fabrik, es wird Energie freigesetzt, und es verlassen Abfallprodukte das Werk.

1.1 Die ersten Formen von Zellen
Der Startschuss zur Entstehung des Lebens

Mikrosphären
Hohlkugeln aus Proteinoiden in kaltem Wasser

Liposom
durch eine Lipidmembran abgegrenzter Reaktionsraum

Koazervate
Tröpfchen, die sich aus einer Lösung von Polypeptiden, Nucleinsäuren und Kohlenhydraten selbst assoziieren

Protobionten
einfachste Lebensform, Vorläufer der Zellen

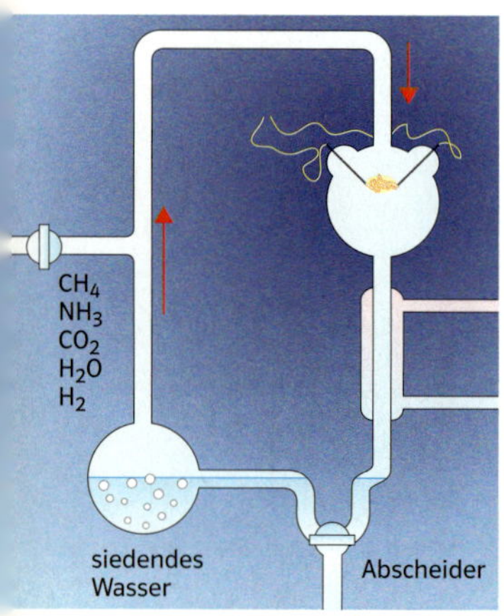

Urey-Miller-Versuch

Am Anfang war ein Knall. Das besagt die *Urknalltheorie*, wonach sich vor 10 bis 20 Mrd. Jahren Raum und Materie gleichzeitig ausdehnten und mit einem Urknall die Entstehung des Universums einleiteten. Nach dieser Theorie betrug die Temperatur 10^{11} K, Materie existierte nur in Form von Elementarteilchen. Mit der Ausdehnung des Universums sanken Temperatur und Strahlungsenergie, bei 3000 K bildeten sich als erste Atome Helium und Wasserstoff. Zusammenballungen von Partikeln ließen die Planeten entstehen. Vor etwa 4 bis 5 Mrd. Jahren war unsere Erde ein glutflüssiger Planet ohne Atmosphäre, der langsam abkühlte. Dabei bildete sich eine feste, Wärme isolierende Kruste.

Sauerstofffreie Uratmosphäre
Aus dem flüssigen Erdinneren emporsteigende Gase ließen eine sauerstofffreie *Uratmosphäre* entstehen, die Umwelt war beherrscht von Blitzen, Radioaktivität, Vulkanismus, Meteoriteneinschlägen und starker UV-Strahlung. Vor etwa 4 Mrd. Jahren unterschritt die Atmosphäre die 100 °C-Grenze, Wasserdampf kondensierte und es bildeten sich Urmeere. In diesen *Urmeeren* entwickelte sich nach heutiger Auffassung vor etwa 4 bis 3,5 Mrd. Jahren das Leben aus unbelebter Materie.

Urey-Miller-Experiment
Die frühe Phase dieser *chemischen Evolution* kann man modellhaft rekonstruieren. Eine reduzierende Uratmosphäre vermuteten HAROLD UREY und STANLEY MILLER als Ausgangsbedingung für ihre Modellversuche. Sie simulierten die Umweltbedingungen auf der frühen Erde in einem dicht verschlossenen Versuchsgefäß mit einem Gemisch aus Gasen (s. Randspalte). Elektrische Entladungen simulierten Blitze, Erhitzen und Abkühlen die Temperaturschwankungen. Nach einigen Tagen ließen sich Aminosäuren und andere organische Moleküle nachweisen.

Weitere Experimente
Andere Wissenschaftler versuchten, weitere mögliche Bedingungen der Urerde in ähnlichen Versuchen zu simulieren. Sie verwendeten zusätzlich UV-Strahlung und setzten Lavagestein und Tonmineralien ein, die katalytisch wirksame Oberflächen besitzen. In diesen Versuchen entstanden nicht nur die in Nucleinsäuren vorkommenden Basen, sondern auch alle 20 biologisch relevanten Aminosäuren und viele Kohlenhydrate. Alle wichtigen Grundbausteine des Lebens können also unter solchen einfachen abiotischen Bedingungen entstehen — vermutlich erfolgte das auch in den Urmeeren.

Proteinoide entstehen
Organische Moleküle werden in sauerstofffreier Umgebung nicht oxidiert, sie sammelten sich allmählich in einer *„Ursuppe“* an. Man vermutet, dass sich auf Gesteinen organische Filme bildeten, auf denen polymere Makromoleküle entstanden. Im Versuch ließen sich auf diese Weise Polypeptide *(Proteinoide)* herstellen. Laborexperimente zeigen, dass Proteinoide sich in kaltem Wasser von selbst zu winzigen Hohlkugeln zusammenlagern. Diese Tröpfchen werden als *Mikrosphären* bezeichnet. Werden Reaktionsräume in Lösungen durch Lipidmembranen abgegrenzt, so spricht man von *Liposomen*. Deren Semipermeabilität ermöglicht osmotische Vorgänge. Tropfen, die sich aus Polypeptiden, Nucleinsäuren und Polysacchariden bilden, sind *Koazervate*.

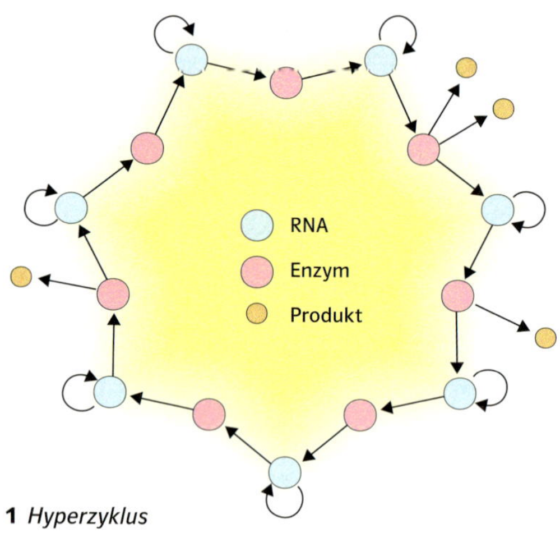

1 *Hyperzyklus*

Hyperzyklus
Wenn Proteine und RNA auf einfache Weise zusammenarbeiten, können bereits kleine Systeme entstehen, die aber noch nicht unabhängig arbeiten. Mehrere solcher Systeme können dann durch Koope-

ration ein neues, sich selbst erhaltendes System *(Selbstorganisation)* bilden, das man *Hyperzyklus* nennt (Abb. 1). Ein Hyperzyklus in einem Koazervat-Bläschen besitzt dann schon Basiseigenschaften eines lebenden Organismus. Zwar bleibt die Entstehung des Lebens letztlich im Bereich wissenschaftlicher Spekulationen, aber diese sind begründet, fußen auf wissenschaftlichen Ergebnissen und zeigen einen prinzipiellen Weg auf, wie Leben entstanden sein könnte. [Basiskonzept S. 384]

A1 Beschreiben Sie den Urey-Miller-Versuch und seinen Modellcharakter für die Entstehung organischer Verbindungen in der Uratmosphäre.

Frühe biologische Evolution

Die ersten lebenden Zellen entstanden nach heutigem Verständnis in der *Ursuppe*. Wann dies war, ist nicht so leicht zu beurteilen. Die Gesteine aus der fraglichen Zeit sind meistens erodiert oder durch geologische Prozesse sekundär umgeformt worden. Zugängliche Gesteinsformationen, die unversehrt scheinen, findet man u. a. noch in Australien, Grönland und Südafrika. Aus fossilen Belegen dieser Gesteine lässt sich die Geschichte des Lebens rekonstruieren. Demnach finden sich erste geochemische Andeutungen von Lebensprozessen in 3,7 Mrd. Jahre alten Gesteinen, morphologisch erhaltene Fossilien fehlen aber noch. Erste fossile Zellen stammen aus 3,5 Mrd. Jahre alten Sedimentgesteinen, den *Stromatolithen* (s. Randspalte), welche man heute in der Haifisch-Bucht von Australien findet. Diese bestehen aus teppichartigen Kolonien von Bakterien. In älteren Stromatolithen findet man Zellen, die den noch heute existierenden Cyanobakterien ähneln. [Basiskonzept S. 384]

Energiequelle: Mineralstoffe

Leben braucht Energie. Wahrscheinlich ernährten sich die ersten Urzellen anaerob von den organischen Molekülen in der Ursuppe, vielleicht auch von weniger erfolgreichen Urzellen. Es waren also *heterotrophe Procyten*. Die Nahrungsressourcen waren aber nicht unbegrenzt. Diese Situation begünstigte Zellen, die ihren Energiebedarf aus anderen Quellen decken konnten, wie z. B. der Nutzung anorganischer Reaktionen. Doch auch die dafür erforderlichen Mineralstoffe waren knapp. [Basiskonzept S. 378]

Energiequelle: Sonnenlicht

Nur eine Energiequelle war und ist ständig und in ausreichender Menge vorhanden: Es ist das Sonnenlicht. Die Lichtnutzung in der *Fotosynthese* brachte daher die entscheidende Wende in der Geschichte des frühen Lebens. Die ersten fotosynthetischen Zellen verwendeten wahrscheinlich noch Schwefelwasserstoff (H_2S) statt Wasser. Erste geochemische Indizien, die auf das Vorkommen von elementarem Sauerstoff hinweisen, sind in 2,7 Mrd. Jahre alten Gesteinen zu finden. Dies markiert die Entstehung der Cyanobakterien. Chemische Indizien aus Ölschiefern zeigen, dass in allen Gewässertypen neben Stromatolithen in der lichtdurchfluteten Schicht Mikrobenmatten und wahrscheinlich auch diverse Planktonorganismen entstanden.

Die Verwendung von Wasser in der Fotosynthese war ein wichtiger Schritt in der Geschichte des Lebens, denn nun reicherte sich Sauerstoff in der Atmosphäre an (Abb. 1). Für viele anaerobe Urzellen war dies eine Umweltkatastrophe, denn Sauerstoff war für sie ein starkes Gift. Nun hatten *heterotrophe Prokaryoten* einen Vorteil, die Sauerstoff aerob nutzten. [Basiskonzept S. 382]

Stromatolithen

Stromatolithen
gr. *stroma* = Lager
gr. *lithos* = Gestein

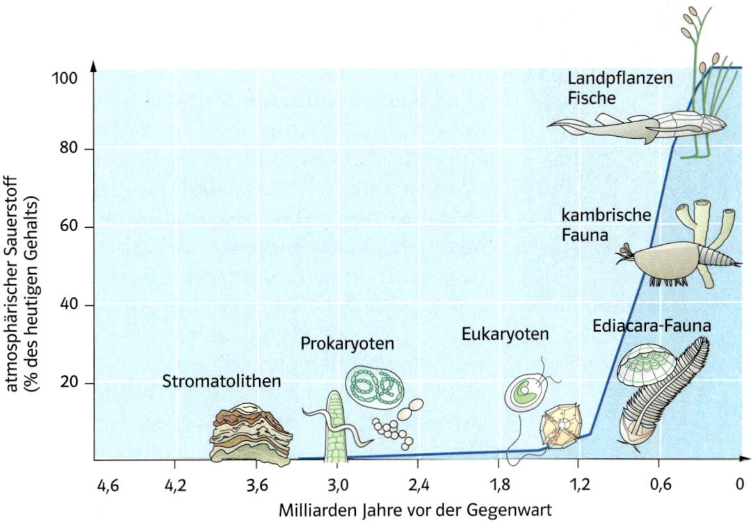

2 *Zunahme des atmosphärischen Sauerstoffs*

Chemische Eigenschaften der Zellinhaltsstoffe

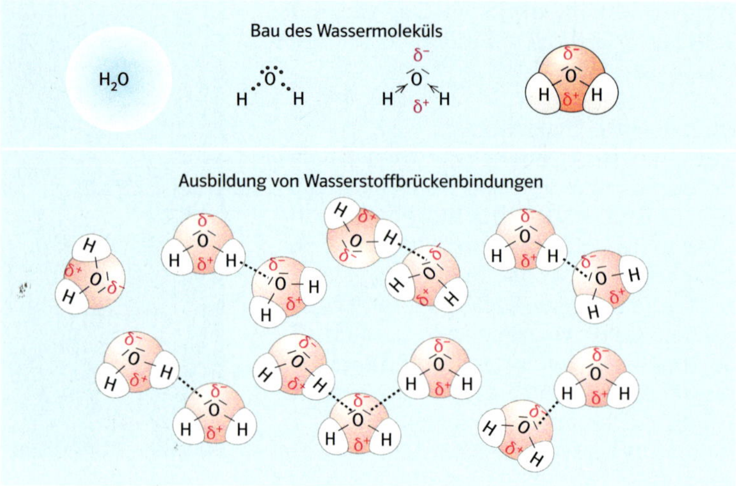

1 *Das Wassermolekül*

Wassergehalt in % des Frischgewichtes

Mensch	60
Schaf	57
Frosch	77
Käfer	65
Ohrenqualle	98
Gras	67
Holz	50
Gurke	95
Apfel	83

Bei der chemischen Untersuchung von Zellen findet man als Bestandteile Wasser, organische Verbindungen und Salze. Zu den organischen Stoffen gehören *Proteine* (Eiweiße), *Kohlenhydrate, Lipide* (Fette und fettähnliche Substanzen), sowie die *Nucleinsäuren* (Kernsäuren).

Wasser

Der größte Teil der lebenden Zellen besteht aus Wasser. Wasser ist ein wichtiges Transportmedium und Lösungsmittel für Salze und andere wasserlösliche Moleküle, die im Stoffwechsel anfallen. Wassermoleküle haben besondere chemische und physikalische Eigenschaften, deren Kenntnis Voraussetzung für ein Verständnis vieler Stoffwechselvorgänge ist.

Die Eigenschaften des Wassers beruhen auf dem Aufbau und der Ladungsverteilung des Wassermoleküls (H_2O). Die Ladungen sind im Wassermolekül ungleichmäßig verteilt. Das Sauerstoffatom zieht aufgrund seiner höheren Elektronegativität die bindenden Elektronenpaare stärker zu sich hin, als es die beiden Wasserstoffatome vermögen. Hierdurch ergibt sich eine ungleiche Ladungsverteilung und damit ein polares Molekül. Das Wassermolekül hat zwei Pole, es ist ein Dipol. Verstärkt wird die negative Teilladung des Sauerstoffatoms durch die beiden freien Elektronenpaare.

A1 Erklären Sie, weshalb ein Wassermolekül als Dipol bezeichnet wird.

Organische Verbindungen

Organische Verbindungen enthalten hauptsächlich Kohlenstoff und Wasserstoff *(Kohlenwasserstoffverbindungen)*. Sie können jedoch auch Sauerstoff, Stickstoff, Schwefel oder Phosphor enthalten. Jedes Kohlenstoffatom geht dabei vier Bindungen ein.

Im Gegensatz zum Wasser sind Kohlenwasserstoffe unpolar, da die Ladungsverteilung im Molekül ausgeglichen ist. Sie lösen sich daher gut in unpolaren Substanzen. Mit dem polaren Wasser können jedoch keine Wechselwirkungen entstehen, Kohlenwasserstoffverbindungen sind in Wasser nicht löslich. Stoffe, die sich in unpolaren Stoffen wie Fetten lösen, nennt man *lipophil*, jene Stoffe, die wasserlöslich sind, *hydrophil*.

Auch in organischen Molekülen gibt es hydrophile Gruppen. Diese enthalten neben der Kohlenwasserstoffkette zusätzlich Sauerstoff- oder Stickstoffatome. Sie sind in Atomgruppen zu finden, die die Funktion des Moleküls entscheidend beeinflussen. Sie werden deshalb *funktionelle Gruppen* genannt.

Alkohole (Alkanole)

Die funktionelle Gruppe der Alkohole ist die *Hydroxylgruppe* (Abb. 2). Beispiele sind Ethanol oder Glycerin. Durch das Sauerstoffatom sind diese Gruppen polarisiert, also hydrophil, der Rest jedoch bleibt unpolar (lipophil). Je länger die unpolare Kette ist, desto mehr tritt der lipophile Charakter beim Gesamtmolekül in Erscheinung. Kurzkettige *Alkanole* sind gut mit Wasser mischbar.

Carbonylverbindungen

Zu ihnen zählen die *Aldehyde (Alkanale)* und *Ketone* (Alkanole, Abb. 2). Die Carbonylgruppe ist polar und reaktiv. *Methanal*, das kleinste Alkanal, ist ein Zellgift. Es wird zur Desinfektion und zum Aufbewahren biologischer Präparate verwendet.

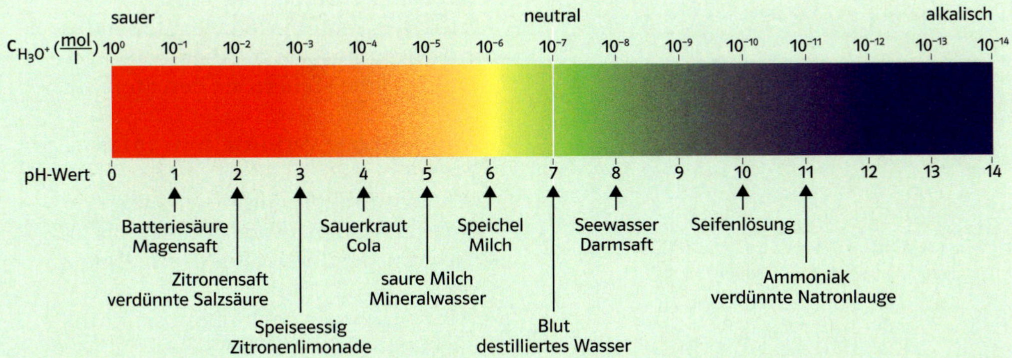

Info-Box: Der pH-Wert

Nur bei Lösungen spricht man von *sauer* oder *basisch / alkalisch*. Eine saure Lösung, die man kurz als *Säure* bezeichnet, gibt H^+-Ionen ab, während eine Base H^+-Ionen aufnimmt. Ob eine Lösung sauer, neutral oder basisch reagiert, hängt von der Konzentration der enthaltenen H^+-Ionen ab. Die H^+-Konzentration von reinem Wasser beträgt 10^{-7} Mol pro Liter (10^{-7} mol/l), das gleiche gilt für die OH^--Ionenkonzentration. Da diese Bereiche sehr weit auseinanderliegen und als Messgröße unpraktisch sind, wird der pH-Wert mit dem (negativen) dekadischen Logarithmus erfasst. Eine starke Säure kann einen pH-Wert von 0 aufweisen, eine starke Lauge einen pH-Wert von 14.

hydro
gr. = das Wasser

philo
gr. = liebend

phobos
gr. = die Furcht

lipos
gr. = das Fett

Carbonsäuren

Die funktionelle Gruppe der *Carbonsäuren* ist die Carboxylgruppe. Die Carboxylgruppe ist polar, daher sind kurzkettige Carbonsäuren hydrophil. Sie kann H^+-Ionen abgeben. Mit zunehmender Länge der Kohlenwasserstoffkette sind Carbonsäuren jedoch immer lipophiler.

Amine

Auch die Aminogruppe ($-NH_2$) ist polar. Im Gegensatz zu den Carbonsäuren kann sie als Base reagieren, also H^+-Ionen binden. Sie ist Bestandteil aller Aminosäuren. Die in Pflanzen und Tieren natürlich vorkommenden Amine besitzen große Bedeutung als Gewebshormone oder Transmittersubstanzen (u. a. Acetylcholin, vgl. S. 280).

Aminosäuren

Verbindungen mit einer Amino- und einer Carboxylgruppe heißen Aminosäuren. Bei allen biologisch relevanten Aminosäuren sind beide Gruppen am ersten Kohlenstoffatom gebunden. Sie sind die Bausteine der Proteine.

A2 Eine Säure weist einen pH-Wert von 3,0 auf. Geben Sie die Konzentration der H^+-Ionen an.

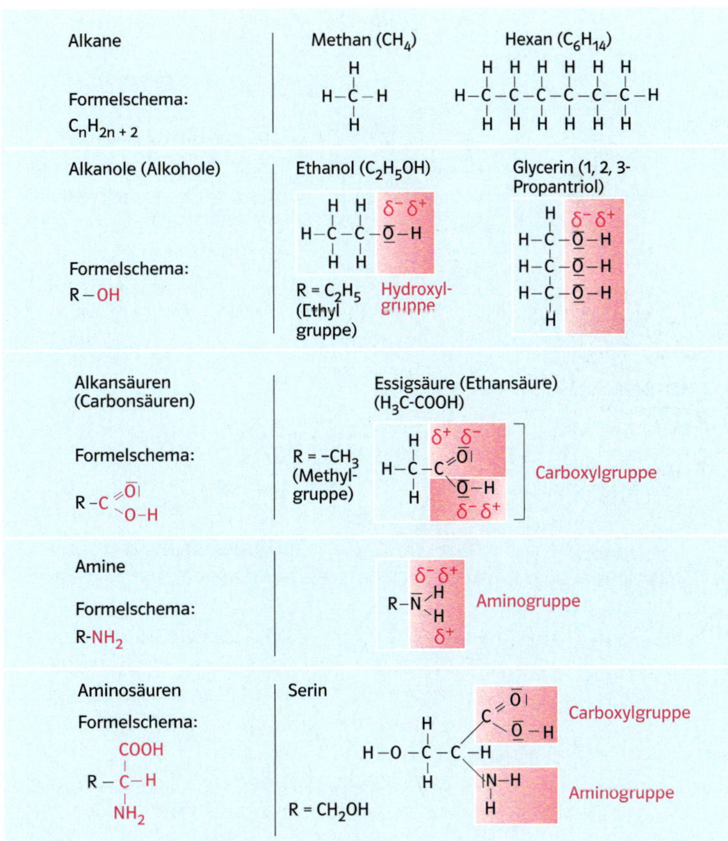

2 *Organische Verbindungen*

Struktur der Proteine

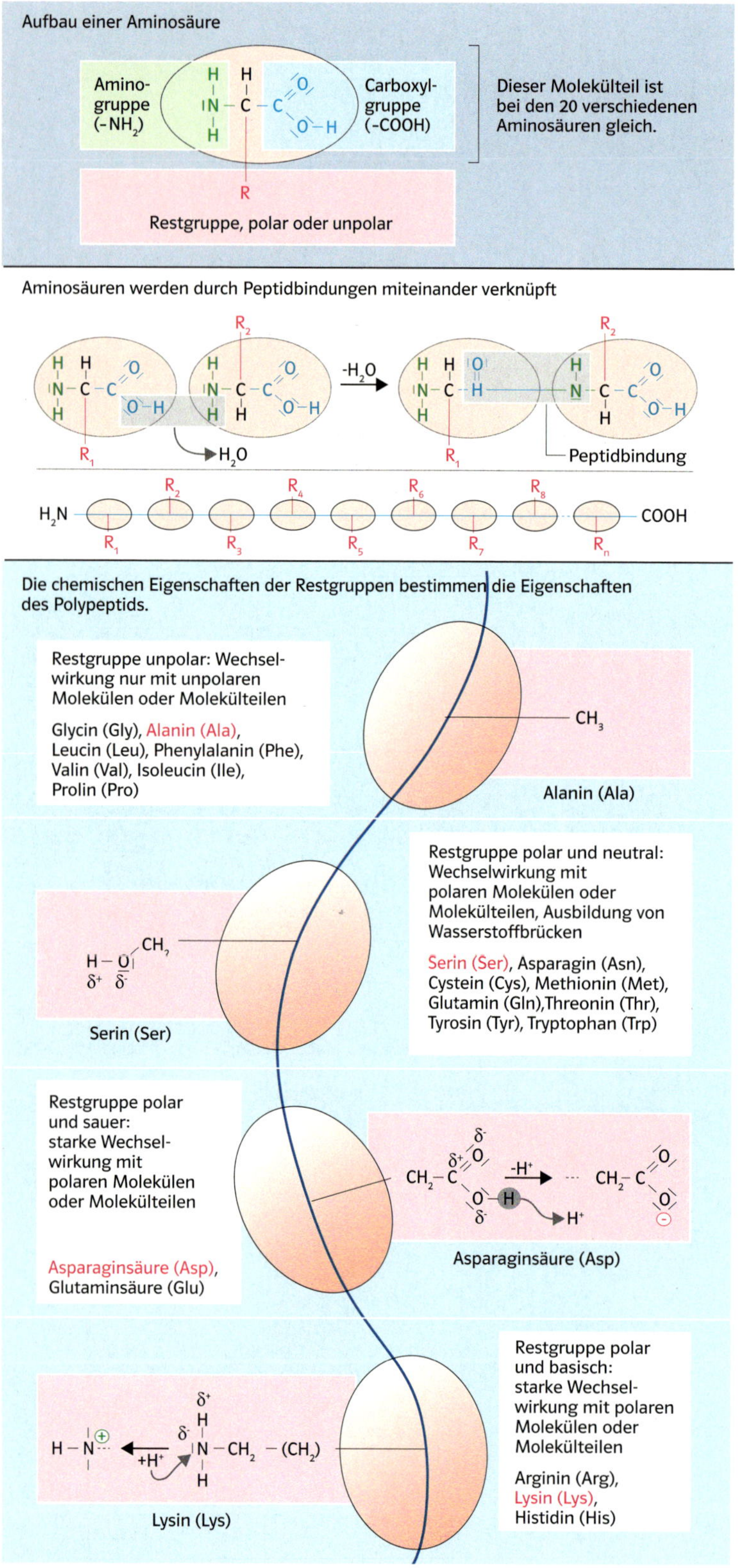

1 *Primärstruktur*

Jedes Lebewesen enthält Tausende verschiedener Proteine *(Eiweiße)*, die unterschiedliche Aufgaben haben:
- Als Enzyme steuern sie den Stoffwechsel.
- Als Hormone vermitteln sie Informationen.
- Als Membranrezeptoren nehmen sie Informationen aus der Umgebung auf.
- Sie transportieren Sauerstoff *(Hämoglobin)*.
- Als Antikörper bekämpfen sie Krankheitserreger.
- Sie bilden Gerüststoffe für Zellen und Gewebe.
- Sie ermöglichen die Bewegung (Muskelfasern, Spindelapparat).

Aminosäuren

Proteine sind aus Bausteinen, den *Aminosäuren*, aufgebaut. Dabei kommen 20 verschiedene Aminosäuren besonders häufig vor. Kennzeichnende Merkmale sind die saure Carboxylgruppe und die basische Aminogruppe als funktionelle Gruppen. Sie sind immer am endständigen C-Atom des Aminosäuremoleküls, dem α-C-Atom, gebunden. Dieses ist außerdem noch mit einem H-Atom und einem organischen Rest verknüpft. Nur in diesem Rest unterscheiden sich die Aminosäuren. Er kann unpolar, polar, sauer oder basisch sein. Der menschliche Organismus kann nicht alle Aminosäuren selbst synthetisieren. Die sogenannten *essenziellen Aminosäuren* müssen mit der Nahrung aufgenommen werden.

Peptide

Proteine entstehen durch Verknüpfung vieler Aminosäuren zu einem Makromolekül. Dabei reagiert die Carboxylgruppe der einen Aminosäure unter Wasserabspaltung mit der Aminogruppe einer zweiten Aminosäure. Die entstehende Bindung nennt man *Peptidbindung*. Aus zwei Aminosäuren entsteht ein Dipeptid. Durch Kettenverlängerung entstehen *Oligopeptide*, in denen 2 bis 10 Aminosäuren miteinander verknüpft sind. *Polypeptide* haben mehr als 10 Aminosäuren. Polypeptide mit mehr als 100 Aminosäuren nennt man Proteine. Im Prinzip können alle Aminosäuren in beliebiger Reihenfolge verknüpft werden, sodass eine fast unbegrenzte Anzahl verschiedener Proteinmoleküle möglich ist. Heute sind mehrere Zehntausend verschiedene Proteine bekannt. Die Abfolge oder Sequenz der einzelnen Aminosäuren wird Primärstruktur des Proteins genannt. Sie bestimmt die Eigenschaften des Proteinmoleküls. [Basiskonzept S. 370]

Die hintereinander folgenden Aminosäuren bilden eine Molekülkette; die einzelnen Reste ragen seitlich aus der Achse heraus. Ein Ende der Kette trägt eine freie NH_2-Gruppe, das andere eine freie COOH-Gruppe.

Struktur der Proteine

Bedingt durch die nicht drehbaren Peptidbindungen entstehen nebeneinander in einzelnen Abschnitten des Proteins räumliche Strukturen, die einer Rechtsschraube (α-Helix) oder einem gefalteten Blatt (β-Faltblattstruktur) ähneln. Wasserstoffbrückenbindungen innerhalb der Peptidkette stabilisieren die spiralartige oder faltblattartige Anordnung. Welche Struktur in einem Proteinmolekülabschnitt ausgebildet wird, hängt von der Aminosäuresequenz, der *Primärstruktur*, ab. Die räumliche Anordnung eines Proteins nennt man *Sekundärstruktur* (Abb. 2).

Oft wird eine *Tertiärstruktur* ausgebildet, indem sich das ganze Molekül in charakteristischer Weise faltet. Für die Stabilität sind die Anziehungskräfte zwischen den Resten der einzelnen Aminosäuren verantwortlich. Wenn bei der Faltung die unpolaren Reste in der Mehrzahl zum Molekülinneren orientiert sind und die polaren Reste nach außen zeigen, ist das Proteinmolekül meist wasserlöslich. Durch die Faltung liegen einzelne Abschnitte innerhalb des Moleküls nebeneinander, deren Lage durch Wechselwirkungen zwischen verschiedenen Resten stabilisiert wird. Wasserstoffbrücken, ionische Wechselbeziehungen infolge unterschiedlicher Ladungen und Disulfidbrücken — das sind Verbindungen über zwei Schwefelatome — halten die Nachbarabschnitte im Molekül zusammen.

Die Tertiärstruktur bestimmt die Funktion eines Proteins entscheidend. Proteine besitzen häufig taschenförmige Vertiefungen, in die die Reaktionspartner ganz genau hineinpassen. Diese Eigenschaft geht verloren, wenn die Tertiärstruktur zerstört wird *(Denaturierung)*.

In einigen Fällen bilden mehrere Proteinmoleküle eine funktionsfähige Einheit. Diese der Tertiärstruktur übergeordnete Struktur nennt man *Quartärstruktur*. Ein Beispiel dafür ist das Hämoglobin, der rote Blutfarbstoff (s. Seite 267). Es besteht aus vier Untereinheiten mit je einer nicht aus Eiweiß bestehenden Hämgruppe.

A1 In Lebewesen kommen 20 verschiedene Aminosäuren vor. Berechnen Sie, wie viele Möglichkeiten es gibt, wenn man aus diesen Aminosäuren ein Protein mit einer Kettenlänge von 3 (5, 10 oder 100) Aminosäuren herstellt.

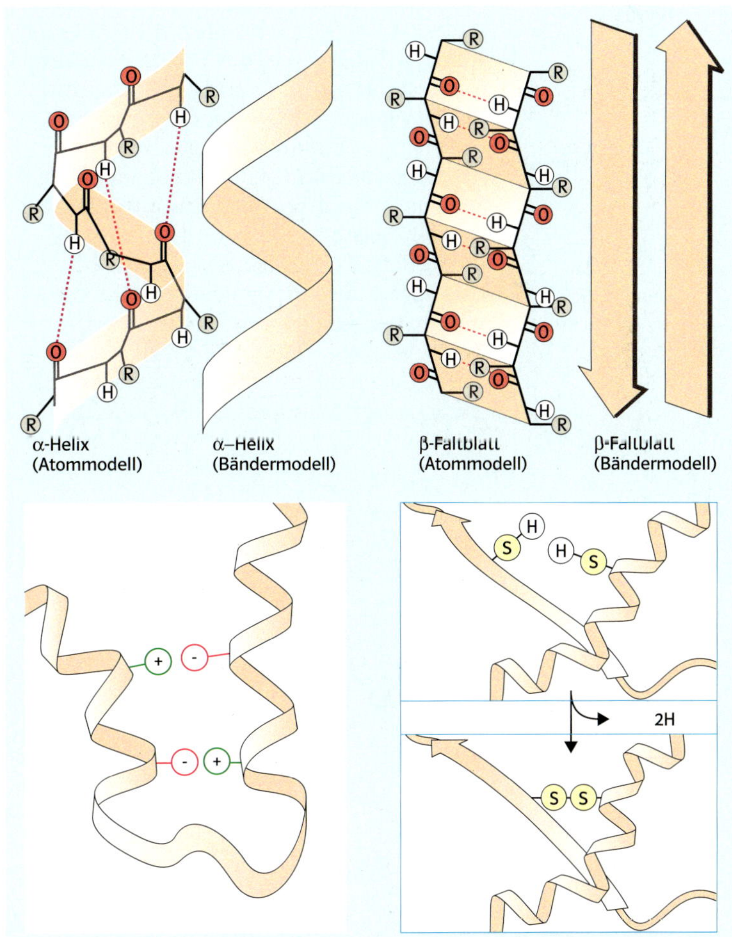

2 *Sekundärstruktur (oben) und Tertiärstruktur (unten)*

Kohlenhydrate

Zuckerrohr

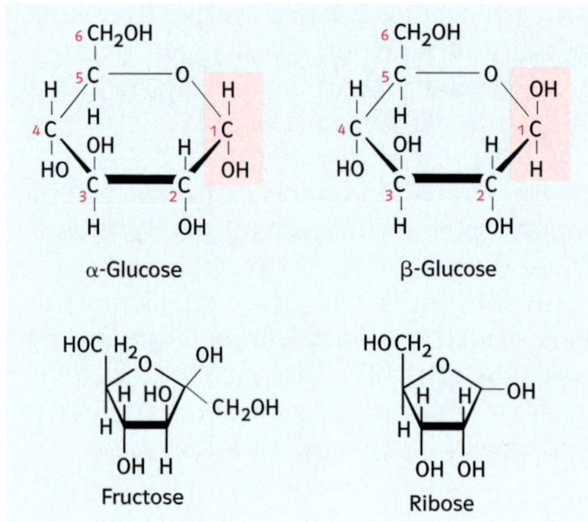

1 *Monosaccharide*

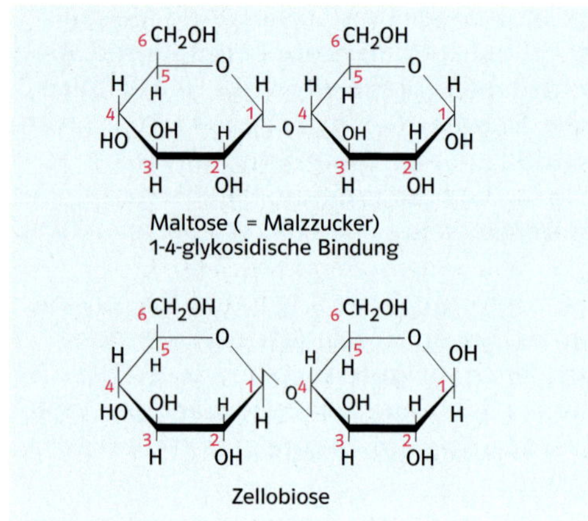

2 *Disaccharide*

Kohlenhydrate *(Saccharide)* kennen wir als Bestandteile der Nahrung, z. B. Stärke, Rohrzucker und Traubenzucker. Es sind wichtige Energielieferanten für den Organismus. Am Beispiel des Traubenzuckers *(Glucose)* soll der Aufbau eines Kohlenhydrates verdeutlicht werden. Seine chemische Zusammensetzung wird durch die *Summenformel* $C_6H_{12}O_6$ angegeben. Die *Strukturformel* gibt die Verknüpfung der einzelnen Atome an. Damit kann man darstellen, dass Glucose in zwei Formen existiert. Man unterscheidet α-Glucose und β-Glucose (Abb. 1). Von anderen Zuckern unterscheidet sich Glucose vor allem durch die unterschiedliche Anordnung der OH-Gruppen.

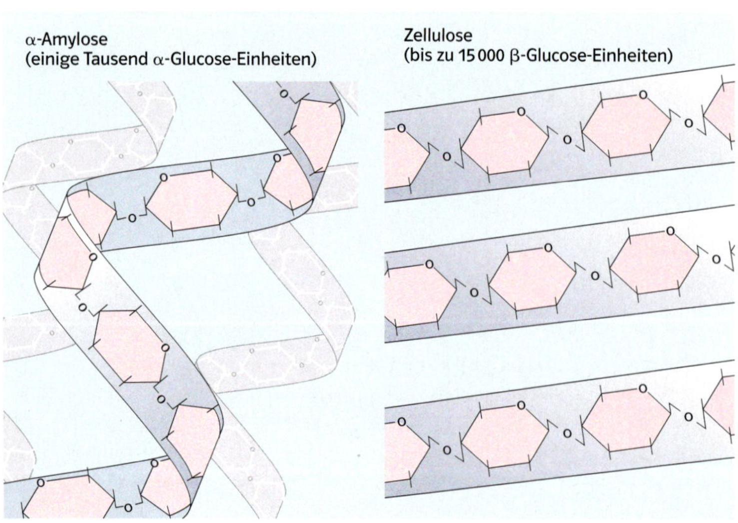

3 *Polysaccharide*

Mono- und Disaccharide

Glucose ist ein Einfachzucker *(Monosaccharid)*, sie besteht aus einem einzigen Zuckerbaustein. Durch Verknüpfung zweier Monosaccharide entstehen *Disaccharide* (Zweifachzucker). Dabei reagiert eine Hydroxylgruppe des einen Zuckers mit einer Hydroxylgruppe des anderen, wobei ein Molekül Wasser abgespalten wird. Wichtige Disaccharide sind *Maltose* (Malzzucker, Abb. 2), *Saccharose* (Rohrzucker) und *Lactose* (Milchzucker). Durch den Besitz mehrerer OH-Gruppen und die geringe Molekülgröße sind Mono- und Disaccharide in Wasser gut löslich.

A1 Begründen Sie, warum Wasser zur Spaltung eines Disaccharids anwesend sein muss.

Polysaccharide

Stärke, Glykogen und Zellulose sind wichtige *Polysaccharide* oder *Vielfachzucker*. In ihnen sind jeweils viele Glucosemoleküle zu einem Makromolekül verbunden. Bei dem pflanzlichen Reservestoff Stärke sind es α-Glucosemoleküle, die zwei Bestandteile der Stärke bilden, die wasserlösliche *Amylose* und das wasserunlösliche *Amylopektin*. *Glykogen* wird auch als „tierische Stärke“ bezeichnet, da es tierischen Organismen als Kohlenhydratspeicher dient. Unser Körper kann ca. 500 Gramm davon in Leber und Muskulatur speichern. Der pflanzliche Gerüststoff *Zellulose* hingegen besteht aus β-Glucosebausteinen. Das Makromolekül stellt eine Fibrille dar, die zu Fasern zusammengelagert vorkommen.

Lipide

Lipide gehören zu einer Stoffgruppe unterschiedlicher Substanzen, die in unpolaren Lösungsmitteln löslich sind. Sie sind als Fette bei Pflanzen und Tieren die Hauptenergiereserve. Ein Baustein ist der dreiwertige Alkohol *Glycerin*. Dazu kommen bestimmte, langkettige Carbonsäuren, die man wegen ihres Vorkommens in Fetten auch Fettsäuren nennt. Dabei können drei verschiedene Fettsäuren an der Bildung eines Fettes beteiligt sein. Unter Wasseraufnahme sind die Esterbindungen wieder spaltbar. [Basiskonzept S. 378]

Häufig vorkommende Fettsäuren sind z. B. Stearin- und Palmitinsäure. Sie besitzen, wie andere in Organismen vorkommende Fettsäuren auch, eine gerade Anzahl von Kohlenstoffatomen. Stearin- und Palmitinsäure gehören zu den *gesättigten Fettsäuren*, da sie keine C-C-Doppelbindungen besitzen. *Ungesättigte Fettsäuren*, z. B. Ölsäure und Linolsäure, zeichnen sich durch das Vorhandensein einer oder mehrerer C-C-Doppelbindungen aus. Mehrfach ungesättigte Fettsäuren sind für den Menschen meist *essenziell*, sie müssen mit der Nahrung aufgenommen werden. Gesättigte und ungesättigte Fettsäuren unterscheiden sich in ihrem Schmelzpunkt. Fette mit einem hohen Anteil an mehrfach ungesättigten Fettsäuren sind flüssig, wie z. B. Sonnenblumenöl. Fette, die fast nur gesättigte Fettsäuren enthalten, sind dagegen fest, wie z. B. Butter.

Fette sind unpolare Moleküle. Lediglich im Bereich der Esterbindungen sind sie sehr schwach hydrophil, während sich die langen Kohlenwasserstoffketten hydrophob verhalten. Die in den Zellmembranen enthaltenen *Phospholipide* weisen ein polares und ein unpolares Ende auf. Eine der drei Fettsäuren ist in diesen fettähnlichen Lipiden (z. B. *Lecithin)* durch eine polare Phosphatgruppe mit daran gebundenem Rest ersetzt. Die hydrophilen Eigenschaften werden dadurch verstärkt. Solche Moleküle richten sich gegenüber Wassermolekülen aus. Ihr polarer Teil orientiert sich zum Wasser hin, sodass sich die unpolaren, langen Kohlenwasserstoffketten nebeneinander anordnen. Deshalb kann sich auf einer Wasseroberfläche ein dünner Phospholipidfilm ausbilden.

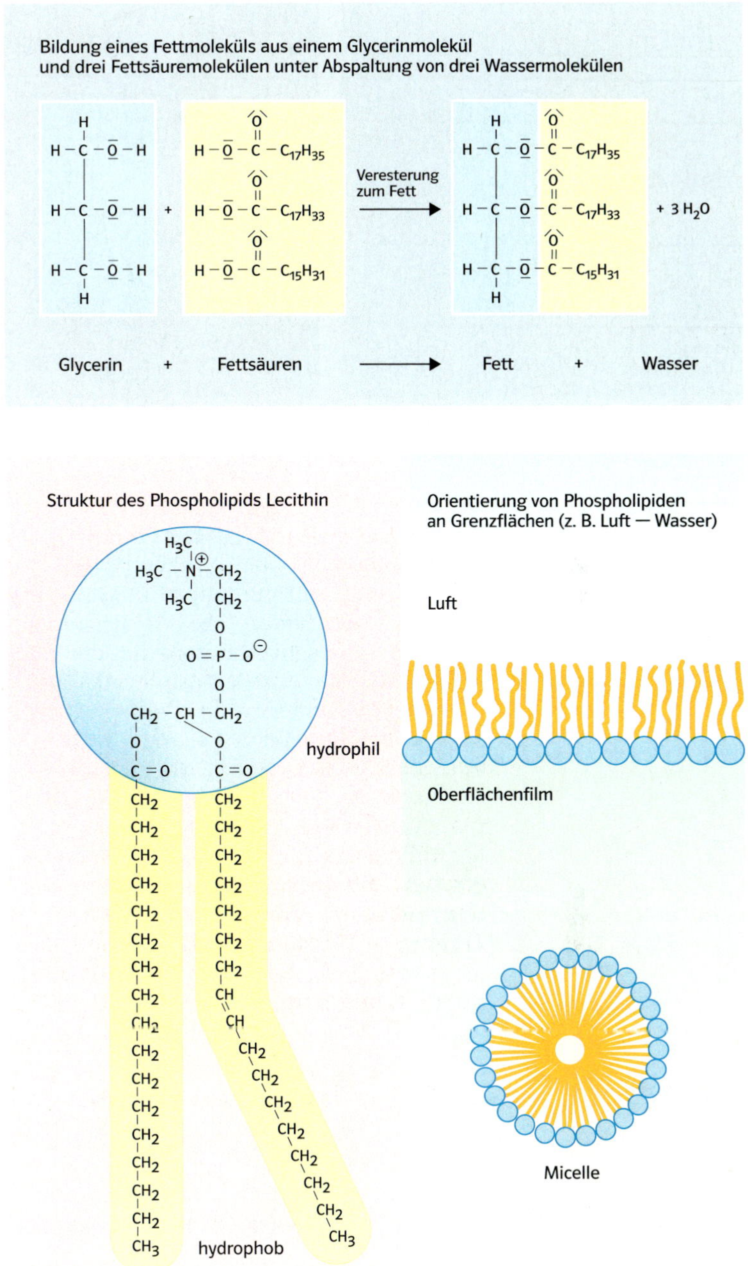

1 *Aufbau und Eigenschaften von Lipiden*

Durch Schütteln entstehen in Wasser fein verteilte Phospholipidtröpfchen *(Micellen)*. Es bildet sich eine *Emulsion*. [Basiskonzept S. 380]

A1 Erklären Sie, weshalb Fette in Wasser durch Schütteln leicht sogenannte *Micellen* bilden.

1.2 Das mikroskopische Bild der Zelle
Das Mikroskop

1 *Moospolster — Auge*

2 *Moosblättchen — Lupe*

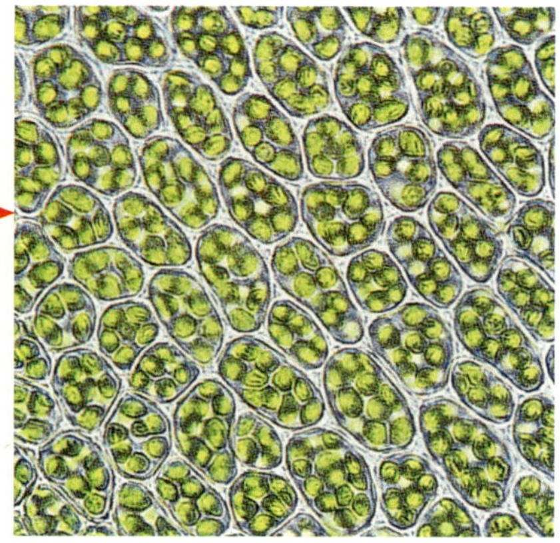

3 *Moosblattzellen — Mikroskop*

Die meisten Zellen sind kleiner als 0,1 mm. Bei diesem Wert liegt das *Auflösungsvermögen* des menschlichen Auges. Darunter versteht man die Mindestentfernung, die zwei Bildpunkte haben müssen, damit sie noch getrennt voneinander wahrgenommen werden. Ist der Abstand kleiner, verschmelzen sie zu einem Punkt. Viele Entdeckungen der Biologie waren erst durch die *Mikroskopie* möglich.

Der Blick durch die Lupe

Mithilfe der Sammellinse einer Lupe wird der Sehwinkel vergrößert, der Gegenstand wird auf der Netzhaut größer dargestellt als er in Wirklichkeit ist. Das *virtuelle Bild* ist größer als das *reelle Bild*. Die beiden Bildpunkte mit 0,1 mm Abstand liegen nun scheinbar weiter auseinander und sind als zwei einzelne Punkte wahrnehmbar. Je kleiner die Brennweite der Linse ist, umso näher kann man den Gegenstand betrachten und umso größer ist der Sehwinkel, also auch das virtuelle Bild.

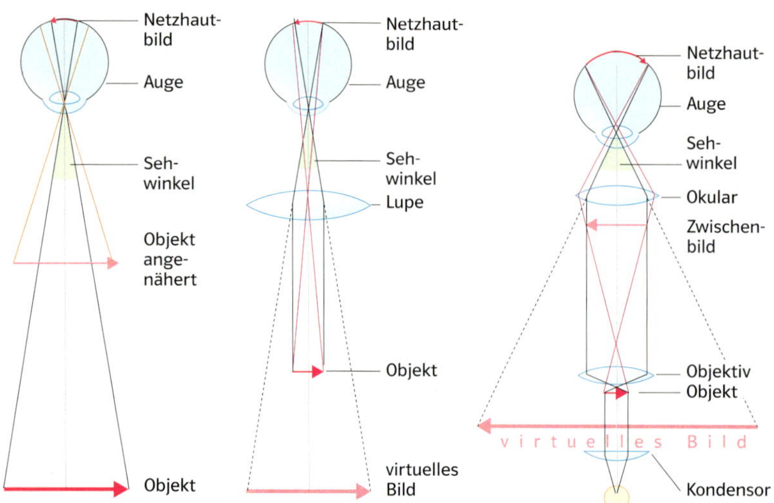

4 *Strahlengang Auge, Lupe, Mikroskop*

Der Blick durch das Mikroskop

Will man noch kleinere Strukturen scharf sehen, ist ein Mikroskop notwendig. Dieses besteht aus mindestens zwei *Linsen*, einer im *Objektiv* und einer im *Okular*. Die Linse im Objektiv hat eine geringe *Brennweite*, damit man das zu beobachtende Objekt sehr nahe an das Objektiv heranbringen kann. Diese Linse erzeugt ein Zwischenbild, das durch die zweite Linse im Okular wie mit einer Lupe vergrößert wird. Okular und Objektiv bestehen heute aus Linsensystemen. Bedingt durch die physikalischen Eigenschaften der Linsen und des Lichtes liegt die Auflösungsgrenze bei 0,2 µm. Bei noch stärkeren Vergrößerungen erkennt man nicht mehr Einzelheiten *(leere Vergrößerung)*. Viele kennen diesen Effekt vom Vergrößern digitaler Bilder auf dem Bildschirm.

A1 Beschreiben Sie den prinzipiellen Unterschied zwischen der Betrachtung eines Gegenstandes mit der Lupe und mit einem Mikroskop.

Das *Auflösungsvermögen* ist auch von der Wellenlänge des Lichts abhängig. Je kürzer die Wellenlänge, desto geringer ist die Mindestentfernung zweier getrennt wahrnehmbarer Bildpunkte. Daher verwendet man häufig das kurzwelligere blaue Licht.

Fluoreszenzmikroskopie

Bei der *Fluoreszenzmikroskopie* wird das Präparat mit kurzwelligem grünem, blauem oder UV-Licht beleuchtet. Die kurzwellige Strahlung führt zu einem Aufleuchten bestimmter Moleküle im längerwelligen Licht, z. B. rot oder grün. Einige natürlich vorkommende Stoffe, wie z. B. Chlorophyll, werden zum Fluoreszieren angeregt. Werden Zellen bzw. Gewebe mit spezifischen Antikörpern behandelt, die zusätzlich mit fluoreszierenden Farbstoffen verbunden sind, können gezielt die Strukturen sichtbar gemacht werden, an die die Antikörper binden. So kann man das lichtmikroskopisch unauffällige Stützsystem der Zelle *(Cytoskelett)* darstellen (Abb. 5). [Basiskonzept S. 370]

Lichtmikroskopie und Laserstrahl

Die sogenannte *STED-Mikroskopie (Stimulated Emission Depletion)* wurde von dem Göttinger Physikprofessor STEFAN HELL entwickelt. Bei diesem Verfahren wird neben einem ersten Laserstrahl, der Farbstoffmoleküle im Objekt anregt, ein zweiter Laserstrahl eingesetzt, der die angeregten Moleküle an den Rändern des Objekts wieder in den Ruhezustand bringt. Dies geschieht zeitlich noch vor der Aussendung von Fluoreszenzlicht. Die Auflösung des Mikroskops erhöht sich dadurch beträchtlich. Die zu untersuchenden Objekte tragen keine Strahlenschäden davon. Somit lassen sich auch lebende Zellen gut untersuchen. Im Jahr 2007 startete die Produktion der ersten Mikroskope. Mit ihnen sind heute Auflösungen bis auf Proteinebene möglich. Die gültigen Grenzen der Lichtmikroskopie (Abb. 6) wurden damit deutlich verschoben.

A2 Beschreiben Sie die Vorteile der Fluoreszenzmikroskopie im Vergleich zur herkömmlichen Lichtmikroskopie.

A3 Das menschliche Haar hat einen Durchmesser von ca. 0,1 mm. Bei Roten Blutzellen des Menschen beträgt der Durchmesser ca. 8 µm. Berechnen Sie, wie viele Rote Blutzellen nebeneinander gereiht den Durchmesser des Haares ergeben.

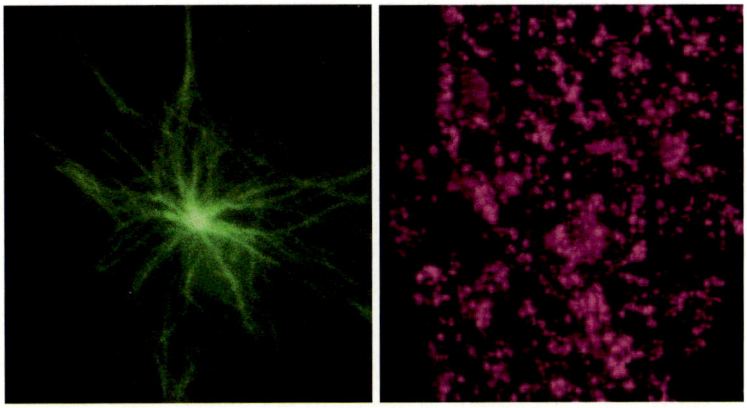

5 *Fluoreszenzaufnahme: links Cytoskelett, rechts STED-Bild*

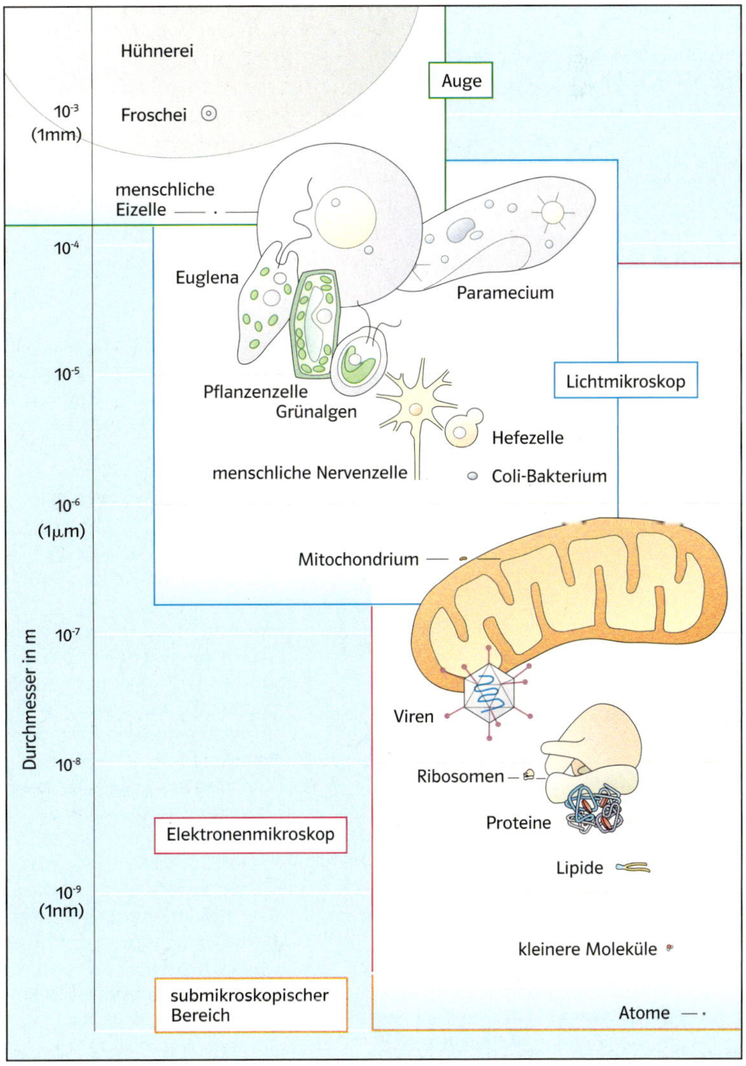

6 *Größenordnungen*

Praktikum
Herstellung von mikroskopischen Präparaten

Machen Sie sich zu Beginn der Präparation mit allen technischen Geräten vertraut.

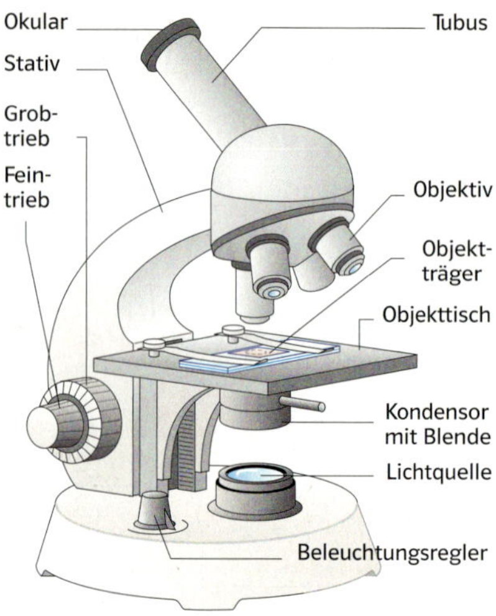

Die innere Zwiebelschuppenepidermis (Zwiebelschuppenhaut) soll mikroskopisch untersucht werden.

Material:
Küchenzwiebel, Messer, Objektträger, Deckgläschen, Pipette mit Gummihütchen, Präpariernadel, Rasierklinge, Pinzette, Glasgefäß mit Wasser.

Herstellen des Präparates

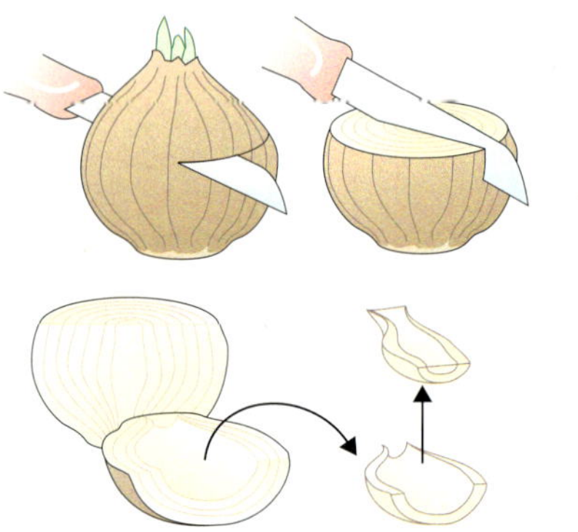

A1 Mit einer Rasierklinge wird ein kleines Quadrat in die Innenseite der Zwiebelschuppe geritzt, anschließend mit der Pinzette das Zwiebelhäutchen vorsichtig abgezogen und in einen Wassertropfen auf einen Objektträger gelegt.

A2 Das Deckgläschen wird nun langsam mithilfe der Präpariernadel auf das Objekt abgesenkt. Dabei sollten keine Luftblasen mit eingeschlossen werden. Ist die Fläche unter dem Deckglas nicht vollständig benetzt, so gibt man

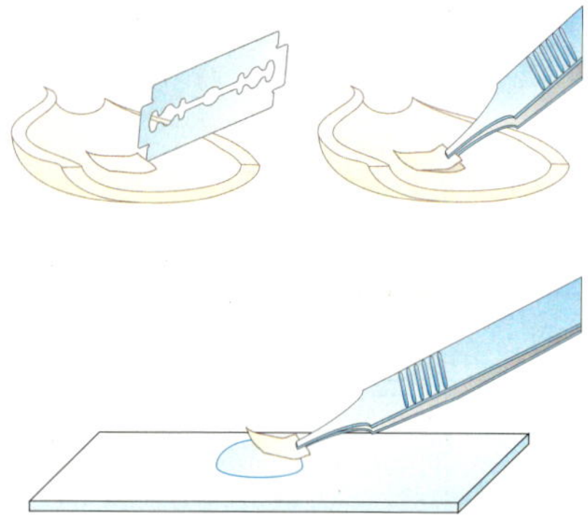

mit einer Pipette noch etwas Wasser an der Seite des Deckglases zu. War der Wassertropfen zu groß, schwimmt das Deckglas. Mit der Pipette oder mit Filterpapier wird etwas Wasser abgesogen. Auf dem Deckglas darf sich kein Wasser befinden!

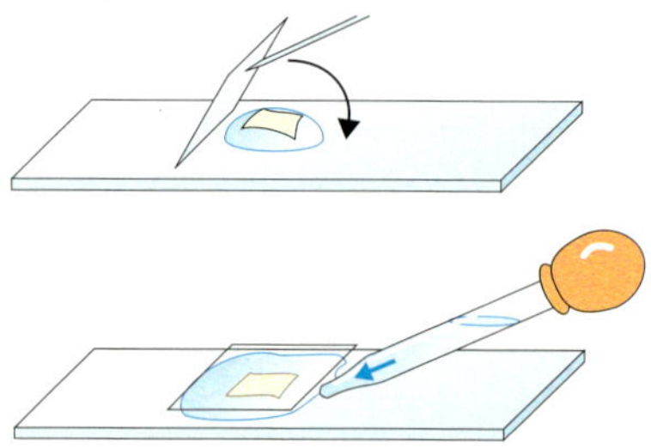

A3 Das Zwiebelhautpräparat wird auf den Objekttisch gebracht und wenn möglich mit den Klammern über der Kondensormitte fixiert.

Der Weg zu einem guten Bild

A4 Zunächst wird das kleinste Objektiv (Maßstabszahl) in den Strahlengang geschwenkt, das Bild der Zwiebelhaut mit dem Grobtrieb scharf gestellt und in die Mitte des Gesichtsfeldes gebracht. Der Feintrieb, mit dem von nun an alle weiteren Einstellungen erfolgen, ermöglicht das genaue Scharfstellen.

A5 Nun wird das jeweils nächstgrößere Objektiv (z. B. 10 x) über das Präparat geschwenkt, ohne an der Scharfeinstellung etwas zu ändern. Die Schärfe wird in der Regel nur noch mit dem Feintrieb geringfügig nachgestellt. Durch vorsichtiges Verschieben des Objektträgers wird dabei jeweils die Zellgruppe bzw. die Zelle in die Bildmitte gebracht, die man genauer untersuchen möchte.

A6 Überprüfen Sie, welche Auswirkung das Öffnen und Schließen der Kondensorblende bei den einzelnen Objektiven hat und stellen Sie jeweils ein kontrastreiches und scharfes Bild ein. Die Kondensorblende dient der Regelung des Bildkontrastes. Die Bildhelligkeit sollte über den Beleuchtungsregler eingestellt werden.

A7 Um das Objekt vertikal zu durchmustern, dreht man den Objekttisch mit dem Feintrieb langsam nach oben und unten. Dies ist aufgrund der geringen Schärfentiefe notwendig. Sie ist umso kleiner, je größer die Objektivvergrößerung ist.

Weitere geeignete Objekte für mikroskopische Untersuchungen sind: Blattzellen der Wasserpest *(Elodea)*, von Laubmoosen bzw. Epidermiszellen der Dreimasterblume *(Tradescantia pallida)*.

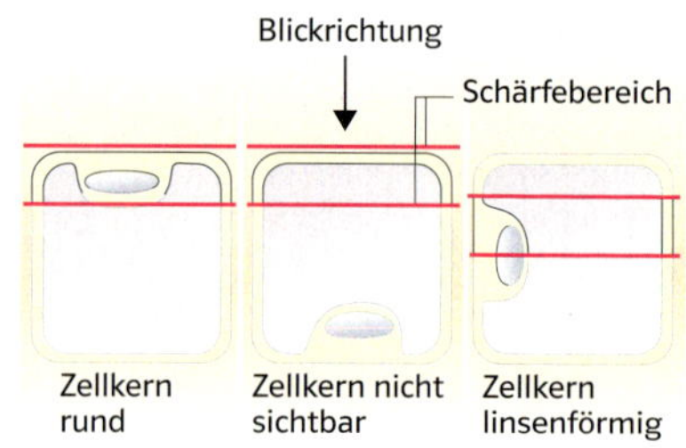

Protokollieren der Beobachtungen

A8 Mikroskopieren Sie bei mittlerer Vergrößerung das Zwiebelhäutchen. Verschaffen Sie sich einen Überblick über die Gestalt und die Lage der Zellen. Fertigen Sie eine Umrissskizze von 4 bis 5 aneinander liegenden Zellen an.

A9 Bringen Sie eine in Details gut erkennbare Zelle in die Gesichtsfeldmitte und untersuchen Sie diese mit dem nächstgrößeren Objektiv (40 x). Welche Einzelheiten sind zu erkennen? Fertigen Sie von dieser Zelle eine möglichst genaue Skizze an (Größe auf dem Papier mindestens 10 cm). Achten Sie auf die richtigen Größenverhältnisse von Zelle und Zellbestandteilen.

Fehler beim Mikroskopieren

Das Bild ist kontrastarm bzw. unklar:
Die Blende ist zu weit offen, die Linse ist verschmutzt (mit Linsenpapier reinigen) oder es befindet sich Wasser auf dem Deckgläschen.

Linien im Objekt erscheinen doppelt bei meist dunklem Bild: Die Blende ist zu weit geschlossen.

Kreisförmige, schwarze und in der Mitte etwas hellere Flecken verdecken das Objekt: Das Objekt enthält eingeschlossene Luftblasen.

Anfärben kontrastarmer Präparate

A10 Mit einem Holzspatel oder einem Teelöffel schabt man vorsichtig aus der Mundhöhle etwas Schleim ab, der Mundschleimhautzellen enthält, und bringt diesen in einen Wassertropfen auf den Objektträger. Bei der mikroskopischen Untersuchung werden die einzelnen Zellen nur schwer zu erkennen sein. Das liegt an der Kontrastarmut des Objekts, d.h. es ist überall fast gleich hell. In solchen Fällen färbt man das Präparat an, um es besser sichtbar zu machen. Dazu wird entsprechend der Abbildung eine Methylenblaulösung unter dem Deckgläschen hindurchgesaugt.

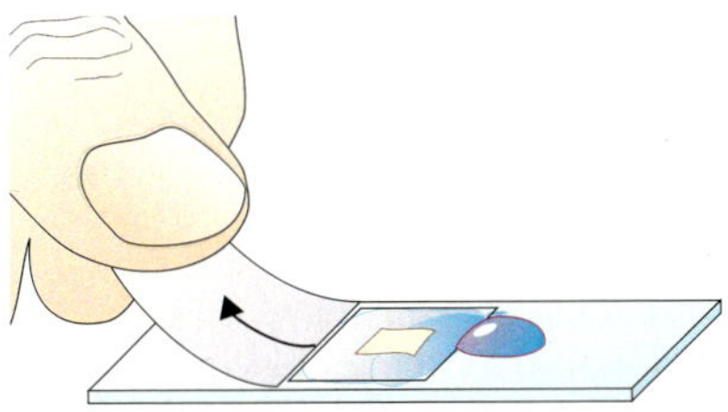

Mikroskopieren Sie das ungefärbte und das gefärbte Präparat und vergleichen Sie. Fertigen Sie anschließend vom gefärbten Präparat eine Skizze an. Welche Details sind besonders gut angefärbt? Warum zeigen die Schleimhautzellen eine Art Faltenbildung? Welche Unterschiede bestehen im Vergleich zur Zwiebelzelle?

Die Farbstoffe Eosin und Neutralrot färben in wässriger Lösung verschiedene Zellstrukturen an. Mit Eosin färben sich das Cytoplasma und der Zellkern gut an, während Neutralrot sich vorzugsweise in der Vakuole (Zellsaftraum) ansammelt.

Schneiden von Objekten

Von dicken Objekten müssen Dünnschnitte hergestellt werden. Das betrifft z.B. Wurzeln, Stängel und Blätter von Pflanzen.

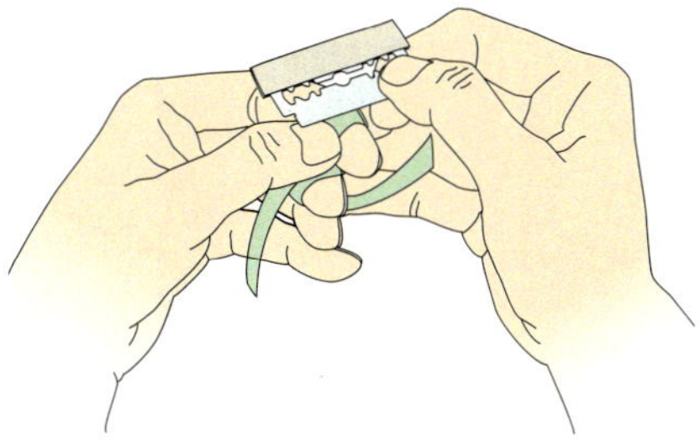

Flächenschnitt
Diese Technik wird angewandt, wenn man einzelne Zellen eines dickeren Blattes, z.B. Zellen von der Sumpfschraube *(Vallisneria)*, einer Wasserpflanze, untersuchen will. Die Abbildung zeigt die Schneidetechnik. (Vorsicht: Klinge ganz flach halten!)

Querschnitt
Häufiger jedoch werden Querschnitte benötigt. Viele Objekte sind relativ weich und lassen sich ohne Hilfsmittel nur schlecht schneiden. Deshalb klemmt man das Objekt wie in der Abbildung zwischen zwei Hälften aus Holundermark oder Styropor und schneidet entsprechend der Abbildung ein dünnes Scheibchen ab, indem man eine scharfe Rasierklinge bei nur leichtem Druck durch das Objekt zieht. Der erste Schnitt wird verworfen, da bei diesem die Zellen meist stark beschädigt sind. Die folgenden, möglichst dünnen Schnitte werden mikroskopiert.

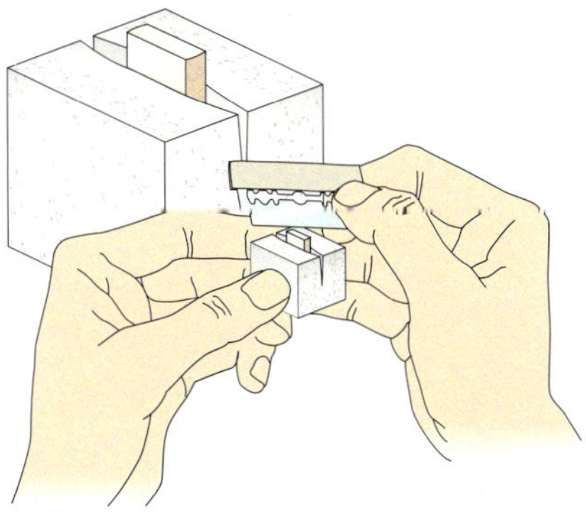

Messen und Zählen

Will man die tatsächliche Größe eines mikroskopischen Objektes oder seiner Teile ermitteln, benötigt man als Hilfsmittel ein Okularmikrometer. Dieses ist für jede gewählte Vergrößerung mit dem Objektmikrometer zu eichen.

A11 Bestimmen Sie den Mikrometerwert, d.h. die tatsächliche Länge eines Skalenteils des Okularmikrometers, indem Sie die Skala des Okularmikrometers mit der des Objektmikrometers zur Deckung bringen (s. Abb.) und die sich entsprechenden Skalenteile ins Verhältnis setzen: Mikrometerwert (mw) = Skalenteile des Objektmikrometers / Skalenteile des Okularmikrometers

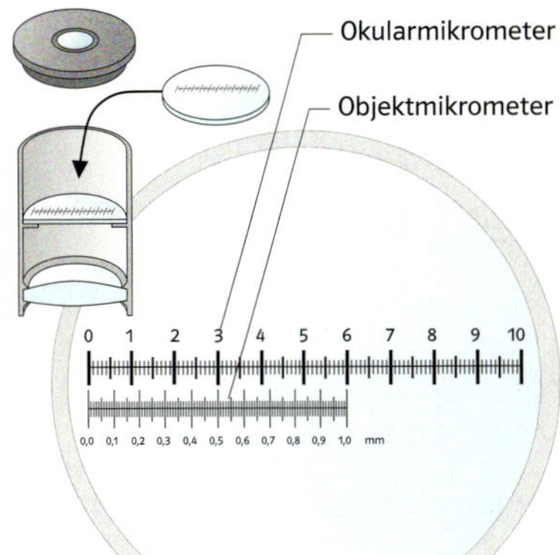

Für die Abbildung ergibt sich:
m_w = 1,0 mm / 60 = 0,016 mm = 16 µm

Ein Skalenteil des Okularmikrometers besitzt bei der gewählten Vergrößerung eine tatsächliche Länge von 16 µm, folglich hat eine Zelle, die sich über fünf Skalenteile erstreckt, eine Länge von 80 µm. Stehen kein Okular- und Objektmikrometer zur Verfügung, kann man transparentes Millimeterpapier oder eine entsprechende Folienkopie davon zur Größenbestimmung verwenden.

Soll der Durchmesser des Gesichtsfeldes bestimmt werden, legt man das Millimeterpapier anstelle des Objektes auf den Objektträger. Nun bestimmt man für jede Vergrößerungsstufe den Durchmesser in Millimetern:
Vergr. Objektiv x Vergr. Okular = Gesamtvergrößerung;
dazu bestimmt man durch Auszählen den Sehfelddurchmesser in mm.

Zum Auszählen von Zellen in einem bestimmten Flüssigkeitsvolumen benutzt man eine Zählkammer. In die Vertiefung dieser Glasplatte ist ein Zählnetz eingeätzt. Die Quadrate des Netzes haben definierte, auf der Zählkammer angegebene Abmessungen, die die Berechnung des Volumens erlauben. Routinemäßig werden solche Zählkammern in medizinischen Laboratorien zur Ermittlung der Anzahl von Blutzellen verwendet. In der Schule empfiehlt es sich, Zellen der Backhefe *(Saccharomyces cerevisiae)* in einer Suspension auszuzählen.

Elektronenmikroskopie

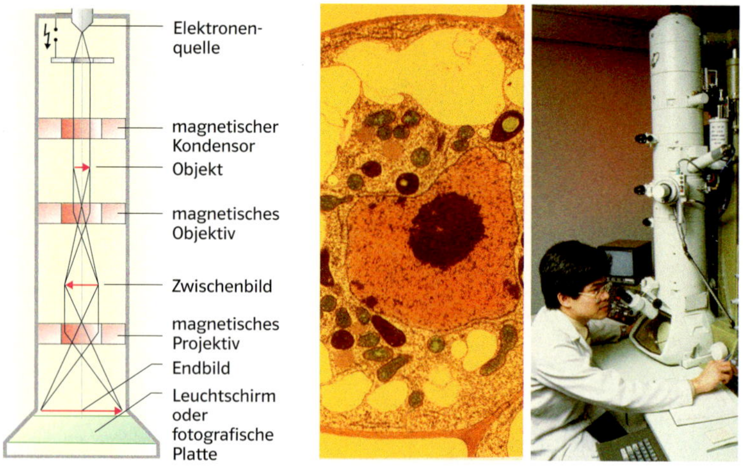

1 *Elektronenmikroskop (TEM, Schema) und koloriertes Bild einer Pflanzenzelle*

Sind die Grenzen des Auflösungsvermögens des Lichtmikroskops erreicht, können bei der weiteren Untersuchung und Strukturaufklärung der Zelle und ihrer Organellen nur Elektronenmikroskope weiterhelfen. Es gibt sie in unterschiedlichen Ausführungen. Je nach Fragestellung und gewünschter bildlicher Darstellung wird der passende Typ ausgewählt. Die Elektronenmikroskopie ermöglicht heute zusammen mit der Fluoreszenstechnik einen detaillierten Einblick in die biochemischen Prozesse in Zellen.

Das Transmissionselektronenmikroskop
Mit dem *Transmissionselektronenmikroskop (TEM)*, das gegenüber einem guten Lichtmikroskop die nahezu 1000fache Leistung erbringt, gelingt es, ausreichend dünne Präparate der Zelle zu durchdringen und Strukturen bis zu 0,1 nm Abstand aufzulösen. In der zellbiologischen Forschung findet das Transmissionselektronenmikroskop weitreichend Einsatz. Das *Rasterelektronenmikroskop (REM)* ermöglicht das Abtasten von Oberflächen und liefert so räumlich erscheinende Bilder (Abb. 2).

Wie ein Elektronenmikroskop funktioniert
Beide Typen des Elektronenmikroskops nutzen zur optischen Darstellung der Objekte Elektronen. Da die Elektronen von Luftteilchen abgebremst werden und auch Glas nicht durchdringen können, muss das Elektronenmikroskop luftleer gepumpt werden. In dem entstehenden Vakuum lassen sich die Elektronenstrahlen mithilfe elektromagnetischer Felder, deren Wirkung den Linsen im Lichtmikroskop entspricht, ablenken und bündeln. Das Bild kann dann auf einem Bildschirm betrachtet werden.

Das Rasterelektronenmikroskop
Bei einem Rasterelektronenmikroskop trifft ein eng gebündelter Elektronenstrahl (Primärelektronen) auf die zu untersuchende Oberfläche. Die reflektierten oder aus der Oberfläche herausgeschleuderten Elektronen (Sekundärelektronen) werden gemessen und von einem Rechner in Helligkeitswerte umgesetzt. Rastert dieser Elektronenstrahl das Objekt zeilenweise ab, so erhält man ein Bild, das einen guten räumlichen Eindruck vermittelt.

Präparation für das Elektronenmikroskop
Für den Einsatz im Elektronenmikroskop müssen die Objekte in besonderer Weise vorbereitet werden. Lebendbeobachtungen sind nicht möglich, da die Zellen fixiert werden müssen. Das kann mittels chemischer Agenzien (Osmiumtetroxid, Formaldehyd) oder durch Gefrieren geschehen. Wichtig ist, dass die Zellstrukturen nicht zerstört werden dürfen. Anstelle des in der Lichtmikroskopie üblichen Objektträgers benutzt man im Elektronenmikroskop kleinmaschige Metallnetze zur Aufnahme der Objekte.

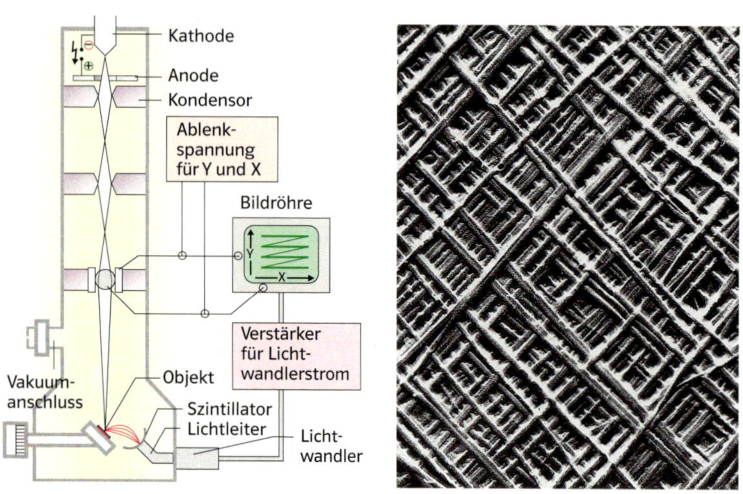

2 *Rasterelektronenmikroskop (Schema) und REM-Aufnahme der pflanzlichen Zellwand*

Die Ultradünnschichttechnik

Bei der *Ultradünnschnitttechnik* wird das Präparat nach dem Fixieren und Entwässern in Kunstharz eingebettet und dann mit einem Ultramikrotom geschnitten. Dieses Gerät ermöglicht es, Schichten in einer Dicke von 50 nm abzuschaben, d. h. eine Zelle von 0,1 mm Durchmesser wird in 2000 Scheiben geschnitten. Eine Seite dieses Buches ist 1000-mal dicker als ein solches Präparat. Das Messer eines Ultramikrotoms besteht aus einem Diamantsplitter oder der Kante von frisch gebrochenem Glas. Beim Schneiden wird das Präparat auf einem Wassertropfen aufgefangen und von dort mit einem feinen Metallnetz abgefischt. Auf diesem Trägernetz kann das Objekt in den Strahlengang eingeführt werden.

Kontrasterzeugung

Zum Teil sind biologische Strukturen schon im Lichtmikroskop sehr kontrastarm. Dies gilt noch mehr für das Elektronenmikroskop. Deshalb muss das Präparat *kontrastiert* werden. Das geschieht z. B. durch Osmiumtetraoxid oder andere Schwermetallionen. Auf dem Bildschirm des Elektronenmikroskops sieht man vor allem dieses elektronendichte Kontrastmittel, das sich selektiv an die biologischen Strukturen anlagert.

Kryoelektronenmikroskopie

Eine andere Methode, Präparate für das Elektronenmikroskop herzustellen, ist die *Gefrierätztechnik* (Abb. 4). Die Zellen werden hierbei physikalisch fixiert, indem sie auf –150 °C abgekühlt und dadurch eingefroren werden. Bei dieser *Kryofixierung* bleiben die Zellstrukturen erhalten. Beim anschließenden Aufbrechen und Sublimieren von Eis im Vakuum entstehen dreidimensionale Oberflächen, die Strukturdetails erkennen lassen.

A1 Deuten Sie die elektronenmikroskopischen Bilder der Pflanzenzelle (Abb. 1) und der Hefezelle (Abb. 5).

A2 Stellen Sie Vor- und Nachteile der Elektronenmikroskopie im Vergleich zur Lichtmikroskopie dar.

A3 Bei der Elektronenmikroskopie untersucht man das gleiche biologische Objekt meist mit verschiedenartigen Verfahren. Begründen Sie dieses Vorgehen.

3 *Ultramikrotom*

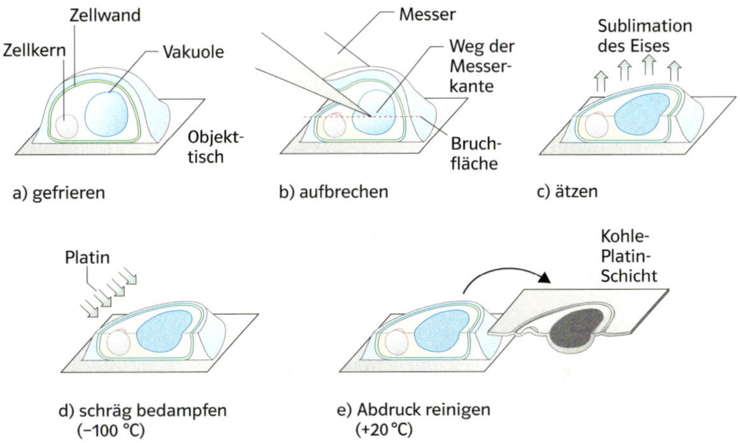

4 *Schritte bei der Gefrierbruch- und Gefrierätztechnik*

5 *EM-Bild einer Hefezelle nach Gefrierbruch und Gefrierätzung*

Das mikroskopische Bild der Zelle

Eucyte (auch *Eucyt*)
Zelle eukaryotischer Organismen (Pflanzen, Tiere, Protisten, Pilze)

Zellen begegnen uns in beachtlicher Vielfalt, sowohl in Größe und Gestalt als auch bezüglich der Funktionen. Dennoch zeigen sie alle eine grundsätzlich gleichartige strukturelle Ausstattung.

Kompartimentierung
Jede Zelle eines Vielzellers enthält zahlreiche (häufig membranumgrenzte) Reaktionsräume und grenzt sich selbst durch Membranen von benachbarten Zellen ab. Diese auch als *Kompartimente* bezeichneten Räume ermöglichen einen kontrollierten Austausch innerhalb der eigenen Zelle und mit anderen Zellen [Basiskonzept S. 374]. Ferner können Konzentrationsunterschiede erzeugt werden. Außerdem kann hierdurch auch eine bestimmte Stoffkonzentration innerhalb enger Grenzen aufrechterhalten werden *(Homöostase)*.

Je besser das Auflösungsvermögen und je stärker die Vergrößerung, desto mehr Einzelheiten werden sichtbar. Was wir im Lichtmikroskop als flächige Bilder sehen, sind in Wirklichkeit räumliche Gebilde mit mehr Einzelheiten. Sie lassen sich im *Elektronenmikroskop* erkennen (s. Seite 32).

Alle Merkmale des Lebens spiegeln sich auch in einer lebenden Zelle wieder. Der eigentliche Träger aller Lebensfunktionen ist der Zellleib *(Protoplast)*. Er besteht aus dem Zellplasma *(Cytoplasma)* mit den darin eingeschlossenen Zellstrukturen. Sie werden als *Organellen* (gr. *organon* = Werkzeug) bezeichnet, weil sie in der Zelle — wie ein Organ in einem Organismus — ganz bestimmte Funktionen erfüllen. Das Cytoplasma ist nicht strukturlos. Neben reichlich Wasser mit darin gelösten Substanzen enthält es vorwiegend Proteine.

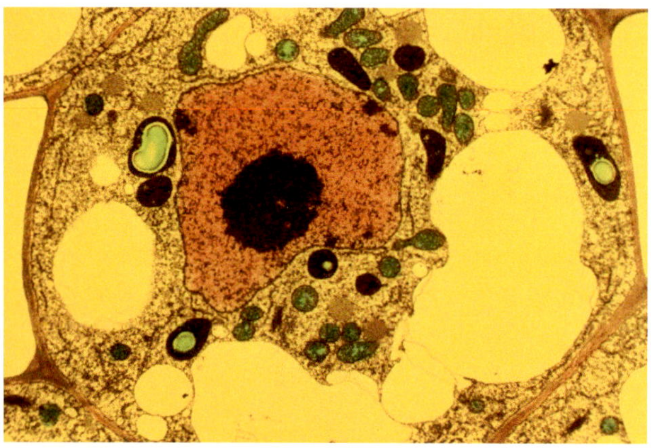

1 *Pflanzenzelle (TEM-Aufnahme, coloriert)*

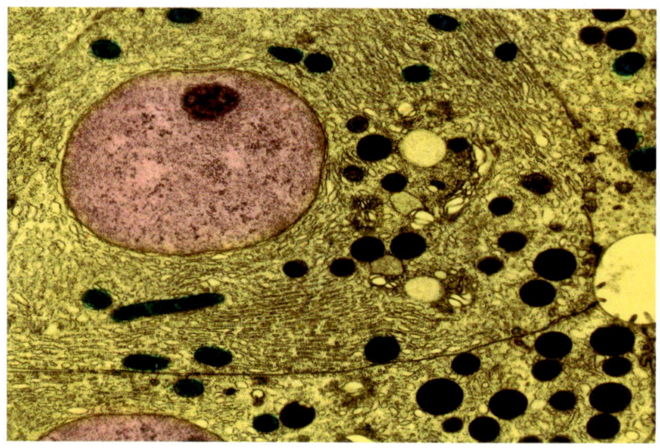

2 *Tierzelle (TEM-Aufnahme, coloriert)*

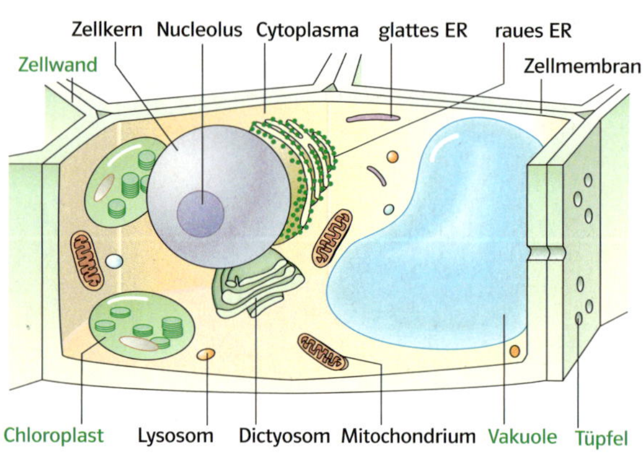

3 *Pflanzenzelle*

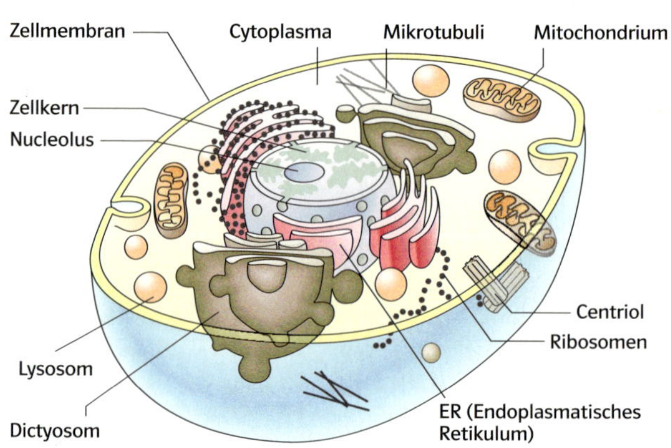

4 *Tierzelle*

Der Zellkern

Der Zellkern *(Nucleus)* mit einem Durchmesser von durchschnittlich 3—10 µm ist gewöhnlich das größte Organell. In seinem Inneren befinden sich ein oder mehrere *Kernkörperchen*, die *Nucleoli*. Das Plasma des Kerns, das Karyoplasma, wird durch die Kernhülle gegen das übrige Cytoplasma abgegrenzt. Es enthält vor allem Nucleinsäure, die *Desoxyribonucleinsäure (DNA)*. Der Zellkern steuert die Stoffwechselprozesse innerhalb der Zelle und enthält die Erbinformation.

Das Zellvolumen

Da ein bestimmtes Zellvolumen auch eine minimal notwendige Stoffwechselaktivität pro Zeiteinheit besitzt, gleichzeitig aber die eigene Zelloberfläche die maximale Stoffaustauschrate begrenzt, können Zellen nicht ein beliebig großes Volumen erreichen. Die Zellkompartimentierungen der Eucyten erlauben etwas großvolumigere Zellen, während die Zellvolumen bei Procyten (vgl. S. 42) eher geringer ausfallen. Nach außen wird das Plasma durch die äußere Zellmembran abgegrenzt.

Gerade noch sichtbar in einem Lichtmikroskop sind die 2—8 µm langen *Mitochondrien*. Sie sind von einer Doppelmembran umgeben und in ihrem Inneren reich gegliedert.

Das lichtmikroskopisch kaum in Erscheinung tretende *Endoplasmatische Retikulum (ER)* gliedert das Zellplasma gleichsam in Reaktionsräume, die *Kompartimente*.

Flache Stapel von Membranen, an deren Ende sich Vesikel abschnüren, nennt man *Dictyosomen*. Alle Dictyosomen einer Zelle fasst man als *Golgi-Apparat* zusammen.

Typische pflanzliche Zellbestandteile

Pflanzliche Zellen enthalten *Plastiden*. Sie treten in drei verschiedenen Typen auf: als fotosynthetisch aktive *Chloroplasten*, als *Chromoplasten* mit roten und gelben Farbstoffen und als farblose *Leukoplasten*. Während Leukoplasten als Speicherorganellen dienen und Chromoplasten Blüten und Früchten lebhafte Farben verleihen, sind die chlorophyllhaltigen Chloroplasten die Orte der Fotosynthese. In einer

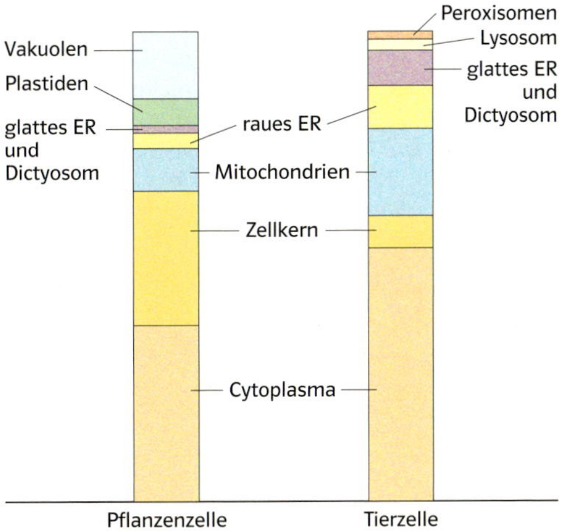

5 *Anteil der Organellen*

Zelle des Assimilationsgewebes können 100 und mehr linsenförmige, im Durchmesser bis zu 8 µm große Chloroplasten vorhanden sein.

Ein typisch pflanzliches Merkmal ist auch die Ausbildung einer zellulosehaltigen Zellwand. Nach der Zellteilung bildet sich die *Mittellamelle* aus. Ihr lagern sich Zellulosefasern ein und auf. So entsteht eine zum Teil mächtige und starre Wand mit Aussparungen, den *Tüpfeln*. Durch feine Plasmaverbindungen *(Plasmodesmen)* in den Tüpfeln stehen die Zellen untereinander in Verbindung. [Basiskonzept S. 380]

Ältere Pflanzenzellen enthalten große *Zellsaftvakuolen*. Vakuolen als bläschenförmige, von einer Membran *(Tonoplast)* umgebene Flüssigkeitsräume kommen in Zellen sehr verschiedener Lebewesen vor. Als Nahrungs- und pulsierende Vakuolen sind sie bei Einzellern, als Fett- und Eiweißvakuolen bei Tier- und Pflanzenzellen zu finden. Vakuolen, die mit Zellsaft, Kristallen und Farbstoffen gefüllt sind, sind charakteristisch für Pflanzenzellen. Auch Pilze — etwa Zellen der Bäckerhefe (s. Randspalte) — zeigen grundsätzlich den gleichen Aufbau wie Tier- und Pflanzenzellen. Diesen Zelltyp nennt man *Eucyte* und stellt ihn der *Procyte* der Bakterien gegenüber.

A1 Vergleichen Sie den Aufbau einer tierischen und einer pflanzlichen Zelle (Abb. 1 — 5).

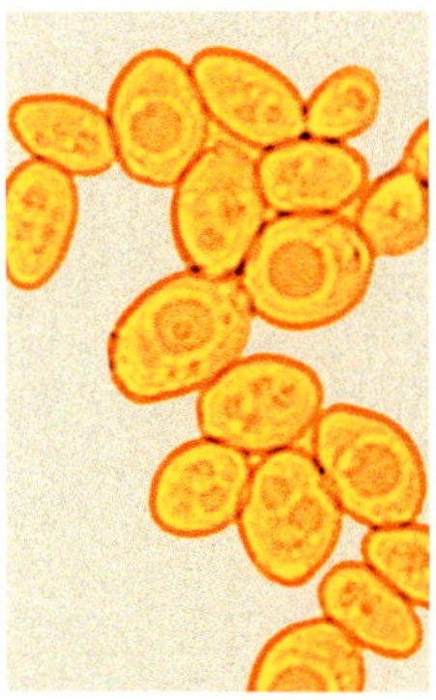

Bäckerhefe

Lexikon
Zellorganellen

Pflanzliche und tierische Zellen sind in der Regel deutlich größer und komplexer aufgebaut als Zellen von Procyten. Dies liegt vor allem daran, dass letztere keine größeren Kompartimentierungen aufweisen, während Eucyten über sehr zahlreiche Zellorganellen mit entsprechenden Membranen verfügen. Dabei findet man sowohl bei pflanzlichen als auch bei tierischen Zellen Zellorganellen mit zwei Membranen, mit einer Membran und ohne Membran.

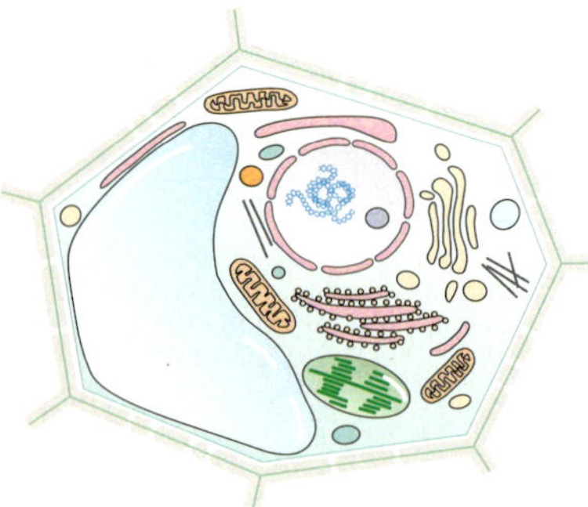

1 *Pflanzenzelle*

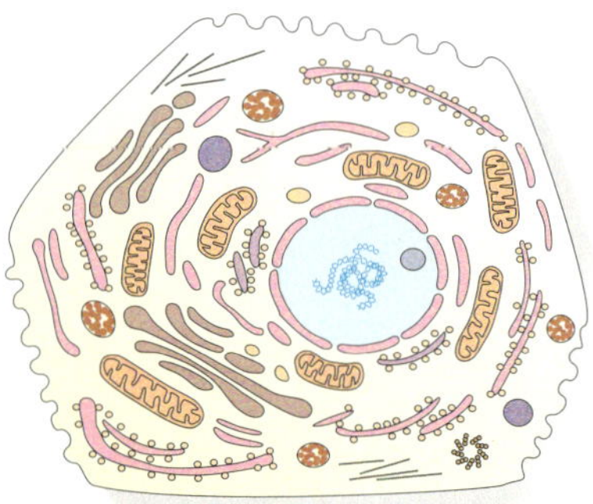

2 *Tierzelle*

Zellorganellen mit doppelter Membran

Sowohl pflanzliche als auch tierische Zellen besitzen einen Zellkern und Mitochondrien. Pflanzen besitzen zudem Chloroplasten (Ort der Fotosynthese).

1. Zellkern (Nucleus)

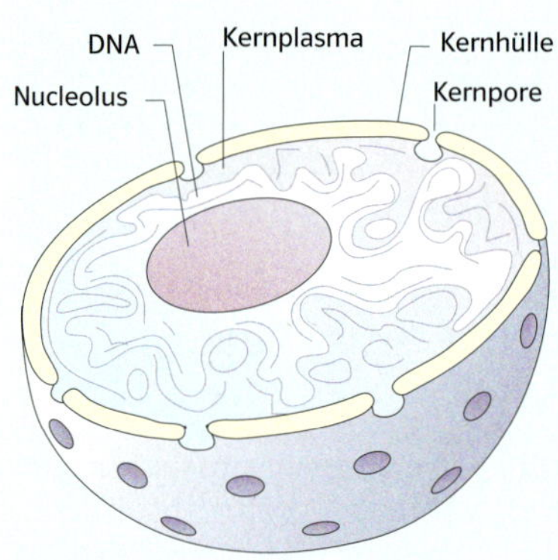

Der *Zellkern* stellt die zentrale Verwaltung der Zelle dar. Er enthält das gesamte genetische Material einer Zelle in Form von chromosomaler DNA. Ferner befinden sich im Zellkern ein oder mehrere Zellkernkörperchen *(Nucleolus* bzw. *Nucleoli)*, die sich an der Bildung der Ribosomen beteiligen. Die Doppelmembranhülle enthält an zahlreichen Stellen Poren, durch die ein Informationsaustausch gewährleistet wird. Durch diese wandert m-RNA aus dem Kernplasma heraus in das Cytoplasma (vgl. Genetik, S. 196 ff.).

2. Mitochondrien

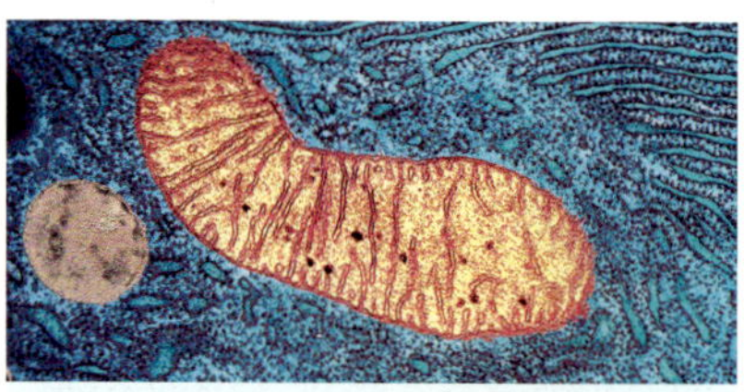

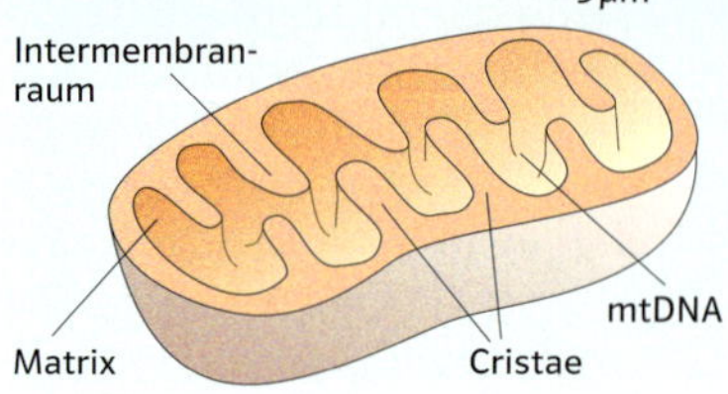

Mitochondrien bilden zwei Kompartimente: Eines liegt zwischen der äußeren und der inneren Hüllmembran, das andere, die plasmatische Matrix, wird von der inneren, stark gefalteten Membran umgeben. Durch die lamellenförmigen Einstülpungen, die *Cristae*, entstehen große Oberflächen. In der Matrix befinden sich u.a. eine eigene DNA sowie 70 S-Ribosomen. Neben dem *Cristae-Typ* gibt es den *Tubuli-Typ* mit röhrenförmiger und den *sacculären Typ* mit säckchenförmiger Innenstruktur.

Mitochondrien kommen gehäuft in Zellen mit hohem Energiebedarf vor, z. B. in Muskelzellen. Die Mitochondrien sind die Orte der Zellatmung. Bei Oxidationsprozessen wird Energie aus Nährstoffen zum ATP-Aufbau eingesetzt. Mitochondrien kann man als „Kraftwerke" der Zelle bezeichnen. Mitochondrien vermehren sich durch Teilung.

3. Chloroplasten

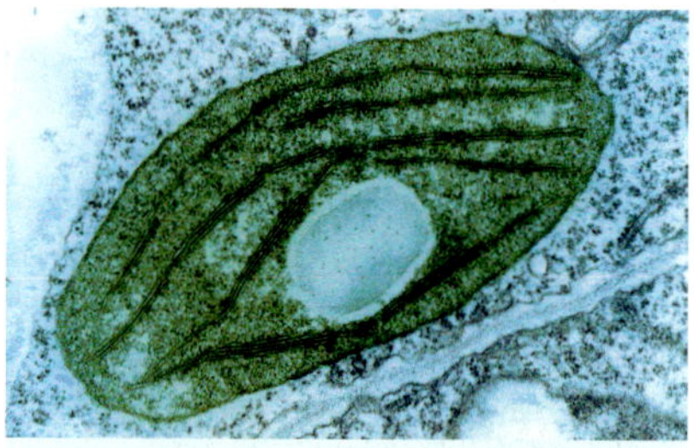

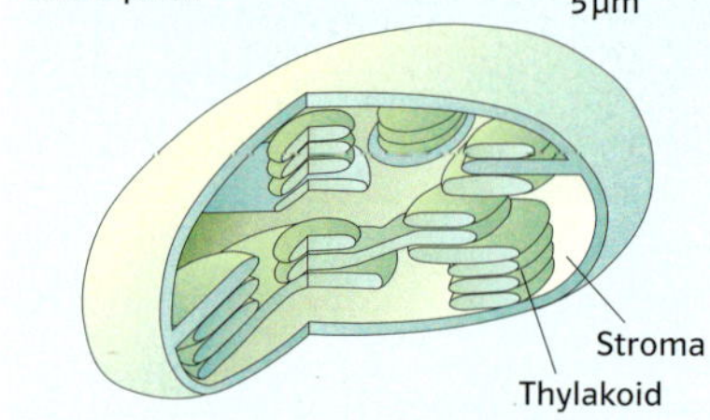

Chloroplasten besitzen zwei Kompartimente: Die innere Membran umschließt einen Matrixraum, das *Stroma*. Darin befinden sich flächige, lamellenförmige Einstülpungen der inneren Membran, die *Thylakoide*. Diese sind zum Teil wie Geldrollen sehr dicht gestapelt. Ein Stapel heißt *Granum* (Mehrzahl: *Grana)*. Wie die Mitochondrien besitzen die Chloroplasten eine eigene DNA sowie 70 S-Ribosomen. Die Thylakoidmembran enthält u.a. Chlorophylle und Carotinoide. Chloroplasten entstehen nur durch Teilung vorhandener Chloroplasten.

Zellorganellen mit einer Membran

Alle eukaryotischen Zellen weisen auch Zellorganellen mit einer Membran auf, wie beispielsweise das Endoplasmatische Retikulum, die Dictyosomen, die Ribosomen und die Peroxisomen. Pflanzliche Zellen besitzen zudem eine Zellsaftvakuole, die von einer Membran umschlossen wird. Tierische Zellen dagegen besitzen zusätzlich membranumschlossene Lysosomen.

1. Endoplasmatisches Retikulum (ER)

Das ER ist ein Membransystem. Es durchzieht als flächiges Netzwerk das gesamte Cytoplasma. Die Membranen umschließen lamellen- oder röhrenförmige Innenräume, die *Zisternen.* Das ER kann mit anderen Membranen in Verbindung stehen, z. B. mit der Kernhülle. Es ist der Syntheseort von Membran- und Reservelipiden. An den Membranflächen befinden sich zum Teil dicht nebeneinander *Ribosomen*, wodurch das ER rau erscheint. Andere Bereiche sind frei von Ribosomen. Man unterscheidet zwischen *rauem* und *glattem ER*.

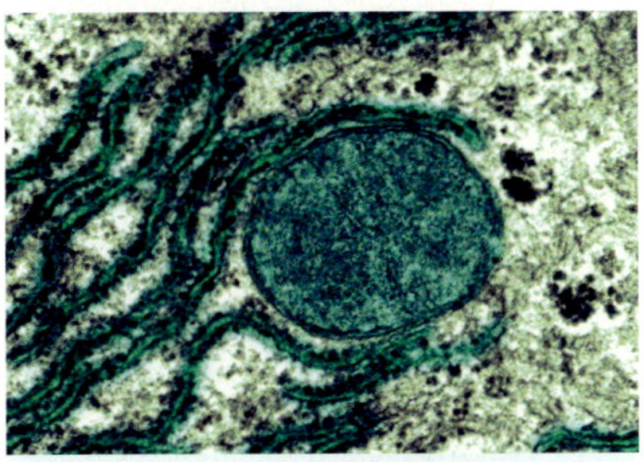

ER 1 µm

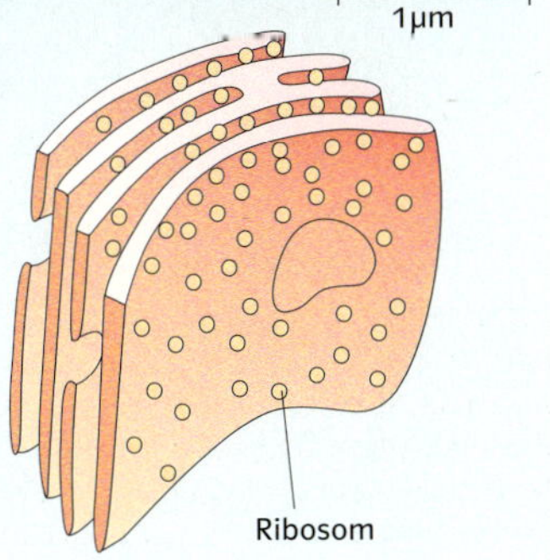

Weitere Funktionen des ER sind die membrangebundene Proteinsynthese und der Stofftransport innerhalb der Zelle. Manchmal schnüren sich von den Membranen Bläschen *(Vesikel)* ab, in denen Stoffe transportiert werden. Drüsenzellen sind besonders stark vom ER durchzogen. In den Zisternen werden viele Stoffe gebildet, umgewandelt oder gespeichert.

2. Dictyosomen / Golgi-Apparat

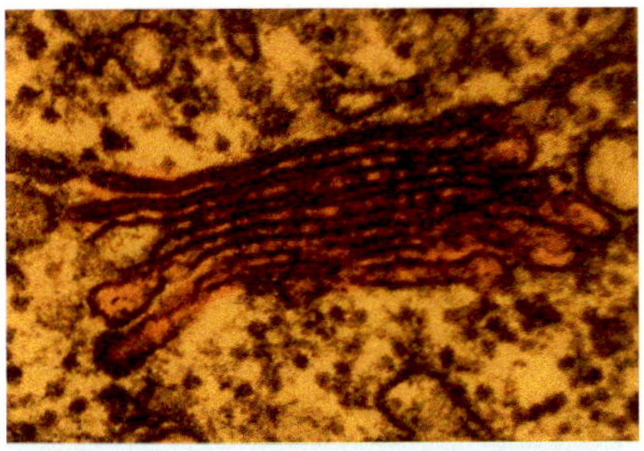

Dictyosom 0,5 µm

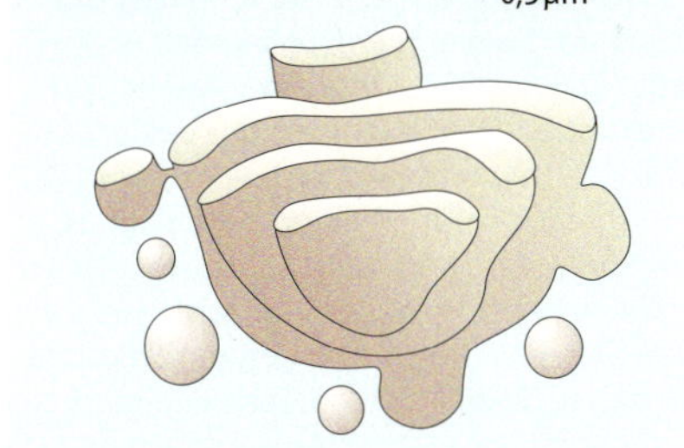

Dictyosomen sind flache Membranzisternen, die in Drüsenzellen in großer Zahl vorkommen. Nach ihrem Entdecker wird die Gesamtheit der Dictyosomen in einer Zelle auch *Golgi-Apparat* genannt. Im Inneren der Membranzisternen befinden sich vor allem Proteine, bei pflanzlichen Zellen auch Baustoffe für die Zellwand. Sie werden zwar im ER gebildet, aber hier konzentriert und gelagert oder weitertransportiert. Am Rande der Membranstapel können sich, ähnlich dem ER, Bläschen *(Golgi-Vesikel)* abschnüren.

3. Peroxisomen

Peroxisomen stammen vom ER ab, indem sich Vorläufervesikel dort abschnüren und sich weiter ausdifferenzieren. Ihre Größe liegt bei ca. 0,5 — 1,5 µm. Sie sind besonders reich an *Katalasen* und *Oxidasen*. Oxidasen spalten Wasserstoff von verschiedenen Substraten ab und verbinden ihn mit molekularem Sauerstoff zu Wasserstoffperoxid. Dieses Zellgift wird mithilfe der Peroxidase weiter abgebaut.

4. Zellsaftvakuole

Die Vakuole wird von einer dünnen semipermeablen Plasmahaut, dem *Tonoplasten* umschlossen. Der Vakuoleninhalt bestimmt die osmotischen Eigenschaften der pflanzlichen Zelle maßgeblich (s. Seite 46 ff.). Ferner dient die Vakuole als Speicherort für Reservestoffe (Kohlenhydrate, Eiweiße) und als Ablagerungsstätte für giftige Stoffwechselprodukte (z. B. Salze).

5. Lysosomen

Lysosomen besitzen, wie der Golgi-Apparat und das ER, eine einfache Membran. Die bläschenförmigen Lysosomen haben unterschiedliche Größe, häufig werden sie mitochondriengroß. Sie enthalten vor allem Verdauungsenzyme, die überflüssiges Zellmaterial abbauen.

Zellorganellen ohne Membran

1. Ribosomen

Ribosomen besitzen keine Membran. Diese kleinen Organellen (Größe 15 — 30 nm) werden aus zwei Untereinheiten gebildet, die zu 40 % aus Nucleinsäuren (Ribonucleinsäuren, r-RNA) und zu 60 % aus Proteinen bestehen. Ribosomen sind die Bildungsstätten der Proteine. Sie können zu mehreren perlschnurartig im Cytoplasma liegen *(Polysomen)* oder auch an Membranen angelagert sein.

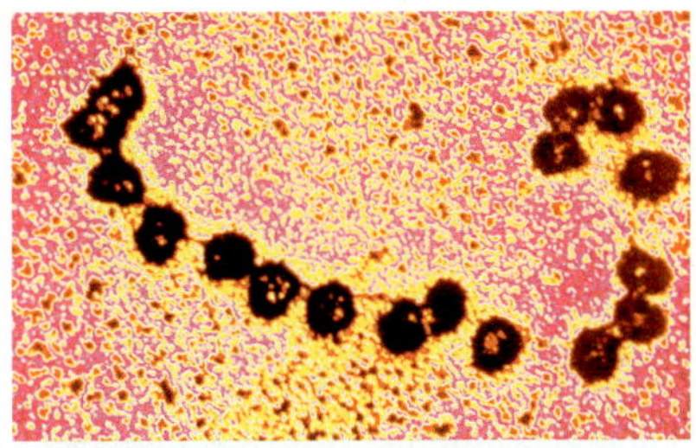

Ribosom 10 nm

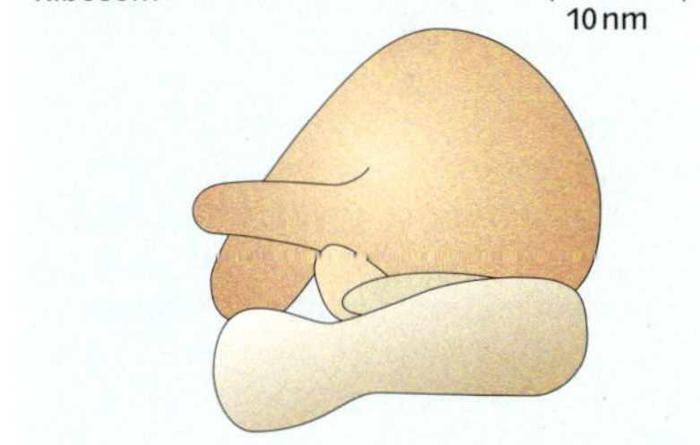

Es gibt zwei Typen von Ribosomen, die sich in ihrer Größe und im Sedimentationsverhalten unterscheiden. Für große Ribosomen, die nur im Cytoplasma und am rauen ER von Eucyten auftreten, beträgt der *Sedimentationskoeffizient* 80 Svedberg (S), für kleine, in Bakterien vorkommende 70 S.

Material
Forschungsmethoden der Zellbiologie

Neben der Mikroskopie sind in der cytologischen Forschung weitere Untersuchungsverfahren bedeutsam. Sie dienen der Isolierung von Zellorganellen, der Funktionsuntersuchung der Zellbestandteile und der Analyse chemisch-physikalischer Eigenschaften von Molekülen.

Das Prinzip der Zentrifugation

Verteilt man verschieden große Zellen, z. B. ein Gemisch aus Eucyten und Procyten, gleichmäßig in einer wässrigen Lösung, sinken die Zellen durch die Schwerkraft langsam zum Boden. Zuerst setzen sich die Eucyten ab. Je größer die Dichte der Zellen ist, desto schneller verläuft das Absinken, die *Sedimentation*. Das Verfahren eignet sich zum Trennen von Objekten unterschiedlicher Dichte und Größe, bei kleinen Objekten dauert der Vorgang aber sehr lange. Doch je größer die Kraft ist, die auf ein Objekt einwirkt, desto schneller sedimentiert es. Die Erdanziehungskraft ist konstant. Sie ist das Produkt aus Masse und Erdbeschleunigung g ($9{,}81\,m/s^2$).

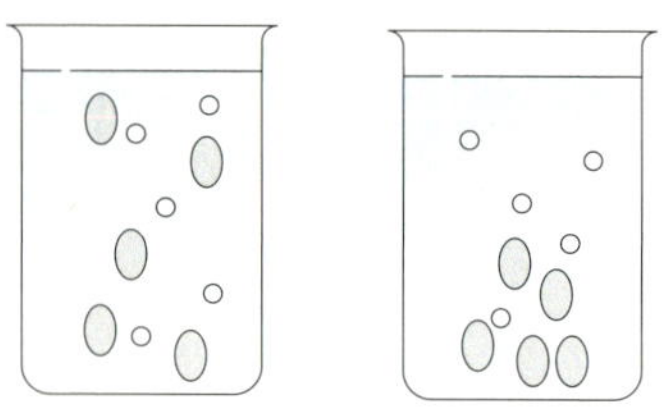

Unterwirft man die zu trennenden Objekte einer hohen Beschleunigung, so erfahren sie entsprechend große Kräfte. Dies erreicht man durch Zentrifugieren. An ein Partikel greifen dann drei Kräfte an: die Zentrifugalkraft, der Auftrieb und die Reibung. In Zentrifugen werden Zellen und Zellbestandteile Beschleunigungen ausgesetzt, die um ein Vielfaches größer sind als die Erdbeschleunigung.

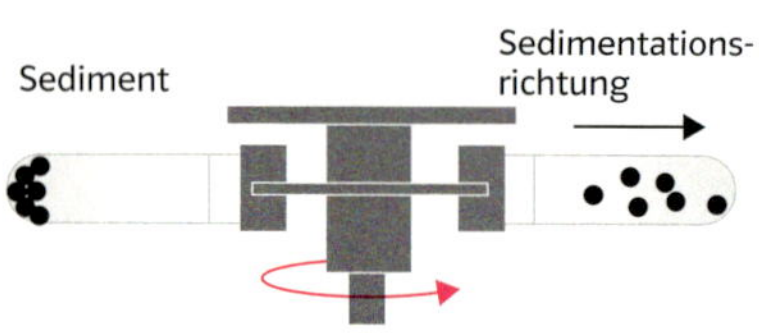

A1 In den derzeit schnellsten Achterbahnen werden vertikale Beschleunigungswerte von bis zu $40\,m/s^2$ erzielt. Ultrazentrifugen erreichen Beschleunigungswerte von 200 000 g.
Berechnen Sie, den wievielfachen Beschleunigungswert Ultrazentrifugen im Vergleich zu heutigen Achterbahnen aufweisen.

Trennung von Zellbestandteilen

Mithilfe der Zentrifugation werden einzelne Zellorganelltypen gezielt angereichert. Man erhält sogenannte *Fraktionen*, z. B. von Zellkernen oder Chloroplasten. Dazu werden die Zellen zunächst mechanisch mit einem Homogenisator oder durch Zerreiben mit feinem Quarzsand „aufgebrochen". Das entstandene Zellhomogenat wird zentrifugiert. Die schweren Zellkerne setzen sich schneller als Sediment am Grund des Zentrifugenröhrchens ab als leichtere Organellen. Gießt man den Überstand ab *(Dekantieren)*, so bleibt eine fast reine Zellkernfraktion zurück. Bei der *Differentialzentrifugation* wird der dekantierte Rest des Homogenats nacheinander bei verschiedenen Drehzahlen zentrifugiert und so weiter fraktioniert. Das geschieht in Ultrazentrifugen, die Drehzahlen von mehr als 1000 Umdrehungen pro Sekunde erreichen. Dabei treten Beschleunigungen bis zum einige Hunderttausendfachen der Erdbeschleunigung auf. So lässt sich am Röhrchenboden auch die Konzentration kleiner Partikel erhöhen. Jedoch wird vor allem bei sehr kleinen Partikeln die Sedimentation durch die Diffusion behindert. Durch Kühlung wird dieser Vorgang verlangsamt.

Mithilfe der Ultrazentrifugation lässt sich der Sedimentationskoeffizient von Zellorganellen bestimmen. Dieser „S-Wert", benannt nach dem Schweden THEODOR SVEDBERG, ist abhängig von der Größe und der Masse der Partikel. Er ist ein Maß für die Geschwindigkeit, mit der Teilchen bei einer bestimmten Beschleunigung sedimentieren. Im Prinzip gilt: Je kleiner die Teilchen, desto langsamer sedimentieren sie, desto kleiner ist ihr S-Wert. So hat man beispielsweise zwei verschiedene Ribosomentypen entdeckt: größere mit 80 S und kleinere mit 70 S.

A2 Beschreiben Sie das Prinzip der Zentrifugation mit eigenen Worten.

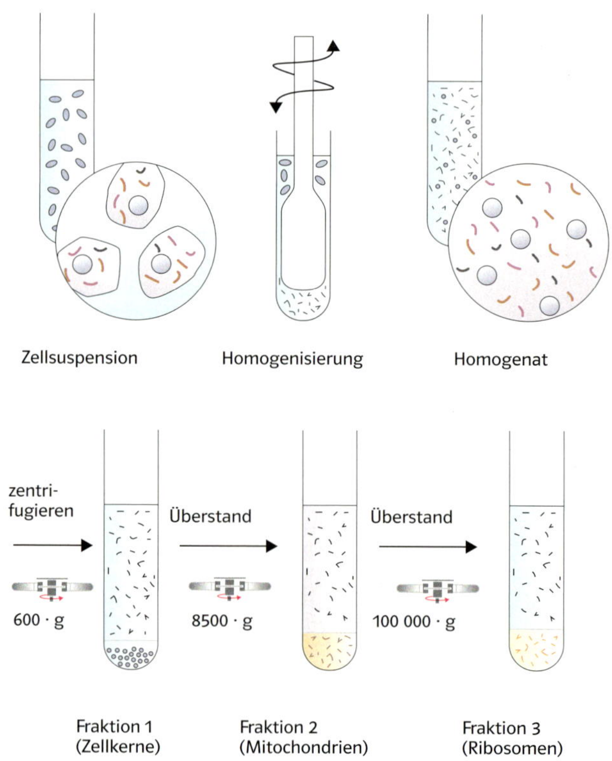

Trennung von Zellbestandteilen

Reinigungstechniken für Proteine

In einem Organismus kommen Tausende unterschiedlicher Proteine vor. Will man daraus ein bestimmtes Protein näher untersuchen, muss es erst von allen anderen Proteinen abgetrennt und gereinigt werden. Hierzu verwendet man u. a. die Elektrophorese und die Gelfiltration.

1. Elektrophorese

Bei hohem pH-Wert der Umgebung enthalten Proteine fast nur negativ geladene Restgruppen, sie besitzen also eine negative Nettoladung. Bei der *Elektrophorese* nutzt man diese Eigenschaft aus. Dazu wird ein Proteingemisch auf ein Gel aufgetragen. Nach Anlegen einer elektrischen Spannung wandern die Proteine durch das Gel zur gegenüberliegenden, positiv geladenen Elektrode. Kleine Proteine im Probengemisch passen besser durch die Poren des Gels und wandern rascher als die großen.

Darüber hinaus werden Proteine mit unterschiedlich großen Nettoladungen verschieden stark angezogen und wandern aus diesem Grund verschieden schnell. Insgesamt legen die Proteine daher unterschiedliche Strecken zurück und werden somit aufgetrennt.

Dieses Verfahren zur Auftrennung von Gemischen aus Makromolekülen ist auch zur Untersuchung von DNA geeignet. DNA ist aufgrund der Phosphatgruppen negativ geladen und wandert im elektrischen Feld vom Minus- zum Pluspol.

2. Gelfiltration

Bei der *Gelfiltration* verwendet man eine Säule, die mit kleinen Gelkügelchen (ca. 100 µm Durchmesser) gefüllt ist. Das Innere dieser Kügelchen besteht aus einem feinen Netzwerk.

Lässt man nun ein Proteingemisch langsam durch die Säule fließen, so dringen kleine Proteine in die Kügelchen ein und verfangen sich dort für einige Zeit. Sie wandern daher langsam durch die Säule. Große Proteine können dies nicht und wandern schneller. Die Proteine verlassen daher nach der Größe sortiert die Säule.

A3 Könnte man mithilfe der Gelelektrophorese ein Gemisch aus Stärkemolekülen unterschiedlicher Größe auftrennen? Begründen Sie Ihre Ansicht.

A4 Beschreiben Sie die beiden Prinzipien, die im Gelektrophoreseverfahren eine Proteintrennung bewirken.

A5 Verwendet man ausschließlich das Gelfiltrationsverfahren zur Trennung von Proteinen, so kann dies zu unbefriedigenden Ergebnissen führen. Begründen Sie dies.

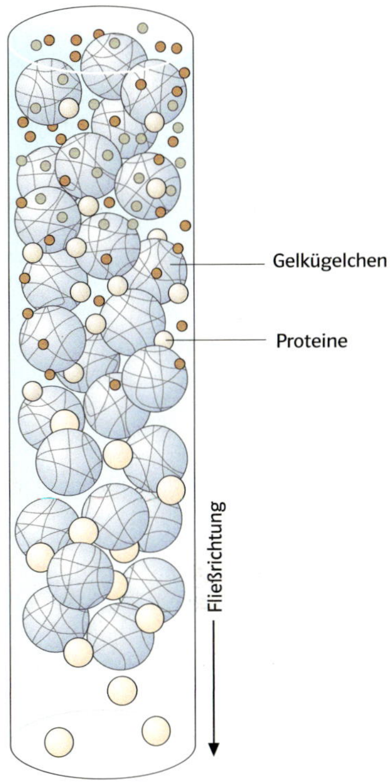

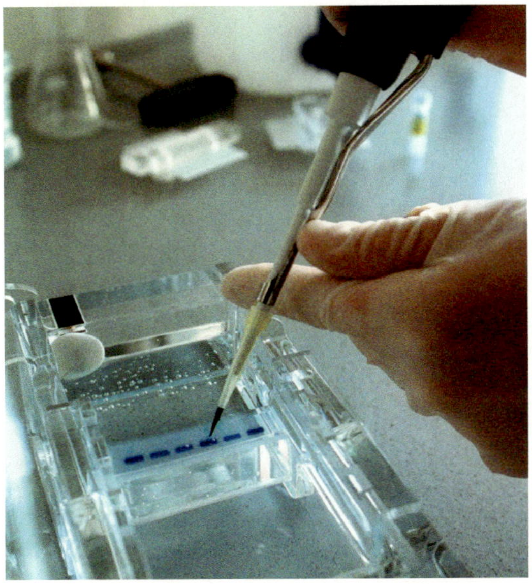

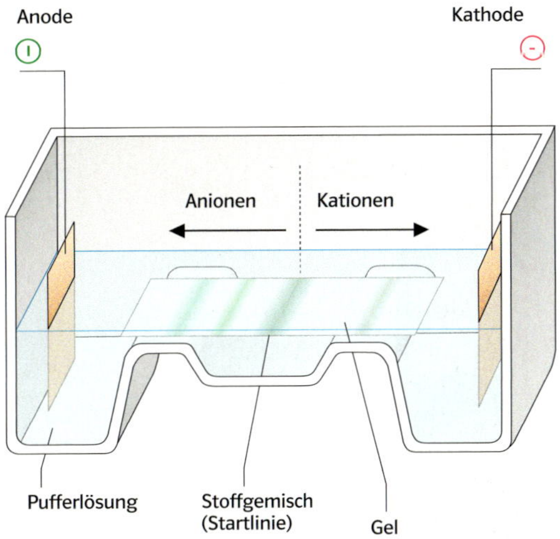

Elektrophorese eines Proteingemisches (3 Proteine) bei neutralem pH-Wert. Während Protein 3 positiv geladen ist, tragen die Proteine 1 und 2 negative Überschussladung. Protein 1 wandert schneller, entweder aufgrund stärkerer Ladung oder weil es kleiner oder kompakter gebaut ist.

Transplantation von Zellkernen

Die Bedeutung des Zellkerns verdeutlichen auch Experimente, bei denen Kerne transplantiert werden. Im Jahr 1961 gelang dem britischen Biologen JOHN GURDON ein Aufsehen erregendes Experiment mit dem *afrikanischen Krallenfrosch (Xenopus laevis)*. Er saugte mit einer feinen Glaspipette den Zellkern aus einer unbefruchteten Eizelle eines normal gefärbten Frosches. In die kernlose Eizelle brachte er anschließend einen Zellkern aus der Darmzelle einer *Albinokaulquappe* (s. Randspalte). Einige der manipulierten Eizellen entwickeln sich zu einem *Albinofrosch*. Dieser Versuch zeigt, dass die *Erbinformationen* des Frosches im Zellkern der Zelle enthalten sind, und bestätigt Beobachtungen, die seit Beginn des 20. Jahrhunderts bei anderen Lebewesen gemacht wurden.

Das erste geklonte Säugetier, das legendäre Schaf *Dolly*, wurde am 5. Juli 1996 geboren. Schottische Forscher hatten den Kern aus Euterzellen des einen Elterntieres in die entkernte, unbefruchtete Eizelle eines anderen Tieres eingebracht. Der sich daraus entwickelnde Embryo war von einem dritten Tier ausgetragen worden. Dolly war mit der Kernspenderin genetisch identisch. Für die Erzeugung des Klonschafes hatten die Wissenschaftler in Edinburgh in 277 Eizellen Kerne transplantiert. Nur 29 von ihnen entwickelten sich so, dass sie einem Mutterschaf eingepflanzt werden konnten. Ein einziger Embryo überstand die Schwangerschaft bis zur Geburtsreife. Das war Dolly. Im Alter von sechs Jahren wurde das Klonschaf eingeschläfert. Es litt an Symptomen vorzeitigen Alterns. Im Durchschnitt erreichen Schafe ein Alter von 12 Jahren. [Basiskonzept S. 372]

1 *Krallenfrosch (Albino)*

A1 „Klonen" bedeutet die Anfertigung genetischer Doppelgänger, „Klonieren" die Vervielfältigung eines Gens. Reproduktionsbiologie und Gentechnik werden oft nicht auseinandergehalten. Begründen Sie, weshalb das Klonen des Schafes Dolly nicht als ein gentechnisches Experiment bezeichnet werden kann.

A2 Vergleichen Sie das Klonen aus einer Euterzelle (Methode „Dolly") mit dem klassischen Klonen.

Dolly

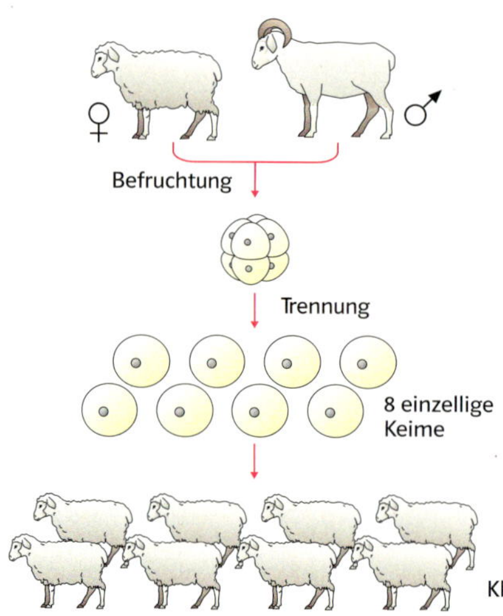

2 *Klassisches Klonen*

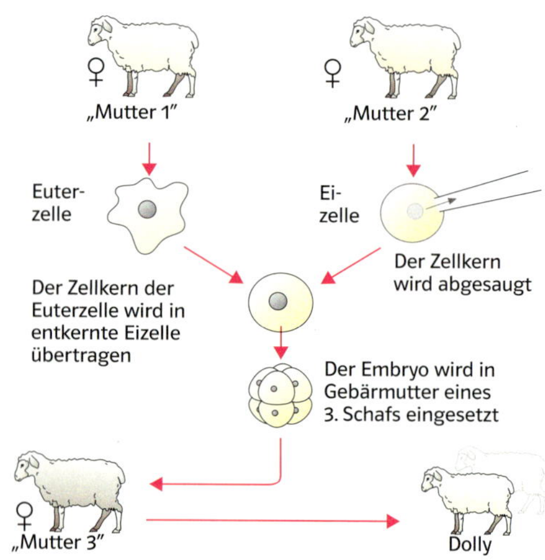

3 *Klonen nach der Methode „Dolly"*

Das Cytoskelett der Zelle

Alle eukaryotischen Zellen besitzen neben membranösen Strukturen auch sogenannte *Filamente*, die der Zelle vor allem Stabilität, Form und Flexibilität verleihen und eine fadenförmige Struktur aufweisen. Verschiedene Filamente bilden zusammen das *Cytoskelett* der Zelle. Dieses Cytoskelett bietet zusätzlich Verankerungsplätze für andere zelluläre Strukturen. Es entsteht eine Art „Schienensystem" für Proteine. Damit ermöglichen diese Strukturen spezifische Funktionen innerhalb von Zellen bzw. von Zelle zu Zelle. [Basiskonzept S. 370]

Aktinfilamente

Aktinfilamente bestehen aus Strängen des Proteins Aktin. Diese Aktinmoleküle sind an Bewegungen in Zellen maßgeblich beteiligt. Zu diesen Bewegungen gehören vor allem Cytoplasmaströmungen, Kontraktionen und Cytoplasma-Einschnürungen während des Mitosevorgangs. Auch an den Kontraktionen von Muskelzellen ist Aktin zusammen mit Myosin maßgeblich beteiligt (s. Seite 90 ff.).

Intermediärfilamente

Intermediärfilamente kommen nur in tierischen Zellen vor und besitzen vor allem die Funktion, für Stabilität und Zugfestigkeit in der Zelle zu sorgen. In zahlreichen Zellen verlaufen sie u. a. von der Kernhülle bis zur Plasmamembran und verankern damit den Zellkern und weitere Zellorganellen, die sich im Cytoplasma befinden.

Mikrotubuli

Mikrotubuli haben zylinderförmige Strukturen. Sie bestehen aus einzelnen Tubulinbausteinen (Abb. 1). Diese werden am einen Ende fortwährend aufgebaut, während sie zeitgleich am anderen Ende konstant abgebaut werden. Dadurch sind gezielte zelluläre Bewegungen in eine bestimmte Richtung möglich. So werden beispielsweise die Chromosomen während der Zellteilung zu den Zellpolen gezogen. Auch werden Mikrotubuli als Gleise für den Transport von Vesikeln eingesetzt. Ebenso bestehen Fortbewegungsorgane bestimmter eukaryotischer Zellen, sogenannte *Cilien* bzw. *Geißeln*, aus Mikrotubuli (s. Seite 42). Letztere sind länger, kommen gewöhnlich einzeln oder paarweise vor und erzeugen wellenförmige Bewegungen, während Cilien in der Regel kürzer sind und steif in eine Richtung schlagen. Die rückwärtige Bewegung erfolgt dann wieder in gebeugtem Zustand *(Schwimmerarmbewegung)*.

Neben diesen drei Hauptkomponenten im intrazellulären Bereich gibt es in pflanzlichen Zellen im extrazellulären Bereich noch die *Zellulose-Mikrofibrillen*, die in der Zellwand für Festigkeit und Stabilität sorgen.

A1 Begründen Sie, weshalb pflanzliche Zellen keine Intermediärfilamente aufweisen, während diese Filamente für tierische Zellen unverzichtbar sind.

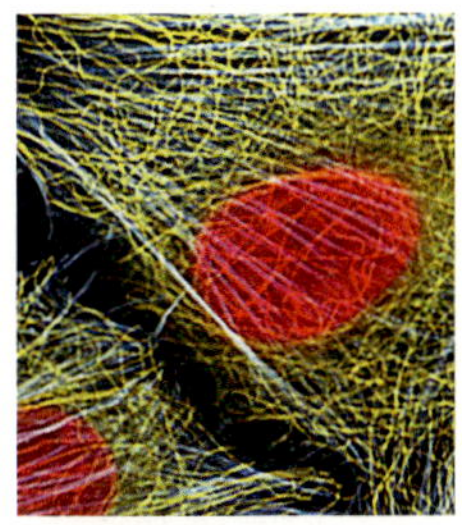

Aktinfilamente

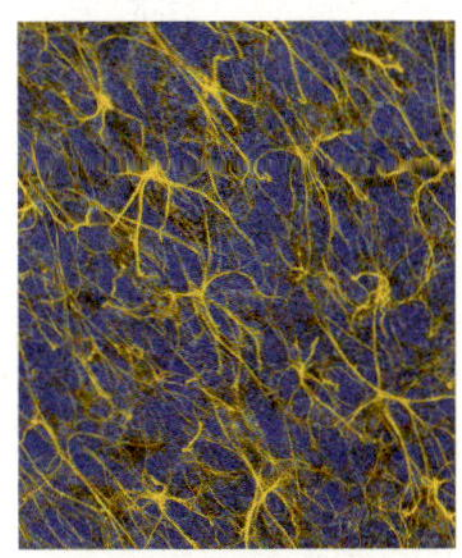

Intermediärfilamente

Mikrotubuli

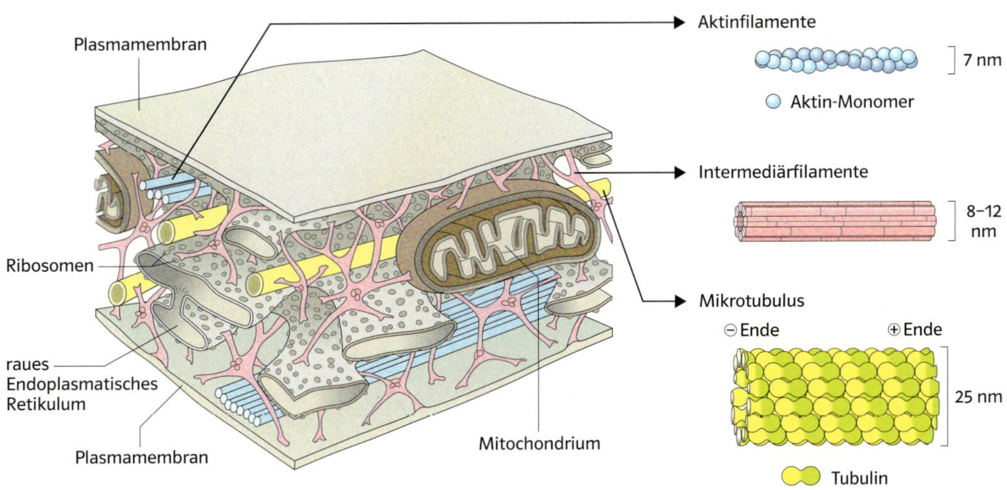

1 *Das Cytoskelett*

Die Bakterienzelle — eine Procyte

Alle bisher betrachteten Zellen besitzen gleiche Grundstrukturen, die kleinsten einzelligen Lebewesen, die *Bakterien*, zeigen jedoch einen anderen Aufbau. Ihr Zelltyp wird als Procyte bezeichnet. Diese Zellen sind oft nur 1 bis 5 µm groß. Viele Bakterien haben Stäbchenform, es treten aber auch andere Formen auf. Die Procyte besitzt im Vergleich zur Eucyte weniger Kompartimente. [Basiskonzept S. 374]

A1 Berechnen Sie überschlägig, wie viele Bakterien etwa in eine Eucyte passen.

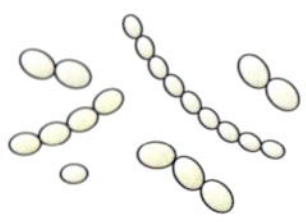

Streptokokken

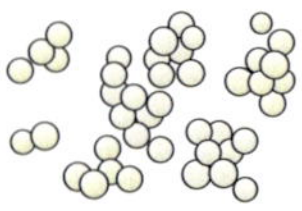

Staphylokokken

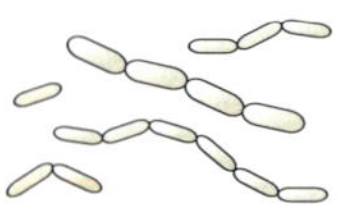

Stäbchenbakterien

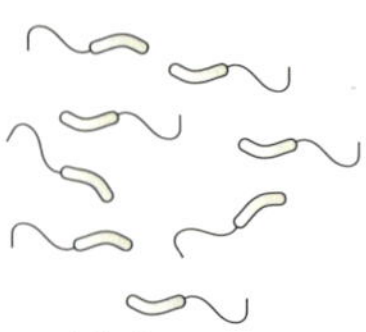

Vibrionen

Ein wichtiges Kennzeichen der Procyte ist, dass sie keinen Zellkern besitzt. Sie enthält jedoch ein fädiges Netzwerk, das *Kernäquivalent*. Es wird von einer ringförmigen DNA-Struktur gebildet. Außerdem können zusätzlich kleinere DNA-Ringe, die *Plasmide*, vorhanden sein. Die Procyte besitzt Ribosomen, die ausschließlich zum 70S-Typ gehören. Mitochondrien, Plastiden und Dictyosomen sind nicht vorhanden. Die Zellmembran zeigt Einfaltungen, an denen Stoffwechselprozesse zur Energiegewinnung ablaufen. So enthalten Fotosynthese betreibende Formen Einfaltungen mit grünem Farbstoff *(Thylakoide)*. Manche Bakterien haben zur Fortbewegung eine Geißel. In der Regel ist eine Zellwand vorhanden, die *Murein* enthält. Dieser charakteristische Stoff ist nur bei Bakterien zu finden. Häufig sind der Zellwand noch stark wasserhaltige Schichten aufgelagert, die dünne Schleimhüllen und Kapseln bilden. Sie ermöglichen das Zusammenlagern der Einzelzellen zu Kolonien. Die Kapseln verleihen krankheitserregenden Bakterien eine *Resistenz* gegenüber Abwehrzellen. Daher sind Bakterien mit Kapsel stärker krankheitserregend *(virulenter)* als kapsellose.

Die kernlosen Zellen der Bakterien zeigen einen einheitlichen Grundbauplan. Man bezeichnet diese Organismen als *Prokaryoten*, entsprechend ihrem Zelltyp, der Procyte. Ihnen stehen die *Eukaryoten* (Einzeller, Pilze, grüne Pflanzen und Tiere) gegenüber, die aus kernhaltigen Zellen, den *Eucyten*, aufgebaut sind.

A2 Erstellen Sie mithilfe der Abbildungen 1 und 2 sowie Ihren Kenntnissen über den Aufbau einer Pflanzenzelle einen tabellarischen Vergleich von Procyte und Eucyte.

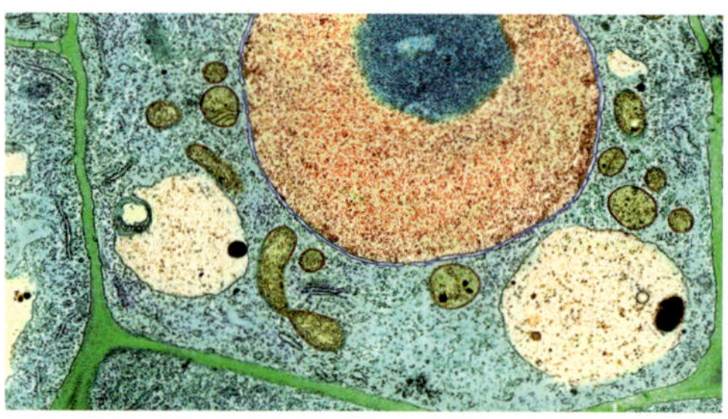

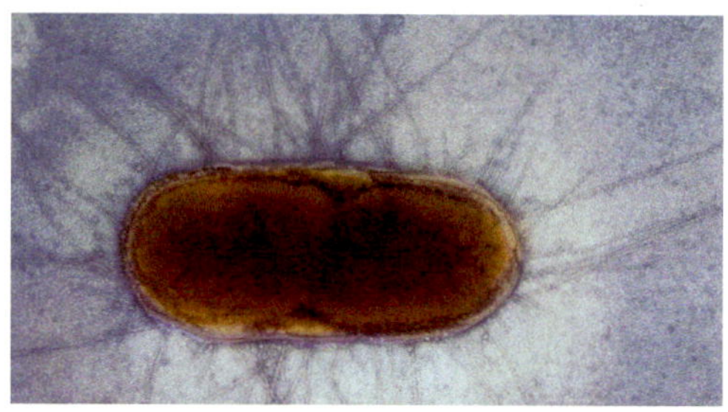

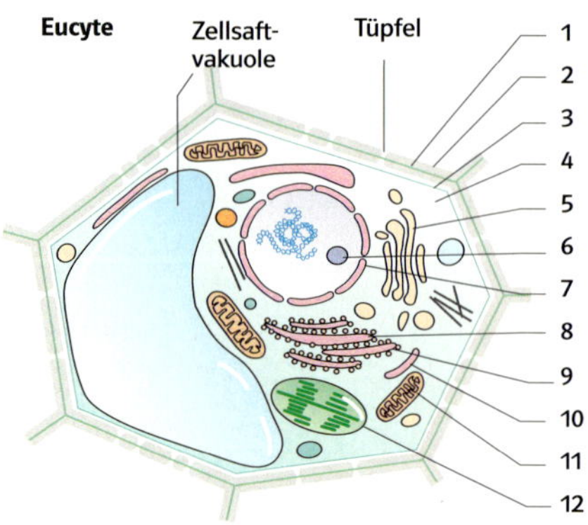

1 *Pflanzenzelle*

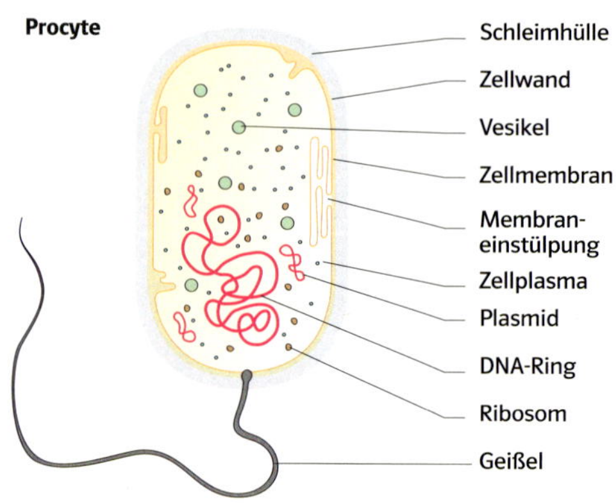

2 *Bakterium*

Endosymbiontentheorie

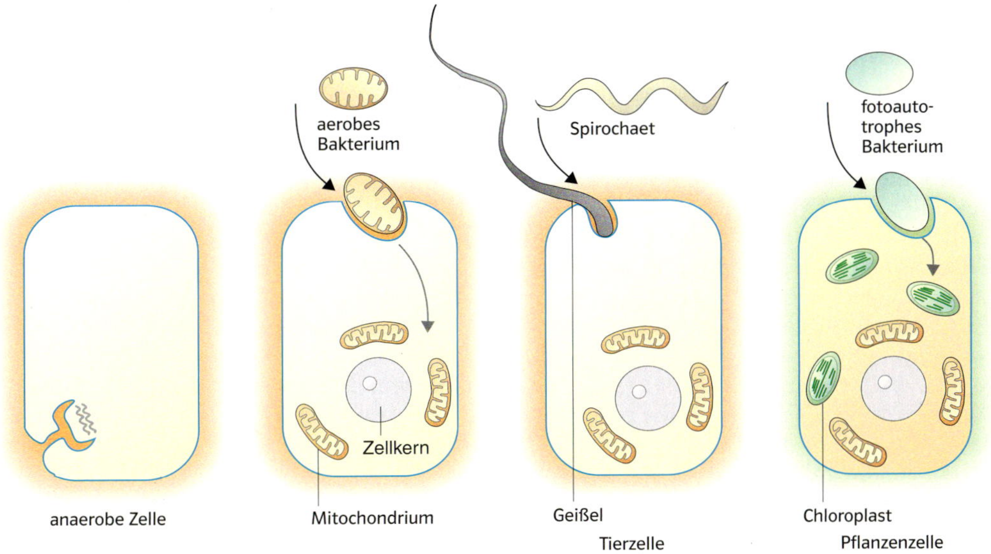

1 *Endosymbiontentheorie*

Das Leben auf dem Planeten Erde war allein von *Prokaryoten* beherrscht, bis vor rund 2 Mrd. Jahren die ersten *Eukaryoten* auftraten. Wie der neue Zelltyp der *Eucyte* mit Zellkern, Plastiden und Mitochondrien aus dem ursprünglichen Zelltyp Protocyte entstand, ist weder fossil noch durch Übergangsformen belegt.

Es gibt nur Hypothesen, die sich auf cytologische Besonderheiten der Plastiden und Mitochondrien gründen:

- Plastiden und Mitochondrien haben zwei Biomembranen, dabei ähnelt die innere Membran der Procyten-Membran, die äußere ist eine typische Eucyten-Membran.
- Sie verfügen über eigene Ribosomen, die sich deutlich von denen des Zellplasmas unterscheiden, aber mit denen von Prokaryoten übereinstimmen.
- Sie können sich selbstständig durch Teilung vermehren, denn sie besitzen eine eigene DNA, die wie die der Prokaryoten histonfrei, ringförmig und haploid ist.
- Ihre Proteinbiosynthese wird durch dieselben Antibiotika gehemmt wie bei Prokaryoten.
- In Chloroplasten findet man das gleiche Chlorophyll wie in Cyanobakterien.

Die Vermutung liegt nahe, dass die Gemeinsamkeiten zwischen den Eukaryoten-Organellen und den Prokaryoten auf eine stammesgeschichtliche Verwandtschaft zurückzuführen sind.

Die *Endosymbiontentheorie* besagt: Vorläufer der Eukaryoten umschlossen Prokaryoten wie bei der Phagocytose mit einem Membranbläschen und nahmen sie in ihre Zelle auf. Aufgenommene Bakterien wurden nicht verdaut, sondern blieben intakt und entwickelten sich zu Mitochondrien, aufgenommene Cyanobakterien zu Plastiden. Die Eukaryoten profitierten von den Stoffwechselprodukten ihrer Endosymbionten, diese von der konkurrenzarmen, ressourcenreichen neuen Umwelt. Tatsächlich kennt man heute noch lebende Einzeller mit endosymbiontischen Cyanobakterien.

Unklar bleibt die Entstehung des diploiden Zellkerns. Man vermutet, dass die ersten Eukaryoten doppelkernig waren und das genetische Material mit ER-Membranen umgaben. Noch heute gibt es einfache doppelkernige Einzeller (s. Randspalte).

Die Eucyte ist also eigentlich ein Mosaik von Zellen mit unterschiedlicher Herkunft. Neue Arten entstehen also nicht nur durch die Aufspaltung von Arten, sondern auch durch deren Kombination — die Zweige eines Stammbaums können unter bestimmten Bedingungen zusammenwachsen. Symbiosen können ein Motor der Evolution sein, denn sie vergrößern die Vielfalt. [Basiskonzept S. 382, 384]

A1 Endosymbiosen kommen häufig vor. Recherchieren Sie nach neuen Arten, die ursprünglich aus einer Endosymbiose hervorgegangen sind.

Endosymbiose
gr. *endo* = innen
gr. *symbiosis* = Zusammenleben

Form der Symbiose, bei der der Symbiont innerhalb des Wirtsorganismus lebt

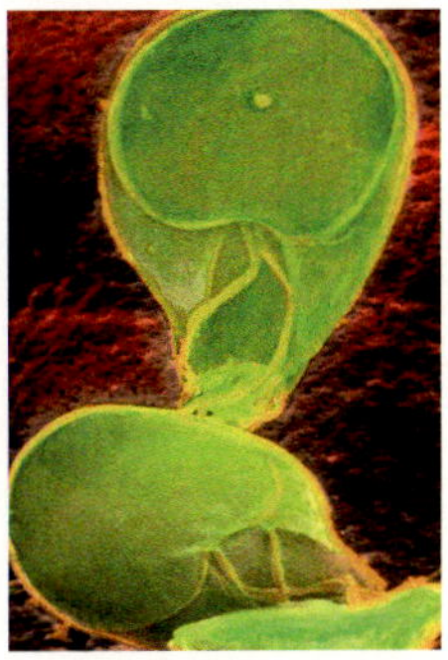

Diplomonaden

Systematische Reiche der Lebewesen

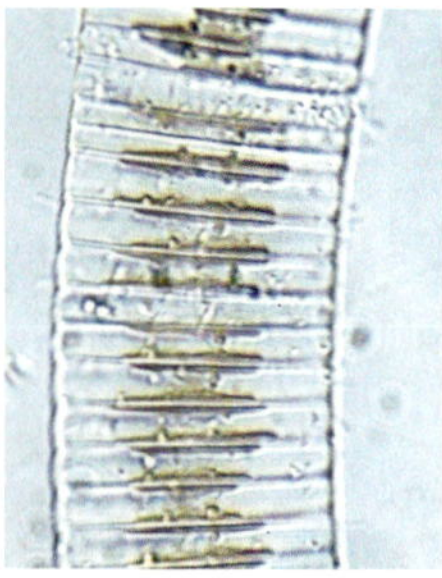

Kieselalge

Braunalge

Rotalge

Die Systematik des Carl von Linné (18. Jh.)
LINNÉ unterteilte die Lebewesen in zwei typologische *Reiche*: die beweglichen Tiere und die unbeweglichen Pflanzen. In unserer alltäglichen Umwelt ist diese Einteilung durchaus hilfreich, aber schon ein Blick ins Mikroskop wirft die Frage auf, wie man die Bakterien und die vielfältigen Einzeller einordnen soll. Über Jahrzehnte wurde dieses Problem nur unbefriedigend gelöst, vielfach wurden die Bakterien als Pflanzen eingestuft und die eukaryotischen Einzeller mit Chloroplasten den Pflanzen, die chloroplastenfreien Einzeller den Tieren zugeordnet.

Die Systematik des Robert H. Whittaker
Erst im Jahre 1969 entwickelte ROBERT H. WHITTAKER ein gut akzeptiertes typologisches System, das die einzelligen Gruppen einschloss. Er unterschied fünf Reiche: Prokaryotische Einzeller *(Monera)*, eukaryotische Einzeller und einfache Mehrzeller *(Protista)*, Pilze, Pflanzen und Tiere. Zu den prokaryotischen Einzellern zählen alle Bakterien einschließlich der Cyanobakterien. Pflanzen, Pilze und Tiere sind mehrzellig, unterscheiden sich aber in der Ernährung: Pflanzen sind *autotroph*, Tiere und Pilze *heterotroph*. Tiere nehmen Nahrung auf und verdauen sie in speziellen Organen, Pilze geben Verdauungsenzyme an die Umgebung ab und nehmen dann die organischen Moleküle auf. Zu den Protista zählen neben den einzelligen *Amöben, Sonnentierchen, Geißeltierchen, Foraminiferen, Wimpertierchen, Kieselalgen* usw. auch relativ einfach gebaute Mehrzeller wie *Schleimpilze, Algenpilze, Braunalgen, Rotalgen* und *Grünalgen*.

Ein natürliches System der Arten versucht, die Verwandtschaft der Lebewesen wiederzugeben. Es sollte möglichst aus monophyletischen Taxa aufgebaut sein, also nur Gruppen enthalten, die sich auf eine gemeinsame Stammart zurückführen lassen. [Basiskonzept S. 384]

Die Systematik von heute
Für die weitere Unterteilung aller Lebewesen braucht man Merkmale, die man bei allen Lebewesen vergleichen kann. Morphologische Merkmale sind dafür naturgemäß weniger geeignet als genetische, z. B. die Nucleotidsequenzen bestimmter Markergene. Diese Sequenzen werden in aufwändigen statistischen Verfahren verglichen und in Stammbäume umgewandelt. Aus Übersichtsgründen kann bei umfangreichen Stammbäumen darauf verzichtet werden, alle gleichzeitig lebenden Taxa auf einer Ebene darzustellen (s. Seite 45). Die Reiche der Tiere, Pflanzen und Pilze sind nach dieser Analyse vermutlich monophyletische Gruppen, die Protisten bilden dagegen eine Sammelgruppe für Eukaryoten, die sich nicht klar den Reichen Pilz, Tier oder Pflanze zuordnen lassen. Hier wird es sicher noch weitere Veränderungen in der Systematik geben. Bei den Prokaryoten gibt es zwei Verwandtschaftsgruppen, die sich voneinander stark unterscheiden, die *Archaebakterien* und die *Eubakterien*. Archaebakterien leben in extremen Lebensräumen, wie heißen Quellen und Salzseen. Zu den Eubakterien zählen u. a. Cyanobakterien, nitrifizierende Bakterien und Purpurbakterien. Prokaryoten bilden also nicht eine, sondern zwei monophyletische Gruppen. Daher wird vielfach vorgeschlagen, dem Reich ein weiteres Taxon überzuordnen, die *Domäne*. Demnach gibt es drei Domänen, zwei prokaryotische und eine eukaryotische: die *Archaea* (Archaebakterien), die *Bacteria* (Eubakterien) und die *Eukarya* (Eukaryoten).

1 *Pilze*

A1 Stellen Sie die verschiedenen Reiche-Systeme grafisch gegenüber.

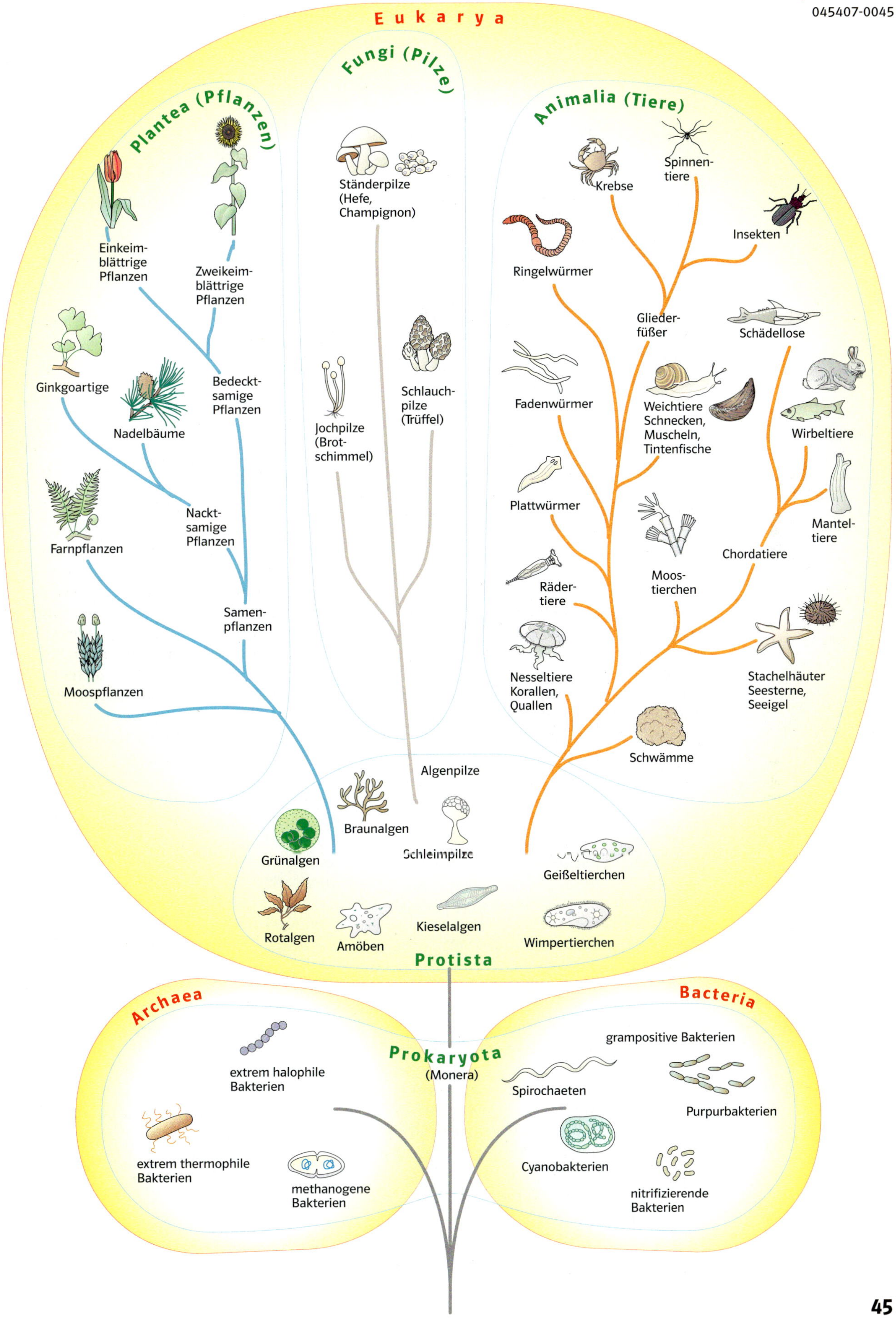
Eukarya
Fungi (Pilze)
Plantea (Pflanzen)
Animalia (Tiere)
Einkeim-blättrige Pflanzen
Zweikeim-blättrige Pflanzen
Ginkgoartige
Nadelbäume
Bedeckt-samige Pflanzen
Farnpflanzen
Nackt-samige Pflanzen
Samen-pflanzen
Moospflanzen
Ständerpilze (Hefe, Champignon)
Jochpilze (Brot-schimmel)
Schlauch-pilze (Trüffel)
Krebse
Spinnen-tiere
Insekten
Ringelwürmer
Glieder-füßer
Schädellose
Fadenwürmer
Weichtiere Schnecken, Muscheln, Tintenfische
Wirbeltiere
Plattwürmer
Mantel-tiere
Chordatiere
Räder-tiere
Moos-tierchen
Nesseltiere Korallen, Quallen
Stachelhäuter Seesterne, Seeigel
Schwämme
Algenpilze
Braunalgen
Grünalgen
Schleimpilze
Geißeltierchen
Rotalgen
Amöben
Kieselalgen
Wimpertierchen
Protista
Archaea
Bacteria
Prokaryota
(Monera)
extrem halophile Bakterien
extrem thermophile Bakterien
methanogene Bakterien
grampositive Bakterien
Spirochaeten
Purpurbakterien
Cyanobakterien
nitrifizierende Bakterien

1.3 Stofftransport
Diffusion und Osmose

Online-Link 045407-0046

1 *Trüffelschwein bei der Suche*

Trüffeln gehören zu den begehrtesten Pilzen. Manche Sauen (Trüffelschweine) können sie noch 60 cm unter der Erdoberfläche riechen. Die Pilze enthalten einen Stoff, der in seiner Struktur dem Duftstoff von Ebern sehr ähnlich ist. Die Moleküle des Duftstoffes verteilen sich im Boden und in der darüber befindlichen Luft.

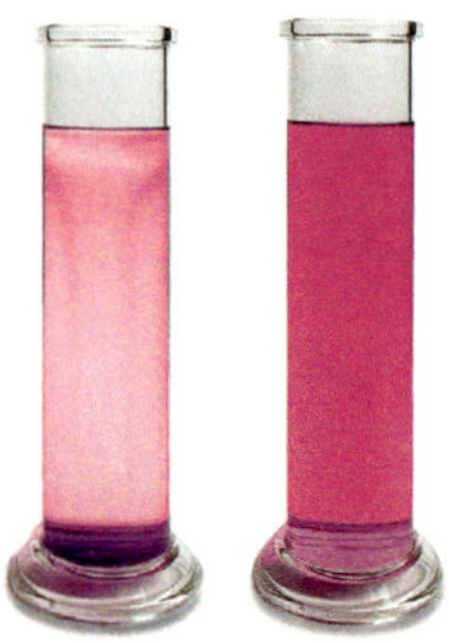

Kaliumpermanganat verteilt sich in Wasser

Diffusionsvorgänge

Auch in Flüssigkeiten lässt sich dieser Vorgang der Verteilung der Moleküle beobachten (Abb. Randspalte). Moleküle in der Luft oder in einer Flüssigkeit sind in ständiger Bewegung. Diesen Vorgang, bei dem Moleküle sich aufgrund ihrer zufälligen Bewegung miteinander vermischen, nennt man *Diffusion*.

Die ständige Bewegung der Teilchen beobachtete 1827 der Botaniker ROBERT BROWN, als er Pollen auf einem Wassertropfen unter dem Mikroskop betrachtete. Die Pollen bewegten sich zufällig mit einer Zitterbewegung in alle Richtungen. Diese *Brown'sche Molekularbewegung*, sichtbar gemacht durch Pollen, wird ausgelöst durch die ständige Bewegung der Wasserteilchen, welche die Pollen zufällig von allen Seiten anstoßen. Die Geschwindigkeit der Teilchen ist von ihrer Größe, dem umgebenden Medium, z. B. Luft oder Wasser, und der Temperatur abhängig. Sie kommen jedoch nur sehr langsam voran, weil sie bereits nach kurzer Zeit mit anderen Teilchen zusammenstoßen und dabei die Richtung ändern. Durch viele zufällige Bewegungen und Zusammenstöße kommt es allmählich zu einer gleichmäßigen Verteilung, einem Konzentrationsausgleich (Abb. Randspalte).

Behinderte Diffusion (Osmose)

Behindert wird die Diffusion, wenn verschiedene Lösungen durch eine Membran getrennt sind. Salz- oder Zuckerteilchen z. B. können die Zellmembranen nicht passieren, wohl aber die Wasserteilchen. Solche Membranen, die nicht für alle Teilchen durchlässig sind, nennt man *selektiv permeable (semipermeable) Membranen.*

Sind Wasser und eine Zuckerlösung in einem Gefäß durch eine selektiv permeable Membran getrennt, liegt in dem einen Volumen eine höhere Zuckerkonzentration als im anderen vor. Die Wasserkonzentration hingegen ist in der Zuckerlösung geringer, da hier ein Teil des Volumens von den Zuckerteilchen eingenommen wird.

Von beiden Seiten stoßen Teilchen gegen die Membran. Da die Zuckermoleküle sie nicht durchqueren können, sind ihre Stöße gegen Poren wirkungslos, während die Wasserteilchen durch die selektiv permeable Membran diffundieren (Abb. 2). Diese Diffusion des Wassers durch diesen Membrantyp nennt man *Osmose*. Sie führt zu einer steigenden Anzahl von Wasserteilchen in der Zuckerlösung und zu einer Abnahme der Anzahl von Wasserteilchen

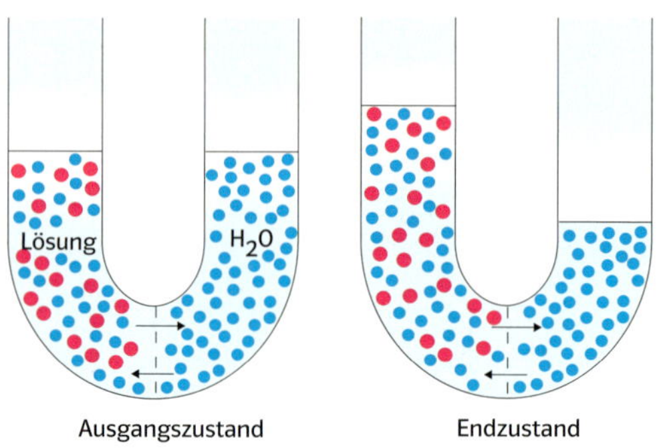

2 *Osmose*

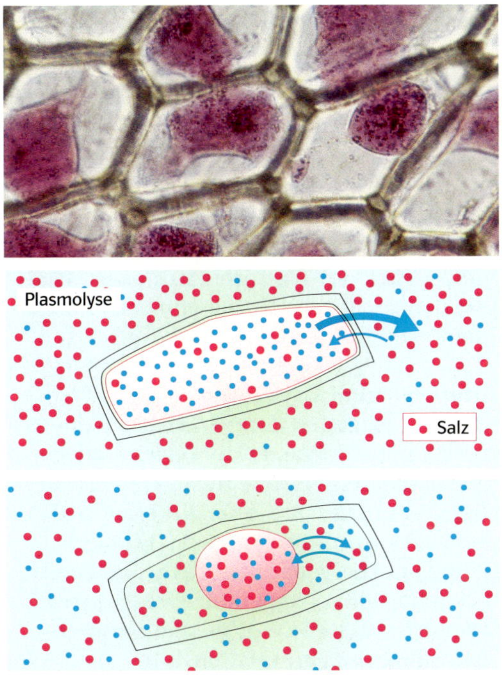

3 *Plasmolyse, Rotkohlzellen und Schema*

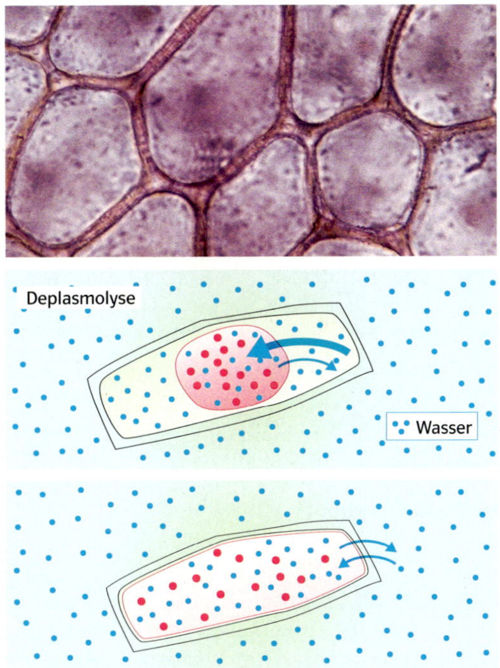

4 *Deplasmolyse, Rotkohlzellen und Schema*

auf der Wasserseite. Dadurch nimmt das Volumen auf der Seite der Zuckerlösung zu, auf der Wasserseite ab (Abb. 2).

Plasmolyse — Deplasmolyse

Die Vorgänge der Osmose findet man auch in Lebewesen. Die Zellmembran stellt hierbei die selektiv permeable Membran dar [Basiskonzept S. 374]. Jeder kennt das Phänomen bei frisch zubereitetem Salat. Nach kurzer Zeit sehen die Blätter welk und zusammengefallen aus, während die nicht verwendeten Blätter sich nicht verändert haben. Ursache sind Zucker- und Salzmoleküle in der Salatsoße. Außerhalb der Zellen der Salatblätter ist die Zuckerkonzentration höher als in den Blattzellen. Die Lösung ist *hypertonisch* gegenüber dem Zellsaft *(hypoton)*. Da die Salz- und Zuckerteilchen zwar die Zellwand, nicht aber die selektiv permeable Zellmembran passieren können, findet ein Wasserausstrom aus den Zellen statt. Untersucht man unter dem Mikroskop Zellen des Rotkohls, bei dem die Vakuolen intensiv rot gefärbt sind, kann man den Vorgang des Wasserverlustes beobachten (Abb. 3). Umgibt die Zellen eine konzentrierte Zucker- oder Salzlösung, schrumpft die Vakuole und die Zellmembran löst sich von der Zellwand. Diesen Vorgang nennt man *Plasmolyse*. Der Wasserverlust führt beim Rotkohl zur Intensivierung der Rotfärbung des Zellsaftes. Ersetzt man die Zuckerlösung durch destilliertes Wasser, läuft der Vorgang bei intakten Zellen wieder in die andere Richtung *(Deplasmolyse)*. Lösungen mit gleicher osmotisch wirksamer Konzentration nennt man *isotonisch*.

A1 Erläutern Sie, wie eine sofortige Flüssigkeitsinfusion für einen Patienten beschaffen sein muss, der größere Blutverluste erlitten hat (kein Spenderblut!).

A2 Drei etwa gleich schwere und gleich große Hühnereier werden zur Entfernung der harten Schale in Essig eingelegt. Danach wird das erste Ei in eine 300 ml-Lösung mit destilliertem Wasser, das zweite in eine 300 ml-Lösung mit 0,9 % physiologischer Kochsalzslösung und das dritte in eine konzentrierte Salzlösung gelegt. Nach 24 Stunden Einwirkzeit werden die Eier erneut gewogen. Das erste Ei hat deutlich an Gewicht zugelegt, das zweite Ei hat sein altes Gewicht beibehalten und das dritte Ei hat an Gewicht deutlich verloren. Deuten Sie die Versuchsergebnisse.

Die osmotische Zustandsgleichung

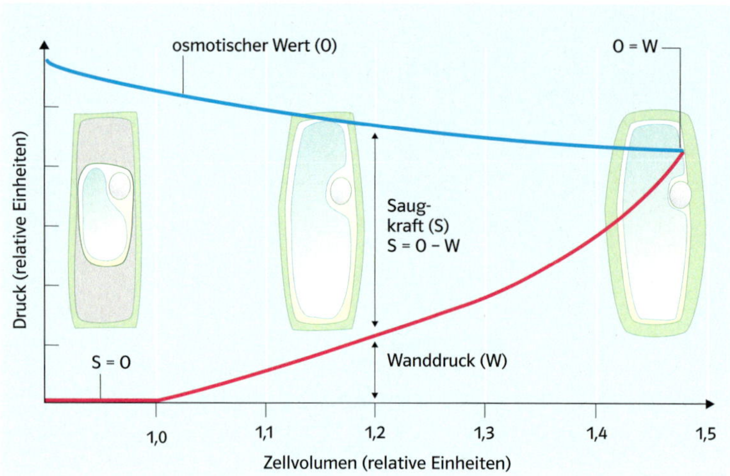

1 *Osmotisches Zustandsdiagramm der Pflanzenzelle*

Eine Zelle ist darauf angewiesen, sich ständig mit Wasser zu versorgen und ihren Wassergehalt trotz aller Verluste einigermaßen konstant zu halten. Wasseraufnahmevermögen und Druckverhältnisse in der Zelle stehen bei dem osmotischen Aufnahmevorgang in engem Zusammenhang und lassen sich an Pflanzenzellen besonders gut verdeutlichen.

Das Messen des osmotischen Wertes

Als Modell für diese osmotischen Vorgänge dient das *Osmometer* (Abb. 2). Durch den Konzentrationsunterschied bezüglich der gelösten Zuckerteilchen auf beiden Seiten der selektiv permeablen Membran

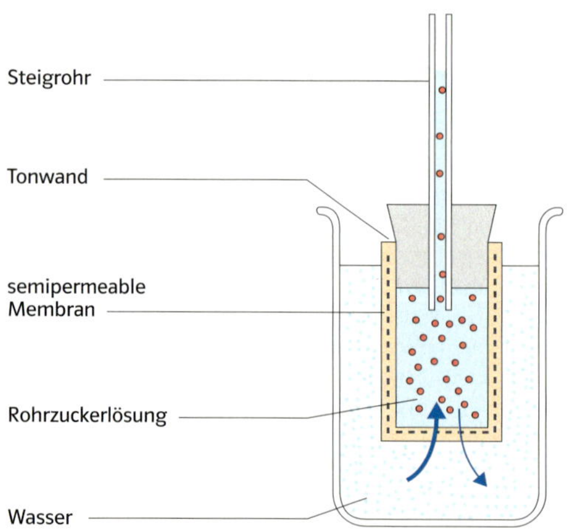

2 *Osmometer*

entsteht ein osmotischer Druck. In einem offenen System wie dem Osmometer strömt Wasser in den Tonzylinder. Durch die Höhe der Wassersäule entsteht ein Gegendruck, der *hydrostatische Druck*.

Die Wasseraufnahme und damit das Steigen der Wassersäule kommen zum Stillstand, wenn der hydrostatische Druck gleich dem Druck des Wassereinstroms ist. Dieser hydrostatische Druck entspricht dann dem osmotischen Wert der Lösung.

Druckverhältnisse in Zellen

In einer lebenden Zelle wird durch das einströmende Wasser die Zellmembran gegen die Zellwand gepresst. Den entstehenden Innendruck bezeichnet man als *Turgor*. Er nimmt so lange zu, bis der Gegendruck der gedehnten Zellwand ebenso groß ist (Abb. 1); die Pflanze ist *turgeszent*. Weiteres Wasser kann sie nicht aufnehmen, ihre Saugkraft ist null.

Stellt man sich demgegenüber eine vollkommen entspannte Zelle vor, deren Wanddruck vernachlässigbar ist, dann wird die Saugkraft ausschließlich durch den osmotischen Druck bestimmt. Eine zunehmende Wasseraufnahme führt zu einer Volumenzunahme der Zelle und lässt dadurch einerseits den *Wanddruck* (W) steigen und andererseits aufgrund einer leichten Verdünnung des Cytoplasmas den *osmotischen Wert* (O) etwas abfallen. Von diesen beiden Größen hängt die *Saugkraft* (S) der Zelle ab. Diese lässt sich durch die *osmotische Zustandsgleichung* beschreiben: $S = O - W$. In einem Zellverband muss zudem der Einfluss der Nachbarzellen berücksichtigt werden.
[Basiskonzept S. 374]

A1 Das Aufpumpen eines platten Lederballs kann als Modell für das osmotische Zustandsdiagramm dienen. Überlegen Sie zunächst, was bei der pflanzlichen Zelle der Ballinnenhaut bzw. dem Außenleder entspricht, und beschreiben Sie dann den Prozess des Ballaufpumpens mithilfe des Diagramms.

A2 Erklären Sie, weshalb zunächst das Wasser im Steigrohr (Abb. 2) ansteigt, während der Flüssigkeitsspiegel im Becherglas leicht sinkt.

Osmoregulation

In allen lebenden tierischen und pflanzlichen Zellen spielt die Osmoregulation eine entscheidende Rolle. Sie dient der Erhaltung sämtlicher stoffwechselphysiologischer Prozesse. Dabei muss ein bestimmter osmotischer Wert in der Zelle ständig aufrechterhalten werden. Dieser unterscheidet sich zumeist von der entsprechenden Umgebung. Eine ständige Regulation mit entsprechenden negativen Rückkopplungsprozessen *(Homöostase)* ist dadurch notwendig. Es wird dabei gegen ein Konzentrationsgefälle gearbeitet, sodass für diese Regulation Energie verbraucht wird.

Osmoregulation bei Meerestieren

Die Mehrzahl der wirbellosen Tiere im Meer passt ihre Körperkonzentration an die Salzkonzentration im Wasser an. Man spricht in diesem Fall von *poikilosmotischen* Tieren. Fische als Wirbeltiere sind hingegen *homöosmotisch*, d.h. sie besitzen aufgrund einer ständigen Regulation eine konstante physiologische Salzkonzentration, unabhängig von ihrer äußeren Umgebung. Süßwasserfische besitzen eine hypertone Lösung in ihren Körperzellen, sie müssen daher immer dann Wassermoleküle an ihre Umgebung in Form von Harn über die Niere abgeben, wenn der aktuelle Konzentrationswert der Körperzellen *(Istwert)* nicht dem eigentlichen *Sollwert* entspricht. Ferner transportieren sie aktiv Natrium- und Chloridionen in ihre Körperzellen. So regulieren sie ihren Salzhaushalt. **[Basiskonzept S. 376]**

Bei Meeresfischen ist es genau umgekehrt. Ihre Körperzellen sind *hypoton* gegenüber der Außenlösung. Sie verlieren daher ständig Wasser. Dieser Verlust wird durch ständiges Trinken ausgeglichen, indem sie zeitgleich über ihre Kiemen Salzausscheidung betreiben. Durch diese Art der Selbstregulation wird auch hier ein konstanter Salzspiegel innerhalb enger Grenzwerte aufrechterhalten *(Homöostase)*.

A1 Für Landtiere hat der Schutz vor Austrocknung höchste Priorität. Neben der Niere, die den Harn deutlich konzentriert, gibt es auch äußere Strukturen. Benennen Sie diese.

A2 Aale laichen im Salzwasser, während Lachse im Süßwasser laichen. Beide leben ansonsten aber im Süß- (Aale) bzw. im Meerwasser (Lachse). Erklären Sie jeweils deren Überleben in beiden Gewässerarten.

1 *Salzwiese*

Salzwiesen

Salzwiesen sind die Grünlandflächen am Meer vor dem Deich, die von Salzwasser überspült werden. Die Pflanzen auf diesen Flächen besitzen Schutzmechanismen, die verhindern, dass sie vertrocknen und absterben.
Auf der Blattoberfläche der *Salzmelde*, einer charakteristischen Salzwiesenpflanze, befinden sich kleine gestielte Blasenhaare, in die die Pflanzen aktiv Salz aus ihren Zellen ausscheiden. Die Blasenhaare sterben bei hoher Salzkonzentration ab und werden vom Regen oder Wind abgetragen.

A3 Beschreiben Sie die Funktion der Blasenhaare und erläutern Sie, inwiefern es sich hierbei um Osmoregulation handelt.

2 *Salzmelde*

Pantoffeltierchen (Paramecium)

Ist die pulsierende Vakuole der Einzeller ein osmoregulatorisches Organ? Um diese Frage zu klären, wurden Pantoffeltierchen bei verschiedenen Salzkonzentrationen gehalten. Sie leben normalerweise in Süßwasser. Die Förderleistung der Vakuole hat man in µl pro Minute gemessen. Bei einer Salzkonzentration von 20 mOsm betrug die Fördermenge 2,2 µl; bei 40 mOsm 1,8 µl; bei 50 mOsm 1,0 µl; bei 100 mOsm 0,8 µl. (Osm= Osmolarität: Je niedriger der Wert, desto geringer die Salzkonzentration).

Die abgegebene Flüssigkeit besteht fast nur aus Wasser, das kaum gelöste Ionen enthält. Das zentrale Bläschen und die umgebenden Kanälchen sind von einer Biomembran umgeben. Misst man die Größe der Pantoffeltierchen nach dem Umsetzen in die Lösungen mit verschiedenen Salzgehalten, so beobachtet man keine nennenswerte Änderung.

A4 Beschreiben Sie die Funktion der pulsierenden Vakuole (Abb. 3).

A5 Übertragen Sie die Messwerte (s.o.) in ein Koordinatensystem.

A6 Erläutern Sie das Ergebnis und begründen Sie, warum die pulsierende Vakuole eine osmoregulatorische Funktion hat.

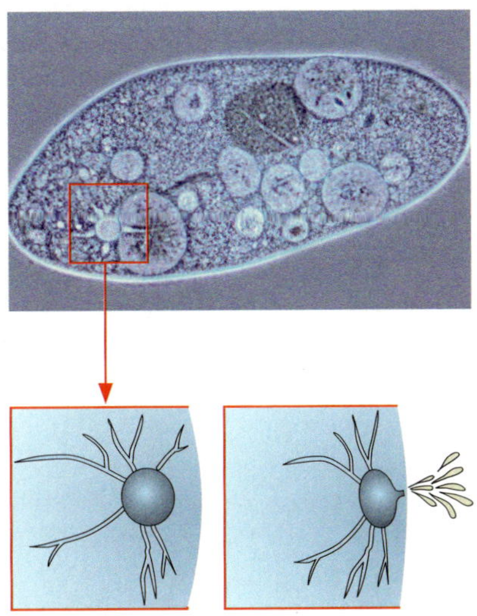

3 *Pulsierende Vakuole*

Online-Link
045407-0050

Kompartimentierung durch Biomembranen

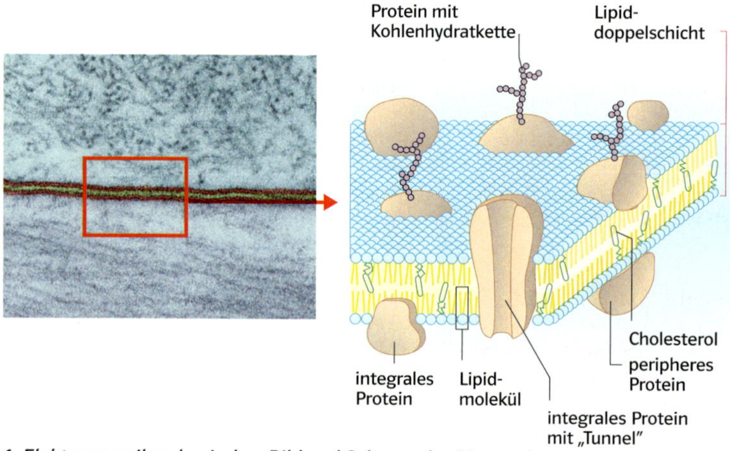

1 *Elektronenmikroskopisches Bild und Schema der Biomembran*

Biomembran
Grundtyp der biologischen Membran (Elementarmembran)

Zellmembran
Biomembran, die das Zellplasma gegen die Umgebung abgrenzt

hydrophob
wassermeidend

hydrophil
wasserfreundlich

Biomembranen schaffen eine räumliche Trennung sowohl zu benachbarten Zellen als auch innerhalb der Zellorganellen (z. B. Chloroplasten, Mitochondrien). Es ergeben sich getrennte Reaktionsräume, in denen verschiedene Reaktionsbedingungen herrschen (pH-Wert, Enzymausstattung, Substrate usw.). Diese *Kompartimentierung* ermöglicht es daher, Konzentrationsgradienten aufzubauen [Basiskonzept S. 374]. Gezielt können Stoffe in bzw. aus einem Raum transportiert werden. Ferner finden an den Biomembranen Signalübertragungen nach dem Schlüssel-Schloss-Prinzip statt, die unterschiedliche Reaktionsfolgen in der entsprechenden Zelle zur Folge haben (z. B. direkte/indirekte Änderung der Genaktivität, Stimulierung bzw. Hemmung der Zellteilung usw.) [Basiskonzept S. 380]. Nur so ist ein geordneter Ablauf unterschiedlicher Stoffwechselvorgänge möglich. Je nach Aufgabe unterscheiden sich die Membrantypen im Anteil und der Zusammensetzung der Proteine und weiterer Makromoleküle deutlich, der Grundaufbau ist jedoch gleich (Abb. 1).

Das Elektronenmikroskop gibt einen ersten Eindruck vom Aufbau der Biomembran. Bei starker Vergrößerung sind drei Schichten sichtbar: Eine mittlere helle Schicht (ca. 3 nm) wird von zwei dunkleren Schichten (jeweils 2,5 nm) umgeben. Alle biologischen Membranen besitzen diese Grundstruktur. Deshalb spricht man auch von der *Elementarmembran*.

A1 Ermitteln Sie, wie viele Biomembranen (Dicke ca. 8 nm) man übereinander legen kann, bis man die Dicke einer Buchseite (0,08 mm) erreicht.

Allgemeiner Aufbau von Membranen

Membranen bestehen zu einem großen Teil aus Lipidmolekülen, vor allem *Phospholipiden*, wie z. B. *Lecithin*. Diese Moleküle haben sowohl einen hydrophoben Bereich, verursacht durch die beiden Fettsäuren, als auch einen hydrophilen Bereich, bedingt durch die Phosphatgruppe. *Glykolipide*, in denen statt der Phosphatgruppe Zuckermoleküle gebunden sind, und Cholesterol sind weitere Bestandteile von Membranen. Die hydrophoben Enden der Lipide befinden sich im mittleren Teil, der im Bild hell erscheint.

Die Lipiddoppelschicht als Grundstruktur

Die Lipidmoleküle sind in zwei Lagen parallel angeordnet. In dieser *Lipiddoppelschicht* zeigen die hydrophilen Anteile zur wässrigen Phase, also zum Cytoplasma und zur Zellumgebung. Die hydrophoben Anteile sind zur Membranmitte gerichtet. Die Lipiddoppelschicht bildet die Grundstruktur der Membran und bestimmt deren Eigenschaften wie Stabilität, Flexibilität und Undurchlässigkeit für große hydrophile Teilchen.

Weitere Strukturen in bzw. an der Membran

Neben Lipiden sind globuläre Proteinmoleküle mit hydrophoben und hydrophilen Abschnitten am Membranaufbau beteiligt. Sie sind unregelmäßig verteilt, lagern der Lipidschicht auf oder durchdringen sie teilweise oder ganz. Hydrophobe Abschnitte liegen in der Lipidschicht.

Modellvorstellung der Biomembran

Die Membran befindet sich in ständigem Auf- und Umbau. So sind Wachstum und Formänderungen der Zelle möglich. Die Lipidmoleküle tauschen ständig infolge der Wärmebewegung ihre Plätze mit Nachbarmolekülen. Dieses dynamische Model wird als *„fluid-mosaic-Modell"* bezeichnet. Die Proteine verhalten sich in der Lipidschicht wie schwimmende Eisberge. Die integralen Membranproteine ermöglichen einen kontrollierten Stoffaustausch. [Basiskonzept S. 376]

Lexikon
Der Aufbau der Biomembran — Stufen der Entwicklung

Die Anordnung der verschiedenen Membrankomponenten wurde zu unterschiedlichen Zeiten erforscht und führte zu immer genaueren Modellvorstellungen.

1917: Langmuir

Langmuir vermutete aufgrund von Experimenten, dass die Lipide als Einzelschicht auf der Wasseroberfläche schwimmen, wobei sie sich so anordnen, dass sich die polaren Lipidenden in der wässrigen Phase befinden und die unpolaren Kohlenwasserstoffketten die Fettsäuren vertikal aus dem Wasser herausragen.

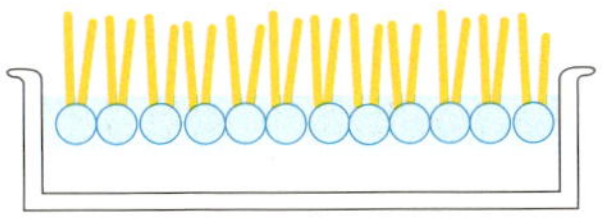

1 *Lipideinzelschicht ohne Proteine*

Bilayer-Modell (1925)

Die Lipiddoppelschicht gilt heute als universelle Basisstruktur sämtlicher Biomembranen. Zu dieser Erkenntnis kamen bereits 1925 Gorter und Grendel. Die beiden Forscher extrahierten mit unpolaren Lösungsmitteln die Lipide aus der Zellmembran von Erythrocyten und brachten diese auf eine Wasseroberfläche auf. Der Messwert der Oberfläche betrug $0{,}92\ \mu m^2$, während der errechnete Wert nur bei $0{,}47\ \mu m^2$ lag. Daraus zogen sie den folgerichtigen Schluss, dass es sich nicht um eine Einzelschicht, sondern um eine Doppelschicht handeln muss. Hieraus entwickelten sie ihr *Bilayer-Modell*. Spätere elektronenmikroskopische Untersuchungen bestätigten ihre Schlussfolgerung.

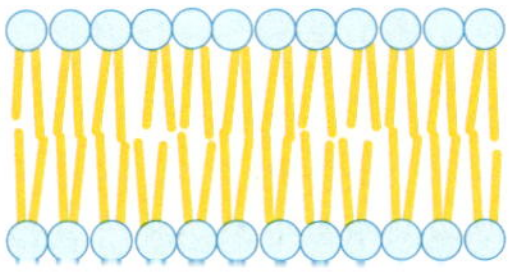

2 *Lipiddoppelschicht*

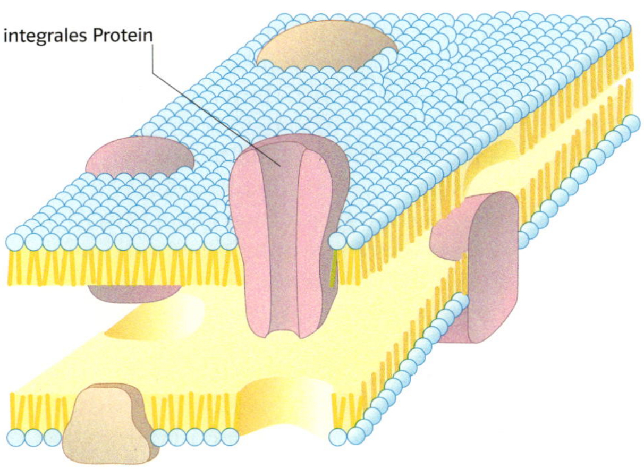

3 *Gefrierbruch*

Davson-Danielli-Modell (1935/36)

Ca. 10 Jahre später stellten dann Davson und Danielli ein Modell vor, das zusätzlich die Proteine berücksichtigte. Sie hatten herausgefunden, dass Lipide Proteine adsorbieren können und folgerten daraus, dass die Lipiddoppelschicht auch Proteine enthalten musste. Ihr neues Modell nannten die Forscher *Davson-Danielli-Modell.*

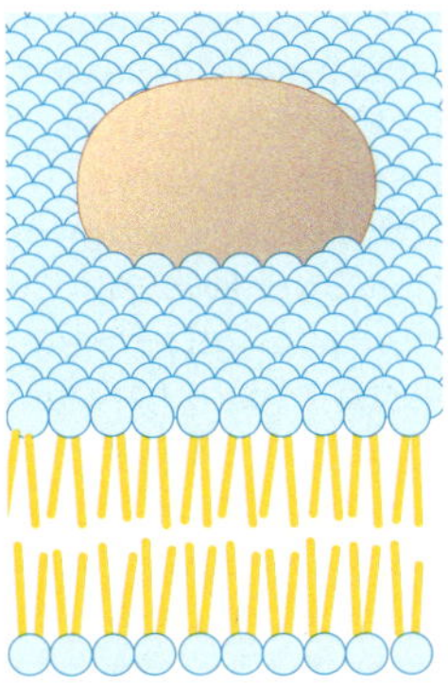

4 *Doppelmembran mit Proteinen darauf*

fluid-mosaic-Modell (1972)

Im Jahre 1972 gelang es dann Singer und Nicolson mithilfe der *Kryoelektronenmikroskopie* (s. Seite 32), ein in Grundzügen noch heute gültiges Modell zu entwerfen. Tiefgefrorene Membranen trennen sich entlang der Lipidschichten besonders leicht voneinander. Die beiden komplementären Lipidschichten sahen jedoch nicht glatt aus, sondern mosaikartig strukturiert. Auf der einen Hälfte waren Erhebungen erkennbar, auf der gegenüberliegenden Seite Vertiefungen. Wenn aber ein Bruch um ein Proteinmolekül herum verläuft, dann mussten die Proteine durch die Membran hindurchgehen *(integrale Proteine)*. Zusätzliche chemische Untersuchungen zeigten ferner, dass 20 % aller Proteine sich leicht von der Membran lösen ließen, während 80 % fest in der Membran verankert sind. Hieraus zogen die beiden Forscher den Schluss, dass die leicht ablösbaren auf der Membran liegen *(periphere Proteine)*, während die schwer löslichen durch sie hindurch verlaufen.

Zur gleichen Zeit führten Freye und Edidin Proteinversuche mit Farbstoffmarkierungen durch. Dabei zeigte sich, dass zwei Zellen mit unterschiedlich gefärbten Membranproteinen sich farblich vermischten. Aus diesem Vereinigungsvorgang schlossen sie, dass die Membran nicht statisch sein kann, sondern ständig in Bewegung ist. Die Proteine schwimmen dabei wie „Eisberge in einem See" *(fluid-mosaic-Modell)*. Die Proteine haben verschiedenste Funktionen.

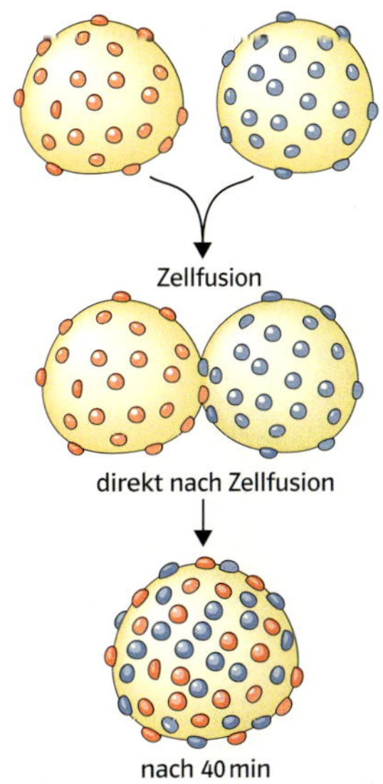

5 *Zellfusion*

Online-Link
045407-0052

Stofftransport durch Biomembranen

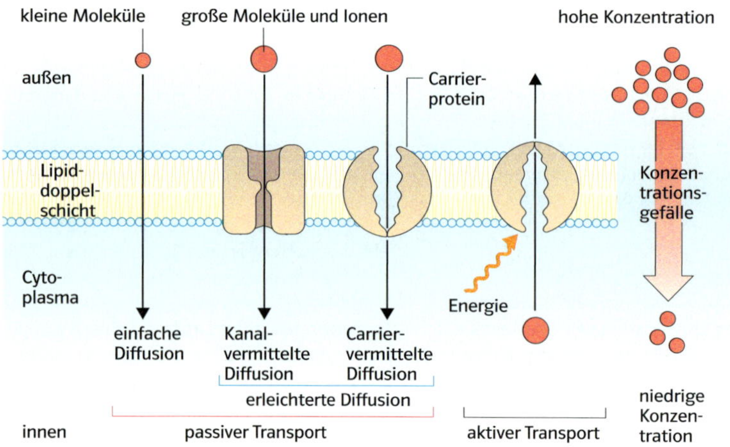

1 *Schematische Darstellung der Transportmechanismen*

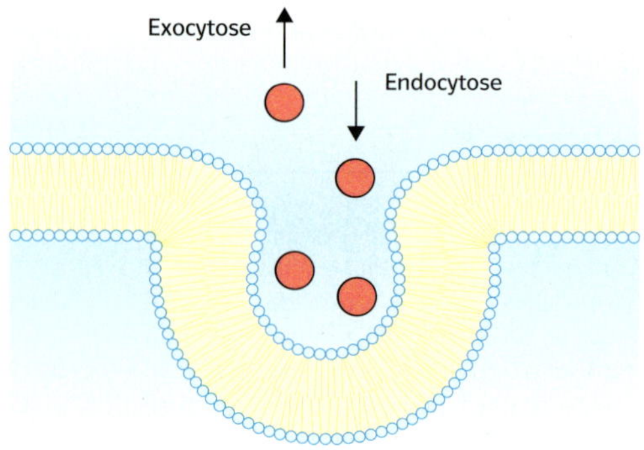

2 *Exocytose — Endocytose*

Biomembranen haben keinen Rand, sie sind immer in sich geschlossen und begrenzen einen Raum. Stoffe, die zwischen Zellen oder Organellen ausgetauscht werden, müssen daher die Membran überwinden. Biomembranen sind jedoch selektiv permeabel, d. h. nicht alle Stoffe können sie passieren. [Basiskonzept S. 374]

Molekülaustausch

Der Durchtritt durch Biomembranen erfolgt durch passive oder aktive Transportmechanismen. Unpolare Moleküle wie Sauerstoff können sie leicht durchdringen. Auch kleine polare Wassermoleküle gelangen hindurch. Der Austausch von größeren Molekülen oder von Ionen, die von einer Hydrathülle umgeben sind, setzt jedoch integrale Membranproteine voraus, die als Kanäle, Translokatoren *(Carrier)* oder Pumpen fungieren. Der Transport in Richtung des Konzentrationsgefälles ist energieunabhängig, während beim Transport gegen das Konzentrationsgefälle Energie aufgewendet werden muss (Abb. 1). [Basiskonzept S. 378]

Passiver Transport

Kanäle sind integrale Tunnelproteine, sie können ständig geöffnet sein oder sie werden durch elektrische oder chemische Signale geöffnet bzw. geschlossen. Durch elektrische Felder, spezielle Überträgerstoffe und auch Hormone kann das Öffnen von Ionenkanälen ausgelöst werden. [Basiskonzept S. 380]

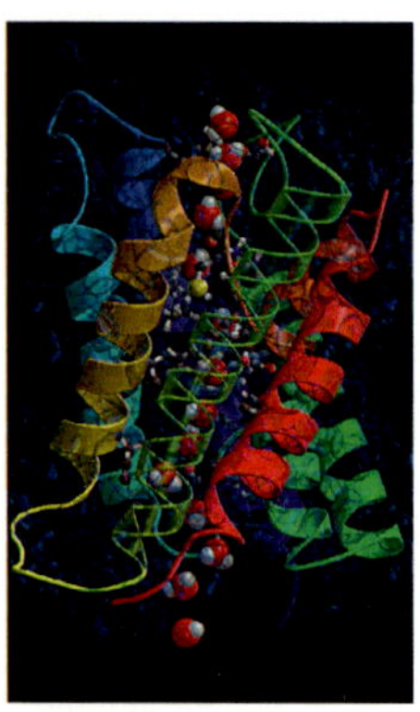

Aquaporin

Ein Beispiel für einen passiven Transport über *Carrier* ist die Glucoseaufnahme aus dem Blutplasma in die Erythrocyten. Im Blutplasma ist die Glucosekonzentration höher als in den Erythrocyten. Glucosemoleküle werden an den Carrier in der Erythrocytenmembran gebunden und in Richtung des Konzentrationsgradienten ins Zellinnere transportiert. Man spricht hier von einer *erleichterten Diffusion* durch die Biomembran, weil hier der Transport, bedingt durch ein jeweiliges Kanalprotein, spezifisch ist, während die „einfache Diffusion“ unspezifisch erfolgt. Der Glucoseeinstrom erfolgt nur solange, bis die Glucosekonzentrationen angeglichen sind.

Aquaporine sind integrale Proteinkanäle, die selektiv für Wassermoleküle durchlässig sind (s. Randspalte). Sie ermöglichen einen schnellen Wassertransport in Richtung des Konzentrationsgefälles. Beim Menschen regulieren sie den Wasserhaushalt in der Niere, der Augenlinse und im Gehirn. In der Niere gibt es den Aquaporinen ähnliche Moleküle, die den Durchtritt von Harnstoff erleichtern. Bei Pflanzen sind Aquaporine wichtig bei der hohen Wasseraufnahme während der Keimung und dem Wassertransport im Gewebe außerhalb der Leitungsbahnen. Obwohl diese Kanäle sehr feinporig sind, erreichen sie eine hohe Wasserleitfähigkeit von bis zu drei Milliarden Wassermolekülen pro Sekunde und Kanal.

Aktiver Transport

Beim aktiven Transport gibt es zwei Varianten: primär aktiv und sekundär aktiv. Der primär aktive Transport ist direkt verbunden mit energetischen Vorgängen. Die benötigte Energie stammt entweder aus dem energiereichen ATP-Molekül, aus Redoxreaktionen oder aus der Lichtenergie. [Basiskonzept S. 378]

Ein Beispiel für durch Lichtenergie getriebene Carrier besitzen in Salzseen lebende Halobakterien. Durch die Energie des Sonnenlichts werden H^+-Ionen aus dem Inneren des Bakteriums in das Außenmedium gepumpt. Der entstehende H^+-Ionen-Konzentrationsunterschied ist die Basis für deren Energiestoffwechsel.

A1 Vergleichen Sie in tabellarischer Form die folgenden Transportmechanismen hinsichtlich der Kriterien Richtung, Spezifität und Energiebedarf miteinander: 1) Diffusion, 2) erleichterte Diffusion, 3) aktiver Transport.

Sekundär aktiver Transport

Beim *sekundär aktiven Transport* wird das zu transportierende Molekül zusammen mit einem anderen Molekül in die gleiche Richtung *(Symport)* oder in die entgegengesetzte Richtung transportiert *(Antiport)*. Das zu transportierende Molekül wird gegen das Konzentrationsgefälle transportiert, der zweite Stoff jedoch immer in die Richtung des Konzentrationsgefälles. Hierzu wird das Molekül an eine spezifische Stelle des Carriers gebunden. Durch diese Bindung ändert sich die Konformation des Proteins. Hierdurch gelangt das gebundene Molekül auf die andere Seite der Membran.

Ein Beispiel für einen *Symport-Transport* ist die Glucoseaufnahme. Die Konzentration der bei der Verdauung angefallenen Glucose ist im Darminhalt niedriger als in den Darmzellen. Ein Transport kann über die Carrier nur erfolgen, weil Natriumionen im Darminhalt in sehr viel höherer Konzentration als in den Darmzellen vorkommen. Bei dem „freiwilligen" Konzentrationsausgleich der Natriumionen werden die Glucosemoleküle „huckepack" mittransportiert. Die Form des beteiligten Proteinkomplexes in der Biomembran ist exakt an diese Funktion angepasst [Basiskonzept S. 370]. Um den Konzentrationsgradienten für die Natriumionen aufrechtzuerhalten, sind jedoch ATP-abhängige Natriumpumpen in den Darmzellen notwendig.

Von *Antiport* spricht man z. B. bei der Natrium-Kaliumpumpe in Nervenzellen, die unter ständigem Verbrauch von ATP Na^+- und K^+-Ionen gekoppelt in entgegengesetzter Richtung transportiert. Dadurch wird eine ungleiche Verteilung von Ionen aufrechterhalten, die zur Funktion der Nervenzelle notwendig ist.

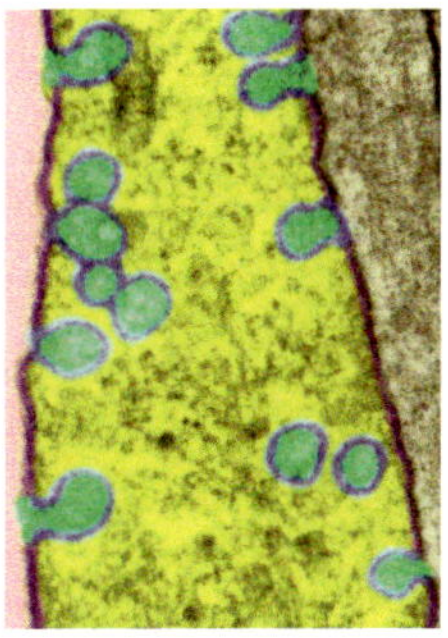

Endocytose

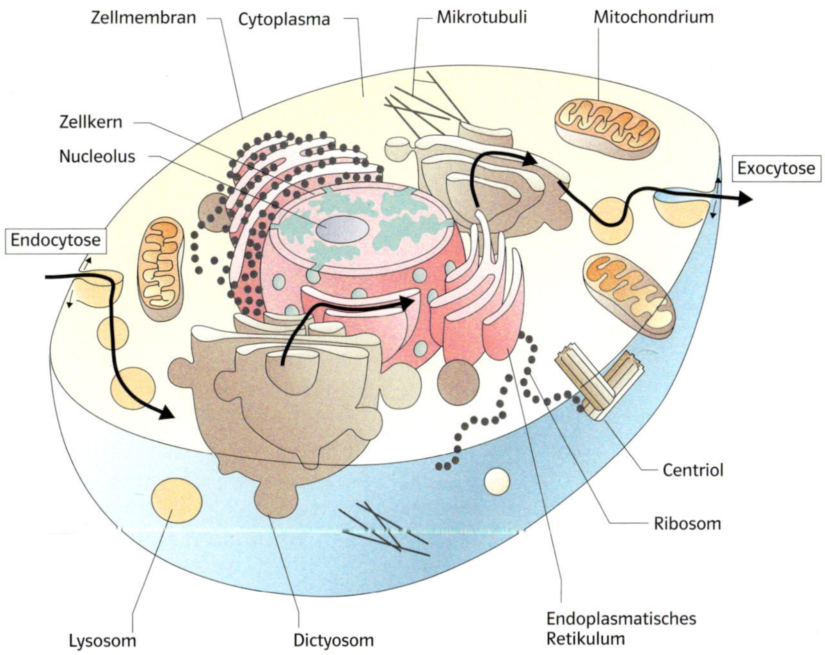

3 *Membranfluss*

Endocytose und Exocytose

Größere Partikel werden in membranumschlossenen Bläschen *(Vesikeln)* durch *Endocytose* aufgenommen, durch *Exocytose* abgegeben oder durch Zellen hindurch transportiert (Abb. 2), sie können aber auch nach Verschmelzen mit Lysosomen abgebaut werden. Vesikel können mit Dictyosomen und Endoplasmatischem Retikulum verschmelzen oder von ihnen abgeschnürt werden *(Membranfluss*, Abb. 3). [Basiskonzept S. 374]

1.4 Enzyme — Katalysatoren des Lebens

Enzyme sind Biokatalysatoren

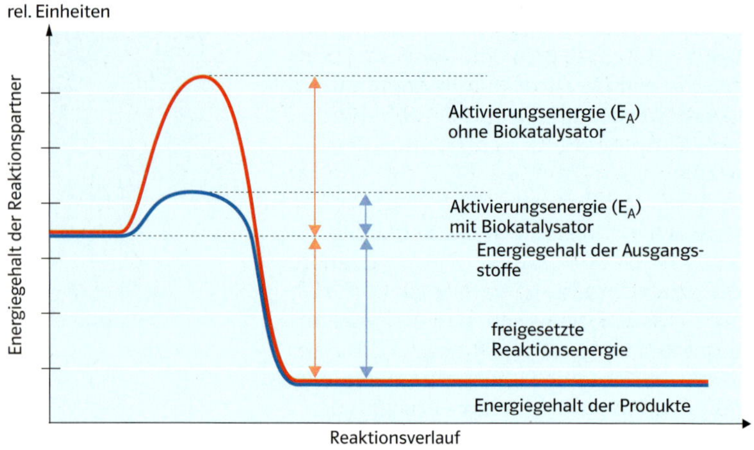

1 *Ablauf einer enzymkatalysierten Reaktion*

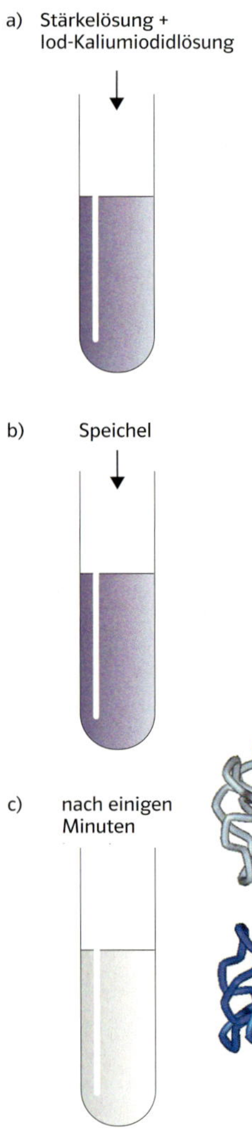

Stärke ist ein wichtiger Bestandteil unserer Nahrung. Sie ist zum Beispiel in Getreideprodukten enthalten. Die schwer löslichen Makromoleküle der Stärke können von unserem Körper nur dann genutzt werden, wenn sie durch Spaltung in leicht lösliche *Di-* und *Monosaccharide* zerlegt werden. Denn der Dünndarm kann in der Regel nur gelöste Stoffe in die Blutbahn abgeben.

Obwohl Stärke eine energiereiche Verbindung ist, zerfällt sie von alleine nur sehr langsam in ihre Bausteine. Stärke wäre deshalb also kaum verwertbar, wenn in den Verdauungssäften nicht Substanzen enthalten wären, welche die Spaltung von energiereichen Verbindungen unterstützen würden. Gibt man zu einer mit Iod-Kaliumiodid blau angefärbten Stärkeaufschwemmung etwas Speichel, so entfärbt sich das Gemisch schon nach kurzer Zeit. Das lässt die Schlussfolgerung zu, dass der Speichel einen Stoff enthält, der die Stärkespaltung fördert. [Basiskonzept S. 378]

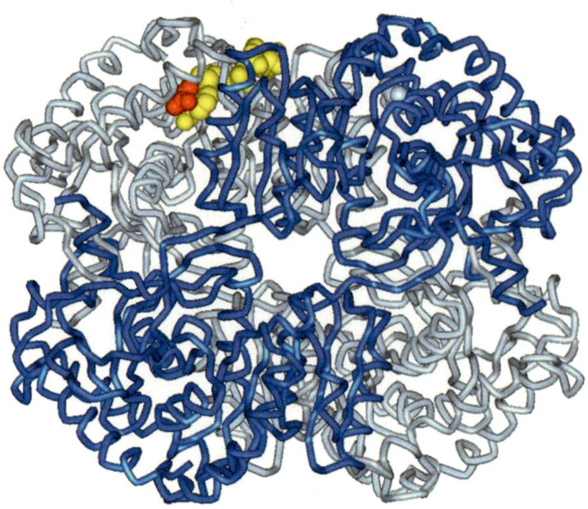

2 *Strukturmodell eines Enzyms*

Die Wirkung von Biokatalysatoren

Durch die Analyse von Speichel, z. B. mithilfe der *Elektrophorese*, kann man ein Protein identifizieren, das für die enorme Reaktionsbeschleunigung verantwortlich ist: die *Amylase*. Proteine, die im Organismus wie die Amylase als Reaktionsbeschleuniger fungieren, nennt man allgemein *Enzyme*. Sie wirken als Biokatalysatoren. Zur Aktivierung der Stärkespaltung — ohne Katalysator — muss zunächst ein bestimmter Energiebetrag aufgewendet werden (Abb. 1), die *Aktivierungsenergie* (E_A). Erst dann kann die Reaktion ablaufen, die bei der Stärkespaltung die Reaktionsenergie freisetzt. Das hängt damit zusammen, dass zunächst einmal unter Energiezufuhr Bindungen aufgebrochen werden müssen, bevor an den entstehenden Enden neue Bindungen unter Freisetzung von Energie gebildet werden. Die Freisetzung von Reaktionsenergie wird in einem Energiediagramm (Abb. 1) dadurch veranschaulicht, dass der Ausgangsstoff Stärke einen größeren Energiegehalt zugeordnet bekommt als die Spaltprodukte. Die Verbindung zwischen dem Energiegehalt von *Edukten* (Ausgangsstoffen) und *Produkten* (Endstoffen) stellt den Reaktionsverlauf dar.

Enzyme wie die Amylase sind in der Lage, die Aktivierungsenergie so weit zu senken, dass oft schon bei Körperwärme genügend Teilchen darüber verfügen und dann die Reaktion schnell genug abläuft. Die Herabsetzung der Aktivierungsenergie ist auf eine Wechselwirkung zwischen dem Enzym und dem umzusetzenden Stoff *(Substrat)* zurückzuführen. Dadurch kommt es zu einer Lockerung der zu spaltenden Bindungen.

Substrat- und Wirkungsspezifität

Der Bau des Enzymmoleküls ist Voraussetzung für die Wechselwirkung zwischen Enzym und Substrat. Am Beispiel des

Chymotrypsins, eines proteinspaltenden Enzyms des Bauchspeichels, soll dies erläutert werden. Chymotrypsin besteht, wie alle Enzyme, aus einem Proteinmolekül und besitzt aufgrund seiner Eiweißnatur eine ganz bestimmte räumliche Gestalt *(Tertiärstruktur)*. Die Moleküloberfläche besitzt in einem Bereich eine Oberflächenstruktur, in die das Substrat ganz genau wie ein Schlüssel ins Schloss hineinpasst *(Schlüssel-Schloss-Prinzip)*. [Basiskonzept S. 370]

Enzymmoleküle sind in der Regel wesentlich größer als ihre Substratmoleküle. Das Substrat besteht in diesem Fall aus einem Eiweißbruchstück. Die wie eine Passform konstruierte Bindungsstelle im Enzymmolekül *(Bindungszentrum)* enthält das *aktive* oder *katalytische Zentrum*. Das ist der eigentliche Ort für die katalysierte Reaktion. Andere Moleküle können in der Regel nicht gebunden und in der entsprechenden Weise umgesetzt werden. Nach der Umsetzung wird das Enzym wieder frei und steht erneut für eine Reaktion zur Verfügung.

A1 Vergleichen Sie die Abbildung in der Randspalte mit Abbildung 3.

Das Enzym Maltase kann ausschließlich Maltose (Zweifachzucker) binden und zu Glucose (Einfachzucker) abbauen. Enzyme sind also spezifisch für ein ganz bestimmtes Substrat *(Substratspezifität)*. Aufgrund der Eigenschaften des aktiven Zentrums katalysiert ein Enzym zudem nur eine von mehreren möglichen Reaktionen des Substrats, d. h. es entstehen nur ganz bestimmte Produkte. Enzyme besitzen also außerdem die Eigenschaft der *Wirkungsspezifität*. Eine Enzymreaktion kann mit folgendem Schema beschrieben werden:

$E + S \rightarrow [ES] \rightarrow E + P$
E = Enzym, S = Substrat
[ES] = Enzym-Substrat-Komplex
P = Produkt

Von der Art der chemischen Reaktion hängt auch ab, mit welcher Geschwindigkeit Enzyme ihre Substrate umsetzen (je nach Enzym zwischen 10^3 und 10^6 Substratmoleküle pro Sekunde).

Systematik von Enzymen
Die meisten Enzyme sind reine Proteine, andere bestehen aus einem Komplex von Protein und einer besonderen Wirkgruppe. Das Protein wird dann als *Apoenzym* bezeichnet. Zusammen bilden Apoenzym und Wirkgruppe das *Holoenzym*. Man unterscheidet zwei Typen von Holoenzymen. Ist die Wirkgruppe fest mit dem Apoenzym verbunden, so wird die Wirkgruppe als *prosthetische Gruppe* bezeichnet. Kann sich die Wirkgruppe vom Apoenzym lösen und in einer weiteren Reaktion mit einem anderen Apoenzym binden, nennt man sie *Coenzym* oder *Cosubstrat*.

Die Benennung von Enzymen erfolgt in der Regel so, dass der erste Teil des Namens aus dem jeweils umgesetzten Substrat besteht. Der zweite Teil des Namens gibt über die Wirkung des Enzyms Auskunft. Vielfach sind auch noch Trivialnamen in Gebrauch. So bezeichnet *Ptyalin* die Mundspeichelamylase und *Chymotrypsin* eine Proteinhydrolase des Bauchspeichels. Der Name Proteinhydrolase bedeutet, dass erstens ein Protein umgesetzt wird und zweitens das Protein unter Wasseranlagerung gespalten wird *(Hydrolyse)*. Bezieht man sich nur auf das Substrat, so nennt man es *Protease*.

A2 Beurteilen Sie die Schemata (Abbildung 3 und Randspalte) kritisch unter dem Aspekt des Modells.

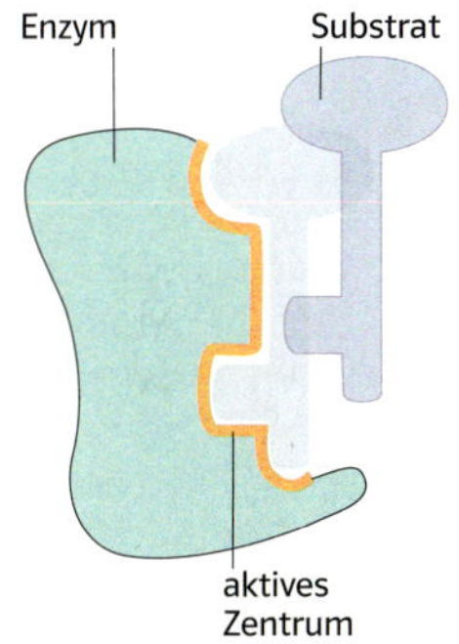

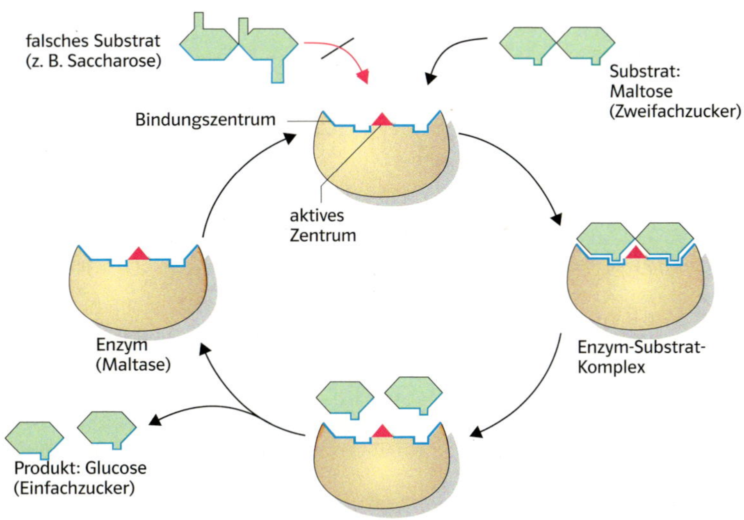

3 *Schema zur Substrat- und Wirkungsspezifität*

Praktikum
Enzyme

Enzyme sind die Werkzeuge des Stoffwechsels. Sie senken die Aktivierungsenergie vieler Reaktionen, sodass sie bei Körpertemperatur überhaupt ablaufen können. Ihre Eigenschaften kann man experimentell ermitteln.

Eigenschaften von Enzymen

Materialien:
Reagenzgläser mit Ständer, Sand, Reibschale mit Pistill, Kartoffel oder Leber, H_2O_2-Lösung (3 %), [C], Braunsteinpulver (MnO_2) [Xn], verd. Salzsäure [C], verd. Natronlauge [Xi], Bleinitratlösung [Xn], Holzspan, Schutzbrille.

Zu Beginn wird die Kartoffel bzw. die Leber in der Reibschale mit etwas Sand zerrieben. Das Homogenat stellt das Katalasepräparat für die Versuche dar.

1. Versuch
In drei Reagenzgläser werden je 2 ml H_2O_2-Lösung gegeben. Geben Sie dann in das erste etwas Sand, in das zweite etwas Braunstein und in das dritte etwas Katalasepräparat. Halten Sie einen glimmenden Holzspan in die Reagenzgläser.

2. Versuch
In zwei Reagenzgläser wird etwas Katalasepräparat gegeben. In das erste wird anschließend 1 ml Salzsäure gegeben, in das zweite 1 ml Natronlauge. Lassen Sie die Lösungen 5 min einwirken und geben Sie dann je 2 ml H_2O_2-Lösung hinzu.

3. Versuch
In ein Reagenzglas wird etwas Katalasepräparat gegeben. Anschließend werden wenige Tropfen Bleinitratlösung hinzugegeben. Lassen Sie das Reagenzglas 5 min stehen und geben Sie dann 2 ml H_2O_2-Lösung dazu.

A1 Deuten Sie die Ergebnisse der Versuche.

Versuche mit Amylase

Materialien:
Reagenzgläser, Ständer, Wasserbäder, Reibschale, Gerstenkörner, Stärkelösung, Iod-Kaliumiodidlösung.

Die benötigte Amylaselösung stellt man sich auf folgende Weise her: Etwa 100 Gerstenkörner werden zwei Tage vor dem Versuchstag in einer Petrischale auf einem feuchten Filterpapier ausgebreitet. Am Tag des Versuchs werden die Gerstenkörner in der Reibschale mit etwas Sand und 50 ml Wasser zerrieben. Der erhaltene Extrakt wird 10 min zentrifugiert. Der Überstand wird 1 : 20 verdünnt und stellt die Amylaselösung dar (kühl aufbewahren!).

Die Stärkelösung wird vorsichtig mit so vielen Tropfen Iod-Kaliumiodidlösung versetzt, bis eine deutliche Blaufärbung zu sehen ist. Zu viel Iod behindert den Versuch!

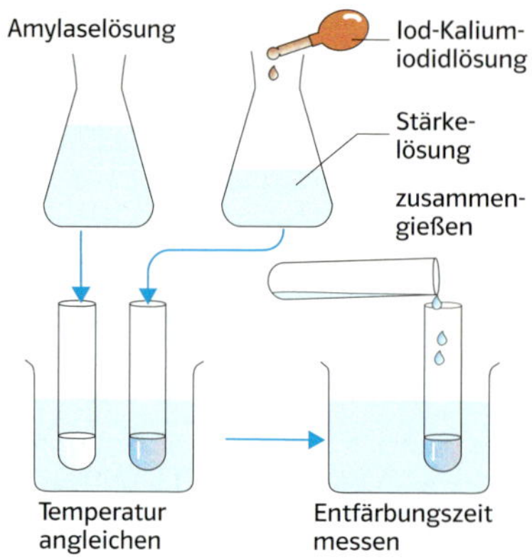

Versuchsablauf:
In den Versuchen wird die Zeit (t) bis zur Entfärbung bei verschiedenen Temperaturen (T) bestimmt.
Die vorhandenen Wasserbäder werden auf verschiedene Temperaturen im Bereich von 10 °C bis 60 °C eingestellt. In jedes Wasserbad werden zur Temperaturangleichung zwei Reagenzgläser mit folgendem Inhalt gestellt:
1) 2 ml (blaue) Stärkelösung
2) 1 ml Amylaselösung

Nach Angleichung der Temperaturen (ca. 5 min) wird der Versuch gestartet und die Entfärbungszeit ermittelt.

A2 Tragen Sie die Entfärbungszeit (t) gegen die Temperatur (T) auf.
A3 Erklären Sie, wie man aus der Entfärbungszeit (t) auf die Reaktionsgeschwindigkeit (v) schließen könnte.

Versuche mit Urease

Materialien:
Reagenzgläser mit Ständer, Tropfpipetten, Ureaselösung (10 mg in 10 ml Wasser), Harnstofflösung (20 mg in 100 ml Wasser), Thioharnstofflösung (1 mg in 10 ml Wasser) [Xn], Indikatorlösung Bromthymolblau, Messpipetten und Pipettierhilfe.

Achtung: Nie mit dem Mund pipettieren! Stets mit einer Pipettierhilfe arbeiten. Ohne Pipettierhilfe besteht Verätzungs- und Vergiftungsgefahr!

1. Versuch
Zu 5 ml Harnstofflösung wird 1 Tropfen Indikator gegeben. Dann wird 1 ml Urease hinzugegeben.

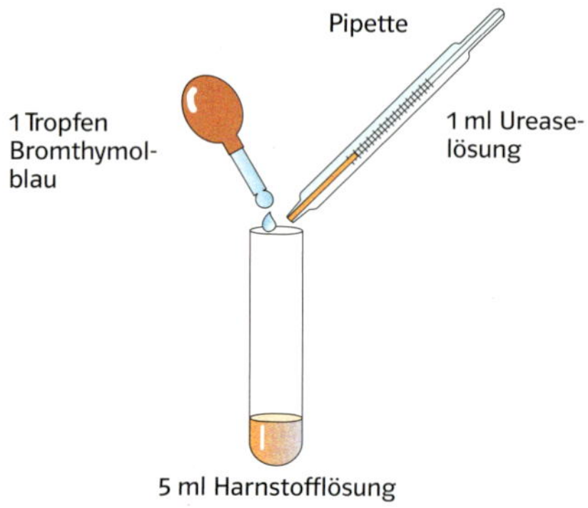

2. Versuch
Vier Reagenzgläser werden wie folgt befüllt:

Stoff (ml)	Reagenzglas Nr.			
	1	2	3	4
Harnstoff	5,0	1,0	0,5	0,1
Wasser	0,0	4,0	4,5	4,9

Etwas Indikator wird hinzugefügt. Anschließend werden die vier Versuchsansätze möglichst gleichzeitig durch Hinzugabe von je 1 ml Ureaselösung gestartet.

3. Versuch
Drei Reagenzgläser werden wie folgt befüllt:

Stoff (ml)	Reagenzglas-Nr.		
	1	2	3
Harnstoff	4,0	4,0	4,0
Thioharnstoff	0,0	0,1	1,0
Wasser	1,0	0,9	0,0

Nach Zugabe von 2 Tropfen Indikatorlösung und Schütteln werden die Versuchsansätze möglichst gleichzeitig mit je 1 ml Ureaselösung gestartet.

A4 Protokollieren Sie die Ergebnisse und deuten Sie sie.

Material
Aufbau von Enzymen

Enzyme sind unabhängig von der Zelle funktionsfähig: Bereits 1892 hatten Experimente ergeben, dass Hefeextrakte Glucose zu Kohlenstoffdioxid und Ethanol umwandeln. Auf dieser Grundlage führten HARDEN und YOUNG im Jahre 1905 folgende Experimente durch:

a) Hefezellen wurden zerrieben und
b) die größeren Zellbestandteile vom Zellsaft durch Filtration getrennt (Filtrat 0).
c) Ein Teil des so gewonnenen Filtrates wurde 24 Stunden dialysiert, d. h. es wurde in einen Schlauch mit einer Membran gegeben, die für kleinere Moleküle durchlässig ist, aber nicht für größere.
d) Danach wurden aus dem Außenmedium (1) und dem Dialyseschlauch (2) Proben entnommen. Diese wurden wie das Filtrat (0) nach Zugabe von Glucoselösung auf Kohlenstoffdioxidentwicklung untersucht (Versuchsreihe 1) oder wie in Versuchsreihe 2 weiterbehandelt.

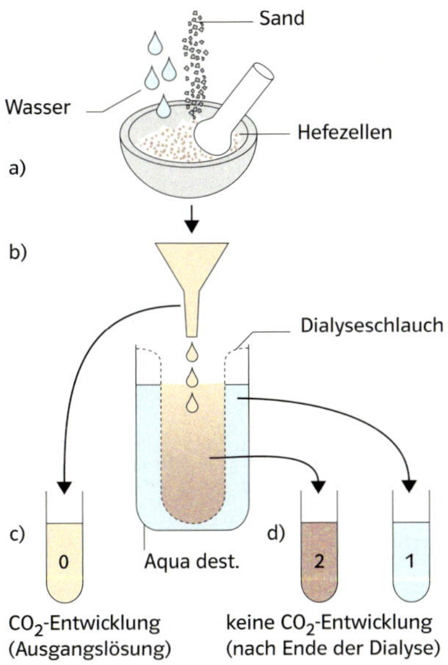

1 *Versuchsreihe 1*

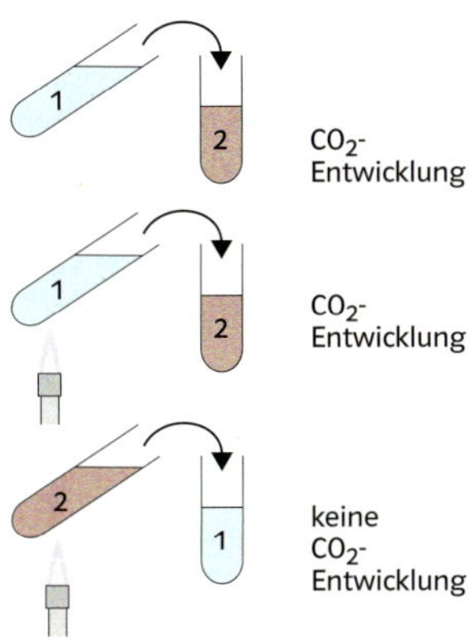

2 *Versuchsreihe 2*

A1 Ziehen Sie Rückschlüsse auf den Aufbau und die Wirkung des hier eine Rolle spielenden Enzyms. Begründen Sie Ihre Schlussfolgerungen konkret anhand der einzelnen Experimente.

Die Wirkung von Katalase

Katalase ist ein Enzym, welches Wasserstoffperoxid (H_2O_2) zu O_2 und H_2O zersetzt. Man hat die Aktivität der Katalase in Abhängigkeit von der H_2O_2-Konzentration untersucht und dabei die nachfolgenden Ergebnisse erhalten:

g H_2O_2 pro 100 ml Reaktionslösung	ml O_2-Entwicklung in 5 min
1	3,1
2	4,9
3	6,0
4	6,8
5	7,3
6	7,8
7	8,1
8	8,2
9	8,2

A2 Setzen Sie die Werte der Tabelle in eine Grafik um. Achten Sie dabei auf eine sinnvolle Achsenwahl und die Beschriftung.

A3 Erläutern Sie das experimentelle Ergebnis. Ziehen Sie verallgemeinerbare Rückschlüsse auf die Wirkungsweise von Enzymen und erläutern Sie diese auch hinsichtlich der Versuchsbedingungen.

Temperatur und Ureasewirkung

Urease spaltet Harnstoff hydrolytisch in Kohlenstoffdioxid und Ammoniak. CO_2 und NH_3 reagieren mit Wasser in einer Säure-Base-Reaktion, bei der Ionen entstehen. In einer wässrigen Lösung leiten sie im Gegensatz zum ungeladenen Harnstoff den elektrischen Strom. Setzt man Harnstofflösung mit Urease um, so kann man die Änderung der Leitfähigkeit pro Zeiteinheit als relatives Maß für die Aktivität der Urease benutzen. Für eine solche Messung benutzt man die in der Abbildung dargestellte Apparatur. Nacheinander werden bei verschiedenen Temperaturen (5°, 15°, 35°, 50° und 75 °C) jeweils 40 ml Harnstofflösung und 10 ml Enzymlösung zusammengegeben und die Änderung der Leitfähigkeit über einen Zeitraum von 10 Minuten gemessen. Dabei wird in Abständen von 20 Sekunden die Leitfähigkeit abgelesen. Das Ergebnis dieses Versuchs zeigt Abbildung 4.

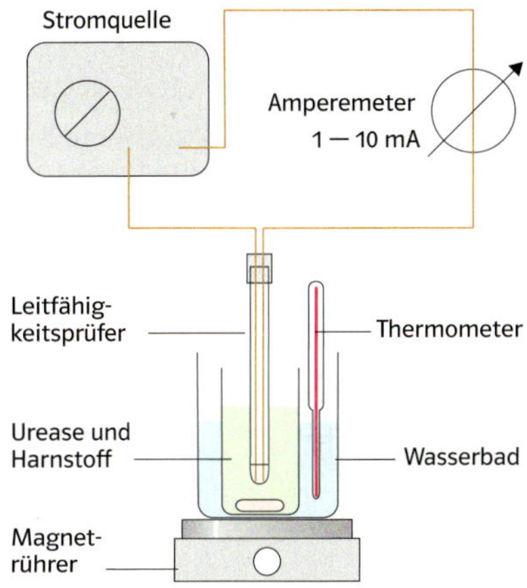

3 *Versuchsaufbau*

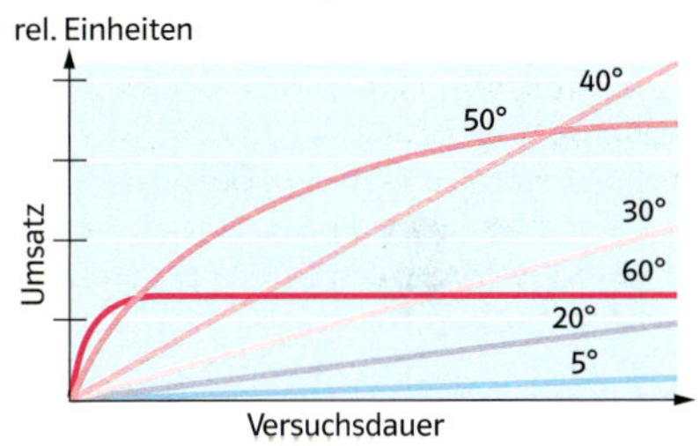

4 *Abhängigkeit der Enzymaktivität von der Temperatur*

A4 Begründen Sie, dass bei allen Versuchen mit jeweils derselben Menge Harnstoff- und Ureaselösung gearbeitet werden muss.

A5 Erläutern Sie anhand der Grafik die Ergebnisse der Versuche einzeln und im Vergleich.

Die Reaktionsbedingungen bestimmen die Enzymaktivität

Substratkonzentration
Bei niedrigen Substratkonzentrationen ist die Geschwindigkeit der Substratumsetzung gering. Diese lässt sich durch Erhöhung der Konzentration steigern, bis schließlich weitere Erhöhungen der Substratkonzentration zu keiner weiteren Steigerung der Geschwindigkeit führen (Abb. 1). Jedes *Enzym* hat daher eine Maximalgeschwindigkeit der Substratumsetzung. Da sich die Sättigungskonzentration des Substrates zur Maximalgeschwindigkeit aus dem Ergebnis schlecht ablesen lässt, ermittelt man, bei welcher Substratkonzentration die halbmaximale Geschwindigkeit erreicht wird. Die Substratkonzentration bei halbmaximaler Reaktionsgeschwindigkeit bezeichnet man als *Michaelis-Menten-Konstante* (K_m).

Ist die Substratkonzentration gering, so sind nicht alle Enzyme mit einem Substratteilchen beladen, weil die Wahrscheinlichkeit, dass Enzym und Substrat sich treffen, gering ist. Mit zunehmender Anzahl der Substratteilchen steigt die Wahrscheinlichkeit, auf das Enzym zu treffen; daher steigt die Reaktionsgeschwindigkeit. Bei hohen Konzentrationen ist die Wahrscheinlichkeit des Zusammentreffens zwar sehr hoch, jedoch können die Substratmoleküle das aktive Zentrum nicht besetzen, da sich dort das Produkt der vorigen Reaktion erst langsam vom Enzym trennt. In lebenden Zellen wird der Maximalwert nie erreicht, da andere Stoffe die Reaktion behindern.

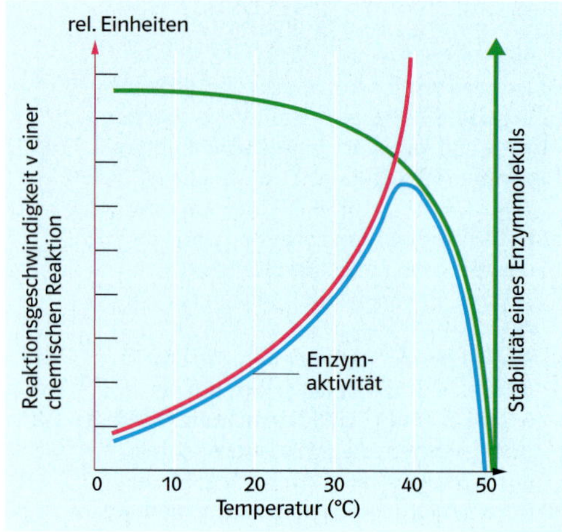

2 *RGT-Regel und Enzymaktivität*

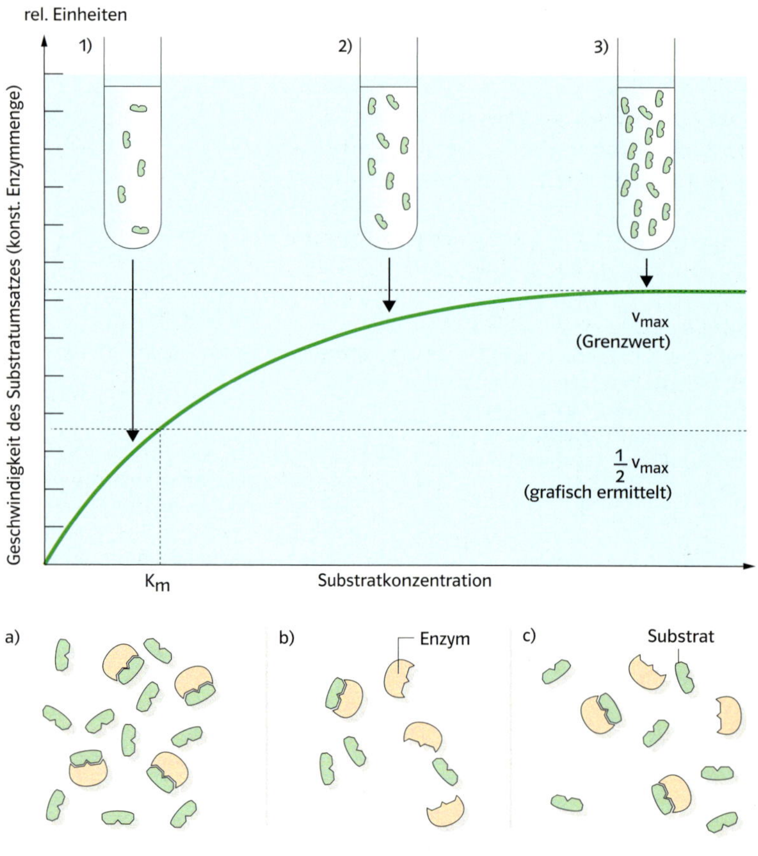

1 *Reaktionsgeschwindigkeit und Substratkonzentration*

A1 Ordnen Sie die modellhaften Darstellungen (a, b, c) in Abbildung 1 den Stellen 1, 2, 3 der grafischen Auftragung des Ergebnisses zu. Begründen Sie.

Der Einfluss der Temperatur
Gleichwarme Tierarten haben eine konstante Körpertemperatur, egal ob sie in der Wüste oder der Antarktis leben. Wechselwarme Tiere, wie Amphibien oder Insekten, bewegen sich bei tiefen Temperaturen in der Regel träge bzw. fallen in eine Kältestarre. Erst bei höheren Temperaturen werden sie wieder aktiv. Die chemischen Reaktionen des Stoffwechsels in einem Organismus sind temperaturabhängig. Diese Zusammenhänge zeigen sich auch bei isoliert ablaufenden enzymatischen Reaktionen. [Basiskonzept S. 378]

Untersucht man die Aktivität eines Enzyms experimentell, so stellt man zunächst bei steigenden Temperaturen eine starke Erhöhung der Reaktionsgeschwindigkeit fest (Abb. 2). Bei einer bestimmten Temperatur wird schließlich ein Maximum erreicht. Dieses liegt bei vielen Enzymen zwischen 30 °C und 50 °C. Danach nimmt die Geschwindigkeit der enzymkatalysierten Reaktion sehr schnell ab, bis schließlich überhaupt keine Wirkung des Enzyms mehr erkennbar ist. Höhere Temperaturen bewirken eine stärkere Teilchenbewegung, sodass Enzym und Substrat mit einer größeren Wahrscheinlichkeit aufeinander treffen. Zudem werden die Bindungen zwischen Atomen reaktiver. Die Folge ist ein höherer Stoffumsatz. Bei enzymkatalysierten Reaktionen erhöht sich die Reaktionsgeschwindigkeit bei einer Temperaturerhöhung um 10 °C exponentiell um das 2- bis 4fache. Dieser Zusammenhang heißt *Reaktionsgeschwindigkeits-Temperatur-Regel*, kurz *RGT-Regel*.

Bei Eiweißen, und damit auch bei Enzymen, haben hohe Temperaturen noch eine andere Wirkung: Sie verändern und zerstören schließlich die *Tertiärstruktur*, d. h. die räumliche Anordnung der Aminosäurekette wird irreversibel verändert. Diesen Vorgang bezeichnet man als *Denaturierung*. Da die Funktion des Enzyms von der Tertiärstruktur abhängt, wird die Abnahme der Enzymaktivität ab einer bestimmten Temperatur verständlich [Basiskonzept S. 370]. Enzyme sind meist nur bis zu Temperaturen zwischen 50 °C und 60 °C stabil (Abb. 2). Höhere Temperaturen liefern so viel Energie, dass die meist geringen Bindungskräfte, welche die räumliche Faltung des Proteinmoleküls aufrechterhalten, überwunden werden. Die Passform des Enzymmoleküls für das Substrat geht verloren, das Enzym ist inaktiv. Nur wenige Enzyme werden erst bei höheren Temperaturen denaturiert, z. B. die von Bakterien aus heißen Quellen mit Temperaturen um 90 °C und mehr [Basiskonzept S. 382]. Deren Enzyme sind an diese extremen Lebensbedingungen angepasst, indem bei ihnen die Passform im Wesentlichen durch besonders stabile Disulfidbrücken und ionische Anziehungskräfte aufrechterhalten wird.

3 *Eisfisch in der Antarktis*

A2 Informieren Sie sich über die Lebensweise des in Abbildung 3 dargestellten Tieres und stellen Sie den Zusammenhang zur Enzymatik her.

A3 Nähert sich die Körpertemperatur bei hohem Fieber dem Wert von 42 °C, besteht für den Menschen Lebensgefahr.
Erläutern Sie mögliche Gründe dafür mit Bezug zu den genannten Eigenschaften von Enzymen.

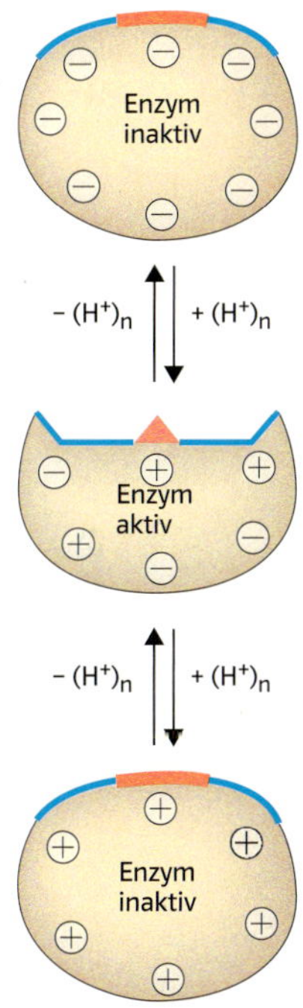

Einfluss des pH-Wertes auf die Enzymaktivität

Der Einfluss des pH-Wertes

Untersucht man die Enzymaktivität in Abhängigkeit vom pH-Wert experimentell, so ergibt sich ein Optimum. Jedes Enzym hat sein spezifisches pH-Optimum. Bei vielen Enzymen liegt es im mittleren pH-Bereich. Bei deutlich höheren oder niedrigeren Werten sinkt die Aktivität stark ab, bis schließlich keine Aktivität mehr messbar ist.

A4 Der Einfluss des pH-Wertes auf die Enzyme kann an der Verdauung des Menschen deutlich gemacht werden. Informieren Sie sich über die jeweiligen pH-Werte und Enzyme der einzelnen Verdauungsschritte und erläutern Sie.

Ursache ist, wie bei hohen Temperaturen, eine Denaturierung des Enzyms, da durch Säuren bzw. Basen an bestimmte Reste der einzelnen Aminosäurebausteine H^+-Ionen angelagert oder von ihnen abgespalten werden können. So wird die für die Passform wichtige Ladungsverteilung im Enzymmolekül verändert, sodass die spezifische Molekülfaltung verloren geht (Abb. Randspalte). [Basiskonzept S. 370]

Der Einfluss des Bindungspartners auf die Enzymaktivität

Wenn außer dem eigentlichen Substrat andere Stoffe an das Enzymmolekül binden, kann die Enzymaktivität beeinträchtigt werden.

Kompetitive Hemmung

Konkurrieren zwei chemisch ähnliche Stoffe um das Bindungszentrum eines Enzyms, beeinflusst dies die Enzymaktivität, wenn einer das Substrat ist und der andere als Hemmstoff wirkt. Der Hemmstoff kann zwar an das Enzym gebunden, aber nicht umgesetzt werden. Er verdrängt somit das eigentliche Substrat (*Verdrängungshemmung* oder *kompetitive Hemmung*, Abb. 1). Die Wirkung solcher Hemmstoffe ist umso größer, je höher die Konzentration im Vergleich zum eigentlichen Substrat ist.

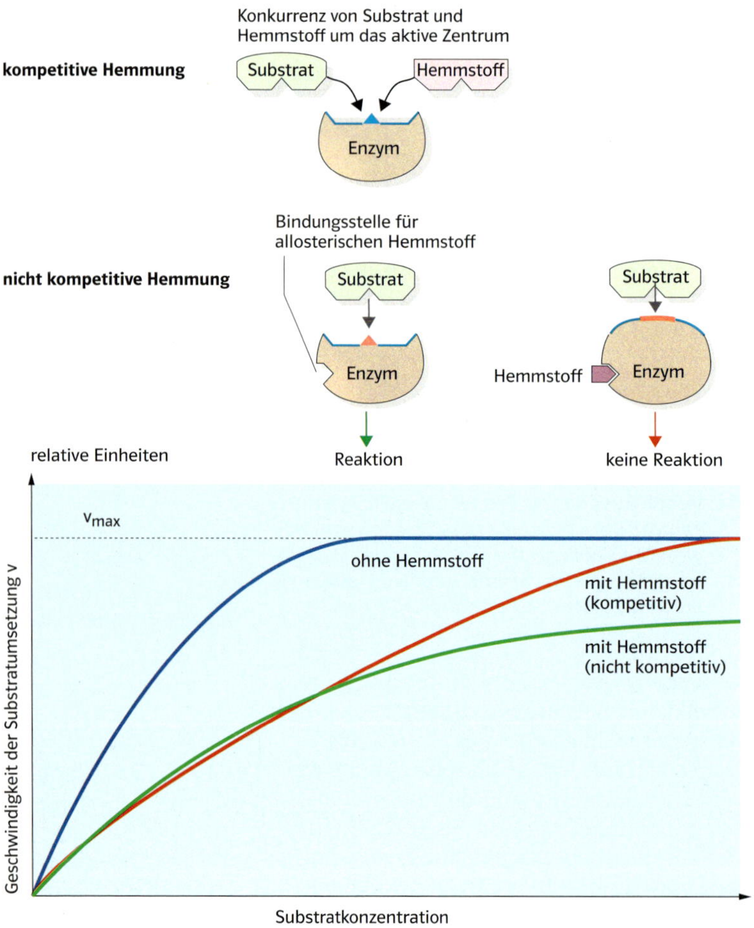

1 *Kompetitive Hemmung*

Ein Beispiel dafür ist die Anwendung des Medikaments *Allopurinol* gegen *Gicht.* Diese Krankheit äußert sich — infolge der Einlagerung von Harnsäurekristallen — in einer schmerzhaften Veränderung der Gelenke, die unbehandelt bis zu deren Zerstörung fortschreiten kann. Harnsäure entsteht im Organismus z. B. beim Abbau von Nucleinsäuren, wobei die Verbindung *Hypoxanthin* als Zwischenprodukt entsteht. Hypoxanthin wird mithilfe des Enzyms *Xanthinoxidase* zu Harnsäure abgebaut, die bei Gesunden über die Nieren ausgeschieden wird. Entsteht aber infolge einer Stoffwechselschwäche oder infolge von Fehlernährung zu viel Harnsäure, so wird sie nicht mehr vollständig ausgeschieden, sondern lagert sich bevorzugt in Gelenken in kristalliner Form ab. Eine mögliche medikamentöse Behandlung ist die Verabreichung von Allopurinol, das dem Hypoxanthin chemisch sehr ähnlich ist, aber von der Xanthinoxidase nicht umgesetzt werden kann. Die dadurch bedingte Hemmung des Enzyms, die zur Verminderung der Harnsäureeinlagerung in die Gelenke führt, ist abhängig von der Menge des eingenommenen Medikaments. Diese Hemmung endet nach dem Absetzen des Medikaments. Sie ist reversibel.

Allosterische Effekte

Bestimmte Enzyme haben nicht nur eine Bindungsstelle für das umzusetzende Substrat, sondern eine weitere Bindungsstelle, an der ein ganz anders aufgebautes Molekül binden kann. Die Passform eines solchen Enzyms hängt davon ab, ob an dieser Stelle ein Hemmstoff gebunden ist oder nicht. Dadurch kann das Enzym zwei verschiedene räumliche Strukturen annehmen. In der einen Form kann es das Substrat binden und umsetzen. In der anderen Form, also mit Hemmstoff, ist das Bindungszentrum für das Substrat so verändert, dass es nicht mehr gebunden werden kann. Diese durch die Veränderung der räumlichen Struktur bedingte Hemmung nennt man *allosterische Hemmung* oder nichtkompetitive Hemmung (Abb. 2). Sie spielt bei der Regulation vieler Stoffwechselprozesse eine wichtige Rolle. [Basiskonzept S. 376]

Allosterische Effekte sind aber nicht in jedem Fall hemmend. Manche Enzyme erreichen erst durch allosterische Veränderungen ihre volle katalytische Wirkung, sie werden allosterisch aktiviert. Bei zu hohem Blutzuckerspiegel z. B. wird durch aktivierte Glucose ein Enzym allosterisch aktiviert, das den Aufbau des Speicherstoffs Glykogen aus Glucose bewirkt (Abb. 2).

Irreversible Hemmung

Die Giftigkeit bestimmter Metalle beruht darauf, dass sie bei Enzymen Veränderungen ihrer Passform bewirken, die nicht rückgängig zu machen sind. Die Hemmung ist irreversibel. Besonders giftig für den Menschen sind die *Schwermetalle* Quecksilber und Blei. Sie zerstören die Disulfidbrücken, da sie mit Schwefel eine äußerst stabile Verbindung bilden.

Bioindikatoren

Einige Organismen lassen sich als *Bioindikatoren* einsetzen, da sie Enzyme besitzen, die auf Schwermetalle sehr empfindlich reagieren. So wird die Gäraktivität von Hefezellen bereits von geringen Schwermetallmengen deutlich gehemmt. Hefezellen vergären Zucker u. a. zu Kohlenstoffdioxid. Bringt man in eine Versuchsapparatur eine bestimmte Menge der Probe, z. B. von belastetem Boden zusammen mit Zucker und Hefeaufschwemmung, so kann die Kohlenstoffdioxidentwicklung im Vergleich zu einer Kontrollprobe ohne Schwermetalle bestimmt werden. Je geringer die Gasentwicklung, desto belasteter ist die Probe. Nach einem solchen Vortest gibt eine chemische Analyse genauen Aufschluss über Art und Menge der Schwermetalle.

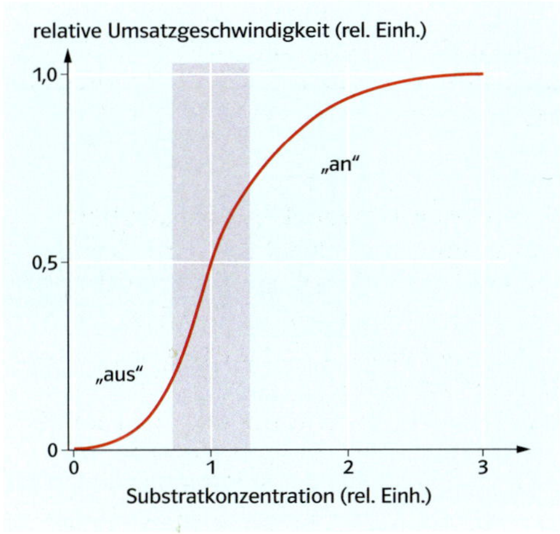

2 *Allosterischer Effekt beim Glykogenaufbau*

Info-Box: Genaktivierung und second messenger

Manche Enzyme erreichen erst dann ihre katalytische Aktivität, wenn sie zuvor aktiviert worden sind. Dies geschieht häufig durch ein von außen an die Zelle kommendes körpereigenes Signal. Ein solcher *first messenger* kann wie ein Hormon nicht durch die Zellmembran dringen. Dieser Signalstoff dockt an speziellen Rezeptoren auf der Zellmembran an, wodurch die Information auf einen zellinneren Botenstoff — den sogenannten *second messenger* — übertragen wird. Häufig steht der second messenger am Anfang einer längeren Übertragungskette, an deren Ende dann in der Zelle eine Aktivierung ausgelöst wird. Dabei wird das Signal auch oft verstärkt.

Zyklisches Adenosinmonophosphat (c-AMP), das aus seinem Vorläufermolekül ATP hergestellt wird, ist der bekannteste second messenger. Dockt ein bestimmter first messenger an der Zellmembran an, so wird das hierfür notwendige Enzym aktiviert. Selbst in Anwesenheit nur weniger Signalstoffmoleküle erreichen die dafür notwendigen Enzyme ihre Aktivität, sodass der Prozess verstärkt wird. c-AMP selbst aktiviert seinerseits ein Enzym, das in der Lage ist, Phosphatgruppen auf Proteine zu übertragen. Diese können je nach Proteinsorte entweder als aktivierte Enzyme agieren oder die Regulation bestimmter Gene bzw. der Transkription übernehmen.

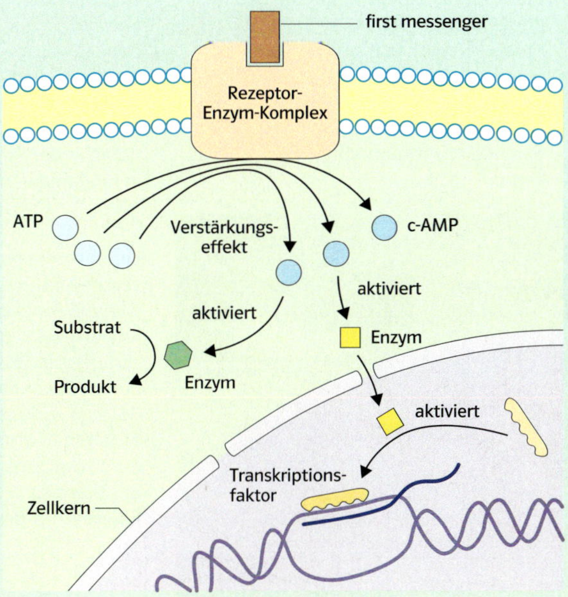

Impulse
Enzyme in Haushalt, Industrie und Medizin

Man kennt heute über 2000 verschiedene Enzyme. Ein Teil von ihnen wird großtechnisch hergestellt und findet im Haushalt, in Industrie und Medizin Verwendung. In den letzten Jahrzehnten hat sich die Enzymproduktion zu einem wichtigen Zweig der *Biotechnologie* entwickelt.

2 *Mais ist der Hauptlieferant für Stärke zur Verzuckerung.*

3 *Zuckerrübenernte*

Saubere Wäsche

Die Qualität von Waschmitteln wird am schonenden Umgang mit den Textilien, dem Reinigungseffekt und der Belastung des Wassers gemessen. Heute sind nur noch wenige Waschmittel auf dem Markt, die keine Enzyme enthalten. Enzymhaltige Waschmittel lösen auch hartnäckigen Schmutz.

Möglich wurde die Herstellung dieser Waschmittel erst, als es gelang, ausreichende Mengen Proteasen großtechnisch zu gewinnen. Im Forschungslabor der dänischen Carlsberg-Brauerei fanden Wissenschaftler heraus, dass Bakterien der Gattung *Bacillus* Proteasen in das Kulturmedium ausscheiden. Heute werden pro Jahr ca. 500 Tonnen dieser Proteasen für die Waschmittelherstellung benötigt.

- Beschreiben Sie die Reaktionsbedingungen, unter denen die Waschmittel-Proteasen wirksam sein müssen.
- Planen Sie ein Experiment, mit dem man die Reinigungswirkung eines Waschmittels mit Protease gegenüber einem enzymfreien Mittel überprüfen kann.

1 *Großwäscherei*

Von der Stärke zum Flüssigzucker

Wohl in keinem Haushalt darf Zucker fehlen. Als weißer oder brauner Kristallzucker, als Würfel- oder Kandiszucker gehört er zu unserem Alltag. Der im Haushalt verwendete Zucker, die *Saccharose*, ist ein Disaccharid. Er wird aus Zuckerrüben oder Zuckerrohr gewonnen. Verglichen mit anderen Zuckern hat Saccharose eine starke Süßkraft.

Relative Süßkraft verschiedener Zucker (Saccharose = 100)	
Saccharose	100
Fructose	173
Glucose	74
Invertzucker	130
Maltose (Malzzucker)	32

Und dennoch — die *Fructose* übertrifft die Saccharose an Süßkraft deutlich. Verschiedene Zweige der Lebensmittelindustrie, vor allem die Getränke-, Back- und Süßwarenherstellung, benötigen große Mengen an Zucker. In flüssiger Form lässt er sich dabei in der Regel besser verarbeiten als in kristalliner, und süßer ist Flüssigzucker auch.

Flüssigzucker erhält man durch Stärkeverzuckerung unter Verwendung der Enzyme Amylase und Glucoamylase. Durch Amylase wird das Polysaccharid Stärke zunächst in Bruchstücke, nachfolgend durch Glucoamylase in das Monosaccharid Glucose zerlegt. Um die Süßkraft des so erhaltenen Sirups noch zu steigern, kann durch den Einsatz eines weiteren Enzyms, der *Glucoisomerase*, ein Teil der Glucose in Fructose umgewandelt werden.

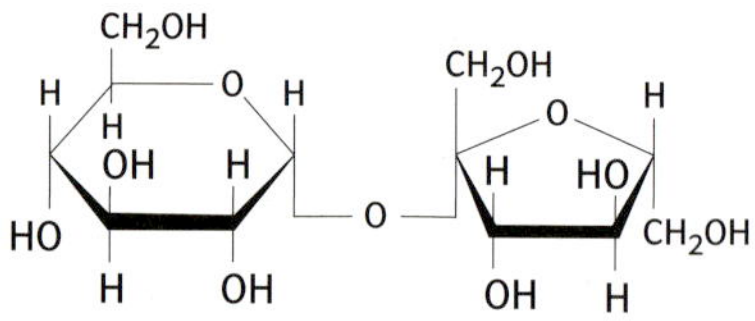

4 *Saccharose*

- In den USA ist die Verwendung von Flüssigzucker weit verbreitet. In der Bundesrepublik macht er nur einen sehr kleinen Anteil am Zuckerverbrauch aus. Nennen Sie mögliche Gründe.

Biosensoren

Messgeräte sind oftmals mit Fühlern ausgestattet. Sie nehmen Signale auf und leiten sie an den *Transduktor* weiter. Dieser wandelt das Signal in eine messbare, physikalische Größe um. Messfühler mit Enzymen als biologische Komponente nennt man *Biosensoren* bzw. *Enzymelektroden*. Sie werden zur Kontrolle biotechnologischer Verfahrensabläufe eingesetzt. So kann der pH-Wert in einem Kulturmedium mithilfe des Enzyms Penicillin-Acyclase im Biosensor bestimmt werden.

- Erläutern Sie Vorteile von Biosensoren gegenüber traditionellen Messfühlern.

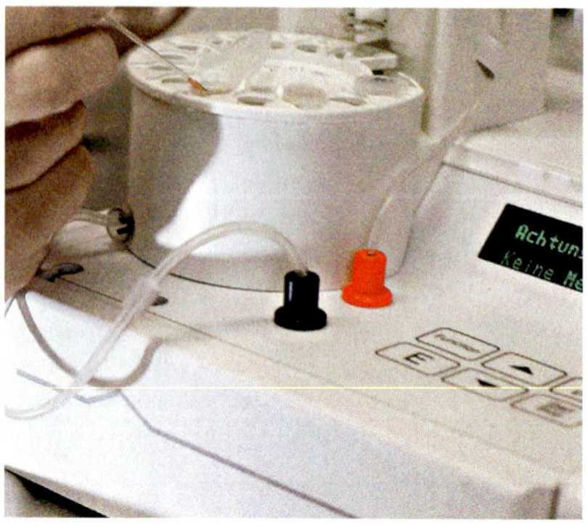

5 *Messgerät mit Biosensoren*

6 *Käserei*

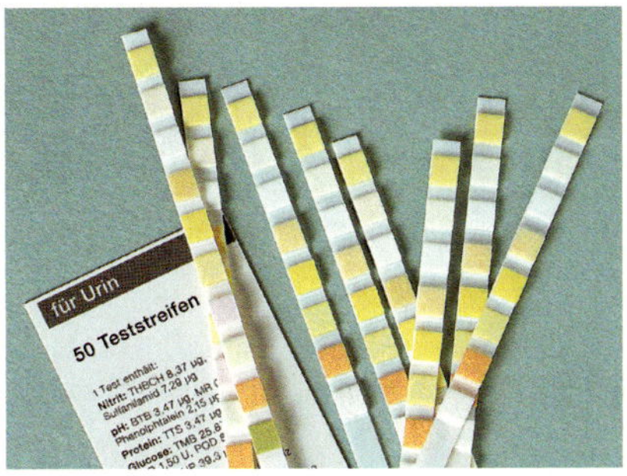

7 *Teststreifen*

Damit der Käse gelingt

Ein Blick in die Käsetheke einer Verkaufsstelle offenbart die Produktvielfalt. Was der Käufer meist nicht weiß: Bei der Käseherstellung ist der Einsatz von Enzymen zur Gerinnung der Milch unverzichtbar. Traditionell wird dazu das *Labferment* aus Kälbermägen als Schlachtnebenprodukt genutzt. Hinzugekommen sind in den letzten Jahrzehnten biotechnologisch erzeugte Enzyme aus Mikroorganismen. Nur mit deren Hilfe kann der gestiegene Bedarf gedeckt werden.

- Erklären Sie die Wirkungsweise der zur Milchgerinnung eingesetzten Enzyme und die Ursache der Gerinnung, indem Sie sich über die Zusammensetzung der Milch informieren.

Wenn der Magen drückt

Bei Stoffwechselstörungen können Enzyme als Medikamente eingesetzt werden. Bestimmte Magen-Darm-Erkrankungen oder eine Leistungsschwäche des *Pankreas* (Bauchspeicheldrüse) führen zu einer mangelhaften Verdauung der Nahrung. Sie können mit darmwirksamen Enzympräparaten behandelt werden. Manche enthalten ein Pulver aus Schweinepankreas und damit Lipasen, Proteasen und Amylasen.

- Die Enzyme sind in eine magensaftresistente Hülle eingeschlossen. Erklären Sie.
- Erläutern Sie Funktionen der zwei wichtigsten Proteasen Trypsinogen und Chymotrypsinogen sowie der Amylase und der Lipase im Bauchspeichel. Gehen Sie dabei auch auf den Wirkort im Körper ein.

Der Diabetes-Teststreifen

Mit einem einfachen Test kann man überprüfen, ob der *Blutzuckerspiegel* stimmt oder ob ein Verdacht auf Zuckerkrankheit *(Diabetes mellitus)* besteht. Dabei nutzt man aus, dass Personen mit zu hohem Blutzuckerspiegel Zucker mit dem Urin ausscheiden. Teststreifen, die Enzyme enthalten, machen es möglich. Die käuflichen Streifen enthalten *Glucoseoxidase* und *Peroxidase*, dazu einen Stoff, der durch Wasserstoffperoxid von einer farblosen in die Farbform umgewandelt wird. Wird ein solcher Teststreifen in glucosehaltigen Urin der Testperson gehalten, so oxidieren die Enzyme den Zucker und bilden gleichzeitig Wasserstoffperoxid. Letzterer führt zur Färbung des Teststreifens.

- Diabetes tritt nicht nur im Alter auf. Informieren Sie sich über Diabetes und seine Ursachen und stellen Sie dies dar.
- Überprüfen Sie doch einmal Ihren Urin. Sicherheit beruhigt. Teststreifen gibt es in jeder Apotheke.

Von der Tierhaut zum Schuh

Seit alters nutzt der Mensch Felle und Tierhäute als Kleidung und zur Herstellung von Gebrauchsgegenständen. Mit der Behandlung und Zubereitung des Rohmaterials entwickelte sich die Gerberei als Industriezweig. Beim Gerben kommt es darauf an, die weichen Eiweißschichten der Häute zu entfernen. Bei der Ledergerberei sollen auch die Haare verschwinden. Von Bakterien *(Bacillus-Arten)* und mikroskopischen Pilzen *(Aspergillus-Arten)* in Fermentern produzierte Proteasen ermöglichen oder beschleunigen diese Prozesse. Inzwischen haben die biotechnologisch erzeugten Enzyme die meisten der alten Gerbzusätze, wie Extrakte aus Schlachtabfällen oder Kot, abgelöst.

- Erläutern Sie, dass sich Mikroorganismen besonders gut zur großtechnischen Enzymproduktion eignen.

8 *Tierhäute bei der Trocknung*

9 *Bekleidung ausschließlich aus Tierhäuten*

Übungen
Zellbiologie

Kurzgefasst
***Zellen* bilden die Bausteine von Geweben, Organen und vielem mehr. Ein Mensch besitzt beispielsweise 100 Billionen Zellen. Die Zellen selbst bestehen wiederum aus einzelnen Bausteinen, den *Zellorganellen*. Auch diese sind aus einzelnen Bausteinen, den *Molekülen*, aufgebaut.**

Auf der Ebene dieser Zellorganellen entstehen durch Faltungen große Oberflächen. Das Prinzip der *Oberflächenvergrößerung* ermöglicht hier einen effektiven Stoffaustausch.

Als Zellorganell ist der *Zellkern* für ein Lebewesen von zentraler Bedeutung, weil er die Schaltstelle und Kommandozentrale ist. In ihm sind alle zellulären Erbinformationen in Form der DNA (s. Kapitel Genetik) gespeichert.

Jede zelluläre Struktur erfüllt in der Zelle eine ganz bestimmte Funktion. Das *Schlüssel-Schloss-Prinzip* auf der Ebene der Biomembran und auf der Ebene der Enzyme sind nur zwei typische Beispiele. Entscheidend ist dabei, dass zwei molekulare Strukturen räumlich wie zwei Puzzleteile zusammenpassen und (nur) in diesem Komplex eine ganz bestimmte Reaktion hervorrufen. Ein solcher Vorgang kann auch dazu dienen, eine zelluläre Regulation zu steuern.

***Biomembranen* erlauben eine Aufteilung in unterschiedliche Reaktionsräume *(Kompartimentierung)*. Diese verschiedenen Räume sind für sämtliche stoffwechselphysiologischen Prozesse notwendig, da hierdurch bestimmte Konzentrationen konstant gehalten werden (s. *Osmoregulation*). Diese zellulär angestrebten Konzentrationsverhältnisse dienen u. a. dem Erhalt eines Sollzustandes und der Energiegewinnung (s. Kapitel Stoffwechsel). Nicht zuletzt stellen Membranen häufig Barrieren gegen unerwünschte Moleküle dar.**

***Enzyme* sind die Werkzeuge des Stoffwechsels. Da sie die Aktivierungsenergie chemischer Reaktionen senken, können diese auch unter den moderaten Temperaturen der Lebewesen ablaufen. Mit steigender Temperatur wirken sie exponentiell schneller, bis ab einer bestimmten Temperatur die Denaturierung des proteinhaltigen Teils einsetzt. Dann verlieren sie ihre Aktivität. Auch Hemmstoffe und aktivierende Stoffe beeinflussen die Aktivität von Enzymen und können z. T. als Arzneimittel dienen.**

1 Zellkern und Zellorganellen

Der Aufbau des Zellkerns ist in Abbildung 1 zu sehen.

A1 Stellen Sie in einer Übersicht Zellorganellen mit Doppelmembran und einfacher Membran bzw. ohne Membran sowie deren Funktionen zusammen. Nennen Sie dabei auch die Funktionen einer Biomembran.

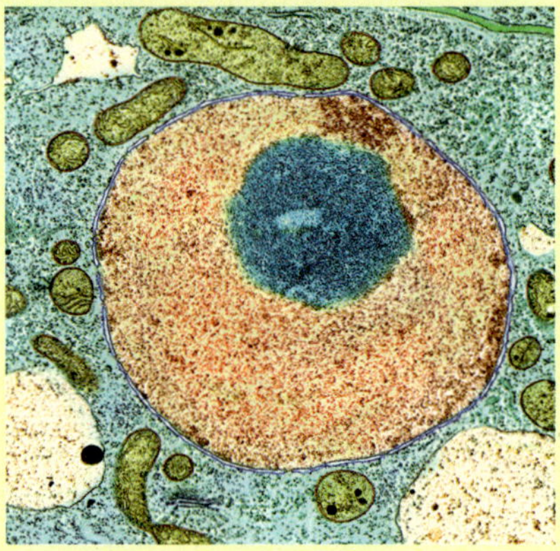

1 *Zellkern*

A2 Beschreiben Sie den Bau des Zellkerns anhand der Strukturen, die auf dem EM-Bild der Abbildung 1 zu erkennen sind.

A3 Beschreiben Sie das Prinzip der Oberflächenvergrößerung am Beispiel des Zellorganells Mitochondrium.

2 Biomembran

Phospolipide stellen den Hauptteil der Biomembran. Ihre Anordnung in Form einer Lipiddoppelschicht ermöglicht es, zwei wässrige Bereiche voneinander zu trennen. Verschiedene Untersuchungen zeigen aber, dass die Biomembran nicht nur eine Lipiddoppelschicht ist.

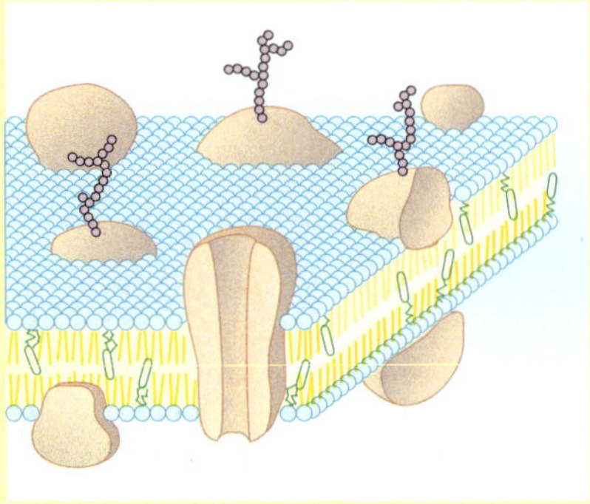

2 *Biomembran*

A4 Nennen Sie außer der Lipiddoppelschicht weitere Bestandteile der Biomembran.

A5 Erklären Sie anhand der Abbildung 2, weshalb Phospholipide dazu neigen, zwei wässrige Bereiche voneinander zu trennen, wenn sie in einer Doppelschicht angeordnet sind.

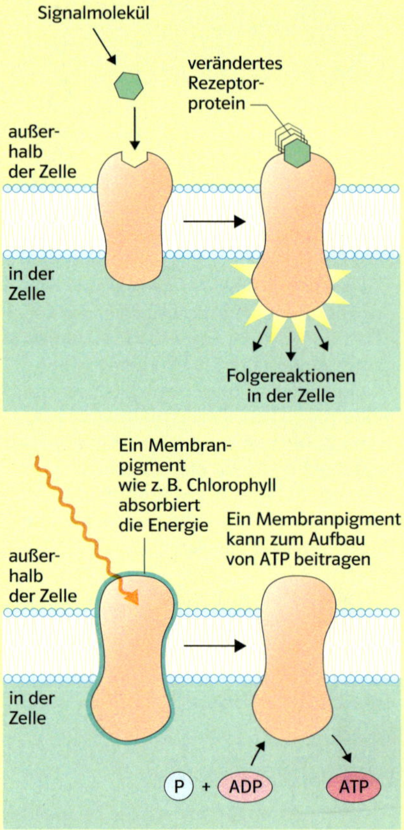

3 *Membranproteine*

A6 Biomembranen sind keine einfachen Barrieren, die nur zwei unterschiedliche Kompartimente voneinander trennen. Begründen Sie dies mithilfe der Abbildungen 2 und 3.

3 Kompartimentierung

Die *Kompartimentierungsregel* von SCHNEPF (1965) besagt, dass eine biologische Membran stets eine nicht cytoplasmatische Phase von einer cytoplasmatischen Phase trennt.

A7 Wie abgeschnürte Vesikel oder sich teilende Mitochondrien zeigen, ist in der aktiven Zelle das Membransystem in ständiger Bewegung. Begründen Sie, weshalb die Kompartimentierungsregel trotzdem nicht verletzt wird.

In der Tabelle in Abbildung 5 ist der Anteil verschiedener Zellbestandteile in einer Leberzelle einer Ratte dargestellt.

A8 Deuten Sie das Datenmaterial. Gehen Sie dabei nur auf die zentral bedeutsamen Zellbestandteile ein.

Zellbestandteile	absolutes Volumen (μm^3)	Anteil am Zellvolumen (%)	Anzahl der Strukturen (Absolutwerte)	Oberflächen (μm^2)
gesamte Zelle	4940	100	1	1740
Zellkern	300	6	1	
Cytoplasma	4640	94		
Grundplasma und restl. Komponenten	2656	53,8	370	große innere Oberfläche
Peroxisomen	67	1,4	1665	
Mitochondrien	1070	21,7		
Endoplasmatisches Retikulum (ER)	756	15,4		63000
raues ER (rER)	467	9,5		37900
rER-gebundene Ribosomen		ca. 2		$1{,}27 \times 10^7$
glattes ER	289	5,9		25100
Dictyosomen (Golgi-Stapel)	< 50	< 1	mehrere	
Lysosomen	41	0,8		ca. 102

5 *Anteil verschiedener Komponenten an einer „typischen" Säugetierzelle*

4 Insekten sind wechselwarm

Nach kühler Nacht kann man an einem Sommermorgen Insekten beobachten, die noch ausgesprochen träge sind. Gerade Fluginsekten schlagen dann vor dem Abflug längere Zeit kräftig mit ihren Flügeln.

4 *Schmetterling im Winter*

A9 Erklären Sie diese Phänomene mit Ihren Kenntnissen aus der Enzymatik.

5 Medikamente

Viele Medikamente sollen erst im Darm resorbiert werden. Gerade proteinhaltige Wirkstoffe werden dann mit einer Schutzkapsel umhüllt und so geschluckt. Das Hüllmaterial wird so gewählt, dass es sich erst im Darm auflösen kann.

A10 Erklären Sie, dass diese Schutzhülle für die Wirksamkeit des Medikaments unverzichtbar ist.

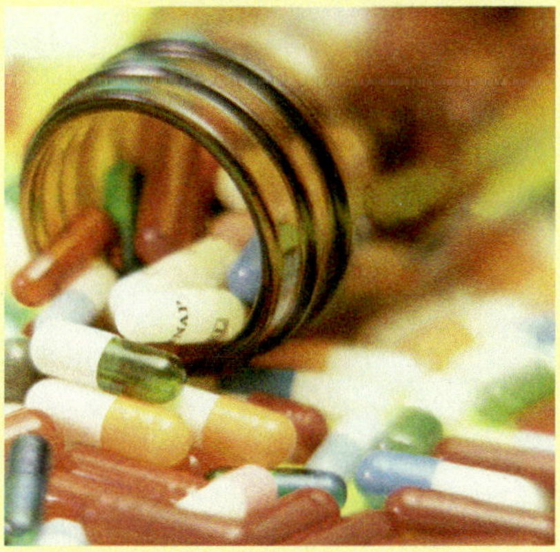

6 *Medikamente in Kapselform*

6 Versuch zur Enzymwirkung

Wässerige Lösungen von Proteinen sind recht zähflüssig. Man kann dies zum Beispiel mit Hühnereiweiß überprüfen, das man durch ein dünnes Rohr laufen lässt, während man zwischen zwei bestimmten Punkten die Zeit misst.

Versuch	1	2	3	4	5	6
Einwirkzeit des jeweiligen Enzyms auf die Probe (s)	0	1	3	5	7	9
Ausfließzeit der Blindprobe ohne Enzym (s)	95	95	95	95	95	95
Ausfließzeit mit Pepsin (s)	95	83	74	70	67	65
Ausfließzeit mit Amylase (s)	95	95	95	95	95	95

7 *Messergebnisse zur Enzymwirkung*

Abbildung 7 zeigt ein solches Ergebnis. Dabei wurde zu einer der beiden Lösungen das Enzym *Amylase* aus dem Speichel, zu der anderen das Enzym *Pepsin* aus dem Magen hinzugefügt. Man ließ das Enzym jeweils ein paar Sekunden einwirken. Zusätzlich wurde die Blindprobe ohne Enzymzugabe durchgeführt.

A11 Deuten Sie das Versuchsergebnis.

2 Stoffwechsel

Ohne *Energie* geht es nicht — diese Aussage gilt nicht nur im umgangssprachlichen Sinne, sondern auch für alle Lebewesen. Zur Aufrechterhaltung ihrer Lebensvorgänge müssen ihnen energiereiche Stoffe zur Verfügung stehen.

Pflanzen wirken dabei im Stillen. Sie nehmen ihre Nahrung nicht mit Organen auf, die wie ein Mund deutlich nach außen sichtbar sind. Ebenso muten ihre Nahrungsquellen auf den ersten Blick befremdlich an. Sie verwenden das Gas Kohlenstoffdioxid aus der Luft und werten es mithilfe von Lichtenergie energetisch auf. Dieser Prozess — die Fotosynthese — gliedert sich in viele Stoffwechselschritte, an deren Ende der energiereiche Stoff Glucose steht. In weiteren Stoffwechselschritten kann die Glucose zu jedem anderen Baustoff umgewandelt werden, der in Lebewesen vorkommt.

Diese energiereichen Baustoffe oder die Glucose selbst werden von allen anderen Lebewesen zur Deckung des eigenen Energiebedarfs herangezogen. Dabei wird letztlich wiederum Glucose in einem

vielgliedrigen Stoffwechselweg, den man Zellatmung nennt, energetisch entladen und es entsteht erneut Kohlenstoffdioxid. Die dabei freigesetzte Energie können Lebewesen auf unterschiedlichste Weise nutzen.

Letztlich zeigt sich, dass der Auf-, Um- und Abbau von Stoffen, also das Vorhandensein eines Stoffwechsels, ein Kennzeichen aller Lebewesen ist.

2.1 Energiehaushalt von Menschen und Tieren
Volumen und Oberfläche, Kraft und Energie

Dissimilation
Abbau energiereicher Stoffe

homoiotherm
gleichwarm;
Vögel, Säugetiere

poikilotherm
wechselwarm;
z. B. Fische, Reptilien, Wirbellose

Ameisen können das Fünfzigfache ihres eigenen Köpergewichts tragen. Ein Gewichtheber schafft „nur" etwa das Doppelte bis Dreifache. Die Leistungen kleiner Tiere sind bewundernswert. Dennoch sind sie physikalisch einfach erklärbar.

Energieumsatz zur Krafterzeugung

Die Krafterzeugung eines Muskels ist abhängig von der Zahl der parallelen Muskelfasern und damit vom *Muskelquerschnitt*. Er wächst mit dem Quadrat des *Muskeldurchmessers*. Ein großer Teil der Muskelkraft muss aber zum Tragen und Bewegen der eigenen Körpermasse des Tieres aufgebracht werden. Die Masse ist proportional zum Volumen des Tieres, wächst also mit der dritten Potenz. Daher brauchen große Tiere einen erheblich größeren Anteil ihrer Muskelkraft zum Bewegen ihrer eigenen Masse als kleine. Ihr *Leistungsumsatz*, d. h. der Energieumsatz, der für die Tätigkeiten eines Tieres gemessen wird, ist entsprechend größer. Kleine Tiere verbrauchen dafür im Verhältnis weniger Energie.

Energieumsatz in Ruhe

Anders ist es beim *Energie-Grundumsatz*. Er ist der Energieumsatz eines Tieres in Ruhe sowie nüchtern und wird vor allem vom Wärmehaushalt bestimmt. *Poikilotherme*, d. h. wechselwarme Tiere „heizen" nicht, bei ihnen richtet sich die Körpertemperatur im Wesentlichen nach der Umgebungstemperatur. Ihr Energieumsatz ist erheblich geringer als bei den *homoiothermen*, d. h. gleichwarmen Säugetieren und Vögeln. Diese wenden viel Energie zur Aufrechterhaltung ihrer Körpertemperatur auf. Entsprechend intensiv sind ihre Körperfunktionen wie Herzschlag oder Atemfrequenz und entsprechend hoch ist die nötige Nahrungsmenge im Vergleich zu ihrem Körpergewicht. Dafür können sie auch bei Kälte aktiv sein.

Allerdings spielt auch in diesem Zusammenhang das Verhältnis von Volumen zu Oberfläche eine große Rolle. Die Wärmeproduktion erfolgt größtenteils in den Muskeln und der Leber der Tiere und ist daher ihrem Volumen proportional. Wärme strahlen die Tiere über ihre Oberfläche ab. Je größer sie ist, desto größer ist potenziell die Energieabgabe und somit auch der Energiebedarf. [Basiskonzept S. 370]

Die Energie für ihre Körperfunktionen gewinnen Tiere durch *Dissimilation* von Nährstoffen, vor allem durch die *Oxidation von Kohlenhydraten und Fetten*. Sie sind die wichtigsten Stoffe für den *Energiestoffwechsel*. Proteine aus der Nahrung werden vor allem für den *Baustoffwechsel* verwendet. Für die Oxidation der Nährstoffe ist Sauerstoff nötig. Bei poikilothermen Tieren reichen meist einfache Atemorgane aus, um den Bedarf zu decken. Bei gleichwarmen Tieren sind dazu hohe Sauerstoffaufnahme und schnelle Verteilung im Körper nötig.

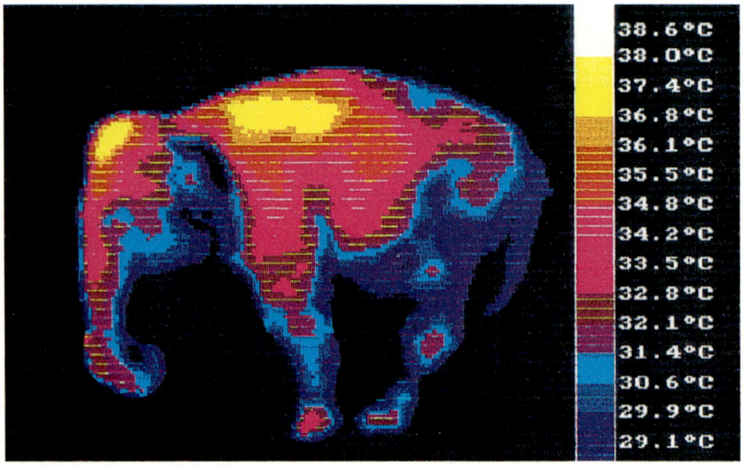

1 *Thermografie eines Elefanten*

2 *Blattschneiderameise als Gewichtheber*

Material
Körpergröße und Energiehaushalt

Kleine homoiotherme Tiere haben bezogen auf ihre Körpermasse einen höheren Energieumsatz und damit eine höhere Stoffwechselrate als große. Messwerte können diese Hypothese bestätigen.

A1 Berechnen Sie den 10er-Logarithmus der Werte zu Sauerstoffverbrauch und Herzfrequenz (Abb. 1). Stellen Sie die Zusammenhänge Körpermasse — lg (Sauerstoffverbrauch) und Körpermasse — lg (Herzfrequenz) grafisch dar. Fassen Sie die Aussagen des Diagramms zusammen.

A2 Erläutern Sie anhand von Abbildung 2, dass es kaum homoiotherme Tiere geben kann, die kleiner als eine Maus sind. Dies trifft für poikilotherme Tiere nicht zu. Erläutern Sie.

A3 Berechnen Sie anhand von Abbildung 3 die Oberfläche, das Volumen und die relative Oberfläche (Verhältnis Oberfläche : Volumen) für verschieden große Würfel. Beginnen Sie bei 80 cm Kantenlänge und halbieren Sie sie immer weiter bis zu einer Länge von 5 cm. Stellen Sie die Ergebnisse in einer Tabelle zusammen und formulieren Sie die Grundaussage.

A4 Wenden Sie die Aussagen aus Aufgabe 3 auf den Wärmeverlust, die Wärmeproduktion und die Stoffwechselintensität gleichwarmer Tiere verschiedener Größe an.

A5 Je größer ein Tier, desto problematischer die Wärmeableitung. Begründen Sie.

A6 Beschreiben Sie das Versuchsergebnis in Abbildung 4 und deuten Sie das Ergebnis.

A7 Leiten Sie aus den Versuchsreihen allgemeine Regeln über die Körpergestalt gleichwarmer Tiere in verschiedenen Klimazonen ab.

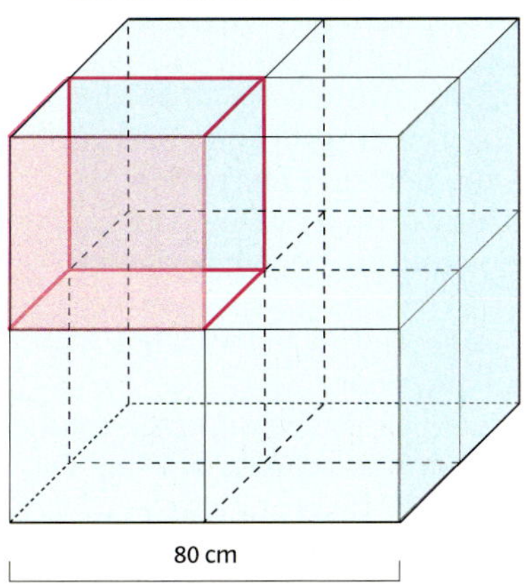

3 *Oberfläche und Volumen von Würfeln*

Säugetierarten	Masse (g)	Sauerstoffverbrauch ml O_2/h	Herzfrequenz (1/min)
Maus	22	36	600
Meerschweinchen	900	605	280
Zwergziege	7 000	2 710	158
Orang-Utan	54 000	12 105	106
Mensch	76 000	15 980	72
Löwe	155 000	26 490	50
Pferd	500 000	65 100	44
Elefant	3 833 000	268 000	26

1 *Säugetiere im Vergleich*

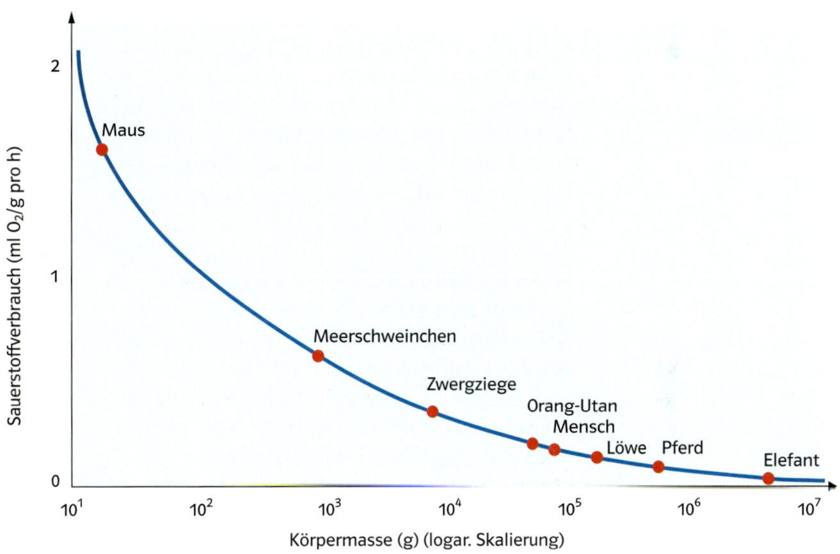

2 *Sauerstoffverbrauch gleichwarmer Tiere*

6 Ferkel des gleichen Wurfes wurden in zwei Gruppen aufgeteilt und ab dem 12. Tag langsam an unterschiedliche Umgebungstemperaturen gewöhnt. Nach 88 Tagen wurden die folgenden Daten erfasst:

Temperatur	35 °C	5 °C
Masse (kg)	16,8	18,1
Körperlänge (mm)	715	624
Länge der Oberschenkel (mm)	126	109

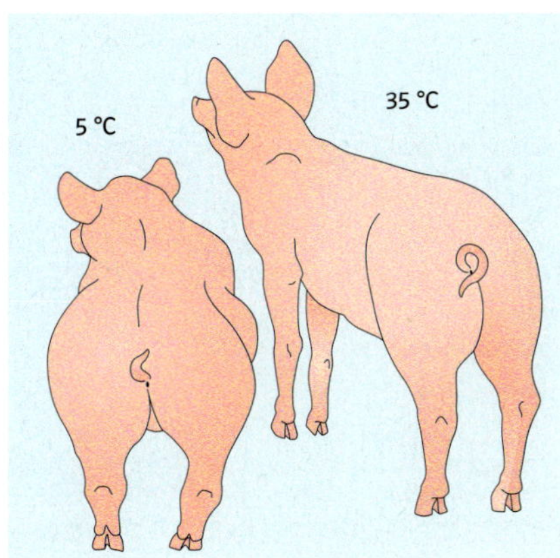

4 *Temperatureinfluss auf die Entwicklung von Schweinen*

Messen des Energieumsatzes

Beispiel einer Messung
eingeatmetes Atemvolumen: 12 l/min

eingeatmete Sauerstoffkonzentration: 21%

ausgeatmete Sauerstoffkonzentration: 17%

Die Differenz von 4 % ergibt einen Sauerstoffverbrauch von:
12 x 4 : 100 = 0,48 l/min

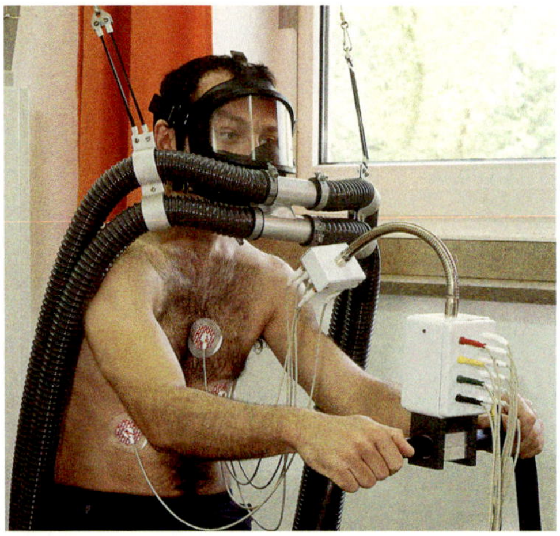

1 *Messung des Sauerstoffverbrauchs*

In den Industrieländern leiden viele Menschen unter Übergewicht. Die Ursachen sind meist Fehlernährung und Bewegungsmangel. Deshalb ist es von Interesse, die Menge der über die Nahrung aufgenommenen Energie sowie die Menge der durch körperliche und geistige Leistung verbrauchten Energie zu kennen.

Nahrung liefert Bau- und Energiestoffe
Die aufgenommene Nahrung setzt sich neben Ballaststoffen, Vitaminen und Mineralstoffen hauptsächlich aus Kohlenhydraten, Fetten und Proteinen zusammen. Diese energiereichen Substanzen werden unter Sauerstoffverbrauch zu energiearmem Kohlenstoffdioxid und Wasser abgebaut, soweit sie nicht in den Baustoffwechsel fließen. Die Hauptenergielieferanten sind Kohlenhydrate und Fette.

Energieumsatz		
Alter (a)	Mann	Frau
5	4950	4870
20	3910	3570
70	3400	3190
Grundumsatz in kJ pro m^2 Körperoberfläche und 24 h im Vergleich		

Liegen	1,0
Gehen	5,1
Schwimmen	8,1
Bäume fällen	14,5
Leistungsstoffwechsel; angegeben als das X-fache gegenüber dem Grundumsatz	

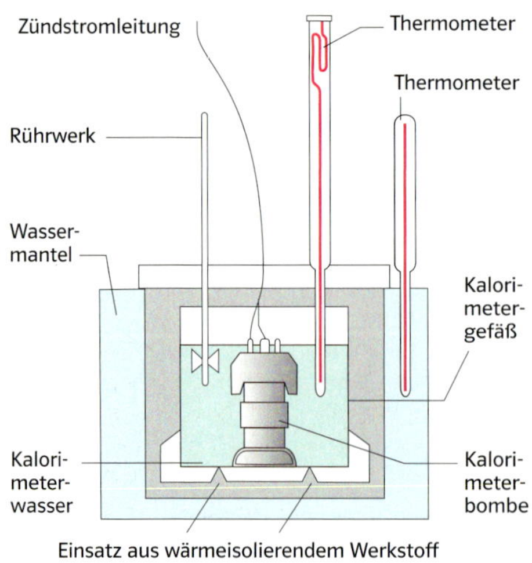

2 *Aufbau eines Kalorimeters*

Bei den Dissimilationsprozessen wird Energie frei. Sie wird zu einem kleineren Teil im *Baustoffwechsel* zum Aufbau körpereigener Stoffe verwendet. Der Hauptanteil dient dazu, im *Betriebsstoffwechsel* den Energiebedarf des Körpers zu decken. Dies ist ein Beispiel für das Basiskonzept Stoff- und Energieumwandlung [Basiskonzept S. 378]. Zu viel aufgenommene Energie wird in Form von Reservefetten gespeichert.

Direkte Kalorimetrie
Hierfür wird der Energieumsatz eines in vollkommener Ruhe befindlichen Körpers als Wärmeabgabe bestimmt. Das Verfahren hat nur noch historische Bedeutung. In der chemischen Forschung hingegen wird es häufig angewandt. In einem *Kalorimeter*, einem Gefäß, das die gesamte Wärme einer chemischen Reaktion aufnimmt, ohne etwas davon unkontrolliert an die Umgebung abzugeben, bestimmt man die Reaktionsenergie. So kann man z. B. die Brennwerte von Nahrungsmitteln bestimmen, also die durch vollständige Oxidation freigesetzte Wärmemenge pro Gramm Substanz (Abb. 2).

Indirekte Kalorimetrie
Messungen des Energieumsatzes führt man heute meist mit *indirekter Kalorimetrie* durch. Man zieht dabei den Sauerstoffverbrauch als Maß für den Energieumsatz heran, indem man die Differenz zwischen dem Sauerstoffgehalt der eingeatmeten und der ausgeatmeten Luft sowie das Atemvolumen bestimmt. Dabei kann zeitgleich der Leistungsumsatz bestimmt werden. Es handelt sich hierbei um den zusätzlich zum Grundstoffwechsel messbaren Energieumsatz bei körperlicher Aktivität.

Kalorisches Äquivalent
Aus der chemischen Verbrennungsgleichung für Glucose geht hervor, dass pro mol Glucose 6 mol Sauerstoff verbraucht werden. 1 mol Sauerstoff nimmt bei 0 °C und Normaldruck 22,4 Liter ein, bei Oxidation von

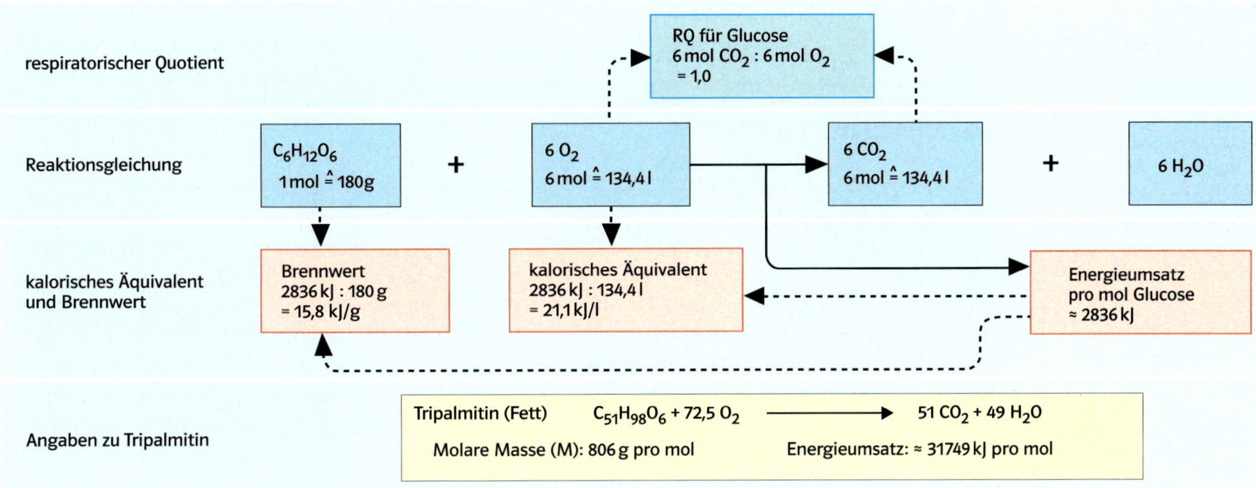

3 *Respiratorischer Quotient und kalorisches Äquivalent*

1 mol Glucose werden also 6 x 22,4 Liter = 134,4 Liter verbraucht. Aus kalorimetrischen Messungen kennt man die Reaktionsenergie: Bei diesem Vorgang werden pro mol Glucose 2836 kJ freigesetzt. Aus dem Vergleich der Werte ergibt sich, dass pro Liter Sauerstoff bei diesem Vorgang im Körper 2836 kJ : 134,4 Liter = 21,1 kJ/Liter umgesetzt werden. Dieser Wert wird als das *kalorische Äquivalent* bei der Oxidation von Glucose bezeichnet. Er gilt allerdings nur für eine Ernährung rein auf Kohlenhydratbasis, da sich die kalorischen Äquivalente für die verschiedenen Nährstoffe unterscheiden.

Respiratorischer Quotient

Bei Mischkost werden Substanzen aus allen drei Nährstoffgruppen abgebaut. Ihr jeweiliges Verhältnis muss in der aufgenommenen Nahrung bei der Berechnung des Energieumsatzes berücksichtigt werden. Man kann es aus dem *respiratorischen Quotienten* (RQ-Wert) bestimmen. Er ist das Verhältnis aus abgegebener CO_2- und aufgenommener O_2-Menge:

$$RQ = \frac{V(CO_2\ \text{abgegeben})}{V(O_2\ \text{aufgenommen})}$$

Aus den chemischen Gleichungen für die Oxidationsvorgänge kann man schließen, dass der RQ-Wert für Kohlenhydrate wie Glucose 1,0 beträgt, für Fette ca. 0,7 (Abb. 3).

Für Proteine sind die Verhältnisse komplexer, da beim Abbau auch Harnstoff entsteht. Der RQ-Wert ist für sie ca. 0,8. Grasfresser haben RQ-Werte um 1, Fleischfresser um 0,75. Beim normal ernährten Menschen liegt der Wert bei etwa 0,9, kann in Hungerphasen aber auf 0,7 zurückgehen. Dann werden nämlich nur noch Reservefette veratmet.

Aus dem RQ-Wert schließt man auf die Zusammensetzung der veratmeten Stoffe, mithilfe ihres kalorischen Äquivalents auf die umgesetzte Energie pro Liter verbrauchten Sauerstoffs. Zu jedem RQ-Wert zwischen 0,7 und 1,0 gehört ein bestimmtes kalorisches Äquivalent. Daraus kann man auch den Energieumsatz bei Mischkost bestimmen.

Nährstoff	Brennwert (kJ/g)	kalor. Äquivalent (kJ/l O_2)
Kohlenhydrate	17,2	21,15
Fette	38,9	19,60
Proteine	17,2	18,75

A1 Berechnen Sie den Energieumsatz des Sportlers in Abbildung 1 anhand der angegebenen Daten (s. Randspalte Seite 70) bei normaler Ernährung und in einer Hungerphase.

A2 Der RQ-Wert von Mittelamerikanern liegt deutlich über dem von Europäern. Begründen Sie.

RQ	kal. Äquivalent (kJ pro Liter O_2)
0,71	19,62
0,80	20,10
0,84	20,30
0,90	20,61
1,00	21,13

Beziehung zwischen RQ und kalorischem Äquivalent bei Mischkost

Gurken	42
Tomaten	80
Spinat	110
Kabeljau	325
Kartoffeln	365
Fruchteis	530
Pommes Frites	940
Vollkornbrot	1000
Schlagsahne	1250
Leberwurst	1885
Marzipan	1915
Salami	2240
Schokolade	2350
Erdnüsse	2720

Energiegehalt verschiedener Nahrungsmittel (kJ/100 g)

Regulation der Sauerstoffkonzentration im Blut

Experiment
1. Messen Sie 30 s lang Ihren Puls und Ihre Atemfrequenz in Ruhe.
2. Machen Sie schnell 30 Kniebeugen.
3. Messen Sie Puls und Atemfrequenz erneut und vergleichen Sie.
4. Messen Sie 2 min nach der Anstrengung erneut.

$$H_2O + CO_2$$
$$\downarrow\uparrow$$
$$H_2CO_3$$
$$\downarrow\uparrow$$
$$H^+ + HCO_3^-$$
$$\downarrow\uparrow$$
$$2\,H^+ + CO_3^{2-}$$

Wasser und Kohlenstoffdioxid bilden „Kohlensäure", die in Ionen zerfällt.

Der links angegebene Versuch zeigt: Körperliche Belastung führt zu einer Erhöhung der Atem- und Herzfrequenz. Der Mensch kann sie zwar auch willkürlich in Grenzen variieren, doch passen sie sich „unbewusst" an die körperliche Belastung an. Sauerstoff- und Kohlenstoffdioxidkonzentrationen werden geregelt.

Regelkreise

Ein System zur *Regelung*, d. h. zur Konstanthaltung bestimmter Größen in einem System, kann man gut mit dem *Regelkreismodell* erfassen. Die geregelte Größe ist die *Regelgröße*. Bei der Atmung sind es Sauerstoff- und Kohlenstoffdioxidkonzentration. Eine *Störgröße*, im Beispiel die Muskeltätigkeit, bewirkt, dass der *Istwert* der Regelgröße sich verändert und von dem durch übergeordnete Zentren eingestellten *Sollwert* abweicht. *Messfühler*, in diesem Fall Chemorezeptoren in der Halsschlagader *(Carotis)* und im Hirnstamm, messen laufend den Istwert und melden ihn an einen *Regler* weiter. Die wichtigste Messgröße ist dabei die Kohlenstoffdioxidkonzentration im Blut.

Regler ist das Atemzentrum im Nachhirn. Es empfängt über Nervenimpulse die Informationen der Chemorezeptoren über den Istwert und außerdem den Sollwert, der vom Führungsglied im verlängerten Rückenmark vorgegeben wird. Er ist genetisch bestimmt. Der Regler vergleicht Ist- und Sollwert und errechnet aus der Abweichung den *Stellwert*. Über Nerven

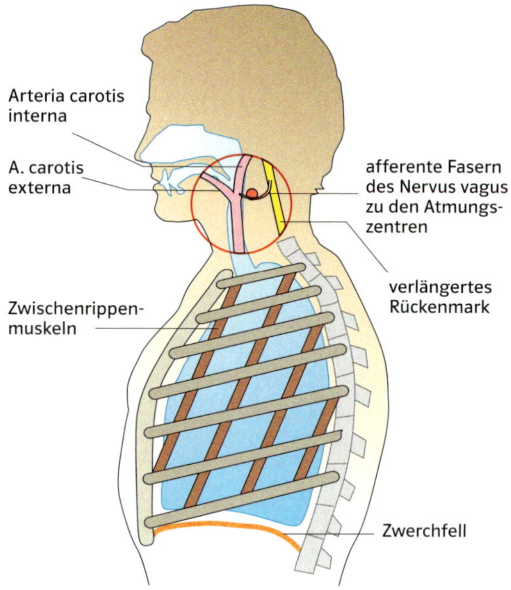

2 *Komponenten der Atmungsregelung*

wird er weitergegeben an die *Stellglieder*, die in der Lage sind, die Regelgröße zu verändern. Bei der Atmung ist es die Atemmuskulatur, also Zwerchfell und Zwischenrippenmuskeln. Bei einem Anstieg der Kohlenstoffdioxidkonzentration arbeiten sie stärker und wirken diesem entgegen. Dieses Entgegenwirken einer Veränderung durch den Regelkreis nennt man das *Prinzip der negativen Rückkopplung*. Es spielt bei allen Regelkreisen eine Rolle, die zur Konstanthaltung einer Regelgröße eingesetzt werden. Dabei kann es sich um biologische oder technische Regelungsprozesse handeln. Abweichungen vom Sollwert werden durch dieses Prinzip ausgeglichen. Hier liegt ein Beispiel für das Basiskonzept Steuerung und Regelung vor. [Basiskonzept S. 376]

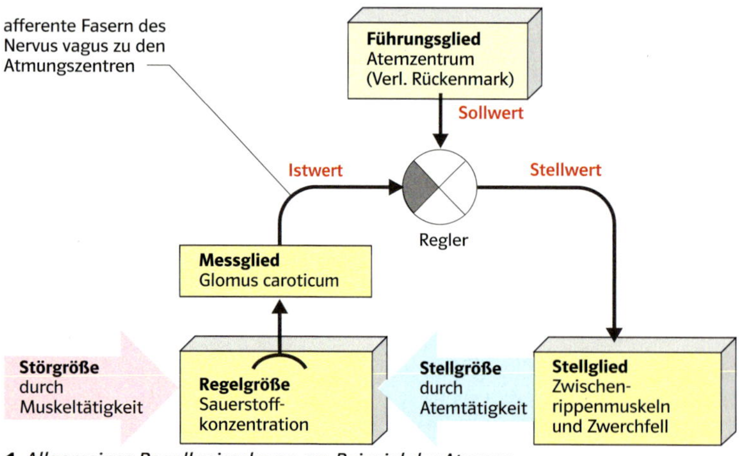

1 *Allgemeines Regelkreisschema am Beispiel der Atmung*

A1 Wenden Sie das Regelkreisschema auf die Konstanthaltung der Temperatur im Klassenzimmer bzw. in einem Kühlschrank durch einen Thermostaten an.

A2 Die Regelung der Sauerstoffkonzentration im Blut durch das Kohlenstoffdioxid als Messgröße birgt Gefahren. Übermäßiges Atmen vor dem Tauchen vermindert den CO_2-Gehalt sehr stark. Es kann in der Folge zur Sauerstoff-Unterversorgung bis hin zur Ohnmacht kommen. Erklären Sie diesen Zusammenhang anhand des Regelkreisschemas.

A3 Erläutern Sie die „positive Rückkopplung".

Online-Link
045407-0073

Erythrocyten transportieren den Sauerstoff

Erythrocyten, die roten Blutzellen, binden Sauerstoff und transportieren ihn mit dem Blut. Ein Liter Blutserum löst maximal etwa 3 ml Sauerstoff. Ein Liter Blut mit Erythrocyten bindet das Siebzigfache.

Hämoglobin transportiert Sauerstoff
Menschliche Erythrocyten enthalten keinen Zellkern, aber bis zu $^{1}/_{3}$ ihrer Masse Hämoglobin. Es ist das Trägermolekül für den Sauerstofftransport und besteht aus 4 *Globinmolekülen* (Eiweiß), in die je ein *Häm* eingebunden ist. Zentrum des Häm ist ein Eisen(II)-Ion, das über 4 Bindungsstellen in ein Porphyrin-Ringsystem eingebunden ist. Die 5. Bindungsstelle hält das Häm am Globin fest, die 6. Bindungsstelle bleibt frei und kann ein Sauerstoffmolekül locker (reversibel) binden. Dabei entsteht aus dem dunkelroten Hämoglobin das hellrote Oxi-Hämoglobin.

Bindungsvermögen ist an O_2-Gehalt angepasst
Das Sauerstoffbindungsvermögen (Abb. 2) zeigt die Abhängigkeit der Sauerstoffsättigung des Hämoglobins vom Sauerstoff-Partialdruck der Umgebung. Im Bereich der Lunge ist der Sauerstoff-Partialdruck mit ca. 130 hPa hoch, hier wird das Hämoglobin fast vollständig mit Sauerstoff beladen. In den Geweben herrscht aber wegen des Sauerstoffverbrauchs ein niedriger Partialdruck. Je weiter das Blut durch die Kapillarnetze in das Gewebe transportiert wird, desto mehr gibt es an der großen Oberfläche Sauerstoff ab. Bei einem Partialdruck von ca. 60 hPa, wie er oft in den Muskeln herrscht, werden bereits ca. 30 % des Sauerstoffs an die Zellen abgegeben. Da das Bindungsvermögen in diesem Partialdruckbereich recht steil verläuft, wird schon bei einem geringen weiteren Abfall des Partialdrucks relativ viel Sauerstoff freigesetzt. So ist die Versorgung der Gewebe auch bei hohem Sauerstoffverbrauch gesichert. [Basiskonzept S. 382]

Empfänger des Sauerstoffs ist in den Muskeln zunächst das Myoglobin. Es ist ähnlich aufgebaut wie das Hämoglobin, besteht aber nur aus einer statt vier Untereinheiten. Es kann den vom Hämoglobin freigesetzten und in die Zelle diffundierenden Sauerstoff fester binden (Abb. 2).

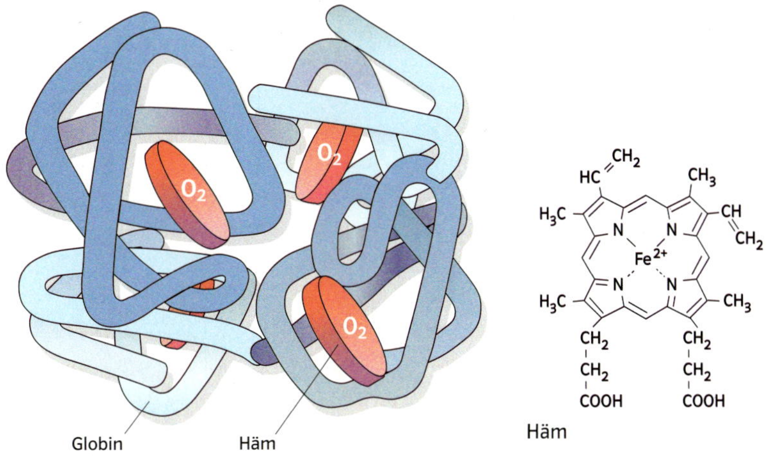

1 *Hämoglobinmolekül*

Es stellt eine Sauerstoffreserve für den Fall eines hohen Verbrauchs dar [Basiskonzept S. 376]. Muskeln, die große Ausdauerleistungen erbringen, wie z. B. der Herzmuskel, haben auch einen besonders hohen Myoglobingehalt.

A1 Kohlenstoffmonooxid entsteht bei unvollständigen Verbrennungsvorgängen wie beim Zigarettenrauchen und bindet ca. 200-mal fester an Hämoglobin als Sauerstoff. Begründen Sie, dass Raucher weniger leistungsfähig sind.

A2 Robben und Wale weisen in ihren Muskeln einen sehr hohen Myoglobin-Gehalt auf. Erörtern Sie den darin liegenden Vorteil.

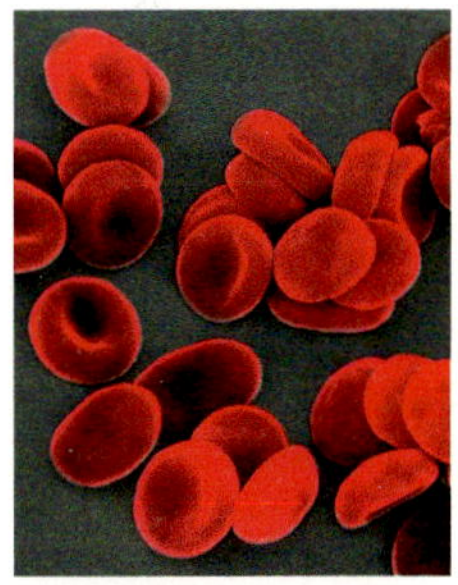

Rasterelektronenmikroskopische Aufnahme von Erythrocyten

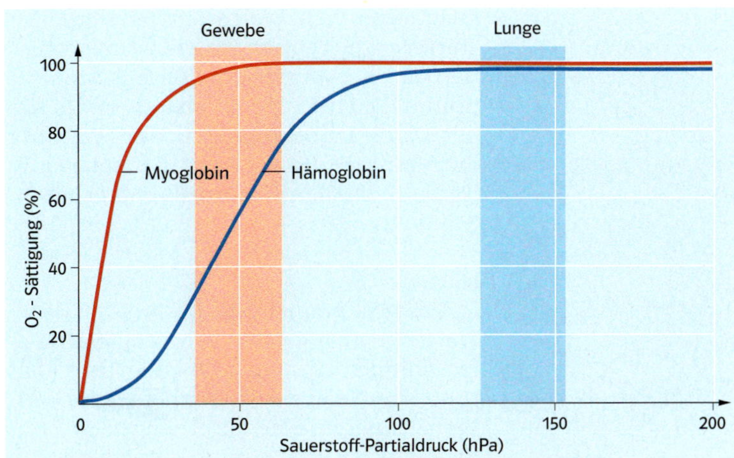

2 *Sauerstoffbindungsvermögen des Hämoglobins und des Myoglobins*

Äußere Atmung – Zellatmung

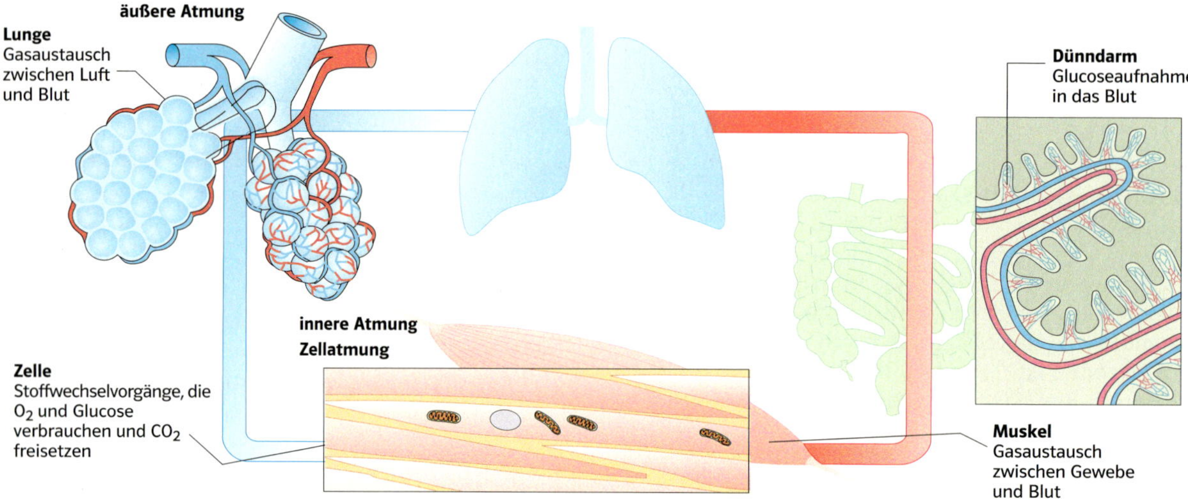

1 *Der Weg der Atemgase und Nährstoffe*

Die Aufnahme des lebenswichtigen Sauerstoffs in den Körper wird als äußere Atmung bezeichnet. Im Tierreich findet man verschiedene Formen der Atmung.

Resorption
Transport von Substanzen durch eine Zellschicht

Hautatmung

Hautatmung haben Tiere mit feuchter, durchlässiger Haut und geringem Sauerstoffbedarf. Dazu gehören viele einfache Wassertiere, Bodentiere wie der Regenwurm oder Feuchtlufttiere wie die Amphibien, deren Hautatmung durch Lungenatmung ergänzt wird.

Kiemen und Tracheen

Kiemen, d.h. großflächige wasserumspülte, stark durchblutete dünnwandige Atemorgane sind typisch für Wassertiere wie Krebse, viele Weichtiere oder Fische. *Tracheen* sind typisch für viele Gliederfüßer. Das fein verzweigte Röhrensystem nimmt die Luft auf und verteilt sie im Körper. Da die Diffusionsgeschwindigkeit für die Atemgase darin nicht allzu hoch ist, ist die Größe der Gliederfüßer dadurch begrenzt.

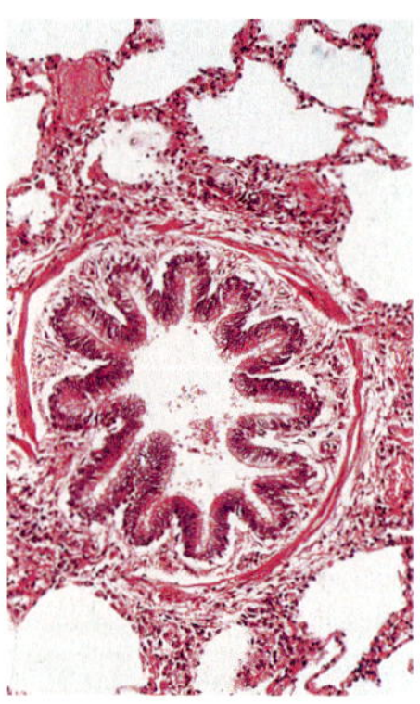

Lungengewebe mit Bronchiole

Lungen

Lungen sind Atemorgane im Inneren der Tiere mit einer großen inneren Oberfläche, dünnen Wänden und guter Durchblutung. Ihre Struktur steht in einem engen Verhältnis zum Sauerstoffbedarf. So ist die innere Oberfläche bei Amphibien klein, bei den gleichwarmen Säugetieren durch Untergliederung in Lungenbläschen erheblich größer. Bei Vögeln sorgen nachgeschaltete Luftsäcke zusätzlich für eine Optimierung der Sauerstoffaufnahme.

Zellatmung

In den Atemorganen wird der Sauerstoff aber nicht chemisch verändert, sondern nur in den Körper aufgenommen und an die Zellen weitergeleitet. In den Zielzellen finden eine Reihe von chemischen Reaktionen statt, bei denen letztlich H_2O und CO_2 entstehen. Zellen benötigen also Sauerstoff zur Oxidation von energiereichen organischen Stoffen *(Nährstoffen)* bei der *inneren Atmung (Zellatmung)*.

Aufnahme der Nährstoffe

Die Nährstoffe werden bei Vielzellern im Darm verdaut, d.h. zu kleinen wasserlöslichen Molekülen abgebaut. Von der Darmwand werden diese Einzelbausteine durch die Zellen hindurch in das Blut transportiert (resorbiert). Nur die nicht wasserlöslichen Bestandteile der Fette werden an Transportmoleküle gebunden und zunächst durch die *Lymphe*, später erst im Blut weiterbefördert. Aus den Kapillaren gelangt durch den Blutdruck Lymphe mit den gelösten Stoffen an die Zellen.

A1 Erläutern Sie am Beispiel der Atmung das Basiskonzept Struktur und Funktion (s. Seite 370).

Praktikum
Auch Pflanzen atmen

Pflanzen benötigen wie alle anderen Lebewesen auch Energie zur Aufrechterhaltung ihrer Lebensvorgänge: Sie betreiben ebenfalls *Zellatmung*.

Kresse atmet beim Keimen

Material:
1 Tag lang vorgekeimte Kressesamen oder 2 Tage lang vorgekeimte Weizenkörner, 4 Waschflaschen, kurze Schläuche, Wasserstrahlpumpe, Kalkwasser, Kalilauge [C].

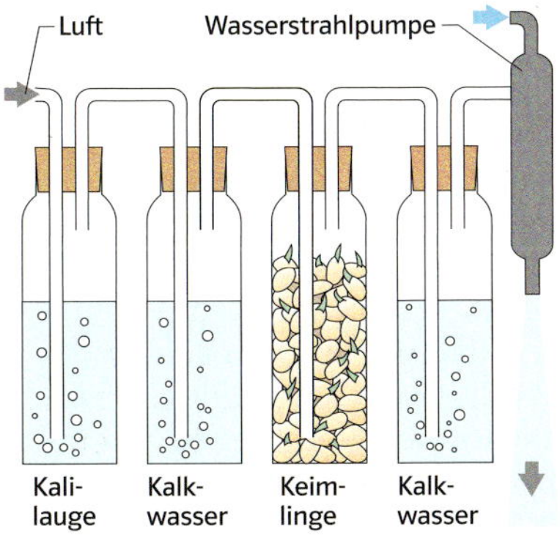

Durchführung:
a) Die Versuchsanordnung wird aufgebaut wie in der Abbildung gezeigt.
b) In die dritte Waschflasche wird locker feuchte Watte mit etwa 20 g leicht vorgekeimten Kressesamen eingebracht.
c) Die Waschflaschen werden miteinander verbunden und mit der Wasserstrahlpumpe wird langsam Luft durchgesaugt.

A1 Beschreiben Sie die Veränderungen während des Versuchs.

A2 Erläutern Sie die Funktion der verschiedenen Waschflaschen.

A3 Formulieren Sie die chemischen Reaktionsgleichungen für die Waschflaschen 1, 3 und 4.

A4 Formulieren Sie das Versuchsergebnis.

Keimlinge erzeugen Wärme

Material:
Je ein Päckchen ungekeimte und 3 Tage vorgekeimte Erbsensamen, 2 kleine Thermosflaschen, 2 Thermometer, Styroporstopfen, Wärmeschrank

Durchführung:
a) Die Thermosflaschen, die gekeimten und ungekeimten Samen werden im Wärmeschrank auf ca. 35 °C vortemperiert.
b) In die eine Thermosflasche werden die trockenen, in die andere die vorgekeimten Samen gefüllt. Jede Flasche wird mit einem Thermometer versehen und mit einem Styroporstopfen verschlossen.
c) Die Temperatur wird zunächst alle 15 min, später in größeren Zeitintervallen bis zu 2 Tagen abgelesen und protokolliert.

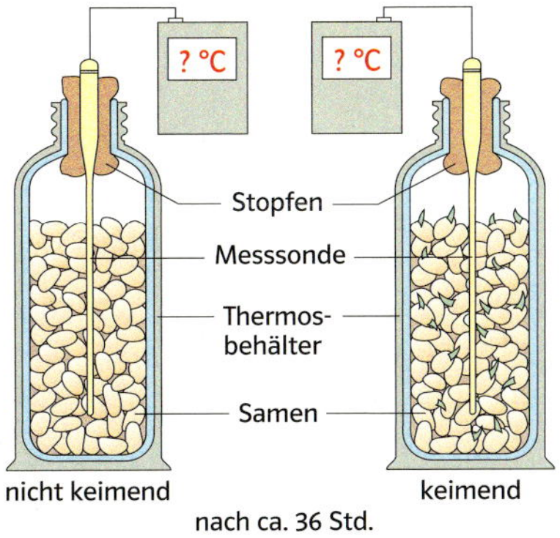

A5 Vergleichen und erklären Sie die Temperaturverläufe in den Versuchsansätzen.

Bestimmung des RQ-Wertes

Material:
1 Tag vorgekeimte Kressesamen oder 2 Tage lang vorgekeimte Weizenkörner, 20%ige Kalilauge [C], Schlifffett, Weithals-Erlenmeyerkolben (250 ml), kleiner Porzellantiegel, 2 doppelt durchbohrte Stopfen, 2 Manometer, 2 Sperrhähne, Faltenfilter, Wärmeschrank, Stativ.

Durchführung:
a) Jeder Kolben wird mit feuchtem Filterpapier ausgelegt, darauf gibt man 20 g Keimlinge.
b) In einen der beiden Kolben wird ein Porzellantiegel mit ca. 10 ml Kalilauge gestellt. Er wird mit einem Faltenfilter versehen, damit eine große Absorptionsoberfläche entsteht.
c) Die Kolben werden im Wärmeschrank offen auf ca. 30 °C vortemperiert.
d) Die Stopfen werden aufgesetzt, Wasser in die Manometer pipettiert, die Sperrhähne verschlossen und die Kolben in den Wärmeschrank zurück gestellt.
e) Nach ca. 30 Minuten werden die beiden Gefäße aus dem Wärmeschrank genommen. Dann wird der Wasserstand an den Manometern abgelesen. Dabei muss man darauf achten, dass die Temperatur im Gefäß der Temperatur beim Manometerbefüllen entspricht.

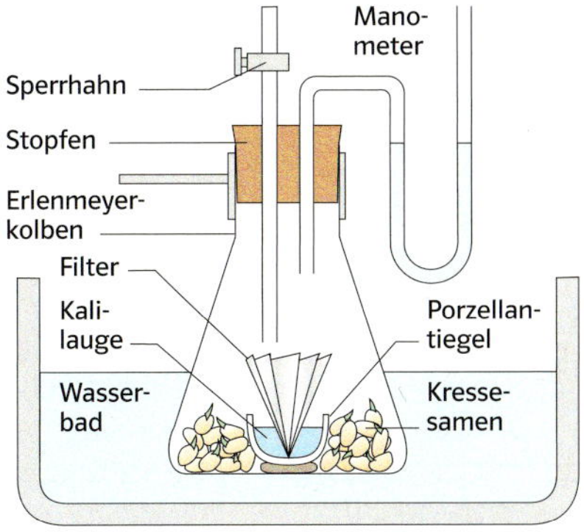

A6 Berechnen Sie aus den gemessenen Wasserständen und der Querschnittsfläche der Manometerröhrchen die Volumenänderung in jedem der beiden Kolben.

A7 Vergleichen Sie die Volumenveränderungen. Begründen Sie Ihre Beobachtungen.

A8 Einer der beiden Versuchsansätze liefert das Volumen des verbrauchten O_2, der andere das des verbrauchten CO_2. Ordnen Sie begründet zu.

A9 Berechnen Sie aus den Volumenveränderungen die Volumina des verbrauchten Sauerstoffs und des produzierten Kohlenstoffdioxids.

A10 Berechnen Sie den RQ-Wert (siehe Seite 71) der Samen beim Keimen.

A11 Deuten Sie die Ergebnisse hinsichtlich der in den Samen veratmeten Reservestoffe.

A12 Deuten Sie die im folgenden Versuch gemessenen Ergebnisse.

Kolben mit feuchtem Papier	1	2	3	4
KOH/ Tiegel/ Faltenfilter	ja	nein	ja	nein
Kresse	20 g	20 g	–	–
Volumenänderung	−1,2 ml	−0,1 ml	−0,01 ml	0,00 ml

2.2 Dissimilation — Zellatmung

Reaktionsenergie und -enthalpie

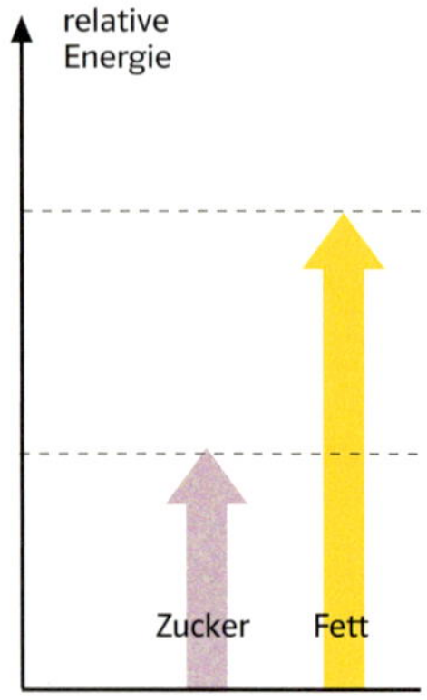

Energiediagramm

Die Gesetze der Physik und Chemie gelten nicht nur für unbelebte Materie, sondern auch für alle Lebewesen. Dazu gehören auch energetische Betrachtungen, ohne die viele Lebensvorgänge unverständlich bleiben.

Grundlagen der Energetik

Alle Stoffe haben ein bestimmtes *Energieniveau*, das sich allerdings von Stoff zu Stoff erheblich unterscheiden kann. Beispielsweise kann durch oxidativen Abbau von 1 g Fett etwa doppelt so viel Energie frei werden (38,9 kJ/g) wie durch Abbau von 1 g Zucker (17,2 kJ/g). Andererseits sind manche Stoffe so energiearm, dass aus ihnen keine Energie mehr freigesetzt werden kann, z. B. Wasser oder Kohlenstoffdioxid. In *Energiediagrammen* bringt man dies dadurch zum Ausdruck, dass man energiereichere Stoffe weiter oben einträgt und energieärmere weiter unten (Abb. Randspalte).

Da bei chemischen Reaktionen die Ausgangsstoffe ein anderes Energieniveau aufweisen als die Produkte, sind chemische Reaktionen mit einer Energieübertragung verbunden. Dabei unterscheidet man mehrere biologisch wichtige Fälle:

- Die Reaktionsprodukte sind energiereicher als die Ausgangsstoffe (Edukte). Solche Reaktionen bezeichnet man als *endotherm*. Sie laufen nur ab, wenn ständig Energie zugeführt wird (Abb. 1a). Ein wichtiges biologisches Beispiel ist die Fotosynthese.
- Die Reaktionsprodukte sind energieärmer als die Ausgangsstoffe. Die Energiedifferenz wird in Form von thermischer Energie oder Licht abgegeben. Derartige Reaktionen nennt man *exotherm*. Bei exothermen Reaktionen muss man zwei Fälle unterscheiden:
  - Die Reaktion kann spontan ablaufen, sobald die Reaktionspartner zusammengebracht werden. (Abb. 1b)
  - Häufiger ist der Fall, dass die Reaktionspartner nicht spontan reagieren können, obwohl sie energiereich sind, man nennt sie reaktionsträge. Erst nach Zufuhr von *Aktivierungsenergie* reagieren sie (Abb. 1c). Bei biologischen Reaktionen kann die Temperatur nicht beliebig erhöht werden, um die nötige Aktivierungsenergie zuzuführen. Katalysatoren vermindern die Aktivierungsenergie und erhöhen so die Reaktionsgeschwindigkeit. Enzyme sind Katalysatoren in Lebewesen.

Die Entropie

Außer der Reaktionswärme gibt es noch eine zweite Größe, die über den Ablauf biologischer Reaktionen entscheidet, die sogenannte Entropie. Man stellt sie sich anschaulich als die *Unordnung* in einem System vor. Im Kohlenstoffdioxidmolekül sind nur drei Atome in einer linearen Struktur angeordnet. In gasförmigem Kohlenstoffdioxid diffundieren die Moleküle frei im Raum. Im Glucosemolekül sind insgesamt 24 Atome hoch geordnet. In fester Glucose bilden die Moleküle ein geordnetes Gitter. Entsteht bei der Fotosynthese aus Kohlenstoffdioxid Glucose, so steigt die Ordnung des Systems, d. h. die Entropie nimmt ab. Dies erfordert Energiezufuhr von außen, in diesem Fall durch das Sonnenlicht.

Endotherme Reaktionen, bei denen die Entropie abnimmt, sind grundsätzlich nur unter ständiger Zufuhr von Energie möglich. Man nennt sie endergonisch. Exotherme Reaktionen, bei denen die Entropie zunimmt, können ohne Energiezufuhr ablaufen (exergonisch).

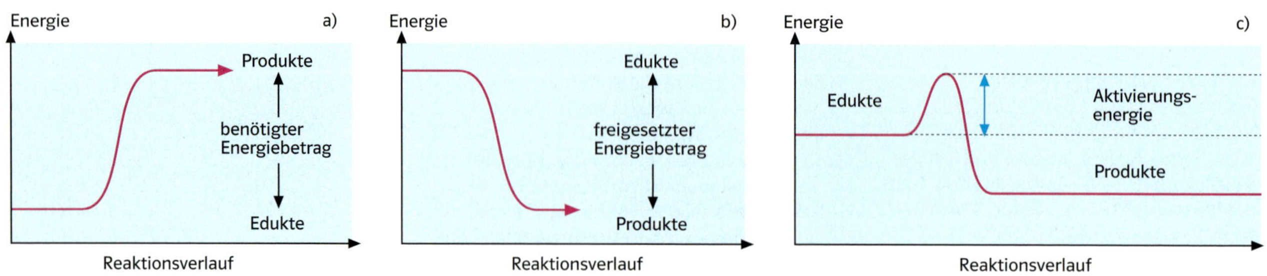

1 *Reaktionsverläufe: a) endotherme, b) exotherme Reaktion, c) Reaktion benötigt Aktivierungsenergie*

Energieträger Elektron

In Atomen sind Elektronen mehr oder weniger fest gebunden. Je lockerer sie gebunden sind, desto energiereicher, je fester sie gebunden sind, desto energieärmer sind sie. Werden Elektronen von einem Atom auf ein anderes übertragen, von dem sie fester gebunden werden, wird Energie frei.

Das Redoxpotential

Ein Maß für die Festigkeit der Bindung ist das *Redoxpotential* eines Stoffes. Es wird in Volt angegeben. Je weiter es im Negativen liegt, desto lockerer sind die Elektronen gebunden, je positiver es ist, umso fester. Die Redoxpotentiale der Stoffe zeigen also an, in welche Richtung Elektronen übertragen werden können, nämlich von dem Stoff mit stärker negativem zu dem mit stärker positivem Potential. Je mehr sich die Redoxpotentiale unterscheiden, desto mehr Energie kann bei der Elektronenübertragung freigesetzt werden.

Gibt ein Molekül Elektronen ab, wird es *oxidiert*, nimmt es Elektronen auf, wird es *reduziert*. Der Sauerstoff nimmt z. B. leicht Elektronen auf und reagiert dabei mit Wasser zu Hydroxidionen. Er ist deshalb ein gutes Oxidationsmittel. Entsprechend positiv ist das Redoxpotential E_0 für diese Reaktion

$O_2 + 2\,H_2O + 4\,e^- \rightarrow 4\,OH^-$
$E_0 = +0{,}82$ V

Die organischen Nährstoffe haben recht niedrige Redoxpotentiale und geben daher Elektronen recht gut ab. Diese können z. B. auf den Sauerstoff unter Energiefreisetzung übertragen werden. Allerdings geschieht das nie in nur einem Schritt. Das hat den Vorteil, dass dann die freigesetzte Energie in mehreren Schritten nutzbar gemacht und zur Bildung von mehreren ATP-Molekülen verwendet werden kann.

Hydroxidionen bzw. Wasser haben ihre Elektronen relativ fest gebunden. Geben sie dennoch Elektronen ab, z. B. wenn in der Fotosynthese Sauerstoff aus ihnen entsteht, so erfordert dies viel Energie. In der Fotosynthese kann das nur über mehrere Zwischenstufen und mehrmalige Lichtenergieaufnahme erreicht werden.

Bei organischen Molekülen ist es wichtig zu wissen, welches die oxidierte und welches die reduzierte Form ist. Als Faustregel gilt: Von zwei Molekülen ist das wasserstoffreichere bzw. das sauerstoffärmere die reduzierte Form und umgekehrt.

Die Elemente Wasserstoff und Sauerstoff reagieren heftig in der Redoxreaktion zu Wasser *(Knallgasreaktion)*. Technisch wird die frei werdende Energie in Brennstoffzellen in elektrische Energie umgewandelt.

Elektronenüberträger

In lebenden Zellen laufen viele Redoxreaktionen nebeneinander ab. So wie das ATP-ADP-System ihr universelles Energieübertragungssystem darstellt, haben Zellen auch chemische Systeme zur Übertragung von Elektronen zur Verfügung. Die wichtigsten dieser Redoxsysteme beruhen auf den Stoffen NAD^+, $NADP^+$ und FAD. Sie können Elektronen aufnehmen und später wieder abgeben.

oxidierte Form	reduzierte Form
$NAD^+ + 2H^+ + 2e^-$	$NADH + H^+$
$NADP^+ + 2\,H^+ + 2e^-$	$NADPH + H^+$
$FAD + 2H^+ + 2e^-$	$FADH_2$

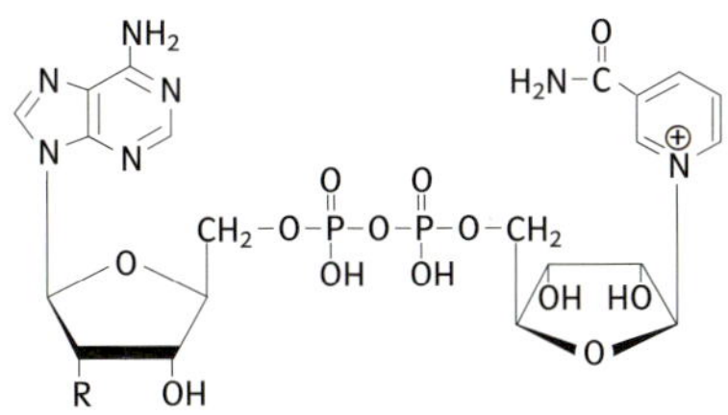

R = OH: NAD^+
R = PO_4: $NADP^+$

Das Redoxpotential von $NADP^+/NADPH + H^+$ ist mit −0,32 V recht niedrig. Die Elektronen sind in der reduzierten Form $NADPH + H^+$ also nicht sehr fest gebunden und können leicht übertragen werden, z. B. über Zwischenstufen bei der Atmung auf Sauerstoff oder auch auf andere organische Stoffe bei der Fotosynthese.

NAD^+ und $NADP^+$ können aber auch noch relativ gut Elektronen aufnehmen, z. B. von anderen organischen Molekülen beim Glucoseabbau oder mithilfe von Lichtenergie auch aus dem Wasser bei der Fotosynthese. NAD^+, $NADP^+$ oder FAD arbeiten dabei immer mit Enzymen zusammen. Man bezeichnet sie deshalb häufig als *Coenzyme*. Weil sie aber bei der Reaktion im Gegensatz zu den eigentlichen Katalysatoren chemisch verändert werden und damit selbst Reaktionsteilnehmer sind, werden sie treffender *Cosubstrate* genannt.

E_0 (Volt)	Substanz
− 0,43	Ferredoxin
− 0,32	$NADH + H^+ / NAD^+$
− 0,21	Riboflavin-Ⓟ · H_2/ Riboflavin-Ⓟ
0,00	Flavoprotein (Ubichinon-Reduktase)
+ 0,10	Ubihydrochinon/ Ubichinon
+ 0,12	Cytochrom b
+ 0,26	Cytochrom c
+ 0,55	Cytochrom a

Das NAD^+- und das FAD-System spielen vor allem bei Abbauprozessen in Zellen, wie z. B. der Oxidation der Nährstoffe zur Energiefreisetzung, eine Rolle. Das $NADP^+$-System ist dagegen vor allem bei Aufbauprozessen von Bedeutung, so bei der Baustoffsynthese in der Zelle oder bei der Fotosynthese.

Deutlich wird die Rolle des NAD^+ bzw. $NADP^+$ am Beispiel der Reaktion von *Phosphoglycerinaldehyd (PGA)* zu *Phosphoglycerinsäure (PGS)*. Die oxidierte, sauerstoffreichere Form ist PGS, die reduzierte PGA. Beim Glucoseabbau wird PGA zu PGS oxidiert, bei der Fotosynthese PGS zu PGA reduziert. Das System PGA/PGS hat ein stärker negatives Redoxpotential als NAD^+ bzw. $NADP^+$. Daher kann PGA beim Nährstoffabbau 2 Elektronen zusammen mit 2 H^+-Ionen unter Energiefreisetzung auf NAD^+ übertragen. Die umgekehrte Reaktion bei der Fotosynthese ist nur unter Energieaufwand, also ATP-Spaltung möglich.

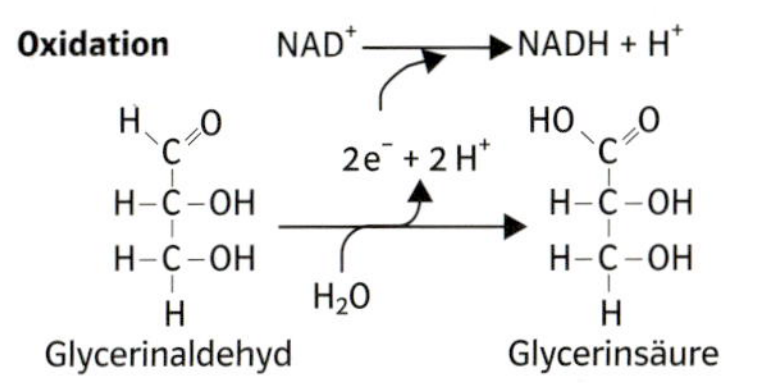

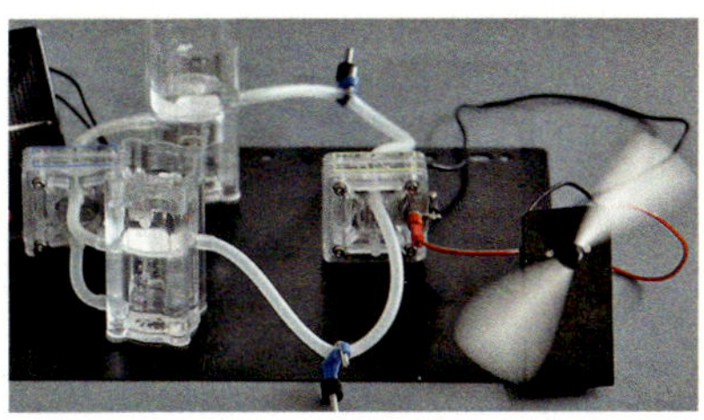

ATP und energetische Kopplung

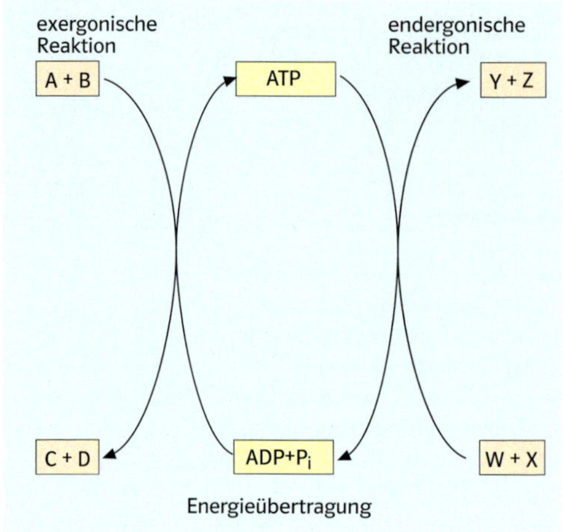

1 *Energetische Kopplung*

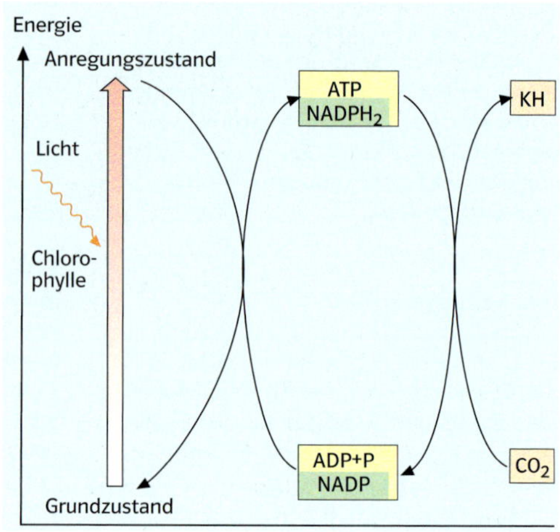

2 *Energetische Kopplung bei der Fotosynthese*

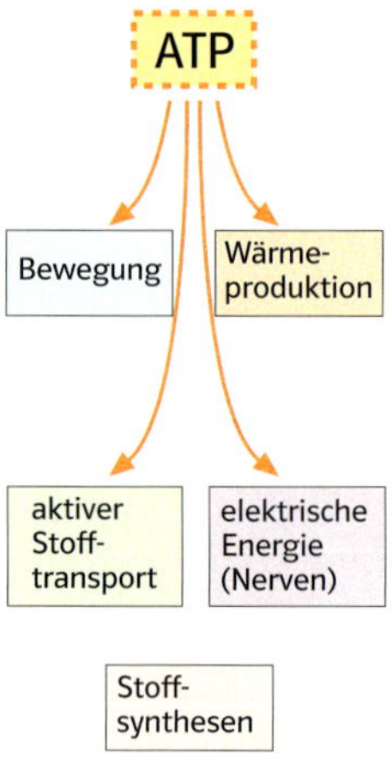

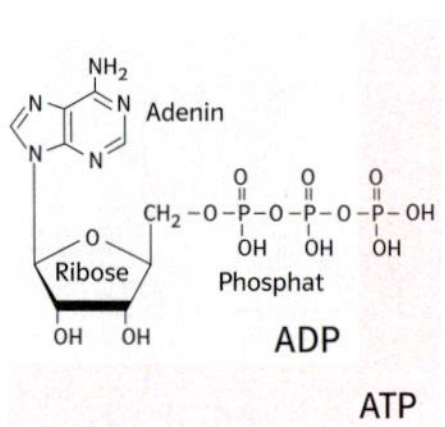

Lebewesen stehen viele verschiedene Energiequellen zur Verfügung, z. B. Licht, Glucose, Stärke, Fette. Anderseits laufen in Lebewesen auch viele verschiedene Reaktionen ab, z. B. die Bildung von Proteinen, Lipiden, Kohlenhydraten, DNA. Stets finden dabei nicht nur Stoff- sondern auch Energieumwandlungen statt. Dabei vermittelt häufig ein spezieller Energieüberträger, das *Adenosintriphosphat* (ATP), den Energieaustausch zwischen den Reaktionspartnern.

Energieumwandlungen

Energie nennt man die Fähigkeit eines Systems, Arbeit zu verrichten. Man kann verschiedene Energieformen unterscheiden:
- kinetische Energie
- potenzielle Energie oder Lageenergie
- elektrische Energie
- chemische Energie
- thermische Energie

Energie kann nicht verschwinden oder aus dem Nichts entstehen. Es können nur verschiedene Energieformen ineinander umgewandelt werden. Dabei wird oft ein gewisser Anteil der Energie, z. B. durch Reibung oder Strahlung, in thermische Energie umgewandelt.

Der Energieüberträger ATP

Die Bedeutung des ATP als universeller biologischer Energieüberträger (Randspalte) machen einige Beispiele deutlich: Beim aktiven Stofftransport werden Stoffe gegen ein Konzentrationsgefälle transportiert. Die Transportmoleküle nutzen ATP als Energielieferant. ATP liefert auch für die Verknüpfung von Aminosäuren zu Proteinen die benötigte Energie. Auch die Tätigkeit der Ionenpumpen in den Neuronen erfordert ATP.

Betrachtet man die *Strukturformel* des ATP genauer, so erkennt man drei charakteristische Strukturen (Bild Randspalte): Das komplizierte Ringsystem mit den N-Atomen ist das Adenin, wie es auch in der DNA und RNA (Seite 188) vorkommt. Die Ribose ist ein Zucker, der auch in der RNA auftritt. Beide Molekülteile bleiben bei energetischen Vorgängen unverändert, sind also am Energieaustausch nicht unmittelbar beteiligt.

Für den Energiestoffwechsel entscheidend müssen demnach die drei miteinander verbundenen *Phosphatgruppen* sein: Unter Aufnahme von Wasser kann die äußere Phosphatgruppe abgespalten werden. Dabei entstehen ADP und ein anorganisches Phosphatteilchen (P_i), 30,5 kJ/mol. Energie wird dabei abgegeben. Unter Energiezufuhr kann diese Reaktion wieder umgekehrt werden, sodass ATP auch wieder nachgebildet werden kann, z. B. bei der Fotosynthese. Sowohl die Spaltung des ATP als auch seine Neubildung erfolgen mit sehr hoher Geschwindigkeit.

Energetische Kopplung

Vorgänge können spontan ablaufen, wenn sie in dem betrachteten System zu einer Abnahme der Energie führen. Die Reaktion der energiearmen Ausgangsstoffe Kohlenstoffdioxid und Wasser zu den energiereichen Reaktionsprodukten Kohlenhydrate (KH) und Sauerstoff bei der Fotosynthese wäre also energetisch gesehen nicht möglich.

Ermöglicht werden derartige Reaktionen durch die sogenannte energetische Kopplung (Abb. 1): Eine Energie liefernde Reaktion ist verbunden mit einer Energie verbrauchenden Reaktion. Diese Kopplung wird erreicht über ein bestimmtes Zwischenprodukt, z.B. ATP, oder über unterschiedliche Konzentrationen bestimmter Stoffe an Membranen. Für das Beispiel Fotosynthese bedeutet dies: Chlorophylle gelangen durch Lichtabsorption in einen energiereichen Anregungszustand.

Bei der Rückkehr in den energiearmen Grundzustand wird die frei werdende Energie durch energetische Kopplung zur Bildung der energiereichen Zwischenprodukte ATP und $NADPH_2$ genutzt. Diese wiederum können durch energetische Kopplung die Bildung von Kohlenhydraten aus energiearmen Ausgangsstoffen, wie zum Beispiel dem Kohlenstoffdioxid, ermöglichen (Abbildung 2).

Beispiel Zellatmung

Die Übertragung derartiger Fakten auf biologische Probleme betrachten wir am Beispiel der Zellatmung.

$C_6H_{12}O_6 + 6\ O_2 \rightarrow 6\ CO_2 + 6\ H_2O$

Die Produkte gehören zu den energieärmsten Stoffen. Von den Edukten ist die Glucose energiereich. Es handelt sich somit um eine exotherme Reaktion. Da die Entropie zunimmt, muss es sich um eine exergonische Reaktion handeln. Glucose gehört zu den reaktionsträgen Stoffen. Mithilfe von ATP wird sie aktiviert. Im Glucosemolekül kommen auf ein C-Atom zwei H-Atome und ein O-Atom. Im Kohlenstoffdioxidmolekül ist das Atomzahlverhältnis C : O = 1 : 2. Bei der Zellatmung wird die Glucose also oxidiert. Da man *Energieumwandlungen* bei allen Lebewesen und auf allen Organisationsstufen des Lebendigen beobachten kann, handelt es sich dabei um ein biologisches *Prinzip*. [Basiskonzept S. 378]

A1 Nennen Sie Eigenschaften des ATP, die es als Energieüberträger der Zelle geeignet machen.

Info-Box: Redoxreaktionen

Redoxreaktion ist ein Kunstwort, das sich zusammensetzt aus **Red**uktions-**Ox**idations-Reaktion. Dies sind Reaktionen, bei denen Oxidation und Reduktion gleichzeitig ablaufen. Es gibt verschiedene Redoxbegriffe. Vereinfacht bezeichnet man als Oxidation eine Reaktion unter Aufnahme von Sauerstoff bzw. unter Abgabe von Wasserstoff, als Reduktion eine Reaktion unter Abgabe von Sauerstoff bzw. Aufnahme von Wasserstoff. Bei organischen Stoffen verlaufen Oxidationen im Allgemeinen exergonisch, Reduktionen demzufolge endergonisch.

Bei vielen biologisch wichtigen Vorgängen, wie der Fotosynthese und der Zellatmung, finden Redoxreaktionen statt. Dazu gibt es ein spezielles Überträgermolekül, das NAD^+. Es ermöglicht Redoxreaktionen zwischen Reaktionspartnern, die nicht direkt miteinander reagieren können. Beispielsweise wären die Reaktionen der Zellatmung ohne NAD^+ nicht möglich.

Die Redoxbegriffe können auch auf den Austausch von Elektronen zwischen den Reaktionspartnern bezogen werden: Oxidation wird als Elektronenabgabe bzw. als Erhöhung der Oxidationszahl und Reduktion als Elektronenaufnahme bzw. Verminderung der Oxidationszahl definiert. Bei der Fotosynthese (S. 96ff.) und der Zellatmung (S. 80ff.) findet der Austausch von Elektronen statt.

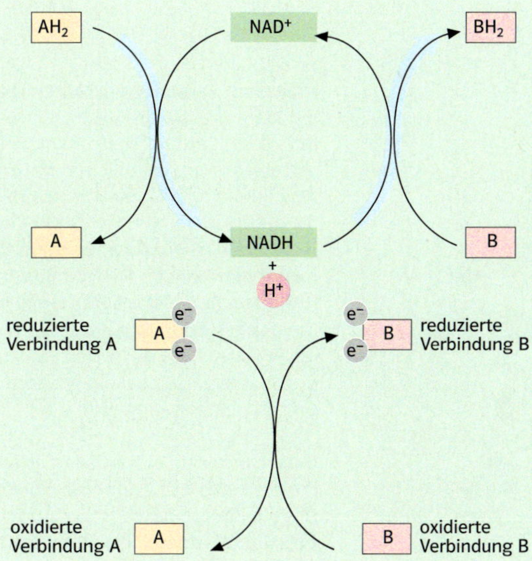

Mitochondrien: Atmungsorganellen

Angegeben ist das Mitochondrienvolumen in % am Zellvolumen bei verschiedenen Zellen einer Maus

Leber	16,0
Hypophyse	7,5
Herzmuskel (Kammer)	47,7
Herzmuskel (Vorhof)	34,9
Blutzellen (weiß)	3,6

Betrachtet man Zellen verschiedener Gewebe mit dem Elektronenmikroskop, findet man unterschiedlich viele *Mitochondrien* (s. Tabelle). Zum Beispiel enthalten die Herzmuskelzellen einer Ratte sehr viele Mitochondrien, während in den Muskelzellen ihres Zwerchfells wesentlich weniger zu finden sind (Abb. 1, 2). Da der Energiebedarf dieser Gewebe sehr unterschiedlich ist, kann man vermuten, dass die Mitochondrienanzahl mit dem Energiehaushalt in Verbindung steht.
[Basiskonzept S. 378]

Die Untersuchung der Stoffwechselvorgänge in den Mitochondrien oder anderen Teilen der Zelle setzt Messmethoden voraus, mit denen die Wissenschaftler die Glucose oder deren Abbauweg im Stoffwechsel verfolgen können. Die Schwierigkeit besteht darin, geringste Mengen dieser Substanzen in der Zelle oder ihren Organellen wiederzufinden. Die am häufigsten angewandte Methode ist die Markierung der zu untersuchenden Substanzen mithilfe *radioaktiver Atome*. Auf diese Weise fand man zwei wesentliche Ergebnisse:
- Glucose wird nicht in einem Reaktionsschritt abgebaut, sondern in kleineren Zwischenreaktionen, die man in die Abschnitte *Glykolyse*, *Tricarbonsäurezyklus* und *Endoxidation* unterteilt.
- Nicht alle Teilreaktionen laufen in den Mitochondrien ab.

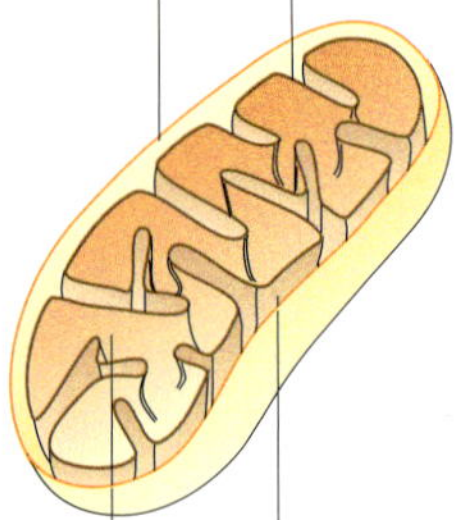

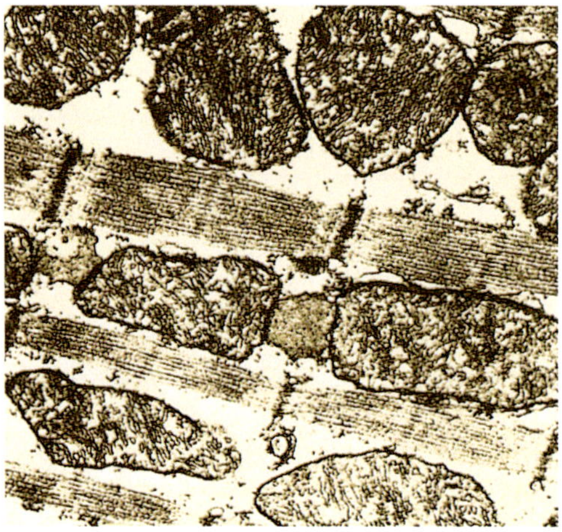

1 *Gewebe vom Herzmuskel einer Ratte*

2 *Gewebe vom Zwerchfell einer Ratte*

Info-Box: Forscher verfolgen die Glucose — Radioisotopenmethode

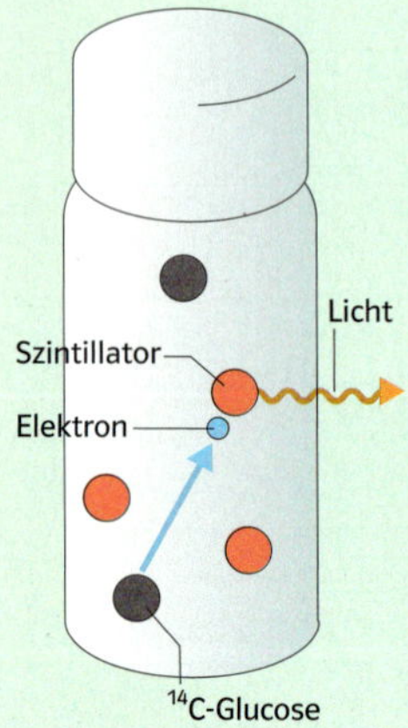

Beim Element Kohlenstoff kommen Atome mit einer unterschiedlichen Neutronenzahl im Atomkern vor, die man *Kohlenstoffisotope* nennt. Sie unterscheiden sich nicht in der Protonen- und Elektronenzahl und haben daher gleiche chemische Eigenschaften. Das Isotop mit der Atommasse 14 u (^{14}C) hat einen instabilen Atomkern, der beim Zerfall radioaktive Strahlung aussendet. Radioisotope dieser Art strahlen Elektronen ab. Sie können anstelle der stabilen ^{12}C-Atome in größere Moleküle, z. B. Glucose, eingebaut werden.

Gibt man zu isolierten Zellen oder Zellorganellen diese ^{14}C-markierte Glucose, so können auch geringste Mengen der Abbaustufen, die ja ebenfalls die ^{14}C-Atome enthalten, nachgewiesen und quantitativ bestimmt werden. Auch von anderen Elementen gibt es radioaktive Isotope (z. B. Wasserstoff). Der Nachweis dieser Stoffe erfolgt in den meisten Fällen mithilfe der *Flüssig-Szintillationsmessung*.

Die mit dem radioaktiven Kohlenstoff oder Wasserstoff markierten Substanzen werden hierzu mit einem flüssigen Leuchtstoff *(Szintillator)* vermischt, der aufleuchtet, wenn er von einem Elektron aus einem radioaktiven Zerfall eines der beiden Elemente getroffen wird. Das Leuchten wird von einer Fotozelle in einer völlig verdunkelten Messkammer registriert. Aus der Anzahl der Impulse kann man auf die Konzentration der Stoffe schließen.

Material
Befunde zum Ort der Zellatmung

Mitochondrien sind der Ort der Zellatmung. Sind aber diese Organellen allein an der Zellatmung beteiligt oder spielen andere Zellbestandteile auch eine Rolle?

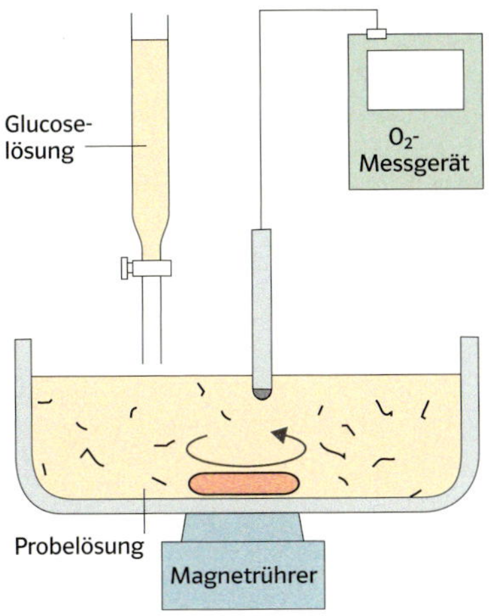

Experiment 1

Zerkleinert man Leberzellen so schonend, dass die Organellen intakt bleiben, erhält man eine homogene Suspension. Aus dieser können die verschiedenen Zellbestandteile isoliert werden. Sie dienen als Grundlage für verschiedene Probelösungen. Die Probelösungen werden in ein offenes Becherglas gegeben. Dazu wird Glucoselösung gegeben. Der Sauerstoffgehalt der Lösung wird gemessen.

Versuch a:
Die Probelösung enthält isolierte und gereinigte Mitochondrien

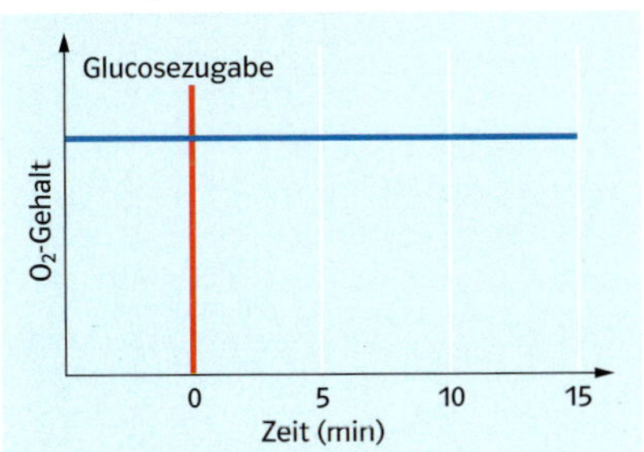

Versuch b:
Die Probelösung enthält Mitochondrien und Cytoplasma

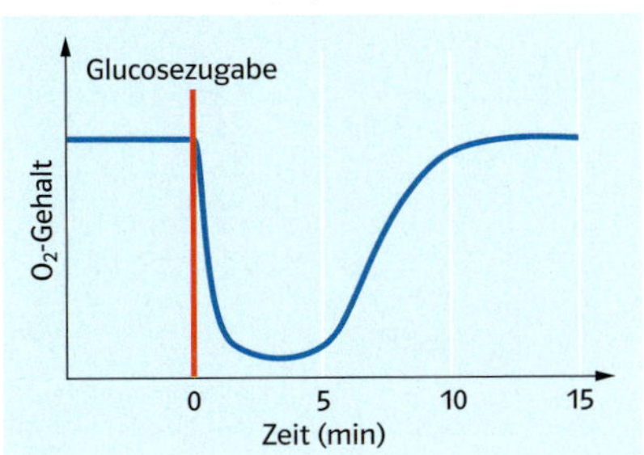

A1 Deuten Sie die Ergebnisse und formulieren Sie möglichst verschiedene Hypothesen zum Ablauf der Zellatmung.

Experiment 2

a) Eine wässrige Probelösung enthält mit ^{14}C markierte Glucose sowie isolierte, gereinigte Mitochondrien. Nach 10 min Inkubationszeit wird diese Lösung in ein Zentrifugenröhrchen pipettiert, das eine konzentrierte Salzlösung und darüber in einer gesonderten Phase Silikonöl enthält (Silikonöl mischt sich nicht mit wässrigen Lösungen und löst auch keine Glucose). Dieses Röhrchen mit den drei Phasen wird nun so lange zentrifugiert, bis sich die Mitochondrien in der unteren Salzlösung befinden. Anschließend wird die Radioaktivität der drei Phasen gemessen.

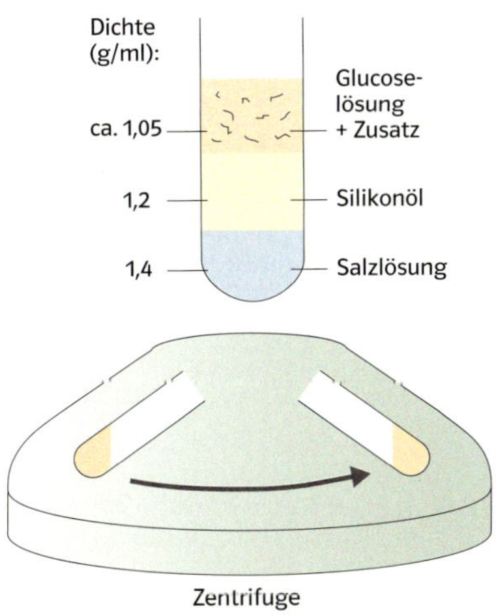

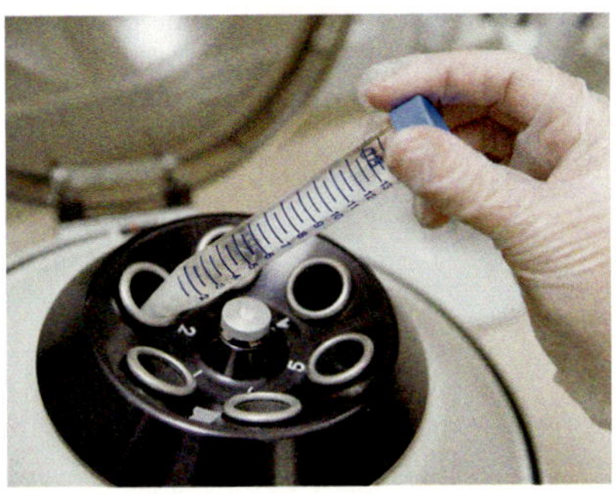

b) Statt der Mitochondrien werden nun ganze, intakte Zellen verwendet.

c) Der Versuchsaufbau entspricht dem von Experiment 2a. Die Probelösung enthält hier jedoch Cytoplasma, Mitochondrien sowie mit ^{14}C markierte Glucose. Zwei Minuten nach dem Ansetzen dieser Suspension (Inkubationszeit) wird sie auf das Silikonöl pipettiert und anschließend so zentrifugiert, dass sich nur die Mitochondrien in der unteren Salzlösung ansammeln.

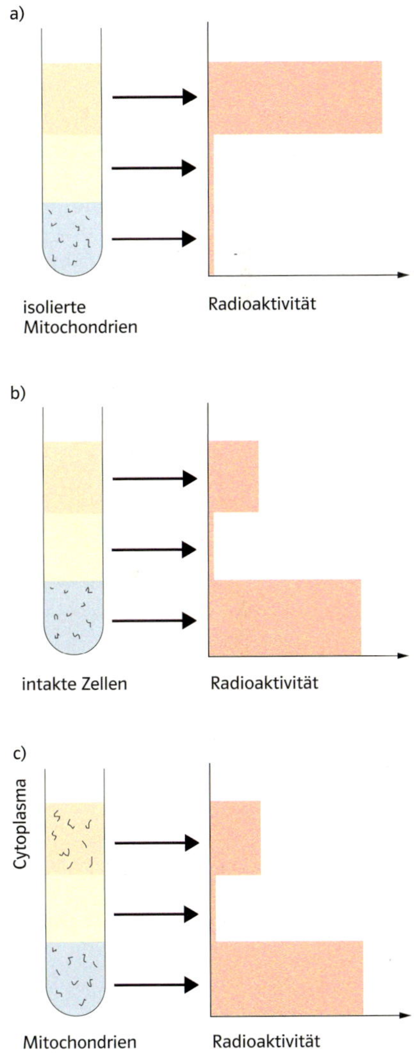

A2 Deuten Sie die Ergebnisse.

A3 Erläutern Sie anhand der Ergebnisse, wo der Glucoseabbau durch die Zellatmung erfolgt.

A4 Ermitteln Sie, wo die ersten sowie die späteren Abbauschritte erfolgen.

Glucose wird zerlegt: Glykolyse

Glucose ist ein energiereicher Stoff. Die Zellen können die darin chemisch gebundene Energie verfügbar machen, indem sie die Glucose stufenweise zu den energiearmen Stoffen Kohlenstoffdioxid und Wasser verarbeiten. Mithilfe der freigesetzten Energie wird energiereiches ATP aufgebaut. Die ersten Abbauschritte finden im Zellplasma statt, die folgenden in den Mitochondrien. Die im Cytoplasma ablaufenden Reaktionsschritte werden als *Glykolyse* zusammengefasst.

Glucose wird aktiviert und gespalten
Glucose ist ein energiereiches, aber reaktionsträges Molekül. Daher wird es zunächst durch Übertragung einer Phosphatgruppe von einem ATP-Molekül aktiviert. Zu Beginn der Reaktionsabfolge wird dem Molekül also Energie zugeführt. Glucose-6-phosphat ist im Unterschied zur Glucose negativ geladen. Es kann daher nicht mehr durch Zellmembranen transportiert werden, sein Abbau in der Zelle ist damit festgelegt. Es wird zu Fructose-6-phosphat umgelagert und erhält unter nochmaliger ATP-Spaltung eine zweite Phosphatgruppe (zweite Aktivierung). Es entsteht das energiereiche, reaktionsfähige Fructose-1,6-bisphosphat, das in zwei C_3-Körper *Phosphoglycerinaldehyd (PGA)* gespalten wird. Alle folgenden Schritte laufen daher zweifach ab.

Oxidation zu Brenztraubensäure
Von PGA werden im nächsten Schritt 2 Wasserstoffatome auf NAD^+ übertragen, es entstehen $NADH + H^+$ und Phosphoglycerinsäure. Der Vorgang liefert so viel Energie, dass damit ADP und Phosphat zu ATP reagieren können. Es wird also erstmals in der Reaktionsfolge Energie für Lebensprozesse nutzbar gemacht. Über Zwischenstufen wird die energiereiche *Phosphoenolbrenztraubensäure (PEP)* gebildet, die ihre Phosphatgruppe auf ADP übertragen kann. Endprodukt ist *Brenztraubensäure (BTS).*

Der Abbau von Glucose zu Brenztraubensäure setzt nur 197 kJ/mol Glucose frei. Daran ist kein Sauerstoff beteiligt, die Reaktion ist anaerob. Bei aerober Oxidation der Glucose können 2872 kJ/mol gebildet werden. Weitere Reaktionsschritte ermöglichen der Zelle die Nutzung dieser Energie. Sie laufen nicht im Cytoplasma ab, sondern in den Mitochondrien. Dorthin wird nach der Glykolyse die Brenztraubensäure transportiert. Die Glykolyse ist ein Beispiel für das Basiskonzept Stoff und Energieumwandlung. [Basiskonzept S. 378]

A1 Stellen Sie eine chemische Gesamtgleichung der Glykolyse mit allen Ausgangs- und Endstoffen sowie eine ATP-Bilanz auf.

A2 Der Fettbestandteil Glycerin wird zum Abbau zunächst durch Anlagerung einer Phosphatgruppe aktiviert, dann zu PGA oxidiert. Stellen Sie eine Abbaubilanz bis zur Brenztraubensäure auf.

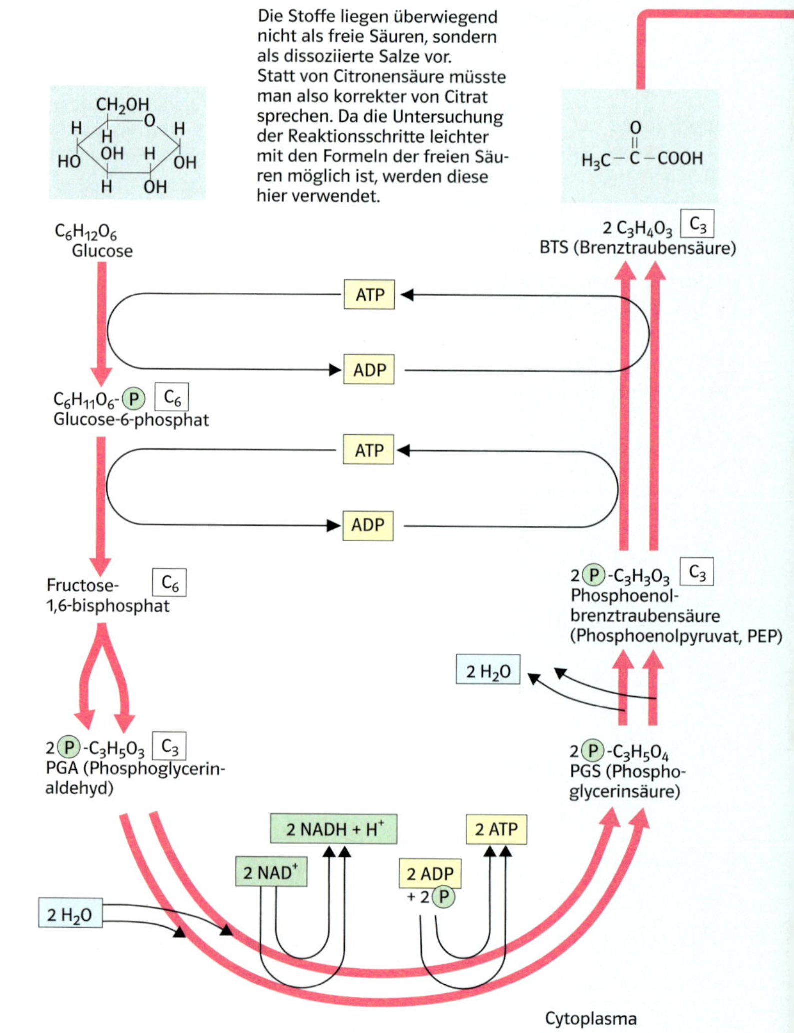

1 *Schema von Glykolyse und Tricarbonsäurezyklus*

Der Tricarbonsäurezyklus

Decarboxylierung
formelle Abspaltung von CO_2 aus einem organischen Molekül

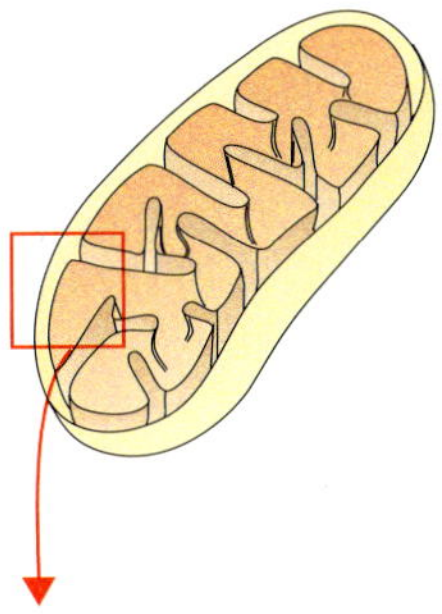

In der Mitochondrienmatrix wird die Brenztraubensäure (BTS) zunächst an einen *Multienzymkomplex* aus mehreren Enzymmolekülen angelagert. Dieser katalysiert mehrere Reaktionen. Zuerst erfolgt die Abspaltung eines CO_2 von der BTS *(Decarboxylierung)*. Das verbleibende Molekülbruchstück wird dann von einem anderen Enzym des Komplexes übernommen und oxidiert. Dabei wird Wasserstoff auf den Wasserstoffakzeptor NAD^+ übertragen. Insgesamt wird der Prozess als *oxidative Decarboxylierung* zusammengefasst. BTS wird dabei zu einem C_2-Körper abgebaut, der mit dem Coenzym A zu Acetyl-CoA *(aktivierter Essigsäure)* gekoppelt und dadurch aktiviert wird. Pro Glucosemolekül werden oxidative Decarboxylierung und auch Tricarbonsäurezyklus zweimal durchlaufen.

Der folgende Reaktionszyklus wurde von Sir Hans Krebs im Jahr 1937 aufgeklärt *(Krebszyklus)*. Er beobachtete bei Zugabe bestimmter organischer Säuren wie Citronensäure eine erhöhte Energiefreisetzung in den Mitochondrien. Daher wird der Tricarbonsäurezyklus manchmal auch *Citronensäurezyklus* genannt. Er ist ein Beispiel für das Basiskonzept Stoff- und Energieumwandlung. [Basiskonzept S. 378]

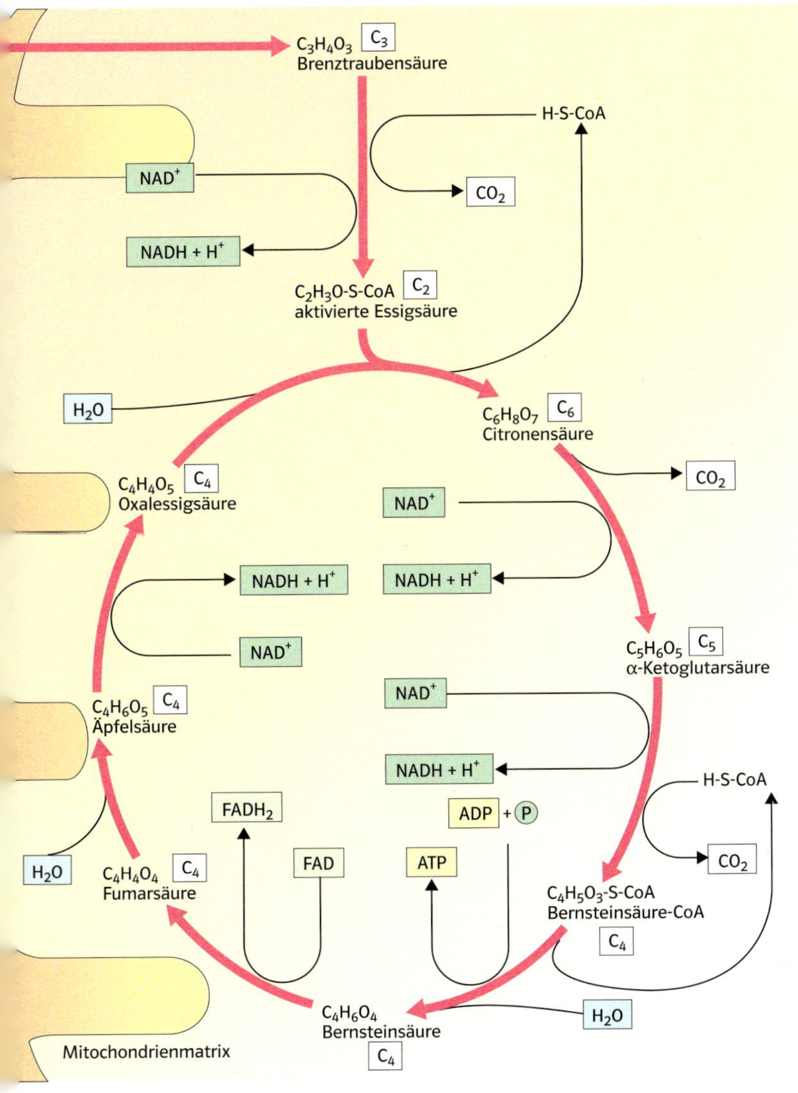

Oxidation und CO_2-Abspaltung
Das *Acetyl-CoA* wird mit der C_4-Verbindung Oxalessigsäure verbunden, es entsteht der C_6-Körper *Citronensäure*. Unter zweimaliger Oxidation — dabei wird je ein NADH + H^+ gebildet — und zweimaliger CO_2-Abspaltung entsteht daraus der C_4-Körper *Bernsteinsäure-CoA*.

Regeneration des Acetyl-CoA-Rezeptors
Die Abspaltung des Coenzyms A liefert die Energie zum Aufbau eines ATP-Moleküls. Der C_4-Körper *Bernsteinsäure* wird noch zweimal oxidiert, dabei entstehen ein $FADH_2$ und ein weiteres NADH + H^+. Es resultiert Oxalessigsäure, die als Akzeptormolekül einen neuen Zyklus beginnen kann. Durch Glykolyse, oxidative Decarboxylierung und Citronensäurezyklus sind nun alle C-Atome des eingesetzten Glucosemoleküls zu CO_2 verarbeitet.

Drehscheibe des Stoffwechsels
Die Vielfalt der beteiligten Moleküle kann auch zur Synthese verschiedenster Baustoffe (z. B. Aminosäuren oder Fettsäuren) verwendet werden. Umgekehrt wird das Kohlenstoffgerüst vieler Aminosäuren nach Abspaltung der Aminogruppe im Tricarbonsäurezyklus abgebaut. Daher wird er auch oft als „Drehscheibe des Zellstoffwechsels" bezeichnet (s. Seite 86).

A1 Stellen Sie chemische Gesamtgleichungen auf für
— die oxidative Decarboxylierung
— den Tricarbonsäurezyklus
— den vollständigen Abbau der Glucose.

Die Endoxidation

Weg der Elektronen in der Atmungskette:

	E_0 (V)
NADH + H⁺	−0,32
↓	
FMN	−0,10
↓	
Cytochrom b	+ 0,12
↓	
Cytochrom c	+ 0,26
↓	
Cytochrom a	+ 0,55
↓	
Sauerstoff	+ 0,82

exergonisch
freiwillig ablaufende, Energie freisetzende Reaktion

In der Glykolyse, der oxidativen Decarboxylierung und im Tricarbonsäurezyklus wurde das Kohlenstoffgerüst der Glucose vollständig abgebaut. Durch die Oxidation von NADH + H⁺ und $FADH_2$ werden die Elektronenakzeptoren NAD⁺ und FAD regeneriert. Sonst käme der Glucoseabbau zum Erliegen, bei dem diese Cosubstrate benötigt werden. [Basiskonzept S. 378]

Redoxsysteme transportieren e⁻ und H⁺
Die Reaktionsschritte der *oxidativen Phosphorylierung*, auch Atmungskette genannt, erfolgen an der inneren Mitochondrienmembran. Diese ist aus zwei Gründen wichtig: Zum einen sind in sie eine große Zahl verschiedener *Redox-Cosubstrate* eingelagert, die wie an einem Fließband Elektronen aufeinander und schließlich auf Sauerstoff übertragen. Zum anderen gliedert sie das Mitochondrium in zwei Räume: den *Matrixraum* und den *Intermembranraum*. [Basiskonzept S. 374]

Das niedrigste Redoxpotential hat das NADH + H⁺. Es kann daher in einer exergonischen Reaktion Elektronen an das benachbarte FMN-Redoxsystem abgeben.

Bei dieser Reaktion gibt das NADH + H⁺ auch H⁺-Ionen *(Protonen)* in den Intermembranraum ab. Dort lagern sie sich an Wassermoleküle. Der Intermembranraum wird damit saurer.

Wenn das *Ubichinon-System* Elektronen aufnimmt, nimmt es gleichzeitig H⁺-Ionen auf. Sie stammen aus dem Matrixraum, der damit an H⁺-Ionen verarmt. Bei der Weitergabe der Elektronen an die verschiedenen *Cytochrome* gibt das Ubichinon auch die H⁺-Ionen wieder ab, ebenfalls in den Intermembranraum. Im letzten Redoxschritt werden die Elektronen auf Sauerstoff übertragen, dabei entsteht zusammen mit den H⁺-Ionen Wasser.

Der Elektronentransport ist also immer mit einem H⁺-Ionentransport aus dem Matrix- in den Intermembranraum gekoppelt. Dadurch entsteht ein Konzentrationsunterschied. Er kann bis zu 2 pH-Einheiten ausmachen.

A1 Ermitteln Sie die gesamte Ausbeute an energiereichen Stoffen, die in Glykolyse und Tricarbonsäurezyklus gebildet werden.

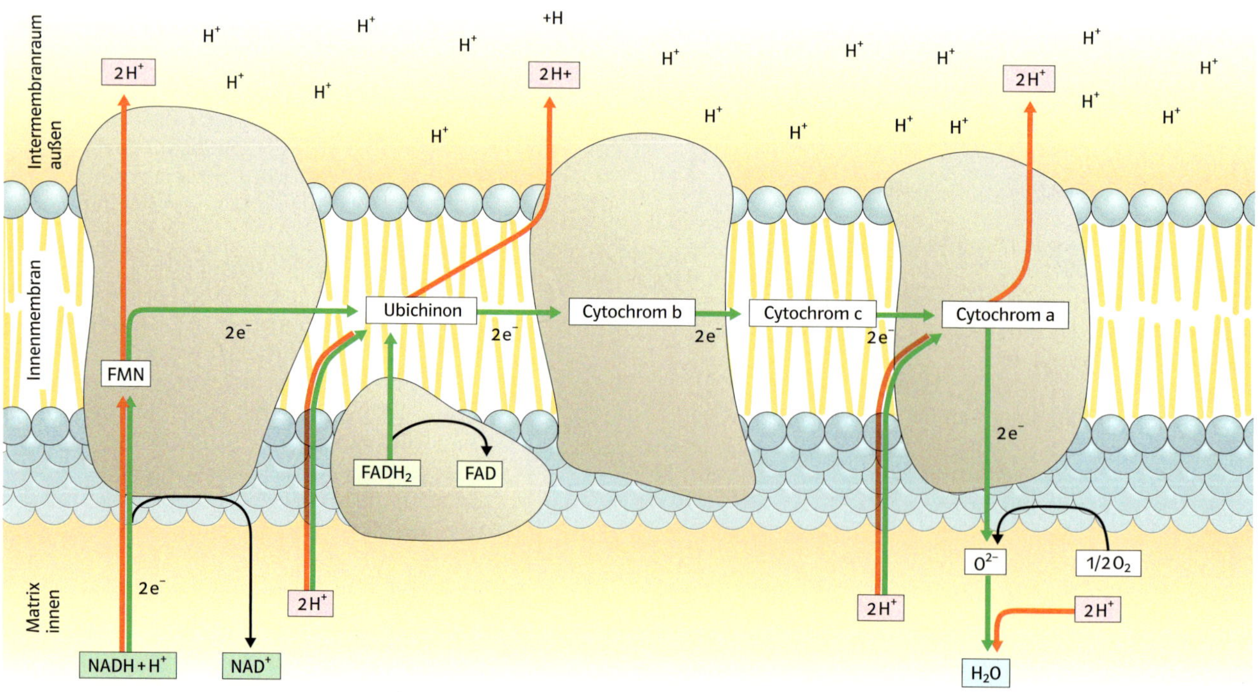

1 *Vereinfachtes Schema der Atmungskette*

Im Konzentrationsgefälle steckt Energie

Messungen zeigen, dass der Abbau von 1 mol Glucose den Aufbau von ca. 38 mol ATP ermöglicht. Von der Glykolyse bis zum Tricarbonsäurezyklus werden aber nur 4 mol gebildet. Die Atmungskette erbringt also mit 34 mol ATP pro mol Glucose den Hauptteil der Energieausbeute. Die Redoxreaktionen zwischen NADH + H^+ und Sauerstoff setzen genug Energie frei, um 3 mol ATP pro mol NADH + H^+ und 2 mol ATP pro mol $FADH_2$ zu erzeugen. Ein Mechanismus für die ATP-Produktion *(oxidative Phosphorylierung)* wurde von MITCHELL 1961 erkannt und als *chemiosmotische Hypothese* formuliert. [Basiskonzept S. 378]

Im Konzentrationsgefälle steckt Energie
Ursache für die ATP-Produktion ist allein die unterschiedliche *H^+-Ionenkonzentration* an der Mitochondrien-Innenmembran zwischen Matrix- und Intermembranraum. Dieser Konzentrationsunterschied speichert Energie und bewirkt einen Ladungsunterschied. Dadurch entsteht ein energiereiches elektrisches Feld.

Wie in einem Stausee das höhere Wasserniveau potenzielle Energie bedeutet, so ist auch im H^+-Ionen-Konzentrationsunterschied Energie gespeichert. Wie ein Wasserstrom bergab diese Energie an eine Turbine abgeben kann, so können auch die zurück in den Matrixraum strömenden H^+-Ionen ihre Energie abgeben (siehe Randspalte). Die „Turbine" in der inneren Mitochondrienmembran ist ein Enzym, die *ATP-Synthase* (Abb. 1).

Mit einer Reihe von Versuchen konnte man den Verlauf der ATP-Bildung bestätigen:
- Die Außenmembran der Mitochondrien ist für viele Stoffe durchlässig, die Innenmembran aber nicht. Wird sie durch Gifte durchlässig gemacht, hört die ATP-Synthese auf, obwohl NADH + H^+ und Sauerstoff weiterhin reagieren.
- Der Intermembranraum ist deutlich saurer als der Matrixraum, enthält also eine höhere H^+-Ionenkonzentration.
- Durch künstliche H^+-Ionen-Konzentrationsunterschiede kann ATP auch ohne NADH + H^+ bzw. Sauerstoff gebildet werden.

ATPase nutzt das Konzentrationsgefälle
Inzwischen hat man die Struktur der ATPase aufgeklärt und Modelle entwickelt, wie sie die Wanderung der H^+-Ionen durch die Membran in den Matrixraum zum ATP-Aufbau nutzt. Dabei arbeiten immer 3 Proteinkomplexe in einem ATP-Synthase-Köpfchen zusammen. Jedes durchläuft zeitlich versetzt die gleichen drei Reaktionsschritte. Zwischen den Schritten dreht sich der gesamte Komplex jeweils um 120°.
- Eine Bindungsstelle nimmt ADP und Phosphat auf; die erste Drehung erfolgt.
- Durch die Anlagerung von H^+-Ionen wird er verformt. Dadurch kommen ADP und Phosphat so nahe zueinander, dass ATP entsteht; die zweite Drehung erfolgt.
- Die dritte Drehung setzt das ATP frei.

A1 Erklären Sie mithilfe der Abbildungen 84.1 und 89.1 die unterschiedliche ATP-Ausbeute bei der Oxidation von NADH + H^+ und $FADH_2$.

A2 Die ATP-Bildung in der Atmungskette ist ohne die Innenmembran der Mitochondrien nicht möglich, während sie in der Glykolyse ohne diese Struktur geschieht. Erklären Sie.

Energieausbeute
pro NADH + H^+: 3 ATP
pro $FADH_2$: 2 ATP

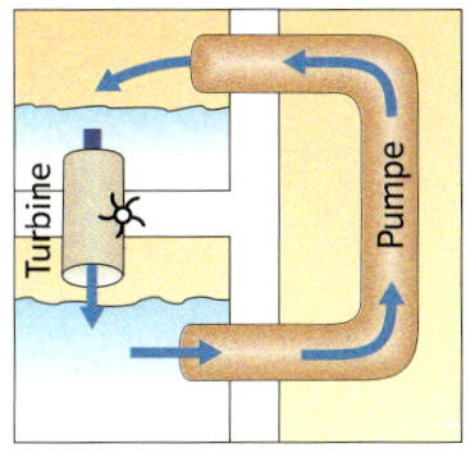

Modell Wasserkraftwerk

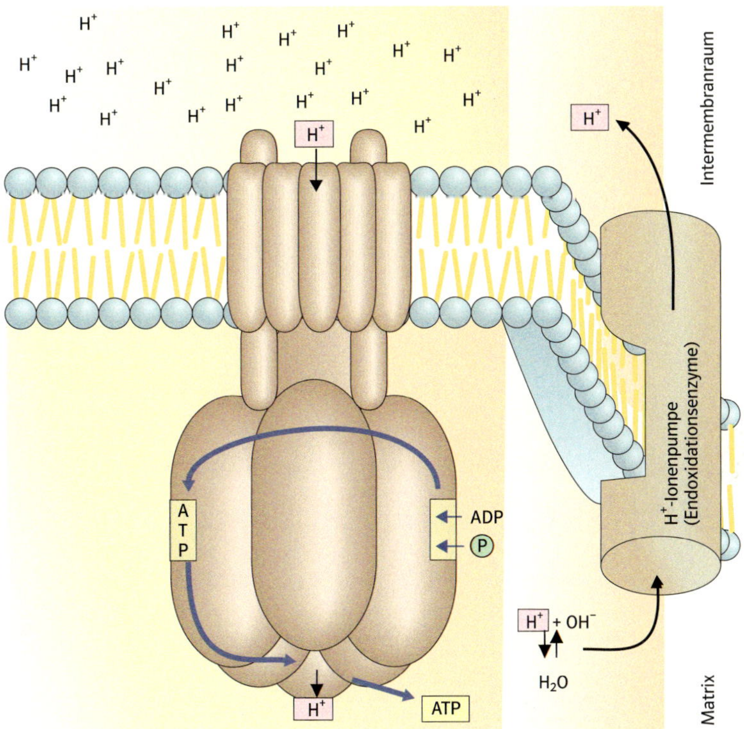

1 *ATP-Produktion durch die ATP-Synthese*

Bilanz der Zellatmung

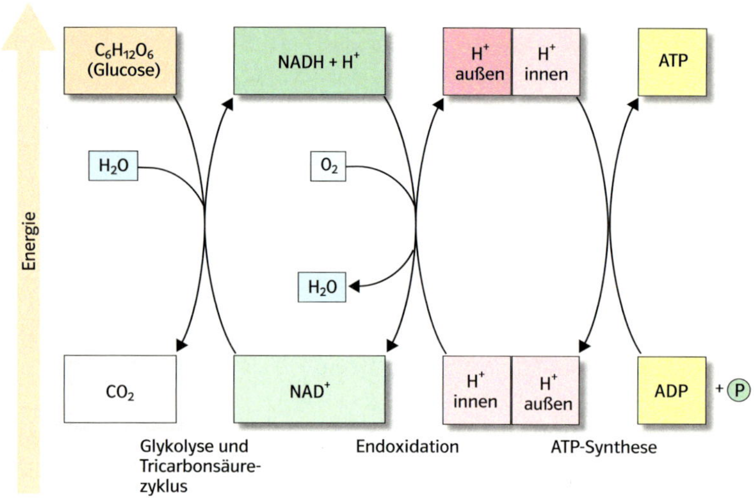

1 *Energiefluss in der Zellatmung*

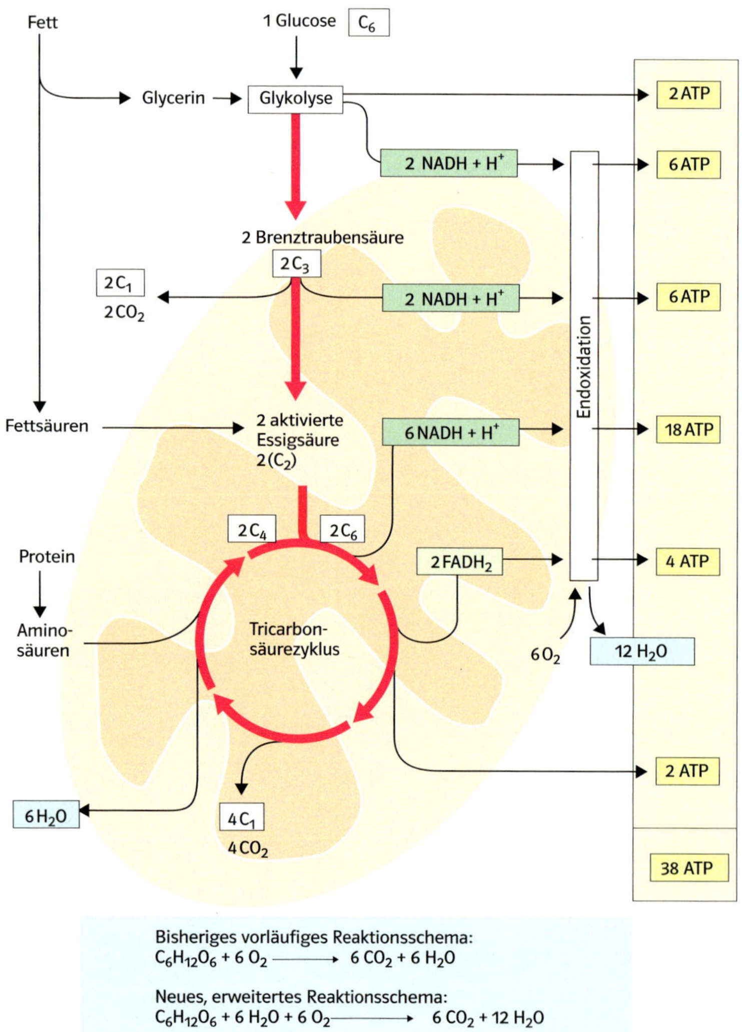

2 *Schema zur Zellatmung*

Im Verlauf der Zellatmung werden pro Glucosemolekül 38 Moleküle ATP gebildet. Der größte Teil davon (34 Moleküle) entsteht durch die Oxidation von Wasserstoff in der Endoxidation. Während die *Glykolyse* nur 4 Wasserstoffatome pro eingesetztem Glucosemolekül liefert, werden in der *oxidativen Decarboxylierung* und vor allem im Tricarbonsäurezyklus insgesamt 20 Wasserstoffatome an Cosubstrate gebunden. Zwölf davon stammen aus dem Wasser, der Rest aus der Glucose. Insgesamt werden also in der Zellatmung 24 Wasserstoffatome an Cosubstrate gebunden. Deren Oxidation liefert 12 Moleküle Wasser. Insgesamt ergibt sich also das erweiterte Reaktionsschema:
$C_6H_{12}O_6 + 6\,H_2O + 6\,O_2 \rightarrow 6\,CO_2 + 12\,H_2O$

Die *Endoxidation* an der Mitochondrienmembran baut eine Differenz der H^+-Ionen-Konzentration auf. Wenn diese H^+-Ionen durch den Kanal der ATP-Synthase fließen, wird Energie frei, die zur ATP-Synthese genutzt wird. Pro NADH + H^+ reicht sie zum Aufbau von 3 ATP-Molekülen, pro $FADH_2$ nur für 2 ATP-Moleküle. Insgesamt entstehen bei der Endoxidation also 34 Moleküle ATP pro Glucosemolekül. Pro mol ATP sind ca. 30,5 kJ verwertbare Energie gebunden. Vergleicht man den in 38 mol ATP steckenden Energiebetrag mit dem bei der Glucoseverdauung freigesetzten, so erhält man einen Wirkungsgrad von ca. 40 %. [Basiskonzept S. 378]

Zentrale Drehscheibe des Stoffwechsels

Auch Fette dienen der Energiegewinnung. Sie werden dabei zuerst in Glycerin und Fettsäuren gespalten. Das Glycerin wird in der Glykolyse und den Folgereaktionen abgebaut. Die Fettsäuren werden in Bruchstücke mit 2 C-Atomen (Acetyl-CoA) gespalten und so in den Tricarbonsäurezyklus eingeschleust. Proteine werden im Darm in die einzelnen Aminosäuren gespalten, diese in die Zellen transportiert. Sie dienen in erster Linie als Baustoffe für körpereigene Proteine, können aber auch abgebaut werden. Die stickstoffhaltigen Aminogruppen werden dabei abgespalten und in Harnstoff oder Harnsäure gebunden. Der Tricarbonsäurezyklus ist an allen Nährstoffabbauprozessen beteiligt und stellt Stoffe für Synthesewege bereit.

Gärung — es geht auch ohne Sauerstoff

Um aus Milch Jogurt zu bereiten, wird sie mit einer Jogurtbakterienkultur geimpft und dann luftdicht verschlossen. Ein Hundertmeterläufer atmet auf der gesamten Strecke höchstens ein- bis zweimal. Milchsäurebakterien und der Kurzstreckenläufer haben eines gemeinsam: Der Sauerstoffvorrat ist für ihre Stoffwechselaktivität viel zu gering. Die Bakterien haben in der Milch nur eine kleine Sauerstoffmenge zur Verfügung. Der Läufer kann seinen extrem hohen Sauerstoffverbrauch nicht durch Atmung decken. Beide überleben dennoch, da sie in der Lage sind, auch ohne Sauerstoff ATP zu gewinnen. Diese *anaerobe* Art der Dissimilation nennt man *Gärung*. Viele Organismen können bei Bedarf (fakultativ) Gärung betreiben, für andere ist es der einzige obligate Stoffwechselweg.

Zu wenig NAD^+ ist problematisch

Ist der Sauerstoffvorrat aufgebraucht, so können $NADH + H^+$ und $FADH_2$ nicht zurück zu NAD^+ und FAD oxidiert werden. Diese Cosubstrate stehen dann in der Glykolyse und den Folgeprozessen nicht mehr zur Verfügung, die Reaktionen kommen deshalb zum Erliegen. Nun ist aber $NADH + H^+$ aufgrund seines niedrigen Redoxpotentials in der Lage, Elektronen (und H^+-Ionen) direkt auf Brenztraubensäure zu übertragen. Viele Organismen haben Enzyme, die diese Reaktion katalysieren. Dann steht NAD^+ wieder bereit. Es kann zumindest in der Glykolyse wieder ATP erzeugt werden, wenn auch erheblich weniger pro mol Glucose als in der Atmung. Daneben wird die giftige Brenztraubensäure in die ungefährlichere Milchsäure umgewandelt. Daher heißt der Vorgang auch *Milchsäuregärung*. So entsteht durch Milchsäurebakterien aus Milch Jogurt bzw. aus Weißkohl Sauerkraut. [Basiskonzept S. 378]

Nach dem gleichen Prinzip arbeiten Hefepilze der Gattung *Saccharomyces* bei der *alkoholischen Gärung*. Sie spalten zunächst enzymatisch CO_2 aus der Brenztraubensäure ab und reduzieren den entstehenden C_2-Körper Ethanal mithilfe von $NADH + H^+$ zu Ethanol. Auf diese Weise wird NAD^+ regeneriert. Hefen werden zur Erzeugung von Ethanol in der Getränkezubereitung (Bier, Wein) eingesetzt. Beim Backen wird ihre Produktion von CO_2 ausgenutzt: Die Gasbläschen lassen den Teig aufgehen.

Backhefen können in Gegenwart von Sauerstoff auch atmen und schalten nur unter sauerstoffarmen Bedingungen auf Gärung um. Sie sind *fakultative Anaerobier*. Andere Mikroorganismen und Wirbellose, wie Wattwürmer oder Tubifex-Larven, leiden als Schlammbewohner häufig unter Sauerstoffmangel und gewinnen dann durch andere Gärungsformen Energie.

A1 Hefe wird in gut belüfteten Behältern vermehrt, arbeitet aber im Teig oder beim Bierbrauen unter Luftabschluss. Begründen Sie.

A2 Gefäße zur Bereitung von Sauerkraut müssen völlig sauber und luftdicht abgeschlossen sein. Erläutern Sie.

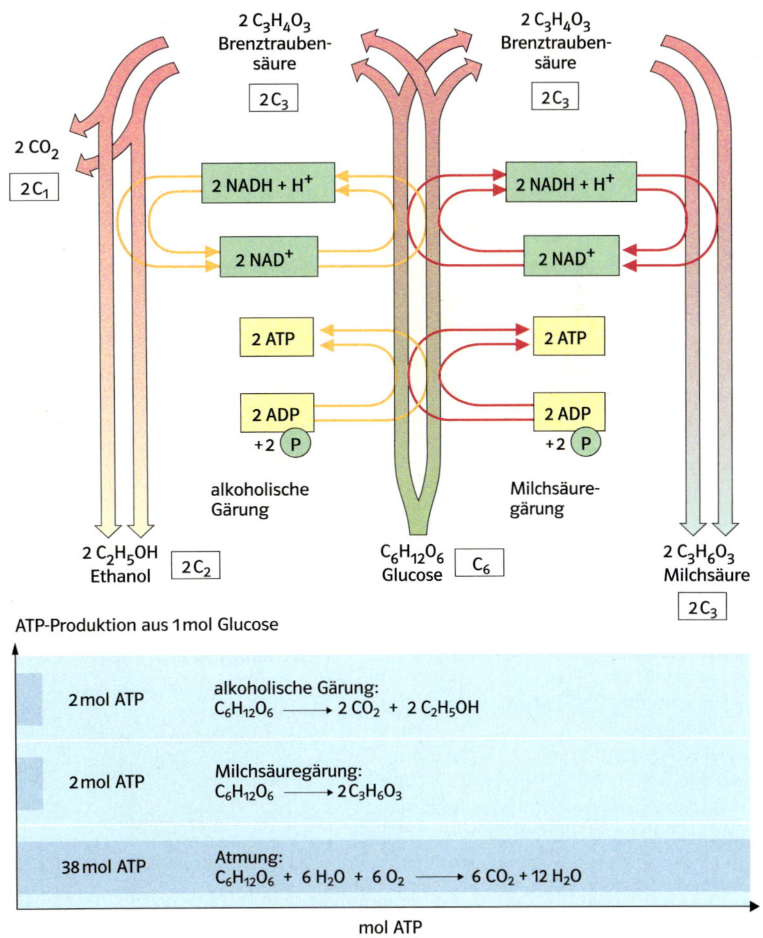

1 *Schematische Darstellung der Gärung*

Praktikum
Versuche zur Gärung

Auch unter sauerstoffarmen oder gar sauerstofffreien Bedingungen muss die Energieversorgung gewährleistet bleiben. Statt der Zellatmung laufen andere Stoffwechselwege ab, die man unter dem Begriff *Gärung* zusammenfasst.

Untersuchung von Sauerteig

Material:
300 g Roggenmehl oder käufliche Backmischung Roggenbrot, dest. Wasser, pH-Teststreifen, Glaswolle

Geräte:
Backschüssel, Becherglas (1 Liter), kleiner Teller zum Abdecken, kl. Löffel, 3 kl. Reagenzgläser, 1 gr. Reagenzglas, Becherglas 500 ml (hoch), Drahtnetz, Dreifuß, Brenner

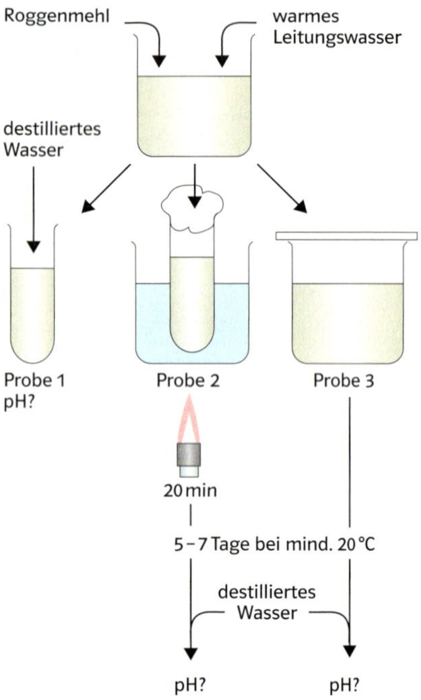

Durchführung:
300 g Roggenmehl (möglichst frisch und nicht zu fein gemahlen) werden in der Backschüssel mit so viel Leitungswasser (ca. 300 ml) bei ca. 30 °C gründlich vermischt, dass der Teig gerade noch fließfähig ist.
Zwei kleine Proben von ca. 10 g werden abgenommen. Probe 1 wird mit ca. 10 ml Wasser aufgeschwemmt. Man lässt den Teig sich absetzen und misst den pH-Wert.

Probe 2 wird im großen, mit Glaswolle verschlossenen Reagenzglas ca. 20 min im kochenden Wasserbad erhitzt.

Der restliche Teig wird in ein hohes Becherglas gefüllt, mit einem Teller abgedeckt und etwa eine Woche lang an einem dunklen warmen Ort (nicht unter 20 °C) zusammen mit Probe 2 stehen gelassen.

A1 Nach Ablauf der Zeit wird in beiden Proben wie bei Probe 1 der pH-Wert ermittelt. Deuten Sie das Ergebnis.

Backen eines Sauerteigbrotes

Material:
Versuchsansatz aus Versuch 1, 300 g Roggenmehl, 12 g Speisesalz

Geräte:
Backschüssel, Rührlöffel, Kastenbackform, sauberes Handtuch, Backofen oder Trockenschrank

Durchführung:
Dem Teig aus Versuch 1 werden das Roggenmehl, Salz und Wasser zugefügt. Unter Rühren wird so viel Wasser dazu gegeben, dass der Teig klebrig, aber nicht fließfähig ist. Er wird in der mit einem Tuch abgedeckten Backschüssel ca. einen Tag an einem warmen Ort aufbewahrt.

Danach wird der Teig in die Backform gefüllt und nochmals mit einem Tuch abgedeckt ca. eine Stunde gehen gelassen. Dann wird der Teig bei ca. 180 °C ca. eine Stunde lang gebacken.

Alkoholische Gärung

Material:
Backhefe, Glucose, Calciumhydroxidlösung, Spülmittel

Geräte:
2 Wasserbäder (40 °C), 2 große Reagenzgläser, 3 Gaswaschflaschen, Sprudelsteine, Gummischläuche, Aquarienpumpen, Destillierapparatur, Thermometer

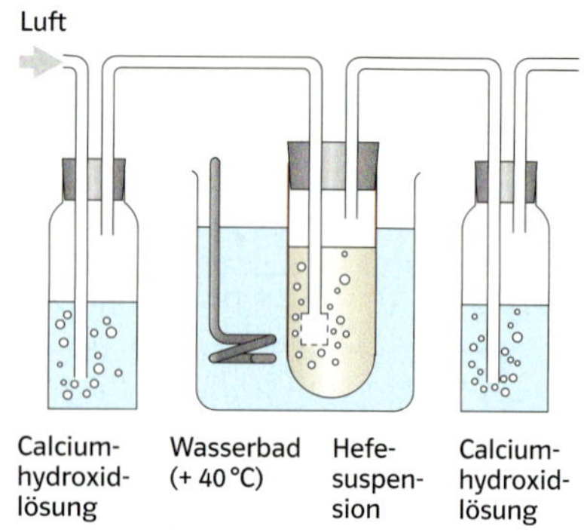

Durchführung:
Für einen Hefeansatz werden 40 g Glucose in 200 ml Wasser gelöst. Dazu kommen 20 g Bäckerhefe oder ein Beutel Trockenhefe. Der Ansatz wird im Wasserbad vorgewärmt, gut geschüttelt und gleichmäßig auf 2 Reagenzgläser verteilt. Die beiden Versuchsansätze werden gemäß der Abbildung aufgebaut. Nur einer wird mittels Aquarienpumpe belüftet.

A2 Beobachten Sie die Lösungen in den Waschflaschen und deuten Sie Ihre Beobachtungen.

A3 Lassen Sie die Ansätze (ohne weitere Heizung) einen weiteren Tag stehen. Destillieren Sie dann (getrennt) den Inhalt der beiden Reagenzgläser. Vergleichen Sie dabei die Siedetemperaturen. Begründen Sie den Unterschied.

A4 Versuchen Sie, die ersten 10 Tropfen des Destillats zu entzünden. Begründen Sie Unterschiede zwischen den beiden Ansätzen.

Alternative (einfachere) Durchführung:
- Geben Sie in jedes Reagenzglas je einen Tropfen Spülmittel, um zu starkes Schäumen zu verhindern.
- Verschließen Sie jedes Reagenzglas nach Befüllen wie oben mit einem doppelt durchbohrten Stopfen.
- Setzen Sie in die eine Öffnung des Stopfens ein Thermometer, in die andere ein ca. 50 cm langes Steigrohr (ca. 1 cm Ø).

A5 Erhitzen Sie und vergleichen Sie die Siedetemperaturen.

A6 Wenn Dampf aus dem Steigrohr strömt, versuchen Sie (mehrmals), ihn zu entzünden. Erläutern Sie.

A7 Vergleichen Sie beide Ansätze in Bezug auf Siedetemperatur und Brennbarkeit. Begründen Sie.

Regulation von Atmung und Gärung

Organismen haben die Möglichkeit, je nach Sauerstoffangebot ihren Energiestoffwechsel zu regulieren. Damit sind zwei Vorgänge verbunden: Zum einen muss der Glucoseverbrauch dem ATP-Bedarf angepasst werden *(Pasteur-Effekt)*, zum anderen müssen die Folgereaktionen von Brenztraubensäure (BTS) verändert werden: In der alkoholischen Gärung wird dieses Substrat mithilfe des Enzyms BTS-Decarboxylase in Ethanal und schließlich in Ethanol umgesetzt. In der Zellatmung wird Brenztraubensäure durch BTS-Dehydrogenase oxidiert und decarboxyliert (Abb. 1).

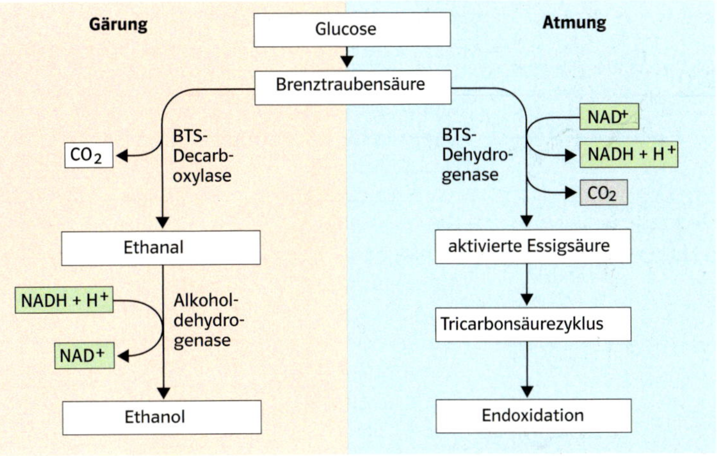

1

Die Steuerung der BTS-Folgereaktionen

Wie bei vielen Enzymen ist die Enzymaktivität von BTS-Dehydrogenase stark von bestimmten Cofaktoren (hier $NADH + H^+$) abhängig: Diese Cosubstanz hemmt durch allosterische Effekte die Aktivität des Enzyms ganz entscheidend. Bei einem Überschuss an $NADH + H^+$, wie er bei Sauerstoffmangel auftritt, wird Brenztraubensäure also kaum noch zu aktivierter Essigsäure umgewandelt. Auf diese Weise wird der gesamte Tricarbonsäurezyklus blockiert, es kommt zu einer Anreicherung von Brenztraubensäure im Cytoplasma. Das Enzym BTS-Decarboxylase benötigt für eine signifikante Enzymaktivität eine hohe Substratkonzentration. Nur unter diesen Bedingungen reicht die Konzentration von Brenztraubensäure für die Bildung von Ethanal aus.

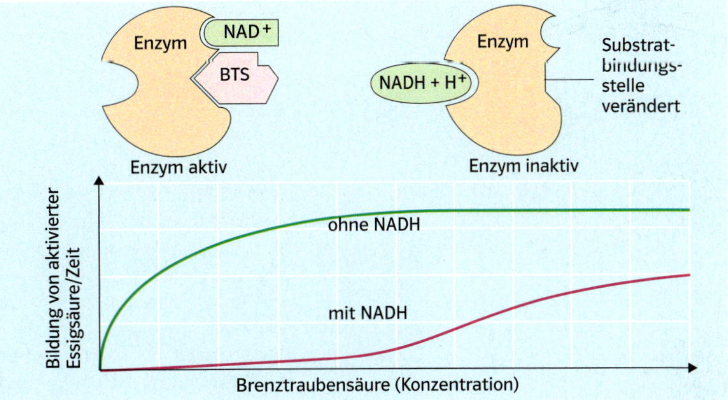

2

Die Rolle der Phosphofructokinase

Experimente von LYNEN, bei denen die Endoxidation durch Zusatz von Giften wie Cyanid blockiert wurde, zeigen die Abhängigkeit des Glucoseumsatzes von aeroben bzw. anaeroben Bedingungen (Abb. 3). Dem Enzym Phosphofructokinase kommt dabei eine Schlüsselstellung zu: Die Phosphorylierung von Glucose-6-phosphat zu Fructose-1,6-bisphosphat verläuft über das Zwischenprodukt Fructose-6-phosphat. Die Phosphorylierung dieses Stoffes wird durch Phosphofructokinase katalysiert (Abb. 4). Je höher dessen Enzymaktivität ist, desto mehr Glucose wird verbraucht.

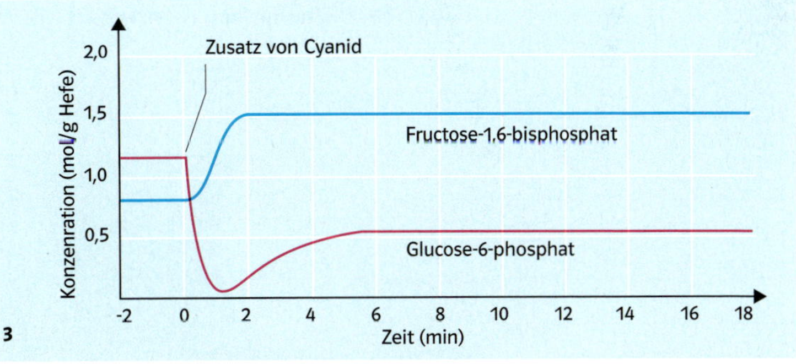

3

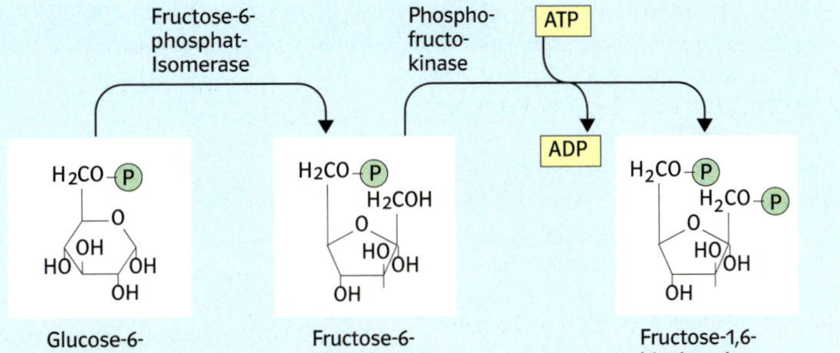

4 Glucose-6-phosphat Fructose-6-phosphat Fructose-1,6-bisphosphat

A1 Deuten Sie die Versuchsergebnisse von LYNEN (Abb. 3).

Online-Link
045407-0090

Die Muskelkontraktion

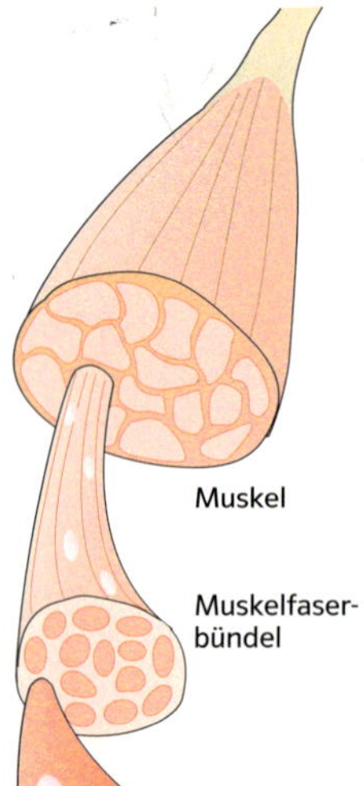

ATP ist die universelle „Energiewährung“ der Zelle und wird für die verschiedensten Lebensprozesse benötigt, auch für Bewegungen unserer Muskeln. Dabei wird chemische Energie in mechanische Arbeit umgewandelt. [Basiskonzept S. 378]

Bau des Muskels
Muskeln sind deutlich sichtbar in einzelne *Muskelbündel* gegliedert. Sie wiederum sind aus vielen bindegewebsumhüllten *Muskelfaserbündeln* aufgebaut, die auch Nerven und Blutgefäße enthalten. Jedes dieser Bündel enthält auch eine größere Zahl von ca. 50 µm dicken parallel geordneten *Muskelfasern*. Es sind ungewöhnlich große Zellgebilde aus vielen miteinander verschmolzenen Einzelzellen. Jede Muskelfaser enthält mehrere Zellkerne und viele Mitochondrien. Die Fasern der Skelettmuskeln erscheinen im Mikroskop quergestreift, da im Inneren jeder Muskelfaser viele 1 bis 2 µm dicke *Myofibrillen* exakt parallel gelagert sind. Jede besteht aus einer Vielzahl von hintereinander liegenden *Sarkomeren* von gleichartigem Aufbau: Jedes Sarkomer wird von 2 quer gelagerten Z-Scheiben begrenzt. Darin fest verankert ist eine große Zahl paralleler *Aktinfilamente*. Zwischen diese sind regelmäßig die dickeren *Myosinfilamente* (ca. 0,01 µm Durchmesser) eingelagert.

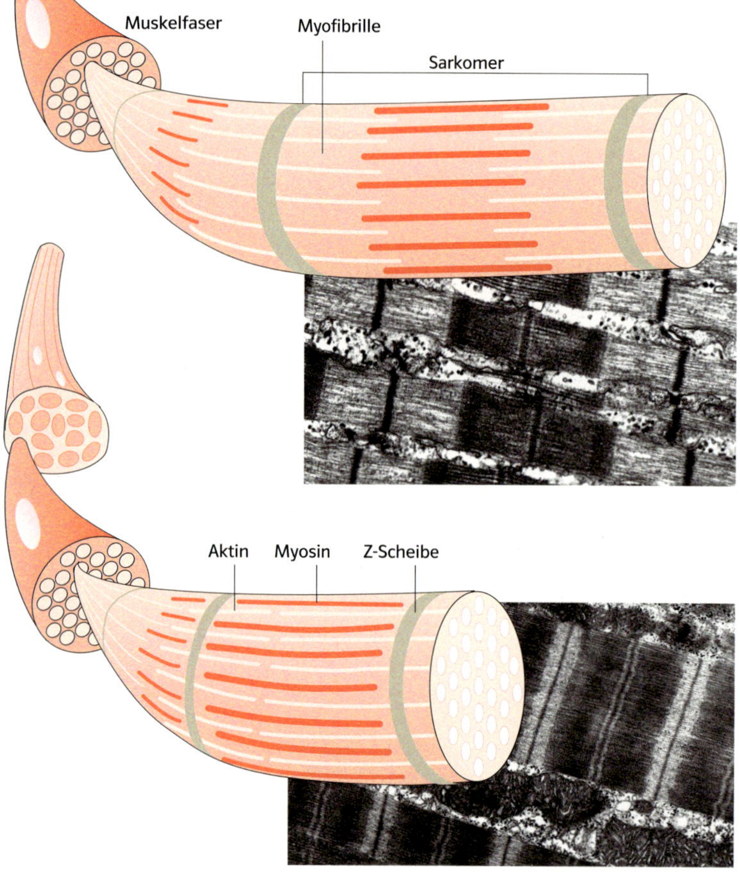

Gleitfilamenttheorie der Kontraktion
Muskeln verkürzen und verdicken sich bei der Kontraktion. Das Gleiche gilt für jedes einzelne Sarkomer. Aktin- und Myosinfilamente schieben sich ineinander und ziehen so die Z-Scheiben aufeinander zu.

Die Myosinköpfe eines Myosinmoleküls binden je ein ATP. Sie bilden in dieser Form mit ihren Hälsen einen Winkel von 90°. Bei hoher intrazellulärer Ca^{2+}-Konzentration verbinden sich die Myosinköpfe mit dem Aktin. Aktin aktiviert dabei die *ATPase* des Myosinkopfes, sodass das an ihn gebundene ATP gespalten wird (ATP → ADP + P_i). Es entsteht also ein Komplex A-M-ADP-P_i. Löst sich P_i (anorganisches Phosphat) aus diesem Komplex, „kippen“ die Myosinköpfe aus ihrer 90°-Stellung in eine 50°-Stellung, was dazu führt, dass die Aktin- und Myosinfilamente aneinander vorbeigleiten [Basiskonzept S. 370]. Die Abgabe von ADP bringt schließlich die Myosinköpfe in ihre Endstellung (45°), was das Gleiten beendet. Der übrig gebliebene A-M-Komplex ist stabil und kann nur durch erneute Bindung von ATP an die Myosinköpfe wieder gelöst werden. Dieser Vorgang kann immer von Neuem erfolgen, solange der Muskel durch Nervenimpulse aktiviert ist.

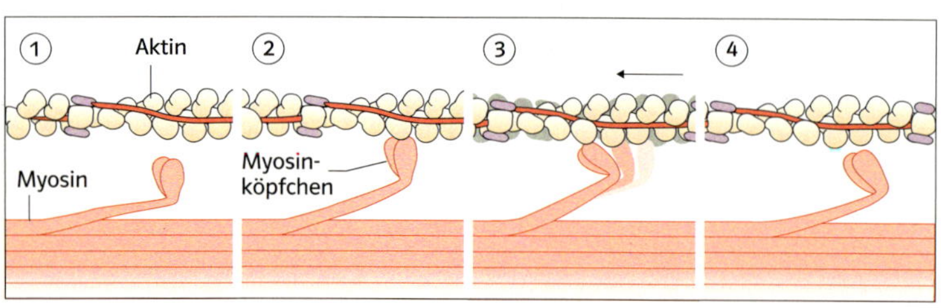

1 *Ablauf der Muskelkontraktion*

A1 Bei zu starker, ungewohnter Dauerbelastung eines Muskels verkrampft er: Er wird steif und hart. Erläutern Sie mögliche Ursachen.

Material
Die Rolle des ATP bei der Muskelkontraktion

Eine Vielzahl von Einzelbefunden ermöglichte es, eine Theorie zu den molekularen Mechanismen bei der Muskelkontraktion aufzustellen:

1) In Muskelzellen findet man eine besondere Form des Endoplasmatischen Retikulums (ER), die als Ca^{2+}-Speicher dient. In der Membran dieses ER befinden sich spezielle Ionenpumpen, die Ca^{2+} in das ER transportieren.

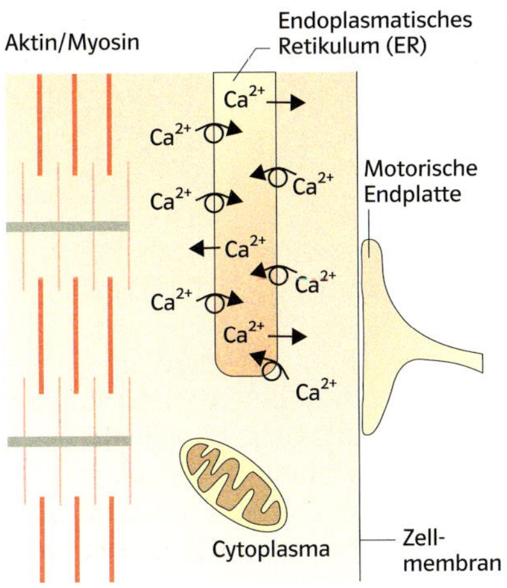

2) Gelangen Nervenimpulse an die *Motorische Endplatte* (die Nervenendigung an der Membran), erhöht sich schlagartig die Permeabilität der Membran des Muskelzellen-ERs für Calciumionen. Darauf erhöht sich die Ca^{2+}-Konzentration im Cytoplasma der Muskelzelle um ca. das 1000fache.

3) Das Myosinmolekül weist flexible Teile auf, die Änderungen seiner räumlichen Struktur ermöglichen. Nur in einer dieser räumlichen Strukturen hat der Myosinkopf Kontakt mit Aktin.

4) Engelhardt und seine Mitarbeiter stellten schon 1939 fest, dass der Myosinkopf ATP-Bindungsstellen aufweist. ADP und Phosphat dagegen werden vom Myosinkopf nicht gebunden.

5) Der Myosinkopf kann bei Anwesenheit von Aktin ATP schnell zu ADP und Phosphat spalten. Der Myosinkopf wirkt also wie eine ATPase.

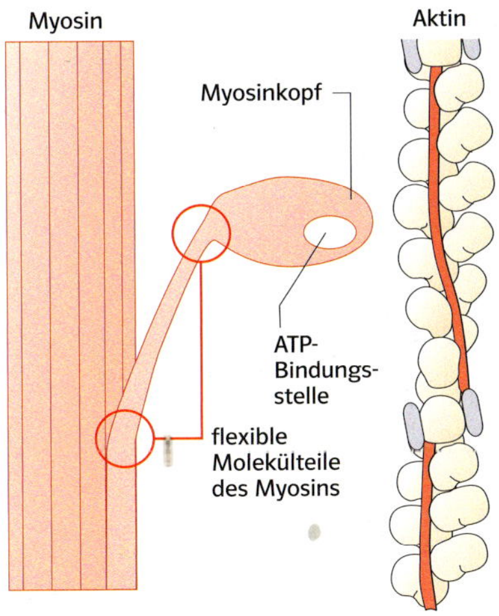

6) Eine Änderung der räumlichen Struktur von Myosin erfolgt unter verschiedenen Bedingungen:
   a) Hohe Ca^{2+}-Konzentrationen verändern die Struktur von Myosin und Aktin so, dass das Myosin in Kontakt mit Aktin tritt.
   b) Die Anlagerung von ATP an die ATP-Bindungsstelle des Myosinkopfes führt zu einer 90°-Einstellung des Myosinkopfes zum Myosinstiel. Diese räumliche Struktur des Myosins bleibt nur bestehen, solange ATP gebunden ist.
   c) Bei niedriger Ca^{2+}-Konzentration binden zwei weitere Proteine so an Aktin, dass sie den Zugang für das Myosinköpfchen blockieren. Bei höheren Ca^{2+}-Konzentrationen verändern diese beiden Proteine ihre Lage geringfügig, sodass Myosin an Aktin binden kann und die Kontraktion erfolgt.

A1 Ermitteln Sie mithilfe der obigen Versuchsergebnisse die richtige Reihenfolge der Schemata in der nebenstehenden Abbildung.

A2 Stirbt ein Wirbeltier, so tritt nach einigen Stunden Totenstarre ein: Alle Muskeln werden starr und hart. Gehetztes Wild zeigt nach dem Tode eine extrem kurze Zeit bis zum Einsetzen der Totenstarre. Erklären Sie diese Phänomene; überlegen Sie, in welcher Phase der nebenstehenden Abbildung sich ein Muskel in Totenstarre befindet. Erläutern Sie.

A3 Die Zugabe von ATP auf einen frisch isolierten Muskel führt nicht, wie man zuerst vermuten könnte, zu einer Kontraktion. Überlegen Sie Möglichkeiten, eine Kontraktion auszulösen.

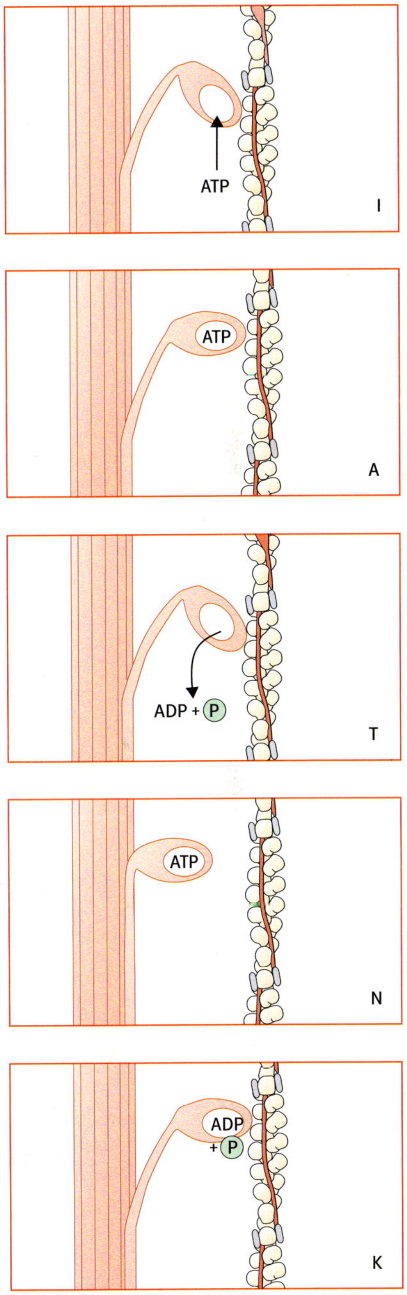

Energieumwandlung im Muskel

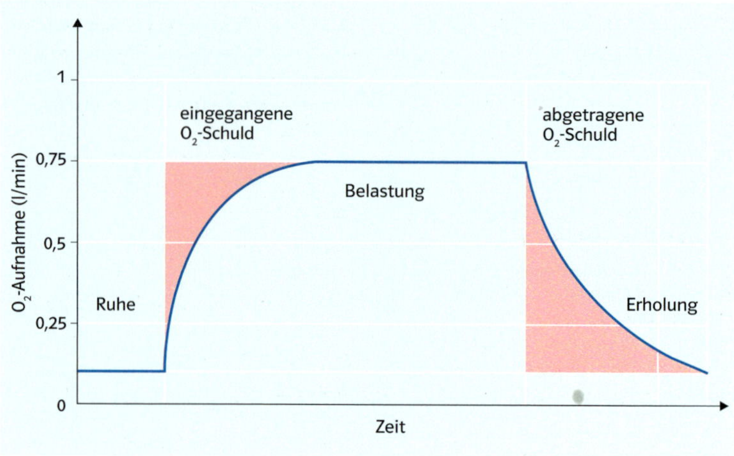

1 *O_2-Aufnahme während eines 400-m-Laufs*

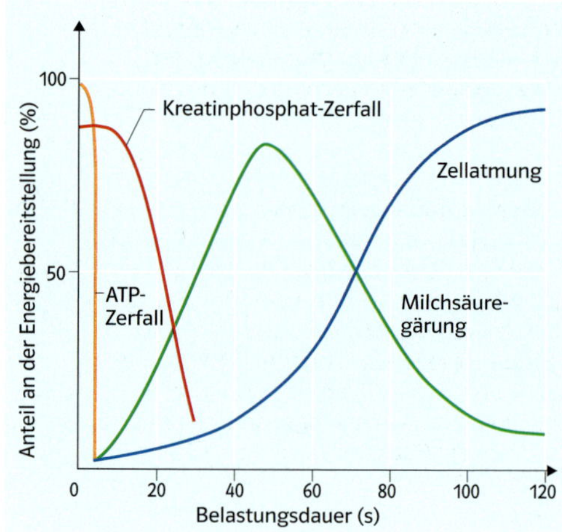

2 *Energiereserven der Muskeln*

Trainingsplan für Nichtprofis
Dreimal 30 min Dauerlauf pro Woche reichen für einen positiven Effekt auf die Gesundheit aus.

Man sollte in nicht zu hohem Tempo mit einer Laufzeit von ca. 15 min beginnen, unterbrochen von einigen kurzen Pausen. Der Puls sollte 135 Schläge/min nicht überschreiten.

Dann wird langsam auf 30 min Laufzeit ohne Pausen gesteigert.

Die 400-m-Strecke gilt in der Leichtathletik als eine der schwersten Strecken überhaupt. Die Geschwindigkeit ist fast so hoch wie bei einem 100-m-Lauf, die Belastung dauert aber ungleich länger.

Die *ATP-Vorräte* im Muskel sind nicht hoch und reichen nur für ca. 2 Sekunden aus (s. Abb. 2). Kurzfristig kann aber Phosphat aus dem energiereichen *Kreatinphosphat* auf ADP übertragen werden, doch reicht dieser Kurzzeitspeicher für Energie auch nur für ca. 15 Sekunden. Aus der *Zellatmung* lässt sich der hohe Energiebedarf zunächst nicht decken, weil die Kapazität der Mitochondrien dafür nicht ausreicht und ihre Sauerstoffversorgung so kurzfristig nicht an den hohen Verbrauch angeglichen werden kann (letzte Phase des 400-m-Laufs). Daher stammt die Energie bei längeren Distanzen zum großen Teil aus der Milchsäuregärung. Dazu muss Glucose aus Glykogen mobilisiert werden. Entsprechende Enzyme werden durch die Ausschüttung der Calciumionen aktiviert, die auch die Muskelkontraktion auslösen.

Innerhalb von 60 bis 90 Sekunden erhöht sich der Puls auf bis zu 180 Schläge pro Minute und die Sauerstoffaufnahme auf das 8- bis 10fache. Damit kann ATP bis zum Ende des Laufs überwiegend durch Zellatmung bereitgestellt werden. [Basiskonzept S. 378]

Info-Box: Muskelkater — halb so schlimm

Jeder weiß aus eigener schmerzhafter Erfahrung: Muskelkater ist am 2. Tag am heftigsten. Lange vermutete man eine Übersäuerung der Muskeln als Ursache. Sie produzieren zwar unter Sauerstoffarmut Milchsäure durch Gärung, doch die wird bereits nach wenigen Stunden in der Leber und im Herzmuskel wieder abgebaut. Muskelkater hat also andere Ursachen.

Das langsame Abklingen der Schmerzen lässt auf Entzündungsreaktionen schließen. Die Ursache sind mikroskopisch kleine Verletzungen der Myofibrillen durch das Abfangen ungewohnter äußerer Belastungen.

Die motorischen Zentren des Gehirns können solche Belastungen bei ungeübten Personen nur ungenau vorausplanen. Sie aktivieren dann zu wenige Muskelfasern dafür, diese halten den Überlastungen nicht stand und bekommen winzige Risse, die Ursache der Entzündungen.

Training verbessert die zentralnervöse Koordination und Kontrolle dieser Abfangbewegungen und verhindert so das Auftreten der winzigen Verletzungen. Massage, Einreiben und leichtes Weitertrainieren verbessern die Durchblutung der Muskeln, beschleunigen den Heilungsprozess und helfen beim Abklingen der Beschwerden.

Material
Tauchende Säugetiere

Im Wasser tauchende Säugetiere, wie Wale, Delfine oder Robben, zeigen für die Zeit des Tauchens besondere Angepasstheiten, wenn kein Gasaustausch mit der Luft erfolgen kann.

Wale sind die besseren Taucher

Pottwale tauchen auf ihren Beutezügen bis zu 1100 m tief. Die Dauer eines Tauchgangs kann bis zu einer Stunde betragen. Wie können diese lungenatmenden Säuger so lange Zeiten ohne Atmung auskommen? Eine Reihe von Forschungsergebnissen ermöglicht die Beantwortung dieser Frage.

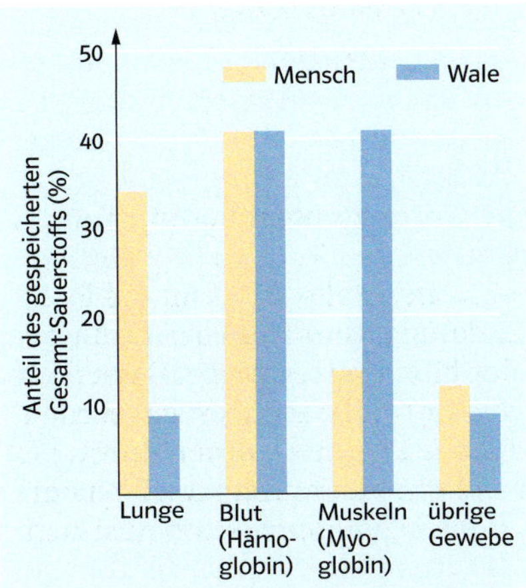

A1 Benennen Sie die Sauerstoffspeicher des Menschen und die des Wales beim Tauchen.

A2 Begründen Sie, dass Wale nicht ein größeres Luftvolumen in der Lunge als Sauerstoffvorrat mit nach unten nehmen.

A3 Taucher können nach längeren Tauchgängen nur langsam mit mehreren Pausen auftauchen, um die Taucherkrankheit zu umgehen: Bei dem starken Druck in der Tiefe löst sich eine große Menge der Luft in der Blutflüssigkeit, die bei zu schnellem Druckabfall als Bläschen ausperlt und durch Verstopfung und Zerreißen der Kapillaren zum Tode führt. Leiten Sie aus der Grafik mehrere Gründe ab, warum die Taucherkrankheit bei Walen nicht auftritt.

Stoffwechsel der Weddell-Robbe

Die Weddell-Robbe im antarktischen Eismeer jagt ihre Beute in bis zu 600 m Tiefe. Ein durchschnittlicher Tauchgang dauert etwa eine Viertelstunde. Die Grafiken unten zeigen Messergebnisse dazu.

A4 Beschreiben Sie die Veränderungen der Konzentrationen von O_2, CO_2 und Milchsäure während eines Tauchganges anhand der Ergebnisse.

A5 Aus welchen Stoffwechselvorgängen gewinnt die Robbe demnach beim Tauchen das benötigte ATP? Begründen Sie.

A6 Die Abbildung 92.1 zeigt die Prozesse zur Energiegewinnung eines Läufers während eines 400-m-Laufs. Zeichnen Sie ein gleichartiges Diagramm für eine Robbe während eines Tauchganges.

A7 Erklären Sie die starken Unterschiede der Atmung vor und nach dem Tauchen.

A8 Erläutern Sie die Bedeutung der Veränderung der Pulsfrequenz.

A9 Erläutern Sie, dass die Muskeln trotz dieser Abnahme nicht unter Versorgungsproblemen leiden.

A10 Während des Tauchens werden die Arterien zum Darm und zum Genitalsystem stark verengt, die zum Herz und Gehirn bleiben weit geöffnet. Erläutern Sie die biologische Bedeutung.

A11 Zum Beginn des Tauchganges atmet die Robbe vollständig aus. Erläutern Sie die Vorteile, die dieses Verhalten bietet.

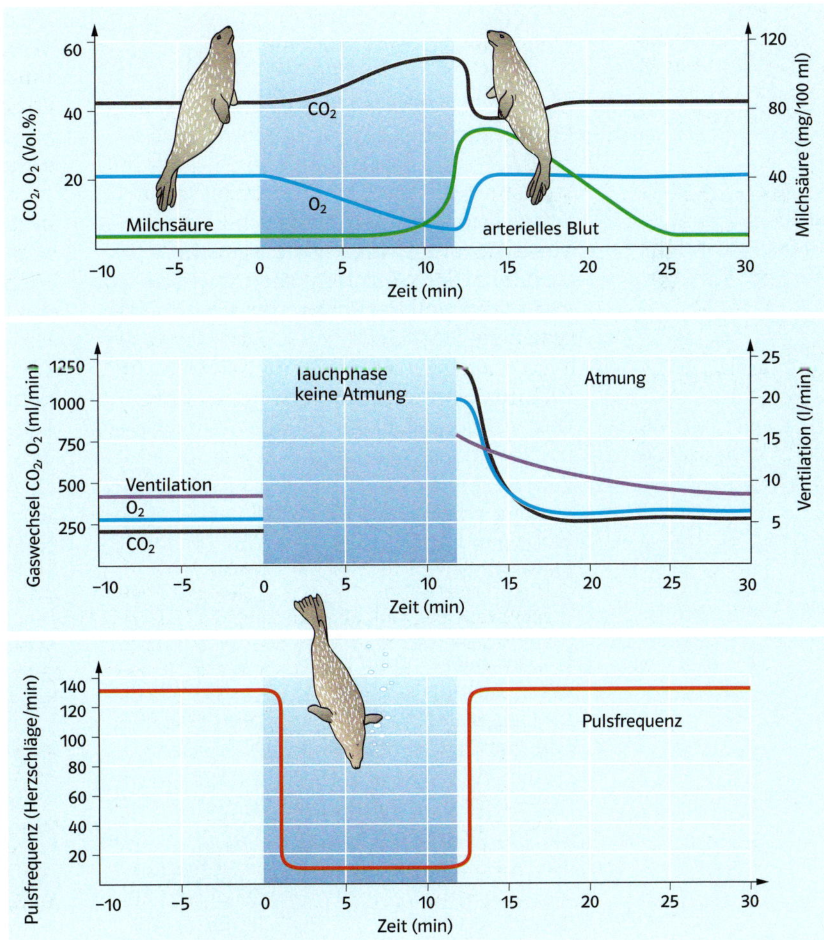

2.3 Energiehaushalt und Ernährung der Pflanze
Pflanzen leben autotroph

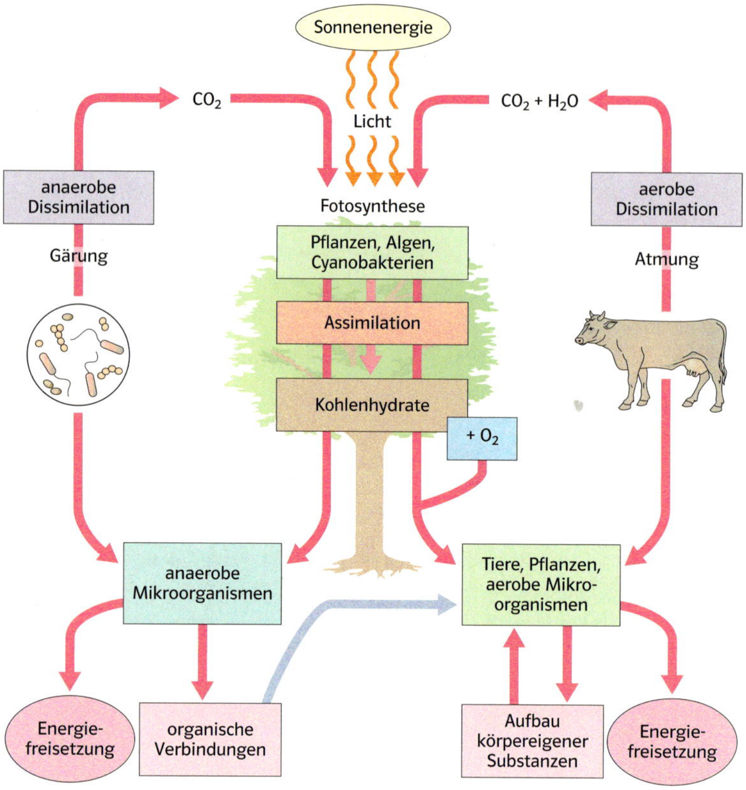

1 *Energie bereitstellende Stoffwechselprozesse*

So wie die Tiere nehmen auch Pflanzen aus ihrer Umgebung Stoffe auf und wandeln diese durch ihren *Stoffwechsel* zu körpereigenen Verbindungen um. Ebenso geben sie Stoffe ab.

Pflanzen sind fotoautotroph
Der *Energiehaushalt* der Pflanzen entspricht in den Grundprinzipien denen anderer Lebewesen. Aus der Umwelt wird Energie aufgenommen. Mit ihr werden die Lebensvorgänge aufrechterhalten, die körpereigenen Stoffe produziert und im Organismus transportiert. Der Stoffwechsel der Pflanzen stellt damit ein Beispiel für das Basiskonzept Stoff- und Energieumwandlung dar. [Basiskonzept S. 378] Im Gegensatz zum Tier nehmen Pflanzen ihre Nährstoffe nicht auf, sondern stellen sie selbst her. Dabei nutzen sie die Energie des Sonnenlichtes. Die in diesen Stoffen gespeicherte Energie machen sich die Pflanzen bei der Zellatmung wieder zunutze. Im Gegensatz zum Tier und zu den Pilzen lebt die Pflanze *fotoautotroph*. Pflanzen sind daher auf mineralische Verbindungen aus dem Boden, Kohlenstoffdioxid aus der Luft und auf Wasser angewiesen, denn aus diesen werden die energiereichen Stoffe hergestellt.

Pflanzen ernähren fast alle anderen
Auf die von den autotrophen Pflanzen hergestellten organischen Stoffe und auf den von ihnen produzierten Sauerstoff sind fast alle anderen Lebewesen angewiesen. Ohne Übertreibung kann man behaupten, dass alles Leben auf der Erde von den grünen Pflanzen abhängt. Die grünen Pflanzen produzieren im Rahmen der Fotosynthese mithilfe des Sonnenlichtes aus den chemischen Verbindungen Kohlenstoffdioxid und Wasser zunächst Einfachzucker und Sauerstoff. Die Zucker sind die Ausgangsstoffe für viele weitere organische Verbindungen und für ihren Energiestoffwechsel.

Werden Pflanzen und Tiere gefressen oder von Mikroorganismen zerstört, gehen die energiereichen Verbindungen auf diese Organismen über. Durch deren Stoffwechsel stellen diese wiederum körpereigene Verbindungen her. Bei der Atmung werden die energiereichen Verbindungen verbraucht und Kohlenstoffdioxid sowie Wasser freigesetzt. Auch anaerobe Mikroorganismen nutzen die von Pflanzen produzierten Stoffe bei der Gärung.

Pflanzen benötigen wie alle Lebewesen genügend Wasser und Mineralsalze zum Leben. Beides erhalten sie letztlich aus dem Boden. Verluste durch Verdunstung *(Transpiration)* und Mineralsalze in abgeworfenen oder abgestorbenen Pflanzenteilen werden durch Aufnahme entsprechender Stoffe ausgeglichen.

2 *Pflanzen sind Nahrung für Tiere*

Wasser- und Mineralstoffhaushalt der Pflanze

1 *Blatt mit Leitbündeln*

Die Sonneneinstrahlung bewirkt eine ständige Verdunstung *(Transpiration)* aus den Blättern. Es entsteht ein Wasserdefizit, das über Blattzellen und Blattadern bis hin in die Leitungsbahnen von Sprossachse und Wurzel wirkt. Dadurch kann Wasser aus dem Boden in die Wurzel gesaugt und bis zu den Blättern transportiert werden.

Transpiration und Wasserbewegung

Der Transpirationssog ist die wichtigste Kraft für den Wasserstrom von den Wurzeln zu den Blättern. Aufgrund der Dipoleigenschaften des Wassers bilden sich lange Wasserfäden, die von den Blättern bis hin zu den Wurzeln zusammenhalten. So wird ein ständiger Wassernachstrom gewährleistet. Angepasst an den ständigen Sog sind die Leitungsbahnen durch besondere Verdickungen versteift. So wird ein Kollabieren verhindert. [Basiskonzept S. 370]

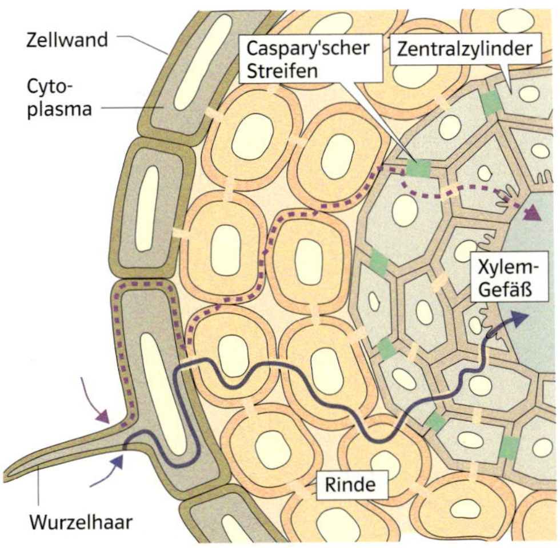

2 *Weg des Wassers in der Wurzel*

Transport von Mineralsalzen

Mit dem Wasser nehmen die Pflanzen über die Wurzeln auch die darin gelösten Ionen auf. Dazu gehören zum Teil komplex aufgebaute Ionen folgender Elemente: S, P, K, Ca, Mg und Fe. Gemeinsam mit den Elementen C, H, O und N bezeichnet man diese Gruppe als *Makroelemente*, Stoffe also, die in größeren Mengen für die Pflanze notwendig sind. *Mikroelemente* hingegen werden nur in geringsten Mengen benötigt, sind aber dennoch unentbehrlich. Hierzu gehören Elemente wie Mn, Cu, Zn, Mo, Cl, Na u.a. Auch sie werden in Form gelöster Ionen aufgenommen. Dies kann durch aktiven Transport aber auch passiv durch Diffusion erfolgen.

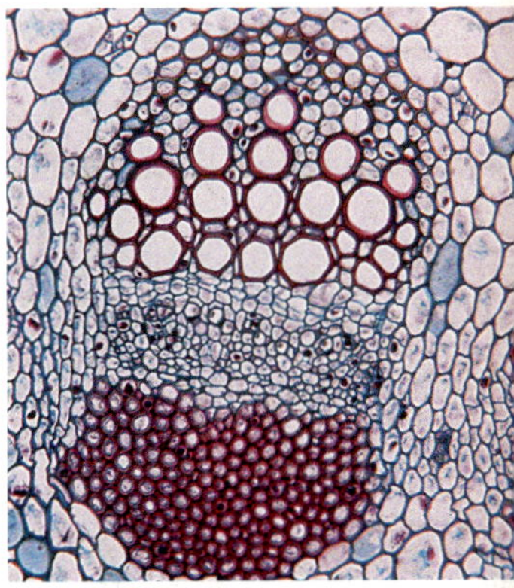

Leitgewebe

Gesetz des Minimums

Fehlt der Pflanze ein bestimmtes Element, so kann man mehr oder weniger starke *Mangelerscheinungen* beobachten. Dies kann sich im Vergilben von Blättern, kümmerlichem Wuchs oder anderen jeweils typischen Erscheinungen ausdrücken.

Genaue Aufschlüsse über die Elemente und ihre Konzentration, die *essenziell* sind, erhält man durch Wasserkulturen. Dazu werden Pflanzen in Nährlösungen mit zuvor genau festgelegten Konzentrationen der einzelnen Elemente in ihren jeweiligen Verbindungen kultiviert. Dabei stellt man fest, dass das Gedeihen der Pflanzen davon abhängig ist, dass alle dafür notwendigen Elemente in ausreichendem Maße zur Verfügung stehen. Man bezeichnet dies als das *Gesetz des Minimums*, das von dem deutschen Forscher Justus von Liebig (1803—1873) das erste Mal formuliert wurde.

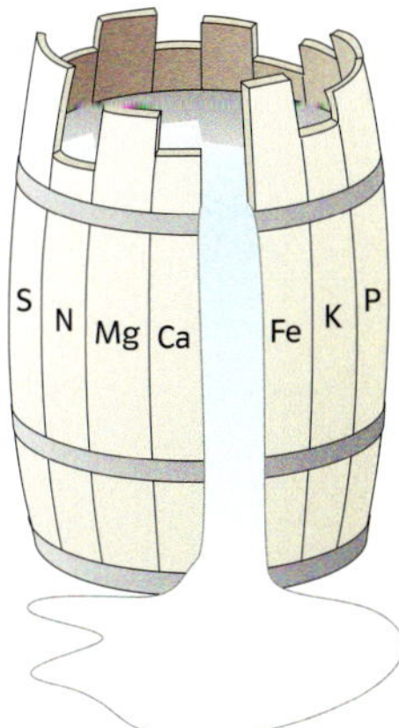

Gesetz des Minimums von Liebig

A1 Erläutern Sie die Bedeutung der Wurzelhaare unter besonderer Berücksichtigung des Basiskonzepts Struktur und Funktion (s. Seite 370).

A2 Erläutern Sie das Gesetz des Minimums.

A3 Erläutern Sie die Bedeutung, die das Gesetz des Minimums hinsichtlich der landwirtschaftlichen Erträge und damit auch der Welternährung hat.

Die Sonne spendet Leben — die Fotosynthese

1 *Lichtdurchflutete Blätter*

2 *Solarmobil*

Tiere, Pilze und die meisten Bakterien nehmen mit der Nahrung energiereiche Substanzen auf, durch deren Abbau Energie frei wird, mit deren Hilfe ATP gebildet wird. Auch die im *Baustoffwechsel* entstehenden körpereigenen Substanzen sind energiereich. Grüne Pflanzen ernähren sich anders. Sie nehmen in der Regel keine organischen oder anderen energiereichen Substanzen auf. Und dennoch zeigen sie die für alle Lebewesen typischen, Energie benötigenden Merkmale wie Fortpflanzung und Bewegung.

Pflanzen nutzen die Sonnenenergie

Grüne Pflanzen nutzen das riesige Energiereservoir der Sonne aus. Mithilfe der Lichtenergie werden im Prozess der *Fotosynthese* die energiearmen Stoffe Kohlenstoffdioxid und Wasser zu energiereicher Glucose und zu Sauerstoff umgebaut. Die Glucose ist der Ausgangsstoff für den Baustoffwechsel der Pflanze und auch für die Energiebereitstellung. Die meisten Pflanzen bauen allerdings Glucose sofort oder nach dem Transport in den Speicherorganen in Stärke um, da diese nur schwer löslich und osmotisch wenig wirksam ist. Dadurch wird verhindert, dass ein zu hoher osmotischer Druck entsteht, der die Zellen zerstören und die Pflanze schädigen könnte. Je nach Bedarf wird Stärke aus dem Vorrat zu Wasser und Kohlenstoffdioxid abgebaut oder zu anderen Stoffen umgebaut.

Das Reaktionsschema der Fotosynthese entspricht formal der Umkehrung des Reaktionsschemas der Zellatmung:

$$6\,CO_2 + 12\,H_2O \rightarrow C_6H_{12}O_6 + 6\,O_2 + 6\,H_2O$$

Daher wird auch genau dieselbe Energiemenge in der Glucose gespeichert (2836 kJ/mol), die bei ihrem Abbau in der Zellatmung frei wird.

Die Nutzung energiereicher organischer Substanz, wie bei der Zellatmung oder der Gärung, stellt einen Abbauprozess *(Dissimilation)* dar. Die Fotosynthese dagegen, bei der mithilfe der Lichtenergie Glucose entsteht, ist ein Aufbauprozess *(Assimilation)*: Unter Energiezufuhr wird aus energiearmen anorganischen Stoffen energiereiche organische Substanz aufgebaut. [Basiskonzept S. 378]

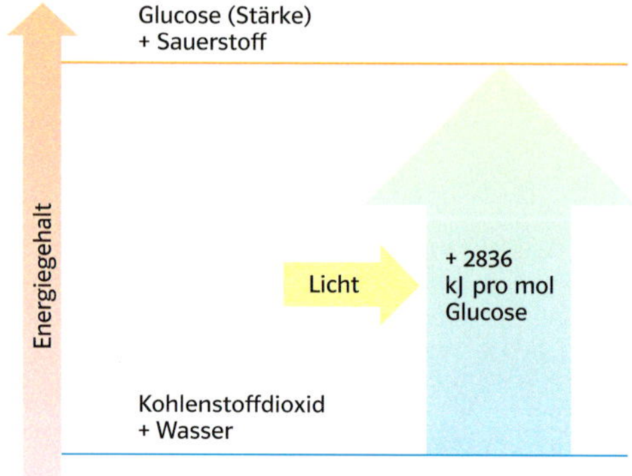

3 *Die Fotosynthese — ein Assimilationsprozess*

Versuche zur Fotosynthese

Die Abhängigkeit der Fotosynthese von Außenfaktoren sowie wesentliche Zellbestandteile, die an der Fotosynthese mitwirken, können durch einfache Experimente untersucht werden.

Bedeutung der Außenfaktoren

Geräte:
großes Becherglas, Diaprojektor, verschiedene Farbfilter: violett, blau, grün, rot

Material:
frische Sprosse der Wasserpest *(Elodea)*

Durchführung:

a) Füllen Sie das Becherglas zur Hälfte mit abgekochtem, abgekühltem Leitungswasser. Geben Sie einen Spross der Wasserpest hinein und schneiden Sie ihn unter Wasser am unteren Ende schräg an. Belichten Sie mit dem Projektor aus ca. 20 cm Abstand und bestimmen Sie über 5 Minuten die Anzahl der Gasblasen, die an der Schnittstelle austreten.

b) Füllen Sie das Becherglas mit CO_2-haltigem Mineralwasser auf (ungefähr gleiche Temperatur wie das Leitungswasser). Bestimmen Sie erneut über 5 Minuten die Zahl der Gasblasen pro Minute.

c) Schalten Sie den Diaprojektor ab und ermitteln Sie wieder über 5 Minuten die Anzahl der Gasblasen pro Minute.

d) Schalten Sie den Diaprojektor wieder an. Schieben Sie anschließend einen Farbfilter in den Diaprojektor. Messen Sie nun über 10 Minuten die Anzahl der Gasblasen. Verwenden Sie gruppenteilig verschiedene Farbfilter.

A1 Stellen Sie zur Auswertung die Versuchsergebnisse grafisch dar (Blasenanzahl pro Minute gegen die Wellenlänge des Farbfilters). Erläutern Sie, welche Schlüsse sich aus den Versuchen ziehen lassen.

A2 Deuten Sie die Ergebnisse aller Versuche.

Isolierung der Blattfarbstoffe

Geräte:
Schere, Mörser mit Pistill, Becherglas, Chromatographiekammer, DC-Platten (am besten mit Kieselgel beschichtet), Pipette

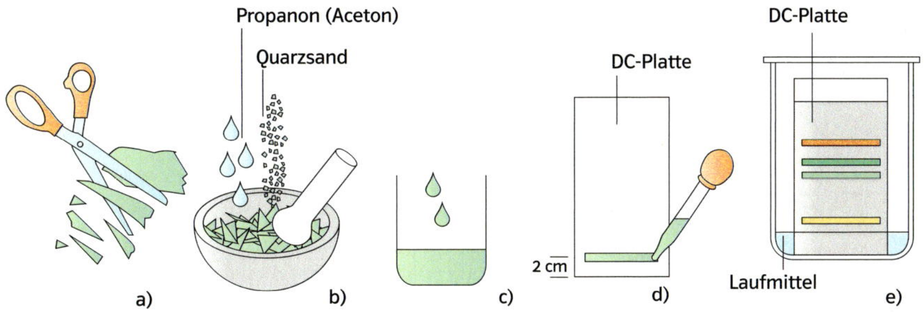

Material:
Petersilie, Schnittlauch, Brennnessel o. ä., Quarzsand, $CaCO_3$, Propanon (Aceton) [F]

Laufmittel:
100 ml Petrolbenzin (Siedebereich 100 °C — 140 °C), 10 ml 2-Propanol (Isopropanol) [F], 0,25 ml dest. Wasser

a) Das Pflanzenmaterial mit der Schere zerkleinern.

b) Im Mörser mit Quarzsand, einer Spatelspitze $CaCO_3$ und ca. 10 ml Propanon zerreiben (Abzug oder offenes Fenster!).

c) Die tiefgrüne Lösung in das Becherglas abgießen.

d) Mit der Pipette in ca. 2 cm Höhe auf die DC-Platte auftragen (Punktlinie bilden, trocknen lassen, neue Punkte auf dieselbe Linie).

e) Die DC-Platte nun in die Chromatographiekammer stellen, in der sich ca. 1 cm hoch Laufmittel befindet. Die Kammer abdecken und erschütterungsfrei stehen lassen, bis das Laufmittel fast den oberen Rand erreicht hat.

A3 Markieren Sie die Laufmittelfront auf der Platte und messen Sie ihre Entfernung von der Startlinie. Verfahren Sie auf gleiche Weise mit den einzelnen Farbstoffbanden und ermitteln Sie deren R_f-Werte. Bestimmen Sie die Farbstoffe (s. Tabelle).

A4 Bestrahlen Sie die Blattfarbstoffe auf der entwickelten DC-Platte mit UV-Licht (360 nm). Augen schützen!

Stoff	R_f-Wert
β-Carotin	0,95
Chlorophyll a	0,74
Chlorophyll b	0,64
Lutein	0,48
Violaxanthin	0,35
Neoxanthin	0,20
Die Werte können bei Schulversuchen variieren, die Reihenfolge bleibt erhalten.	

1 *R_f-Werte für Kieselgelplatten und das angegebene Laufmittel*

Dünnschichtchromatographie

Die *Chromatographie* ist eine Methode zur Trennung von gelösten Stoffgemischen. Sie wird heutzutage in fast allen Bereichen der biologischen Forschung eingesetzt. Hierzu trägt man das Gemisch auf ein Trägermaterial (z. B. Papier oder Kieselgel) auf. Anschließend lässt man ein Laufmittel durch das Trägermaterial fließen. Die einzelnen Bestandteile des Gemisches haften wegen ihrer verschiedenen Eigenschaften einerseits unterschiedlich fest am Trägermaterial und werden andererseits unterschiedlich gut mit dem Laufmittel transportiert. Dadurch legen sie unterschiedliche Strecken zurück (Laufstrecken), anhand derer sie identifiziert werden können. Als Maßzahl dient dabei der sogenannte R_f-Wert. Darunter versteht man den Quotienten aus der Laufstrecke und der Frontstrecke (Startlinie bis zur Lösungsmittelfront).

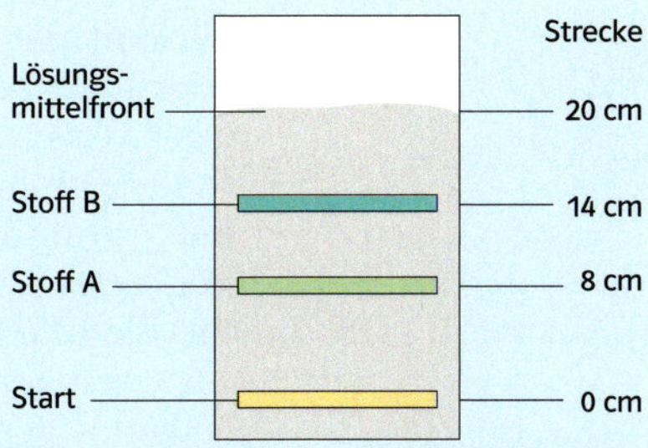

Berechnungsbeispiel: Laufstrecke A = 8 cm
Frontstrecke = 20 cm
R_f-Wert A = 8/20 = 0,4

Äußere Einflüsse auf die Fotosynthese

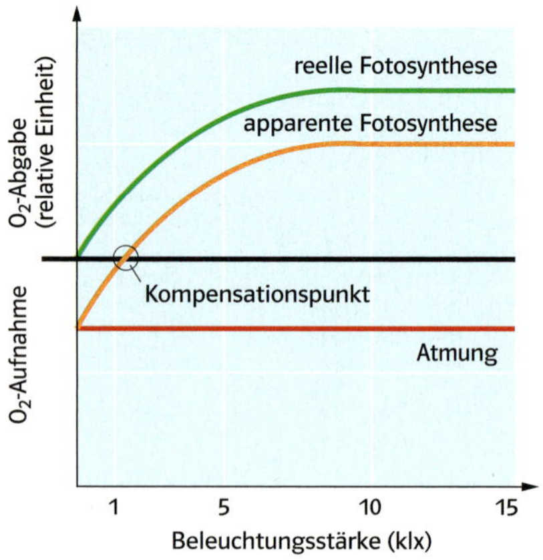

Abhängigkeit von der Beleuchtungsstärke

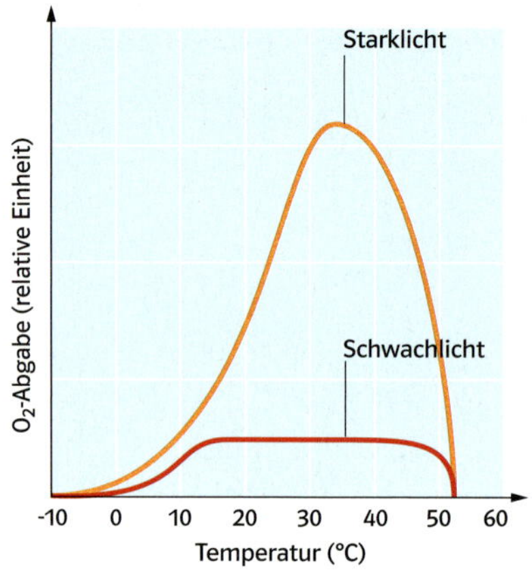

Abhängigkeit von der Temperatur

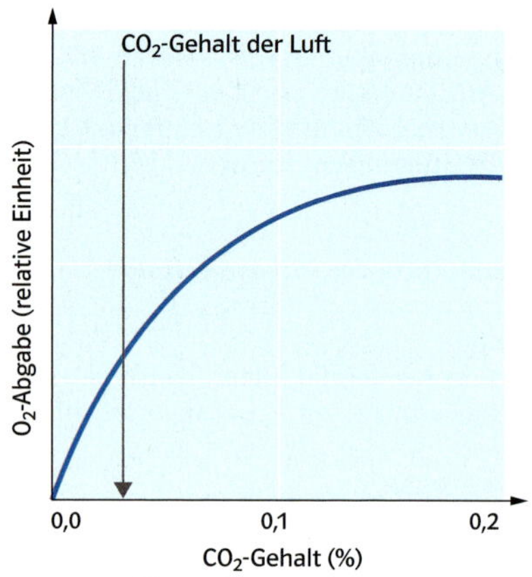

Abhängigkeit vom CO_2-Gehalt

Am **Kompensationspunkt** ist die O_2-Produktion durch die Fotosynthese gleich groß wie der O_2-Verbrauch bei der Atmung.

Gemüse und andere Pflanzen werden heute vielfach in Gewächshäusern angebaut. Es ist wichtig, den Pflanzen Bedingungen zu bieten, unter denen sie optimal wachsen und Fotosynthese betreiben können.

Fotosyntheserate

Dazu misst man unter anderem die *Fotosyntheserate* einer Pflanze, indem man die Sauerstoffabgabe oder -aufnahme über einen bestimmten Zeitraum ermittelt (als Messgrößen sind auch die Aufnahme und Abgabe von Kohlenstoffdioxid möglich). Man unterscheidet dabei die durch die Fotosynthese verursachte Sauerstoffproduktion *(reelle Fotosynthese)* und die nach außen hin messbare Sauerstoffbilanz *(apparente Fotosynthese)*, die von anderen Prozessen wie der Zellatmung mitbestimmt wird.

Faktor Beleuchtungsstärke

Fotosynthese wird durch die *Beleuchtungsstärke* beeinflusst. Die messbaren Ergebnisse lassen zwei Phasen erkennen: Im Bereich niedriger Beleuchtungsstärken nimmt die Fotosyntheserate mit der Stärke der Beleuchtung zu. Sie bestimmt hier die Intensität der Fotosynthese. Bei sehr geringen Beleuchtungsstärken ist der Sauerstoffverbrauch durch die Atmung größer als die Produktion durch die Fotosynthese, die Pflanze nimmt daher Sauerstoff auf. Bei höherer Beleuchtungsstärke, am *Kompensationspunkt*, gleichen sich diese beiden Prozesse genau aus. Bei noch höherer Beleuchtungsstärke gibt die Pflanze Sauerstoff ab, da die Produktion durch die Fotosynthese den Verbrauch durch die Atmung übersteigt. Im zweiten Bereich erreicht die Sauerstoffabgabe bei einer bestimmten Beleuchtungsstärke einen Höchstwert. Dieser wird auch bei höheren Beleuchtungsstärken beibehalten. Das Aufnahmevermögen der Pflanze für Licht ist gesättigt, andere Faktoren begrenzen die Stoffproduktion.

Faktor Temperatur

Ein weiterer Faktor ist die *Temperatur*. Bei Lichtsättigung zeigt sich eine Temperaturabhängigkeit, die für enzymatische Reaktionen typisch ist. Die Geschwindigkeit der Synthesereaktionen bestimmt dann die Geschwindigkeit der Fotosynthese. Dagegen wirkt bei Schwachlicht die Beleuchtungsstärke begrenzend.

A1 Der dritte Faktor, der die Fotosynthese beeinflusst, ist die Konzentration des CO_2. Erläutern Sie mithilfe der Abbildung.

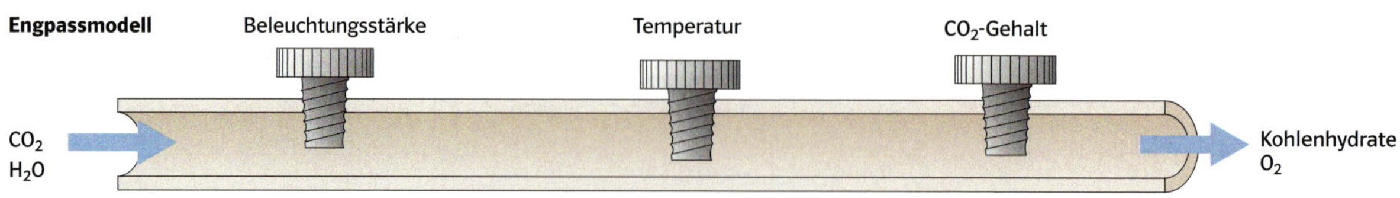

Bau und Funktion des Blattes

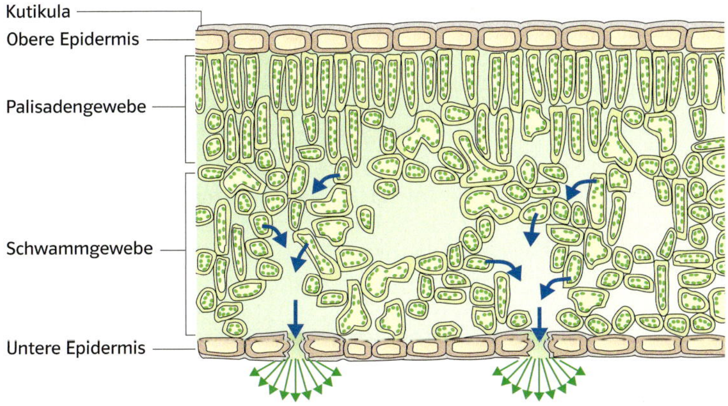

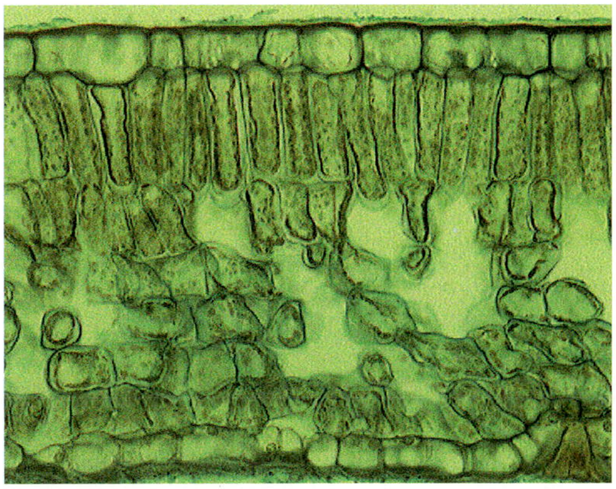

1 *Zeichnung und mikroskopische Aufnahme eines Blattquerschnittes*

Blätter kommen in den verschiedensten Formen vor. Sie übernehmen vor allem zwei Funktionen: *Transpiration* und *Fotosynthese*. Für die Fotosynthese sind Kohlenstoffdioxid, Wasser und Licht notwendig.

Kutikula — äußere Schicht

Die Blätter werden von einer einlagigen Zellschicht, der *Epidermis*, nach außen abgegrenzt. Sie ist frei von *Chloroplasten* und enthält somit auch kein *Chlorophyll*. Die äußeren Zellwände der Epidermis sind verdickt und schließen lückenlos aneinander. Auf die Zellen aufgelagert ist die *Kutikula*, eine für Wasser und Gase schwer durchlässige Wachsschicht. In der Regel erkennt man auf der Blattunterseite die *Spaltöffnungen (Stomata)*. Sind sie geöffnet, so können Gase wie Sauerstoff, Kohlenstoffdioxid und Wasserdampf durch sie diffundieren. [Basiskonzept S. 376]

Palisadengewebe

Im mikroskopischen Bild eines Blattquerschnittes fallen besonders große, senkrecht zur Blattoberseite stehende, zylindrische Zellen auf. Sie stehen dicht gedrängt. Lediglich feine Spalten durchziehen dieses Gewebe. Diese Zellschicht wird als *Palisadengewebe* bezeichnet, da die Zellen an eine *Palisadenwand* erinnern. Das Palisadengewebe kann ein- oder mehrschichtig sein, es enthält etwa 80 % der Chloroplasten eines Blattes und erscheint im mikroskopischen Bild meist intensiv grün gefärbt. Hier liegt der Hauptort der Fotosynthese.

Schwammgewebe

Unter der Palisadenschicht liegt ein lockerer Gewebebereich, dessen Zellen sehr unterschiedliche und unregelmäßige Formen besitzen. Man erkennt zahlreiche Zwischenräume, die sogenannten *Interzellularen*, die untereinander in Verbindung stehen und mit den in der unteren Epidermis liegenden Spaltöffnungen und den feinen Spalten zwischen manchen Palisadenzellen Kontakt haben. Die Zellen dieser Gewebeschicht, die man als *Schwammgewebe* bezeichnet, besitzen deutlich weniger Chloroplasten als die Zellen des Palisadengewebes.

Leitbündel versorgen das Blatt

Eingebettet in Palisaden- und Schwammgewebe liegen die *Blattleitbündel*, die wie Adern das Blatt durchziehen. Über sie werden alle Teile des Blattes mit Wasser und Nährsalzen versorgt. Fotosyntheseprodukte gelangen über die Blattleitbündel in Stamm und Wurzel.

Aufgrund des weit verzweigten Interzellularsystems ist die innere Zelloberfläche 100-mal so groß wie die Blattoberfläche [Basiskonzept S. 370]. Dadurch wird ein intensiver Stoffaustausch zwischen den Fotosynthese treibenden Zellen, den Leitbündeln und den Spaltöffnungen ermöglicht. Kohlenstoffdioxid kann ungehindert zu den Zellen diffundieren sowie Sauerstoff und Wasserdampf in umgekehrter Richtung zu den Spaltöffnungen.

Pflanzen machen Mittagspause

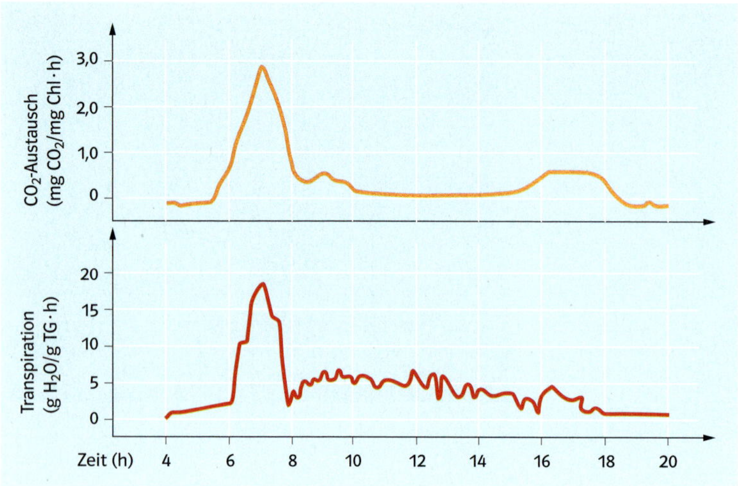

1 *Transpirationsrate und Gasaustausch im Tagesverlauf*

Pflanzen können die Öffnungsweite ihrer *Spaltöffnungen (Stomata)* verändern. Mit zunehmender Lichtintensität im Laufe des Vormittags vergrößert sie sich, dagegen schließen sich in trockenen Lebensräumen die Spaltöffnungen zur Mittagszeit. Erst am späten Nachmittag öffnen sie sich erneut.

Transpiration

Parallel zu diesen Bewegungsvorgängen verändert sich die *Transpirationsrate*, was vermuten lässt, dass der Wasserdampf fast ausschließlich über die Spaltöffnungen *(stomatäre Transpiration)* entweicht. Messungen bei geschlossenen Stomata belegen, dass die Transpiration durch die Kutikula *(kutikuläre Transpiration)* sehr gering ist. Die meisten Blätter besitzen zahlreiche Stomata. Die Summe aller Öffnungen beträgt jedoch nur 0,5 bis 2 % der Blattfläche. Trotzdem verdunstet ein Blatt mittels stomatärer Transpiration bis zu 60 % der Wasserdampfmenge, die eine gleich große Wasseroberfläche abgibt.

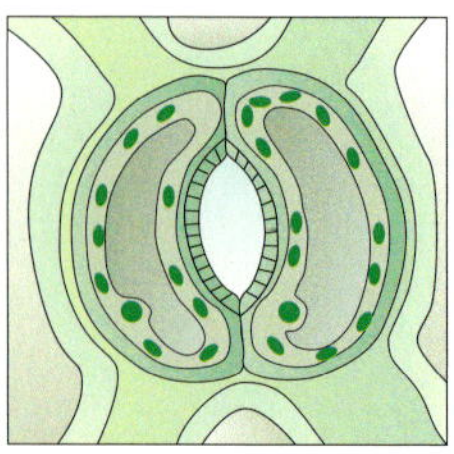

offen

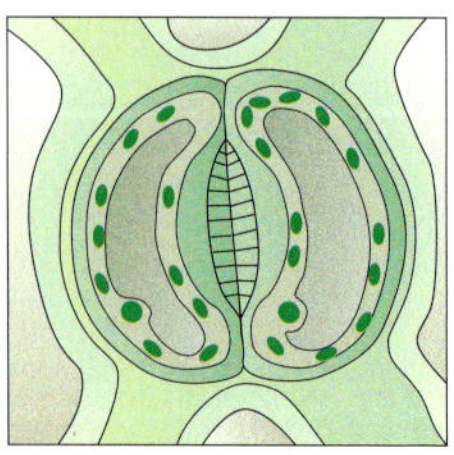

geschlossen

Spaltöffnung

Funktionsweise der Stomata

Alle Poren sind umgeben von zwei meist bohnenförmigen *Schließzellen*, die in ihrer Mitte einen Spalt freilassen und sich an ihren Enden berühren. Ihre unmittelbaren Nachbarzellen werden als *Nebenzellen* bezeichnet. Sie gehören ebenfalls zum Spaltöffnungsapparat. Die Schließzellen enthalten als einzige Zellen der Epidermis Chloroplasten, sie können also Fotosynthese betreiben. Eine weitere Besonderheit ist die unterschiedliche Verdickung der Zellwände. Die Außen- und Innenwände sind besonders massiv gebaut [Basiskonzept S. 370]. Damit sind sie relativ starr und formstabil. Demgegenüber sind die an die Nebenzellen grenzenden Zellwände unverdickt und folglich elastisch. Auch die dem Spalt zugewandte Seite der Schließzellen besitzt einen dünnen, elastischen Bereich. Erhöht sich der Innendruck *(Turgor)* der Schließzellen, so dehnen sich die elastischen Rückenwände. Die Zellen wölben sich in die Nebenzellen hinein. Da die Außen- und Innenwände relativ starr sind, wird die etwas elastische Bauchseite durch die Bewegung der Rückenseite nachgezogen. Die Gestalt der Schließzellen wird stärker bohnenförmig, der Spalt öffnet sich (s. Randspalte). Die Öffnungsweite des Spaltes hängt ausschließlich vom Turgor der Schließzellen ab. Da bei Wassermangel der Turgor abnimmt, schließen sich die Stomata. Die Transpiration sinkt.

Abbildung 1 zeigt, dass die Öffnungsweite der Schließzellen indirekt von der Lichtintensität beeinflusst wird. Begast man das Interzellularsystem mit CO_2-freier Luft, so öffnen sich die Spaltöffnungen auch im Dunkeln. Daraus folgt, dass die Lichtintensität die Öffnungsweite der Stomata nur indirekt über die Konzentration des Gases CO_2 steuert.

Regulation

Aufgrund der unterschiedlichen wissenschaftlichen Befunde versteht man heute die Bewegung der Spaltöffnungen als ein kompliziertes physiologisches Geschehen. Die unmittelbare Ursache der Spaltöffnungsbewegung ist die Differenz zwischen dem Turgor in den Schließzellen und dem in den angrenzenden Nebenzellen. Die Turgorschwankungen aber werden von mehreren miteinander in Wechselwirkung stehenden Regelkreisen kontrolliert, bei denen Lichtintensität, Kohlenstoffdioxidkonzentration und die Umverteilung von Kaliumionen zwischen den Zellen wichtige Größen sind. [Basiskonzept S. 376]

Sonnenblätter — Schattenblätter

Die Rotbuche besitzt *Sonnenblätter* und *Schattenblätter*. Diese unterscheiden sich in Fläche, Dicke und Fotosyntheserate sowie in ihrer Position in der Baumkrone. Der Kompensationspunkt der Schattenblätter liegt bei sehr geringen Beleuchtungsstärken; deshalb erbringen sie auch bei geringem Licht eine positive Stoffbilanz für die Pflanze. Sonnenblätter dagegen können höhere Beleuchtungsstärken besser ausnutzen und sind in diesem Bereich leistungsstärker. [Basiskonzept S. 370]

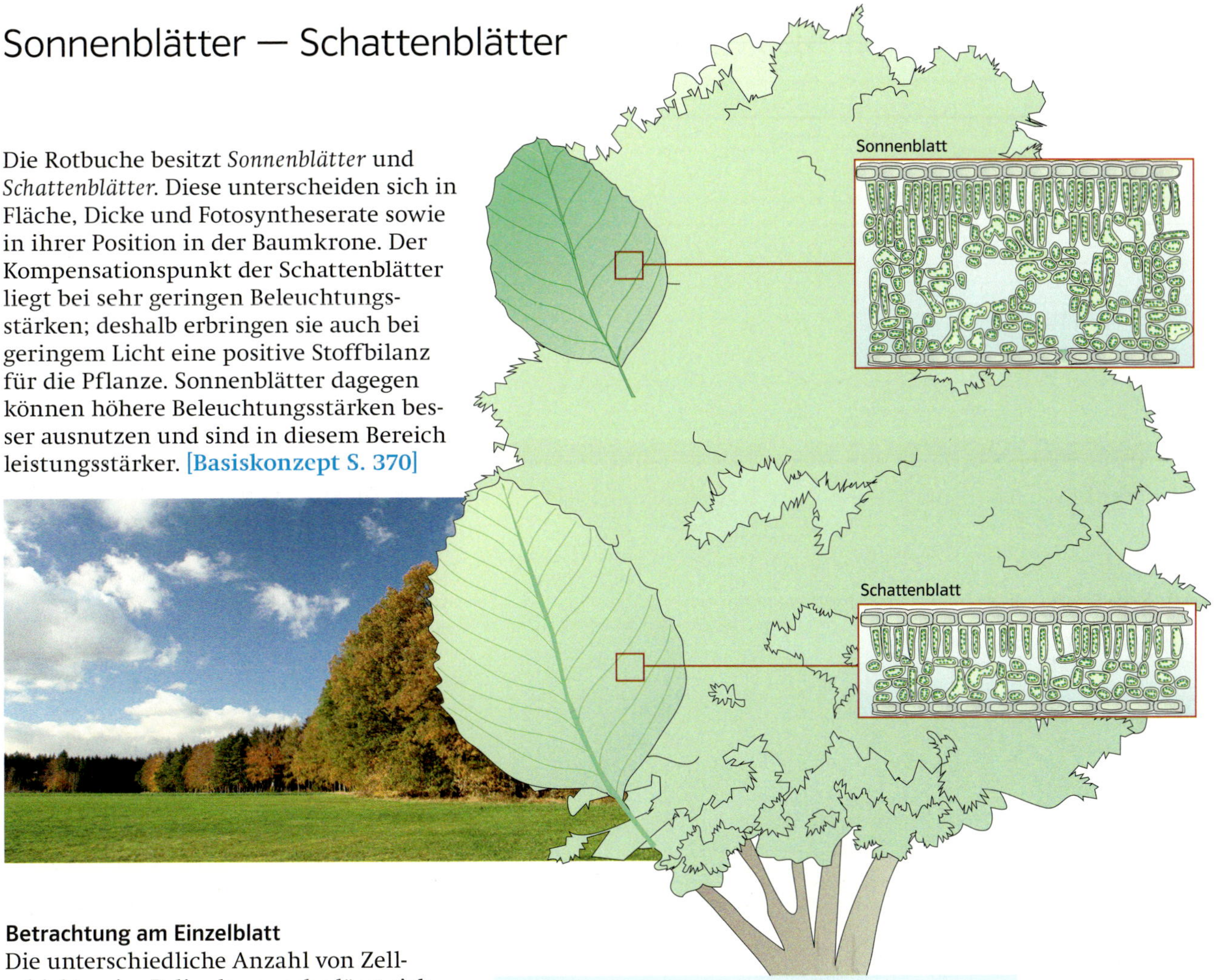

Betrachtung am Einzelblatt

Die unterschiedliche Anzahl von Zellschichten im Palisadengewebe lässt sich wie folgt erklären: Das Licht trifft auf die Blattoberseite und wird von jeder Zellschicht teilweise absorbiert. Die tiefer liegenden Zellschichten erhalten daher weniger Licht und arbeiten auch bei starker Beleuchtung näher an ihrem Kompensationspunkt. Bei schwacher Beleuchtung wird dieser eventuell von den tiefsten Schichten nicht mehr erreicht. Die Zellen verbrauchen mehr Fotosyntheseprodukte als sie produzieren. Jede Zellschicht ist aber für die Pflanze nur dann vorteilhaft, wenn sie eine positive Stoffbilanz erzielt.

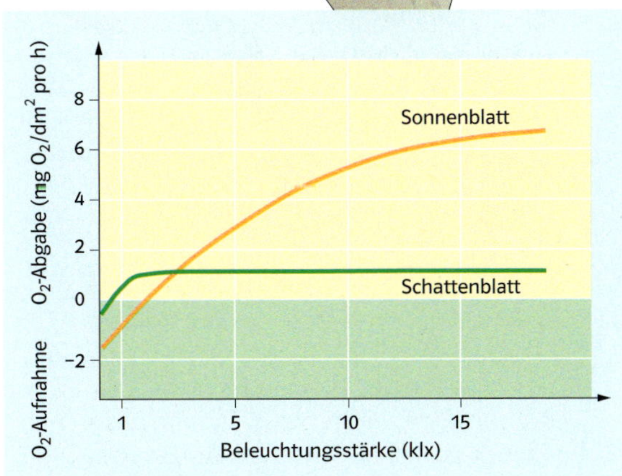

Betrachtung am gesamten Individuum

Was für das einzelne Blatt gilt, trifft auch auf die gesamte Pflanze zu. Die vom Einzelblatt oder auch dem gesamten bis zu 500 Quadratmeter großen Blätterdach einer ausgewachsenen Rotbuche produzierte Biomasse in einer bestimmten Zeit bezeichnet man als *Bruttoprimärproduktion*. Vom Bruttoprimärprodukt benötigt der Baum einen Teil zur Aufrechterhaltung seiner Lebensvorgänge. Übrig bleibt die *Nettoprimärproduktion* als echter Zugewinn in Form von Blättern, Holz und Wurzeln. [Basiskonzept S. 378]

A1 Erläutern Sie, wie im Interesse der Ertragssteigerung in Gärtnereien begrenzenden Faktoren der Fotosynthese entgegengewirkt wird.

Online-Link
045407-0102

Pflanzen brauchen blaues oder rotes Licht

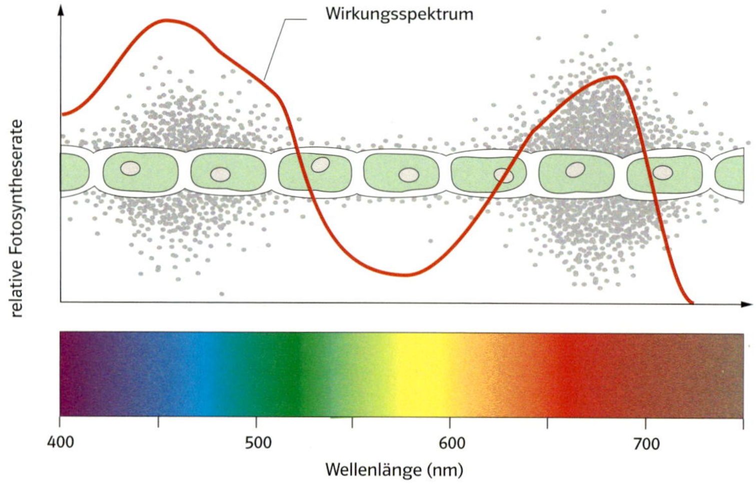

1 *Fotosyntheserate bei verschiedenen Wellenlängen*

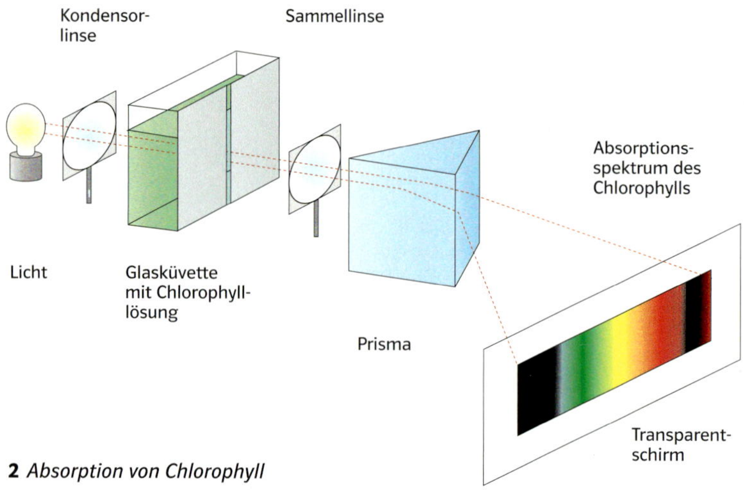

2 *Absorption von Chlorophyll*

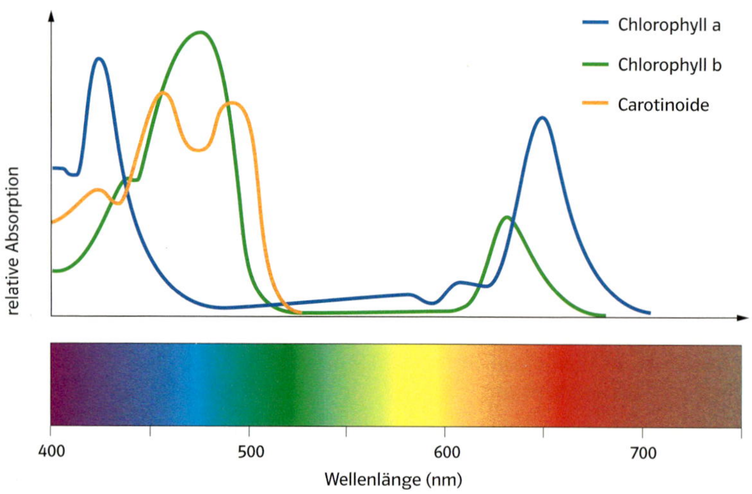

3 *Absorptionsspektren der Blattfarbstoffe*

THEODOR WILHELM ENGELMANN konnte 1882 die für die Fotosynthese notwendigen *Wellenlängen* des Lichtes identifizieren. Er verwendete Sauerstoff liebende Bakterien und einen Algenfaden. Als Beleuchtung benutzte er ein *Spektrum* des sichtbaren Lichts.

ENGELMANN stellte fest, dass sich die Bakterien vorwiegend an den Stellen des Algenfadens sammelten, die mit rotem oder blauem Licht bestrahlt wurden. Hier war offenbar besonders viel Sauerstoff entstanden. Die Alge konnte demnach mit rotem oder blauem Licht besonders gut Fotosynthese treiben, während sich die anderen Spektralfarben weniger gut dafür eigneten (Abb. 1).

Nur rot und blau wird absorbiert

Mit modernen Methoden lässt sich genauer untersuchen, welche Fotosyntheserate die einzelnen Farben des Lichts erzielen, wie wirksam sie also sind. Die so erhaltenen Werte ergeben das *Wirkungsspektrum der Fotosynthese*. Rotes und blaues Licht erweisen sich als besonders wirksam, während grünes Licht wenig wirksam ist, was ENGELMANNS Ergebnisse bestätigten. Aus dem gesamten Spektrum des Lichts werden nur das rote und das blaue Licht von grünen Pflanzen aufgenommen und die Energie für die Fotosynthese ausgenutzt. Diesen Vorgang nennt man *Absorption*. Andere Farben, vor allem das grüne Licht, werden nicht absorbiert (Abb. 2), sondern reflektiert und deshalb von uns als Blattfarbe wahrgenommen.

Fotometrie und Chromatographie

Lichtabsorptionen werden mit einem *Fotometer* gemessen. Es enthält eine Lichtquelle, deren weißes Licht durch ein Prisma in die einzelnen Spektralfarben zerlegt wird. Mithilfe eines Spaltes wird eine Farbe ausgewählt, durch eine Probe des gelösten Stoffes geschickt und die nach Passage der Probe verbliebene Lichtstärke wird dann wie in einem Belichtungsmesser erfasst. Für ein Absorptionsspektrum (Abb. 3) wird auf diese Weise die Absorption über den gesamten Spektralbereich bestimmt. Zur Bestimmung der absorbierenden Farbstoffe trennt man die Bestandteile eines Blattextraktes durch *Chromatographie*

(s. Seite 97) auf. Es zeigen sich die grünen *Chlorophylle a* und *b* sowie einige gelbe *Carotinoide*.

Chlorophyllmoleküle absorbieren Licht
Ein Chlorophyllmolekül besteht aus zwei Bauteilen: Einem *Porphyrinring*, der ein Magnesiumion enthält, und einer *Phytolkette*. Der Porphyrinring ist dabei für die Lichtabsorption verantwortlich. Die Chlorophylle a und b unterscheiden sich hinsichtlich einer am Porphyrinring gebundenen chemischen Gruppe und einer leicht unterschiedlichen Absorption. Alle Chlorophylle absorbieren aber vornehmlich rotes und blaues Licht.

Die Energie des absorbierten Lichtes wird von den Pflanzen bei der Fotosynthese verwertet. Die verschiedenen Spektralfarben ergeben dabei unterschiedliche Fotosyntheseraten, sie sind unterschiedlich gut wirksam *(Wirkungsspektrum)*. Dies liegt vorwiegend daran, dass einige Spektralfarben stark absorbiert werden, andere dagegen (v. a. im grünen Bereich) fast gar nicht. Der Pflanze steht aber nur die Energie der tatsächlich absorbierten Wellenlängen zur Verfügung. [Basiskonzept S. 378]

Welche Farbstoffe aus dem Blattextrakt für die Wirksamkeit verantwortlich sind, ergibt sich daher aus dem Vergleich ihrer Absorption mit dem Wirkungsspektrum. Dies sind vor allem die beiden Chlorophylle. Daneben sind auch die Carotinoide für die Fotosynthese von Bedeutung. Sie dienen als akzessorische Pigmente *(Hilfspigmente)* und geben die aufgefangene Lichtenergie nahezu verlustfrei an die Chlorophyllmoleküle weiter.

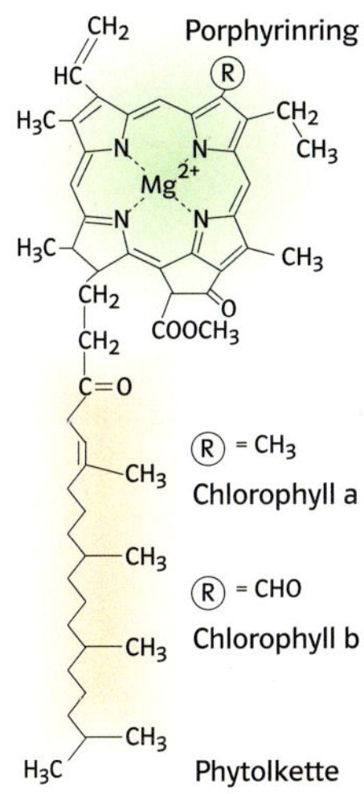

Info-Box: Licht, Energie und Chlorophyll

Licht besteht aus einzelnen Quanten, deren Energie von der Wellenlänge abhängig ist: Blaues Licht ist energiereicher als rotes Licht.
Nach der Planck'schen Formel
$E = h \cdot f = h \cdot c/\lambda$
erhält man als Energieformel für 1 mol Lichtquanten:
$E = 1/\lambda \cdot 1{,}196 \cdot 105$ (kJ/mol) · nm (λ in nm angegeben)

A1 Berechnen Sie den Energiegehalt von Licht bei λ = 430 nm und λ = 700 nm.

In Molekülen befinden sich die Elektronen wie in Atomen auf verschiedenen Energieniveaus. Durch Absorption eines Lichtquants gelangt ein Elektron vom Grundzustand auf ein höheres Energieniveau (angeregter Zustand). Die Energie des absorbierten Lichtes entspricht genau der Differenz der beiden Energieniveaus (Grundzustand und angeregter Zustand). Daher können nur bestimmte Wellenlängen absorbiert werden. Bei der Rückkehr in den Grundzustand strahlt das Elektron die absorbierte Energie wieder ab *(Fluoreszenz)*.

Die Chlorophylle absorbieren rotes und blaues Licht. Es existieren also zwei angeregte Zustände. Blaues Licht ist energiereicher als rotes. Der durch diese Lichtabsorption erreichte angeregte Zustand befindet sich daher auf einem höheren Energieniveau. Bei der Rückkehr in den Grundzustand kann das Elektron jedoch erst auf das Niveau der roten Absorption gelangen und von dort in den Grundzustand zurückkehren. Eine Chlorophylllösung zeigt daher bei Belichtung mit blauem Licht eine rote Fluoreszenz.

Die Energiedifferenz zwischen dem angeregten Zustand aus der Absorption von blauem und rotem Licht ist nur gering und entspricht der Emission von unsichtbarem Infrarotlicht bzw. Wärmestrahlung.

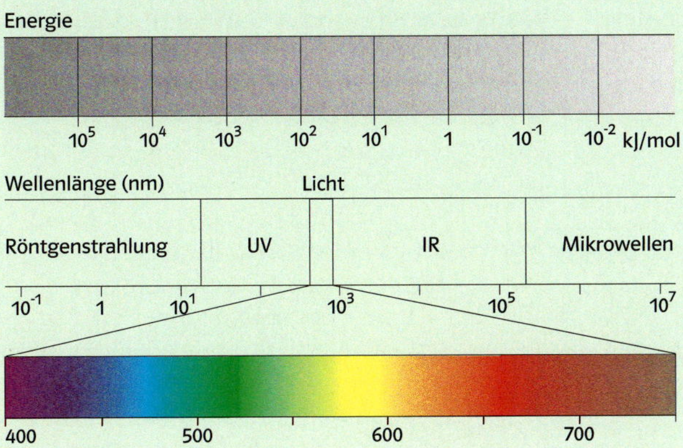

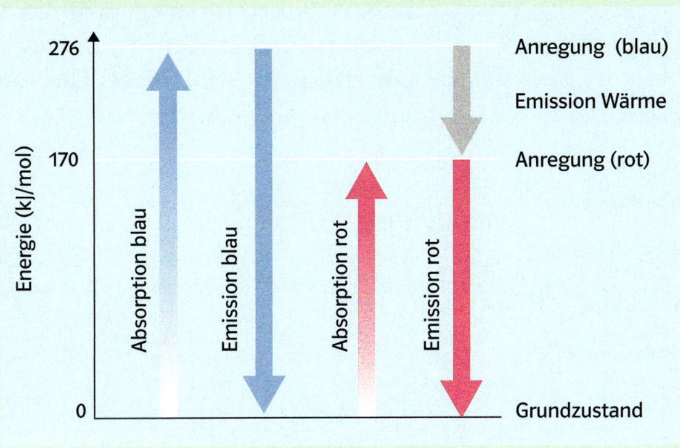

Zweigeteilte Fotosynthese

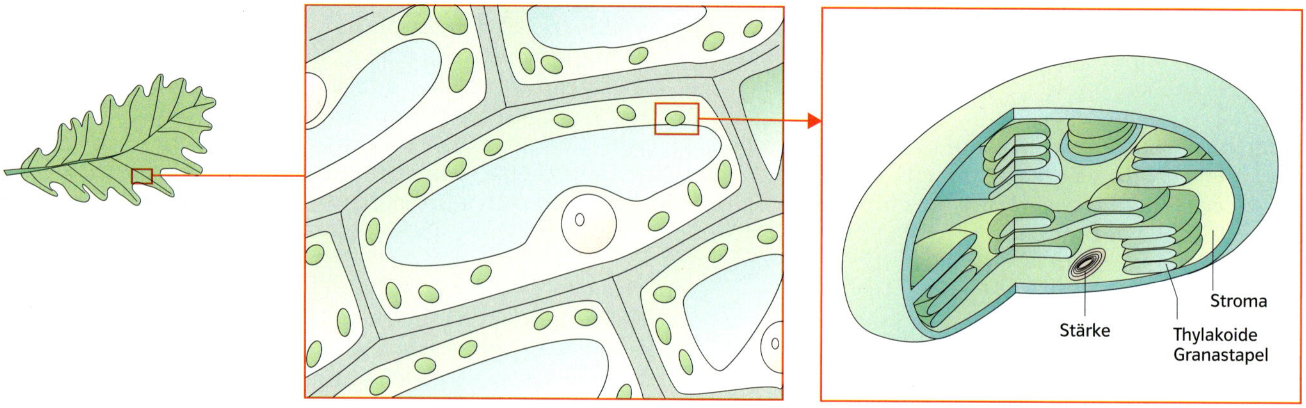

Das Palisadengewebe ist der Hauptort der Fotosynthese. Seine Zellen enthalten die meisten Chloroplasten mit dem für die Fotosynthese notwendigen Chlorophyll. Erst vor wenigen Jahrzehnten konnte DANIEL ARNON völlig intakte Chloroplasten isolieren und zeigen, dass sämtliche Reaktionen der Fotosynthese in den Chloroplasten ablaufen. Sie besitzen zwei Hüllmembranen. Im Inneren befindet sich das Plasma der Chloroplasten, das Stroma, in das die *Thylakoide* als inneres Membransystem eingebettet sind. In den Thylakoidmembranen befinden sich auch die Chlorophylle. An einigen Stellen bilden sie Stapel, die *Granastapel*.

Zweigeteilte Fotosynthese

ROBERT HILL entdeckte 1939 bei seinen Versuchen mit isolierten Thylakoidsystemen, dass diese bei Belichtung Sauerstoff entwickeln und dabei Eisen-III-Verbindungen reduzieren. Diese Reaktion, auch *Hill-Reaktion* genannt, benötigt aber kein CO_2 und es wird kein Kohlenhydrat gebildet. Die Eisenverbindung stellt hier einen künstlichen Elektronenakzeptor dar, normalerweise ist dies in der Pflanzenzelle $NADP^+$. Die Hill-Reaktion zeigte: Das entstehende O_2 stammt aus dem Wasser und nicht aus dem CO_2. Dies wurde später mithilfe eines Sauerstoffisotops (^{18}O) belegt. Bietet man zur Fotosynthese Wasser, das ^{18}O gebunden enthält, so besteht das entstehende O_2 ausschließlich aus ^{18}O-Atomen. Das Reaktionsschema der Fotosynthese muss folglich lauten:

$$12\ H_2{}^{18}O + 6\ CO_2 \rightarrow C_6H_{12}O_6 + 6\ {}^{18}O_2 + 6\ H_2O$$

Die Bildung von Sauerstoff stellt damit eine *lichtabhängige Reaktion* dar.

Ein zweiter Prozess ist die Synthese von Kohlenhydraten aus CO_2. ARNON konnte nachweisen, dass sie kein Licht benötigt; sie wird daher *lichtunabhängige Reaktion* genannt. Er konnte die beiden Teilreaktionen auch räumlich zuordnen: Die lichtabhängige Reaktion ist an die Thylakoidmembran gebunden, während die lichtunabhängige Reaktion im Stroma stattfindet. Beide Prozesse sind im Gesamtablauf der Fotosynthese miteinander verbunden: Die lichtabhängige Reaktion produziert ATP und NADPH + H^+, die in der lichtunabhängigen Reaktion zum Aufbau von Kohlenhydraten verwendet werden.

Hill-Reaktion:

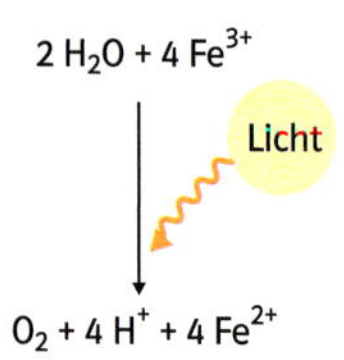

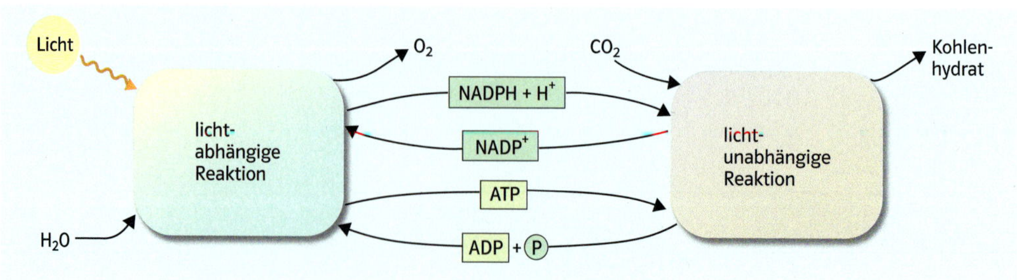

Material
Die Experimente von Trebst, Tsujimoto und Arnon

Die Wissenschaftler der Arbeitsgruppe um DANIEL ARNON wollten herausfinden, welche Substanzen in Chloroplasten mithilfe der Energie des Sonnenlichts gebildet werden und damit die lichtunabhängige Reaktion ermöglichen. Weiterhin wollten sie klären, inwieweit der komplizierte Aufbau der Chloroplasten mit den zwei Hüllmembranen, den Thylakoiden und dem Stroma, für die ablaufende Reaktion von Bedeutung ist. [Basiskonzept S. 374]

Um zu untersuchen, in welchen Teilen der Chloroplasten die beiden Prozesse der Fotosynthese, die lichtabhängige und die lichtunabhängige Reaktion, stattfinden, isolierten sie Thylakoide und Stroma aus den Chloroplasten.

In zwei Versuchsansätzen variierten sie die Beleuchtung der Proben bei gleicher CO_2-Zugabe. In zwei weiteren Ansätzen trennten sie nach der Licht- bzw. Dunkelphase die Thylakoide durch Zentrifugation vom Stroma ab und gaben anschließend CO_2 zum Stroma hinzu.

Als CO_2-Quelle wurde eine Lösung von Natriumhydrogencarbonat ($NaHCO_3$) mit dem Isotop ^{14}C verwendet, dessen radioaktive Strahlung eine direkte Möglichkeit zur Messung bot. Das radioaktive Kohlenstoffatom wurde während des Versuchs in die Fotosyntheseprodukte, wie z. B. Glucose, eingebaut. Nach chemischer Abtrennung der Produkte konnte die eingebaute Menge an radioaktivem Kohlenstoff anhand der Strahlung bestimmt werden.

Im einzelnen wurden die Versuche 1 — 4 mit Stroma und Thylakoiden durchgeführt.

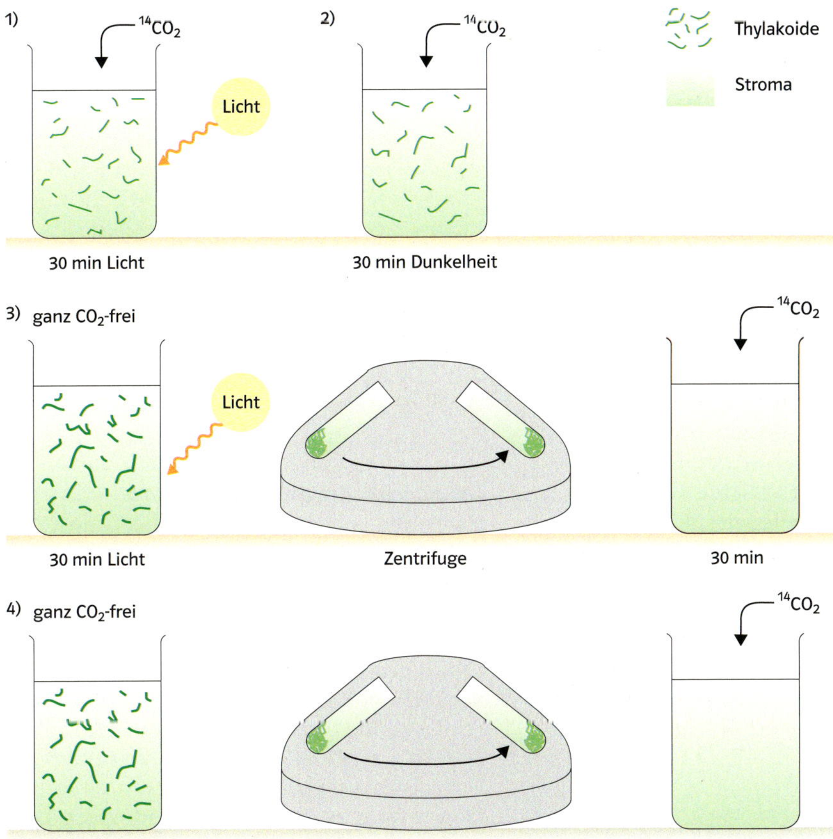

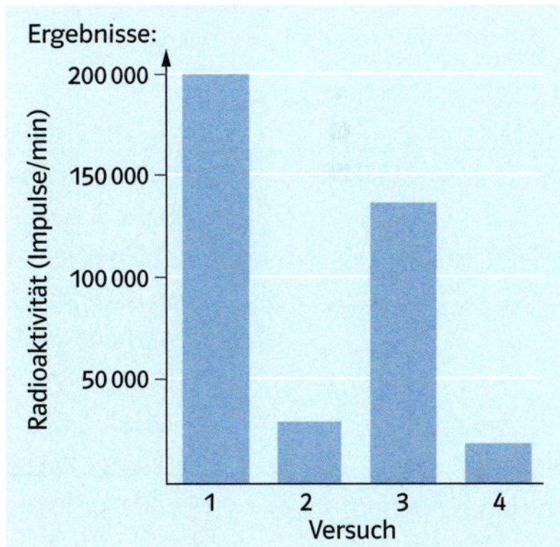

Um den Bedarf an energiereichen Verbindungen bei der Synthese von Glucose zu untersuchen, wurden drei weitere Versuche (A, B und C) mit isoliertem Stroma durchgeführt. (Die Versuchsergebnisse von A, B und C sind lichtunabhängig.)

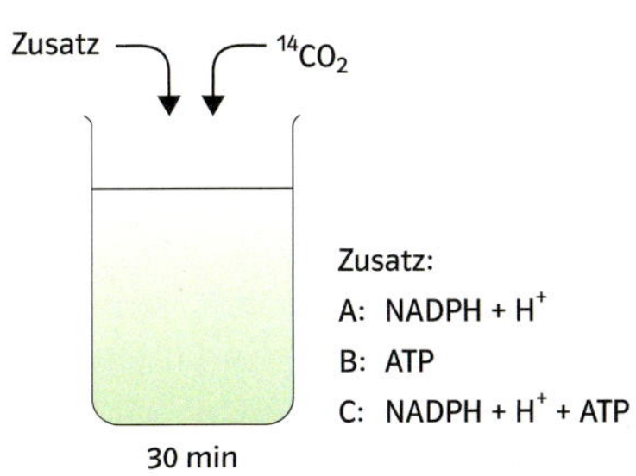

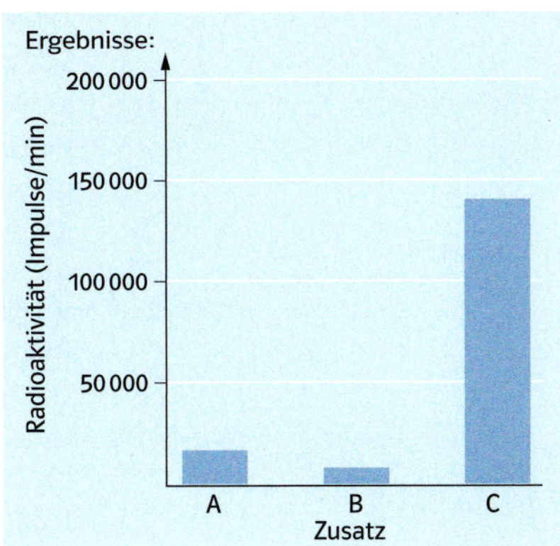

A1 Erklären Sie die Ergebnisse der Experimente.

A2 Belegen Sie mithilfe der Ergebnisse, wo im Chloroplasten die lichtabhängige und die lichtunabhängige Reaktion ablaufen.

Die lichtabhängige Reaktion

Auswahl von Stoffen der Redoxkette und ihre Standard-Redox-Potentiale (V)

Elektronenakzeptor	
H_2O/O_2	+0,82 V
Plastochinon (Q)	+0,06 V
Plastocyanin (PC)	+0,35 bis 0,39 V
Cytochrom-bf-Komplex	+0,37 V
Ferredoxin (Fd)	−0,42 V
$NADP^+$	−0,32 V

Die im Licht enthaltene Energie wird in der lichtabhängigen Reaktion der Fotosynthese genutzt.

Zwei Fotosysteme

Bei seinen Untersuchungen der lichtabhängigen Reaktion bei verschiedenen Wellenlängen bemerkte EMERSON ein Phänomen (*„Emerson-Effekt“*): Belichtet man einzellige Algen mit Rotlicht bei 680 nm, so erhält man eine geringe O_2-Produktion. Ein vergleichbarer Effekt zeigt sich bei der Wellenlänge 700 nm. Als EMERSON seine Algen jedoch mit Licht beider Wellenlängen zugleich belichtete, erhielt er eine deutlich höhere O_2-Produktion, als die Summe der Einzelbelichtungen ergab (Abb. 2).

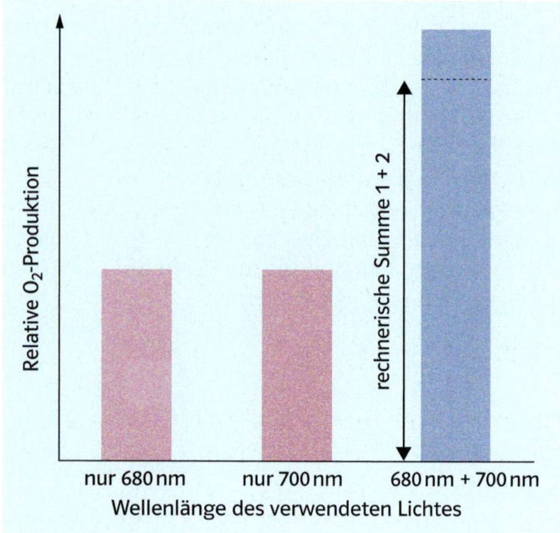

2 *Emerson-Effekt*

Aus EMERSONS Beobachtungen folgerten andere Forscher, dass an der lichtabhängigen Reaktion zwei Fotosysteme beteiligt sein müssen, die gekoppelt sind und einzeln weniger leisten als in Kombination. Das *Fotosystem I* (FS I) besitzt seine größte Wirksamkeit bei 700 nm mit dem Chlorophyll a 700 (P 700) im Reaktionszentrum, für das *Fotosystem II* (FS II) ist dies mit P 680 bei 680 nm gegeben. Beide Fotosysteme sind in der Thylakoidmembran verankert. Sie geben jedoch unterschiedlich leicht Elektronen ab, besitzen also verschiedene *Redoxpotentiale*. Neben den Chlorophyllen sind noch weitere Redoxsysteme beteiligt. [Basiskonzept S. 378]

Fotolyse des Wassers

Zerlegung des Wassers durch Elektronenentzug:

$2\ H_2O \rightarrow 4\ H^+ + 4\ e^- + 4\ O_2$

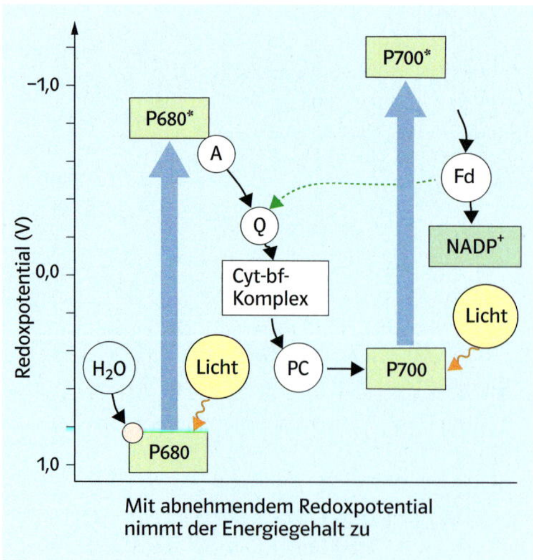

1 *Redoxschema der lichtabhängigen Reaktion*

Die Reaktionsschritte ergeben insgesamt eine Elektronenübertragung vom Sauerstoffatom eines Wassermoleküls auf ein $NADP^+$-Molekül:

$2\ H_2O + 2\ NADP^+ \rightarrow O_2 + 2\ NADPH + 2\ H^+$

Dieser Prozess benötigt stets die Energie des Lichtes. Er ist stark endergonisch.

Genauere Betrachtung

Im ersten Schritt absorbiert das Chlorophyll im Fotosystem II (P 680) Licht (680 nm) und gibt ein Elektron ab, das über Zwischenstufen (Abb. 1) zum *Plastocyanin* (PC) gelangt. Das entstandene P 680* erhält ein Elektron aus einem Wassermolekül *(Fotolyse)*. Auch das Chlorophyll im Fotosystem I (P 700) gibt nach der Absorption (700 nm) ein Elektron ab, das über *Ferredoxin* auf $NADP^+$ übertragen wird. Dieses wird zu NADPH + H^+ reduziert. Das entstandene P700* erhält dann ein Elektron vom Plastocyanin. Im Bereich des Fotosystems I gibt es noch einen zweiten Weg für die Elektronen: Nach der Absorption wird ein Elektron an Ferredoxin (Fd) gegeben. Vom reduzierten Ferredoxin gelangt das Elektron dann über Zwischenstufen zum P700 zurück (Abb. 2). Bei diesem zyklischen Elektronentransport wird kein NADPH + H^+ gebildet. Für die Bildung eines NADPH + H^+ sind (neben zwei H^+-Ionen) zwei Elektronen erforderlich. Jedes dieser Elektronen benötigt ein Lichtquant am P680 und eines am P700. Insgesamt werden vier Lichtquanten für ein NADPH + H^+ benötigt.

Online-Link
045407-0107

Die Gewinnung von ATP

Für die lichtunabhängige Reaktion der Fotosynthese ist ATP erforderlich, das zuvor in der lichtabhängigen Reaktion gebildet wurde. Die zur ATP-Synthese benötigte Energie entstammt ursprünglich dem Sonnenlicht. Sie ist nun in einer Differenz der H^+-Ionenkonzentration enthalten, die zwischen beiden Seiten der Thylakoidmembran mithilfe des Elektronentransportes in der Membran aufgebaut wird. [Basiskonzept S. 374]

Redoxsysteme bewegen H^+-Ionen
Dazu werden Elektronen in der Thylakoidmembran wie durch ein Fließband an mehrere Stoffe weitergegeben. Ihr Transport ist mit dem H^+-Transport vom Stroma in den Thylakoidraum gekoppelt.

Am *Cytochrom-bf-Komplex* werden Elektronen vom Plastochinon (Q) übernommen und weiter auf Plastocyanin (PC) übertragen. Plastochinon ist ein Stoff im Redoxsystem, der nur unter Aufnahme von H^+-Ionen reduziert wird; bei der Oxidation werden die H^+-Ionen wieder abgegeben.

Wegen der räumlichen Anordnung der Enzyme und Moleküle in der Thylakoidmembran erfolgt die H^+-Aufnahme aus dem Stroma (Reduktion des Plastochinons). Die anschließende H^+-Abgabe am Cytochrom-bf-Komplex erfolgt jedoch in den Innenraum der Thylakoide. Dieses System bildet daher eine Pumpe, die H^+-Ionen mithilfe des Elektronentransports aus dem Stroma in die Thylakoide transportiert. Im Stroma sinkt deshalb die H^+-Konzentration, in den Thylakoiden steigt sie. Zusätzlich findet die Oxidation des Sauerstoffs im Wasser im Inneren der Thylakoide statt und setzt dort ebenfalls H^+ frei, während die H^+-Ionen verbrauchende Reduktion von $NADP^+$ an der Thylakoidaußenseite stattfindet. Daneben werden ebenfalls durch den zyklischen Elektronentransport H^+-Ionen in die Thylakoide gepumpt und verstärken die pH-Differenz.

ATP-Synthase bildet ATP
Die pH-Differenz gleicht sich durch Diffusion von H^+ wieder aus. Der Weg auf die andere Seite der Thylakoidmembran führt dabei durch den Enzymkomplex *ATP-Synthase.*

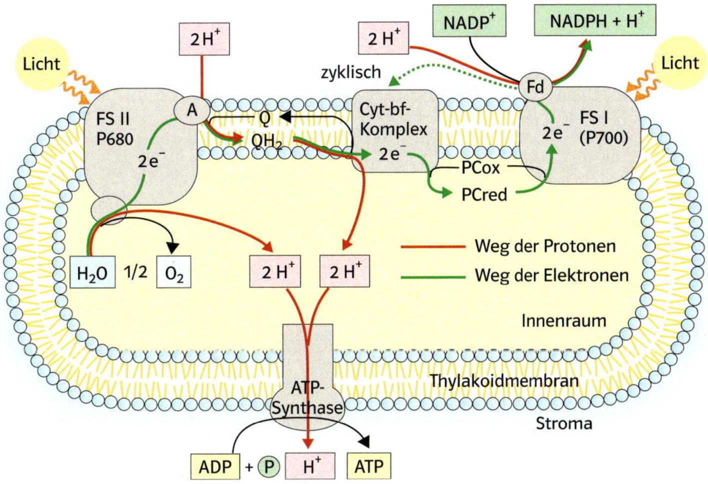

1 *Energiegewinnung im Chloroplasten*

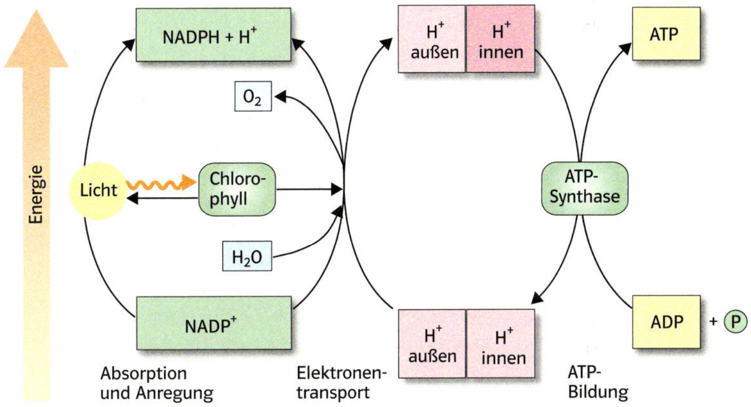

2 *Bilanz der lichtabhängigen Reaktion*

Dieser katalysiert mithilfe der H^+-Ionen die Bildung von ATP aus ADP und Phosphat. So entstehen mit jedem NADPH + H^+ auch ein bis zwei Moleküle ATP.

Energiespeicherung in NADPH + H^+ sowie ATP
Die lichtabhängige Reaktion besteht im Wesentlichen aus zwei endergonischen Teilprozessen: Zum einen entsteht als Elektronenspeicher NADPH + H^+, zum anderen wird ATP gebildet. Die hierfür notwendige Energie liefert das Sonnenlicht.

A1 Vergleichen Sie die ATP-Gewinnung hier mit der ATP-Entstehung bei der Endoxidation (s. Seite 86).

$$QH_2 \xrightarrow{ox} Q + 2e^- + 2H^+$$

$$2\,PC(Cu^{2+})_{ox} + 2e^- \xrightarrow{red} 2\,PC(Cu^+)_{red}$$

Summe beider Reaktionen

$$QH_2 + 2\,PC_{ox} \xrightarrow{Redox} Q + 2\,PC_{red} + 2H^+$$

Die lichtunabhängige Reaktion

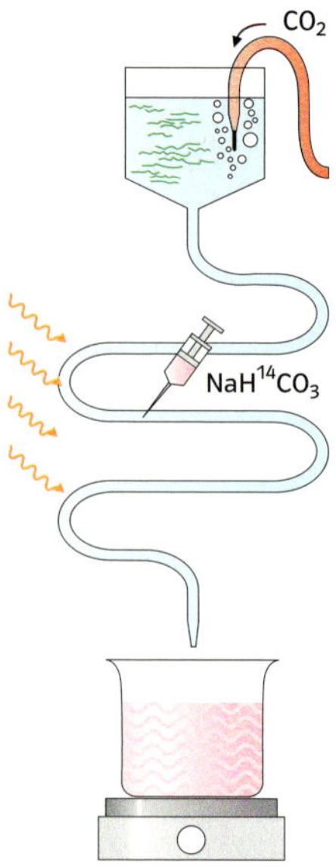

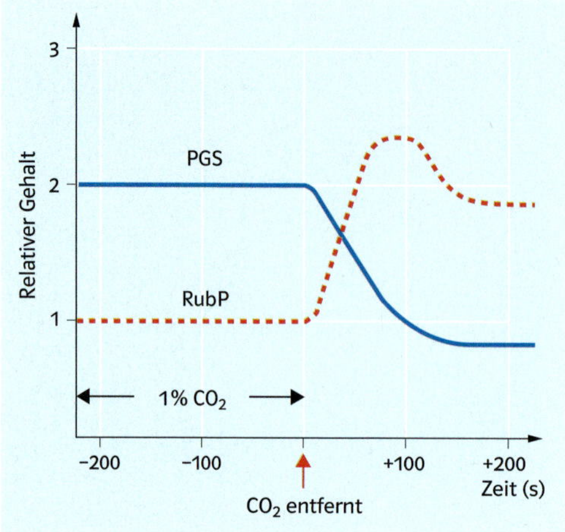

1 *Ermittlung des CO_2-Akzeptors*

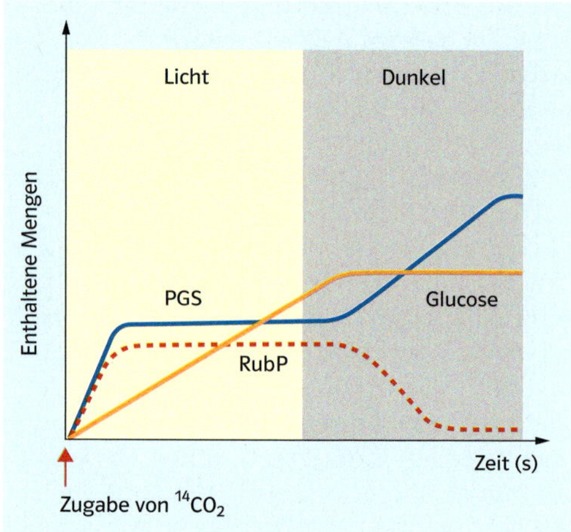

2 *Abbruch der PGS-Reduktion*

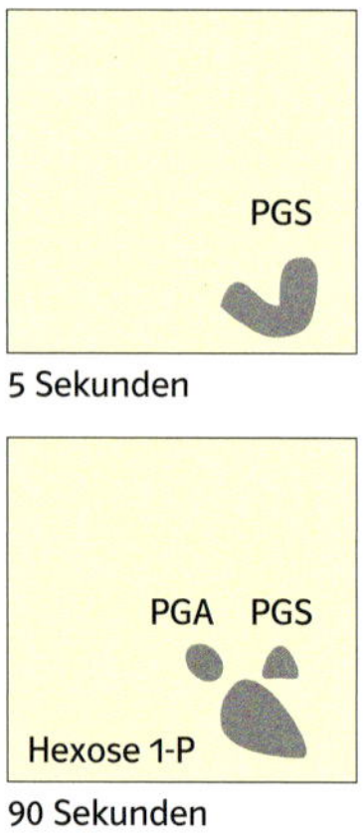

Autoradiogramme

Autoradiographie
Radioaktive Strahlung schwärzt Filmmaterial. Radioaktive Substanzen kann man dadurch sichtbar machen. Man trennt z. B. ein Gemisch aus ^{14}C-markierten Stoffen mit der Chromatographie auf und legt Filmmaterial auf das fertige Chromatogramm. Nach der Entwicklung zeigen sich die radioaktiven Substanzen durch geschwärzte Stellen.

In der lichtunabhängigen Reaktion wird Glucose aus CO_2 aufgebaut. Zur Aufklärung verwendete CALVIN das radioaktive Isotop des Kohlenstoffs ^{14}C und bot Algen das daraus hergestellte Natriumhydrogencarbonat ($NaH^{14}CO_3$) an. Dieser Stoff kann CO_2 abspalten. Die Fotosyntheseprodukte konnten durch *Chromatographie* und *Autoradiographie* identifiziert werden.

Der CO_2-Akzeptor
Der Abstand zwischen Einstichstelle und Schlauchende bestimmt die den Algen für die Fotosynthese zur Verfügung stehende Zeit, da sie im Alkohol sofort abgetötet werden. Konnten sie fünf Sekunden radioaktives CO_2 aufnehmen, fand man im Autoradiogramm nur ein radioaktives Produkt: *3-Phosphoglycerinsäure* (PGS).

Zur Klärung der Frage, auf welche Weise PGS entstanden war, wurde Algenzellen laufend CO_2 angeboten. Dann wurde das CO_2 entfernt. Die Menge von *Ribulose-1,5-bisphosphat* (RubP), ein Zuckerphosphat mit C_5-Molekülen, nahm zu, während die Menge von PGS weniger wurde (Abb. 1). Daraus kann man schließen, dass RubP nicht mehr so stark verbraucht wurde und nur wenig PGS entstehen konnte. Offenbar hatte RubP mit CO_2 reagiert, wobei PGS entstand. Nach Entfernung des CO_2 konnte diese Reaktion nicht mehr ablaufen [Basiskonzept S. 378]:

$$\text{RubP } (C_5) + CO_2\ (C_1) \rightarrow 2\text{ PGS } (C_3)$$

Das Enzym *Ribulose-1,5-bisphosphat-carboxylase-oxygenase (Rubisco)* für die Reaktion von RubP und CO_2 arbeitet sehr langsam. Daher ist in jedem Chloroplast eine hohe Enzymmenge nötig. Rubisco ist das häufigste Enzym in der Natur.

Reduktion einer Phosphoglycerinsäure
Bei einem weiteren Versuch mit den Algen wurde die Belichtung abgestellt. PGS reicherte sich nun an (Abb. 2). Es wurde aus RubP und CO_2 weiterhin gebildet, konnte aber nicht weiter umgesetzt werden. Es zeigte sich, dass an dieser Stelle des Reaktionsweges NADPH + H^+ und ATP aus der lichtabhängigen Reaktion fehlten. Ein Beleg hierfür ist auch, dass Glucose nicht weiter gebildet wurde und dass der CO_2-Akzeptor RubP verbraucht und nicht regeneriert wurde. Normalerweise wird PGS in diesem Schritt der lichtunabhängigen Reaktion durch ATP aktiviert und durch NADPH + H^+ reduziert. Auf diese Weise entsteht das Kohlenhydrat *Phosphoglycerinaldehyd (PGA)*:

$$\begin{aligned}\text{PGS} + \text{NADPH} + H^+ &\rightarrow \text{PGA} + \text{NADP}^+\\ \text{ATP} &\rightarrow \text{ADP} + \text{Ⓟ}\end{aligned}$$

Aus dem anfänglich vorhandenen RubP und CO_2 sind damit insgesamt zwei Kohlenhydrate entstanden. Diesen Ablauf bestätigt auch das Autoradiogramm: Nach einer Verweildauer von 90 Sekunden im Schlauch zeigten sich PGA und auch schon ein C_6-Zucker mit Phosphatgruppe.

Der Calvinzyklus

Die durch CO_2-Fixierung und Reduktion gebildeten Moleküle des *Phosphoglycerinaldehyds (PGA)* werden auf unterschiedliche Weise weiter verwertet:

Einerseits werden zwei Moleküle PGA über verschiedene Zwischenstufen, wie z. B. Fructosephosphatmoleküle, zu einem Molekül Glucose (C_6) verbunden: Aus zwei Molekülen C_3-Zucker wird damit ein Molekül C_6-Zucker gebildet. Auf diese Weise entsteht das bekannte Endprodukt der Fotosynthese: die Glucose ($C_6H_{12}O_6$).

Andererseits werden RubP-Moleküle aus anderen PGA-Molekülen regeneriert. Sie stehen dann für die weitere CO_2-Fixierung zur Verfügung. Die hierbei ablaufenden Stoffwechselschritte sind inzwischen aufgeklärt. In der Bilanz ergibt sich folgender Ablauf:

Zur Neusynthese eines Glucosemoleküls sind 6 CO_2-Moleküle erforderlich. Aus 6 RubP-Molekülen und 6 CO_2-Molekülen entstehen durch Fixierung und Reduktion 12 PGA-Moleküle, von denen zwei zur Bildung eines Moleküls Glucose dienen. Die verbleibenden 10 PGA-Moleküle enthalten als C_3-Körper insgesamt 30 C-Atome. Daraus werden in mehreren Schritten 6 RubP-Moleküle (C_5-Körper) zurückgebildet, die ebenfalls 30 C-Atome beinhalten. Dabei werden 6 ATP-Moleküle verbraucht. [Basiskonzept S. 378]

Alle lichtunabhängigen Reaktionen ergeben damit einen Kreislauf, der nach seinem Entdecker *Calvinzyklus* (oder auch Calvin-Benson-Zyklus) genannt wird. Für die entscheidenden Arbeiten anfang der 50er-Jahre erhielt Melvin Calvin im Jahre 1961 den Nobelpreis für Chemie.

A1 Die Rückgewinnung der 6 RubP-Moleküle erfolgt im Wesentlichen mithilfe von zwei Enzymen: Die *Aldolase* verbindet zwei kleine Zuckermoleküle zu einem größeren. Die *Transketolase* überträgt ein C_2-Stück eines Zuckermoleküls auf ein anderes. Die dabei entstehenden Zwischenprodukte sind aber nicht kürzer als C_3 und nicht länger als C_7. Ermitteln Sie die notwendigen Schritte zur Rückgewinnung der 6 RubP-Moleküle. Verwenden Sie dabei vereinfachend nur C-Körper und vernachlässigen Sie die angebundenen Phosphatgruppen.

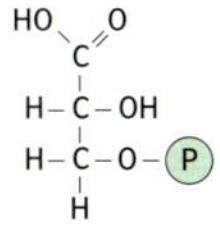

Phosphoglycerinsäure (PGS)

Ribulosebisphosphat (RubP)

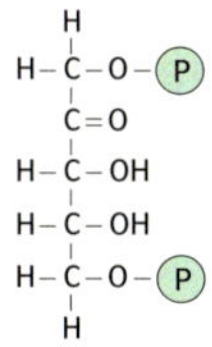

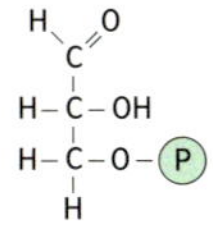

Phosphoglycerinaldehyd (PGA)

1 *Melvin Calvin*

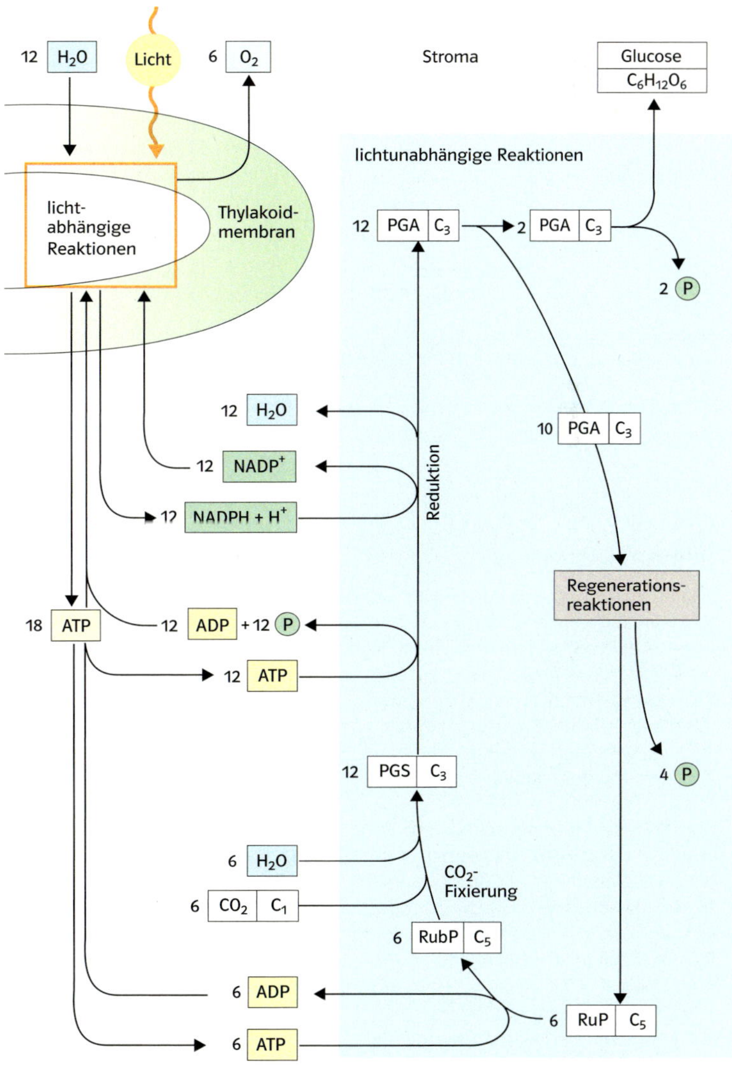

2 *Calvinzyklus*

Material
Mais — ein Sonnenspezialist

Mais wurde bereits von den Inkas, Mayas und Azteken angebaut. Seine heutigen Zuchtformen haben von allen Getreidesorten den höchsten Kornertrag und die größte Blattmassenproduktion. Durch diese Eigenschaften ist er zur wichtigsten Nutzpflanze Amerikas geworden. Obwohl die Abstammung des Mais noch nicht völlig geklärt ist, steht sein Ursprungsgebiet fest: Eine heiße Region Mexikos mit hoher Lichteinstrahlung und Wasserknappheit. Vermutlich brachte Kolumbus den Mais nach Europa. Heute baut man ihn weltweit an. In Deutschland reift der Mais nur selten aus, deshalb nutzen die Bauern ihn als Grünfutter oder Silage.

Besonderheiten im Blattaufbau waren den Wissenschaftlern schon früh aufgefallen. Um die Leitbündel befinden sich kranzförmige große, plastidenreiche Bündelscheidenzellen. Sie enthalten viel Assimilationsstärke. Dies wurde aber erst durch die physiologischen Befunde von HATCH und SLACK verständlich. Sie fanden in den 1960er-Jahren, dass Mais neben den Substanzen des Calvinzyklus größere Mengen an Äpfelsäure und Oxalessigsäure enthält. Deren Grundstruktur besteht aus 4 C-Atomen. Deshalb bezeichneten sie Pflanzen mit dieser Eigenschaft als *C_4-Pflanzen* und grenzten sie damit von den *C_3-Pflanzen* ab, in denen Phosphoglycerinsäure (3 C-Atome) als erstes Produkt nach der CO_2-Fixierung im Calvinzyklus auftritt.

	Mais (C_4-Pflanze)	**Bohne (C_3-Pflanze)**
apparente Fotosynthese (mg CO_2 cm^{-2} h^{-1})	0,6–1,0	<0,3
Lichtsättigung der apparenten Fotosynthese (W cm^{-2})	0,04 – 0,06	<0,02
Transpiration (µg H_2O cm^{-2} s^{-1})	6,8	18,2

3 *Weitere Messwerte*

Heute weiß man ferner, dass die C_4-Pflanzen neben dem CO_2-Bindungsenzym des Calvinzyklus in den Mesophyllzellen ein weiteres CO_2-Bindungsenzym mit fast 100facher Affinität besitzen. So kann der Wasserverlust durch effektivere CO_2-Aufnahme verringert werden. Der Stoffwechsel ist somit ein Beispiel für das Basiskonzept Variabilität und Angepasstheit (s. Seite 382).

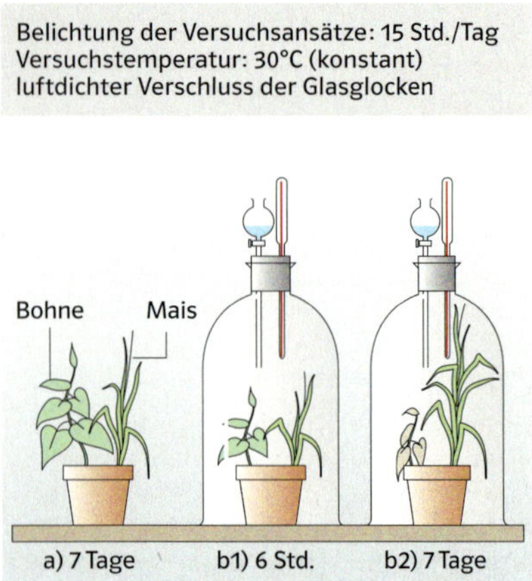

1 *Bohne und Mais im Vergleichsexperiment*

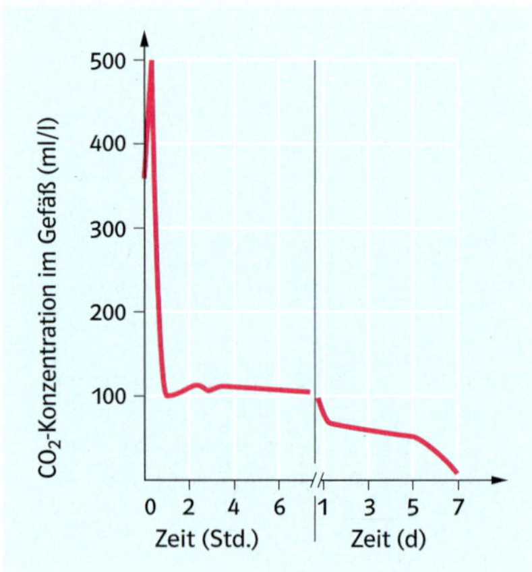

2 *CO_2-Konzentration unter der Glocke*

A1 Formulieren Sie das stoffwechselphysiologische Dilemma, in dem sich Pflanzen heißer, trockener Klimazonen, wie der Mais, befinden. Beschreiben Sie Abbildung 1 und erstellen Sie eine Hypothese zur Deutung des Experimentes.

Info-Box: Lichtatmung

Die Prozesse der mitochondrialen Atmung laufen in pflanzlichen und tierischen Zellen gleich ab. Im Unterschied zu den Tieren wird diese Atmung bei Pflanzen jedoch durch Licht gehemmt. Man bezeichnet sie häufig als *Dunkelatmung* und stellt sie der sogenannten *Lichtatmung* gegenüber.

Der Prozess der Lichtatmung wird dadurch in Gang gesetzt, dass sich an die katalytische Stelle des CO_2-Bindungsenzyms des Calvinzyklus auch Sauerstoff anlagern kann. Folglich konkurrieren Kohlenstoffdioxid und Sauerstoff miteinander. Wird Sauerstoff gebunden, dann wird das entstehende Zwischenprodukt nicht zu einem Zucker, sondern zu einer Aminosäure umgebaut. Dabei wird weiterer Sauerstoff verbraucht und Kohlenstoffdioxid gebildet. Aus diesen Gründen unterscheiden sich die Prozesse der Lichtatmung grundsätzlich von der mitochondrialen Atmung.

Die Raten der CO_2-Abgabe und der Sauerstoffaufnahme steigen mit zunehmender Lichtintensität. Es können bis zu 50 % des durch die Fotosynthese gebundenen CO_2 wieder an die Umgebung abgegeben werden.

Damit bedeutet die Lichtatmung eine erhebliche Einbuße für den Energiehaushalt und wird deshalb häufig als Leck des Calvinzyklus bezeichnet. Eine biologische Bedeutung scheint nach bisherigen Erkenntnissen nicht vorzuliegen.

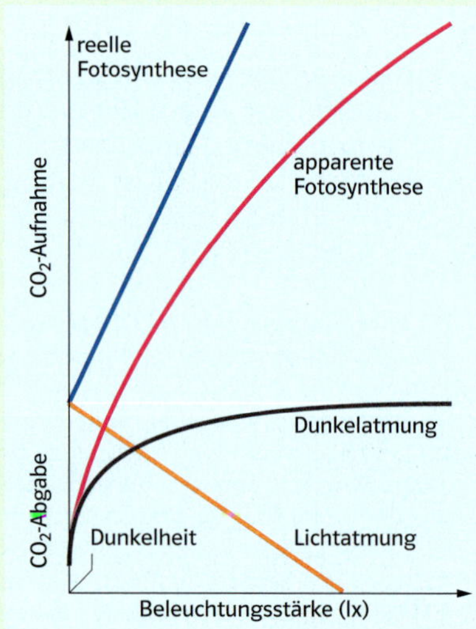

4 *Der Einfluss der Beleuchtungsstärke*

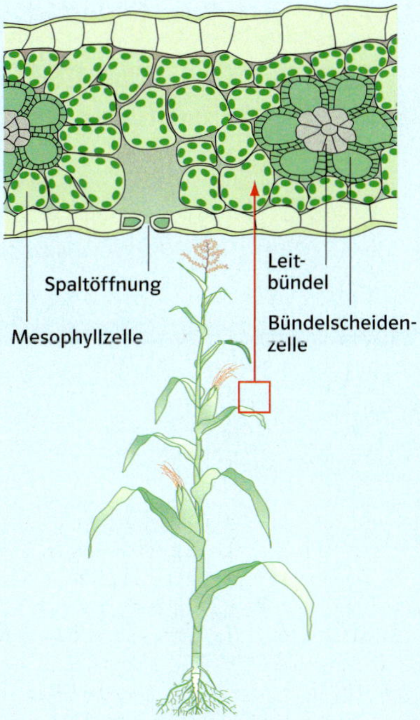

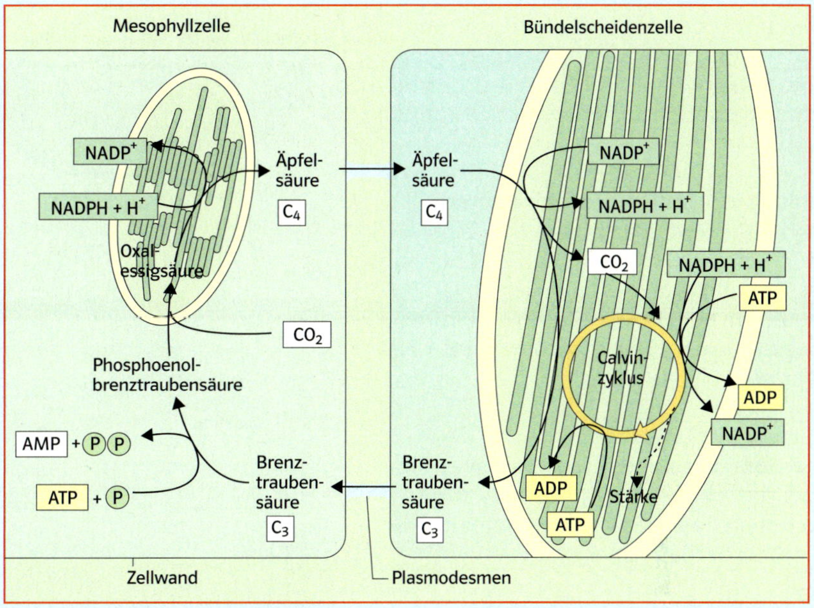

5 *Biochemische Abläufe in C_4-Pflanzen*

A2 Beschreiben Sie den Aufbau eines Maisblattes (Abb. oben links) und vergleichen Sie ihn tabellarisch mit dem eines Bohnenblattes. Dies entspricht weitgehend dem Sonnenblatt einer Buche (s. Seite 101).

A3 Beschreiben und deuten Sie die physiologischen und histologischen Befunde (Abb. oben und Abb. 5). Erläutern Sie auf dieser Grundlage den dort schematisch dargestellten Reaktionsverlauf in den verschiedenen Zelltypen im Maisblatt.

A4 Überprüfen Sie Ihre Hypothese aus Aufgabe 1 und erläutern Sie die Überlegenheit der C_4-Pflanze Mais gegenüber der Bohnenpflanze (s. Seite 110).

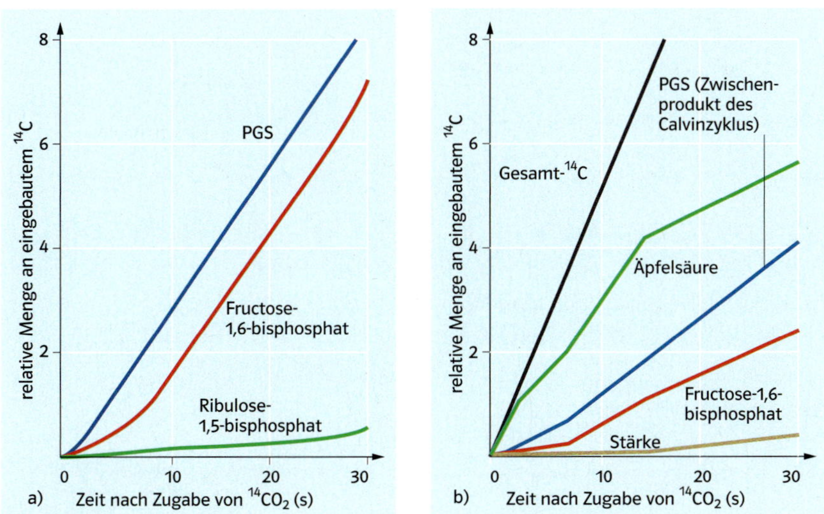

6 *Einbau von radioaktivem Kohlenstoff bei C_3-Pflanzen (a) und C_4-Pflanzen (b)*

CAM-Pflanzen

Neben der Fixierung des CO_2 im C_4-Stoffwechselweg gibt es eine weitere Alternative, dieses Gas zu speichern, den *CAM-Stoffwechsel*. Dabei wird wie bei C_4-Pflanzen das CO_2 ebenfalls in Äpfelsäure gespeichert.

Im Gegensatz zu den C_4-Pflanzen geschieht diese Zwischenspeicherung und der Abruf des CO_2 aber zu verschiedenen Zeiten: Nachts, wenn die Spaltöffnungen problemlos geöffnet sein können, wird CO_2 unter Energieaufwand in Äpfelsäure gespeichert. Am Tag, wenn ein Öffnen der Stomata von Nachteil sein kann, wird das CO_2 unter Rückgewinnung der Energie aus Äpfelsäure wieder freigesetzt und steht der weiteren Verstoffwechselung über den Calvinzyklus zur Verfügung.

Der CAM-Stoffwechsel ist in einer Reihe von Pflanzenfamilien bei solchen Arten zu finden, die in Trockengebieten wachsen. Dazu gehören neben Kakteen z. B. auch Ananas und Fetthenne.

A5 Vergleichen Sie die unterschiedlichen Strategien von CAM-Pflanzen mit denen der C_4-Pflanzen und erläutern Sie die biologische Bedeutung.

Glucoseaufbau und Fotosynthese

Pflanzen können aus den energiearmen anorganischen Molekülen Wasser und Kohlenstoffdioxid energiereiche organische Moleküle wie *Glucose* selbst herstellen. Die Energie dafür liefert das Sonnenlicht.

Bildung von Reduktionsäquivalenten
Durch die Reduktion von Wassermolekülen entstehen Elektronen und H^+-Ionen, die über Redoxsysteme in der Thylakoidmembran schrittweise auf $NADP^+$ übertragen werden. Dabei wird NADPH + H^+ gebildet.

Nutzung der Lichtenergie
Die Übertragung der Elektronen erfolgt energetisch „bergauf". Das in den Fotosystemen absorbierte Licht bietet die dafür erforderliche Energie.

H^+-Ionengefälle und ATP-Synthese
Bei der Elektronenübertragung werden gleichzeitig H^+-Ionen durch die Membran in den Thylakoid-Innenraum des Chloroplasten transportiert. Es entsteht ein Konzentrationsunterschied bei den H^+-Ionen: Innen ist die Konzentration verglichen mit außen deutlich höher. Er wird zur Synthese von ATP genutzt, wenn die H^+-Ionen durch die ATP-Synthase fließen. Etwa 2 bis 3 H^+-Ionen sind zur Bildung von einem ATP nötig.

Fixierung und Reduktion von CO_2
Die Fixierung von CO_2 erfolgt durch Bindung an ein Akzeptormolekül. Unter Reduktion durch NADPH + H^+ sowie Energieübertragung durch ATP entstehen daraus zwei C_3-Körper. Aus mehreren von diesen wird einerseits Glucose gebildet, andererseits wird der CO_2-Akzeptor regeneriert (Calvinzyklus).

Es geht auch ohne Licht
Die Oxidation energiereicher Stoffe wie H_2S, S, NH_4^+, NO_2^- wird von Lebewesen, die besonders an lichtfreie Lebensräume wie die Tiefsee angepasst sind, für die Energiegewinnung genutzt. Die dabei frei werdenden Elektronen und H^+-Ionen werden zum Aufbau von NADH + H^+ und ATP verwendet. Diese werden für den *Calvinzyklus* gebraucht.

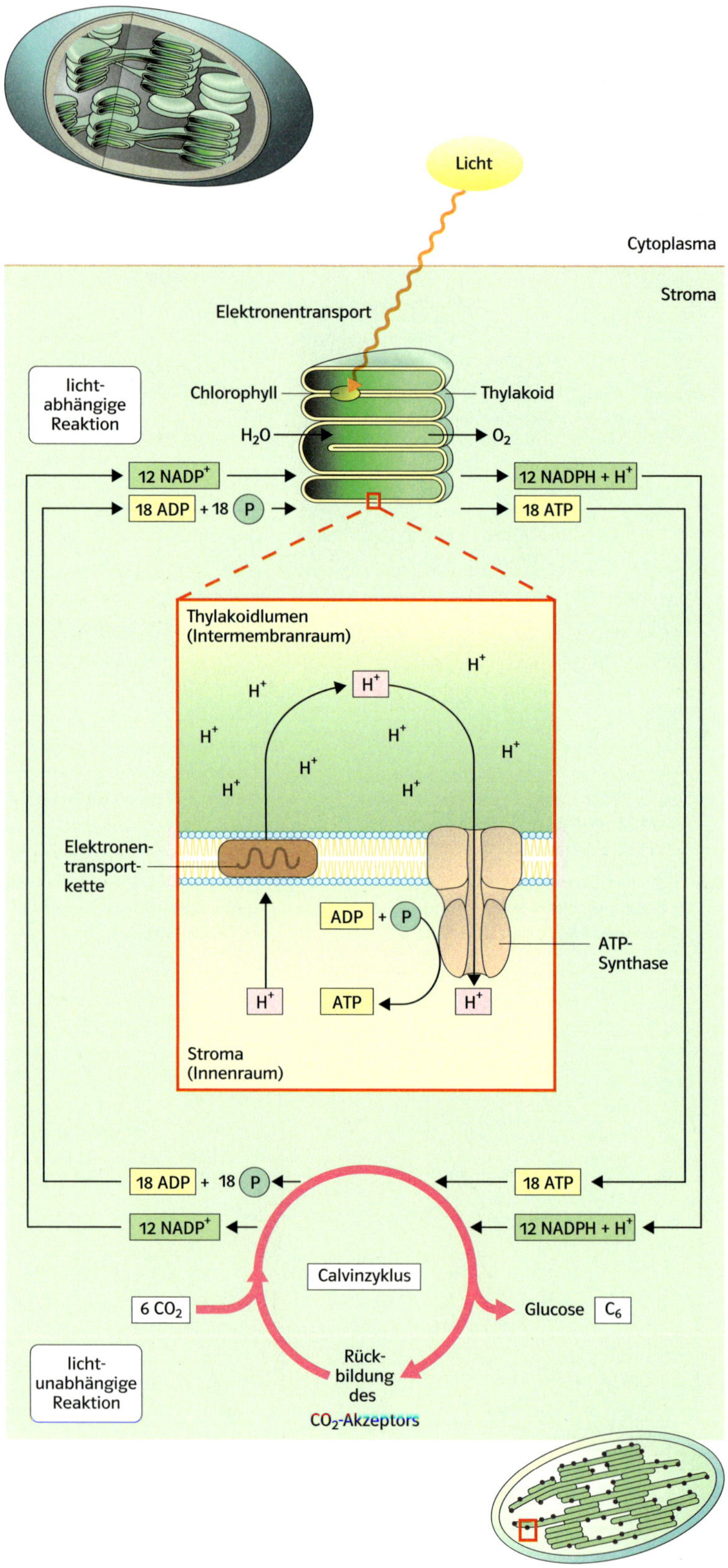

Glucoseabbau und Zellatmung

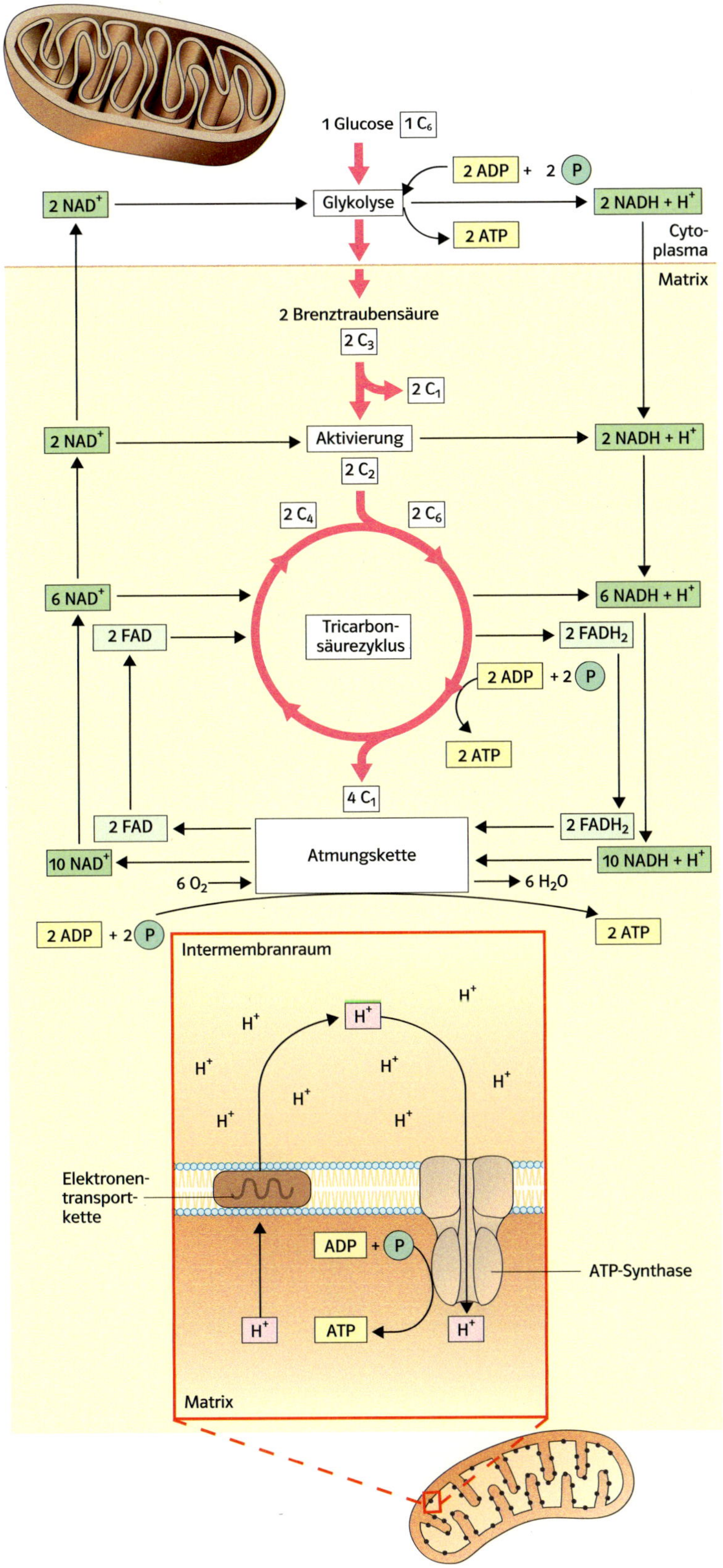

Bei der *Zellatmung* wird Glucose in Anwesenheit von Sauerstoff abgebaut. Die dadurch frei werdende Energie wird zum Aufbau von ATP verwendet.

Glykolyse
Glucose als C_6-Körper wird in mehreren Schritten in 2 C_3-Körper gespalten. Diese *Glykolyse* findet im Cytoplasma statt. Dabei wird die frei werdende Energie in 2 ATP und 2 NADH + H^+ je verbrauchtem Glucosemolekül gespeichert. Für den Fall, dass kein Sauerstoff vorhanden ist, findet nur die Glykolyse statt (als Teil der Gärung). So kann immerhin etwas ATP gewonnen werden.

Zerlegung des Kohlenstoffgerüstes
Die C_3-Körper aus der Glykolyse werden ins Mitochondrium transportiert und in einem Stoffwechselkreislauf verarbeitet. Dabei wird jeweils unter CO_2-Abspaltung ein C_2-Körper gebildet *(Acetyl-CoA)* und an einen C_4-Körper gebunden. Der entstehende C_6-Körper spaltet zweimal CO_2 ab, wobei wieder ein C_4-Körper entsteht. Damit ist der ursprüngliche C_3-Körper vollständig zu CO_2 zerlegt worden (Tricarbonsäurezyklus).

Bildung von Reduktionsäquivalenten
Die Zerlegung des C_3-Körpers erfolgt unter wiederholter Oxidation des Kohlenstoffs bei gleichzeitiger Reduktion von NAD^+ zu NADH + H^+ bzw. von FAD zu $FADH_2$.

H^+-Ionengefälle und ATP-Synthese
NADH + H^+ und $FADH_2$ dienen als Elektronendonatoren. Ihre Elektronen werden über Redoxsysteme in der inneren Mitochondrienmembran auf den finalen Akzeptor Sauerstoff übertragen, wobei H_2O, NAD^+ und FAD entstehen. Die bei diesem Vorgang freigesetzte Energie führt zur Verschiebung von H^+-Ionen aus dem Mitochondrium in den Intermembranraum, sodass ihre Konzentration dort höher ist als innen.

In dem Konzentrationsunterschied steckt Energie. Dieser wird zur ATP-Synthese genutzt, wenn die H^+-Ionen durch die ATP-Synthase fließen. Etwa 2 bis 3 H^+-Ionen sind zur Bildung von einem ATP nötig.

Übungen
Stoffwechsel

Kurzgefasst
Alle Lebewesen benötigen zur Aufrechterhaltung ihrer Lebensvorgänge energiereiche Stoffe. Pflanzen stellen diese selbst unter Verwendung der Lichtenergie in einem *Fotosynthese* genannten Prozess her. Er findet in den Chloroplasten statt. Dabei ist die Fotosynthese zweigeteilt: In einem ersten Schritt werden die energiereichen Stoffe ATP und NADPH + H^+ hergestellt: dazu ist blaues oder rotes Licht notwendig. In einem zweiten, lichtunabhängigen Schritt werden diese energiereichen Stoffe verwendet, um aus CO_2 und körpereigenen organischen Molekülen in dem *Calvinzyklus* genannten Kreislauf Glucose herzustellen. Manche Experten unter den Pflanzen (C_4-Pflanzen und CAM-Pflanzen) sind dabei besonders an die in ihrer Umgebung herrschenden heißen, trockenen und lichtintensiven Bedingungen angepasst.

Einige Bakterien stellen ebenfalls eigene Nährstoffe her. Sie benötigen dazu aber kein Licht, sondern andere ebenfalls energiereiche Verbindungen des Schwefels oder Stickstoffs.

Beim Vorgang der *Zellatmung* wird nun diese in Glucose und in anderen energiereichen Stoffen gespeicherte Energie mithilfe von O_2 wieder nutzbar gemacht. Dabei wird in der Glykolyse im Zellplasma und anschließend im Tricarbonsäurezyklus im Mitochondrium Glucose nach und nach oxidiert, sodass neben CO_2 die energiereichen Stoffe ATP und NADH + H^+ entstehen. In der Endoxidation wird nun schrittweise die im NADH + H^+ enthaltene Energie über membrangebundene Redoxsysteme geleitet, sodass im Mitochondrium ein pH-Gradient aufgebaut wird. Dieser kann anschließend zur ATP-Synthese genutzt werden. Auch ohne O_2 kann ATP mithilfe der *Gärung* gewonnen werden, die Ausbeute fällt allerdings viel geringer aus.

Das gebildete ATP wird für alle Lebensvorgänge benötigt. Die durch ATP mögliche Muskelbewegung liefert zusätzlich viel Wärmeenergie, die hilft, bei homoiothermen Tieren die Körpertemperatur konstant zu halten. Da die zu einem Zeitpunkt benötigte Energie abhängig ist vom Ausmaß der Aktivität, muss die Menge an benötigtem O_2 gemessen und über das Ausmaß der Atembewegung reguliert werden. O_2 bindet dann im Blut an Hämoglobin, mit dem es durch den Blutfluss im gesamten Körper verteilt wird.

1 Fotosynthese

C_3-Pflanzen wie die Bohne verstoffwechseln CO_2 im Calvinzyklus über Phosphoglycerinsäure, während im Stoffwechsel von C_4-Pflanzen (z. B. Mais) auch Oxalessigsäure und Äpfelsäure eine herausragende Rolle spielen. C_4-Pflanzen sind durch die Besonderheiten ihres Stoffwechsels an heiße, trockene und lichtintensive Standorte besser angepasst.

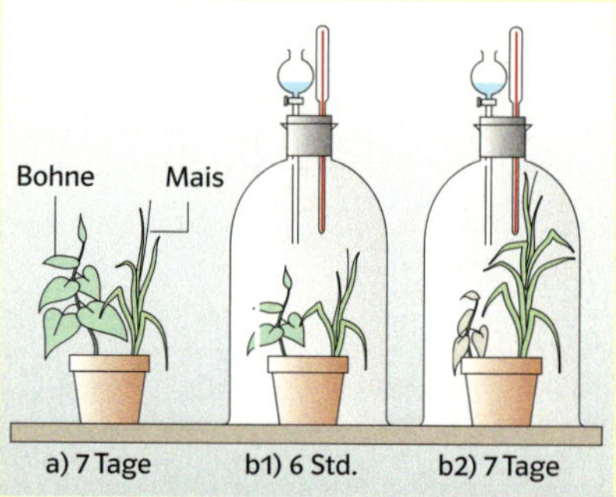

1 *Bohne und Mais im Vergleichsexperiment*

A1 Erklären Sie das Versuchsergebnis.

2 Basiskonzept Struktur und Funktion

Viele Tiere gruppieren sich im Winter zu größeren Herden. Bei denen in der Antarktis lebenden Pinguinen verweilt ein Tier eine gewisse Zeit in der Mitte, um sich dann nach außen zu drängen. Die zunächst außen stehenden Vögel gelangen so nach und nach in die Mitte.

2 *Kaiserpinguine in der Antarktis*

A2 Erklären Sie dieses Verhalten, indem Sie Bezug auf das Basiskonzept Struktur und Funktion nehmen.

3 Hämoglobin

Hämoglobin ist das O_2-transportierende Molekül im Körper. Bei hohem O_2-Partialdruck nimmt es diesen aus der Lunge auf und gibt ihn bei geringem O_2-Partialdruck im Gewebe wieder ab.

Das Hämoglobin des Fetus *(fetales Hämoglobin)* im Mutterleib hat eine etwas andere Struktur als das der Erwachsenen. Der mütterliche Kreislauf übernimmt die Versorgung des Fetus über die Plazenta.

A3 Erläutern Sie die biologische Bedeutung, dass fetales Hämoglobin eine andere Struktur besitzt als das der Erwachsenen.

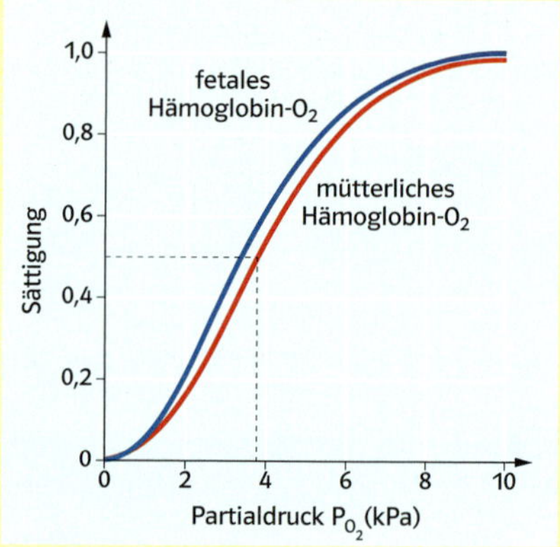

3 *Sauerstoffbindungskurven*

4 Gärung

Viele Organismen, die in O_2-freier oder -armer Umgebung leben, können ATP gewinnen, indem sie energiereiche Stoffe vergären.

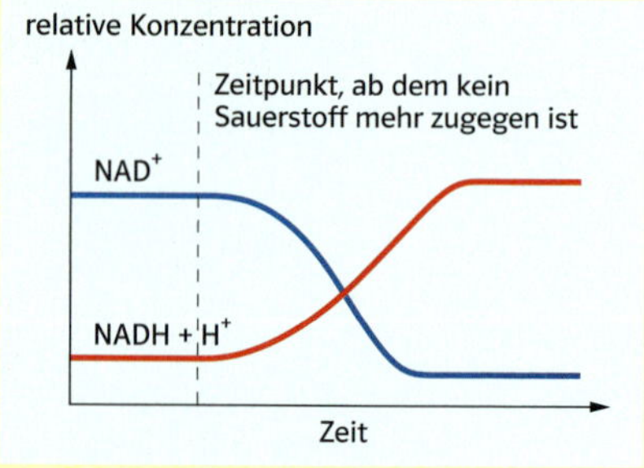

4 *Messergebnisse zur Gärung*

A4 Erklären Sie das experimentelle Ergebnis und gehen Sie auf die Bedeutung der Gärung ein.

5 *Hainbuche*

6 *Heidekraut*

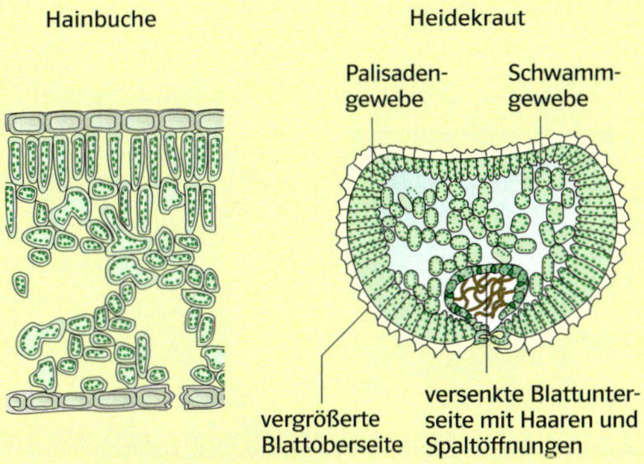

7 *Laubblätter im Vergleich*

5 ATP-Synthese

An der inneren Chloroplastenmembran entsteht bei der Fotosynthese eine pH-Wertdifferenz. Die in diesem Unterschied steckende Energie wird bei der ATP-Synthese genutzt. In einem Experiment wurde der pH-Wert in den Thylakoiden des Chloroplasten bzw. im Stroma variiert. Anschließend wurde die Menge an ATP gemessen.

A5 Erläutern Sie die in Abb. 8 dargestellten experimentellen Ergebnisse.

pH-Wert in den Thylakoiden	pH-Wert im Stroma			
	6,6	7,2	7,8	8,3
3,8	6	40	105	190
4,8	2	10	40	75
5,2	–	2	18	37

8 *Erhaltene ATP-Mengen (µmol/g Chlorophyll)*

6 Blattaufbau

Der Aufbau des Blattes zeigt eine deutliche Angepasstheit an die Standortbedingungen, unter denen eine Pflanzenart wächst.

A6 Vergleichen Sie den Aufbau eines typischen Laubblatts und eines Blatts des Heidekrautes (Abb. 7).

A7 Erklären Sie den besonderen Aufbau der Blätter des Heidekrautes.

7 Stomata (Spaltöffnungen)

Stomata regeln die Transpiration und den Gasaustausch der Pflanzen. Sie sind daher von großer Bedeutung.

A8 Erläutern Sie die in Abbildung 9 zusammengestellten Informationen und machen Sie deutlich, dass darin das Basiskonzept Variabilität und Angepasstheit zum Ausdruck kommt.

	Wasserknöterich	Feigenkaktus

Standort	Moore und Ufer (nasser Boden und feuchte Luft)	Wüsten und Halbwüsten (trocken)
Spaltöffnungen pro Flächeneinheit	viele	sehr wenige
Besonderheiten	Große dünne Laubblätter mit herausgehobenen Stomata	Dicke, Wasser speichernde Blätter mit dicker Kutikula

9 *Pflanzen unterschiedlicher Standorte im Vergleich*

8 Autotrophe Ernährung trotz Dunkelheit

In der Tiefsee, dort wo die Kontinentalplatten aneinander grenzen, bilden sich sogenannte „heiße Quellen". Hier strömen mit dem heißen Wasser anorganische Verbindungen wie Ammoniak (NH_3) oder Schwefelwasserstoff (H_2S) ins umgebende Meerwasser. Trotz absoluter Dunkelheit findet man hier unterschiedliche Arten (z. B. Röhrenwürmer), die sich autotroph ernähren können.

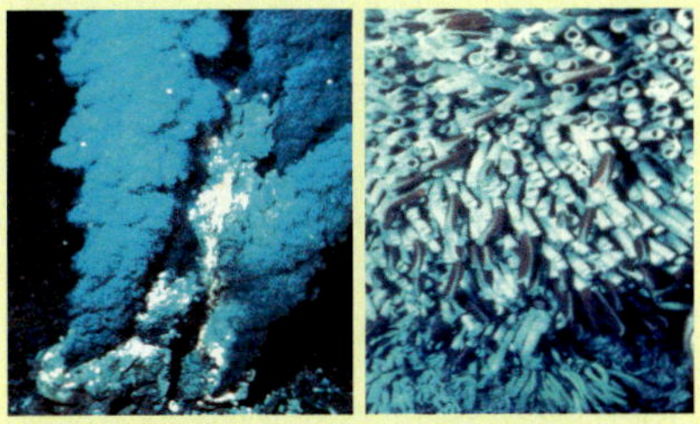

10 *Black Smoker und Röhrenwürmer*

A9 Entwerfen Sie eine Vermutung, wie die Ernährung der Röhrenwürmer trotz absoluter Dunkelheit gelingen kann.

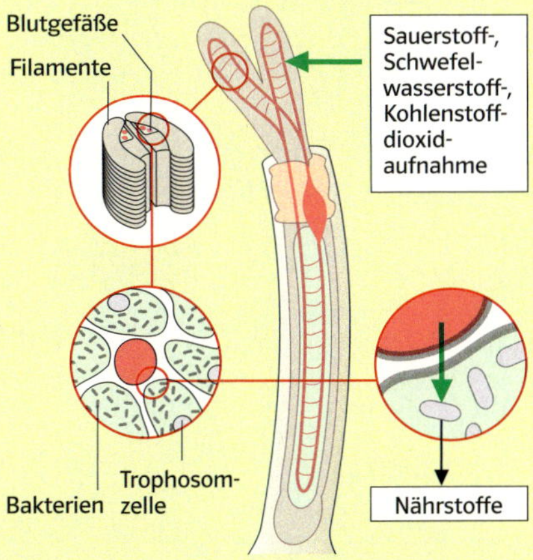

11 *Röhrenwurm mit symbiontischen Bakterien*

3 Ökologie

Es ist für uns eine Selbstverständlichkeit, dass wir den vielfältigen Einflüssen der Umwelt ausgesetzt sind. Aber auch wir üben einen Einfluss auf die Umwelt aus. Aus unserem täglichen Leben ist uns der Begriff des Haushalts vertraut.

Wir haushalten mit Energie, Nahrungsmitteln und vielen anderen Dingen mehr und gestalten so unser Verhältnis zur belebten und unbelebten Umwelt. Dieser wirtschaftlich orientierte Begriff des Haushalts stand Pate bei der Beschreibung einer biologischen Teildisziplin, der Ökologie. Der deutsche Biologe Ernst Haeckel prägte 1866 als erster diesen Begriff und meinte damit die Beziehung eines Organismus zur umgebenden Umwelt. Wie wir Menschen stehen alle Lebewesen in einem Beziehungsgeflecht von Umwelteinflüssen.

Diese Einflüsse können sowohl aus der unbelebten Umwelt stammen als auch durch andere Lebewesen ausgeübt werden. Tatsächlich hat aber auch die Existenz jedes Lebewesens wiederum selbst eine Auswirkung auf die belebte und unbelebte Natur.

In der heutigen Ökologie untersucht man nicht nur die Umweltbeziehungen des Einzelorganismus, sondern auch die von Populationen, Lebensgemeinschaften und Ökosystemen.

Die Ökologie ist damit eine biologische Teildisziplin, die sich sowohl mit Einzelorganismen als auch mit sehr globalen Zusammenhängen beschäftigt.

3.1 Individuum, Lebensgemeinschaft und Umwelt
Abiotische und biotische Selektionsfaktoren

1 *Kakteen sind Trockenpflanzen: der Kandelaberkaktus*

Fitness
Maß für den Erfolg, seine Gene in der Folgegeneration zu verbreiten.

Organismen stehen in vielfältiger Wechselwirkung mit den Umweltfaktoren ihres Lebensraumes. Sie sind an diese angepasst. Ursache dieser Anpassung sind Evolutionsprozesse, bei denen Umweltfaktoren als auslesende Faktoren *(Selektionsfaktoren)* wirken. Diese Faktoren begünstigen die besser angepassten Individuen. Solche Lebewesen können mehr Nachkommen zeugen, also mehr eigene Gene in den Genpool der Folgegeneration einbringen und besitzen daher eine höhere *reproduktive Fitness*. Ihre Eigenschaften werden sich auf längere Sicht in der Population durchsetzen. [Basiskonzept S. 382]

Abiotische Selektionsfaktoren
Die Faktoren der unbelebten Umwelt, z.B. Hitze, Kälte, Licht, Dunkelheit, Trockenheit, Feuchtigkeit, Sturm, Salzgehalt des Wassers, Gifte usw. bestimmen wesentlich die Lebensbedingungen einer Population. Man bezeichnet sie als *abiotische Selektionsfaktoren*. Daran angepasste Organismen weisen Merkmale auf, die ihnen das Leben in ihrer jeweiligen Umwelt gestatten.

Rauchschwalbe

Unter den Vorfahren der Kakteen waren diejenigen in trockenen Lebensräumen begünstigt, die in ihrem Gewebe Wasser speichern konnten. Sie hinterließen besonders viele Nachkommen, unter denen wieder diejenigen mit der besten Wasserspeicherfähigkeit am erfolgreichsten waren. So erschlossen die Pflanzen den konkurrenzarmen Lebensraum „Wüste" und es entstanden die heute bekannten Kakteen, wie z.B. der nordamerikanische Kandelaberkaktus mit seinem flachen Wurzelsystem (Abb. 1).

Biotische Selektionsfaktoren
Organismen unterliegen auch einer Selektion durch andere Organismen. So wirken Konkurrenten, Räuber und Parasiten als *biotische Selektionsfaktoren*:
- Konkurrenten machen sich Ressourcen streitig. Individuen, die neue Ressourcen erschließen, sind im Vorteil.
- Räuber schließen durch ihren Nahrungserwerb Beuteindividuen von der Reproduktion aus. Beutetiere, die sich dem Räuber entziehen können, sind im Vorteil. Umgekehrt erhalten Räuber mit effektiven Fangmethoden mehr Nahrung.
- Parasiten befallen erfolgreicher empfindliche Wirte, während Wirte mit besserer Abwehr Vorteile haben.
- In einer Symbiose können die Partner umso erfolgreicher gemeinsam existieren, je besser sie aufeinander eingestellt sind.
- Sexualpartner suchen innerhalb ihrer Art einen geeigneten Erzeuger ihrer Nachkommen. Bei der Balz wählen meistens die Weibchen einen Partner aus. Männliche Tiere mit großer Attraktivität werden häufiger gewählt und können mehr Nachkommen zeugen als andere [Basiskonzept S. 372]. Männliche Rivalen kämpfen oft um die beste Präsentation. Bei festen Paarungen sind besonders diejenigen Weibchen im Vorteil, die den besten Partner rasch auswählen und ihn lange binden. Merkmale, die bei der Partnerwahl von Bedeutung sind, stellen Faktoren der *sexuellen Selektion* dar.

Biotische Selektionsfaktoren sind meistens wechselseitig wirksam. Sie verändern die reproduktive Fitness der beteiligten Arten und führen so zur *Koevolution*.

A1 Rauchschwalbenmännchen, die weniger Parasiten aufweisen und deren Konstitution demzufolge besser ist, haben längere Schwanzfedern. Sie ziehen mehr Weibchen an als solche mit kurzen Schwanzfedern. Stellen Sie eine Hypothese zur Erklärung der Bevorzugung auf.

Kosten-Nutzen-Bilanz

Die Merkmale von Lebewesen sind das Ergebnis einer Fülle von Selektionsvorgängen. Die vorteilhafte Anpassung an einen Selektionsfaktor kann bezüglich eines anderen nachteilig sein. So entstehen häufig Kompromisse. Insgesamt müssen sie für den Organismus zu einer positiven Kosten-Nutzen-Bilanz führen.

Körpergröße und das Fliegen

Eine einheimische Vogelgruppe, deren Vertreter bei ähnlicher Körperform verschiedene Größen erreichen, sind die *Möwen* (Abb. 1). Größere Möwen erreichen höhere Fluggeschwindigkeiten und können daher entferntere Nahrungsgründe in kürzerer Zeit erreichen und deshalb ökonomischer nutzen.

Die höhere Fluggeschwindigkeit geht mit einer höheren Start- und Landegeschwindigkeit einher. Kleinere Möwen wie die *Lachmöwe* können aus dem Stand hochfliegen, größere Möwen müssen Anlauf nehmen. Da das Starten für den großen Vogel länger dauert, muss er es vorausschauender planen und bei Annäherung eines Feindes früher flüchten. Nur kleine Möwenarten können daher an Brutfelsen nisten. [Basiskonzept S. 382]

Leben in der Gruppe oder allein

Die Lachmöwe tritt in größeren Kolonien auf (Abb. 1). Die Vorteile dieses Zusammenlebens in einer Gruppe sind häufig die effizientere Erschließung von Futterquellen und die erhöhte Wachsamkeit gegenüber Raubfeinden. Dabei sind die Kosten der Wachsamkeit gegenüber der solitären Lebensweise deutlich geringer, da der zeitliche Aufwand jedes einzelnen Tieres abnimmt. Auch die Wahrscheinlichkeit eines erfolgreichen Angriffs durch einen Raubfeind ist in einer Kolonie geringer *(Verdünnungseffekt)*. Weitere Vorteile für das Gruppenleben können in der Verteidigung und in der kooperativen Aufzucht der Jungen liegen.

Doch mit dem Gruppenleben gehen auch Nachteile einher. Diese ergeben sich aus der Konkurrenz um Nahrung und um einen Geschlechtspartner. Ferner steigt mit zunehmender Koloniengröße auch die Anzahl an Parasiten deutlich an. Damit stellt das Zusammenleben in einer Gruppe einen Kompromiss für die Lachmöwe dar.

Für den *Eisvogel* gilt dies nicht. Er jagt vor allem kleinere Fische. Die sogenannte *Stoßtechnik* (plötzliches Herabstoßen von einem Ansitz) ist für das Jagen in einer Gruppe nicht geeignet. Gruppenmitglieder würden sämtliche Fische in der Nähe verscheuchen. Außerdem benötigt er für seine Beutemenge ein festes Revier. Er lebt außerhalb der Brutzeit solitär.

A1 Rotschenkel fressen in Wattgebieten an der Küste am Tage Kleinkrebse, die sie optisch aufspüren. Nachts kann man Rotschenkel in dichten Schwärmen häufig beim Fressen von kleineren Schnecken beobachten, während man am Tag nur stark verstreute, kleinere Gruppen antrifft.
Stellen Sie Hypothesen auf, weshalb der Rotschenkel am Tag und in der Nacht in unterschiedlicher Gruppengröße jagen.

1 *Lach- und Silbermöwe*

2 *Eisvogel*

3 *Rotschenkel*

Angepasstheiten von Lebewesen an ihren Lebensraum

Biozönose
Lebensgemeinschaft aller Lebewesen in einem Biotop

Biotop
Lebensraum, Gesamtheit aller abiotischen Umweltfaktoren

Habitat
von einer einzelnen Art bevorzugter spezifischer Lebensraum

Der Quellbereich eines Baches beherbergt eine ganz andere *Biozönose* als ein Tümpel. Maßgeblich sind sowohl abiotische als auch biotische Einflüsse. Physikalisch-chemische Faktoren wie Temperatur, pH-Wert, Wasserangebot oder Salzgehalt wirken als *abiotische Einflüsse*, Organismen im gleichen Lebensraum *(Biotop)* wie Beute oder Räuber spielen als *biotische Einflüsse* eine ebenso wichtige Rolle.

Lebewesen sind an ihren artspezifischen Lebensraum, das *Habitat*, angepasst, d.h. sie zeigen Merkmale, die ein Überleben unter den dort herrschenden Umweltbedingungen ermöglichen.

1 *Kaiserpinguine in der Antarktis*

Faktor Temperatur
Einen wichtigen Einfluss stellt die *Temperatur* dar. Pinguine können in der Antarktis −60 °C ertragen, während bestimmte Mikroorganismen heiße vulkanische Quellen bis zu 90 °C (Abb. 2), in der Tiefsee sogar bis 120 °C besiedeln. Extreme Temperaturen bringen Probleme mit sich, weil praktisch alle physiologischen Prozesse an enzymatische Reaktionen geknüpft sind. Vor allem die RGT-Regel (s. Seite 122) und die Hitzedenaturierung der Proteine setzen physiologische Grenzen.

Als *physiologische Potenz* oder *ökologische Potenz* wird die Fähigkeit eines Lebewesens bezeichnet, einen Umweltfaktor innerhalb eines Toleranzbereiches zu ertragen, dabei zu gedeihen und sich fortzupflanzen. Konkurrenz oder andere biotische Faktoren werden dabei nicht betrachtet.

Bezüglich des Faktors Temperatur kann man zwei grundlegende Typen von Angepasstheit unterscheiden: *Homoiotherme* (gleichwarme) Organismen (Vögel und Säugetiere) halten als *Regulierer* ihre Körpertemperatur weitgehend unabhängig von den Außenbedingungen immer innerhalb enger Grenzen im physiologisch optimalen Bereich von ca. 36 bis 40 °C. Mit Isolationsstrukturen wie Federn, Fell oder Unterhautfett wird der Wärmeverlust verringert. Über Regelmechanismen kontrollieren Homoiotherme die Körperkerntemperatur. Dazu dienen Veränderungen der Stoffwechselrate und Umverteilung der Blutzirkulation. [Basiskonzept S. 376]

Poikilotherme (wechselwarme) Lebewesen, wie Fische oder Reptilien, halten ihre Körpertemperatur nicht konstant. Wärmeisolationsstrukturen sind selten zu finden. Ihre Körpertemperatur entspricht weitgehend der Umgebungstemperatur. Diese *Konformer* zeigen physiologische Angepasstheiten wie hitzestabile Proteine oder Enzyme, die schon bei niedrigen Temperaturen ihr Optimum erreichen. Poikilotherme Tiere suchen nach Möglichkeit aktiv Bereiche mit lebensfreundlicheren Temperaturen auf.

2 *Bakterien in heißen Quellen*

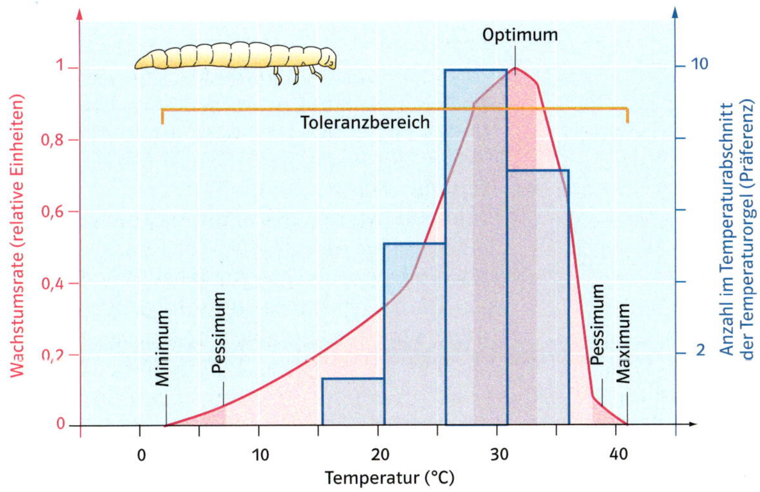

3 *Toleranz und Präferenz beim Mehlwurm bezüglich der Temperatur*

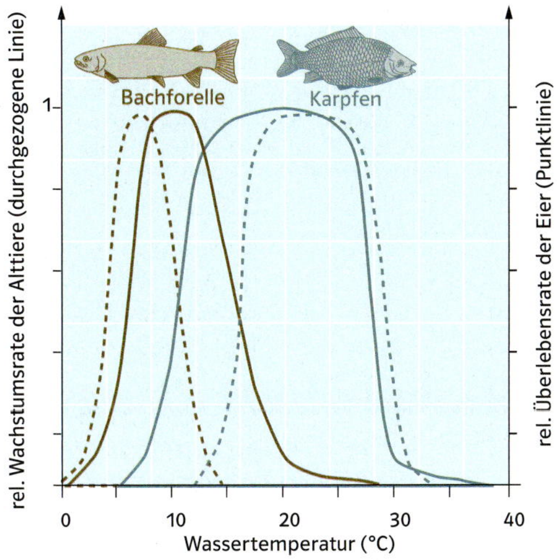

4 *Physiologische Toleranz*

Experimente zur physiologischen Potenz

Bachforellen besiedeln den Oberlauf kalter Gebirgsbäche. Sie laichen im November und Dezember. *Karpfen* dagegen bevorzugen warme stehende oder nur träge fließende Gewässer. Laichzeit ist Mai bis Juni. Derartige artspezifische Ansprüche lassen sich auch experimentell überprüfen: In *Präferenzversuchen* bietet man Individuen einer Art in einer *Temperaturorgel* (s. Seite 149) ein Temperaturgefälle, in dem die Individuen aktiv ihren bevorzugten Platz aufsuchen können (Abb. 3). Bei größeren Tieren wie Fischen ist das in der Praxis allerdings schwierig. Hier arbeitet man eher mit Toleranzversuchen (Abb. 4). Sie sind auch bei Pflanzen möglich: Die Lebewesen werden über längere Zeit einer bestimmten Temperatur ausgesetzt und ihre Lebensfähigkeit *(Vitalität)* wird bestimmt. Als Maß können Wachstumsraten oder Sterbe- bzw. Überlebensraten dienen.

A1 Vergleichen Sie das Vorkommen und die Laichzeiten von Bachforelle und Karpfen mit den Laborergebnissen (Abb. 4).

Die meisten Toleranzkurven sind Glockenkurven mit den Kardinalpunkten Minimum, Maximum und Optimum (Abb. 3). Die Spanne zwischen Minimum und Maximum wird *Toleranzbereich* genannt. Sie ist wichtig, da die Umweltbedingungen (zum Beispiel die Temperatur) in einem Gebiet stark schwanken können. In den Grenzbereichen am Minimum oder Maximum ist in der Regel keine Fortpflanzung mehr möglich *(Pessimumbereich)*. Unter solchen Bedingungen kann eine Population deshalb langfristig nicht überleben. Der *Präferenzbereich* ist zumeist kleiner als der Toleranzbereich.

Aufgrund genetischer Unterschiede können die ökologischen Potenzen einzelner Individuen in einer Population variieren. Daher ist der Toleranzbereich einer ganzen Population größer als der eines einzelnen Individuums. Diese Populationstoleranz ist für die Anpassungsfähigkeit einer Population unter wechselnden Umweltbedingungen von entscheidender Bedeutung. [Basiskonzept S. 382]

Die physiologische Potenz der Bachforelle bezüglich der Temperatur (Überlebensrate der Eier und Wachstum der Alttiere) ist schmaler als die des Karpfens; man spricht von geringer Toleranz oder von *Stenopotenz*. Der Karpfen dagegen zeigt eine vergleichsweise hohe Toleranz; er ist bezüglich der Temperatur *eurypotent*.

Ökologische Potenz

Unter realen Bedingungen wird der Toleranzbereich auch durch die Konkurrenz mit anderen Arten beeinflusst. Man bezeichnet daher die Fähigkeit eines Lebewesens, unter Konkurrenz einen Umweltfaktor zu ertragen, dabei zu gedeihen und sich fortpflanzen als dessen *ökologische Potenz*.

Ökologische Potenz
Reaktionsbreite einer Art gegenüber einem Umweltfaktor (Eigenschaft des Lebewesens)

Toleranzbereich
Umweltbereich, in dem ein Lebewesen existieren kann

Stenopotenz
(gr. *sten* = schmal, lat. *potentia* = Vermögen) geringe Toleranz bezüglich eines Umweltfaktors

Eurypotenz
(gr. *eurus* = breit) hohe Toleranz

Der Einfluss von Sauerstoff auf Tiere

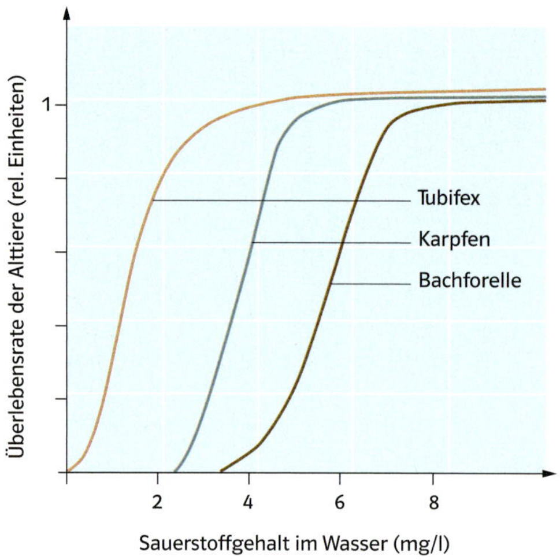

1 *Sauerstoffbedarf*

Sauerstoffgehalt pro Liter bei 20 °C:

Luft (Meereshöhe)
273 mg/l

Luft (5000 m Höhe)
145 mg/l

Süßwasser
0 – 9 mg/l

Meereswasser
0 – 5 mg/l

Die meisten Lebewesen benötigen Sauerstoff zur Energiebereitstellung. Während der Gehalt in der Luft außer in großen Höhen überall annähernd gleich ist, kann er in Gewässern sehr unterschiedlich sein. Deshalb spielt dieser Faktor gerade dort eine wichtige, da begrenzende Rolle. [Basiskonzept S. 378]

Sauerstoffgehalt von Gewässern

Der Sauerstoffgehalt eines Gewässers ist vom Umweltfaktor Temperatur abhängig. In kaltem Wasser löst sich mehr Sauerstoff als in warmem. Da der Sauerstoffbedarf bei wechselwarmen Tieren mit steigender Temperatur zunimmt *(RGT-Regel)*, wirkt die Temperatur in diesem Fall doppelt begrenzend: Bei hohen Temperaturen sinkt das Sauerstoffangebot, gleichzeitig steigt der Bedarf.

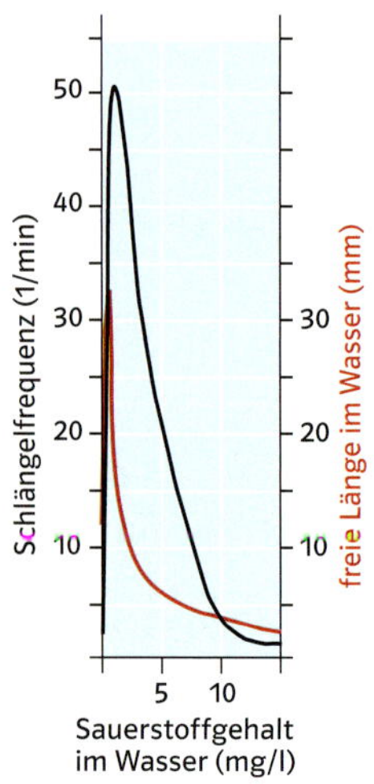

In stehenden Gewässern kann sich der Sauerstoffgehalt des Wassers innerhalb kurzer Distanzen deutlich unterscheiden. So findet sich am Boden stark verschmutzter Gewässer kaum Sauerstoff, da die dort massenhaft lebenden Bakterien den Sauerstoff verbrauchen. Hier können nur Spezialisten wie zum Beispiel der Schlammröhrenwurm *Tubifex* existieren. Dieser Verwandte des Regenwurms ernährt sich dort von den reichlich vorkommenden organischen Stoffen und Bakterien. Wie bei manchen anderen wirbellosen Schmutzwasserbewohnern enthält sein Blut *Hämoglobin* in gelöster Form. Dieser *Hautatmer* zeigt ein auffälliges Verhalten: Je niedriger der Sauerstoffgehalt ist, desto weiter kriecht er aus dem Untergrund und desto mehr schlängelt er (Randspalte). Auf diese Weise wird frisches Wasser an die Haut geführt. Bei sehr niedrigem Sauerstoffgehalt schlängelt Tubifex nicht mehr, der Energiebedarf wird nun durch Gärung gedeckt (s. Seite 81). Damit ist Tubifex an sehr unterschiedliche Sauerstoffgehalte angepasst; er ist *eurypotent*. [Basiskonzept S. 382]

A1 Stellen Sie in einer Tabelle die Anpassungsmechanismen von Tubifex an unterschiedliche Sauerstoffgehalte des Wassers zusammen.

A2 Begründen Sie die hohe Überlebensrate von Tubifex bei geringem Sauerstoffgehalt des Wassers (Abb. 1) mithilfe von Daten aus der Abbildung in der Randspalte.

Angepasstheit bei Homoiothermen

Auch bei an Land lebenden homoiothermen Tieren gibt es entsprechende Angepasstheiten. So findet man im Blut von im Hochland der Anden lebenden *Lamas* einen höheren Hämoglobingehalt als bei verwandten Arten, die in geringerer Höhe leben. Die Sauerstoffaffinität ist ebenfalls erhöht. Vögel, die während des Fliegens sehr viel Energie benötigen, verfügen über ein sehr leistungsfähiges Organsystem zur Atmung. Luftsäcke, die mit der Lunge verbunden sind, ermöglichen eine höhere Sauerstoffaufnahme.

2 *Tubifex*

Material
Leben mit wenig Wasser — die Känguru1ratte

Wasser ist für alle Organismen lebensnotwendig. Alle physiologischen Prozesse wie Stofftransport und biochemische Reaktionen finden in wässriger Lösung statt. Deshalb erfordert gerade das Leben in Regionen mit niedrigem Wasserangebot besondere Angepasstheiten. Die Känguruuratte *Dipodomys merriami* aus Arizona (USA) ist ein Beispiel dafür.

Lebensraum und Verhalten

Dieses 24 cm lange Tier ernährt sich von trockenen, aber fettreichen Samen. Wie viele Wüstenbewohner bewegt es sich springend vorwärts. Diese Fortbewegungsweise ist eine Angepasstheit an offene Lebensräume. Bei vergleichsweise niedrigem Energieaufwand kann es sich sehr schnell fortbewegen und große Strecken zurücklegen. Das ist auch vorteilhaft, da die Nahrung weit verstreut ist. In dichter Bodenvegetation wäre Springen ungünstig.

Die durchschnittliche Feuchtigkeit der Luft im Verbreitungsgebiet der Känguruuratte schwankt zwischen 3 % und 50 % (Durchschnitt: 25 %). Niederschläge sind selten, sodass den größten Teil des Jahres kein Wasser zum Trinken zur Verfügung steht. Tagsüber hält sich die Känguruuratte in bis 1 m tiefen Erdhöhlen auf.

A1 Interpretieren Sie das Diagramm unter Verwendung des Textes.

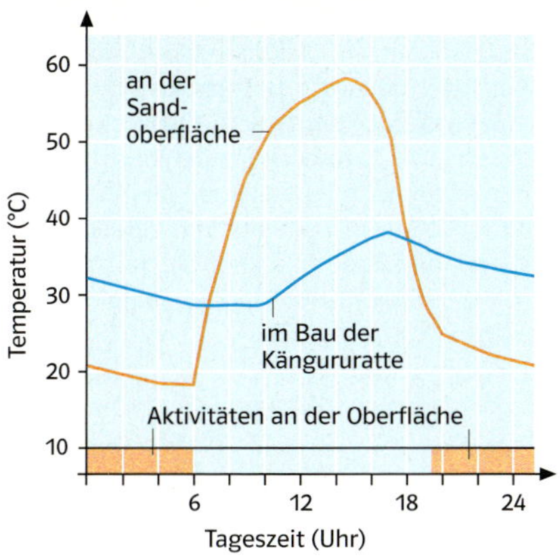

Struktur der Nase

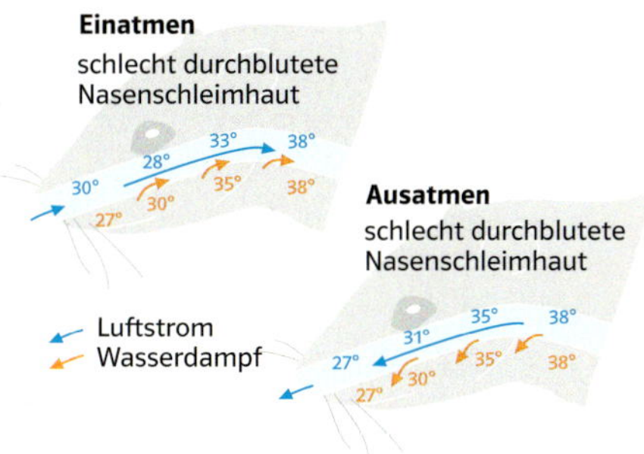

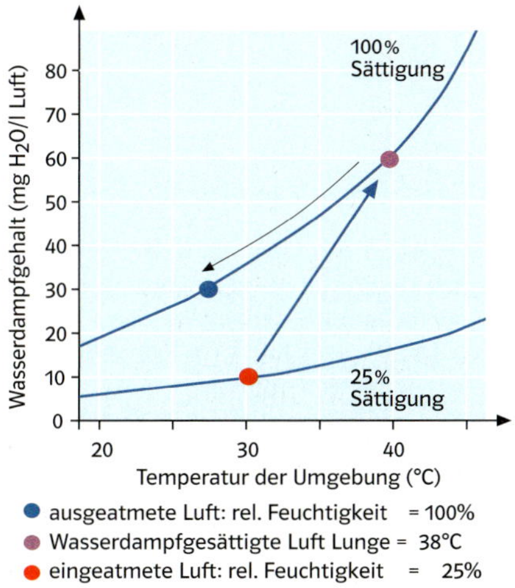

Im Vergleich zu anderen etwa gleich großen Säugetierarten ist die Temperatur in den Nasengängen der Känguruuratte auffallend niedrig. Der Atemweg, vor allem die Nasenwand, ist sehr schlecht durchblutet. Die Schleimhaut kann im Gegensatz zu der anderer Tierarten sehr große Mengen Wasser aufnehmen; im trockenen Zustand ist sie *hygroskopisch* (Wasser anziehend).

A2 Beschreiben und erklären Sie die Veränderung der Luft beim Ein- und Ausatmen der Känguruuratte. Bedenken Sie dabei, dass Wasserverdunstung mit Abkühlung verbunden ist.

A3 Die Nasenschleimhaut der Wanderratte ist besser durchblutet. Ihre Abkühlung durch die eingeatmete Luft wird rasch durch Wärme aus dem Blut ausgeglichen.
Stellen Sie eine Hypothese über die Auswirkung dieser Unterschiede zur Känguruuratte auf.

A4 Welche Konsequenzen hat dieser Unterschied für den Wasserverlust beim Ausatmen?

Stoffwechsel und Exkretiont

Den größten Teil des Jahres stehen der Känguruuratte nur Samen als Nahrung zur Verfügung. Diese sind sehr fettreich, aber wasserarm. Allerdings liefert auch die Zellatmung Wasser (s. Seite 80).

Wassergewinn durch Zellatmung aus 100 g Nährstoff:

Kohlenhydrate:	60 g
Fett:	109 g
Protein:	44 g

A5 Vergleichen Sie die Wasserbilanz von Känguru- und Wanderratte und erklären Sie die Unterschiede mithilfe aller Materialien.

A6 Listen Sie alle aus den Materialien ersichtlichen Eigenschaften auf, durch die die Känguruuratte an das Leben in der Trockenwüste angepasst ist.

		Känguruuratte		Wanderratte	
Zusammensetzung der Nahrung		Protein	12 %	Protein	22 %
		verwertbare Kohlenhydrate	8 %	verwertbare Kohlenhydrate	50 %
		Fett	40 %	Fett	4 %
Wasserbilanz je 100 g Nahrung	Aufnahme	Nahrung	6 g	Trinken	25 g
		Oxidationswasser	54 g	Nahrung	12 g
				Oxidationswasser	46 g
			60 g		83 g
	Abgabe	Atmung und Verdunstung	44 g	Atmung und Verdunstung	50 g
		Harn	13,5 g	Harn	25 g
		Kot	2,5 g	Kot	8 g
			60 g		83 g

Lexikon
Weitere abiotische Faktoren

Pflanzen erzeugen mithilfe von Licht Fotosyntheseprodukte, die wiederum von heterotrophen Lebewesen genutzt werden können. Weitere wichtige Umweltfaktoren sind Salz- und Mineralstoffgehalt sowie der pH-Wert.

Licht

1. Licht als Energiequelle
Durch typische Strukturen sind Blätter häufig als *Schattenblätter* oder *Sonnenblätter* an unterschiedliche Beleuchtungsstärken angepasst (s. Seite 101). Auch Tiere können Licht als Energiequelle nutzen: Insbesondere dunkle Körperfärbung absorbiert Licht und wandelt es auf der Hautoberfläche in Wärme um.

2. Licht als Signalgeber
Die Belichtungsdauer kann für Tiere und Pflanzen ein Signal zur Synchronisation von Entwicklungs- und Aktivitätsprozessen mit Tages- bzw. Jahreszeiten sein.

Beispiel Samenkeimung: Bei sogenannten *Lichtkeimern* (z. B. Mohn, Weidenröschen) genügt häufig ein kurzer Lichtreiz von wenigen Minuten, um die Keimung auszulösen. Auf *Dunkelkeimer* wie den Kürbis wirkt Licht dagegen keimungshemmend. Dadurch keimen die Samen nur unter solchen Lichtbedingungen aus, an die sie angepasst sind.

Tiere sind häufig optisch orientiert und brauchen Licht zur visuellen Erfassung der Umwelt. In vielen Fällen bestimmen aber potenzielle Fressfeinde das Verhalten; so meiden dämmerungs- und nachtaktive Tiere das Tageslicht und vermindern auf diese Weise das Risiko, von Fressfeinden entdeckt zu werden. Die *Jahresperiodik* des Lichtes steuert vor allem das Fortpflanzungs- und Wanderverhalten. Ein bekanntes Beispiel ist der *Vogelzug*.

Salzgehalt

Der Salzgehalt der Meere wird hauptsächlich durch den Gehalt an Na^+- und Cl^--Ionen bestimmt. Die Salzkonzentration wirkt sich osmotisch auf lebende Zellen aus (s. Seite 48).

Homoiosmotische Organismen sind *Regulierer*, bei ihnen bleibt die Ionenkonzentration im Inneren nahezu gleich (Abb. 1; die Gefrierpunktserniedrigung (ΔT) dient als Maß für die Konzentration an gelösten Stoffen): Meeresbewohnende Knochenfische regulieren die Ionenkonzentration ihres Blutes auf einem im Vergleich zum Meerwasser konstant hypotonischen Wert. Daher wird ihrem Körper ständig Wasser entzogen. Überschüssige Ionen werden über die Kiemen aktiv abgegeben. Bei Knochenfischen des Süßwassers dagegen spielt die Niere eine wichtigere Rolle: Da ihre Kiemen Ionen aktiv aufnehmen, haben diese Tiere ein hypertonisches Innenmilieu. Deshalb strömt ständig Wasser ein. Die Niere gibt große Mengen von hypotonischem Harn ab und hält so die innere Ionenkonzentration konstant. Viele Küstenpflanzen, aber auch Meeresvögel, geben überschüssiges Salz über *Salzdrüsen* ab.

Geraten Seesterne in Flussmündungen, so schwellen sie an: Wie viele wirbellose Meeresbewohner haben auch sie keine ausgeprägte Regulationsmöglichkeit für Ionen. Die Ionenkonzentration im Körperinneren folgt der Konzentration des umgebenden Wassers. Diese *Konformer* sind *poikiloosmotisch* und meist auf eine annähernd gleich bleibende Umgebungskonzentration angewiesen (Abb. 2).

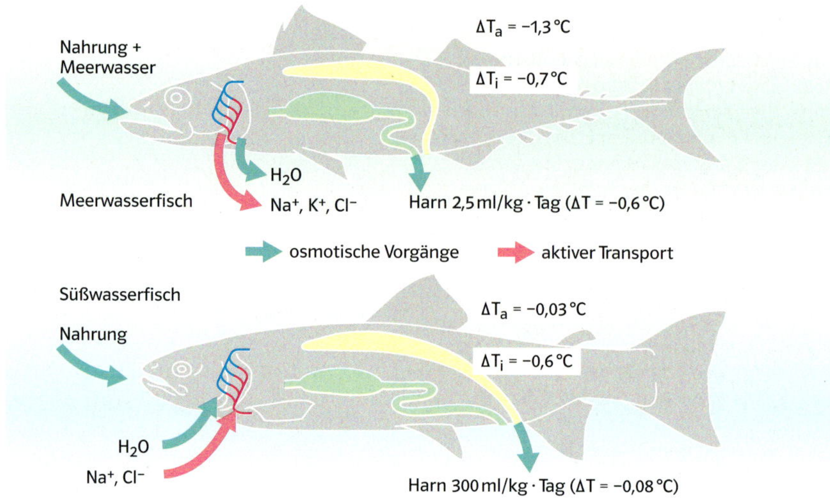

1 *Osmoregulation bei Meer- und Süßwasserfischen*

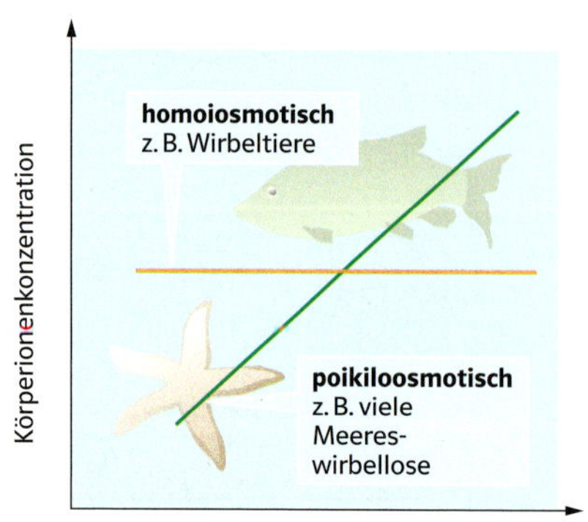

2 *Umgebungsionenkonzentration*

Mineralstoffgehalt und pH-Wert

Die für Pflanzen bedeutsamen *Mineralstoffe* sind teilweise an Bodenbestandteile gebunden. Sie stehen im Gleichgewicht zu den im Wasser gelösten Ionen, sodass deren Konzentration über längere Zeiträume annähernd konstant bleibt. Die Verfügbarkeit der Mineralstoffe ist stark pH-Wert-abhängig. Fehlt die Bindefähigkeit für viele wichtige Ionen, sind die Böden mineralstoffarm. Bei niedrigen pH-Werten können giftige Ionen wie Al^{3+} in die lösliche Form übergehen und empfindliche Pflanzen vergiften. Das ist eine der Ursachen für die Schädigung vieler Waldbäume durch Bodenversauerung, das sogenannte Waldsterben.

Es gibt Pflanzen, die einen niedrigen pH-Wert bevorzugen (z. B. Torfmoos pH 3 — 4), andere findet man eher auf basischen Böden (z. B. Huflattich bei pH 8). Oft kann man schon vom Vorkommen bestimmter stenopotenter Pflanzen auf die Beschaffenheit des Bodens schließen. Solche Pflanzen bezeichnet man als *Zeigerarten* oder *Indikatorpflanzen*.

Bioindikatoren

1 *Fingerhut*

Das *Wiesenschaumkraut* kommt stets auf feuchtnassem Boden vor. Auch die *Große Brennnessel* braucht viel Feuchtigkeit, aber keine Nässe. Man findet sie oft in der Nähe von Komposthaufen oder Entwässerungsgräben, also auf stickstoffreichen Böden. *Mauerpfeffer* wächst dagegen auf stickstoffarmem Boden.

Pflanzen sind an ganz bestimmte Umweltbedingungen angepasst [Basiskonzept S. 382]. Man kann daher oft von ihrem natürlichen Vorkommen auf die Umweltbedingungen des betreffenden Standortes schließen. Das gilt ganz besonders, wenn die Pflanze nur in einem begrenzten Umweltbereich anzutreffen ist, also *stenök* bezüglich dieses Umweltfaktors ist. Solche Arten bezeichnet man als *Bioindikatoren* (*indicare* (lat.) = anzeigen).

Zeigerpflanzen

Es gibt nicht nur für den Feuchtigkeits- und Stickstoffgehalt des Bodens Bioindikatoren, sondern auch für den pH-Wert: *Purpurroter Fingerhut* und *Leberblümchen* sind zwei heimische Pflanzen, die im Wald und auf Lichtungen anzutreffen sind. Dass beide praktisch nie zusammen auftreten, liegt an ihren unterschiedlichen Umweltansprüchen. Der Purpurrote Fingerhut hat seinen Verbreitungsschwerpunkt auf sauren, das Leberblümchen auf neutralen Böden. Beide Arten können als Zeigerpflanzen dienen. Unter den realen Standortbedingungen decken sich die Optima der ökologischen Toleranzkurven beider Arten nicht. Der Verbreitungsschwerpunkt vieler Pflanzen bezogen auf die wichtigsten Umweltfaktoren wird in den *Ellenberg'schen Zeigerwerten* angegeben. So findet man für den Purpurroten Fingerhut den Eintrag: „Säurezeiger“. Für das Leberblümchen liest man: Schwachsäure- bis Schwachbasenzeiger“.

Verwendung von Bioindikatoren

Bioindikatoren werden in der Land- und Forstwirtschaft zur Ermittlung von Umweltfaktoren genutzt, sie geben Aufschluss über Bodenfeuchtigkeit, Stickstoffgehalt, pH-Wert oder Salzgehalt des untersuchten Bodens, über Licht, Wärme oder Luftverschmutzung. Damit ergänzen sie aufwändige chemische und physikalische Analysemethoden. Den Grad der organischen Verschmutzung von Fließgewässern misst man z. B. anhand von Vorkommen und Häufigkeit bestimmter Wirbelloser (*Saprobiensystem*, s. Seite 177).

A1 Erklären Sie, warum nur stenöke Arten als Zeigerarten in Frage kommen.

Ein weiteres Verfahren, Bioindikatoren einzusetzen besteht darin, künstlich stenöke Arten auszusetzen und ihre Reaktion zu testen. Anders als bei Ellenberg'schen Zeigerwerten oder dem Saprobiensystem handelt es sich hier um experimentelle Verfahren, die das Verhalten der jeweiligen Art in Gegenwart des Umweltfaktors untersuchen. Dabei bleibt die Konkurrenz zu anderen Arten unberücksichtigt. So werden beispielsweise Tabakpflanzen in Reinkultur verwendet, um die Ozonbelastung der Luft anhand der Blattfärbung zu messen.

2 *Tabakblatt (links gesund, rechts geschädigt)*

Zeigerpflanzen für den Boden-pH-Wert

Tiergeografische Regeln

Unterart	Körpermasse in kg*	Körperlänge in cm*
Sibirischer Tiger	250 kg	300 cm
Bengal-Tiger	235 kg	290 cm
Südchines. Tiger	150 kg	250 cm
Indochines. Tiger	170 kg	270 cm
Sumatra-Tiger	120 kg	230 cm
Bali-Tiger (†)	95 kg	225 cm

* (ausgewachsenes männliches Tier)

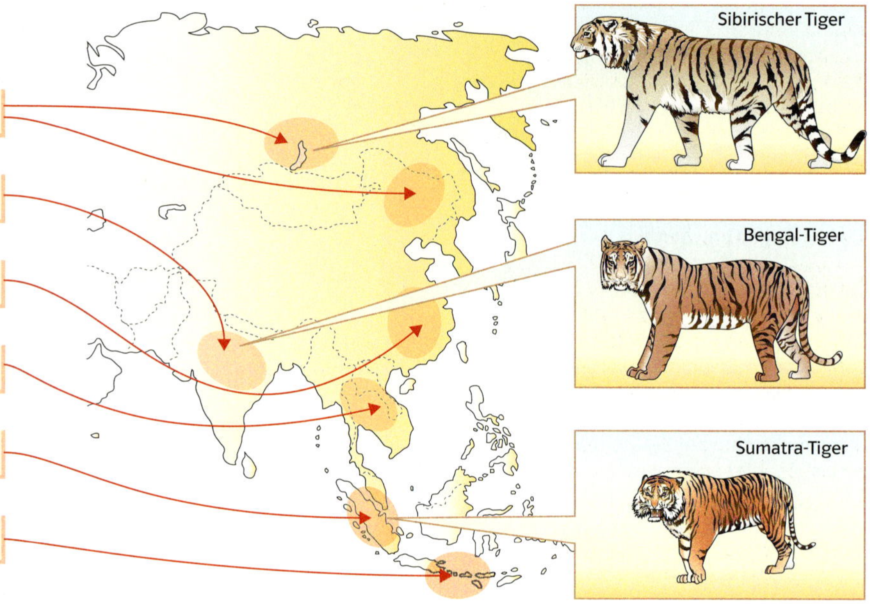

1 *Verbreitung und Merkmale verschiedener geografischer Varianten (Unterarten) des Tigers*

Eselhase

Feldhase

Schneehase

Fennek

„Jack rabbit" nennen die Amerikaner den *Eselhasen*, der wegen seiner selbst für Hasen großen Ohren auffällt. Eselhasen besiedeln die großen Ebenen und Wüsten im Südwesten der USA und in Mexiko. Der amerikanische Biologe J. A. ALLEN (1838—1921) konnte nachweisen, dass ihre langen, gut durchbluteten Ohren zur Wärmeregulation beitragen: Sobald die Umgebungstemperatur nur wenig geringer als die Körpertemperatur ist, stellen die Hasen ihre Ohren auf und können über erweiterte Blutgefäße in der Haut Wärme abgeben.

Umgekehrt haben nahe verwandte Arten in kalten Klimaten wie der Schneehase kleine Ohren und kürzere Beine. Durch die geringe relative Oberfläche werden Wärmeverluste minimiert. Diese tiergeografische Beobachtung wurde zur *Allen-Regel* erweitert: Abstehende Körperteile verwandter gleichwarmer Tiere sind bei den in kalten Gebieten lebenden Formen meist kleiner als in wärmeren Klimazonen.

Allerdings muss man sich vor zu vereinfachenden Erklärungsmustern hüten, denn große Ohren haben bei dämmerungsaktiven Wüstenbewohnern wie dem *Fennek* (Wüstenfuchs) auch den Vorteil, dass Feinde bzw. Beutetiere gut geortet werden können. Tagsüber leben viele Wüstenbewohner wie der Fennek in unterirdischen Bauten, sodass die Wärmeregulation häufig eine untergeordnete Rolle spielt.

Vor allem die Körpergröße bestimmt die relative Oberfläche. Kleine gleichwarme Tiere haben im Vergleich zu großen Vertretern mit gleichem Körperbau eine größere relative Oberfläche und kühlen daher schneller aus. Sie sind in kalten Regionen benachteiligt. Dieses Phänomen beschreibt die *Bergmannsche Regel*: Bei gleichwarmen Tieren nimmt die Größe nahe verwandter Arten oder Unterarten von den warmen Zonen zu den Polen zu. Ein Beispiel dafür sind die Unterarten des Tigers (Abb. 1), die von der nordasiatischen Kältesteppe bis in den tropischen Dschungel Südasiens völlig unterschiedliche Klimazonen und Lebensräume besiedeln.

Hier bestimmen neben dem Wärmehaushalt weitere Faktoren die Körpergröße. Kleine Tiere können sich in den dichten Urwäldern des Südens besser fortbewegen. In nahrungsarmen, schneereichen Gebieten Nordasiens können große Tiere aufgrund größerer Fettreserven längere Zeit ohne Nahrung überdauern. [Basiskonzept S. 382]

Material
Höhenzonierung in den Alpen

Der Einfluss der abiotischen Faktoren auf die natürliche Pflanzendecke wird z. B. bei der Ausbildung der Höhenstufen der Alpen deutlich. Dies hat wiederum Konsequenzen für die Angepasstheit der verschiedenen Tiere in dem dortigen Lebensraum.

Alpine Angepasstheiten

Mit 1100 km Länge und 150 bis 200 km Breite sind die Alpen das größte Gebirge Europas. Faltungen und Überschiebungen in Kreide und Tertiär (vor 130 bis 70 Millionen Jahren) bestimmten die Struktur- und Gesteinsvielfalt. Die Gletscherströme der Eiszeit weiteten und vertieften Täler und Pässe und hinterließen am Alpenrand tiefe Talseen.

Steigt man bis zur Gebirgsspitze hinauf, spürt man, dass es allmählich kälter, feuchter, sonniger und windiger wird. Alle 1000 m fällt die Temperatur um ca. 5 — 7 °C, die jährliche Niederschlagsmenge steigt um ca. 700 mm und die UV-Strahlung ist in 3000 m Höhe 50 % stärker als im Tal.

Für die Pflanzen verkürzt sich die jährliche Wachstumszeit je 100 m um ein bis zwei Wochen. Die Vegetation verwandelt sich langsam und lässt charakteristische Stufen oder Zonen erkennen, die von Pflanzen und Tieren bewohnt werden, die bestens an die Umweltbedingungen angepasst und teilweise typisch für die Alpenlandschaft sind. Wegen ihrer Beweglichkeit ist die Bindung der Tiere an bestimmte Zonen aber nicht so eng wie die der Pflanzen.

A1 Fertigen Sie eine Tabelle an, in der die abiotischen Faktoren (Temperatur, Niederschlagsmenge, jährliche Wachstumsperiode) den einzelnen Vegetationszonen zugeordnet sind. Gehen Sie dabei von 15 °C, 600 mm Niederschlag und 250 Tagen Wachstumsperiode in 0 m Höhe aus.

A2 Inwieweit sind die Tiere an die abiotischen Bedingungen angepasst? Kann man sie bestimmten Zonen zuordnen?

Gletscherfloh:
Springschwanz (Urinsekt), 2,5 mm
N: vor allem verwehter Pollen von der Schneeoberfläche
F: sprungfähig durch Sprunggabel am Hinterleib
Ü: noch bei 0 °C aktiv, kann in Eis einfrieren und unbeschadet wieder auftauen, bevorzugte Temperatur 1 — 2 °C
V: schnelle Generationenfolge, mehrere hundert Nachkommen

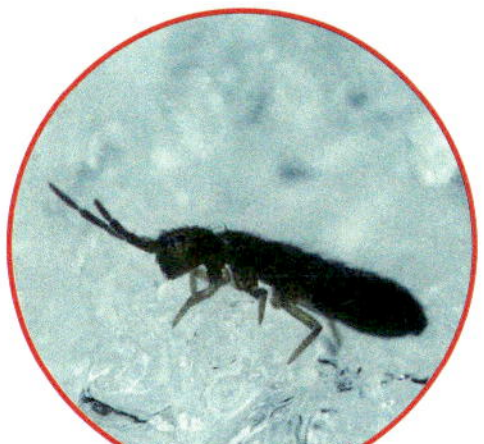

Alpendohle
Rabenartige (Singvogel), 40 cm
N: Allesfresser, auch Küchenabfälle
F: fliegt vom Gipfel bis in die Täler
Ü: zieht talwärts
V: brütet gesellig in Ritzen von Felswänden und Gebäuden

Gämse:
Hornträger (Paarhufer), 1,25 m
N: Gras, Flechten, Moose, Zweige
F: klettern, Hinterläufe länger als Vorderläufe, paarige Haupthufe mit gummiartigen Sohlen und harten Kanten, gegeneinander verstellbar
Ü: winteraktiv, dunkles, langes Winterfell mit feiner Unterwolle
V: Kitz im Mai/Juni, immer eng bei der Geiß

Murmeltier:
Hörnchenartige (Nagetier), 50 — 60 cm
N: Kräuter, Gräser
F: laufen, graben
Ü: über 6 Monate Winterschlaf, Wohnkessel 1,5 m tief in der Erde
V: 2 – 7 nackte Junge, Aufzucht im heugepolsterten Wohnkessel der Kolonie

Apollo:
Ritterfalter (Schmetterling), 65 — 75 mm
N: z. B. Hauswurz (Raupe), Distel (Falter)
F: langsamer Flug
Ü: Eier überwintern
V: eine Generation jährlich, Falter schlüpfen von Juli — September

N: Nahrung
F: Fortbewegung
Ü: Überwinterung
V: Vermehrung

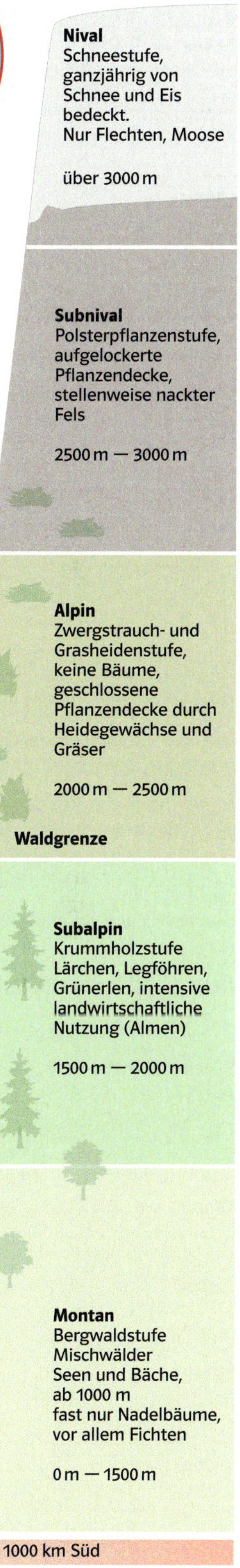

1 *Höhenzonierung in Zentraleuropa von Nord nach Süd*

3.2 Populationsökologie
Wachsende Populationen

Land	1998		1999		2000
Brasilien					
Einwohnerzahl (Millionen)	164,47		167,27		170,12
absolute Zunahme pro Jahr (Millionen)		2,80		2,85	
Wachstumsrate pro Jahr		0,017 (1,7%)		0,017 (1,7%)	
Kongo					
Einwohnerzahl (Millionen)	48,26		49,80		51,39
absolute Zunahme pro Jahr (Millionen)		1,54		1,59	
Wachstumsrate pro Jahr		0,032 (3,2%)		0,032 (3,2%)	

1 *Bevölkerungsentwicklung zweier Länder*

In jeder Population verändern sich die Individuenzahlen ständig durch Geburten und Sterbefälle sowie durch zuwandernde und abwandernde Individuen. Die Populationen wachsen dadurch oder werden kleiner. Ein unbegrenztes Wachstum ist aufgrund endlicher Ressourcen offensichtlich unmöglich. Dies gilt auch für Menschen. Für alle Länder ist es aber wichtig, die Bevölkerungsentwicklung einschätzen zu können, um Maßnahmen für die zukünftige Versorgung ihrer Einwohner treffen zu können.

Vergleicht man die Veränderungen zweier Populationen im Laufe mehrerer Jahre, so zeigt sich ein unterschiedlicher Zuwachs. Die absoluten Veränderungen sind jedoch wenig aussagekräftig, denn sie beziehen sich auf verschiedene Ausgangswerte. Besser geeignet sind daher Werte der relativen Veränderungen. Sie werden *Wachstumsraten* genannt (Abb. 1). In vielen Ländern besitzt die menschliche Bevölkerung Wachstumsraten zwischen 0,01 (1%) und 0,03 (3%), in manchen Ländern, wie z. B. in Deutschland, ist die Wachstumsrate negativ, die Bevölkerung nimmt ab.

Exponentielles Wachstum

Um die zukünftige Bevölkerungsentwicklung berechenbar zu machen, konstruiert man aus derartigen Daten ein mathematisches Modell, das die dahinter stehenden Gesetzmäßigkeiten erfasst. Eine erste Näherung stellt das Modell des *exponentiellen Wachstums* dar. Zuwanderung und Abwanderung werden aus Gründen der Vereinfachung im Modell nicht berücksichtigt. Es nimmt weiterhin unbegrenztes Wachstum an und verwendet konstante Geburten- und Sterberaten und damit eine unveränderliche Wachstumsrate. Das exponentielle Wachstum stellt das einfachste Modell für Populationsentwicklungen dar.

Bei Mehlkäfern kann man beobachten, dass unter Laborbedingungen das Populationswachstum mit der Verknappung der Ressourcen zum Stillstand kommt, die Anzahl bzw. die *Dichte* (Anzahl Individuen pro Fläche) nimmt nicht weiter zu (Abb. 129. 3). Dies entspricht nicht dem exponentiellen Wachstum, das sehr vereinfachend unbegrenztes Wachstum annimmt. Das Modell des exponentiellen Wachstums wird daher durch ein entsprechend weiterentwickeltes Modell ersetzt.

Info-Box: Modell zum exponentiellen Wachstum

Die mathematische Beschreibung des Wachstums von Populationen arbeitet mit folgenden Definitionen:

N_t = Populationsgröße (Individuenanzahl) nach t Zeitschritten
r = Wachstumsrate, anteiliger Zuwachs der Population pro Zeitschritt
Die Wachstumsrate ist die Differenz zwischen der Geburtenrate (b, „birth") und der Sterberate (d, „death"): $r = b - d$

Die neue Populationsgröße (N_1) ergibt sich aus alter Größe (N_0) und Zuwachs (bzw. Veränderung): $N_1 = N_0 + \text{Zuwachs}_0$

Der Zuwachs ist relativ zur bestehenden Anzahl: $\text{Zuwachs}_0 = N_0 \cdot r$

Aus beiden Gleichungen folgt damit: $N_1 = N_0 + N_0 \cdot r = N_0 \cdot (1 + r)$

Für die nächsten Zeitpunkte bedeutet dies:
$N_2 = N_1 \cdot (1 + r) = N \cdot (1 + r) \cdot (1 + r) = N_0 \cdot (1 + r)^2$
$N_3 = N_2 \cdot (1 + r) = N_0 \cdot (1 + r)^2 \cdot (1 + r) = N_0 \cdot (1 + r)^3$

Allgemein gilt dann: $N_t = N_0 \cdot (1 + r)^t$

Dies ist eine Gleichung für das exponentielle Wachstum.

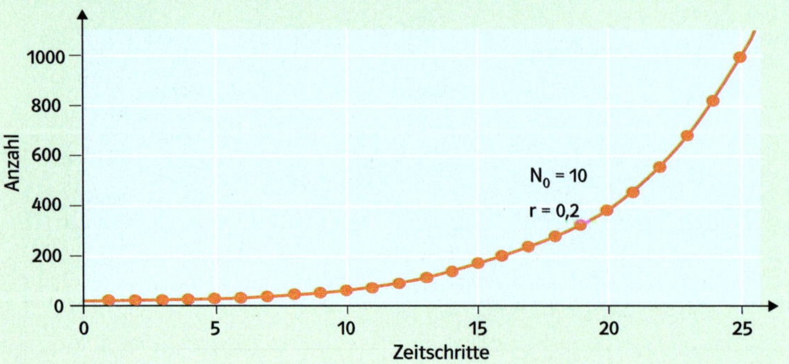

2 *Mehlkäfer*

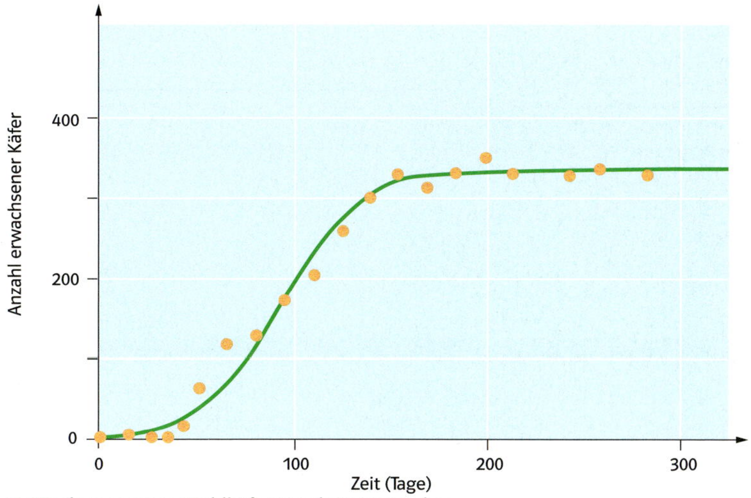

3 *Wachstum einer Mehlkäferpopulation im Labor*

Logistisches Wachstum

Die Wachstumsrate wird beim exponentiellen Wachstum als konstant angesehen. Sie muss aber veränderlich sein und mit zunehmender Populationsgröße abnehmen, wie der Mehlkäfer-Versuch verdeutlicht. Beobachtungen an realen Populationen zeigen, dass die Wachstumsrate im Wesentlichen von der Versorgung mit Ressourcen abhängt. Allgemein gilt, dass mit zunehmender Populationsgröße die Ressourcenmenge für jedes einzelne Individuum abnimmt. Dann lässt sich eine geringere Fruchtbarkeit feststellen. Dadurch nimmt die Geburtenrate ab, während gleichzeitig die Sterberate zunimmt. Eine Population wächst, solange die Geburtenrate größer ist als die Sterberate.

Bei einer bestimmten Individuenanzahl jedoch werden beide gleich groß: Das Populationswachstum kommt zum Stillstand. Diese Anzahl wird *Kapazität* genannt; sie gibt an, wie viele Individuen in einem Lebensraum maximal leben können. Das Modell, das diese Annahmen enthält, stellt das *logistische Wachstum* dar (Abb. 5).

Der stabile Zustand lässt sich in einem Pfeildiagramm darstellen (s. Randspalte). Da es eine negative Rückkopplung enthält, trifft bei konstanten Bedingungen ein Schwanken um einen Mittelwert auf. [Basiskonzept S. 376]

Bei den zu den Wühlmausartigen gehörenden Lemmingen (Abb. 4) kommt es bei hoher Populationsdichte zu Massenwanderungen. Dabei sterben viele Individuen. Dass es sich dabei um „kollektiven Selbstmord" handelt, ist eine Legende.

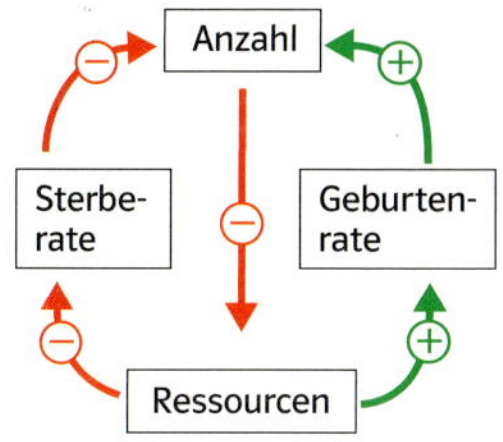

Pfeildiagramm Populationsentwicklung

A1 Berechnen Sie die Bevölkerungen der beiden Länder (Abb. 128.1) für die Jahre 2015 und 2020. Gehen Sie vom aktuellen Jahr aus und nehmen Sie vereinfachend exponentielles Wachstum an.

4 *Lemming*

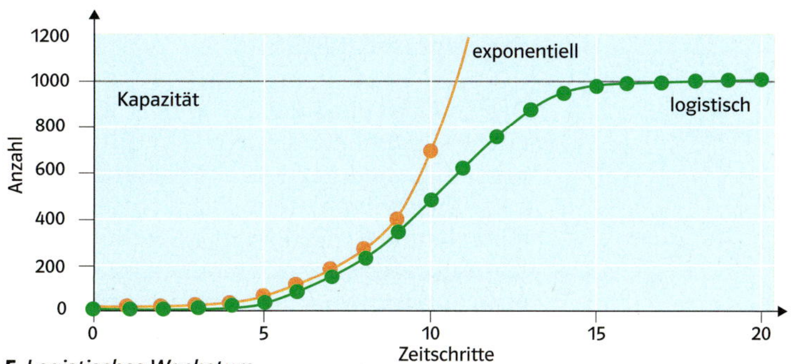

5 *Logistisches Wachstum*

Ernährungsstrategien: Spezialisten und Generalisten

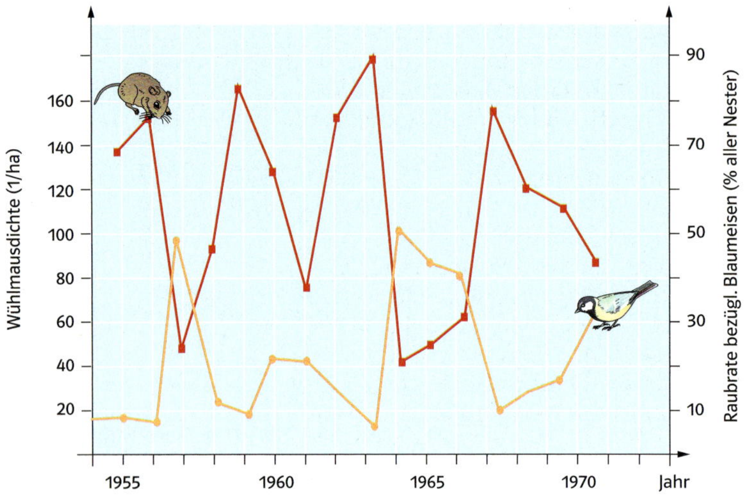

1 *Mauswiesel — Beutewechsel*

2 *Koala-Bär*

Mauswiesel

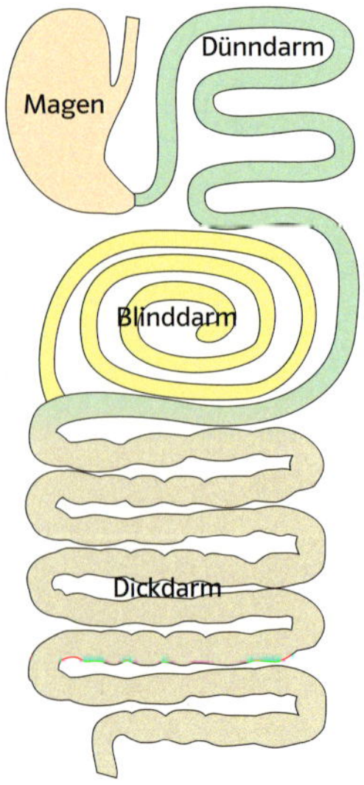

Verdauungstrakt des Koala

Nahrungsspezialisten

In nicht zu trockenen Gebieten Australiens findet man große *Eukalyptuswälder*. Durch giftige Cyane und andere Verbindungen sind diese Pflanzen gut vor Fressfeinden geschützt. Und doch gibt es ein Beuteltier, das sich ausschließlich von Eukalyptusblättern ernährt: den *Koala*. Durch eine Reihe von Angepasstheiten ist er als einziges Säugetier in der Lage, diese Nahrungsressource zu nutzen: Die Eukalyptusblätter werden im 2 Meter langen Blinddarm (Abb. Randspalte) von speziellen Darmbakterien zersetzt [Basiskonzept S. 378]. Diese Mikroorganismen sind auch in der Lage, die enthaltenen Gifte in unschädliche Stoffe abzubauen. Junge Koalas nehmen diese mit einem speziellen Kot ihrer Mutter auf. Koalas fressen ein Fünftel der Tageszeit, fast den gesamten Rest verschlafen sie. Ihre Bewegungen sind sehr langsam. Alle diese energiesparenden Verhaltensweisen sind Angepasstheiten an den geringen Energiegehalt von Eukalyptusblättern.

Der Koala ist ein *Spezialist*, d. h. er kann eine bestimmte Ressource sehr gut nutzen, ist andererseits aber auch auf diese angewiesen, denn Eukalyptus ist als Nahrung für ihn nicht ersetzbar. Die Spezialisierung ist nur möglich, weil die Nahrung für ihn ganzjährig in großer Menge zur Verfügung steht. Auch in unserer heimischen Tierwelt finden sich ähnliche Beispiele. Besonders häufig sind Spezialisten bei Pflanzen fressenden Schmetterlingsraupen zu finden. Spezialisierte Arten können auch die für andere Tierarten giftigen Pflanzen durch physiologische Angepasstheiten nutzen. [Basiskonzept S. 382]

Breites Nahrungsspektrum

Das *Mauswiesel* dagegen ist ein *Generalist*: Sein breites Beutespektrum umfasst vor allem Wühlmäuse, aber auch andere Mäuse, Vögel und Vogeleier (vor allem der Blaumeise). Generalisten verhalten sich *opportunistisch*, d. h. sie wählen jeweils die Beute, die für sie mit geringstem *Kostenaufwand* erreichbar ist und gleichzeitig einen hohen *Energienutzen* erzielt; das ist meist die häufigste Beuteart. Nimmt die *Wühlmausdichte* ab, bevorzugt das Mauswiesel andere Beutearten (Abb. 1). Der *Beutewechsel* hat Konsequenzen: Die Populationen von Räuber und Beute beeinflussen sich weniger als bei spezialisierten Räubern. Wenn nicht andere Faktoren wie das Klima begrenzend wirksam werden, sind konstantere Populationsgrößen zu erwarten.

A1 Interpretieren Sie die Angaben zur Beutewahl des Mauswiesels (Abb. 1).

A2 Beziehen Sie die Begriffe stenopotent / eurypotent auf Generalisten und Spezialisten.

A3 Spezialisten rotten ihre Beute praktisch nie völlig aus. Erklären Sie.

Eltern investieren in ihre Nachkommen

Als *Elterninvestment* definierte der Soziobiologe ROBERT L. TRIVERS jeglichen Aufwand eines Elternteils in seine Nachkommen, der deren Überlebenswahrscheinlichkeit erhöht, das Elterntier aber daran hindert, weitere Nachkommen großzuziehen. Man kann mütterliches und väterliches Investment unterscheiden. Säugetiermütter investieren mit Schwangerschaft und Stillen intensiv, können dabei aber kein neues Jungtier austragen. Je besser Jungtiere mit zunehmendem Alter alleine überleben können, desto weniger investiert die Mutter in sie. Stattdessen strebt sie weitere Junge an. So entstehen Entwöhnungskonflikte.

Väterliches Investment
Während mütterliches Investment bei den meisten Säugetieren weitgehend übereinstimmt, zeigen Väter verschiedener Arten grundlegende Unterschiede. Ihr Verhalten erregt zunehmend das Interesse der Wissenschaftler. Die Abbildung in der Randspalte zeigt die durchschnittlichen im Zoo gemessenen Häufigkeiten von Kontakten zwischen Vätern und Jungtieren bei Schimpanse, Gorilla und Siamang pro Stunde und schlüsselt die Kontakte qualitativ auf. [Basiskonzept S. 380]

Man nimmt an, dass nur Männchen, die mit hoher Wahrscheinlichkeit Vater des Nachwuchses sind, sich auch um diesen kümmern. Bei hoher Vaterschaftsunsicherheit würde intensives Investment in Jungtiere nur Kosten verursachen.

Die Evolution fürsorglicher Väter ist unter den Bedingungen der Monogamie am besten zu verstehen. Durch Übernahme eines Großteils der Brutpflege kann das Männchen sein Weibchen entlasten, sodass dieses sich schneller von der letzten Schwangerschafts-, Geburts- und Brutpflegephase erholt. Durch die Mithilfe des Männchens verkürzt sich der Geburtenabstand. Dies liegt daran, dass das Weibchen die gefressene Nahrung nur für sich selbst und die Produktion von Milch einsetzen kann, da das Männchen das Tragen des Jungtieres übernimmt, wie z. B. bei den südamerikanischen Krallenaffen und den Siamangs. Da das Weibchen eine bestimmte, genetisch festgelegte Zahl an Lebensjahren fruchtbar ist, kann es bei einem verkürzten Geburtenabstand einige Junge mehr im Leben bekommen. Dadurch wird die Fitness von Männchen und Weibchen (beide Werte sind bei Monogamie identisch) gesteigert.

Evolution der Seitensprünge
Es kommt vor, dass Weibchen durch Kopulationen mit mehreren Männchen die Vaterschaftssicherheit senken. Als Reaktion auf den daraus resultierenden Selektionsdruck ist bei vielen Arten eine Verhaltensweise bei Männchen entstanden, die „Seitensprünge" verhindert bzw. seltener macht, die *Partnerbewachung*. Partner bewachende Männchen verfolgen, insbesondere in der fruchtbaren Zeit, ihre Weibchen auf Schritt und Tritt.

Kosten des Elterninvestments
Die Kosten des Elterninvestments für die erwachsenen Tiere werden daran erkennbar, dass z. B. Hirschkühe, die ein Kalb großziehen, eine wesentlich höhere Sterberate haben als Kühe ohne abhängigen Nachwuchs. Je höher die Anzahl an Jungen ist, die Kohlmeisen im Sommer großziehen, desto größer ist die Wahrscheinlichkeit, dass sie den folgenden Winter nicht überleben.

A1 Löwenmännchen töten häufig bei Haremsübernahme die Jungtiere ihres Vorgängers (*Infantizid)*, niemals aber ihre eigenen Nachkommen. Nach einer solchen erfolgreichen Rudelübernahme bleiben sie im Durchschnitt zwei bis drei Jahre Haremsbesitzer, ehe sie von einem jüngeren Männchen vertrieben werden. Eine erneute Haremsübernahme ist nicht möglich.
Erklären Sie dieses Verhalten unter Berücksichtigung der Angaben in der Randspalte.

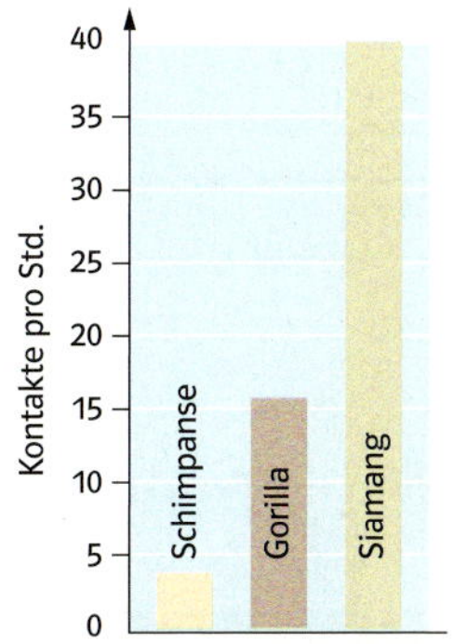

Väterliches Investment bei verschiedenen Menschenaffen

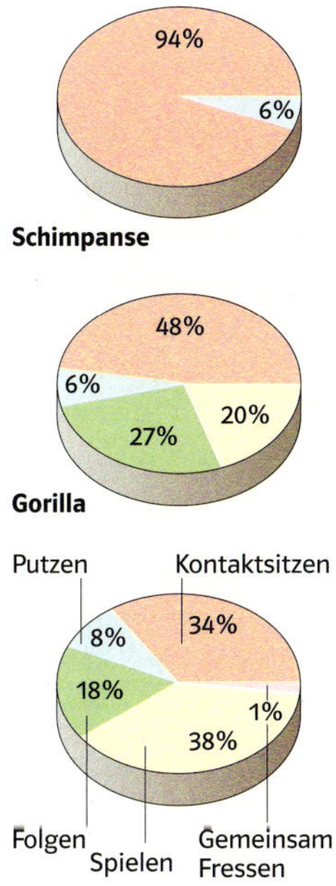

Untersuchungsergebnisse bei Löwenweibchen in der Serengeti

Trächtigkeitsdauer:
13 bis 14 Monate

nächste Trächtigkeit bei der Jungenaufzucht:
im Alter der Jungen von 20 bis 30 Monaten

nächste Trächtigkeit bei Tötung der Jungen *(Infantizid)*:
6 bis 12 Monate

Die Rolle der Geschlechter

1 *Intrasexuelle Selektion*

2 *Intersexuelle Selektion*

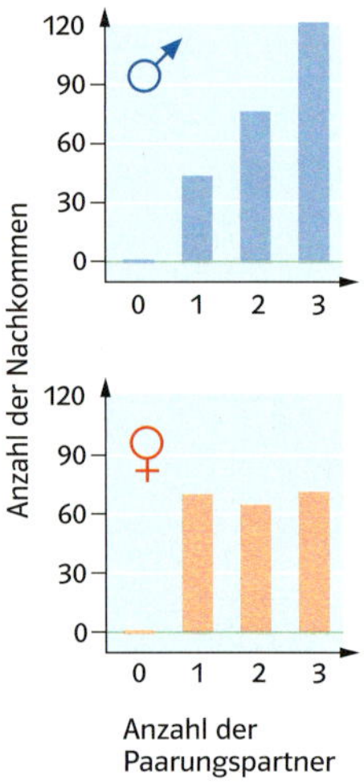

Nachkommenzahlen bei Drosophila

Bateman-Prinzip
Mit jedem zusätzlichen Paarungspartner steigt der Fortpflanzungserfolg der Männchen, aber nicht derjenige der Weibchen.

Angus John Bateman stellte durch Versuche mit *Drosophila* schon 1948 fest, dass zwischen den Geschlechtern eine Asymmetrie existiert. Männchen können durch Kopulationen mit mehreren Weibchen ihre reproduktive *Fitness* direkt erhöhen, Weibchen jedoch nicht (s. Randspalte). Bateman folgerte aus evolutionsbiologischer Sicht daraus u.a., dass Männchen, wenn möglich, Zugang zu vielen Weibchen suchen werden. Da die Fitness der Weibchen dagegen hauptsächlich vom Fortpflanzungserfolg und dem Überleben ihrer Jungtiere abhängt, sagte er voraus, dass die Weibchen besonderen Wert auf die „Qualität" ihrer Paarungspartner, d.h. auf „gute Gene" legen werden.

Intrasexuelle Selektion

Ob die Partnerwahl verstärkt von den Männchen oder von den Weibchen ausgeht, hängt hauptsächlich von den ökologischen Rahmenbedingungen ab, die die Verteilung der Weibchen im Raum bestimmen und davon, ob die Weibchen zur Fortpflanzungszeit in Gruppen zusammen sind. Dann bietet dies einem Männchen die Möglichkeit, sich den alleinigen Zugang zu den Weibchen zu sichern, indem es fremde Männchen vertreibt.
Da die Männchen miteinander kämpfen, spricht man von *intrasexueller Selektion*. Sie führt in der Evolution zu kampfkräftigen Männchen und einem ausgeprägten *Sexualdimorphismus*, d.h. die Männchen sind größer, aggressiver und können „Waffen" wie Geweihe oder Hörner besitzen (Abb. 1).

Spermienkonkurrenz

Sind die Weibchen dagegen nicht in Gruppen vorhanden, sondern verstreut im Raum und in der Fortpflanzung asynchron, dann können die Männchen sie nicht für sich monopolisieren. Kopulieren die Weibchen unter diesen Bedingungen mit mehreren Männchen nacheinander, dann findet der Kampf um die Eizellen nicht mit Körperkraft statt, sondern auf der Ebene der Spermien. Unter diesen Bedingungen zeugt dasjenige Männchen am wahrscheinlichsten Nachwuchs, das sich zum günstigsten Zeitpunkt bzw. am häufigsten mit einem Weibchen gepaart hat und dabei die meisten Spermien abgeben konnte. Diese *Spermienkonkurrenz* als Selektionsdruck führt evolutiv zur Entwicklung besonders großer Hoden und schneller Spermien. Da Schimpansenweibchen versuchen, sich mit möglichst allen Männchen ihrer Gruppe zu paaren, herrscht bei dieser Art die höchste Spermienkonkurrenz. Entsprechend haben die Männchen die größten Hoden und die schnellsten Spermien aller Menschenaffen ausgebildet. [Basiskonzept S. 372]

Kampfkraft alleine reicht aber nicht immer. So ist von Gorillas bekannt, dass die Männchen untereinander den Besitz von Weibchengruppen auskämpfen. Geht der neue Haremshalter jedoch nicht freundlich und fürsorglich mit seinen Weibchen um, dann verlassen diese nach und nach die Gruppe und schließen sich anderen Männchen an.

Intersexuelle Selektion

Geht die Partnerwahl hauptsächlich von den Weibchen aus, dann werden andere Selektionsfaktoren wirksam *(intersexuelle Selektion)*. Diejenigen Weibchen, die Partner auswählen, die Merkmale für gute Überlebensfähigkeit oder Gesundheit besitzen, haben selbst Nachwuchs, der wiederum gut überlebt. Intersexuelle Selektion führt oft zu besonders auffälligen Männchen, bei Vogelarten z. B. mit buntem Prachtgefieder und auffälliger Balz (Abb. 2). Ein ergänzendes Erklärungsmodell für auffallende Ornamente lieferte der Evolutionsgenetiker Ronald Fisher schon 1930. Er ging davon aus, dass Weibchen, die ein attraktives Männchen bevorzugen, auch attraktive Söhne und damit viele Enkel haben werden, selbst wenn das attraktive Signal nicht mit irgendwelchen Vorteilen des Männchens verbunden ist *(sexy-Söhne-Hypothese)*. Da die Nachkommen von Weibchen, die attraktive Männchen bevorzugen, sowohl die Attraktivität an die Söhne, als auch die Bevorzugung an die Töchter weitervererben, kann dieser Vorgang eine Eigendynamik entwickeln.

Geschlechterkonflikte

Bei vielen Tierarten, wie z. B. bei den monogamen Singvögeln, kommt es zwischen Partnern häufig zu Konflikten. Ein Konflikt entsteht dann, wenn das Verhalten eines Partners seine eigene Fitness steigert, die des anderen jedoch senkt. Dies ist z. B. bei Blaumeisen der Fall, die in monogamen Paaren brüten, wobei beide Partner die Jungen füttern. Mithilfe des Männchens zieht das Weibchen durchschnittlich 7,5 Jungtiere groß, hilft kein Männchen mit, sind es nur 5,4. Weibchen sind also auf männliche Unterstützung angewiesen. Haben sie jedoch im Frühjahr bei der Partnerverteilung ein weniger attraktives Männchen abbekommen, besitzen andere Männchen in der Nachbarschaft „bessere Gene". Weibchen können dann den Überlebenserfolg des eigenen Nachwuchses erhöhen, wenn sie Gene vom attraktiveren Nachbarn bekommen. Dies würde die eigene Fitness steigern, die des Partners jedoch senken. Blaumeisenmännchen — besonders die weniger attraktiven — bewachen daher ihre Partnerin in der fruchtbaren Zeit intensiv.

Wie DNA-Untersuchungen *(genetische Fingerabdrücke)* belegten, stammen bei manchen Blaumeisenweibchen trotzdem rund 10 bis 15 % der Nachkommen nicht vom eigenen Partner, sondern von Männchen aus Nachbarrevieren. Dabei bevorzugen benachbarte untreue Weibchen fast alle dasselbe Männchen. Dessen Weibchen macht jedoch normalerweise keine Seitensprünge. [Basiskonzept S. 372]

A1 Beschreiben Sie zunächst die Abbildung 4.

A2 Deuten Sie diese anschließend, indem sie vor allem auf das Alter eines Männchens und auf die Treue seines Weibchens eingehen.

intrasexuelle Selektion
Männchen kämpfen um den Zugang zu Weibchen

intersexuelle Selektion
Weibchen wählen die Männchen zur Paarung aus

3 *Blaumeise*

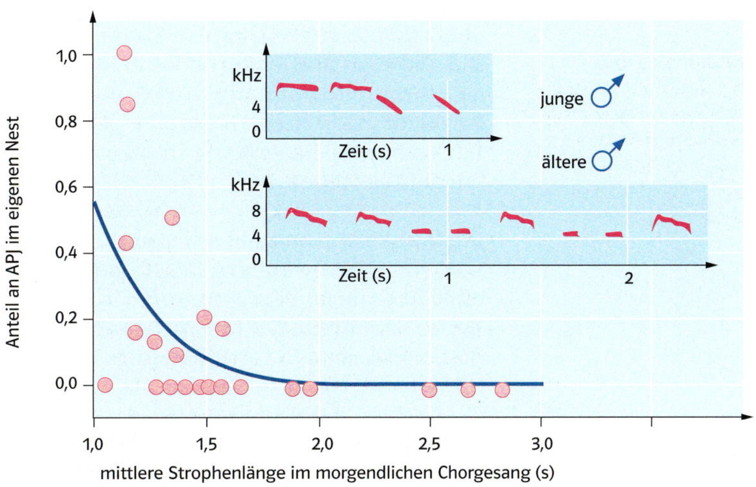

4 *Außer-Paar-Junge (APJ) und Gesangslänge*

K- und r-Strategie

Strategie
Struktur oder Verhaltensweisen, die das Überleben einer Population ermöglichen

Die bunte Pracht einer blühenden Wiese, angelegt mit einer Blumenunkrautmischung, hält sich nur kurz. Die Blütenpracht nimmt deutlich ab, den größten Teil des Jahres ist die Wiese eher grün, die Blüten prägen nicht mehr so das Gesamtbild wie im ersten Jahr.

Mehrjährig — einjährig

Blütenmischungen enthalten überwiegend *einjährige* Pflanzen. Diese sind dadurch gekennzeichnet, dass sie fast ihre gesamte Biomasse in Fortpflanzungsorgane wie Blüten und später Samen investieren. Langjährig werden sie allerdings von *mehrjährigen Stauden* wie etwa bestimmten Gräsern oder Wiesenkerbel verdrängt.

1 *Blumenwiese mit überwiegend einjährigen Pflanzen*

2 *mehrjährige Wiese*

Diese Pflanzen sind konkurrenzstärker, denn sie investieren statt in Blüten eher in *Speicherorgane*. Dadurch können sie den Winter überdauern und im Frühjahr kräftiger austreiben als Einjährige, denen nur wenige Speicherstoffe im Samen zur Verfügung stehen.

Die Nachkommenanzahl

Die einem Lebewesen zur Verfügung stehende Energie ist begrenzt und wird unterschiedlich investiert. Organismenarten, die überwiegend in Fortpflanzungsprodukte investieren, die deshalb viele Nachkommen haben, dafür aber weniger Energie in Dauerhaftigkeit investieren, bezeichnet man als *r-Strategen* (engl. r = rate). Sie sind durch Kurzlebigkeit gekennzeichnet. Die Sterblichkeit ist in jeder Altersphase hoch. Ihre Populationen weisen hohe Wachstumsraten auf und sie schwanken häufig. Dagegen sind Lebewesen, die ihre Biomasse in die Sicherung der eigenen Existenz investieren, durch dieses *Investment* konkurrenzstark und langlebig. Die Populationsgröße solcher Arten bewegt sich nahe an der durch die Ressourcen begrenzten Kapazitätsgrenze K; sie werden deshalb *K-Strategen* genannt. . Die optimale *Strategie* zum Überleben von Populationen hängt wesentlich von der *Konstanz* der Lebensbedingungen ab. So beherbergt ein See mit seinen gleichbleibenden Lebensbedingungen überwiegend *K-Strategen* wie Fische. Eine *Pfütze* dagegen existiert nur kurze Zeit; sie wird von r-Strategen wie Einzellern und Wasserflöhen besiedelt. Auch menschlicher Einfluss kann für die optimale Strategie bestimmend sein. So erlaubt die hohe Samenproduktion einjähriger Pflanzen die schnelle Besiedlung eines *Kahlschlages*; dieser Lebensraum ist durch den anthropogenen Einfluss konkurrenzfrei. [Basiskonzept S. 372]

Bleibt die Fläche ungestört, werden sich auf ihr langfristig Bäume durchsetzen, die besonders ausgeprägte K-Strategen sind: Ein Wald entsteht (s. Seite 166).

A1 Vergleichen Sie in einer Tabelle K- und r-Strategen bezüglich Lebensdauer, Anzahl der Nachkommen, Sterblichkeit, Konkurrenzfähigkeit und Wachstumsrate der Population.

Sexualstrategien

1 *Paarungsverhalten bei Grillen*

Männliche Grillen locken mit ihrem Gesang nicht nur Weibchen an, sondern auch nicht singende Männchen, sogenannte *Satellitenmännchen*, sowie parasitische Fliegen. Die Satellitenmännchen warten in der Nähe der singenden Männchen und versuchen, paarungsbereite Weibchen abzufangen. Die Fliegen legen überwiegend ihre Larven auf rufende Grillenmännchen ab, die von den eindringenden Larven langsam von innen aufgefressen werden.

Strategie und Taktik

Es ist genetisch festgelegt, wie lange ein Männchen pro Nacht ruft. Ein Teil der Männchen ruft mehrere Stunden und wechselt sehr selten zum Satellitenverhalten. Andere Männchen rufen nur wenig oder gar nicht. Viele Männchen schalten aufgrund ihrer genetischen Disposition unterschiedlich häufig von einem Verhalten auf das andere um, sie verfolgen verschiedene *Strategien*. Die Verhaltensalternativen Rufen bzw. Schweigen innerhalb der Strategie nennt man *Taktiken*. [Basiskonzept S. 382]

Evolutionsstabile Strategie

Rufer haben mehr Fortpflanzungserfolg in kurzer Zeit, leben aber nicht so lange. Der geringe jährliche Fortpflanzungserfolg wird bei Satellitenmännchen durch eine höhere Lebenserwartung ausgeglichen. Der Lebensfortpflanzungserfolg ist für beide annähernd gleich. Strategien, die im Laufe der Evolution nicht durch andere, erfolgreichere ersetzt werden, nennt man *evolutionsstabil*. Nimmt die Zahl der parasitischen Fliegen zu, geht die Zahl der Rufer entsprechend zurück.

Konditionale Strategie

Bei anderen Arten scheint hinter dem Verhaltenspolymorphismus eine genetisch bedingte Strategie zu stecken, die mehrere Taktiken umfasst. Wenn alle Individuen die gleichen genetischen Grundlagen besitzen, entscheidet die jeweilige Situation darüber, welche Verhaltensalternative das Einzeltier ausführt. Da äußere und innere Bedingungen entscheiden, wie das Tier reagiert, spricht man von einer *konditionalen Strategie*.

Große Krötenmännchen locken im Frühjahr Weibchen mit lauten Rufen an. Häufig sitzen kleinere Männchen still in ihrer Umgebung. Entscheidungsregeln für Kröten scheinen zu lauten:

- Sind keine anderen Männchen da, rufe!
- Bist du das größte Männchen, rufe!
- Vertreibt dich ein größeres Männchen, rufe woanders.
- Ist dies nicht möglich, werde Satellit.

A1 Wenn eine evolutionär stabile Strategie (ESS), die häufig eine Mischstrategie darstellt, von allen Mitgliedern einer Population verfolgt wird, kann sie durch keine neu auftretende Strategie eines Individuums ersetzt werden. Treten hingegen veränderte Umweltbedingungen (z. B. Zahl der Brutplätze, Häufigkeit von Geschlechtspartnern) auf, ist eine neue Mischstrategie möglich. Begründen Sie dies.

Satellitenmännchen
ein Männchen, das in der Nähe eines balzenden Männchens wartet und versucht, paarungsbereite Weibchen abzufangen, die von balzenden Männchen angelockt werden

Strategie
genetisch bedingte Verhaltensregel eines Individuums

Taktik
alternative Verhaltensmöglichkeit innerhalb einer Strategie

Verhaltenspolymorphismus
liegt vor, wenn auf einen bestimmten Reiz verschiedene Reaktionen gleicher Funktion folgen können

Populationsgrößen verändern sich

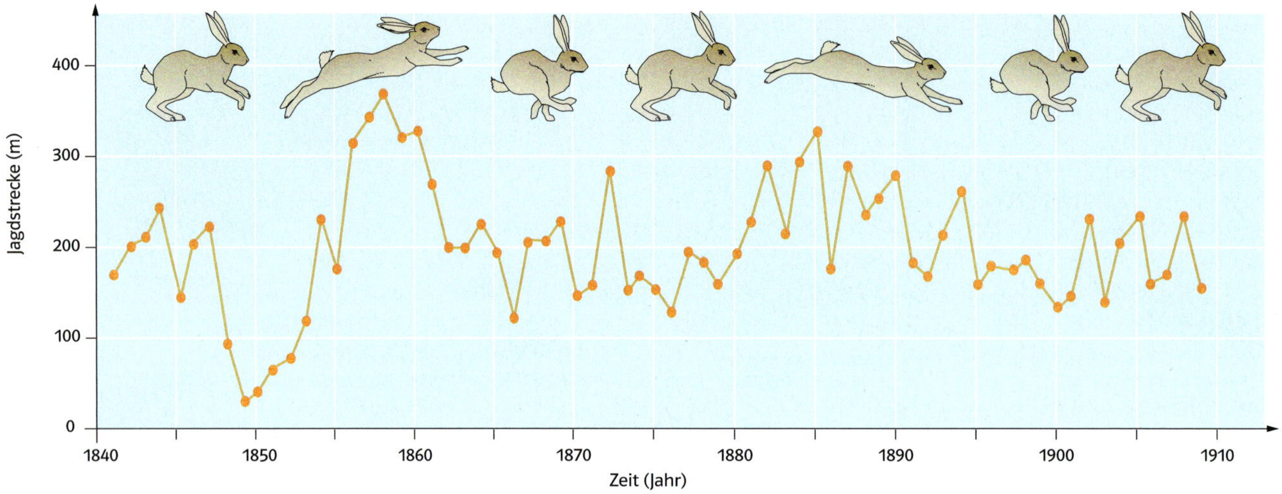

1 *Hasenpopulation in Liechtenstein, gemessen als jährliche Jagdstrecke*

Verfolgt man die Individuenzahlen in einer Population, wie z. B. bei Hasen (s. Abb. 1), über mehrere Jahre, so kann man deutliche Schwankungen feststellen. Populationsgrößen sind allgemein nicht konstant. Die ursächlichen Faktoren für diese Schwankungen können dichteunabhängig und dichteabhängig sein.

Dichteunabhängige Faktoren
Zum einen kann es sich dabei um Katastrophen oder ungünstige Bedingungen handeln, die viele Individuen nicht überleben. Kühle und feuchte Witterungsbedingungen im Frühjahr lassen zum Beispiel viele Jungtiere der Hasen erfrieren und bedingen zusätzlich ein schlechtes Wachstum ihrer Nahrungsressourcen, sodass die Versorgung aller Individuen abnimmt. Unter solchen Bedingungen wächst die Population nicht oder nimmt sogar ab. Andererseits können in feuchten und warmen Sommern besonders gute Bedingungen vorhanden sein, sodass viele Ressourcen vorhanden sind und eine gute Versorgung gegeben ist. Ein größerer Anteil der Nachkommen und erwachsenen Tiere überlebt dann und die Population nimmt stark zu. In derartigen Fällen hat die aktuelle Individuendichte keinen Einfluss auf die Populationsschwankungen, die Ursachen liegen außerhalb der Population. Diese dichteunabhängigen Schwankungen der Populationsgröße werden *Fluktuationen* genannt.

Wühlmaus

Dichteabhängige Faktoren
Bei anderen regelmäßigen Schwankungen besteht ein Zusammenhang zwischen der Größe der eigenen und der anderer Populationen (Abb. 2). Solche regelmäßigen Schwankungen werden Oszillationen genannt. Verschiedene Ursachen können ihnen zugrunde liegen.

Die Individuen einer Population können beispielsweise ihre Ressourcen aufbrauchen. In der Zeit, die zu deren Regeneration erforderlich ist, bricht die Population zusammen. Nach Erneuerung der Ressourcen kann die nun kleine Population

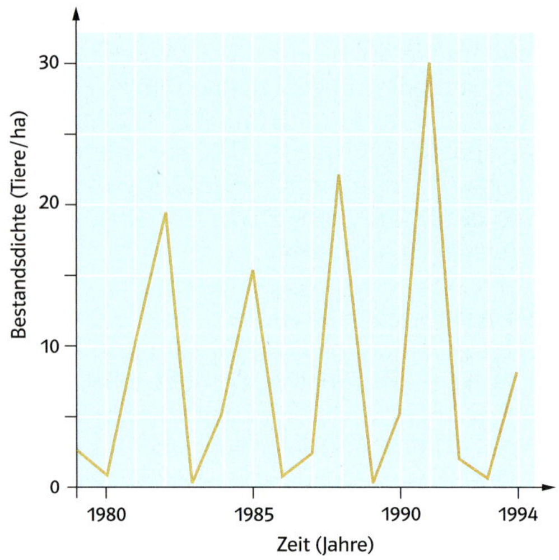

2 *Oszillierende Wühlmauspopulation*

erneut anwachsen und der Ablauf wiederholt sich regelmäßig. Die Regenerationsgeschwindigkeit der Ressource sowie die Fähigkeit der Population, Zeiten der Knappheit zu überstehen, bestimmen dabei die Zykluslängen. Ressource kann Nahrung sein, Frischwasser ist ebenfalls Ressource für viele Organismen. Belastungen durch Verschmutzungen wie durch Kot oder Urin können Vergiftungen bedeuten, Sauerstoff wird gezehrt, was diese Ressource aufbraucht.

Auch durch Infektionskrankheiten können Schwankungen verursacht werden. Mit zunehmender Populationsgröße nimmt die Ansteckungswahrscheinlichkeit zu, Infektions- und Sterberate erhöhen sich und die Population bricht daraufhin zusammen. Weiterhin verursachen die bei hoher Dichte auftretenden Knappheiten Stress, der zu erhöhter Aggression und zu Unfruchtbarkeit führen kann.

Analysiert man die Schwankungen natürlicher Populationen, so zeigt sich, dass in allen Fällen dichteunabhängige und dichteabhängige Faktoren gleichzeitig und in unterschiedlicher Stärke wirksam sind.

Dichteeinflüsse mit Zeitverzögerung
Bei manchen Arten können die Individuen Ressourcen speichern. Nachkommen werden auch dann noch geboren, wenn in der aktuellen Situation eigentlich nicht genügend Ressourcen vorhanden sind. Die Population reagiert quasi auf Bedingungen zu dem Zeitpunkt, an dem die Reserven gespeichert wurden, also mit einer Zeitverzögerung. Sie wächst über ihre Kapazität hinaus und bricht anschließend zusammen. Dies kann sich zyklisch wiederholen. Auch die Oszillationen der Wühlmauspopulation könnten so erklärt werden. [Basiskonzept S. 376]

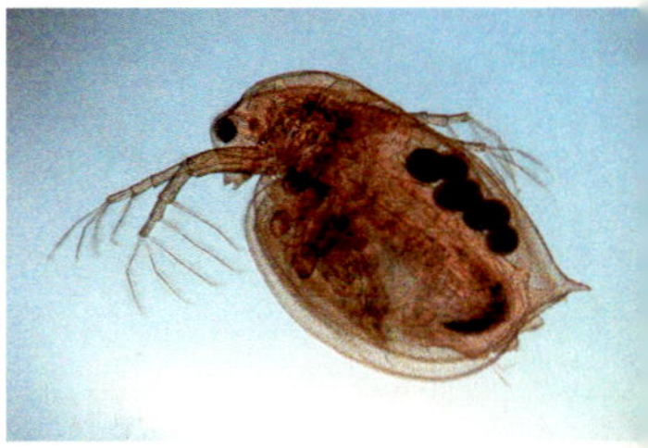
Großer Wasserfloh

Experimente mit dem Großen Wasserfloh zu Ursachen von Oszillationen

Populationen des Großen Wasserflohs *(Daphnia magna)* wurden in 50 ml Wasser gehalten und regelmäßig mit gleicher Futtermenge versorgt. Die täglichen Geburten und Sterbefälle wurden ausgewertet und jeweils die aktuelle Populationsgröße ermittelt. Zwei Populationen wurden im Experiment bei verschiedenen Temperaturen gehalten (18 °C und 25 °C).

Die bei niedrigen Temperaturen gehaltene Population erreichte nach einer Wachstumsphase eine etwa gleich bleibende Populationsgröße (ca. 120 Individuen). Der Wachstumsverlauf entsprach annähernd logistischem Wachstum. Bei höheren Temperaturen zeigten sich unter ansonsten gleichen Bedingungen deutliche Schwankungen. Im kühleren Gefäß verlaufen Stoffwechselprozesse langsamer (RGT-Regel, s. Seite 59). Verbrauch und Verwertung der Ressourcen erstrecken sich über einen längeren Zeitraum und so verlaufen Geburten und Sterbefälle weitgehend gleichmäßig und parallel; die Population bleibt annähernd konstant.

Im wärmeren Gefäß verlaufen dagegen alle Prozesse schneller. Rasche Ressourcenaufnahme steigert kurzzeitig die Geburtenrate und senkt die Sterberate, die beide damit nicht mehr gleich verlaufen. Es kommt zu einer Wachstumsphase, die zu höherem Verbrauch führt und letztlich in einer Knappheit endet. Die Geburten nehmen daraufhin ab, die Sterbefälle nehmen zu und die Population wird wieder kleiner. Im Experiment scheint sich eine dritte Phase anzuschließen, in der der bakterielle Abbau der toten Daphnien zu einem erneuten Wachstum führt.

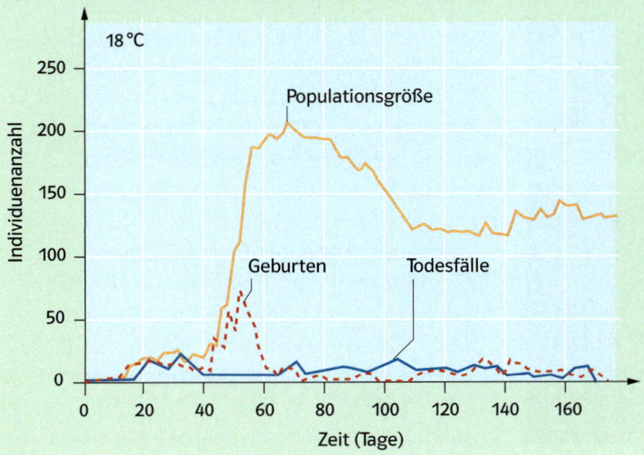

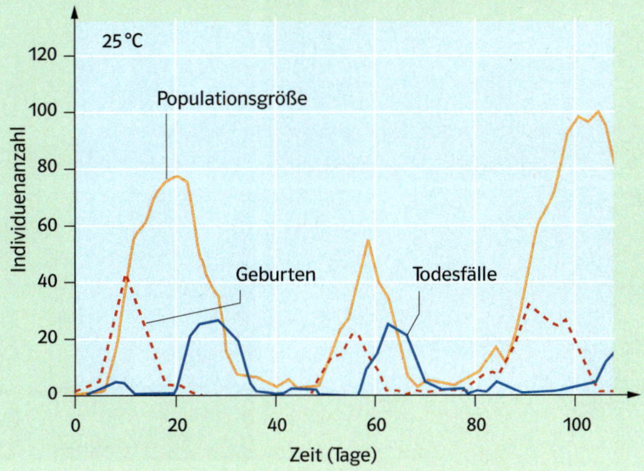

Räuber und Beute

1 *Bussard mit erbeuteter Maus*

In ländlichen Gebieten kann man Bussarde am Himmel sehen, wie sie ihre Kreise ziehen. Plötzlich stürzen sie auf den Boden herab und fassen eine Maus mit ihren Greiffüßen. Die Maus ist für den Bussard eine Beute, der Bussard für die Maus ein Fressfeind oder Räuber. Bussard und Maus sind ein Beispiel für eine *Räuber-Beute-Beziehung*.

Für einen Räuber ist die Beute eine notwendige Nahrungsressource. Er greift sie an, tötet oder schädigt sie zumindest und frisst sie anschließend ganz oder teilweise auf. Für eine Beute stellt der Räuber eine Bedrohung dar, die ihr Leben beeinträchtigt oder gefährdet und damit die Anzahl der Artgenossen reduziert.

Die Populationen von Räuber und Beute beeinflussen sich daher gegenseitig. Viele Gesetzmäßigkeiten von Räuber-Beute-Beziehungen treffen nicht nur auf bekannte Beispiele wie Bussard und Maus zu, sondern lassen sich auch bei Pflanzenfressern und ihren Nahrungspflanzen *(Pflanzen-Weidegänger-Beziehung)* wiederfinden. Entsprechendes gilt sogar für Parasiten und ihre Wirte *(Wirt-Parasit-Beziehung)*. Deshalb werden sie im weiteren Sinn ebenfalls zu den Räuber-Beute-Beziehungen gerechnet.

2 *Räuberstrategien und Abwehr durch Beute*

Gegenseitige Angepasstheit

Räuber haben verschiedene Vorgehensweisen beim Beuteerwerb, Beuteorganismen besitzen dagegen Mechanismen, genau dieses zu verhindern. Unter den Räubern gibt es z. B. Jäger, die einer Beute aktiv nachstellen. Hierzu gehören Marder, Haie, Libellen und viele andere. Andere Räuber stellen ihrer Beute Fallen wie die Spinnen. Viele im Wasser lebende Räuber sind Filtrierer. Hierzu gehören die kleinen Tiere des Zooplanktons wie Daphnien, aber auch Muscheln und große Tiere wie die Bartenwale. Weidegänger wiederum suchen ihre Nahrung auf und fressen sie ab, wie z. B. Rinder oder die Raupen vieler Insekten. Andere Pflanzenfresser wie Eichhörnchen sammeln Samen und Früchte. [Basiskonzept S. 382]

Beutetiere können durch Schnelligkeit entkommen, wie z. B. Antilopen, bzw. durch Tarnung oder versteckte Lebensweise unentdeckt bleiben, wie viele Insekten. Pflanzen enthalten vielfach Bitterstoffe oder Gifte, die sie vor Fraß schützen. Harte Schalen oder Stacheln, die sie schlecht angreifbar machen, kommen bei Tieren und Pflanzen vor.

Wechselwirkung der Populationen

Die gegenseitige Beziehung von Räuber und Beute verändert die beteiligten Populationen. Wenn viel Beute als Nahrungsressource vorhanden ist, können die Individuen der Räuberpopulation besser überleben, kräftiger wachsen und dann mehr Nachkommen zeugen sowie großziehen. Ist nur wenig Beute vorhanden, bewirkt das eine erhöhte Sterblichkeit und weniger bzw. keine Nachkommen. Die vorhandene Beutemenge bestimmt demnach, ob die Räuberpopulation wachsen kann oder abnimmt.

Räuber entfernen Individuen aus der Beutepopulation. Diese wird dadurch vermindert, und zwar umso stärker, je mehr Räuber vorhanden sind. Das Ausmaß des Einflusses hängt von der Effektivität der Räuber ab. Versteckmöglichkeiten der Beute oder Abwehrmechanismen vermindern seine Effektivität. Eine höhere Effektivität begünstigt den Räuber, verbesserte Abwehr oder schlechtere Erreichbarkeit dagegen die Beute. Hierbei handelt es sich um ein Beispiel für das Basiskonzept Steuerung und Regelung. [Basiskonzept S. 376]

Wenig effektive Räuber beeinflussen die Beutepopulation kaum. Beispielsweise leben Mäuse weitgehend versteckt unter der Erde. An der Erdoberfläche halten sie sich tagsüber nur kurz auf und können schnell wieder in der Erde verschwinden. Das führt dazu, dass ein Bussard in nur 5% aller Fangversuche erfolgreich ist. Er ist darum ein ineffektiver Räuber und frisst nur wenige der in seinem Revier lebenden Mäuse. Auch hat er nur eine Vermehrungsphase im Frühjahr, sodass eine Bussardpopulation langsam wächst, während Mäuse mehrere Generationen pro Jahr großziehen können, die teilweise selbst im gleichen Jahr geschlechtsreif werden. Der Einfluss ist daher einseitig fördernd von der Beute auf den Räuber.

Mäßig effektive Räuber führen zu einer Situation mit wechselseitigem Einfluss beider Populationen, die einem Regelkreis ähnelt.
- Mehr Beute führt zu einer verbesserten Versorgung und zu stärkerer Vermehrung der Räuber.
- Die Räuber fressen nun vermehrt Beute und reduzieren deren Population.
- Weniger Beute lässt viele Räuber verhungern, ihre Population nimmt ab.
- Wenige Räuber ermöglichen nun wieder eine Zunahme der Beutepopulation.

Dieser Regelkreis kann bei beiden Populationen Schwankungen verursachen. Die Schwankungen können aber auch abklingen und in eine Situation münden, die etwa gleichbleibende Größen bei beiden Populationen ausweist und dann einem Gleichgewichtszustand ähnelt.

Sehr effektive Räuber können ihre Beutepopulation stark reduzieren. Dies gilt z.B. für einige Pflanzenfresser, deren Beute die Nahrungspflanzen sind. Weidende Herden oder wandernde Insektenschwärme können ganze Regionen kahlfressen. In Seen können Planktonkrebse wie Daphnia regelmäßig die vorhandene Algenmenge aufzehren (Klarwasserstadium, s. Seite 171). Für Beutepopulationen bedeutet dies immer einen dramatischen Zusammenbruch und Räuberpopulationen erzeugen so selbst eine nachfolgende Nahrungsknappheit. Sie weichen dann durch Wanderungen aus, wechseln auf andere Beutearten oder bilden besondere Stadien aus, wie die Dauereier von Daphnien.

Wenn Räuber in entfernte Gegenden verschleppt werden, erweisen sie sich oft als sehr effektiv. Beispielsweise wurde nach 1945 die *Nachtbaumnatter* auf die pazifische Insel Guam verschleppt und hat sich stark vermehrt (Abb. 3). Sie ernährt sich von kleinen Säugetieren und Vögeln und hat inzwischen einige heimische Arten vernichtet.

A1 Erläutern Sie die Schemata in der Randspalte.

3 *Nachtbaumnatter (Boiga irregularis)*

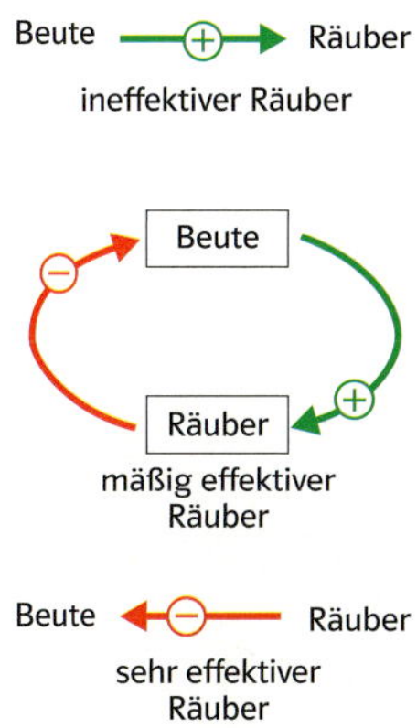

Modelle zur Räuber-Beute-Beziehung

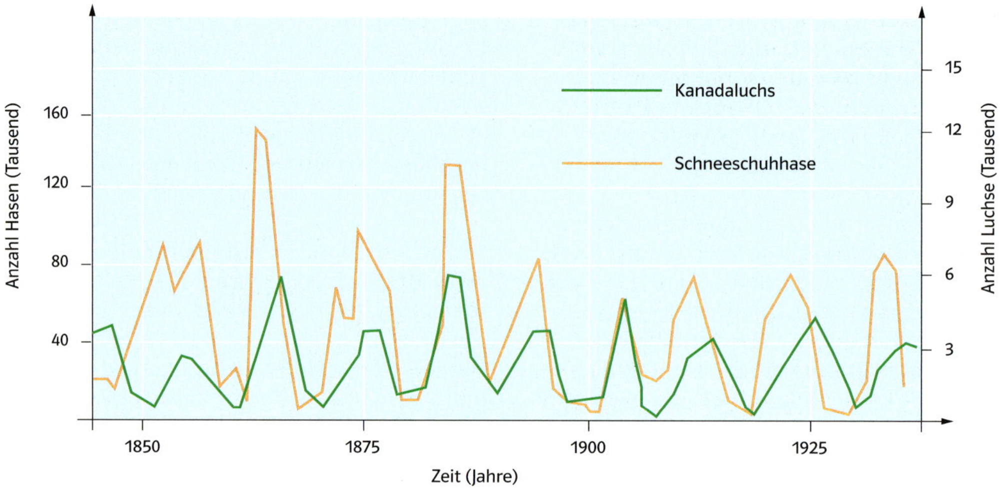

1 *Populationen von Luchs und Schneeschuhhase in Kanada, gemessen als Fellzählungen*

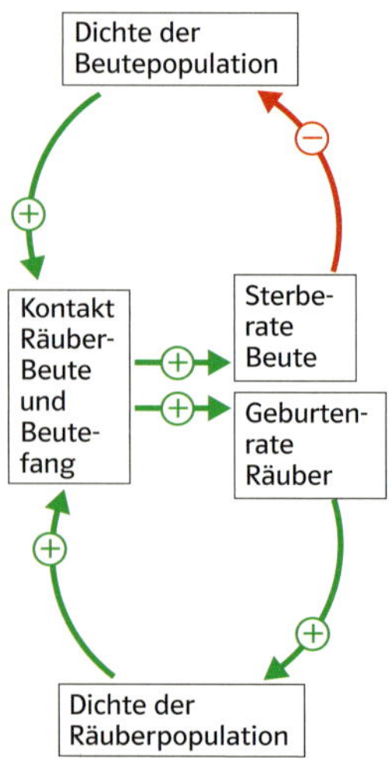

Viele Populationen von Räubern und ihrer Beute wachsen und nehmen wieder ab und es ist vielfach naheliegend, eine einfache Wechselbeziehung anzunehmen. Die Fellzählungen von Luchsen und Schneeschuhhasen der kanadischen Hudsonbay-Company repräsentieren wahrscheinlich die Veränderungen der Populationen und könnten einen solchen Fall darstellen (Abb. 1). Der wechselseitige Einfluss ist aber als Ursache der Populationsänderungen selten klar nachzuweisen und gilt dann nur für den jeweiligen Einzelfall. Genauere Überprüfungen haben zudem gezeigt, dass meist mehrere Populationen beteiligt sind und die Beschränkung auf die Beziehung zweier Populationen stark vereinfachend ist.

2 *Luchs jagt Schneeschuhhase*

Ein mathematisches Modell

Es gibt dennoch viele Versuche, die dahinter stehenden allgemeinen Gesetzmäßigkeiten zu erfassen und verstehbar zu machen, auch wenn man dazu die natürlichen Verhältnisse erst einmal vereinfachen muss. Ein wichtiger Weg ist immer die Erstellung eines mathematischen Modells, das mithilfe der vermuteten Beziehungen konstruiert wird. Im Verhalten dieses Modells hofft man dann, Erklärungen für Beobachtungen in der Natur zu finden.

Zur Räuber-Beute-Beziehung wurden viele Modelle entwickelt. Für jede der beiden beteiligten Populationen werden dazu in allen Modellen eigene Wachstumsgleichungen aufgestellt, die wechselseitig den Einfluss der jeweils anderen Population mit berücksichtigen.

Das bekannteste stammt von den Mathematikern Alfred Lotka und Vito Volterra aus den Jahren nach 1920. Sie suchten nach allgemeinen Erklärungen für Populationsschwankungen, die sie bei Fischen in der Adria bzw. bei Parasiten beobachtet hatten. Das Modell wird häufig verwendet, um auch das System aus Luchs und Schneeschuhhase zu verstehen. Es ist ein Beispiel für das Basiskonzept Steuerung und Regelung. [Basiskonzept S. 376]

LOTKA und VOLTERRA gingen vom exponentiellen Wachstum aus und variierten die Wachstumsrate (r), die sich aus der Differenz zwischen Geburtenrate (b) und Sterberate (d) ergibt (s. Seite 128).

$$N_{t+1} = N_t + r \cdot N_t = N_t + (b - d) \cdot N_t$$

Für die Räuberpopulation gilt im Modell, dass die Geburtenrate nur von der Beutemenge abhängt. Je mehr Beute es gibt, desto höher ist die Geburtenrate der Räuber. Die Sterberate wird als konstant angesehen. Entsprechend gilt für die Beutepopulation, dass die Sterberate (nur) von der Räuberpopulation abhängt. Je mehr Räuber es gibt, desto höher ist die Sterberate der Beutepopulation. Die Geburtenrate wird als konstant angesehen.

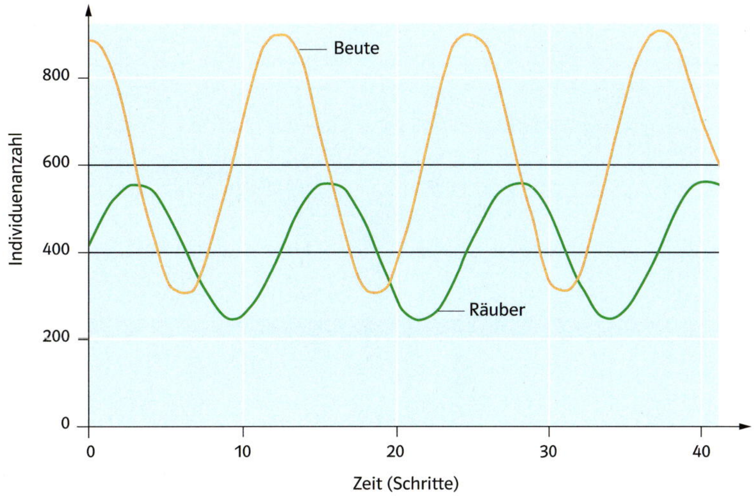

3 *Populationsverläufe im Lotka-Volterra-Modell*

Die Lotka-Volterra-Regeln

Die Untersuchung des Modellverhaltens zeigt tatsächlich ständige Schwankungen beider Modellpopulationen um jeweils einen eigenen Mittelwert, wie sie auch beim System aus Luchs und Schneeschuhhasen zu beobachten sind. Soweit scheint das Modell von LOTKA und VOLTERRA als Erklärung geeignet zu sein. Aus dem Modellverhalten ergeben sich wesentliche Aussagen, die nach ihren Erstellern *Lotka-Volterra-Regeln* genannt werden:

- Die beiden Populationsgrößen schwanken periodisch. Die Maxima und Minima der Räuberpopulation folgen dabei denen der Beutepopulation *(Lotka-Volterra-Regel 1)*.
- Die beiden Populationsgrößen schwanken jeweils um einen Mittelwert, der bei unveränderten Bedingungen langfristig konstant bleibt *(Lotka-Volterra-Regel 2)*. Der Mittelwert für die Räuber ist in der Regel kleiner als der für die Beutetiere.
- Nach starker Dezimierung beider Populationen erholt sich zuerst die Beutepopulation. Die Erholung der Räuberpopulation folgt zeitversetzt *(Lotka-Volterra-Regel 3)*.

Das Modell (Abb. 3) zeigt die zyklischen Eigenschaften, die man bei manchen natürlichen Räuber-Beute-Systemen beobachten kann. Dennoch ist es unzureichend. Es basiert beispielsweise auf exponentiellem Wachstum. Ohne Räuber würde die Beutepopulation unbegrenzt wachsen, da ihr eine obere Begrenzung fehlt. Weiterhin ist die Sterblichkeit der Beute allein durch Räuber bedingt. Ohne sie besitzt die Beute daher keine Sterblichkeit. Darüber hinaus bedingt die Konstruktion dieses Modells, dass in ihm zwangsläufig zyklische Schwankungen auftreten, es gibt praktisch keine Modellsituation ohne sie. Dies legt die falsche Vorstellung nahe, Schwankungen wie bei Luchs und Schneeschuhhase seien eine notwendige oder charakteristische Eigenschaft von Räuber-Beute-Systemen. In der Realität sind solche Schwankungen aber nur in seltenen Fällen zu beobachten.

Daher wurden viele andere Modelle entworfen, die auf dem logistischen Wachstum aufbauen. Als Grundüberlegung dient u.a. die Erkenntnis, dass die mögliche Anzahl Räuber von der vorhandenen Beutemenge abhängt. Damit ist z.B. die Kapazität der Räuberpopulation von der Beutemenge abhängig und kann entsprechend in das Modell eingebaut werden. Bei der Beutepopulation lässt sich z.B. die vom Räuber gefressene Beutemenge einfach als zusätzlicher Verlust verstehen und in die logistische Gleichung der Beutepopulation einfügen. Derartige Modelle zeigen ebenfalls die Eigenschaften, die in den Lotka-Volterra-Regeln formuliert wurden.

Populationsökologie und Pflanzenschutz

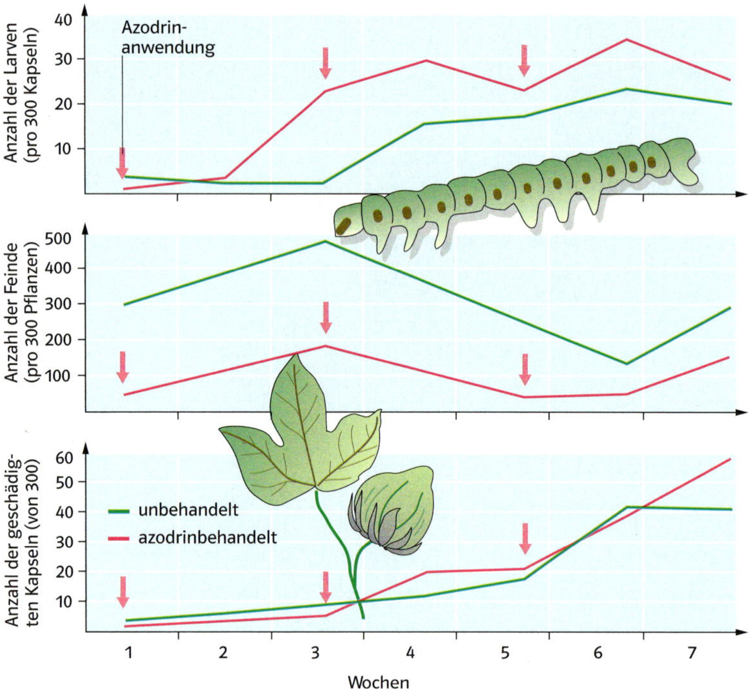

1 *Raupe des Eulenfalters auf Baumwollpflanzen*

Die Populationen von Pflanzen wie Getreide und Gemüse, die für die Nahrungsmittelproduktion wichtig sind, werden durch Pflanzenfresser („Schädlinge") und konkurrierende Pflanzenarten („Unkräuter") stark begrenzt.

Insektizide gegen Pflanzenschädlinge
Monokulturen bieten den Pflanzenfressern mit hohen Vermehrungsraten ideale Lebensbedingungen. Insektenpopulationen wachsen schneller und sind häufig mobiler als etwa Mäusepopulationen; ihr Einfluss ist deshalb besonders gravierend. Der Einsatz von *Insektiziden* (chemischen Pflanzenschutzmitteln) ist wegen der möglichen Giftigkeit des Mittels oder seiner Abbauprodukte unter Umständen kritisch. Er zeigt zudem nicht immer den gewünschten Effekt des Pflanzenschutzes, denn diese Gifte greifen vielfältig in das Nahrungsnetz ein.

Minierer
Pflanzenfresser, die im Inneren von Pflanzen leben und Gänge („Minen") in diese fressen

Da die meisten Hauptfeinde von *Schadinsekten* auch zu den Gliederfüßern gehören *(Raubinsekten, Spinnen)*, werden ihre Populationen bei mangelnder *Spezifität* des Insektizids durch Gifteinsatz ebenso reduziert. Die geringere Wachstumsrate der Räuberpopulationen führt dazu, dass sie sich nach dem Insektizideinsatz langsamer erholen als die Schadinsektenpopulation (s. Lotka-Volterra-Regel 3, Seite 141).

Manche Schädlinge sind durch Insektizide kaum erreichbar. So leben die Larven des *Eulenfalters* („Baumwollwurm") in den Stängeln und Kapseln der Baumwollpflanzen als *Minierer* und führen zu deutlicher Ernteminderung. Eine Bekämpfung ist mit äußerlich aufgesprühten Insektiziden schwierig, da diese kaum zu den Schädlingen gelangen. Raubinsekten und Spinnen halten sich dagegen an der Oberfläche der Pflanzen auf und sind dadurch direkt dem Gift ausgesetzt (Abb. 1).

Auch parasitisch lebende Pilze können die Nutzpflanzenpopulationen erheblich beeinträchtigen. Gegen sie werden *Fungizide* eingesetzt.

Herbizide gegen Konkurrenten
Ackerflächen bieten nicht nur den Nutzpflanzen günstige Lebensbedingungen. Schnellwüchsige Konkurrenten wie Hohlzahn, Knöterich und andere „Unkräuter" nutzen dieselben begrenzten Ressourcen Platz, Licht und Mineralstoffe. Zur Vermeidung von Ertragseinbußen werden gegen sie *Herbizide* eingesetzt. Mit den konkurrierenden Pflanzen verschwinden aber auch Lebensmöglichkeiten von nützlichen Raubinsekten, deren Larven häufig auf diese unerwünschten Pflanzenarten als Nahrungsquelle angewiesen sind.

Parasiten und Pflanzenschutz
Erst seit ca. 60 Jahren ist eine spezifische *chemische Schädlingsbekämpfung* möglich. Davor versuchten die Menschen, Ernteschädlinge mit einfachen Mitteln zu bekämpfen. Neben dem Absammeln spielte die Förderung der Räuberpopulationen dabei eine wesentliche Rolle. So boten *Hecken* neben Windschutz auch vielen Insekten fressenden Vögeln Nistmöglichkeiten. *Brachland* spielte eine wichtige Rolle als Rückzugs- und Entwicklungsraum für Raubinsekten und am Boden brütende Vögel. Auch die *Fruchtfolge* ist eine Möglichkeit des Pflanzenschutzes. Durch den Wechsel der angebauten Frucht auf einem

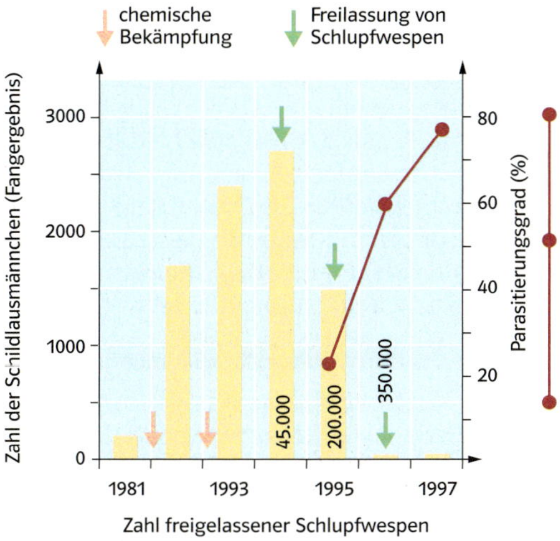

2 *Chemische und biologische Bekämpfung*

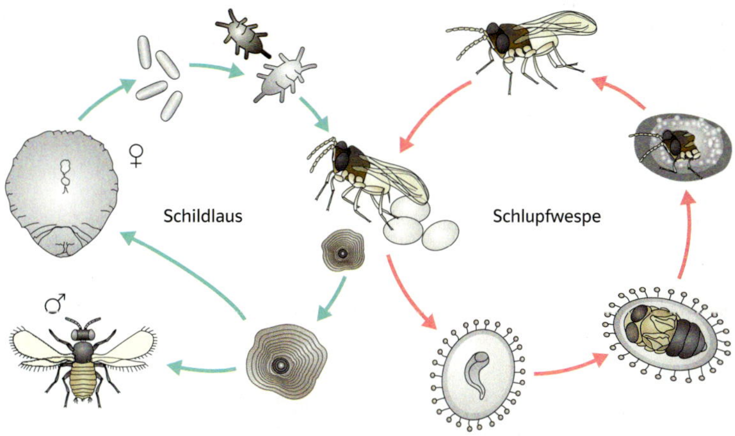

3 *Schlupfwespen im Pflanzenschutz*

Acker werden getreide-, kartoffel- oder rübenspezifische Schädlinge über Jahre dezimiert, bevor dieselbe Frucht wieder angebaut wird. Solche ökologischen Pflanzenschutzmaßnahmen sind heute vor allem im *ökologischen Landbau* wieder von großer Bedeutung.

Auch das Aussetzen von Räubern gegen Schädlinge hat eine lange Tradition. Es stellte sich allerdings schnell heraus, dass künstlich eingeführte Arten eine Reihe von Eigenschaften aufweisen müssen, damit sie wirkungsvoll sind und keine negativen Auswirkungen auf das Ökosystem haben. Neben einer hohen Wachstumsrate ist vor allem eine hohe *Fressrate* wichtig. Besonders bedeutsam ist ihre *Beutespezifität*: Generalisten entwickelten häufig eine verheerende Wirkung auf das Ökosystem. So verwilderten auf tropischen Inseln Katzen, die zur Bekämpfung von Mäusen gehalten wurden, und rotteten einheimische Tierarten aus.

Parasiten erfüllen die genannten Kriterien am besten. Vor allem ihre hohen Wachstumsraten und ihre *Wirtsspezifität* erweisen sich als günstig. Beispiele sind der Einsatz von Schlupfwespen gegen Schildläuse im Obstbau (Abb. 2, 3). Da Räuber und Parasiten ihre Beute bzw. Wirte nicht ausrotten, sondern deren Population lediglich begrenzen, ist mit gewissen Ernteeinbußen weiterhin zu rechnen.

Häufig müssen die Parasiten zudem in regelmäßigen Abständen neu ausgesetzt werden, da ihre Populationen bei geringer Wirtsdichte nicht beständig sind. Das ist recht teuer.

Gentechnische Verfahren

Gentechnische Verfahren können Pflanzen erzeugen, die Insektizide selbst produzieren. Ein Beispiel ist *Bt-Mais*, der Gene des Bakteriums *Bacillus thuringiensis* enthält. Diese Gene ermöglichen den Pflanzen die Bildung von Toxinen, die für Wirbeltiere, Raubinsekten und Spinnen harmlos, für Pflanzen fressende Insekten aber tödlich sind. Der Einsatz gentechnisch veränderter Pflanzen ist allerdings umstritten (s. Seite 262).

Häufiger Einsatz gleicher Wirkstoffe kann dazu führen, dass Individuen, die zufällig resistent gegen das Gift sind, überleben und sich ungehindert vermehren: Das Insektizid wird wirkungslos. Dies gilt in besonderem Maße für gentechnisch veränderte Pflanzen, die das Insektizid permanent produzieren. [Basiskonzept S. 382]

A1 Analysieren Sie die Folgen des Azodrineinsatzes gegen den „Baumwollwurm" (Abb. 142.1).

A2 Vergleichen Sie den Effekt chemischer und biologischer Bekämpfung bei der Schildlausbekämpfung in einem schweizer Obstanbaugebiet (Abb. 2).

Schwammspinnerraupe

Das Konzept der ökologischen Nische

Kieselalgen

Die ungefähr 1 cm große *Flussschwimmschnecke* war früher in den Fließgewässern Mitteleuropas weit verbreitet. Sie stellt eigentlich recht geringe Ansprüche an ihre Umwelt. Temperatur und pH-Wert können stark variieren, auch bezüglich des Salzgehaltes ist sie eurypotent, sodass sie sogar im Brackwasserbereich der großen Flüsse vorkam. Sie ernährt sich von Kieselalgen, die mit der rauen Zunge, der *Radula*, vom Untergrund abgeschabt werden. Viele Arten dieser Algengruppe mit ihrer harten Schale sind weit verbreitet, d. h. die Schnecken sollten eigentlich keinen Nahrungsmangel erleiden. So war lange unverständlich, weshalb sie dennoch aus immer mehr Gewässern verschwanden. Auch im Rhein wurden sie nach 1994 nicht mehr nachgewiesen.

ökologische Nische
Gesamtheit der Ansprüche einer Art an ihre biotische und abiotische Umwelt

Experiment zur ökologischen Nische

Der Biologe Dietrich Neumann ging dieser Frage nach. Dazu setzte er Flussschwimmschnecken in ein nur mit Wasser gefülltes Aquarium, in dem er Kieselalgen als Nahrung anbot. Die Algen besiedelten das freie Wasser und die Glaswände. Die Schnecken magerten innerhalb kurzer Zeit ab, obwohl sich in ihren Mägen Kieselalgen befanden, die jedoch unzerbrochen waren und so nicht verdaut werden konnten. Erst als Neumann raue Steine in das Aquarium gab, zerbrachen die Kieselalgenschalen beim Abschaben. Im Freiland hat in den letzten Jahrzehnten durch menschliche Einflüsse der Bewuchs mit Grünalgen auf den Steinen in den Flüssen zugenommen. Auf diesem glatten Untergrund sind Kieselalgen für die Schnecken als Nahrung wertlos.

Die Gesamtheit der Ansprüche der Schnecke an ihre Umwelt bezeichnet man als ihre *ökologische Nische*. Dieser Begriff stellt nicht nur einen Raum mit seinen Eigenschaften (das *Habitat)* dar, sondern auch die Ansprüche bezüglich Sauerstoffgehalt, Temperatur, pH-Wert usw.

Die ökologische Nische lässt sich in verschiedene Teilbereiche aufgliedern. So benötigt die Schnecke für die Ernährung Kieselalgen und auch einen rauen Untergrund *(Nahrungsnische)*. Andere Teilbereiche der Nische können z. B. Ansprüche bezüglich spezieller Brutplätze in einem Revier *(Brutnische)* oder Versteckmöglichkeiten *(Schutznische)* sein.

Wirkungsgesetz der Umweltfaktoren

Das Beispiel der Flussschwimmschnecke zeigt, dass die Umwelteinflüsse für ein Lebewesen unterschiedlich bedeutsam sind. So ist die *Strömungsgeschwindigkeit* für diese Art weniger bedeutend, da sie fest auf Steinen haften kann und wenig Strömungswiderstand bietet. Bezüglich dieses Faktors ist die Schnecke also *eurypotent* (s. Seite 121). Ein einziger Anspruch dagegen, im Beispiel die rauen Steine, kann für das Vorkommen einer Art entscheidend sein. Das *Wirkungsgesetz der Umweltfaktoren* beschreibt diesen Zusammenhang. Für das Überleben und die

1 *Flussschwimmschnecke*

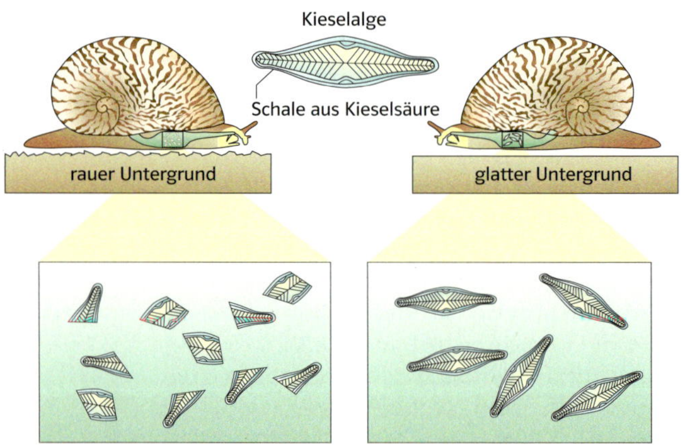

2 *Kieselalgen als Nahrung der Flussschwimmschnecke*

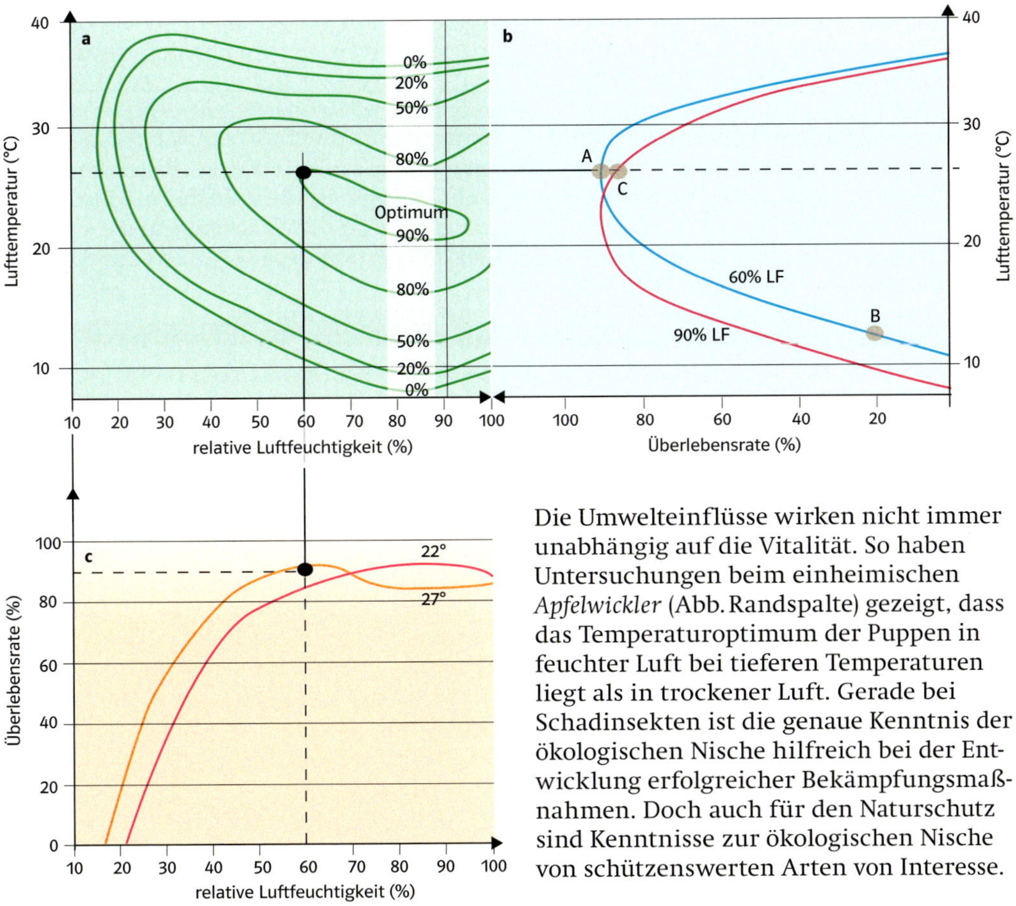

3 *Kombination zweier Faktoren beim Apfelwickler*

Häufigkeit einer Art ist der Umweltfaktor maßgeblich, der am weitesten vom Optimum entfernt ist und deshalb begrenzend wirkt. In der Landwirtschaft ist dies als *Liebig'sches Minimumgesetz* bekannt (s. Seite 95). Fehlt bei der Düngung nur ein wichtiger Mineralstoff, dann können die Pflanzen nicht optimal gedeihen.

Manche Ansprüche lassen sich nur qualitativ beschreiben. Viele andere Elemente wie Temperatur-, pH-Wert- und Feuchtigkeitsansprüche sind aber auch quantitativ als ökologische Potenzen zu erfassen. Bis zu drei Potenzen lassen sich in einer Grafik darstellen (s. Randspalte). Die gemeinsame Schnittmenge beschreibt die Ansprüche einer Art bezüglich dieser drei Faktoren. Die Gesamtheit aller ökologischen Potenzen beschreibt die ökologische Nische quantitativ.

Die Umwelteinflüsse wirken nicht immer unabhängig auf die Vitalität. So haben Untersuchungen beim einheimischen *Apfelwickler* (Abb. Randspalte) gezeigt, dass das Temperaturoptimum der Puppen in feuchter Luft bei tieferen Temperaturen liegt als in trockener Luft. Gerade bei Schadinsekten ist die genaue Kenntnis der ökologischen Nische hilfreich bei der Entwicklung erfolgreicher Bekämpfungsmaßnahmen. Doch auch für den Naturschutz sind Kenntnisse zur ökologischen Nische von schützenswerten Arten von Interesse.

A1 Leiten Sie die Punkte A, B und C in Abbildung 3b aus der Abbildung 3a ab.

A2 Vergleichen Sie die unterschiedlichen Temperaturoptima des Apfelwicklers bei verschiedener Luftfeuchte mit den Lebensbedingungen der Puppe (Internet).

Ökologische Planstelle

Einzelne Teilbereiche der ökologischen Nische, insbesondere die ökologische Nahrungsnische, können in unterschiedlichen Regionen der Erde sehr ähnlich sein. In diesen Fällen spricht man von einer ähnlichen *ökologischen Planstelle (Stellenäquivalenz)*. So gibt es z. B. auf allen Kontinenten kleine Säugetiere, die wie die einheimischen Maulwürfe weitgehend unterirdisch leben und dort auch ihre Nahrung finden. Angepasstheiten an sehr ähnliche Lebensräume zeigen sich in großer Ähnlichkeit nicht verwandter Arten, wie dem Sternmull (Nordamerika), dem Beutelmull (Australien) und dem Goldmull (Südafrika). [Basiskonzept S. 384]

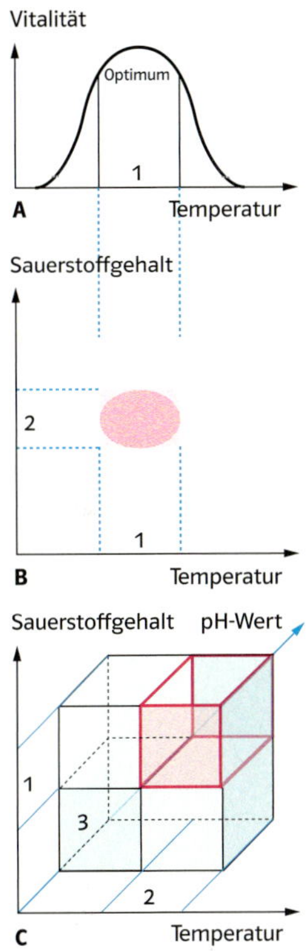

Maulwurf
(Überfamilie Spitzmausartige)

Goldmull
(Überfamilie Goldmullartige)

Beutelmull
(Unterklasse Beuteltiere)

Konkurrenz um Ressourcen

Mäusebussarde haben vielfältige Ansprüche an ihre Umwelt. Sie brauchen offenes Gelände mit einer hohen Mäusedichte und Ansitzwarten, von denen aus sie ihren kreisenden Jagdflug starten. Hohe Bäume benötigen sie als Horststandort. Aber auch Klimafaktoren sind für sie von Bedeutung: Im Frühjahr erhöht nasskaltes Wetter die Jungensterblichkeit, im Winter macht eine hohe Schneelage die Jagd auf Mäuse unmöglich. Solche einseitig auf den Bussard wirkenden Einflüsse wie Temperatur und Schneelage nennt man *Ökofaktoren*. Mäuse stehen dagegen als Nahrung in wechselseitiger Beziehung zum Bussard. Indem er sie fängt, dezimiert er ihre Zahl. Der Bussard beeinflusst also diesen Faktor, er verbraucht ihn. Solche Elemente der ökologischen Nische nennt man *Ressourcen*. Manche Einflüsse können eine Doppelfunktion haben. So ist für Wasserorganismen Wasser als Medium, in dem sie leben, ein Ökofaktor, andererseits ist es, wenn es aufgenommen wird, eine Ressource, die sie verbrauchen.

Für den Bussard ist die Nahrung die begrenzende Ressource. Steht Nahrung dagegen in großer Menge zur Verfügung, können andere Ressourcen begrenzend wirken, etwa die Schutzräume zur Aufzucht der Jungen. Ein Beispiel dafür sind die *Meeresvögel*, die an den Steilküsten brüten. Das Meer stellt in der Regel ausreichende Nahrungsressourcen zur Verfügung, zumal die Vögel mit relativ geringem Energieaufwand weit fliegen können. Dagegen ist die Zahl der möglichen Brutplätze an den Felsvorsprüngen sehr begrenzt (s. Randspalte).

Innerartliche Konkurrenz

Wenn Ressourcen knapp sind, stehen die sie nutzenden Organismen in Konkurrenz zueinander. Das gilt insbesondere für Artgenossen. Diese *innerartliche Konkurrenz* führt bei Tieren häufig zur *Revierbildung*. Dann verteidigen Artgenossen gegeneinander ein bestimmtes Areal, das ihnen den benötigten Anteil der begrenzenden Ressourcen sichert. Da Revierverteidigung viel Energie kostet, weisen Reviere nur die Größe auf, die den Ressourcenbedarf gerade sichert. So ist die Reviergröße von Bussarden bei hoher Beutetierdichte deutlich kleiner als bei geringerer. Häufig werden sie auch nur eine begrenzte Zeit im Jahr verteidigt. Nahrung stellt für Meeresvögel keine begrenzende Ressource dar. Sie verteidigen aber mit großem Einsatz die für sie knappe Ressource Brutplatz.

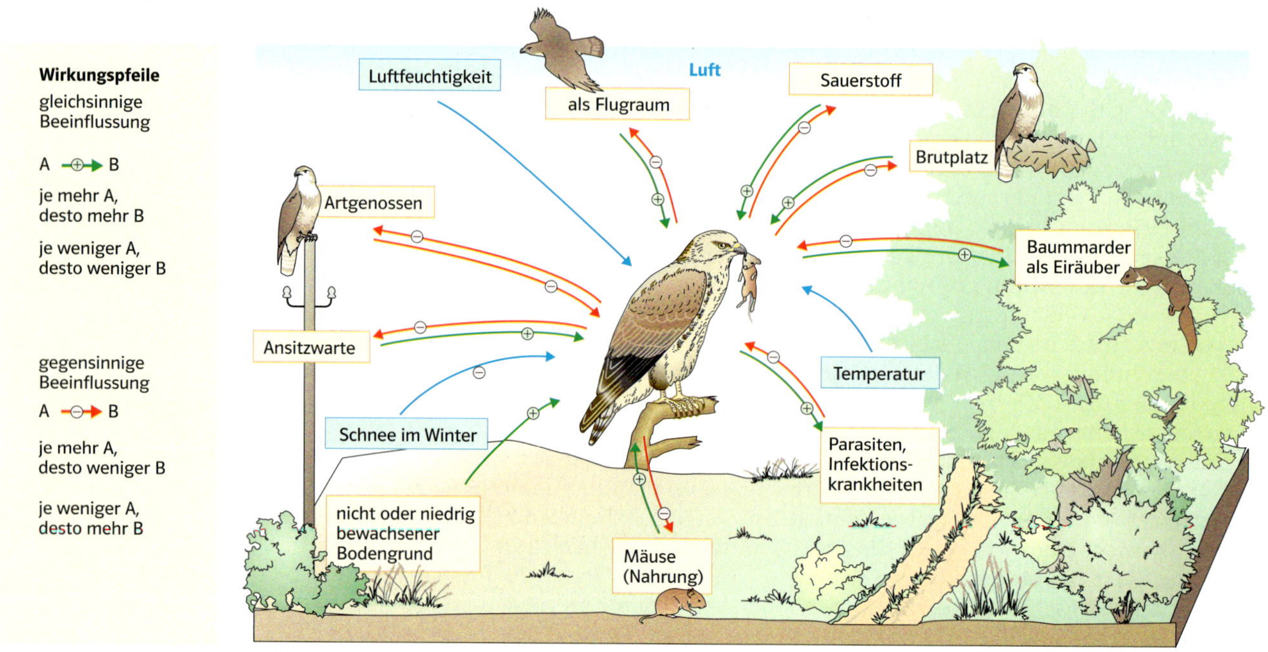

1 *Ökofaktoren und Ressourcen des Mäusebussards*

2 *Drüsiges Springkraut*

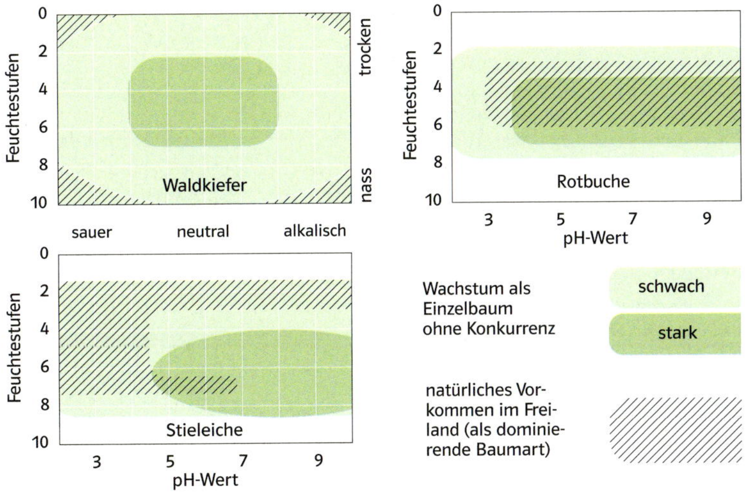

3 *Waldbäume: Fundamental- und Realnische*

Zwischenartliche Konkurrenz

Das *Drüsige Springkraut*, eine aus Asien stammende, bei uns eingeschleppte Art, ist sehr schnellwüchsig und überwuchert heimische Pflanzen. Neben der optimalen Nutzung der Ressourcen Licht und Wurzelraum ist es vor allem die starke Produktion von hochwertigem Nektar, die die *Konkurrenzstärke* dieser Pflanze ausmacht. Bienen und Hummeln lernen schnell, dass Springkrautblüten mehr Nektar bergen als die Blüten einheimischer Pflanzen. Die Bevorzugung bei der Bestäubung begünstigt dann eine schnelle Ausbreitung der Pflanzen. Die Pflanzen sterben im Herbst vollständig ab. Fehlendes Wurzelwerk begünstigt dann die Erosion im Uferbereich.

Konkurrenzstarke Einwanderer wie das Springkraut belegen eine wichtige ökologische Regel, das *Konkurrenzausschlussprinzip*. Verschiedene Arten eines Lebensraums können auf Dauer nicht nebeneinander koexistieren, wenn sich ihre ökologischen Nischen bezüglich der knappen Ressourcen gleichen. Die positive Umkehrung der Regel *(Konkurrenzvermeidung)* zeigt das Beispiel der *Meeresvögel* (s. Randspalte Seite 146). Die verschiedenen Arten unterscheiden sich gerade bezüglich der begrenzenden Ressource *Brutnische*. Die unterschiedliche Ressourcennutzung erlaubt also *Koexistenz*.

Fundamental- und Realnische

Auch bei *Waldbäumen* ist die Bedeutung der Konkurrenzstärke zu erkennen. Die *Rotbuche* zeigt die beste Nutzung der Ressource Licht und bildet sehr lichtdichte Kronen. Konkurrenten anderer Arten können dort nicht leben, wohl aber die eigenen jungen Artgenossen. Die tolerantere, aber konkurrenzschwache *Waldkiefer* dagegen existiert im Freiland nur in nichtoptimalen Bereichen bezüglich pH-Wert und Feuchte, die von anderen Baumarten nicht besiedelt werden können.

Das Vorkommen im Freiland beschreibt die ökologische *Realnische*. Sie ist bei konkurrenzschwachen Arten deutlich eingeschränkter als die *Fundamentalnische*, die die Ansprüche einer Art unter Laborbedingungen ohne Einfluss von biotischen Faktoren wie Konkurrenz oder Räuber beschreibt. Sie wird von physiologischen Faktoren bestimmt, die Realnische dagegen auch von Wechselbeziehungen zu anderen Arten.

A1 Untersuchen Sie mithilfe der Abbildung 1, inwieweit alle Faktoren mit wechselseitiger Beeinflussung als Ressourcen bezeichnet werden können.

A2 Vergleichen Sie die Fundamental- und die Realnische der Waldbäume (Abb. 3 und Randspalte) und erklären Sie die Unterschiede.

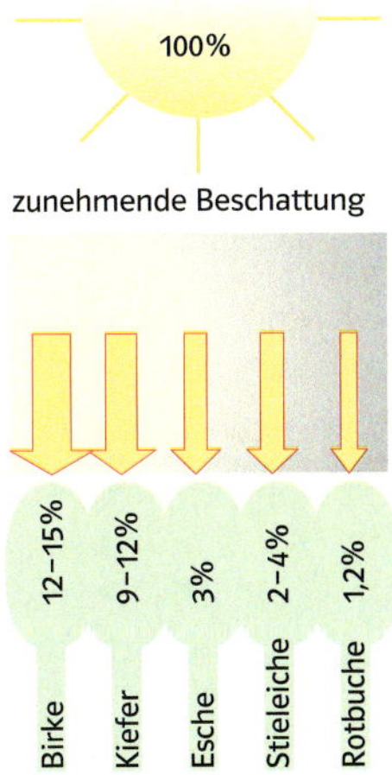

minimaler Lichtbedarf von Jungbäumchen

Lichteinfall am Boden (Juli) im dichten
Rotbuchenwald: ca. 1,6%
Eichenwald: ca. 4,0%

Konkurrenzausschlussprinzip
Verschiedene Arten eines Lebensraumes können nicht auf Dauer nebeneinander koexistieren, wenn sich ihre ökologischen Nischen bezüglich der knappen Ressourcen zu ähnlich sind.

Material
Die ökologische Nische von Strudelwürmern

Bei Strudelwürmern lässt sich ein Zusammenhang zwischen Umweltansprüchen und Verbreitung erkennen. Die hier betrachteten Arten sind bis 2 cm lang und bewohnen vor allem Fließgewässer, über deren steinigen Untergrund sie sich kriechend fortbewegen. Ihre Nahrung sind Aas und kleine Wirbellose. Die Tiere haben keinen Blutkreislauf. Die abgeplattete Form hält die Gasdiffusionswege im Körper kurz.

1 *Dugesia gonocephala*

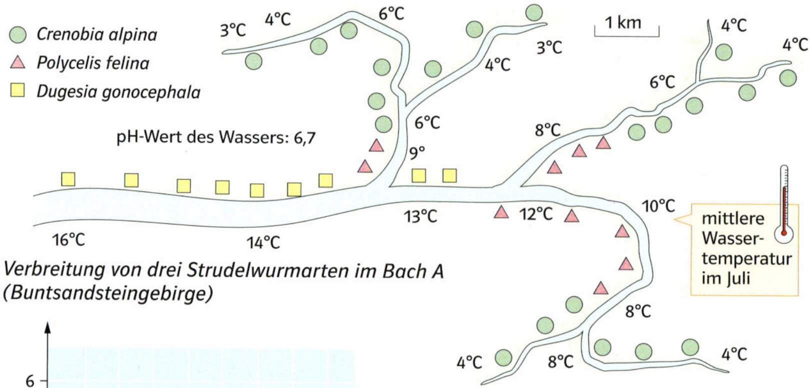

2 *Verbreitung von drei Strudelwurmarten im Bach A (Buntsandsteingebirge)*

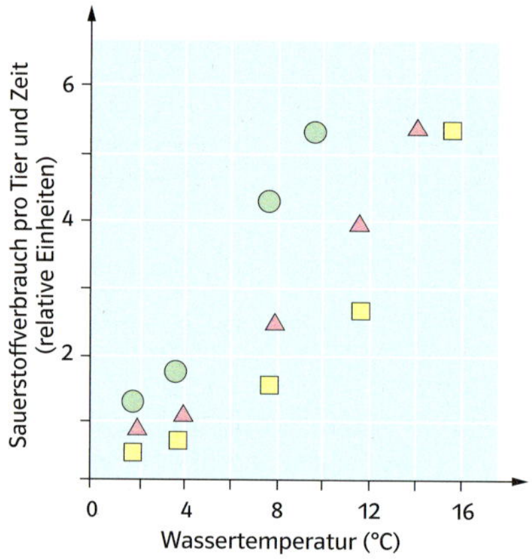

3 *Sauerstoffverbrauch*

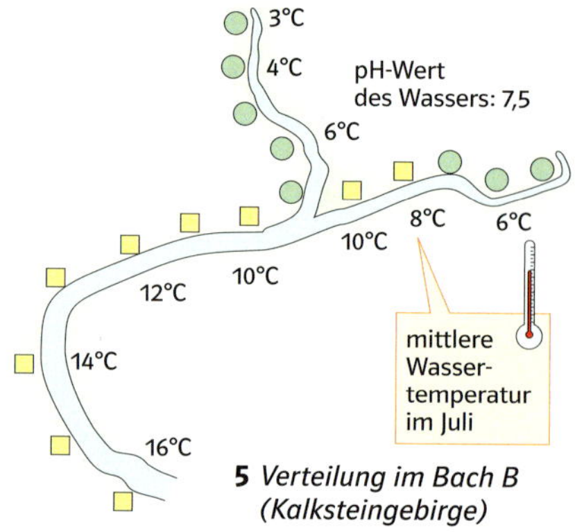

5 *Verteilung im Bach B (Kalksteingebirge)*

Bachsystem A

Im Bachsystem A fanden Biologen drei Arten von Strudelwürmern. Die Kartierung (Abb. 2) ergab, dass die drei Arten unterschiedliche Abschnitte des Bachsystems besiedelten.

In Laborexperimenten wurde der Sauerstoffverbrauch der Tiere in Ruhe (Abb. 3) sowie die maximale Kriechgeschwindigkeit bestimmt (Abb. 4).

A1 Stellen Sie fest, in welchen Temperaturgrenzen die drei Arten jeweils im Bachsystem A vorkommen.

A2 Stellen Sie den Zusammenhang zwischen Sauerstoffverbrauch (Abb. 3), Kriechgeschwindigkeit (Abb. 4) und Temperatur in einem Pfeildiagramm dar (Symbolik wie Seite 146).

A3 Erläutern Sie die Konsequenzen bezüglich der *Temperaturtoleranz*, die Sie bei den drei Arten erwarten.

A4 Stellen Sie eine begründete Hypothese zur Verbreitung der drei Arten im Bachsystem A auf.

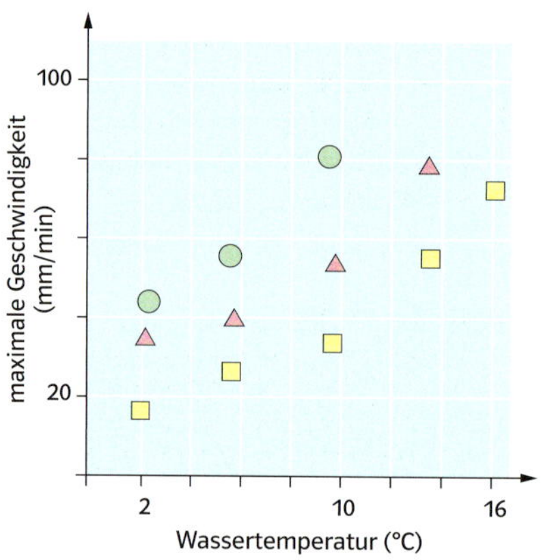

4 *Maximale Kriechgeschwindigkeit*

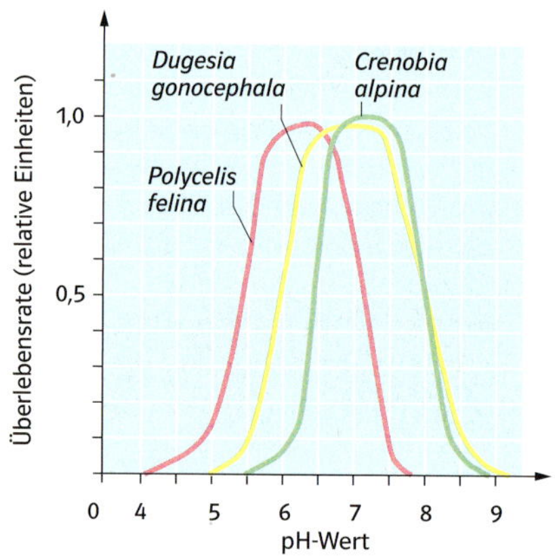

6 *pH-Toleranz der drei Arten*

Bachsystem B

Untersuchungen in einem strukturell ähnlichen Bachsystem B brachten eine Überraschung: In diesem Gebiet fehlt *Polycelis felina* und doch ist der gesamte Bachverlauf von Strudelwürmern besiedelt. Ein Vergleich mit dem Gewässer A zeigte einen Unterschied im pH-Wert (Abb. 5).

A5 Nennen Sie mögliche Gründe für das Fehlen von *Polycelis felina* in Bach B.

A6 Vergleichen Sie die Verbreitung der Arten in den beiden Bachsystemen und nennen Sie eine mögliche Erklärung für die Unterschiede.

A7 Entwickeln Sie Überprüfungsexperimente für Ihre Hypothesen (Aufgabe 6).

A8 „Bei konkurrenzstarken Arten gleicht die Fundamentalnische weitgehend der Realnische." Überprüfen Sie, inwieweit diese Regel im vorliegenden Fall zutrifft.

Untersuchungen zur ökologischen Nische

Licht- und Temperaturansprüche von Wirbellosen lassen sich im Freiland und im Labor untersuchen. Da nur vergleichende Untersuchungen aussagekräftig sind, sollten mindestens zwei verwandte Arten untersucht werden. Besonders geeignet sind *Schnecken*. Sinnvoll ist ein Vergleich der Ansprüche von *Nacktschnecken* und *Gehäuseschnecken*.

Gartenbänderschnecke

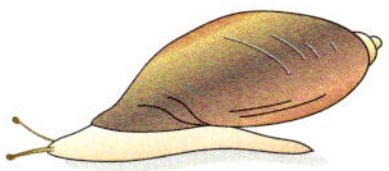
Bernsteinschnecke

Hainbänderschnecke

Schwarze und Rote Wegschnecke

Freilanduntersuchung

Untersuchungsobjekte
Wählen Sie zwei Arten aus, die im Untersuchungsgebiet häufig sind. (Sie brauchen mindestens 10, besser 20 Individuen pro Art.)

Untersuchungsort
Zwei nahe gelegene offene Standorte, die sich bezüglich der Temperatur unterscheiden, etwa
- Hecke: Süd- und Nordseite mit Wildkrautbesatz oder
- Waldrand besonnt—unbesonnt.

Die Größe des Gebietes ist so zu wählen, dass dort genügend Individuen jeder Art zu finden sind.

Material
- Thermometer (möglichst digital)
- Luxmeter
- mindestens 30 kleine Sammelgefäße für Tiere (durchnummeriert, mit Schriftfeld)

Durchführung
a) Stellen Sie von beiden Untersuchungsgebieten eine maßstabsgetreue Skizze her. Zeichnen Sie herausgehobene Punkte wie Bäume und Büsche ein.
b) Suchen Sie in beiden Untersuchungsgebieten Individuen der gewählten Arten. Bestimmen Sie an jedem Standort
   • die Temperatur
   • die Beleuchtungsstärke.
c) Geben Sie die Tiere in das Sammelgefäß und beschriften Sie das Schriftfeld mit den Messdaten.
   Tragen Sie die Nummer des Sammelgefäßes in die Kartenskizze ein.

A1 Erstellen Sie jeweils für jedes Untersuchungsgebiet und für jede Art folgendes Raster bzw. Diagramm:
- senkrecht Beleuchtungsstärke, waagerecht Temperatur (Punkt pro Fund)
- Häufigkeitsverteilung der Arten in Abhängigkeit von der Beleuchtungsstärke.

A2 Vergleichen Sie die Umweltansprüche beider Arten.

Laboruntersuchung

Die *Temperaturorgel* wird mindestens eine Stunde, besser drei Stunden vor Versuchsbeginn angesetzt (Kochsalz/Eis-Kältemischung, kochendes Wasser) und die Temperatur an mindestens 4 Punkten bestimmt. Optimal ist ein linearer Gradient zwischen 5 °C und 45 °C. Die Temperaturorgel wird mit einer Glasscheibe abgedeckt.

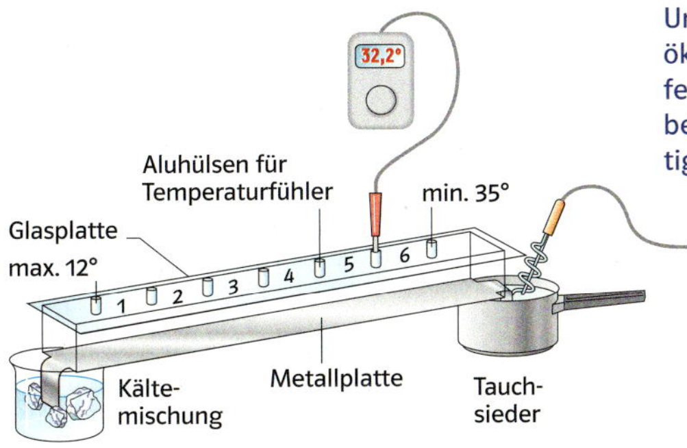

Tiere beider Arten werden im Temperaturbereich von 20 bis 30 °C auf die Rinne gesetzt. Inaktive Tiere tauchen Sie ca. 30 s in lauwarmes Wasser.

A3 Bestimmen Sie alle 15 Minuten die Verteilung der Individuen auf der Temperaturorgel. Verändert sich die Verteilung nicht mehr wesentlich, tragen Sie diese Ergebnisse als Häufigkeitsverteilung grafisch auf.

A4 Berechnen Sie die Temperaturmittelwerte für beide Arten.

A5 Vergleichen Sie diese Ergebnisse mit Ihren Freilandergebnissen.

A6 Bevorzugen die Arten eher Licht oder Schatten? Entwickeln Sie dazu ein einfaches Experiment und führen Sie es durch.

Untersuchungen mit Asseln

Auch andere Wirbellose wie Asseln lassen sich vergleichend untersuchen. Man findet die Tiere leicht unter Steinen oder in äußeren Schichten eines Komposthaufens. Sie lassen sich einige Zeit halten, wenn man in ein Gefäß etwas Erde und darüber feuchte alte Laubstreu gibt.

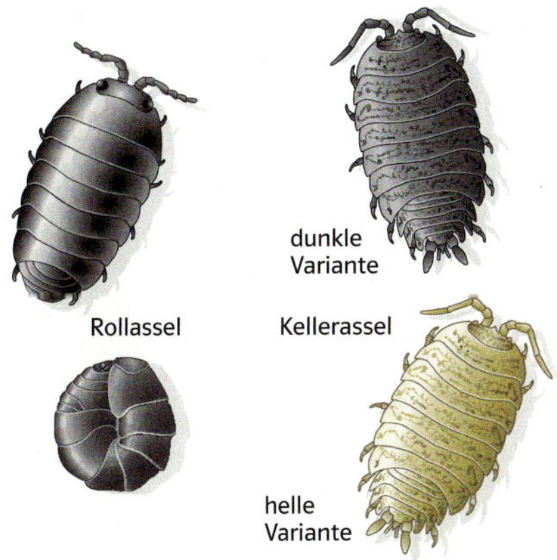

A7 Wandeln Sie die oben beschriebenen Untersuchungen so ab, dass Sie die ökologischen Ansprüche und Präferenzen verschiedener Asselarten bezüglich Temperatur und Luftfeuchtigkeit untersuchen können.

Parasitismus

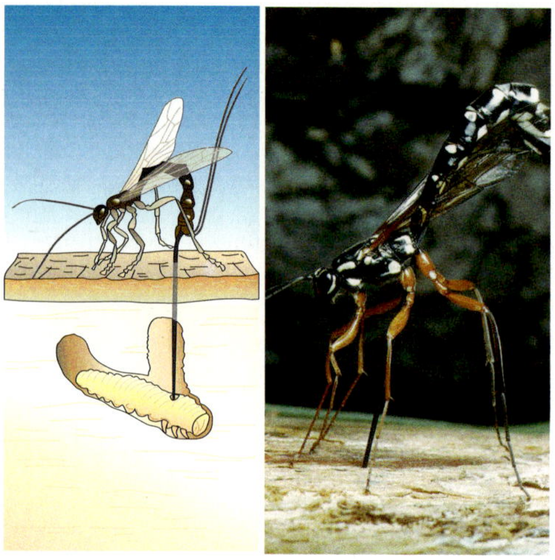

1 *Schlupfwespe*

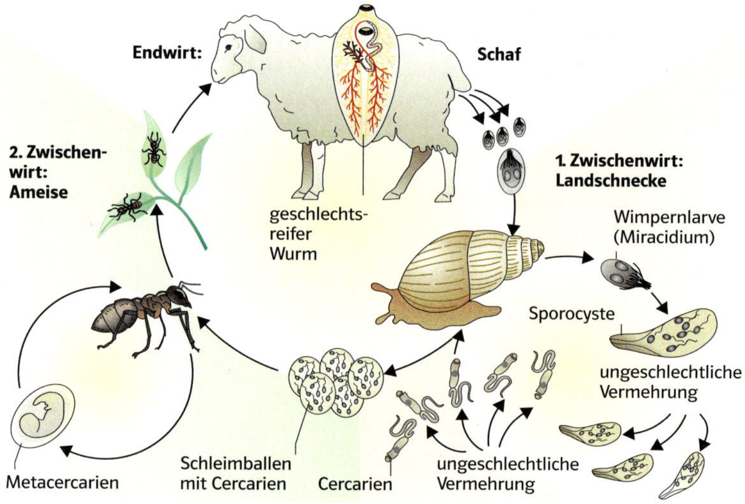

2 *Entwicklung des Kleinen Leberegels*

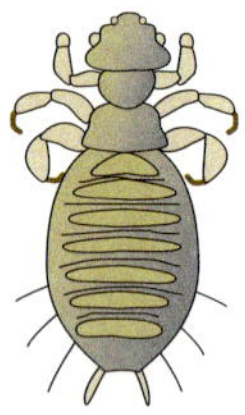

Haarling

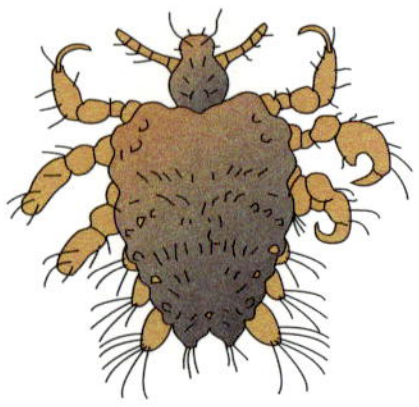

Filzlaus

Zecke

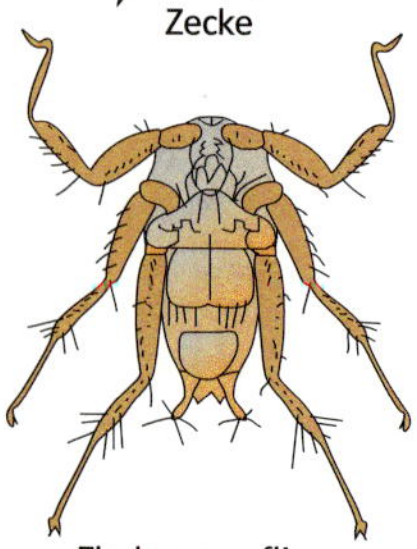

Fledermausfliege

Räuber töten ihre Beute, bevor sie sie verzehren. *Parasiten* dagegen ernähren sich von anderen Lebewesen *(Wirten)*, ohne sie vorher zu töten. Das schädigt den Wirt durch verminderte Lebensdauer, verringertes Wachstum oder eine geringere Fortpflanzungsrate.

Varianten des Parasitismus

Parasitismus tritt in zahlreichen ökologischen Varianten auf. So können Parasiten auf der Außenfläche ihres Wirts leben (*Ektoparasiten* wie *Floh*, *Zecke* und *Kopflaus*). Typisch für diesen Parasitentyp sind spezielle Haftorgane und ein flacher Körperbau (s. Randspalte). Es gibt auch Übergänge zwischen Parasiten und Räubern *(Parasitoide)*. So besiedeln die Larven von Schlupfwespen als Spezialisten meist Schmetterlingsraupen (Abb. 1). Am Ende der Larvenentwicklung ist der Wirt tot, das Imago verlässt den Wirt.

Die geringe Größe der Parasiten erlaubt auch ein Leben im Inneren ihres Wirts *(Endoparasiten)*. Abwehrstrategien des befallenen Organismus erfordern gerade von Endoparasiten eine extreme Angepasstheit an ihren Wirt. Deshalb sind diese Parasitenformen zumeist hoch spezialisiert.

A1 Informieren Sie sich über Krankheitserreger wie Pestbakterium und Salmonellen. Begründen Sie, ob hier typische Parasitenmerkmale vorliegen.

Wirtswechsel

Die Wahrscheinlichkeit für eine direkte Neubesiedlung eines Wirtes ist sehr klein. Das Beispiel des *Kleinen Leberegels* (Abb. 2) zeigt überlebenssichernde Angepasstheiten: Dieser Parasit ist ein Zwitter und lebt in der Leber von *Schafen*. Da diese wie viele Säugetiere den eigenen Kot meiden, wäre eine direkte Übertragung unwahrscheinlich. Bestimmte *Schnecken* dagegen ernähren sich von Säugerkot. Die Wahrscheinlichkeit, dass Parasiteneier in diesen *Zwischenwirt* gelangen, ist deshalb relativ hoch. Die von der Schnecke ausgestoßenen Schleimballen mit dem nächsten Parasitenstadium enthalten energiereiche Kohlenhydrate. Sie werden deshalb gern von *Ameisen* als Nahrung aufgenommen. Bemerkenswert ist nun das Verhalten betroffener Ameisen: Sie klettern, vom Parasiten veranlasst, an die Spitze von Grashalmen, beißen sich dort fest und verharren so tagelang. Damit wird die Wahrscheinlichkeit gesteigert, dass wieder ein Schaf als *Endwirt* die Ameisen mit ihren Parasiten aufnimmt: Der Zyklus ist geschlossen. Der *Wirtswechsel* ist folglich eine Strategie des Parasiten zur Besiedlung neuer Endwirte. Mehrere *ungeschlechtliche Vermehrungszyklen* in den Zwischenwirten erhöhen die Wahrscheinlichkeit, dass zumindest einige Parasiten wieder in einen neuen Endwirt gelangen. [Basiskonzept S. 372]

Symbiose

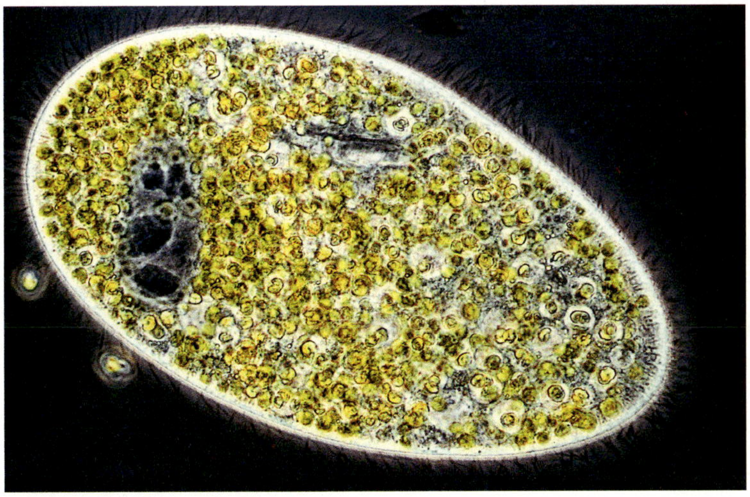

1 *Paramecium bursaria mit Chlorella*

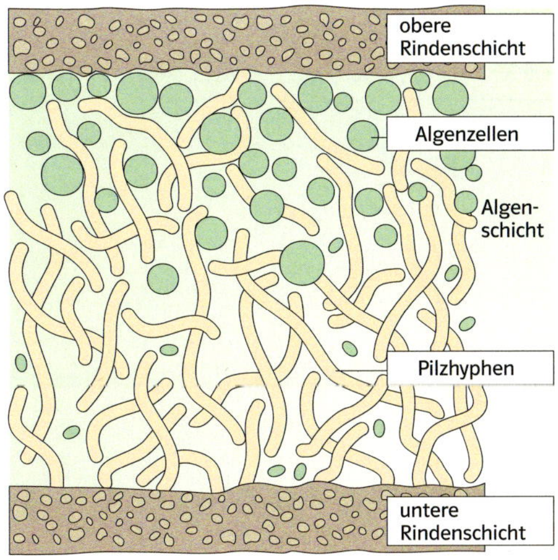

2 *Flechte*

Eine Beziehung zweier Arten, von der beide profitieren, wird *Symbiose* genannt. Symbiosen sind in der Natur sehr verbreitet. In Vesikeln des Einzellers *Paramecium bursaria* leben zahlreiche Grünalgen der Gattung *Chlorella*. Die Algen vermehren sich innerhalb des Einzellers, der ihnen einen gewissen Schutz, etwas Mobilität, vor allem aber eine hohe Mineralstoff- und Kohlenstoffdioxidkonzentration bietet. Aber auch die Einzeller profitieren von den Algen: Ist organische Nahrung *(Detritus)* für sie knapp, beziehen sie Vitamine und Proteine aus den Algen.

Alle Arten der Gattung Paramecium strudeln kleine Nahrungspartikel über ihr Mundfeld ein. Dort werden sie in Nahrungsvakuolen übernommen und verdaut. Ähnlich kann auch heute noch *P. bursaria* Chlorella-Algen aufnehmen — nur werden sie nicht automatisch verdaut. Wenn allerdings die Nahrungsbedingungen für *P. bursaria* schlecht werden, verhält sich der Einzeller wie seine Verwandten auch: Er verdaut diese Algen und ernährt sich von ihnen. Offensichtlich hat also dieser Einzeller im Verlauf der Evolution die Fähigkeit erworben, die Abgabe von Verdauungsenzymen zu steuern. Das Beispiel zeigt, dass Symbiose keineswegs immer ein friedliches Miteinander darstellt, sondern oft eher als *Kampfgleichgewicht* betrachtet werden kann. So leben nur bestimmte Chlorella-Arten in *P. bursaria*, andere werden als Nahrung verdaut. Das deutet darauf hin, dass diese Algenart eine gewisse Resistenz gegen die Verdauung durch *P. bursaria* erworben hat.

Flechten

Ein zweites Beispiel sind *Flechten*. Hier ist die Beziehung zwischen Algen oder *Cyanobakterien* und dem sie umgebenden *Pilz* so eng, dass Flechten als eigenständige systematische Gruppe betrachtet werden. Flechten leben unter völlig anderen ökologischen Bedingungen als die einzelnen Symbiosepartner. So besiedeln Flechten häufig extrem nahrungsarme Untergründe wie Felsen oder Betonflächen, aber auch Extremlebensräume in Trockenheit und Kälte, in denen weder Pilze noch Algen allein existieren könnten: Das Pilzgerüst schützt die Algen vor Austrocknung und liefert den Pflanzen Kohlenstoffdioxid. Durch Säurenabgabe kann es für die Alge wichtige Mineralstoffe aus dem steinigen Untergrund lösen. Der Pilz ist als heterotropher Organismus auf die organischen Fotosyntheseprodukte der Alge angewiesen. Dieses Zusammenleben erlaubt die Besiedlung unwirtlicher Lebensräume.

Symbiotische Beziehungen können auch zwischen Arten existieren, die räumlich viel unabhängiger voneinander sind. Ein Beispiel sind Blütenpflanzen und sie bestäubende Insekten- oder Vogelarten.

	Wirkung von A auf B	Wirkung von B auf A
Parasitismus	+	−
Räuber/Beute	+	−
Symbiose	+	+
Parabiose	+	0

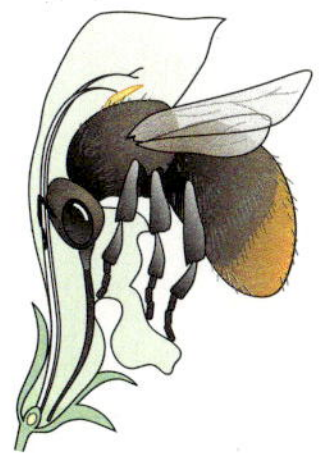

Hummelblüte

Kolibriblüte

Koevolution — Anpassung und Gegenanpassung

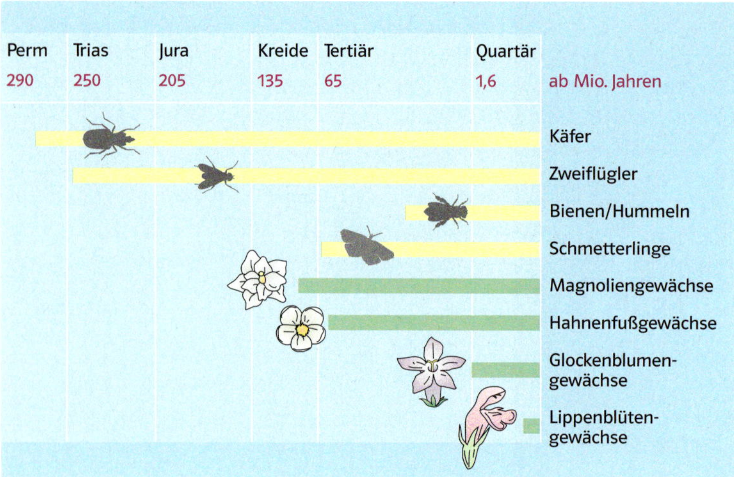

1 *Koevolution von Blütenpflanzen und bestäubenden Insekten*

2 *Sternorchidee mit langem Sporn und Schwärmer*

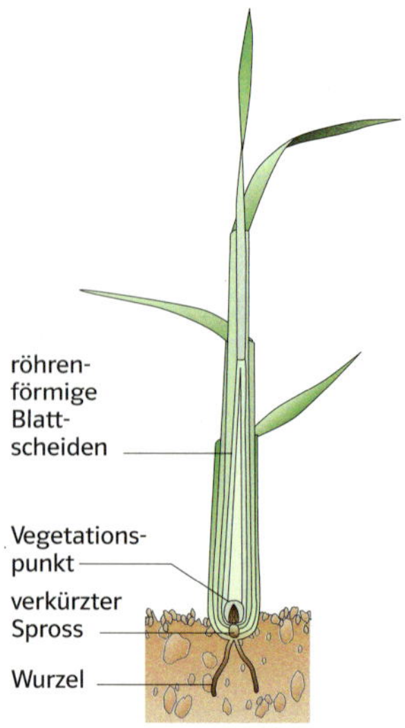

Keine Art lebt allein, jede Art ist in ihrem Lebensraum gleichzeitig ein Teil der biotischen Umwelt von anderen Mitgliedern der Biozönose. Verändert sich eine Art durch natürliche Selektion, verändert sich damit auch die Umwelt der Mitbewohner und die Selektionsfaktoren sind anders. Eine solche wechselseitige Beeinflussung in der Evolution zweier Arten bezeichnet man als *Koevolution*. Die Koevolution ist für die Geschichte des Lebens auf der Erde von entscheidender Bedeutung und hat erheblich zur Steigerung der Artenvielfalt beigetragen. [Basiskonzept S. 384]

3 *Blüten und ihre typischen Bestäuber*

Insektenbestäubte Blütenpflanzen

Die Blütenpflanzen breiteten sich in der Kreidezeit rasch aus und entwickelten viele neue Formen. Fossilfunde belegen, dass zeitgleich auch die Insekten eine Radiation durchmachten (Abb. 1). Ihnen boten die Blütenpflanzen eine reichhaltige Nahrung, besonders der proteinreiche Pollen hatte es ihnen angetan. Für Pflanzen, die Pollen nicht im Überschuss produzieren konnten, bedeutete das oft das Ende. Bei den anderen sorgten die Insekten bei ihren Blütenbesuchen nebenbei für die Bestäubung und förderten so die Vermehrung ihrer Nahrungspflanzen. Energetisch günstiger verfuhren Blütenpflanzen, die die Insekten nicht mit Pollen, sondern mit Zuckersaft aus Nektardrüsen in die Blüte lockten.

Die Folge der gegenseitigen Anpassung

Einen hohen Fortpflanzungserfolg hatten die Pflanzen, wenn der Nektar so untergebracht war, dass die Insekten unweigerlich auch Pollen abstreiften und zur nächsten Blüte trugen. Das gilt besonders dann, wenn Insekten eine gewisse Blütentreue zeigen, also der richtige Pollen auch auf die richtige, also artgleiche, Blüte gelangt [Basiskonzept S. 370]. Blütenvarianten in Form, Farbe und Duft begünstigten Insektenvarianten mit jeweils passenden Mundwerkzeugen und Sinnesleistungen. Auch Insekten profitierten davon, als einzige Art, also konkurrenzlos, für eine bestimmte Blüte in Frage zu kommen. Man kann Blüten oft ansehen, für welchen Bestäuber sie sich eignen. Die *Madagaskar-Sternorchidee* (Abb. 2) weist z. B. einen 30 cm langen Blütensporn auf, in dem sie Nektar bildet. Schon DARWIN sagte 1862 voraus, dass der zugehörige Bestäuber einen ungewöhnlich langen Saugrüssel haben müsse. Im Jahre 1903 wurde der passende Schmetterling entdeckt.

Koevolutive Entwicklungen entstehen damit über längere Zeiträume und haben häufig hochgradige Spezialisierungen der entsprechenden Lebewesen zur Folge (s. Seite 130). Damit weisen alle symbiotischen Beziehungen zwingende Abhängigkeiten der betroffenen Partner auf, denn beide Organismen besitzen Strukturen, deren Funktion nur mithilfe des koevolutiven Partners ausgefüllt wird. Ohne diesen können sie nicht existieren. Auch die Wechselbeziehungen zwischen Wirt und Parasit sind koevolutiv geprägt (s. Seite 150). [Basiskonzept S. 382]

A1 Beschreiben Sie weitere Beispiele für die Koevolution von Blüten und deren Bestäubern.

Koevolution
Fortwährende gleichzeitige Beeinflussung zweier (oder mehrerer) Arten, deren Folge eine wechselseitige Anpassung ist.

Info-Box: Koevolution bei Passionsblume und Heliconius-Falter

Über 500 Passionsblumenarten gibt es in den tropischen und subtropischen Wäldern Südamerikas. Viele von ihnen produzieren giftige Substanzen, die sie vor den zahlreichen Pflanzen fressenden Insekten schützen. Die Raupen des *Heliconius*-Falters haben diesen Abwehrmechanismus überwunden, sie besitzen ein Enzym, das das Gift abbaut und können sich deshalb konkurrenzlos von den Passionsblumenblättern ernähren. Da eine einzelne Raupe ganze Teile einer Pflanze kahl fressen kann, fügt *Heliconius* seiner Wirtspflanze großen Schaden zu. Daher hatten Pflanzen, die sich gegen *Heliconius* wehren konnten, einen Selektionsvorteil. Der Schutz vor Raupenfraß setzt schon bei der Eiablage durch die *Heliconius*-Falter ein. Passionspflanzen bilden Blätter unterschiedlichster Form: spitze, zarte in Bodennähe und breite, festere im Kronenbereich, die den Blättern von Nichtwirtspflanzen der jeweiligen Umgebung gleichen. Für das optisch orientierte Falterweibchen ist es schwer, die richtigen Blätter für die Eiablage zu finden. Außerdem bilden viele Passionsblumenarten Nektardrüsen, die den Eiern von *Heliconius* zum Verwechseln ähnlich sehen. Diese Nachahmungen täuschen die Falterweibchen und halten sie davon ab, Eier auf diesen Blättern abzulegen. Darüber hinaus sondern die Nektardrüsen ein süßes Sekret ab, das Ameisen und Wespen anlockt. Diese fressen *Heliconius*-Eier.

A2 Belegen Sie anhand der Diagramme, dass *Heliconius*-Weibchen Blätter ohne Flecken oder Eier bevorzugen.

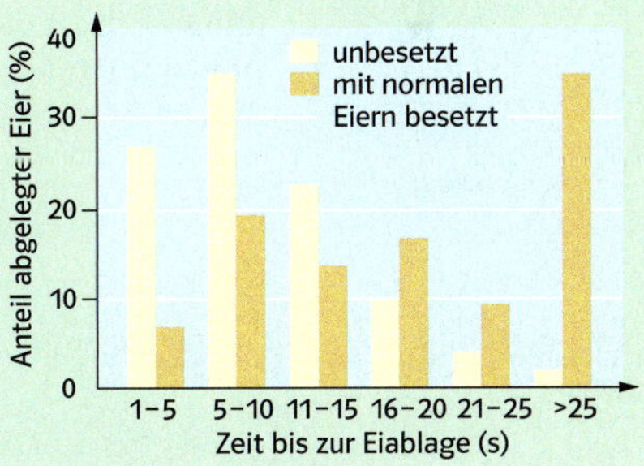

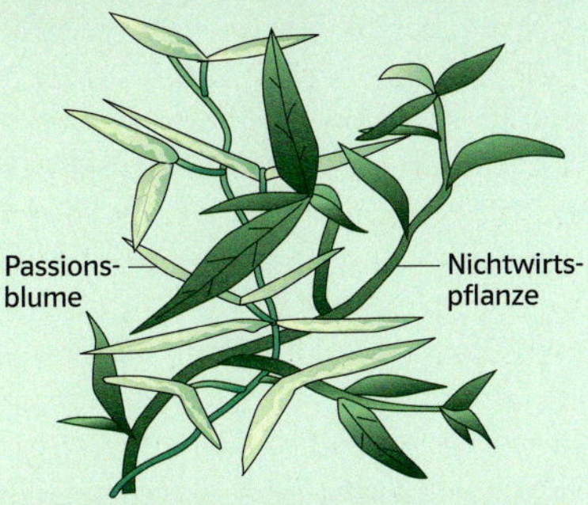

Die Blätter mancher Passionsblumenarten sehen in der Nähe vorkommenden anderen Arten sehr ähnlich. Ein Zufall?

Eier auf Passionsblumenblatt

Manche Blätter tragen Flecken aus umgewandelten Nektardrüsen, die Heliconius-Eiern täuschend ähnlich sehen.

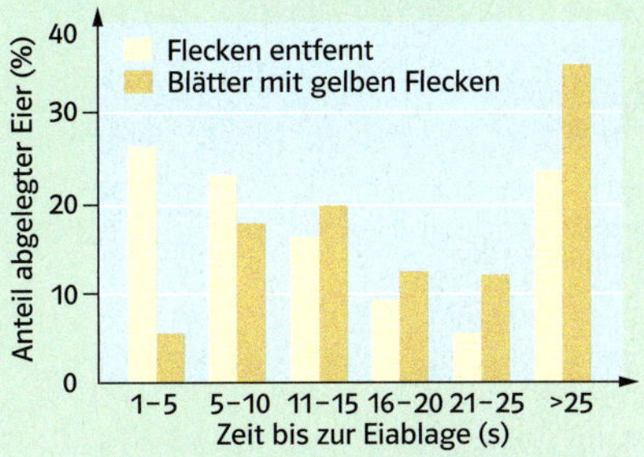

In Experimenten wurde beobachtet, wie lange es dauert, bis Weibchen auf bestimmten Blättern Eier ablegen.

3.3 Ökosysteme
Gestufte Systeme

Biozönose
Lebensgemeinschaft aller Organismen in einem Biotop

Biotop
Lebensraum, Gesamtheit aller abiotischen Umweltfaktoren

Ökosystem
Vernetzung von Biozönose und Biotop

Biomasse
gesamte lebende Masse aller Individuen

Produktion
in einer bestimmten Zeit neu gebildete Biomasse

In einem Ökosystem leben viele Pflanzen- und Tierarten zusammen. Sie stellen eine Lebensgemeinschaft dar, die *Biozönose*, und diese lebt in einer gemeinsamen Umwelt, dem *Biotop*. Biozönose und Biotop bilden zusammen ein Ökosystem.

Zwischen den Populationen eines Ökosystems gibt es viele Wechselwirkungen, die zusammen seine Gesetzmäßigkeiten bestimmen. Einige lassen sich aus der Beziehung zweier Populationen erhalten. Man kann sich das gesamte System aus einzelnen Zwei-Arten-Systemen zusammengesetzt vorstellen. Die Beziehungen zwischen den Arten sind jedoch sehr vielfältig und müssen eher als stark verflochtenes Netz aufgefasst werden.

Trophiestufen

Viele Populationen nutzen ähnliche Ressourcen. Man fasst sie daher zu *Trophiestufen* zusammen. Mit ihrer Hilfe lassen sich einfache Gesetzmäßigkeiten ermitteln. Die unterste Stufe bilden autotrophe Organismen wie die Pflanzen. Sie stellen aus anorganischen Stoffen energiereiche organische Stoffe her *(Primärproduktion)*. Dies ist die Trophiestufe der *Produzenten*. Die weiteren Trophiestufen bilden *Konsumenten*. Das sind heterotrophe Organismen, die eigene Biomasse aus der Biomasse anderer Organismen produzieren *(Sekundärproduktion)*. Die zweite Stufe bilden Pflanzenfresser. Sie sind *Konsumenten 1. Ordnung*. Fleischfresser bilden als *Konsumenten 2. Ordnung* die dritte Stufe. Weitere Konsumentenstufen können folgen. Mit jeder höheren Stufe wird aber die Nahrung seltener und ihre Schwankungen wirken sich gravierender aus. Die meisten Ökosysteme haben daher nicht mehr als 4 Trophiestufen.

Trophiestufen besitzen die kennzeichnenden Größen *Individuenanzahl* bzw. *-dichte*, *Biomasse* und *Produktion*. Die Individuenanzahl ist wegen der riesigen individuellen Unterschiede in Größe oder Masse jedoch wenig aussagekräftig, wie z. B. der Vergleich von Bäumen und Kräutern offensichtlich macht. Die Biomasse erfasst die gesamte Masse der Individuen. Die Produktion beschreibt, wie viel neue Biomasse in einer bestimmten Zeit gebildet wird. Die kennzeichnenden Größen können zu *ökologischen Pyramiden* wie z. B. zur Biomassenpyramide zusammengefasst werden (Abb. 1). Auch der Flächenbedarf der Individuen bildet eine Pyramide.

A1 Erläutern Sie die eigenartige Form der Pyramide für den Flächenbedarf.

Die Größe einzelner Populationen bleibt nicht konstant, sondern schwankt ständig. In stabilen Lebensräumen scheinen aber über einen längeren Zeitraum gesehen die Biomassen der *Trophiestufen* etwa gleich groß zu sein (Abb. 2).

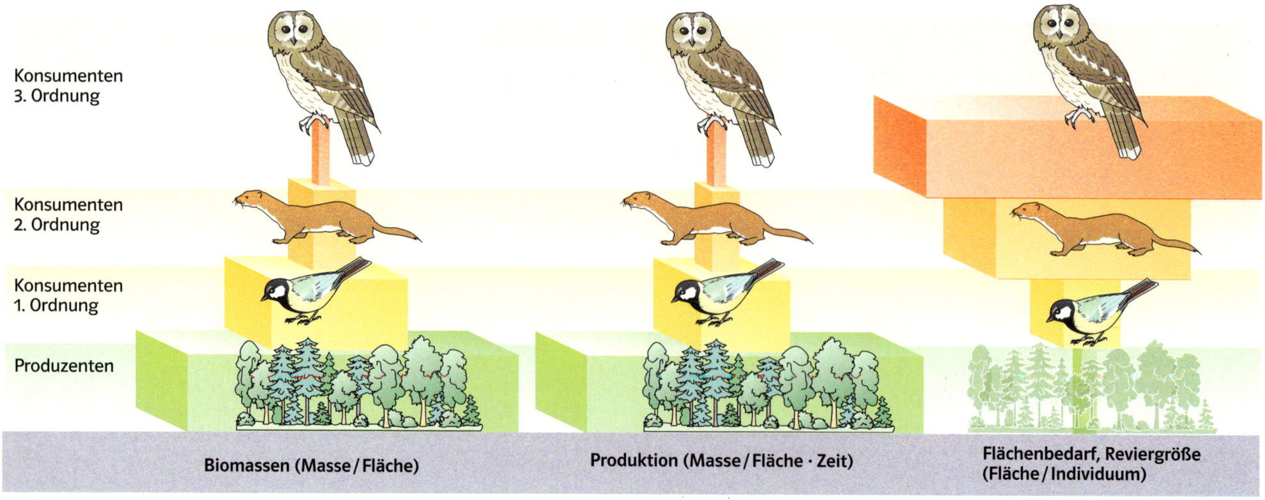

1 *Ökologische Pyramiden terrestrischer Ökosysteme*

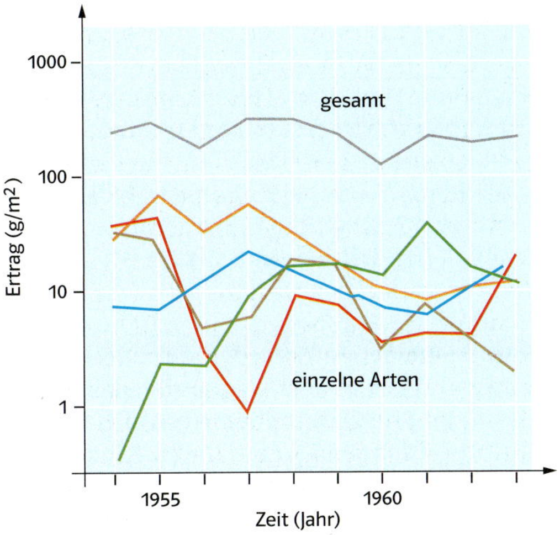

2 *Produktion bei Pflanzenarten auf einer Wiese*

Art	Masse (kg)	Dichte (N / km2)	Masse / Fläche (kg / km2)	Ernährung
Feldmaus	0,02	3300	66	P
Erdmaus	0,032	2500	80	P
Wisent	900	0,1	90	P
Wildschwein	80	0,3	24	G
Dachs	12	1,2	14,4	G
Mauswiesel	0,12	10	1,2	F
Luchs	25	0,03	0,75	F
Wolf	40	0,02	0,8	F
P = Pflanzenfresser, F = Fleischfresser, G = Gemischtfresser				

3 *Ökologische Daten verschiedener Säugetiere*

In diesem Fall verliert eine Trophiestufe so viel Biomasse durch Absterben oder an höhere Konsumenten, wie sie im gleichen Zeitraum produziert hat. [Basiskonzept S. 378]

Produktivitätsverhältnisse

Oft ist die Produktion geringer als der aktuelle Bestand. Dann besitzen tiefere Trophiestufen einen größeren Bestand als höhere. Pflanzenfresser erreichen daher auf gleicher Fläche höhere Biomassen als Fleischfresser (Abb. 3). Die von Konsumenten als Nahrung aufgenommene Biomasse kann nicht vollständig verwertet werden. Der nutzbare Anteil wird zum großen Teil für die aktuelle Energieversorgung verbraucht und dient zum anderen dem Wachstum der Individuen und der Produktion von Nachkommen *(Reproduktion)*, die zusammen die Produktion einer Trophiestufe ausmachen.

Insgesamt ist damit die Produktion einer höheren Trophiestufe niedriger als die Menge der aufgenommenen Biomasse. Höhere Trophiestufen haben darum stets eine deutlich niedrigere Produktion als darunterliegende, und von einer Stufe zur folgenden nimmt die Produktion deutlich ab. Untersuchungen haben gezeigt, dass die Produktion einer Trophiestufe nur etwa $^1/_{10}$ der darunterliegenden Stufe beträgt. Das Verhältnis der Produktion aufeinanderfolgender Trophiestufen liegt damit bei annähernd 10 : 1, man sagt auch, dass die Produktivitätseffizienz 10 % beträgt.

In großen Gewässern findet man oft eine scheinbar gegenteilige Situation, denn die Biomassen bilden eine umgekehrte Pyramide (Abb. 4). Die hier lebenden kleinen Algen können sich jedoch bei guter Versorgung mit Ressourcen täglich mehrfach teilen und ihre Biomasse vervielfachen. In einem Ökosystem sind daher weniger die aktuellen Biomassen von Bedeutung, entscheidend ist vielmehr die Produktion, die in unteren Trophiestufen ausnahmslos höher ist.

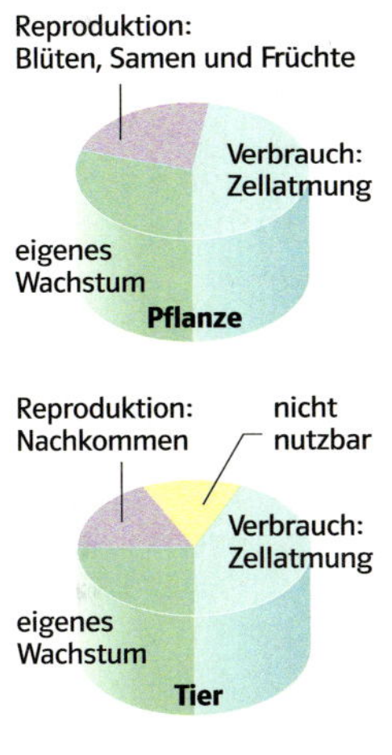

Verwendung von Biomasse

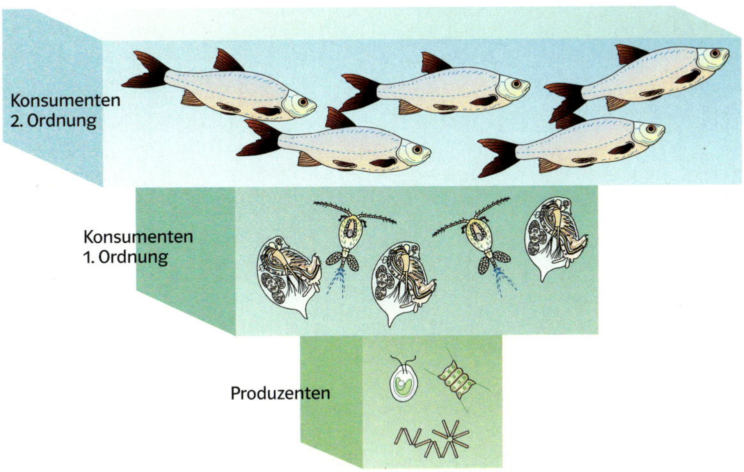

4 *Biomassenpyramide eines großen Gewässers*

Primärproduktion

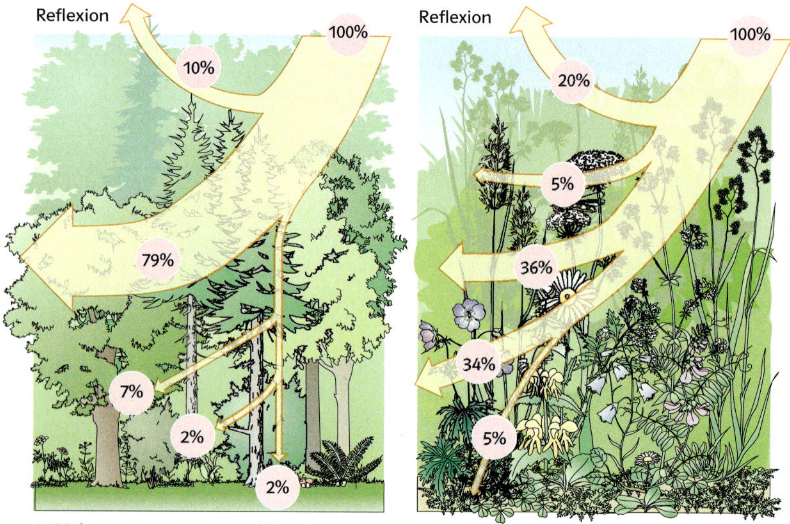

1 *Lichtausnutzung in Wald und Wiese*

Grüne Pflanzenteile absorbieren Licht für die Fotosynthese (s. Seite 102). Die Absorption erfolgt jedoch nicht vollständig, sodass Restlicht für weitere Blattschichten übrig bleibt. Untersuchungen haben gezeigt, dass in einem Pflanzenbestand so viele Blattschichten vorkommen, dass das Licht praktisch vollständig genutzt wird (Abb. 1). [Basiskonzept S. 382]

Wird die Produktion nur durch die verfügbare Lichtmenge begrenzt, führt dies zu einer ähnlichen Fotosyntheseleistung und damit zu einer ähnlichen Nettoprimärproduktion in unterschiedlichen Ökosystemen. Dies zeigt sich in Mitteleuropa z. B. bei Laubwäldern, Nadelwäldern und Wiesen (s. Randspalte).

Die Primärproduktion wird weiterhin durch die Verfügbarkeit von Wasser und Mineralstoffen sowie durch die Temperatur bestimmt. Der am wenigsten verfügbare Faktor begrenzt die insgesamt erzielbare Produktion *(Liebig'sches Minimumgesetz*, s. Seite 95). Dies führt zu sehr unterschiedlicher Primärproduktion in verschiedenen Lebensräumen der Erde (Abb. 2).

A1 Die Primärproduktion ist in verschiedenen Ökosystemen der Erde sehr unterschiedlich (Abb. 2). Erklären Sie, welcher Faktor im Einzelfall wahrscheinlich begrenzend wirkt.

Nettoprimärproduktion pro Jahr
Laubwald
1,45 kg / m² · a

Nadelwald
1,58 kg / m² · a

Grasland
1,42 kg / m² · a

Acker
ca. 1,1 kg / m² · a

Am Anfang vieler Nahrungsketten stehen die Pflanzen. Sie stellen mithilfe der Fotosynthese energiereiche Biomasse her. Die gesamte pflanzliche Produktion wird *Bruttoprimärproduktion* genannt. Ein großer Teil wird in der pflanzlichen Zellatmung verbraucht, den dann verbleibenden Teil bezeichnet man als *Nettoprimärproduktion*. Pflanzen versorgen sich somit selbst, sie sind *autotroph* [Basiskonzept S. 378]. Von der von ihnen gebildeten Biomasse zehren direkt oder indirekt alle anderen heterotrophen Organismen. Das Ausmaß der Primärproduktion bestimmt letztlich die verfügbare Ressourcenmenge.

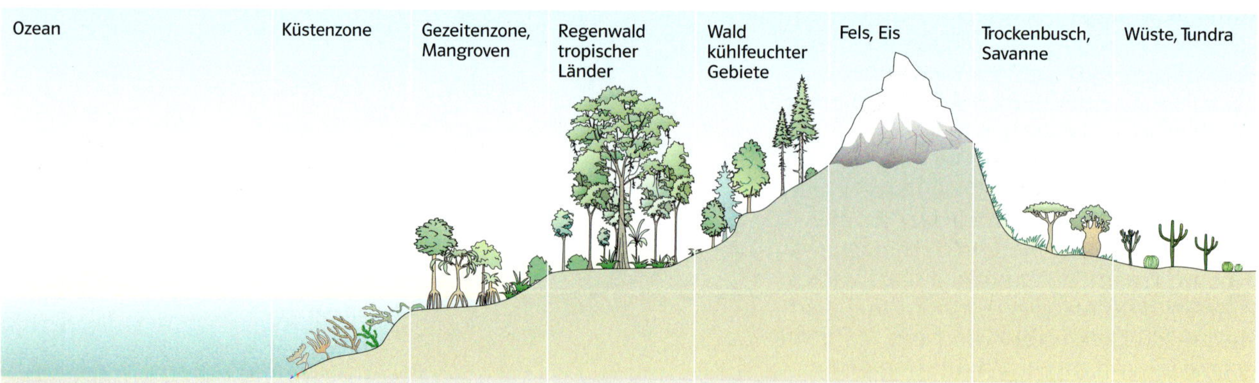

	Ozean	Küstenzone	Gezeitenzone, Mangroven	Regenwald tropischer Länder	Wald kühlfeuchter Gebiete	Fels, Eis	Trockenbusch, Savanne	Wüste, Tundra
Nettoprimärproduktion (kg/m²·a)	< 0,4	0,2–0,6	1–6	1–3,5	0,5–2,5	< 0,001	0,2–2,5	< 0,04
Biomasse (kg/m²)	< 0,01	0,01–0,1	10–50	40–80	10–50	< 0,3	2–15	0–2

2 *Biomasse und Nettoprimärproduktion*

Stoffabbau durch Destruenten

In Ökosystemen fällt viel totes organisches Material an. Dies sind z. B. Kot und tote Organismen, aber auch abgeworfene Teile, wie Blätter und Blüten bei Pflanzen oder Federn, Haare und Hautschuppen bei Tieren. Dieses organische Material ist energiereich und so gibt es viele Organismen, die es als Ressource nutzen. Solche Organismen werden *Destruenten* genannt. Im Gegensatz zu Räubern, die ihre Beute töten und deren Wachstum und Vermehrung beeinträchtigen, sind Destruenten auf Ressourcen angewiesen, die sie als bereits totes organisches Material vorfinden.

Am Abbau sind viele Organismenarten beteiligt. Dazu gehören insbesondere Bakterien und Pilze. Totes organisches Material in Gewässern *(Detritus)* nutzen u. a. Filtrierer. Im Wald werden gröbere Partikel von Milben, Kleinstinsekten, Asseln, Würmern, Schnecken und anderen Tieren gefressen.

Auch die chemische Zusammensetzung bestimmt die Nutzbarkeit toter organischer Substanz. Flüssige und gelöste Bestandteile werden direkt genutzt, der Abbau von Stoffen wie Kohlenhydraten (außer Zellulose) oder Proteinen erfolgt daher schnell. Mit jeder erneuten Nutzung durch nachfolgende Arten besteht der Rest jedoch aus schwerer abbaubaren Stoffen wie Chitin, Zellulose oder Lignin (Holzstoff). Diese werden nur langsam durch Spezialisten wie einige Bakterien und Pilzarten verwertet (Abb. 2). [Basiskonzept S. 378]

Der Abbau ist auf das Vorhandensein von Wasser angewiesen. Fehlt dieses, so trocknen z. B. Kadaver aus und mumifizieren. Hohe Temperaturen und ein neutraler pH-Wert begünstigen den Abbau. In Mitteleuropa kann z. B. Laubstreu auf saurem Waldboden mehrere Jahre bis zur endgültigen Mineralisierung benötigen, bei günstigeren Verhältnissen dauert dies nur ein Jahr (s. Randspalte).

Totes organisches Material wird so lange erneut genutzt, bis es keine verwertbare Energie mehr enthält. Dies ist der Fall, wenn nur noch Kohlenstoffdioxid und Mineralstoffe übrig sind. Diese anorganischen Stoffe wurden ehemals von den Primärproduzenten in Biomasse fixiert. Sie werden durch den Abbauvorgang freigesetzt und stehen den Produzenten wieder zur Verfügung. Kohlenstoffdioxid und Mineralstoffe werden also nicht verbraucht, sondern durchlaufen einen Kreislauf mit Fixierung und Freisetzung. Durch Destruenten wird die restliche Biomasse remineralisiert und der Kreislauf geschlossen. Hierin liegt ihre große Bedeutung für ein intaktes Ökosystem.

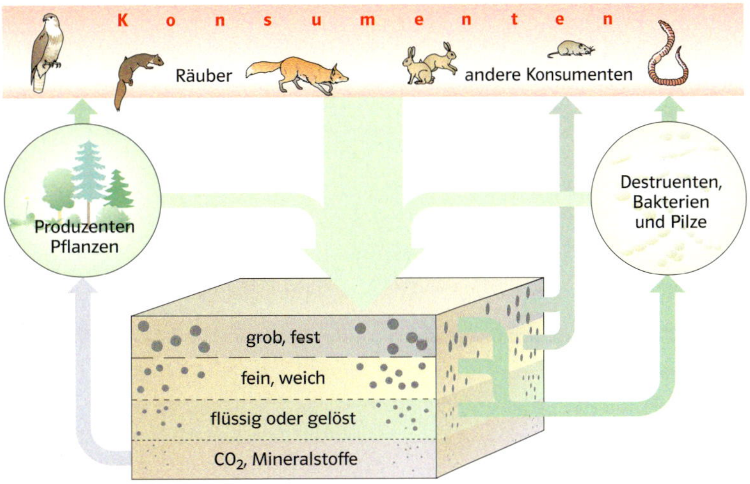

1 *Abbau von totem organischen Material*

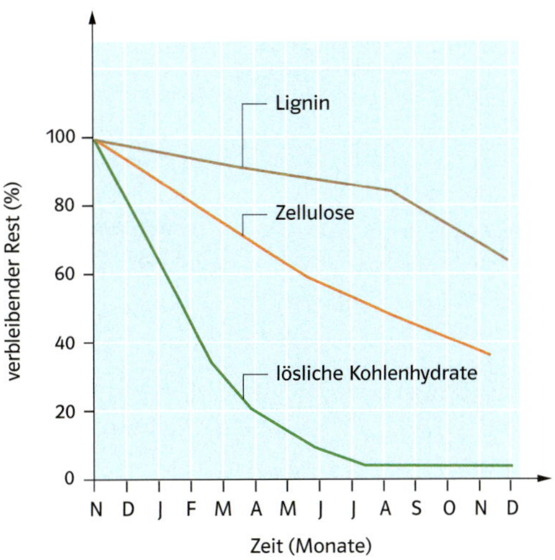

2 *Abbau von Eichenlaub*

Blattzersetzung

Stoffkreislauf und Energiefluss

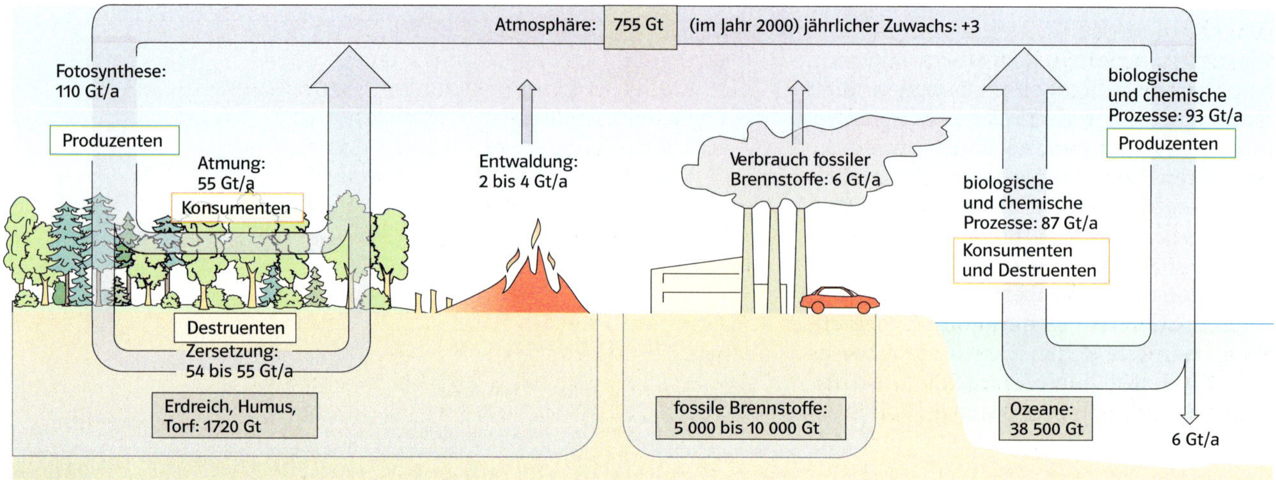

1 *Globaler Kreislauf des Kohlenstoffs (Angaben in Gigatonnen pro Jahr)*

Durch Primärproduzenten werden anorganische Stoffe in Biomasse gebunden, durch Konsumenten und Destruenten werden sie wieder freigesetzt. Damit durchlaufen chemische Elemente wie Kohlenstoff und Stickstoff einen Kreislauf.

Kreislauf des Kohlenstoffs

Das wichtigste chemische Element in der Biomasse ist *Kohlenstoff*. Alle Biomasse besteht aus Kohlenstoffverbindungen, die von Produzenten aus Kohlenstoffdioxid (CO_2) hergestellt werden. Sie erfüllen bei allen Organismen die Doppelfunktion als Gerüststoff und Energieträger. Durch Fraß und Abbau werden sie an Konsumenten bzw. Destruenten weitergereicht, die daraus eigene Biomasse aufbauen oder sie für den Energiebedarf verbrauchen und dabei das anorganische CO_2 zurückbilden. Dies geschieht so lange, bis sämtlicher Kohlenstoff, der ursprünglich in Biomasse fixiert wurde, wieder als CO_2 frei geworden ist. Damit schließt sich der Kohlenstoffkreislauf. [Basiskonzept S. 378]

Die Pflanzen auf dem Land und in den Ozeanen fixieren durch Fotosynthese einen Teil des in der Atmosphäre vorhandenen Kohlenstoffs. Einen weiteren Anteil binden chemische Prozesse, die CO_2 zu Carbonat (v.a. Calciumcarbonat, „Kalk“) umsetzen. Früher oder später gelangt sämtlicher Kohlenstoff als CO_2 wieder in die Atmosphäre, sodass statistisch das gesamte CO_2 alle drei bis vier Jahre einmal im Austausch mit der Biosphäre umgesetzt wird.

A1 Stellen Sie anhand der Abbildung 1 Bildungsprozesse (Quellen) und fixierende Prozesse (Senken) für Kohlenstoffdioxid gegenüber.

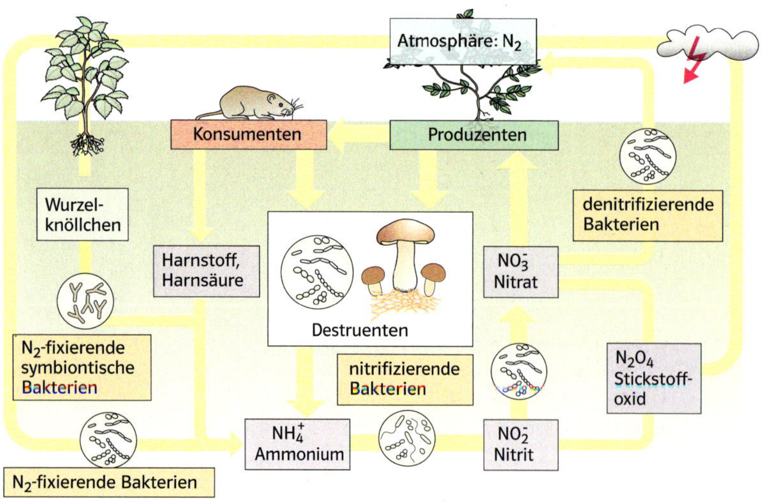

2 *Kreislauf des Stickstoffs*

Kreislauf des Stickstoffs

Stickstoff ist ein wesentliches Bauelement biologischer Moleküle, z.B. von Aminosäuren und Nucleotiden. Pflanzen bauen in Biomoleküle Stickstoffatome ein, die sie mit Nitrat (NO_3^-) oder Ammonium (NH_4^+) aus dem Boden aufgenommen haben. Jährlich werden dadurch ca. 175 Millionen Tonnen Stickstoff gebunden. Einige Bakterien können auch den chemisch stabilen atmosphärischen Stickstoff (N_2) nutzen. Manche dieser Bakterien leben symbiotisch in den Wurzelknöllchen einiger Pflanzen. Konsumenten und Destruenten verwerten die Stickstoffverbindungen für den Eigenbedarf. Überschüssiger Stickstoff wird entweder in Form von Ammoniak oder als Harnstoff bzw. Harnsäure abgegeben. Letztere werden in Boden oder Wasser ebenfalls zu Ammonium umgesetzt. Nitrifizierende Bakterien wandeln dieses über Nitrit (NO_2^-) in Nitrat (NO_3^-) um, das damit den Pflanzen wieder verfügbar wird. Weiterhin bilden denitrifizierende Bakterien aus Nitraten wieder N_2 zurück und schließen auf diese Weise den Kreislauf auch mit der Atmosphäre.

Energiefluss

Die Kreisläufe von Kohlenstoff, Stickstoff und anderen Elementen werden durch die Strahlungsenergie der Sonne angetrieben. Die Energie wird als chemische Energie von den Produzenten in organischen Verbindungen gespeichert. Diese gelangen als Nahrung zu den Konsumenten und Destruenten. Es besteht damit eine enge Kopplung zwischen der Übertragung von Energie und Biomasse. Von der täglich auf die Erdatmosphäre auftreffenden Sonnenenergie dringen lediglich 10 000 kJ/m² auf die Erdoberfläche durch. Davon werden nur etwa 2 % fotosynthetisch verwendet. Eine Hälfte wird für die Zellatmung verbraucht, die andere dauerhaft in pflanzlicher Biomasse fixiert.

Alle Organismen nutzen einen Teil der aufgenommenen Energie für ihren Betriebsstoffwechsel, wobei die Energie schließlich als Wärme frei wird. Letztendlich wird damit sämtliche Sonnenenergie zu Wärme. Der Energiefluss durch die Biomasse der Organismen stellt also nur eine Verzögerung dar, die Leben auf der Erde ermöglicht. [Basiskonzept S. 378]

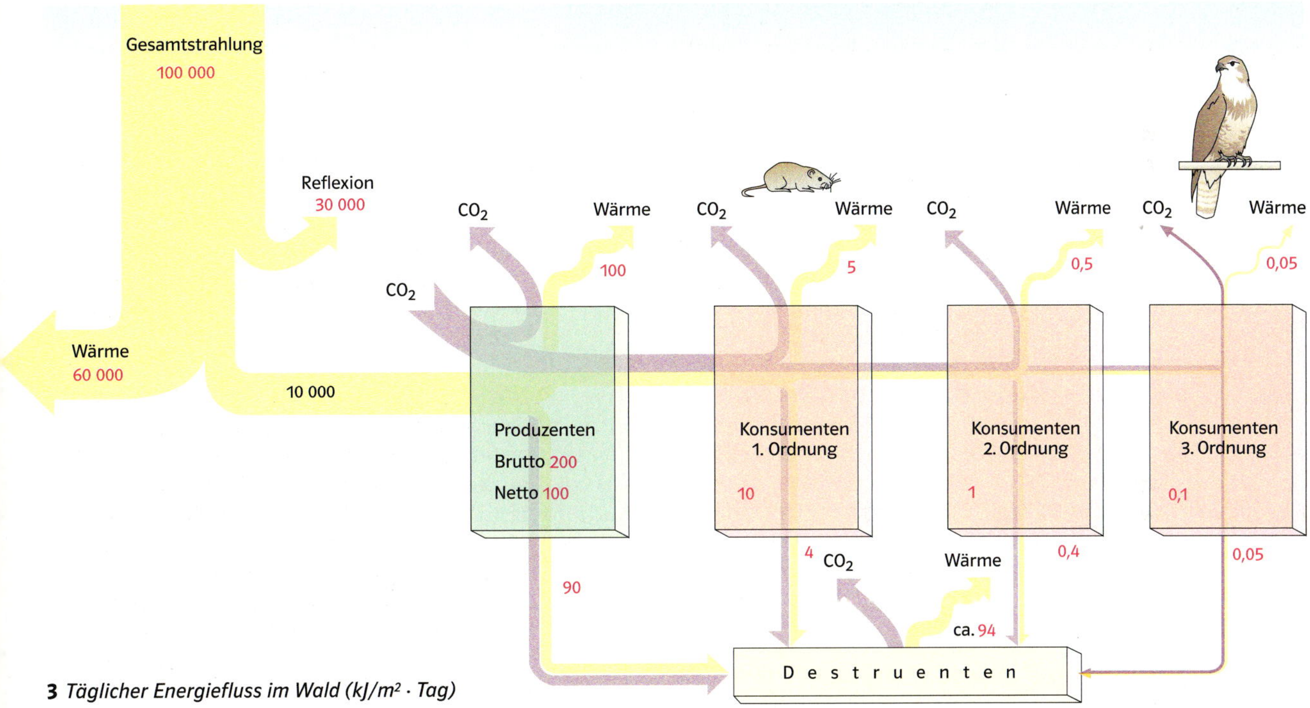

3 *Täglicher Energiefluss im Wald (kJ/m² · Tag)*

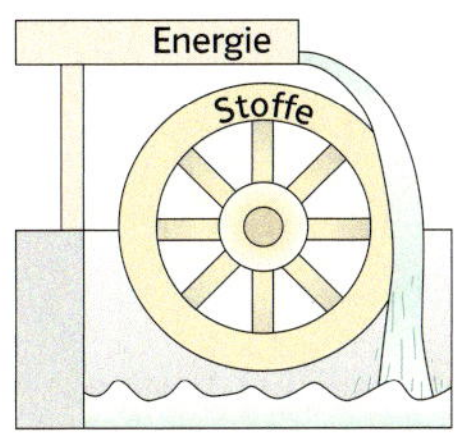

A2 Berechnen Sie von der Strahlungsenergie, die täglich auf die Atmosphäre trifft, den bis zur Erdoberfläche gelangenden Anteil (in %).

A3 Eine Wassermühle soll als Modellvorstellung für die enge Verbindung zwischen Stoffkreislauf und Energiefluss dienen. Erläutern Sie die Vorzüge und Grenzen der Modellvorstellung.

Diversität und Stabilität

1 *Artenreicher und artenarmer Wald*

Biodiversität
(Mannigfaltigkeit)
- Artenmannigfaltigkeit
- genetische Vielfalt
- Mannigfaltigkeit der Lebensräume

In Ökosystemen gibt es eine große Vielfalt verschiedener Organismen. Diese *Biodiversität* ist ein Kennzeichen der Lebensgemeinschaft. Ihre Bestimmung macht Ökosysteme vergleichbar und Entwicklungen messbar. Ein umfassendes Verständnis von Diversität bezieht die Anzahl der Arten, deren genetische Vielfalt und die Mannigfaltigkeit der Ökosysteme in einer Landschaft ein. Vereinfachend wird hier nur die Artenvielfalt betrachtet.

Als Messgröße dient ein *Diversitätsindex*, mit dessen Hilfe man Diversitäten von Ökosystemen vergleichen kann. Eine große Anzahl vorkommender Arten führt zu einer hohen Diversität, wenige Arten zu einer geringen. Diversität berücksichtigt aber auch, ob bestimmte Arten im Ökosystem dominieren. Kommt eine Art besonders häufig vor und andere selten, dann liegt eine geringere Diversität vor als bei relativ gleichmäßigem Vorkommen (Abb. 2).

Die Diversität steigt mit der Anzahl der Arten und ihrer Gleichverteilung.

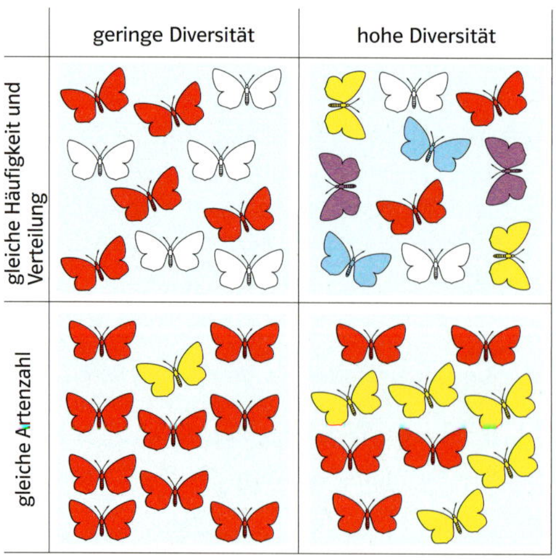

2 *Aspekte des Artenreichtums*

A1 Beschreiben Sie die Biodiversität auf der in Abb. 2 dargestellten Systemebene (Basiskonzept S. 382).

Für die meisten Lebensräume ist die tatsächlich enthaltene Artenanzahl unbekannt. Dies gilt umso mehr, je kleiner die Arten sind. Auch die Häufigkeiten der Arten schwanken oft in weitem Umfang. Berechnungen von Diversitäten werden daher meist für eine bestimmte überschaubare Organismengruppe wie z. B. Pflanzen oder Insekten durchgeführt. Weiterhin sind Lebensräume nicht abgeschlossen, sondern in einen größeren Zusammenhang eingebettet. Für Untersuchungen der Diversität muss man daher im Lebensraum Grenzen eines Ausschnitts festlegen. Die Interpretation der erhaltenen Werte bezieht sich damit lediglich auf die ausgewählte Gruppe innerhalb des ausgewählten Ausschnitts. Berechnungen der Diversität bzw. des Diversitätsindex einzelner Ökosysteme sind für sich allein wenig aussagekräftig, nur im Vergleich mehrerer Ökosysteme sind solche Werte sinnvoll.

Ursachen der Diversität

Die Faktoren, die eine hohe oder geringe Diversität bedingen, sind nur schwer zu erforschen. Es gibt jedoch eine Reihe plausibler Vermutungen. Diversität hängt demnach unter anderem von den verfügbaren Ressourcen ab. Je höher das Angebot in einem Ökosystem ist, desto höher ist auch seine Produktivität. Damit hängen wiederum die Anzahl möglicher Trophiestufen sowie die Nischenanzahl zusammen. Daher findet man bei größerem Ressourcenangebot meist auch eine größere Diversität. Auch bei größerer Vielfalt von Teilstrukturen in einem Ökosystem findet man größere Diversität, denn Strukturvielfalt ermöglicht größere

Nischenvielfalt und damit eine größere Artenvielfalt. Weiterhin nimmt der Artenreichtum auf der Erde von den Tropen zu den Polen ab. Wahrscheinliche Ursache ist die unterschiedliche klimatische Stabilität der verschiedenen geografischen Regionen. Das gleichmäßige Tropenklima ermöglicht z. B. mehr Spezialisierungen auf engere ökologische Nischen. Damit können mehr Arten existieren als in den gemäßigten Zonen, die unter dem Einfluss der Jahreszeiten stehen. Dies gilt entsprechend für alle relativ konstanten Ökosysteme, die keinen oder sehr geringen Schwankungen ausgesetzt sind.

Diversitäts-Stabilitäts-Hypothese
Die Diversität eines Ökosystems wird oft in einen Zusammenhang mit seiner Stabilität gestellt. Unter Stabilität wird dabei meist verstanden, dass sich Artenzahlen und Biomassen in einem Ökosystem nicht wesentlich ändern, das Ökosystem also *Konstanz* zeigt. Ebenso betrachtet man ein Ökosystem als stabil, wenn es sich gegenüber Störungen als unempfindlich erweist und sich nicht verändert (*Resistenz*, Abb. 3). Für den vermuteten Zusammenhang zwischen Diversität und Stabilität gibt es plausible Hypothesen. Man geht davon aus, dass mit zunehmender Diversität das Ausmaß möglicher Vernetzungen zwischen den Arten wächst und dadurch ein Ökosystem besser gegen verändernde Einflüsse geschützt ist. Größere Diversität bedingt dann höhere Stabilität.

In mitteleuropäischen Wäldern findet man jedoch die größte Artenvielfalt dort, wo durch die Bewirtschaftung ständig kleinräumige Störungen wie Abholzung und Wegebau gegeben sind und somit eine höhere Strukturvielfalt vorliegt. Nimmt man diese Wälder aus der Nutzung heraus, entstehen naturnähere Wälder, die zunehmend von der konkurrenzstarken Rotbuche dominiert werden. Da Rotbuchen das Licht stark ausnutzen, verarmt auch die Bodenflora. Es läuft eine Sukzession ab (s. Seite 166) bis zum Klimaxstadium, das artenärmer, aber stabiler als der Wirtschaftswald ist.

Auswirkung von Generalisten
Auch Generalisten scheinen ein Ökosystem zu stabilisieren. Sie nutzen ein breites Ressourcenspektrum und tragen daher mehr zur Vernetzung der Nahrungsketten im Ökosystem bei als Spezialisten. Störungen, die ihre Ressourcen reduzieren, vertragen sie ebenfalls besser als Spezialisten (s. Seite 130). Generalisten stärken jedoch nicht die Konstanz oder Resistenz eines Ökosystems, sondern bieten stattdessen mehr *Elastizität*. Dies meint die Fähigkeit, nach Störungen, die im Ökosystem Veränderungen bewirken, wieder zum ursprünglichen Zustand zurückkehren zu können (zu regenerieren).

Wenn eine Störung allerdings mindestens eine bestimmte Stärke aufweist, lange andauert und ständig in dieselbe Richtung weist, dann kann die Elastizität überfordert sein und das gesamte System wird auf Dauer verändert. Dies gilt beispielsweise für einen See, der ständigem Mineralstoffeintrag ausgesetzt ist und dadurch eutrophiert wird (s. Seite 172).

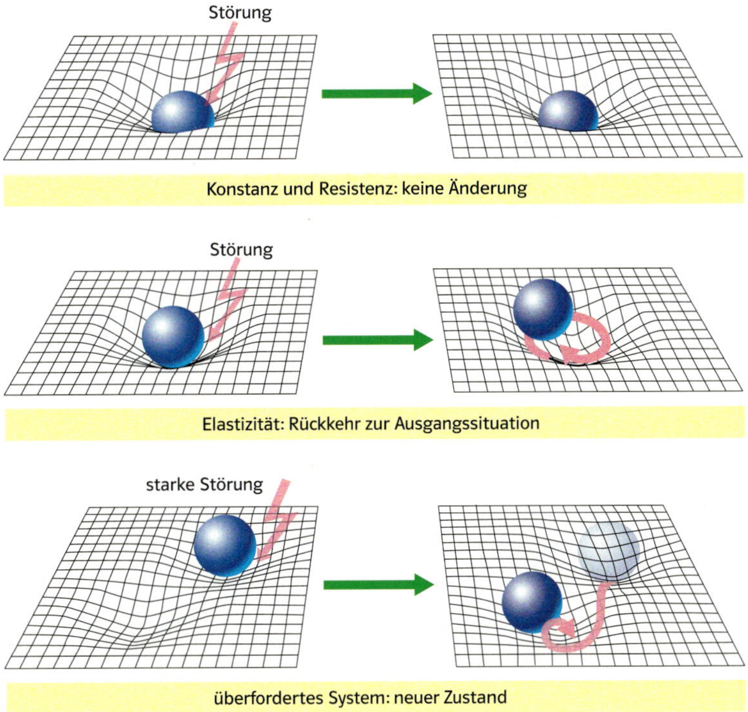

3 *Modell der Stabilitätsunterschiede*

3.4 Verschiedene Ökosysteme
Ökosystem Wald

1 *Nadel- und Laubwälder prägen die mitteleuropäische Landschaft*

Über 90 % Mitteleuropas waren früher mit Wald bedeckt. Auch wenn diese Fläche seither erheblich geschrumpft ist, so hat der Wald heute immer noch wichtige Funktionen für uns: Holz ist ein nachwachsender Rohstoff. Erholungssuchende lieben die angenehme Kühle im Sommer, im Winter dagegen ist die Kälte im Vergleich zur offenen Landschaft abgemildert (Abb. 2). Das gilt im Jahres- wie im Tagesverlauf. Auch andere abiotische Faktoren wie Windgeschwindigkeit und Luftfeuchtigkeit schwanken weniger (Abb. 3). Die Pufferwirkung schafft für Tier- und Pflanzenarten günstige Lebensbedingungen, denn extreme Klimaeinflüsse sind für die meisten Arten schädlich.

Bäume sind typische *K-Strategen* (s. Seite 134). Sie kennzeichnen den Wald damit als stabiles Ökosystem. Die große Konkurrenzstärke und Langlebigkeit von Bäumen macht auch verständlich, weshalb dieser Lebensraum in allen Regionen der Erde mit genügend Feuchtigkeit und nicht allzu extremen Temperaturen dominiert. [Basiskonzept S. 382]

A1 Der Massenbefall durch Laub fressende Schadinsekten stellt nur sehr selten eine wirkliche Bedrohung der Wälder dar. Begründen Sie diese Aussage.

Die meisten Wälder Mitteleuropas sind *Kulturwälder (Forste)*: Je nach Wirtschaftlichkeit und Bodenbeschaffenheit wurden bevorzugt bestimmte Baumarten angepflanzt, die im naturnahen Wald des entsprechenden Standortes nicht unbedingt dominieren würden. Ein naturnaher Wald in Mitteleuropa wäre ein von Laubbäumen geprägter *sommergrüner, winterkahler Wald*. Ohne Eingriff des Menschen wären *Nadelwälder* bei uns nur im Hochgebirge anzutreffen.

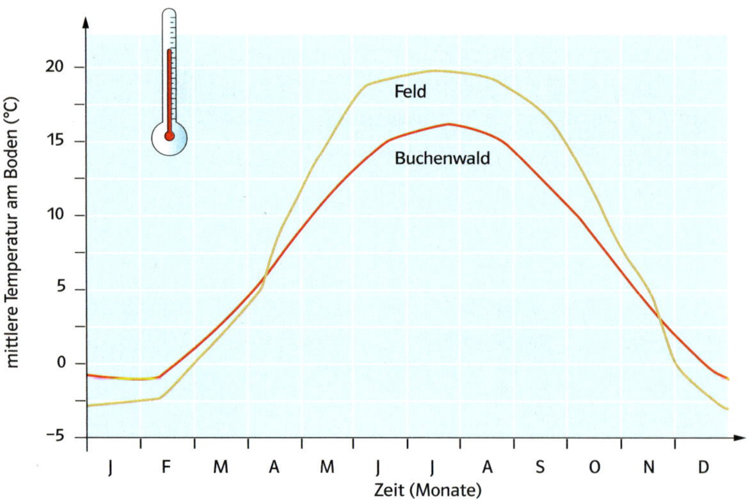

2 *Temperaturen im Jahresverlauf*

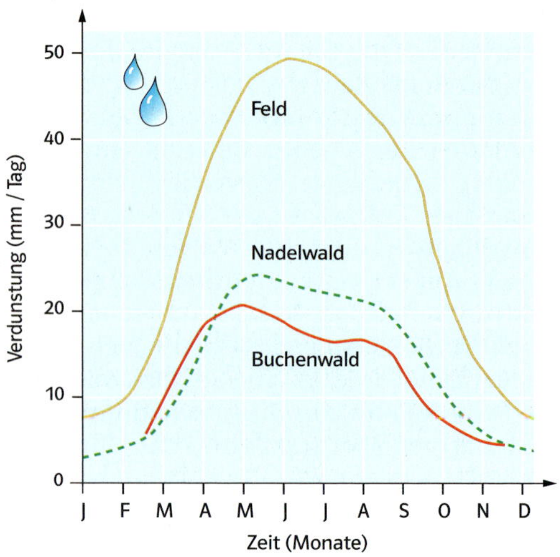

3 *Verdunstung im Jahresverlauf*

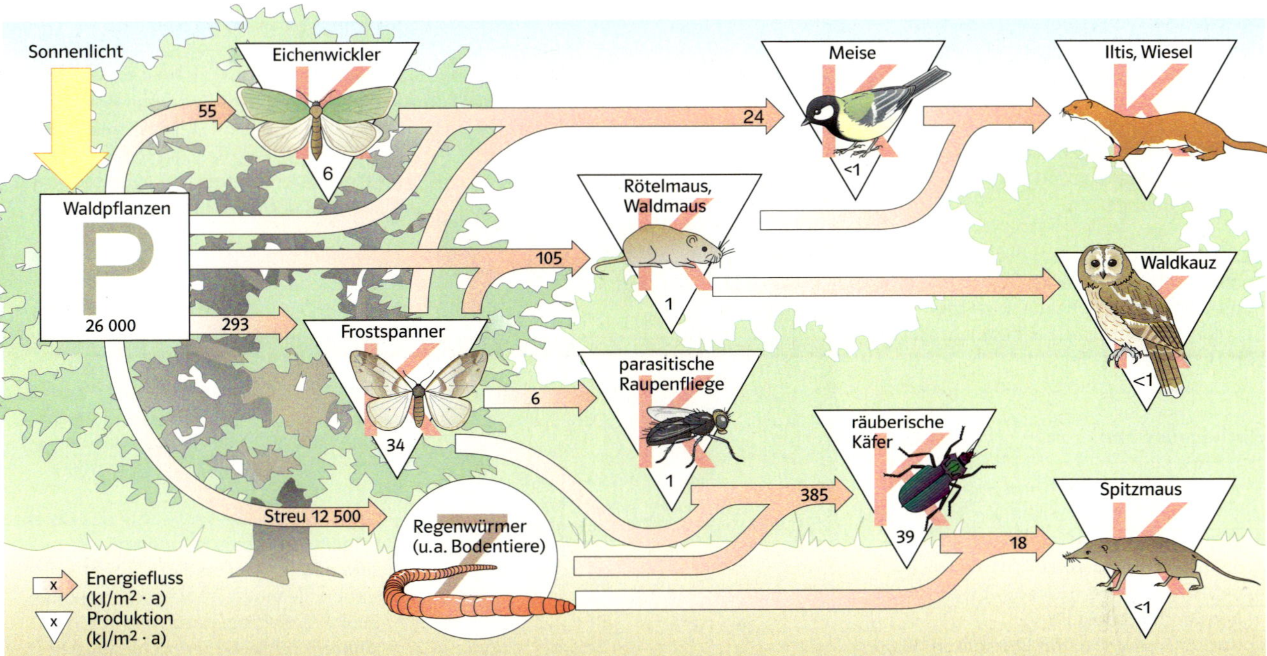

4 *Energiefluss im vereinfachten Nahrungsnetz eines Eichenwaldes (P = Produzenten, K = Konsumenten, Z = Zersetzer)*

Gliederung des Waldes

Naturnahe Laubwälder zeigen eine räumliche und zeitliche Gliederung: Ein Stockwerkbau mit Kraut-, Strauch- und Baumschicht gliedert den Wald vertikal [Basiskonzept S. 374]. Die unteren Schichten, vor allem die *Krautschicht*, enthalten Pflanzen, die entweder nur im Frühjahr fotosynthetisch aktiv sind und blühen *(Frühblüher)* oder an sehr geringe Lichtstärken angepasst sind. Später im Jahr ergrünt die Strauch-, noch später die Baumschicht. Diese *jahreszeitliche Gliederung* vermindert die Konkurrenz um die knappe Ressource Licht. Ein früher Austrieb der Blätter erhöht allerdings das Schadensrisiko bei Spätfrösten.

Windbruch, Feuer und lokaler Massenbefall mit Insekten verursachen eine mosaikartige Verteilung von Baumgruppen unterschiedlichen Alters (s. Seite 166) und damit eine horizontale räumliche Gliederung. Die *Altersstruktur* als weitere zeitliche Gliederungskomponente bestimmt die dominierenden Begleitpflanzen und die Fauna. Eine wichtige Rolle spielt das *Totholz*. Zersetzende *Pilze* schaffen die Voraussetzungen für zahlreiche wirbellose Tierarten auf diesem Substrat. Die *Misch-Mosaikstruktur* führt besonders in naturnahen Laubwäldern zu einer auffällig großen *Artenfülle*: In einem *Buchenwald* kommen allein etwa 7000 Tierarten vor. Daher ist die *Diversität* groß. Letztendlich tragen damit auch *Naturkatastrophen* zur Artenvielfalt der Wälder bei.

A2 Prüfen Sie, inwiefern das Basiskonzept Kompartimentierung im Ökosystem Wald erfüllt ist.

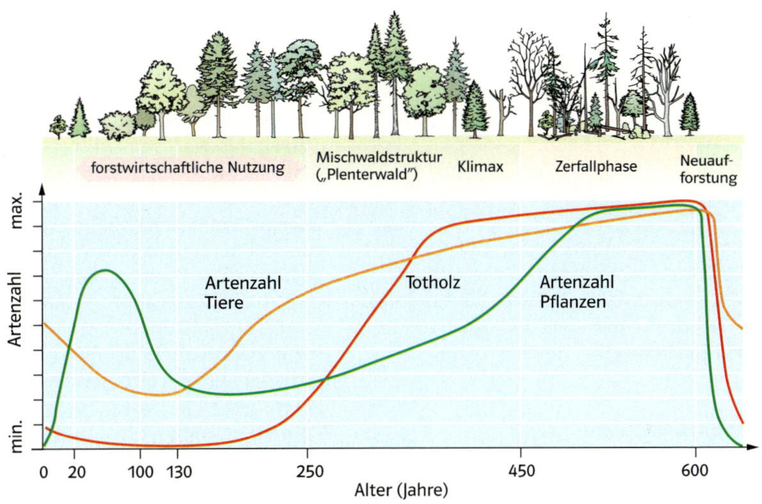

5 *Artenvielfalt und Altersstruktur des Waldes*

Praktikum
Wald

Der Wald als Ökosystem eignet sich für vielfältige Untersuchungen. Die Messung abiotischer Faktoren und die Gewinnung von Bodenproben sind, wie die Untersuchung von Kleintieren oder eine Vegetationsaufnahme, nur einzelne Aspekte für eine detaillierte Kenntnis der komplexen Zusammenhänge.

Deshalb sollte vor Beginn der Untersuchungen geklärt werden, welcher Fragestellung nachgegangen werden soll. Bei der Planung sollte auch die Jahreszeit berücksichtigt werden.

Flächenauswahl

Sinnvoll ist ein Vergleich von Untersuchungsflächen, die sich in einem wichtigen Faktor unterscheiden, zum Beispiel:
a) Laubwald — Nadelwald
b) naturnaher Wald — Forst mit weitgehender Baum-Monokultur
c) trockener und feuchter Standort im Wald
d) junger Wald — Wald mit altem Baumbestand

Die Untersuchungsflächen sollten einen Minimalabstand von 50 m haben (siehe Abbildung unten), da nur dann sichergestellt ist, dass die in sich möglichst homogenen Untersuchungsgebiete deutliche Unterschiede in einem Merkmal zeigen.

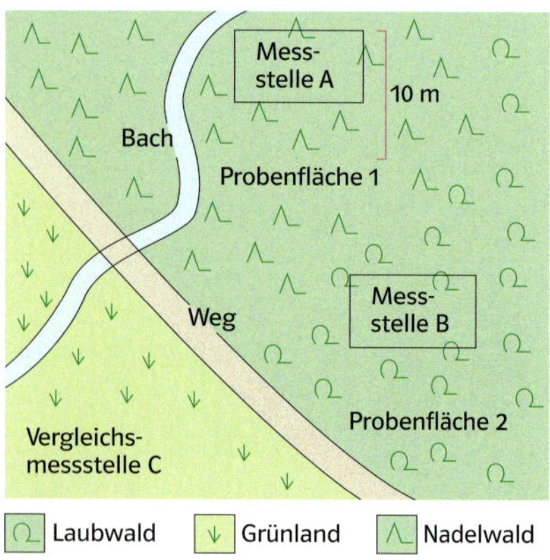

Als zusätzliche Untersuchung bietet sich die Erfassung abiotischer Faktoren wie Beleuchtungsstärke (gleiche Tageszeiten), pH-Wert, Humusgehalt und Feuchtegrad des *Bodens* an.

Abiotische Faktoren

Zur Entnahme der Bodenproben heben Sie den Boden zwei Spaten tief aus und füllen die verschiedenen Schichten jeweils in eine verschließbare Plastiktüte. Protokollieren Sie Schichtdicke, -färbung und -geruch. Der Waldboden lässt sich grob in Schichten unterteilen:
a) *Streuschicht*
b) *Oberboden* mit Humus
c) *Unterboden* ohne Humus.

Messen Sie bei der Entnahme an verschiedenen Messstellen die *Lichtverhältnisse* mit einem Luxmeter in Busch-, Kraut- und Bodennähe (Vergleichswert außerhalb des Waldes).

Zur Bodenanalyse wird jeweils ein Teil der Bodenprobe gleicher Menge mit der Hand auf Körnigkeit und Formbarkeit untersucht, danach in einen Messzylinder geschüttet, mit Wasser aufgefüllt und geschüttelt. Tauchen Sie einen Streifen Indikatorpapier in das Wasser mit den jeweiligen Bodenproben und vergleichen Sie die Farbe mit der Farbskala. Mit zunehmendem Mineralstoffgehalt verschiebt sich der pH-Wert vom schwach sauren in den alkalischen Bereich.

Der Rest der jeweiligen Bodenproben wird zur Bestimmung der *Frischmasse (FM)* gewogen. Der Wassergehalt wird ermittelt, indem die ausgewogenen Proben für mindestens 4 Stunden bei 100 °C getrocknet und nach dem Abkühlen noch einmal gewogen werden (Trockenmasse, TM). Der Wassergehalt in % wird über die folgende Formel ermittelt:

$$\frac{FM - TM}{FM} \cdot 100 = \text{Wassergehalt (\%)}$$

Mikroorganismen im Boden

Material:
Plastikbeutel, kleine Schaufel, Hohlschliff-Objektträger, Deckgläser, Nährmedium (Saccharose-Agar oder Zuckerlösung), Plastilin (oder Knetmasse), Wärmeschrank, Mikroskop und Stereolupe.

Durchführung:
Geben Sie in jedem Untersuchungsgebiet ca. $^1/_2$ Liter Boden aus den obersten Schichten mithilfe einer Schaufel in einen Plastikbeutel. Durchmischen Sie jede Bodenprobe.

Stellen Sie für jede Bodenprobe einen doppelten Ansatz nach der folgenden Vorschrift her:
- Legen Sie um die Vertiefung des Objektträgers einen sehr dünnen geschlossenen Ring von Plastilin.
- Geben Sie einen Tropfen Nährmedium in die Vertiefung; dazu kommt ein kleiner Krümel Bodenprobe aus den obersten Schichten.
- Legen Sie ein Deckgläschen auf und drücken Sie es vorsichtig mit einem zweiten Objektträger so auf das Plastilin, dass ein abgeschlossener Raum entsteht.
- Bebrüten Sie jeweils eine Probe jedes Bodens bei Zimmertemperatur und bei 30 °C.

Beachten Sie: In der Probe können sich gesundheitsschädliche Keime vermehren. Lassen Sie deshalb die Mikro-Feuchtekammer unbedingt geschlossen! Auch bei der späteren Entsorgung muss man vorsichtig vorgehen.

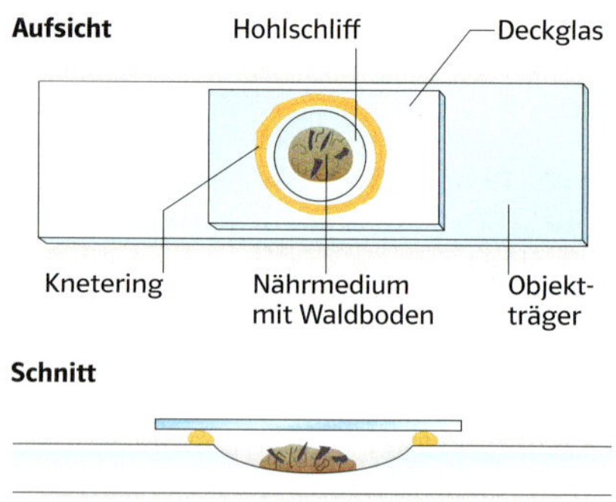

A1 Mikroskopieren Sie die Probe in Tagesabständen (Mikroskop, Stereolupe) und protokollieren Sie die Veränderungen. Vergleichen Sie die Beobachtungen in den verschiedenen Bodenproben.

Pflanzenerfassung

Innerhalb des ausgewählten Beobachtungsraumes muss zur Erfassung der wichtigsten Pflanzenarten eine quadratische Probefläche von mindestens 10 x 10 Metern ausgemessen und mit einer Schnur gekennzeichnet werden. Innerhalb dieser Fläche werden alle vorherrschenden Bäume, Sträucher, Kräuter, Farne, Moose und Pilze bestimmt und der Schichtung des Waldes zugeordnet. Messen und protokollieren Sie hierzu auch die Wuchshöhe. Kräuter und Sträucher werden dann mit dem Meterstab vermessen, bei Bäumen schätzen Sie die Höhe. Um die Schichtung des Waldes besser auswerten zu können, schätzen Sie vor Ort den jeweiligen prozentualen Anteil der Bedeckung. Beziehen Sie auch den Bereich der Baumkronen mit ein.

A2 Ordnen Sie das Vorkommen der gefundenen Pflanzen im Wald den gemessenen abiotischen Faktoren zu und vergleichen Sie Ihre Befunde mit der Abbildung unten rechts. Erläutern Sie die Vorteile der Zeigerarten gegenüber den physikalischen Messungen (s. Seite 164).

A3 Stellen Sie mithilfe der gesammelten, abgestorbenen Substrate des Waldbodens die fortschreitende Zersetzung auf einem Plakat dar. Ordnen Sie den jeweiligen Zersetzungsstufen die gefundenen Kleintiere zu und notieren Sie diese auf dem Plakat. Erläutern Sie die Bedeutung dieser Kleinlebewesen bei der Mineralisierung. Gehen Sie hierbei auch auf die Präferenzen der gefundenen Bodenbewohner ein.

Tiererfassung

Der Tierbestand an der Messstelle kann mit unterschiedlichen Methoden erfasst werden. Beide Methoden können auch so abgewandelt werden, dass die Tiere überleben.

a) Erfassung mit dem Berlese-Apparat

- Entnehmen Sie an jedem Standort je ca. 0,5 Liter Oberflächenboden und geben Sie ihn jeweils in einen Plastikbeutel.
- Geben Sie die Proben in kleineren Portionen in einen Berlese-Apparat (Abb. oben) und bestrahlen Sie sie dort jeweils ca. 30 min.
- Bestimmen Sie wie oben Arten und Individuenzahlen.

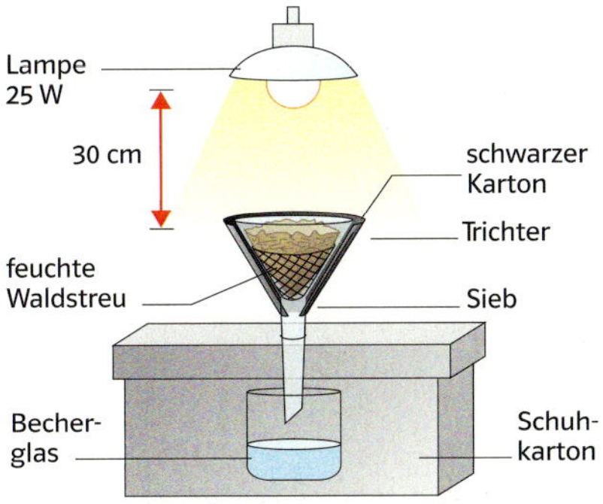

b) Erfassung mit Barberfallen

Eine einfache Methode, bewegungsaktive Wirbellose zu erfassen, ist die Verwendung von in den Boden eingelassenen Bechern, mit denen die Tiere gefangen werden.

- Vergraben Sie pro Untersuchungsfläche an zwei diagonal gegenüberliegenden Eckpunkten zwei Jogurtbecher so im Boden, dass sich die Öffnung etwas unter dem Bodenniveau befindet.

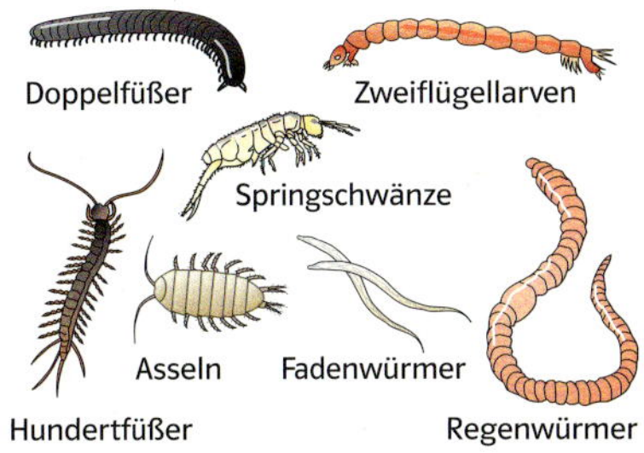

- Vollständigere Fangergebnisse erhalten Sie, wenn Sie den Becher ca. 2 cm hoch mit Wasser, mit Spülmittel oder Brennspiritus füllen.
- Bei Regen sollte man die Falle mit einem kleinen Plastikdach abdecken, ohne den Zugang zu blockieren.
- Markieren Sie den Standort Ihrer Fallen exakt in der Geländekarte.
- Kontrollieren Sie an den drei folgenden Tagen alle Fallen und bestimmen Sie die Arten- und Individuenzahl.

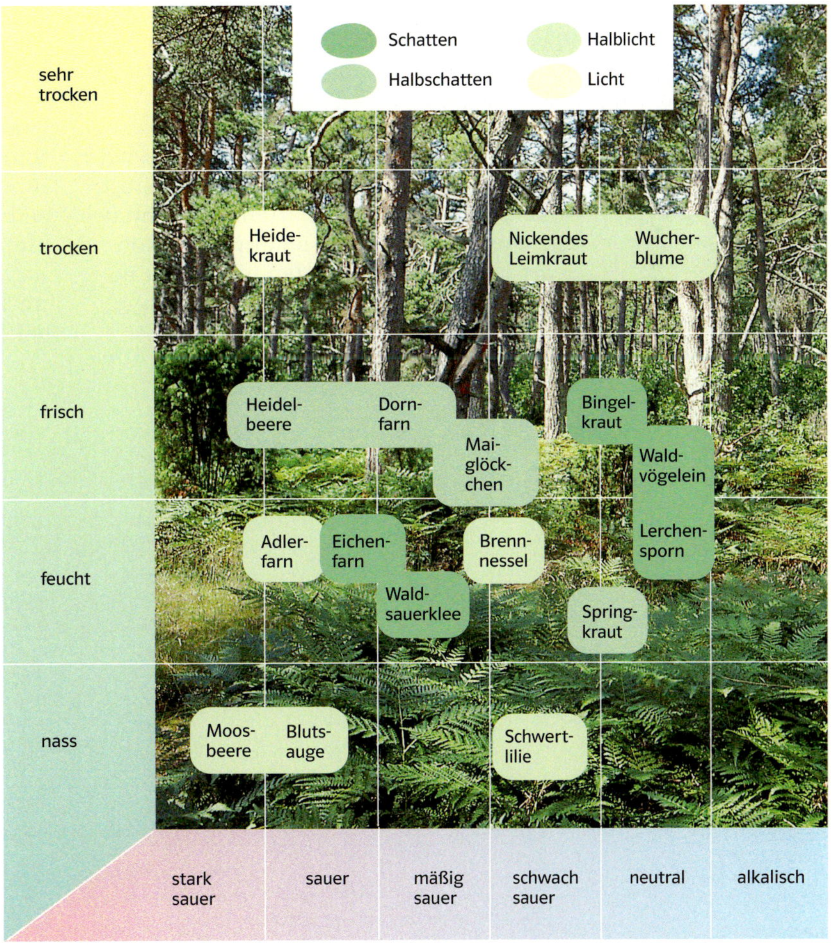

Sukzession

1 *Vulkaninsel Surtsey (entstanden 1963)*

An manchen Orten, wie neuen Vulkaninseln oder Brachflächen, entstehen neue, noch unbesiedelte Lebensräume. Sie werden von einwandernden Organismen rasch besiedelt. Verschiedene Organismen erscheinen dabei in oft typischer Abfolge nacheinander und bilden Lebensgemeinschaften. Dies bezeichnet man als *Sukzession*.

Sukzessionsphasen im Wald

Auf einer Kahlschlagfläche kann man beispielsweise eine charakteristische Abfolge von Pflanzengemeinschaften beobachten. Sie wird im Wesentlichen durch die Konkurrenz der Pflanzenarten um Licht und damit durch deren Fotosyntheseleistung verursacht *(autotrophe Sukzession)*.

Dabei lassen sich drei Phasen abgrenzen: In der Initialphase treffen Pionierarten ein, oft nur wenige Arten, und besiedeln das neue Gebiet in großer Dichte. Es handelt sich um einjährige Pflanzen wie Gräser, die als typische r-Strategen (s. Seite 134) klein und wenig konkurrenzstark sind. Sie werden von mehrjährigen, höherwüchsigen und damit schon konkurrenzstärkeren Arten wie kleineren Sträuchern verdrängt. In der Folgephase werden diese wiederum von größeren Arten verdrängt, die die kleineren Arten beschatten und daher konkurrenzüberlegen sind. In dieser Phase wird sehr viel pflanzliche Biomasse aufgebaut. Nach Jahren setzen sich Baumarten durch, die als größte Arten am konkurrenzstärksten sind.

Initial- und Folgephase sind besonders produktive Sukzessionsphasen (Abb. 2). In der letzten Phase, dem *Klimax*, herrscht ein Fließgleichgewicht zwischen der Bildung und dem Verbrauch von Biomasse. Sie weist oft weniger, dafür aber sehr langlebige Arten auf. [Basiskonzept S. 382]

Für die Ausprägung des Klimaxstadiums sind lange Zeitspannen von vielen Jahrzehnten nötig. Die Struktur einer Klimaxgesellschaft hängt vor allem von den großklimatischen Bedingungen ab, sodass sie sich in verschiedenen Regionen der Erde stark unterscheiden können (Abb. 3). Auch bei Tieren beobachtet man eine Abfolge

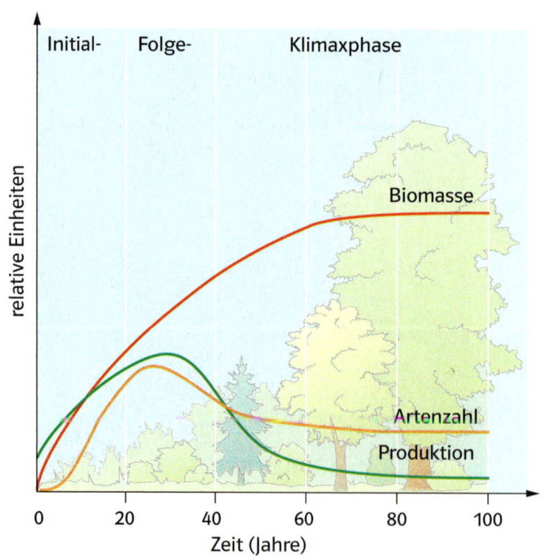

2 *Phasen der Sukzession im Wald*

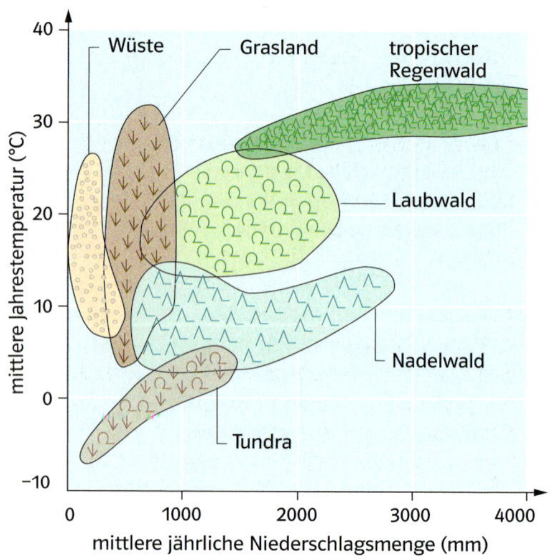

3 *Klimaxgesellschaften der Erde*

während einer Sukzession. Sie siedeln sich jeweils entsprechend den verfügbaren, für sie passenden Ressourcen an. So können sich Räuber nur ansiedeln, wenn genügend Beutetiere vorhanden sind.

Mosaikzyklen

Der beschriebene Sukzessionsablauf geht von homogen strukturierten Phasen aus. Dies hilft bei der Analyse von Gesetzmäßigkeiten, ist aber im Detail zu stark vereinfacht. Störungen im Klimaxwald, wie z. B. Windbruch oder das Umfallen alter abgestorbener Bäume, schaffen kleine Lichtungen. Tierische Organismen bilden oft Ansammlungen, sodass eine gleichmäßige Verteilung nicht vorliegt. Sie verursachen z. B. Fraß- oder Trittschäden. Solche lokalen Störungen werfen diese Orte auf frühere Stadien zurück und eine neue lokale Sukzession beginnt. Auf lange Sicht entstehen viele solcher Neusukzessionen nebeneinander, die sich alle in verschiedenen Stadien befinden. Großräumig zeigt sich dann ein Mosaik aus kleineren Sukzessionsinseln, deren Stadien sich zyklisch wiederholen können.

Ständig gestörte Lebensräume

Einige Lebensräume können als ständig gestört angesehen werden. Dazu gehören z. B. Kiesbänke in Flüssen, die von jedem Hochwasser umstrukturiert werden, oder auch Äcker, die immer wieder umgepflügt werden. Ähnliches gilt auch für Bereiche in Wattengebieten, die durch Strömungen und Sturmfluten ständig umgelagert werden. Solche Lebensräume werden von typischen r-Strategen besiedelt. Sie bleiben auf den Anfangsstadien einer Sukzession stehen. Ein Beispiel sind Dünen, auf denen Queller zu den Erstbesiedlern gehört (Abb. 4).

4 *Queller-Insel*

A1 Erläutern Sie die Angepasstheit von Pionierpflanzen im Hinblick auf deren Fortpflanzungsstrategie (Basiskonzept S. 382).

Info-Box: Sukzession im Einmachglas: Der Heuaufguss

Auch in einem Heuaufguss lässt sich eine Abfolge von Organismen beobachten. Es handelt sich um Einzeller wie diverse *Paramecium*-Arten. Ihre Abfolge ist in diesem Fall durch den Fortschritt beim Abbau toter organischer Substanz bedingt. Daran sind Bakteriengesellschaften beteiligt, die je nach Grad des Abbaus und Zustands der Mikroumwelt im Glas variieren. Von ihnen ernähren sich die Einzeller. Die Sukzession ist beendet, wenn die organische Substanz aufgebraucht und remineralisiert ist. Damit ist die Entwicklung im Heuaufguss eine *heterotrophe Sukzession*. Die Abfolge variiert je nach den speziellen Bedingungen des Ansatzes.

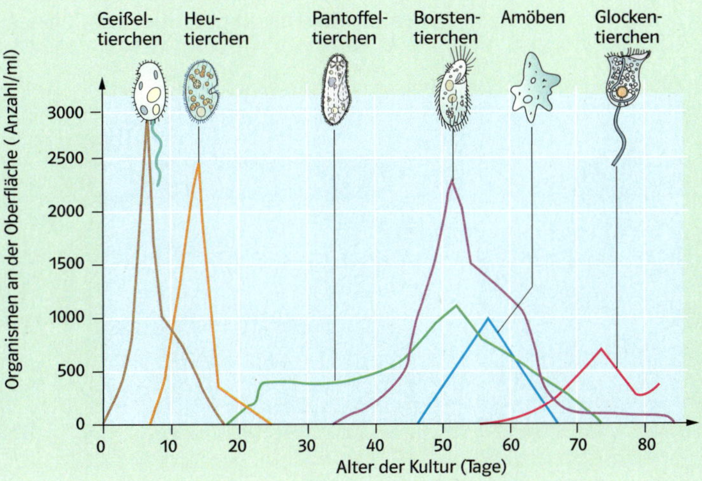

Gefährdung des Waldes

Die Waldzerstörung durch den Menschen ist seit der Antike geschichtlich belegt. Im Mittelmeerraum führte der Raubbau zur Verkarstung und Verwüstung ganzer Landstriche. Baumschäden durch die Einwirkung von schwefeldioxidhaltigem Rauch kennt man seit über 100 Jahren an industriellen Standorten.

In den 70er-Jahren des 20. Jahrhunderts fielen erstmals an Tannen höherer Mittelgebirge gelb verfärbte Nadeln und kahle Zweige auf. Später registrierte man Schäden an Fichten und Kiefern im Tal. Seit 1980 sind Buchen und andere Laubbäume geschädigt. *Waldsterben* heißt das Schlagwort, die Symptome sind immer ähnlich: Zunächst verfärben sich die Blätter, dann verkahlen die älteren Zweige, danach lichtet sich die Krone, bis der Baum schließlich abstirbt (s. Abb. 1).

2 *Laub von Buche*

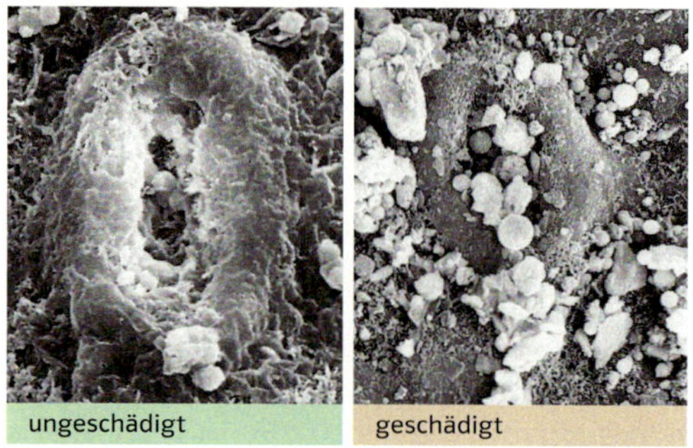

3 *Kutikula*

4 *Mykorrhiza*

Ursachen für das Waldsterben

Die neuartigen Waldschäden beobachtet man seit 1982. Eine Einteilung der Schäden erfolgt stufenweise durch den Vergleich der Blatt- oder Nadelverluste gegenüber einem gesunden Baum (s. Abb. 1). Abgase von Kraftfahrzeugen und Industrie belasten die Luft mit Kohlenstoffmonooxid, Stickoxiden und Rußpartikeln *(Emission)*. Diese Schadstoffgemische wirken als Gas oder schlagen sich als feste Schadstoffteilchen auf den Boden und die Pflanzen nieder *(Immission)*. Einige Stoffe aus den Abgasen können durch chemische Reaktionen in andere Schadstoffe umgewandelt werden und beispielsweise als Salpeter- oder Schwefelsäure im Regen oder im Schnee wieder auf die Erdoberfläche zurückkehren. Sie wirken direkt auf die Nadeln oder indirekt über die Wurzeln. Das erhöhte Mineralstoffangebot durch die Stickstoffdeposition verändert das Wachstum oder das Ozon wirkt auf die Spaltöffnungen der Blätter und Nadeln. Die Schäden treten auch in Landschaften ohne Industrie auf. Höher gebaute Industrieschornsteine entlasten zwar die direkte Umgebung der Industrieanlagen, jedoch werden Rußpartikel, Schwefeldioxid und Stickstoffoxide durch die Luft über weitere Strecken transportiert *(Transmission)*.

1 *Schadensstufen der Tanne*

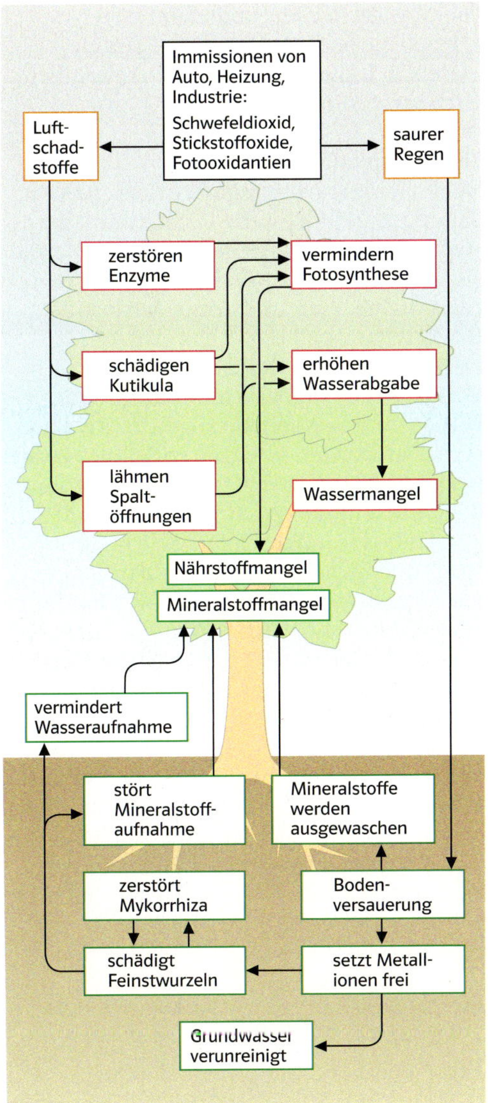

5 *Wirkung von Schadstoffen*

Messungen im Wald ergaben, dass im Waldboden gebundene Aluminiumionen in hohen Konzentrationen freigesetzt werden. Vermutet wurde, dass dadurch die Aufnahme der Magnesiumionen aus dem Boden in die Pflanze gehemmt wird. Magnesium ist ein wichtiger Bestandteil im Molekül des Chlorophylls, ein Mangel führt zu einer verminderten Fotosynthese. Messungen in Untersuchungskammern bestätigen eine spezifische Hemmung der Magnesiumaufnahme, während andere Ionen, wie Kaliumionen, nicht beeinflusst werden.

Solche Mangelerscheinungen führen zu einer Schwächung der Bäume, die zu den natürlichen Stressfaktoren, wie Trockenheit, Frost oder Schädlingen hinzukommt.

Schutzmaßnahmen

Die wichtigste Schutzmaßnahme, um die Versauerung von Böden zumindest zeitweise zu stoppen bzw. zu verlangsamen ist die Bodenschutz- bzw. Waldkalkung. Hierzu werden Wälder großflächig mit Calcium-Magnesiumcarbonat behandelt. Meistens sind es Hubschrauber, die immer wieder das Calcium-Magnesiumcarbonat aus der Luft über dem Wald abwerfen. Dadurch werden die im Boden deponierten Säuren neutralisiert, der Magnesiumanteil für die Nadeln und Blätter erhöht und dem Wald entzogene basische Mineralstoffe wieder zurückzugeben.

In begrenztem Umfang werden einige nicht heimische Baumarten zur Wiederaufforstung geschädigter Wälder eingesetzt. Eine typische Baumart ist die aus Nordamerika stammende *Douglasie*. Sie ist robuster und dadurch nicht so anfällig gegenüber schädlichen Umwelteinflüssen. Diese und andere nicht heimische Baumarten sollen jedoch nur verwendet werden, wenn sie keine nachteiligen Auswirkungen auf die gesamte Lebensgemeinschaft im Wald haben und in Bestände heimischer Baumarten integriert werden können.

Will man die Stabilität der Waldökosysteme langfristig erhöhen, sollte man sowohl naturnahe Mischwälder als auch artenreiche Waldränder schaffen. Nur in den ursprünglich evolutiv gewachsenen Lebensräumen sind Arten dauerhaft geschützt. Dadurch wird auch die genetische Vielfalt für ein stabiles Ökosystem erhalten.

A1 Erklären Sie die Wirkung des ausgebrachten Calcium-Magnesiumcarbonats auf die Bäume.

Kalken des Waldbodens

Ökosystem See

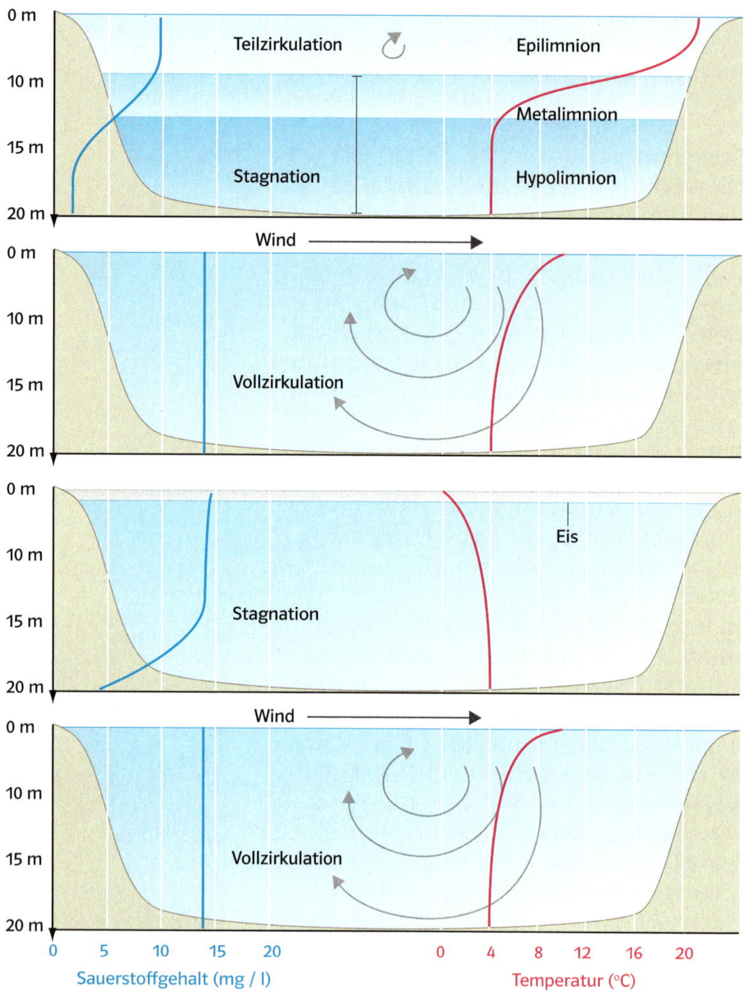

1 *Stagnation und Zirkulation im Jahresverlauf*

Die physikalischen und chemischen Eigenschaften von Wasser bestimmen wesentlich die Lebensmöglichkeiten von Organismen im See.

Zirkulation und Stagnation

Neben dem stark temperaturabhängigen Sauerstoffgehalt ist die Dichte des Wassers entscheidend (siehe Info-Box). Diese verursacht im Jahresverlauf Temperaturschichtungen und deren Auflösung. In Mitteleuropa besitzt das Wasser im Frühjahr und im Herbst eine nahezu einheitliche Temperatur, es kann durch Winde zu einer vollständigen Zirkulation gebracht werden (*Frühjahrszirkulation* und *Herbstzirkulation*, Abb. 1). Die Zirkulation durchmischt den gesamten Wasserkörper, sodass in allen Tiefen gleiche Sauerstoff- und Mineralstoffkonzentrationen vorliegen. Im Sommer bildet sich an der Oberfläche eine warme Wasserschicht mit geringerer Dichte (*Epilimnion*) und damit eine Schichtung im See. Das Epilimnion lässt zwar feste Partikel in das kalte und dichtere Tiefenwasser (*Hypolimnion*) absinken, aber die Durchmischung der beiden Wasserkörper unterbleibt (*Sommerstagnation*) und damit auch der Ausgleich der Stoffkonzentrationen; das Tiefenwasser besitzt damit quasi einen Deckel. Auch im Winter kann es durch Eisbildung eine Stagnationsphase geben (*Winterstagnation*).

A1 Begründen Sie, warum das Wasser südlich gelegener Seen auch im Winter zirkuliert.

Info-Box: Physikalische und chemische Eigenschaften des Wassers

Reines Wasser besitzt (anders als die meisten Stoffe) seine höchste Dichte nicht am Schmelzpunkt (0 °C) sondern bei +4 °C. Diese *Dichteanomalie* genannte Eigenschaft lässt Seen in der Tiefe nicht kälter als +4 °C werden, während noch kälteres Wasser an der Oberfläche schwimmt.

Eis besitzt ebenfalls eine geringere Dichte als flüssiges Wasser, es schwimmt daher auf und sinkt nicht (wie feste Zustände bei anderen Stoffen) auf den Boden.

Wasser kann viele Gase physikalisch lösen, so auch Sauerstoff und Kohlenstoffdioxid. Wasser reagiert mit einem Teil des Kohlenstoffdioxids zu Kohlensäure bzw. Hydrogencarbonat. Es kann deswegen erhebliche Mengen davon enthalten.

Die Löslichkeit von Gasen in Wasser nimmt generell mit steigender Temperatur ab.

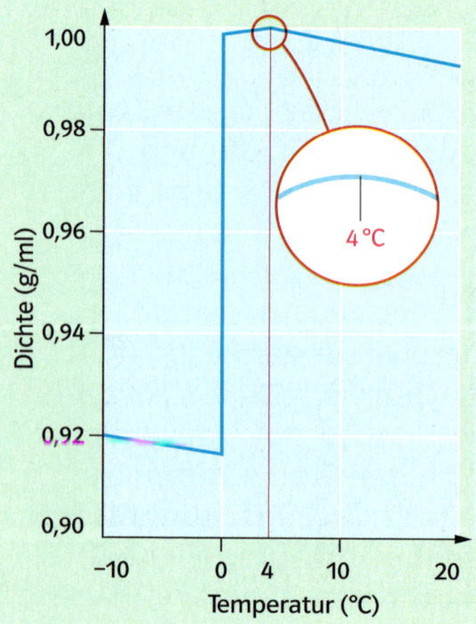

°C	mg O_2/l
0	14,2
5	12,4
10	10,9
15	9,8
20	8,8
25	8,1
30	7,5
35	7,0
40	6,6

Sauerstoffsättigung

Höhenzonierung

Einfallendes Sonnenlicht wird von Wasser absorbiert, mit zunehmender Tiefe wird die Lichtintensität daher geringer. Bis zu einer bestimmten Tiefe ist darum die Produktion durch Fotosynthese der Pflanzen größer als die Zellatmung, darunter ist keine Nettoproduktion mehr möglich *(Kompensationstiefe*, Abb. 2). Die Kompensationstiefe trennt damit einen oberen hellen Bereich *(Nährschicht, trophogene Zone)* und einen unteren Bereich *(Zehrschicht, tropholytische Zone)*, in dem ausschließlich verbrauchende Prozesse ablaufen können. Die Lage der Kompensationstiefe hängt von der aktuellen Lichteinstrahlung ab sowie von der Menge vorhandener Pflanzen *(Eigenbeschattung)*. Nährschicht und Zehrschicht sind lichtabhängig, Oberwasser und Tiefenwasser dagegen temperaturabhängig. [Basiskonzept S. 378]

Nahrungsnetz

Das Nahrungsnetz in einem See besteht aus den trophischen Stufen der pflanzlichen Algen *(Phytoplankton)*, darüber kommen filtrierende Kleinkrebse *(Zooplankton)* und als dritte Stufe Plankton fressende Fische. Wenn die Produktivität eines Sees hoch genug ist, können weitere Trophiestufen aus räuberischen Fischen existieren. Am Bodengrund *(Benthal)* leben Schnecken, Muscheln und Würmer. Daneben leben viele Insekten als Larve oder als Imago im Wasser.

Im Jahresverlauf eines Sees beginnt das intensivere Leben im Frühjahr. Mit zunehmender Lichtintensität und Wärme wachsen die Populationen des Phytoplanktons. Als Folge nehmen auch die Populationen des Zooplanktons zu und zehren als effektive Räuber (s. Seite 139) bis zum späten Frühjahr das Phytoplankton weitgehend auf. Das kann zu einem *Klarwasserstadium* führen.

Detritus und Leichen werden durch bakterielle Destruenten unter Sauerstoffverbrauch remineralisiert. Dies geschieht zum großen Teil bereits im Oberwasser. Dennoch sinkt ein merklicher Anteil als totes organisches Material ins Tiefenwasser ab und nimmt die in ihm gebundenen *Mineralstoffe* mit. Das Oberwasser verarmt daher an Mineralstoffen.

Das ins Tiefenwasser und zum Bodengrund abgesunkene tote organische Material wird remineralisiert. Als Folge steigt die Mineralstoffkonzentration dort an. In den oberen Wasserschichten kann der bei diesem Vorgang verbrauchte Sauerstoff durch Diffusion aus der Luft und durch die Fotosynthese stets ergänzt werden. Im Tiefenwasser und am Bodengrund ist dies jedoch wegen der sommerlichen Schichtung nicht möglich [Basiskonzept S. 374]. Sauerstoff wird hier ausschließlich verbraucht und sein Gehalt sinkt deswegen.

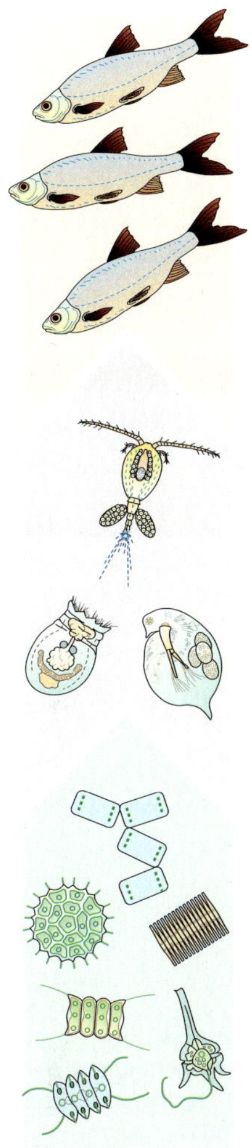

typische Nahrungskette

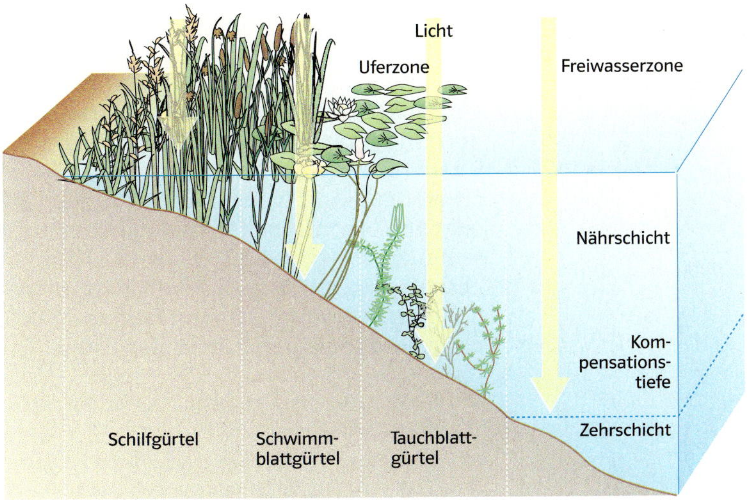

2 *Lichtbedingte Schichtung im See*

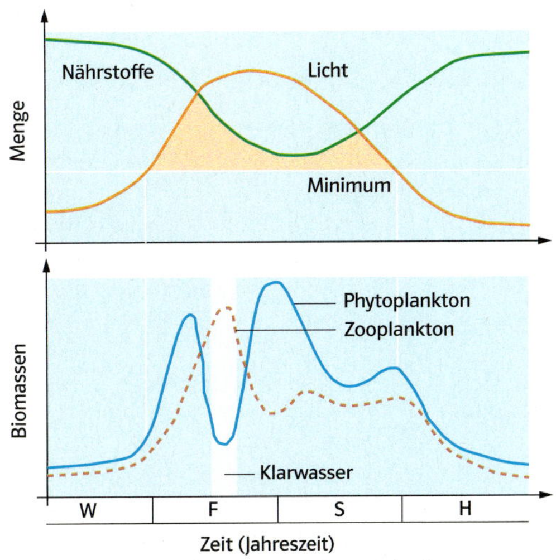

3 *Mineralstoffreicher See im Jahresverlauf*

Eutrophierung

Eutropher See

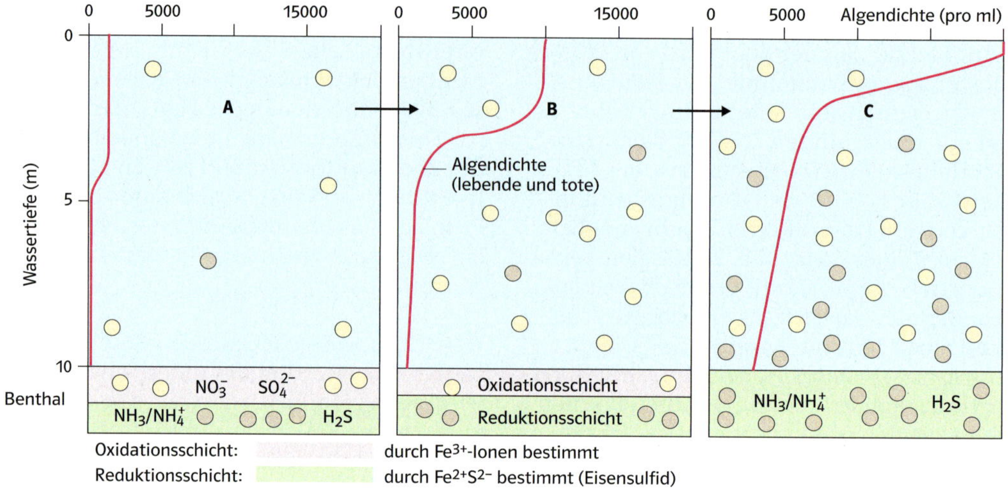

1 *Vorgänge beim „Umkippen"*

Eutrophierung
Anreicherung eines Gewässers mit Mineralstoffen

Die meisten tieferen Gewässer wären ohne menschlichen Einfluss *oligotroph* (mineralstoffarm): Der Gehalt an freiem *Phosphat* und *Nitrat* ist sehr niedrig, denn die meisten dieser Ionen sind in der Biomasse der Lebewesen gebunden.

Eintrag von Stickstoff und Phosphaten
Durch menschliche (anthropogene) Einflüsse können Stickstoffverbindungen und Phosphate in die Gewässer gelangen. Quellen sind heute vor allem die Landwirtschaft, deren Gülle und *Dünger* über das Oberflächenwasser in die Gewässer gelangen können. Die Folge der Mineralstoffzufuhr ist eine *Eutrophierung* der Gewässer. Die Verfügbarkeit der vormals begrenzenden Faktoren Nitrat und vor allem Phosphat steigert die Produktivität und damit die Biomasse des Sees erheblich. Auffällig ist das starke Algenwachstum im Sommer (*„Algenblüte"*).

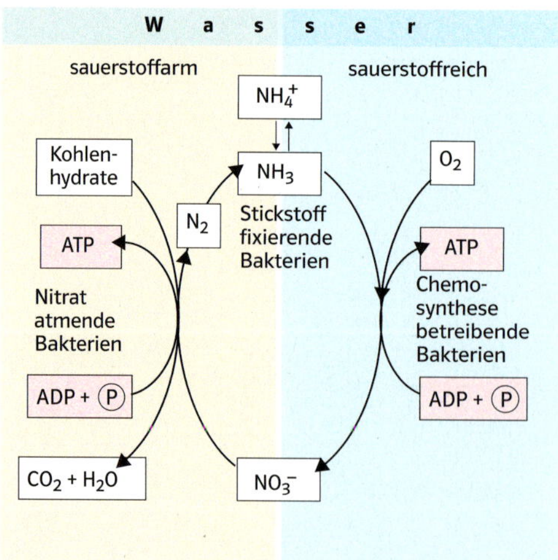

2 *Stickstoffreaktionen durch Mikroorganismen*

Die Eutrophierung verändert den *Sauerstoffhaushalt* des Gewässers deutlich. Der Abbau der Biomasse durch Mikroorganismen zehrt große Sauerstoffmengen. Bei Sauerstoffmangel können bestimmte Mikroorganismen durch die *Reduktion* von Nitrat organisches Material oxidativ abbauen und dabei ATP bilden *(Nitratatmung)* [Basiskonzept S. 378]. Bei anderen Prozessen entstehen giftige Stoffe wie Ammoniak (NH_3) und *Schwefelwasserstoff* (H_2S) (Abb. 2). Das führt zum Tode bei empfindlichen Organismen. Dadurch fällt noch mehr abbaubare Biomasse an, die Sauerstoffzehrung nimmt weiter zu. Bei zu großem Eintrag von Mineralstoffen oder von organischem Material können sich diese Prozesse aufschaukeln und innerhalb weniger Stunden zum Tode aller höheren Lebewesen führen. Man spricht dann vom *„Umkippen"* eines Gewässers.

A1 Erklären Sie das „Umkippen". Nutzen Sie Abbildung 1 und 2.

A2 Begründen Sie, weshalb das „Umkippen" eines Sees vor allem im Sommer gegen Ende der Nacht erfolgt.

Praktikum
Freilandökologie am stehenden Gewässer

Wählen Sie möglichst ein Gewässer, das über einen Steg oder ein Boot auch Zugangsmöglichkeiten zu tieferen Wasserzonen erlaubt.

Linien-Vegetationsaufnahme

Fertigen Sie mithilfe einer Landkarte eine *Skizze des Gewässers* an, in die Sie wichtige Merkmale (Bäume etc.) zur Orientierung eintragen.

Erstellen Sie ein Höhen- und Tiefenprofil entlang einer geeigneten Linie. Beginnen Sie einige Meter vom Ufer entfernt im Trockenen.

Kartieren Sie entlang dieser Linie die *Vegetation*. Lässt sich eine höhenabhängige Zonierung erkennen?

Physikalische und chemische Werte

Bestimmen Sie entlang dieser Linie die Sichttiefe im Gewässer.

Holen Sie mit der Probenflasche aus unterschiedlichen Tiefen Wasserproben und untersuchen Sie es bezüglich der folgenden Parameter:
- Temperatur
- Sauerstoffgehalt
- pH-Wert
- Ammonium-, Nitrit- und Nitratgehalt
- Phosphatgehalt

BSB-Untersuchung

Der *BSB_5-Wert* steht für den biochemischen Sauerstoffbedarf der Organismen im Dunkeln. Bezugsgröße ist der Sauerstoffverbrauch in fünf Tagen.

Füllen Sie eine Wasserflasche voll mit Probenwasser. Bestimmen Sie den aktuellen Sauerstoffgehalt und verschließen Sie die Flasche luftblasenfrei. Bringen Sie die Flaschen mit Ihren Proben an einen dunklen Ort bei Zimmertemperatur.

Kochen Sie eine weitere Probe ca. 10 Minuten, kühlen Sie sie auf Zimmertemperatur ab und reichern Sie sie dann mithilfe einer Aquarienpumpe mit Sauerstoff an. Bestimmen Sie nun den Sauerstoffgehalt der Probe. Behandeln Sie sie dann wie die übrigen Proben.

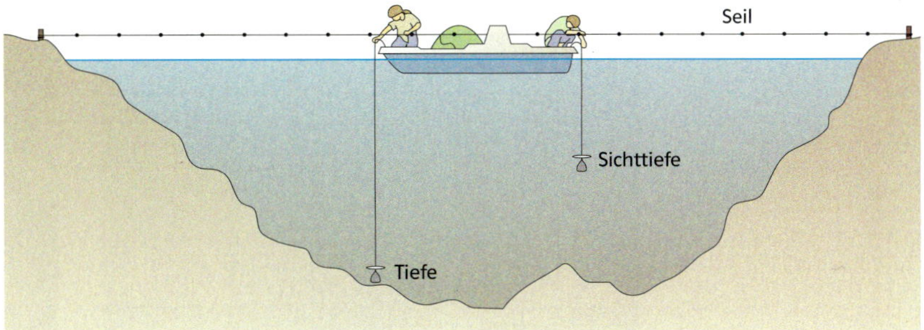

Ermittlung der Gewässerbreite und -tiefe

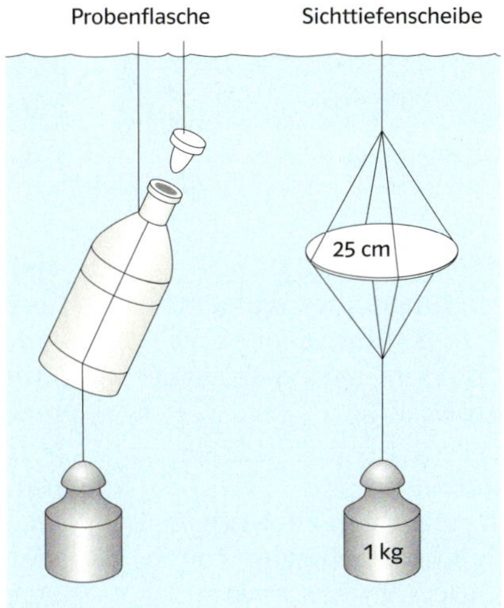

Öffnen Sie nach fünf Tagen die Flaschen und bestimmen Sie sofort den Sauerstoffgehalt.
- Wie hat sich der Sauerstoffgehalt der Proben verändert?
- Wie hat sich der Sauerstoffgehalt der aufgekochten Wasserprobe im Vergleich dazu verändert?

A1 Stellen Sie eine Hypothese zur Klärung der Differenzunterschiede der verschiedenen Proben auf.

A2 Planen Sie ein Experiment im Labor, mit dem Sie Ihre Hypothese überprüfen können.

Untersuchungen im Tagesverlauf

Bestimmen Sie an besonders vegetationsreichen und -armen Standorten (Wassertiefe ca. 20 cm) im Tagesverlauf alle drei bis vier Stunden den pH-Wert und den Sauerstoffgehalt. Tragen Sie die Werte grafisch auf und vergleichen Sie. Wie lassen sich die Veränderungen im Tagesverlauf und die Unterschiede zwischen den verschiedenen Standorten erklären?

Aufwuchsorganismen

Um an die am Untergrund aufsitzenden Kleinorganismen zu gelangen, hängen Sie in unterschiedlichen Wassertiefen jeweils zwei gegeneinander liegende Objektträger für mindestens zwei Wochen ins Gewässer (s. Skizze). Wenn möglich, vergleichen Sie verschiedene Gewässerabschnitte mit unterschiedlichen Lichtverhältnissen. Günstig ist es, wenn sie am Beginn zwei oder mehr Ansätze pro Untersuchungsstelle in das Gewässer bringen und diese im Zweiwochenrhythmus weiter untersuchen.

Mikroskopieren Sie dann die Organismen, die sich auf den Objektträgern angesiedelt haben. Vergleichen Sie die Besiedlung in Abhängigkeit von der Wassertiefe und evtl. der Beleuchtungsstärke am Untersuchungsort.

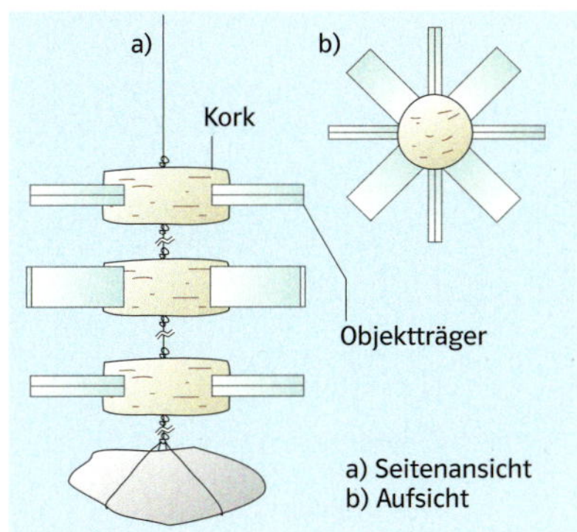

Fließgewässer

1 *Naturbelassenes Fließgewässer*

2 *Begradigtes Fließgewässer*

Fließgewässer sind durch strömungsbedingte Verwirbelungen des Wassers gekennzeichnet. Diese verhindern eine Schichtung des Wassers, sodass der Sauerstoffaustausch groß ist.

Fließgeschwindigkeit
Besonders der Oberlauf von Fließgewässern führt häufig durch gebirgige Zonen mit starkem Gefälle. Die *Fließgeschwindigkeit* nimmt deshalb in der Regel von der Quelle bis zur Mündung ab. Als Folge finden sich im Unterlauf viele Organismen wie Wasserflöhe und Algen, die auch in Seen leben können. Der Oberlauf dagegen wird vorwiegend von Organismen besiedelt, die an stärkere *Strömung* angepasst sind. [Basiskonzept S. 370]

Eine wesentliche Rolle für die Artenvielfalt eines Fließgewässers spielt die Gewässerstruktur: Begradigte Abschnitte mit einheitlichen Strömungsverhältnissen sind artenarm, während mäandrierende Abschnitte mit dem typischen Wechsel von Prall- und Gleithang auf engstem Raum völlig unterschiedliche Strömungsverhältnisse und starke Unterschiede im Sediment des Untergrunds aufweisen können. Diese Strukturvielfalt fördert die Artenvielfalt nicht begradigter Fließgewässer aufgrund der unterschiedlichen ökologischen Nischen. [Basiskonzept S. 374]

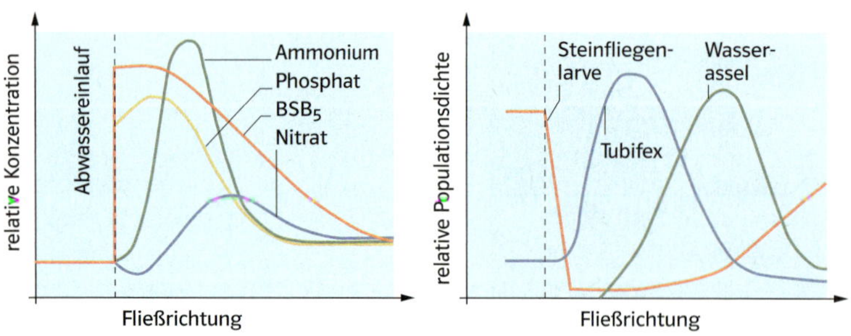

3 *Selbstreinigungsvorgänge in einem Fließgewässer*

Selbstreinigung und Saprobiensystem
Die größte Gefährdung von Fließgewässern geht auf zugeführte organische Substanzen zurück, etwa *Gülle* aus der Landwirtschaft oder Abwässer, die organisches Material enthalten *(Eutrophierung)*. Der mikrobielle Abbau dieser Substanzen führt zu einer starken Sauerstoffzehrung. Unter ungünstigen Bedingungen kann das wie in einem stehenden Gewässer zum „Umkippen" führen (s. Seite 172). Unter starkem Sauerstoffverbrauch werden diese Stoffe wieder mithilfe anderer Mikroorganismen zu ungiftigeren Salzen wie Nitrat und Sulfat oxidiert. Diese *Selbstreinigung* der Fließgewässer kann durch eine Optimierung der Sauerstoffzufuhr, etwa mithilfe von Wehren, verbessert werden. Problematisch für die Selbstreinigungsfähigkeit eines Fließgewässers sind dagegen Faktoren wie *Wärmebelastung* (Kraftwerke) und *Schwermetallbelastung* (industrielle Abwässer). Im ersten Fall tritt Sauerstoffmangel auf, im zweiten kommt es zur Vergiftung von Lebewesen.

Da das Wasser sich während des Selbstreinigungsprozesses fortbewegt, spiegelt die *räumliche Zonierung* eines Fließgewässers den zeitlichen Verlauf der Abbauprozesse wider (s. Abb. 3). Auch anorganische Salze wie Phosphat und Nitrat aus Landwirtschaft (Dünger), Industrie und Haushalt tragen wesentlich zur Verschmutzung bei (*Eutrophierung*, s. Seite 172). Verschmutzte Gewässer sind zwar aufgrund der guten Nahrungsbasis individuenreich, aber auch artenarm, da nur wenige Organismenarten einen geringen Sauerstoff- bzw. einen hohen Ammoniumgehalt tolerieren können. Bei diesen Arten tritt teilweise Massenvermehrung auf.

Kontrollen der Gewässerbelastung sind von sehr großer Bedeutung. Ein wichtiges Maß stellt dabei der *BSB_5-Wert* dar: Er bezeichnet den Sauerstoffverbrauch einer künstlich bis zur Sauerstoffsättigung angereicherten Wasserprobe durch mikrobielle Atmungsprozesse innerhalb von 5 Tagen bei 20 °C in Dunkelheit [Basiskonzept S. 378]. Zur biologischen Wasserbeurteilung dient seit über 100 Jahren ein *Saprobiensystem*. Es charakterisiert den *Verschmutzungsgrad* mithilfe ausgewählter Indikatororganismen. Der Verschmutzungsgrad der Gewässer bestimmt die *Gewässergüteklasse* eines Fließgewässerabschnitts (Abb. Seite 177).

A1 Stellen Sie die Parameter BSB_5, Ammonium/Ammoniak- und Sauerstoffgehalt (Abb. 3) in eine kausale Beziehung.

A2 Vergleichen Sie die Vorgänge bei der natürlichen Selbstreinigung mit denen bei der Abwasserklärung (s. Info-Box).

sapros
(gr.) = faul, verdorben

bios
(gr.) = Leben

Saprobien
Fäulnis- und Schmutzwasserorganismen

Info-Box: Schema der Abwasserklärung in einer Kläranlage

Die Klärung häuslicher Abwässer aus der Kanalisation erfolgt in mehreren Stufen: In der *mechanischen Reinigungsstufe* werden gröbere Stoffe aus dem Abwasser entfernt. Feine Schwebstoffe werden dem *Faulturm* zugeleitet. Die darauf folgenden *biologischen Reinigungsstufen* mineralisieren organische Stoffe aus dem Abwasser und vermindern den Gehalt an Stickstoffverbindungen und Phosphat. In einem *Denitrifikationsbecken* herrscht Sauerstoffarmut. Dadurch können spezifische Bakterien über *Nitratatmung* (s. Abb. 172.3) Nitrat zu N_2 reduzieren. Die übrigen Stickstoffverbindungen werden im Belebungsverfahren mit künstlicher Belüftung durch Chemosynthesebakterien zu Nitrat aufoxidiert und über ein Rückführungsverfahren in das Denitrifikationsbecken geleitet, sodass letztendlich der größte Teil der Stickstoffverbindungen als N_2-Gas entweichen kann. Phosphat wird im Denitrifikationsbecken in eine lösliche Form überführt. So kann es von Bakterien aufgenommen und gebunden werden. Diese Mikroorganismen und Einzeller, die sich ebenfalls von der organischen Substanz ernähren, flocken aus und setzen sich im Nachklärbecken ab. Ein Teil der Flocken wird zur erneuten Impfung mit Mikroorganismen in das *Belüftungsbecken* zurückgeleitet. Der Hauptteil gelangt in den Faulturm. Hier wird der Schlamm von anaeroben Bakterien abgebaut; dabei entsteht *Methangas*. Der ausgefaulte Schlamm wird als Dünger verwendet oder bei zu hohem Schadstoffgehalt auf Deponien gelagert. Die früher verwendete *chemische Reinigungsstufe*, in der die Phosphate als Eisen- oder Aluminiumsalz ausgefällt wurden, ist nach dem hier beschriebenen Reinigungsverfahren überflüssig. Das geklärte Abwasser gelangt in den *Vorfluter*.

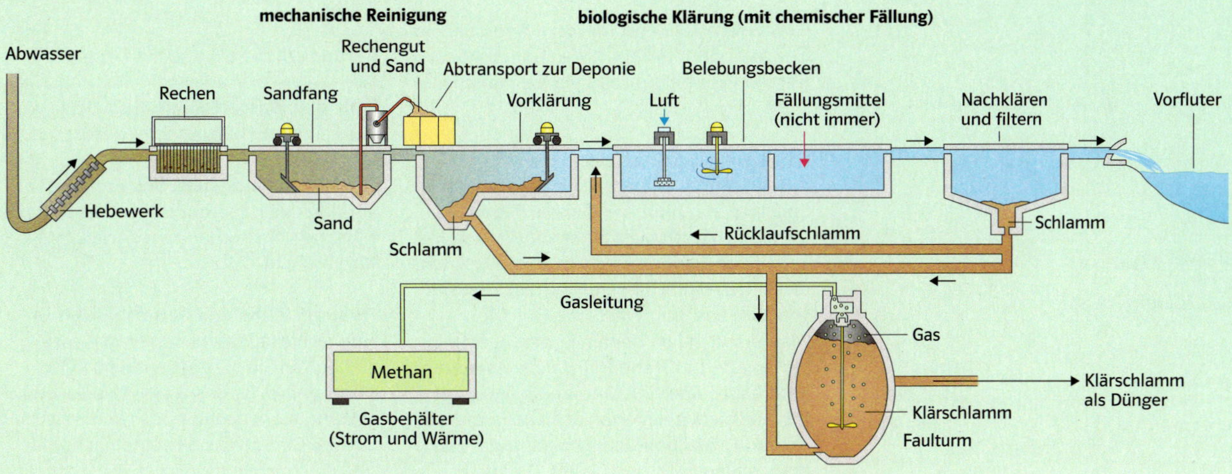

Praktikum
Fließgewässer

Fließgewässer unterliegen durch jahreszeitlich bedingte Wasserstandsschwankungen und Einleitungen vielfältigen Einflüssen, die durch Wasseruntersuchungen ermittelt werden können.

Ausrüstung

Schlauchwaage (11 m lang, Ø 1 cm), Thermometer mit 0,1°-Einteilung, Tafelgeodreieck, Bandmaß, Lot, Korken, Stoppuhr, farblose Probenflaschen, Imhofftrichter oder tütenförmiger Messbecher, Testbesteck zur chemischen Wasseranalyse, Weithalskunststoffflasche für die Abfallchemikalien, engmaschiges Metallsieb, kleine Schaufel, Pinsel, Lupe, Federstahlpinzette, weiße Petrischalen, Foto- oder Zeichenausrüstung, geografische Karte vom Fließgewässer und seinem Einzugsbereich, Bestimmungsbücher und -tabellen, Erhebungsbogen für die Stationen, Protokollbögen für wiederkehrende Messungen

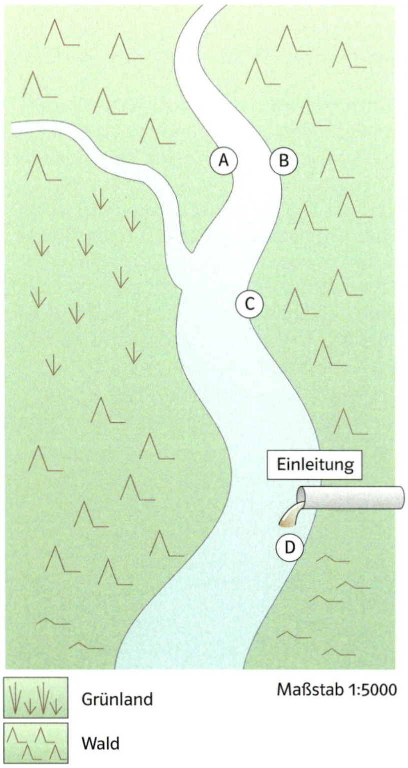

1 *Kartierungsbeispiel*

2 *Probenentnahme*

Stationsdaten

Die Probenstationen sollen die Eigenarten eines bestimmten Gewässerabschnittes, z. B. Ober-, Mittel-, Unterlauf oder Prall- bzw. Gleithang, widerspiegeln. Tragen Sie die Lage der Stationen in die Landkarte ein und weisen Sie Ufervegetation, Zuflüsse, Einleitungen usw. mit geeigneten Symbolen in der Karte aus. Inwieweit wurde die Böschung durch Baumaßnahmen verändert oder der Fluss begradigt (Ausbaugrad)?
Nun werden diejenigen Stationsdaten erhoben und protokolliert, die kaum jahreszeitlichen Schwankungen unterliegen:

Beschreibung der Böschung und Ufervegetation: Fertigen Sie eine Skizze oder ein Foto an und bestimmen Sie die wichtigsten Pflanzenarten. Legen Sie ein Herbar-Poster an.

Gewässerbreite und -tiefe: Messen Sie die Gewässerbreite mithilfe des Bandmaßes. Mit dem Lot bestimmen Sie die maximale Tiefe.

Gefälle: Als Schlauchwaage kann ein durchsichtiger Schlauch von 11 m Länge und 1 cm Durchmesser dienen. Füllen Sie diesen Schlauch blasenfrei mit Wasser und versenken Sie ihn gestreckt so in Flussrichtung, dass die Schlauchenden im Abstand von 10 m aus dem Wasser ragen. Die Wasserspiegel an beiden Enden befinden sich in gleicher Höhe *(Prinzip der kommunizierenden Röhren)*. Messen Sie jetzt im flussabwärts gelegenen Schlauchende den Abstand zwischen dem Umgebungs- und dem Schlauchwasserspiegel. Dies ist der Höhenunterschied auf 10 m.

Böschungswinkel: Benutzen Sie das Tafelgeodreieck, um den Winkel zwischen Wasserspiegel und Ufer zu berechnen. Dabei kann eine Holzlatte an der Böschung als Messunterlage dienen.

Beschreibung des Untergrundes: Grobschotter, Kies, Sand oder Schlick

Geografische Stationsdaten	A	B	C	D
Breite				
Böschungswinkel				
maximale Tiefe				
Gefälle				
Untergrund				
Ufervegetation				
Ausbaugrad				

Veränderliche abiotische Daten

Luft- und Wassertemperatur: Diese werden mit dem Thermometer gemessen.

Fließgeschwindigkeit: Bestimmen Sie mithilfe des Bandmaßes und der Stoppuhr, wie lange ein Korken zum Zurücklegen von 10 m braucht.

Trübung, Farbe und Geruch: Füllen Sie eine farblose Flasche mit Flusswasser und halten Sie sie gegen einen weißen Hintergrund. Ist das Wasser klar, schwach getrübt, stark getrübt oder undurchsichtig? Die Geruchsprobe sollte nach kräftigem Schütteln möglichst von mehreren Personen vorgenommen werden und zwar hinsichtlich Intensität (geruchlos, schwacher oder starker Geruch) und Art des Geruches (erdig, modrig, faul oder jauchig). Protokollieren Sie die Farbe der Wasserprobe, nachdem sich eventuell vorhandene Schwebstoffe abgesetzt haben.

Absetzbare Stoffe: Lassen Sie eine Wasserprobe im Imhofftrichter 2 Stunden lang ruhig stehen. Lesen Sie dann die Menge der absetzbaren Stoffe an der Graduierung ab und berechnen Sie den Anteil am Gesamtvolumen.

Gelöste Stoffe: Spülen Sie die Probengefäße mehrmals mit dem zu untersuchenden Wasser aus und entnehmen Sie dann in 20—50 cm Wassertiefe eine Wasserprobe. Die qualitative und quantitative Bestimmung der gelösten Stoffe (Karbonathärte, pH-Wert, Sauerstoffgehalt, Ammonium-, Nitrit- und Nitratgehalt) erfolgt mithilfe eines käuflichen Testbestecks nach der zugehörigen Gebrauchsanweisung.

BSB_5: Wasserbewegungen und pflanzliche Fotosynthese reichern Fließgewässer mit Sauerstoff an. Je mehr organische Substanzen das Wasser enthält, desto mehr Sauerstoff wird aber durch reduzierende Bakterien verbraucht. Der *biochemische Sauerstoffbedarf (BSB)* ist ein Maß für die Belastung einer Wasserprobe mit organisch abbaubaren Substanzen. Er wird folgendermaßen gemessen: Füllen Sie zunächst eine größere Flasche halb mit Flusswasser und schütteln Sie kräftig, um Sauerstoff anzureichern. Geben Sie nun dieses Probenwasser luftblasenfrei in zwei Flaschen und messen Sie den Sauerstoffgehalt in einer davon sofort und inkubieren Sie das andere Fläschchen verschlossen bei 20 °C im Dunkeln. In der Probe vorhandene Bakterien zersetzen nun die organischen Substanzen und verbrauchen dabei Sauerstoff. Je größer die organische Belastung des Wassers, desto größer wird der Sauerstoffverbrauch sein. Bestimmen Sie den verbleibenden Sauerstoffgehalt nach 5 Tagen. Die Differenz zwischen O_2-Sofortgehalt und O_2-Gehalt nach 5 Tagen ergibt den BSB_5 (in mg O_2/l).

Abiotische Stationsdaten

	A	B	C	D
Lufttemperatur				
Wassertemperatur				
Trübung, Farbe				
Geruch				
absetzbare Stoffe				
Karbonathärte				
Ammoniumgehalt				
pH-Wert				
Gesamtstickstoff				
Nitrit-/Nitratgehalt				
BSB_5				
Ausbaugrad				

Biotische Daten

Untersuchen Sie alle charakteristischen Substrate der Probenstation (Steine, Sand, Uferpflanzen) hinsichtlich ihrer Besiedlung. Benutzen Sie für jedes Substrat eine andere weiße Schale und setzen Sie die ausgesiebten bzw. ausgesammelten Teile dort hinein. Versuchen Sie, die Arten zu bestimmen und ihre Häufigkeit zu schätzen. Suchen Sie die identifizierten Arten in der Saprobientabelle (s. Abb. 3).

Biotische Stationsdaten/Artenliste

	A	B	C	D
auf Steinen				
im Sand				
in den Pflanzen				

Auswertung

Chemische und physikalische Daten geben eine Momentaufnahme der abiotischen Bedingungen, die Analyse der Arten hat dagegen den Charakter einer Langzeitbestimmung. Tiere und Pflanzen können aufgrund ihrer ökologischen Potenzen nur ganz bestimmte Umweltbedingungen tolerieren. Das Vorkommen solcher sogenannter *Zeigerarten* lässt daher Rückschlüsse auf die vorausgegangenen Bedingungen zu. Das *Saprobiensystem* (s. Abb. 3) ist eine Zusammenstellung von Zeigerorganismen für den Belastungsgrad des Gewässers.

A1 Erläutern Sie, auf welche Gewässergüte Sie aufgrund Ihrer biotischen Daten schließen können. Stimmt das Ergebnis mit den aktuellen abiotischen Daten überein?

EU-Wasserrahmenrichtlinie

Gewässergüteklasse	organische Belastung	Kennzeichnung	Leitorganismen, Auswahl der Bioindikatoren
1 sehr gut	unbelastet bis sehr gering belastet	vollendete Oxidation, hoher Sauerstoffgehalt	
2 gut	gering bis mäßig belastet		
3 mäßig	kritisch belastet	↑ steigender Sauerstoffgehalt; Zunahme der Sauerstoffzehrung ↓	
4 unbefriedigend	stark verschmutzt		
5 schlecht	sehr stark verschmutzt	Fäulnisprozesse durch Reduktion, starke Sauerstoffzehrung	

3 Saprobiensystem mit den Leitorganismen von oben nach unten:
a) Steinfliegenlarve
b) Flussmützenschnecke
c) Eintagsfliegenlarve
d) Waffenfliegenlarve
e) Mistbienenlarve

Naturschutz im Weltnaturerbe Wattenmeer

1 *Das Wattenmeer bei Ebbe*

Das *Wattenmeer* der Nordsee mit seinen Salzwiesen, Dünen, Sandbänken, Halligen, Stränden und Prielen erstreckt sich von Den Helder bis Esbjerg. Es ist mit fast 9300 km² weltweit der größte zusammenhängende Lebensraum dieses Typs und seit 2009 von der Unesco als Weltnaturerbe anerkannt. Rhythmischer Wechsel von Ebbe und Flut, Hoch- und Niedrigwasser, Wind und Wellen, Sturm und Stille prägen diese einzigartige Landschaft.

Leben unter besonderen Bedingungen
Bei einem Spatenstich in den Wattboden fällt sofort eine farbige Schichtung auf (Abb. 3): Die gelbbraune Farbe der oberflächlichen *Oxidationsschicht* ist auf Eisenhydroxid $Fe(OH)_3$ zurückzuführen, die der sauerstofffreien, blauschwarzen *Reduktionsschicht* auf Eisensulfid (FeS). In der Reduktionsschicht leben anaerobe Schwefelbakterien, die chemosynthetisch H_2S bilden. Muscheln können nur vorübergehend anaerob leben, lange Ein- und Ausstromschläuche verbinden sie mit dem Oberflächenwasser. Durch Röhrensysteme von Ringelwürmern und einigen Krebsen kann sauerstoffhaltiges Wasser lokal in tiefere Schichten eindringen.

Auf einem Quadratzentimeter Wattboden wachsen bis zu einer Million mikroskopisch kleiner Kieselalgen, welche die wichtigsten *Primärproduzenten* im Wattenmeer sind. Von ihnen leben Filtrierer (z. B. Herzmuscheln, bis zu 2000 Individuen/m²) und Weidegänger (z. B. Wattschnecken bis zu 100 000 Ind./m²). Dieser Nahrungsreichtum zieht viele Wirbeltiere an. Zahlreiche Fischarten leben dauerhaft als Standfische (Steinpicker, Seeskorpion) oder in der Jugendphase (Scholle, Hering) oder nur zu bestimmten Jahreszeiten (Aal, Meeräsche) im Wattenmeer. Während des Vogelzugs rasten hier 3,4 Millionen Wat- und Wasservögel pro Tag. [Basiskonzept S. 378]

Auf speziellen Brutplätzen des Wattenmeeres, wie Sand oder Muschelschill, brüten auch über 20 verschiedene Küstenvogelarten. Seehunde nutzen die Sandbänke als Rastplatz für den Haarwechsel, zur Geburt und zum Säugen der Jungtiere.

2 *Sandklaffmuschel*

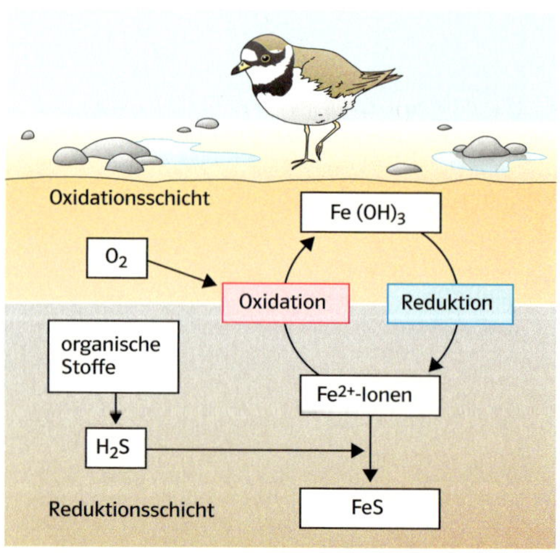

3 *Chemie und Stoffwechsel des Wattbodens*

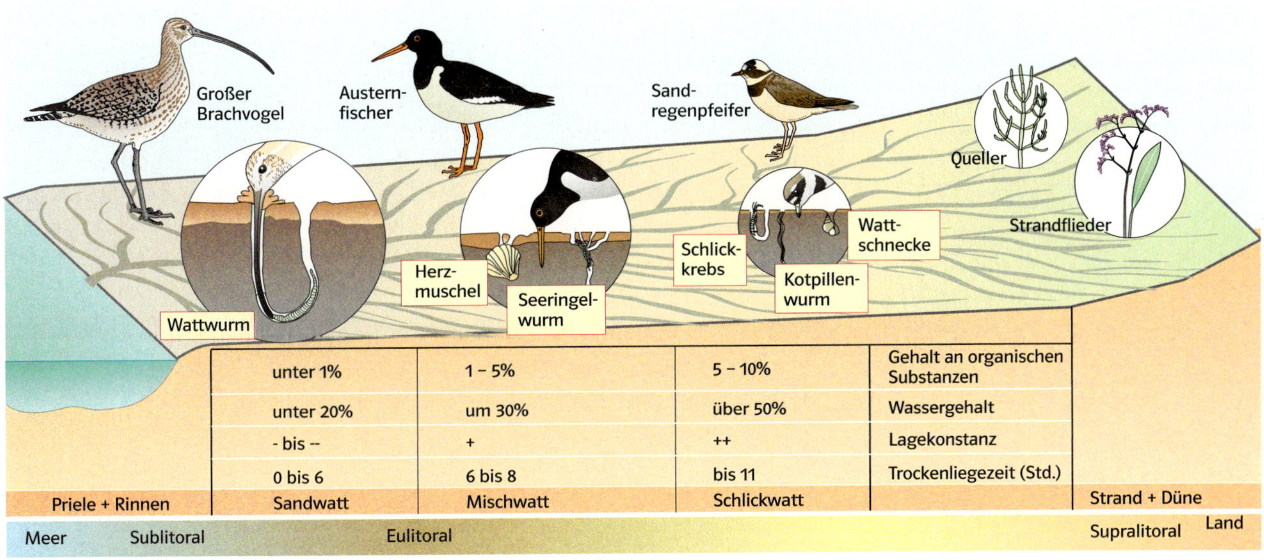

Sandwatt	Mischwatt	Schlickwatt	
unter 1%	1 – 5%	5 – 10%	Gehalt an organischen Substanzen
unter 20%	um 30%	über 50%	Wassergehalt
- bis --	+	++	Lagekonstanz
0 bis 6	6 bis 8	bis 11	Trockenliegezeit (Std.)

4 *Lebewesen im Watt*

Schutz des Ökosystems
Während in früheren Jahrhunderten die Tiere und Pflanzen eines Lebensraumes meist direkt durch Jagd oder Ernte dezimiert wurden, ist heute die Zerstörung des Lebensraumes selbst Grund für deren Gefährdung. Das Ökosystem Wattenmeer ist starken Einflüssen durch Schifffahrt, Fischfang, Tourismus und landwirtschaftliche Nutzung ausgesetzt. Naturschutzgesetze begrenzen diese Einflüsse, indem sie Regeln für die Nutzung aufstellen und Zonen ausweisen, in denen keinerlei Nutzung zulässig ist. Das Wattenmeer erfüllt die Voraussetzungen des Bundesnaturschutzgesetzes für einen *Nationalpark*.

Der niedersächsische Teil wird als Nationalpark *Niedersächsisches Wattenmeer* verwaltet. In ihm sind drei Schutzzonen ausgewiesen worden. In der *Ruhezone* hat der Schutz von Tieren und Pflanzen absoluten Vorrang, sie darf nur auf Wegen betreten werden. Die landwirtschaftliche Nutzung ist stark limitiert. Dieser Bereich macht über 60 % der gesamten Fläche des Nationalparks aus. Hier liegen besonders empfindliche Bereiche wie Brut- und Mauserplätze. Die Zwischenzone dient dem Schutz des typischen Landschaftsbilds. Sie darf außerhalb der Brutsaison frei betreten werden und macht knapp 40 % der Fläche des Nationalparks aus. Die Erholungszone macht weniger als 1 % aus, sie dient der rücksichtsvollen Freizeitgestaltung von Touristen.

A1 Beschreiben Sie die Einnischung der Tiere im Wattenmeer unter Berücksichtigung der Schnabellänge der Vögel und der Eingrabtiefe der Beutetiere.

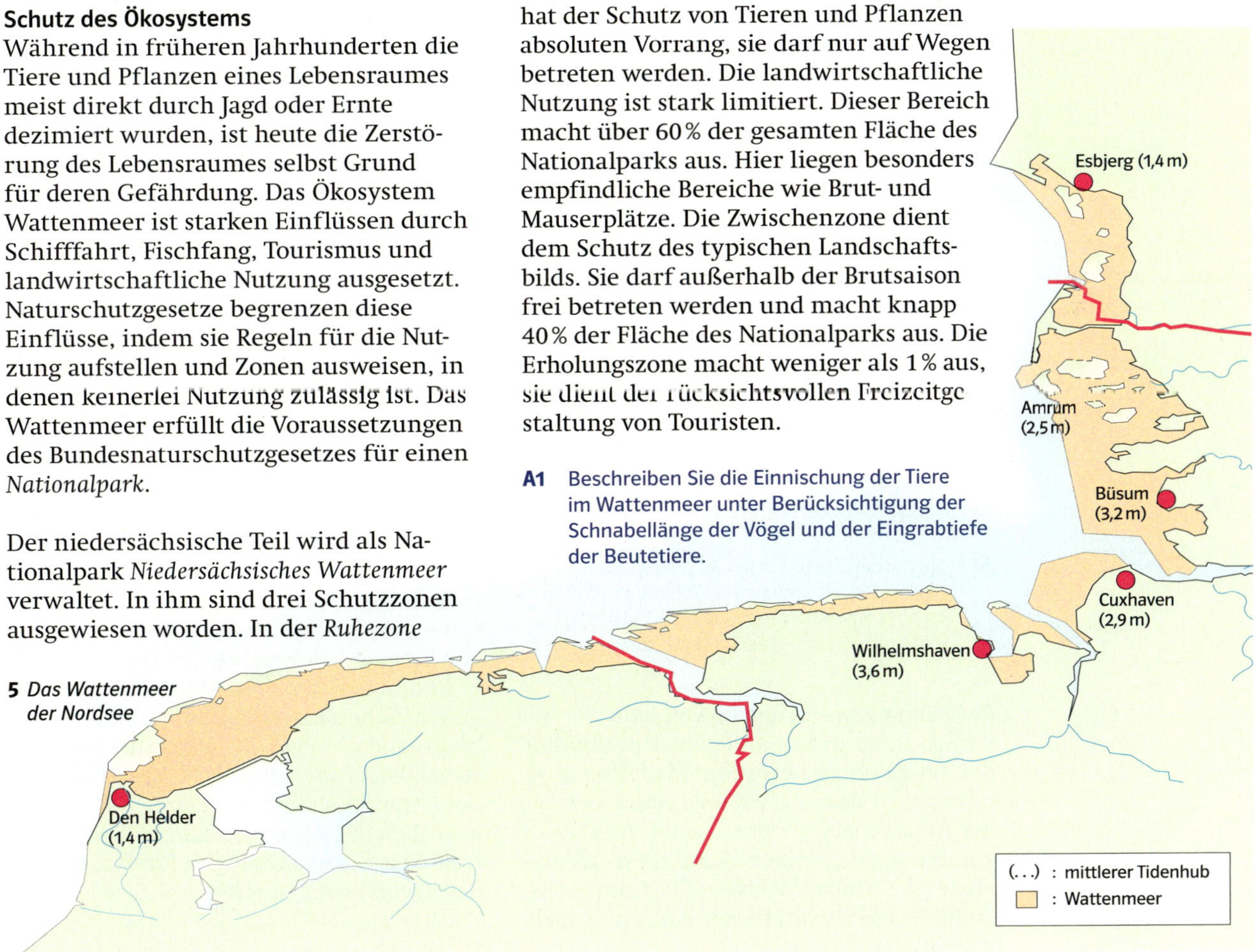

5 *Das Wattenmeer der Nordsee*

Weltbevölkerung

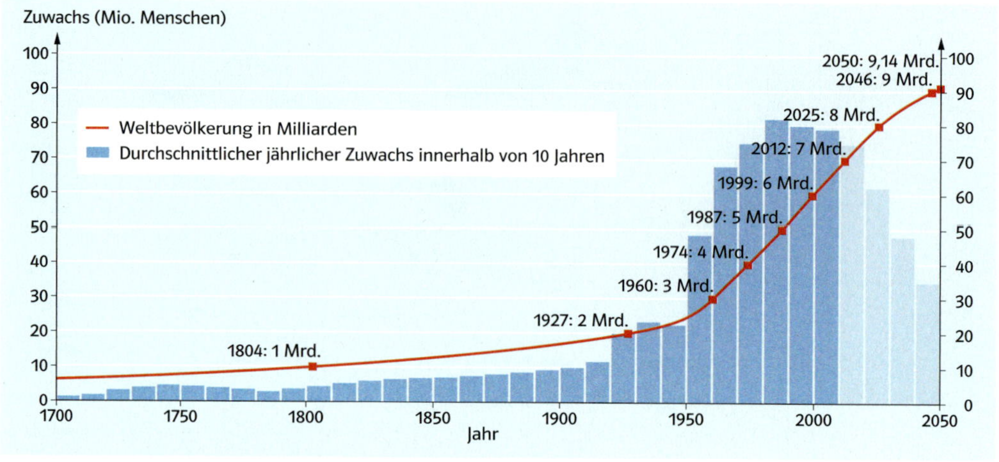

1 *Historische und prognostizierte Entwicklung der Weltbevölkerung*

Jeden Tag wächst die Weltbevölkerung um ca. 227 000 Menschen. Das bedeutet, dass Tag für Tag fast so viele Menschen zusätzliche Ressourcen beanspruchen, wie die Stadt Braunschweig Einwohner hat.

Die Ressourcen sind begrenzt

Für die Ernährung von ca. 7 Mrd. Menschen stehen 9 Mrd. ha kultivierbaren Bodens weltweit zur Verfügung. Daraus lässt sich die Frage ableiten, wie lange die natürlichen Ressourcen noch reichen. Entscheidend für den Bedarf an Ackerland ist unsere Lebensweise. In Europa besteht ein Flächenbedarf von 3 bis 4 ha, in vielen Entwicklungsländern liegt dieser unter 1 ha pro Person. Verantwortlich für diese Unterschiede sind neben der Menge verzehrter Nahrungsmittel der Anteil der fleischlichen Kost und die Produktivität der Landwirtschaft. [Basiskonzept S. 378]

A1 Begründen Sie unter Einbeziehung ökologischer Gesichtspunkte, dass ein hoher Fleischkonsum einen höheren Ackerflächenbedarf zur Folge hat als eine fleischarme Ernährung.

Bevölkerungswachstum im Vergleich

Afrika ist besonders stark von der Zunahme der Bevölkerung betroffen. Modellrechnungen für das Jahr 2050 zeigen, dass der Anteil der Afrikaner an der Weltbevölkerung von heute 15 % auf dann 21 % ansteigt. Europas Weltbevölkerungsanteil sinkt dagegen von 11 % auf dann nur noch 7 %. In Entwicklungsländern besteht ein Zusammenhang zwischen Armut und Bevölkerungswachstum: Für ärmere Paare besteht ein wirtschaftlicher Anreiz, mehr Nachkommen zu haben, weil dadurch die eigene Ernährung im Alter gesichert ist. Darüber hinaus kommt es zu einer erheblichen Anzahl ungewollter Schwangerschaften.

A2 Informieren Sie sich über den möglichen Zusammenhang von Säuglingssterblichkeit und Bevölkerungswachstum. Erläutern Sie.

Nachhaltigkeit

Der erhöhte Platzbedarf wird auch zu Eingriffen in natürliche und naturnahe Ökosysteme führen. Damit werden Lebensräume zerstört, die die Grundlage für Pflanzen und Tiere darstellen. Damit könnte es langfristig zu einem verstärkten Artensterben kommen. Entwicklung ohne Berücksichtigung natürlicher Ressourcen verschiebt die Folgen der Armutsbekämpfung auf die zukünftigen Generationen. In diesem Fall spricht man von einer zeitlichen Falle. *Nachhaltigkeit* besteht darin, dass ein System in seinen wesentlichen Eigenschaften erhalten bleibt und der Bestand auf natürliche Weise nachwachsen kann. Eine Bekämpfung der Armut bei gleichzeitiger Schonung der natürlichen Ressourcen kann einen Beitrag zu einer nachhaltigen Eindämmung des Bevölkerungswachstums darstellen.

Regenerative Energiequellen

1 *Biogaserzeugung in Rheinland-Pfalz*

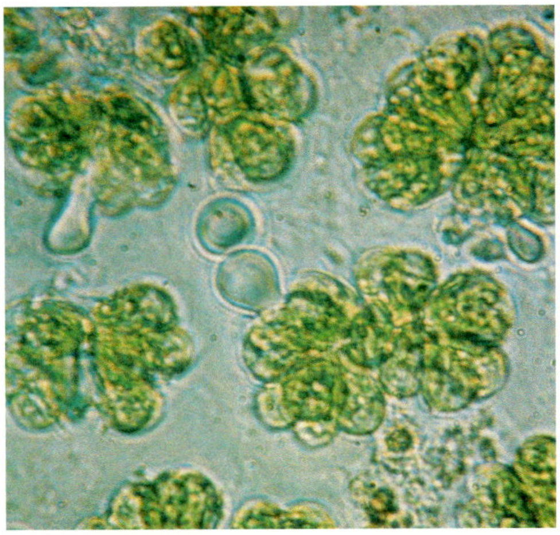

2 *Algenöl (dunkelgrün) aus der Grünalge Botryococcus*

Der Maisanbau hat in Deutschland stark zugenommen. Zwischen Harz und Elbe wird dieses Getreide inzwischen großflächig angebaut. Doch nicht der Futtergewinnung, sondern der Erzeugung von Biogas dient diese Produktion.

Energie aus nachwachsenden Rohstoffen
Unter anaeroben Bedingungen werden Maispflanzen bakteriell zu Zwischenprodukten wie Wasserstoff und Kohlenstoffdioxid abgebaut. Methanbildende Bakterien erzeugen daraus Methan.

$$CO_2 + 4\ H_2 \rightarrow CH_4 + 2\ H_2O$$

Das *Biogas* wird getrocknet und in einem Verbrennungsmotor verbrannt. Der damit angetriebene Generator erzeugt Strom. Letztlich wird also die durch die Maispflanzen fixierte Sonnenenergie mithilfe der Biogasanlage in elektrische Energie überführt. Mais liefert pro Hektar Anbaufläche etwa 2 kW Strom. Wird eine Biogasanlage mit Gülle betrieben, erzeugt sie pro Rind etwa 0,15 kW Strom.

A1 Bewerten Sie den Einsatz von Mais unter dem Aspekt der Nachhaltigkeit. Berücksichtigen Sie dabei mögliche räumliche und soziale Fallen (s. Seite 16 und Seite 180).

A2 Bewerten Sie die Biogaserzeugung mithilfe von Rindergülle. Berücksichtigen Sie dabei, dass ein Rind einen Futterflächenbedarf von etwa 0,5 ha hat und dass die Abwärme des Stromgenerators zur Beheizung des Stalls eingesetzt werden kann.

Algenöl
Mikroskopische Grünalgen der Gattung *Botryococcus* kommen natürlicherweise in tropischen und subtropischen oligotrophen Süßwasserseen vor. Sie lagern energiereiche Kohlenwasserstoffe ein. Diese als Algenöl *(Algoil)* bezeichneten Fette verhindern bei frei lebenden Algen das Absinken in unbelichtete Gewässerschichten. Die in diesen Fetten gespeicherte Energie kann als Rohstoff für die Erzeugung von *Biodiesel* verwendet werden.

Keine Konkurrenz zu Nahrungspflanzen
Da diese Algen keine Anbauflächen wie Mais oder Zuckerrohr beanspruchen, erscheint ihre Kultivierung als Energiepflanze lohnend. Dazu werden diese Algen in speziellen Tanks gehalten und mit Sonnenlicht bestrahlt [Basiskonzept S. 378]. Eine besondere Herausforderung für die Erforschung dieses vielversprechenden Verfahrens besteht darin,
- besonders ölreiche Individuen zu finden und zu vermehren,
- die Algenernte und die Ölextraktion zu optimieren und
- gekoppelte Verfahren zu entwickeln, bei denen die Abgase eines Heizkraftwerks als Düngung für die Fotobioreaktoren verwendet werden.

A3 Begründen Sie, inwiefern bei der Düngung der Botryococcus-Algen mit Abgasen das Basiskonzept Stoff- und Energieumwandlung (Kohlenstoffkreislauf) zur Anwendung kommt.

Übungen
Ökologie

Kurzgefasst
Die *Ökologie* untersucht die Wechselwirkung von Lebewesen und Umwelt. Die Beziehungen eines Individuums zu seiner Umwelt beschreibt die *Autökologie*. Zu den *abiotischen Umweltfaktoren* zählen u.a. Temperatur, Licht und Sauerstoffgehalt. Fressfeinde, Nahrungskonkurrenten und Futterangebot u.v.m. werden als *biotische Umweltfaktoren* aufgefasst. Umweltfaktoren beeinflussen die Vitalität eines Organismus. Diese Ansprüche an einen Umweltfaktor kommen in Toleranzkurven zum Ausdruck.

Während die *physiologische Potenz* die Vitalität eines Individuums oder einer Art unter experimentellen Bedingungen ohne Konkurrenzeinfluss wiedergibt, beschreibt die *ökologische Potenz* diese Vitalität unter Konkurrenzeinfluss. Die Gesamtheit der beanspruchten Umweltfaktoren einer Art bezeichnet man als deren *ökologische Nische*.

Die *Synökologie* untersucht die Wechselbeziehungen zwischen Organismen. Nutzen mehrere Individuen einer Art eine gemeinsame Ressource, so kommt es bei Knappheit zur *innerartlichen Konkurrenz*. *Zwischenartliche Konkurrenz* liegt vor, wenn Individuen verschiedener Arten um die gleiche Ressource im Wettstreit liegen. Während die Partner einer *Symbiose* beidseitig von dieser Wechselbeziehung partizipieren, sind *Räuber-Beute-Beziehung* oder *Parasitismus* durch den einseitigen Vorteil eines Partners gekennzeichnet. Parasiten zeigen zum Teil extreme Angepasstheiten an ihre Umgebung.

Die *Populationsökologie* untersucht die Wechselwirkungen von Populationen mit ihrer Umwelt. Organismen, deren Populationsgrößen nah an die Kapazitätsgrenze des Habitats heranreichen, nennt man *K-Strategen*. Ihre Populationsgrößen weisen anders als die der *r-Strategen* keine großen Schwankungen auf. Die Systemökologie versucht, Erkenntnisse über die Prozesse ganzer Ökosysteme zu erhalten. Dazu gehören auch *Stoffkreisläufe*, wie der des Elements Kohlenstoff.

Die Vielfalt der Ökosysteme ist ein besonders weitreichender Aspekt der *Biodiversität* (Basiskonzept Variabilität und Angepasstheit). Deren Schutz und Nutzung erfordert Entscheidungen, die sich auf viele Menschen auswirken. Deswegen ist es notwendig, diese Entscheidungen auf *Nachhaltigkeit* auszulegen und unterschiedliche Perspektiven einzubeziehen.

1 Poikilothermie und Homoiothermie

Die Temperatur nimmt Einfluss auf a) die Geschwindigkeit enzymatischer Reaktionen und b) die Enzymstabilität. Die sich daraus ergebende Temperaturabhängigkeit der Enzymaktivität äußert sich in einer Optimumskurve (Abb. 2).

Bei poikilothermen Tieren, wie z.B. beim Mehlkäfer, stimmen Außentemperatur und Innentemperatur weitgehend überein. Homoiotherme Tiere halten dagegen die Körpertemperatur gegenüber der Außentemperatur konstant.

A1 Begründen Sie den Verlauf der Vitalitätskurve des Mehlkäfers unter Bezugnahme auf die Enzymaktivität.

A2 Erläutern Sie beispielhaft, wie bei poikilothermen Tieren die Toleranz gegenüber dem Umweltfaktor Temperatur durch besondere Einrichtungen oder Verhaltensweisen erhöht wird.

A3 Nennen Sie Strukturen homoiothermer Tiere, die für die Konstanthaltung der Innentemperatur gegenüber der Außentemperatur förderlich sind.

1 Mehlkäfer (Raupe, Puppe, Imago)

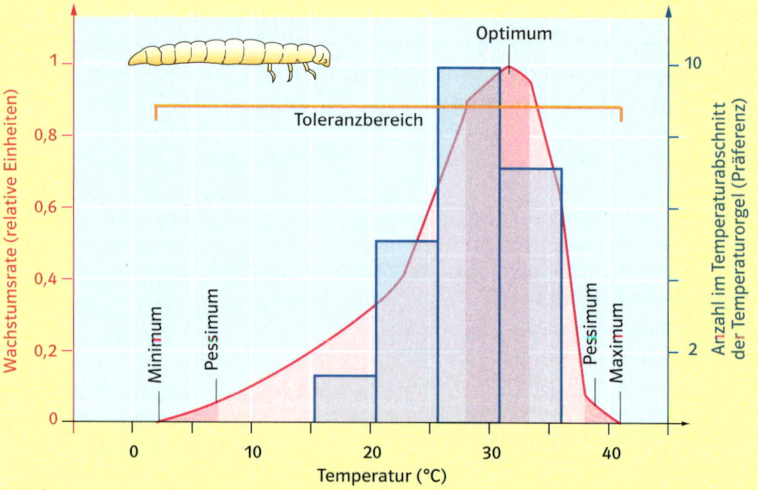

2 Toleranz und Präferenz beim Mehlwurm bezüglich der Temperatur

2 Angepasstheit von Poikilothermen

Tiere, die als Endoparasiten leben, sind poikilotherm (z.B. Bandwurm im Verdauungstrakt eines Säugetieres). Über die Temperaturregulation stehen Wirt und Parasit in einer engen Wechselbeziehung.

3 Geschlechtsreifer Bandwurm im Hund

A4 Erläutern Sie die Wechselbeziehung von Wirt und Parasit unter Bezugnahme auf die poikilotherme Lebensweise des Endoparasiten (Basiskonzept Steuerung und Regelung).

Poikilotherme gibt es sowohl unter K- als auch unter r-Strategen, gleiches gilt auch für Hoikilotherme. Eine direkte Zuordnung von Temperaturregulationstyp und Fortpflanzungsstrategie ist daher nicht möglich. Dennoch spiegeln Homoiotherme eher den K-Typ wieder, nutzen sie doch die Nahrungsressourcen ihres Habitats ganzjährig. Ohne permanente Nahrungszufuhr ist die Temperaturkonstanz nicht möglich. Dabei sind sie als Generalisten von den jahreszeitlichen Schwankungen dieser Ressourcen weniger beeinträchtigt.

A5 Erläutern Sie die Angepasstheit von Populationen poikilothermer Tiere als r-selektierte Fortpflanzungsstrategien (Basiskonzept Variabilität und Angepasstheit).

3 Austausch durch Oberflächen

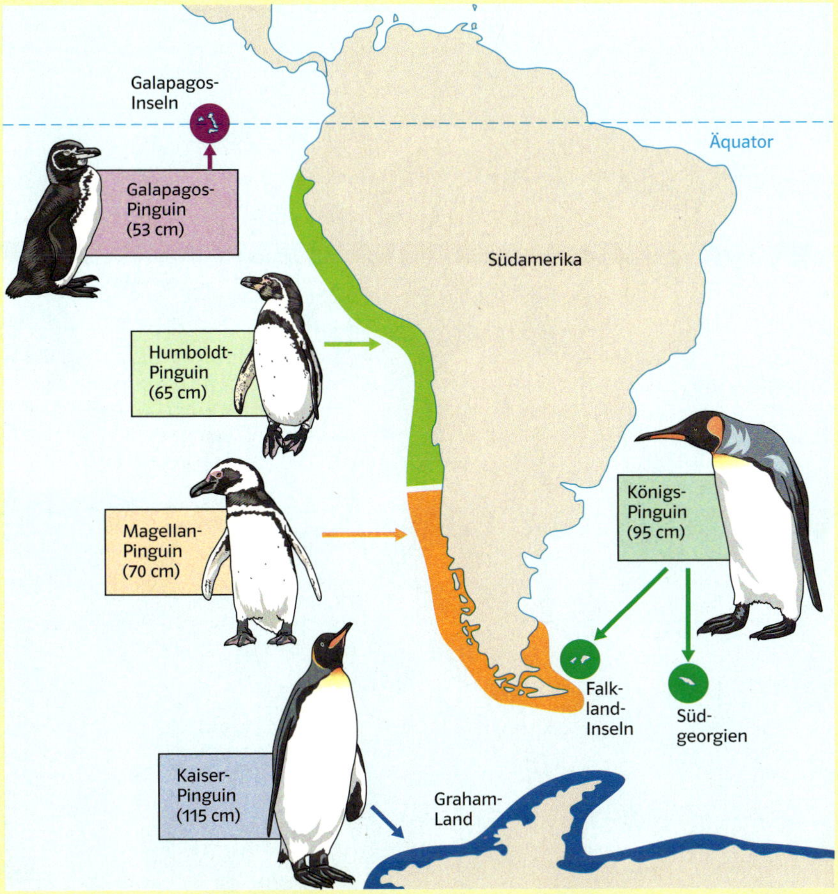

***4** Vorkommen und Größe verschiedener Pinguine*

Der Austausch von Energie und Stoffen erfolgt an Oberflächen. Daher steht das Verhältnis von Oberfläche zu Volumen eines Lebewesens in einem Zusammenhang mit der Angepasstheit an die Umweltfaktoren seines Habitats. Die Bergmann'sche Regel besagt, dass bei nahe verwandten homoiothermen Tieren diejenigen größer sind, die in kälteren Gegenden der Erde leben.

A6 Begründen Sie die Bergmann'sche Regel mithilfe des Oberflächen-Volumen-Verhältnisses am Beispiel, das in Abbildung 4 dargestellt ist.

A7 Nehmen Sie Stellung zu der Aussage: „Ein Rind mit der Stoffwechselrate einer Maus hätte eine kochend heiße Oberfläche."

A8 Leiten Sie aus Ihren Antworten zu Aufgabe 7 ab, über welche passiven Schutzeinrichtungen eine Maus verfügen müsste, die eine Stoffwechselrate eines Rindes hätte.

***6** Mykorrhiza*

4 Lebensgemeinschaft

Pilze sind heterotrophe Lebewesen, die sowohl ihre Nährstoffe als auch die notwendigen Mineralstoffe durch Absorption durch die Wände ihrer Zellfäden aufnehmen. Dabei spielt die Größe der Oberfläche eine große Rolle. Viele Pflanzen leben in Symbiose mit Pilzen, indem sie an ihrer Wurzel ein Geflecht von Pilzfäden bilden. Diese Symbiose, *Mykorrhiza* genannt, ermöglicht für viele Pflanzen die Besiedlung mineralstoffarmer Böden.

A9 Analysieren Sie den wechselseitigen Vorteil in der Lebensgemeinschaft der Mykorrhiza (Abb. 5 — 7).

A10 Fassen Sie zusammen, welche Bedeutung die Pilzoberfläche für die Mykorrhiza spielt.

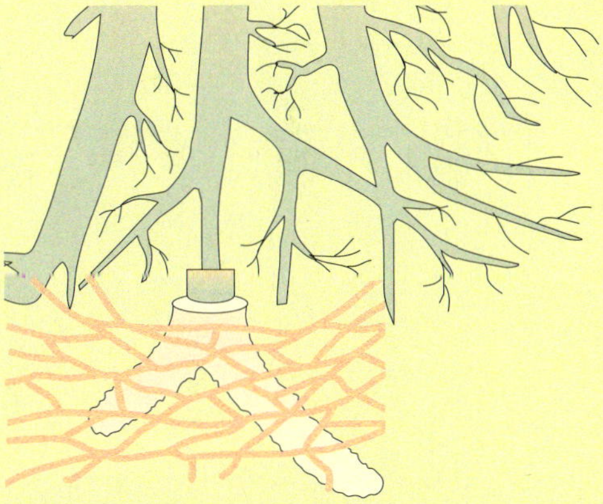

***5** Myzelmantel um Wurzelspitze*

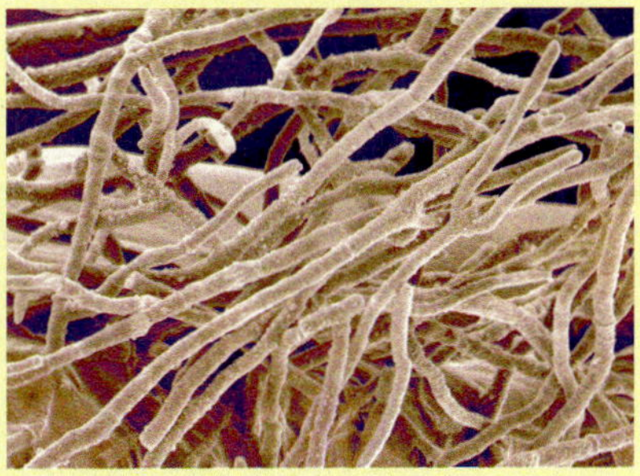

***7** Pilzhyphen*

4 Genetik

Der Mensch hat im 20. Jahrhundert die stoffliche Basis der Erbinformation identifiziert sowie den molekularen Aufbau der DNA und die Grundlagen des genetischen Codes geklärt. Inzwischen hat man die DNA-Sequenzen vieler Lebewesen entschlüsselt. Wissenschaftler sind in der Lage, Gene zu isolieren und in das Genom von fremden Lebewesen einzubauen. Immer neue Entdeckungen geben der Menschheit die Möglichkeit, die Gene von Lebewesen immer weitergehender zu manipulieren.

Auf der einen Seite profitieren die Menschen des 21. Jahrhunderts von den neuen Fähigkeiten, wie beispielsweise der Gewinnung von Medikamenten aus gentechnisch veränderten Bakterien.
Der Stellenwert der Entdeckungen im Bereich der Molekularbiologie für die Menschheit wird durch die Nobelpreisvergabe der letzten Jahre deutlich. In den Jahren 2006, 2007 und 2009 wurde der Nobelpreis für die Physiologie oder Medizin an Forscher vergeben, die bahnbrechende Erkenntnisse in diesem Bereich gewonnen haben.

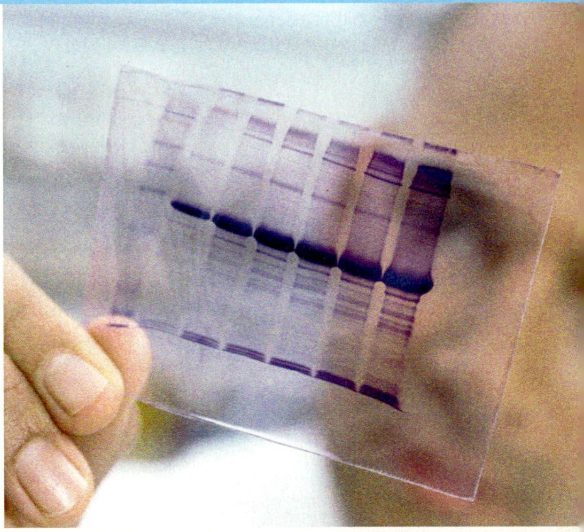

Auf der anderen Seite besitzt nun der Mensch die Möglichkeit, bisher bestehende ethisch-moralische Grenzen zu überschreiten. In der Zukunft muss die Menschheit die Chancen und Risiken der *Gentechnik* abwägen und entscheiden, ob und wie weit ethisch-moralische Grenzen verschoben werden dürfen.

4.1 DNA — Träger der Erbinformation

Träger der Erbinformation — experimentelle Beweise

DNA
Desoxyribonucleinsäure (engl. **D**eoxyribo**n**ucleic **a**cid)

Transformation
Übertragung von DNA in eine beliebige lebende Zelle

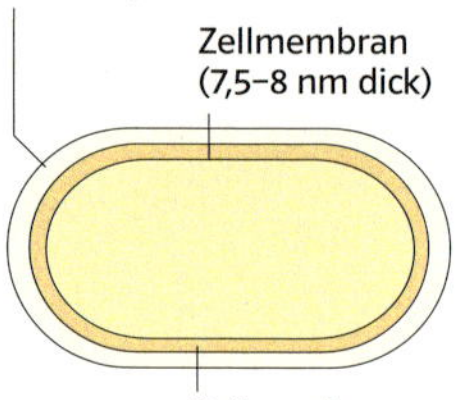

Eine typische Bakterienzelle mit ihren äußeren Schichten (1nm = 1 millionstel mm)

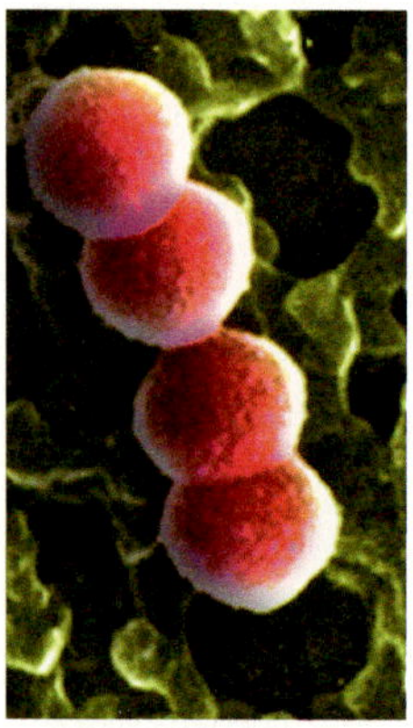

Pneumokokken

Zu Beginn des 20. Jahrhunderts war bereits bekannt, dass im Kern der Zellen die Erbinformation enthalten ist; genauer lokalisierte man sie auf den im Lichtmikroskop sichtbaren Chromosomen. Stoffliche Untersuchungen der Chromosomen zeigen, dass Proteine oder Nucleinsäuren, vor allem die *Desoxyribonucleinsäure (DNA)*, die wichtigsten chemischen Bestandteile sind. Beide Stoffklassen liegen als lange unverzweigte Moleküle vor, die eine beinahe unbegrenzte Anzahl verschiedener Varianten bilden können.

Transformationsversuch von Griffith

FREDERIC GRIFFITH experimentierte 1928 mit dem Bakterium *Streptococcus pneumoniae*, das in zwei Varianten vorkommt. Beim S-Stamm werden jeweils zwei Zellen von einer Schleimkapsel umgeben (engl. *smooth*). S-Zellen sind virulent, d. h. sie rufen bei Mäusen eine tödliche Form der Lungenentzündung hervor. Werden sie durch Hitze abgetötet, verlieren sie ihre Virulenz. R-Zellen hingegen haben durch Mutation die erbliche Fähigkeit der Schleimkapselbildung verloren. Ihre Kolonien erscheinen daher rau (*rough*), auch lebend sind sie nicht virulent.

GRIFFITH vermischte abgetötete S- und lebende R-Zellen. Überraschenderweise konnte dieses Gemisch bei Mäusen eine Lungenentzündung hervorrufen. Aus den erkrankten Tieren ließen sich sogar lebende S-Zellen isolieren. Die Fähigkeit zur Kapselbildung war also von den abgetöteten S- auf die lebenden R-Zellen übertragen worden. Diesen Vorgang nennt man *Transformation*. Die Erbinformation musste also eine stoffliche Basis haben.

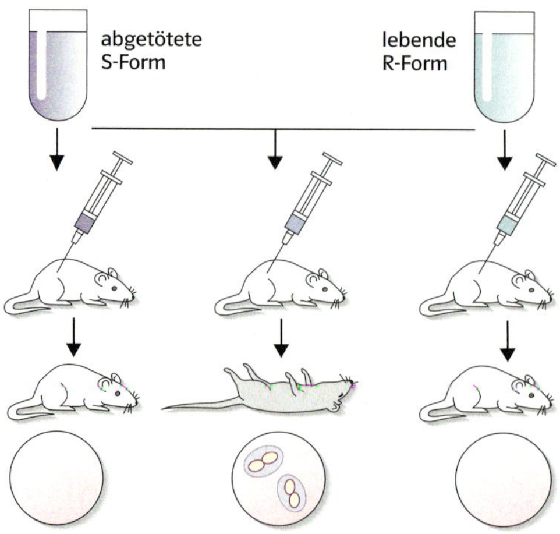

1 *Die Versuche von Griffith*

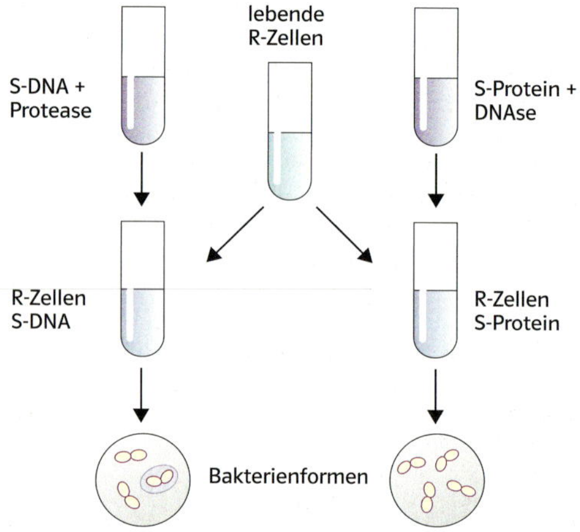

2 *Avery: Die DNA ist das transformierende Prinzip*

Avery und das transformierende Prinzip

Ein Jahrzehnt lang bemühte sich der Bakteriologe OSWALD AVERY, den transformierenden Stoff zu identifizieren. Es isolierte verschiedene stoffliche Komponenten der S-Zellen. Anschließend vermischte er die einzelnen Komponenten mit lebenden R-Zellen. Proteine und andere Stoffe der S-Zelle lösten bei R-Zellen keine Kapselbildung aus. Die DNA der S-Zellen hingegen übertrug die Fähigkeit zur Kapselbildung auf R-Zellen. AVERY hatte mit diesem Experiment bewiesen, dass DNA für die Transformation verantwortlich ist; Sie ist der stoffliche Träger der Erbinformation. [Basiskonzept S. 380]

A1 OSWALD AVERY führte eine Reihe von Kontrollexperimenten durch. Beispielsweise behandelte er einen Zellextrakt der S-Zellen vor der Transformation entweder mit einer Amylase, Protease, Lipase oder DNAse. In den ersten drei Fällen wurde die Virulenz auf die R-Zellen übertragen, lediglich bei der DNAse fand keine Transformation statt. Erklären Sie diese Versuchsergebnisse.

A2 AVERY gab seinen Bakterienkulturen Serum hinzu. Hitzebehandeltes Serum beeinträchtigte seine Versuche nicht. Unbehandeltes Serum hingegen verhinderte oftmals eine Transformation von R-Zellen durch isoliertes Material aus S-Zellen. Serum enthält eine Reihe verschiedener Enzyme. Erklären Sie.

Praktikum
Experimente mit DNA

In molekularbiologischen Laboren ist die Fällung von Nucleinsäuren eine Standardmethode. Oftmals ist das Abtrennen von DNA aus homogenisierten Geweben Ausgangspunkt für weiterführende genetische Untersuchungen. Die Erbsubstanz DNA kann mit einfachen chemischen Methoden aus Zellen isoliert und von anderen Zellinhaltsstoffen abgetrennt werden.

DNA gewinnen aus Tomaten

Materialien:
Ethanol/Brennspiritus (tiefgekühlt), Natriumchlorid, Tomate, Spülmittel, Zentrifuge, Glasstab, Feinwaschmittel mit Proteasen

Durchführung:
Zerkleinern Sie eine halbe Tomate grob mit einem Messer. Die Gewebestücke werden zusammen mit 40 ml Wasser, 5 ml Spülmittel, einigen Krümeln Feinwaschmittel sowie $^1/_2$ Teelöffel Kochsalz in einen Mörser gegeben und püriert *(homogenisiert)*. Geben Sie den Brei in ein Becherglas, das 15 min bei 60 °C in einem Wasserbad gehalten wird. Der zellfreie Extrakt wird dann in ein Reagenzglas gegeben und zur Entfernung der Zelltrümmer zentrifugiert. Die Zelltrümmer bilden ein Sediment am Reagenzglasboden. Steht keine Zentrifuge bereit, kann der Extrakt auch durch einen Kaffeefilter gegeben werden.

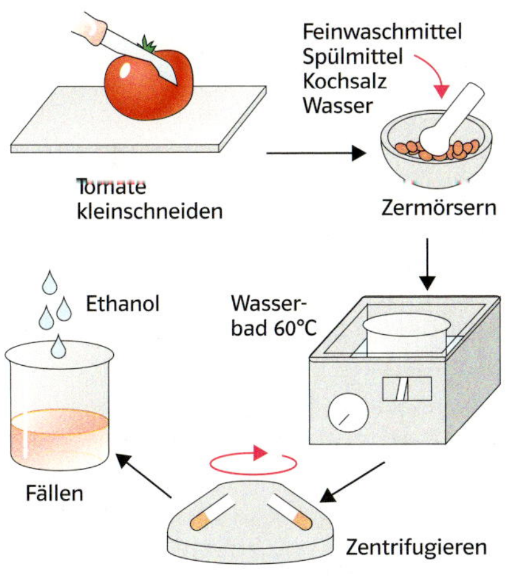

Mundschleimhautzellen

Material:
5 ml Spülmittel (kein Konzentrat), 5 ml 0,9 %ige Salzlösung (0,9 g Kochsalz auf 100 ml Wasser), 5 ml eiskalter Spiritus (rechtzeitig ins Gefrierfach stellen!), Reagenzglas, Stopfen. (5 ml entsprechen etwa einem Teelöffel).

Durchführung:
- Spülmittel in das Reagenzglas geben.
- Zwei Minuten lang trocken kauen.
- Den Mund mit 1 TL Salzwasser intensiv spülen, dabei mit der Zunge am Gaumen reiben.
- „Spülwasser“ in das Reagenzglas zum Spülmittel geben.
- Reagenzglas verschließen und vorsichtig 3- bis 5-mal wenden, Schaumbildung vermeiden!
- Vorsichtig mit eisgekühltem Spiritus überschichten, nicht mischen!
- Reagenzglas mindestens 5 min stehen lassen und beobachten.

A1 Beschreiben Sie das Aussehen der DNA, die sich an der Grenze zwischen den Phasen sammelt.

A2 Bei manchen Anleitungen zur Ausfällung der DNA wird Waschmittellösung zugegeben. Waschmittel enthalten Proteasen. Proteasen sind proteinspaltende Enzyme. Mit welchen Proteinen ist die DNA assoziiert? Erläutern Sie.

Zur Fällung der DNA überschichten Sie vorsichtig mit Ethanol. An der Phasengrenzfläche der beiden Flüssigkeiten sammelt sich eine geleeartige Masse, die ausgefällte DNA. Die Substanz lässt sich an einem Glasstab aufwickeln.

A3 Entwickeln Sie ein Experiment, mit dem der folgende Einwand entkräftet werden kann: „Bei der Behandlung der isolierten DNA mit Säure ist keine Hydrolyse aufgetreten, vielmehr ist die DNA wieder in eine lösliche Form übergegangen.“

Fragmente erzeugen

Die fädigen DNA-Moleküle sind oftmals zu lang und sperrig, um damit weiter experimentieren zu können. Isolierte DNA wird deswegen für weiterführende Versuche in kleinere Bruchstücke gespalten *(fragmentiert)*. Dazu stehen heute eine Reihe von DNA-schneidenden Enzymen zur Verfügung. Diese *Restriktionsenzyme* erkennen bestimmte Basenabfolgen innerhalb der DNA-Stränge und schneiden diese an definierten Stellen. Man erhält kürzere Bruchstücke bestimmter Länge. Unspezifische DNAsen hingegen haben die Fähigkeit, DNA-Stränge von den Enden her vollständig in ihre Bausteine, die *Nucleotide*, zu zerlegen. DNA kann aber auch durch saure Hydrolyse chemisch zu Nucleotiden abgebaut werden.

Durchführung:
Die aus Tomaten isolierte DNA wird zur chemischen Fragmentation zusammen mit 10 ml Schwefelsäure (1 mol/l) in ein Reagenzglas gegeben [C] (Schutzbrille tragen!). Das Reagenzglas wird locker mit Aluminiumfolie verschlossen und 15 min in siedendes Wasser gehalten. Dabei wird die DNA in ihre Bestandteile, die Nucleotide gespalten. Sie löst sich auf.

Fragmente trennen: Elektrophorese

Wird DNA mithilfe von Restriktionsenzymen geschnitten, ist es häufig für das weitere experimentelle Vorgehen notwendig, die Bruchstücke sichtbar zu machen. Dazu werden die Fragmentationsansätze elektrophoretisch in einem Stärke-Gel aufgetrennt. Die geladenen DNA-Fragmente wandern im elektrischen Feld, kleinere Stücke schneller als größere. Gleich große Stücke konzentrieren sich dabei zu Banden. Diese können mithilfe von Farbstoffen sichtbar gemacht werden.

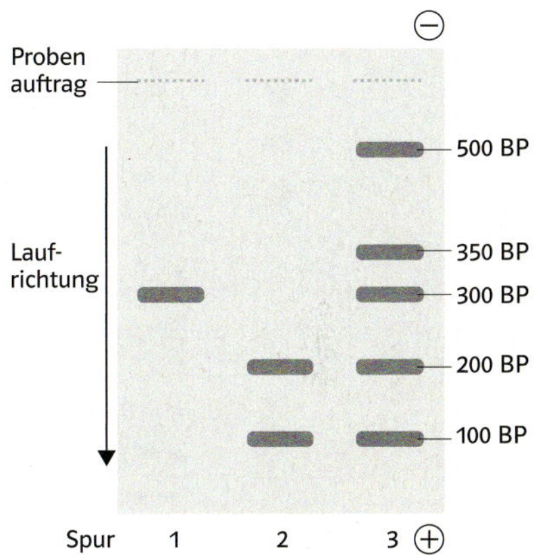

Die Abbildung oben zeigt die Auftrennung eines Fragmentationsansatzes (Spur 2). Um die Größe der DNA-Fragmente abschätzen zu können, wurde ein sogenannter Molekulargewichtsstandard (Spur 3) verwendet. Dieser enthält DNA-Fragmente bekannter Größe, angegeben als Basenpaare (BP).

A4 Erläutern Sie, welche Ladung und Größe die aufgetrennten DNA-Fragmente haben.

A5 Erklären Sie, wie oft das verwendete Restriktionsenzym die Proben-DNA (Spur 1) in Spur 2 geschnitten hat.

DNA — der Stoff, aus dem die Gene sind

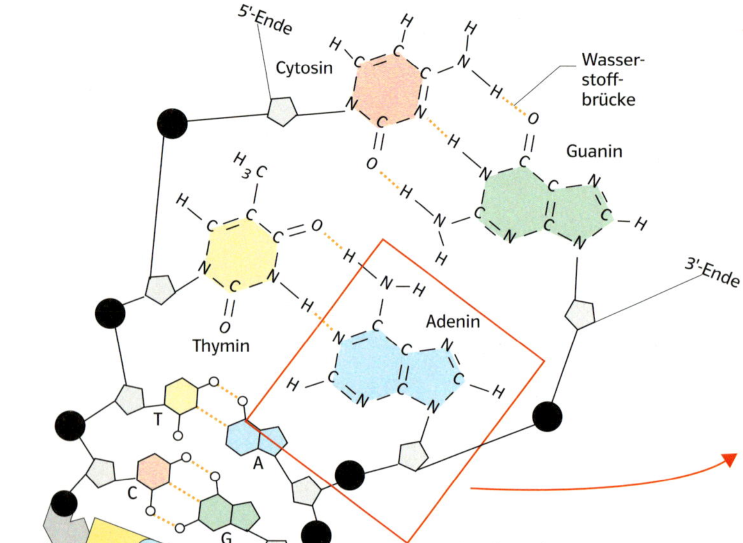

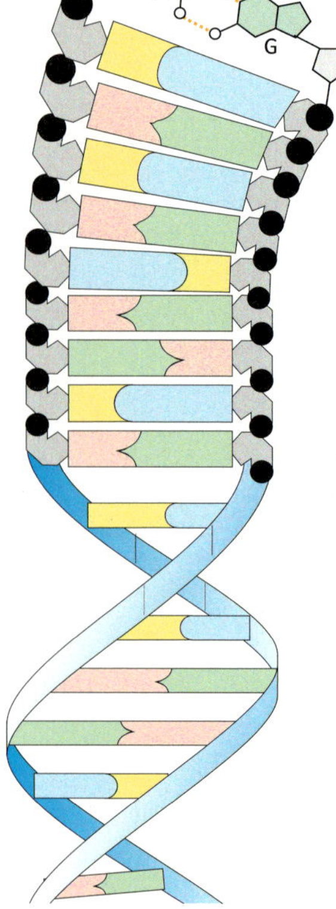

1 *Struktur der DNA*

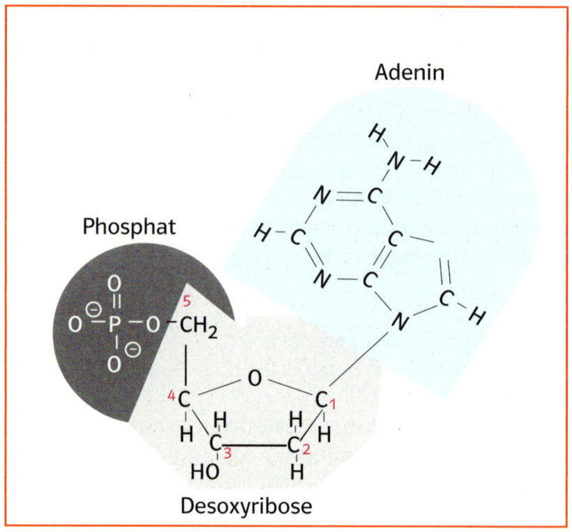

2 *Nucleotid*

Ein Speichermedium, das Informationen trägt und weitergeben kann, muss folgende Eigenschaften besitzen:

- Es muss Informationen verschlüsseln können und eine Leserichtung haben.
- Es muss die Informationen unverändert weitergeben können.
- Es muss stabil sein.

All diese Eigenschaften gelten auch für die DNA.

Bau der DNA

Bereits 1869 wurde die DNA als Zellbestandteil entdeckt. Um die Jahrhundertwende wurden die Einzelbausteine der DNA chemisch analysiert, die die stoffliche Basis der Gene bilden. Man fand gleiche Mengenanteile des C_5-Zuckers Desoxyribose, von Phosphatgruppen und den vier organischen Basen *Adenin (A), Thymin (T), Cytosin (C)* und *Guanin (G)*. A und G sind Purinbasen, T und C Pyrimidinbasen. Beim Vergleich der DNA verschiedenster Lebewesen stellte ERWIN CHARGAFF 1951 zudem fest, dass in jeder DNA jeweils gleich viele Moleküle von A und T bzw. von C und G vorliegen *(Chargaff-Regel*, Abb. 3).

Aus Röntgenuntersuchungen an kristalliner DNA schloss ROSALIND FRANKLIN 1953, dass es sich um zwei schraubig gewundene Einzelstränge handelt, bei denen die Phosphatmoleküle nach außen und die Basen nach innen gerichtet sind. JAMES D. WATSON und FRANCIS H. C. CRICK fügten das vorhandene Datenpuzzle genial zusammen und stellten 1953 das *DNA-Doppelhelixmodell* auf. Sie erkannten, dass die beiden Einzelstränge gegenläufig umeinander gewunden sein müssen und durch Wasserstoffbrücken zwischen den Basen der Einzelstränge zusammengehalten werden.

Jeder DNA-Einzelstrang entsteht durch die Verkettung von DNA-Nucleotiden. Ein DNA-Nucleotid besteht aus Zucker, Phosphat und einer der Basen A, T, G oder C. Der C_5-Zucker Dexoxyribose kann über die Kohlenstoffatome 1‘, 3‘ und 5‘ Bindungen zu anderen Molekülen bilden. Phosphat bindet an das 3‘-Atom sowie an das 5‘-Atom des nachfolgenden Zuckers. So werden die Desoxyribosemoleküle verkettet. Jeder DNA-Einzelstrang hat daher ein 3‘-Ende mit einer freien OH-Gruppe. Damit hat die DNA eine Leserichtung. Die beiden Einzelstränge sind gegenläufig um eine gemeinsame Achse gewunden, d. h. in einer Doppelhelix liegen sich jeweils 3‘ und 5‘-Ende der Einzelstränge gegenüber *(Antiparallelität)*. Die Basen binden an das C_1-Atom des Zuckers, sie zeigen im Doppelstrang nach innen und verbinden sich mit den Basen des anderen Einzelstrangs. Aufgrund der chemischen Struktur der Basen paaren sich immer eine (lange) Purinbase und eine (kurze) Pyrimidinbase. Zwei Wasserstoffbrückenbindungen verknüpfen passgenau die Basen Adenin und Thymin *(Schlüssel-Schloss-Prinzip)*. Guanin und Cytosin halten durch drei Wasser-

Online-Link
045407-0189

stoffbrückenbindungen zusammen. Sie bilden die *komplementären Basenpaare* A–T und G–C. So kann die Chargaff-Regel sowie die Stabilität doppelsträngiger DNA erklärt werden. [Basiskonzept S. 370]

Das DNA-Molekül ähnelt einer Wendel-Strickleiter, deren Sprossen aus Basenpaaren gebildet werden und deren äußere Holme abwechselnd aus Phosphat- und Zuckermolekülen bestehen. Die DNA-Nucleotidsequenz, also die Abfolge der Basen in einem Einzelstrang, verschlüsselt die Erbinformation und lässt sich vereinfacht als Buchstabenfolge, die *Basensequenz* (z. B. AAATTCGAA), wiedergeben. Das DNA-Doppelhelixmodell verhalf der molekularen Genetik zum entscheidenden Durchbruch: Heute sind die Basensequenzen vieler Arten entschlüsselt.

DNA wird verpackt

Die genetische Information einer Zelle ist sehr umfangreich. Die gesamte Länge der DNA beträgt beim Bakterium *Escherichia coli* 1,1 mm (4,2 Millionen Basenpaare) und in jeder einzelnen menschlichen Zelle ca. 1,80 m (bzw. 6 Milliarden Basenpaare). Der Durchmesser des Zellkerns beträgt aber nur 0,006 mm. Bei Eukaryoten wird die DNA daher in einem hoch geordneten Verpackungsprozess verdichtet. Dabei spielt eine Gruppe von Proteinen im Zellkern eine wichtige Rolle, die *Histone*. Diese wirken wie „Lockenwickler“, um die die DNA-Doppelhelix je zweimal gelegt ist. So entsteht ein *Nucleosom*. Nucleosomen sind im Elektronenmikroskop wie Perlen an einer Schnur erkennbar. Dadurch erreicht die DNA eine größere Dicke (11 nm) und wird auf ca. $^1/_6$ verkürzt. Der Nucleosomenstrang wird nochmals regelmäßig zu einer 30 nm dicken Faser aufgewunden, die durch andere Proteine weiter zu Schleifen geordnet wird. Sie werden wiederum bei einer Zellteilung um ein zentrales Proteingerüst zu einem 700 nm dicken Chromatid kondensiert.

A1 Ein Nucleotid auf einem DNA-Strang hat einen Informationsgehalt von 2 bit, da sie $2^2 = 4$ Zustände (A, T, G bzw. C) annehmen kann. Berechnen Sie den Informationsgehalt der DNA einer menschlichen Zelle. Vergleichen Sie mit einer CD bzw. einer DVD.

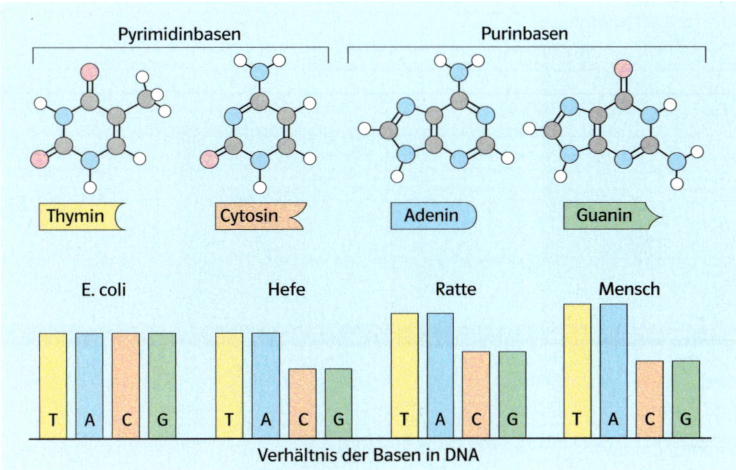

3 *Die vier in der DNA vorkommenden Basen*

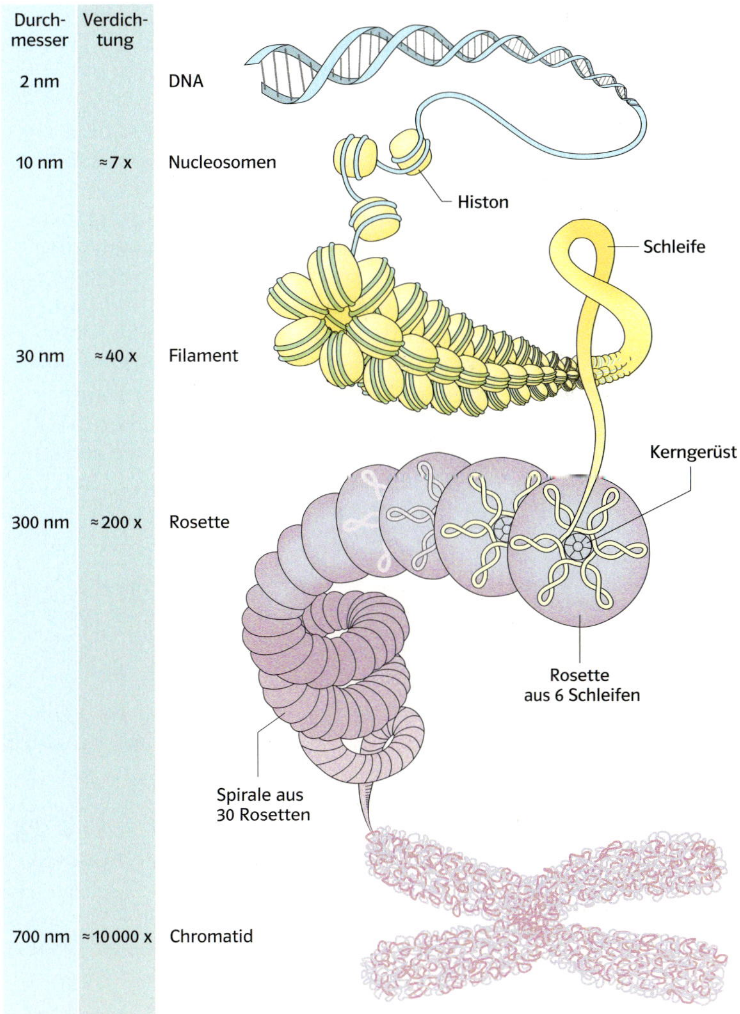

4 *Packstruktur*

Zellzyklus und Mitose

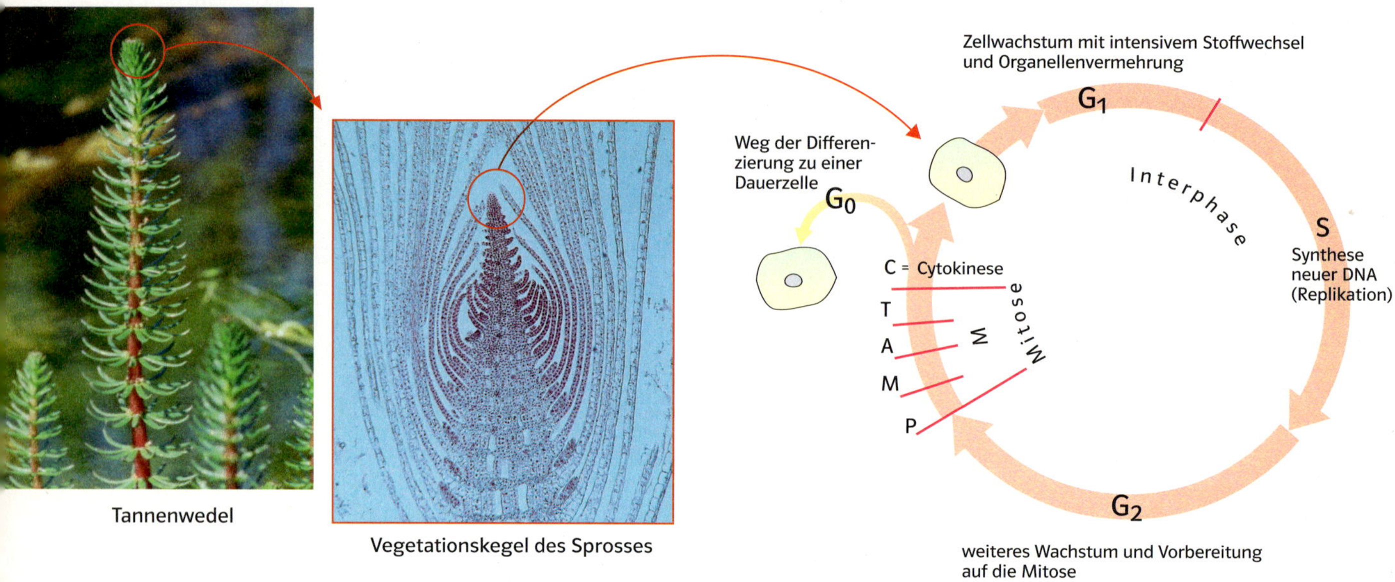

1 *Vermehrungszyklus bei Zellen*

So lange ein Organismus wächst oder zumindest einen Teil seiner Zellen erneuert, findet Zellvermehrung statt. Aus einer Ausgangszelle gehen durch Teilung zwei Tochterzellen hervor. Eine Vermehrung von Zellen setzt somit deren Fähigkeit zur Teilung voraus. Teilungs- und damit vermehrungsfähige Zellen finden sich massenhaft in pflanzlichen Bildungsgeweben (Abb. 1), Embryonen, der Haut, Darmepithelien und dem Knochenmark. Beim erwachsenen Menschen teilen sich schätzungsweise 100 Millionen Zellen pro Minute. [Basiskonzept S. 372]

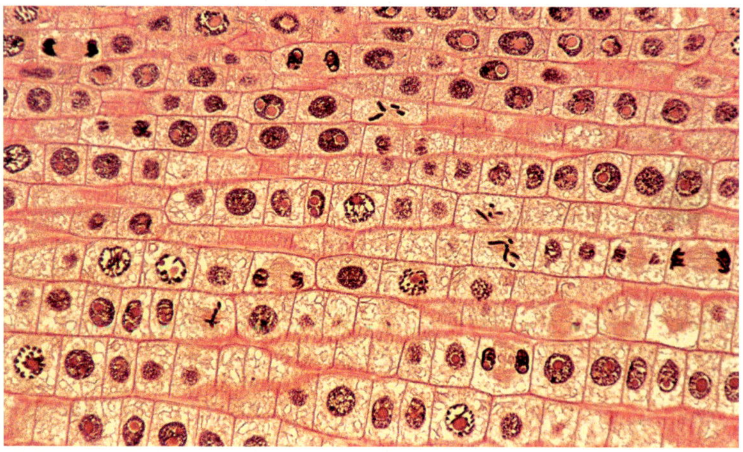

2 *Mitosestadien*

Auch nach einer Teilung entsprechen die entstandenen Zellen in ihrer Ausstattung den Ausgangszellen. Zellkern und Organellen müssen also gleichmäßig auf die Tochterzellen verteilt worden sein. Eine Zellvermehrung erfordert sowohl die Teilung des Kernes *(Mitose)* als auch die des Cytoplasmas mit seinen Organellen *(Cytokinese)*. Dies wird im Rahmen der *Interphase* sorgfältig vorbereitet. In der Interphase werden Proteine für die Teilung gebildet (G-Phasen) und außerdem wird die Chromatinmenge verdoppelt (S-Phase). In einem immer wiederkehrenden Kreislauf, dem Zellzyklus, wechseln Interphase und Zellteilung miteinander ab, bis die Differenzierung beginnt.

Die Mitose läuft kontinuierlich ab. Aus Gründen der Übersicht unterteilt man sie aber in aufeinanderfolgende Phasen, die unterschiedlich schnell ablaufen:

Prophase
Während der Prophase wird das Chromatin zur Transportform verdichtet. Dadurch werden die Chromosomen allmählich sichtbar. Ein Spindelapparat aus zahlreichen tubulären Eiweißmolekülen bildet sich zwischen den Polen.

Metaphase
Der Spindelapparat ist voll ausgeprägt. Die Chromosomen ordnen sich in der Äquatorialebene an und lassen sich jetzt gut unterscheiden. Da jede Zelle Erbmaterial von Vater und Mutter übernommen hat, gibt es zwei äußerlich übereinstimmende Sätze an Chromosomen (2n). Jedes dieser Chromosomen besteht aus zwei identischen Spalthälften (Chromatiden = 2C). Am Centromer hängen die beiden Chromatiden eines Chromosoms noch zusammen.

Anaphase
Die Chromatiden eines jeden Chromosoms (1C) werden am Centromer voneinander getrennt und bewegen sich mithilfe der Spindelfasern zu den Polen. Am Ende der Anaphase befindet sich an jedem Pol eine Spalthälfte eines jeden Chromosoms. [Basiskonzept S. 372]

Telophase
Der Spindelapparat löst sich auf, die Chromosomen lockern sich wieder auf, bis sie nur noch als Chromatin zu sehen sind. Kernkörperchen und Kernhülle bilden sich neu. Auf die Mitose folgt die *Cytokinese*. Tierische Zellen schnüren sich ein (Furchung), pflanzliche Zellen bilden eine mittlere Zellplatte aus, die sich nach außen vergrößert. Nach der Zellteilung entscheidet sich das weitere Schicksal der Zelle: Verliert sie ihre Teilungsfähigkeit, tritt sie in die G_0-Phase ein und differenziert sich zu einer Zelle des Dauergewebes, anderenfalls tritt sie in eine weitere G_1-Phase ein und durchläuft den Zellzyklus bis zur nächsten Zellteilung.

Die biologische Bedeutung der Mitose ist die fehlerfreie Weitergabe der Information von Zelle zu Zelle [Basiskonzept S. 380]. Ferner wird durch sie eine schnelle, kontrollierte Vermehrung garantiert. Diese sorgt damit für Wachstum und gegebenenfalls für Regeneration.

A1 Es gibt Mitosegifte, welche die Zellteilung unterbinden. Stellen Sie eine Hypothese zur Wirkungsweise auf.

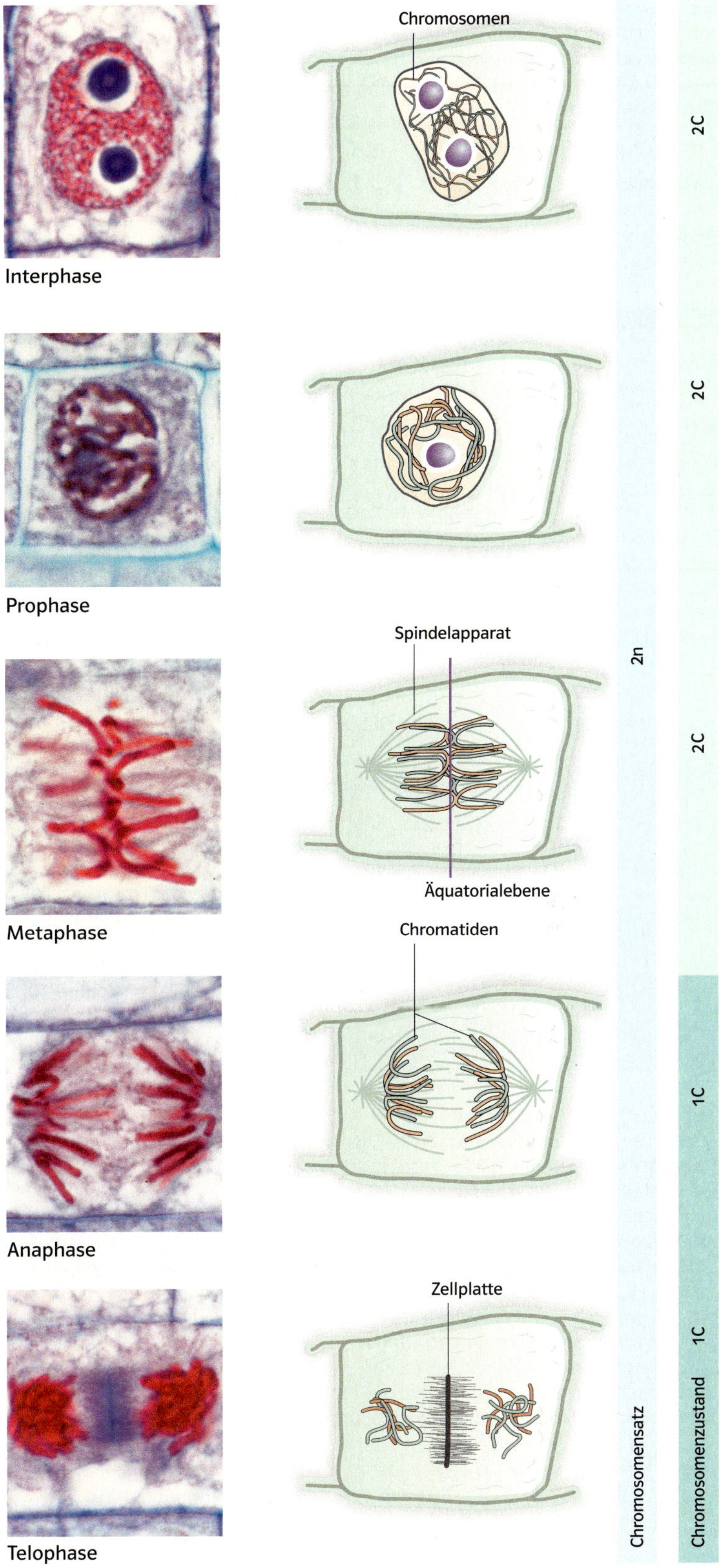

Praktikum
Kern- und Zellteilung

Die allermeisten Zellen sind zur Teilung fähig. Zu einer genaueren mikroskopischen Untersuchung eignen sich besonders gut Zellen mit hoher Teilungs- bzw. Vermehrungsrate.

Vermehrung von Hefezellen

Material:
Backhefe *(Saccharomyces cerevisiae)*, Saccharose-Lösung (10%ig), Hefesuspension in Saccharose-Lösung etwa 2 Std. nach dem Ansatz, Erlenmeyerkolben, Saugpipette, evtl. Blutzählkammer, Objektträger, Deckgläser

Durchführung:
Suspendieren Sie ein erbsengroßes Stück Backhefe in 10 ml Saccharose-Lösung. Mikroskopieren Sie bei möglichst starker Vergrößerung unmittelbar nach dem Ansatz und nach etwa 30 min. Wählen Sie die Verdünnung der Suspension so, dass Sie die Anzahl der Zellen im Sehfeld ermitteln können. Beziehen Sie in die Untersuchungen auch die 2 Stunden alte Hefesuspension ein.

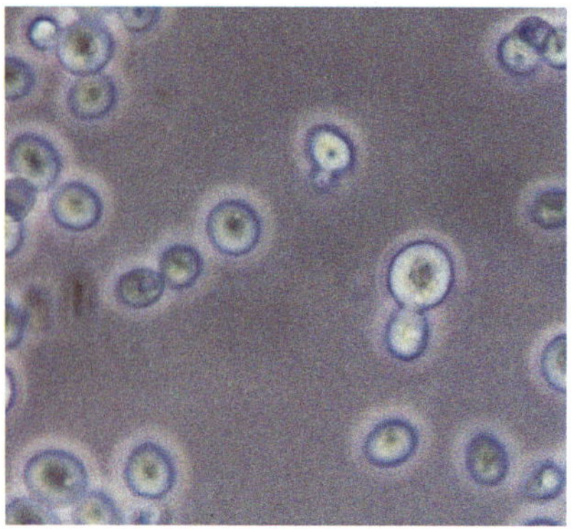

Auswertung:
Suchen Sie nach Sprossungsstadien in den Präparaten. Ermitteln Sie den prozentualen Anteil sprossender Hefezellen pro Sehfeld oder mit einer Zählkammer in Abhängigkeit von der Kulturdauer. Stellen Sie den Zusammenhang zwischen Kulturdauer und Prozentsatz sprossender Hefezellen grafisch dar. Dokumentieren Sie anhand von Zeichnungen den Ablauf der Sprossung von der beginnenden Zellausbuchtung bis hin zur fertigen Tochterzelle. Beschreiben Sie die Vorgänge in der Zelle.

Kern- und Zellteilung

Material:
Blütenknospen von Tradescantia-Arten, Pinzette, Rasierklinge oder Skalpell, 3%ige Saccharose-Lösung, Objektträger, Deckgläser

Durchführung:
Öffnen Sie die Blütenknospen und zupfen Sie mit der Pinzette die Staubbeutel von den Filamenten ab. Schneiden Sie die Filamente am Grund mit der Rasierklinge oder einem Skalpell ab und legen Sie sie in einen Tropfen Saccharose-Lösung. Suchen Sie mikroskopisch im Präparat nach den feinen Härchen an den Filamenten und beobachten Sie die Vorgänge in den Zellen über längere Zeit.

A1 Wenn Sie teilungsaktive Zellen gefunden haben, verfolgen Sie den Vorgang der Kernteilung. Vergessen Sie nicht, das Präparat vor dem Austrocknen zu bewahren. Protokollieren Sie die Kernteilungsvorgänge und deren Zeitdauer.

Kernfärbung

Material:
Küchenzwiebel *(Allium cepa)*, Karmin-Essigsäure, Rasierklinge, Objektträger, Deckgläser, Gasbrenner

Durchführung:
Stellen Sie ein Abzugspräparat der Epidermis von Zwiebelschuppen (s. Seite 30) her. Geben Sie die Gewebestückchen in Karmin-Essigsäure auf einen Objektträger und erhitzen Sie über einer Brennerflamme kurzzeitig (Vorsicht: Schutzbrille tragen!). Legen Sie ein Deckglas auf und saugen Sie mehrfach Wasser durch das Präparat, um den überschüssigen Farbstoff zu entfernen. Suchen Sie nach Zellen mit deutlich angefärbten Kernen.

A2 Fertigen Sie eine mikroskopische Zeichnung an. Achten Sie besonders auf die Lage der Kerne in den Zellen und die Größenverhältnisse.

Kern-Plasma-Relation

Material:
Präparate von Zwiebelschuppenepidermen (frisch oder gefärbt), Präparierbesteck, Okularmikrometer

Durchführung:
Mikroskopieren Sie Epidermiszellen der Küchenzwiebel, die Sie (a) als Abzugspräparat und (b) als Querschnitte gewonnen haben. Erfassen Sie unter Zuhilfenahme eines Okularmikrometers von jeweils 5 ausgewählten Zellen mit gut sichtbaren Kernen die Breite, Länge und Tiefe einer jeden Zelle und des dazugehörigen Kernes in Skalenteilen.

A3 Berechnen Sie von jeder Zelle und deren Kern das Volumen und bestimmen Sie die Kern-Plasma-Relation als Verhältnis 1 : X. Legen Sie der Volumenberechnung eine jeweils geeignete geometrische Figur zugrunde.

A4 Bestimmen Sie die durchschnittliche Kern-Plasma-Relation aus den Messungen an den 5 Zellen. Nehmen Sie unter Berücksichtigung Ihrer Ergebnisse Stellung zu den folgenden Aussagen:
- Bei jungen Zellen besteht eine enge, bei ausgewachsenen Zellen eine weite Kern-Plasma-Relation.
- Bei der ermittelten Relation wird das Plasma mit dem Zelllumen gleichgesetzt.
- Die Kern-Plasma-Relation ist artspezifisch.

Mitosedauer

Material:
Dauerpräparate von Wurzelspitzen der Küchenzwiebel oder eines anderen Objektes mit einer größeren Anzahl von Mitosestadien.

Durchführung:
Mikroskopieren Sie das Präparat und ordnen Sie 100 beliebig ausgewählte Zellen jenen Phasen des Zellzyklus zu, in dem sie sich gerade befinden.

A5 Gestalten Sie eine Tabelle wie folgt:

	Anzahl	Anteil %
Interphase		
Mitose (gesamt)		
Prophase		
Metaphase		
Anaphase		
Telophase		

Nennen Sie mögliche Rückschlüsse auf die zeitlichen Abläufe während der Mitose aufgrund der Häufigkeit der einzelnen Phasen.

Programmierter Zelltod — Apoptose

Die Rückbildung des Schwanzes der Kaulquappe bei der Entwicklung zum Frosch ebenso wie das Abwerfen der Blätter im Herbst sind Beispiele für einen geordneten Prozess, bei dem Zellen abgebaut und ihre Bestandteile dem Organismus wieder verfügbar gemacht werden. Dieser genetisch gesteuerte und damit programmierte Zelltod wird *Apoptose* genannt. Er formt ebenso wie die Zellteilung die Bildung von Geweben und Organen.

Typen des Zelltodes

Beispiele für Apoptose sind:
- Selektion bei der Ausreifung bestimmter Zellen des Immunsystems
- Metamorphose beim Frosch
- Kontrolle von Zellmenge und der Größe von Gewebe
- Verjüngung von Gewebe
- Eliminierung entarteter Zellen
- usw.

Durch Apoptose werden überflüssige, beschädigte, infizierte oder anders veränderte Zellen beseitigt. Weist das genetische Programm für die Apoptose Fehler auf, kann das zu Krankheiten und Fehlentwicklungen führen. Es gilt als gesichert, dass zu viel Apoptose Schlaganfall, Herzinsuffizienz und Parkinson begünstigen. Zu wenig Apoptose lässt Zellen ungehindert wachsen, was die Krebs- und Tumorbildung fördert.

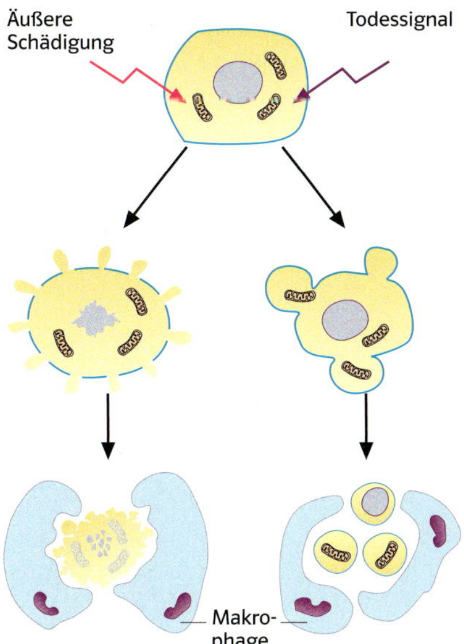

1 *Vergleich Nekrose/Apoptose*

2 *Kaulquappe*

Einem erwachsenen Frosch fehlt der Schwanz der Kaulquappe. Er wurde „zurückgebildet“, d.h. die Zellen wurden in einem geordneten Prozess abgebaut und ihre Bestandteile wiederverwertet. Dieser Prozess wird durch die *Apoptose* eingeleitet.

A1 Zellen sterben auch nach Gewalteinwirkung oder Verbrennung. Erläutern Sie anhand Abb. 1, wie sich dieser als *Nekrose* bezeichnete Zelltod von der Apoptose unterscheidet.

A2 Die Nekrose wird oft einem „Mord“, die Apoptose einem „Selbstmord“ gleichgesetzt. Erklären Sie.

Formgebung durch Apoptose

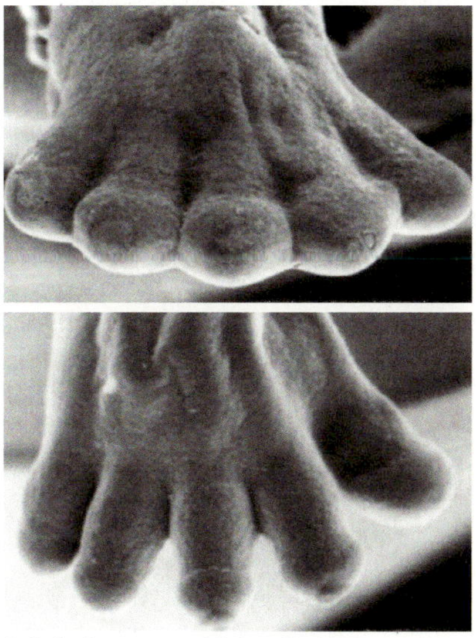

3 *Fuß eines menschlichen Embryos*

A3 Beschreiben Sie die Entwicklung des menschlichen Fußes (Abb. 1) und bringen Sie diese Entwicklung mit der Apoptose in Zusammenhang.

A4 Bei vielen Tieren werden in der Entwicklung Zell- und Gewebeteile zurückgebildet. Nennen Sie Beispiele, die auf Apoptose beruhen könnten.

Ablauf der Apoptose

Die Apoptose lässt sich in drei Hauptphasen unterteilen: In der ersten Phase aktiviert ein von außen kommendes Signal (zellschädigende Stoffe, Entzug von Zellkontakten, Wachstumsfaktoren oder Hormonen) oder ein intrazellulärer Prozess (Fehler im Zellzyklus, DNA-Schädigung) das Apoptose-Programm. In der betroffenen Zelle bewirkt das Kontrollprotein P 53 die Synthese von Apoptose fördernden Genprodukten, sodass diese gegenüber den Apoptose hemmenden Stoffen überwiegen. P 53 fällt damit das Todesurteil über die Zelle, indem abbauende Enzyme aktiviert werden. In der zweiten Phase wird die Zelle durch Enzyme zerstört. In der dritten Phase schnüren sich von der sterbenden Zelle membranumschlossene Vesikel ab, die dann von Makrophagen aufgenommen und verdaut werden.

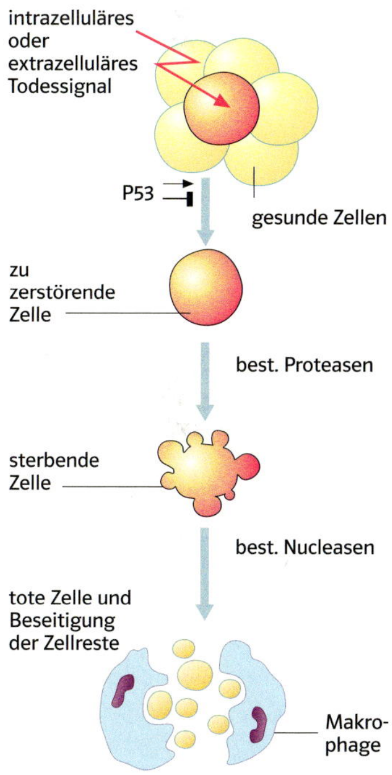

4 *Hauptphasen der Apoptose*

A5 Beim Menschen wird P 53 von einem Gen auf Chromosom 17 codiert. Es wird als Tumor-Suppressorgen bezeichnet, verhindert also die Entstehung von Krebs. Erklären Sie diese Wirkung.

A6 Krebs auslösende Viren bilden ein Protein, das an P 53 bindet und es dadurch inhibiert. Für die Viren ist dies von Vorteil. Erläutern Sie.

DNA-Replikation — aus eins mach zwei

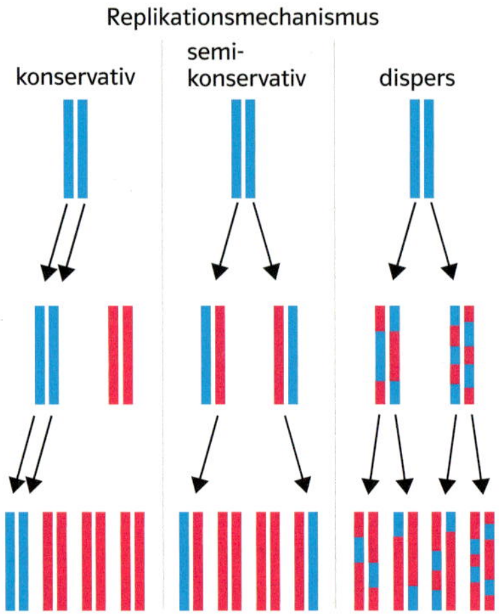

1 *Denkbare Replikationsmechanismen*

Bei jeder Zellteilung entstehen zwei informationsgleiche Tochterzellen. Dazu muss die Erbinformation vor dem Teilungsvorgang verdoppelt werden. Das ist ein Beispiel für das Basiskonzept Information und Kommunikation. [Basiskonzept S. 380]

Die Hypothese

Schon WATSON und CRICK erkannten, dass die Verdopplung der DNA leicht vorstellbar ist, wenn sich die Doppelhelix in Einzelstränge trennt und sich passende DNA-Nucleotide anlagern: "We imagine that prior to duplication the hydrogen bonds are broken and the two chains unwind and seperate. Each chain then acts as a template for the formation on to itself of a new companion chain, so that eventually we shall have two pairs of chains, where we only had one before. Moreover the sequence of the pairs of bases will have been duplicated exactly." (WATSON & CRICK 1953, Nature 171). Den beschriebenen Vorgang bezeichnet man als *DNA-Replikation*.

Neben der von WATSON und CRICK formulierten Hypothese wurden auch andere denkbare Replikationsmechanismen diskutiert (Abb. 1).

Das Kontrollexperiment

Wie nun genau die Replikation der DNA abläuft, wurde 1958 durch MATTHEW MESELSON und FRANK und MARY STAHL geklärt. Sie setzten in ihrer Versuchsreihe Bakterienzellen und Stickstoffisotope zur Markierung ein und züchteten die Bakterien in einer Kulturflüssigkeit, die anstelle des in der Natur vorherrschenden leichten Stickstoffisotops ^{14}N das seltene schwerere ^{15}N-Isotop enthielt. Bakterien können zwischen diesen beiden Isotopen nicht unterscheiden und bauen die zur Verfügung stehenden Stickstoffatome in ihre Zellbestandteile ein, auch in ihre DNA. DNA, in die anstelle von ^{14}N die schwereren ^{15}N-Atome eingebaut werden, hat eine höhere Dichte („schwere DNA").

MESELSON und STAHL ließen eine Kultur von *E. coli* in Anwesenheit von ^{15}N wachsen. Dann wurde das Kulturmedium gewechselt und nur ^{14}N angeboten. Neu synthetisierte DNA konnte also nur aus den leichteren ^{14}N-Atomen bestehen.
Die Teilung der Bakterien dauerte etwa 20 Minuten. Nach jedem Teilungsvorgang wurde die DNA einiger Bakterien der Kultur extrahiert und gereinigt sowie mithilfe der *Dichtegradientenzentrifugation* untersucht. Dazu wurde die DNA in einer Salzlösung zentrifugiert, die einen Konzentrations- und damit Dichtegradienten enthielt. Die DNA wanderte bei der Zentrifugation in den Bereich der Lösung, der der Dichte der DNA entsprach. So konnten MESELSON und STAHL den Nachweis für den semikonservativen Mechanismus der Replikation erbringen.

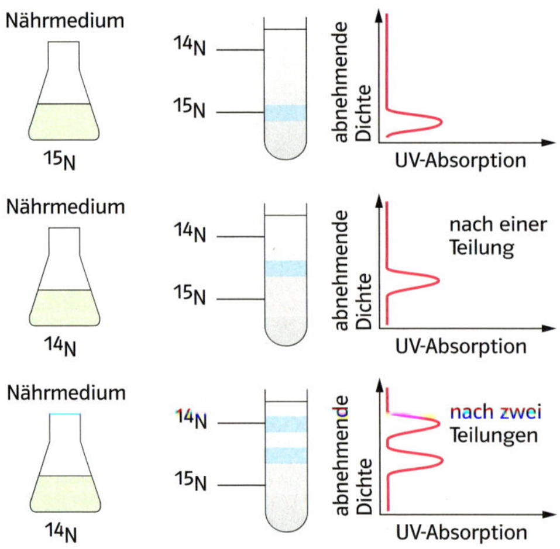

2 *Ergebnisse von Meselson und Stahl*

A1 Abbildung 2 zeigt die Dichteverteilung der Versuche von MESELSON und STAHL. Erklären Sie, wieso nach der ersten Teilung nur „halbschwere" und nach der zweiten Zellteilung „halbschwere" und „leichte" DNA vorliegt.

A2 Erklären Sie, wie die Dichteverteilung bei einer konservativen Replikation aussehen müsste.

Ablauf der semikonservativen Replikation
An der Replikation der DNA sind viele Enzyme beteiligt. Bei der ringförmigen DNA-Doppelhelix des Bakteriums *E. coli* beginnt die Replikation an einem bestimmten DNA-Abschnitt *(Replikationsursprung)*. Dort lagert sich ein Komplex aus verschiedenen Replikationsenzymen an. An dieser Stelle wird die DNA entschraubt, dann werden durch das Enzym *Helicase* die Wasserstoffbrückenbindungen gelöst und die DNA wird in ihre Einzelstränge aufgetrennt. Proteine verhindern, dass sich freie Basen wieder zusammenlagern können. Vom Replikationsursprung aus verläuft die Replikation in beide Richtungen, es bilden sich zwei *Replikationsgabeln*. Das Enzym *DNA-Polymerase* wandert hinter der vorrückenden Helicase her. Freie DNA-Nucleotide lagern sich an die „Original"-Einzelstränge an. Die DNA-Polymerase verknüpft die so aufgereihten Nucleotide zu einem durchgehenden Strang. Die Basensequenz des elterlichen Strangs ist also die Vorlage, die die Basensequenz des Tochterstrangs vorgibt. Die kopierte DNA hat demnach dieselbe Basensequenz wie das elterliche Original. Jede neue Doppelhelix besteht zur einen Hälfte aus einem elterlichen Matrizenstrang und zur anderen Hälfte aus einem neu synthetisierten Tochterstrang. Die Replikation verläuft *semikonservativ.*

Die bei der Replikation aktive DNA-Polymerase arbeitet schnell und genau, kann aber nur in einer Richtung von 5' nach 3' einen neuen Tochterstrang aufbauen. Daher kann sie nur an einem der beiden Einzelstränge direkt der vorrückenden Helicase folgen *(kontinuierlicher Strang)*. Der andere Strang wird stückweise repliziert *(diskontinuierlicher Strang)*. Er wird erst ergänzt, wenn ein größeres Stück des Doppelstrangs aufgetrennt ist. Zuerst synthetisiert das Enzym Primase an dem freien Elternstrang eine kurze Nucleotidsequenz, den *Primer*. Er dient als Ansatzstelle für die DNA-Polymerase. Ausgehend vom Primer baut die DNA-Polymerase dann entgegen der Wanderungsrichtung der Helicase den fehlenden Einzelstrang auf, bis sie an ein bereits repliziertes Stück stößt. Die Stücke werden durch das Enzym *Ligase* zu einem durchgehenden Strang verknüpft.

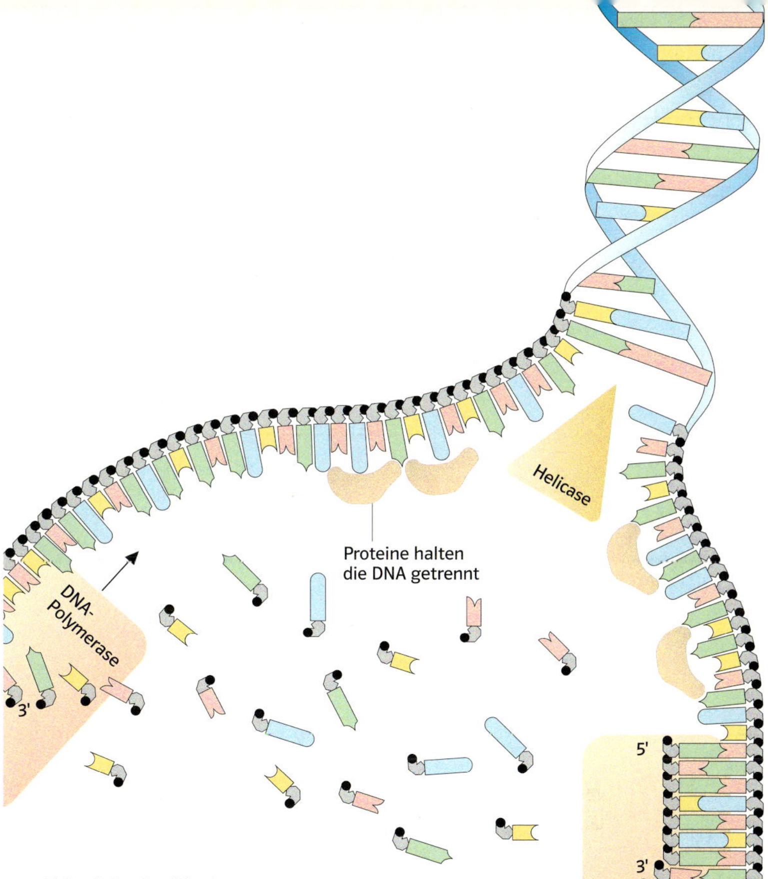

3 *Ablauf der Replikation*

An einer bestimmten Basensequenz löst sich der Replikations-Enzymkomplex schließlich von der DNA ab, die Replikation ist damit beendet. Aus einem DNA-Strang sind zwei identische DNA-Stränge entstanden. [Basiskonzept S. 372]

Im Gegensatz zur ringförmig geschlossenen *Prokaryoten-DNA* wird die lineare *Eukaryoten-DNA* in mehreren Abschnitten kopiert. Sie hat mehrere Replikationsursprünge. Nach ihrer Synthese werden die replizierten Abschnitte miteinander verknüpft. Vor der Replikation besteht jedes Chromosom aus einem Chromatid. Nach der Replikation sind im Chromosom zwei Chromatiden vorhanden, die bei der Mitose getrennt werden. So ist es möglich, dass zwei Zellen mit dem gleichen genetischen Material entstehen.

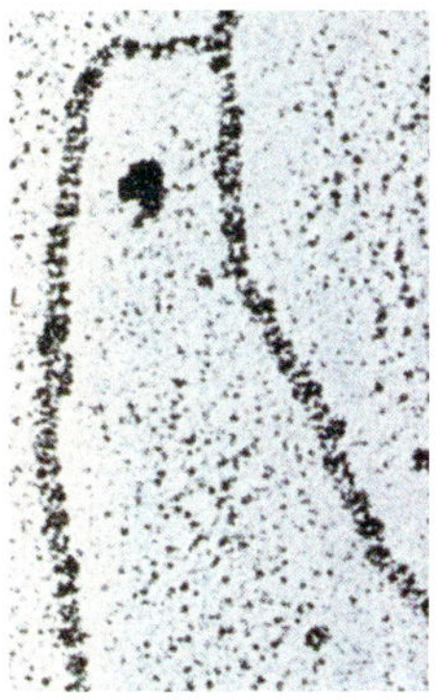
Replikationsgabeln in der DNA von *E. coli*

Proteinbiosynthese

Gen
DNA-Abschnitt, der für eine RNA codiert

Transkription
(lat. *transcribere* = umschreiben) Umschreiben eines Teilstücks der DNA in m-RNA

Translation
Übersetzen der Information einer m-RNA in ein Protein

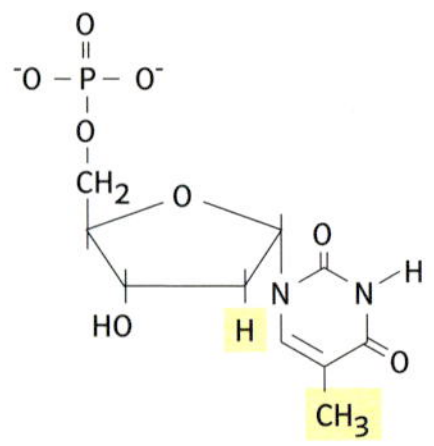

DNA-Nucleotid mit Thymin

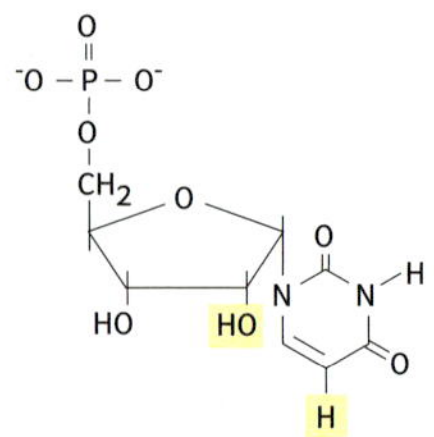

RNA-Nucleotid mit Uracil

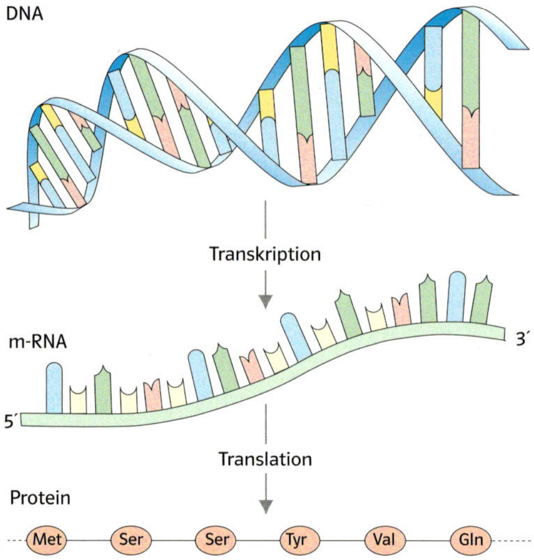

1 *Vom Gen zum Protein*

Die DNA einer Zelle enthält zahlreiche Gene, die die Bauanleitungen für Proteine darstellen. Die Umsetzung der Information in ein Protein (*Proteinbiosynthese*) unterscheidet sich bei Eukaryoten und Prokaryoten, beiden sind jedoch zwei Teilschritte gemein: *Transkription* und *Translation*.

Transkription

Wird ein bestimmtes Protein in der Zelle benötigt, wird von dem entsprechenden Abschnitt der DNA zunächst eine Kopie erzeugt. Diesen Vorgang nennt man *Transkription*. Die genetische Information wird dadurch beweglich und kann bei eukaryotischen Zellen den Kern verlassen. Eine Kopie der DNA gelangt dadurch zu den Ribosomen, den *Organellen*, an denen Proteine synthetisiert werden. Das Transportmolekül für die genetische Information ist eine *Ribonucleinsäure (RNA)*. Da sie die genetische Botschaft (engl. *message)* überträgt, nennt man sie genauer *messenger-RNA* oder kurz *m-RNA*.

Bau der RNA

Die RNA unterscheidet sich in einigen Punkten von der DNA:
- Sie besteht nur aus einem Einzelstrang von Nucleotiden.
- Sie ist viel kürzer, da die RNA nur die Information eines Gens trägt.
- Anstelle der Desoxyribose dient das ähnlich gebaute Zuckermolekül Ribose als Grundbaustein.
- Anstelle der Base Thymin findet man die ähnlich gebaute, sich ebenfalls mit Adenin paarende Base Uracil.

Ablauf der Transkription

Die Transkription verläuft in einigen Punkten ähnlich wie die Replikation der DNA. Eine wichtige Rolle spielt dabei das Enzym *RNA-Polymerase*. Das Enzym lagert sich an einer bestimmten Startsequenz, dem *Promotor*, an. Die RNA-Polymerase bewegt sich über den DNA-Doppelstrang, wobei dieser entwunden und in Einzelstränge aufgetrennt wird. Komplementäre Nucleotide können sich jetzt an die DNA anlagern. Da die Polymerase RNA nur von 5‘ nach 3‘ aufbauen kann, wird durch den Promotor und die Leserichtung der RNA-Polymerase festgelegt, welcher Einzelstrang der DNA abgelesen wird. Dieser von 3‘ nach 5‘ verlaufende sogenannte Vorwärtsstrang wird als *codogener Strang* bezeichnet. Die angelagerten RNA-Nucleotide werden von der Polymerase zu einem m-RNA-Einzelstrang verbunden. Das wachsende RNA-Molekül löst sich von der DNA und der DNA-Doppelstrang schließt sich wieder. Die Transkription endet, sobald die RNA-Polymerase auf eine bestimmte Basenfolge am DNA-Matrizenstrang, den sogenannten *Terminator*, stößt. [Basiskonzept S. 380]

A1 Vergleichen Sie tabellarisch DNA-Replikation und Transkription. Stellen Sie dabei die biologische Bedeutung, den Zeitpunkt im Zellzyklus, die zugehörigen Matrizen, die beteiligten Enzyme und die verwendeten Nucleotide gegenüber.

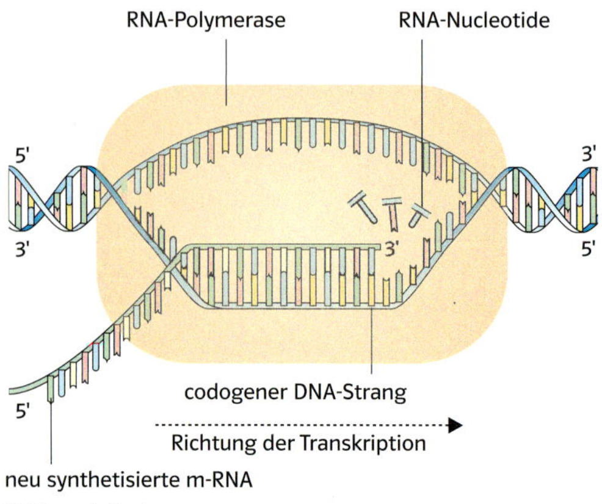

2 *Transkription*

Der genetische Code

Im zweiten Schritt der *Proteinbiosynthese* wird die in der m-RNA gespeicherte Information in ein Polypetid umgesetzt. In der Basensequenz der m-RNA ist festgelegt, in welcher Reihenfolge Aminosäuren zu Polypeptidketten verbunden werden. [Basiskonzept S. 380]

Für die Codierung der 20 verschiedenen Aminosäuren, den Bausteinen der Proteine, stehen nur vier Basen zur Verfügung. Das bedeutet, dass mehrere Nucleotide zusammen ein *Codon* bilden, das für eine Aminosäure codiert. Zweiergruppen von Nucleotiden könnten für $4^2 = 16$ verschiedene Aminosäuren codieren; Dreiergruppen bieten $4^3 = 64$ Möglichkeiten.

Tatsächlich ist der genetische Code ein *Triplettcode*. Manche Aminosäuren werden durch mehrere Codons verschlüsselt. Einige Codons haben eine spezielle Bedeutung: AUG gibt neben der Codierung für Methionin (Met) auch als Startcodon den Anfangspunkt der Übersetzung der m-RNA in ein Protein an. UAG, UAA und UGA kennzeichnen den Endpunkt des Übersetzungsvorgangs, sie sind *Stoppcodons*. Die einzelnen Codons haben bei nahezu allen Lebewesen die gleiche Bedeutung: Der genetische Code ist praktisch universell.

A2 Ermitteln Sie für die folgende m-RNA das entsprechende Polypeptid:
5´ACAUGAGCGACGAAGAUCCCCUAAAAUUUACCU GGCGGAGGUAGACUG 3´

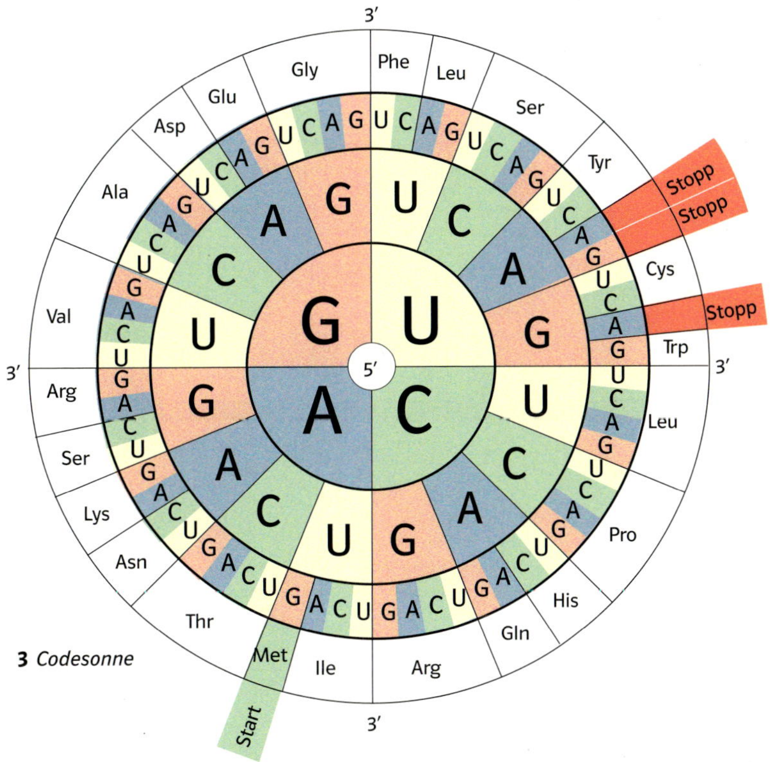

3 *Codesonne*

Translation — ein Protein wird „montiert“

Bei dem zweiten Schritt der *Proteinbiosynthese* wird die Basensequenz der m-RNA in die Aminosäuresequenz des Proteins übersetzt *(translatiert)*. Für den Übersetzungsvorgang wird eine Art Dolmetscher benötigt. Als Vermittler fungiert eine besondere Nucleinsäure, die *transfer-RNA* (t-RNA, t für lat. *transferre* = übertragen). Sie stellt das Bindeglied zwischen Aminosäuresequenz und Basensequenz dar. Dazu hat die t-RNA zwei Bindungsstellen: Das *Anticodon* bindet komplementär an bestimmte m-RNA Tripletts. Eine andere Bindungsstelle fixiert eine festgelegte Aminosäure (s. *Codesonne*).

Der Übersetzungsvorgang findet an den Ribosomen im Zellplasma statt. Zum Start setzen sich die beiden Untereinheiten des Ribosoms am Startcodon der m-RNA zusammen. An das Startcodon (AUG) lagert sich die t-RNA mit der komplementären Basensequenz (Anticodon UAC) an. Diese trägt die Aminosäure Methionin. Gleichzeitig bindet die t-RNA an eine bestimmte Bindungsstelle der Ribosomen, die P-Stelle. An der zweiten t-RNA-Bindungsstelle des Ribosoms, der A-Stelle, lagert sich die zweite beladene t-RNA mit komplementärem Basentriplett an. Die beiden nebeneinander liegenden Aminosäuren werden durch eine Peptidbindung verknüpft.

Nun wird die Aminosäurekette nach der Vorgabe des nächsten Codons der m-RNA verlängert. Dazu wird das Ribosom um ein Basentriplett auf der m-RNA weiter von 5‘ nach 3‘ verschoben. Die t-RNA der P-Stelle löst sich dabei ab. Die frei werdende A-Stelle kann die nächste t-RNA mit passendem Anticodon binden. So wird das Peptid Schritt für Schritt um eine Aminosäure verlängert. Der Vorgang endet, wenn das Ribosom auf ein Stoppcodon der m-RNA trifft. Die Ribosomenuntereinheiten trennen sich, die Aminosäurekette wird freigesetzt.

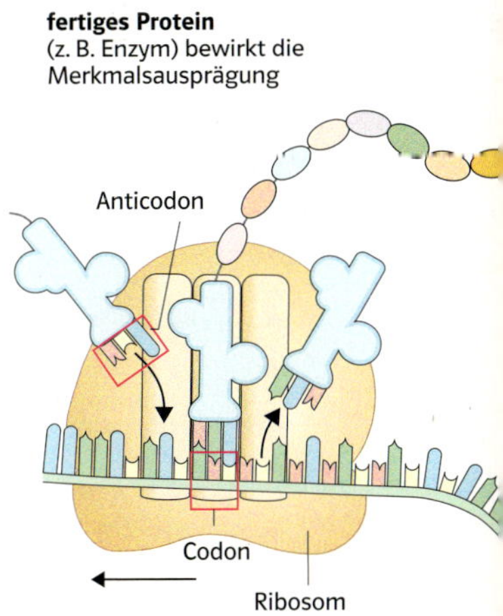

Translation — t-RNA als Vermittler

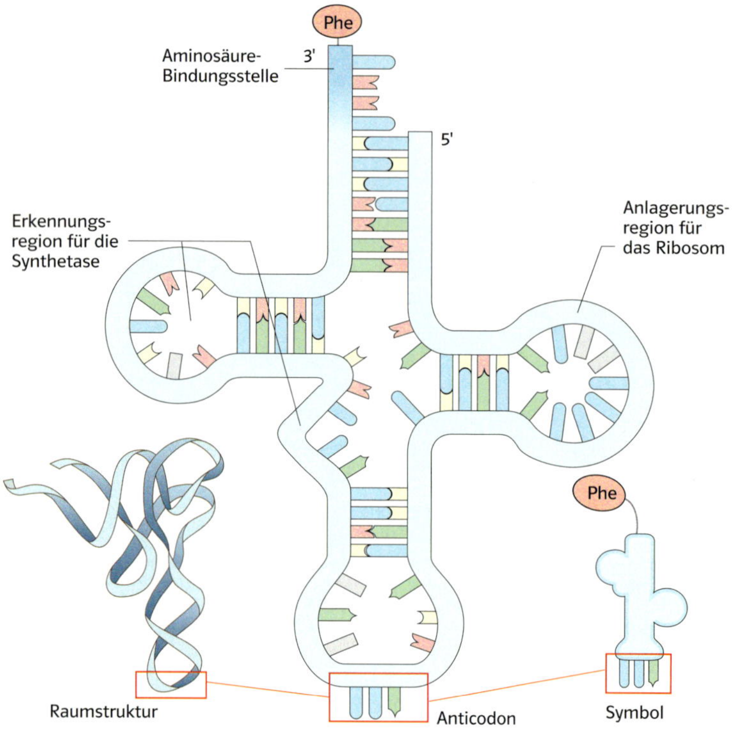

1 *Bau der t-RNA*

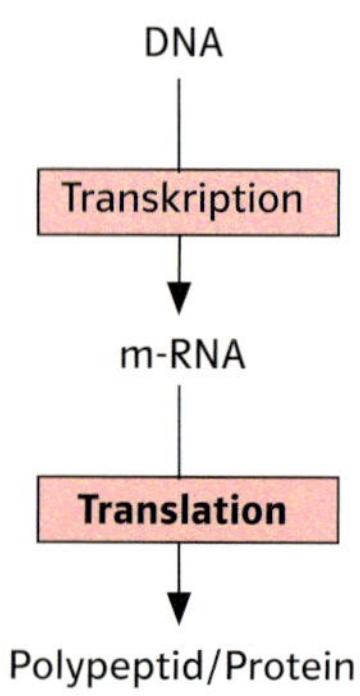

Bei der Translation wird die Basensequenz der m-RNA in eine Aminosäuresequenz übersetzt. Der genetische Code gibt an, welches Basentriplett in welche Aminosäure übersetzt wird (s. S. 197). Er ist das Wörterbuch für die Übersetzung. Eine besondere Nucleinsäure, die *transfer-RNA (t-RNA)*, stellt das Bindeglied zwischen Basen- und Aminosäuresequenz dar. Sie transportiert die Aminosäuren aus dem Vorrat im Cytoplasma zu den Ribosomen, wo dann passende Aminosäuren zum Polypeptid verknüpft werden.

Bau der t-RNA

Die t-RNA wird wie die m-RNA durch Transkription aufgebaut. Sie besteht aus ca. 80 Nucleotiden und ist wie die m-RNA einsträngig. Sie enthält aber kurze Nucleotidbereiche, die zu anderen Abschnitten desselben Moleküls komplementär sind und mit diesem Basenpaarungen eingehen können. Dadurch entsteht eine Struktur, die in schematischer Darstellung wie ein Kleeblatt aussieht. Die tatsächliche Raumstruktur ist jedoch L-förmig (s. Abb. 1). Diese Raumstruktur ist von entscheidender Bedeutung für die Funktion der t-RNA bei der Proteinsynthese. Die t-RNA-Moleküle besitzen zwei exponierte ungepaarte Nucleotidbereiche, die als Bindungsstellen dienen:

- Das sogenannte *Anticodon*, eine Folge von drei aufeinanderfolgenden Basen, paart sich mit dem komplementären Codon in einem m-RNA-Molekül.
- An der *Aminosäurebindungsstelle*, einer kurzen einsträngigen Region am 3'-Ende des Moleküls wird die Aminosäure, die zum Codon der m-RNA passt, angelagert.

Der genetische Code ist *redundant*, das heißt, mehrere Codons codieren dieselbe Aminosäure. Daher gibt es für einige Aminosäuren mehrere t-RNAs. Manche t-RNAs können sich aber auch mit mehr als einem Codon der m-RNA paaren (s. Info-Box). Der genetische Code ist dennoch eindeutig: Jedem Codon ist genau eine Aminosäure zugeordnet.

Eine Zelle stellt demnach viele verschiedene t-RNA-Moleküle her, um den genetischen Code lesen zu können. Wie aber wird jede t-RNA mit genau der richtigen der 20 verschiedenen Aminosäuren gekoppelt?

Beladung der t-RNA

Für jede der 20 Aminosäuren gibt es hochspezifische Enzyme, die *Aminoacyl-t-RNA-Synthetasen*. Diese Enzyme beherrschen wie ein Übersetzer zwei Sprachen. Sie übersetzen die „Nucleotidsprache“ in die „Aminosäuresprache“. Sie erkennen das Anticodon einer t-RNA und beladen diese mit der dazugehörigen Aminosäure. Dies ist der entscheidende Schritt bei der Umsetzung des genetischen Codes.

In das aktive Zentrum der Synthetase passt nur die richtige Kombination aus Aminosäure und zugehöriger t-RNA. Nach dem Schlüssel-Schloss-Prinzip bindet die Synthetase zunächst die passende Aminosäure. Spezifische Nucleotide sowohl im Anticodon als auch in der Erkennungsregion ermöglichen der Synthetase die Erkennung und Anlagerung der richtigen t-RNA. Aminosäure und t-RNA werden unter ATP-Verbrauch verknüpft und die beladene t-RNA wird freigesetzt (s. Abb. 2).

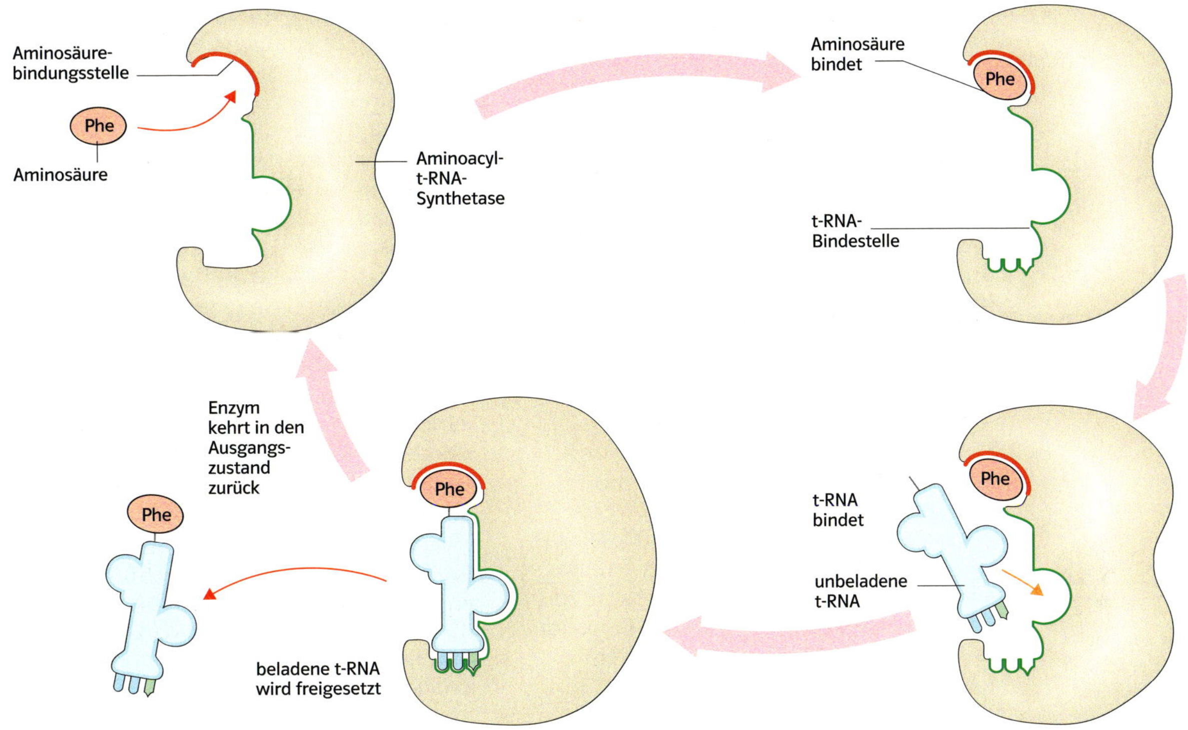

2 *Beladung der t-RNA*

Info-Box: Wobble-Hypothese

Eigentlich müssten in jeder Zelle 61 verschiedene t-RNAs vorkommen, eine für jedes der 61 m-RNA-Codons, die für eine Aminosäure codieren. Man weiß jedoch, dass in einer Zelle je nach Organismus nur bis zu 41 verschiedene t-RNA-Moleküle vorhanden sind. F. Crick formulierte dazu die *Wobble-Hypothese* (engl. *wobble* = wackeln). Nur die ersten beiden Basen von m-RNA-Codon und Anticodon der t-RNA werden nach den Regeln der komplementären Basenpaarung über Wasserstoffbrücken verbunden. Beim dritten Basenpaar kann es aufgrund der Raumstruktur der t-RNA auch zu unüblichen Basenpaarungen – sogenannten „Wobble-Paarungen" — kommen, z. B. von G und U. Ein einziges Anticodon kann sich daher mit mehr als einem Codontyp paaren. Sowohl UCC als auch UCU codieren für die Aminosäure Serin.

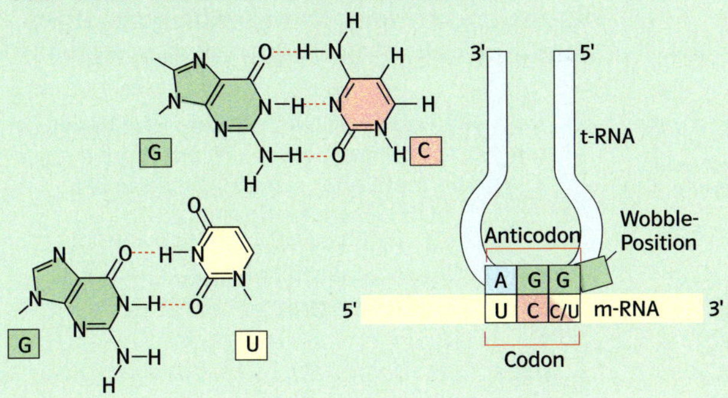

Einige Anticodons tragen am 5'-Ende die Base Inosin (I). Diese kann mit C, U und A Basenpaarungen eingehen. AUC, AUU und AUA codieren für die Aminosäure Isoleucin.

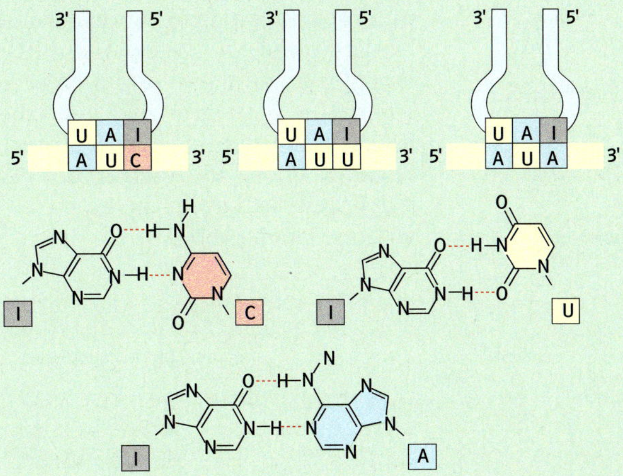

Mit der Wobble-Hypothese lässt sich erklären, warum sich die Codons für eine bestimmte Aminosäure oft nur im dritten Nucleotid unterscheiden. Die dritte Base spielt bei der Erkennungsspezifität oft eine geringere Rolle.

Translation — ein Protein entsteht

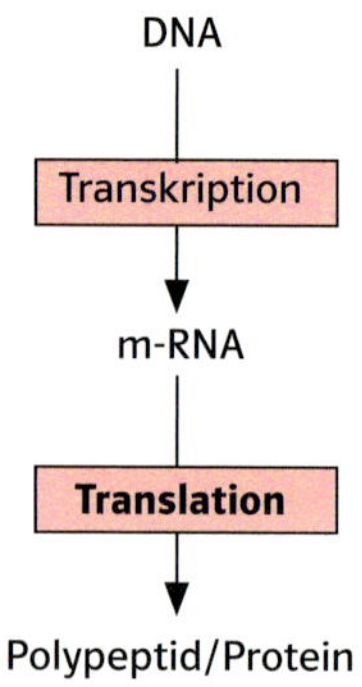

Die *Translation* erfolgt an den Ribosomen. Das Ribosom wandert auf der m-RNA entlang und übersetzt dabei Codon für Codon die Nucleotidsequenz der m-RNA in eine Aminosäuresequenz. [Basiskonzept S. 380]

Die t-RNA-Moleküle dienen dabei als Adapter, um jede Aminosäure an die richtige Position in der Peptidkette zu bringen. Sie werden im Cytoplasma von spezifischen Enzymen mit Aminosäuren beladen (s. S. 199) und transportieren diese zu den Ribosomen.

Ribosomen bestehen aus Proteinen und Nucleinsäure, der r-RNA. Sie sind aus zwei unterschiedlich großen Untereinheiten zusammengesetzt. t-RNA-Moleküle werden am Ribosom nur dann gebunden, wenn ihre Anticodons komplementär zu den Codons der m-RNA sind. Ein Ribosom besitzt drei Bindungsstellen für t-RNA-Moleküle: die A-, P- und E-Stelle (Abb. 1). An die *P-Stelle* bindet die t-RNA, die mit der wachsenden **P**eptidkette verbunden ist. An die *A-Stelle* bindet die t-RNA, welche die nächste **A**minosäure der Kette trägt. An der *E-Stelle* verlässt die **e**ntladene t-RNA das Ribosom.

Translation
Übersetzen der Nucleotidsequenz der m-RNA in die Aminosäuresequenz eines Polypeptids oder Proteins

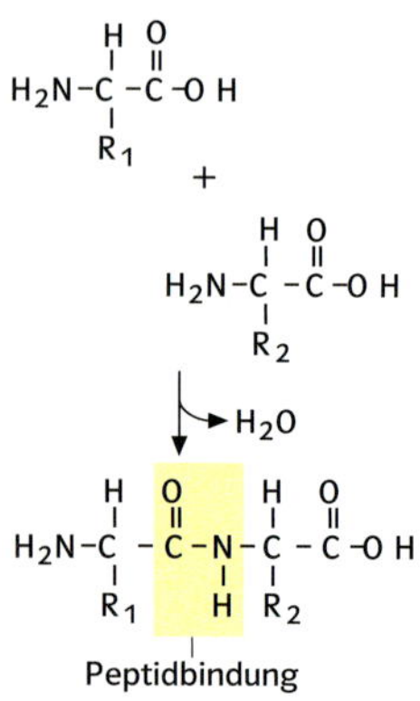

Beginn der Translation

Zunächst binden die mit Methionin beladene Start-t-RNA und die kleine Ribosomenuntereinheit an das 5'-Ende der m-RNA. Dieser Komplex wandert die m-RNA entlang, bis er auf das erste *Startcodon* AUG stößt (Abb. 2 a). Dann wird auch die große Ribosomenuntereinheit angelagert. Die Start-t-RNA befindet sich an der P-Stelle, die A-Stelle ist bereit, die nächste t-RNA aufzunehmen (Abb. 2 b).

Verlängerung der Peptidkette

Bei der Kettenverlängerung wird eine Aminosäure nach der anderen an die Start-Aminosäure angehängt. Dieser Vorgang erfolgt in drei Schritten:

- *Codonerkennung*: An der P-Stelle ist eine t-RNA mit der wachsenden Peptidkette gebunden. Eine t-RNA mit der nächsten Aminosäure der Kette bindet an die unbesetzte A-Stelle des Ribosoms, indem ihr Anticodon Basenpaarungen mit dem Codon der m-RNA eingeht, die an der A-Stelle exponiert ist (Abb. 3 a).
- *Peptidbindung:* Das Ribosom katalysiert eine Peptidbindung zwischen der wachsenden Peptidkette und der gerade angelieferten Aminosäure auf der t-RNA in der A-Stelle (Abb. 3 b). Dabei trennt sich das Polypeptid von der an der P-Stelle gebunden t-RNA und hängt nun an der t-RNA in der A-Stelle (Abb. 3 c).
- *Verschiebung:* Das Ribosom rückt daraufhin in 5'—3'-Richtung um genau drei Nucleotide, also um ein Codon, auf der m-RNA weiter. Die entladene t-RNA wird dadurch auf die E-Stelle verschoben und löst sich ab. Die t-RNA mit der wachsenden Peptidkette befindet sich an der P-Stelle (Abb. 3 d). An die freie A-Stelle kann die nächste mit einer Aminosäure beladene t-RNA binden.

So wird das Peptid jeweils um eine Aminosäure verlängert und zwar genau so, wie es die Codons der m-RNA vorschreiben.

Ende der Translation

Erreicht die A-Stelle des Ribosoms eines der *Stoppcodons* (UAA, UAG oder UGA), so bindet statt einer beladenen t-RNA ein als *Freisetzungsfaktor* bezeichnetes Protein (Abb. 4 a). Daraufhin löst sich die wachsende Peptidkette ab und nimmt ihre Raumstruktur ein. Der Komplex aus Ribosom und m-RNA zerfällt (Abb. 4 b und c).

A1 Das Codon AUG hat zwei verschiedene Bedeutungen, je nachdem, ob es sich am Anfang einer m-RNA befindet oder nicht. Begründen Sie.

A2 Ein Ausschnitt eines Peptids lautet:
... Ser - Val - Lys - Met - Ala ...
Geben Sie eine mögliche Sequenz der m-RNA und der codogenen DNA an.

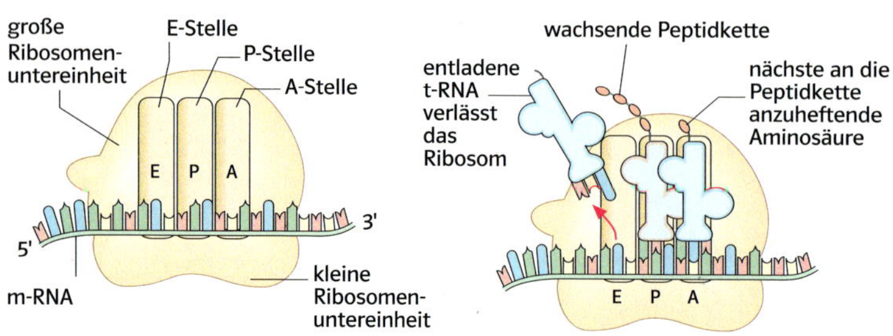

1 *Ribosom*

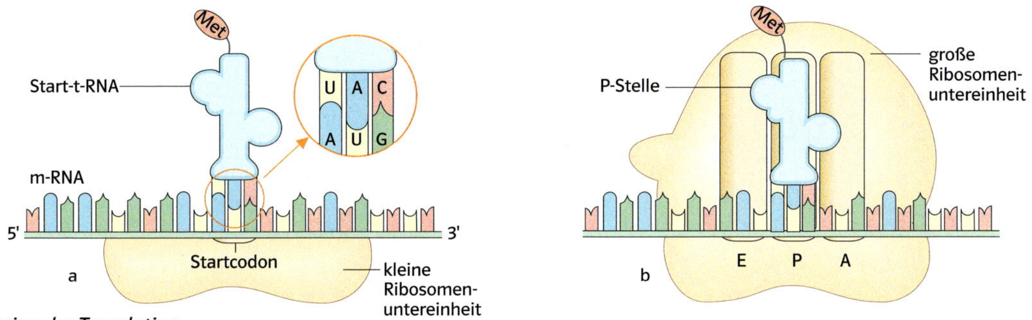

2 *Beginn der Translation*

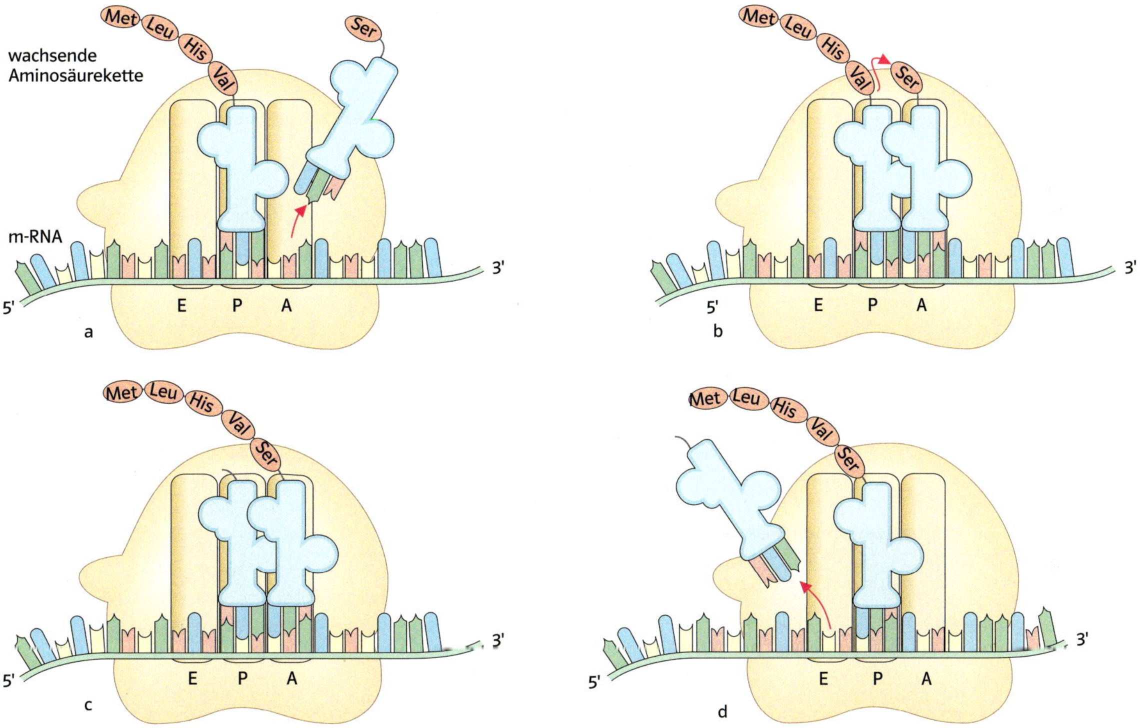

3 *Verlängerung der Aminosäurekette*

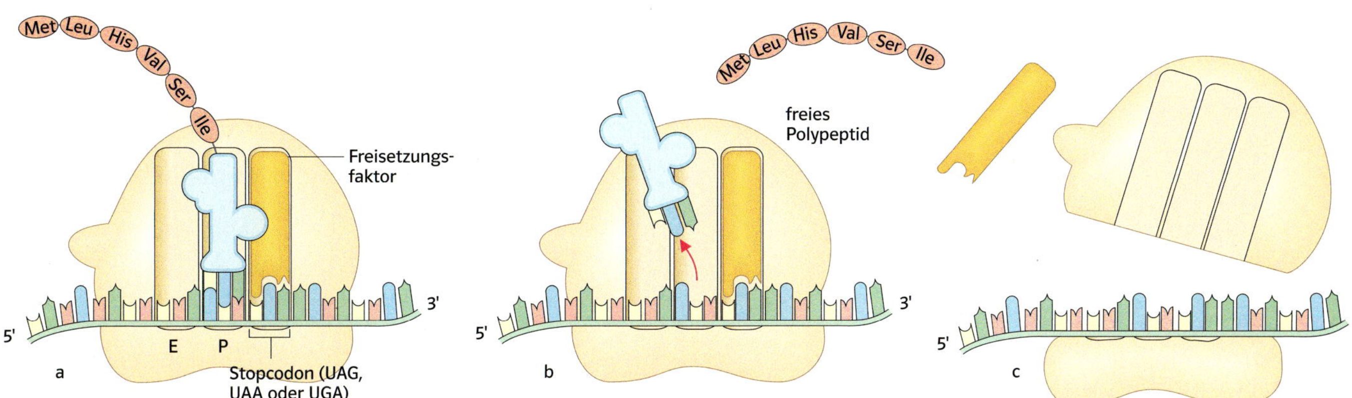

4 *Ende der Translation*

Proteinbiosynthese bei Prokaryoten

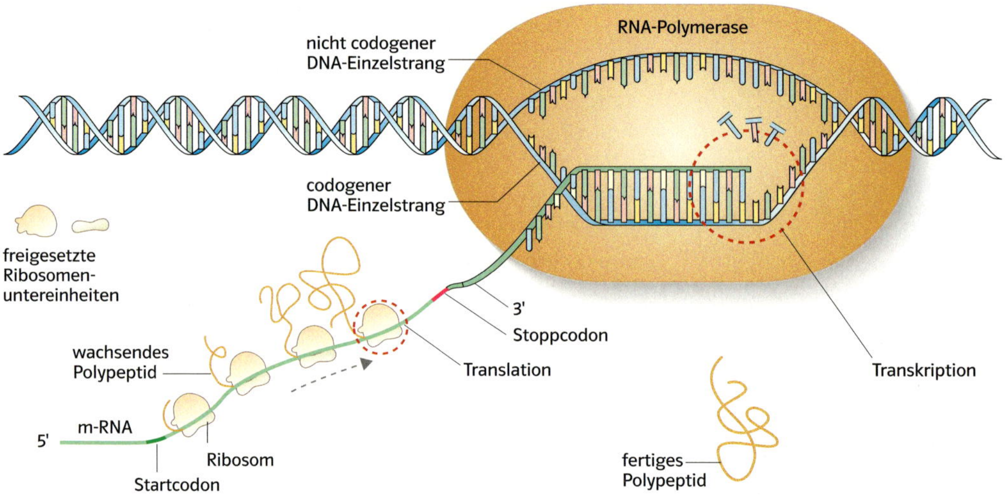

1 *Übersicht über die Proteinbiosynthese bei Prokaryoten*

Prokaryoten
Organismen ohne Zellkern, ohne membranumgrenzte Organellen, z. B. Bakterien

Polysom
Gesamtheit der Ribosomen an einem m-RNA-Strang

Die Synthese der meisten Proteine dauert nur 20 Sekunden bis wenige Minuten. Selbst während dieser kurzen Zeit wird eine m-RNA mehrfach abgelesen. Mehrere Ribosomen lesen gleichzeitig dieselbe m-RNA ab, sodass gleichzeitig mehrere Peptide synthetisiert werden. Sobald ein Ribosom das Startcodon passiert hat und genügend Platz vorhanden ist, lagert sich das nächste Ribosom an. Oft wandert eine ganze Gruppe von Ribosomen an einer m-RNA entlang. Sie sind im Elektronenmikroskop als Perlenschnur erkennbar und bilden ein *Polysom* (s. Abb. 2).

Polysomen gibt es sowohl in prokaryotischen als auch in eukaryotischen Zellen. Prokaryoten können die Proteinsynthese aber noch weiter beschleunigen. Im Gegensatz zu eukaryotischen Zellen ist bei Prokaryoten der Ort der Transkription nicht durch eine Kernmembran vom Ort der Translation getrennt. Die Translation kann bei Prokaryoten bereits beginnen, bevor die Transkription der m-RNA beendet ist. Sobald sich das vordere 5'-Ende der m-RNA vom codogenen Strang löst, lagert sich das erste Ribosom an.

Abbildung 2 zeigt eine elektronenmikroskopische Aufnahme eines DNA-Strangs von *E. coli*, der durch RNA-Polymerasemoleküle transkribiert wird. An jedem Polymerasemolekül wächst ein m-RNA-Strang, der bereits von Ribosomen translatiert wird. Sie folgen in kurzem Abstand der RNA-Polymerase, die sich auf der DNA entlang bewegt. Je weiter das Ribosom bereits vorgerückt ist, desto länger ist die neu synthetisierte Peptidkette.

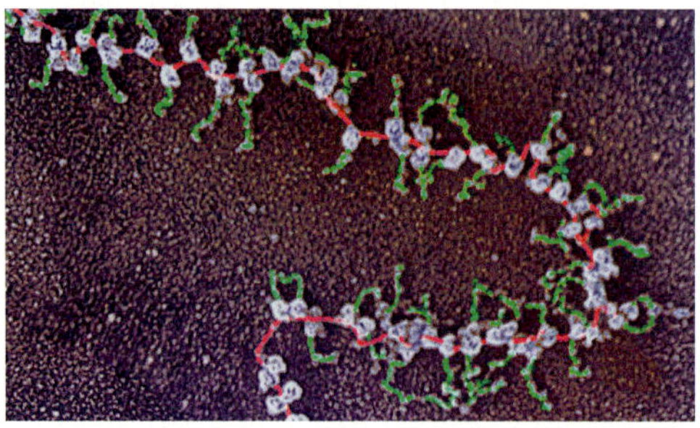

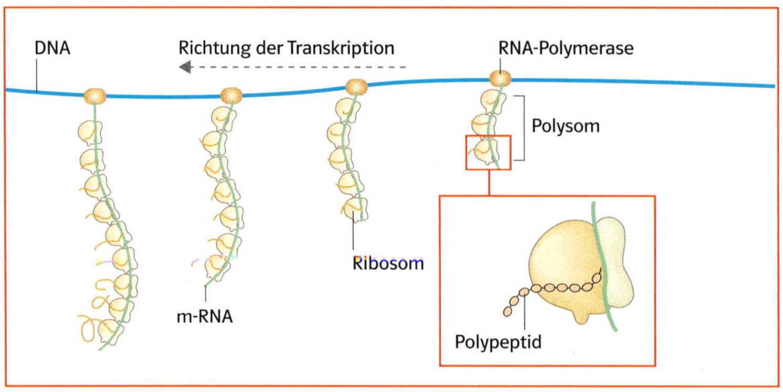

2 *Polysom*

A1 Erläutern Sie, weshalb die Proteinsynthese bei Eukaryoten mehr Zeit erfordert.

Material
Wirkung von Hemmstoffen

Seit der Entdeckung des Penicillins im Jahr 1928 durch Alexander Fleming sind Antibiotika aus der Medizin nicht mehr wegzudenken. Neben verbesserter Hygiene und den Schutzimpfungen sind sie der Hauptgrund dafür, dass Infektionskrankheiten durch Bakterien inzwischen viel von ihrer Gefährlichkeit für den Menschen eingebüßt haben. Außer in der Medizin haben sie auch für die molekulargenetische Grundlagenforschung Bedeutung.

Antibiotika und andere Hemmstoffe

Ein Stoff, der als Antibiotikum Verwendung finden soll, muss zwei Bedingungen genügen: Er muss gegen Bakterien wirksam, aber für den Menschen ungefährlich und gut verträglich sein. Von Interesse sind daher die Unterschiede zwischen menschlichen und prokaryotischen Zellen.

Prokaryoten und Eukaryoten weisen Unterschiede auf zellulärer, aber auch auf molekularer Ebene auf. Eine Reihe von *Antibiotika* wirken als Hemmstoffe der Transkription und Translation (s. Tabelle).

Für Bakterien lebenswichtig ist z. B. die Zellwand, die aus langen vernetzten Molekülen besteht. Penicillinmoleküle werden von wachsenden Bakterienzellen an ihrer Stelle zur Vernetzung der Zellwand eingebaut, erfüllen aber diese Aufgabe nicht. Die Zellwände lösen sich auf, die Bakterien „zerfließen". Cephalosporine wirken ähnlich wie Penicilliln. Natürlicherweise kommen Cephalosporine im Schimmelpilz *Acremonium chrysogenum* vor.

Zu den synthetisch hergestellten Antibiotika gehören die Sulfonamide. Diese hemmen die Synthese der Folsäure, eines lebenswichtigen Stoffs für alle Zellen. Sie wirken nicht auf den Menschen, weil er Folsäure ohnehin nicht synthetisieren, sondern als Vitamin der B-Gruppe aufnehmen muss.

Unterschiede gibt es auch im Bereich der Replikation und der Proteinbiosynthese. Bestimmte Stoffe hemmen diese Vorgänge bei Bakterien, nicht aber in eukaryotischen, also auch menschlichen Zellen und sind dadurch als Antibiotikum geeignet. An der Replikation sind bei Pro- und Eukaryoten unterschiedliche Enzyme beteiligt. Das Enzym Gyrase, das bei der Replikation bei Prokaryoten für die Entwindung der DNA-Doppelhelix verantwortlich ist, ist anders aufgebaut als die Topoisomerasen, die diesen Vorgang bei Eukaryoten katalysieren. Gyrase-Hemmer blockieren daher nur die Replikation von Bakterien und verhindern ihre Vermehrung. Sie finden bei einer Reihe von bakteriellen Entzündungskrankheiten, z. B. Harnwegs-, Blasen- und Niereninfekten Verwendung.

A1 Ordnen Sie den in Abb. 1 mit Ziffern bezeichneten Wirkorten je einen Hemmstoff aus der Tabelle zu.

A2 Welche Stoffe aus der Tabelle kann man als Antibiotika einsetzen? Begründen Sie Ihre Auswahl.

A3 Das wirksame Gift der Knollenblätterpilze ist Amanitin. Eine Knollenblätterpilzvergiftung wirkt oft deshalb tödlich, weil die Symptome wie Erbrechen, Durchfall und Leberschäden erst 8 bis 24 Stunden nach dem Verzehr auftreten. Begründen Sie das verzögerte Auftreten der Symptome.

A4 Erkären Sie, weshalb Puromycin in Bakterien zur Bildung stark verkürzter und damit unbrauchbarer Proteine führt.

A5 Begründen Sie, weshalb bereits ein Molekül Diphtherie-Toxin eine Zelle töten kann.

A6 J. D. Watson experimentierte mit Puromycin und fand heraus, dass es an einen Teil der Ribosomen in der Zelle gut, an den anderen praktisch nicht gebunden wird. Er schloss daraus auf das Vorhandensein der A- und P-Stelle der Ribosomen. Geben Sie die Stelle des Ribosoms und die Phase der Translation an, in der Puromycin gebunden wird.

2 *Knollenblätterpilz*

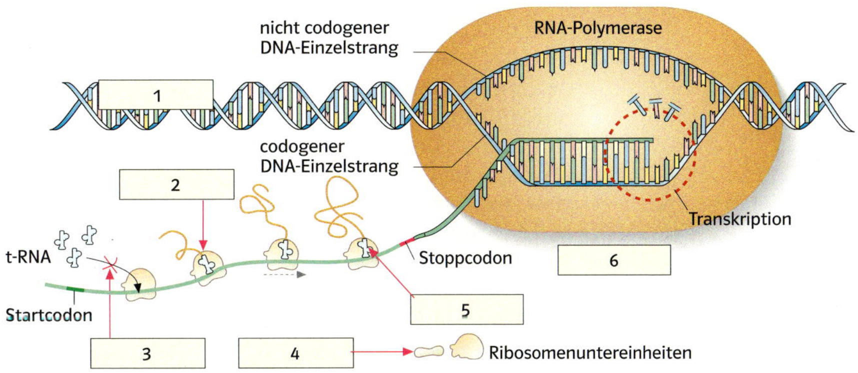

1 *Wirkung von Hemmstoffen*

Hemmstoff	Wirkung auf die Proteinbiosynthese
Actinomycin D	bindet an doppelsträngige DNA
Rifampicin	hemmt die RNA-Polymerase von Prokaryoten
Amanitin	hemmt die RNA-Polymerase von Eukaryoten
Streptomycin	bindet an die kleine Ribosomen-Untereinheit bei Prokaryoten
Tetracycline	verhindern Bindung der t-RNA an das Prokaryoten-Ribosom
Puromycin	wird anstelle einer beladenen t-RNA an das Ribosom gebunden
Chloramphenicol	verhindert die Verknüpfung der Aminosäuren am Prokaryoten-Ribosom
Kirromycin	verhindert das Vorrücken der t-RNA von der A- an die P-Stelle bei Prokaryoten
Cycloheximid	verhindert die Verknüpfung der Aminosäure am Eukaryoten-Ribosom
Diphtherie-Toxin	Enzym; verändert einen wichtigen Translationsfaktor chemisch und macht ihn unbrauchbar

Proteinbiosynthese bei Eukaryoten

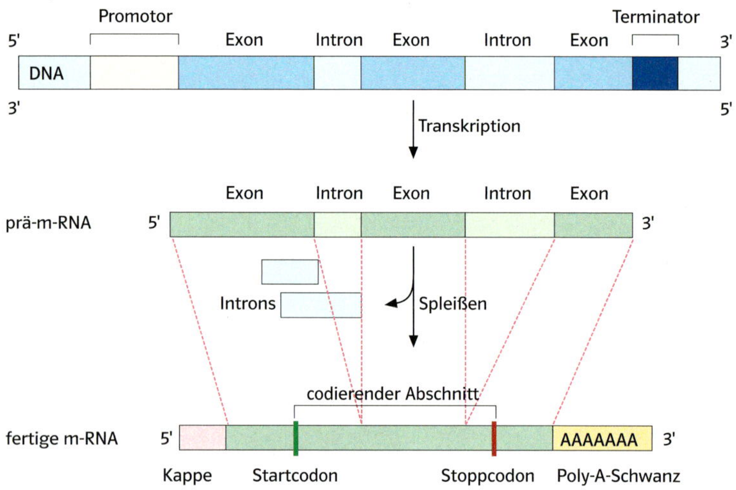

1 *Spleißen*

Bei Eukaryoten verläuft die Proteinbiosynthese prinzipiell in den gleichen Phasen ab wie bei den Prokaryoten. Auffällig ist, dass die durch Transkription entstehende m-RNA zunächst ungleich länger ist, als es das codierte Protein erfordern würde. Sie ist ein Vorläufer *(prä-m-RNA)* und muss vor der Translation in eine funktionsfähige m-RNA umgewandelt *(prozessiert)* werden. Nur einige Abschnitte des prä-m-RNA-Strangs, die *Exons*, enthalten die Information für das Protein. Dazwischen liegen nicht-informationstragende Abschnitte, die *Introns*. Sie können zwischen 50 und 3000 Nucleotide lang sein. Die Introns werden an bestimmten Stellen durch Schneideenzyme zu Schleifen gelegt und ausgeschnitten. Die Exons werden zur eigentlichen m-RNA verknüpft. Dieser gesamte Vorgang wird als *Spleißen* bezeichnet (s. Abb. 1). Prokaryoten besitzen keine Introns und es gibt keine Spleißvorgänge.

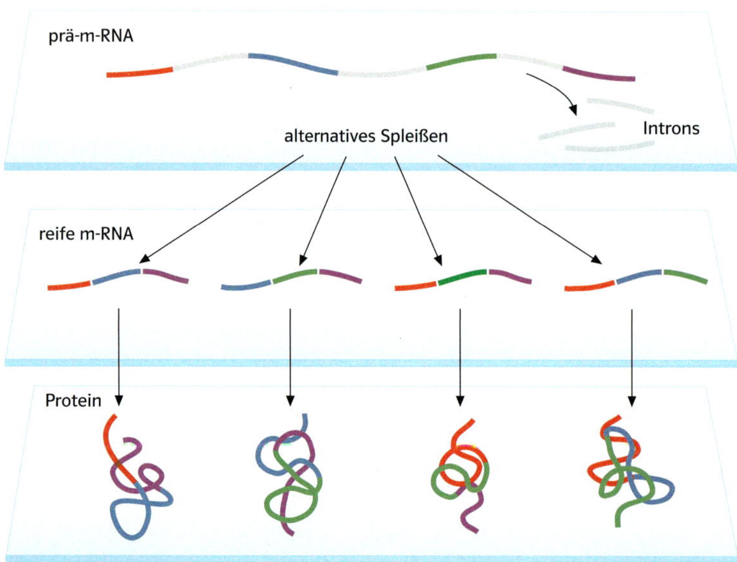

2 *Alternatives Spleißen*

Die prä-m-RNA kann je nach Bedarf für unterschiedliche Proteine unterschiedlich prozessiert werden (s. Abb. 2). Die Ein-Gen-ein-Polypeptid-Hypothese gilt für Eukaryoten demnach nicht streng. Ein Gen kann mehrere unterschiedliche Proteine codieren. Durch alternatives Spleißen kann eine menschliche Zelle mit 30 000 Genen viele Hunderttausend verschiedene Proteine herstellen.

Eukaryotische m-RNA-Moleküle haben eine wesentlich längere Lebensdauer als prokaryotische. An ihr 3'-Ende wird nach der Transkription ein Poly-A-Schwanz aus 150 bis 200 Adenin-Nucleotiden angehängt. Dadurch wird der enzymatische Abbau deutlich verlangsamt. Am 5'-Ende wird eine „Kappe" aus methyliertem Guanin aufgesetzt. Diese verzögert ebenfalls den Abbau und ist wichtig für den Kontakt zur kleinen Ribosomenuntereinheit zu Beginn der Translation. Die reife m-RNA wird aus dem Zellkern über die Kernporen ins Cytoplasma zum rauen Endoplasmatischen Retikulum transportiert. An dessen Ribosomen findet die Translation statt.

Nach ihrer Synthese werden viele eukaryotische Proteine noch verändert. Zahlreiche Proteine werden erst durch das Anhängen von Seitengruppen, wie Zuckerketten, biologisch aktiv. Zudem sind Proteine meist durch spezifische Signalpeptide gekennzeichnet. Diese legen den Bestimmungsort des Proteins innerhalb der Zelle fest und müssen wieder entfernt werden.

A1 Menschliche Proteinhormone können von „umprogrammierten" Bakterienzellen hergestellt werden. Erläutern Sie, welche Schwierigkeiten sich aufgrund der unterschiedlichen Genstruktur von Pro- und Eukaryoten ergeben.

A2 Vergleichen Sie die Proteinbiosynthese bei Pro- und Eukaryoten.

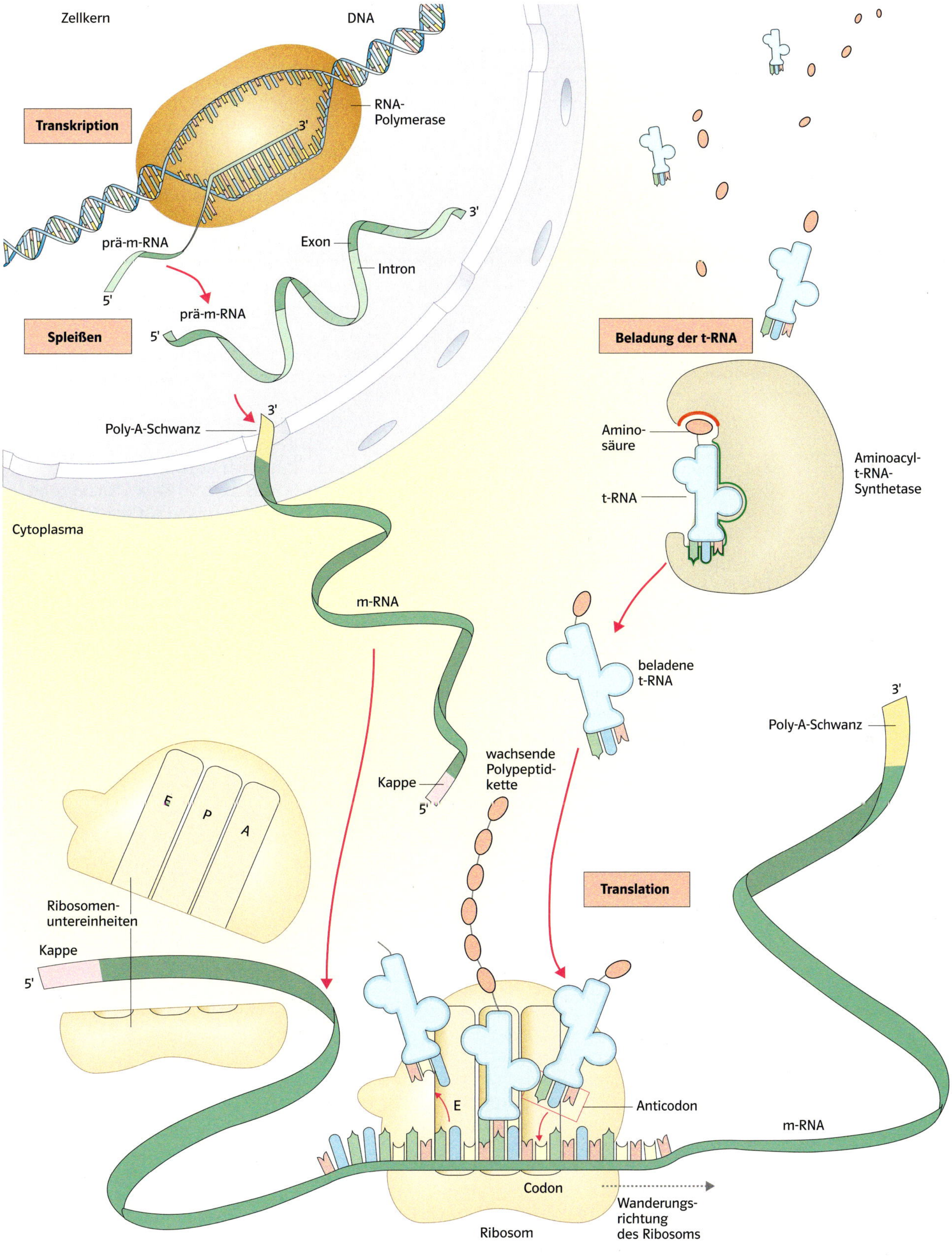

Zellkern
DNA
Transkription
RNA-
Polymerase
3'
prä-m-RNA
5'
Exon
Intron
3'
prä-m-RNA
Spleißen
5'
Poly-A-Schwanz
3'
Cytoplasma
m-RNA
Kappe
5'
Beladung der t-RNA
Amino-
säure
t-RNA
Aminoacyl-
t-RNA-
Synthetase
beladene
t-RNA
wachsende
Polypeptid-
kette
E
P
A
Ribosomen-
untereinheiten
Kappe
5'
3'
Poly-A-Schwanz
Translation
E
Anticodon
m-RNA
Codon
Wanderungs-
richtung
des Ribosoms
Ribosom

4.2 Merkmalsbildung
Vom Genotyp zum Phänotyp

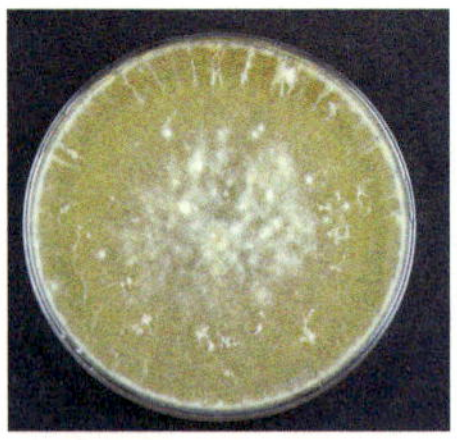

Neurospora

Gen
ein für RNA codierender DNA-Abschnitt

Genotyp (Erbbild)
Gesamtheit aller Gene (Erbanlagen) eines Organismus

Phänotyp
(Erscheinungsbild)
Gesamtheit der Merkmale eines Organismus

r-RNA
ribosomale RNA

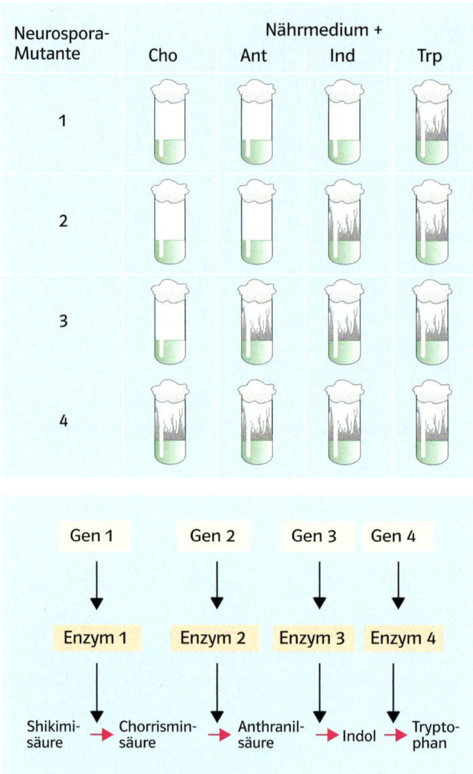

1 *Mangelmutanten bei Neurospora*

Gene bilden die Grundlage für die Merkmalsbildung eines Organismus. In ihrer Gesamtheit bilden sie den Genotyp, seine Merkmale den Phänotyp. Die meisten Gene werden zunächst als m-RNA abgelesen und anschließend in Polypeptide übersetzt. Erst die funktionstüchtigen Proteine kontrollieren die Merkmalsausprägung. Während Prokaryoten nahezu ihre gesamte DNA geradlinig übersetzen, nutzen Eukaryoten nur einen kleinen Teil ihrer DNA zur Proteincodierung und dies oftmals nicht geradlinig. Die gleiche DNA-Basensequenz kann verschiedene Merkmale kontrollieren. Man sagt auch, Genotyp und Phänotyp von Eukaryoten seien „weich" miteinander „verdrahtet". Historisch gesehen führten viele Experimente zu widersprüchlichen Vorstellungen von einem Gen und machten Abwandlungen der Gendefinition nötig. Nicht alle Gene codieren für Enzyme, viele verschlüsseln Struktur-Polypeptide, Transkriptionsfaktoren oder t-RNA und r-RNA. Ein Gen codiert also für eine RNA.

Ein-Gen-ein-Enzym-Hypothese

Die Genetiker George W. Beadle und Edward L. Tatum hatten 1941 Stämme des Schimmelpilzes Neurospora entdeckt, die nicht in der Lage waren, aus Shikimisäure die lebensnotwendige Aminosäure Tryptophan herzustellen. Erst nach Zugabe einzelner Stoffwechselzwischenprodukte (Abb. 1) konnte das Wachstum angeregt werden. Daraus schlossen die Forscher, dass den betreffenden Stämmen die am Stoffwechselweg beteiligten Enzyme fehlten und führten dies auf Defekte an den zugehörigen Genen zurück. Das Merkmal „erfolgreiche Tryptophansynthese" baut auf einer Kette von Enzyme codierenden Genen auf. Es ist ein *polygenes Merkmal.*

Ein Gen — mehrere Genprodukte

Das Calcitonin-Gen ist in Zellen der Nebenschilddrüse und in Zellen des Nervensystems (Rückenmark) aktiv. Es besteht aus sechs Exons (Abb. 2). In der Nebenschilddrüse werden nur die Exons 2 bis 4 in der reifen m-RNA belassen und diese dann in das Hormon Calcitonin translatiert. In Nervenzellen hingegen enthält die reife m-RNA nur die Exons 2, 3, 5, 6 (man spricht von zelltypspezifischem *Spleißen*), Translationsprodukt ist das Neuropeptid *CGRP (calcitonin gene related protein)*. Ein und dasselbe Gen codiert also für unterschiedliche Genprodukte.

A1 Erklären Sie, wieso die Definition „Ein Gen codiert für ein Enzym" erweitert wurde.

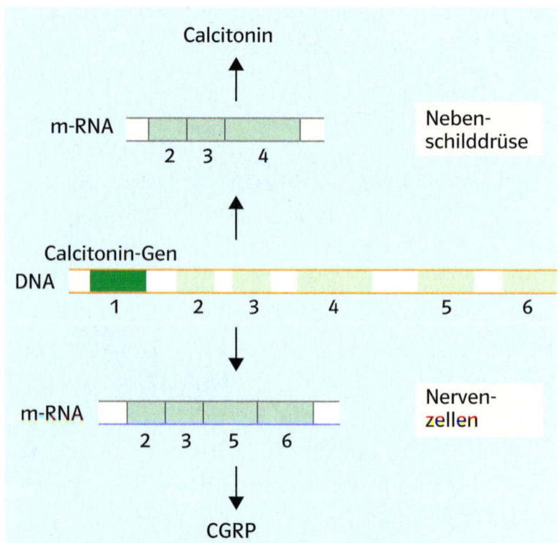

2 *Ein Gen, zwei Genprodukte durch Spleißen*

Genregulation bei Prokaryoten

Viele Proteine, wie z. B. die Enzyme des Energiestoffwechsels, werden in Zellen ständig benötigt. Der Einsatz anderer Proteine wird nur unter bestimmten Bedingungen erforderlich. Gene, die ständig transkribiert werden, nennt man *konstitutive Gene*. Solche, die je nach Bedarf an- oder abgeschaltet werden, *regulierte Gene*.

Das Operon-Modell
Der Mechanismus für das An- und Abschalten von Genen wurde von den Forschern FRANÇOIS JACOB und JACQUES MONOD an Bakterien untersucht. Sie erhielten für das von ihnen entwickelte *Operon-Modell* zur Regulation der Genaktivität 1965 den Nobelpreis. Ihre Vorhersagen zur Regulation der Genaktivität auf Transkriptionsniveau wurden später mithilfe molekularbiologischer Methoden bestätigt. Das Modell gilt auch für viele eukaryotische Gene.

Substrat-Induktion
Ein Regulatorgen codiert für ein Repressorprotein, das an einen bestimmten DNA-Abschnitt, den *Operator*, bindet und so die Transkription blockiert. Dringt das Substrat Lactose als Effektor (Abb. 1 unten) in die Zelle ein, lagern sich Lactosemoleküle an den Repressor an. Dies ändert seine Raumstruktur, er löst sich von der DNA ab und ist inaktiviert. Die RNA-Polymerase hat „freie Bahn" und transkribiert die Gene des Lactosestoffwechsels. Die gebildeten Enzyme spalten den Zweifachzucker Lactose in Glucose und Galactose, die dann vom Bakterium weiter verwertet werden können. Nach Abbau der Lactose bindet der Repressor wieder an den Operator. Dieser ist eine Art Schalter für die Gene des Lactosestoffwechsels. Promotor, Operator und die von ihnen kontrollierten Gene bilden eine Funktionseinheit, das *Operon*. In diesem Beispiel heißt es *lac-Operon*.

Endprodukt-Repression
In anderen Fällen bewirkt die hohe Konzentration des Endproduktes, dass der Syntheseweg abgeschaltet wird *(negative Rückkopplung)*. Beispielhaft dafür ist der Syntheseweg der Aminosäure Tryptophan. Das Repressorprotein liegt in der inaktiven Form vor, es kann nicht an seinen Operator binden. Die Strukturgene, die für die Enzyme des Tryptophanstoffwechsels codieren, werden ungehindert abgelesen (Abb. 2 oben). Die Tryptophankonzentration steigt und damit die Wahrscheinlichkeit, dass ein Tryptophanmolekül sich mit einem Repressorprotein verbindet (Abb. 2 unten). Dies ändert die Raumstruktur des Repressors, er wird aktiv und lagert sich an seinen Operator an. Das Tryptophanoperon wird blockiert, die Transkription der Tryptophangene wird gestoppt, die Tryptophansynthese kommt zum Erliegen. Durch die Regulation der Genaktivität können Bakterien auf veränderte Umweltbedingungen reagieren. [Basiskonzept S. 376]

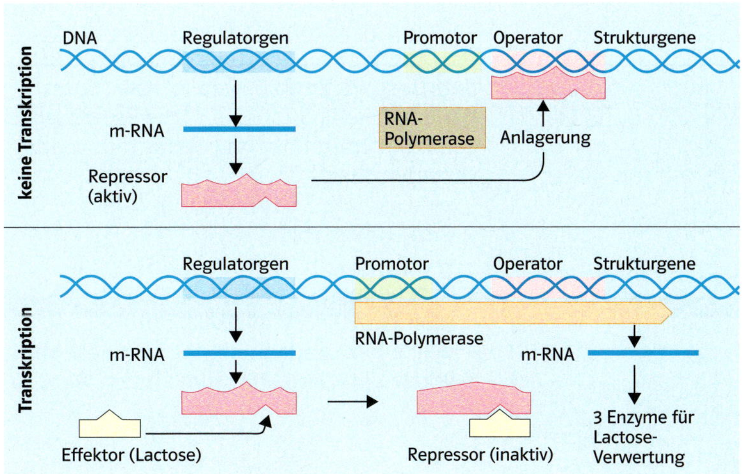

1 *Substrat-Induktion: Das lac-Operon von E. coli*

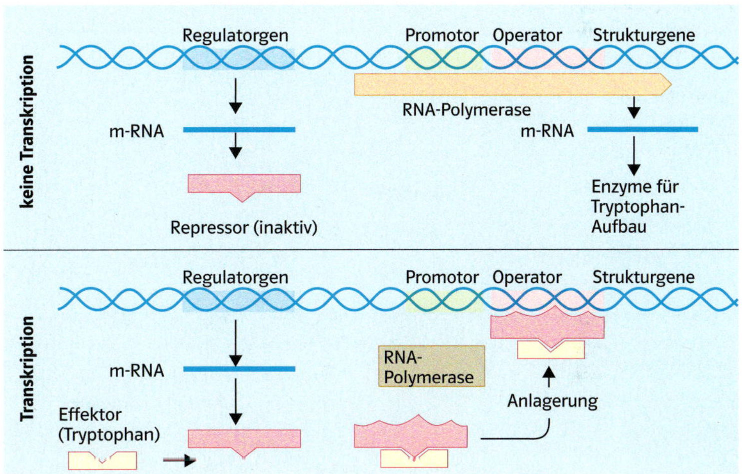

2 *Endprodukt-Repression: Das Tryptophan-Operon von E. coli*

Genregulation bei Eukaryoten

Kontrolle auf Transkriptionsebene

Kontrolle auf RNA-Prozessierungsebene

Kontrolle auf Translationsebene

Kontrolle auf Proteinaktivitätsebene

Es gibt bei Eukaryoten viele Schritte auf dem Weg von der DNA zum funktionsfähigen Protein, die prinzipiell alle reguliert werden können (s. Abb. 1). Eine Zelle kann die Synthese ihrer Proteine auf verschiedenen Ebenen regulieren, indem sie beeinflusst,

- zu welchem Zeitpunkt und wie oft ein Gen transkribiert wird,
- wie die prä-m-RNA gespleißt wird,
- welche m-RNA-Moleküle an den Ribosomen translatiert werden und
- welche Proteine nach der Synthese selektiv aktiviert oder inaktiviert werden.

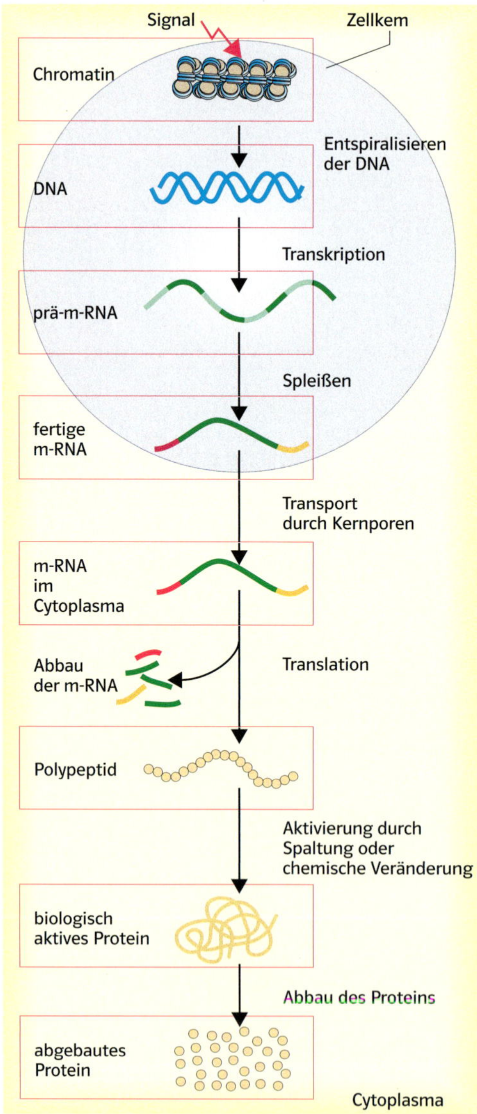

1 *Regulation der Proteinbiosynthese*

Am wichtigsten ist für die meisten Gene die Kontrolle der Transkription. Nur so kann verhindert werden, dass unnötige Zwischenprodukte gebildet werden.

Transkriptionsfaktoren

Die Transkriptionskontrolle bei Eukaryoten ist wesentlich komplexer als bei Prokaryoten. Eukaryotische DNA enthält Abschnitte, die in unmittelbarer Nähe des Gens oder auch weiter weg liegen können und selbst nicht transkribiert werden. An diese *regulatorischen DNA-Sequenzen* können spezifisch Proteine binden. Erst wenn diese Proteine gebunden wurden, kann sich die RNA-Polymerase an die *Promotor-Region* eines Gens anlagern und die Transkription der m-RNA kann beginnen. Weitere regulatorische Proteine binden an die RNA-Polymerase und erhöhen dadurch die Wahrscheinlichkeit einer Bindung an den Promotor. Zum Start der Transkription sind also spezielle Proteine erforderlich. Diese Proteine bezeichnet man als *Transkriptionsfaktoren*. Abbildung 2 zeigt, wie Transkriptionsfaktoren durch eine Schleife in der DNA sowohl an regulatorische DNA-Sequenzen als auch an den Promotor binden können.

Neben aktivierenden gibt es auch hemmende Transkriptionsfaktoren. Diese *Repressoren* verhindern die Bindung der DNA-Polymerase an den Promotor und blockieren somit die Transkription. Über

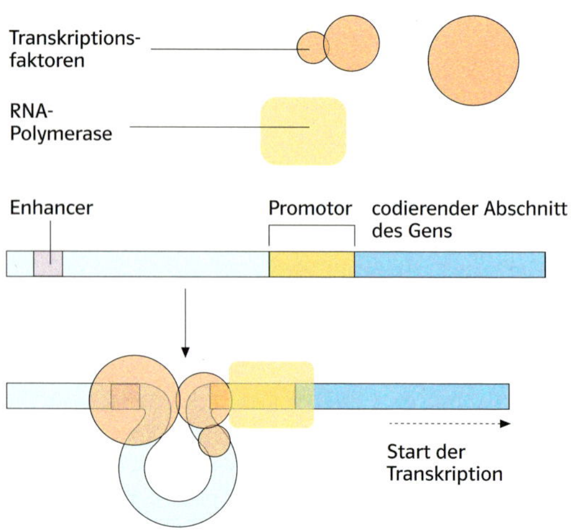

2 *Transkriptionskontrolle*

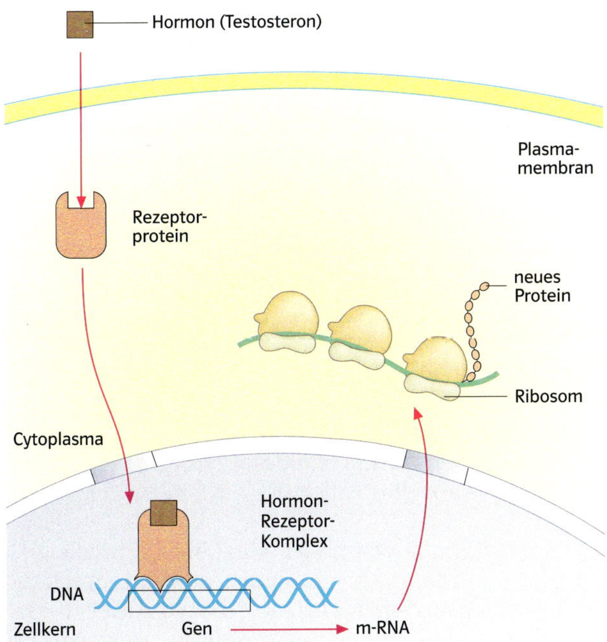

3 *Genaktivierung durch Hormone*

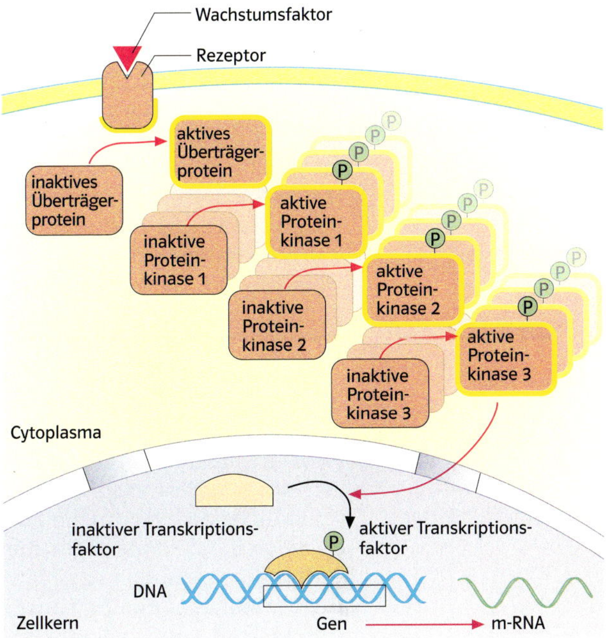

4 *Genaktivierung durch Wachstumsfaktoren*

die Synthese bzw. die Aktivierung von Transkriptionsfaktoren kann die Zelle die Genexpression regulieren.

Genaktivierung

Auslöser für eine Genaktivierung bei Eukaryoten können beispielsweise Hormone sein. Abbildung 3 zeigt ein Modell der Genaktivierung durch lipophile Hormone. Lipophile Hormone können die Zellmembran durchdringen. Im Inneren der Zelle bindet das Hormonmolekül an ein spezifisches Rezeptorprotein. Dieses ist nur in Zielzellen vorhanden und passt zum Hormonmolekül wie ein Schlüssel zum Schloss. Es bildet sich ein Hormon-Rezeptor-Komplex. Dieser passiert die Kernmembran und lagert sich an eine spezifische regulatorische DNA-Sequenz an. Dadurch wird die Transkription bestimmter Gene in Gang gesetzt. Hydrophile Substanzen können die Zellmembran nicht passieren. Abbildung 4 zeigt einen typischen Signalübertragungsweg, der zur Regulation der Genaktivität im Zellkern führt.

Ein Signalmolekül löst eine Phosphorylierungskaskade in der Zelle aus. Die letzte Kinase der Kette wandert in den Zellkern und aktiviert dort ein Protein, das als Transkriptionsfaktor dafür sorgt, dass ein ganz bestimmtes Gen transkribiert wird. [Basiskonzept S. 380]

Info-Box: Stilllegung der Gene — Epigenetik

Eine mögliche Stilllegung der Gene findet auf der Ebene des Chromatins statt. Darunter versteht man den DNA-Protein-Komplex, aus dem die Chromosomen bestehen. Das *Chromatin* kann in lockerer Form, als *Euchromatin*, und in dicht gepackter Form, als *Heterochromatin*, vorliegen. Bei der dicht gepackten DNA ist eine Transkription nicht möglich, da die abzulesende DNA-Region nicht zugänglich ist. Die Packungsdichte der DNA ist abhängig von den Bindungspartnern der Proteinschwänze der Histone. Es gibt angehängte Gruppen, die die Packungsdichte verringern. Eine Bindung von Methylgruppen dagegen erhöht die Dichte und verringert damit die Transkriptionsrate. Durch *Methylierung* bestimmter DNA-Abschnitte können Bereiche stillgelegt werden. Dadurch werden bestimmte, nicht benötigte Gene ausgeschaltet. Forscher haben in verschiedenen Untersuchungen nachgewiesen, dass Umwelteinflüsse auf die Genaktivität Einfluss nehmen. Unterschiedliche Muster der Genaktivität erklären, dass sich Lebewesen mit gleicher genetischer Ausstattung, wie eineiige Zwillinge, in einigen Merkmalen unterscheiden. Da die Methylierungsmuster auch bei der Verdopplung der Chromosomen originalgetreu kopiert werden können, besteht die Möglichkeit, dass epigenetische Informationen von einer Zellgeneration zur nächsten weitergegeben werden. Bei dieser nicht in der Basenabfolge gespeicherten, vererbbaren Information spricht man von *epigenetischer Information*. Inwieweit solche erworbenen Eigenschaften an Nachkommen weitergegeben werden können, wird derzeit erforscht.

DNA-Schäden und Reparatur

Mutationen sind Veränderungen der genetischen Information. Verantwortlich dafür sind Mutagene wie UV-Strahlung und Chemikalien. Mutationen können aber auch spontan auftreten. Sie sind ungerichtet und nicht vorhersagbar. Bei Bakterien treten bei 1 000 000 Genen in einer Generation etwa 1 bis 10 spontane Mutationen auf. Sie können ein einzelnes Gen *(Genmutation)*, die Struktur eines Chromosoms *(Chromosomenmutation)* oder deren Anzahl *(Genommutation)* betreffen.

Genmutationen

Wird auf der Ebene eines Gens nur eine einzelne Base ausgetauscht, spricht man von einer *Punktmutation*. Diese kann unterschiedliche Auswirkungen haben. Codiert die neue Basensequenz für die gleiche Aminosäure, handelt es sich um eine *stumme Mutation*. Häufig führt sie zu einer veränderten Aminosäure und so vielleicht zu einem funktionsuntüchtigen Enzym. Bei einer *Rastermutation* werden Basen zusätzlich eingefügt *(Insertion)* oder entfernt *(Deletion)*. In beiden Fällen wird das Leseraster des m-RNA-Triplettcodes verschoben. Dadurch entsteht ein völlig anderes Protein. Während bei haploiden Organismen Mutationen (außer stumme) auf den Phänotyp durchschlagen, haben diploide Lebewesen eine unveränderte Variante.

A1 Ethidiumbromid ist ein in der Molekularbiologie häufig benutzter Farbstoff. Er kann sich in die DNA einlagern und bei der Replikation wie eine Base abgelesen werden.
Erklären Sie die Gefahren bei der Verwendung von Ethidiumbromid.

Chromosomenmutationen

DNA-Moleküle können brechen und werden dann wieder verknüpft. Gelegentlich gehen dabei größere DNA-Abschnitte verloren oder werden neu, aber falsch kombiniert. Bei *unbalancierten* Chromosomenmutationen ist die Genmenge verändert, bei *balancierten* bleibt die Genmenge gleich. Die veränderte Position von Genen kann ihre Wirkung stark beeinflussen.

Ein Einzelbruch zerlegt ein Chromosom in zwei Teile, nur eines davon trägt das Centromer, also die Ansatzstelle des Spindelapparates *(endständige Deletion)*. Das centromerfreie Fragment geht bei der nächsten Zellteilung verloren. Das Bruchstück mit dem Centromer kann zwar in eine Tochterzelle gelangen und repliziert werden, ihm fehlt aber ein endständiges Telomer. Daher „verklebt" das offene Chromosomenende mit dem offenen Ende des Schwesterchromatids. Das Produkt enthält nun zwei Centromere und wird bei der nächsten Mitose leicht zerrissen.

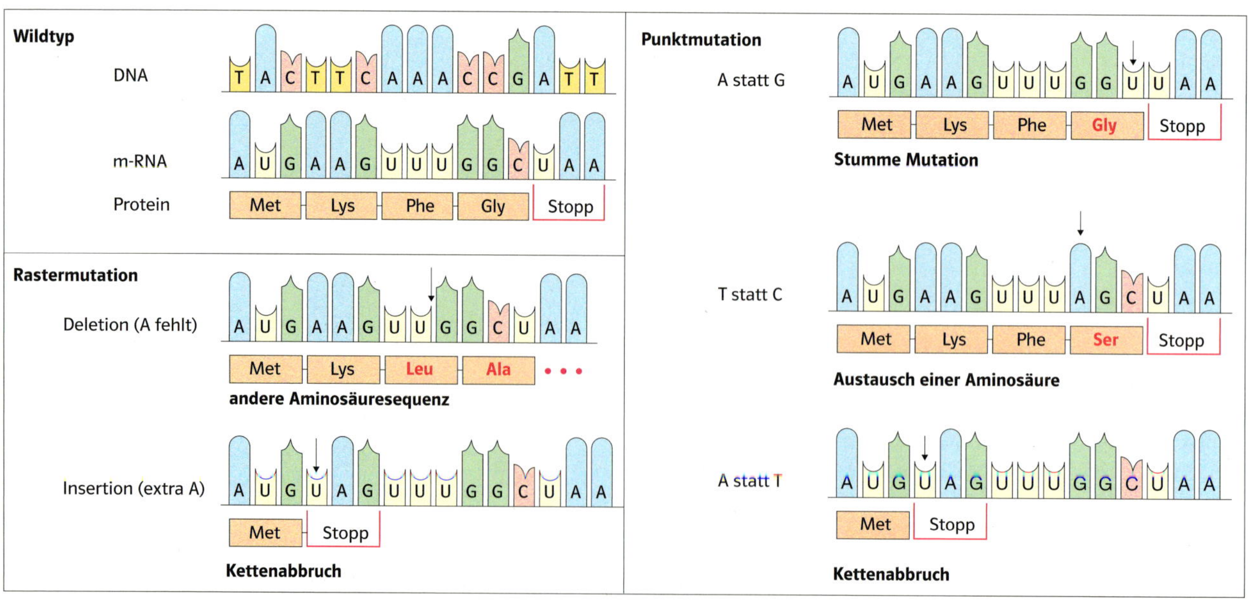

1 *Genmutationen*

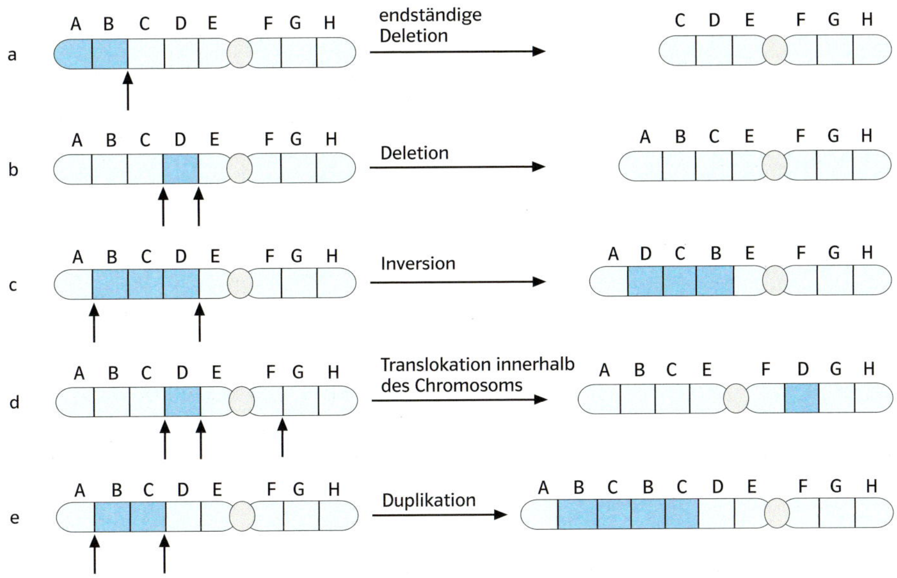

1 *Chromosomenmutationen schematisch*

Bricht ein Chromosom zweimal, kann ein mittlerer Chromosomenabschnitt verloren gehen *(Deletion)*. Die freien Enden verbinden sich dann. Eine schwere Erbkrankheit des Menschen, das *Katzenschreisyndrom*, geht auf eine Deletion im Chromosom 5 zurück.

Wird ein durch zwei Brüche entstandenes Fragment um 180° gedreht und wieder in das gleiche Chromosom eingebaut, liegt eine *Inversion* vor. Die Genmenge bleibt dabei unverändert, nicht aber die Reihenfolge der Gene. Während der Meiose ist die Rekombination in diesem umgedrehten Abschnitt erschwert, er wird deswegen meist unverändert als Einheit *(„Supergen“)* vererbt. Chromosomenmutationen lassen sich lichtmikroskopisch am Bandenmuster von Riesenchromosomen gut erkennen.

Chromosomenfragmente können auch an anderer Stelle desselben oder eines anderen Chromosoms eingebaut werden *(Translokation)*. Im Extremfall verschmelzen zwei ganze Chromosomen miteinander wie bei der *Translokations-Trisomie* (s. Seite 235).

Ein Sonderfall ist die *Duplikation*, bei der ein zuvor verdoppelter Chromosomenabschnitt eingebaut wird. Die Vervielfachung einer Nucleotidsequenz verursacht z. B. die Erbkrankheit *Chorea Huntington*. Eine Duplikation kann auch zur Bildung neuer Gene führen, wenn Gen und Duplikat mutieren. Es bilden sich *Genfamilien*, wie z. B. die Globin-Genfamilie, die für die Bestandteile des Hämoglobins codiert.

DNA-Reparaturmechanismen

Die meisten DNA-Schäden werden erkannt und repariert, bevor sie sich auswirken können. Jede Zelle überprüft und repariert regelmäßig ihr genetisches Material. Bislang wurden über 50 verschiedene Typen von Enzymen identifiziert, die daran beteiligt sind. Enthält ein DNA-Stück eine Schadstelle, wird es durch ein Reparaturenzym aus dem Einzelstrang herausgeschnitten. Die entstandene Lücke wird durch eine DNA-Polymerase und DNA-Ligase mit komplementären Basen aufgefüllt. Da viele DNA-Schäden durch UV-Strahlung verursacht werden, hat der DNA-Reparaturmechanismus in der Haut eine besondere Bedeutung. Bei Patienten, die an *Xeroderma Pigmentosum (XP)*, einer sehr seltenen erblichen Hautkrankheit leiden, ist dieser Reparaturmechanismus defekt. XP-Patienten sind äußerst empfindlich gegenüber der UV-Strahlung.

A2 Erklären Sie den Anstieg des Hautkrebsrisikos mit zunehmendem Alter.

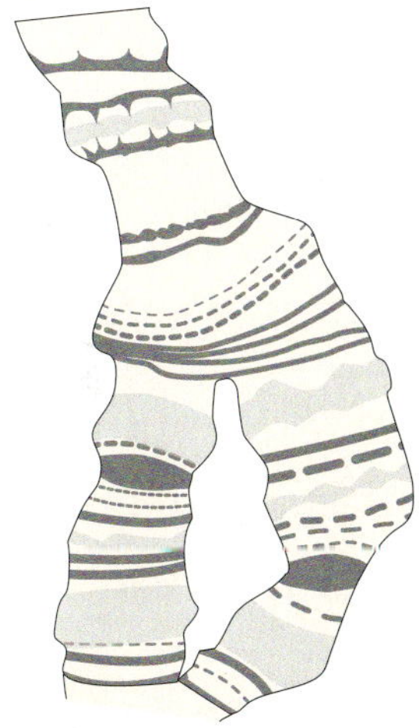

Riesenchromosom mit Chromosomenmutation (Inversion)

Genommutationen — Veränderung der Chromosomenanzahl

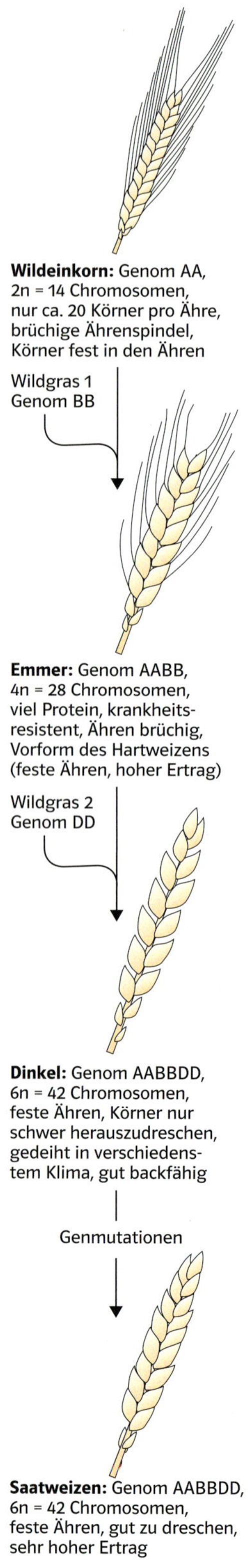

Entstehung des Saatweizens

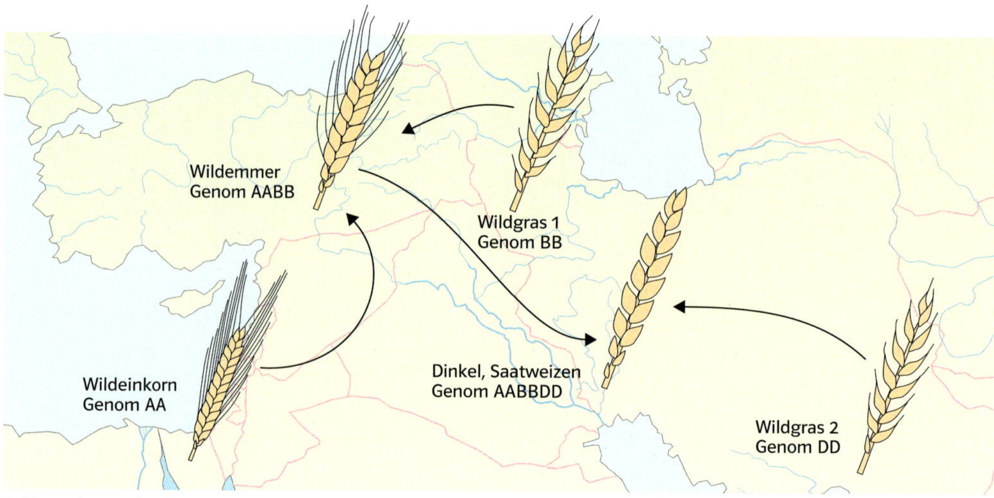

1 *Entstehung des Saatweizens*

In einer Zelle ist das Mengenverhältnis zwischen DNA und Cytoplasma so eingestellt, dass sich der Stoffwechsel optimal lenken lässt. Diese Kern-Plasma-Relation bestimmt letztlich die Größe der Zellen. Die DNA-Menge im Kern ist bei Eukaryoten durch Anzahl und Größe der Chromosomen festgelegt. Eine Veränderung der Chromosomenanzahl kann zur regulären Entwicklung eines Lebewesens gehören, kann aber auch auf Mutationen zurückgehen.

Bei den meisten Tieren und höheren Pflanzenarten befinden sich in den Körperzellen zwei homologe Chromosomensätze, sie sind *diploid* (2n), nur die Keimzellen haben einen einfachen Chromosomensatz, sie sind *haploid* (1n). Bei Moosen und Farnen wechseln sich dagegen Generationen aus diploiden und haploiden Zellen regelmäßig ab. Letztere sind meist zarter gebaut. Das gilt auch für künstlich erzeugte haploide Pflanzen. *Haploidie-Mutanten* von Tieren sind dagegen meist nicht lebensfähig.

Bleibt nach der Mitose oder Meiose eine Zellteilung aus, entstehen Vielfache des Chromosomensatzes im Kern *(Polyploidie)*. Zellen, Gewebe und Früchte polyploider Pflanzen sind besonders groß. Daher ist die künstliche *Polyploidisierung* ein verbreitetes Verfahren in der Pflanzenzucht. Man benutzt Zellgifte wie das Alkaloid *Colchicin* aus der Herbstzeitlosen *(Colchicum autumnale)*, um die Ausbildung des Spindelapparates zu verhindern und Pflanzen mit großen Früchten zu erhalten. Beim Menschen kann gelegentlich bei der Befruchtung einer Eizelle durch zwei Spermien der dreifache Chromosomensatz in der Zygote beobachtet werden. Die daraus hervorgehenden Keime sind nicht lebensfähig (69, XXY oder 69, XXX).

Werden Chromosomen bei der Zellteilung fehlerhaft auf die Tochterzellen verteilt, kann ein Chromosom fehlen oder überzählig sein. Das Fehlen eines Chromosoms hat in der Regel dramatischere Folgen als ein zusätzliches drittes Chromosom *(Trisomie)*. Bei der Tomate kennt man Trisomien von jedem Chromosom, die Sorten lassen sich phänotypisch unterscheiden. Beim Menschen sind nur wenige Trisomien von Autosomen überhaupt lebensfähig: Trisomie 21 *(Down-Syndrom)*, Trisomie 18 *(Edwards-Syndrom)* oder Trisomie 13 *(Patau-Syndrom)*. Ein zusätzliches oder fehlendes Gonosom beim Menschen ist weniger auffällig, z. B. Klinefelter-Syndrom 47, XXY oder *Turner-Syndrom* 45, X0.
[Basiskonzept S. 372]

A1 Werden Chromosomensätze nahe verwandter Arten miteinander kombiniert, entsteht eine nicht homologe Polyploidie. Beschreiben Sie die Entstehung des Saatweizens anhand von Abbildung 1.

A2 Informieren Sie sich über die Symptome von Klinefelter- und Turner-Syndrom.

Molekulare Uhren

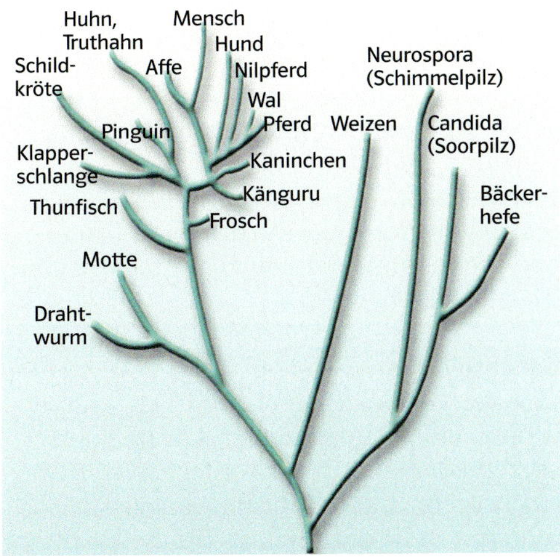

1 *Stammbaum (Cytochrom-c-Vergleich)*

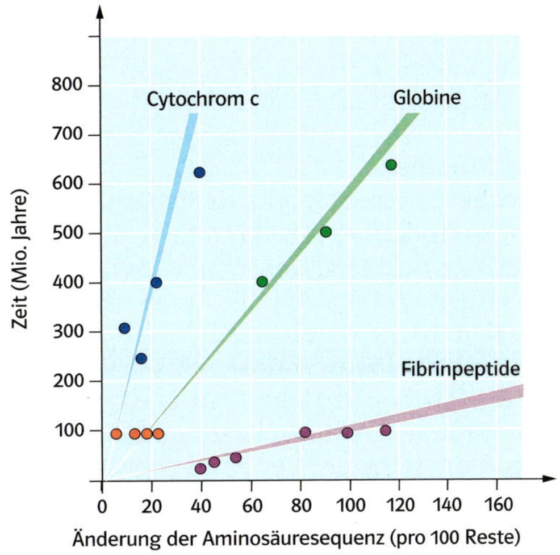

2 *Geschwindigkeit molekularer Uhren*

Proteine erfüllen im Stoffwechsel wichtige Funktionen als Enzyme, Globine (Atmungsproteine, z. B. Hämoglobin) und anderes. Sie besitzen eine Raumstruktur, die an die Funktion genau angepasst ist. Man sollte daher erwarten, dass Änderungen in der Aminosäureabfolge stets nachteilig sind und durch Selektion wieder aus dem Genpool verschwinden. Dies trifft aber nur für funktionell entscheidende Aminosäurepositionen zu. Änderungen an anderen Stellen des Moleküls wirken sich meist nicht aus, sie sind neutral. An solchen neutralen Orten der DNA sammeln sich deswegen Unterschiede zwischen Arten an, und zwar umso mehr, je länger die Arttrennung zurückliegt. Wenn man mithilfe paläontologischer Daten aus Fossilfunden den gemeinsamen Ursprung datiert, erhält man ein Verfahren, das Zeitmessungen auf der Basis biochemischer Unterschiede möglich macht, eine molekulare Uhr. Mithilfe der Daten vieler Organismen lässt sich dann ein Stammbaum erstellen (Abb. 1).

Verschiedene Proteine besitzen unterschiedliche Veränderungsraten. Dies liegt vorwiegend daran, wie groß die Bereiche im Molekül sind, an denen neutrale Änderungen möglich sind. Diese sind beispielsweise beim Cytochrom c nur gering (s. Seite 84). Bei Fibrinen aus dem Blutserum, die am Wundverschluss beteiligt sind, sind sie dagegen ziemlich groß (Abb. 2).

Molekulare Uhren auf Proteinbasis sind wegen eventuell übersehener Selektionseinflüsse stets unsicher. Daher sind Vergleiche auf der Ebene der DNA besser geeignet. Man wählt dazu bevorzugt DNA-Bereiche, die nicht für Proteine oder RNA codieren und darum selektionsneutral sind. Bei ihnen können sich Mutationen ansammeln. [Basiskonzept S. 384]

„DNA der besonderen Art"

Darüber hinaus beschränkt man die Vergleiche nicht auf die DNA aus dem Zellkern. Besonders interessiert die DNA aus Mitochondrien (*mt-DNA*), denn sie wird ausschließlich in mütterlicher Linie vererbt und durchläuft keine Meiose oder Rekombination (s. Randspalte). Die Vererbung ist daher leichter rekonstruierbar und Verwandtschaftsbeziehungen können schneller aufgedeckt werden. Man kennt auf dem ringförmigen Molekül der mt-DNA einen nicht codierenden, hochvariablen Bereich, der für Analysen bevorzugt verwendet wird. Entsprechend der mt-DNA interessieren auch nicht codierende Bereiche der DNA auf Y-Chromosomen. Mit beiden Quellen erhält man molekulare Uhren mit feiner Auflösung.

A1 Berechnen Sie mithilfe der Abbildung 2 die Zeit für den Austausch einer Aminosäure bei den drei Proteinen.

A2 Vergleichen Sie den Stammbaum in Abbildung 1 mit der Systematik des Tierreichs.

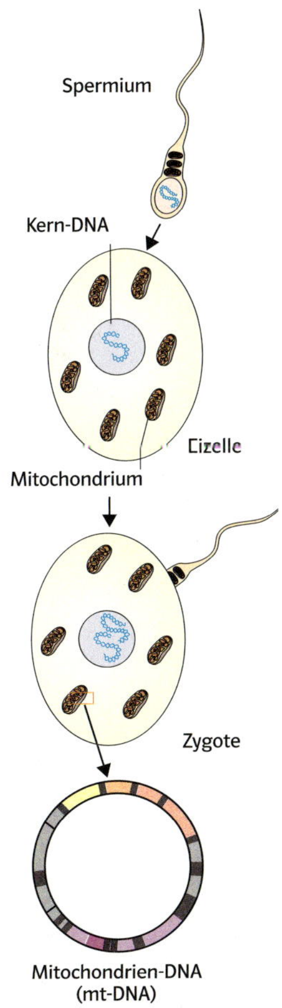

Mütterliche Vererbung der mt-DNA

Molekulare Verwandtschaft

Zum Nachweis der Verwandtschaft dienen heutzutage neben morphologischen und verhaltensbiologischen Merkmalen auch molekulargenetische Merkmale.

Proteinvergleich

Manche Proteine sind in vielen Organismen zu finden, so z.B. das an der Atmung beteiligte Enzym Cytochrom c. Es besteht aus einem Protein mit 104 Aminosäuren und dem Nichtproteinanteil *Häm A* (Hämgruppe mit einem zentralen Eisenatom an den Positionen 18 und 80). Die Unterschiede in den Aminosäuresequenzen zeigen die Nähe der Verwandtschaft der Arten an. Aus den Daten lassen sich Stammbäume konstruieren.

Allerdings besitzen Proteine keine zufällige Struktur, sondern erfüllen im Körper eine bestimmte Funktion, die durch eine spezifische Molekülform ermöglicht wird [Basiskonzept S. 370]. Hierfür sind die Aminosäuresequenzen optimiert und könnten so durch eine konvergente Entwicklung ähnlich geworden sein. Die Proteine wären dann lediglich als Analogien anzusehen und nicht als Nachweis von Verwandtschaften geeignet. Dies trifft allerdings nur für solche Abschnitte von Proteinen zu, die für die Funktion des Proteins wesentlich sind. Andere Molekülteile können dagegen deutlich verschieden sein, ohne dass dabei das Protein seine grundsätzliche Funktion verliert. Bei Arten, die in diesen variablen Abschnitten große Übereinstimmungen aufweisen, vermutet man daher eine nähere Verwandtschaft. *Verwandtschaft* und *Konvergenz* lassensich aber mithilfe von Proteinen nicht immer eindeutig unterscheiden. [Basiskonzept S. 384]

Genvergleich

Erst der Vergleich der Gene führt hier weiter. Viele Aminosäuren können von verschiedenen *Tripletts* codiert sein. Nur das Protein und damit die Aminosäuresequenz stellt das phänotypische Merkmal dar, das mit seinem Träger der Selektion unterliegt. Welche DNA-Basensequenz dafür codiert, sollte dabei unwichtig sein. Organismen, die nahe miteinander verwandt sind, weisen demnach eine ähnliche Triplettsequenz auf.

Bei einem Aminosäurevergleich des Serumproteins von Schaf und Mensch stimmten 84 von 100 verglichenen Aminosäuren überein. Die weitere Untersuchung der dafür codierenden Triplett-DNA-Bereiche ergab eine Übereinstimmung aller drei Basen bei 64 von insgesamt 84 Aminosäuren (76%). Der zufällige Wert

Info-Box: Dendrogramme als Abbild der Ähnlichkeit

Der Vergleich mehrerer Aminosäuresequenzen führt zu einer großen Datenmenge, in der Ähnlichkeiten nur schwer zu entdecken sind. *Dendrogramme* sind eine verbreitete Darstellungsform, die das Maß der Ähnlichkeit bildlich wiedergeben kann. Grundlage ist eine Clusteranalyse von gegebenen Daten, wie im folgenden Beispiel gezeigt wird.

Der Vergleich eines kurzen Proteinabschnitts bei den 4 Organismen α, β, γ und δ könnte folgende Aminosäureunterschiede ergeben:

	α	β	γ	δ
α	–	2	3	1
β	2	–	5	2
γ	3	5	–	3
δ	1	2	3	–

Im nächsten Schritt werden die Unterschiede für jede Sequenz zu einem Distanzwert D aufsummiert: D (α) = 6, D (β) = 9, D (γ) = 11, D (δ) = 6

Die Sequenzen werden nun nach ihrem Distanzwert sortiert und wie folgt weiter behandelt:

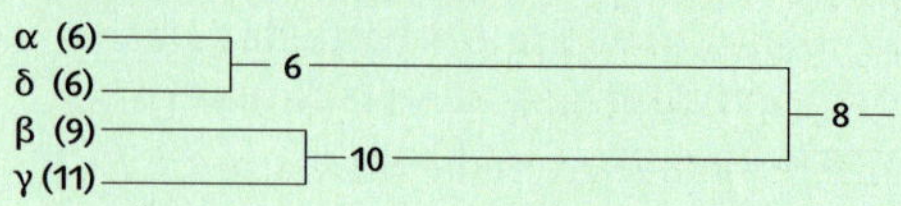

Die Sequenzen α und δ haben denselben Distanzwert (6). Sie werden als sehr ähnlich angesehen und zu einem gemeinsamen Cluster ($\alpha\delta$) mit dem Wert 6 zusammengezogen. Zwischen den Sequenzen β und γ besteht nun die geringste Differenz. Sie werden zu einem Cluster mit dem Mittelwert 10 zusammengefasst. Die nun verbliebenen Cluster ($\alpha\delta$) und ($\beta\gamma$) fasst man abschließend zum Gesamtcluster mit dem Wert 8 zusammen.

Positionsnummer in der Sequenz	2	3	11	12	13	15	17	18	19	20	21	28	33	50	60	88	89	100	103
Rhesusaffe	D	V	I	M	K	S	C	H	T	V	E	T	H	A	G	K	E	K	N
Reis	N	P	F	K	T	A	C	H	T	V	D	Q	N	T	E	P	Q	E	S
Katzenhai	D	V	V	Q	K	A	C	H	T	V	E	T	S	D	Q	K	S	K	A
Mensch	D	V	I	M	K	S	C	H	T	V	E	T	H	A	G	K	E	K	N
Weizen	N	P	K	T	K	A	C	H	T	V	D	Q	H	A	E	Q	D	K	S
Thunfisch	D	V	V	Q	K	A	C	H	T	V	E	V	W	D	N	K	—	S	S

1 *Vergleich der Aminosäuresequenz (Auswahl) im Cytochrom c*

der Übereinstimmungen, bedingt durch Mehrfachcodiermöglichkeiten (s. Codesonne, Seite 197), liegt bei 33 %. Damit belegt das Gen für Serumalbumin die nahe Verwandtschaft von Mensch und Schaf. Nach dem Kriterium der spezifischen Qualität handelt es sich in diesem Fall aller Wahrscheinlichkeit nach um *Homologien*. Vergleiche auf der Ebene der DNA werden allerdings immer häufiger mit Genen durchgeführt, die nicht für Proteine oder RNA codieren.

Gen- und Proteinverwandtschaft

Identische Kopien eines Gens kommen häufiger vor. Eine identische Kopie hat den Vorteil, dass sie nicht die gleiche Funktion wie das ursprüngliche Gen erfüllen muss. Dies setzt allerdings voraus, dass das ursprüngliche Gen intakt ist. Duplikationen können sich dabei auf einem Teil eines Gens, auf ein ganzes Gen, auf einen Teil eines Chromosoms oder auch auf das gesamte Genom *(Polyploidie)* beziehen. Letzteres ist vor allem bei Pflanzen häufig der Fall. Kommt es beispielsweise bei einem Gen zu einer Duplikation, so gibt es drei Möglichkeiten für die Funktion einer solchen Kopie:

- Es tritt im Bereich der Kopie keine Mutation auf, sodass die Funktion des Gens erhalten bleibt. Durch das zusätzliche Gen werden größere Mengen an RNA bzw. Proteinen synthetisiert.
- Es treten Mutationen in der Kopie auf, welche die Funktion des ursprünglichen Gens nicht mehr erfüllen. Damit bleibt das Gen funktionslos *(Pseudogen)*.
- Die Kopie übernimmt aufgrund von Mutations- und späteren Selektionsvorgängen eine neue Funktion.

Ein Beispiel hierfür ist das Enzym *Lysozym*. Es kommt bei fast allen Tieren vor und kann Bakterienzellwände verdauen. Als erste Abwehrlinie spielt es damit eine große Rolle gegen Bakterien. Es ist u. a. in Tränenflüssigkeit, im Speichel und in Milch von Säugetieren enthalten. Manche Lebewesen, wie z. B. Wiederkäuer oder bestimmte Blätter fressende Affen (Languren), nutzen dieses Enzym jedoch nicht nur als erste Abwehrlinie gegen Bakterien, sondern zusätzlich zur Verdauung ihrer Nahrung. Da sie Zellulose selbst nicht verdauen können, lassen sie diese zunächst von Bakterien in ihren Gärkammern aufbrechen und verdauen. Die Bakterien gewinnen so die in der Zellulose enthaltenen Nährstoffe, die sie zum eigenen Überleben benötigen [Basiskonzept S. 378]. Einen Teil der gewonnenen Nährstoffe holen sich allerdings die Wiederkäuer, indem sie zeitlich später einen Teil der Bakterienpopulation mithilfe des Lysozyms verdauen. Dieses Lysozym unterscheidet sich von dem ursprünglichen Enzym in fünf Aminosäuren. Die Mutationen auf der DNA bewirken also, dass das Lysozym nicht mehr wie ursprünglich im Magen zerstört wird, sondern seine lytische Wirkung dort entfalten kann. Es übernimmt damit eine andere Funktion.

A1 Erstellen Sie aus der Tabelle (Abb. 1) ein Ähnlichkeits-Dendrogramm, indem Sie das Verfahren nach dem Schema der Info-Box anwenden.

A2 Begründen Sie, weshalb die Aminosäuren-Position Nr. 18 bei allen Tieren in der Tabelle immer mit der Aminosäure H (Histidin) belegt ist. (Dies gilt im übrigen auch für alle weiteren Organismen, deren Aminosäuresequenz des Cytochrom c bestimmt worden ist.)

Abkürzungsverzeichnis der Aminosäuren:
A = Alanin, C = Cystein,
D = Asparaginsäure,
E = Glutaminsäure,
F = Phenylalanin,
G = Glycin, H = Histidin,
I = Isoleucin, K = Lysin,
L = Leucin, M = Methionin,
N = Asparagin, P = Prolin,
Q = Glutamin, R = Arginin,
S = Serin, T = Threonin,
V = Valin, W = Tryptophan,
Y = Tyrosin

Hanumanlanguren

Von der DNA-Probe über die Sequenz zum Stammbaum

Taxon
Gruppe von Lebewesen, die sich durch gemeinsame Merkmale beschreiben und von anderen Gruppen unterscheiden lassen

Die Evolution von Arten ist letztlich auf veränderte Gene und Genfrequenzen zurückzuführen. Es liegt daher nahe, die DNA direkt zu untersuchen, um die Verwandtschaftsverhältnisse zu klären. Durch die Reihenfolge der Basen im DNA-Molekül ist jedes Lebewesen in eindeutiger Weise charakterisiert. Diese Basensequenz wird bei der Zellteilung identisch kopiert *(Replikation)* [Basiskonzept S. 372]. Veränderte Basensequenzen *(Mutationen)* in den Keimzellen werden bei der Fortpflanzung weitergegeben und dabei neu kombiniert. Die Anzahl an Mutationen pro Generation lässt sich schätzen und auf erdgeschichtliche Zeiten eichen *(molekulare Uhr)*. Je enger zwei Taxa miteinander verwandt sind, umso weniger Basen sind ausgetauscht (s. Seite 213).

Eine ältere Methode stellt die *DNA-Hybridisierung* dar (s. Seite 361). Dabei werden gleiche DNA-Abschnitte zweier Organismen zusammen erwärmt, sodass sich die Doppelstränge auftrennen. Beim Abkühlen lagern sich dann komplementäre DNA-Stränge verschiedener Organismen zusammen. Es entsteht Hybrid-DNA. Das Ausmaß der Hybridisierung passt zur Ähnlichkeit der DNA. [Basiskonzept S. 372]

Qualität der DNA-Probe
DNA ist ein empfindliches Molekül, das nach dem Tod eines Lebewesens leicht zerfällt. Für eine DNA-Analyse müssen aber intakte Abschnitte vorhanden sein, die möglichst aus mehr als 1000 Basenpaaren bestehen sollten. Für DNA-Analysen bevorzugt man daher lebende Zellen aus Blut, Hautgewebe, Federn oder Haaren. In DNA-Puffer oder Ethanol eingelegt, aber auch tiefgefroren, lassen sich die Proben monatelang aufbewahren. Selten glückt auch die DNA-Analyse von Fossilien.

Konservierte und veränderliche DNA
Der Phänotyp eines Lebewesens ist ein Mosaik aus individuellen und generellen Merkmalen: So sind die Fingerabdrücke von Menschen individuell verschieden, der Aufbau der Hand aber prinzipiell gleich. Auch im Genotyp gibt es DNA-Abschnitte, die das Individuum eindeutig charakterisieren und andere, die hoch konservativ sind, also mit denen von Verwandten weitgehend übereinstimmen. Je nach Fragestellung müssen daher andere DNA-Abschnitte untersucht werden.

Bei Eukaryoten findet man DNA im Zellkern, in den Mitochondrien und bei Pflanzen zusätzlich in den Plastiden. Nur ein Bruchteil der Sequenzen codiert für RNA bzw. Proteine, stellt also ein *Gen* im eigentlichen Sinne dar (Abb. 1). In Genen wirken sich die meisten Mutationen negativ aus, da sie zu Veränderungen eines bewährten Genprodukts führen können. Reparaturmechanismen der Zelle sichern den Erhalt der Gene, gra-

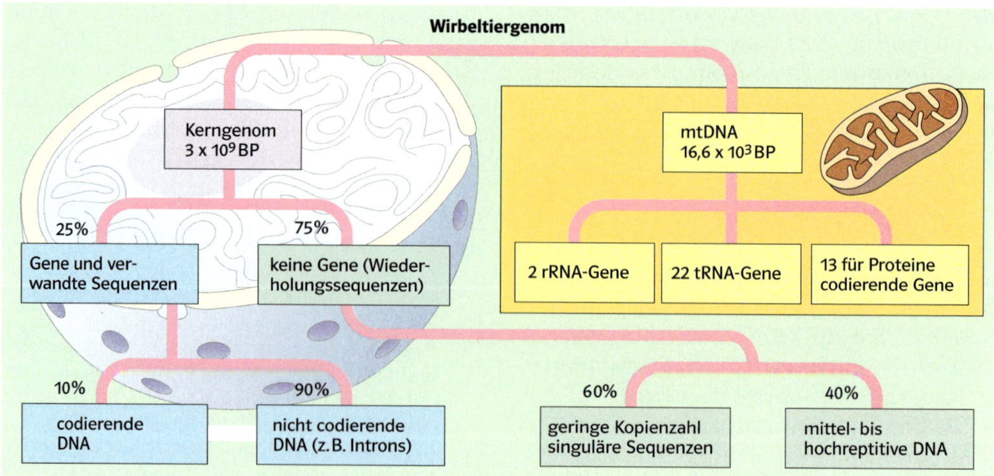

1 *Das Wirbeltier-Genom ist komplex aufgebaut (BP = Basenpaare)*

vierende positive Sequenzänderungen treten daher nur in großen evolutionären Zeiträumen auf. Gene aus dem Zellkern oder den Mitochondrien eignen sich daher besonders für die Verwandtschaftsanalyse höherer systematischer Gruppen, z. B. beim Stammbaum der Säugetiere (Abb. 3). Mutationen in nicht codierenden Bereichen wirken sich im Phänotyp meist gar nicht aus. Hier gibt es daher gehäuft Sequenzabweichungen, die individuell verschieden sein können. Solche Abschnitte eignen sich u. a. für Verwandtschaftsanalysen innerhalb einer Art oder für Vaterschaftstests (s. Seite 256). Dort ist die Länge von Wiederholungssequenzen wie TACTAC *(repetitive DNA)* individuell verschieden. Die Abschnitte werden mit PCR (s. Seite 252) vervielfältigt und in ihrer Länge verglichen.

Markergene und repetitive Sequenzen
Die Replikation von Genen wird immer von einem *Primer* eingeleitet. Kennt man dessen Nucleotidsequenz, kann man das zugehörige Gen als Markergen nutzen. Zunächst wird für jedes untersuchte Taxon die gesamte DNA der Zellen isoliert. Gibt man nun einen Primer hinzu, lässt sich das entsprechende Markergen mittels der *Polymerase-Kettenreaktion (PCR)* vervielfältigen. Dadurch steht genug Material zur Verfügung, um die Basensequenz dieses DNA-Abschnitts mit einer Strangabbruchmethode, z. B. der Methode von SANGER-COULSON zu entschlüsseln. Man erhält die Basensequenzen des Markergens bei den verschiedenen Taxa. Sie werden Buchstabe für Buchstabe vergleichen, um festzustellen, wie ähnlich sie sind bzw. wie viele Basen ausgetauscht sind. Für diese Analyse werden heute spezielle Computerprogramme eingesetzt, die die Ähnlichkeit in ein Bäumchenschema übersetzen.

DNA-Analysen sind eine Ergänzung bei der Konstruktion von Stammbäumen. Besonders bei Bakterien fußt die Systematik auf DNA-Analysen, da sie nur wenige morphologisch vergleichbare Merkmale aufweisen [Basiskonzept S. 384]

A1 Erläutern Sie, weshalb man sowohl codierende als auch nicht codierende DNA zur Verwandtschaftsanalyse verwendet.

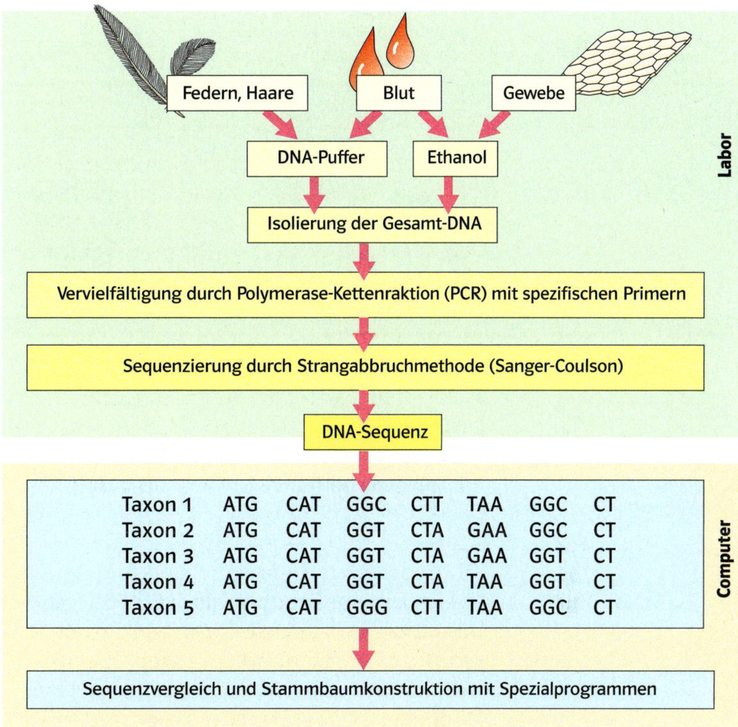

2 *Schema der Stammbaumkonstruktion aus DNA-Sequenzvergleichen*

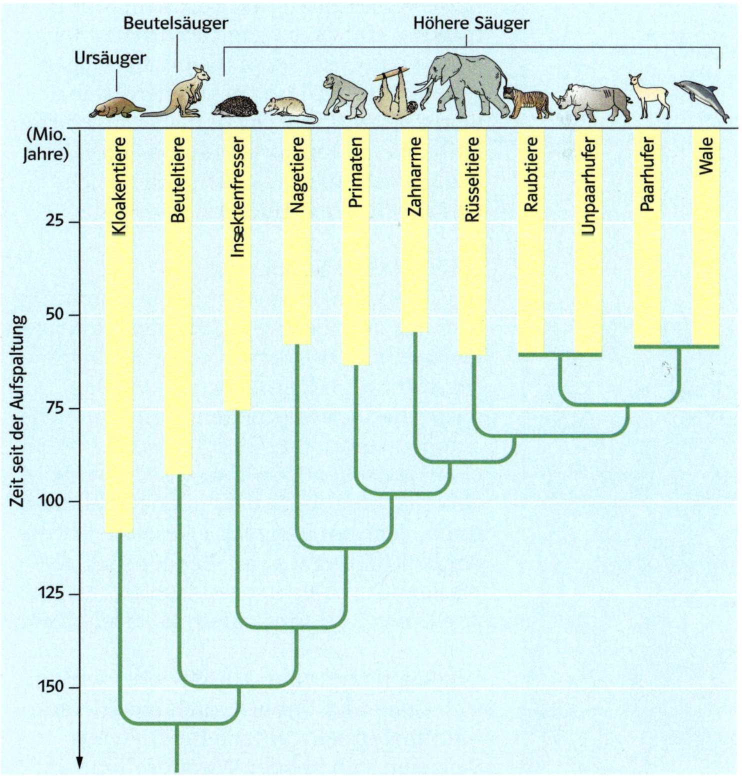

3 *Stammbaum der Säugetiere (Mitochondrien-DNA-Analyse)*

Gene und Umwelt

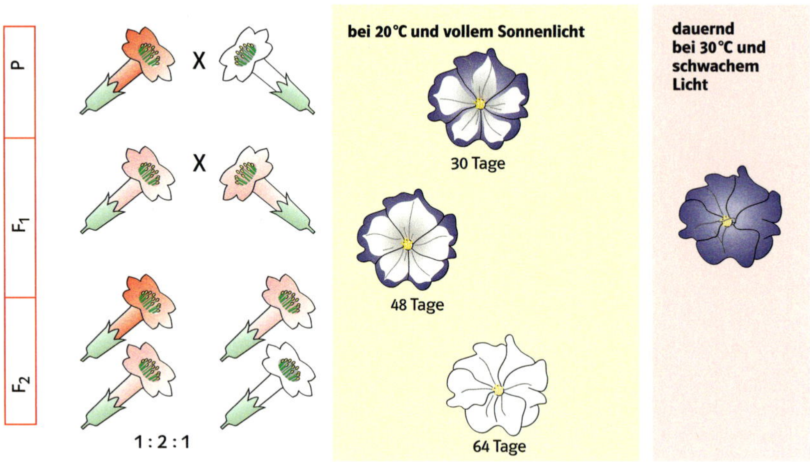

1 *Blütenfarbe bei Wunderblume und Petunie*

1871 entdeckte HERMANN HENKING, dass Spermien von Feuerwanzen zu 50 % ein besonderes Chromosom aufweisen. Er nannte es X-Faktor. Mit solchen Spermien befruchtete Eizellen entwickeln sich zu Weibchen. Das war der erste Beweis für den Zusammenhang zwischen einem Chromosom und einem Merkmal. 90 Jahre später gelang es, durch die Übertragung eines einzigen Gens männlicher Mäuse das Geschlecht weiblicher Mäuse umzukehren: Diese transgenen Mäuse waren zwar steril, glichen aber ansonsten Männchen. Man spricht von *genotypischer Geschlechtsbestimmung*, wenn Gene über das Geschlecht entscheiden.

Petunie

Einflussfaktor Temperatur

Im Gegensatz dazu steht die Beobachtung, dass aus den Eiern von Sumpfschildkröten *(Emys orbicularis)*, die bei einer Temperatur unter 27,5 °C ausgebrütet wurden, ausschließlich Männchen schlüpfen, bei Temperaturen über 29,5 °C dagegen Weibchen, zwischen 27,5 °C und 29 °C beide Geschlechter. Auch bei vielen Krokodilen und Eidechsen hängt das Geschlecht von der Bruttemperatur ab. Bei der phänotypischen Geschlechtsbestimmung entscheiden Umweltfaktoren über das Geschlecht.

Wie beim Merkmal „Geschlecht" wirken sich Gene und Umwelt auch bei anderen Merkmalen sehr unterschiedlich aus. So lassen sich bei der Wunderblume an den Blütenfarben Rot, Weiß, Rosa die Mendel'schen Regeln verfolgen, die Blütenfarbe ist ein erblich bedingtes Merkmal. Bei der Petunie beeinflussen dagegen Umweltfaktoren die Blütenfarbe *(Modifikation)*. [Basiskonzept S. 380]

A1 Erklären Sie anhand Abbildung 1, wodurch die Blütenfarbe der Petunie beeinflusst wird.

Reaktionsnorm

Umweltfaktoren können den Phänotyp von Lebewesen also verändern *(modifizieren)*. Die Modifikation eines Merkmals ist nicht erblich. Modifikationen lassen sich auf eine veränderte Genexpression zurückführen, aber nicht auf veränderte Gene. Nach heutiger Auffassung enthalten Gene die Rahmeninformation für eine mögliche Merkmalsbildung, diese kann im Zusammenspiel mit anderen Genen und Umweltfaktoren unterschiedlich stark abgewandelt werden. Damit legen Gene die *Reaktionsnorm* fest. Ein bestimmtes Gen muss bei veränderter Umwelt keineswegs immer zu demselben Phänotyp führen. Umgekehrt können verschiedene Genotypen bei bestimmten Umweltbedingungen ähnliche Phänotypen aufweisen. Eine Unterscheidung zwischen Modifikationen und erblich bedingten Merkmalen ist oft nur möglich, wenn man genetisch gleiche Individuen (Zwillinge, Klone) unter verschiedenen Umweltbedingungen beobachtet. Dabei erweisen sich einige Merkmale, z. B. die Blutgruppe des Menschen, als *umweltstabil*, andere dagegen als *umweltlabil*, z. B. die Körpermasse.

Soziale Einflüsse beim Menschen

Wie Gene und Umwelt bei der Merkmalsbildung zusammenspielen, betrifft auch die gesellschaftlich wichtige Frage, ob der Mensch ein Produkt seiner Gene oder ein Produkt seiner Umwelt durch Sozialisation und Erziehung ist. Daraus lassen sich unzählige provozierende Fragen ableiten, die in verschiedenen Zeiten und Kulturen oft unterschiedlich beantwortet wurden: Lässt sich bei geeigneter Umwelt die Entstehung von Kriminalität verhindern? Ist Übergewicht erblich bedingt oder Ergebnis übernommener Ernährungsgewohnheiten oder beides?

Material
Modifikationen

Die Ausprägung von Merkmalen hängt oft davon ab, unter welchen Umweltbedingungen ein Organismus lebt oder aufgewachsen ist. Die Umwelt modifiziert den Phänotyp. Dabei sind Merkmale unterschiedlich stark beeinflussbar. Bei gleichem Genotyp können Modifikationen fließende Übergänge oder klar voneinander unterschiedene Phänotypen zeigen *(umschlagende Modifikation)*. Bei Merkmalen mit fließenden Übergängen, wie Länge, Größe oder Gewicht, ist oft schwer zu entscheiden, ob es sich um Modifikationen handelt oder ob sie genetisch fixiert und damit erblich sind.

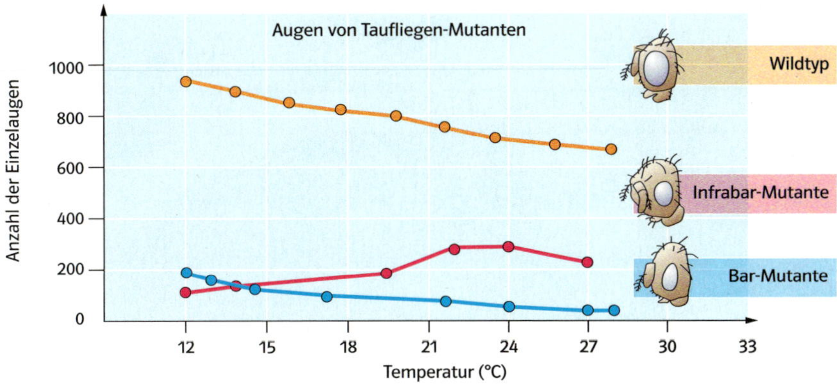

1 *Anzahl der Einzelaugen in Abhängigkeit von der Aufzuchttemperatur*

Saisondimorphismus

Das *Landkärtchen* ist mit 28—40 mm der kleinste europäische Fleckenfalter. Im Laufe eines Jahres entwickeln sich normalerweise zwei Generationen. Schmetterlinge, die im Frühling schlüpfen, sind braunrot, die Sommerform ist dagegen fast schwarz mit hellen Streifen.

A1 Laborversuche haben gezeigt, dass die beiden saisonabhängigen Erscheinungsformen Modifikationen sind. Nennen Sie mögliche Umweltfaktoren, die die Genexpression regulieren könnten und entwickeln Sie ein Versuchsschema, um dafür den Beweis anzutreten.

Augenform der Taufliege

Die Taufliege besitzt runde Facettenaugen aus 700 bis 900 Einzelaugen. Neben diesem Wildtyp kennt man zwei Mutanten *(Infrabar, Bar)* mit veränderter Augenform und weniger Einzelaugen im Phänotyp. Wildtyp und Mutanten wurden bei unterschiedlichen Temperaturen aufgezogen und in Bezug auf die Anzahl der Einzelaugen miteinander verglichen.

A2 Vergleichen Sie die Anzahl der Einzelaugen bei Wildtyp und Mutanten und beschreiben Sie den Einfluss der Aufzuchttemperatur.

A3 Bestimmen Sie die Aufzuchttemperatur, bei der Taufliegen trotz unterschiedlichen Genotyps die gleiche Anzahl von Einzelaugen haben.

Blütenröhre des Tabaks

Von der *Tabakpflanze Nicotiana longiflora* gibt es Varianten, die sich in der Länge der Blütenröhren unterscheiden. In einem klassischen Experiment (1910—1916) kreuzte S. East Tabakpflanzen (P_1 und P_2) mit deutlich unterschiedlicher Länge der Blütenröhre und maß die Röhrenlänge bei der F_1-Generation.

2 *Tabakblüten Nicotiana longiflora*

A4 Stellen Sie die Ergebnisse grafisch dar, indem Sie die Blütenröhrenlänge auf der x-Achse und die Anzahl der Nachkommen auf der y-Achse eintragen.

A5 Berechnen Sie die Mittelwerte der Blütenröhrenlänge in der P_1-, P_2- und F_1-Generation. Tragen Sie diese in die Grafik ein und vergleichen Sie sie.

A6 Die Länge der Blütenröhre wird durch Gene und Umweltfaktoren beeinflusst. Begründen Sie.

Generation			
Klassenmitte (mm)	Anzahl der Pflanzen		
34 ±1	1		
37 ±1	21		
40 ±1	140		
43 ±1	49		
46 ±1			
49 ±1			
52 ±1			
55 ±1			4
58 ±1			10
61 ±1			41
64 ±1			5
67 ±1			40
70 ±1			3
73 ±1			
76 ±1			
79 ±1			
82 ±1			
85 ±1			
88 ±1		13	
91 ±1		45	
94 ±1		91	
97 ±1		19	
100 ±1		11	
Gesamtanzahl			
Mittelwert Röhrenlänge			

Variabilität

1 *Kartoffelsorten*

Diskontinuierliches Merkmal beim Hohlen Lärchensporn

Die Individuen einer Art lassen sich unterscheiden, denn sie besitzen unterschiedliche Kombinationen verschiedener Merkmale. Die Merkmale können diskontinuierlich sein wie rote und weiße Blüten einer Pflanzenart, zwischen denen es keine Übergänge gibt. Bei der überwiegenden Zahl an Merkmalen gibt es aber gleitende Übergänge wie z. B. bei der Körpergröße. Die Häufigkeitsverteilung ergibt in diesen Fällen meistens eine typische Glockenkurve (Abb. 2). Sie erfasst die Häufigkeit unterschiedlicher Varianten eines Merkmals und wird *Variabilitätskurve* oder *Variationskurve* genannt. [Basiskonzept S. 382]

Modifikatorische und genetische Variabilität

Die Variabilität besitzt verschiedene Ursachen. Dies lässt sich beispielsweise an Kartoffeln deutlich machen (Abb. 1). Von Kartoffeln hat man verschiedene Sorten gezüchtet, deren Knollen sich in Geschmack und Kocheigenschaften unterscheiden. Die Pflanzen einer Sorte werden vegetativ aus Knollen gezogen. Sie sind deswegen genetisch identisch und stellen einen Klon dar. Dennoch sehen Pflanzen und Knollen einer Sorte nicht gleich aus. Man findet Unterschiede in Größe, Form, Färbung und anderen Merkmalen. Durch Unterschiede der Umweltfaktoren, wie Bodenfeuchte und Licht während des Wachsens, variieren die Merkmale. Es handelt sich also um *Modifikationen*. Die darauf beruhende Variabilität nennt man *modifikatorische Variabilität*.

Innerhalb einer anderen Kartoffelsorte findet man entsprechende Verhältnisse. Im Vergleich beider Sorten fallen aber weitere Unterschiede auf. Die beiden Sorten sind unterschiedliche Züchtungen und sind genetisch nicht gleich, auch wenn sie derselben Art „Kartoffel" angehören. Die Unterschiede zwischen den Sorten sind daher genetisch bedingt und die dadurch bedingte Variabilität wird *genetische Variabilität* genannt.

In natürlichen Populationen höherer Organismen kommen Klone jedoch selten vor. Bei der Variabilität natürlicher Populationen lassen sich deswegen modifikatorische und genetische Ursachen nur selten voneinander trennen, sie treten immer kombiniert auf. Jede Merkmalsverteilung enthält damit genetische und modifikatorische Anteile.

A1 Beschreiben Sie den Unterschied zwischen modifikatorischer und genetischer Variabilität.

Mutationen erweitern den Genpool

Die genetische Variabilität einer Population wird durch die Gesamtheit aller Gene, den *Genpool*, bestimmt. Neue Allele entstehen ausschließlich durch Mutationen. Die meisten Mutationen treten in Körperzellen auf und gehen damit nach dem Tod des Individuums wieder verloren, nur Mutationen in den Keimzellen werden an die Folgegeneration weitergereicht. Die

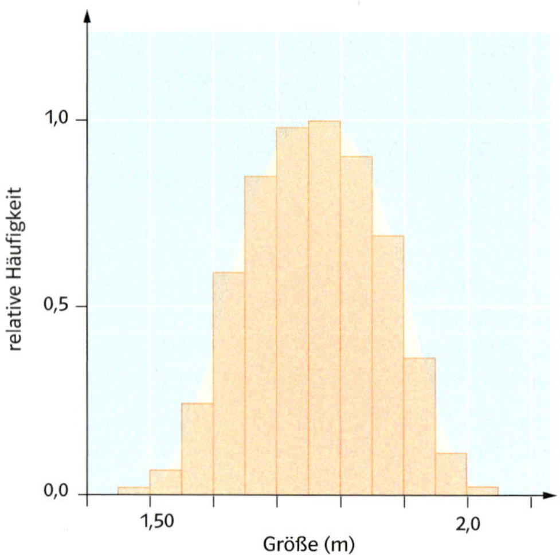

2 *Körpergrößen-Häufigkeit beim Menschen*

Wahrscheinlichkeit einer Mutation an einem Genort pro Generationszyklus (Mutationsrate) liegt bei 10^{-6}. Da ein Mensch etwa 30 000 Genorte hat, ist etwa jede 33. Keimzelle betroffen. Das bedeutet, dass etwa jeder 16. Mensch ein mutiertes Allel von einem Elternteil erhalten hat.

Eine Mutation ist also ein seltenes Ereignis. Zudem wirken sich die meisten dieser neuen Allele nicht aus, weil sie beispielsweise rezessiv sind. Trotzdem können Mutanten bei Arten, die eine kurze Generationszeit haben, sehr schnell die genetische Variationsbreite erheblich verändern. So bei Bakterien entstandene neue Resistenzen gegen viele Antibiotika bereiten den Medizinern zunehmend Sorgen.

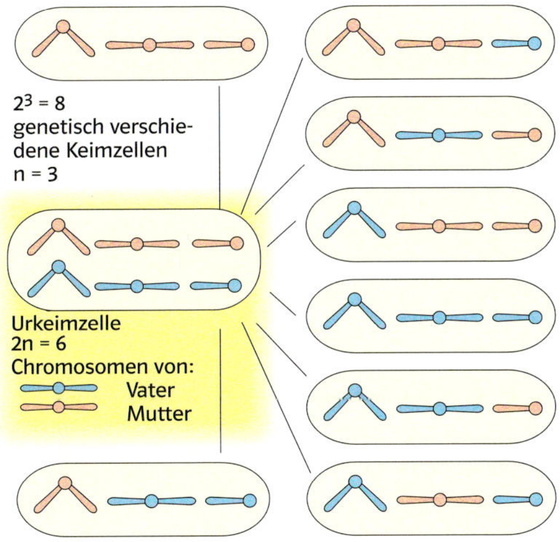

3 *Genetische Vielfalt bei der Keimzellenbildung*

Auch Rekombination erhöht Variabilität

Eine weitere Ursache der genetischen Variabilität einer Population liegt bei diploiden Organismen in der Neukombination aller existierenden Allele. Die Anzahl der möglichen Keimzellen steigt exponentiell mit der Anzahl der Chromosomenpaare. Der Mensch z. B. kann mit seinen 23 Chromosomenpaaren 2^{23} unterschiedliche Keimzellen bilden, das sind mehr als 8 Millionen. Bei der Bildung einer Zygote sind dann 2^{46} Kombinationen möglich, das sind über 70 Billionen. Weiterhin können durch Crossingover einzelne Genabschnitte homologer Chromosomen ausgetauscht und dann nach dem Zufallsprinzip auf die vier Keimzellen verteilt werden. Damit liegt die Anzahl möglicher Keimzellen noch weit höher. Dementsprechend erhält jede aus einer Ei- und einer Spermienzelle hervorgehende Zygote eine einzigartige Ausstattung. Alle Menschen sind Individuen einer Population mit großer Variationsbreite. [Basiskonzept S. 382]

Modifikationen, Mutationen und Rekombination beeinflussen die aktuelle Variabilität einer Population. Modifikationen gehen aber stets mit dem Tod des Individuums verloren. Darum können nur Mutationen und Rekombination die Variabilität einer Population dauerhaft verändern.

A2 Die genetische Vielfalt ist deutlich höher als die Abbildung 3 vorgibt. Erläutern Sie.

Typusdenken und Populationsdenken

Menschen neigen dazu, vielfältige Erscheinungen zu vereinfachen, indem sie Dinge zusammenfassen und Kategorien bilden. Es erleichtert einfach den Alltag, wenn man vorwiegend das Typische wahrnimmt, das stellvertretend für alle Dinge stehen kann. Das Denken in Typen *(Typusdenken)* ist aber gegenüber realen Populationen wenig hilfreich, denn man verliert schnell die Variabilität aus dem Blick *(Populationsdenken)*. „Typische" Individuen kommen also eher selten vor (Abb. 4).

4 *Natürliche, variable Population und Typus*

4.3 Fortpflanzung und Vererbung
Ungeschlechtliche und geschlechtliche Fortpflanzung

Nachkommen sind ihren Eltern gleich oder sehr ähnlich. Begründet sind diese Ähnlichkeiten der Generationen durch die Weitergabe der genetischen Information an die Folgegeneration. Im Lauf der Evolution haben sich verschiedenste Wege der Fortpflanzung ausgebildet. Man kann in dieser Vielfalt zwei Grundmuster unterscheiden. Die *asexuelle Fortpflanzung* führt zu Nachkommen, die mit der Elterngeneration genetisch übereinstimmen. Demgegenüber gibt es bei der *geschlechtlichen Fortpflanzung* in der nachfolgenden Generation eine genetische Variabilität. [Basiskonzept S. 382]

Ungeschlechtliche Fortpflanzung

Bei der *ungeschlechtlichen (vegetativen, asexuellen) Fortpflanzung* entstehen Nachkommen nur aus einem Elternteil, sie enthalten eine Kopie der elterlichen Erbanlagen. Voraussetzung für die Bildung von informationsgleichen Tochterzellen ist die Mitose. Asexuelle Fortpflanzung ist stets mit einer Vermehrung verbunden. Dabei geht jeder Zellteilung eine DNA-Verdopplung voraus. Genetische Variabilität geht bei ungeschlechtlicher Fortpflanzung auf neue Mutationen zurück, die selten vorteilhaft sind. Diese Art der Fortpflanzung sichert also die Kontinuität der genetischen Information. Auch viele Mehrzeller vermehren sich ungeschlechtlich: Süßwasserpolypen können seitliche Knospen bilden, die sich bereits nach wenigen Tagen ablösen und zu selbstständigen Tieren entwickeln. Die Knospen gehen aus wenig spezialisierten Zellen hervor. Solche undifferenzierten, teilungsfähigen Zellen bezeichnet man als *Stammzellen*. Mit biotechnischen Verfahren können auch aus Stammzellen von Wirbeltieren oftmals wieder komplette, genetisch identische Organismen gewonnen werden *(Klone)*. Bei Pflanzen ist die ungeschlechtliche Fortpflanzung häufig anzutreffen. Sie wird auch gärtnerisch beim Teilen von Stauden, bei Stecklingen, Ablegern und Absenkern genutzt, um identisches Pflanzenmaterial zu gewinnen. Mehrzellige Pflanzen und Pilze können sogar aus einer einzelnen Zelle entstehen, die sich ohne Befruchtung weiterentwickelt. Solche Zellen bezeichnet man als *Sporen*. Sporen sind Ausbreitungs- und Überdauerungszellen, die meist in speziellen Fortpflanzungsorganen, den *Sporangien*, gebildet werden.

1 *Medusengeneration der Ohrenqualle*

Geschlechtliche Fortpflanzung

Zellen, die nur nach einer Befruchtung zu einem vollständigen Organismus heranwachsen können, bezeichnet man als *Keimzellen (Gameten)*. Sie entstehen in ebenfalls spezialisierten Organen, bei Pflanzen und Pilzen bezeichnet man diese als *Gametangien*, bei Tieren als *Keimdrüsen (Gonaden)*. Befruchtungsvorgänge sind charakteristisch für die *geschlechtliche (sexuelle) Fortpflanzung* [Basiskonzept S. 372]. Bei der Befruchtung verschmelzen die Genome zweier elterlicher Keimzellen, es entsteht eine *Zygote* mit neu kombinierter genetischer Information. Sexuelle Fortpflanzung erhöht damit die Merkmalsvariabilität in Populationen. Jeder Keimzellbildung geht eine Halbierung des Chromosomenbestandes auf den einfachen Satz voraus, sonst würde sich das Genom der Nachkommen nach jedem Befruchtungsvorgang verdoppeln. Diese Reduktion des Chromosomenbestandes findet im Rahmen einer speziellen Zellteilung, der *Meiose*, statt (s. Seite 225). Geschlechtliche Fortpflanzung gibt es sowohl bei Einzellern als auch bei Mehrzellern. Bei vielen Algen sehen alle Keimzellen gleich aus. Meistens kommen Keimzellen aber in zwei Typen vor: Die weibliche Keimzelle *(Oocyte, Eizelle)* ist größer und unbeweglich, die männliche Keimzelle *(Spermatocyte, Spermazelle)* ist kleiner und beweglich.

A1 Erläutern Sie die biologische Bedeutung der Tatsache, dass die weibliche Keimzelle größer und unbeweglicher ist.

Generationswechsel

Bestimmte einzellige Algen *(Chlamydomonas)* vermehren sich zunächst ungeschlechtlich. Sobald sich die Umweltbedingungen verschlechtern, pflanzen sie sich geschlechtlich fort und bringen so neue Varianten hervor. Die Wahrscheinlichkeit für besser angepasste Individuen wird erhöht [Basiskonzept S. 382]. Ein Wechsel von ungeschlechtlicher und geschlechtlicher Fortpflanzung ist nicht immer durch die Umwelt bedingt.

Bei zahlreichen Arten ist ein solcher Wechsel fester Bestandteil der Entwicklung und genetisch gesteuert. Meerespolypen vermehren sich ungeschlechtlich durch Quereinschnürungen. Die tellerartig gestapelten Tochterindividuen lösen sich ab und entwickeln sich zu frei schwimmenden Medusen *(Quallen)*. Die Meduse bildet Keimdrüsen, in denen die Keimzellen für die geschlechtliche Fortpflanzung gebildet werden. Aus der Zygote geht wieder ein Polyp hervor. Ungeschlechtlich und geschlechtlich entstandene Generationen wechseln sich also regelmäßig ab *(Generationswechsel)*.

Kernphasenwechsel

Bei geschlechtlicher Fortpflanzung gibt es einen ständigen Wechsel zwischen diploiden und haploiden Zellen. Die Wirbeltiere beispielsweise sind alle *Diplonten* (Lebewesen sind diploid, Keimzellen haploid). Die Reduzierung des Chromosomensatzes muss aber nicht immer direkt vor der Keimzellenbildung stattfinden. Bei *Haplonten* (z. B. einfach organisierte Algen) sind die Lebewesen haploid. Durch die Befruchtung wird eine diploide Zygote gebildet. Bei der anschließenden Teilung entstehen sofort wieder haploide Zellen. Pilze, Farne, Moose und viele Algen gehören zu den *Diplo-Haplonten*. Bei ihnen entwickelt sich aus der Zygote der diploide *Sporophyt*. Dieser bildet durch Meiose *Sporen*, aus denen der haploide *Gametophyt* entsteht. Die Gameten des Gametophyten verschmelzen wiederum zur Zygote. Bei Diplo-Haplonten finden in der haploiden und der diploiden Phase Mitosen statt.

Den Wechsel von diploider und haploider Generation bezeichnet man allgemein als *Kernphasenwechsel*. Die Haplophase wird durch die Meiose eingeleitet, die Diplophase durch die Befruchtung.

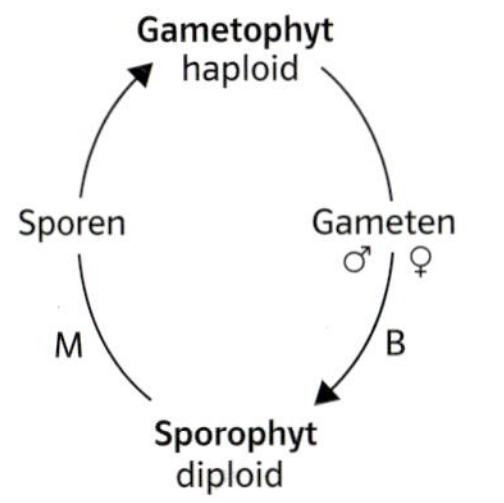

M Meiose
B Befruchtung

Info-Box: Apomixis bei Löwenzahn

Löwenzahn weist eine besondere Art der Vermehrung auf, die als *Apomixis* bezeichnet wird. Bei dieser ungeschlechtlichen Fortpflanzung werden Samen gebildet, ohne dass eine Befruchtung der Eizelle stattfindet. Aus den Samen entstehen identische Kopien *(Klone)* der Mutterpflanze. Es gibt einige Löwenzahn-Arten, bei denen gar keine Pollen mehr gebildet werden. Apomixis ist immer verbunden mit einer *Polyploidisierung*, d. h. dass die Zellen mehr als zwei Sätze von Chromosomen besitzen. Dementsprechend pflanzen sich diploide Löwenzahnpflanzen auch geschlechtlich fort. Die asexuellen Pflanzen haben sich im Lauf der Evolution durch Artenkreuzung *(Hybridisierung)* aus den sexuellen Vorfahren entwickelt.

Asexuelle Organismen weisen eine geringe genetische Vielfalt auf. Dieses ist begründet durch die fehlende Durchmischung von Erbmaterial, wie sie bei der geschlechtlichen Fortpflanzung stattfindet. Morphologische und physiologische Unterschiede lassen sich durch Mutationen erklären. Die geringe Variabilität kann sich ungünstig bei wechselnden Umweltfaktoren auswirken. Vor allem in alpinen und nordischen Regionen wird jedoch beobachtet, dass asexuelle Organismen erfolgreich bei der Besiedlung neuer Lebensräume sind. Von Vorteil ist, dass ein Individuum ausreicht, eine neue Population zu gründen. Außerdem sind Apomikten unabhängig von bestäubenden Insekten.

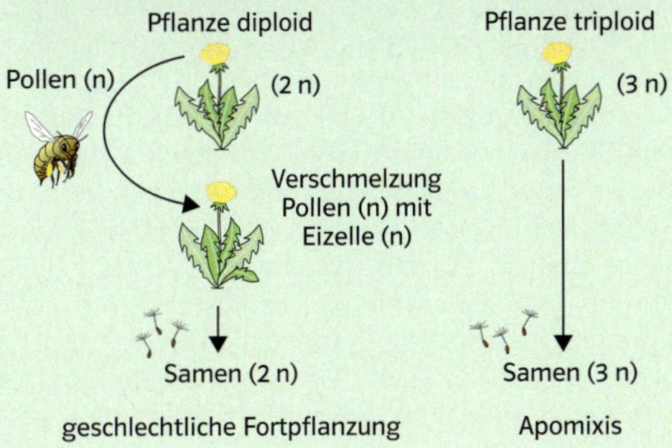

Befruchtung und Meiose

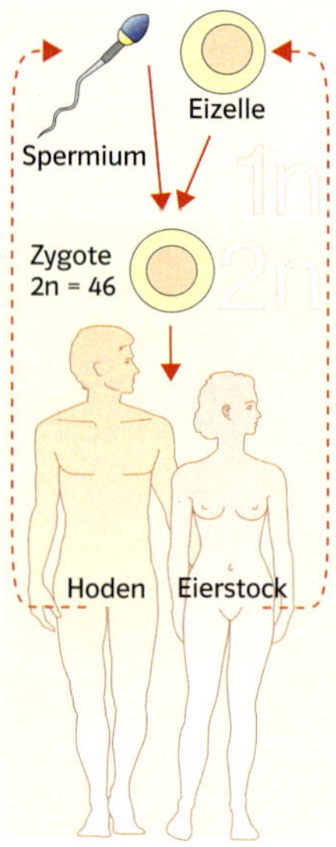

Entwicklungszyklus des Menschen

Charakteristisch für die sexuelle Fortpflanzung ist die Vereinigung zweier haploider Keimzellen (n) zu einer diploiden Zygote (2n). Als *Befruchtung* bezeichnet man die Verschmelzung der Zellkerne zweier Keimzellen. Der Befruchtung (n + n → 2n) geht eine *Besamung* voraus, wobei eine Spermazelle in die Eizelle eindringt. Wie die höheren Pflanzen sind fast alle Tiere Diplonten (s. Randspalte).

Für die sexuelle Fortpflanzung müssen sich die Geschlechtspartner erkennen und in ihrer Paarungsbereitschaft synchronisiert sein. Entsprechend aufwändig sind die sexuellen Verhaltensmuster. Im Wasser lebende Tiere, wie Fische und Amphibien, geben ihre Keimzellen in das Wasser ab. Es handelt sich um eine äußere Besamung. Bei den meisten Landtieren hat sich die direkte Übertragung der Spermazellen in den weiblichen Fortpflanzungsapparat im Rahmen einer *Begattung (Kopulation)* als vorteilhaft erwiesen. Bei dieser inneren Besamung werden die empfindlichen Keimzellen vor dem Austrocknen geschützt und Verluste gering gehalten.

Meiose

Die meisten höher entwickelten Lebewesen haben Zellen mit diploidem Chromosomensatz. Das gilt auch für die Urkeimzellen der *Gonaden*, aus denen die haploiden *Keimzellen* gebildet werden. Zur Entstehung haploider Keimzellen müssen die beiden Chromosomensätze durch eine besondere Zellteilung, die *Meiose (meiosis,* griech. = Minderung), auf einen einfachen Satz reduziert werden. Wie der Mitose geht auch der Meiose eine Verdopplung der DNA voraus. Jede Urkeimzelle enthält also beim Eintritt in die Meiose zwei Chromosomensätze (2n), wobei die Chromosomen aus jeweils zwei Chromatiden bestehen (4C). [Basiskonzept S. 372]

Die Chromatiden werden in zwei Teilungsschritten (Meiose I, Meiose II) zufallsgemäß auf vier Keimzellen (1n, 1C) verteilt:
- Meiose I: Die homologen Chromosomen werden auf zwei haploide Tochterzellen verteilt (1n, 2C), die genetische Information wird neu kombiniert.
- Meiose II: Die Schwesterchromatiden werden an den Centromeren getrennt und auf bis zu vier haploide Keimzellen (1n, 1C) verteilt.

Männliche und weibliche Keimzellen *(Gameten)* differenzieren sich anschließend unterschiedlich. Dabei bildet die Eizelle mit verschiedenen Hilfszellen und Hüllen das *Ei*. Die Spermazellen reifen zu begeißelten *Spermien* heran.

A1 Nennen Sie Gemeinsamkeiten und Unterschiede bei der Bildung weiblicher und männlicher Keimzellen.

Info-Box: Befruchtung bei Säugetieren

Bei der Besamung binden zunächst Spermien mithilfe von Rezeptormolekülen an Oberflächenmoleküle der Eihülle *(Schlüssel-Schloss-Prinzip)*. So wird sichergestellt, dass nur Gameten derselben Art miteinander verschmelzen. Die Bindung löst die *Akrosomreaktion* aus: Die vordere Spitze des Spermienkopfes, das *Akrosom*, durchdringt mithilfe von Enzymen die Eihülle. Sobald die Membranen in Kontakt kommen, vereinigen sie sich; Spermienkopf und Mittelstück werden aufgenommen. Dadurch wird die Rindenreaktion ausgelöst: Die Eizelle scheidet eine Substanz aus, ihre Oberfläche ist für weitere Spermien undurchdringbar. Das verhindert eine Mehrfachbefruchtung. Der Eizellkern beendet die Meiose II (1n, 1C), Eizell- und Spermazellkern replizieren (1n, 2C) und verschmelzen (2n, 4C). Die Zygote enthält damit einen mütterlichen und einen väterlichen Chromosomensatz, ihr Cytoplasma und die Mitochondrien stammen von der Eizelle. Vereinzelt von der Spermazelle übernommene Mitochondrien werden meist abgebaut.

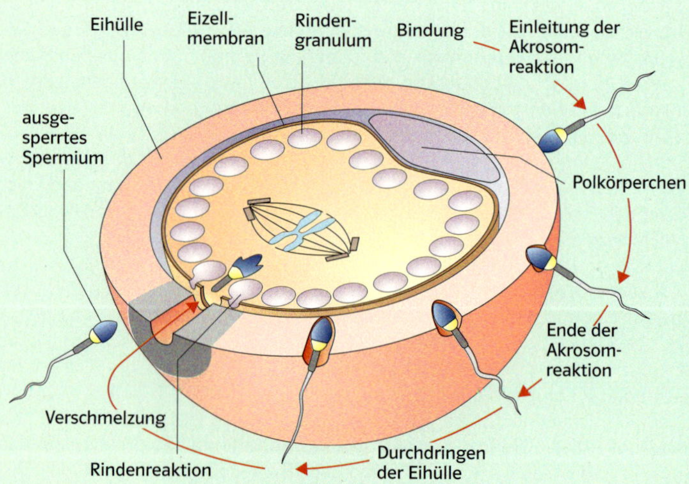

Genetische Vielfalt durch Meiose

Die Meiose dient der Reduktion des diploiden Chromosomensatzes sowie der Rekombination der Gene. Durch die zufällige Verteilung der homologen Chromosomen auf die Tochterzellen entstehen verschiedene Kombinationen von Chromosomen und Genen. Zudem kann es während der Meiose zu einem Austausch von Chromosomenstücken kommen *(Crossingover)*, was ebenfalls zur Rekombination der genetischen Information beiträgt. Diese Vorgänge erklären die genetische Variabilität bei den Nachkommen und Folgegenerationen und sind eine wesentliche Grundlage der Evolution. [Basiskonzept S. 382]

Das Ergebnis der Meiose sind haploide Keimzellen, aus denen durch Verschmelzung eine diploide *Zygote* hervorgehen kann. Diese wächst durch mitotische Teilungen zum Organismus heran.

Meiose — ein Vorgang in mehreren Phasen

Im Gegensatz zur Mitose verläuft die Meiose in zwei Schritten. Bei beiden Vorgängen kann man verschiedene Phasen voneinander unterscheiden, die teilweise aber sehr ähnlich ablaufen. Genauso wie bei der Mitose verdichten sich zu Beginn des Prozesses die Chromosomen. Dabei lagern sich die homologen Zwei-Chromatid-Chromosomen exakt aneinander. Es entsteht eine Tetrade aus 4 Chromatiden, die man lichtmikroskopisch erkennen kann. Die Tetraden werden von einem Proteinkomplex zusammengehalten. In dieser Phase finden Crossingover statt, d. h. es werden zwischen homologen Chromosomen DNA-Stücke ausgetauscht. Die Crossingover-Bereiche erkennt man als Kreuzungen *(Chiasmata,* Abb. 1).

Im Gegensatz zur Mitose werden bei der ersten meiotischen Teilung nicht Chromatiden, sondern homologe Chromosomen voneinander getrennt, die von dem Spindelapparat zu den Zellpolen transportiert werden. Bei der zweiten meiotischen Teilung erfolgt die Trennung der beiden Schwesterchromatiden eines Zwei-Chromatid-Chromosoms.

A2 Stellen Sie die Vorgänge bei Mitose und Meiose in Form einer Tabelle einander gegenüber.

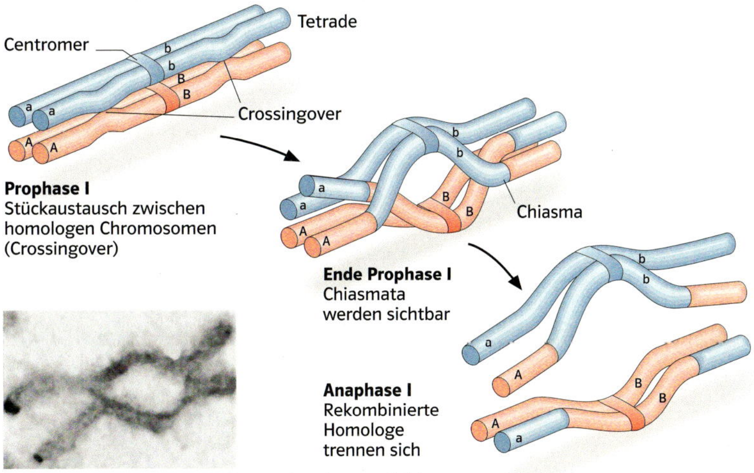

1 *Crossingover und nachfolgende Chiasmabildung*

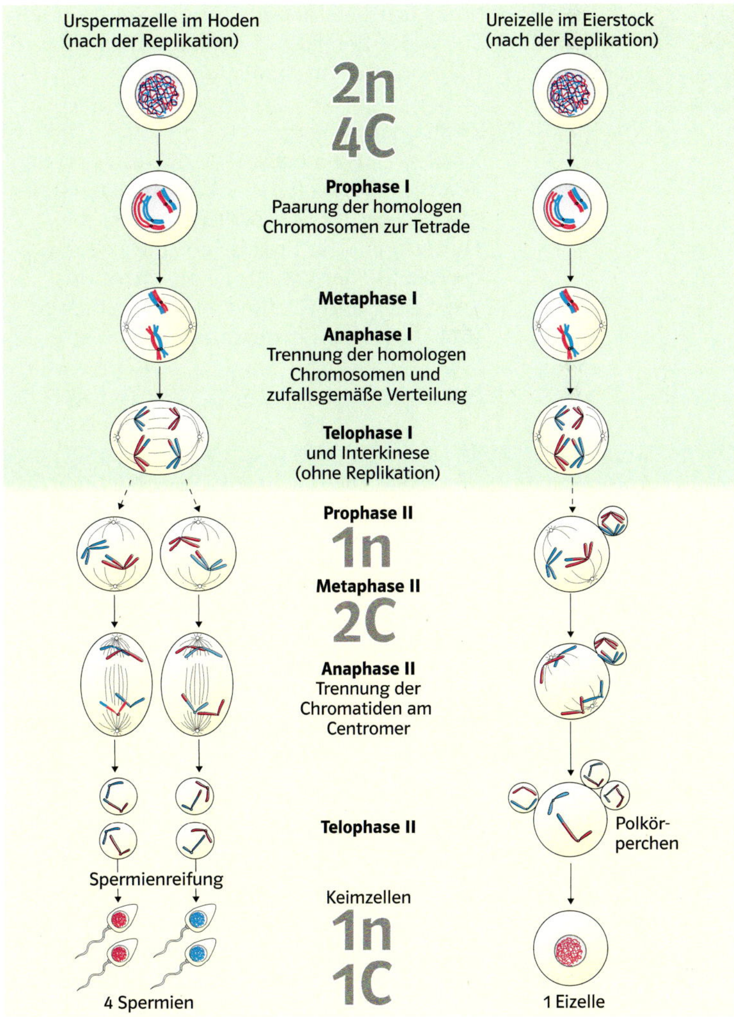

2 *Teilschritte der Meiose*

4.4 Humangenetik
Verfahren der Humangenetik

Eineiige Zwillinge

Für die Vererbung beim Menschen gelten dieselben Gesetzmäßigkeiten, denen auch alle anderen Lebewesen unterliegen. Der Fokus der *Humangenetik* richtet sich auf die Untersuchung von genetisch bedingten Behinderungen und Erkrankungen sowie der Möglichkeit ihrer Diagnose, Prävention und Therapie. Ebenfalls von Interesse ist der Einfluss von Umweltfaktoren auf das Erbgut. Bevor molekulargenetische Methoden entwickelt wurden, mussten bei der genetischen Forschung beim Menschen andere Methoden angewandt werden, um Erkenntnisse zu gewinnen. Die bei Pflanzen und Tieren etablierten Kreuzungsexperimente sind aufgrund der langen Generationszeit und aus ethischen Gründen ausgeschlossen. Erkenntnisse gewinnt die Humangenetik aus der Analyse von Familienstammbäumen. Zusätzliche Hinweise liefern die *Zwillingsforschung* und die Analyse von *Karyogrammen*.

Zwillingsforschung

FRANCIS GALTON (1822 — 1911), ein Cousin von CHARLES DARWIN, erkannte als erster die Bedeutung von Zwillingen für die Humangenetik. Er schrieb „die Lebensgeschichte der Zwillinge gestattet uns ... zwischen dem Einfluss von Naturanlage und Umwelt zu unterscheiden".

Im Gegensatz zu *zweieiigen Zwillingen*, deren Erbanlagen nicht ähnlicher sind als die normaler Geschwister, sind *eineiige Zwillinge* genetisch identisch, da sie aus einer einzigen Zygote hervorgehen. Man vergleicht in der Zwillingsforschung bestimmte Merkmale und ihre Übereinstimmung *(Konkordanz)* bei den unterschiedlichen Zwillingspaaren. Stellt man für ein- und zweieiige Zwillinge nahezu gleiche Konkordanz fest, so dürfte das Merkmal vornehmlich durch die Umwelt geprägt werden. Ist die Übereinstimmung bei den eineiigen Zwillingen deutlich größer, so wirken sich die Erbanlagen bei der Merkmalsausbildung stärker aus. Die hohen Konkordanzwerte (Abb. 1) lassen vermuten, dass bestimmte Erkrankungen, wie z. B. die Zuckerkrankheit *(Diabetes)* oder Asthma, eher genetisch bedingt sind. Zu der Voraussetzung für eine solche Schlussfolgerung gehört die Annahme, dass die beiden Geschwister den gleichen Umwelteinflüssen ausgesetzt waren. Vergleicht man eineiige Zwillingspaare, die getrennt aufgewachsen sind, können Merkmale identifiziert werden, die schwach oder stark von Umweltfaktoren beeinflusst werden.

Die Zwillingsforschung hat besondere Bedeutung bei der Aufklärung der Grundlage komplexer, multifaktorieller Merkmale. Eine wichtige Erkenntnis der Zwillingsforschung ist, dass bei vielen Merkmalen, wie z. B. Intelligenz und musikalische Begabung, genetische und umweltbedingte Einflüsse eine Rolle spielen. Die Ähnlichkeit eineiiger Zwillinge zeigt aber, dass die meisten rein körperlichen Merkmale überwiegend von den Genen bestimmt werden. [Basiskonzept S. 380]

Krankheit	Übereinstimmung in %	
	eineiige Zwillinge	zweieiige Zwillinge (gleiches Geschlecht)
Keuchhusten	96	94
Blinddarmentzündung	29	16
Tuberkulose	69	25
Zuckerkrankheit	84	37
Bronchialasthma	63	38
gleicher Typ von Tumoren	59	24
Schlaganfall	36	19

Untersuchte Zwillingsgruppe	Durchschnittlicher Unterschied in		
	Körpergröße (cm)	Körpergewicht (kg)	IQ-Punkte
zweieiige Zwillinge	4,4	4,4	8,5
eineiige Zwillinge (getrennt aufgewachsen)	1,8	4,5	6,0
eineiige Zwillinge (gemeinsam aufgewachsen)	1,7	1,9	3,1

1 *Vergleich von Zwillingen*

A1 Interpretieren Sie die in der Tabelle aufgeführten Angaben. Erläutern Sie, welche der genannten Krankheiten bzw. Merkmale Sie für weitgehend genetisch bedingt halten.

A2 Obwohl eineiige Zwillinge genetisch identisch sind, gibt es Unterschiede im Phänotyp. Die Unterschiede werden größer, wenn die eineiigen Zwillinge getrennt aufwachsen. Erklären Sie diesen Sachverhalt. Informieren Sie sich dazu auf Seite 209 in der Info-Box.

Online-Link
045407-0227

Analyse von Erbgängen

Bei der Analyse von Familienstammbäumen wird von dem *Phänotyp* auf den *Genotyp* geschlossen, um den Erbgang eines Merkmals aufzuklären. Zur Erstellung eines Stammbaums verwenden Humangenetiker bestimmte Symbole (s. Randspalte).

Zunächst wird geklärt, ob dominante oder rezessive Vererbung vorliegt. Ist das Allel für ein Merkmal dominant, reicht die Anwesenheit eines Allels *(Heterozygotie)* aus, um das Merkmal zur Ausprägung zu bringen. Die Information eines rezessiven Allels kann nur im Fall der *Homozygotie* in Erscheinung treten. Ob ein Allel dominant oder rezessiv ist, lässt sich erkennen, wenn beide Elternteile den gleichen Phänotyp aufweisen, ein Kind jedoch phänotypisch von den Eltern abweicht. Sind beide Eltern Merkmalsträger, das Kind jedoch nicht, muss das Allel mit der Information für das entsprechende Merkmal *dominant* sein. Ist das Kind mit abweichendem Phänotyp jedoch Merkmalsträger, muss das entsprechende Allel *rezessiv* sein. In diesem Fall müssen beide Eltern Träger des bei dem Kind vorhandenen Allels sein, die Information kommt bei ihnen aber nicht zum Tragen.

Allele, die auf den 22 *Autosomen* des Menschen liegen, werden *autosomal* vererbt. Im Unterschied dazu werden Allele, die auf den *Gonosomen* (X-, Y-Chromosomen) liegen, *gonosomal* vererbt, treten also in Abhängigkeit vom Geschlecht auf. Gonosomale Erbgänge zeigen im Stammbaumschema einige Besonderheiten: Erben Männer ein rezessives Allel mit dem X-Chromosom der Mutter, tritt das Merkmal in Erscheinung, da das zweite homologe X-Chromosom fehlt *(Hemizygotie)*.

X-chromosomal-rezessive Vererbung erkennt man im Stammbaumschema an der Häufung von männlichen Merkmalsträgern. Da Frauen zwei X-Chromosomen besitzen, tritt das Merkmal bei weiblichen Personen nur auf, wenn zwei rezessive Allele vorhanden sind. Heterozygote, merkmalsfreie Frauen, die das rezessive Allel an ihre Söhne vererben, werden *Konduktorinnen* (Überträgerinnen) genannt.

Bei X-chromosomal-dominanter Vererbung sind Frauen etwa doppelt so häufig Merkmalsträger wie Männer. Männliche Merkmalsträger vererben immer das Allel an ihre Töchter und erben das Allel immer von ihrer Mutter.

A3 Erklären Sie unter Einbeziehung der Genotypen die Tatsache, dass ein Elternpaar, das Merkmalsträger ist, ein Kind mit anderem Phänotyp bekommen kann.

A4 Analysieren Sie die Familienstammbäume für Albinismus, erbliche Kurzfingrigkeit und Rot-Grün-Blindheit. Erklären Sie, um welche Erbgänge es sich jeweils handelt. Bestimmen Sie den Genotyp von möglichst vielen Individuen.

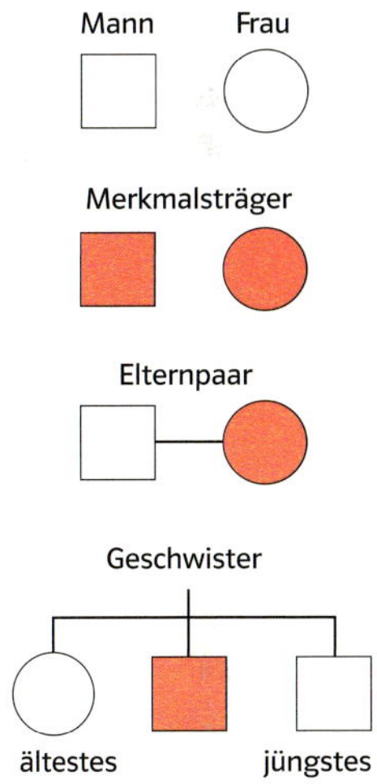

Stammbaumsymbole

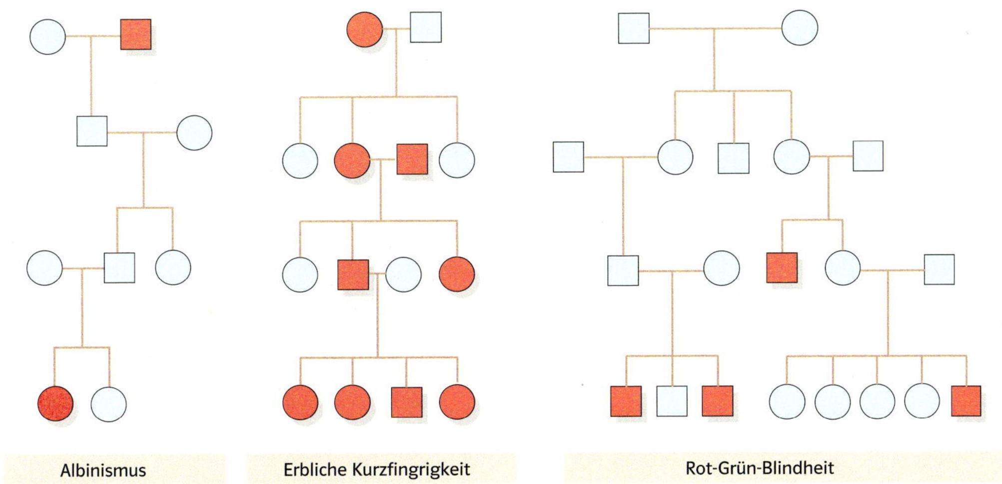

2 *Stammbäume zu erblich bedingten Leiden*

Polygenie — mehrere Gene bestimmen ein Merkmal

1 *Menschen verschiedener Hautfarbe*

2 *Verschiedenfarbige Mäuse aus einem Wurf*

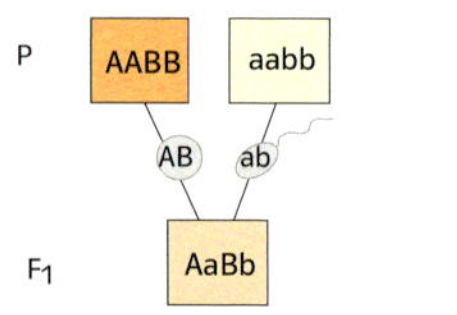

F2

♀ \ ♂	AB	Ab	aB	ab
AB	AABB	AABb	AaBB	AaBb
Ab	AABb	AAbb	AaBb	Aabb
aB	AaBB	AaBb	aaBB	aaBb
ab	AaBb	Aabb	aaBb	aabb

$\frac{1}{16}$	$\frac{4}{16}$	$\frac{6}{16}$	$\frac{4}{16}$	$\frac{1}{16}$

Bei monogenen Erbgängen gibt es meist nur zwei verschiedene Phänotypen. Tritt das Merkmal in feinen Unterschieden auf (kontinuierliche Variabilität), liegt dies am Zusammenspiel vieler Gene *(Polygenie)*.

Additive Polygenie

Bei Merkmalen wie z. B. der Hautfarbe gibt es sehr viele verschiedene Abstufungen im Phänotyp. Zum einen ist der Pigmentierungsgrad durch die Stärke der Sonneneinstrahlung begründet, da die UV-Strahlung die Melaninbildung der Melanocyten anregt. Menschen weisen jedoch auch ohne UV-Strahlung viele unterschiedliche Pigmentierungsgrade auf. Deshalb kann man davon ausgehen, dass das Zusammenspiel mehrerer Gene für die Ausprägung des Merkmals verantwortlich ist. Für den Pigmentierungsgrad sind mindestens 3 Gene zuständig. Geht man davon aus, dass die dominanten Allele sich positiv auf den Pigmentierungsgrad auswirken, die rezessiven Allele aber nicht, nimmt der Pigmentierungsgrad mit der Anzahl der dominanten Allele zu. Da sich die Wirkungen der Allele summieren, spricht man von *additiver Polygenie*. Sind z. B. zwei Gene an der Merkmalsbildung beteiligt, kann man fünf verschiedene Genotypen erklären (s. Randspalte).

A1 Erklären Sie anhand eines Kreuzungsschemas (Abb. Randspalte), wie viele unterschiedliche Phänotypen bei dem Zusammenspiel von 3 verschiedenen Genen auftreten können.

Komplementäre Polygenie

Schwarze Mäuse können verschiedenfarbige Nachkommen haben (Abb. 2). Lucien Cuénot entdeckte, dass bei der Fellfarbe ein polygener Erbgang vorliegt. Das B-Gen sorgt mit dem dominanten Allel B für die Bildung eines schwarzen Farbstoffs, mit dem Allel b für ein braunes Pigment. Das C-Gen ermöglicht mit dem Allel C die Farbstoffproduktion, das rezessive Allel c verhindert sie. Schwarze Mäuse besitzen die beiden dominanten Allele B und C. Die Genotypen bbCC oder bbCc führen zu einer Braunfärbung. Wenn das Allel c homozygot vorliegt, treten Albinos auf, weil dann das B-Gen nicht aktiv werden kann.

In diesem Fall spricht man von *komplementärer Polygenie*, da sich zwei Gene in ihrer Wirkung ergänzen bzw. die Wirksamkeit eines Gens von einem anderen Gen abhängt. Weitere Gene (A, D und S) ermöglichen eine Vielzahl anderer Farbvarianten: graumeliertes Wildtyphaar (AA/Aa), verstärkte (DD/Dd) oder abgeschwächte (dd) Pigmentierung und scheckiges Fell (ss). [Basiskonzept S. 382]

A2 Ermitteln Sie in einem Kreuzungsschema das Zahlenverhältnis, mit dem schwarze, braune und weiße Mäuse aus der Kreuzung schwarzer Mäuse mit dem Genotyp BbCc hervorgehen sollten.

A3 Begründen Sie durch Angabe von Genotypen, dass es möglich ist, aus einfarbigen schwarzen Mäusen auch braungescheckte zu züchten.

Lexikon
Erbgänge

Häufig ist der Zusammenhang zwischen Genotyp und Phänotyp erst zu erkennen, wenn durch die Mutation eines Gens das Genprodukt verändert wurde und in seiner Funktion gestört ist. Für die genetische Grundlagenforschung und die Medizin sind solche genetisch bedingten Erkrankungen besonders aufschlussreich, die sich auf die Veränderung eines einzelnen Gens zurückführen lassen, also *monogenen* Ursprungs sind.

Autosomal-dominanter Erbgang

Beim sogenannten *Marfan-Syndrom* beobachtet man Defekte am Skelett (Spinnenfingrigkeit, Brustkorbdeformationen), am Auge (Linsenschädigungen) und am Herzen. Die Häufigkeit der Krankheit ist 1:10 000, d.h. von 10 000 Neugeborenen ist eines erkrankt, unabhängig vom Geschlecht.

Das verantwortliche Gen *(FBN1)* liegt auf Chromosom 15. Es codiert für ein Calcium bindendes Protein, das Bestandteil elastischer Fasern des Bindegewebes ist. Das erklärt auch die weitgestreuten Schäden, die Mutationen im FBN1-Gen verursachen können. Beim FBN1-Genprodukt handelt es sich um ein nicht sehr großes Protein. Die meisten Organschäden werden durch Mutationen in den Calcium bindenden Domänen des Proteins verursacht. Die Calcium bindende Aminosäure *Cystein* fehlt dann in der Schlüsselposition, das Bindegewebe kann nicht mehr regulär aufgebaut werden. Die Anwesenheit eines defekten Allels verursacht die Produktion defekter Proteine. Diese werden zusammen mit anderen intakten Proteinen in das Bindegewebe eingebaut, das nun ebenfalls einen Defekt aufweist. Das Allel tritt deswegen dominant in Erscheinung.

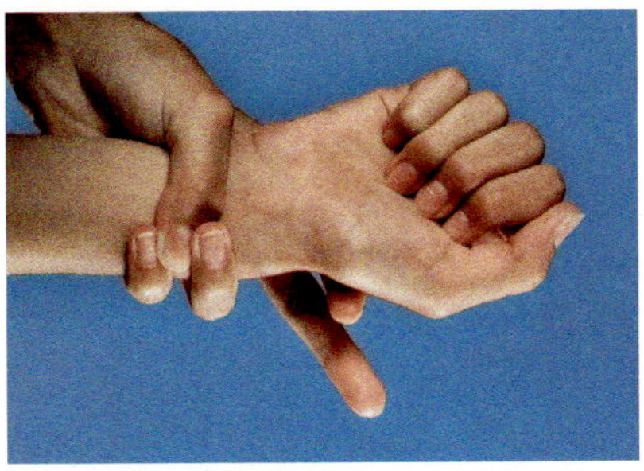

1 *Handtest Marfan-Syndrom (positiv)*

Autosomal-rezessiver Erbgang

Bei der *Phenylketonurie (PKU)* handelt es sich um die häufigste Aminosäurestoffwechselstörung des Menschen (regionale Häufigkeit bis 1: 2500). Die mit der Nahrung aufgenommene Aminosäure *Phenylalanin* (Phe) kann aufgrund eines enzymatischen Defekts nicht in die Aminosäure *Tyrosin* (Tyr) umgewandelt werden (s. Abb). Phe reichert sich bis auf das 30fache der normalen Konzentration an und wird in giftige Stoffwechselprodukte *(Phenylketone)* umgewandelt. Diese beeinträchtigen u.a. die Bildung der Myelinscheiden von Nervenzellen.

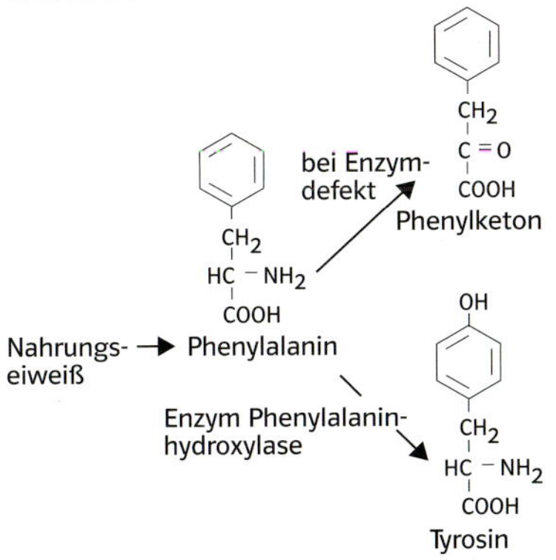

2 *Entstehung von Phenylketonurie*

Schwere geistige Schäden, Lähmungen und Krämpfe sind die Folge. Neugeborene werden routinemäßig mithilfe eines massenspektroskopischen Tests auf erhöhte Phe-Konzentrationen im Blut hin untersucht. Bei positivem Ergebnis wird eine Phe-arme und Tyr-reiche Diät verabreicht, das Gehirn entwickelt sich dann normal. PKU folgt einem autosomal-rezessiven Erbgang, d.h. liegt ein nicht mutiertes Allel neben einem mutierten vor, wird noch genügend Enzym produziert, um Phenylalanin abzubauen. Das Gen, das für das Enzym Phenylalaninhydroxylase codiert, liegt auf dem kurzen Arm von Chromosom 12. Es sind über 70 verschiedene Mutationen dieses Gens bekannt, die PKU verursachen können.

Gonosomaler Erbgang

X-chromosomal-dominante Erbgänge sind selten, ein Sonderfall der *Rachitis* zählt dazu. Bei der Vitamin-D-resistenten Rachitis härten die Knochen aufgrund von Calcium-Mangel nicht richtig aus, es resultieren Skelettdeformationen. Aufgrund eines enzymatischen Defekts bleibt die Synthese des Hormons *Calcitriol* aus der Vorstufe Vitamin D3 aus. Deswegen sind Vitamin-D3-Präparate unwirksam. Calcitriol kann jedoch künstlich erzeugt und verabreicht werden und stellt den regulären Phänotyp wieder her. Calcitriol bewirkt die Aufnahme von Calcium im Dünndarm sowie dessen Ablagerung im Knochen. Das codierende Gen befindet sich auf dem kurzen Arm des X-Chromosoms.

Kodominanz

Beim Menschen sind mehr als 100 verschiedene Blutgruppensysteme bekannt. Im AB0-System, das im Jahre 1901 von KARL LANDSTEINER entdeckt wurde, kommen vier verschiedene Phänotypen vor: A, B, AB, 0. Die Vererbung dieser Blutgruppen wurde zunächst mit einem dihybriden Erbgang erklärt, bei dem die Blutgruppe 0 den Genotyp aabb haben sollte. Der Mathematiker FELIX BERNSTEIN schlug 1925 einen monohybriden Erbgang mit drei verschiedenen Allelen (A, B, 0) vor, von denen jeder Mensch nur zwei in seinem Genotyp aufweist.

Blutgruppe	Genotypenhäufigkeit in Mitteleuropa		mögliche Keimzellen
A	AA	31%	nur A
	A0	11%	A oder 0
B	BB	1%	nur B
	B0	14%	B oder 0
AB	AB	6%	A oder B
0	00	37%	nur 0

3 *Blutgruppenvererbung*

Die Allele A und B sind jeweils dominant über das Allel 0. Kommen A und B nebeneinander vor, wirken sich beide auf den Phänotyp (AB) aus *(kodominante Allele)*. Wenn für ein Gen mehr als zwei Allele existieren, spricht man von *multipler Allelie*. Die Hypothese der multiplen Allelie bestätigte BERNSTEIN durch die Auswertung von Familienstammbäumen. Er untersuchte ca. 3000 Kinder, bei denen mindestens ein Elternteil die Blutgruppe AB hatte. Dabei fand er nur 13 Kinder mit der Blutgruppe 0.

Fortpflanzung im Reagenzglas

Rund 700 000 Paare, die ungewollt kinderlos geblieben sind, suchen jährlich in Deutschland ärztlichen Rat. Man kennt verschiedene Ursachen für Unfruchtbarkeit. Bei der Frau gehören dazu: Hormonstörungen, die gestörte Aufnahme der Eizelle aus dem Eierstock in den Eileiter oder ein Eileiterverschluss; beim Mann gibt es z. B. eine zu geringe Spermienkonzentration oder bewegungsunfähige Spermien. [Basiskonzept S. 372]

Bei beidseitigem Eileiterverschluss kann eine Befruchtung im Reagenzglas *(In-vitro-Fertilisation, IVF)* vorgenommen werden. Dazu wird bei der Frau die Heranreifung von mehreren Eizellen hormonell ausgelöst. Die Eizellen werden kurz vor dem Eisprung (Ultraschall-Kontrolle) aus den Eierstöcken abgesaugt und im Reagenzglas mit den Spermien des Partners zusammengebracht. Nach rund 18 Stunden wird mikroskopisch geprüft, ob eine Befruchtung stattgefunden hat. Die befruchteten Eizellen werden in Kultur gehalten, bis mehrzellige Embryonen herangewachsen sind. Diese können dann mithilfe eines Katheters in die Gebärmutter der Frau eingespült werden. Zuvor muss die Frau mit Hormonen behandelt worden sein, damit sich die Gebärmutterschleimhaut so aufbaut, dass sich der Embryo einnisten kann. [Basiskonzept S. 380]

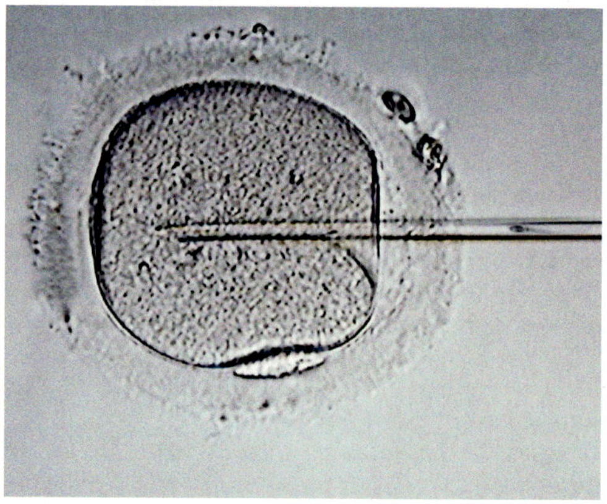

2 *Spermieninjektion*

Ist die Spermienkonzentration im Ejakulat eines Mannes zu gering, können einzelne Spermien unter dem Mikroskop mithilfe einer feinen Glaskapillare direkt in das Plasma einer Eizelle injiziert werden (Abb. 2). Die künstlich erzeugte Zygote entwickelt sich wie eine durch IVF befruchtete Eizelle.

A1 Recherchieren Sie z. B. im Internet, wie die In-vitro-Fertilisation in Deutschland rechtlich geregelt ist (mögliche Suchbegriffe: Embryonenschutzgesetz, Fremdsamenspende, Eizellspende, Leihmutterschaft, überzählige Embryonen).

A2 In Italien ist eine Samenspende, die nicht vom Ehemann oder Lebenspartner stammt, verboten. Nennen Sie Argumente für und gegen eine Samenfremdspende, die jeweils eine beschreibende und eine wertende Aussage und eine Schlussfolgerung enthalten.

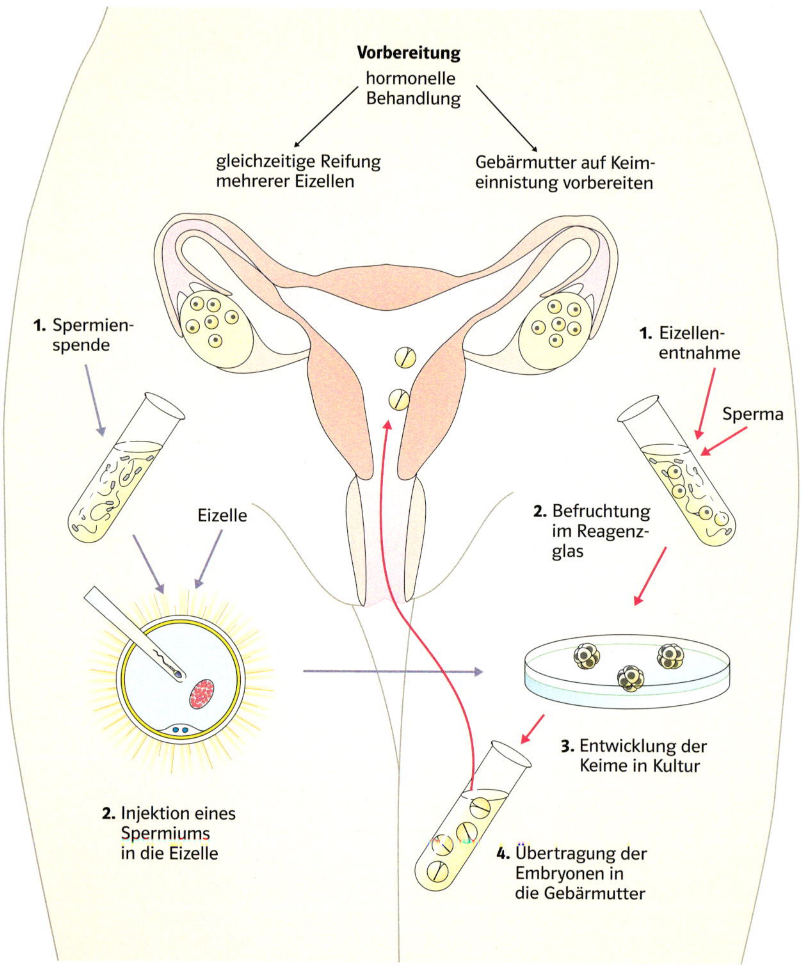

1 *Befruchtung im Reagenzglas*

Ein *Klon* ist ein genetischer Doppelgänger eines Lebewesens. In der Natur gibt es Klone z. B. bei Ablegern von Pflanzen, die sich vegetativ vermehren, aber auch in Form von eineiigen Zwillingen. In reproduktionsbiologischen Labors versucht man seit Jahren Klone von Nutztieren (z. B. Schaf, Schwein, Rind) zu erzeugen, um damit die „störende" Neukombination des genetischen Materials bei der sexuellen Fortpflanzung auszuschalten und Individuen mit genau definierten Eigenschaften zu erzeugen. Die Erfolgsaussichten beim Klonen sind allerdings gering, d. h. oftmals müssen Hunderte von Versuchen durchgeführt werden. Zudem leiden Klontiere häufiger an Krankheiten. Klonforscher untersuchen, warum es zu Organschäden, Immunschwäche und frühzeitigem Altern kommt.

Methode Dolly — Kerntransplantation

1997 gelang es erstmals nach mehreren hundert erfolglosen Versuchen, ein erwachsenes Säugetier zu klonen. Eizellen eines Schafs wurden entkernt, um ihnen den Zellkern von Euterzellen eines anderen Schafs einzusetzen. Nachdem man das Produkt zur Teilung gebracht hatte, wurde es in die Gebärmutter eines dritten Schafs verbracht, das als Leihmutter fungierte. Die Tragzeit verlief erfolgreich. Das *Klonschaf Dolly* allerdings zeigte frühzeitige Alterserscheinungen (z. B. Arthritis). Am 14.02.2003 musste Dolly wegen einer Lungenentzündung eingeschläfert werden.

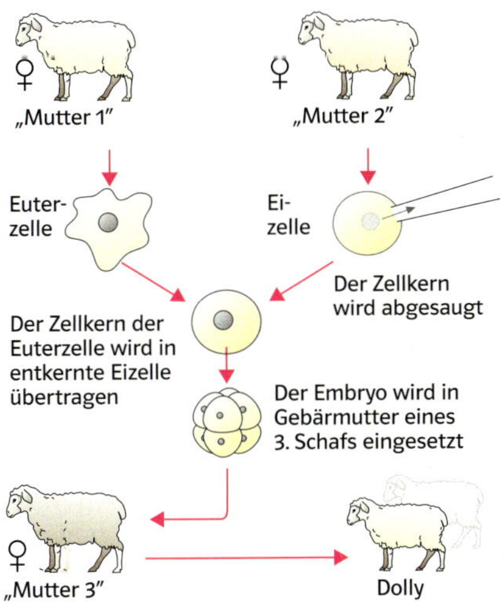

Schafe werden ca. 12 Jahre alt. Auffällig ist, dass das Kernspender-Schaf 6 Jahre alt war und Dolly ebenfalls 6 Jahre alt wurde. Ob die Erkrankungen mit dem Klonen zusammenhängen, ist nicht klar. Genetiker haben jedoch schon frühzeitig Dollys beschleunigtes Altern vorausgesagt. Die Telomere von Chromosomen gelten als zelluläre Lebensuhren, mit jedem Teilungsschritt werden sie etwas kürzer. Dollys Chromosomen stammten von einem älteren Spenderschaf, sie waren bereits verkürzt (s. Seite 40).

A1 „Klonen" bedeutet die Anfertigung genetischer Doppelgänger, „Klonieren" die Vervielfältigung eines Gens. Reproduktionsbiologie und Gentechnik werden oft nicht auseinandergehalten. Warum war das Klonen des Schafes Dolly kein gentechnisches Experiment?

A2 Ian Wilmut, der wissenschaftliche „Vater" des Klonschafs Dolly, warnt vor Klonversuchen am Menschen, es gäbe „reichlich Beweise, dass dies völlig unverantwortlich" wäre. Begründen Sie.

A3 In den meisten Ländern ist das Klonen von Menschen verboten. Welche Gründe sprechen dafür?

Reproduktionsgeschichten

Der geklonte Mensch

AP-Nachricht. Washington. Dem amerikanischen Forscher Jerry Hall gelang es erstmalig, menschliche Embryonen zu klonen. Um ethische Probleme zu vermeiden, verwandte er abnorme Embryonen, die nicht lebensfähig gewesen wären. Insgesamt 17 Embryonen aus 2 bis 8 Zellen teilte er in 48 einzelne Zellen und umgab sie mit einer schützenden Hülle. Die so geschaffenen neuen Einzelzellen teilten sich im Durchschnitt dreimal. Kein Klonembryo lebte nach seinen Angaben länger als 6 Tage.

Typen der Mutterschaft

Nach geltendem Recht ist Mutter, wer ein Kind geboren hat. Seit es In-vitro-Fertilisation und Embryonentransfer gibt, kann man drei Typen der Mutterschaft unterscheiden: die genetische, die physiologische (Leihmutter) und die soziale.

Streit um eingefrorene Embryonen

AP-Nachricht.
In den USA muss ein Gericht bei einem Scheidungsprozess klären, was mit eingefrorenen Embryonen geschehen soll. Das Ehepaar hatte sich nach langjähriger Kinderlosigkeit aus medizinischen Gründen zu einer In-vitro-Fertilisation entschlossen. Von den zehn Embryonen, die auf diese Weise entstanden waren, wurden der Frau drei eingespült und sieben eingefroren. Die Frau wurde nicht schwanger. Das Paar war den psychischen Belastungen dieser Zeit nicht gewachsen und ließ sich scheiden. Die Frau möchte sich auch nach der Scheidung ihren Kinderwunsch erfüllen. Sie möchte sich die eingefrorenen Embryonen einpflanzen lassen. Der Mann möchte die Übertragung gerichtlich verhindern.

A4 Die Manipulation an menschlichen Keimen ist in Deutschland zwar grundsätzlich verboten, Grundlagenforschung an importierten menschlichen embryonalen Stammzellen wird auf Antrag aber genehmigt. Informieren Sie sich über die rechtliche Auffassung in anderen Ländern.

A5 Spielen Sie eine Gerichtsverhandlung mit verteilten Rollen durch, in der die geschiedenen Eheleute sich um das Schicksal ihrer eingefrorenen Embryonen streiten.

A6 Mithilfe der Reproduktionsmedizin kann das Alter, in dem eine Schwangerschaft möglich ist, beträchtlich erhöht werden. In Österreich ging z. B. der Kinderwunsch einer 61-jährigen Frau in Erfüllung. Dazu wurden einer jungen Spenderin Eizellen entnommen und in vitro mit Spermien des Partners der älteren Frau befruchtet. Die Embryonen wurden in die Gebärmutter der 61-Jährigen eingesetzt. Welche sozialen Folgen können derartige Praktiken für die Eltern, die erzeugten Kinder und für die Gesellschaft haben?

Genetische Diagnostik beim Menschen

Viele Menschen wünschen sich ein eigenes Kind. Wenn in der Familie der Eltern erblich bedingte Krankheiten auftraten, kann eine genetische Beratung der zukünftigen Eltern sinnvoll sein. Sie dient der Abschätzung, ob bei dem Kind mit genetisch bedingten Krankheiten zu rechnen ist.

Genetische Beratung

Auch bei eindeutigem Kinderwunsch führt nicht jede Verschmelzung von Ei- und Samenzelle zur Geburt eines Kindes. Menschliche Keime mit größeren genetischen Defekten werden zu 80 % bereits im Alter von einigen Tagen abgestoßen. Derartige Kurzschwangerschaften werden von den betroffenen Frauen oft gar nicht bemerkt. Bei den lebendgeborenen Kindern weisen etwa 1 bis 2 % eine genetisch bedingte Erkrankung oder Behinderung auf. Daher haben werdende Eltern zunehmend den Wunsch, über genetische Risiken für ihren Nachwuchs aufgeklärt zu werden. Diese Aufgabe übernehmen *genetische Beratungsstellen*. Sie informieren außerdem über die Methoden vorgeburtlicher Diagnostik und über mögliche Therapien. [Basiskonzept S. 372]

Schon vor dem Eintritt einer Schwangerschaft lässt sich am Familienstammbaum eine Risikoabschätzung vornehmen. Tauchten in der Familie bereits erblich bedingte Krankheiten auf, gibt deren Erbgang Auskunft über die Risiken.

Pränataldiagnostik (PND)

Unter *Pränataldiagnostik* versteht man medizinische Untersuchungen, mit denen man während der Schwangerschaft mögliche Erkrankungen des ungeborenen Kindes erkennen kann. Dazu gehören Verfahren wie *Ultraschalluntersuchungen*, mit denen man die Größe und auch Fehlbildungen des Embryos erkennen kann. Auf diese Weise lassen sich nicht nur genetisch bedingte Erkrankungen des Ungeborenen diagnostizieren, sondern auch solche, die auf *Umweltschädigungen* zurückzuführen sind. Denn nicht jede angeborene Erkrankung ist genetisch bedingt: Viruserkrankungen, Strahlenbelastung, Stoffwechselerkrankungen, Medikamenten- und Drogenmissbrauch der Mutter können das ungeborene Kind schädigen. Hier kann eine gezielte Beratung die Chancen auf ein gesundes Kind deutlich erhöhen.

Zellgewinnung	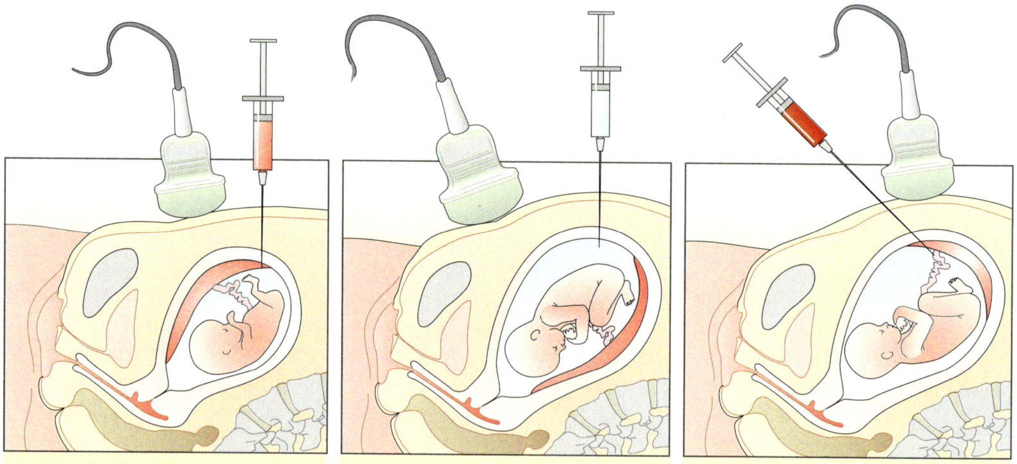		
Methode	Mutterkuchen-Untersuchung (Chorionzottenbiopsie)	Fruchtwasser-Untersuchung (Amniozentese)	Nabelschnurvenenpunktion
Zeitpunkt	ab 11. Schwangerschaftswoche	ab 15. Schwangerschaftswoche	ab 20. Schwangerschaftswoche
Analyse-Ergebnis nach	bei Direktpräparation nach 1 – 7 Tagen bei Langzeitkultur nach 14 – 21 Tagen	nach 14 – 21 Tagen	nach 5 – 7 Tagen
Fehlgeburtenrate	0,5% – 1%	0,5%	1 – 2%

1 *Methoden vorgeburtlicher Untersuchung*

Zur Pränataldiagnostik gehören außerdem medizinische Eingriffe. Durch Untersuchungen des Mutterkuchens, des Fruchtwassers oder der Nabelschnur erhält man weitere Erkenntnisse über den Gesundheitszustand des Ungeborenen.

Bei einer *Fruchtwasseruntersuchung* wird eine Kanüle durch Bauchdecke und Gebärmutter der werdenden Mutter in die Fruchtblase gestochen. Unter Ultraschallkontrolle entnimmt der Arzt Fruchtwasser mit Zellen des Fetus. Durch biochemische Untersuchungen des Fruchtwassers lassen sich Stoffwechselstörungen des Fetus nachweisen.

Fetale Zellen gewinnt man durch Zentrifugieren von Fruchtwasser. Man regt sie in einer Nährlösung zur Teilung an. Das Pflanzengift *Colchicin* unterbricht die Mitose, sodass sich gut erkennbare Metaphase-Chromosomen ansammeln. Diese werden fixiert, gefärbt und lichtmikroskopisch untersucht. Durch Chorionzottenbiopsie bzw. Nabelschnurvenenpunktion gewonnene Zellen werden ebenso behandelt.

Präimplantationsdiagnostik (PID)
Die Zahl der durch künstliche Befruchtung (Seite 230) gezeugten Kinder liegt weltweit bei über 4 Mio. Mit dieser Befruchtungsmethode ergeben sich neue Diagnosemöglichkeiten von Erbkrankheiten des ungeborenen Kindes. Vor der Einsetzung eines wenigzelligen Embryos in die Gebärmutter wird diesem Embryo eine Zelle entnommen und genetisch untersucht. Dabei können genetische Defekte und das Geschlecht des Embryos bestimmt werden. Nach der PID kann gegebenenfalls auf die Einsetzung des Embryos verzichtet werden. Für den Embryo ist die Zellentnahme selbst folgenlos, da die entnommene Zelle durch die anderen verbleibenden Zellen des Embryos vollständig ersetzt werden kann. Zu diesem Zeitpunkt sind alle Zellen des Embryos *totipotent* (s. Seite 240). Während die PID in einigen Ländern, wie z. B. Großbritannien, erlaubt ist, darf sie in Deutschland nach dem Embryonenschutzgesetz nicht angewendet werden. Das Gesetz bezieht sich dabei auf das Lebensrecht eines jeden Embryos.

Das Verbot der PID ist umstritten. Befürworter der PID weisen darauf hin, dass die PND gesetzlich gestattet ist und auch sie zu einem Schwangerschaftsabbruch führen kann.

A1 Formulieren Sie mithilfe von Seite 17 ein Argument gegen die PID, das eine beschreibende und eine wertende Aussage sowie eine Schlussfolgerung enthält.

Retter-Geschwister durch PID
In einigen Ländern wie Schweden oder Spanien wird die PID auch genutzt, um gezielt Embryonen auszuwählen, die einem älteren Geschwister das Leben retten sollen. Hierzu werden diejenigen Embryonen positiv selektioniert und der Mutter implantiert, die eine möglichst große genetische Ähnlichkeit mit einem schon bestehenden älteren erkrankten Geschwister haben. Das jüngere Geschwisterkind dient dann als Spender von z. B. Blutstammzellen. Damit wird eine möglichst hohe Gewebeverträglichkeit von Spender und Empfänger erreicht. Diese Praxis hat viele Kritiker, da sie als erster Schritt zum Designer-Baby angesehen wird.

A2 Führen Sie eine ethische Analyse zur PID durch. Orientieren Sie sich dabei an den Bewertungsschritten von Seite 16 und 17.

Wollen wir den perfekten Menschen?
Bei einer Entscheidung für oder gegen die Einführung der PID sollten wir bedenken, dass nicht alles, was machbar ist, auch ethisch vertretbar ist. Drückt sich nicht durch die Entscheidung zu einem Designer-Baby der Wunsch nach dem perfekten Menschen aus? In letzter Konsequenz würde sich unsere Gesellschaft stark verändern, wenn in großer gesellschaftlicher Breite vor der Schwangerschaft gegen bestimmte Eigenschaften selektioniert würde. Um verantwortungsvoll mit den biotechnologischen Möglichkeiten umzugehen, müssen wir ihre Grenzen definieren. Das deutsche *Embryonenschutzgesetz* hat dafür einen notwendigen Rahmen geschaffen. Es ist das Ergebnis eines gesellschaftlichen Diskurses.

Wertepool zur PID
Lebensrecht des Embryos, Heilung des älteren Geschwisters, Gesundheit des zukünftigen Kindes, Wunschbaby, Designerbaby, Gleichwertigkeit von behindertem und nicht behindertem Leben, Forschungsfreiheit

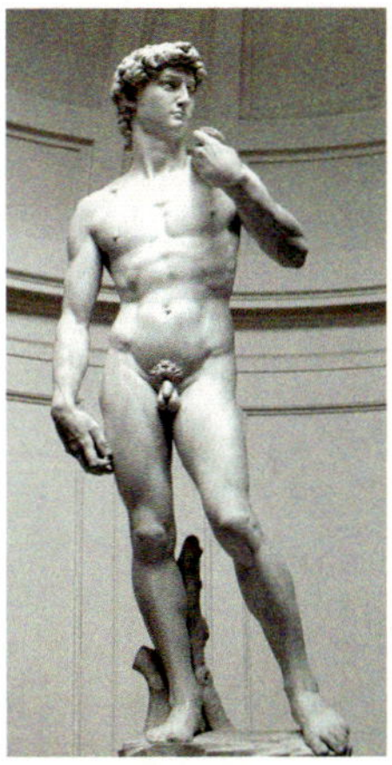
David (Michelangelo)

Impulse
Mukoviszidose

Jährlich werden in Deutschland etliche hundert Kinder mit Mukoviszidose *(Cystischer Fibrose, CF)*, einer genetisch bedingten Erkrankung, geboren. Die Mukoviszidose folgt einem autosomal-rezessiven Erbgang. Bei den Erkrankten verstopft zäher Schleim lebenswichtige Organe. Aufgrund einer Drüsenfehlfunktion treten zudem quälender Husten, Atemnot und schwere Verdauungsstörungen auf. Durch schleimlösende Medikamente, Inhalationstherapie und Diät hat sich die Lebensqualität der Erkrankten deutlich verbessert, aber eine Heilung ist immer noch nicht möglich. Die Lebenserwartung ist eingeschränkt. 1948 wurde festgestellt, dass im Schweiß der Erkrankten zu viel Kochsalz enthalten ist. Der NaCl-Schweiß-Test ist auch heute noch die übliche Diagnosemethode für Mukoviszidose. Ab 1980 konnte gezeigt werden, dass bei CF-Patienten die Zellmembran der Schleimhautzellen eine gestörte Chloridionendurchlässigkeit hat. Ursache dafür ist ein Chloridkanal, der sich nicht öffnet. Man versucht, ein Medikament zur Beseitigung der Symptome zu entwickeln.

- Nennen Sie Bedingungen, unter denen eine Erbkrankheit, deren Anlage rezessiv ist, in einer Population erhalten bleibt.
- Nennen Sie klassische Therapien der Symptombehandlung bei Mukoviszidose. Informieren Sie sich.

Das CFTR-Gen

Das mutierte Gen wurde auf dem langen Arm des Chromosoms 7 lokalisiert (Abb. 1). Es handelt sich um ein relativ großes Gen mit einer Länge von ca. 250 000 Basen. Durch die Analyse des Gens konnten Rückschlüsse auf seine Funktion gezogen werden. Es codiert für ein 1480 Aminosäuren langes Protein, das nach seiner Synthese in die Zellmembran transportiert und eingebaut wird. Die Bezeichnung für dieses Protein ist *CFTR* (engl. *cystic fibrosis transmembrane conductance regulator* = Regulator der Transmembran-Leitfähigkeit bei Cystischer Fibrose). Das Protein fungiert als Kanal für Chloridionen, der durch ATP geöffnet wird (Abb. 2). Die häufigste Mutation ist eine Deletion von drei Basen im Exon 11. Dadurch fehlt eine Aminosäure (Nr. 508). Das fehlerhafte Protein kann seine Aufgabe nicht erfüllen.

Es sind über 400 Mutationen bekannt, die zu unterschiedlich schweren Formen der Krankheit führen. Am schwerwiegendsten sind *Nonsense- oder Rastermutationen*, die ein funktionsloses Protein entstehen lassen. Weniger gravierend sind *Punktmutationen*, die eine korrekte Öffnung des Kanals verhindern.

- Erklären Sie, inwieweit bei einer monogen bedingten Krankheit wie Mukoviszidose eine Gentherapie leichter durchführbar ist als bei einer polygen bedingten Krankheit.

Somatische Gentherapie

Ein interessanter Versuch, CF-Patienten zu helfen, wird verfolgt, seitdem das Gen isoliert werden konnte. Mithilfe von Viren bzw. Liposomen, in die das Gen eingeschleust wurde, werden versuchsweise die Nasenschleimhäute betroffener Personen infiziert. Die Stoffwechseltätigkeit konnte zu 20 % korrigiert werden. Die Wirkung hält allerdings nur wenige Tage bis Wochen an. Deshalb müsste die Therapie mehrmals im Jahr durchgeführt werden. Ziel ist es, solche Zellen zu verändern, die noch fähig sind, neue Schleimzellen zu produzieren. Diese seltenen Zelltypen *(adulte Stammzellen)* müssen dazu gebracht werden, das intakte Gen einzubauen.

Chloridionenkanal

Die Chloridionenkanäle sorgen für die benötigte Fließfähigkeit des abgesonderten Schleims. Sie befinden sich auf der Schleimhautoberfläche und scheiden aktiv Cl^--Ionen in den Schleim aus. Durch die osmotische Wirkung gelangt mehr Wasser in den Schleim, dieser wird so fließfähig gehalten. Ist dieser Prozess zerstört, behindert der zähe Schleim die Atmung und bewirkt eine höhere Anfälligkeit für Entzündungen der Atemwege und der Lunge. In den Schweißdrüsen wird durch diese Kanäle Chlorid rückresorbiert. Bei einer Störung dieser Rückresorption bildet sich Kochsalz *(Natriumchlorid)*, wodurch der Schweiß der Betroffenen deutlich salzhaltiger wird.

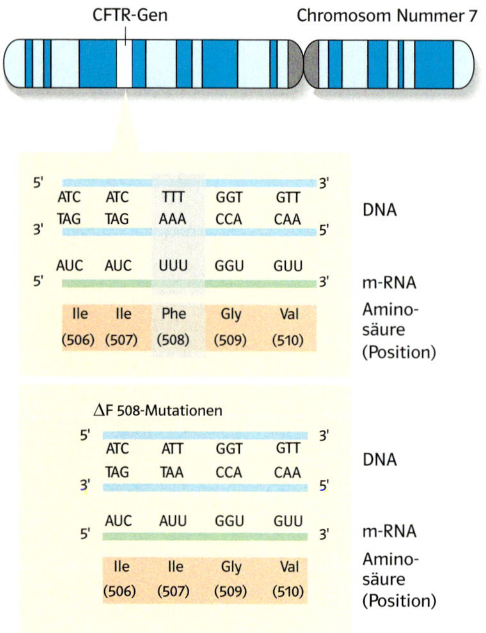

1 *Die CF-auslösende Mutation*

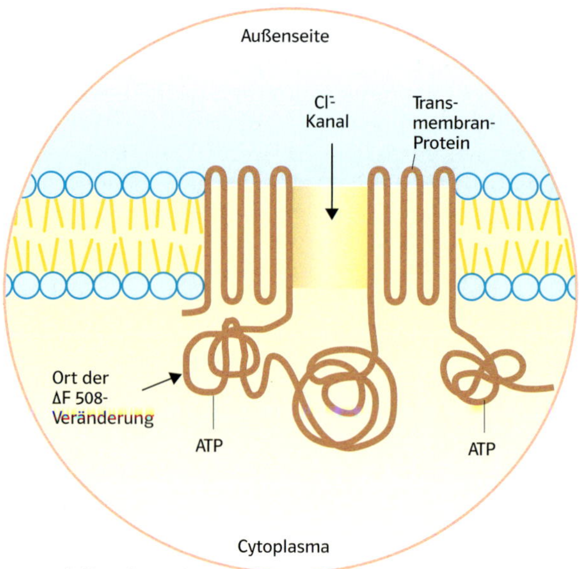

2 *Kanalprotein*

Das Down-Syndrom

1 *Mädchen mit Down-Syndrom*

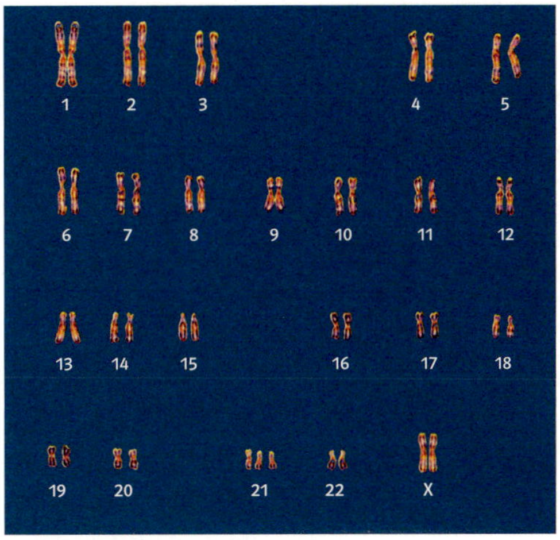

2 *Karyogramm, freie Trisomie 21*

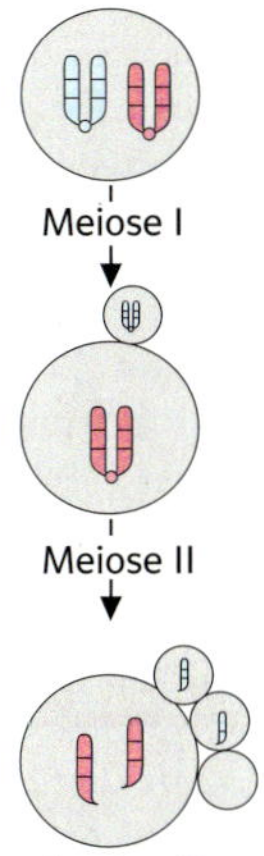

Es entsteht eine Eizelle, die das Chromosom 21 zweimal enthält.

Entstehung der freien Trisomie 21

Der englische Kinderarzt John Langdon-Down beschrieb 1886 erstmals die Symptome des nach ihm benannten *Down-Syndroms*: unterdurchschnittliche Körpergröße, kürzere Finger und Zehen, rundlicher Kopf, Augen mit schräg gestellter Lidfalte. Zu diesen äußerlich erkennbaren Merkmalen treten u.a. Herzfehler, Infektionsanfälligkeit, geistige Behinderungen und verkürzte Lebenserwartung. Down-Patienten erkranken häufiger an Leukämie und der Alzheimer-Krankheit.

1959 wurde die cytogenetische Ursache des Down-Syndroms aufgeklärt. Im Karyogramm von Down-Patienten sind 47 Chromosomen zu finden, Chromosom 21 liegt in dreifacher Ausfertigung vor *(Trisomie 21)*. Die Ursache liegt meist in einer Fehlverteilung der Chromosomen bei der Keimzellbildung: Wird z.B. bei einem Elternteil das homologe Chromosomenpaar 21 in der Meiose II nicht getrennt *(Nondisjunction)*, gelangt Chromosom 21 zweifach in eine Keimzelle. Bei der Verschmelzung mit einer regulären Keimzelle entsteht eine Zygote, die Chromosom 21 dreimal enthält (47, XX oder XY, + 21). Obwohl Chromosom 21 das kleinste menschliche Chromosom ist, beeinträchtigt seine Trisomie den Phänotyp schwer. Die Genbalance ist gestört.

Das Risiko für ein Kind mit Trisomie 21 steigt aber mit dem Alter der Mutter an (1 : 1500 bei einer 20-Jährigen, 1 : 30 bei einer 45-Jährigen). Die Eizellen verharren beim Menschen ab der Geburt in der Meiose I, die Meiose II wird erst zum Zeitpunkt des Eisprungs begonnen. Wahrscheinlich sind Eizellen deswegen störanfälliger. In 97% der Trisomie-Fälle handelt es sich um eine Fehlverteilung bei der Meiose, das Karyogramm der Eltern ist unauffällig. Diese „freie" Trisomie 21 (Abb. 2) kann anhand von Zellmaterial des Keimes aus dem Fruchtwasser pränatal diagnostiziert werden (s. Seite 232).

Syndrom
komplexes Krankheitsbild mit bestimmter Symptomkombination

3 bis 4% der Karyogramme von Down-Patienten besitzen ein zusätzliches Chromosom 21, das mit Chromosom 14 verschmolzen ist (s. Randspalte). Diese sogenannte *Translokations-Trisomie 21* kann entstehen, wenn ein Elternteil dieses Fusionsprodukt trägt. Bei der Meiose kann ein Chromosom 21 sozusagen huckepack mit Chromosom 14 in die Keimzelle gelangen. Anstelle von Chromosom 14 und 21 enthält die Keimzelle dann 14 + 21 und 21. Nach der Befruchtung enthält die Zygote ein überzähliges Chromosom 21. Die Translokation kann, im Gegensatz zur sogenannten freien Trisomie 21, im Karyogramm der Eltern erkannt werden, das Risiko ist altersunabhängig.

A1 Eine freie Trisomie 21 kann auch auf eine fehlende Chromosomentrennung (Nondisjunction) in der Meiose I zurückgehen. Entwerfen Sie ein Schema analog zur Randspaltenabbildung.

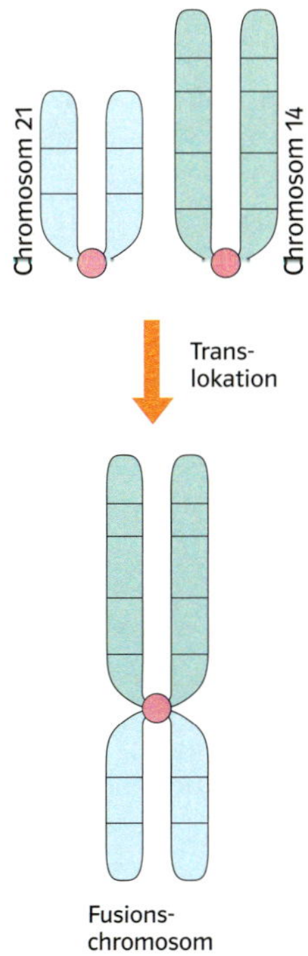

Entstehung der Translokations-Trisomie 21

Material
Malaria und Sichelzellanämie

Malaria ist die meist verbreitete Krankheit der Tropen. Die WHO schätzt die derzeitige Situation in den Malariagebieten der Welt im Jahr 2010 immer noch als desolat ein. Weltweit erkranken jährlich 250 Mio. Menschen, ca. 900 000 sterben pro Jahr. Der Erreger gilt als extrem anpassungsfähig. Es gibt bis dato kein Medikament, gegen das er noch keine Resistenz entwickelt hat. Den derzeit wirksamsten Schutz gegen die Anophelesmücke bieten mit Insektiziden behandelte Moskitonetze. Man unterscheidet vier Malariaerreger, wobei einige weltweit, andere nur auf bestimmten Kontinenten auftreten. Im Folgenden soll die Malaria tropica (weltweite Verbreitung) näher betrachtet werden.

Malaria tropica

Verursacht wird die Malaria von Einzellern der Gattung *Plasmodium*. Durch den Stich infizierter Anophelesmücken werden die Erreger auf den Menschen übertragen. Dabei gelangen mehrere hundert Krankheitskeime *(Sporozoiten)* in den menschlichen Blutkreislauf (zum weiteren Verlauf siehe Abbildung 2). Alle infizierten Erythrocyten zerfallen etwa zur gleichen Zeit und geben die Parasiten sowie ihre giftigen Abfallstoffe frei. Dieser Vermehrungszyklus im Blut wiederholt sich mehrfach in bestimmten Zeitabständen.

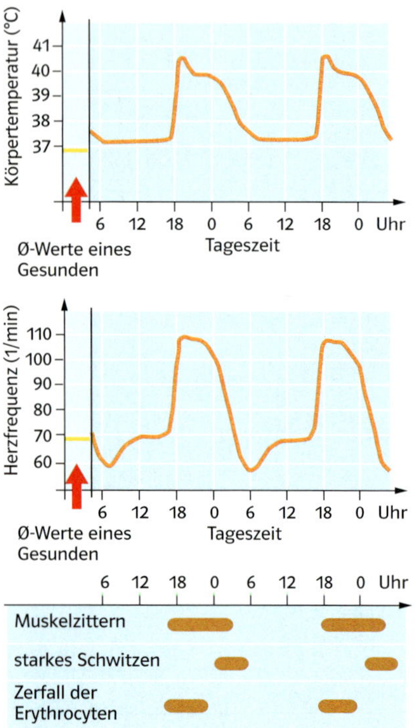

1 *Krankheitsverlauf*

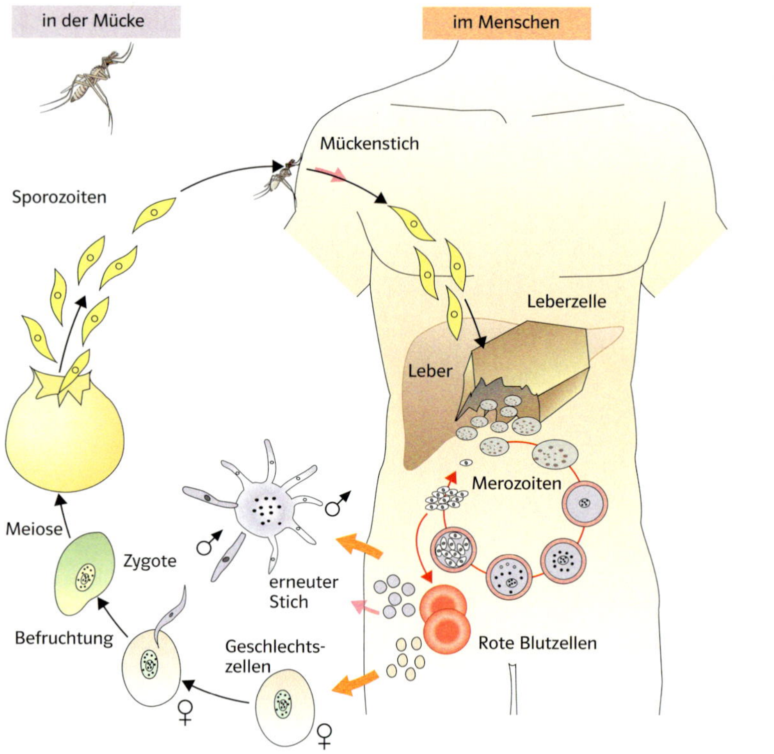

2 *Entwicklungszyklus des Malariaerregers Plasmodium*

In einigen Blutzellen des infizierten Menschen wachsen Merozoiten zu geschlechtlichen Formen heran. Werden sie von Stechmücken beim Saugen aufgenommen, können sie im Insekt zur Zygote verschmelzen. Diese geschlechtliche Vermehrung in der Mücke ist temperaturabhängig. Sie dauert umso länger, je niedriger die Außentemperatur ist.

A1 Erläutern Sie, warum Malaria in Deutschland kaum auftritt.

A2 Erklären Sie die biologische Bedeutung der Fieberschübe.

Sichelzellanämie

Die *Sichelzellanämie* tritt vor allem bei Menschen afrikanischer Abstammung auf. Sie ist erblich bedingt. Ihr Name leitet sich von der sichelartigen Form ab, die die Erythrocyten unter Sauerstoffmangel annehmen können (Abb. 4). Das abnorme Hämoglobin löst bei Sichlern eine Vielzahl von Symptomen aus: Blutarmut, Thrombosen, Nierenversagen und Komazustände. Ohne Behandlung starben sie früher häufig vor Erreichen der Geschlechtsreife. Heterozygote Träger des Sichelzellallels (Überträger) zeigen nur unter starkem Sauerstoffmangel Symptome der Krankheit, normalerweise sind sie gesund.

Vorkommen der Krankheit

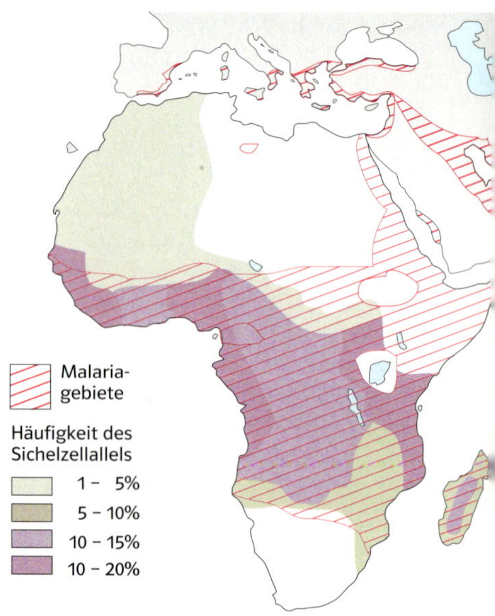

3 *Verbreitung der Malaria und des Sichelzellallels*

Medizinische Befunde

Nachdem **Linus Pauling** 1940 in den Roten Blutzellen von Sichelzellanämie-Patienten verändertes Hämoglobin nachweisen konnte, begann die intensive Erforschung der Krankheit.

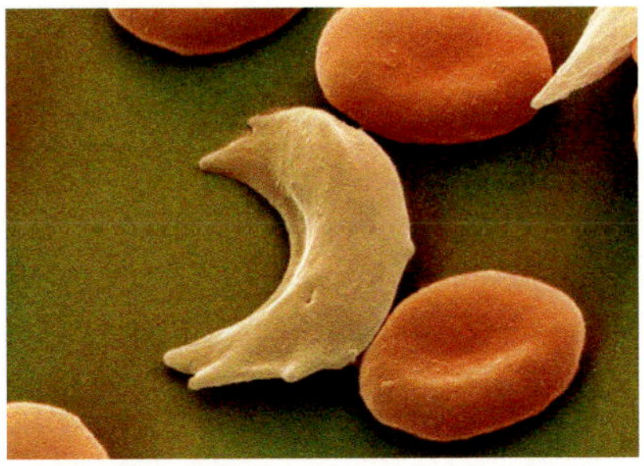

4 *Rote Blutzellen unter Sauerstoffmangel*

Blutuntersuchungen		
	Sichler	keine Sichler
Gesamtzahl	43	248
mit Plasmodien im Blut	27,9%	45,7%
ohne Plasmodien im Blut	72,1%	54,3%

Impfen von Freiwilligen mit Plasmodien		
	Sichler	keine Sichler
Gesamtzahl	15	15
Erkrankende	2	14
nicht Erkrankende	13	1

A3 Beschreiben Sie das Vorkommen der beiden genannten Krankheiten und fassen Sie die medizinischen Befunde zusammen.

A4 Formulieren Sie eine Hypothese, die die auffälligen Häufigkeiten des Sichelzellallels in den Tropen erklärt.

Genetische Befunde

Die β-Ketten des Hämoglobins A bestehen aus 146 Aminosäuren (Ausschnitt aus der DNA, Hb S = Sichelzellallel):

Triplett Nr.	5	6	7	8
Hb A	GGA	CTC	CTC	TTT
HB S	GGA	CAC	CTC	TTT

Elektrophoretische Trennung der Hämoglobine eines Sichlers, eines Überträgers und eines Gesunden (s. Elektrophorese).

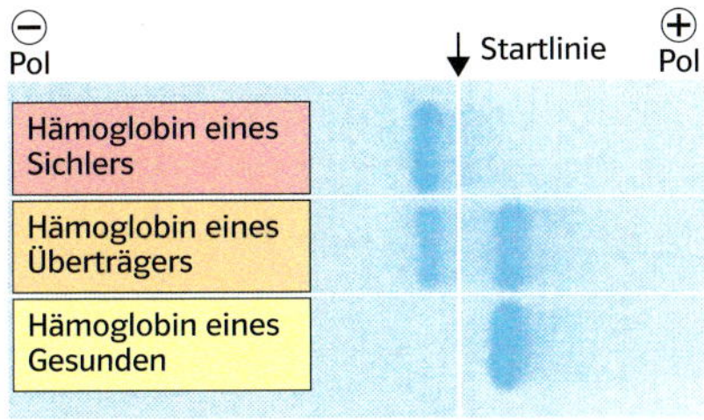

5 *Elektrophoreseergebnis*

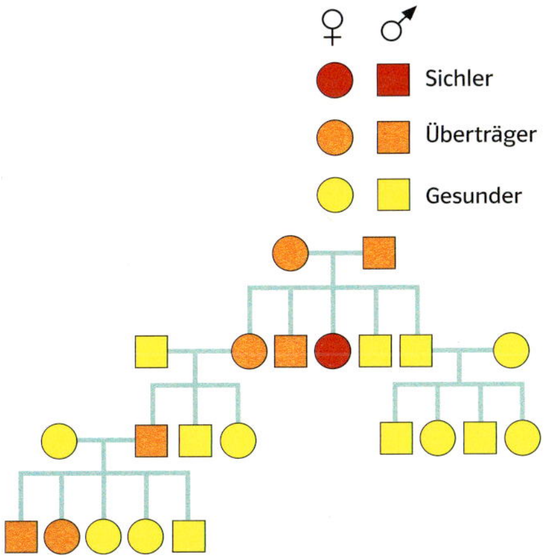

6 *Stammbaum*

A5 Klären Sie die genetischen Ursachen der Sichelzellanämie und analysieren Sie den Erbgang mithilfe von Abbildung 6.

A6 Entwickeln Sie eine Hypothese, die die verminderte O_2-Bindungsfähigkeit des Sichler-Hämoglobins erklärt.

Physiologische Befunde

A7 Erläutern Sie den Zusammenhang zwischen dem Sauerstoffgehalt im Blut und der Vermehrung der Plasmodien (Abb. 7 und Abb. 8).

A8 Überprüfen Sie Ihre Hypothese (A4) anhand der neuen Befunde.

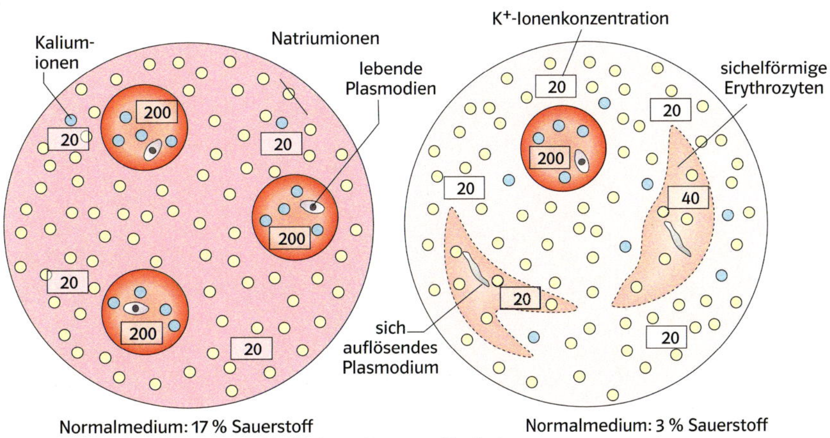

7 *Rote Blutzellen bei unterschiedlichem Sauerstoffgehalt*

A9 Im 19. Jahrhundert war die Sichelzellanämie in Süditalien ziemlich weit verbreitet. Seitdem aber alle größeren Sümpfe trocken gelegt worden sind, kommt sie kaum noch vor. Erklären Sie dies.

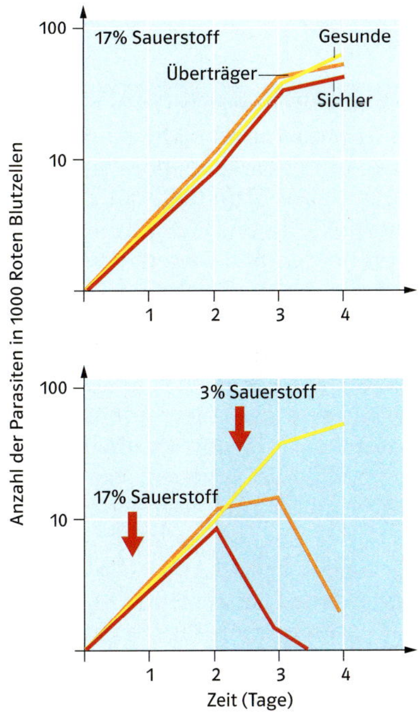

8 *Vermehrung von Plasmodien im Blut*

4.5 Entwicklung
Von der Zygote zum Mehrzeller

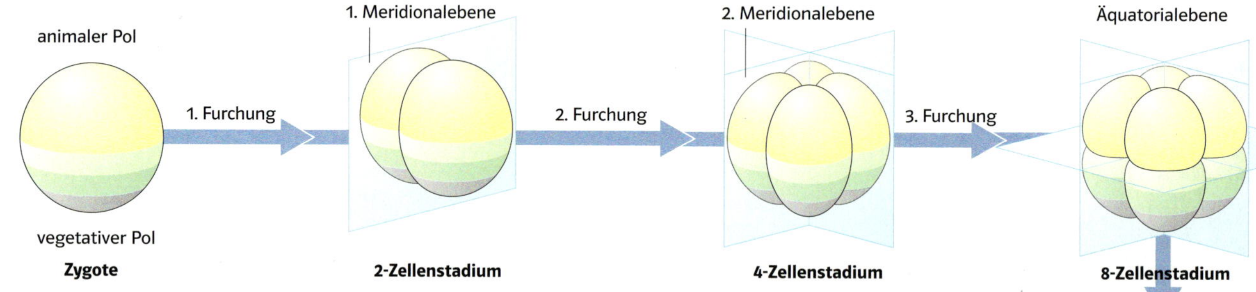

Blauwal, Seeigel, Taufliege oder Mensch, sie alle sind durch zahllose Mitosen aus einer einzigen Zelle, der Zygote, hervorgegangen. Die Grundlage für die arttypische Entwicklung und Gestaltung der Organismen liegt in den Genen. Umweltfaktoren können modifizierend wirken. [Basiskonzept S. 382]

Die ersten Teilungen einer befruchteten Eizelle sind besonders gut am *Seeigel* untersucht. Die dotterarme Eizelle des Seeigels ist polar gebaut, die etwas stärker dotterhaltige und pigmentierte Seite bezeichnet man als *vegetativen Pol*, die andere als *animalen Pol* (s. Abb.). Die Befruchtung durch eine Spermazelle löst Mitosen in der entstandenen Zygote aus. Nach den ersten Zellteilungen verlaufen äußerlich sichtbare Furchen vom animalen zum vegetativen Pol sowie äquatorial. Die Furchungen teilen das gesamte Plasma der Eizelle in etwa gleich große Zellen *(Blastomeren)* auf. Diesen Furchungstyp nennt man *total-äqual*.

Die Blastomeren teilen sich weiter, ohne dass das Plasma zunimmt. Die Tochterzellen werden also immer kleiner und enthalten jeweils einen Teil des mütterlichen Zellplasmas mit seinen ungleich verteilten Inhaltsstoffen. Alle Zellen haben damit zwar die gleiche genetische Ausstattung, unterscheiden sich aber in der Zusammensetzung des Plasmas. Es entsteht zunächst eine kompakte Zellkugel *(Morula)*, aus der sich dann eine Hohlkugel *(Blastula)* entwickelt. Den entstandenen Hohlraum bezeichnet man als *primäre Leibeshöhle*.

Auf die Furchung folgen Zellbewegungen und Zellverlagerungen, die man als *Gastrulation* zusammenfasst. Dabei entstehen drei Zellgruppen *(Keimblätter)*, aus denen später die Organe hervorgehen. Zunächst wandern einzelne Zellen des vegetativen Pols in den Hohlraum der Blastula, sie sind Vorläufer des mittleren Keimblatts *(Mesoderm)*. Danach stülpt sich der vegetative Pol in das Innere, sodass das ganze Gebilde einem eingedellten Ball ähnelt. Die so entstandene *Gastrula* besitzt einen Urdarm mit einer Mündung nach außen, dem *Urmund*. Die Zellen des Urdarms bilden das innere Keimblatt *(Entoderm)*. Die äußere Zellschicht wird zum *Ektoderm*. Aus der Gastrula entwickelt sich eine planktonische Larve *(Pluteus)*, die sich durch eine *Metamorphose* in einen Seeigel verwandelt.

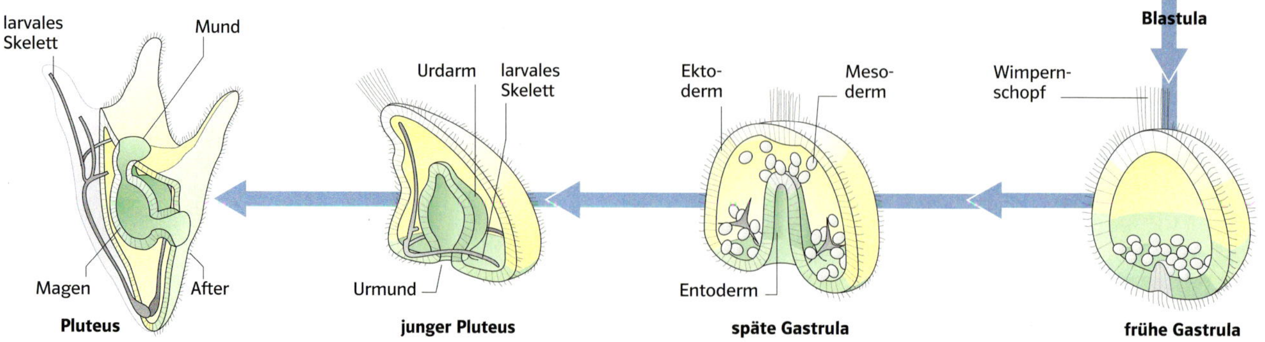

Lexikon
Ei- und Furchungstypen

Bei allen mehrzelligen Tieren verlaufen die ersten Schritte der Entwicklung von der Zygote zum vielzelligen Lebewesen — Furchung und Gastrulation — prinzipiell ähnlich. Vergleicht man die ersten Furchungsstadien, so findet man Unterschiede vor allem in der Größe und Anordnung der Blastomeren *(Blastomerensymmetrie)*.

Die unterschiedlichen *Furchungstypen* hängen entscheidend von der Menge und Verteilung des Dotters in der Eizelle ab.

Dotter

Als *Dotter* bezeichnet man Reservesubstanzen, z. B. Proteine, Aminosäuren, Glykogen, Lecithin und Vitamine, die den Stoffwechsel des Keimes unterhalten, solange er noch keine Nährstoffe aufnehmen kann.

Dotter wird schon während der Eizellreifung im Muttertier gebildet und zwar in der Eizelle selbst, durch Hilfszellen, die die Eizelle als Follikel umgeben, oder als Sekretionsprodukt der Eierstöcke.

Das Eigelb eines Hühnereis z. B. ist die dotterreiche Eizelle, das umgebende Eiklar ist ein Sekret der Eierstöcke. Die Gesamtheit von Eizelle und Dotter, Eihülle oder Eischale ist das Ei.

Dotterreiche Eier werden oft von Tieren gebildet, die nur wenige Eier bilden, denen sie dann meist eine intensive *Brutpflege* zukommen lassen. Dotterarme Eizellen kennzeichnen Tiere mit Massenvermehrung, aber auch Säuger, deren Keime im Mutterleib über eine *Plazenta* mit Nährstoffen versorgt werden und deshalb weniger Vorräte benötigen.

Totale Furchung

Bei befruchteten dotterarmen Eizellen wird das gesamte Zellplasma in nahezu gleich große Zellen *(Blastomeren)* geteilt. Die beiden ersten Furchungen verlaufen meridional, die dritte mehr oder minder äquatorial. Sie teilt den Keim äqual in acht gleich große Zellen oder inäqual wie beim Seeigel in vier kleinere und vier größere Zellen (s. Seite 238).

Die weiteren Furchungen liegen vom animalen Pol aus gesehen radiär, schräg versetzt *(spiral)*, oder seitwärts *(bilateral)* und legen so die späteren Körperachsen fest.

Partielle Furchung

Befruchtete dotterreiche Eizellen werden nur teilweise *(superfiziell* oder *discoidal)* gefurcht. Bei Insekten teilt sich der zentrale Zellkern zunächst mehrfach, die Tochterzellkerne wandern zur Peripherie der Zygote. Erst hier grenzen sich die Zellen durch Zellmembranen ab *(Periblastula)*.

Bei Kriechtieren und Vögeln furcht nur die am animalen Pol liegende Keimscheibe *(Discoblastula)*. Die Dottermasse wird nicht geteilt. Zellen aus den Keimblättern bilden eine Hülle um den Dotter. Der so entstandene Dottersack weist eine Verbindung zum Darm des Embryos auf, um die Nährstoffversorgung sicherzustellen.

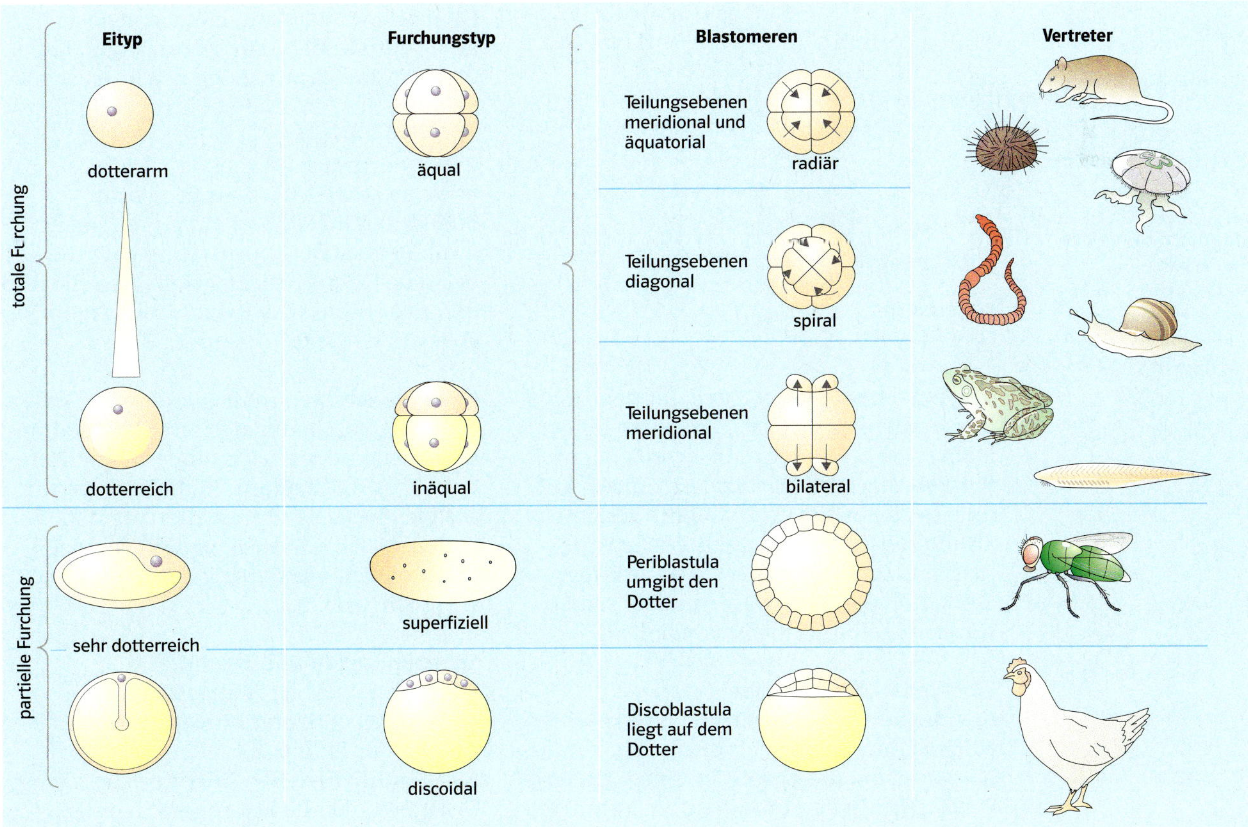

Eigenschaften embryonaler und adulter Stammzellen

Determinierung
Einschränkung der Entwicklungsmöglichkeiten einer Zelle

Differenzierung
Erreichen der endgültigen Gestalt und Funktion

totipotente Stammzellen
(„zu allem fähig“) können einen vollständigen Organismus hervorbringen

pluripotente Stammzellen
können alle Zelltypen, aber keinen vollständigen Organismus hervorbringen

multipotente Stammzellen
können den Zelltyp des umgebenden Gewebes hervorbringen

Stammzelltypen des Menschen
embryonale Stammzellen: pluripotent, adulte Stammzellen: multipotent

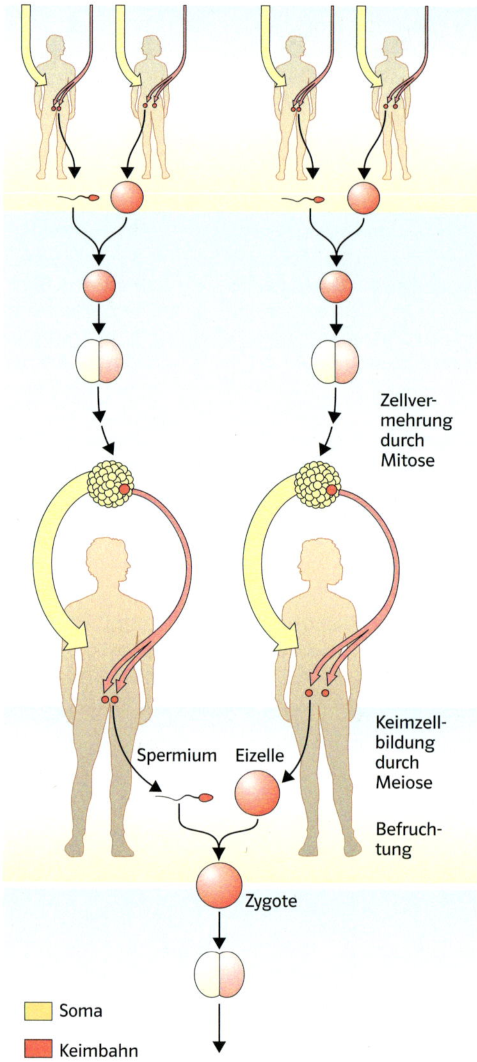

1 *Keimbahn*

Wie einem Bauplan folgend entstehen aus den zunächst gleichartigen Zellen eines Mehrzellerkeims spezialisierte Zellen, z. B. Muskel-, Nerven-, Darmzellen. Entwicklung bedeutet eigentlich nichts anderes als die zeit- und ortsgerechte *Differenzierung* von Zellen. Die Entwicklungsmöglichkeiten der Zelle werden dabei schrittweise eingeschränkt *(Determination).*

Embryonale Stammzellen

Aus der befruchteten Eizelle eines Mehrzellers kann ein vollständiger Organismus hervorgehen, die Zygote ist eine *totipotente Stammzelle.* Zu den totipotenten Stammzellen des Menschen zählen auch die Zellen der ersten Zellteilungen, denn aus ihnen können noch *eineiige Zwillinge* entstehen. Bei den ersten Zellteilungen erhalten die Tochterzellen zwar die gleiche genetische Information, übernehmen aber unterschiedliche Bereiche des mütterlichen Zellplasmas [Basiskonzept S. 372]. Konzentrationsunterschiede an m-RNA und Proteinen führen zu einer spezifischen Genexpression in den einzelnen Zellen, auch Nachbarzellen beeinflussen die weitere Entwicklung. Beim Menschen können Zellen aus dem Inneren der frühen *Blastocyste* alle Zelltypen, aber keinen kompletten Organismus bilden. Diese *embryonalen Stammzellen* sind *pluripotent* und bringen vermutlich auch die *adulten Stammzellen* hervor.

Adulte Stammzellen

Das sind teilungsfähige Zellen, die im ausgewachsenen Organismus für die Gewebeerneuerung sorgen. Adulte Stammzellen sind *multipotent*, bei ihnen legt die zelluläre Umgebung fest, welche Zelltypen erzeugt werden: Adulte Stammzellen der Haut bilden nur Hautzellen, solche aus dem roten Knochenmark nur Blutzellen usw. Adulte Stammzellen zeichnen sich dadurch aus, dass sie bei ihrer Teilung eine differenzierende Zelle (z. B. Hautzelle) und eine Stammzelle bilden. Dadurch wird gewährleistet, dass der Vorrat von bildefähigen Zellen nicht aufgebraucht wird. Bei der Determinierung geht die genetische Gesamtinformation der Zelle also nicht verloren, sie wird nur nicht mehr abgerufen. [Basiskonzept S. 380]

Einen Sonderweg schlagen die Keimzellen ein. Sie entstehen meiotisch aus Urkeimzellen und bilden nach einer Befruchtung ein neues Individuum, in dem wiederum auf gleiche Weise Keimzellen entstehen. Zellen dieser *Keimbahn* werden von den Körperzellen *(somatischen Zellen)* unterschieden (Abb. 1).

Keimbahnzellen sind geschützt

Das *Embryonenschutzgesetz (ESchG)* vom 13. 12. 1990 verbietet künstliche Veränderungen der Keimbahnzellen:
§ 8: „Keimbahnzellen im Sinne dieses Gesetzes sind alle Zellen, die in einer

Zell-Linie von der befruchteten Eizelle bis zu den Ei- und Samenzellen des aus ihr hervorgegangenen Menschen führen, ferner die Eizelle vom Einbringen oder Eindringen der Samenzelle an bis zu der mit der Kernverschmelzung abgeschlossenen Befruchtung."

Bei der Blutzellbildung aus Knochenmarkzellen können krebsartige Degenerationen auftreten, die *Leukämie* genannt werden.

A1 Erläutern Sie, auf welche Stammzellen sich §8 des Embryonenschutzgesetzes bezieht.

Transfusion von Stammzellen

Bei einer bestimmten Art von Leukämie setzt man bereits heute erfolgreich eine *Stammzelltherapie* ein. Nachdem die degenerierten Stammzellen des Erkrankten ausgeschaltet worden sind, können Blutstammzellen aus dem Knochenmark eines Spenders auf den Erkrankten übertragen werden. Große Schwierigkeiten bereitet hier allerdings das Auffinden eines geeigneten Stammzellspenders. Grund dafür ist die Unverträglichkeit beinahe aller fremder Zellen für den Empfänger. Auf die sprichwörtliche Suche nach der Stecknadel im Heuhaufen könnte verzichtet werden, wenn es gelänge, auf eigene Zellen des Erkrankten zurückzugreifen.

Herkunft adulter Stammzellen

Knochenmarksstammzellen sind *adulte Stammzellen*. Sie gehen auf embryonale Stammzellen der Blastocyste zurück. Die *pluripotenten Stammzellen* der Blastocyste können zu jedem Zelltyp des Embryos ausdifferenzieren. Dazu zählen auch adulte Stammzellen des Knochenmarks. Gesunde *embryonale Stammzellen* des Erkrankten könnten erfolgreich zur Therapie von Leukämie eingesetzt werden, da sie die degenerierten Zellen ersetzen könnten.

In Deutschland ist die therapeutische Verwendung von embryonalen Stammzellen nach dem *Embryonenschutzgesetz* untersagt. Aus diesem Grund richtet sich das Interesse der Biologen und Mediziner gegenwärtig auf die Verwendung von *somatischen Zellen*, denen man ihre *Pluripotenz* zurückgibt.

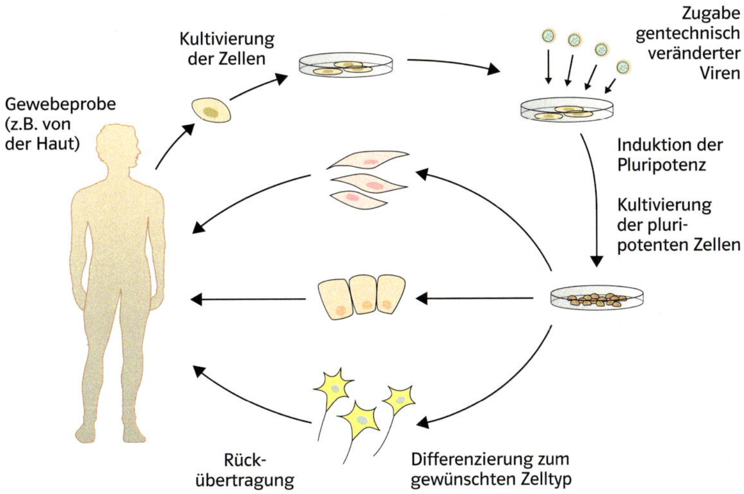

2 *Reprogrammierung von Zellen*

Reprogrammierung von Stammzellen

Somatische Zellen, etwa aus der Haut, werden in Nährmedium gehalten und mit gentechnisch veränderten Viren infiziert. Diese Genübertragung nennt man *Transfektion*. Die Produkte der neu eingebrachten Gene verändern das Spektrum der abgelesenen Gene der Hautzellen, sodass diese dazu gebracht werden, wieder das Spektrum pluripotenter Stammzellen abzulesen.

Im Gegensatz zu natürlichen pluripotenten Stammzellen sind die durch *Reprogrammierung* entstandenen gentechnisch verändert. Man bezeichnet sie als *induzierte pluripotente Stammzellen*. Zurzeit werden diese Zellen noch nicht beim Menschen therapeutisch eingesetzt. Langfristig ist jedoch die Verwendung induzierter pluripotenter Stammzellen z.B. bei der Bekämpfung von Leukämie denkbar. Hierbei besteht die berechtigte Hoffnung, dass diese Stammzellen die Funktion von Knochenmarksstammzellen übernehmen. [Basiskonzept S. 376]

A2 Fassen Sie die Vorteile der Verwendung von induzierten pluripotenten Stammzellen gegenüber der von embryonalen Stammzellen zusammen.

Individualentwicklung und Genregulation

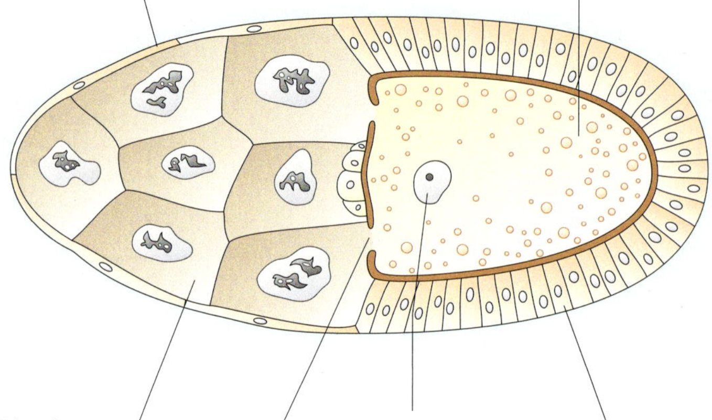

1 *Follikel- und Nährzellen umgeben die Drosophila-Eizelle*

Die befruchtete Eizelle enthält die genetische Information zur Ausbildung des Organismus. Da sich die Zellen eines Organismus stark voneinander unterscheiden, müssen in den verschiedenen Zellen jeweils unterschiedliche Informationen realisiert werden. Im Verlauf der Individualentwicklung eines Organismus sind nicht alle Gene gleichzeitig aktiv, sondern nacheinander, in einer aufeinander abgestimmten Reihenfolge an- und abgeschaltet. Das An- und Abschalten von Genen wird als *Genregulation* bezeichnet. [Basiskonzept S. 376]

Transkriptionsfaktoren bei Escherichia coli

An *Escherichia coli* wurden die molekularen Vorgänge der Genregulation eingehend untersucht (s. Seite 207). Diese Zelle kann als Modell auch für eukaryotische Genregulation dienen. Bei *E. coli* werden durch Lactosezusatz die Lactoseabbaugene aktiviert. Da die Transkription der Lactose abbauenden Gene durch das Repressorprotein und die Lactose beeinflusst wird, bezeichnet man diese als *Transkriptionsfaktoren*. Sowohl die Bindung des Repressorproteins an die DNA als auch die Bindung von Lactose an den Repressor sind Beispiele für das Basiskonzept Struktur und Funktion auf molekularer Ebene. [Basiskonzept S. 370]

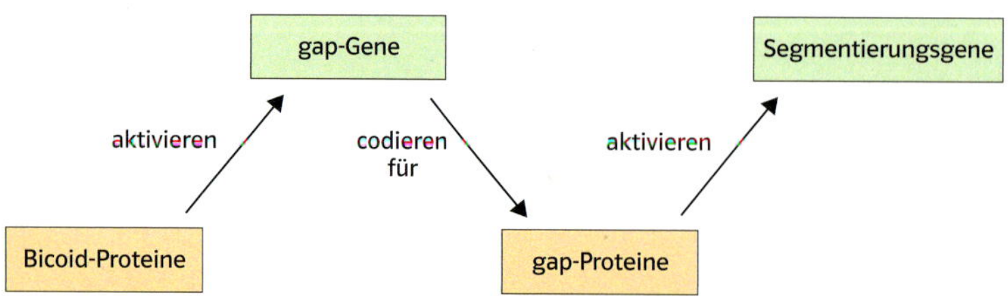

2 *Beispiel für die Informationsübertragung innerhalb einer Zelle*

Individualentwicklung bei Eukaryoten

Die Differenzierung von einer eukaryotischen befruchteten Eizelle zu einem Embryo mit unterschiedlichen Zelltypen erfolgt ebenfalls über Transkriptionsfaktoren, die an die DNA binden. Wesentliche Einsichten in die Steuerung von Entwicklungsprozessen wurden bei Untersuchungen an der Fruchtfliege *Drosophila melanogaster* gewonnen. Befruchtete Drosophila-Eizellen sind von mütterlichen Zellen, den Nähr- und Follikelzellen umgeben (Abb. 1). Diese geben an die Eizelle m-RNA für ein bestimmtes Protein ab. In der Eizelle erfolgt nach Translation der m-RNA die Bildung eines bestimmten Eiweißes *(Bicoid)*. Bicoid wirkt als Transkriptionsfaktor für die Bildung der Kopfregion des Fliegenembryos. In der Nähe des vorderen Endes des Eies ist die Bicoid-Konzentration besonders hoch (Abb. 3 links), hier entwickelt sich der Kopf der Fliege.

A1 Begründen Sie die Missbildungen bei Larven von Bicoid-Mangelmutanten.

Die Bicoid-Proteine führen zur Bildung von Proteinen in der Eizelle, die ihrerseits die sogenannten *Segmentierungsgene* aktivieren. Diese führen zur Ausbildung der Insektensegmente. Proteine lassen sich durch spezifische Antikörper, an die Farbstoffe assoziiert sind, sichtbar machen. So zeigen sich in einem frühen Entwicklungsstadium der Fruchtfliege charakteristische Proteinmuster, die eine spätere Segmentierung ahnen lassen.

Transkriptionsfaktoren bei Eukaryoten

Neben den Bicoid-Proteinen und den Segmentierungsproteinen hat man bei der Fruchtfliege noch Proteine entdeckt, die großen Einfluss auf die Ausbildung des Körperbaus haben. Die sogenannten homöotischen Proteine binden an die DNA und steuern so die Aktivität der nachgelagerten Gene. Hierbei zeigen die

3 *Die Proteine der Segmentierungsgene*

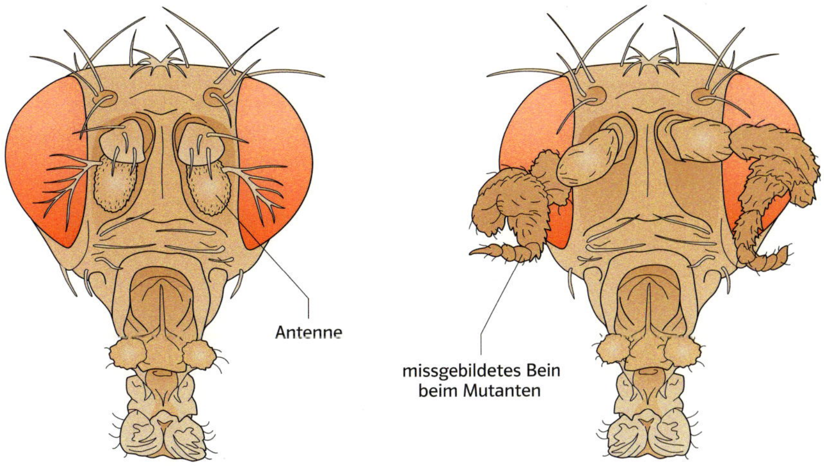

4 *Gegenüberstellung normale Drosophila (Wildtyp) und Mutante „Antennapedia"*

Homöoproteine Spezifität für bestimmte Gengruppen, z. B. für die, die zur Bildung einer Antenne führen. Die Gene für die Homöoproteine sind normalerweise in einem bestimmten Abschnitt des Körpers aktiv. Fällt im Kopfabschnitt jedoch die Aktivität der homöotischen Gene durch Mutation aus, so können dort andere Homöoproteine gebildet werden. Dann entstehen Tiere, die als Missbildung Beine statt Antennen in der Kopfregion tragen (Abb. 4).

Homöotische Gene und Evolution

Nach dem Fund homöotischer Proteine bei der Fruchtfliege fand man diese auch bei Wirbeltieren und beim Menschen. Überraschenderweise führten die homöotischen Proteine, die bei der Maus an der Bildung der Augen mitwirkten, auch bei der Fruchtfliege zu zusätzlichen Komplexaugen. Daraus lässt sich schließen, dass die den jeweiligen Genen vorgelagerten Bindungsstellen für die Homöoproteine über eine lange Entwicklungsdauer hinweg und durch verschiedene Gruppen der Tiere konstant geblieben sind. Es kann wohl davon ausgegangen werden, dass die Bedeutung der Genregulation durch homöotische Proteine für alle genannten Lebewesen von großer Bedeutung ist.
[Basiskonzept S. 384]

Info-Box: Entwicklung der Fruchtfliege

Das Ei der Fruchtfliege hat die Form eines länglichen Zylinders. Bei der Befruchtung dringt das Spermium in die Eizelle ein, sein Kern verschmilzt mit dem der Eizelle. Innerhalb von 2,5 Stunden bilden sich rund 5000 Zellkerne, die in einem gemeinsamen Cytoplasma schwimmen und zur Peripherie gelangen. Erst dann bilden sich um die Kerne Zellmembranen, der vielzellige Embryo entsteht. Nach 22 Stunden hat sich aus dem Embryo eine segmentierte, fressende Larve entwickelt.

Larve und ausgewachsene Fliege ähneln sich lediglich darin, dass sie aus sich wiederholenden, im Prinzip gleichartigen Abschnitten *(Segmenten)* zusammengesetzt sind. Nach Verpuppung und Metamorphose schlüpft die erwachsene Fliege. Die Segmente im Bereich des Kopfes sind dann miteinander verschmolzen und besitzen Sinnesorgane wie Augen, Antennen sowie Mundwerkzeuge. Sie haben sich differenziert. Die drei Brustsegmente (B_1—B_3, s. Abb.) tragen Anhänge, also Flügel und Beine zur Fortbewegung. Der Hinterleib wird von 8 Segmenten (H_1 — H_8) gebildet.

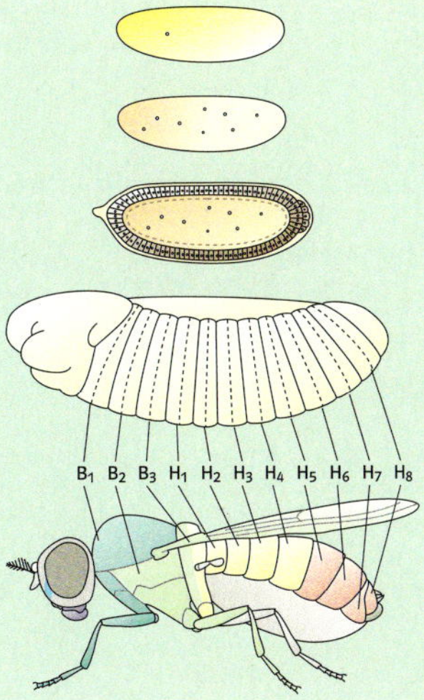

Entwicklungs- und Stammesgeschichte

Ontogenese
Keimesentwicklung

Phylogenese
Stammesentwicklung

Das Wort „Entwicklung“ beschreibt sprachlich sowohl das Heranwachsen eines Individuums als auch die stammesgeschichtliche Veränderung der Arten. Diese „Entwicklung“ soll näher betrachtet werden. [Basiskonzept S. 384]

Biogenetische Grundregel

Betrachtet man den Bau sehr junger Wirbeltierkeime, so kann nur ein Experte erkennen, ob sich daraus einmal Knochenfisch, Molch, Schildkröte, Vogel oder Säugetier entwickeln wird, so ähnlich sind sich die Formen (Abb. 1). Alle frühen Embryonen besitzen ein Vorderende mit Gehirn- und Augenanlage sowie eine segmentierte Körperachse, aus der die Wirbelsäule hervorgeht. Im Brustbereich fallen die Kiemenspalten auf. Sie bilden eine Verbindung zwischen Vorderdarm („Kiemendarm“) und Außenwelt und werden durch *Kiemenbögen* voneinander abgegrenzt. Erst bei etwas älteren Embryonen werden die kennzeichnenden Merkmale der einzelnen Klassen allmählich erkennbar. Beim Fisch bleiben die Kiemen erhalten. Bei den anderen sind sie nicht mehr sichtbar. Skelettelemente der Kiemenbögen haben sich z. B. zum primären Kiefergelenk oder zu *Gehörknöchelchen* weiterentwickelt. Von den Kiemenspalten ist schließlich nur noch eine erhalten: das *Mittelohr.* Diese Umgestaltungen in der Keimesentwicklung gleichen also Umgestaltungen, die in der Stammesentwicklung von Fisch zu Säugetier abgelaufen sind. Ernst Haeckel formulierte bereits 1866 seine *Biogenetische Grundregel*: „Die Keimesentwicklung *(Ontogenese)* ist eine kurze, unvollständige und schnelle Rekapitulation der Stammesentwicklung *(Phylogenese)*“.

Neben den Vorstufen späterer Merkmale weisen Embryonen auch Kennzeichen auf, die nur in der Entwicklung von Bedeutung sind, wie Keimhülle oder Dottersack. Die Biogenetische Grundregel bezieht sich nur auf die Anlage einzelner Organe.

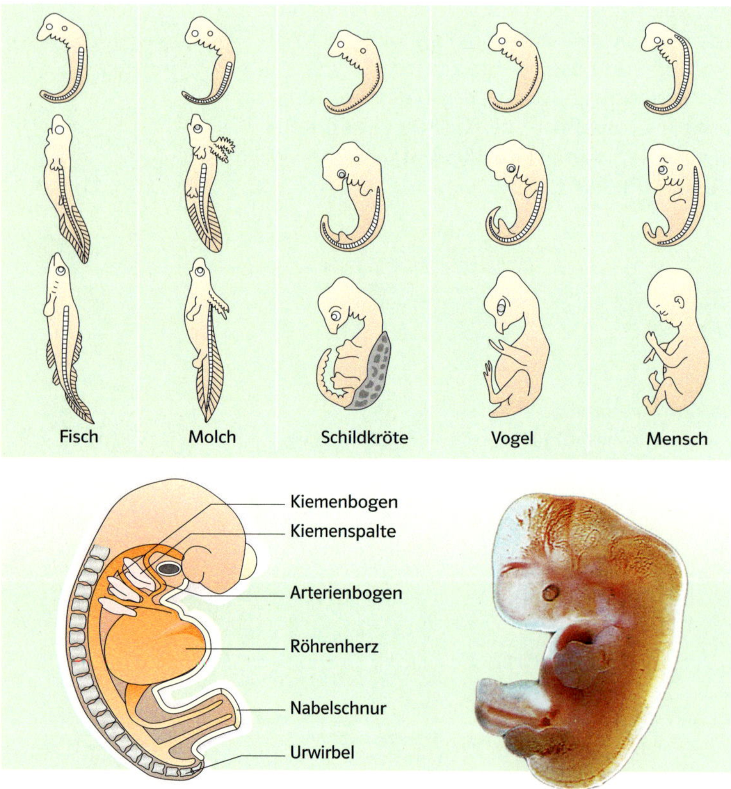

1 *Wirbeltierembryonen und Biogenetische Grundregel*

Steuerung der Entwicklung

Warum in der Ontogenese Organe angelegt werden, die Organen der Vorfahren ähneln, aber von den ausgewachsenen Individuen gar nicht mehr gebraucht werden, lässt sich heute durch entwicklungsbiologische Erkenntnisse besser verstehen. Solche Strukturen dienen häufig als „Organisatoren“ für die folgenden Entwicklungsschritte [Basiskonzept S. 384]. Bei den Landwirbeltieren werden die Kiemen zwar nicht zum Atmen gebraucht, Zellen der embryonalen Kiemenbögen und ihre Genprodukte organisieren aber die weitere Organentwicklung im Hals- und Kopfbereich. Daher können sie in der Entwicklung auf die Kiemenanlage nicht verzichten.

Die genetische Kontrolle der Entwicklung ist heute Gegenstand vieler Untersuchungen. Besondere Kontrollgen-Gruppen *(homöotische Gene)* sind für die Entwicklung des Grundbauplanes zuständig. Beim Säugetier nennt man sie *Hoxgene.* Bestimmte Hoxgene werden früh in der Entwicklung am Kopfende des Embryos abgelesen, andere erst später. Damit ist bereits die Längsachse festgelegt. Hoxgene codieren für Transkriptionsfaktoren. Dies sind Proteine, die an bestimmte DNA-

Abschnitte binden und so die Aktivität untergeordneter Gene steuern, die wiederum über die Ausprägung der einzelnen Körperabschnitte entscheiden. Abschnitte der Kontrollgene *(Homeoboxen)* von Fliege, Fisch und Maus ähneln sich so sehr, dass ein gentechnisch übertragenes Mausgen, das für die Entwicklung des Linsenauges verantwortlich ist, in der Fliege die Bildung eines Facettenauges kontrollieren kann. In der Entwicklung geht es um Anweisungen wie „falte, drehe, dehne" usw. Auch diese sind für verschiedene Entwicklungsprozesse einsetzbar. Die homöotischen Gene müssen schon vor der Abspaltung der Wirbeltiere, also früh in der Evolution entstanden sein.

Kriterium der Stetigkeit
Für die Homologieforschung ist die Embryologie von unschätzbarem Wert, zeigt sie doch oft gerade die Übergänge zwischen homologen Merkmalen, die vom Kriterium der Stetigkeit verlangt werden, beim erwachsenen Organismus aber nicht mehr zu erkennen sind. Die *Seepocken* sind z.B. wirbellose Tiere, die mit Kalkplatten an der Felsküste festsitzen und mit ihren rankenartigen Beinen Schwebstoffe aus dem Wasser filtern (s. Randspalte). Nur im Embryonalalter erkennt man, dass es sich um Krebse handelt, denn sie entwickeln sich wie alle anderen Krebse aus einer planktonischen Naupliuslarve. Auch der Seeigel zeigt nur im Larvenalter, dass er zu den bilateralsymmetrischen Tieren gehört und nicht zu den radiärsymmetrischen wie Korallen oder Quallen.

Umgekehrt kann man bei Organen ausgewachsener Tiere, die sich wie die Augen von Kopffüßern (Tintenfischen) und Wirbeltieren verblüffend ähneln, an der vollkommen anderen Entwicklung erkennen, dass es sich um *Analogien* handelt (Abb. 2).

A1 Vergleichen Sie die Entwicklung des Auges bei Kopffüßer und Wirbeltier und begründen Sie, dass es sich dabei um analoge Organe handelt.

erwachsene Seepocken

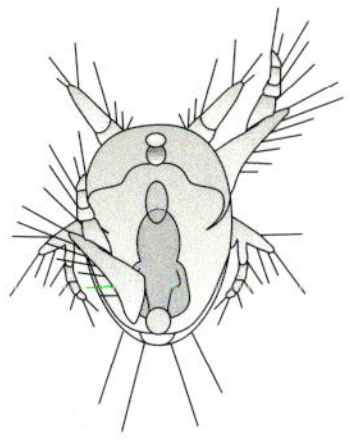
Naupliuslarve der Seepocke

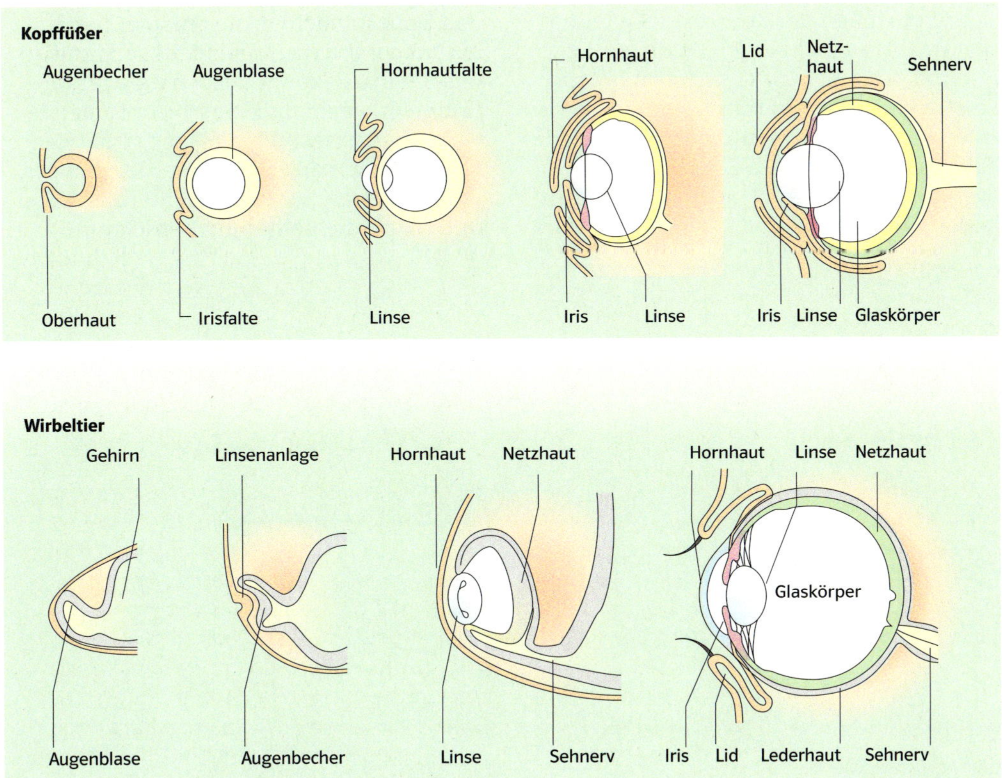

2 *Entwicklung der Linsenaugen bei Kopffüßer und Wirbeltier (Schema)*

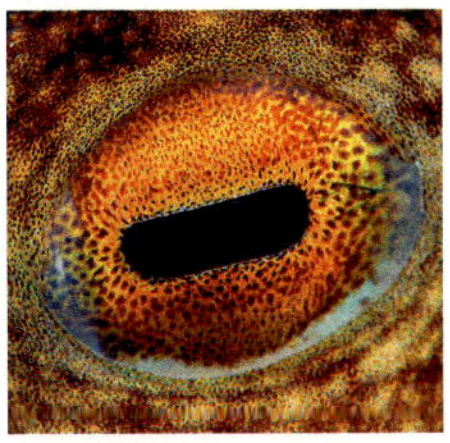
Auge Krake

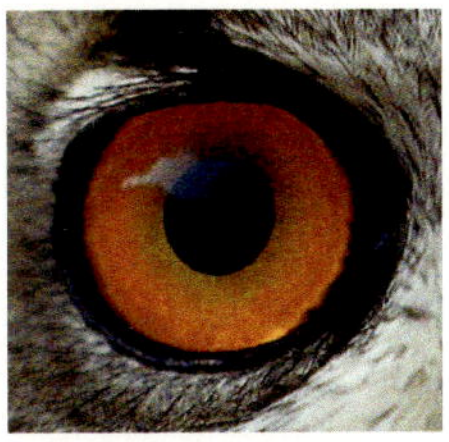
Auge Uhu

Krebs — Fehler in der Informationsübertragung

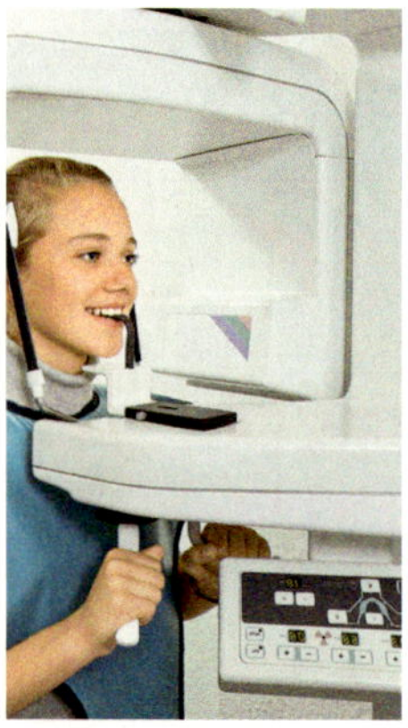

Bleischürzen schützen vor Röntgen-Strahlen

Nach den Herz-Kreislauf-Erkrankungen ist Krebs in den Industriestaaten eine der häufigsten Todesursachen. Krebs ist eine Sammelbezeichnung für bösartige Tumore, also für Geschwülste von Körpergewebe, in denen sich Zellen unkontrolliert teilen und ihre normale Funktion verlieren. [Basiskonzept S. 376]

Wucherung, Schädigung des Gewebes

Tumore verdrängen durch ihr Wuchern das gesunde Gewebe und entziehen dem Organismus lebenswichtige Nährstoffe für ihren eigenen übersteigerten Stoffwechsel. Gutartige Tumore wachsen sehr langsam und dringen nicht in das umgebende Gewebe ein, sie sind daher nicht unbedingt lebensbedrohend. Bösartige Tumore dringen in das umgebende Gewebe ein; Zellen können sich aus der Krebsgeschwulst lösen und im Körper ausbreiten. Sie bilden dann Tochtergeschwülste (*Metastasen*, Abb. 2).

Während die Häufigkeit und der Zeitpunkt der Zellteilungen bei gesunden Körperzellen gesteuert wird, entziehen sich Krebszellen der Kontrolle. Sie teilen sich unablässig, ohne sich zu differenzieren und ohne sich als Gewebe zu ordnen. Letztlich steht Krebs für eine fehlerhafte Informationsübertragung innerhalb der Zelle und ist damit ein Beispiel für das Basiskonzept Information und Kommunikation [Basiskonzept S. 380].

Bestimmte Stoffe (z. B. Teerstoffe) können Krebs verursachen, sie wirken *karzinogen*; ebenso energiereiche Strahlen, wie Röntgen-, UV- oder radioaktive Strahlung. Da die genannten Einflüsse mutagen sind, liegt es nahe zu vermuten, dass Mutationen in Körperzellen *(somatische Mutationen)* Krebs verursachen können. Es gibt daneben aber auch spezielle Viren, die Krebs auslösen können.

Krebsgene

Die Rolle von Genen beim unkontrollierten Wachstum von Tumoren wurde zuerst an krebserregenden Viren erkannt. Man bezeichnet krebserregende Gene als Onkogene (griech. *onkos* = Geschwulst). Virale Onkogene führen zur vermehrten Zellteilung bei befallenen Zellen und fördern so ihre eigene Vervielfachung. In ihrer Basensequenz ähneln die viralen Onkogene wirtseigenen Genen, die Wachstum und Zellteilung gesunder Zellen im Gewebe kontrollieren. Sind diese Gene verändert, kann das Zellwachstum außer Kontrolle geraten. Daher sind sie potenzielle Vorstufen von Onkogenen und man bezeichnet sie entsprechend als *Proto-Onkogene*. Verschiedene Mutationsereignisse können lebensnotwendige Proto-Onkogene in Krebs verursachende Onkogene umwandeln (Abb. 1): Eine Vervielfachung (mehrfache Duplikation) des Proto-Onkogens steigert seine Expression und damit die Zellteilung. Bestimmte

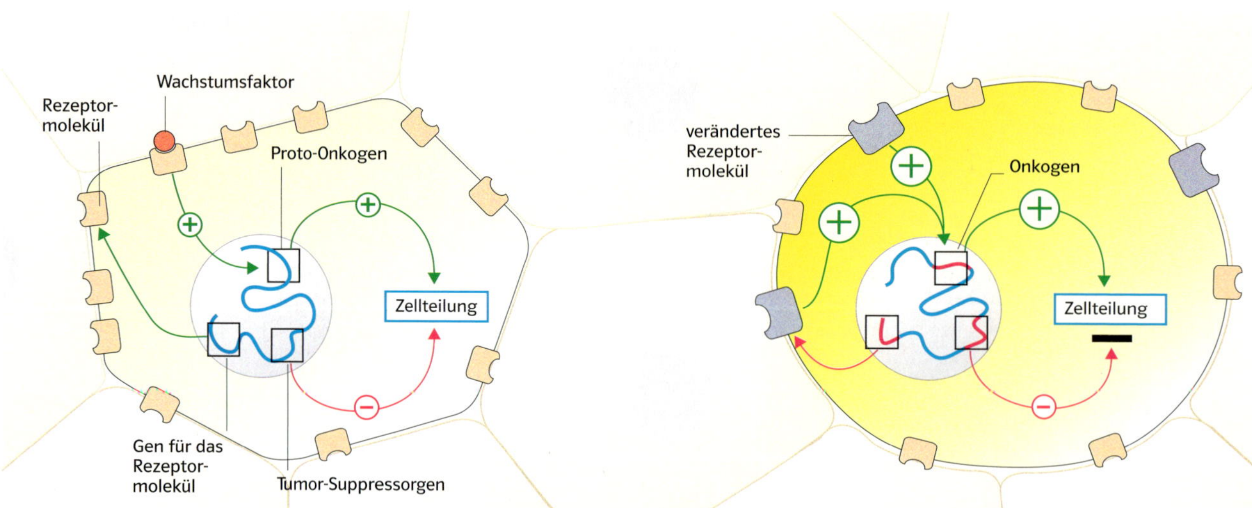

1 *Steuerungsvorgänge in normalen Körperzellen (links) und Tumorzellen (rechts)*

Punktmutationen können stärker wirksame Genprodukte entstehen lassen. Durch Translokation kann ein Proto-Onkogen in eine DNA-Nachbarschaft kommen, in der es unter die Kontrolle eines besonders aktiven Promotors gerät.

Krebs kann aber nicht nur entstehen, wenn zellwachstumsfördernde Gene mutieren, sondern auch wenn solche Gene verändert werden, die normalerweise das Zellwachstum hemmen, die Entstehung eines Tumors also im intakten Zustand verhindern. Man bezeichnet sie daher als *Tumor-Suppressorgene*. Mutationen in Tumor-Suppressorgenen werden mit verschiedenen Krebserkrankungen in Zusammenhang gebracht, z. B. mit einem bösartigen Netzhauttumor bei Kindern. Neben Genmutationen werden heute auch somatische Genommutationen für die Krebsentstehung verantwortlich gemacht.

Zwei-Treffer-Theorie

Krebs wird meistens durch mehrere Mutationen verursacht. Das erklärt auch das vermehrte Auftreten von Krebs im Alter und eine gewisse Häufung von Krebserkrankungen in bestimmten Familien. Die *Zwei-Treffer-Theorie* geht davon aus, dass mindestens zwei Mutationen erforderlich sind, um Zellen entarten zu lassen: Eine Mutation schädigt z. B. ein Gen für die Regulation der Zellteilung, die andere eines für die Anordnung zu Geweben. Hat eine Person bereits ein mutiertes Gen geerbt, genügt eine weitere Mutation, um in Körperzellen Krebs auszulösen. Der Betroffene ist *prädisponiert*.

Mit der Zwei-Treffer-Theorie kann die Entstehung von Dickdarmkrebs, der häufigsten Krebsart bei Männern, erklärt werden: In gesunden Zellen codiert ein *Proto-Onkogen* auf Chromosom 12 für ein membrangebundenes Rezeptorprotein. Dieses aktiviert im Inneren der Zelle das Programm zur Zellteilung, sobald sich Wachstumsfaktoren anlagern. Verwandelt eine Mutation dieses Proto-Onkogen in ein Onkogen, ist das veränderte Rezeptorprotein daueraktiv und regt die betroffene Zelle auch ohne Wachstumsfaktoren zu ständigen Teilungen an. Es bilden sich gutartige Wucherungen *(Polypen)*. Der Verlust eines Tumor-Suppressorgens durch eine weitere Mutation führt dann zum Krebs (Abb. 2).

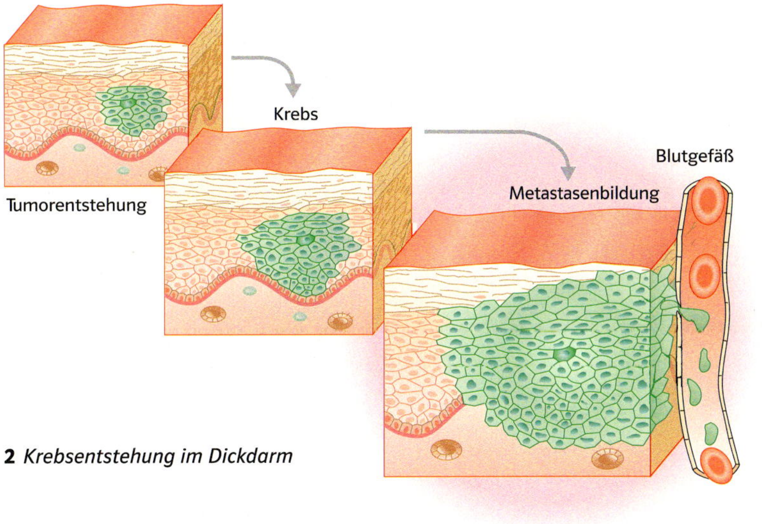

2 *Krebsentstehung im Dickdarm*

Proto-Onkogene in der Stammzellforschung

Als Ersatz für die ethisch und immunologisch unvorteilhaften embryonalen Stammzellen versucht man heute, somatische Zellen, also Körperzellen, wieder in undifferenzierte zu überführen. Stammzellen zeichnen sich gegenüber ausdifferenzierten Zellen durch eine Teilungsfähigkeit und die Aktivität von Proto-Onkogenen aus. Bei gesunden ausdifferenzierten Zellen stellen diese Proto-Onkogene ihre Aktivität ein. Um diese ausdifferenzierten Zellen wieder in einen teilungsaktiven Zustand zu versetzen, müssen ihnen als Transkriptionsfaktoren die Proteine der Proto-Onkogene zugesetzt werden. Das erreicht man dadurch, dass man die Proto-Onkogene mit einem entsprechenden Promotor in die ausdifferenzierten Zellen bringt. Reprogrammierte Stammzellen weisen also mindestens ein Fremdgen und einen Promotor auf. Die Transkription des Proto-Onkogens führt zu einem Protein, das die Zellteilung anregt. Hierdurch erhält die transgene Zelle das Signal, sich zu teilen, sie verhält sich ähnlich wie eine Stammzelle. [Basiskonzept S. 380]

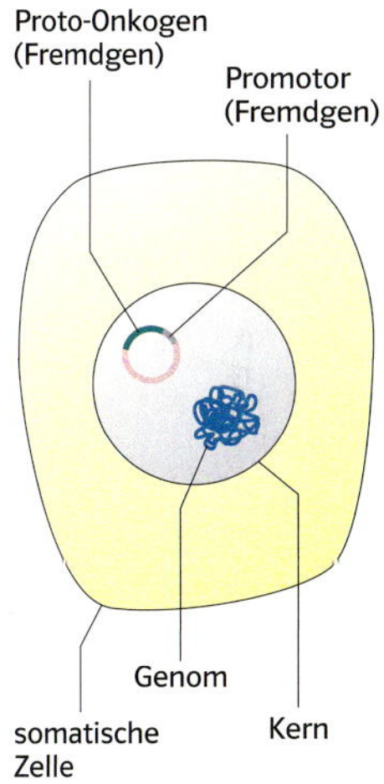

A1 Die Mutation eines Proto-Onkogens zum Onkogen wirkt sich dominant aus, durch Mutation unwirksame Tumor-Suppressorgene dagegen rezessiv. Begründen Sie.

Lexikon
Übersicht über die Immunbiologie

Von der Organebene bis hin zur Molekülebene sind an der Immunabwehr viele Strukturen sowie Botenstoffe beteiligt. Ihr Wirken ist vielfach miteinander verwoben.

Organebene

Organe der Immunabwehr

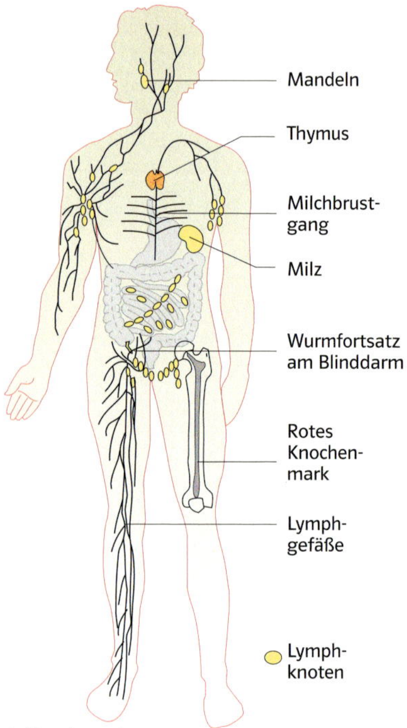

1 *Das Lymphsystem*

Das Lymphsystem kann als großes Abwehrorgan begriffen werden. Es besteht aus einem System von Kanälen, durch das Lymphe mit Weißen Blutzellen transportiert wird. In dieses System ist eine Vielzahl von Lymphknoten eingebettet, in die Makrophagen einwandern, die Keime bzw. Antigene aufgenommen haben. Im Lymphknoten aktivieren sie Zellen der spezifischen Abwehr.

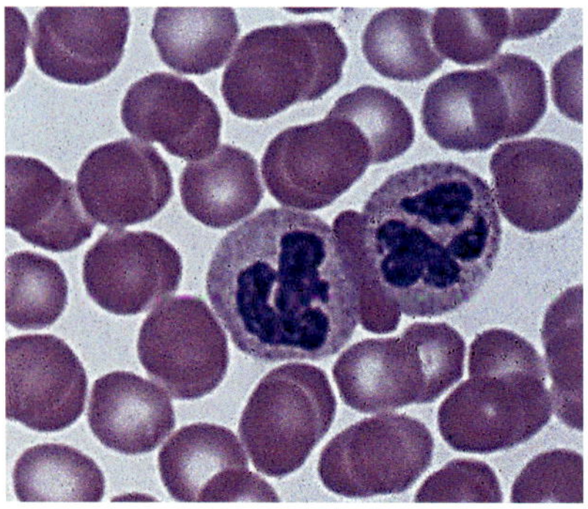

2 *Blutausstrich*

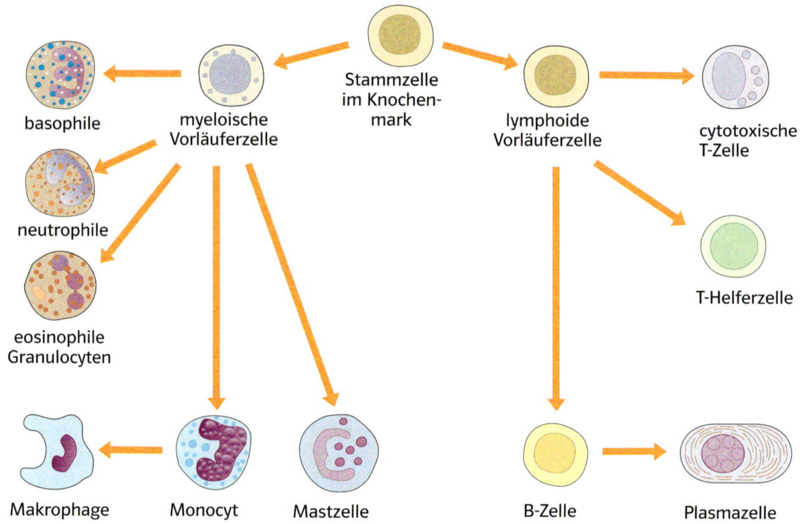

3 *Differenzierung Weißer Blutzellen*

Zellebene

Weiße Blutzellen

Die Weißen Blutzellen werden in besonderen Bereichen des Körpers gebildet. Sie übernehmen wesentliche Funktionen bei der Immunabwehr. B-Zellen werden im Knochenmark (engl. *bone marrow)* gebildet. Die Bildung der T-Zellen findet bis zur Pubertät im Thymus statt, später im Knochenmark oder in lymphatischen Organen. Sie alle werden aus Stammzellen gebildet, die sich auf verschiedene Art ausdifferenzieren können.

Zelltypen

Bestimmte Zelltypen lassen sich der unspezifischen Immunabwehr zuordnen. Sie attackieren alles Fremde, unabhängig davon, wie es beschaffen ist. Hierzu zählen *eosinophile Granulocyten* (Abb. 3), die Würmer und Egel angreifen, und *neutrophile Granulocyten*, die Erreger durch Phagocytose vernichten. Letzteres wird auch durch die *Monocyten*, die sich im Bindegewebe zu Makrophagen entwickeln können, bewerkstelligt. *Basophile Granulocyten* und *Mastzellen* sind hingegen an der Einleitung der Entzündungsreaktion beteiligt.

An der spezifischen Immunabwehr haben vor allem B-Zellen und T-Zellen Anteil. B-Zellen produzieren massenweise passgenaue Antikörper gegen bestimmte Proteine (Antigene), die auf der Zelloberfläche von Erregern vorkommen.

T-Zellen unterteilt man in zwei Gruppen:
- T_H-Zellen wirken aktivierend bei der spezifischen Immunabwehr.
- T_C-Zellen zerstören Körperzellen, die durch Viren infiziert wurden.

Organellebene

Ein Erreger oder Fremdstoff wird von Makrophagen u. a. durch Phagocytose aufgenommen. Dabei umschließt ihn die Zellmembran, sodass er in ein eigenes Kompartiment eingeschlossen ist. Man nennt es *Phagosom*. Ein weiteres Kompartiment, das *Lysosom*, enthält viele Enzyme zur intrazellulären Verdauung, die nach Verschmelzung mit dem Phagosom dessen Inhalt (eventuell auch ganze Bakterien) abbauen. Dabei bleiben Bruchstücke des Erregers übrig, die mithilfe der MHC-Moleküle nach außen transportiert und weiteren Zellen der Immunabwehr präsentiert werden.

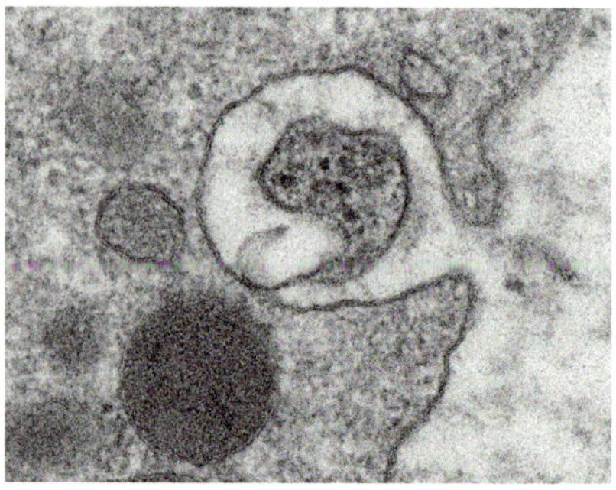

4 *Phagosombildung bei Phagocytose*

Molekülebene

Antikörper
Antikörper besitzen die Fähigkeit, gezielt an bestimmte Stellen der Erreger oder Fremdstoffe — die sogenannten *Antigene* — zu binden. Auf diese Weise werden diese neutralisiert, agglutiniert oder präzipitiert. Dadurch werden sie unwirksam, gleichzeitig sind sie ein gefundenes Fressen für die Fresszellen der Immunabwehr.

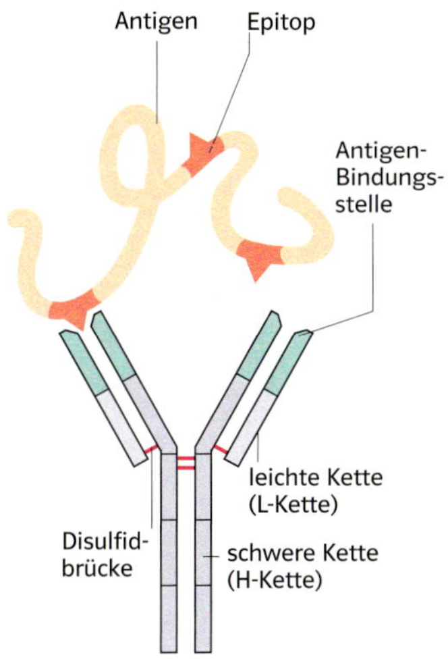

5 *Modell eines Antikörpers*

MHC-Moleküle
MHC-Moleküle präsentieren Bruchstücke eines in der Zelle befindlichen Erregers nach außen. Dies aktiviert die spezifische Immunabwehr.

In allen Körperzellen, die durch ein Virus infiziert sind, bleiben Bruchstücke dieses Virus übrig. Diese werden mithilfe der MHC-Klasse-I-Moleküle an der Zelloberfläche präsentiert. Auf diese Weise werden T_C-Zellen angeregt, die betroffenen Zellen zu zerstören.

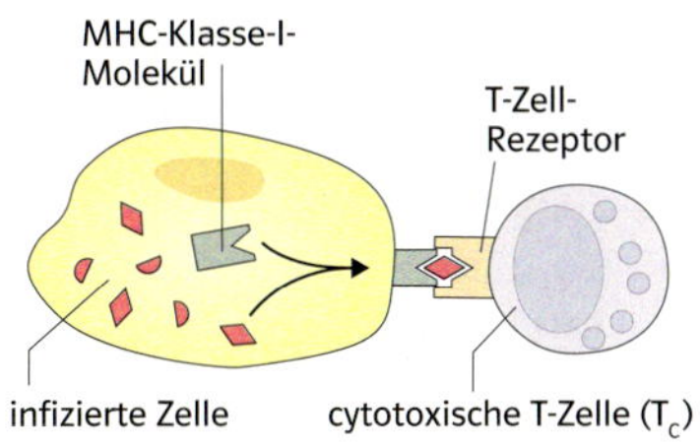

6 *MHC-Klasse-I-Molekül im Modell*

Antigenpräsentierende Zellen (APC) können bakterielle Erreger oder andere Fremdstoffe durch Phagocytose verdauen. Dabei bleiben Bruchstücke von ihnen übrig, die an die Zelloberfläche transportiert werden. Dort werden sie in der Zellmembran in der Nähe von reichlich vorhandenen MHC-Molekülen verankert (Antigenpräsentation). Mit deren Hilfe können sie von weiteren Zellen der Immunabwehr erkannt werden. **[Basiskonzept Seite 382]**

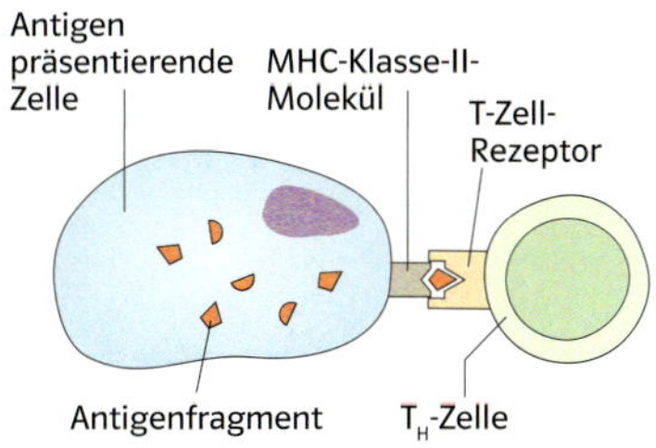

7 *MHC-Klasse-II-Molekül im Modell*

CD-Rezeptoren
CD-Rezeptoren gehen mit den MHC-Molekülen der präsentierenden Zellen einen Komplex ein, der die Immunantwort noch weiter verstärkt. Man unterscheidet an dieser Stelle zwei Rezeptoren:

CD4-Rezeptor: Er interagiert mit den MHC-Klasse II-Molekülen der antigenpräsentierenden Zellen und damit mit den T_H-Zellen. Durch ihre Aktivierung werden im weiteren Verlauf die B-Zellen angeregt, passgenaue Antikörper gegen den bestimmten Erreger oder Fremdstoff herzustellen.

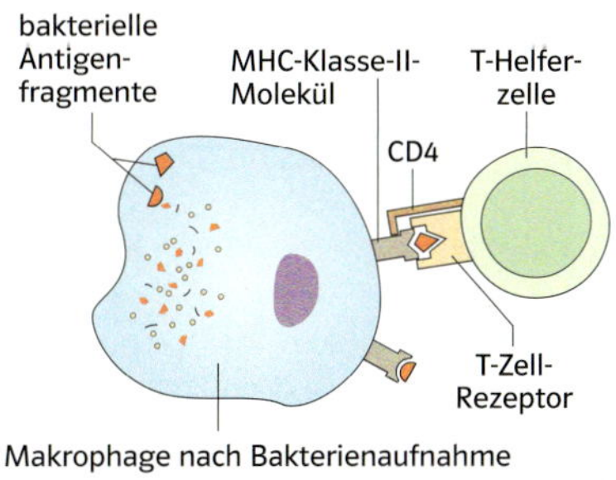

8 *CD4-Rezeptor auf T_H-Zelle*

Auch Makrophagen und Granulocyten können auf der Zelloberfläche CD4-Rezeptormoleküle tragen. Im Gehirn findet man sogenannte Mikrogliazellen mit CD4-Rezeptoren. Sie sind Teil der dortigen Immunabwehr. Antikörper können aufgrund der Blut-Hirn-Schranke nicht in diesen Bereich gelangen.

CD8-Rezeptor: Er befindet sich auf den T_C-Zellen. Präsentiert eine Körperzelle mittels ihres MHC-Klasse-I-Moleküls ein virales Antigen, so werden die T_C-Zellen aktiviert und zerstören die infizierten Zellen.

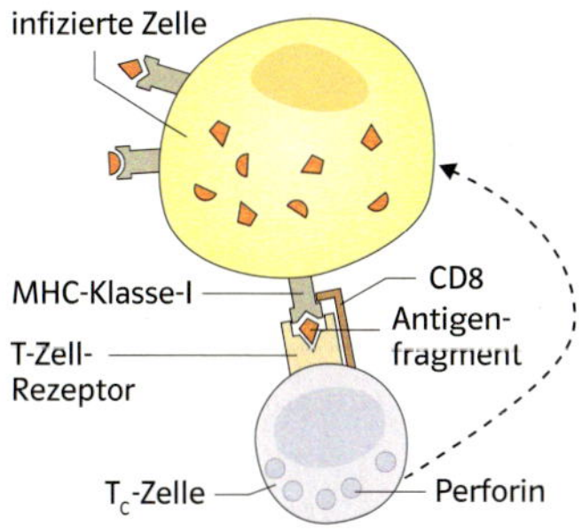

9 *CD8-Rezeptor auf T_C-Zelle*

Es sind noch viele weitere Typen von CD-Rezeptoren bekannt.

Botenstoffe
Interleukine, Interferone u. a. sind Botenstoffe, die eine Kommunikation der verschiedenen Zellen des Immunsystems untereinander ermöglichen. So bewirkt z. B. *Histamin* eine lokale Gefäßerweiterung, was den Blutfluss an einer beschädigten Körperstelle beschleunigt. *Chemokine* locken Phagocyten in beschädigte Regionen des Körpers. *Interleukine* bewerkstelligen die Kommunikation zwischen T-Zellen und B-Zellen, was den Prozess der Immunabwehr reguliert.

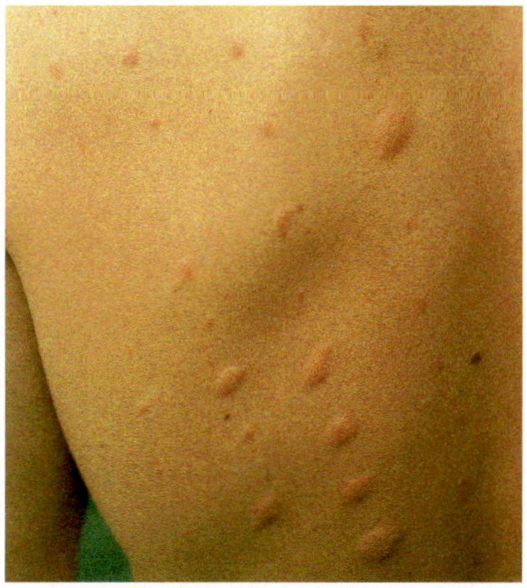

10 *Hautirritationen durch Histamin beim Allergietest*

Vielfalt bei der Antikörperbildung

Der Vielfalt an Erregern und möglichen anderen Fremdstoffen ist keine Grenze gesetzt. Der Körper ist in der Lage, dieser riesigen Menge möglicher Antigene ein immenses Arsenal an verschiedenen Antikörpern gegenüberzustellen. Die Information für diese Vielzahl an Antikörpern findet sich auf der DNA. Untersuchungen zeigen jedoch, dass für die Antikörper nicht viele, sondern nur eine relativ geringe Anzahl an Genen codiert.

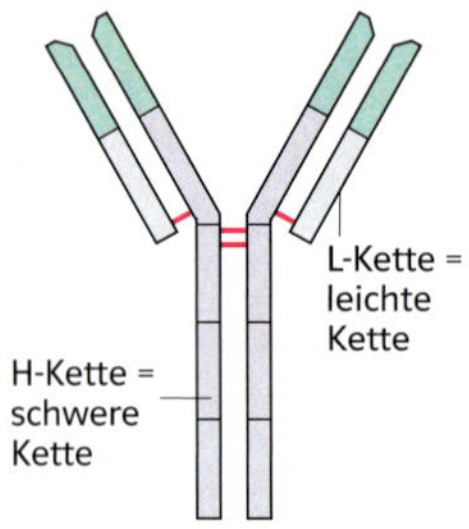

Das Baukastenprinzip

Der DNA-Abschnitt, der die Information zur Produktion der L-Kette des Antikörpers beinhaltet, besteht aus drei Genabschnitten, die V, J und C genannt werden. Diese werden von nicht codierenden Abschnitten unterbrochen. Dabei codieren das V-Gen und das J-Gen für den variablen Teil der L-Kette, das C-Gen für den konstanten Teil der L-Kette.

Auf dem gesamten Genabschnitt kommt das V-Gen in etwa 200 variablen Ausfertigungen vor, das J-Gen in vier Varianten. Auch zwischen den Varianten liegen nicht codierende Abschnitte. Beim Heranreifen einer B-Zelle wird nun zunächst per Zufall ein DNA-Stück zwischen den V- und J-Varianten herausgeschnitten. Die entstehenden Enden werden wieder miteinander verknüpft, sodass sich zwischen diesen bestimmten V- und J-Varianten keine Introns mehr befinden (s. Seite 204). Diese Vorläufer-DNA wird nun transkribiert. Durch Spleißen dieser primären m-RNA entsteht eine reife m-RNA, die lediglich aus der Kombination der bestimmten V- und J-Variante sowie dem C-Abschnitt besteht. Da die Auswahl der miteinander kombinierten Varianten zufällig erfolgt, ergeben sich bei mehr als 200 V-Varianten und 4 J-Varianten über 800 verschiedene Kombinationsmöglichkeiten für die L-Kette eines Antikörpers.

Die H-Kette des Antikörpers ist etwas anders aufgebaut als die L-Kette. Neben den variablen Genabschnitten V und J besitzt die H-Kette ein D-Gen, das in zwölf verschiedenen Ausfertigungen vorkommt. Die Information für die Ausbildung einer H-Kette wird nach demselben Prinzip zufällig zusammengesetzt. Bei ca. 200 V-Varianten und 12 D-Varianten ergeben sich rechnerisch über 9600 Kombinationsmöglichkeiten für die H-Kette. Wenn sich nun eine L- und eine H-Kette zum kompletten Antikörper zusammenfügen, kann zwischen 800 und 9600 Varianten ausgewählt werden. Das ergibt mehr als 7,6 Millionen verschiedener Antikörper-Varianten.

Erhöhte Mutationsrate

Untersuchungen haben ergeben, dass gerade die genetische Information der Lymphocyten einer höheren Mutationsrate unterliegt als die anderer Zellen. Durch kleine Veränderungen kann aber eine noch höhere Menge an Varianten erzielt werden. Schätzungen gehen von etwa 10^{11} verschiedenen Antikörper-Typen aus.

Pro B-Zelle ein Antikörpertyp

Nach der Ausreifung einer B-Zelle kann diese nur einen bestimmten Antikörpertyp herstellen. Da allerdings bei der Entwicklung eines Lebewesens eine Selektion derjenigen B-Zellen erfolgt, die gegenüber körperfremdem Material eine Reaktion zeigen, ist sichergestellt, dass gegen nahezu jedes erdenkliche Antigen ein Antikörper zur Verfügung steht. [Basiskonzept S. 382]

A1 Die Abschnitte, die für den Aufbau der Antikörper codieren, unterscheiden sich zwischen ausgereifter B-Zelle und Stammzelle erheblich. Vergleichen und erläutern Sie.

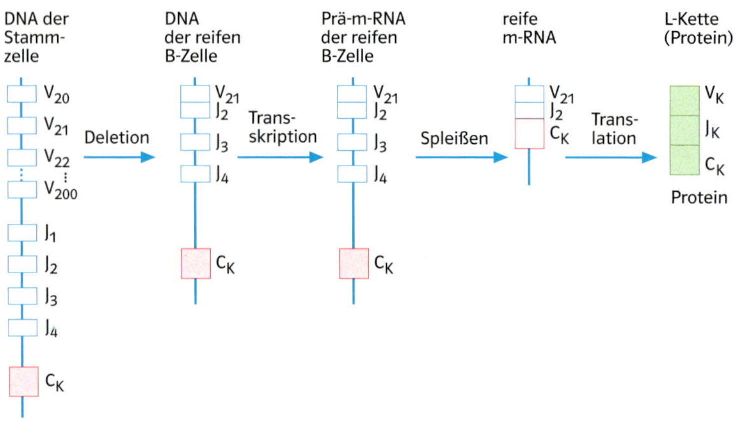

1 *Vorgänge bei der Antikörperbildung*

Anwendungen der Antigen-Antikörper-Reaktion

Das antigenspezifische Bindungsvermögen von Antikörpern macht man sich für eine spezielle Nachweismethode zunutze, den *ELISA-Test. ELISA* steht für die Abkürzung „Enzym gekoppelter Immunadsorptionstest“ (engl. *enzyme-linked immunosorbent assay).*

Körperseren enthalten Antikörper
Aus dem Blut lässt sich das *Blutserum* gewinnen. Serum enthält immer auch die Antikörper des zu untersuchenden Individuums. Allerdings findet man in diesen Seren nicht bloß eine Sorte Antikörper, sondern die gesamte Vielfalt der Antikörper, die das Individuum zu produzieren in der Lage ist. Das daraus isolierbare Gemisch enthält also alle möglichen Antikörper; man bezeichnet dies als *polyklonale Antikörper.* Wenn man gezielt einen bestimmten Antikörper oder ein bestimmtes Antigen nachweisen möchte, benötigt man sortenreine Antikörper, die man *monoklonale Antikörper* nennt.

Herstellung monoklonaler Antikörper
Zur Herstellung monoklonaler Antikörper werden Versuchstiere (z.B. Mäuse) mit aufgereinigtem Antigen einer anderen Art (z.B. des Menschen) immunisiert. Die Antikörper produzierenden Plasmazellen werden isoliert und dann im Reagenzglas mithilfe bestimmter Chemikalien mit Krebszellen verschmolzen. Das Verschmelzungsprodukt nennt man *Hybridomzellen.* Diese produzieren einerseits die gegen das Antigen spezifischen Antikörper der Plasmazelle, andererseits besitzen sie die unbegrenzte Teilungsfähigkeit der Krebszelle und lassen sich somit permanent in Kultur halten. Die von den Zellklonen abgesonderten Antikörper werden jeweils einem ELISA-Test unterzogen.

Der ELISA-Test
Für einen ELISA-Test werden die zum gesuchten monoklonalen Antikörper passenden Antigene zunächst aufgereinigt. Dann wird ein Probengefäß mit diesen Antigenen beschichtet und jeweils mit den monoklonalen Antikörpern befüllt. Befindet sich nun in einem Probengefäß der gesuchte monoklonale Antikörper, so bindet er an die auf der Gefäßoberfläche sitzenden Antigene. [Basiskonzept S. 370]

Nun wird das Probengefäß gewaschen, damit überschüssige Antikörper entfernt werden. Ein zweiter Antikörper wird hinzugegeben, der an eine spezifische Stelle des monoklonalen Antikörpers bindet. Dieser zweite Antikörper ist an ein Enzym gekoppelt, das in Gegenwart eines Substrates eine Farbreaktion hervorruft. Wäscht man nun erneut und fügt dann das Substrat hinzu, wird eine Farbreaktion sichtbar, wenn der zuerst hinzugefügte monoklonale Antikörper an das Antigen gebunden hatte. Die Intensität der Farbreaktion kann im Allgemeinen für quantitative Nachweise verwendet werden.

Da im Rahmen eines ELISA-Tests zeitgleich oftmals viele verschiedene Proben untersucht werden, fällt die Farbreaktion je nach in den Proben enthaltenen Antikörpern sehr verschieden aus (s. Randspalte).

A1 Erläutern Sie, dass das Waschen der Probe für aussagekräftige Ergebnisse von großer Bedeutung ist.

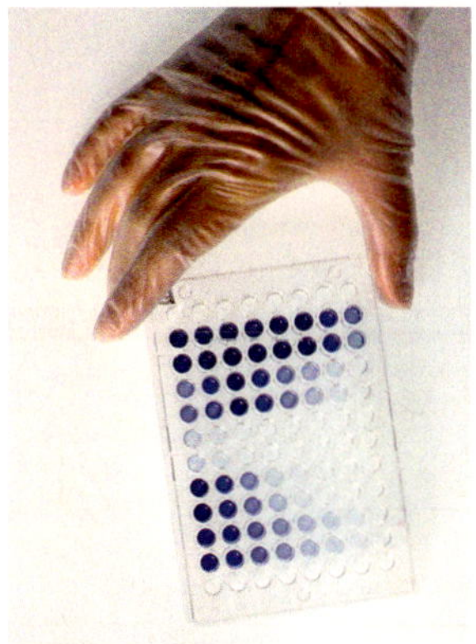

Ergebnis eines ELISA-Tests

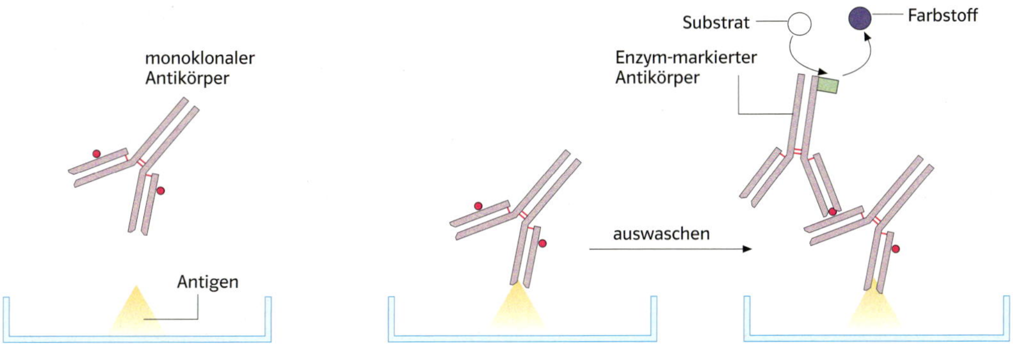

1 *Ablauf des ELISA-Tests*

4.6 Gentechnik
DNA-Analyse

Online-Link
045407-0252

PCR
(polymerase chain reaction)
Verfahren zur Vervielfältigung von DNA

Taq-Polymerase
hitzeunempfindliche DNA-Polymerase aus *Thermus aquaticus*

1 *Pietrain-Schwein*

Bei der Schweinerasse *Pietrain* (Abb. 1) gibt es immer wieder sehr stressanfällige Tiere. Durch eine erhöhte Körpertemperatur und Muskelstarre kann es zum Tod der Tiere kommen. Ursache für dieses *Maligne Hyperthermie-Syndrom (MHS)* ist eine Mutation im Gen RYR1, das für einen Ca^{2+}-Ionenkanal im Muskel codiert. Dieser ist für die Regulation der Muskelkontraktion wichtig [Basiskonzept S. 376]. Nur Tiere mit zwei veränderten rezessiven Allelen zeigen das Maligne Hyperthermie-Syndrom.

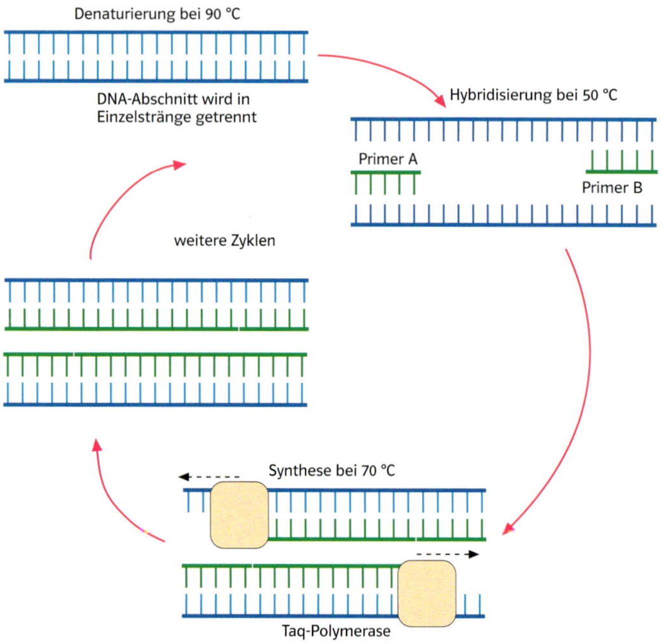

2 *Polymerasekettenreaktion (PCR)*

Heterozygote Tiere zeigen keine Symptome, können aber bei der Kreuzung kranke Nachkommen erzeugen. Um heterozygote Tiere von der Zucht auszuschließen, wurde ein Gentest entwickelt. Der Test ermöglicht die Bestimmung des Genotyps von Tieren im Labor. Dabei wird aus einer kleinen Gewebeprobe der veränderte Genausschnitt isoliert, vervielfältigt und analysiert.

Polymerasekettenreaktion (PCR)

Mit der *Polymerasekettenreaktion (PCR)* kann der DNA-Abschnitt mit dem RYR1-Gen beliebig oft kopiert werden (Abb. 2). Eine PCR besteht aus einer mehrfachen Wiederholung von Zyklen. Bei jedem Zyklus wird ein DNA-Abschnitt kopiert und damit verdoppelt. Jeder Zyklus läuft in drei Schritten ab.

- Denaturierung: Zunächst wird doppelsträngige DNA bei hoher Temperatur (95 °C) denaturiert, d.h. in Einzelstränge aufgetrennt.
- Hybridisierung: Nach dem Abkühlen auf etwa 50 °C lagern sich Primer an die Einzelstränge an. Bei der PCR sind dies kurze DNA-Stücke, die komplementär auf Anfang und Ende des zu verdoppelnden DNA-Abschnitts passen. Erst die Anlagerung der Primer ermöglicht die DNA-Synthese durch die DNA-Polymerase.
- Synthese: Die Synthese der komplementären Stränge erfolgt bei 70 °C. Die verwendete Taq-Polymerase hat ein Temperaturoptimum von 72 °C. Sie wurde aus dem hitzeunempfindlichen Bakterium *Thermus aquaticus* gewonnen, das in heißen Quellen vorkommt.

Nach der Synthese ist die DNA wieder doppelsträngig. Ein neuer Zyklus kann beginnen. Nach n Zyklen liegen 2^n Kopien vor. Heute wird die PCR automatisch in *Thermocyclern* durchgeführt. Kernstück ist ein Thermoblock, dessen Temperatur veränderbar ist. Nukleosid-Diphosphate und passende Primer müssen zu Beginn in ausreichender Menge mit der DNA-Probe zugeführt werden. Je nach Länge des DNA-Strangs dauert ein Zyklus einige Sekunden bis wenige Minuten. Durch die Wahl der beiden Primer wird bestimmt, welcher DNA-Abschnitt vervielfältigt wird.

Restriktionsverdau

Nachdem der DNA-Abschnitt aus dem RYR1-Gen in ausreichender Menge vorliegt, kann untersucht werden, ob das Allel die für MHS verantwortliche Mutation enthält. Dazu werden die PCR-Produkte mit dem Restriktionsenzym Cfo I verdaut. Die Mutation betrifft die Schnittstelle dieses Restriktionsenzyms. Aufgrund der Mutation kann es das veränderte Allel nicht mehr schneiden. Bruchstücke entstehen also nur, wenn die DNA-Probe das Allel für MHS nicht enthält (Abb. 3).

Gelelektrophorese

Wird DNA mithilfe von Restriktionsenzymen geschnitten, ist es häufig für das weitere experimentelle Vorgehen notwendig, die Bruchstücke voneinander zu trennen. Dazu werden die DNA-Fragmente auf einem speziellen Gel aufgetragen und dann im elektrischen Feld getrennt (s. Seite 187).

Sequenzierung von DNA

Bei der Sequenzierung des menschlichen Genoms müssen längere DNA-Abschnitte zuerst in kleinere Einheiten zerlegt, dann sequenziert und abschließend zu einer Gesamtsequenz zusammengesetzt werden. Ein grundlegendes Verfahren wurde 1977 von FREDERICK SANGER und ALAN COULSON beschrieben. Dazu wird eine einsträngige DNA-Matritze, die analysiert werden soll, zusammen mit Nucleotiden und Polymerase in vier Sequenzierungsansätze gegeben. Es erfolgt die komplementäre Anlagerung der normalen Desoxynucleotide an den Matrizenstrang. Zusätzlich werden jedoch künstliche Didesoxynucleotide (ddNTP) zugesetzt. Diesen Nucleotiden fehlt am dritten C-Atom die OH-Gruppe (Abb. 4). An die ddNTPs können keine weiteren Nucleotide angelagert werden. Lagern sich normale Nucleotide an, wird die DNA-Synthese fortgesetzt, beim Einbau eines ddNTPs bricht die Synthese ab. So entstehen in jedem Sequenzierungsansatz unterschiedlich lange DNA-Ketten, die aber alle mit dem gleichen ddNTP enden. Die vier Sequenzierungsansätze werden nun durch Gelelektrophorese aufgetrennt. Aus dem Bandenmuster des Gels kann die Nucleotidsequenz des synthetisierten Strangs abgeleitet werden (Abb. 4).

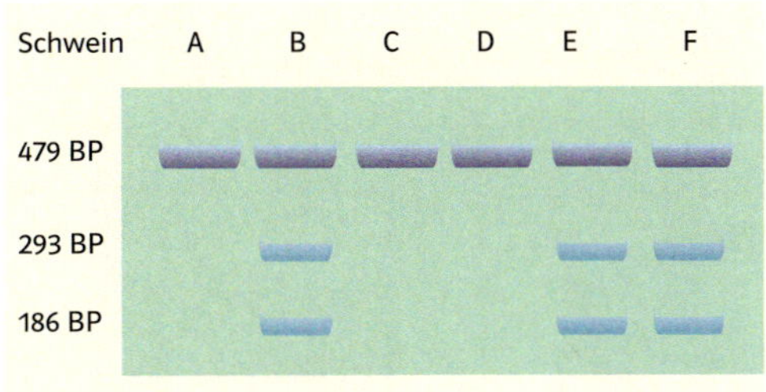

3 *Ergebnis eines MHS-Tests*

A1 Vergleichen Sie die PCR mit der DNA-Replikation in Zellen.

A2 Berechnen Sie die Zahl der Stränge aus einem DNA-Doppelstrang nach 30 PCR-Zyklen.

A3 Zeigen Sie durch ein Kreuzungsschema, wie oft bei der Zucht mit heterozygoten Schweinen Nachkommen mit MHS auftreten.

Gelelektrophorese
Verfahren zur Auftrennung eines Gemischs aus Nucleinsäuren und einem Gel

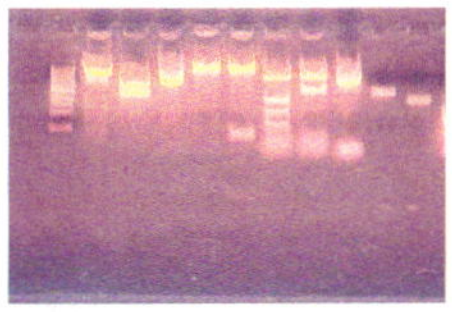

gefärbtes Elektrophorese-Gel

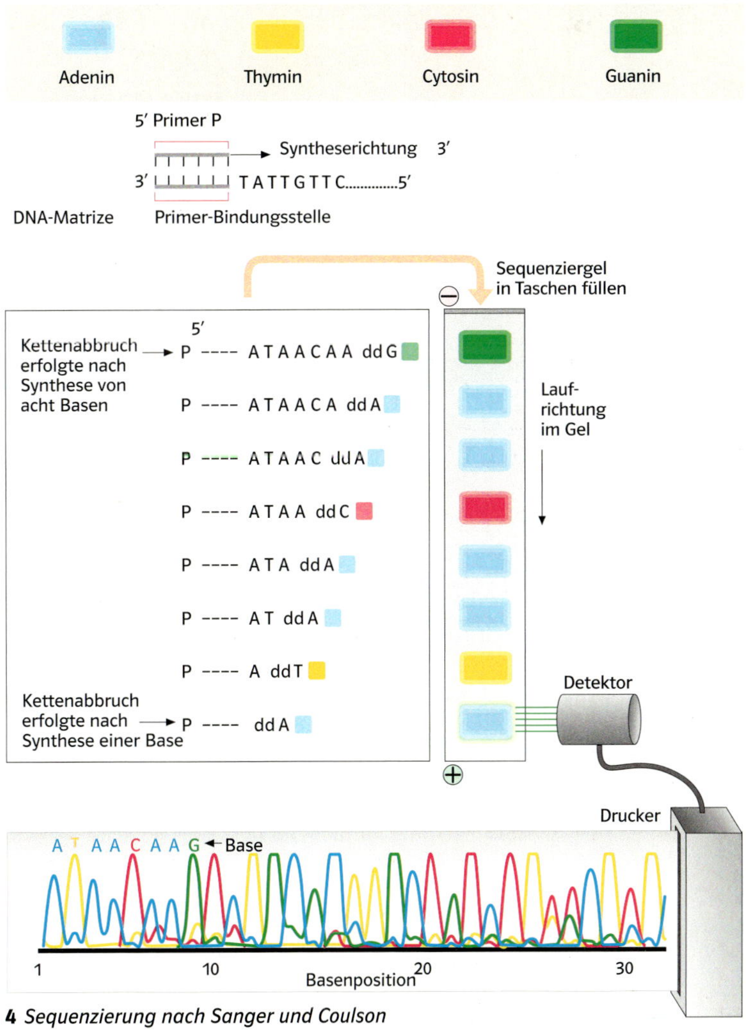

4 *Sequenzierung nach Sanger und Coulson*

Online-Link
045407-0254

Biotechnologie

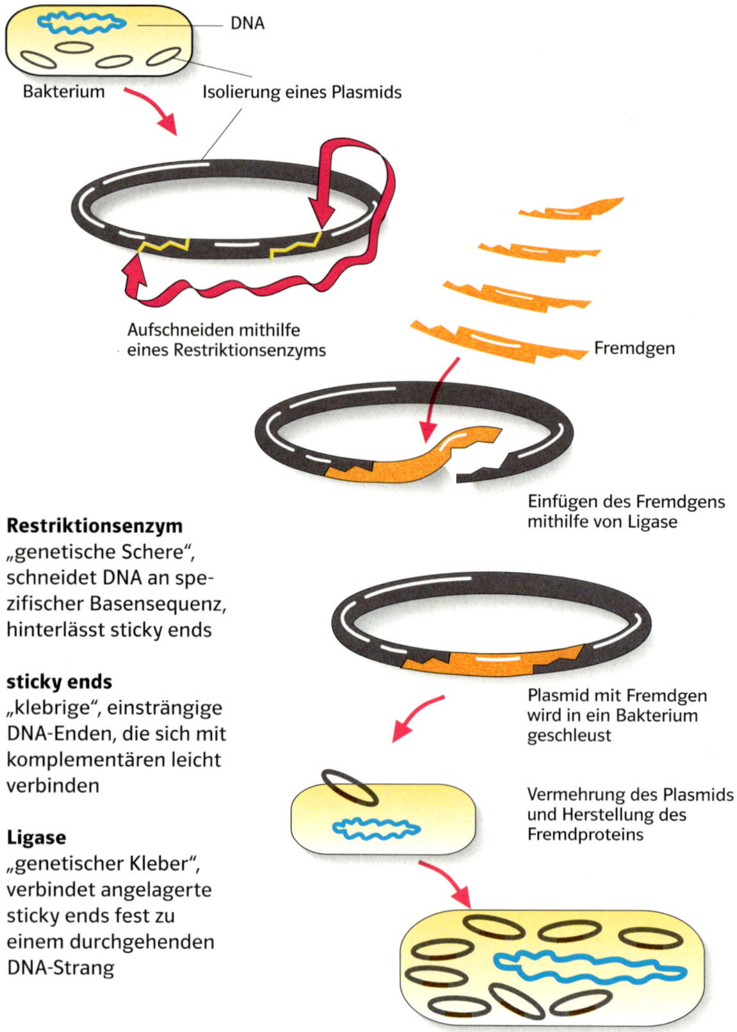

Restriktionsenzym
„genetische Schere“, schneidet DNA an spezifischer Basensequenz, hinterlässt sticky ends

sticky ends
„klebrige“, einsträngige DNA-Enden, die sich mit komplementären leicht verbinden

Ligase
„genetischer Kleber“, verbindet angelagerte sticky ends fest zu einem durchgehenden DNA-Strang

1 *Herstellung gentechnisch veränderter Bakterien*

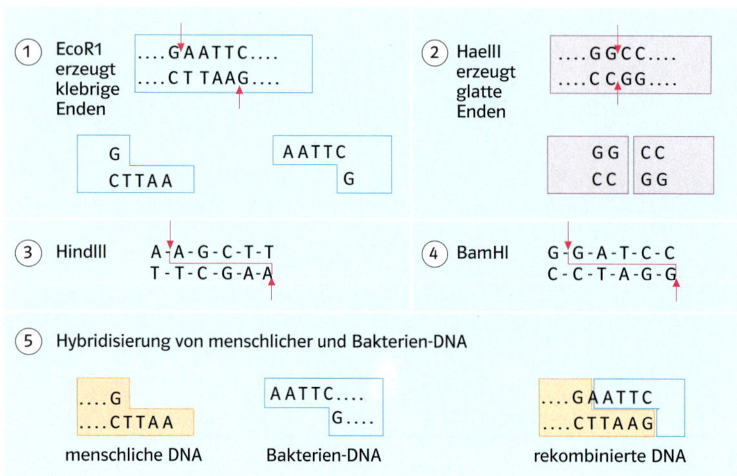

2 *Wirkung verschiedener Restriktionsenzyme*

Archäologen haben herausgefunden, dass im heutigen Großbritannien schon vor rund 4000 Jahren – also am Ende der Jungsteinzeit – Hefezellen zur Bierherstellung eingesetzt wurden. Die Nutzung von *Mikroorganismen* durch den Menschen ist also keine neue Errungenschaft moderner *Biotechnologie*. Wohl aber hat deren Nutzung im 20. Jahrhundert industrielle Maßstäbe angenommen. Anfangs konnte man lediglich Mikroorganismen zur Herstellung von *Antibiotika* (z. B. Penicillin) und anderen Wirkstoffen züchten, Verbindungen also, die natürlicherweise Bestandteil der Organismen sind. Arzneistoffe wie das Insulin werden aber nicht von Mikroorganismen, sondern nur von höheren Lebewesen produziert. Der rasante Aufschwung der Biotechnologie in den vergangenen Jahrzehnten geht auf die Möglichkeit zurück, ein Gen für ein wichtiges Protein isolieren zu können und es dann in einen anderen Organismus einzubauen. Die Organismen mit einem auf diese Weise veränderten Erbgut bezeichnet man als *transgene Lebewesen*.

Genetische Scheren und Kleber

Restriktionsenzyme schneiden DNA nur innerhalb von bestimmten, meist 4 bis 5 Basen langen Sequenzen (Abb. 2). Eine solche Folge kommt in der DNA etwa alle 1000 bis 10 000 Nucleotide vor; entsprechend groß sind die Schnittstücke. Die meisten Restriktionsenzyme hinterlassen keinen „glatten“ Schnitt. Das Restriktionsenzym EcoR1 aus *Escherichia coli* beispielsweise schneidet an seiner Erkennungssequenz jeden DNA-Doppelstrang zwischen den Basen G und A. Da sie im Doppelstrang versetzt liegen, entstehen beim Schnitt überhängende Enden, deren Basenfolge zueinander komplementär ist. Sie ziehen einander an, daher werden sie als „klebrige Enden“ *(sticky ends)* bezeichnet. Wird die DNA aus verschiedenen Arten mit demselben Restriktionsenzym geschnitten und zusammengebracht, können sich die Bruchstücke aufgrund ihrer komplementären klebrigen Enden miteinander verbinden. Die Verbindung wird stabil, sobald das DNA-Gerüst zu einem durchgehenden Strang verknüpft ist. Diese Aufgabe übernimmt das Enzym *Ligase*.

Online-Link
045407-0255

Übertragung eines Gens

Will man ein Gen, z.B. das Insulin-Gen des Menschen, in das Bakterium *E. coli* einschleusen und dort zur Funktion bringen, benötigt man eine Genfähre *(Vektor)*. Dazu werden häufig bakterielle *Plasmide* eingesetzt. Plasmide sind ringförmige DNA-Moleküle, die neben dem „Bakterien-Chromosom“ im Cytoplasma in großer Zahl zu finden sind. Plasmide besitzen die Fähigkeit zur *Replikation*; sie tragen oft Gene, die Bakterien eine Resistenz gegen bestimmte Antibiotika verleihen. Bakterien können Plasmide aus dem Kulturmedium aufnehmen, ein Vorgang, der *Transformation* genannt wird.

Man schneidet also bakterielle Plasmide, die zwei Antibiotikaresistenz-Gene enthalten, und das Insulin-Gen mit einem Restriktionsenzym und bringt beide im Reagenzglas zusammen. Eine zugegebene Ligase verknüpft sie miteinander. Dann schleust man die Konstrukte in einen geeigneten *E. coli*-Stamm. Auf Nährböden mit dem Antibiotikum 1 wachsen nur solche Bakterien zu Kolonien heran, die ein Plasmid mit dem entsprechenden Resistenzgen aufgenommen haben. Zur Identifizierung derjenigen Bakterien, die ein Plasmid mit dem Insulin-Gen aufgenommen haben, benutzt man einen Trick: Die verwendeten Plasmide besitzen nämlich ein weiteres Resistenzgen gegen ein Antibiotikum 2. Mitten in dieses Resistenzgen wird das Insulin-Gen eingefügt. Dadurch geht die Resistenz gegen Antibiotikum 2 verloren. Nur diejenigen Bakterien, die zwar bei Anwesenheit von Antibiotikum 1, nicht aber von Antibiotikum 2 wachsen können, enthalten ein Plasmid mit dem Insulin-Gen. [Basiskonzept S. 382]

Gewinnung des Genprodukts

Um das von dem Fremdgen codierte Protein zu erhalten, züchtet man die transgenen Bakterien unter geeigneten Bedingungen. Da nicht nur der für das Fremdprotein codierende DNA-Abschnitt, sondern auch der dazugehörige Promotor übertragen wurde, kann das Fremdgen transkribiert und translatiert werden. Das Fremdprotein wird aus den Bakterienkulturen isoliert.

A1 Eukaryotische Gene sind meist gestückelt, d.h. sie besitzen codierende Bereiche *(Exons)* und nicht codierende *(Introns)*. Durch Spleißen wird bei der Proteinbiosynthese gebildete m-RNA vor der Translation verändert. Bei der Proteinbildung in prokaryotischen Organismen gibt es diesen Mechanismus hingegen nicht.
Erläutern Sie mögliche Schwierigkeiten, die bei der Übertragung eukaryotischer DNA auf Bakterien entstehen können.

A2 Das Enzym Reverse Transkriptase besitzt die Fähigkeit, m-RNA in DNA „zurückzuübersetzen“. Stellen Sie sich vor, Sie bekämen aus menschlichen Bauchspeicheldrüsen reife Insulin-m-RNA und das Enzym Reverse Transkriptase zur Verfügung gestellt.
Erläutern Sie eine Möglichkeit, wie das in Aufgabe 1 diskutierte Problem experimentell gelöst werden kann. Skizzieren Sie einen Versuchsplan.

A3 Mehrere Pflanzenarten, die landwirtschaftlich genutzt werden, sind im Labor bereits mit Fremdgenen versehen worden. Dabei ging es z.B. um die Resistenz gegen Viren, Herbizide oder Trockenheit. Die meisten Pflanzenvektoren tragen ein Gen, das gegen das Antibiotikum Kanamycin resistent macht. In Tierversuchen konnte die Befürchtung zerstreut werden, die Produkte der Resistenzgene könnten für den Menschen toxisch sein.
Begründen Sie, wieso Pflanzenvektoren Resistenzgene aufweisen. Erläutern Sie mögliche medizinische und ökologische Probleme, die durch Resistenzgene in Lebensmitteln verursacht werden können.

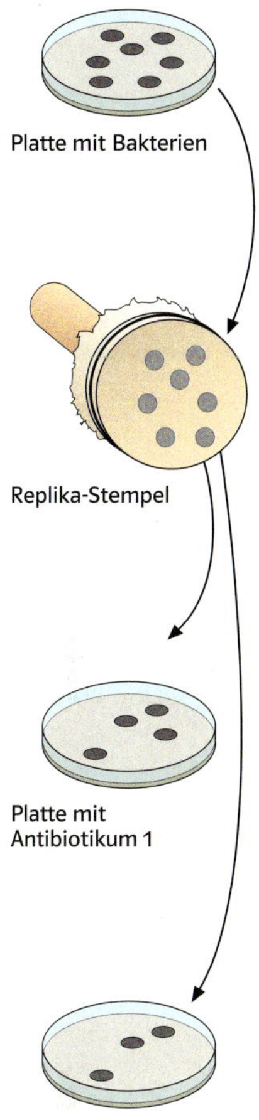

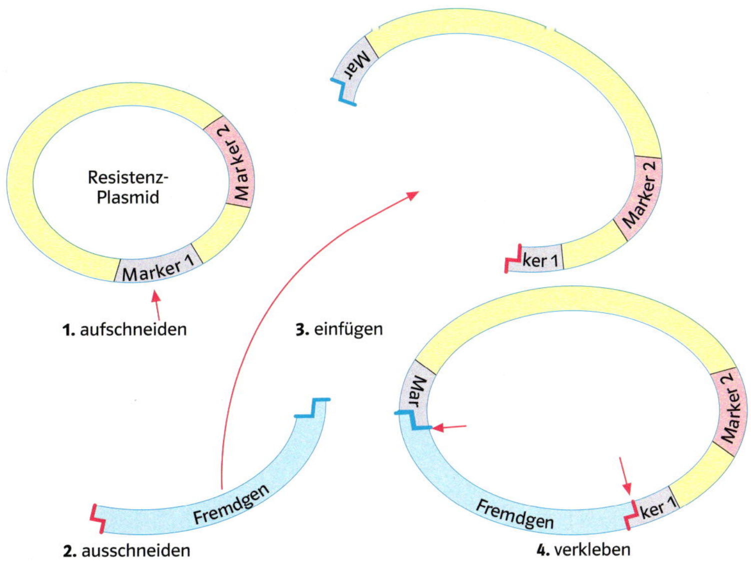

3 *Konstruktion eines Expressionsplasmids*

Genetischer Fingerabdruck

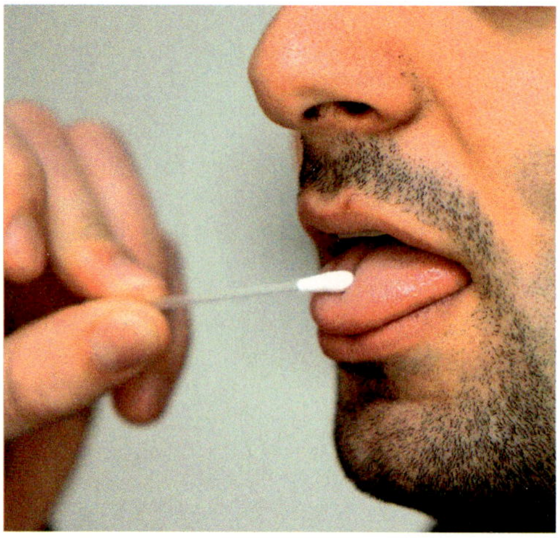

1 *Gewinnung einer DNA-Vergleichsprobe*

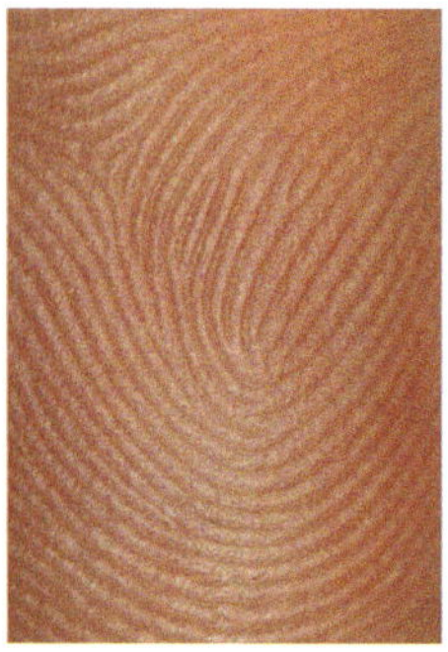

Fingerkuppe

Vor über 100 Jahren wurde in Großbritannien der erste Täter aufgrund seiner am Tatort gefundenen Fingerabdrücke überführt. Gibt es keine Zeugen für ein Verbrechen, ist eine unverwechselbar einem bestimmten Menschen zuzuordnende Spur häufig die einzige Möglichkeit, den Täter zu finden. Die bei jedem Menschen anders verlaufenden Hautleisten der Fingerkuppen gelten als sicherer Hinweis. Solche Spuren können jedoch vom Täter einfach vermieden oder abgewischt werden.

DNA zur Täterbestimmung

Es gibt immer wieder Berichte über Fälle, in denen Täter nach sehr vielen Jahren überführt werden. Grundlage für diese Erfolge sind die heute in der Kriminalistik eingesetzten Methoden der *DNA-Analyse*. Kleinste Spuren der Täter, wie z. B. Blutreste, Sperma, Haare oder Speichel, können aufgrund der enthaltenen DNA mit hoher Genauigkeit einem Verdächtigen zugeordnet werden. Man spricht vom *genetischen Fingerabdruck*. Seit 1990 ist der genetische Fingerabdruck in Deutschland als Beweismittel zugelassen. Analysiert werden hierfür aber nicht die für Proteine codierenden Bereiche des menschlichen Genoms, da diese in der Regel nur geringe Unterschiede aufweisen. Die zwischen den Genen liegenden Bereiche variieren dagegen erheblich, da Mutationen in diesen Abschnitten selektionsneutral sind. [Basiskonzept S. 382]

Es gibt inzwischen mehrere Verfahren zur Ermittlung des genetischen Fingerabdrucks. Bei allen Verfahren wird das genetische Material durch PCR vervielfältigt und anschließend mit einer Gelelektrophorese analysiert.

A1 Erklären Sie, warum DNA-Bereiche, die für Proteine codieren, für den genetischen Fingerabdruck ungeeignet sind.

Fragmentierung von DNA

Zur Analyse wird die DNA mit passenden Restriktionsenzymen geschnitten und analysiert. Unterschiedlich große Restriktionsfragmente verschiedener Personen gehen auf Basensequenzunterschiede im Bereich der Schnittstelle zurück, wodurch das Restriktionsenzym die DNA mancher Personen nicht mehr schneiden kann.
Bei einer genügend großen Anzahl von Schnittstellen ergibt sich für jede Person (ausgenommen eineiige Zwillinge), eine individuelle Zusammenstellung von Teilstücken der DNA.

Die *Gelelektrophorese* sortiert die DNA nach der Länge der Fragmente. Verschiedene DNA-Fragmente gleicher Länge können so aber nicht unterschieden werden. Dies ist durch den Einsatz des *Blotting-Verfahrens* und den Einsatz von *Gensonden* möglich. Dazu ist eine einsträngige DNA nötig, die man durch Denaturierung der DNA durch Zusatz von Alkalien in die Elektrophorese-Gele erhält. Die Restriktionsfragmente werden zur weiteren Analyse auf eine Nylonmembran übertragen, auf der sie haften bleiben. Nun können Restriktionsfragmente mit Gensonden identifiziert werden. Gensonden sind einsträngige DNA-Abschnitte, die an komplementäre Sequenzen binden und durch Radioisotope oder Fluoreszenzfarbstoffe markiert sind [Basiskonzept S. 370]. Hybridisieren zwei Banden mit den gleichen Sonden, ist davon auszugehen, dass diese identisch sind.

Analyse repetitiver Sequenzen

Für diese Analyse nutzt man Abschnitte in den nicht für Proteine codierenden DNA-Bereichen des Genoms, in denen sich bestimmte Sequenzen häufig wiederholen *(repetitive Sequenzen)*. Man unterscheidet je nach Länge und Häufigkeit der wiederholenden Sequenzen *Mini-* und *Mikrosatelliten*. Bei Minisatelliten, auch *VNTR* genannt *(Variable number of tandem repeats)*, wird eine Sequenz von 5 bis 50 Basenpaaren etwa 10- bis 100-mal wiederholt. Häufig werden heutzutage aber Mikrosatelliten *(Small tandem repeats, STR)* untersucht. Das sind kurze DNA-Sequenzen aus 2 bis 4 Basenpaaren, die hintereinander in 5- bis 15facher Wiederholung vorliegen. Die Anzahl der Wiederholungseinheiten einer Sequenz ist bei Menschen sehr unterschiedlich.

Diese sich wiederholenden Sequenzen werden mit geeigneten *Restriktionsenzymen* ausgeschnitten und anschließend gelelektrophoretisch getrennt. Die Untersuchung gibt Auskunft über die Länge und damit über die Anzahl der Wiederholungen einer Sequenz in einem Mikrosatelliten. So ergibt sich für jeden Menschen ein charakteristisches Bandenmuster. Die einzige Ausnahme bilden eineiige Zwillinge, die mit diesem Verfahren meistens nicht zu unterscheiden sind. Dieses Verfahren wird auch bei Vaterschaftstests eingesetzt. Um die Sicherheit des Tests zu erhöhen, werden mehrere Mikrosatelliten analysiert.

A2 Erklären Sie, warum die Sicherheit eines genetischen Fingerabdrucks mit der Anzahl der untersuchten STRs steigt.

Vaterschaftsgutachten

Eine weitere humangenetische Anwendung findet der genetische Fingerabdruck bei Vaterschaftsgutachten. Dazu wird die DNA von Mutter, Kind und den als Vätern infrage kommenden Männern untersucht. Da das Kind die eine Hälfte seiner DNA von der Mutter, die andere vom Vater geerbt hat, lassen sich die DNA-Fragmente nach der Auftrennung eindeutig zuordnen. Juristisch gesehen muss die Mutter bzw. das volljährige Kind dem Test allerdings zustimmen.

A3 Analysieren Sie das Ergebnis des Vaterschaftstestes (Auszug, siehe Randspalte) und erklären Sie, welcher Mann als Vater infrage kommt.

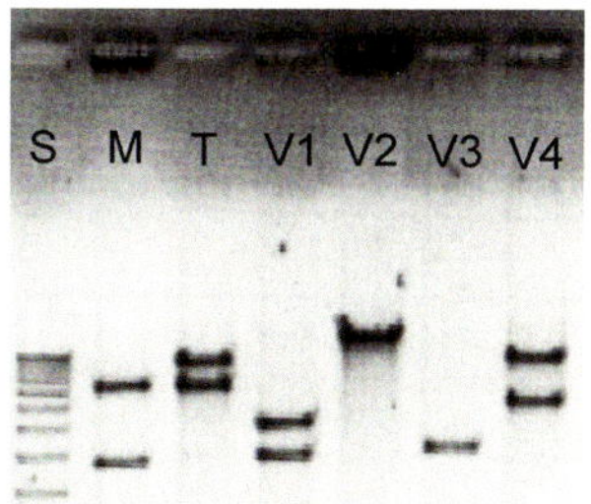

M: Mutter
T: Tochter
V1–V4: potenzielle Väter

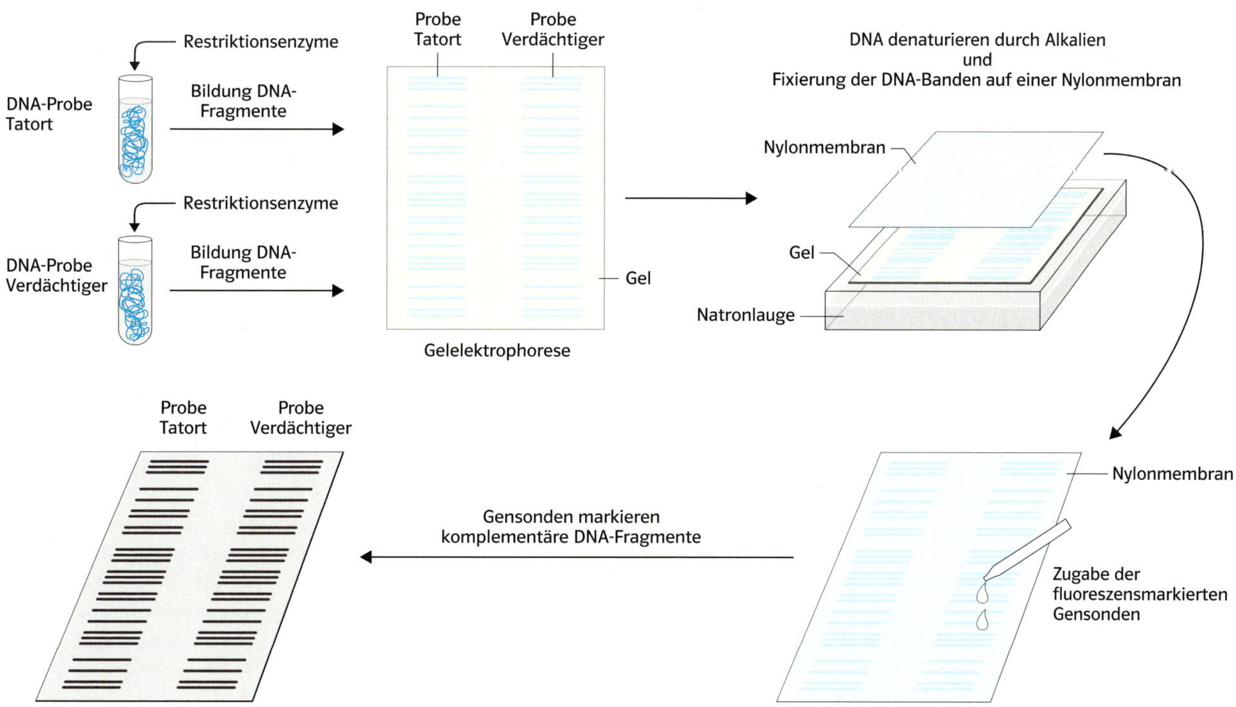

2 *Herstellung des genetischen Fingerabdrucks*

Gentechnik in der Medizin

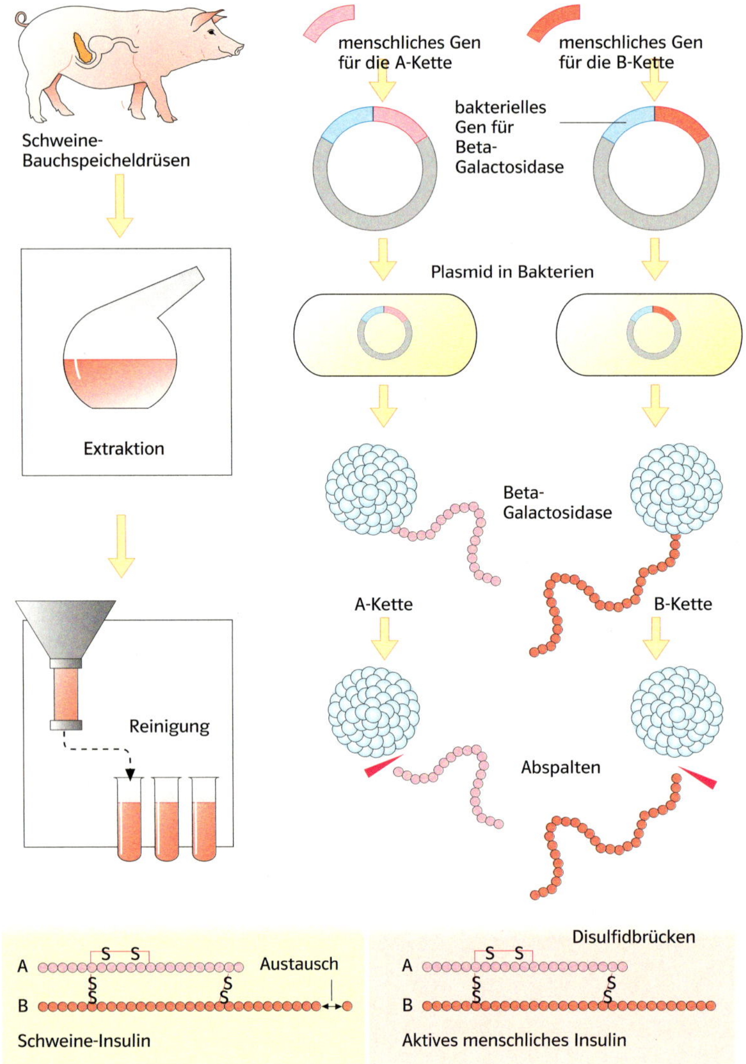

1 *Klassische und gentechnische Insulin-Herstellung*

Beispiele für gentechnisch hergestellte Arzneimittel

1982: Humaninsulin gegen Diabetes

1983: Faktor VIII gegen Bluterkrankheit

1985: Interferone gegen Leukämie

1986: Impfstoff gegen Hepatitis B

1987: Wachstumshormone

Die *Gentechnik* hat die diagnostischen und therapeutischen Möglichkeiten in der Medizin tiefgreifend verändert. Das betrifft die Herstellung von Medikamenten, den Nachweis bestimmter genetisch bedingter Krankheiten *(genetische Diagnostik)*, aber auch die Behandlungsmöglichkeiten von Krankheiten *(Gentherapie)*.

Gentechnisch produzierte Medikamente

Bereits 1982 wurde ein Herstellungsverfahren für das erste gentechnisch produzierte Medikament *Humaninsulin* entwickelt. Zuvor gewann man Insulin aus Schweine-Bauchspeicheldrüsen, um damit die Zuckerkrankheit *(Diabetes mellitus)* zu behandeln. Insulin ist ein relativ kurzes Protein aus zwei kurzen Aminosäureketten, die über zwei Disulfidbrücken miteinander verknüpft sind (Abb. 1). Es gelang, die DNA-Sequenzen beider Insulinketten zu synthetisieren und jeweils mit einem Plasmid in eine Bakterienzelle einzuschleusen. Dort sind sie dem gleichen Promotor wie die Beta-Galactosidase unterstellt. In großen *Fermentern* werden die Bakterien mit Nährstoffen und Sauerstoff versorgt. Umprogrammierte *(transgene)* Bakterienzellen produzieren nun die beiden Peptidketten des Humaninsulins gekoppelt an Beta-Galactosidase. Sobald genügend Protein gebildet wurde, bricht man die Zellen auf, extrahiert die Peptidketten und verknüpft sie über die beiden Disulfidbrücken zum Endprodukt.

Genetische Beratung

Kennt man die Basensequenz von Genen, die erblich bedingten Krankheiten zugrunde liegen, kann man diese durch komplementäre Gensonden aufspüren. So lässt sich das Gen auch bei Personen erfassen, bei denen die Krankheit noch nicht ausgebrochen ist. Der Träger kann dann z. B. über Vorbeugungsmaßnahmen aufgeklärt werden, mit denen er das Erkrankungsrisiko möglicherweise vermindern kann. *Chorea Huntington* ist eine genetisch bedingte Krankheit, für die ein dominantes Allel verantwortlich ist. Die Krankheit äußert sich erst im 25. bis 55. Lebensjahr in Form von Gehirnschwund. Das verursacht Lähmungen, Bewegungsstörungen und den allmählichen Verlust der Denkleistung. Die Krankheit ist auf die Vervielfachung eines DNA-Abschnittes zurückzuführen und bisher unheilbar. Ein negatives Testergebnis kann einem familiär Vorbelasteten schwere Sorgen nehmen. Wie aber geht er mit einem positiven Ergebnis und der Gewissheit zu erkranken um?

Somatische Gentherapie

In der somatischen Gentherapie versucht man, die Körperzellen eines Patienten mit dem intakten Exemplar des krankheitsauslösenden Genes auszustatten. Zur Behandlung der *Mukoviszidose* werden DNA-Abschnitte z. B. in Liposomen eingeschlossen und von den Patienten inhaliert.

Sie können von Lungenepithelzellen aufgenommen werden, werden aber nur einige Wochen exprimiert. Bei Krebspatienten versucht man, aktive *Tumor-Suppressorgene* zu übertragen oder Krebsgene unwirksam zu machen [Basiskonzept S. 376]. Oft werden dem Patienten Zellen entnommen, genetisch verändert und dann wieder zurück übertragen.

Keimbahntherapie

Im Oktober 2000 wurde der erste genetisch veränderte Affe geboren. Man gab ihm den Namen ANDi (engl. „i-DNA" inserted (eingefügte) DNA rückwärts gelesen). Ein nicht infektiöses Virus wurde als *Genfähre* benutzt, um ein Fluoreszenz-Gen von Quallen in eine unbefruchtete Eizelle einzuschleusen. Bei Bestrahlung mit UV-Licht zeigt der Affe einen grün fluoreszierenden Schimmer. Wenn ein Gen in eine unbefruchtete Eizelle oder eine Samenzelle eingebaut wird, ist es in allen Zellen des Körpers vorhanden und wird dort exprimiert [Basiskonzept S. 380]. Bei Menschen könnte man mit dem gleichen Verfahren erblich bedingte Krankheiten beeinflussen. Tierversuche haben jedoch gezeigt, dass eine Keimbahntherapie zu überraschenden Nebeneffekten führen kann. Unbeabsichtigt können auch andere Merkmale verändert werden, die Risiken sind nicht kalkulierbar. In Deutschland und anderen Ländern ist die Keimbahntherapie an Menschen verboten.

Bei Tieren hingegen werden genetische Veränderungen an Zellen der Keimbahn durchgeführt. Beim sogenannten *Gen-Pharming* (Wortspiel aus „Farming" und „Pharma") dienen solche transgenen Tiere der Herstellung von Medikamenten. Die für ein bestimmtes Protein codierende DNA wird zusammen mit einem Promotor z. B. in den Zellkern einer Säugetierzygote eingeschleust. Durch den vorgeschalteten Promotor wird das Protein nur in den Milchdrüsen gebildet. Das Genprodukt kann man aus der Milch des erwachsenen Tieres gewinnen.

A1 Nennen Sie ethische Gründe, die gegen den Einsatz einer Keimbahntherapie beim Menschen sprechen.

Info-Box: DNA-Microarray

Die Möglichkeit der Herstellung von „Gen-Chips" hilft dabei, die Genexpression von transgenen und genetisch nicht veränderten Lebewesen zu vergleichen. Wie in der Computertechnologie werden auf engsten Raum viele Informationen angeordnet. Bei den genspezifischen Chips ist die Oberfläche auf einem Glas-Objektträger oder einer Nylonmembran in ein Punktraster unterteilt. Jeder Punkt enthält eine bekannte Variante eines einsträngigen DNA-Moleküls. Die m-RNA des zu untersuchenden Organismus wird isoliert und mithilfe der *Reversen Transkriptase* in eine komplementäre c-DNA umgeschrieben. Die ebenfalls einsträngige c-DNA wird mit einem fluoreszierenden Farbstoff versehen und auf den DNA-Chip gegeben. Sie bindet sich an die entsprechende, komplementäre DNA auf dem Array. Die Chips werden mit einem Fluoreszenzscanner auf Signale abgetastet (s. Abb.). Mit der Kenntnis der DNA-Sequenz auf dem Punktraster kann man die Proben-DNA eindeutig zuordnen. Das Verfahren wird nicht nur zur Analyse der Genexpression eingesetzt. Darüber hinaus findet es Anwendung in der *Genomanalyse*. Wird eine Proben-DNA beispielsweise auf eine bestimmte Mutante untersucht, muss beim Vorliegen der Mutation das Signal genau auf dem Rasterpunkt erfolgen, der die DNA der Mutante trägt. Durch die Microarray-Technologie ist es möglich, Tausende von Genen in einem einzigen Experiment zu untersuchen.

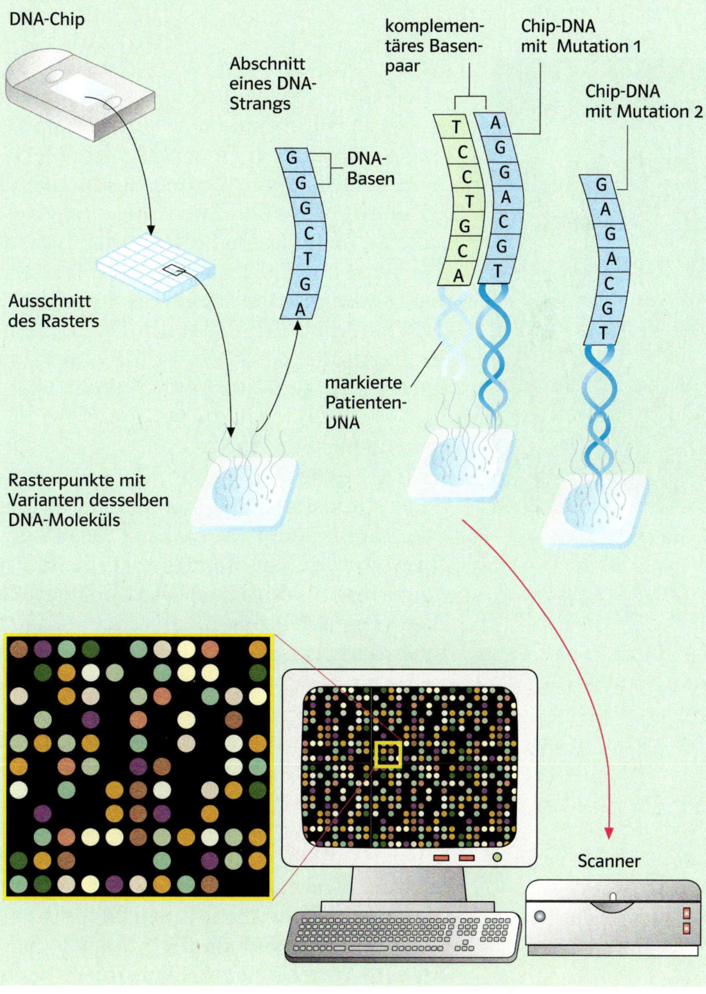

Gentechnik in der Landwirtschaft

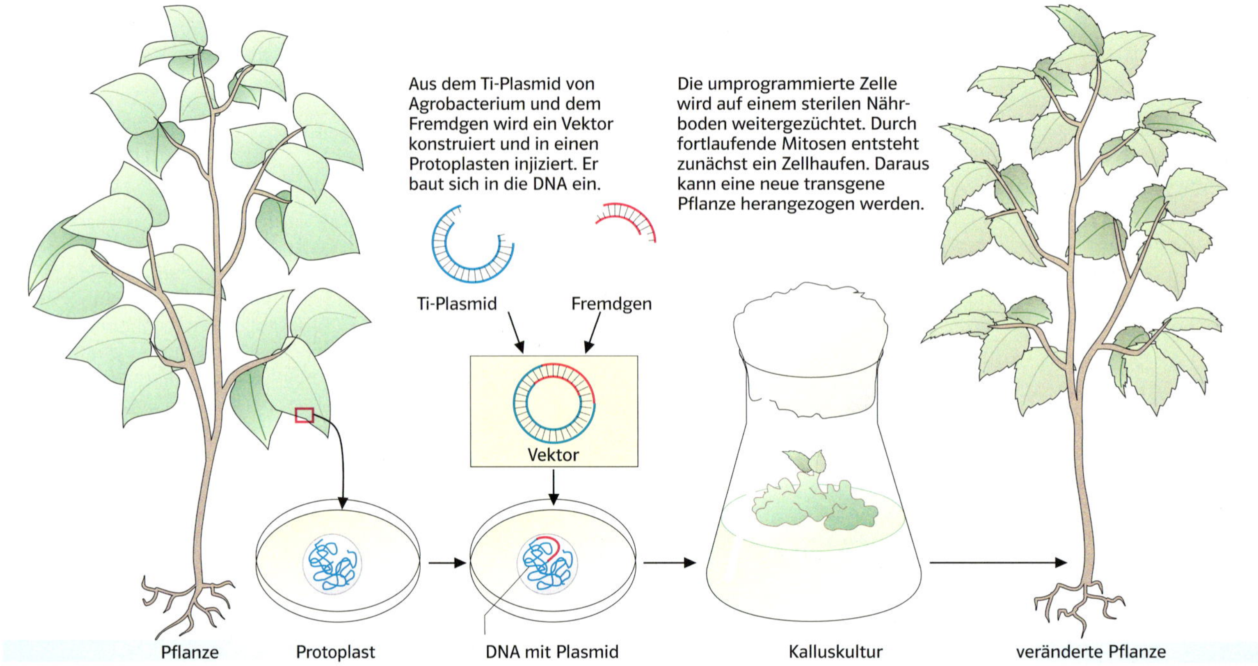

1 *Übertragung von Fremdgenen auf eine Pflanze (Ti-Plasmid-Technik)*

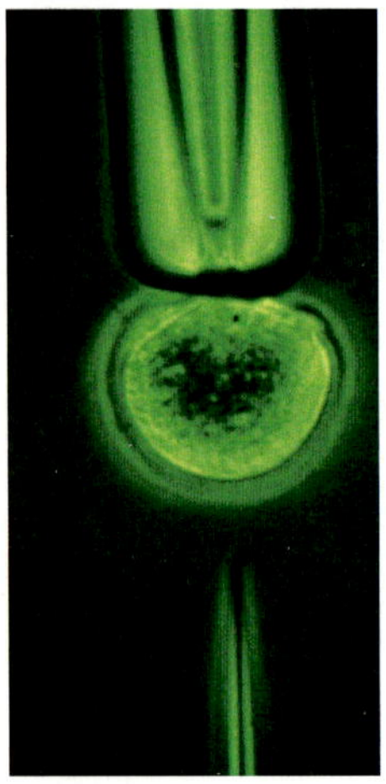

Gene werden „verpflanzt". In eine Pflanzenzelle wird mithilfe einer Mikropipette DNA injiziert.

Bei der Gentechnik in der Landwirtschaft sollen Gene für erwünschte Merkmale gezielt in Nutzpflanzen oder Nutztiere eingeschleust oder unerwünschte Merkmale ausgeschaltet werden. Anders als bei der herkömmlichen Züchtung spielen Artgrenzen dabei keine Rolle mehr: Es lassen sich Gene aus Bakterien, Pilzen, Tieren und Menschen übertragen. Grüne Gentechnik beschäftigt sich mit transgenen Pflanzen, rote Gentechnik mit transgenen Tieren (z. B. Gen-Pharming, Seite 259).

Anwendungsbereiche

Ziele der grünen Gentechnik sind z. B. die Widerstandsfähigkeit gegen Schädlinge, Krankheiten oder Herbizide zu erhöhen. Ein weiterer Gesichtspunkt ist die Ertragssteigerung. In der Praxis sind bisher fast überwiegend Herbizidresistenzen und Toleranzen gegen Insektenbefall relevant.

In diesen Fällen verleihen die Resistenzgene den Pflanzen Eigenschaften, die sie unempfindlich gegenüber bestimmten Unkrautvernichtungs- bzw. Insektenvernichtungsmitteln machen. Weltweit wurden im Jahr 2008 in 25 Ländern gentechnisch veränderte Pflanzen angebaut. Die Anbaufläche nimmt deutlich zu, in der EU hat sich jedoch die Anbaufläche 2008 im Gegensatz zum Vorjahr reduziert.

Die größte wirtschaftliche Bedeutung haben bisher Sojabohne, Mais, Baumwolle und Raps. Ein großer Streitpunkt bei der grünen Gentechnik liegt darin, dass transgene Pflanzen in die Umwelt freigesetzt werden. Die Risiken der Freisetzung werden kontrovers diskutiert.

A1 Nehmen Sie kritisch Stellung zu der Aussage, dass jeder ein Recht auf genetisch unveränderte Lebensmittel hat.

Gentransfer mithilfe von Agrobakterien

Zum Einschleusen von Genen hat sich das Bakterium *Agrobacterium tumefaciens* bewährt. Es ist der Erreger eines Pflanzentumors (Wurzelkropf). Durch Verletzungen kann es in die Pflanze gelangen und schleust dann ein tumorinduzierendes Plasmid *(Ti-Plasmid)* in einzelne Zellen ein. Das Plasmid wird in die pflanzliche DNA integriert und veranlasst die Pflanze zu unkontrolliertem Wachstum [Basiskonzept S. 376]. Es entsteht ein Pflanzentumor, der Nährstoffe für das Bakterium absondert. Die Fähigkeit des Bakteriums, DNA zu übertragen, macht man sich in der Gentechnik zunutze: Entfernt man die tumorinduzierenden Basensequenzen und baut ein Fremdgen in das Plasmid ein, so lassen sich auf diesem Wege die gewünschten Gene in die Pflanzen-DNA integrieren. Durch gleichzeitige Übertragung eines Markers (z.B. ein Antibiotikumresistenz-Gen) wird der Erfolg der Genübertragung überprüfbar. Die Übertragung gelingt am leichtesten an jungen Pflanzenzellen, deren Zellwand enzymatisch entfernt wurde. Diese Protoplasten kann man unter geeigneten Wachstumsbedingungen zu Zellteilungen anregen und so ganze Pflanzen regenerieren. Bei dieser ungeschlechtlichen Vermehrung findet keine Rekombination der genetischen Information statt, das transgene Merkmal kann also nicht verloren gehen.

A2 Nennen Sie Argumente für und gegen die Gentechnik am Beispiel von Herbizidresistenz, Insektenresistenz und Anti-Matsch-Tomate.

Antisense-Technik

Tomaten und andere weiche Früchte müssen oft grün geerntet werden, damit sie nicht zerdrückt zu den Großmärkten gelangen. Leider fehlt solchen unreifen Früchten das volle Aroma. Die Expression mehrerer Gene ist für die Reifung einer Tomate verantwortlich, sie machen die Tomate rot, aromatisch, weich und schließlich matschig. Das „Matsch"-Gen trägt zum Abbau der Zellwände bei. Eine nicht matschende Tomate war die erste gentechnisch veränderte Pflanze, die für die Vermarktung zugelassen wurde. Bei ihr wurde das „Matsch"-Gen durch die genetische *Antisense-Technik* ausgeschaltet. Dazu wird das „Matsch"-Gen verkehrt herum hinter demselben Promotor eingebaut. Wird es transkribiert, entsteht eine zum Original komplementäre m-RNA. Normale *(sense)* und *Antisense-m-RNA* lagern sich zusammen, dadurch unterbleibt die Translation (Abb. 2). Das Zellwände abbauende Enzym wird nicht mehr gebildet. Die transgenen „Anti-Matsch-Tomaten" reifen langsamer und die roten Früchte bleiben 14 Tage länger fest. Sie können daher im reifen, aromatischen Zustand geerntet und versandt werden. Unsichtbar altert die Tomate trotzdem, ihr Vitamingehalt nimmt wie bei den herkömmlichen Tomaten ab. In den USA sind diese Tomaten seit 1994 zugelassen, seit 1996 darf Tomatenpüree aus solchen Tomaten auch auf dem EU-Markt verkauft werden (s. Info-Box).

Info-Box: Kennzeichnungspflicht für gentechnisch veränderte Lebensmittel
Seit 18. April 2004 gelten in der EU folgende Regelungen:

Kennzeichnung von Gen-Lebensmitteln
Sie gilt für alle Lebensmittel, Futtermittel, Zutaten, Zusatzstoffe sowie Aromen, die aus einem gentechnisch veränderten Organismus (GVO) stammen oder daraus hergestellt sind, unabhängig davon, ob die GVO noch im Lebensmittel nachweisbar sind (z.B. Sojaöl). Ferner schließt die Kennzeichnungspflicht Lebensmittel ein, die aus gentechnisch veränderten Mikroorganismen hergestellt wurden, wenn diese noch im Lebensmittel vorhanden sind.

Lebensmittel ohne Hinweis auf Gentechnik
- Erzeugnisse von Tieren (z.B. Fleisch und Eier), die mit gentechnisch veränderten Futtermitteln gefüttert wurden
- Zusatzstoffe, Vitamine und Aromen, die mithilfe von gentechnisch veränderten Mikroorganismen hergestellt werden, wenn die Mikroorganismen vollständig entfernt wurden
- Gentechnisch hergestellte Enzyme, die als Verarbeitungshilfsstoffe dienen (z.B. Enzyme für Brot- oder Bierherstellung)

Unbeabsichtigte Verunreinigungen bleiben ohne Kennzeichnung
Durch Anbau, Transport und Verarbeitung können gentechnisch veränderte Organismen in nicht gentechnisch hergestellte Produkte gelangen. Solche unbeabsichtigten GVO-Verunreinigungen in Lebensmitteln müssen bis zu einem Schwellenwert von 0,9% je Zutat nicht gekennzeichnet werden.

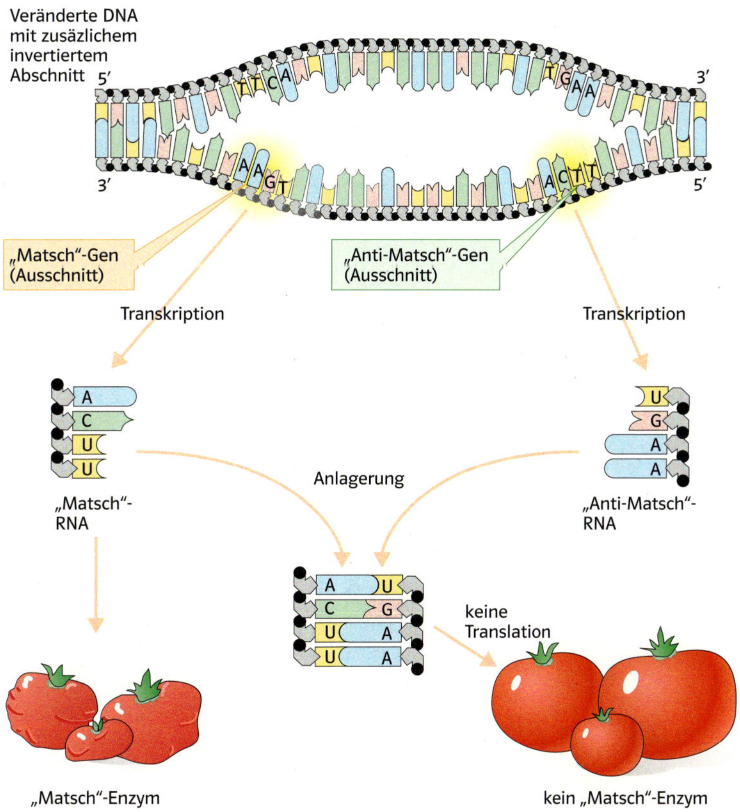

2 *Anwendung der Antisense-Technik bei der „Anti-Matsch-Tomate"*

Gentechnik im Supermarkt

Begriffe wie Gen-Food, Gen-Mais und Gen-Tomate tauchen immer häufiger im täglichen Leben auf. Dabei ist die Begriffswahl für gentechnisch veränderte Lebensmittel sehr verwirrend, da alle pflanzlichen und tierischen Lebensmittel Gene enthalten. In Deutschland gibt es eine sehr verbreitete Skepsis gegenüber gentechnisch veränderten Lebensmitteln. In der Gesellschaft wird eine Diskussion mit sehr konträren Positionen zwischen Befürwortern, die in der grünen Gentechnik eine Zukunftstechnologie mit großen Wachstumschancen sehen, und den Gegnern, die die Risiken der Technologie betonen, geführt.

- Nennen Sie Produkte im Supermarkt, in denen Spuren gentechnisch veränderter Pflanzen enthalten sind. Informieren Sie sich.

5 *Kennzeichnung gentechnikfreier Nahrungsmittel*

6 *Protestaktion*

Transgener Mais

Transgener Mais ist gentechnisch veränderter Mais, bei dem z. B. Gene aus Bakterien in das Mais-Genom eingeschleust wurden mit der Zielsetzung, die Schädlingsbekämpfung zu erleichtern. Zu den Schädlingen von Maispflanzen gehört der *Maiszünsler*. Die Raupen des Schmetterlings hinterlassen in der Pflanze Fraßschäden, die zu Ernteverlusten führen. Vom Maiszünsler befallene Pflanzen haben eine erhöhte Anfälligkeit gegenüber Schimmelpilzen. Eine Möglichkeit der Schädlingsbekämpfung ist der Einsatz von Bt-Mais. Dieser enthält das Gen des Bakteriums *Bacillus thuringiensis*.

1 *Maisfeld*
2 *Maispflanze, von der Raupe des Maiszünslers befallen*
3 *Falter des Maiszünslers*
4 *Raupe des Maiszünslers*

Durch das eingeschleuste Gen produziert die Maispflanze ein Gift, das unter anderem auch beim Maiszünsler tödlich wirkt. Im Jahr 1998 wurde der kommerzielle Anbau der Bt-Maissorte MON 810 in der EU zugelassen. In Deutschland erfolgte die Zulassung der Aussaat im Jahr 2005. Diese Entscheidung wurde im Frühjahr 2009 zurückgenommen, da nach Angaben des Bundeslandwirtschaftsministeriums die Maissorte „eine Gefahr für die Umwelt darstellt." Diese Entscheidung wird sehr kontrovers diskutiert.

- Beschreiben Sie die Problemsituation.
- Entwickeln Sie mögliche Handlungsoptionen zur Lösung des Problems.
- Informieren Sie sich über Chancen und Risiken des Einsatzes von Bt-Mais. Achten Sie dabei darauf, von welcher Quelle Sie Informationen beziehen.
- Nennen Sie die ethischen Werte, die mit dem Konflikt berührt werden.
- Stellen Sie für sich eine Rangfolge der Werte auf.
- Nennen Sie Argumente, die für oder gegen den Einsatz von Bt-Mais sprechen. Die Argumentation soll jeweils eine beschreibende *(deskriptive Prämisse)* und eine wertende Aussage *(normative Prämisse)* enthalten, aus denen eine Schlussfolgerung *(Konklusion)* folgt (s. Seite 16). Beispiel:
  Deskriptive Prämisse: Das Gift von Bt-Mais kann auch andere Tiere schädigen
  Normative Prämisse: Andere Lebewesen und die Umwelt sollen nicht geschädigt werden.
  Konklusion: Also darf Bt-Mais nicht angebaut werden.
- Fällen Sie Ihr eigenes argumentativ begründetes Urteil. Reflektieren Sie dabei andere Urteile.
- Erläutern Sie die Konsequenzen, die das eigene Urteil und auch andere nach sich ziehen.

Wem gehören die Gene?

„Genetische Ressourcen sind das gemeinsame Erbe der Menschheit." (Bonner Leitlinien, 2002)
Ganze Industriezweige suchen nach verwertbaren genetischen Eigenschaften von Lebewesen. Man fand z. B. heraus, dass 86 % der Pflanzen, die von Heilern in Samoa benutzt werden, auch im Labortest eine biologische Aktivität aufweisen. Das Wissen der Heiler kann den Forschungsaufwand der Pharmafirmen verringern.

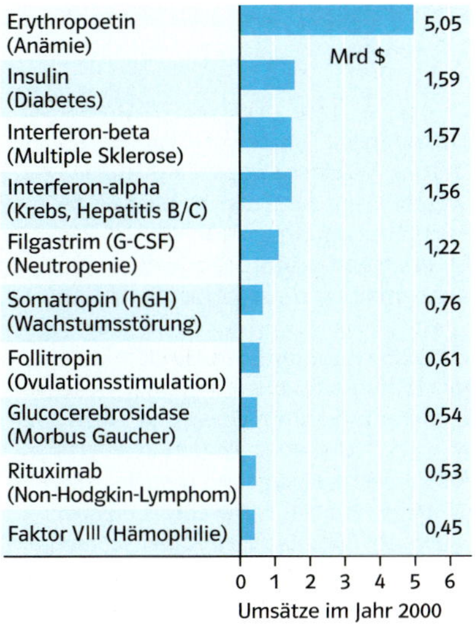

7 *Gentechnisch hergestellte Medikamente*

Biodiversitätskonvention (Nairobi, 2000): „Die gerechte Aufteilung der Vorteile aus der Anwendung traditioneller Kenntnisse, Innovationen und Gebräuche von vielen eingeborenen und ortsansässigen Gemeinschaften mit traditionellen Lebensformen ist wünschenswert."

- Die Suche nach Genen, deren gentechnische Expression sich kommerziell nutzen lässt, wird von den Befürwortern als „Bioprospecting", von den Gegnern als „Biopiraterie" bezeichnet. Erläutern Sie.

Transgene Pflanzen weltweit

Die Anbaufläche gentechnisch veränderter Pflanzen hat weltweit stark zugenommen. Länder mit den größten Anbauflächen sind die USA (62 Mio. Hektar), Argentinien (21 Mio. Hektar) und Brasilien (15,8 Mio. Hektar). Zu den gentechnisch veränderten Pflanzen gehören vor allem Soja, Baumwolle, Mais und Raps.

In Deutschland durchlaufen Anträge auf Zulassung von transgenen Sorten für den Anbau ein Genehmigungsverfahren.

Im Vergleich zur weltweiten Entwicklung verringert sich die Anbaufläche für transgene Pflanzen in Europa.

Menschen nach Maß

„Im Jahre 2003 wurde das erste Designer-Baby Europas in England geboren. Stammzellen aus der Nabelschnur des Säuglings sollen dem vierjährigen krebskranken Bruder helfen. Es kommen nur genetisch vollkommen identische Stammzellen in Betracht, daher ist der Embryo bei einer In-vitro-Fertilisation nach diesen Gesichtspunkten ausgewählt worden." (Agenturmeldung)

„This year's 50th anniversary of the discovery of the structure of DNA has kindled many debates about the implications of that knowledge for the human condition. Arguably the most emotionally charged is the debate over the prospect of human genetic enhancement or 'designer babies'. It's only a matter of time, many say, before parents will improve their children's intelligence and personality by having suitable genes inserted into them shortly after conception." (Guardian 2003)

- Die Kombination von Gentechnik und Reproduktionstechnik birgt Möglichkeiten, die Hoffnung oder Angst machen. Sammeln Sie Argumente zur Versachlichung der Diskussion.

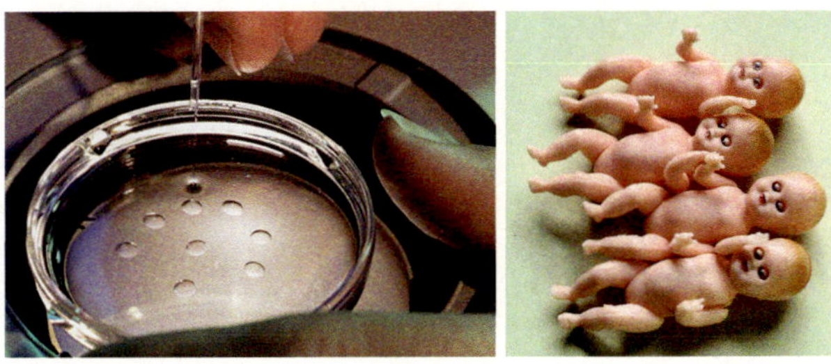

8 *Kinder nach Wunsch*

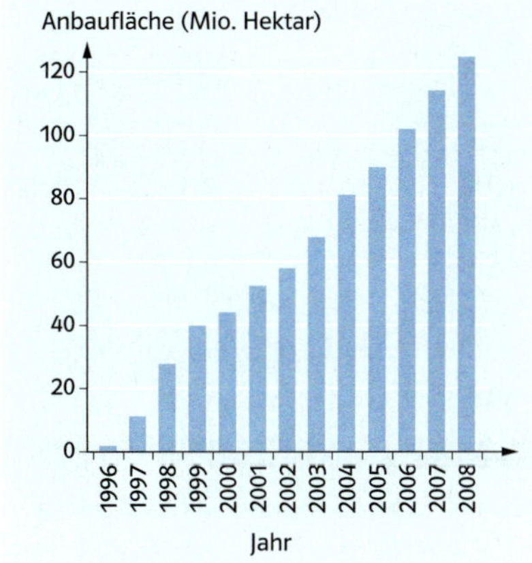

9 *Anbauflächen mit gentechnisch veränderten Pflanzen*

Datenschutz für Gene

The HUGO* Ethics Committee adopts the following principles as a basis for its recommendations:

1. Human genomic databases are global public goods.
2. Individuals, families, communities, commercial entities, institutions and governments should foster the public good.
3. The free flow of data and the fair and equitable distribution of benefits from research using databases should be encouraged.
4. The choices and privacy of individuals, families and communities with respect to the use of their data should be respected.
5. Individuals, families and communities should be protected from discrimination and stigmatization.
6. Researchers, institutions and commercial entities have a right to a fair return for intellectual and financial contributions to databases.

- Informieren Sie sich, inwieweit ein genetischer Steckbrief von Einzelpersonen für Knochenmarkspende, Versicherungen, Verbrechensaufklärung, Arbeitsplatzbesetzung bzw. Einwanderung einsetzbar wäre bzw. in Europa bereits eingesetzt wird.
- Entwickeln Sie Ideen für einen wirksamen Datenschutz der persönlichen genetischen Information.

*HUGO: Human Genome Organization

1 *J. G. Mendel*

2 *T. H. Morgan*

3 *O. T. Avery*

1866: Der Augustiner-Pater JOHANN GREGOR MENDEL veröffentlicht seine „Versuche über Pflanzenhybriden". Aus über 10 000 Kreuzungsexperimenten ermittelt er Zahlenverhältnisse, von denen er die Vererbungsregeln ableitet.

1869: Der Chemiker und Mediziner FRIEDRICH MIESCHER isoliert aus Zellkernen „Nuclein", das WALTHER FLEMMING 1879 in mikroskopischen Schnitten *Chromatin* nennt. R. ALTMANN prägt 1889 den Begriff Nucleinsäuren.

1881: EDOUARD-GÉRARD BALBIANI entdeckt „Kernfäden" in den Zellkernen von Mückenlarven. Erst 1933 beweisen EMIL HEITZ und HANS BAUER die Chromosomennatur dieser Riesenchromosomen.

1888: Der Anatom WILHELM WALDEYER verwendet erstmals den Ausdruck „Chromosomen" für die bei der Zellteilung beobachteten „Kernschleifen".

ca. 1900: ALBRECHT KOSSEL (Nobelpreis 1910) weist Phosphorsäure, Zuckereinheiten sowie die Purin- und Pyrimidinbasen als DNA-Bestandteile nach.

1900: CARL CORRENS, HUGO DE VRIES und ERICH VON TSCHERMAK-SEYSENEGG bestätigen MENDELS Vererbungsregeln.

1902: Der Zoologe THEODOR HEINRICH BOVERI und der Cytologe WILLIAM S. SUTTON formulieren unabhängig voneinander die *Chromosomentheorie der Vererbung.*

1905: WILLIAM BATESON, EDITH REBECCA SAUNDERS und REGINALD CURDELL PUNNETT entdecken die gekoppelte Vererbung von Genen.

1909: WILHELM JOHANNSEN definiert die Gene als unteilbare Einheiten der Vererbung. Er unterscheidet zwischen dem *Genotyp* und dem *Phänotyp* eines Lebewesens. Bei der Keimzellenbildung des Salamanders beobachtet er Überkreuzungen homologer Chromosomen *(Crossingover).*

1911: THOMAS HUNT MORGAN (Nobelpreis 1933) erkennt bei Kreuzungsversuchen mit *Drosophila*, dass gekoppelt vererbte Gene auf demselben Chromosom liegen. Kopplungsgruppen können durch Genaustausch aufgebrochen werden. So lassen sich relative Genkarten erstellen. Der Genabstand wird in der Einheit *Morgan* angegeben.

1926: HERMANN J. MÜLLER (Nobelpreis 1948) zeigt, dass Röntgenstrahlen Mutationen verursachen.

1928: FREDERICK GRIFFITH beweist, dass Erbinformation von einer Bakterienzelle in eine andere übertragbar ist.

1941: GEORGE W. BEADLE und EDWARD TATUM (Nobelpreis 1958) formulieren die „Ein-Gen-ein-Enzym-Hypothese".

1944: A. M. SRB und N. H. HOROWITZ definieren das Gen neu: „Jedes Gen kontrolliert einen Schritt in einer Kette biochemischer Reaktionen."

1944: OSWALD T. AVERY, COLIN MCLEOD und MCLYN MCCARTY beweisen, dass DNA Träger der Erbinformation ist.

1951: ERWIN CHARGAFF findet heraus, dass die vier Basen der DNA in bestimmten Zahlenverhältnissen zueinander vorliegen *(Chargaff-Regel).*

1953: JAMES D. WATSON und FRANCIS H. C. CRICK (Nobelpreis 1962) stellen das Doppelhelixmodell der DNA auf, in das u.a. Röntgenbeugungsergebnisse von ROSALIND FRANKLIN einfließen. Sie erhielt keinen Nobelpreis, da sie zuvor starb.

1958: MATTHEW MESELSON und FRANK und MARY STAHL weisen nach, dass DNA semikonservativ verdoppelt wird.

1961: FRANÇOIS JACOB und JACQUES L. MONOD (Nobelpreis 1965) veröffentlichen das *Operon-Modell*, das veranschaulicht, wie Gene an- und ausgeschaltet werden.
Sie entwickeln die *Ein-Gen-eine-m-RNA-Hypothese.*

1965: Auf Grundlage der Arbeiten von MARSHALL NIRENBERG (Nobelpreis 1968) klären HEINRICH MATTHAEI und SEVERO OCHOA den genetischen Code auf: Jeweils drei Nucleotide definieren eine Aminosäure.

1969: JOSEPH G. GALL und MARY LOUPARDUE erfinden die *In-situ-Hybridisierung* von Nucleinsäuren. Diese Technik erlaubt es, Gene auf Chromosomen zu lokalisieren.

4 *J. D. Watson und F. H. C. Crick*

5 *J. L. Monod*

6 *F. Jacob*

1970: Howard Temin und David Baltimore (Nobelpreis 1975) finden in Retroviren die *Reverse Transkriptase*. Mit diesem Enzym übersetzen Retroviren ihre RNA-Erbinformation in DNA. Sie sind heute ein unentbehrliches Werkzeug der Molekulargenetik.

1972: Werner Arber (Nobelpreis 1978) entdeckt die *Restriktionsenzyme* („enzymatische Scheren"), ein bis heute unverzichtbares Werkzeug der Genomanalyse und Gentechnik.

1972: Paul Berg und Mitarbeiter (Nobelpreis 1980) bauen das erste rekombinante DNA-Molekül, indem sie DNA zerschneiden und die Fragmente neu verkleben.

1973: Stanley N. Cohen, Herbert W. Boyer und ihre Mitarbeiter zeigen, dass rekombinante DNA in lebenden Zellen die Produktion von Proteinen anweisen kann.

1975: Georges Köhler und Cesar Milstein (Nobelpreis 1984) gelingt die Entwicklung eines Verfahrens zur Herstellung von monoklonalen Antikörpern.

1977: Richard J. Roberts und Philipp A. Sharp (Nobelpreis 1993) entdecken in Eukaryoten die *Spleißreaktion*. Aus dem primären Transkript *(prä-m-RNA)* werden die Introns entfernt und die Exons zur reifen m-RNA zusammengefügt.

1977: Allan Maxam und Frederick Sanger (Nobelpreis 1980) entwickeln unabhängig voneinander leistungsfähige Methoden zur DNA-Sequenzierung.

1982: Das erste gentechnisch hergestellte Medikament *(Insulin)* kommt in den USA auf den Markt.

1983: Kary B. Mullis (Nobelpreis 1993) erfindet die *Polymerasekettenreaktion (PCR)*. Diese Technik kopiert DNA im zellfreien System.

1985: Alec J. Jeffreys, Victoria Wilson und S. L. Thein entwickeln die Methode des *genetischen Fingerabdrucks*.

1990: Das *Human Genome Project* wird gestartet, um das menschliche Genom zu entschlüsseln.

1995: Edward B. Lewis, Christiane Nüsslein-Volhard und Eric F. Wieschaus (Nobelpreis 1995) klären grundlegende genetische Mechanismen der Embryonalentwicklung auf.

1996: Das Genom eines komplexen Organismus, der Backhefe, wird vollständig entschlüsselt.

2001: Leland H. Hartwell, R. Timothy Hunt und Paul M. Nurse (Nobelpreis 2001) erforschen an Hefe die Schlüsselgene zur Kontrolle des Zellzyklus.

2002: Sydney Brenner, H. Robert Horvitz und John E. Sulston (Nobelpreis 2002) verfolgen am Fadenwurm *Caenorhabditis elegans*, welche Gene das programmierte Zellsterben *(Apoptose)* auslösen. Solche Gene sind auch bei der menschlichen Embryonalentwicklung und der Tumorabwehr aktiv.

2006: Andrew Z. Fire und Craig Mello entdecken die RNA-Interferenz, einen natürlichen Mechanismus zur Stilllegung von Genen durch doppelsträngige RNA.

2007: Mario Capecchi, Martin Evans und Oliver Smithies (Nobelpreis 2007) entwickeln das Gen Targeting, mit dem bestimmte Gene gezielt abgeschaltet werden können. Dadurch ist es möglich zu erkennen, welche Funktion einzelne Gene haben.

2009: Elizabeth Blackburn, Carol W. Greider und Jack Szostak (Nobelpreis 2009) entdecken, wie Chromosomen durch Telomere und das Enzym Telomerase geschützt werden. Diese Erkenntnisse haben eine große Bedeutung für das Verständnis der Zellalterung.

7 *J. H. Matthaei und M. Nirenberg*

8 *W. Arber*

9 *C. Nüsslein-Volhard*

Übungen
Genetik

Kurzgefasst
Bei der *ungeschlechtlichen Fortpflanzung* entstehen genetisch identische Nachkommen nur eines Individuums. Vor der Bildung der Tochterzellen wird die genetische Information, die in der Basenabfolge der DNA gespeichert ist, kopiert. Bei diesem Kopiervorgang, der *semikonservativen Replikation*, wird der Doppelstrang der DNA aufgetrennt und neue Nucleotide mit den passenden komplementären Basen werden angelagert. Grundlage für die *geschlechtliche Fortpflanzung* ist die *Meiose*. Bei diesem Vorgang wird der Chromosomensatz reduziert. Es erfolgt eine Rekombination der Gene.

Die befruchtete Eizelle eines Mehrzellers ist eine *totipotente Stammzelle*, aus der sich ein vollständiger Organismus entwickeln kann. Nach einigen Zellteilungen werden die Entwicklungsmöglichkeiten der entstehenden Zellen trotz identischer genetischer Information schrittweise eingeschränkt. Die Zellen weisen eine spezifische *Genexpression* auf.

Die Genexpression verläuft in zwei Schritten. Bei der *Transkription* wird die m-RNA gebildet. In einem zweiten Schritt, der *Translation*, werden an den Ribosomen Aminosäuren entsprechend dem genetischen Code zu einem Polypeptid zusammengesetzt. Die Genaktivität kann durch Substrat-Induktion oder Endprodukt-Repression reguliert werden.

Die *Proteinbiosynthese* von Pro- und Eukaryoten unterscheidet sich. Bei den Eukaryoten wird zunächst eine ziemlich lange *prä-m-RNA* gebildet. Sie enthält die Basensequenzen von nicht-informationstragenden Abschnitten, den *Introns*. Durch das Spleißen werden die Introns ausgeschnitten und die *Exons* zur eigentlichen RNA verknüpft.

Mutationen der DNA erfolgen spontan und erhöhen die Varianz von Lebewesen. Veränderungen der DNA-Sequenz können zu Krankheiten führen. Mit biochemischen *Sequenzierungsverfahren* ist man in der Lage, genetische Defekte zu entdecken. Dadurch ist eine Risikoberatung bei Paaren mit Kinderwunsch möglich. Durch gentechnische Verfahren können Gene bei Lebewesen gezielt verändert werden. Diese Verfahren werden in der Medizin und in der Landwirtschaft eingesetzt. Trotz der vielfältigen Chancen der *Gentechnik* wird diese aufgrund möglicher Risiken und bestehender ethischer Probleme teilweise kritisch bewertet.

Versuchsdurchführung	Versuchsreihe A Phagen mit radioaktivem Schwefel (^{35}S) markiert		Versuchsreihe B Phagen mit radioaktivem Phosphor (^{32}P) markiert	
Bakterien und Phagen werden im Reagenzglas gemischt. • Bakterien · Phagen		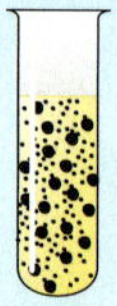		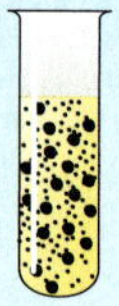
Nach 10 min wird zentrifugiert. • Bakterien · Phagenhüllen	Radioaktivität im Überstand	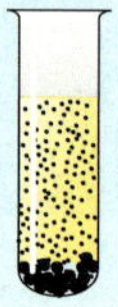	Radioaktivität im Sediment	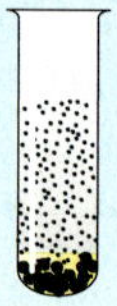

1 *Versuchsergebnisse von Hershey und Chase*

1 Experimente von Hershey and Chase

Nachdem bereits im Jahre 1944 mit Transformationsversuchen der erste Nachweis erbracht worden war, dass die DNA Träger der Erbinformation ist, bestätigten ALFRED HERSHEY und MARTHA CHASE wenige Jahre später diese Tatsache mithilfe radioaktiv markierter Phagen. Phagen sind Viren, die Bakterien befallen und diese dazu veranlassen, viele Kopien der Viren herzustellen. Phagen bestehen aus DNA und einer Proteinhülle. HERSHEY und CHASE infizierten Bakterien mit Phagen, die nach Anzucht in einem entsprechenden Medium radioaktive Schwefelatome (^{35}S) bzw. radioaktive Phosphoratome (^{32}P) enthielten.

A1 Geben Sie an, in welchen Phagenbestandteilen sich jeweils radioaktive ^{35}S- bzw. ^{32}P-Atome befinden.

A2 Beschreiben Sie die Versuchsdurchführung und das Ergebnis (s. Abb. 1). Erläutern Sie, weshalb dieses Experiment beweist, dass die DNA der Träger der Erbinformation ist.

2 Virus Blocker: Antisense-RNA

Gegen bestimmte Viren, aber eventuell auch bestimmte Krebsarten entwickelt man derzeit als Medikament sogenannte Antisense-RNA. Bestimmte m-RNA spielt bei der Virusvermehrung oder der Krebsentstehung eine wichtige Rolle. Meist werden relativ kurze RNA-Stücke benutzt, die komplementär zu diesen RNAs sind, sich mit diesen verbinden und sie dadurch unwirksam machen. Versuche mit Antisense-RNA richten sich inzwischen aber nicht nur gegen die RNA von Krankheitserregern, sondern auch gegen die DNA-Strukturen, die das Ablesen der Gene regulieren. Die Antisense-RNA lagert sich dort an und verhindert das Erkennen dieser Strukturen.

A3 Erläutern Sie den Weg von einem Onkogen (Krebsgen) zur Entstehung von Krebs.

A4 Diskutieren Sie, welcher Vorgang durch die Antisense-RNA blockiert werden kann.

A5 Erläutern Sie, welche Strukturen an der Regulation der Genaktivität beteiligt sind.

A6 Diskutieren Sie, welche Strukturen man am besten blockieren könnte, um eine Erkrankung zu verhindern.

3 Thalassämie

Die Thalassämie ist eine genetisch bedingte Erkrankung. Bei den Erkrankten wird das Hämoglobin fehlerhaft gebildet und auch schneller wieder abgebaut. Das Globin, der eiweißhaltige Teil des Hämoglobins, besteht aus vier verschiedenen Eiweißketten (α, β, γ und δ). Zwei α-Ketten bilden mit jeweils zwei β-, γ- oder δ-Ketten Paare. Beim gesunden Erwachsenen besteht das Hämoglobin zu ca. 97 Prozent aus α- und β-Ketten.

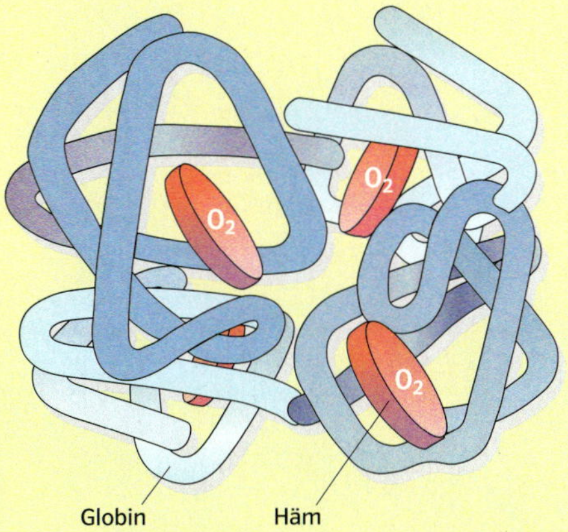

2 *Hämoglobin-Struktur*

Es gibt verschiedene Formen der Krankheit. Bei der β-Thalassämie werden die β-Ketten nicht im ausreichenden Maß gebildet. Als Folge wird weniger Häm in das Hämoglobin eingebaut, dadurch kann weniger Sauerstoff gebunden werden. Der Gendefekt der β-Thalassämie ist auf Chromosom 11 zu finden. Es liegen Mutationen in DNA-Sequenzen vor, die für das korrekte Splicing des β-Globin-Transkripts verantwortlich sind. Die prä-RNA besteht aus drei Exons und zwei Introns.

A7 Erläutern Sie mögliche Folgen der Mutationen. Erklären Sie in diesem Zusammenhang, dass die Länge des β-Globins teilweise verändert ist.

A8 Es gibt viele Mutationen im β-Globin-Gen, die keine oder nur milde Auswirkungen haben. Erklären Sie.

4 Chorea Huntington

Chorea Huntington ist eine sehr selten vorkommende Erbkrankheit, die sich in Form von Gehirnschwund äußert (s. Seite 258). Das die Krankheit auslösende Gen liegt auf Chromosom 4. Die Information für die Krankheit ist dominant. Bei der Untersuchung der DNA hat man festgestellt, dass in dem Exon Wiederholungen (Repeats) des Trinucleotids CAG auftreten. Die Schwere der Krankheit ist abhängig von der Anzahl Wiederholungen.

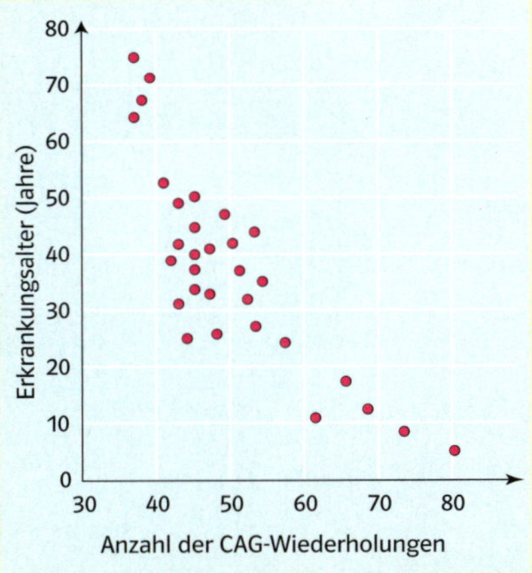

3 *Ausbruch von Chorea Huntington*

A9 Werten Sie die Informationen aus Abbildung 3 aus.

A10 Begründen Sie, warum die Krankheit trotz tödlichen Verlaufs immer wieder auftritt.

Ein Ehepaar, das ein Kind erwartet, sucht eine genetische Beratungsstelle auf, da bei der Mutter des Mannes Chorea Huntington diagnostiziert wurde. Sein Vater und seine Großeltern väterlicherseits sind nicht erkrankt. In der Familie der Frau gibt es keinerlei Krankheitshinweise.

A11 Erstellen Sie einen Stammbaum der Familie mit den Genotypen.

A12 Berechnen Sie die Wahrscheinlichkeit, mit der das erwartete Kind von der Krankheit betroffen ist. Erstellen Sie dazu die entsprechenden Kombinationsquadrate.

5 Plasmidtechnologie

Eine pharmazeutische Firma möchte unter Verwendung gentechnischer Methoden Insulin mithilfe von Bakterien herstellen. Das Gen, das für dieses Protein codiert, ist bereits isoliert worden und steht in ausreichender Menge zur Verfügung. Die Abbildung zeigt das Plasmid, das als Vektor dienen soll, mit den Schnittstellen möglicher Restriktionsenzyme.

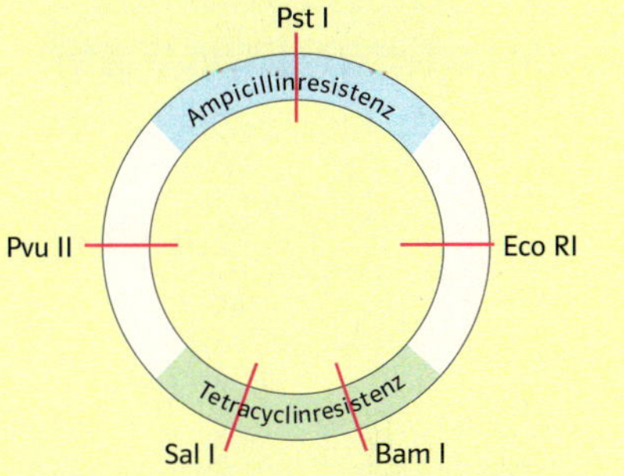

4 *Mögliche Schnittstellen am Plasmid*

A13 Begründen Sie, welche Restriktionsenzyme für das Schneiden des Plasmids geeignet sind.

A14 Durch die Anwendung verschiedener Kombinationen von Restriktionsenzymen erhält man DNA-Fragmente mit unterschiedlicher Länge. Beschreiben Sie ein Verfahren zur Bestimmung der Länge (Basenpaare) der unterschiedlichen DNA-Fragmente.

A15 Stellen Sie das Prinzip der Gewinnung des entsprechenden Hybridplasmids mithilfe beschrifteter Skizzen dar.

A16 Erläutern Sie, wie man Kolonien von Bakterien, die das gewünschte Plasmid mit Fremd-DNA enthalten, von anderen Bakterien unterscheiden kann.

5 Neurobiologie

Liegt ein Fußball auf dem Elfmeterpunkt, dauert es bei einer Schussgeschwindigkeit von 100 Stundenkilometern ca. 400 Millisekunden, bis der Ball die Torlinie passiert. In dieser kurzen Zeit muss der Torhüter versuchen seinen Körper so zu positionieren, dass der Ball von seiner Flugbahn abgelenkt wird.

Torhüter haben dabei verschiedene Taktiken. Manche suchen sich rein spekulativ eine Ecke des Tors aus, in die sie sich werfen. Andere versuchen aus den Bewegungen des Elfmeterschützen eine Ecke zu erahnen. Egal welche Taktik gewählt wird, in jedem Fall leitet der Torhüter aus der Bewegung des Balles die Flugbahn des Balls ab, um eine Hand in die entsprechende Richtung zu bewegen. Für eine sinnvolle Reaktion müssen hierbei Reize der Umwelt mit dem Auge aufgenommen werden.

Die Lichtsinneszellen im Auge wandeln die Informationen in elektrische Signale um, die über die Nervenbahnen zum Gehirn geleitet werden. Dort erfolgt eine Auswertung der Informationen. Anschlie-

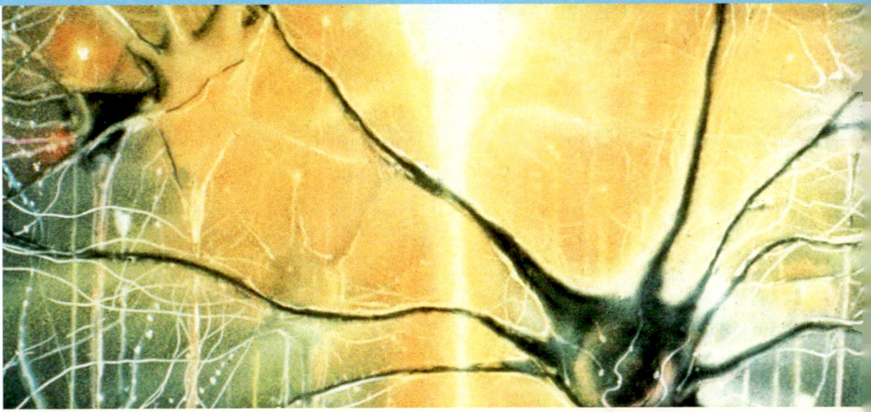

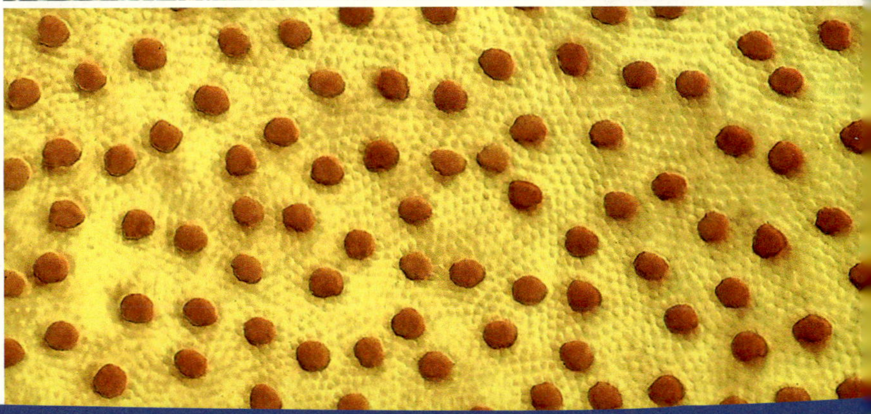

ßend werden Signale vom Gehirn zu den entsprechenden Muskeln entsendet. Dieser sehr komplexe Prozess spielt sich im Bruchteil einer Sekunde ab. Eine faszinierende Leistung des Nervensystems, die in diesem Fall dem Torhüter die Möglichkeit gibt, den Ball zu halten.

Alle Wirbeltiere nutzen täglich das Zusammenspiel von Sinnesorganen, Nervensystem und Muskulatur bei der Jagd und auf der Flucht.

5.1 Reizaufnahme und Erregungsleitung
Das Neuron

Nerv
Bündel von Nervenfasern, umgeben von Bindegewebe

Nervenfaser
Axon mit umgebenden Hüllzellen

Neuron
meist verzweigte Zelle mit langen Fortsätzen, speziell für die Verarbeitung und Weiterleitung von Erregungen

Neuron im Kleinhirn

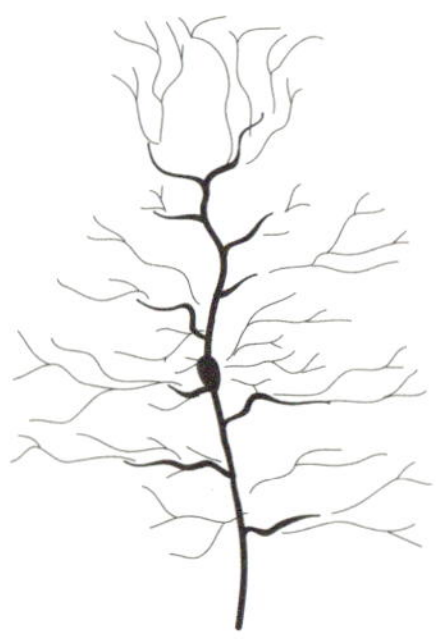
im Rückenmark

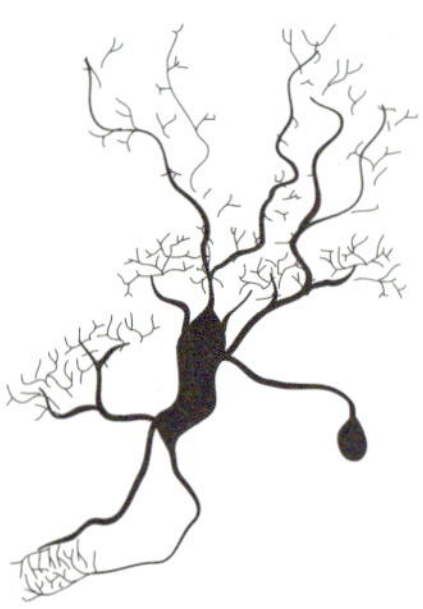
im autonomen Nervensystem

Die wichtigsten Bauelemente eines Nervensystems sind die Nervenzellen, die *Neuronen*. Diese Zellen können elektrische Erregungen erzeugen, verarbeiten und weiterleiten. Die Spezialisierung der verschiedenen Neuronen zeigt sich in ihrer Form, ihrer Verzweigung und dem Grad der Ausdehnung (s. Randspalte). Ihre Länge reicht von wenigen Mikrometern bis zu über einem Meter. Dennoch kann die Vielfalt der Neuronen auf einen einheitlichen typischen Bauplan zurückgeführt werden (Abb. 1). [Basiskonzept S. 370]

Aufbau des Neurons
Das Neuron ist gegliedert in einen *Zellkörper* und Zellfortsätze. Der Zellkörper *(Soma)* enthält unter anderem den Zellkern. Bei den Zellfortsätzen werden *Dendrit* und *Axon* (auch *Neurit)* unterschieden. Dendriten bilden oft weit verzweigte Fortsätze („Bäumchen") von selten mehr als 2 mm Länge. Sie sind in der Nähe des Zellkörpers meistens dicker als das Axon, verjüngen sich aber mit jeder Gabelung. Das Axon ist oft wesentlich länger als die Dendriten. Ein Neuron besitzt meist nur ein einziges Axon mit einem kegelförmigen Ursprungsbereich, dem *Axonhügel*. Dendriten leiten Erregungen zum Zellkörper hin, Axone leiten Erregungen von ihm weg. Viele Axone verzweigen sich am Ende. An jedem Axonende befindet sich eine Verdickung. Diese *Endknöpfchen* stellen funktionelle Verbindungen *(Synapsen)* entweder zu Muskelfasern oder zu anderen Neuronen über deren Dendriten oder Zellkörper her.

Nervenzellen sind ummantelt
Neuronen sind von Hüllzellen umgeben, den *Gliazellen*. Es gibt schätzungsweise 10-mal so viele Gliazellen wie Neuronen. Sie stützen und ernähren die Neuronen und sorgen für die elektrische Isolation. Bei vielen Wirbeltieren sind die erregungsleitenden Axone der sensorischen und motorischen Nervenzellen durch mehrere Lagen von spezialisierten Gliazellen, dem *Myelin*, umwickelt (Abb. 2). Sie bilden die sogenannte *Markscheide*. Das Axon und die umgebenden Hüllzellen werden *Nervenfaser* genannt. Viele dieser Fasern bilden gebündelt und von Bindegewebe umgeben einen *Nerv*.

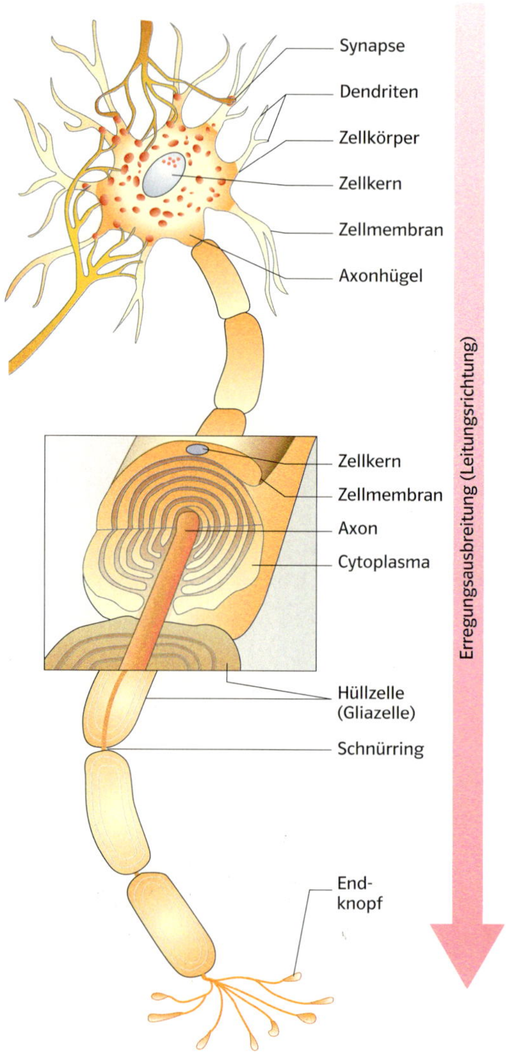

1 *Schema des Neurons*

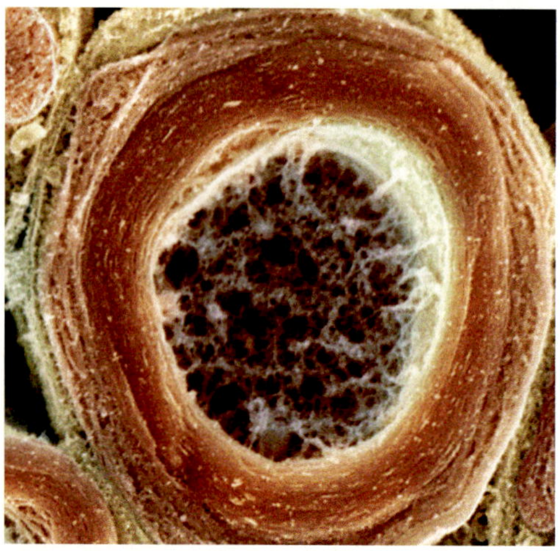

2 *Axon mit Markscheide*

Die Axone der Tintenfischgattung *Loligo* sind aufgrund des großen Durchmessers von bis zu 1 mm für experimentelle Untersuchungen besonders gut geeignet. Gut zu beschaffen sind Rückenmarksstränge von Schlachttieren. Material von Rindern und Schafen darf man im Unterricht nicht verwenden.

Präparation von Nervenzellen

Material:
- Rückenmarksstrang von einem Schlachttier (z. B. Schwein); frisch, oberflächlich leicht angefroren
- scharfe Rasierklinge oder Skalpell
- spitze Schere oder spitze Pinzette
- 6 Objektträger
- 2 Petrischalen
- Mikroskop und Zubehör
- Giemsa-Lösung, Aqua dest.

Durchführung:

a) Der Rückenmarksstrang wird quer geschnitten und seine runde Form wieder hergestellt. Umgeben von einer Bindegewebshülle, sind eine äußere weißliche und eine innere schmetterlingsförmige, zartrosa Fläche zu sehen, die der weißen bzw. der grauen Substanz entsprechen.

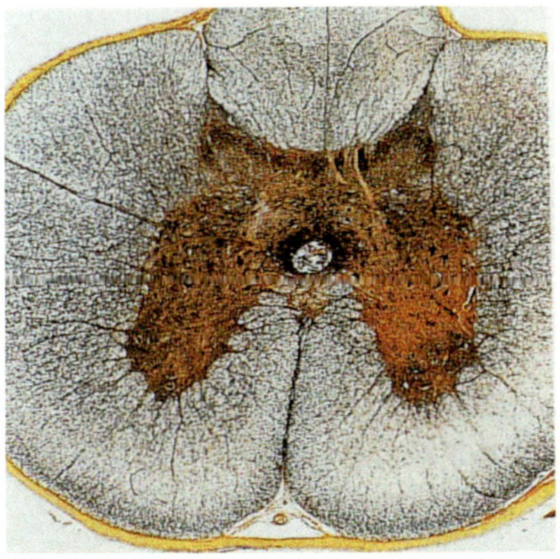

b) Aus dem Vorderhorn der grauen Substanz wird mithilfe der Schere oder der Pinzette etwas Material entnommen und auf einen Objektträger gebracht.

c) Versuch a und b werden wiederholt, bis 5 Proben auf Objektträgern vorliegen.

d) Mit einem weiteren Objektträger wird das Material gequetscht und verschiebend auseinandergezogen.

e) Giemsa-Lösung zum Färben dick auftropfen und 5 Minuten einwirken lassen (Petrischale).

f) Mit destilliertem Wasser wird danach überschüssige Giemsa-Lösung abgespült.

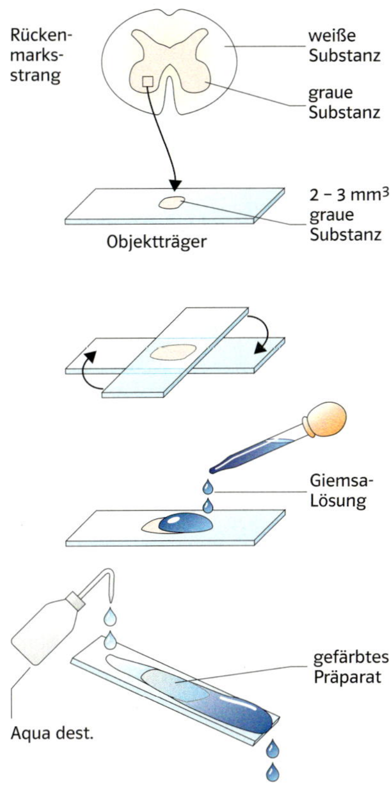

g) Untersuchen Sie die Präparate mikroskopisch: Zellkörper und Zellfortsätze sind violett gefärbt. Kerne mit dunkler kontrastiertem Kernkörperchen und das schollige Endoplasmatische Retikulum heben sich ab. Weiterhin sind Kerne von Hüllzellen zu sehen.

CAMILLO GOLGI entdeckte 1885, dass bei der Behandlung von Nervenzellen mit bestimmten Schwermetallsalzen nur einzelne Zellen eine Färbung annehmen. Dadurch werden auch im dichten Nervengewebe des Gehirns einzelne Zellen erkennbar. Der räumliche Verlauf der Dendriten und Axone wird durch diese Methode deutlich.

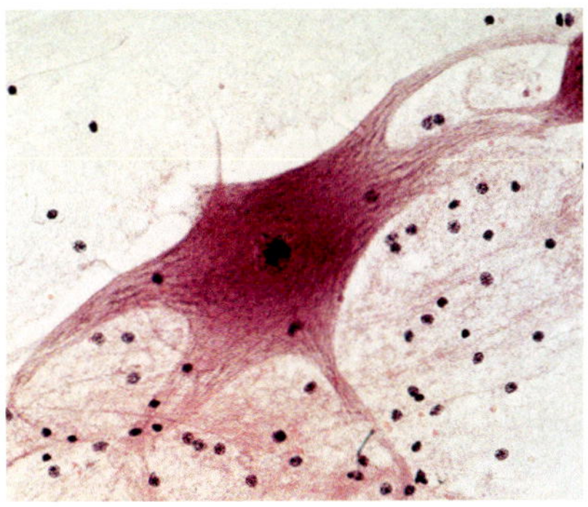

SANTIAGO RAMÓN Y CAJAL (1852—1934) untersuchte mithilfe der Golgi-Färbung die Nervensysteme des Menschen und vieler Wirbeltiere. Seine Zeichnungen gehören auch heute noch zu den Standardwerken der Neurobiologie.

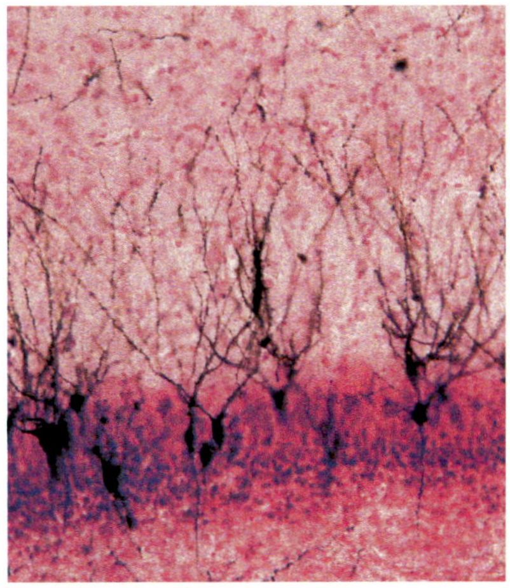

1 *Großhirnrinde einer Katze (Mikrofoto; Golgi-Färbung)*

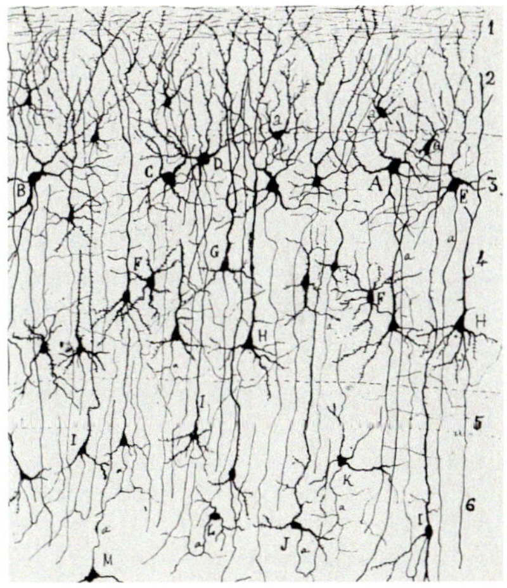

2 *Großhirnrinde einer Ratte (Zeichnung von Cajal 1888)*

A1 Vergleichen Sie die beiden Abbildungen in ihrer Aussagekraft. Erläutern Sie, weshalb die Axone nicht in ihrer vollen Länge erscheinen.

A2 Beschreiben Sie den Grundaufbau einer tierischen Zelle. Vergleichen Sie ihn mit dem Aufbau einer Nervenzelle.

Das Ruhepotential

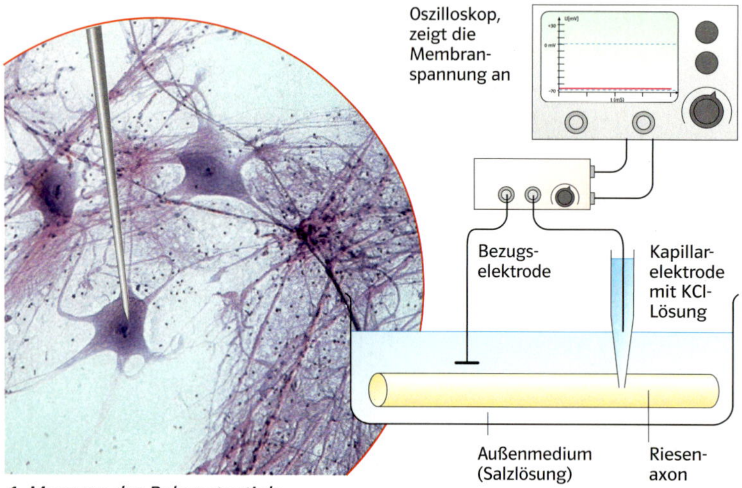

1 *Messung des Ruhepotentials*

Bereits im 18. Jahrhundert war bekannt, dass in Lebewesen elektrische Vorgänge ablaufen. Aber erst im Jahr 1939 gelang es ALAN HODGKIN und ANDREW HUXLEY, Spannungen an den Riesenaxonen des Tintenfisches der Gattung *Loligo* zu messen. Mithilfe der Glaskapillar-Methode und von Messverstärkern konnten die Wissenschaftler die am Axon auftretenden Potentiale exakt bestimmen.

Membranpotential

Befinden sich beide Mikroelektroden außerhalb der Membran in der umgebenden Flüssigkeit, so tritt zwischen ihnen keine Spannungsdifferenz auf. Wird eine der beiden Mikroelektroden durch die Axonmembran eingestochen, so stellt man eine Spannungsdifferenz zwischen der Innen- und Außenseite der Membran fest (Abb. 1).

Eine Spannung ist eine elektrische Potentialdifferenz. Bei den Messungen am Axon liegt dieser Ladungsunterschied zwischen der Außenseite und der Innenseite der Membran vor. Man nennt diese Spannung das *Membranpotential*. Das Potential der außen liegenden Bezugselektrode wird willkürlich als Null definiert. Für die Innenseite der Membran ergibt sich ein Potential im Bereich von −70 mV. Diese Spannung kann je nach Zelle zwischen −40 und −90 mV variieren. Die Innenseite der Axonmembran ist also gegenüber der Außenseite negativ geladen.

Eine Voraussetzung für die Bildung eines Membranpotentials ist die unterschiedliche Konzentration von positiv bzw. negativ geladenen Ionen an der Membran. Innerhalb des Axons ist die Konzentration positiv geladener Kaliumionen (K^+) und negativ geladener organischer Anionen (A^-) hoch, außerhalb ist es die von Natriumionen (Na^+) und Chloridionen (Cl^-).

Selektive Permeabilität der Membran

Die Voraussetzung für den Aufbau einer Spannungsdifferenz ist die unterschiedliche Durchlässigkeit der Membran für bestimmte Ionen. Man spricht hier von einer *selektiven Permeabilität* der Axonmembran (Abb. 2).

Entstehung des Ruhepotentials

Untersuchungen, bei denen radioaktiv markierte Kalium- und Natriumionen entweder extra- oder intrazellulär zugeführt wurden, zeigten, dass ein Teil dieser Ionen anschließend auf jeweils der anderen Seite der Axonmembran zu finden war.

In die Membran eingelagert gibt es zahlreiche Proteinkanäle, durch die die Ionen die Membran passieren können. Es wurden verschiedene Typen von Proteinkanälen nachgewiesen, die aufgrund ihrer Polarität und ihres Porendurchmessers nur für bestimmte Ionen passierbar sind (Abb. 3). [Basiskonzept S. 374]

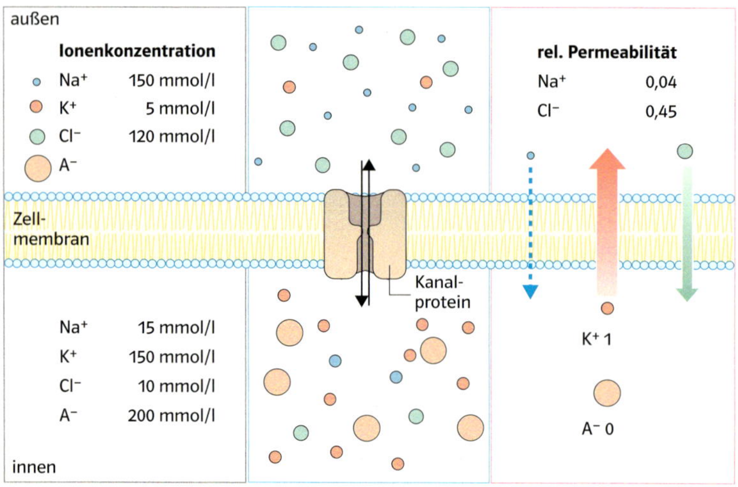

2 *Ionenverteilung und relative Permeabilität*

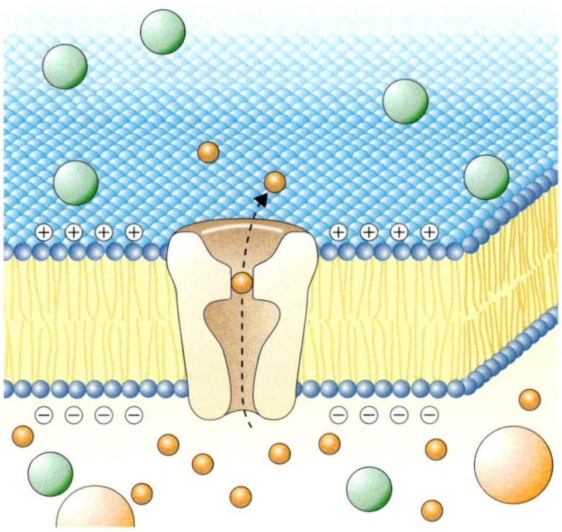
3 *Proteinkanal, in die Membran integriert*

Die Permeabilität für die einzelnen positiv und negativ geladenen Ionen ist an der nicht erregten Axonmembran jedoch verschieden. Für Na^+-Ionen beträgt sie nur 4 % der Permeabilität für K^+-Ionen. Die hohe Permeabilität für K^+-Ionen lässt darauf schließen, dass verhältnismäßig viele K^+-Kanäle in der Membran vorliegen. Die großen organischen Anionen (A^-), wie z. B. Proteine oder Aminosäuren, können dagegen die Membran überhaupt nicht durchqueren. Auch die negativ geladenen Chloridionen können die Membran nur eingeschränkt passieren.

Da die Konzentration der K^+-Ionen auf der Innenseite der Axonmembran etwa 30fach größer ist als auf der Außenseite *(Konzentrationsgradient)*, ist die Wahrscheinlichkeit, dass ein K^+-Ion von innen nach außen den Kanal durchquert, ebenfalls etwa 30-mal höher als umgekehrt. Jedes K^+-Ion, das sich durch den Ionenkanal von innen nach außen bewegt, entfernt eine positive Ladung von der Membraninnenseite. Diese wird also relativ zur Außenseite der Membran negativ geladen. Es kommt zu einer Ladungstrennung, ein Membranpotential wird aufgebaut.

Dieser Ladungsunterschied (Ionengradient) wirkt dem Konzentrationsgradienten entgegen, weil positiv geladene K^+-Ionen von der negativen Ladung der Membraninnenseite angezogen werden. Dies führt letztlich zu einem Zustand, bei dem beide Vorgänge im Gleichgewicht stehen. Der Ausstrom, bedingt durch das Konzentrationsgefälle, entspricht dem Einstrom, der durch das elektrische Feld verursacht wird.

Die hier durch die K^+-Ionen entstandene Spannung, das *„Kaliumgleichgewichtspotential“*, bildet die Grundlage für das Membranpotential, wie es am nicht erregten Neuron, also im Ruhezustand, vorliegt. Man nennt diese Spannung *Ruhepotential*. Ihre Höhe wird durch die Ionenströme der Na^+- und Cl^--Ionen nur in geringem Maße beeinflusst.

A1 Erklären Sie im Blick auf die Konzentrationsverhältnisse und den elektrischen Gradienten, weshalb die Chloridionen kaum Einfluss auf das Membranpotential haben.

Natrium-Kalium-Pumpe

Wird die Bildung von ATP durch Zellgifte behindert, zeigt sich, dass sich das Ruhepotential langsam abbaut. Der geringfügige, aber kontinuierliche Na^+-Ionen-Einstrom erhöht auf Dauer die Na^+-Ionenkonzentration auf der Membraninnenseite. Die negative Ladung der Innenseite nimmt ab, was wiederum einen gesteigerten K^+-Ionenausstrom und damit eine Abnahme der internen K^+-Ionenkonzentration zur Folge hat.

Diese *Ionenleckströme* durch die Axonmembran werden im intakten Neuron durch einen aktiven, Energie benötigenden Transportmechanismus, die *Natrium-Kalium-Pumpe* (s. Randspalte) ausgeglichen. Ohne sie würden sich die Ionenkonzentrationen langsam egalisieren und damit würde das Membranpotential gegen null gehen. Die Pumpe ist ein Membranprotein, das Na^+-Ionen aus der Zelle und K^+-Ionen in die Zelle transportiert. Die dazu notwendige Energie liefert ATP. Die hier beschriebene Ionenpumpe tauscht, dem Leckstromverhältnis entsprechend, jeweils drei Na^+-Ionen gegen zwei K^+-Ionen aus.

A2 An einem Axon wird mithilfe einer geeigneten Versuchsanordnung dafür gesorgt, dass kein Sauerstoff mehr zur Verfügung steht. Geben Sie die eintretende Änderung des Membranpotentials an und begründen Sie die Änderung.

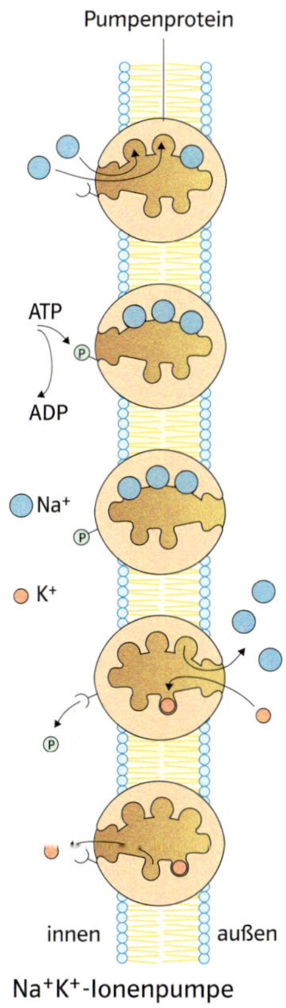

Na^+K^+-Ionenpumpe

Das Aktionspotential

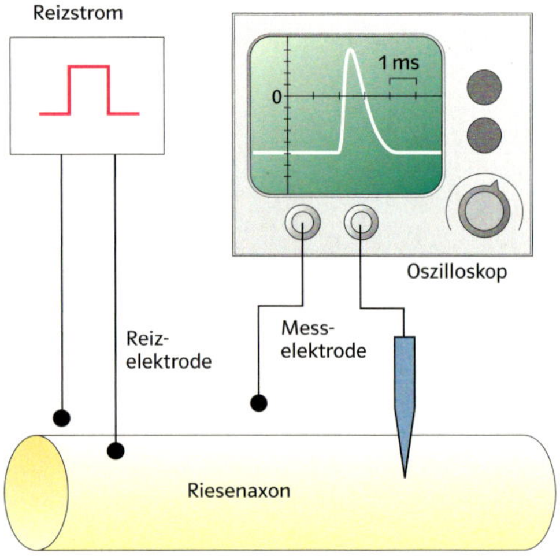

1 *Messung des Aktionspotentials*

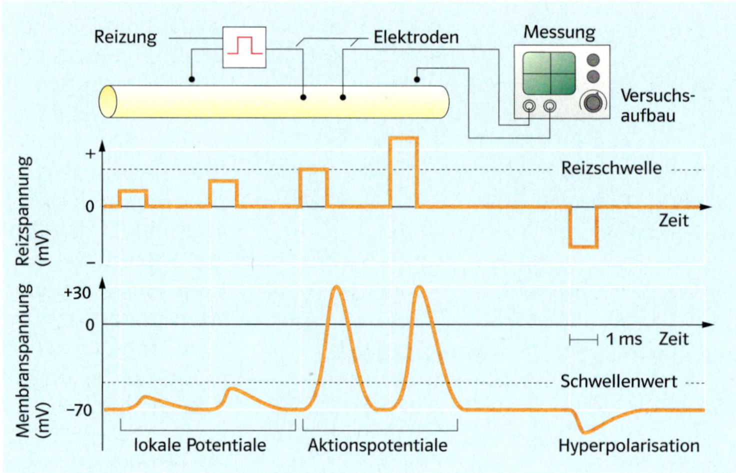

2 *Reizstärke und Membranpotential*

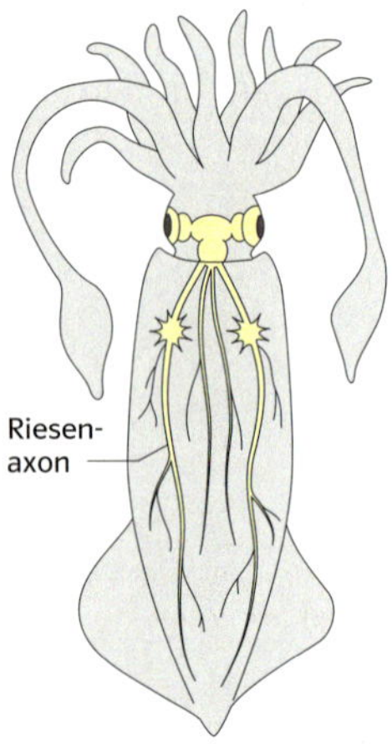

Reize rufen in Sinneszellen elektrische Erregungen hervor. Sensorische Nervenzellen leiten diese Erregungen zum Gehirn. Motorische Nervenzellen leiten Erregungen zu den Muskeln, wodurch deren Kontraktion ausgelöst wird. An der Axonmembran der beteiligten Nervenzellen misst man zu diesem Zeitpunkt kurzfristige Veränderungen des *Membranpotentials*. [Basiskonzept S. 380]

Messung des Aktionspotentials

Viele neurophysiologische Messungen werden an Riesenaxonen von *Loligo*, einem Tintenfisch, durchgeführt. Zur Messung des Aktionspotentials wird das Axon an einer bestimmten Stelle mit unterschiedlichen Spannungen elektrisch gereizt. An einer etwas entfernt liegenden Stelle wird mithilfe einer Glaskapillarelektrode und des Oszilloskops die Reaktion des Axons gemessen.

Wird durch die Reizelektroden kurzzeitig eine stärker negative Spannung als das Ruhepotential angelegt, sinkt sie auch kurzzeitig an der Messstelle *(Hyperpolarisation)*. Umgekehrt hat eine Reizspannung mit umgekehrter Polung eine kurzfristige Erhöhung des Membranpotentials zur Folge *(Depolarisation)*. Je höher die Reizspannung ist, desto höher ist auch die Depolarisation an der Messstelle. Überschreitet die Depolarisation einen bestimmten Schwellenwert, ändert sich das Axonpotential schlagartig innerhalb einer Millisekunde bis zu einem Spitzenwert von ca. +30 mV. Das Axon bildet aktiv ein Aktionspotential, das sich über das Axon fortpflanzt. Dabei misst man nach dem Überschreiten der Spannungsschwelle eine schnelle, starke Erhöhung des Potentials, die *Depolarisationsphase*. Im Überschuss kann das Axonpotential positive Werte annehmen. Nach kurzer Zeit sinkt das Potential in der *Repolarisationsphase* aber schnell wieder auf das Ruhepotential ab.

Aktionspotentiale zeigen immer den gleichen Verlauf. Sowohl die zeitliche Dauer der einzelnen Phasen als auch ihr elektrisches Potential sind immer gleich; sie geschehen so oder gar nicht. Sie folgen also streng dem *Alles-oder-Nichts-Prinzip*.

Molekulare Vorgänge

Eine Änderung des Membranpotentials lässt sich durch eine Veränderung der Ionenkonzentrationen an der Innen- und Außenseite der Axonmembran erklären. ALAN HODGKIN und BERNARD KATZ führten 1949 Experimente an Tintenfischaxonen durch, bei denen sie die außerhalb des Axons vorhandenen Na^+-Ionen durch positiv geladene, aber wesentlich größere Cholinionen ersetzten, für die die Axonmembran nicht permeabel ist. In dieser Versuchsanordnung konnten keine Aktionspotentiale ausgelöst werden. Die Forscher vermuteten, dass das Aktionspotential durch das Öffnen von Na^+-Ionenkanälen und den schnellen Einstrom der

Hyperpolarisation
hyper, gr. = über;
Spannung ist negativer als das Ruhepotential

Depolarisation
de, lat. Vorsilbe = weg;
schnelle Änderung des Ruhepotentials in Richtung des positiven Spannungsbereiches

Repolarisation
re, lat. Vorsilbe = zurück;
Rückkehr zum Ruhepotential

Na^+-Ionen in das Axon entsteht *(Ionentheorie der Erregung)*. Die Messung der vorhandenen Ionenkonzentration ergab, dass die Außenkonzentration der Na^+-Ionen gegenüber der Innenkonzentration 10fach höher ist. Die Hypothese wurde durch direkte Messungen der Ionenströme an Ionenkanälen bestätigt: Während der Depolarisation sind die meisten Na^+-Ionenkanäle geöffnet, jedoch nur wenige für K^+.

Durch einen elektrischen Reiz wird das Axon überschwellig depolarisiert (Abb. 3). Dadurch wird die Wahrscheinlichkeit der Öffnung von benachbarten Na^+-Ionenkanälen erhöht (Abb. 1b). Man nennt diese Kanäle *spannungsabhängige Kanäle*. Na^+-Ionen strömen in großer Zahl in das Innere des Axons. Der Anteil der positiv geladenen Ionen wird dadurch außerhalb des Axons geringer, innerhalb dagegen größer. Diese Veränderung des Membranpotentials führt zur Öffnung weiterer spannungsabhängiger Na^+-Ionenkanäle und zur weiteren Depolarisation bis zum Höhepunkt des Aktionspotentials (Abb. 1c). Die einzelnen Na^+-Ionenkanäle schließen sich jedoch sehr schnell wieder und sind anschließend für eine kurze Zeit nicht mehr zu öffnen. Sie werden erst nach dem Eintreten des Ruhepotentials und einer anschließenden *Refraktärzeit* wieder aktiv.

Die Repolarisation der Axonmembran wird wesentlich durch den Ausstrom von K^+-Ionen bedingt (Abb. 3d). Messungen an den spannungsabhängigen K^+-Ionenkanälen ergaben, dass ihre Öffnungswahrscheinlichkeit nach der Depolarisation verzögert steigt. Durch das verstärkte Ausströmen der K^+-Ionen aus dem Axon wird das Zellinnere wieder zunehmend negativ, bis das Ruhepotential erreicht ist. Erst dann schließen sich die K^+-Ionenkanäle wieder. [Basiskonzept S. 374]

Ein einzelnes Aktionspotential verändert die Ionenkonzentrationen an der Membran nur geringfügig, sodass sich das Ruhepotential leicht wieder einstellt. Laufen Tausende von Aktionspotentialen über die Axonmembran, so gewinnt die *Natrium-Kalium-Pumpe* an Bedeutung. Sie stellt das Ruhepotential wieder her.

A1 Erläutern Sie, weshalb man bei der Depolarisation, die zur Bildung des Aktionspotentials führt, von einem sich selbst verstärkenden Vorgang spricht (s. Randspalte).

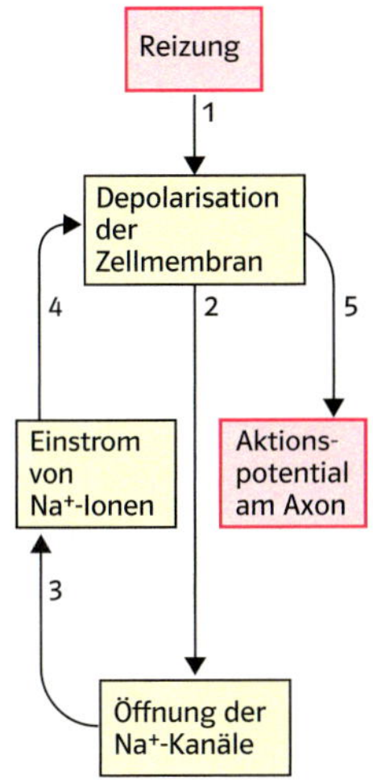

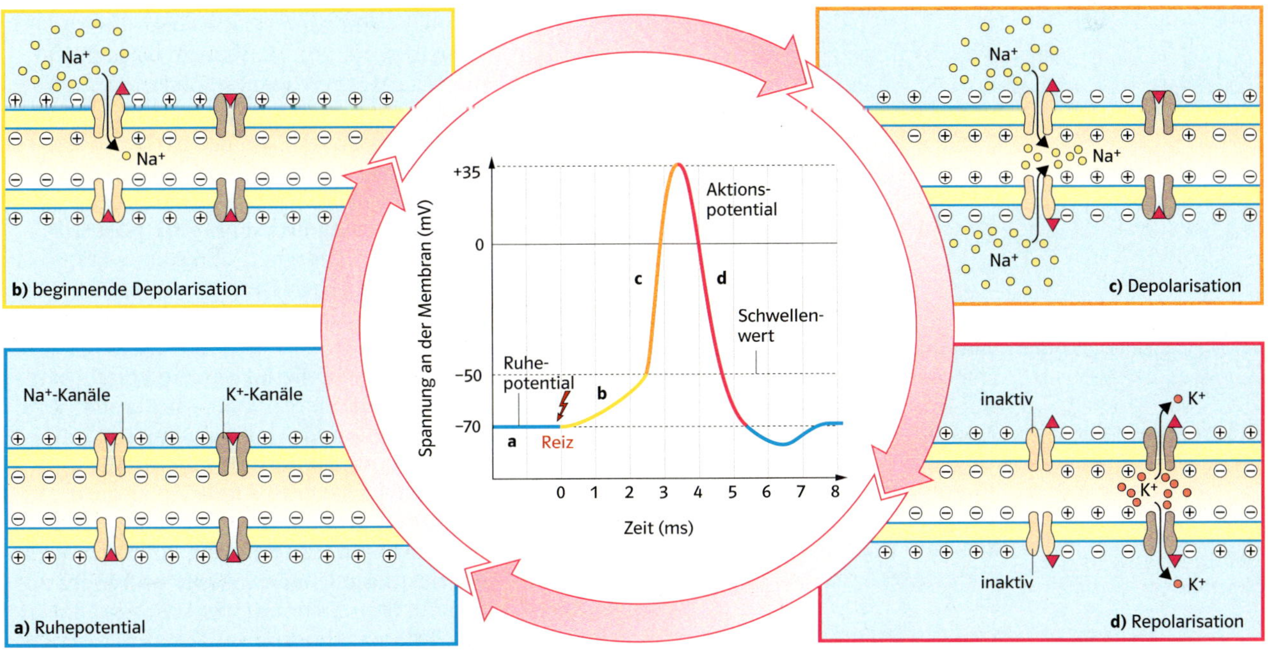

3 *Molekulare Vorgänge beim Ablauf eines Aktionspotentials*

Fortleitung des Aktionspotentials

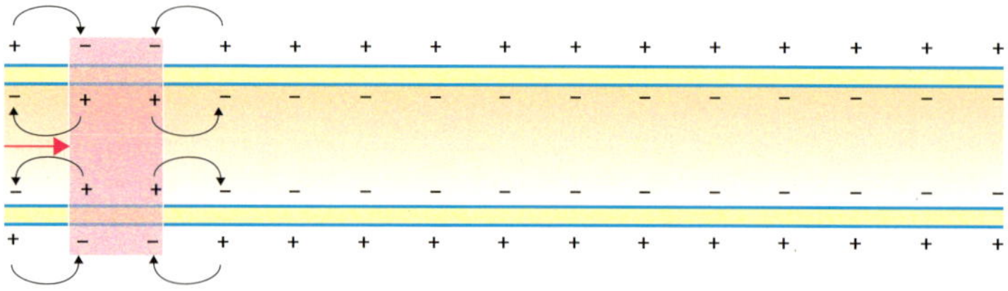

1 *Kontinuierliche Erregungsleitung*

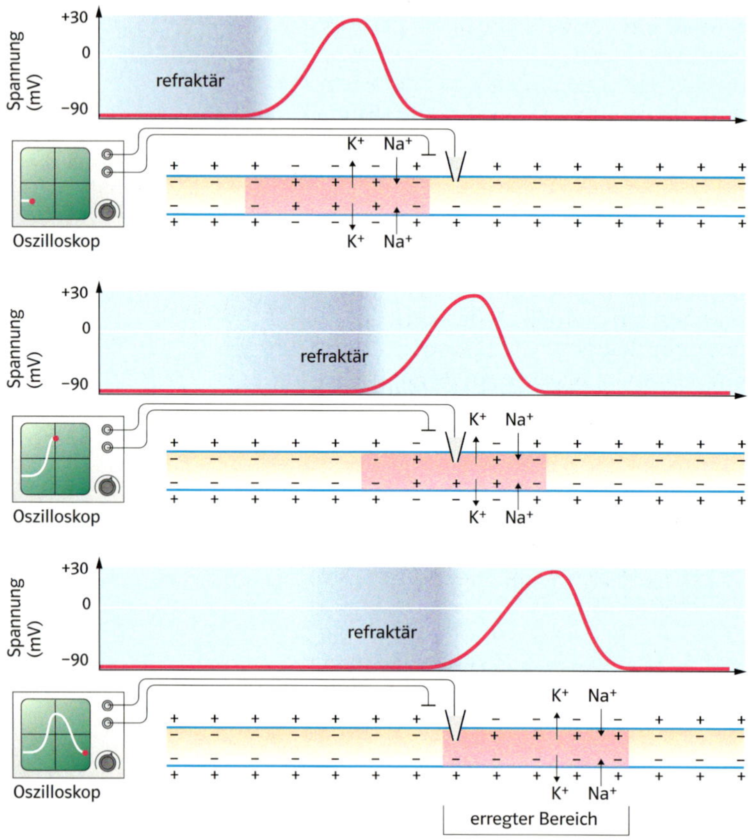

2 *Momentbilder zur Ausbreitung des Aktionspotentials*

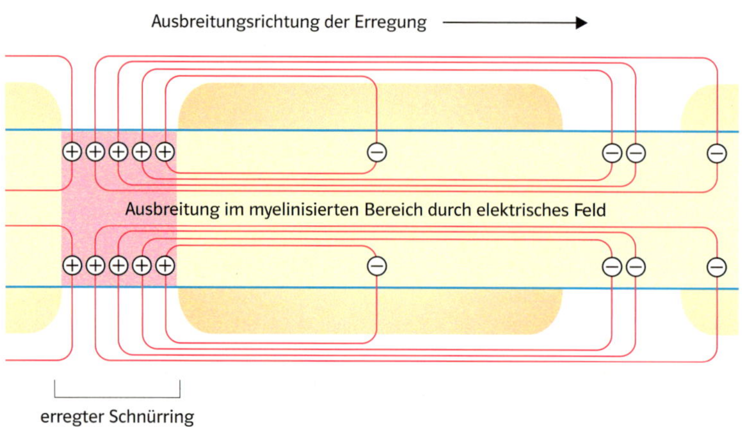

3 *Saltatorische Erregungsleitung*

Ein unterschwelliger elektrischer Reiz löst im Experiment am Axon an der gereizten Stelle eine lokale Depolarisation aus. An der Reizstelle liegt an der Innenmembran eine stärker positive Ladung vor als in der Umgebung. Es bildet sich ein elektrisches Feld in beide Richtungen entlang dem Axon aus (Abb. 1). Die Feldstärke und damit die Depolarisation der Membran nimmt mit zunehmender Entfernung ab. Eine gute elektrische Leitfähigkeit entlang der Axonmembran führt zu einer Ausbreitung des elektrischen Feldes, ebenso eine möglichst kleine Leitfähigkeit durch die Membran, da sich das elektrische Feld dann nicht durch Ionenströme durch die Membran abschwächen kann. Je nach den Bedingungen breitet sich das elektrische Feld zwischen 0,1 und 1 mm weit aus. Eine solche passive Ausbreitung der Spannungsänderung entlang dem Axon nennt man *elektrotonische Leitung*.

Kontinuierliche Erregungsleitung

Aktionspotentiale werden im Gegensatz zu den lokalen Potentialen entlang den Axonen weitergeleitet, ohne dabei schwächer zu werden. Wird die Spannungsschwelle am Axon überschritten, bildet sich ein elektrisches Feld aus, das stark genug ist, um auch an benachbarten Axonstellen die Spannungsschwelle zu überschreiten und die spannungsgesteuerten Natriumkanäle zu öffnen. Die daraus resultierende Depolarisation löst dort wieder ein Aktionspotential aus, das seinerseits an den Nachbarstellen zu einer überschwelligen Depolarisation führt usw. (Abb. 2). Da es an jeder Stelle der Membran nach dem *Alles-oder-Nichts-Prinzip* neu gebildet wird, schwächt es sich mit der Entfernung auch nicht ab. Man spricht von *kontinuierlicher Erregungsleitung*.

Das elektrische Feld kann sich grundsätzlich in beide Richtungen am Axon ausbreiten. Trotzdem läuft normalerweise das Aktionspotential nur in eine Richtung. Dort, wo gerade ein Aktionspotential gebildet wurde, befindet sich die Axonmembran noch in der *Refraktärzeit*, die Natriumkanäle sind inaktiv und nicht zu öffnen. Nur die vor dem Aktionspotential liegenden aktivierbaren Natriumkanäle können sich öffnen und ein Aktionspotential hervorrufen. Im Organismus läuft also ein Aktionspotential immer vom Axonhügel zu den Endknöpfchen. Axone sind „Einbahnstraßen".

Schnelle Reaktionen, z. B. bei der Jagd oder bei der Flucht, sichern das Überleben eines Tieres. In der Evolution haben sich zwei Mechanismen zur schnelleren Fortleitung der Aktionspotentiale entwickelt. Die Vergrößerung des Axondurchmessers vermindert den elektrischen Widerstand entlang der Axonmembran und bewirkt so bei der Depolarisation der Nachbarstellen ein schnelleres Erreichen des Schwellenwertes. [Basiskonzept S. 370]

Saltatorische Erregungsleitung
Sehr hohe Fortleitungsgeschwindigkeiten findet man bei *myelinisierten Axonen*. Nur an den nicht myelinisierten Schnürringen bilden sich Aktionspotentiale aus, da sich nur hier spannungsgesteuerte Natrium-Ionenkanäle befinden (Abb. 3). Die myelinisierten Bereiche werden von den Aktionspotentialen scheinbar fast ohne zeitliche Verzögerung übersprungen *(saltatorische Erregungsleitung)*.

Die Membranen der Gliazellen sind in vielen Schichten um das Axon gewickelt. Die Lipide der Membranen *(Myelinschicht)* isolieren elektrisch sehr gut und sorgen daher für eine extrem geringe Leitfähigkeit quer durch die Membran. Dadurch breitet sich das elektrische Feld bei einer Depolarisation sehr schnell und nur wenig abgeschwächt längs aus und depolarisiert die Membran am nächsten Schnürring sehr rasch. Da dort auch sehr viele Natriumkanäle liegen (bis 12 000 pro μm^2 statt „nur" 500 im unmyelinisierten Neuron), erfolgt auch die Spannungsänderung bei der Entstehung des Aktionspotentials schnell. Da die Schnürringe etwa 2 mm Abstand haben und nur dort die zeitaufwändigere Verstärkung des Aktionspotentials auf den Ausgangswert erfolgt, beobachtet man bei Axonen des Menschen Fortleitungsgeschwindigkeiten bis zu 180 m/s. [Basiskonzept S. 380]

Die saltatorische Erregungsleitung ist nicht nur in zeitlicher Hinsicht der kontinuierlichen überlegen. Da geringere Axondurchmesser ausreichen, wird Material eingespart. Nur dünne Axone ermöglichen die Entstehung komplexer Nervensysteme wie des Gehirns auf kleinem Raum. Auch der Energiebedarf ist geringer.

A1 Erklären Sie, warum die saltatorische Erregungsleitung weniger Energie benötigt als die kontinuierliche.

A2 Im Experiment wird ein präpariertes Axon in der Mitte überschwellig gereizt. Erklären Sie, wie sich die Erregungsleitung in diesem Versuch von der unter natürlichen Bedingungen unterscheidet.

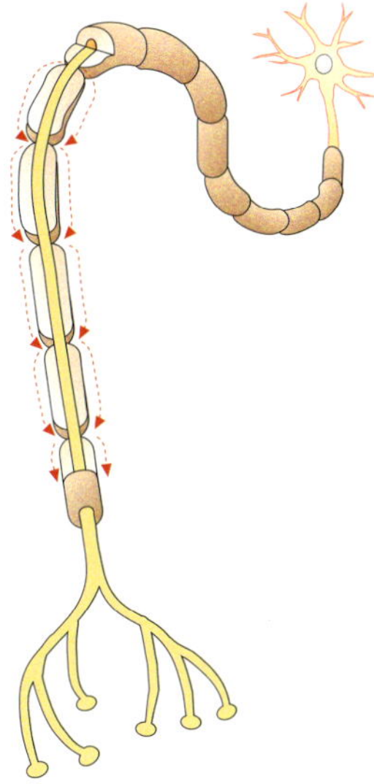

Saltatorische Erregungsleitung

saltatorisch
lat. *saltus* = der Sprung

Info-Box: Ionenkanäle gesucht — die Patch-Clamp-Technik

1991 erhielten die beiden deutschen Wissenschaftler E. NEHER und B. SAKMANN den Nobelpreis für die Entwicklung dieser Technik. Sie ist bei allen Zellarten anwendbar, bei Pflanzenzellen wird dafür allerdings zuerst die Zellwand entfernt. Die Zelle wird mit einer Haltepipette angesaugt. Mit einer Mikropipette kann man eine winzig kleine Membranfläche isolieren und die Ionenbewegung durch einen einzigen Ionenkanal oder eine Ionenpumpe analysieren. Eine künstliche Stromzufuhr gleicht die natürlichen Ionenströme aus und hält so das Potential der Zelle auf einem gewünschten Wert konstant. Der künstliche Strom wird gemessen, er ist dem natürlichen Strom durch die Membran entgegengesetzt gleich. So konnte man z. B. feststellen, dass beim Aktionspotential ein Natriumkanal ca. 0,7 ms lang offen ist und etwa 10 000 Ionen passieren lässt.

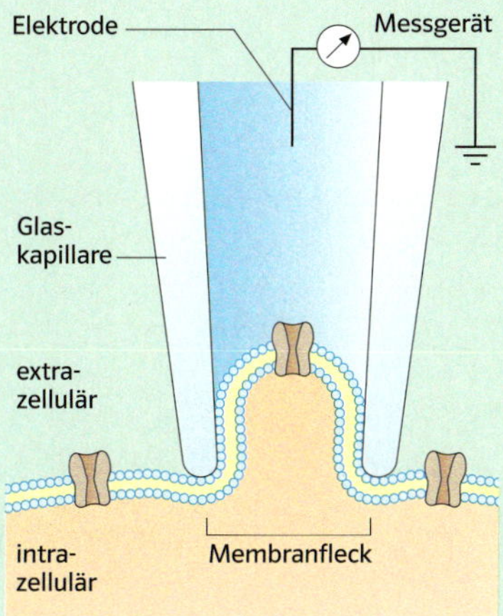

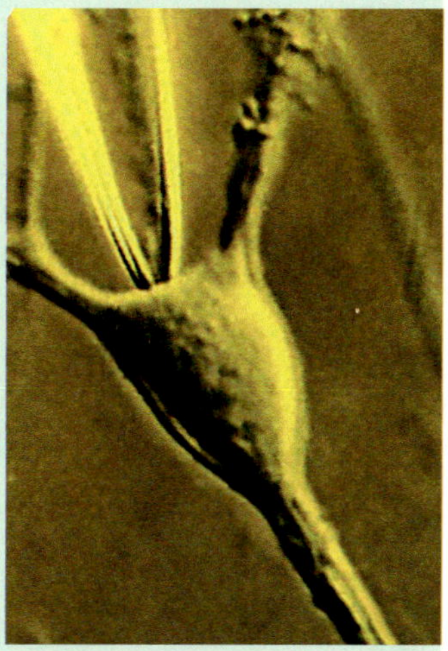

Vom Reiz zum Aktionspotential

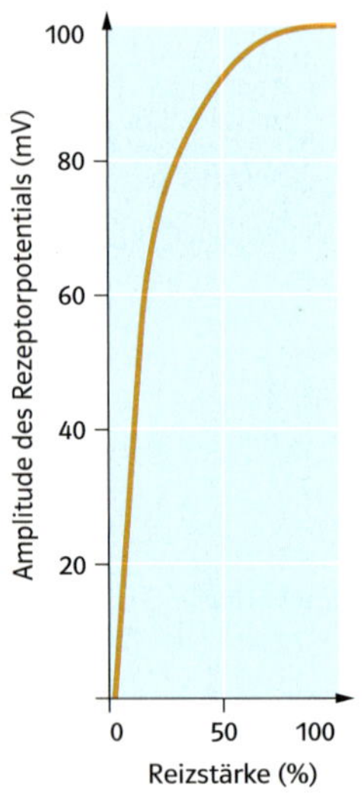

Rezeptorzellen übersetzen Reize aus der Umwelt und dem Körper in die Sprache des Nervensystems. Diese Funktion übernehmen meist spezialisierte Neuronen, die *primären Sinneszellen*. Dazu gehören beispielsweise die *Muskelspindeln* in unseren Muskeln, die parallel zu den Muskelfasern liegen (Abb. 1). Diese reagieren auf die Kontraktion einzelner Muskelfasern. Das dient der Regulation der Muskelkontraktion bei der Bewegung. [Basiskonzept S. 376]

Wird die Muskelfaser gedehnt, so werden die Muskelspindeln ebenfalls gedehnt. Im sensorischen Neuron werden daraufhin Na^{+}-Ionenkanäle geöffnet, Na^{+}-Ionen diffundieren in das Axon, die Membran wird depolarisiert. Diese Depolarisation wird *Rezeptorpotential* genannt. In dieser spezialisierten Region liegen jedoch keine spannungsabhängigen Na^{+}-Ionenkanäle, die zur Auslösung eines Aktionspotentials führen könnten. Das Rezeptorpotential ist daher ein lokales Potential.

Spannungsabhängige Ionenkanäle findet man nur im Bereich des Axons. Das elektrische Feld breitet sich über die Membran aus. Erst wenn im Bereich der spannungsabhängigen Na^{+}-Ionenkanäle der Schwellenwert erreicht wird, wird dort ein Aktionspotential ausgelöst.

Bei einer hohen Reizstärke, einer starken Dehnung der Muskelfaser, ist die Amplitude des Rezeptorpotentials höher als bei einem schwachen Reiz, da durch mehr geöffnete Ionenkanäle mehr Na^{+}-Ionen diffundieren können. Die Amplitude des Rezeptorpotentials steigt im Anfangsbereich linear mit der Reizstärke (s. Randspalte). Amplitude und Dauer des Rezeptorpotentials bestimmen die Frequenz und den Zeitraum der ausgelösten Aktionspotentiale. Im einfachsten Fall führt ein stärkerer Reiz zu einer höheren Frequenz der Aktionspotentiale. Die Reizstärke wird also durch die Frequenz codiert (Abb. 1). Bei längerer Reizdauer sinkt die Amplitude des Rezeptorpotentials und damit auch die Aktionspotentialfrequenz. [Basiskonzept S. 380]

A1 Erklären Sie anhand der Abbildungen den Zusammenhang zwischen Reizstärken und Rezeptor- bzw. Aktionspotentialen und beschreiben Sie den Einfluss der Reizdauer.

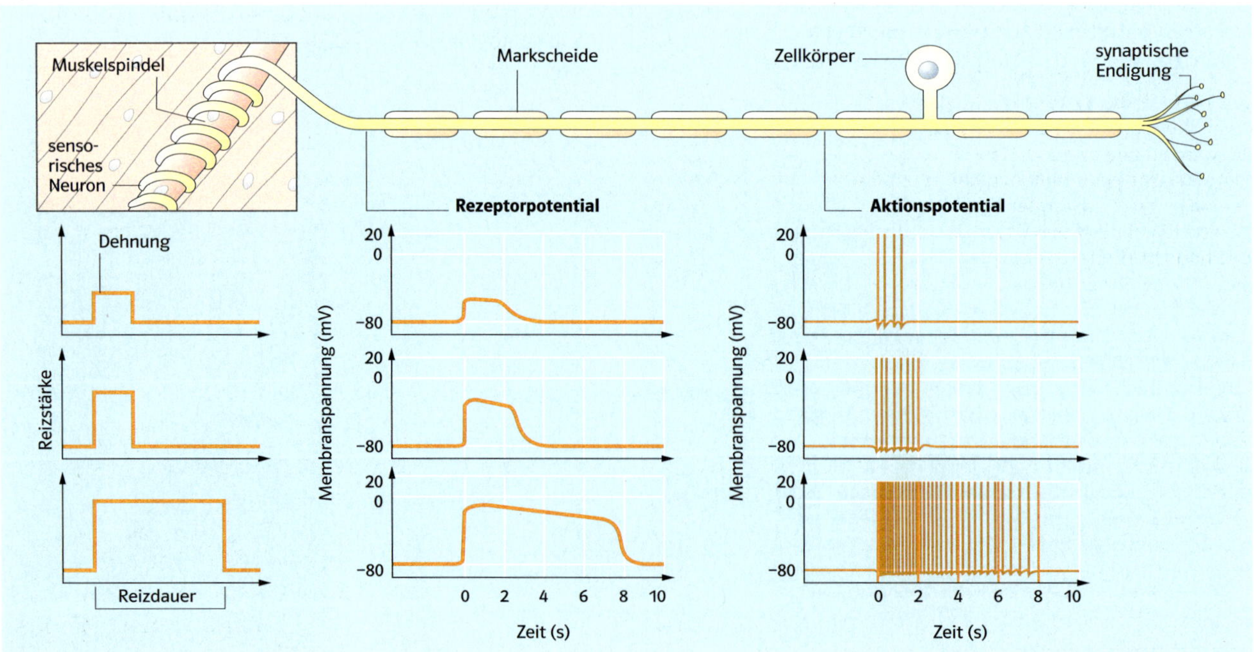

1 *Codierung*

An Neuronen werden viele Versuche durchgeführt, die zum Verständnis der Funktionsweise der Neuronen beitragen.

K^+-Konzentration und Ruhepotential

Experimentell kann die K^+-Konzentration extrazelllulär leicht verändert werden, indem das Axon in verschiedene Badelösungen getaucht wird. Es wird jeweils das Ruhepotential gemessen.

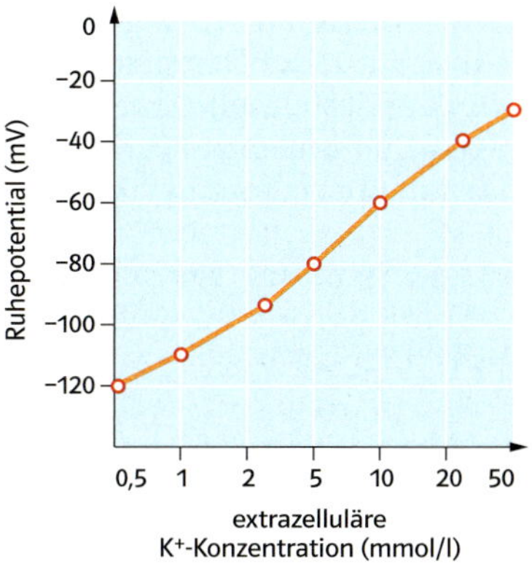

1 *Einfluss der K^+-Konzentration*

A1 Beschreiben Sie die Ergebnisse (Abb. 1) und erklären Sie sie auf molekularer Ebene.

Einfluss der Na^+-Konzentration

An isolierten Axonen wird die Na^+-Konzentration der Badelösung schrittweise verringert. Dabei werden die Na^+-Ionen durch Glucosemoleküle ersetzt. Die Aktionspotentiale werden jeweils ausgelöst und registriert. In Abbildung 2 werden Veränderungen im Vergleich zur Amplitude eines Aktionspotentials unter normalen Bedingungen aufgetragen.

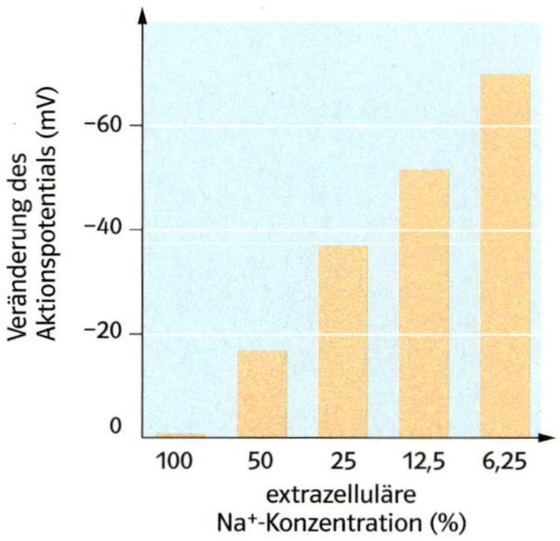

2 *Einfluss der Na^+-Konzentration*

A2 Zeichnen Sie ein typisches Aktionspotential und tragen Sie die Veränderungen durch die Verringerung der extrazellulären Na^+-Ionenkonzentration ein.

A3 Erklären Sie die Beobachtungen mithilfe der Ionentheorie des Aktionspotentials.

A4 Erläutern Sie was passiert, wenn die Na^+-Ionen nicht durch Glucosemoleküle ersetzt würden.

Vergiftung von Neuronen

Cyanide sind stark giftig, weil sie u. a. die Atmungskette blockieren, sodass kein ATP zur Verfügung gestellt werden kann. Gibt man Cyanide auf Neuronen, sind zunächst noch Aktionspotentiale auslösbar. Schließlich können sie aber nicht mehr ausgelöst werden. Zugleich wird das Ruhepotential kleiner.

A5 Begründen Sie die Wirkung von Cyaniden auf Neuronen.

Leitungsgeschwindigkeit

Die Leitungsgeschwindigkeit eines Nervs am Unterarm wird bestimmt, indem nacheinander je ein kleiner Stromstoß im Ellenbogen und am Handgelenk gesetzt werden. Die Stellen liegen 27 cm voneinander entfernt. Die Wirkung der ausgelösten Aktionspotentiale wird am Daumenmuskel extrazellulär als Muskelaktionspotential abgeleitet. Auch Muskelzellen zeigen ein Aktionspotential.

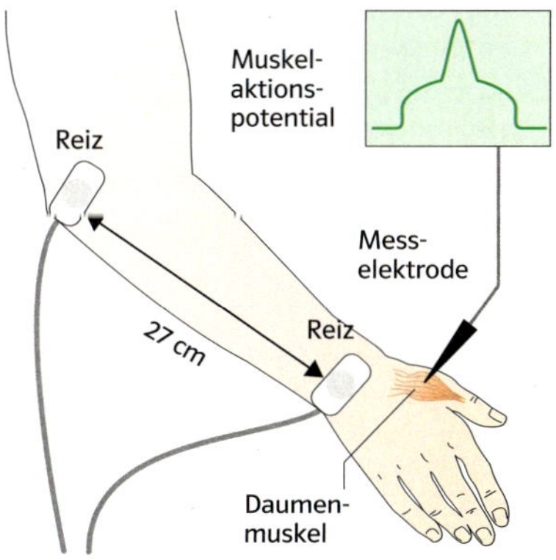

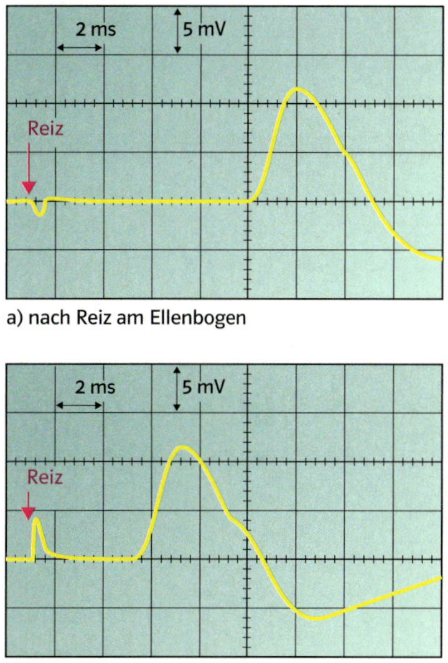

a) nach Reiz am Ellenbogen

b) nach Reiz am Handgelenk

3 *Leitungsgeschwindigkeit*

A6 Berechnen Sie aus den dargestellten Messergebnissen (Abb. 3) die Leitungsgeschwindigkeit.

A7 In der untenstehenden Tabelle sind Beispiele für die mittlere Leitungsgeschwindigkeit unterschiedlicher Neuronen angegeben. Leiten Sie aus den jeweiligen Daten die Faktoren ab, welche die Geschwindigkeit der Erregungsleitung beeinflussen und begründen Sie diese.

Nervenfasertyp	Faserdurchmesser (µm)	mittlere Leitungsgeschwindigkeit (m/s)	Beispiele
nicht myelinisiert	1	1	langsame Schmerzfaser (Säuger)
	700	25	Riesenfaser (Tintenfisch)
myelinisiert	3	15	sensorische Fasern von Mechanorezeptoren des Muskels (Säuger)
	9	60	Berührungsempfindungen der Haut
	13	80	sensorische Faser der Muskelspindeln (Säuger)
	13	30	Faser im Rückenmark (Frosch)

5.2 Neuronale Schaltungen

Synapsen

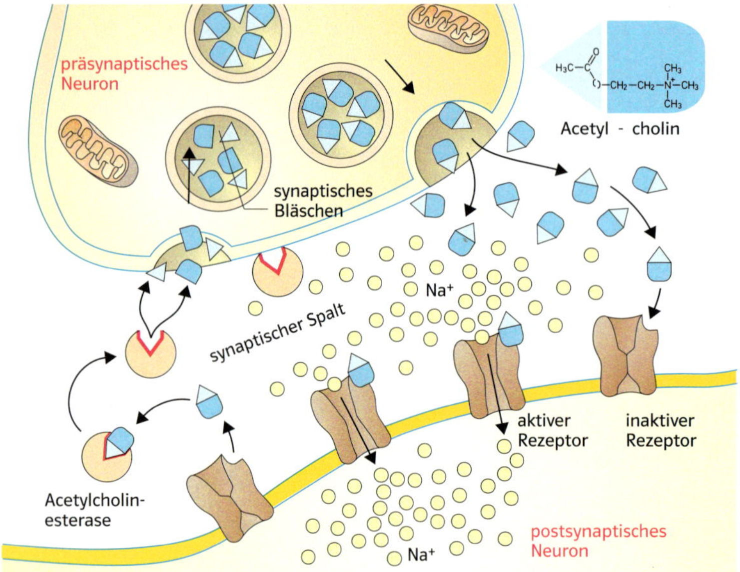

1 *Funktionsschema einer Synapse*

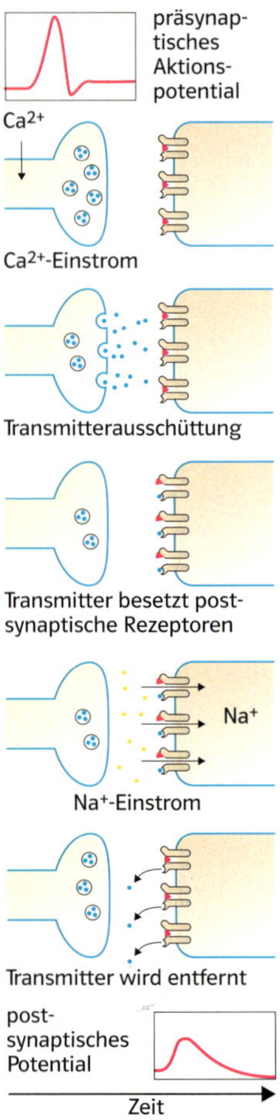

Die Verbindungsstelle eines Neurons mit einem anderen Neuron wird *Synapse* genannt. An ihr können Erregungen übertragen werden. Eine Synapse besteht aus dem *Endknöpfchen*, einem verdickten Axonende, und einem nur elektronenmikroskopisch sichtbaren Spalt, dem *synaptischen Spalt*, sowie dem gegenüberliegenden Membranbereich der folgenden Zelle. Die Zelle und deren Teile vor dem synaptischen Spalt werden *präsynaptisch* genannt, die dahinter *postsynaptisch*.

Chemische Informationsübertragung

In den Endknöpfchen befinden sich membranumhüllte Bläschen, die *synaptischen Bläschen*. Sie enthalten winzige Mengen eines Überträgerstoffes *(Transmitter)*, z. B. das *Acetylcholin*. Erreicht ein Aktionspotential das Endknöpfchen einer Nervenzelle, öffnen sich dort spannungsabhängige Calciumionenkanäle, sodass Calciumionen mit dem Konzentrationsgefälle einströmen. Dadurch wandern synaptische Bläschen zur präsynaptischen Membran und verschmelzen mit ihr. Die Transmittermoleküle werden in den synaptischen Spalt freigesetzt und verteilen sich durch Diffusion. Die Übertragung des Aktionspotentials erfolgt also nicht elektrisch, sondern chemisch.

In der postsynaptischen Membran befinden sich Rezeptorproteine, zu denen die Transmittermoleküle wie ein Schlüssel zum Schloss passen. Rezeptor und Transmitter gehen eine kurzfristige Bindung ein, die vorübergehend zu einer Formveränderung des Rezeptorproteins führt. Dadurch öffnet sich im Falle des Acetylcholins ein Natriumionenkanal, der mit dem Rezeptorprotein gekoppelt ist. Natriumionen strömen in die postsynaptische Zelle ein, wodurch diese depolarisiert wird. Je mehr Transmittermoleküle abgegeben werden, desto mehr Ionenkanäle werden geöffnet und desto stärker ist die Depolarisation. [Basiskonzept S. 380]

A1 Nennen Sie die Unterschiede zwischen den Natriumionenkanälen in der Axonmembran und am synaptischen Spalt.

Transmitterrecycling

Nach kurzer Zeit werden die Transmittermoleküle von einem Enzym gespalten und die unwirksamen Spaltprodukte in das Endknöpfchen zur erneuten Synthese aufgenommen. Werden die Transmitter nicht aus dem synaptischen Spalt entfernt, kommt es zu einer Dauererregung der postsynaptischen Nervenzelle. Im Bereich des Zellkörpers sind keine spannungsabhängigen Ionenkanäle vorhanden, sondern nur am Axonhügel sowie am Axon. Wenn die Depolarisation am Axonhügel eine bestimmte Schwelle überschreitet, kann sie dort ein Aktionspotential auslösen. Sie wird daher *erregendes postsynaptisches Potential (EPSP)* genannt.

A2 Erläutern Sie die Bedeutung der hohen Geschwindigkeit bei der Transmitterspaltung im synaptischen Spalt (ca. 50 Moleküle/ms).

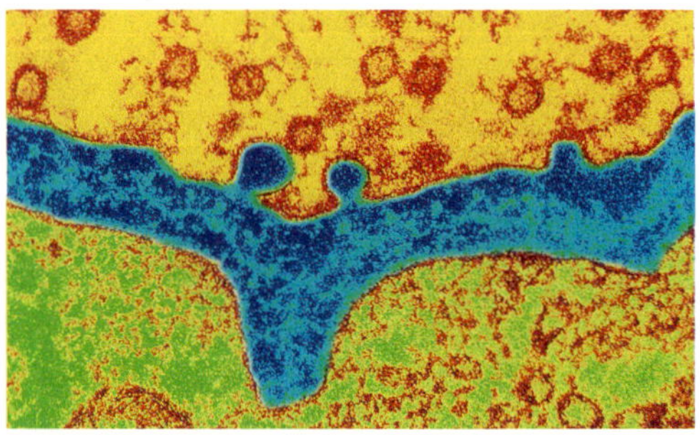

2 *Colorierte EM-Aufnahme einer Synapse*

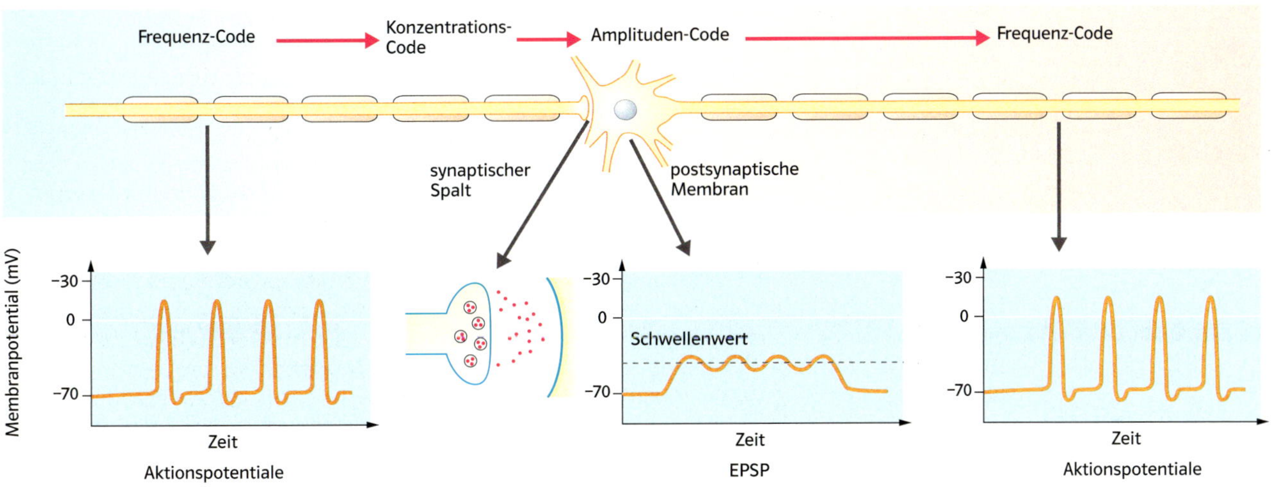

3 *Informationscodierung*

Codewechsel bei der Informationsleitung
Im Axon wird Information in Form von Aktionspotentialen weitergeleitet. Die Dauer und die Intensität des Reizes sind in der Anzahl der Aktionspotentiale pro Zeiteinheit (Frequenz) verschlüsselt. Es handelt sich um einen *Frequenz-Code*.

Erreicht ein Aktionspotential eine Synapse, werden Transmittermoleküle in den synaptischen Spalt abgegeben und die postsynaptische Zelle wird depolarisiert. Je schneller die Aktionspotentiale aufeinander folgen, desto mehr Transmitter wird freigesetzt und desto höher ist das EPSP. Die in der Aktionspotentialfrequenz verschlüsselte Information wird so in eine Transmitterausschüttung bzw. ein EPSP umcodiert. Da nun die Amplitude, d. h. die Transmittermenge bzw. die Potentialhöhe, variabel ist, spricht man von einem *Amplituden-Code*. Das EPSP ruft am Axonhügel wiederum ein Aktionspotential hervor. Bei dieser Informationsübertragung wird also mehrfach umcodiert. Die Informationsweiterleitung in frequenzcodierter Form ist sicherer als bei Amplitudencodierung. Die Potentialhöhe könnte bei einer Weiterleitung über lange Strecken leicht abgeschwächt werden, die Information würde damit verfälscht.

A3 Ordnen Sie dem Schema die Begriffe analoge und digitale Codierung zu.

Info-Box: Neuromuskuläre Synapse — Motorische Endplatte

Über eine motorische Nervenzelle werden Aktionspotentiale zum Muskel geleitet. Der Muskel kontrahiert. Das Bindeglied zwischen Nervenzelle und Muskel ist eine spezifische Synapse, die Motorische Endplatte.

Motorische Endplatten sind größer als die Synapsen zwischen zwei Neuronen, ihr Aufbau ist jedoch prinzipiell gleich. Auch hier werden durch Aktionspotentiale Transmittermoleküle *(Acetylcholin)* freigesetzt, die an der postsynaptischen Membran — hier ist es die Muskelfasermembran — Natriumionenkanäle öffnen. Der Natriumionen-Einstrom führt zu einer Depolarisation der Muskelfasermembran. Diese löst ein Aktionspotential aus, das sich über die Fasermembran fortpflanzt.

Aktionspotentiale bewirken den Einstrom von Calciumionen in das Plasma der Muskelfaserzelle. Die freigesetzten Calciumionen ermöglichen die Bindung von *Aktin* und *Myosin*. Ein Ineinandergleiten dieser Filamente führt zur Kontraktion der Muskelfaser.

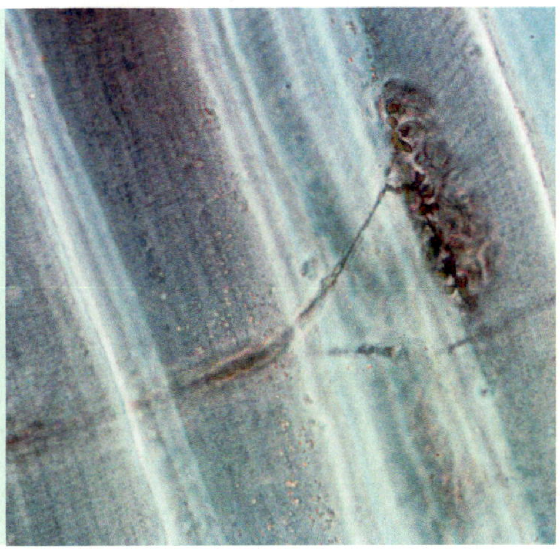

Synapsengifte — neuroaktive Stoffe

Pflanzen und Tiere setzen Gifte als Fraßschutz oder zum Beutefang ein. Häufig wirken Gifte auf die Erregungsübertragung zwischen Nerven- und Muskelzelle ein. Dabei gibt es zwei Grundprinzipien: Entweder wird die Übertragung an den Synapsen blockiert oder es entsteht eine Dauererregung. [Basiskonzept S. 380]

Veränderte Acetylcholin-Freisetzung

Das Bakterium *Clostridium botulinum* lebt anaerob, z. B. in schlecht konservierten Nahrungsmitteln wie Fisch-, Fleisch- oder Bohnenkonserven. *Botulinumtoxin* ist eines der stärksten bekannten Gifte. 0,01 mg in der Nahrung, und schon 0,003 mg in der Blutbahn wirken beim Menschen tödlich. Der Tod erfolgt durch Atemlähmung. Kochen macht das Gift unwirksam. *Botulinumtoxin* zersetzt ein Protein in der Membran der synaptischen Bläschen, das ihnen die Verschmelzung mit der präsynaptischen Membran ermöglicht. Dadurch wird die Ausschüttung gehemmt. Aktionspotentiale können nicht mehr vom Nerv auf die Muskeln übertragen werden. Eine Kontraktion der Muskulatur, wie z. B. der Atemmuskulatur wird auf diese Weise gehemmt *(schlaffe Lähmung)*. Botulinumtoxin wird inzwischen auch medizinisch bei krankhaften Verkrampfungen oder in der kosmetischen Medizin angewendet. Hier wird das Synapsengift als Anti-Falten-Mittel, bekannt als „Botox", in die Augenpartie, Stirn und Mundpartie gespritzt. Es blockiert die Übertragung von Nervenimpulsen zu den Muskeln für etwa 3 bis 7 Monate. Im Gesicht lösen sich so Verspannungen, Falten glätten sich. Bei zu hoher Dosis können jedoch Hängelider oder eine starre Mimik auftreten.

Das Gift der Schwarzen Witwe, einer Spinne, bewirkt die gleichzeitige Entleerung aller synaptischen Bläschen in den synaptischen Spalt. Dies führt zu einer Übererregung der Muskulatur, starre Lähmung, Schüttelfrost, Krämpfe und Atemnot sind die Folgen. Es kann der Tod durch Atemlähmung eintreten.

A1 Botulinumtoxin wird in der kosmetischen Medizin als Anti-Falten-Mittel eingesetzt. Dazu wird das Synapsengift „Botox" alle drei bis fünf Monate in die Augenpartie, Stirn oder Mundpartie gespritzt. Erklären Sie die Funktionsweise dieser Behandlung.

A2 Nennen Sie die Risiken dieser Behandlung. Informieren Sie sich.

Blockade des Acetylcholinrezeptors

Coniin, das Gift des Gefleckten Schierlings, verursacht bei vollem Bewusstsein eine schlaffe Lähmung und schließlich den Tod durch Versagen der Atemmuskulatur. Der Wirkstoff bindet reversibel an Rezeptormoleküle für Acetylcholin, ohne die Natriumionenkanäle zu öffnen.

Suxamethonium, eine dem Acetylcholin ähnliche Substanz, bewirkt eine Verkrampfung durch Dauerdepolarisation. Sie öffnet die Natriumionenkanäle, wird aber langsamer durch die Acetylcholinesterase abgebaut als Acetylcholin.

Hemmung der Acetylcholinesterase

Alkylphosphate sind organische Phosphorsäureester und Bestandteil von Insektiziden (z. B. E 605), Weichmachern in Kunststoffen und chemischen Kampfstoffen (z. B. Tabun, Sarin). Sie hemmen die Acetylcholinesterase meist irreversibel. Es kommt durch Dauerdepolarisation zu einer Verkrampfung der Skelettmuskulatur und zum Tod durch Atemlähmung.

A3 Erklären Sie, wie sich der Natriumioneneinstrom in der postsynaptischen Membran und die Konzentration der Spaltprodukte des Acetylcholins nach einer E 605-Vergiftung verändern.

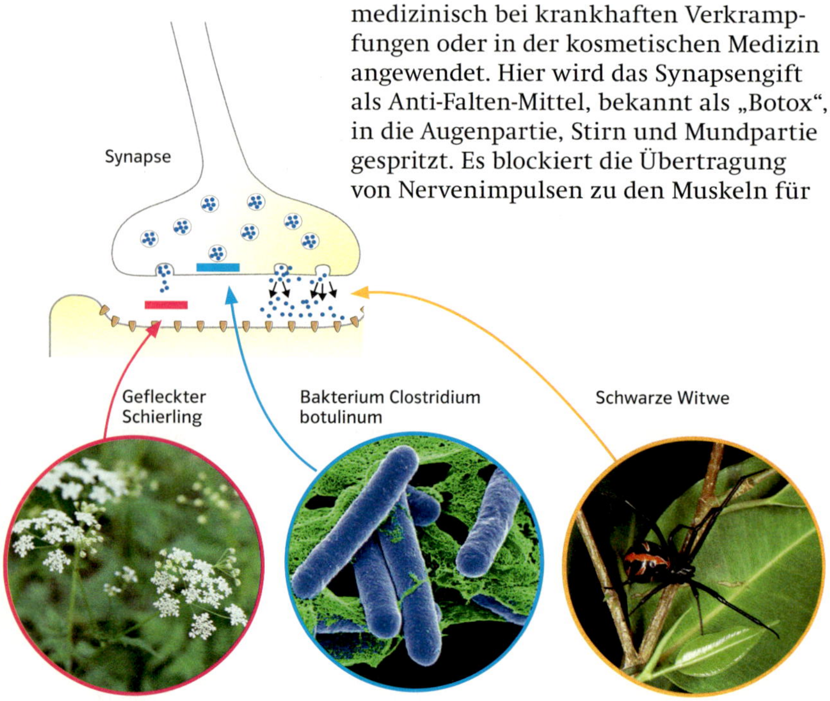

1 *Toxische Wirkungen auf den Acetylcholin-Rezeptor*

Material
Synapsengifte als Arzneimittel

Die Funktionsweise der sehr schnell wirkenden Gifte, die die Erregungsübertragung verändern, ist sehr gut untersucht worden. Teilweise wird die Wirkung der Gifte auch zu medizinischen Zwecken eingesetzt.

Myasthenia gravis

Myasthenia gravis bedeutet schwere Muskelschwäche. Die Patienten leiden unter Ermüdungserscheinungen der Skelettmuskulatur, die sich im Laufe des Tages und vor allem unter körperlicher Belastung verstärken, sich aber bei Ruhe wieder bessern.

Den Patienten sinken die Augenlider herab oder ihre Mimik ist gestört, manche haben Probleme beim Sprechen. Bei schweren Formen weiten sich die Symptome auf Schultern, Arme und Beine aus. Selten auftretende myasthenische Krisen können durch Versagen der Schluck- und Atemmuskulatur tödlich enden.

Betroffen sind etwa 5 bis 7 von 100 000 Menschen. Bei ihnen ist die Erregungsübertragung zwischen Nervenzellen und Muskelzellen gestört. Ursache ist eine sogenannte *Autoimmunerkrankung*: Das Immunsystem bildet Antikörper gegen Acetylcholinrezeptoren, sodass diese blockiert werden. Auf Grundlage dieser Kenntnisse wurden neue Therapieverfahren entwickelt. Die Behandlungsmöglichkeiten sind günstig, viele Patienten sind annähernd symptomfrei und können einen Beruf ausüben.

A1 Erläutern Sie die Zusammenhänge zwischen der Bildung von Antikörpern, die sich gegen den Acetylcholinrezeptor richten, und dem Auftreten der oben beschriebenen Symptome.

A2 Entwickeln Sie auf dieser Grundlage mögliche medikamentöse Behandlungsmethoden.

A3 Informieren Sie sich z. B. im Internet über gängige Therapieverfahren und erläutern Sie diese.

Wirkort von Curare

Curare ist ein Gemisch verschiedener Pflanzengifte, mit dem Indianer Südamerikas die Spitzen ihrer Jagdpfeile bestreichen. Gelangt das Gift in den Blutstrom des Beutetieres, kommt es zu einer Lähmung der Skelettmuskulatur. Eine Vergiftung beim Verzehr des Fleisches wird durch dessen Erhitzung vermieden. Das Gift zerfällt dabei.

Die Frage nach dem Wirkort von Curare klärt das im Folgenden beschriebene historische Experiment, das 1857 von Claude Bernard durchgeführt wurde.

A4 Beschreiben Sie das Experiment und seine Ergebnisse.

A5 Erklären Sie die Wirkungsweise von Curare und ermitteln Sie den Wirkort von Curare.

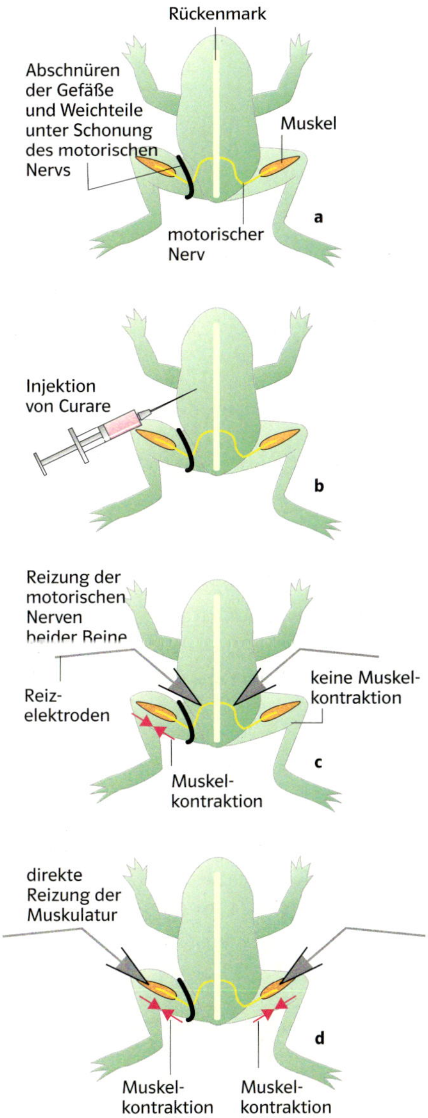

„Synapsengifte" in der Medizin

Der isolierte Wirkstoff *Tubocurarin* wird bei chirurgischen Eingriffen zur Muskelerschlaffung eingesetzt. Er ermöglicht es beispielsweise, die Atembewegungen des Patienten bei Operationen am offenen Brustkorb auszuschalten.

Nach Beendigung der Operation kann diese muskelerschlaffende Wirkung durch Injektion der Substanz *Neostigmin* wieder aufgehoben werden. Neostigmin ist ein Alkylphosphat, das reversibel an die Acetylcholinesterase bindet und dessen Wirkung nur für kurze Zeit unterbricht.

A6 Nennen Sie Eigenschaften eines synaptischen Hemmstoffs, die Voraussetzung für einen therapeutischen Einsatz sind.

A7 Alkylphosphate sind nur begrenzt geeignet, die Wirkung von Tubocurarin aufzuheben. Erläutern Sie diesen Zusammenhang.

A8 Aufgrund der Wirkungsweise von Neostigmin kann man auf den Wirkort von Curare bzw. Tubocurarin rückschließen. Stellen Sie diesen Zusammenhang dar.

Atropin ist das Gift der Tollkirsche *(Atropa belladonna)* und anderer Nachtschattengewächse. Es besetzt und blockiert die Natriumionenkanäle in den Synapsen des Herzens und weiterer innerer Organe, aber auch in der Irismuskulatur des Auges, die die Iris zusammenzieht und damit die Pupille verkleinert.

A9 Erläutern Sie die Bedeutung von Atropin bei Augenuntersuchungen.

A10 Geweitete Pupillen signalisieren anderen Menschen Aufmerksamkeit und machen eine Person „sympathischer". Erklären Sie daraus die Bezeichnung „Belladonna" für das Gift der Tollkirsche.

A11 Atropin wird aber auch als Gegenmittel bei einer Vergiftung mit einem Acetylcholinesterase-Hemmstoff gegeben. Erläutern Sie.

Online-Link 045407-0284

Nervenverschaltungen — Verrechnungsprozesse an Synapsen

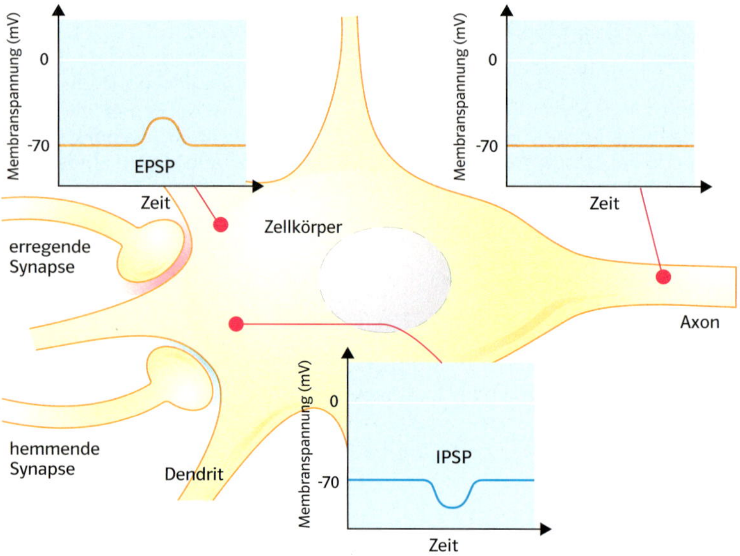

1 *Erregende und hemmende Synapse*

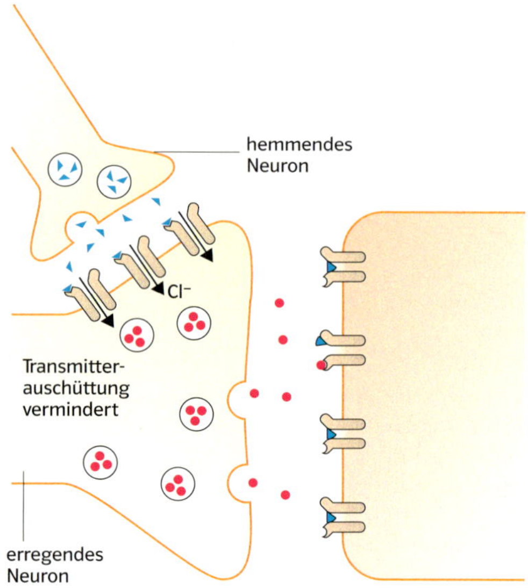

2 *Präsynaptische Hemmung*

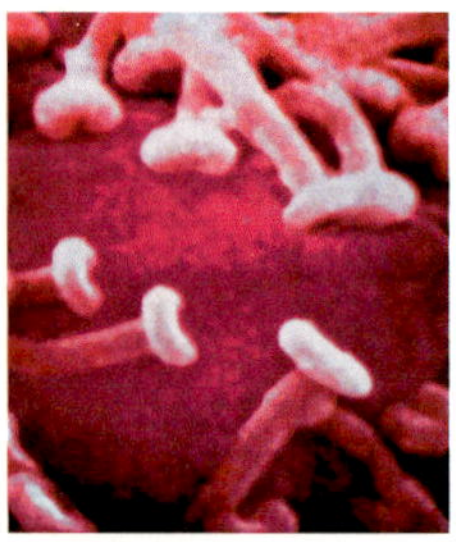

Endknöpfchen auf dem Zellkörper eines Neurons

EPSP
erregendes postsynaptisches Potential

IPSP
inhibitorisches postsynaptisches Potential

inhibitorisch
lat. *inhibere* = hindern, zurückhalten

Ein Neuron im Zentralnervensystem ist nicht wie eine Muskelfaserzelle mit nur einem vorgeschalteten anderen Neuron verbunden, sondern empfängt und verarbeitet Informationen von bis zu 10 000 Synapsen. Es verrechnet so die eingehenden Signale. Je nachdem, wie stark es depolarisiert wird, sendet es Aktionspotentiale in verschiedener Frequenz weiter. [Basiskonzept S. 380]

Erregende und hemmende Synapsen

Im Nervensystem von Tieren und Menschen findet man bei der Verschaltung von Nervenzellen zwei Typen von Synapsen, die äußerlich nicht zu unterscheiden sind: *erregende und hemmende Synapsen*. Neuromuskuläre Synapsen wirken immer erregend. Im Zentralnervensystem kommen erregende und hemmende Synapsen etwa gleich häufig vor. Während erregende Synapsen zu einer Depolarisation führen, bewirken hemmende Synapsen an der postsynaptischen Membran eine *Hyperpolarisation*.

Bei der *postsynaptischen Hemmung* setzen die Endknöpfchen Transmitter frei, die die Chloridionenkanäle an der postsynaptischen Membran öffnen. Durch den Einstrom negativ geladener Chloridionen sinkt das Membranpotential unter den Ruhewert und entfernt sich von der Schwelle, ab der ein Aktionspotential ausgelöst werden könnte. Es entsteht ein sogenanntes *inhibitorisches postsynaptisches Potential (IPSP)*.

Ein anderer wirkungsvoller Kontrollmechanismus bei der Weiterleitung von Erregungen ist die *präsynaptische Hemmung* (s. Abb. 2). Hier setzen die Synapsen nicht am Zellkörper eines Neurons, sondern am Endknöpfchen einer erregenden Synapse an und bewirken dort eine verminderte Ausschüttung des erregenden Transmitters. Diese Hemmung wirkt gezielt auf einzelne Synapsen, sie ist bei der Regulation der Muskelbewegung wichtig. Auch im Rückenmark von Wirbeltieren ist präsynaptische Hemmung von Bedeutung. [Basiskonzept S. 376]

A1 Vergleichen Sie die postsynaptische Hemmung mit der präsynaptischen Hemmung.

Durch einen Chloridioneneinstrom ins Endknöpfchen wird die Amplitude eines ankommenden Aktionspotentials verringert. Durch die geringere Depolarisation wird der Calciumioneneinstrom reduziert und somit die Transmitterfreisetzung vermindert. Das EPSP der weiterleitenden Nervenzelle bleibt dadurch unter dem Schwellenwert, sodass dort kein Aktionspotential ausgelöst wird (Abb. 2).

Räumliche Summation

Über die Synapsen, die am Zellkörper einer weiterleitenden Nervenzelle liegen, können zur gleichen Zeit viele Erregungen die postsynaptische Nervenzelle erreichen. Werden gleichzeitig mehrere räumlich getrennte erregende Synapsen aktiviert, so lässt sich dies in Form einer größeren Amplitude des EPSP am Zellkörper messen (Abb. 1). Man spricht von einer *räumlichen Summation*. Dies ist mit der größeren Anzahl gleichzeitig ausgeschütteter Transmittermoleküle erklärbar. Bereits ein einzelnes präsynaptisches Aktionspotential bewirkt über die Transmitter an der postsynaptischen Zelle ein EPSP. Häufig reicht das dadurch entstandene elektrische Feld jedoch nicht aus, um am Axonhügel ein Aktionspotential auszulösen. Einzelne Aktionspotentiale werden dann nicht weitergeleitet.

Erst die Summation der über mehrere Synapsen ausgelösten Depolarisationen an der Membran des Zellkörpers führt zu einem überschwelligen EPSP am Axonhügel. Durch die Summation vieler eintreffender Aktionspotentiale entsteht am weiterleitenden Axon ein *Aktionspotential*.

Zeitliche Summation

Gelangen über eine präsynaptische Nervenzelle in einem Zeitraum von einigen Millisekunden nacheinander mehrere Aktionspotentiale an eine Synapse, so lässt sich die Auslösung von Aktionspotentialen am weiterleitenden Axon messen (Abb. 2). Das postsynaptische Potential baut sich nur allmählich ab. Erreicht eine Folge von Aktionspotentialen die Synapse, addiert sich das jeweils folgende Potential zu dem noch vorhandenen. Die Amplitude des entstehenden EPSPs ist dadurch bei Übertragung einer schnellen Folge von Aktionspotentialen wesentlich größer als bei einzelnen Aktionspotentialen. Dadurch kann am Axonhügel das Aktionspotential ausgelöst werden.

Zeitliche und räumliche Summation sind auf den gleichen Vorgang zurückzuführen. Die Anzahl der Transmittermoleküle ist größer als bei einzelnen Erregungen. Dies führt über die erhöhte Diffusion von Natriumionen zu einem stärkeren EPSP.

A2 Erläutern Sie den Einfluss von inhibitorischen postsynaptischen Potentialen auf die räumliche und zeitliche Summation.

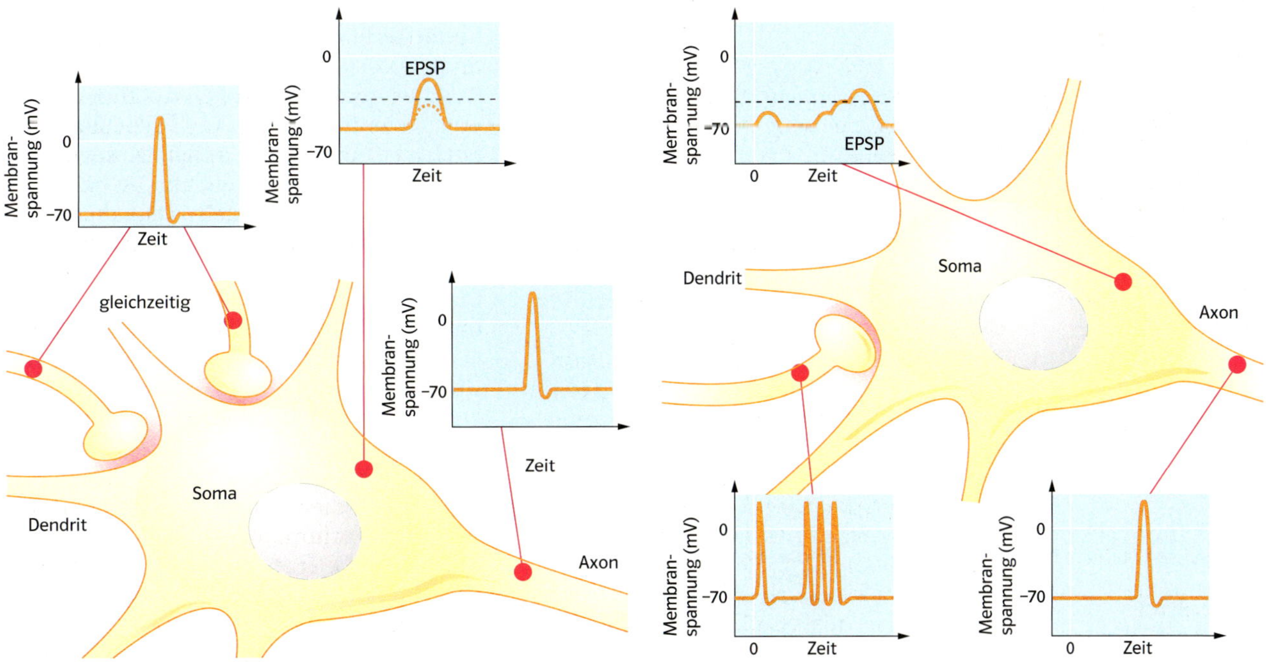

3 Räumliche und zeitliche Summation

Reflexe

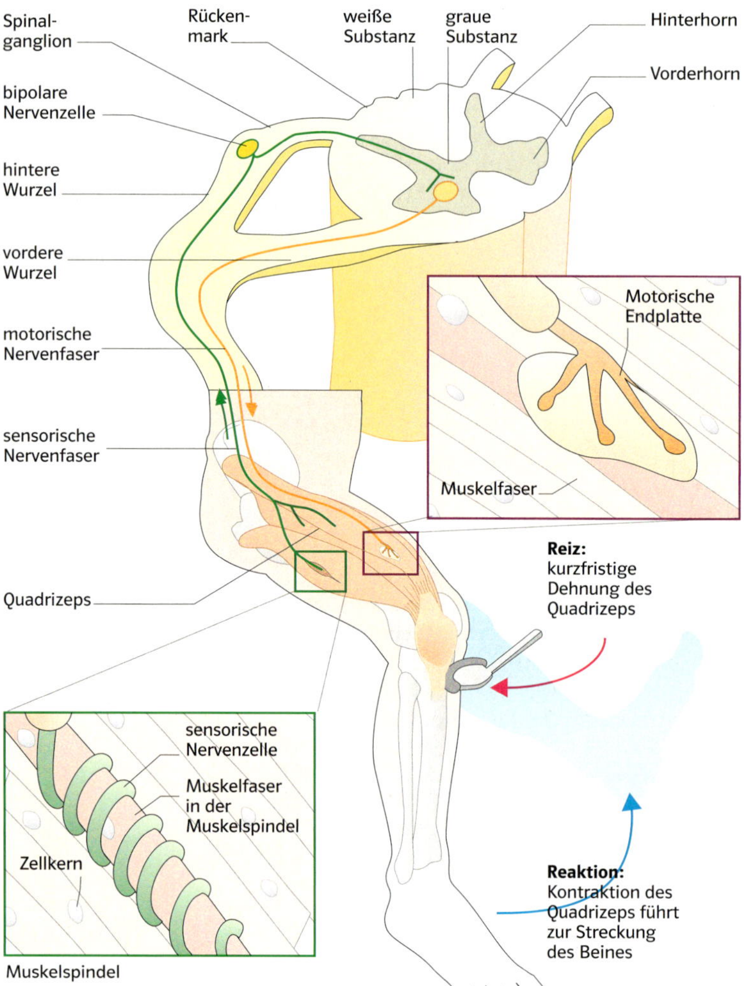

1 *Reflexbogen beim Kniesehnenreflex*

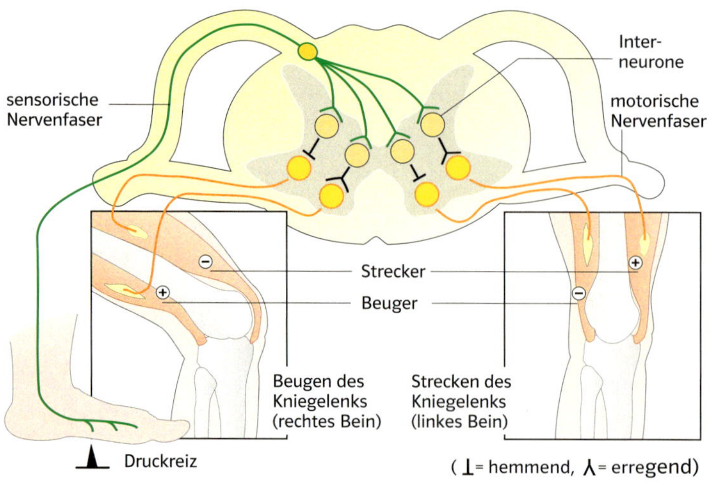

2 *Gekreuzter Beuger-Strecker-Reflex (vereinfacht dargestellt)*

Es gibt eine Reihe einfacher genetisch bedingter Verhaltenselemente, die bei allen Menschen in gleicher Weise ablaufen. Dazu gehören z. B. Atmen, Husten und das Schließen des Auges bei Herannahen eines Gegenstandes. Diese Verhaltensweisen erfolgen auf einen Reiz hin, ohne dass eine bewusste Steuerung oder spezifische Bereitschaft notwendig ist. Sie heißen *unbedingte Reflexe*. Ihre Grundlage ist eine einfache Nervenverschaltung, die eine kurze Reaktionszeit ermöglicht. Das ist wichtig bei der Abwehr einer Gefahr, wie z. B. beim Eindringen eines Fremdkörpers in die Luftröhre oder in das Auge.

Ein leichter Schlag auf ein entspanntes, abgewinkeltes Bein unmittelbar unter der Kniescheibe löst ein unwillkürliches Hochschnellen des Unterschenkels aus (*Kniesehnenreflex*, s. Abb. 1). In Skelettmuskeln des Menschen findet man Muskelspindeln. Diese sitzen im Inneren des Muskels und erzeugen bei Dehnung oder Stauchung des Muskels Rezeptorpotentiale. Über schnell leitende *sensorische Nerven* empfängt das *Rückenmark* die dadurch ausgelöste Erregung. Beim Kniesehnenreflex führt der Schlag über die Sehne zu einer Dehnung des Quadrizepsmuskels. Die sensorischen Neurone sind durch Synapsen direkt mit *motorischen Nerven* verbunden. Deren Aktionspotentiale werden über Motorische Endplatten auf den Quadrizepsmuskel übertragen und bewirken eine Kontraktion, die den Unterschenkel hochschnellen lässt. Da beim Kniesehnenreflex nur eine zentrale Synapse beteiligt ist, nennt man ihn *monosynaptisch*. Das Gehirn wird erst nachträglich informiert.

Der Reflexbogen als Modell

Das Reflexen zugrunde liegende Prinzip lässt sich anschaulich als *Reflexbogen* darstellen. Er beginnt mit einem Rezeptor, an dem ein Reiz eine Erregung auslöst. Diese wird über sensorische *(afferente)* Nervenbahnen, also zum Zentralnervensystem führende Neurone, zum Reflexzentrum geleitet. Dort erfolgt die Umschaltung auf motorische *(efferente)* Bahnen, die zum reagierenden Organ *(Effektor)* führen. Die Reaktionszeiten variieren, da die Elemente unterschiedlich komplex verschaltet sein können. Reflexzentren befinden sich beim

Menschen im Rückenmark und im Gehirn. Von dort kann die Möglichkeit einer bewussten Beeinflussung gegeben sein.

Monosynaptische und polysynaptische Reflexe

Tritt man auf einen spitzen Gegenstand, so hebt man unwillkürlich den Fuß und streckt das andere Bein. Bei diesem gekreuzten *Beuger-Strecker-Reflex* sind die Muskeln beider Beine beteiligt. Dazu ist eine Übertragung des sensorischen Signals auf mehrere Motoneurone notwendig; es handelt sich somit um einen *polysynaptischen Reflex*. Während bei *monosynaptischen Reflexen* eine weitgehend konstante Zeitspanne zwischen Reizung und Reaktion zu messen ist (Kniesehnenreflex ca. 30 ms), kann diese bei *polysynaptischen Reflexen* zwischen 60 und 200 ms variieren.

Man kann Reflexe danach einteilen, ob Reizaufnahme und Reaktion im selben Organ *(Eigenreflexe)* oder in verschiedenen Organen *(Fremdreflexe)* erfolgen. Während der Kniesehnenreflex ebenso wie der *Lidschlussreflex* zu den Eigenreflexen gehört, handelt es sich beim *Husten* um einen Fremdreflex, denn hier erfolgt die Reizaufnahme durch Sinneszellen in der Schleimhaut der Luftröhre, während als Reaktionen Kontraktionen von Zwerchfell und Zwischenrippenmuskulatur auftreten. Diese Muskelbewegungen führen zu einer plötzlichen Erhöhung des Druckes in der Lunge. Dadurch kann ein Fremdkörper aus der Luftröhre gepresst werden.

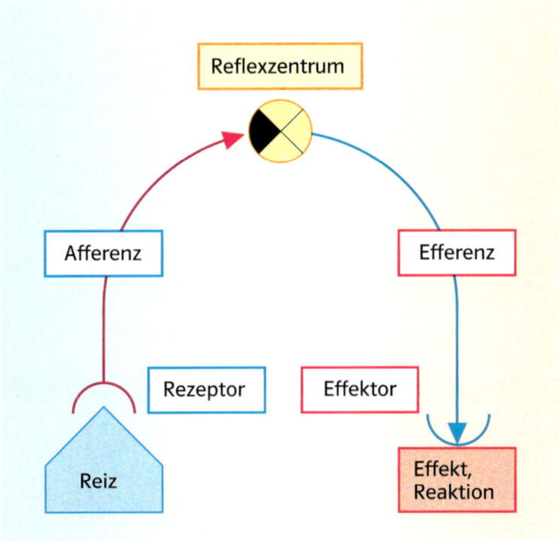

1 *Reflexbogen*

Reflex
Ein Reiz-Reaktions-Zusammenhang, bei dem ein bestimmter Reiz bei allen Individuen einer Art dieselbe stereotype, nervös ausgelöste unwillkürliche Reaktion hervorruft.

A1 Ein barfüßiger Badegast tritt auf eine Muschelschale. Sofort zieht er den Fuß ruckartig hoch. Fertigen Sie für diesen Reflex ein Schema nach Abb. 1 an und benennen Sie die jeweiligen Organe.

A2 Der Herzschlag wird beim Menschen durch periodische Signale eines Muskelknotens *(Sinusknoten)* ausgelöst. Vergleichen Sie diesen Vorgang mit dem Ablauf eines Reflexes.

Info-Box: Verhalten — immer nur Reaktion oder auch spontan?

Wie kommen komplizierte Abläufe, beispielsweise die geordneten Beinbewegungen eines Tausendfüßers oder die Schlängelbewegungen eines Aals zustande?

Ein Erklärungsmodell greift auf den *Reflex* zurück. Rezeptoren kontrollieren die Muskelspannung eines Körperabschnitts; ihre Erregung stellt den Reiz für das folgende Segment dar. Durch diese *Reflexkette*, also die Hintereinanderschaltung mehrerer Reflexe, kommt es zum koordinierten Bewegungsablauf. Eine andere Vorstellung geht davon aus, dass das zeitliche Erregungsmuster für eine solche Bewegung im Nervensystem als Einheit *vorprogrammiert* ist.

Für die Schlängelbewegung des Aals konnte Erich von Holst experimentell entscheiden, welche Erklärung zutrifft. Er hatte am Rückenmark eines Aals sämtliche afferenten Nervenbahnen durchtrennt, der Fisch führte dennoch geordnete Bewegungen aus. Selbst wenn man das mittlere Drittel eines solchen Aals in einem Rohr festlegt, so setzt sich eine Bewegungswelle des vorderen Körperdrittels im hinteren Abschnitt fort, und zwar genau nach der Zeit, die auch ohne Fixierung der Körpermitte benötigt worden wäre. Das zeigt, dass es eine *Zentralkoordination* gibt, die spontan, d. h. ohne afferente Erregungsleitung, ein Schlängelverhalten bewirkt. Viele rhythmische Bewegungsabläufe bei Tieren beruhen auf solchen Zentralkoordinationen, auch die beim Gehen synchron ablaufenden Armbewegungen des Menschen.

Während beim Reflex die Reaktion nur auf einen Reiz hin erfolgt, ergibt sich bei der Zentralkoordination die spontane Aktivität des Organismus allein aus der genetisch bedingten Verschaltung bestimmter Neuronen.

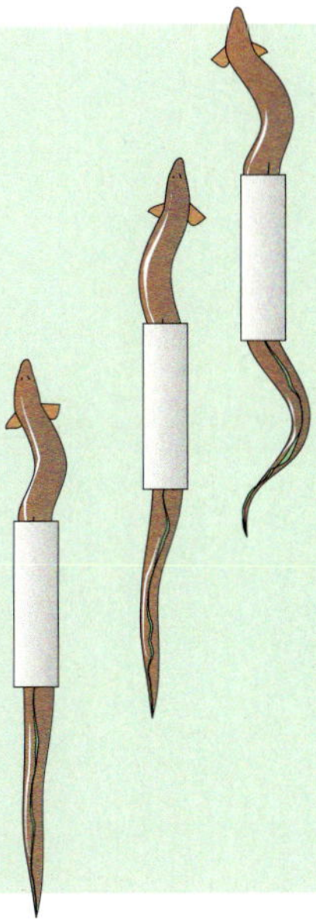

5.3 Sinnesorgane
Rezeptoren reagieren auf Reize

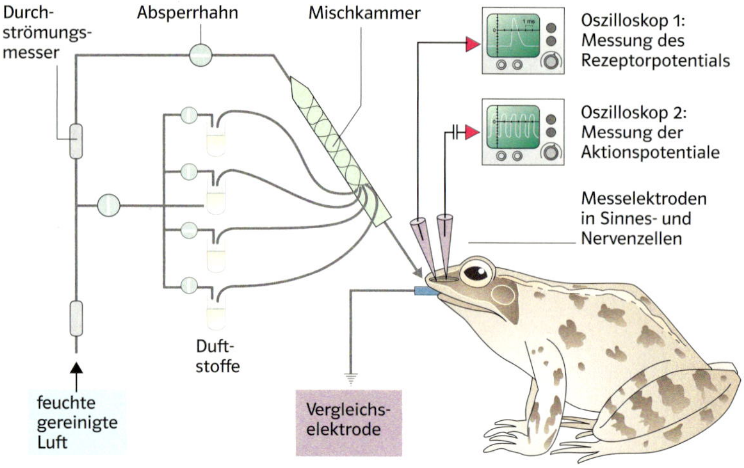

1 *Untersuchung des Geruchssinns*

2 *Sinne des Menschen*

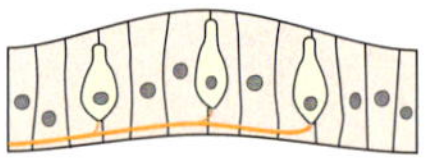

Flachauge

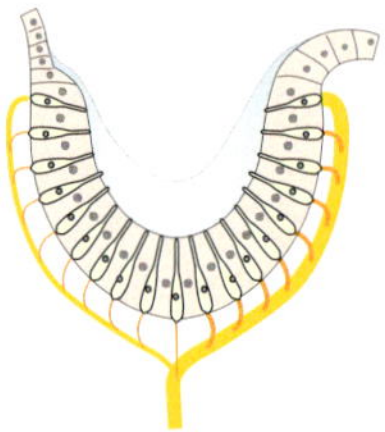

Grubenauge

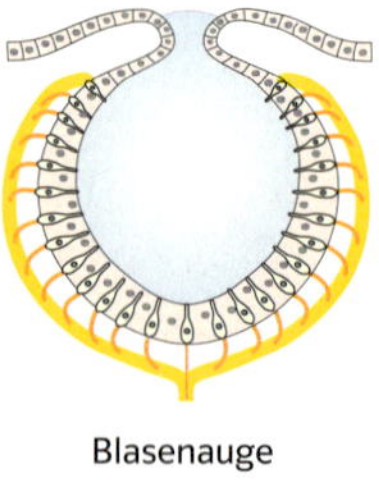

Blasenauge

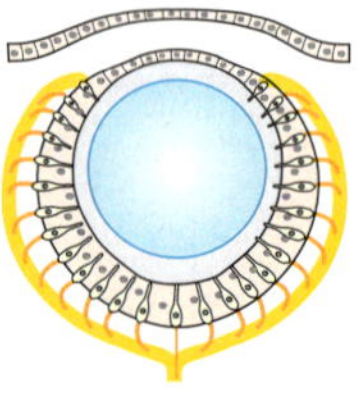

einfaches Linsenauge

Erhält man einen Schlag auf das Auge, sieht man „Sternchen". Bei diesem Phänomen ist zweierlei bemerkenswert: Ein mechanischer Reiz löst Lichtempfindung („Sternchen") aus und man muss vergleichsweise hohe Energien aufwenden, um eine Reaktion zu erreichen.

Sinnesorgane übersetzen die Reize der Außenwelt in die „Sprache" des Nervensystems. Neuronen reagieren nur auf elektrische Erregungen. Alle Reizformen werden zunächst in elektrische Potentiale übersetzt. Dies wird von *Rezeptorzellen* in den Sinnesorganen übernommen.

Reizspezifität

Je nach Form des aufgenommenen Reizes unterteilt man sie in *Chemo-, Mechano-, Foto-, Thermo-* und *Elektrorezeptoren*. Die traditionelle Unterteilung in die „fünf Sinne" ist subjektiv und unvollständig. Sie berücksichtigt nicht die *enterorezeptiven Sinne* in den inneren Organen, wie z.B. die Muskelspindeln zur Messung der Muskellänge oder die CO_2-Fühler der Arterien. Ein Rezeptor kann zwar auf verschiedene Reize reagieren, aber nur eine bestimmte Reizart, der *adäquate Reiz*, ist in der Lage, schon bei geringsten Reizenergien eine Antwort hervorzurufen. Die Antwort des Rezeptors kann stärker sein als der Reiz *(Signalverstärkung)*. Sie kann bei Lichtsinneszellen das 20000fache der aufgenommenen Lichtenergie erreichen. [Basiskonzept S. 380]

Sinnesorgane bestehen meist aus Rezeptoren und zugehörigen Hilfseinrichtungen, die die Reize aufbereiten. Ein Beispiel dafür ist die Linse in dem komplex aufgebauten Linsenauge der Säugetiere. Je nach Art der Hilfseinrichtungen können unterschiedliche Sinneseindrücke wahrgenommen werden. Sinnesorgane können aber auch sehr einfach aufgebaut sein wie das Grubenauge einer Schnecke, das nur die wichtigsten Grundfunktionen erfüllt.

A1 Erklären Sie ausgehend vom Aufbau der verschiedenen Augentypen (s. Randspalte) die unterschiedliche Leistungsfähigkeit.

Signaltransduktion

Jede Rezeptorzelle reagiert auf einen Reiz mit dem Öffnen oder Schließen bestimmter Ionenkanäle. Der Reiz löst ein elektrisches Signal aus *(Transduktion)*. Das Rezeptorpotential wird umso stärker verändert, je stärker der Reiz ist. *Primäre Sinneszellen*, wie die Muskelspindeln, bilden daraufhin bereits Aktionspotentiale aus. Je größer das Rezeptorpotential, desto höher auch die Frequenz der Aktionspotentiale. *Sekundäre Sinneszellen*, wie die Lichtrezeptoren des Auges, erzeugen nur ein Rezeptorpotential. Erst in nachgeschalteten Neuronen entstehen Aktionspotentiale. Über *sensorische Nerven* werden die Signale zum Zentralnervensystem geleitet. Als was die Aktionspotentiale interpretiert werden, ist von der Hirnregion abhängig, die Signale verarbeitet.

Sinne des Menschen

Der Mensch verfügt über verschiedene Sinnesorgane, über die er mit der Umwelt in Kontakt steht. Die einzelnen Sinnesorgane weisen unterschiedliche Rezeptortypen auf.

Mechanorezeptoren der Haut

Die Haut verfügt über mehrere Typen von *Mechanorezeptoren*: Die *Merkel-Zellen* (1), an denen die Verzweigungen markhaltiger Axone enden, sind Intensitätsdetektoren. Sie reagieren bereits, wenn die Haut an entsprechenden Stellen um 10 µm eingedrückt wird, und vermitteln Informationen über Eindrucktiefe und Dauer des Druckreizes. In der behaarten Haut treten sie in Gruppen als *Tastscheiben* auf. Die *Meissner-Körperchen* (2) geben Auskunft über die Geschwindigkeit, mit der der Reiz einwirkt. In der behaarten Haut dienen die Haarfollikel-Rezeptoren (3) als *Berührungsrezeptoren*, ihr Ende umwickelt die Haarbasis und reagiert auf Haarverbiegungen. Die *Pacini-Körperchen* (4) adaptieren sehr schnell und sind so zur Wahrnehmung von Vibrationen geeignet.

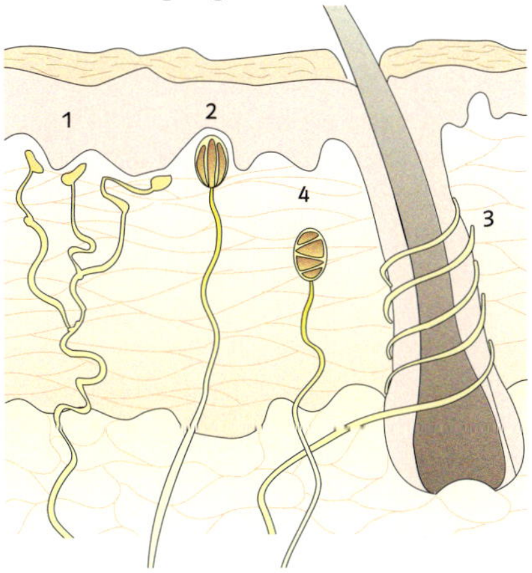

Sinnesorgane des Innenohrs

Die beiden Vorhofbläschen enthalten je ein *Lagesinnesorgan*. In eine Gallertkappe *(Cupula)* mit aufgelagerten Kalkkristallen *(Statolithen)* ragen die Cilien von sekundären Sinneszellen. Bewegt sich die Cupula bei Neigung des Kopfes durch die Schwerkraft zur Seite, werden die Cilien gebogen. Eine Ablenkung der Cilien führt durch Öffnung dehnungssensitiver Ionenkanäle zu einer Depolarisation. Die Sinneszelle schüttet vermehrt Transmitter aus und die Frequenz der abgeleiteten Aktionspotentiale nimmt zu. Umgekehrt führt eine Ablenkung in die andere Richtung zu einer verringerten Aktionspotentialfrequenz.

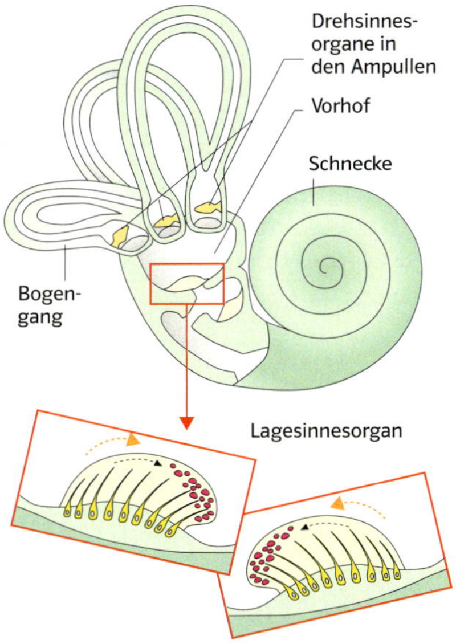

In Bau und Arbeitsweise vergleichbar ist das *Drehsinnesorgan*, das aus den drei Bogengängen des Labyrinths besteht. In jeder Ampulle befinden sich Sinneszellen, deren Cilien in eine Gallertkappe ragen.

Hören: Die Schnecke besteht aus drei parallel verlaufenden, flüssigkeitsgefüllten Kanälen. Zwischen Schnecken- und Paukengang liegt die *Basilarmembran*, die das *Cortische Organ* trägt. Schallwellen werden über Hilfsstrukturen des Außen- und Mittelohrs am Ovalen Fenster des Vorhofgangs auf die Flüssigkeit übertragen. Die Druckwellen wandern bis zur Schneckenspitze und im Paukengang bis zum Runden Fenster zurück. An einer für jede Schallfrequenz typischen Stelle erfolgt die größte Auslenkung der Basilarmembran (je tiefer der Ton, desto näher an der Schneckenspitze), was von den Hörsinneszellen registriert wird.

Die Haarsinneszellen im Innenohr sind ausgesprochen empfindlich. Auslenkungen von weniger als 1 Atomdurchmesser werden registriert.

Chemische Sinnesorgane

Die Zunge trägt auf ihrer Oberfläche die bereits mit bloßem Auge sichtbaren *Geschmackspapillen*. In deren Oberfläche liegen die *Geschmacksknospen*, die aus jeweils 50 bis 100 gebündelten sekundären Sinneszellen bestehen. Mikrovilli, fingerförmige Fortsätze der Sinneszellen, ragen in den flüssigkeitsgefüllten Geschmacksporus.

Ionen dringen durch die Membran der Mikrovilli in die Sinneszelle ein. Andere Stoffe binden an den Rezeptoren auf der Außenseite. In beiden Fällen wird die Sinneszelle depolarisiert und erregt nachgeschaltete Nervenzellen. Ist die Erregung überschwellig, senden sie Aktionspotentiale zum Gehirn.

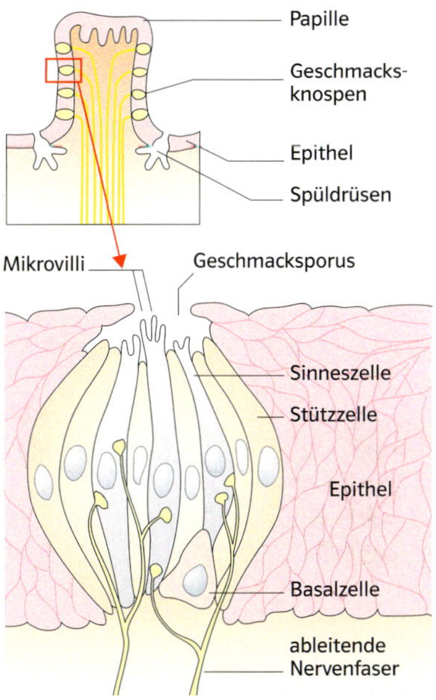

Ähnlich wirken *Geruchsstoffe*. Sie durchdringen die Schleimschicht der Nasenschleimhaut und lagern sich an Rezeptorzellen auf den Dendriten der *Riechsinneszellen* an. Jede Zelle trägt mehrere Duftrezeptormoleküle eines Typs und antwortet auf die Anlagerung eines passenden Stoffes mit einer charakteristischen Veränderung ihres Membranpotentials.

Beim Menschen gibt es mehrere Tausend verschiedene Rezeptormoleküle. Der Bauplan für jedes einzelne ist in einem Gen festgelegt. 3 % unserer Gene codieren für diese Rezeptormoleküle. Riechsinneszellen sind primäre Rezeptoren, denn sie bilden selbst Aktionspotentiale und schicken sie über ihr Axon zum Gehirn.

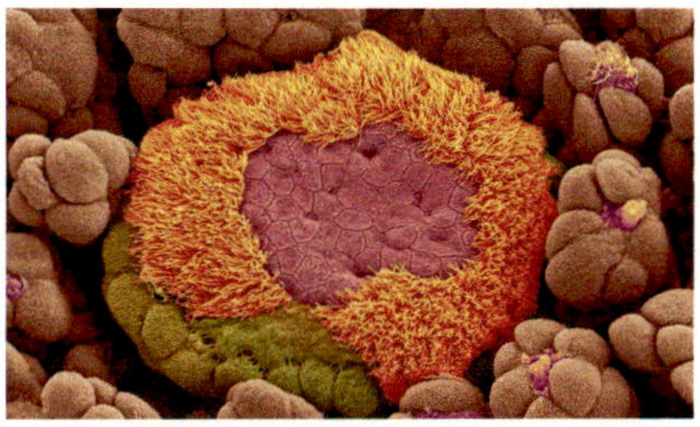

Sinnesorgan Auge

Sinneszelle (Rezeptorzelle)
Zelle, in der durch Reize aus der Umwelt oder dem eigenen Körper Erregungen ausgelöst werden

Bei äußerer Betrachtung des menschlichen Auges fällt die *Iris* auf, die das schwarz erscheinende Sehloch *(Pupille)* freilässt. Daneben ist die von Blutgefäßen durchzogene *Bindehaut* zu sehen. Die *Hornhaut* ist durchsichtig, hinter ihr befindet sich die vordere Augenkammer. Im Inneren wird diese Kammer durch die

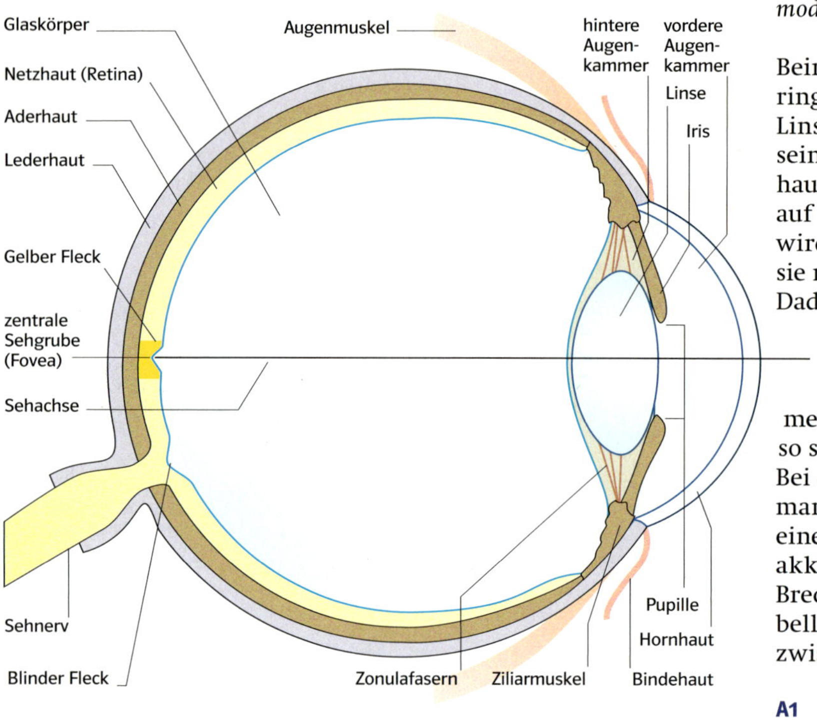

1 *Horizontalschnitt durch das menschliche Auge*

Linse begrenzt, dahinter befindet sich der gallertartige *Glaskörper*, dem die Netzhaut *(Retina)* anliegt. Es folgen *Pigmentschicht*, *Aderhaut* und *Lederhaut*.

Akkommodation

Neben der *Netzhaut*, in der Millionen von Lichtsinneszellen eng beieinander stehen, gibt es in dem komplex gebauten Auge viele Hilfsstrukturen, die es ermöglichen, dass ein sichtbares Bild auf der Netzhaut fokussiert wird. Das Licht gelangt durch die Pupille in unser Auge. Hornhaut, Linse, vordere Augenkammer und Glaskörper bilden den lichtbrechenden Apparat, sie beeinflussen den Strahlengang. Auf der Netzhaut entsteht dadurch ein reelles, verkleinertes und umgekehrtes Bild. Die elastische Linse ist ringsherum an Linsenfäden, den sogenannten *Zonulafasern*, aufgehängt, die zugfest mit der Aderhaut und der Lederhaut verbunden sind. Der Augeninnendruck auf der Netzhaut spannt passiv die Zonulafasern, wodurch die Linse flachgezogen wird. Die *Brechkraft* ist damit klein, das Auge auf die Ferne eingestellt. Das Auge ist dann *fernakkommodiert.* [Basiskonzept S. 370]

Beim Blick in die Nähe kontrahiert der ringförmige *Ziliarmuskel*. Er ist mit den Linsenfäden verbunden und wirkt durch seine Kontraktion der gespannten Lederhaut entgegen. Der Zug der Linsenfäden auf die Linse verringert sich, die Linse wird wegen ihrer Eigenelastizität dicker; sie nähert sich mehr der Kugelform an. Dadurch wird das Licht stärker gebrochen. Die Zunahme der Brechkraft beim Blick in die Nähe heißt *Nahakkommodation*. Im Alter ist die Linse nicht mehr so elastisch. Sie kugelt sich nicht so stark ab, ihre Brechkraft ist geringer. Bei dieser *Altersweitsichtigkeit* benötigt man zum Lesen deshalb eine Brille mit einer Sammellinse. Säugetiere und Vögel akkommodieren durch Veränderung der Brechkraft; Amphibien, Fische und Wirbellose dagegen verändern den Abstand zwischen Linse und Netzhaut.

A1 Erläutern Sie am Beispiel der Akkommodation im Linsenauge das Gegenspielerprinzip.

Bau der Netzhaut

Die Sinneszellen der Netzhaut liegen auf der dem Licht abgewandten Seite. Man findet zwei mikroskopisch unterscheidbare Rezeptortypen: die schlanken *Stäbchen* sind für das Hell-Dunkel-Sehen, die kegelförmigen *Zapfen* für das Farbensehen verantwortlich. Die Sinneszellen haben synaptische Kontakte mit *Bipolarzellen* und diese mit den *Ganglienzellen*, deren Nervenfasern zum Sehnerv vereinigt werden. Quer dazu sind die *Horizontalzellen* und *Amakrinen* verschaltet. Dadurch kann die Erregung einer Sinneszelle mehr als eine Ganglienzelle beeinflussen. Es gibt wesentlich mehr Sinneszellen als Ganglienzellen. 120 Millionen Stäbchen und 6 Millionen Zapfen stehen gerade 1 Million Ganglienzellen gegenüber.

Stäbchen und Zapfen sind unterschiedlich dicht auf der Netzhaut verteilt (Abb. 2). Im Zentrum, dort wo das Licht eines fixierten Punktes auf die Netzhaut fällt, gibt es nur Zapfen. Diese Stelle der Netzhaut heißt *zentrale Sehgrube (Fovea)* und ist leicht vertieft. Nur hier kommt auf jeden Zapfen eine Ganglienzelle. Deshalb müssen wir Gegenstände, die wir deutlich sehen wollen, so betrachten, dass sie auf diesem Bereich abgebildet werden. Generell sind die Rezeptoren im Zentrum dichter gepackt als an der Peripherie. Es gibt einen Bereich ganz ohne Rezeptoren, den *Blinden Fleck.* Dort tritt der Sehnerv durch die Netzhaut.

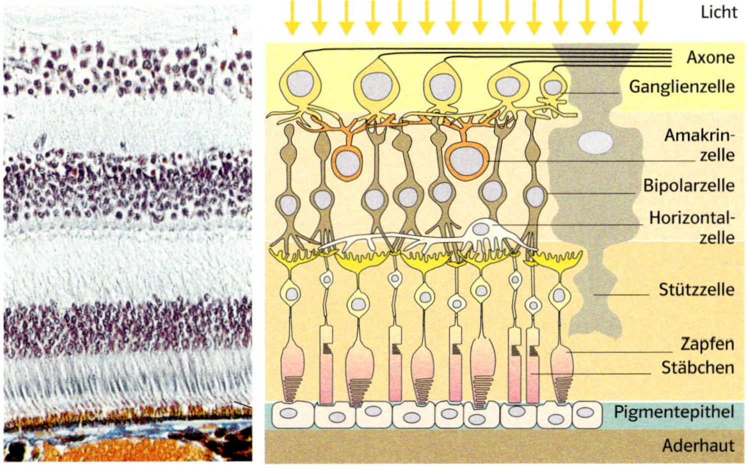

2 *Netzhautquerschnitt*

A2 Obwohl im Bereich des Blinden Flecks keine Rezeptoren vorliegen, entsteht ein vollständiges Bild. Erklären Sie, wie es zu diesem Sinneseindruck kommt.

Komplexauge

Die *Lichtsinneswelt* von Tieren kann sich von der des Menschen erheblich unterscheiden. Sie ist an die jeweiligen Lebensbedingungen angepasst [Basiskonzept S. 382]. Die *Komplexaugen* der Insekten z. B. haben einen grundlegend anderen Aufbau und andere Leistungen. Die räumliche Auflösung ist geringer, ihre Rasterbilder bestehen nur aus 300 bis 30 000 Einzelpunkten. Die zeitliche Auflösung ist viel höher. Während beim Menschen bereits ein Film mit 25 Bildern pro Sekunde als kontinuierlicher Ablauf wahrgenommen wird, können Insekten noch über 300 Bilder pro Sekunde als Einzelbilder erkennen, ein Vorteil beim Erfassen von schnellen Bewegungen. Viele Insekten, wie z. B. Bienen, nehmen Rot nicht wahr, sehen aber ultraviolettes Licht. Darüber hinaus können sie auch die Schwingungsebene der Lichtwellen *(Polarisationsebene)* wahrnehmen. Dies ermöglicht es ihnen, sich auch bei bewölktem Himmel oder verdeckter Sonne am Sonnenstand zu orientieren. [Basiskonzept S. 370]

Einzelauge

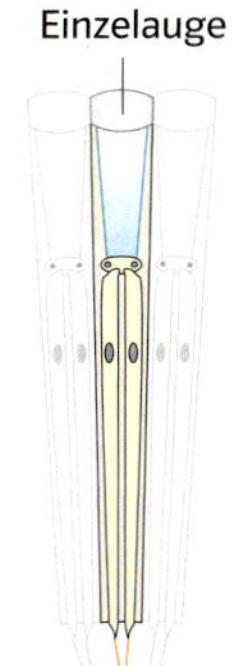

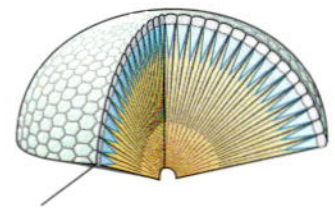

Komplexauge

Info-Box: Gesichtsfeld

Unter dem *Gesichtsfeld* versteht man jenen Teil der Umwelt, der mit unbewegten Augen wahrgenommen wird. Hierbei unterscheidet man zwischen einäugigem (monokularem) und *binokularem Gesichtsfeld.* Die Grenzen und Ausfälle innerhalb des Gesichtsfeldes lassen sich ausmessen. Die Abbildung zeigt das *monokulare Gesichtsfeld* des rechten menschlichen Auges.

Untersucht man ausschließlich Hell-Dunkel-Wahrnehmungen, so ist das Gesichtsfeld am größten. Für Farbwahrnehmungen ist das Gesichtsfeld dagegen eingeschränkt. Die Abbildung zeigt ferner einen Gesichtsfeldausfall, verursacht durch den Blinden Fleck, der im täglichen Leben jedoch nicht bemerkt wird.

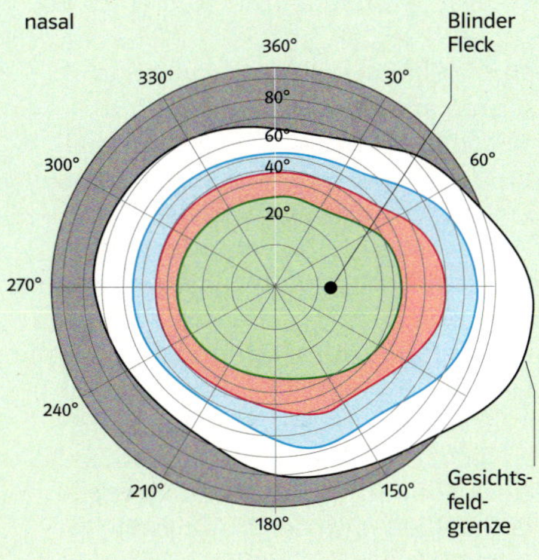

Funktion der Netzhaut

Die Netzhaut des menschlichen Auges enthält etwa 6 Millionen Zapfen zum Farbensehen und 120 Millionen Stäbchen zum Hell-Dunkel-Sehen (Abb. 1). Elektromagnetische Strahlung im Wellenlängenbereich von 400 nm (violett) bis 700 nm (rot) führt in diesen Sinneszellen zu einer Erregung, die wir als Licht verschiedener Farben empfinden.

1 *REM-Bild von Zapfen (Pfeile) und Stäbchen*

Aufbau der Lichtsinneszellen

Der Aufbau der beiden Zelltypen ist sehr ähnlich. Das Innensegment enthält den Zellkern, Mitochondrien und die synaptische Endigung. Das Außensegment besteht aus vielen Lamellen (ca. 1000), die durch Einfaltungen der Zellmembran entstanden sind (Abb. 2). Diese Einfaltungen schnüren sich in Stäbchen zu sogenannten *Disks* ab, die innerhalb der Außensegmente freischwimmend sind. In der Membran dieser Disks oder Lamellen liegen die Sehpurpurmoleküle, das *Rhodopsin*.

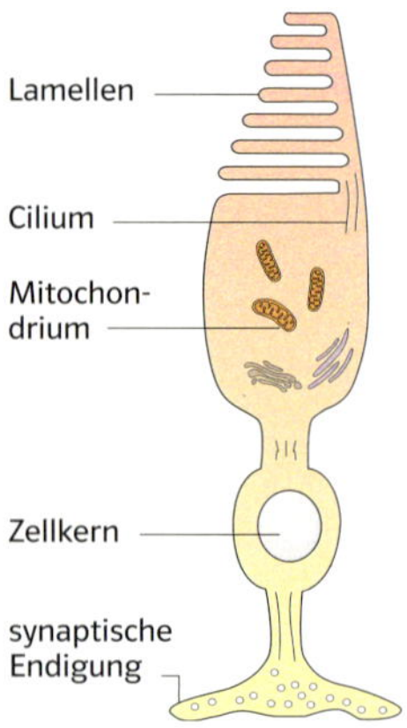

Zapfen

Die Rhodopsinmoleküle reichen durch die Membran hindurch (Abb. 2). Bestandteil des Rhodopsins ist neben einem Protein, dem Opsin, das Retinal, das aus dem Vitamin A aufgebaut wird, welches wir mit der Nahrung aufnehmen. Vitamin-A-Mangel kann zur Beeinträchtigung der Sehfähigkeit, wie z. B. zur Nachtblindheit, führen. Das Molekül des Retinals kommt in zwei Formen vor, der gewinkelten *cis*- und der gestreckten *trans-Form* (s. Randspalte). Bei Dunkelheit ist die Wahrscheinlichkeit 1 : 1 000, dass sich aus der cis- die trans-Form bildet. Durch Lichteinfall steigt diese Wahrscheinlichkeit stark an.

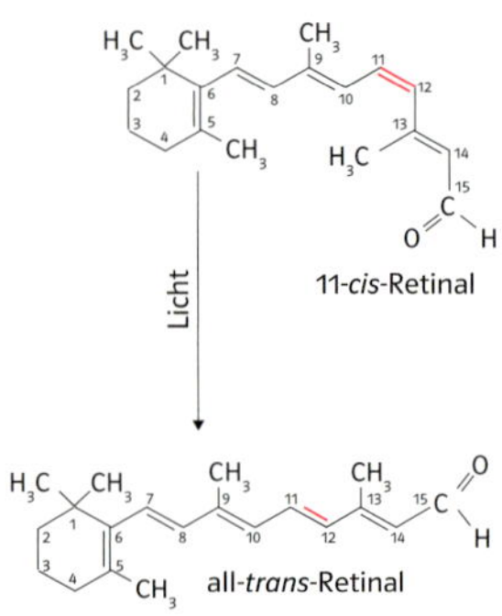

Lichtaktive Reaktion des Sehfarbstoffes

Hyperpolarisation statt Depolarisation

Misst man an den Lichtsinneszellen das Rezeptorpotential, findet man im Gegensatz zu anderen Sinneszellen, die bei Reizeinwirkung depolarisiert werden, eine erstaunliche Veränderung des Membranpotentials: Bei Lichteinstrahlung entsteht eine *Hyperpolarisation* von –30 mV auf –70 mV. Die Zellmembran ist also ohne Reiz stärker depolarisiert. Dies lässt die Hypothese zu, dass bei einer Erregung durch Licht die Na^+-Ionenkanäle nicht geöffnet, sondern geschlossen werden. Bei Dunkelheit sind demnach mehr Na^+-Ionenkanäle geöffnet als bei Licht.

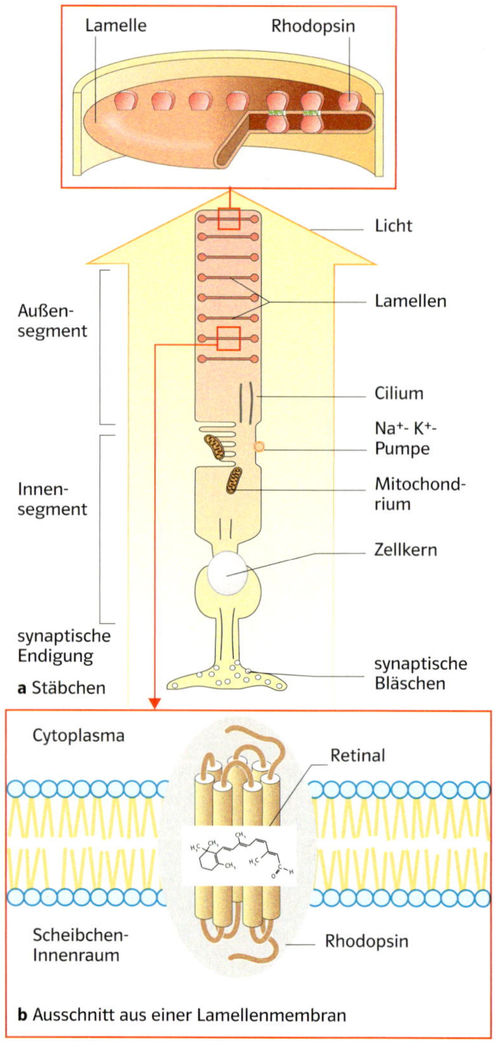

2 *Aufbau eines Stäbchens*

Online-Link
045407-0293

3 *Stäbchen (links) und Zapfen (rechts)*

Moleküle sekundärer Botenstoffmoleküle abgebaut. Die Reizung der Lichtsinneszellen führt also über diesen Verstärkungseffekt dazu, dass zahlreiche Na^+-Ionenkanäle geschlossen werden. [Basiskonzept S. 376]

Die Veränderung des Membranpotentials führt zunächst nicht zu einem Aktionspotential, sondern zu einer Veränderung des elektrischen Feldes. Dieses breitet sich elektrotonisch zur präsynaptischen Membran der Zelle aus. Die dort freigesetzten Transmitter wirken depolarisierend auf die nachfolgende Bipolarzelle, die das Signal weiterleitet.

Das Schließen von Na^+-Ionenkanälen bei Lichteinstrahlung ist auf molekularer Ebene durch die Veränderung des Retinalmoleküls im Rhodopsin bedingt. Das Rhodopsin spaltet sich und das Retinal wirkt auf ein Protein *(Transducin)* in der Lamellenmembran der Stäbchen ein und aktiviert es ebenfalls. Transducin aktiviert ein Enzym, das den Abbau des sekundären Botenstoffs c-GMP *(cyclisches Guanosinmonophosphat)* bewirkt. Wenn c-GMP an die Na^+-Ionenkanäle in der Membran der Sinneszelle bindet, sind die Kanäle geöffnet. Werden c-GMP-Moleküle durch das aktivierte Enzym gespalten, verschließen sich immer mehr Na^+-Ionenkanäle. Durch die Na^+-K^+-Ionenpumpe werden jetzt mehr Natriumionen aus der Sinneszelle herausgepumpt als in die Zelle einströmen können, eine Hyperpolarisation erfolgt. Auf diese Weise wird durch Licht ein chemisches Signal ausgelöst, das in ein elektrisches Signal umgewandelt wird *(Signaltransduktion)*.

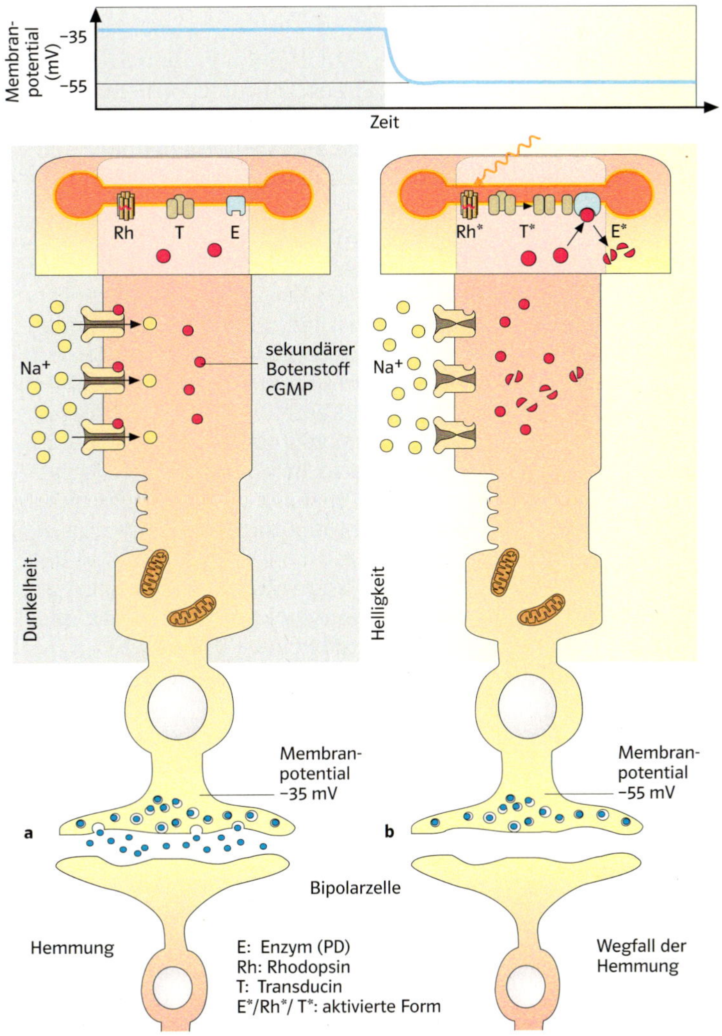

4 *Funktion einer Lichtsinneszelle*

Signalverstärkung

Bereits ein sehr kurzer Lichtblitz löst eine Hyperpolarisation der Membran aus. Die hohe Effektivität der Lichtsinneszellen kann nur über eine intrazelluläre Signalverstärkung der molekularen Vorgänge erreicht werden. Die Verstärkung erfolgt kaskadenartig vom Rhodopsin über das Transducin und die sekundären Botenstoffe. Durch ein Molekül Rhodopsin werden bei diesem Prozess etwa 100 000

Reizverarbeitung in der Netzhaut

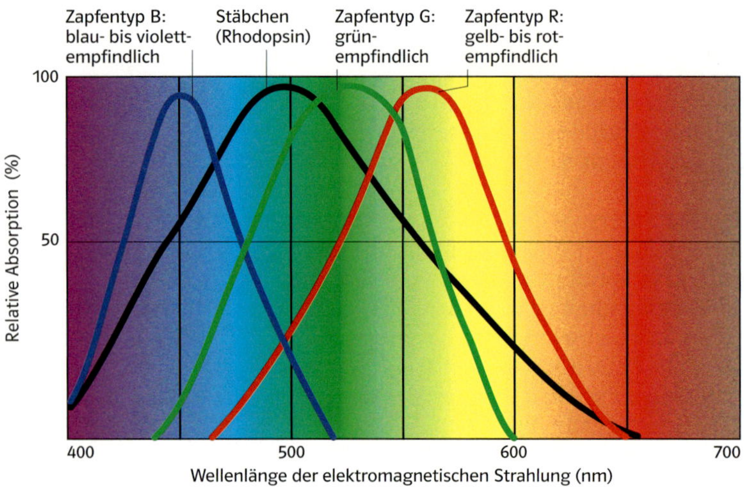

1 *Absorptionsspektren der menschlichen Lichtsinneszellen*

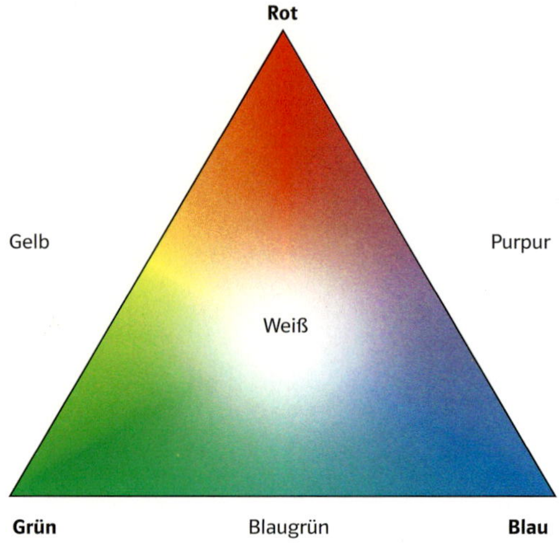

2 *Farbdreieck*

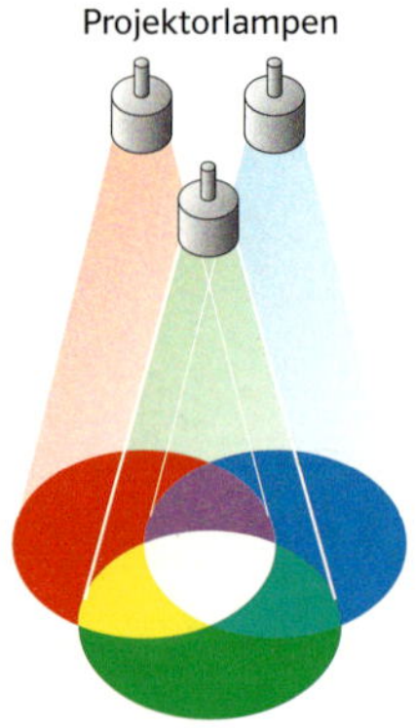

additive Farbmischung

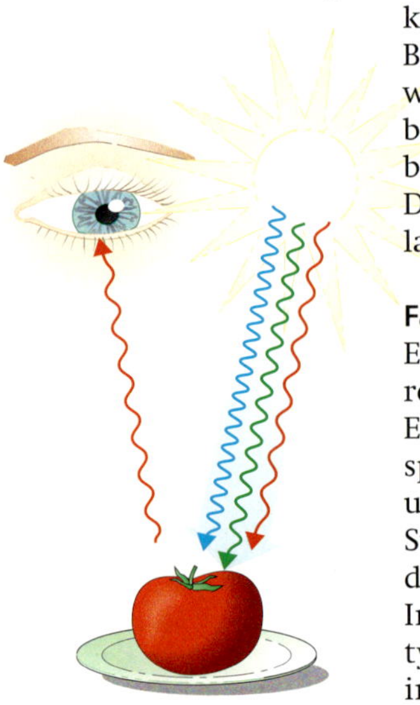

subtraktive Farbmischung

Licht einer bestimmten Wellenlänge ruft bei uns einen bestimmten Farbeindruck hervor. Die Sinneszellen unserer Netzhaut werden durch den Wellenlängenbereich zwischen ca. 400 bis 700 nm angeregt.

Verschiedene Zapfen

Neben den *Stäbchen* gibt es drei verschiedene Typen von *Zapfen*, die jeweils von verschiedenen Wellenlängen elektromagnetischer Strahlung angeregt werden. Die Zapfen haben unterschiedliche Sensibilitätsmaxima. Zapfen mit einem Absorptionsmaximum von 450 nm sprechen auf kurzwelliges Licht im Bereich der Farbe Blau an. Die beiden anderen Zapfentypen werden am besten durch die Farbe Grün bei 530 nm (mittelwelliges Licht) und Rot bei 570 nm (langwelliges Licht) angeregt. Die Absorptionsspektren der Zapfen überlappen sich teilweise.

Farbensehen

Ein Gemisch aus allen Wellenlängenbereichen nehmen wir als Weiß wahr. Diese Empfindung haben wir auch, wenn man spektralreines Licht der Farben Rot, Grün und Blau auf eine Fläche projiziert. Die Summe der drei Lichtsorten entspricht dem weißen Licht *(additive Farbmischung)*. In diesem Fall werden alle drei Zapfentypen gleichmäßig erregt. Dies wird im Gehirn als weiß wahrgenommen. Trifft Licht der Wellenlänge 470 nm auf die Netzhaut, werden Blau- und Grün-Rezeptoren erregt. Wir nehmen die Farbe Blaugrün wahr. Bei der Entstehung des Farbeindrucks sind alle drei Zapfentypen beteiligt. Das Verhältnis der Erregung der drei Zapfentypen ist für den Farbeindruck im Gehirn verantwortlich. Insgesamt kann der Mensch mehrere Millionen Farbnuancen wahrnehmen. Das große Spektrum der verschiedenen Farben und Farbtöne lässt sich erst durch die Verschaltung der drei Zapfentypen erklären. [Basiskonzept S. 380]

Betrachtet man einen Gegenstand im Tageslicht, werden von diesem bestimmte Wellenlängen des Lichtes absorbiert. Von dem Farbstoff der roten Tomate beispielsweise wird kurzwelliges und mittelwelliges Licht absorbiert. Das langwellige Licht wird reflektiert. Das Licht dieser Wellenlänge gelangt auf die Netzhaut und regt dort die Rot-Zapfen an.

A1 Erläutern Sie anhand der Absorptionsspektren die unterschiedliche Wirkung von spektralrein grünem oder gelb-grünem Licht auf das Farbsehsystem.

A2 Betrachtet man einen Monitor mit der Lupe, erkennt man nur blaue, rote und grüne Bildpunkte (Pixel). Mit diesen können alle Farbeindrücke dargestellt werden. Beim Malen kann man durch Mischung mehrerer Farben „schwarze Farbe" herstellen. Erklären Sie die beiden Phänomene.

Material
Gehörsinn

Die Sinneszellen im Ohr reagieren auf rhythmisch wechselnden Druck, auf die Schallwellen. Jeder Ton entspricht einer spezifischen Schwingung. Die Tonhöhe ändert sich mit der Anzahl der Schwingungen pro Sekunde (Frequenz), die Tonstärke durch die Höhe der Schwingungsamplitude. Klänge entstehen durch das Mischen der Töne verschiedener Tonhöhen. Der Mensch nimmt Frequenzen zwischen 16 und 20 000 Hz wahr. Die Schwingungen werden über das Mittelohr in das Innenohr übertragen.

A1 Beschreiben Sie die Übertragung der Schallwellen in das Innenohr bei gesunden Personen.

Signaltransduktion im Ohr

Die Umwandlung der Schallwellen in Rezeptorpotentiale findet im Innenohr in der flüssigkeitsgefüllten Schnecke *(Cochlea)* statt. Die Cochlea ist das eigentliche Hörsinnesorgan. Die am Ovalen Fenster ankommenden Schwingungen erzeugen in der Lymphflüssigkeit eine Druckwelle, die sich in der Cochlea ausbreitet. In der Cochlea befinden sich Haarzellen mit haarartigen Fortsätzen *(Cilien)*. Die Druckwelle breitet sich in der Cochlea aus und führt dazu, dass die Cilien von Haarzellen abscheren. Dadurch entsteht eine Erregung in den Haarzellen (Abb. 3). Je nach Tonhöhe werden durch die Druckwelle nur Haarzellen an bestimmten Stellen der Cochlea gereizt (Abb. 2).

A2 Beschreiben Sie die Vorgänge in der Haarzelle und erläutern Sie das Prinzip der Signaltransduktion in den Haarzellen.

Hörschäden

Bei Menschen können unterschiedliche Ursachen für eine Schwerhörigkeit vorliegen. Bei leichteren Schädigungen der Schallweiterleitung im Mittelohr oder auch bei geringen Schallempfindungsstörungen durch beschädigte Sinneszellen können Hörgeräte die Hörleistung verbessern. Bei schwerem oder hochgradigem Hörverlust kann der Einsatz eines Cochlea-Implantats sinnvoll sein. Dabei darf aber keine Schädigung des Hörnervs vorliegen. Das Cochlea-Implantat wird durch einen operativen Eingriff eingesetzt (Abb. 1). Das Implantat umgeht die zerstörten oder fehlenden Haarzellen und stimuliert direkt den Hörnerv. Die Reize aus der Umwelt werden folgendermaßen übertragen.

1) Durch ein Mikrophon werden Schallwellen aufgenommen.
2) Durch den Sprachprozessor wird ein elektrisches Impulsmuster erstellt, durch das die Frequenz und die Lautstärke codiert werden.
3) Das Impulsmuster wird durch die Haut zum Implantat übertragen.
4) Das Implantat entschlüsselt das Impulsmuster. Das Muster wird an die Elektroden in der Cochlea weitergeleitet. Die Elektroden sitzen an unterschiedlichen Stellen der Cochlea und stimulieren die entsprechenden Hörnervenfasern.
5) In den Nervenzellen werden Aktionspotentiale ausgelöst. Die Signale werden zum Gehirn geleitet und dort ausgewertet.

A3 Vergleichen Sie die Signaltransduktion bei Menschen mit ungeschädigtem Ohr und bei Personen mit Cochlea-Implantat.

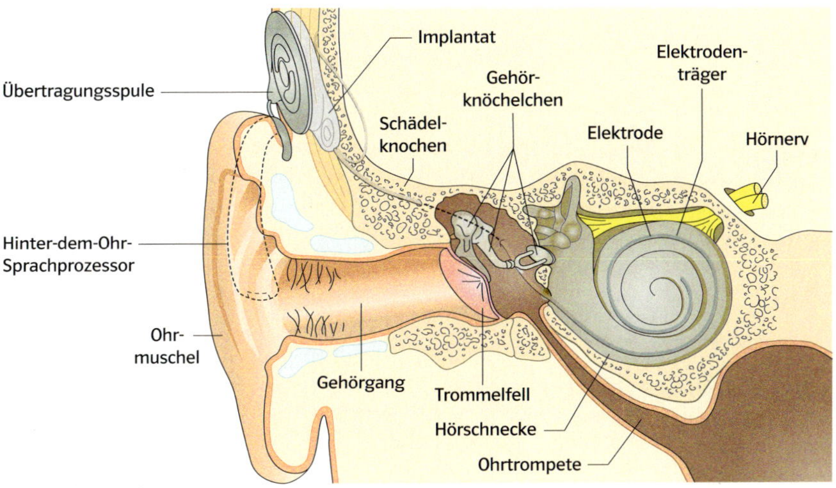

1 *Cochlea-Implantat*

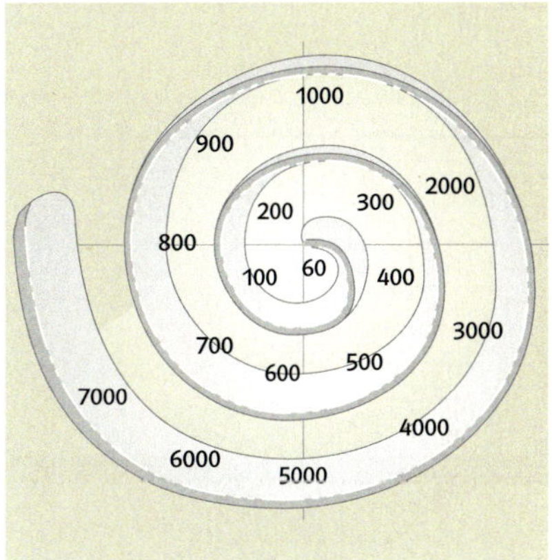

2 *Verteilung der Schallsequenz beim Meerschweinchen (Hz)*

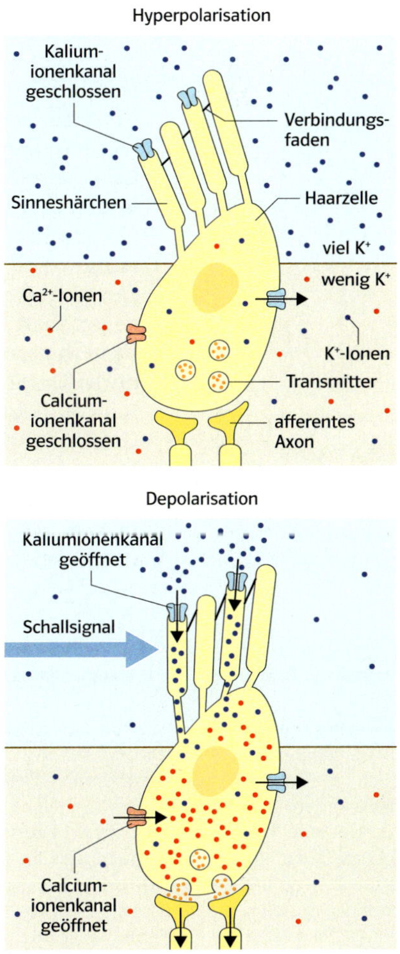

3 *Signaltransduktion*

Vom Reiz zum Sinneseindruck

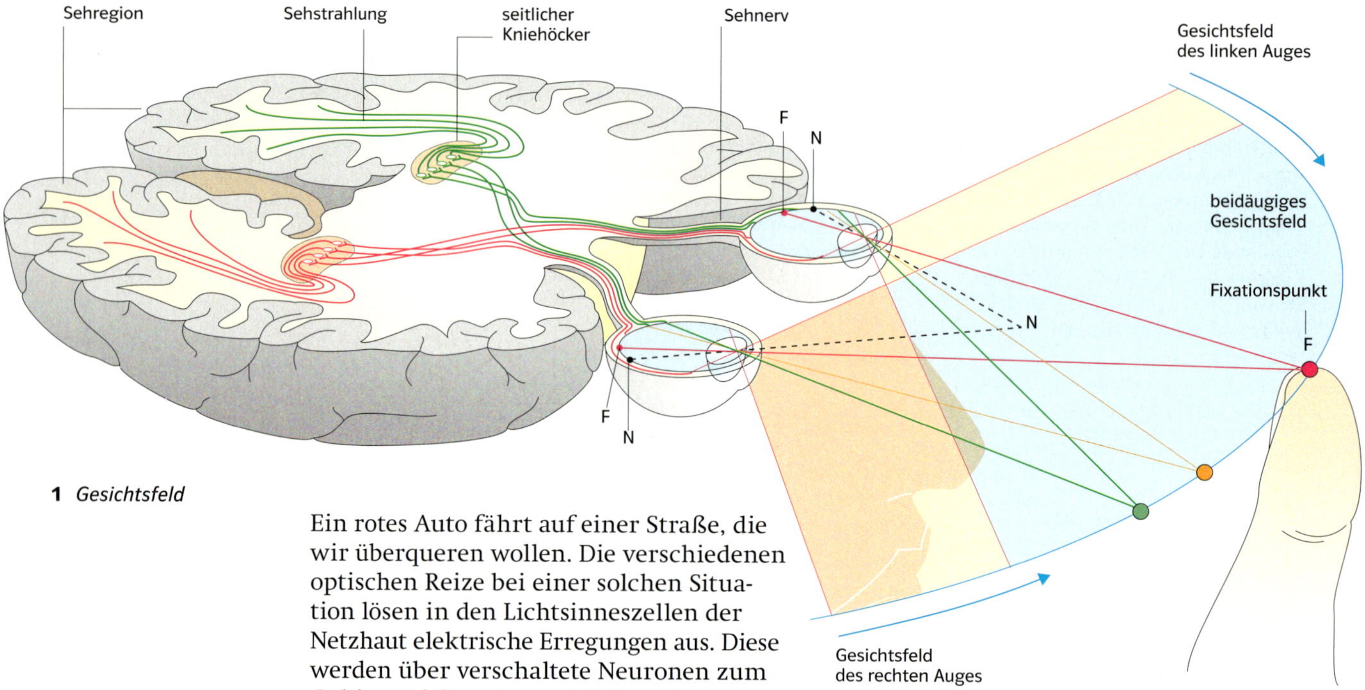

1 *Gesichtsfeld*

Gesichtsfeld
Ausschnitt der Umgebung, der mit unbewegten Augen wahrgenommen wird

Ein rotes Auto fährt auf einer Straße, die wir überqueren wollen. Die verschiedenen optischen Reize bei einer solchen Situation lösen in den Lichtsinneszellen der Netzhaut elektrische Erregungen aus. Diese werden über verschaltete Neuronen zum Gehirn geleitet. Etwa 1 Million Neuronen bilden den Sehnerv, der vom Auge zum Gehirn führt. Die Sehnerven beider Augen treffen sich an der Sehnervenkreuzung. Dort kreuzen Teile der Nervenfasern zur gegenüberliegenden Seite des Gehirns. Die Verteilung ist so, dass alle Nervenfasern, deren Ursprung in den rechten Netzhauthälften beider Augen liegt, in der rechten Großhirnhälfte landen und umgekehrt. Dies bewirkt, dass die Bildinformationen aus jeder Hälfte des mit beiden Augen erfassten Gesichtsfeldes in nur eine Gehirnhälfte gelangen (Abb. 1).

Info-Box: Störungen der Bewegungswahrnehmung

Bereits gegen Ende des 19. Jahrhunderts beobachtete Sigmund Freud das Unvermögen einiger Patienten, visuelle Merkmale zu erkennen. Er führte dies nicht auf Defekte im Auge, sondern im Gehirn zurück.
Eine Patientin verlor durch einen Schlaganfall die Bewegungswahrnehmung, konnte jedoch Farben und Formen erkennen. Die Patientin hatte Schwierigkeiten, Tee in eine Tasse zu gießen, da sie die Flüssigkeit nicht in Bewegung sah. Sie empfand sie als „gefrorene Flüssigkeit". Eine zusätzliche Schwierigkeit ergab sich dadurch, dass sie nicht erkennen konnte, wie die Flüssigkeit in der Tasse anstieg. Probleme traten auch auf der Straße auf. Sie konnte die Fahrzeuge zwar wahrnehmen, nicht jedoch deren Geschwindigkeit, da die Fahrzeuge plötzlich hier und dann auf einmal dort waren, ohne dass sie gesehen hatte, wie die Fahrzeuge sich bewegten. Dies führte zu Schwierigkeiten, eine Straße zu überqueren. Sie musste lernen, andere Faktoren, wie lauter werdende Fahrzeuggeräusche, zur Orientierung mit einzubeziehen.

Signalverarbeitung
Die Nervenfasern der Sehnerven enden im Zwischenhirn. Hier werden die Signale verarbeitet und in die Sehregion der Großhirnrinde geleitet. Die Neuronen der Großhirnrinde weisen eine unterschiedliche Selektivität für verschiedene visuelle Reizmerkmale im Gesichtsfeld auf und bilden drei Auswertungssysteme: für die Wahrnehmung von Bewegung, Form und Farbe. [Basiskonzept S. 380]

Das erste System liefert verwaschene, kontrastarme Bilder ohne Farben. Besonders markant treten alle bewegten Teile hervor. Hier geht es um die Analyse der Position und Bewegung. Das zweite System liefert scharfe Formen von Teilen des Gesamtbildes. Hier wird ermittelt, um was für ein Objekt es sich handelt. Das dritte System liefert Bilder von geringer Schärfe, die im mittleren Bereich farbig sind.

Die *Tiefenwahrnehmung* (das räumliche Sehen) entsteht im ersten und zweiten System durch etwas verschiedene Netzhautbilder, die durch den Augenabstand zustande kommen. Beim Fixieren eines Gegenstandes werden die Augen so zueinander gedreht, dass der fixierte Gegenstand in beiden Augen in der zentralen Sehgrube abgebildet wird. Gegenstände, die außerhalb der fixierten Ebene liegen, werden außerhalb der Sehgrube abgebildet.

A1 Erläutern Sie, was passiert, wenn der in Abbildung 1 dargestellte Finger von F nach N bewegt wird bzw. weiter vom Auge entfernt wird.

Sehen mit Augen und Gehirn?

Die Wahrnehmung der Umgebung erfolgt über die Ergebnisverarbeitung der drei verschiedenen Systeme. Die Information, die die größte Aufmerksamkeit erzeugt, bestimmt die Wahrnehmung, andere Objekte werden ignoriert. Dies ist vergleichbar mit dem Ausleuchten der Umgebung mit einem Scheinwerfer: Nur einige Teile der Umgebung werden beleuchtet, die anderen bleiben im Dunkeln. Beim Überqueren der Straße wird es die Bewegung des Autos sein, die unsere Aufmerksamkeit erregt. Sie wird in der Großhirnrinde ausgewertet und lässt uns am Straßenrand warten (Abb. 3).

Bei der visuellen Wahrnehmung unserer Umgebung stammen jedoch nur 20 % der Erregungen bei der Verarbeitung in der Großhirnrinde aus den Lichtsinneszellen der Netzhaut. Der größte Anteil stammt aus anderen Hirnregionen. Das Reizmuster aus der Umgebung wird zum Erregungsmuster im Gehirn. Mit den gespeicherten Erfahrungen führt das Erregungsmuster zum Erkennen der Umgebung, zur *Kognition*. So zeigt Abb. 2 scheinbar wahllos angeordnete blaue Flecken. Die Information, dass hier ein Pferd mit Reiter dargestellt ist, lässt bei einem zweiten Blick das Gesamte auf dem Bild erkennen. [Basiskonzept S. 380]

2 *Blaue Flecken oder ein Bild?*

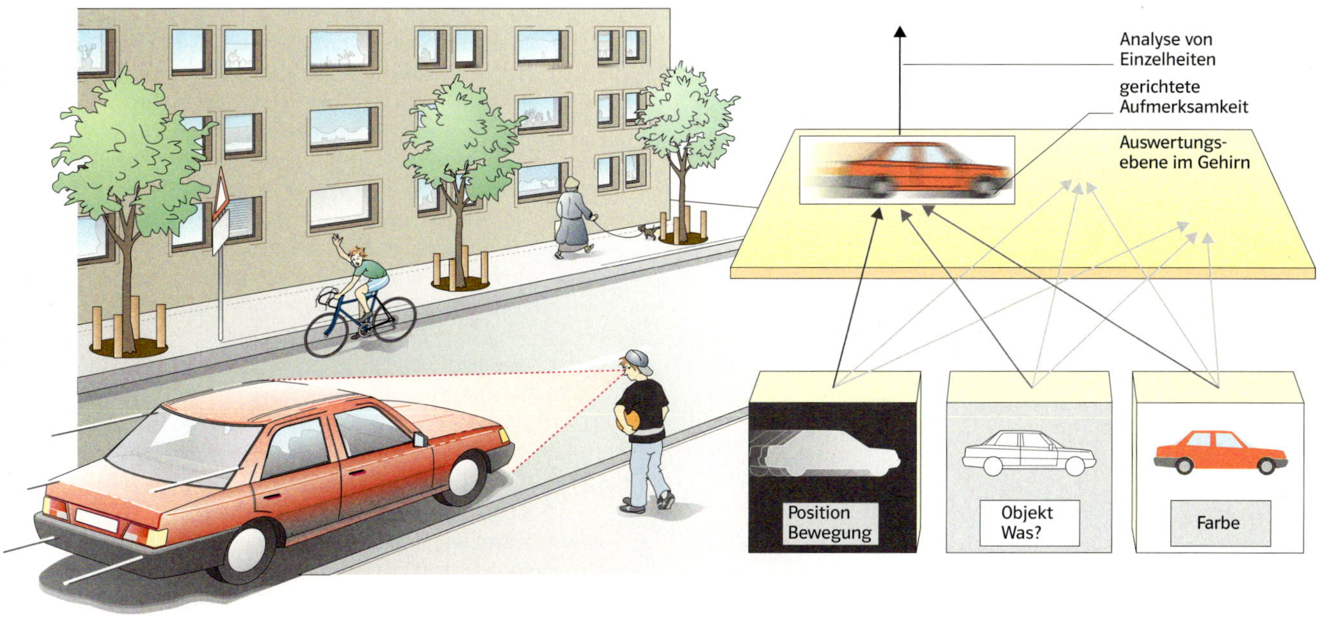

3 *Drei Auswertkanäle bei der Wahrnehmung von Gegenständen*

5.4 Bau und Funktion des Nervensystems

Nervensystem des Menschen

Das *Nervensystem* des Menschen ist das leistungsfähigste unter denen der Wirbeltiere. Die Anzahl der Neuronen, die an seinem Aufbau beteiligt sind, wird auf 10^{11} geschätzt.

Zentralnervensystem und periphere Nerven

Gehirn und Rückenmark zusammen bilden das *Zentralnervensystem (ZNS)*. Das *Rückenmark* erfüllt zwei Funktionen: Es ist zentrales Verbindungselement zwischen dem Gehirn und dem den Körper durchziehenden *peripheren Nervensystem* (Abb. 1) sowie selbstständige Umschaltstelle sensorischer auf motorische Neuronen (s. *Reflexbogen)*. Häufig sind *Interneuronen* zwischengeschaltet. Diese beiden Funktionen lassen sich anatomisch unterschiedlichen Bereichen des Rückenmarks zuordnen. Die Leitungsbahnen liegen in der äußeren weißen Substanz, die Verschaltungen befinden sich in der inneren grauen Substanz. Zwischen je zwei Wirbeln entspringt rechts und links ein Rückenmarksnerv *(Spinalnerv)* mit einer vorderen und einer hinteren Wurzel. Durch die hinteren Wurzeln leiten sensorische Neuronen Erregungen, die von den Sinneszellen kommen, dem Rückenmark zu (in die Hinterhörner). Die Zellkörper dieser Neuronen befinden sich außerhalb des Rückenmarks in den *Spinalganglien*.

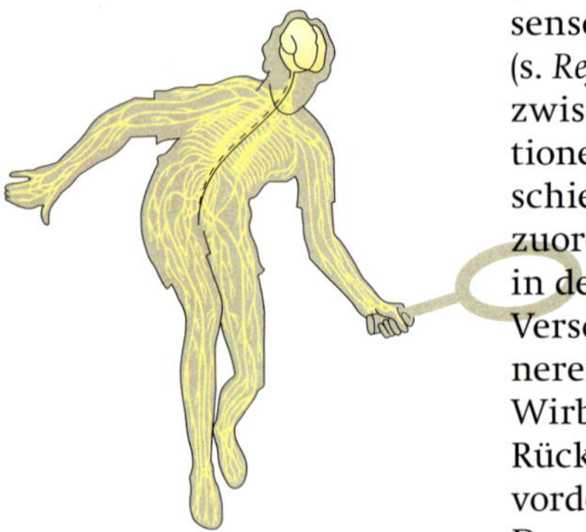

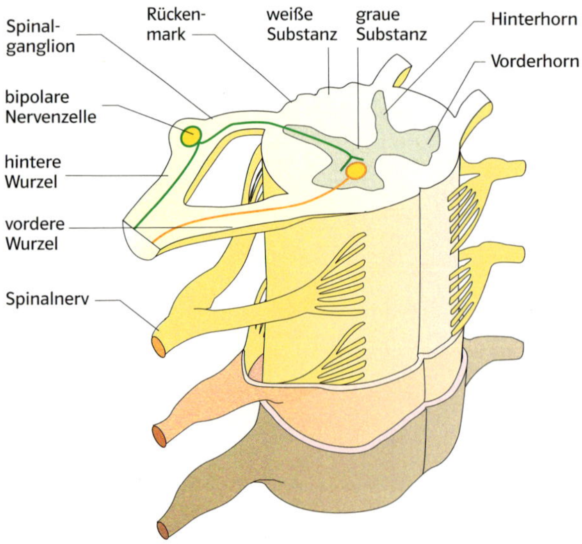

1 *Rückenmark*

Die vorderen Wurzeln (aus den Vorderhörnern) senden motorische Nervenfasern zu den Muskeln des Rumpfes. Die motorischen Neuronen haben ihre Zellkörper in der grauen Substanz des Rückenmarks. Darüber hinaus besteht die graue Substanz aus einem Geflecht von Dendriten und meist marklosen kurzen Axonen. Kurz hinter dem Spinalganglion vereinigen sich beide Wurzeln zu einem gemischten Nerv. Der Mensch hat insgesamt 31 Paare von Rückenmarksnerven.

Das autonome Nervensystem

Die Rückenmarksnerven innervieren auch die inneren Organe. Die Wirkungen dieses Teils des Nervensystems sind der willkürlichen Kontrolle weitgehend entzogen. Deshalb wird es auch als autonom oder *vegetativ* bezeichnet. Seine Aufgaben bestehen in der Kontrolle des inneren Milieus. Das autonome Nervensystem lässt sich in zwei funktionelle Untersysteme unterteilen, den *Parasympathicus* und den *Sympathicus*. Je nach Anforderungen werden unterschiedliche Organe aktiviert oder gehemmt. Dabei arbeitet das autonome Nervensystem eng mit dem somatischen Teil des Nervensystems zusammen, der die Skelettmuskeln mit dem Rückenmark verbindet. [Basiskonzept S. 376]

Bei plötzlich herannahender Gefahr gelangt der Mensch beispielsweise rasch in einen Zustand höchster Leistungsfähigkeit. Alle Maßnahmen im Körper, die diesen Zustand fördern, werden durch den Sympathicus koordiniert (Abb. 2). Die Durchblutung wird gefördert. So werden z. B. die Muskeln optimal mit Sauerstoff und Nährstoffen versorgt. Alle zur Bewältigung der Gefahr unnötigen Prozesse, wie z. B. die Verdauung, werden gedrosselt.

Der Parasympathicus wirkt sehr häufig als Gegenspieler des Sympathicus [Basiskonzept S. 370]. Beide innervieren oft dieselben Organe und regeln die lebenswichtigen Funktionen des Körpers wie Kreislauf, Verdauung, Entleerung, Stoffwechsel, Sekretion, Körpertemperatur und Fortpflanzung. Die Vorgänge bei der Verdauung laufen vor allem bei körperlicher Ruhe ab. Sie werden durch Signale des Parasympathicus ausgelöst bzw. gefördert. Darüber hinaus beeinflussen der *Sympathicus* und der *Parasympathicus* in Zusammenarbeit mit dem Gehirn nachhaltig unsere emotionale Stimmung. Alarmiert durch eine bedrohliche Situation, veranlasst z. B. das Limbische System des Gehirns (s. Seite 301) die Nebennieren, die Hormone *Adrenalin* und *Noradrenalin* in höherer Konzentration in den Blutstrom freizusetzen. Gefühle, wie Angst und Zorn, aber auch Glück werden von typischen Körperreaktionen begleitet, die vom autonomen Nervensystem angeregt werden. In welchem Ausmaß diese Gefühle vom Menschen Besitz ergreifen, hängt von übergeordneten Gehirnteilen ab. Noradrenalin wird auch in den Endknöpfen von Neuronen des Sympathicus als Transmitter produziert. Dort scheint es unabhängig von Gefühlsschwankungen zu wirken. Der Transmitter der parasympathischen Nervenzellen ist *Acetylcholin*.

A1 In Stresssituationen wird durch den Sympathicus die Leistungsfähigkeit gefördert. Zivilisationskrankheiten, wie z. B. erhöhtes Infarktrisiko, Vergrößerung der Nebennieren, Störung des Sexualverhaltens u. a., werden auch auf Dauerstress zurückgeführt. Erläutern Sie die Zusammenhänge (Abb. 2).

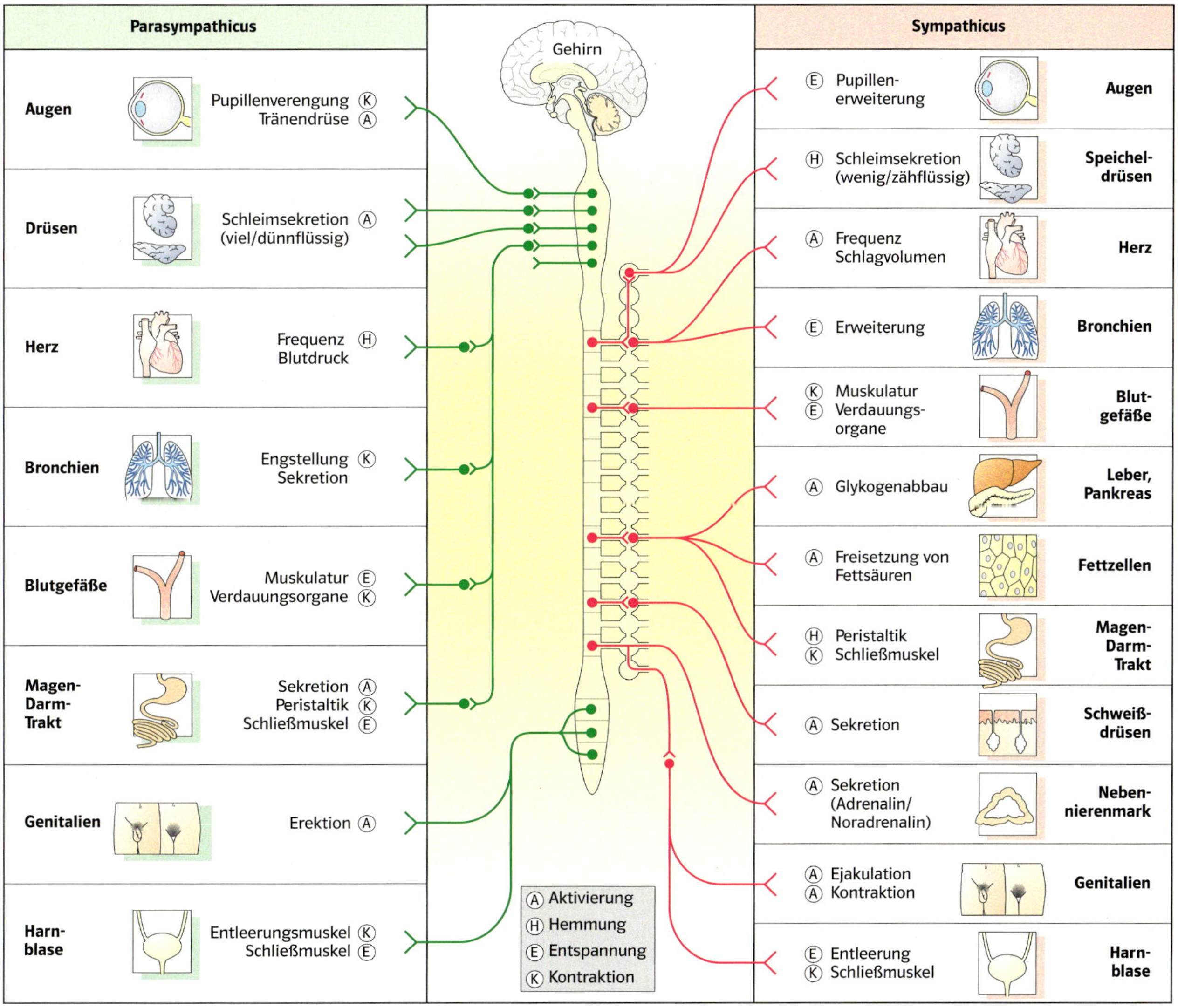

2 *Vegetatives Nervensystem mit Sympathicus- und Parasympathicusaktivierung*

Lexikon
Bau und Funktion des menschlichen Gehirns

Das Gehirn ist bei den fünf Wirbeltierklassen sehr ähnlich aufgebaut. Wie beim menschlichen Gehirn findet man bestimmte Hirnteile, die jeweils unterschiedliche Funktionen übernehmen. Es steht mit dem übrigen Körper über das Rückenmark in Verbindung und gibt Informationen durch Hormonausschüttungen weiter.

Das End- oder Großhirn

Das *Großhirn* des Menschen nimmt ca. 80 % des Hirnvolumens ein. Es besteht aus der Hirnrinde *(Cortex)*, die beim Menschen eine enorme Oberflächenvergrößerung durch Furchung erfahren hat und aus Milliarden von Neuronen besteht. Darunter liegt die weiße Masse. Diese ist ein Neuronengeflecht, das die Kommunikation der einzelnen Hirnareale der Hirnrinde untereinander ermöglicht. Die Hirnrinde besteht aus zwei Hälften, den *Hemisphären*. Diese sind beim Menschen von der Funktion her nicht gleichwertig. Bei den meisten Menschen ist die rechte Hirnhälfte mehr für den nichtsprachlichen, ganzheitlich integrativen Informationsinhalt verantwortlich, die linke für den sprachgebundenen und für Detailanalysen.

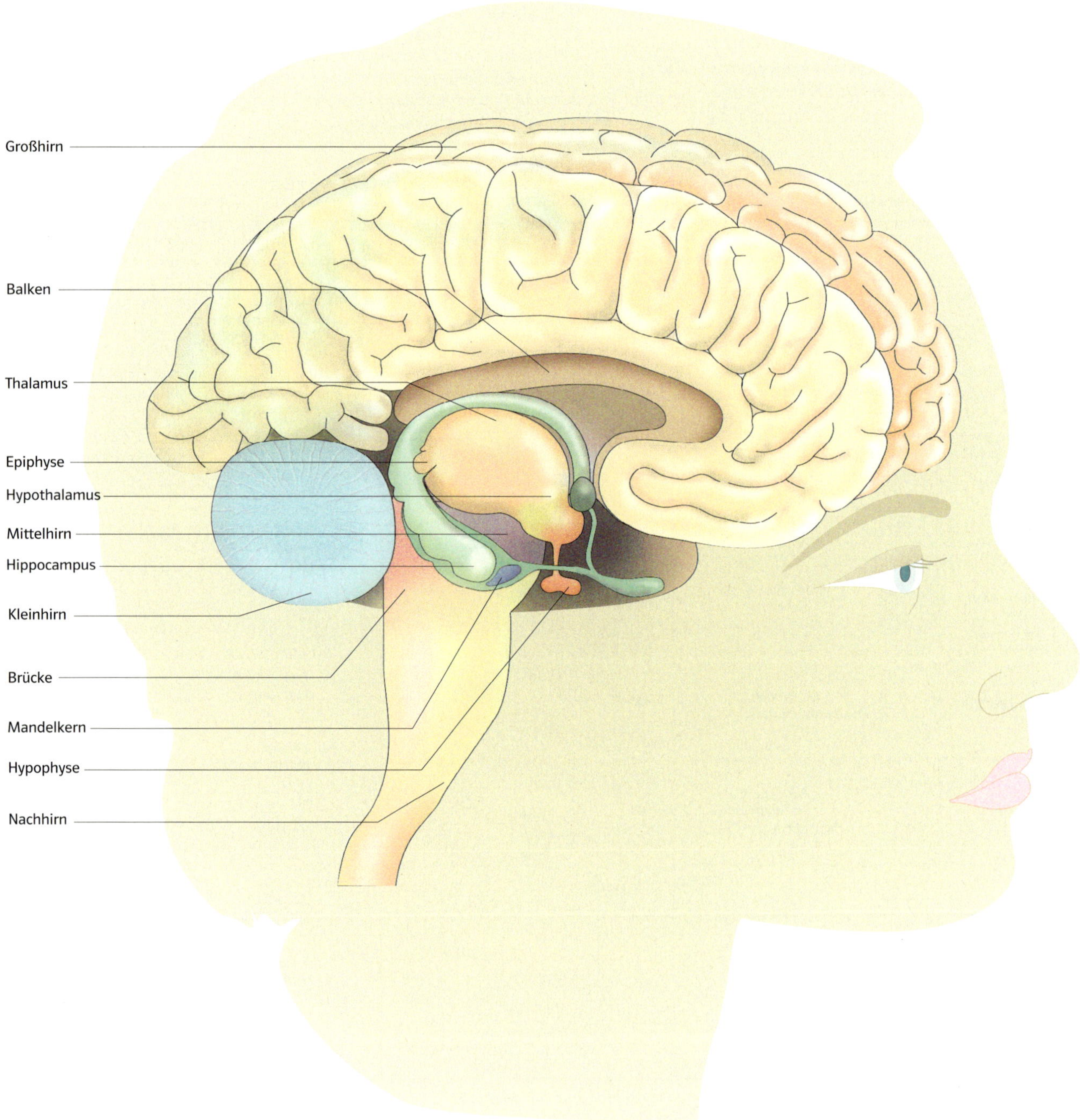

Die *Hirnrinde* lässt sich funktionell in verschiedene Areale aufteilen. In ihnen werden von den Sinnesorganen einlaufende Informationen kombiniert und mit gespeicherten Informationen (Erfahrungen) verglichen. Im Stirnbereich liegen Bereiche für die Eigeninitiative, Handlungsplanung, Sozialverhalten und die Verarbeitung von Inhalten des Kurzzeitgedächtnisses. Hier liegen auch die Sprachregion und die Steuerung der Mundmuskulatur. Die Inhalte des episodischen Gedächtnisses und des Wissensgedächtnisses werden hier ebenfalls gespeichert. Im seitlichen Bereich werden Sprache und Töne wahrgenommen und verarbeitet. Dieser Bereich spielt eine entscheidende Rolle beim Speichern und Festigen von Informationen. Im hinteren Schädelbereich liegt die Verarbeitung der visuellen Reize.

Der Balken

Er besteht ausschließlich aus Nervenfasern, welche die beiden Hirnhemisphären miteinander verknüpfen. Bei operativer Durchtrennung des *Balkens* ist ein Informationsaustausch zwischen den Hirnhälften nicht mehr möglich. Wird solchen Patienten ein Gegenstand so in das linke Gesichtsfeld gebracht, dass die Informationen von der Netzhaut nur in die rechte Hirnhemisphäre gelangen, kann der Patient den Gegenstand nicht benennen, da das Sprachzentrum in der linken Hirnhälfte liegt.

Das Zwischenhirn

Es besteht aus dem *Thalamus* mit der *Epiphyse* (Zirbeldrüse) als Anhängsel und dem darunter liegenden Hypothalamus mit der Hypophyse.
Im oben gelegenen Thalamus befindet sich eine wichtige Umschaltstelle für alle afferenten Bahnen der Sinnesorgane (außer dem Geruchssinn) zum Großhirn. Hier erfolgt eine Verschaltung der Erregungen, bevor sie dem Großhirn zugeleitet und damit bewusst werden. Man nennt den Thalamus daher auch das Tor zur Hirnrinde.

Der Hippocampus

Er liegt als Teil der Hirnrinde am inneren Rand des Schläfenlappens und hat eine große Funktionsvielfalt, wie Aufmerksamkeit, Neuigkeit der Information, Kurzzeitgedächtnis, Sozialverhalten, Furchtverarbeitung oder Verarbeitung räumlicher Zusammenhänge. Er spielt jedoch auch eine Rolle in der Wahrnehmung unseres Gefühls für Körperlichkeit. Sein Name ist auf die seepferdchenartige Gestalt zurückzuführen.

Das Mittelhirn

Es leitet Impulse aus Auge, Ohr und Oberflächenrezeptoren an andere Hirnzentren weiter. Es ist zuständig für eine schnelle Orientierung im optischen Bereich. Hier geht es um das Bewegungssehen, das „Wo"-Sehen. Was man sieht, wird erst in der Großhirnrinde verarbeitet. Auch die auditive Wahrnehmung und Schmerzwahrnehmung werden hier verschaltet.

Hypothalamus

Der darunter gelegene *Hypothalamus* ist die Steuerzentrale für das autonome Nervensystem und das Hormonsystem. Seine zentrale Aufgabe ist die Regelung der Biorhythmik des Körpers. So gibt der Hypothalamus Freisetzungshormone *(Releasing-Hormone)* an die untergeordnete Hypophyse ab. Auch motivationale und emotionale Verhaltensweisen werden hier geregelt.

Hypophyse

Die kirschkerngroße *Hypophyse* setzt unter der Kontrolle des Hypothalamus Hormone frei, die man als *stimulierende Hormone* bezeichnet. Sie ist mitverantwortlich für Körperfunktionen wie Wärmehaushalt oder Sexualität. Die Hormone steuern auch Eireifung, Schwangerschaft, Wachstum, Wasserhaushalt und Grundumsatz. Im Falle der Eireifung nennt man das spezifische Hypophysenhormon beispielsweise *Follikel stimulierendes Hormon (FSH)*.

Die Epiphyse

Die Epiphyse, auch Zirbeldrüse genannt, ist bei einigen Wirbeltierklassen ein lichtempfindliches Organ, dessen Hormone am Farbwechsel der Haut beteiligt sind. Bei Säugern gibt sie das Hormon Melatonin ab. Melatonin steuert Funktionen, die mit dem Licht und dem jahreszeitlichen Wechsel zusammenhängen, z. B. auch den Schlafrhythmus.

Das Kleinhirn

Es steuert Motorik- und Gleichgewichtsfunktionen. Über das Kleinhirn laufen die Erregungen von und zu den motorischen Zentren der Großhirnrinde, die für Körperhaltung oder Gleichgewicht notwendig sind. Das *Kleinhirn* gibt seine Erregungen entweder direkt an die motorischen Zentren der Großhirnrinde oder über Bahnen der weißen Substanz des Rückenmarks weiter. Hier sind auch erlernte Handlungsabläufe und Koordinationen, wie Autofahren und Fahrradfahren gespeichert. Ein Funktionsausfall des Kleinhirns führt nicht zum Ausfall konkreter Bewegungsabläufe, sondern zum Verlust der Bewegungskoordination.

Das Nachhirn

Das *Nachhirn (Verlängertes Mark)* ist ein sehr ursprünglicher Gehirnteil. Es ist die Zentrale für lebenswichtige Reflexe, wie Speichelfluss, Schlucken, Erbrechen, Husten und Niesen sowie Automatiezentrum für Atmung, Herzschlag und Blutdruck. Werden diese lebenswichtigen Funktionen zum Beispiel bei einem Genickbruch gestört, tritt unmittelbar der Tod ein. Das Nachhirn wird zusammen mit der Brücke und dem Mittelhirn auch als *Stammhirn* bezeichnet.

Das Limbische System

Es ist eine Sammelbezeichnung für Teile des Großhirns sowie für Teile des Zwischenhirns. Zum *Limbischen System* gehören z. B. der *Hippocampus* und der *Mandelkern*. Es spielt die entscheidende Rolle bei der Übertragung von Informationen ins Langzeitgedächtnis. Es liefert die emotionale Bewertung der aufgenommenen Informationen und bewertet diese für die Übertragung ins Langzeitgedächtnis. Durch seine emotionale Bewertung spielt es eine entscheidende Rolle bei Lernvorgängen und beim Abrufen dieser Informationen aus der Hirnrinde.

Die Brücke

Die *Brücke (Pons)* verbindet die Kleinhirnhemisphären und leitet Erregungen von den Großhirnhälften zum Kleinhirn. Sie ist mitverantwortlich für Schlaf und Aufwachen sowie Motorikfunktionen. Während des Träumens ist sie aktiv.

Lexikon
Methoden der Hirnforschung

Bereits in der griechischen Kultur des Altertums lagen anatomische Beschreibungen des menschlichen Gehirns vor. Geistige Kräfte, wie Verstand oder Gedächtnis, wurden in den flüssigkeitsgefüllten Hohlräumen des Gehirns, den *Ventrikeln*, vermutet. Erst seit dem 19. Jahrhundert gelang es Wissenschaftlern, einzelnen Gehirnregionen des Menschen bestimmte Funktionen zuzuordnen.

Erste Methoden bestanden darin, Ausfallerscheinungen nach Gehirnverletzungen exakt zu beobachten und die verletzten Stellen im Gehirn zu lokalisieren. Dazu wurden die Gehirne nach dem Tod der Patienten seziert und die anatomischen Veränderungen untersucht.

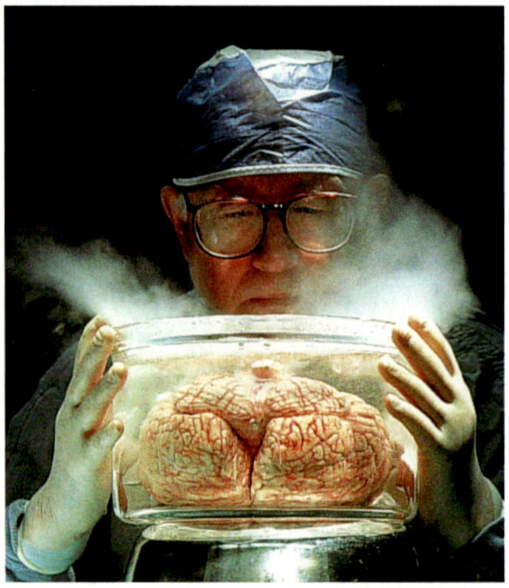

Der Wissenschaftler Harvey Cushing führte 1909 eine Methode ein, die es ermöglichte, am lebenden Gehirn von Menschen bestimmte Regionen der Großhirnrinde zu reizen. Die Großhirnrinde hat keine Schmerzrezeptoren, die Operation und die Reizung können daher bei vollem Bewusstsein der Patienten durchgeführt werden. Verschiedene Regionen der Großhirnrinde wurden mit schwachen elektrischen Strömen gereizt. Die Patienten verspürten daraufhin ein leichtes Kribbeln an bestimmten Stellen der Körperoberfläche oder konnten Angaben zu nicht vorhandenen, aber empfundenen Sinnesreizungen machen.

Moderne Methoden machen Untersuchungen am Gehirn möglich, ohne die Schädeldecke zu öffnen. Zwei Verfahren sind die *Elektroenzephalographie (EEG)* und die Messung der Hirndurchblutung (*„Cerebral-Blood-Flow“*). Mit ihnen ist es möglich, einzelnen Gehirnbereichen bestimmte Aktivitäten oder Funktionen zuzuordnen. Bilder vom Gehirn können durch die geschlossene Schädeldecke mithilfe der Tomographie hergestellt werden. Durch den Einsatz von Computern ist es möglich geworden, große Mengen an Messdaten zu speichern und auszuwerten.

Elektroenzephalographie

Das Wort stammt aus der altgriechischen Sprache: *enkephalos* = Gehirn, *graphein* = schreiben. Diese Methode beruht auf der Beobachtung, dass elektrische Potentiale nicht nur auf der Gehirnoberfläche, sondern auch auf der nicht geöffneten Schädeldecke gemessen werden können. Die Potentiale treten in charakteristischen Wellenformen auf (s. Abb.). Man legt zur Messung der Potentiale knopfförmige Elektroden auf die Kopfhaut. Räumlich getrennt von dieser Elektrode, z. B. am Ohrläppchen, wird eine zweite Elektrode angebracht, sodass man zwischen diesen beiden Elektroden Spannungsschwankungen messen kann. Die Potentialschwankungen sind sehr gering. Sie liegen im Mikrovoltbereich und müssen daher verstärkt werden. Die verstärkten Messwerte werden kontinuierlich aufgezeichnet und anschließend ausgewertet. Experimente an Tieren zeigten, dass es sich bei diesen Potentialänderungen um *erregende postsynaptische Potentiale (EPSP)* handelt. An den auf der Kopfhaut aufgelegten Elektroden werden jedoch nicht einzelne Synapsenvorgänge gemessen, sondern die EPSPs von ca. 1 Million Neuronen.

Wichtige Anwendungsgebiete sind die Diagnose von Anfallsleiden, wie z. B. *Epilepsie*, die sichere Bestimmung des *Hirntodes* oder die Ermittlung der Narkosetiefe. Anhand der Frequenz und der Amplitude lassen sich Aussagen zu der untersuchten Person machen. Bei einem epileptischen Anfall wird die Amplitude der Wellen größer und die Frequenz nimmt stark zu. Beim Hirntod erlischt jede elektrische Aktivität.

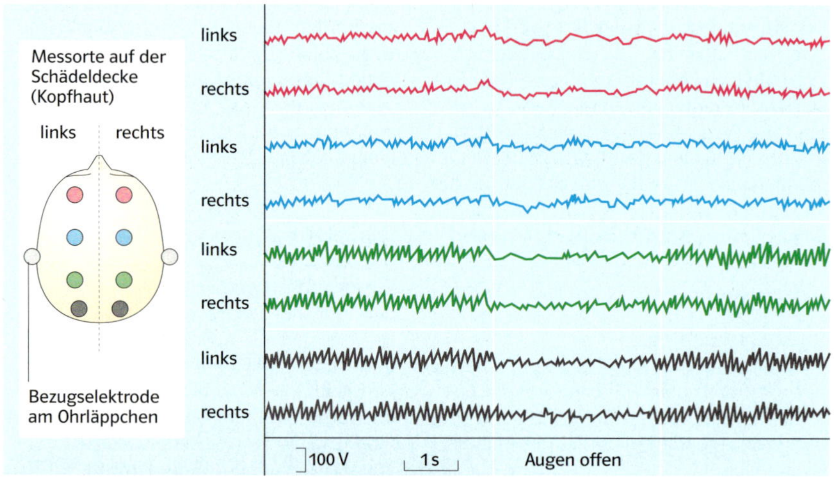

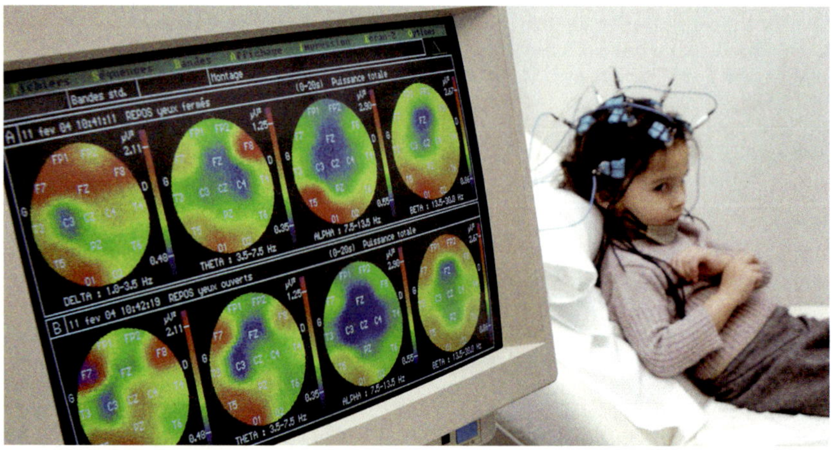

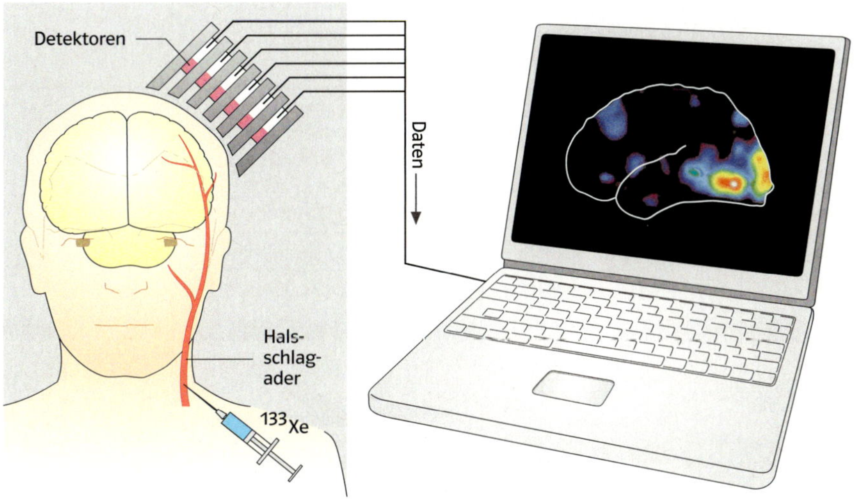

Eine wichtige Rolle spielt diese Messung bei der *Schlafforschung*, da durch die unterschiedlichen charakteristischen Wellen Aussagen über die Schlaftiefe während der verschiedenen Schlafphasen gemacht werden können. Manche Schlafstörungen lassen sich so bestimmten Typen zuordnen, z. B. Morgen- oder Abendtyp.

Messung der Hirndurchblutung

Der Energiestoffwechsel des Gehirns ist sehr intensiv, 20 % des eingeatmeten Sauerstoffs werden im Gehirn benötigt, obwohl die Masse des Gehirns nur 2 % der Körpermasse beträgt. Das riesige Neuronennetzwerk kann nur betriebsbereit sein, wenn es ununterbrochen über die Blutbahn mit Sauerstoff und Glucose versorgt wird. [Basiskonzept S. 378]

Aktivitäten im Gehirn führen zu einer Steigerung des Energiestoffwechsels und damit der Sauerstoffaufnahme innerhalb von Sekunden. Diese Veränderung des Energiestoffwechsels in den neuronalen Zellen nutzt man durch Messungen mit kleineren, unbedenklichen Mengen eines radioaktiven Edelgases. Radioaktives Xenongas wird hierzu in die Halsschlagader injiziert oder eingeatmet (s. Abb. links). Aufgrund der intensiven Durchblutung verteilt es sich sehr rasch im Gehirngewebe. Es wird schnell wieder vom Blut aus dem Gewebe herausgespült und dann ausgeatmet. Je nach der Durchblutungsstärke erfolgt die Ausspülung aus dem Gehirngewebe unterschiedlich schnell. Die unterschiedliche Radioaktivität wird mit seitlich um den Kopf angebrachten Detektoren gemessen und in einem Computer verrechnet. Die einzelnen Intensitäten der Radioaktivität werden mithilfe verschiedener Farben auf dem Monitor dargestellt und ausgewertet.

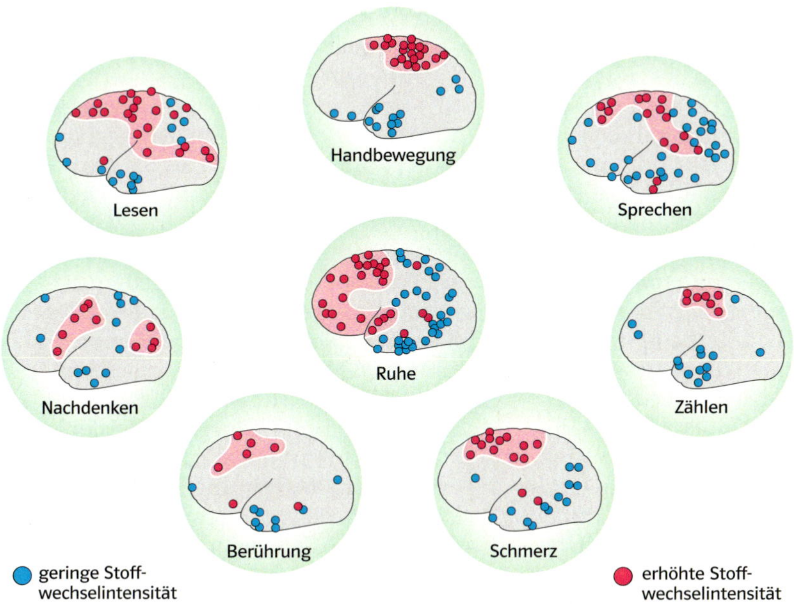

Tomographie

Mit der Tomographie kann das Gehirn eines Patienten bildlich in verschiedenen Untersuchungsebenen dargestellt werden. Die Schichtdicke der einzelnen Ebenen beträgt 5 bis 10 mm. Wichtig sind solche Darstellungen in der Medizin, besonders bei der Untersuchung von Patienten auf Gehirntumore. Ultraschalluntersuchungen, wie sonst häufig angewandt, sind im Schädelbereich wegen der großen Knochenmassen schlecht einzusetzen. Die *Magnetresonanztomographie (MRT)* macht im Zusammenhang mit der Datenspeicherung im Computer eine Bildauswertung im Schädelbereich möglich.

Zur Messung nutzt man physikalische Eigenschaften der Wasserstoffatome. Sie sind im Gewebewasser und in allen Molekülen im Gehirn vorhanden. Die Atomkerne des Wasserstoffes erzeugen ein Magnetfeld. Zur Messung wird ein Magnetfeld erzeugt, das den Schädel durchsetzt. Die Wasserstoffkerne richten sich wie die Kompassnadeln im angelegten Magnetfeld aus. Beim Abschalten des äußeren Magnetfeldes schwingen die Wasserstoffatome in ihre Ausgangslage zurück und senden hierbei eine elektromagnetische Strahlung im Bereich der Radiowellen aus. Diese wird von Antennen außerhalb des Körpers aufgefangen, im Computer gespeichert und verrechnet. Innerhalb des entstehenden Bildes sind noch Details bis zu 1 mm auswertbar.

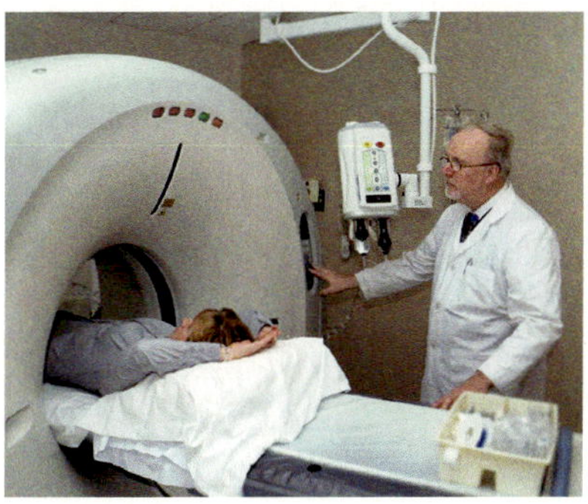

Lernen — speichern — erinnern

1 *Explizites Lernen*

2 *Implizites Lernen*

Egal, ob wir ein Musikinstrument, eine neue Sportart oder Vokabeln lernen, unser Gehirn speichert in all diesen Situationen neue Inhalte. Das Gedächtnis ermöglicht es, dass wir uns später wieder an dieses Wissen erinnern können. Es legt Erinnerungen in unserem Gehirn ab und bildet somit die Grundlage des Lernens.

Lernen

Unter Lernen versteht man Prozesse, die zum Erwerb neuen Wissens oder neuer Fertigkeiten führen. Circa 70 % der Gehirnkapazität stehen dem Lernen zur Verfügung. Neurobiologen unterscheiden zwei verschiedene Lernformen: *explizites* und *implizites Lernen* (s. Abb. 1, 2). Während explizites Lernen das bewusste Aneignen von Inhalten umfasst, also das, was man im allgemeinen Sprachgebrauch unter Lernen versteht, geschieht implizites Lernen beiläufig, spielerisch und unbewusst. Allgemein kann man sagen, dass Fertigkeiten implizit und Fakten explizit erlernt werden. Motorische Fertigkeiten wie Fahrradfahren werden zum Beispiel implizit erlernt, ohne dass man bewusst Inhalte abspeichert. Erlernte motorische Fähigkeiten werden wiedergegeben, ohne einzelne Sequenzen genau aus dem Gedächtnis abrufen zu können. Diese Fähigkeiten sind schlecht wieder umzulernen. Hat sich zum Beispiel bei der Ausübung einer Sportart eine fehlerhafte Technik eingeschlichen, so kann dies nur schwer wieder korrigiert werden.

Gedächtnisebenen

Im Gegensatz zu einem Computer selektiert unser Gehirn innerhalb von Sekundenbruchteilen, welche Inhalte nur kurz und welche länger in unserem Gedächtnis verweilen. Die Speicherung erfolgt auf verschiedenen Ebenen, die sich vor allem in der Speicherdauer unterscheiden.
Die Fähigkeit, die letzten Worte eines gehörten Gesprächs zu wiederholen, ist ein Beispiel für das *sensorische Gedächtnis*. Aufgenommene Reize werden in Erregungen umgewandelt und weniger als eine Sekunde zur weiteren Verarbeitung bereitgestellt. Daher spricht man auch vom *Ultrakurzzeitgedächtnis*. Die Daten aus diesem Gedächtnis werden entweder gelöscht oder in das Arbeitsgedächtnis *(Kurzzeitgedächtnis)* weitergegeben. Seine Speicherkapazität ist mit etwa sieben Informationseinheiten relativ gering.
Die Verweildauer im Kurzzeitgedächtnis beträgt nur etwa 15 Sekunden. Wiederholt man zum Beispiel explizit Vokabeln, die im Kurzzeitgedächtnis gespeichert sind, laut oder auch nur in Gedanken, lässt sich die Verweildauer auf mehrere Minuten verlängern. Dies erhöht gleichzeitig die Chance, dass die Inhalte danach nicht gelöscht werden, sondern ins *Langzeitgedächtnis* gelangen. Hier können Erfahrungen, Informationen, Emotionen, Fertigkeiten, Wörter und Regeln, die man sich aus dem sensorischen und dem Kurzzeitgedächtnis angeeignet hat, über Jahre hinweg gespeichert werden.

Das Langzeitgedächtnis wird von der Hirnforschung unterteilt in das *prozedurale* und das *deklarative Gedächtnis*. Im prozeduralen Gedächtnis werden Fertigkeiten gespeichert, die automatisch ohne Nachdenken abgerufen werden. Das deklarative Gedächtnis speichert Fakten und individuelle Lebenserfahrungen.

Neuronale Plastizität
Wissenschaftler stellen sich die Frage, wie unser Gehirn lernt, wie es Gelerntes auf Dauer im Langzeitgedächtnis speichert und wie diese Inhalte wieder abgerufen werden. Neuere Vorstellungen über die physiologischen Grundlagen des Lernens gehen von einer *neuronalen Plastizität* aus. Diese Plastizität ist ganz besonders bei Kindern ausgeprägt, bleibt aber auch im Erwachsenenalter erhalten, wenn sie trainiert wird, sodass Lernen in jedem Lebensalter möglich ist.

Unser Gehirn besitzt über 100 Milliarden Neuronen. Diese Nervenzellen sind hochkomplex miteinander verbunden. Bei der Geburt ist jedes einzelne Neuron mit ca. 2500 anderen Neuronen durch Synapsen verbunden, die immer wieder modifiziert werden. In den ersten drei Lebensjahren steigt die Zahl dieser Kontakte rasant an, bis sich zum Erwachsenenalter mehr als 10 000 Verschaltungen pro Nervenzelle gebildet haben. Erinnerungen wie z. B. an den ersten Kuss oder an einen schweren Unfall werden in diesem Netzwerk verschlüsselt [Basiskonzept S. 380]. Da jeden Tag neue Eindrücke und Erlebnisse erfahren werden, verändert sich auch das Verschaltungsmuster ständig. Neue Synapsen kommen dazu, bestehende werden verstärkt oder ausgeschaltet. Der Prozess der synaptischen Übertragung kann sowohl auf der prä- als auch auf der postsynaptischen Seite moduliert werden. Werden Synapsen verstärkt, so entstehen zunächst sogenannte dendritische Dornen *(Spines*, Abb. 4). Diese Spines wachsen auf bestimmte Kontaktpartner zu und bilden Synapsen.

Vergessen
„Lernen ist wie Rudern gegen den Strom". Was Benjamin Britten schon Anfang des 20. Jahrhunderts formulierte, wird heute in der modernen Neurophysiologie manifestiert. Neue und ähnliche Umweltreize fördern die Ausbildung unserer Netzwerke, mangelnder Input lässt sie verkümmern. Man kann sich das Gehirn wie einen Muskel vorstellen, der trainiert werden muss. Vergessen heißt in der Sprache der neuronalen Plastizität Zerfall oder Verkümmerung von Spines bzw. bestehender Synapsen. Auch können Bereiche, die aktiv an Lernen und Gedächtnis beteiligt sind, Bereiche, die weniger aktiv sind, hemmen, indem sie ihre Proteinsynthese blockieren. Das Auflösen von Spines kann auch durch Alkohol und andere Drogen hervorgerufen werden. Trotz vieler neuer Forschungsergebnisse bleiben aber viele Fragen über die Arbeitsweise unseres Gedächtnisses weitgehend ungeklärt.

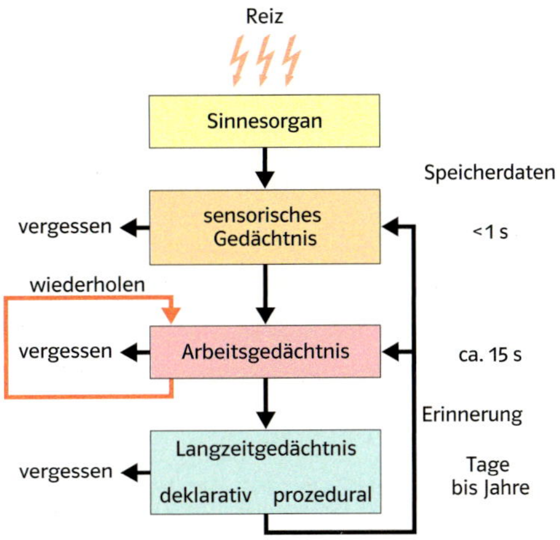

3 *Gedächtnisebenen*

A1 Personen, die an einem Unfall beteiligt waren, haben oft eine Gedächtnislücke. Sie können zu dem Zeitraum direkt vor dem Unfall keine Angaben machen. Erklären Sie diesen Sachverhalt.

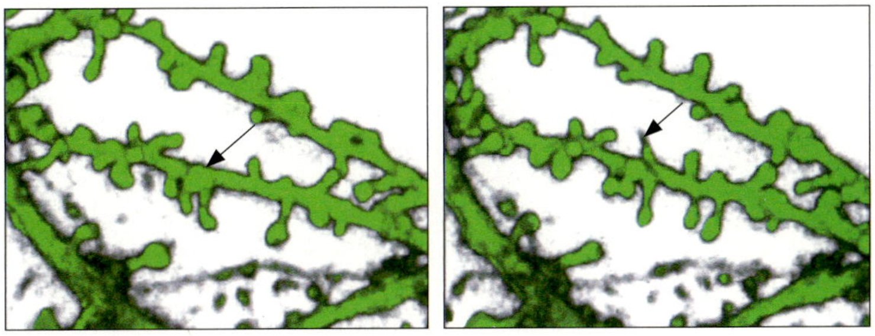

4 *Bildung von Spines*

„Himmelhoch jauchzend, zu Tode betrübt". Im Alltag liegt unsere Stimmung meist irgendwo dazwischen. Wenn wir uns nicht gerade damit beschäftigen oder jemand uns fragt, ist uns gar nicht bewusst, in welcher Stimmung wir gerade sind.

Unsere Stimmung ist das Ergebnis der Verarbeitung von Sinneseindrücken, der Signale des Nervensystems und von Hormonen.

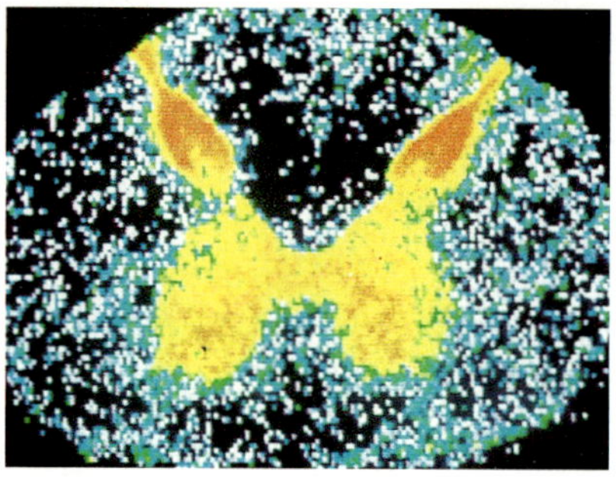

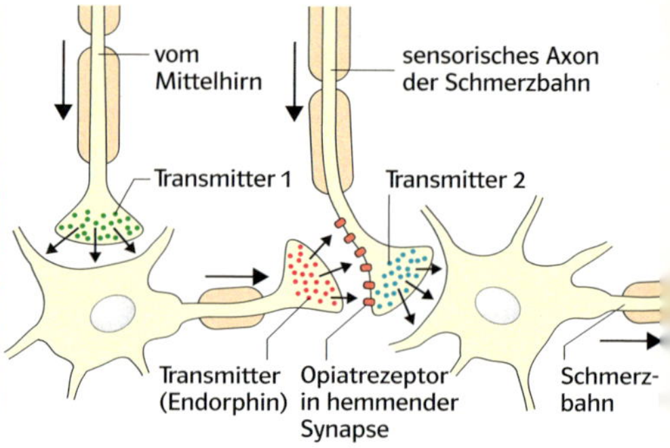

Psychoaktive Stoffe im Körper

Marathon laufen, Fallschirmspringen und *Freeclimbing* haben eines gemeinsam: Es können überwältigende Glücksgefühle auftreten, obwohl die Situationen für die meisten Menschen extrem anstrengend bzw. angstauslösend sind.

Ursache dafür sind „körpereigene Drogen", also das Bewusstsein beeinflussende Stoffe. Diese *Endorphine* bewirken auch, dass Schmerzen und Erschöpfung weniger wahrgenommen werden. Sie lösen Glücksgefühle aus. Ihre Entdeckung verdanken wir der Erforschung der Wirkung von Opiaten.

Nicht nur sportliche Höchstleistungen, sondern auch Tagträume oder angenehme Erinnerungen können Sichwohlfühlen und Glücksgefühle auslösen. Warum kann Sport zur Sucht werden?

Die Entdeckung der Opiatrezeptoren

In der Abbildung oben ist der Querschnitt des Rückenmarks dargestellt. Die größte Rezeptordichte zeigt sich dort, wo die sensorischen Fasern vom Rückenmark an die graue Substanz herantreten (orange). Die sogenannten *Schmerzfasern* haben hier synaptische Kontakte zu Neuronen, deren Axone bis ins Gehirn reichen. Opiatrezeptormoleküle wurden hier auf Schmerzfaser-Synapsen gefunden. Die Opiate senken die Transmitterausschüttung an den synaptischen Endknöpfchen dieser Schmerzfasern. Die Schmerzschwelle wird erhöht.

Die schmerzlindernde Wirkung von *Opium*, einem Extrakt aus dem Saft des Schlafmohns, ist seit langem bekannt. Wie ein daraus hergestelltes synthetisch verändertes Produkt, das *Heroin*, löst es außerdem euphorische Zustände aus. Es beeinflusst die Signalübertragung an bestimmten Synapsen des Gehirns.

- Erklären Sie die Zusammenhänge.

Drogen — ein Begriff mit zwei Bedeutungen

Warum gibt es keine Drogen in der Drogerie? Ursprünglich bezeichnete man durch Trocknen haltbar gemachte Pflanzenteile, die als Arzneimittel Verwendung fanden, als Drogen. Sie wurden als Tee, angefeuchteter Brei zum Auftragen auf eine Wunde oder zum Einnehmen bei Krankheiten verwendet.

Heute versteht man unter Drogen meist psychoaktive Stoffe, die entweder legal — wenn auch manche mit Alterseinschränkungen — verkauft werden dürfen (z. B. Alkohol und Nikotin) oder verboten sind, wie z. B. Haschisch, Kokain, Heroin oder LSD. Körperliche Schäden und Abhängigkeit sind mögliche Folgen der Einnahme dieser Stoffe.

- In den meisten Kulturen war die Einnahme von Drogen an religiöse Riten gebunden. Recherchieren Sie Beispiele und erklären Sie die Zusammenhänge.

Alle Dinge sind Gift —
nichts ist ohne Gift —
allein die Dosis macht,
dass ein Ding ein Gift ist.
Paracelsus (1493—1541)

Psychopharmaka
Arzneimittel *(Pharmaka)*, die psychische Leiden lindern oder heilen können

Wohlgefühl aus zweiter Hand

Nicht umsonst führt das Original der braunen Erfrischungsgetränke Coca im Namen. Es enthielt ursprünglich Kokain als Aufputschmittel (Stimulans), heute nur noch Koffein aus dem Samen des Colabaumes. Hustensaft enthielt Kokain zur Dämpfung des Hustenreizes.

Kokain verhindert die Wiederaufnahme des Transmitters Dopamin in das synaptische Endknöpfchen. Die Dopaminkonzentration im synaptischen Spalt ist dadurch erhöht.

- Veränderte Wahrnehmung, veränderte Gefühle. Erklären Sie diese Wirkung von Kokain.

Gefahren der Kokainsucht

Kokainkonsumenten können auf Dauer ohne die Verstärkerdroge kein normales Glücksempfinden mehr entwickeln.
Folge: schwere Depressionen, psychische Abhängigkeit

Die Beeinflussung des Verstärkersystems führt zu Überforderung des Gehirns.
Folge: Wahnvorstellungen

Mögliche Auswirkungen der Droge auf den Organismus:
Herzrhythmusstörungen, Herzinfarkt, Schlaganfall, epileptische Anfälle

Ecstasy — ein Partyspaß?

Ein 1913 als Schlankheitsmittel entwickelter, aber in Deutschland nie zugelassener Stoff mit dem Kürzel MDMA ist unter der Bezeichnung Ecstasy zur Modedroge geworden. Illegal zu Pillen gepresst — mit unterschiedlicher Dosis und verschiedensten Beimengungen — wird er vielerorts relativ billig angeboten. Neben den Rauschzuständen ist auch hier das Ignorieren von Körpersignalen, wie Erschöpfung und Durst, durch die Konsumenten zu beobachten.

- Informieren Sie sich über die Gefahren durch den Konsum von Ecstasy. Nennen Sie Schäden für den Körper.

Sucht

Süchtiges Verhalten gehört als Teil unseres Gefühlslebens zu unserer Persönlichkeit, z. B. als Sehnsucht, Eifersucht, Spielsucht und Habsucht. Letztlich kann jedes menschliche Interesse süchtig machen, wie Fernseh- und Arbeitssucht oder Putz- und Sammelzwang zeigen. Bei jeder Drogensucht (Abhängigkeit von psychisch wirksamen Substanzen) treten folgende Phänomene auf:
- Toleranzentwicklung
- physische Abhängigkeit
- psychische Abhängigkeit

- Erläutern Sie die Begriffe Toleranzentwicklung, physische und psychische Abhängigkeit. Nennen Sie Gründe für das Entstehen einer Sucht, Wege aus der Sucht und Möglichkeiten Freunden zu helfen, die süchtig werden oder sind.

„Tierisch gut drauf"

Das Vorkommen von Endorphinen gibt einen Hinweis auf die biologische Bedeutung des Sichwohlfühlens. Auf einen einfachen Nenner gebracht: Lust und die Vermeidung von Frustration sind die wesentlichen Triebfedern nicht nur menschlichen Verhaltens.

Ermöglicht man Mäusen, Ratten oder Affen den Zugang zu Kokain, so versorgen sie sich im Versuch kontinuierlich mit der Droge. Andere positiv besetzte Aktivitäten, wie Fressen, Trinken und Paarung, vernachlässigen sie.

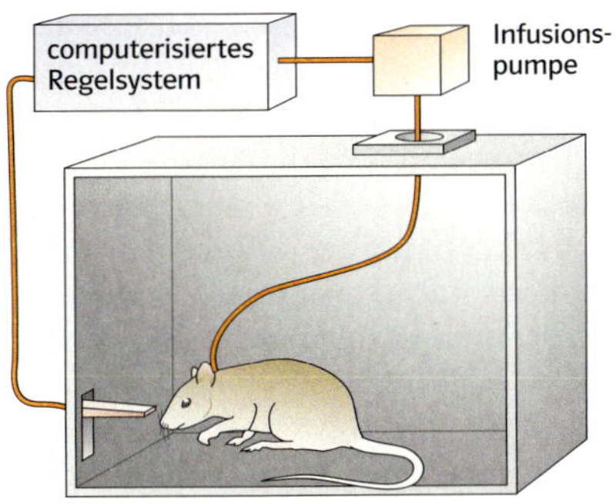

Angst und Medikamente

Manche Menschen leiden unter Angst, ohne dass ein adäquater Grund vorliegt. Eine solche Erkrankung lässt sich psychotherapeutisch oder, in schweren Fällen, medikamentös behandeln. Barbiturate wirken beruhigend (sedierend) und werden auch als Schlafmittel eingesetzt. Wer müde ist, hat meist weniger Angst. Manche wirken angstlösend und in höheren Dosen einschläfernd. Allerdings besteht auch hier Suchtgefahr. Die Wirkung beruht auf der Besetzung von Rezeptoren im Limbischen System und der Großhirnrinde anstelle von Transmittern.

- Krankhafte Angst ist selten. Nennen Sie Situationen, die Angst auslösen, und Verfahren, wie man mit Angst umgehen kann, ohne gleich zur Tablette greifen zu müssen.

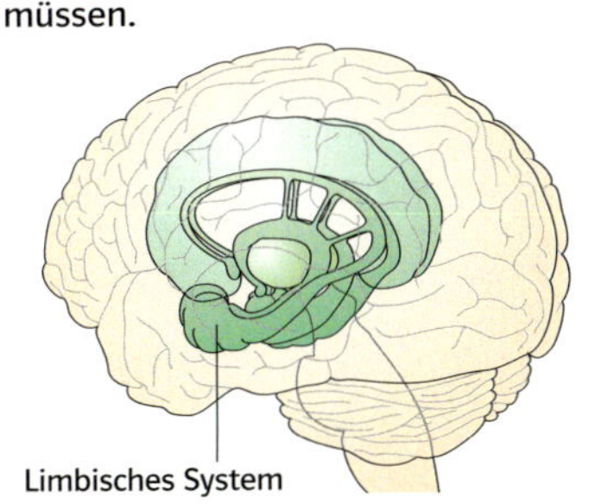

Ich nehme Drogen ...

... weil Rauschmittel die Stimmung heben können	6,9%
... weil sich dabei Glücksgefühle einstellen	5,5%
... weil man damit eigene Hemmungen überwindet	4,9%

(Aus einer Befragung von Drogenabhängigen)

- Was halten Sie von diesen Motiven?
- Welche Risiken nimmt man in Kauf?
- Sind Drogen das Risiko wert?

5.5 Hormone
Die Hierarchie der Botenstoffe

Hormone
In Drüsen gebildeter Signalstoff, der über das Blut verteilt wird und am Zielort physiologische Veränderungen hervorruft

Frisch geschlüpfte Kaulquappen haben einen Ruderschwanz und Kiemen, jedoch keine Beine und keine Lunge. Nach einigen Wochen erkennt man erste Anzeichen einer komplexen Gestaltumwandlung, der *Metamorphose* zum Frosch.

Experimente mit Kaulquappen

1912 verfütterte der Wissenschaftler John F. Gudernatsch Schilddrüsengewebe an Kaulquappen. Die Metamorphose lief daraufhin beschleunigt ab. Operierte man dagegen den Kaulquappen ihre Schilddrüse heraus, wuchsen sie zwar zu Riesenkaulquappen heran, aber die Metamorphose blieb aus. Aufgrund dieser Experimente untersuchten Wissenschaftler das Organ genauer und isolierten eine Substanz, das *Thyroxin*, von dem bereits die Zugabe von $^{1}/_{100}$ mg pro Liter Wasser genügt, um die Metamorphose bei den jungen Kaulquappen auszulösen. Weitere Versuche zeigten, dass Thyroxin nicht in allen Altersstufen wirksam ist. Erst wenn die Tiere eine Größe von 40 mm überschritten haben, kann eine Metamorphose durch Thyroxin künstlich induziert werden. Diese Beobachtung deckt sich mit Messungen, dass frühestens ab diesem Entwicklungsstadium die Größe der Schilddrüse und gleichzeitig ihre Thyroxinbildung zunimmt. Aus diesen Befunden schlossen die Forscher, dass der Schilddrüse eine zweite Steuerungsebene vorgeschaltet ist. [Basiskonzept S. 376]

Hypophyse und Hypothalamus

Amerikanische Wissenschaftler machten die Entdeckung, dass Kaulquappen, denen man eine kleine Drüse auf der Unterseite des Zwischenhirns, die Hypophyse, entfernte, sich ebenfalls nicht verwandelten. Man konnte nachweisen, dass von der Hypophyse eine Substanz in das Blut abgegeben wird, die die Bildung des Thyroxins stimuliert. Sie wird *Thyroxin stimulierendes Hormon (TSH)* genannt. Trotz dieser Erfolge war die eigentliche Auslösung der Steuerungsprozesse ungeklärt. Erst durch weitere Experimente ließ sich zeigen, dass auch das Zwischenhirn an der Steuerung der Metamorphose beteiligt ist. Spezialisierte Nervenzellen bilden geringste Mengen eines Tripeptides und geben es ins Blut ab *(Neurosekretion)*. Es gelangt über das Hypophysen-Pfortadersystem in den Hypophysenvorderlappen und fördert dort die Freisetzung von TSH. Es wird *Thyrotropin-Releasing-Faktor (TRF)* genannt. Erst wenn der Hypothalamus eine bestimmte Größe erreicht hat, reagiert er empfindlich auf das Thyroxin, sodass dieses Hormon die Freisetzung von TRF stimuliert. In einem zunächst langsamen, später sich selbst verstärkenden Prozess kommt es am Ende der Metamorphose zu einem rapiden Anstieg der Thyroxinproduktion (Abb. 3). [Basiskonzept S. 380]

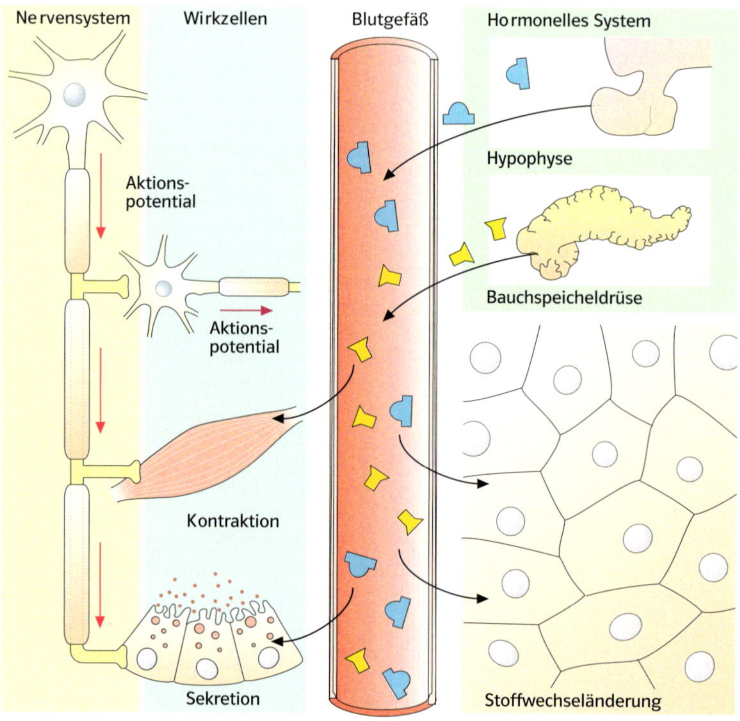

1 *Neuronale und endokrine Signalübertragung*

	Hypophyse	Schilddrüse	Hormonzusatz	Metamorphose
Versuch 1	vorhanden	vorhanden	keine	ja
Versuch 2	entfernt	vorhanden	keine	nein
Versuch 3	vorhanden	entfernt	keine	nein
Versuch 4	enfernt	entfernt	Thyroxin	ja
Versuch 5	entfernt	entfernt	TSH	nein
Versuch 6	entfernt	vorhanden	TSH	ja

2 *Auslösung und Steuerung der Froschmetamorphose durch Hormone*

Aus Experimenten wie diesen kann man gemeinsame Prinzipien der hormonellen Regulation ableiten. Hormone sind chemische Signalstoffe, die in spezifischen Zellen, Geweben oder Organen gebildet und in geringen Mengen über das Blut im Körper verteilt werden. Der Hypothalamus bildet zusammen mit der Hypophyse die übergeordnete Instanz der hormonellen Regelsysteme. Hormone wirken auf spezifische Zielzellen. Im Falle des TRF und TSH sind diese jeweils in einem Organ lokalisiert, die Zielzellen für das Thyroxin liegen beim Menschen im gesamten Körper verteilt. Damit besitzt der Organismus neben dem Nervensystem ein zweites Informations- und Koordinationssystem, dessen Informationsfluss zwar langsamer, dafür aber auch länger anhaltend ist (Abb. 4). [Basiskonzept S. 380]

Schilddrüsenhormone beim Menschen

Beim Menschen wird Thyroxin in der seitlich an der Luftröhre vor dem Schildknorpel des Kehlkopfes liegenden *Schilddrüse* gebildet. Es bewirkt eine Steigerung des Grundumsatzes, besonders in den Leber- und Muskelzellen. Thyroxin löst in den Mitochondrien eine erhöhte Enzymaktivität aus, wodurch der Energieumsatz steigt. An den Nervenzellen aktiviert es die Na^+-K^+-Pumpen. Übersteigt der Thyroxinspiegel im Blut einen bestimmten Wert, kommt es zu einer Verminderung der Schilddrüsenausschüttung. Thyroxin hemmt beim Menschen im Sinne einer negativen Rückkopplung die TRF- und TSH-Bildung. Auch äußere Faktoren beeinflussen dieses Regulationssystem. Beispielsweise führt das Sinken der Umgebungstemperatur zu einer Erhöhung der Thyroxinproduktion und damit des Grundumsatzes. [Basiskonzept S. 376]

A1 Bei Winterschläfern wie der Fledermaus fand man im Herbst eine Rückbildung der Schilddrüse. Erst gegen Ende der Winterperiode erreichte sie wieder Normalgröße. Erläutern Sie die Zusammenhänge unter Berücksichtigung der Bedeutung des Winterschlafes.

A2 Thyroxin wird auch T4 oder Tetraiodthyronin genannt. Menschen mit Iodmangel bilden einen Kropf, sie sind häufig antriebslos, müde und zeigen eine Gewichtszunahme. Kinder mit Iodmangel haben außerdem Wachstumsstörungen. Erklären Sie diese Zusammenhänge.

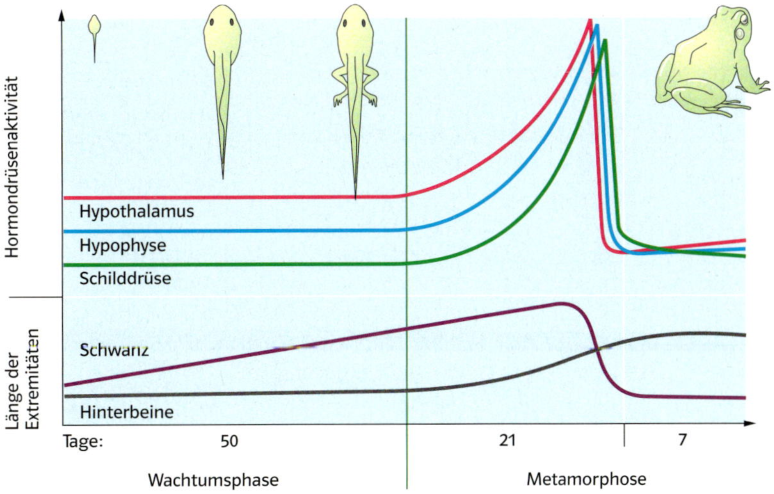

3 *Hormonelle Vorgänge bei der Metamorphose des Frosches*

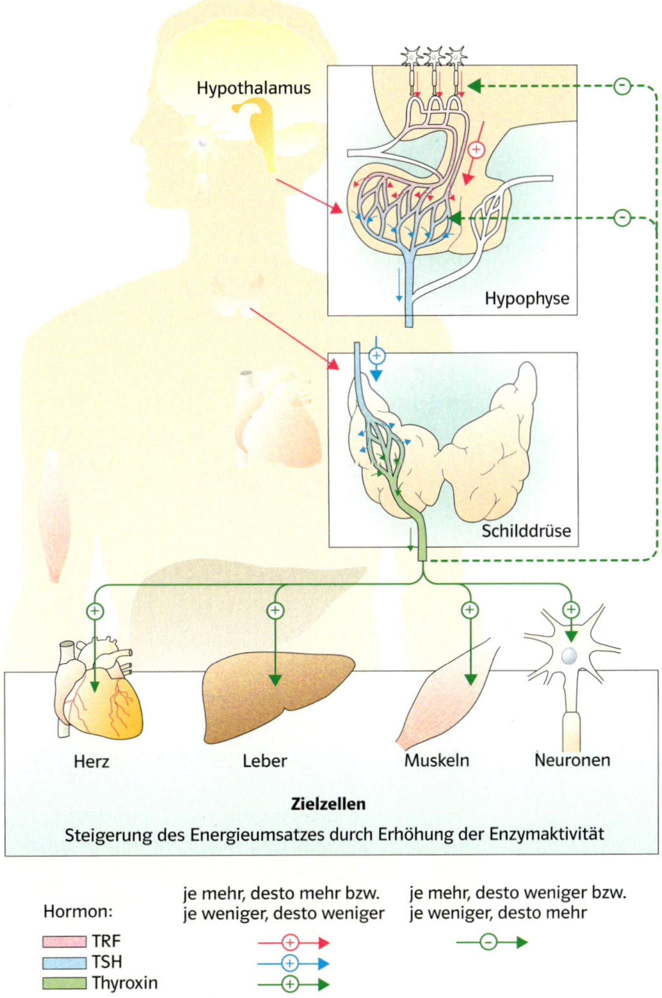

4 *Regulation der Thyroxinkonzentration*

Chemische Botenstoffe

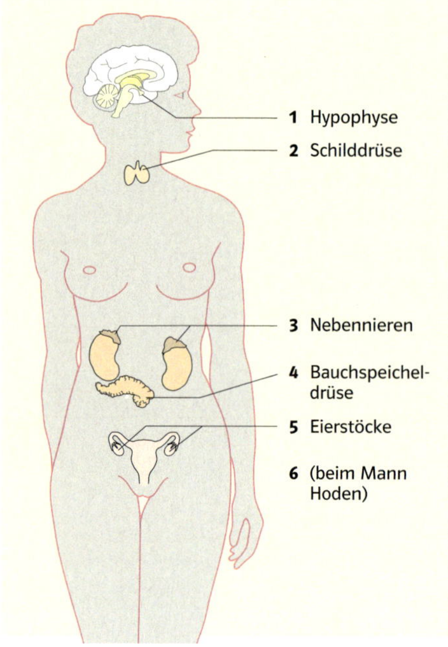

Drüse	Hormon	Wirkung
1	Somatotropin	Knochenwachstum, Eiweißsynthese
	Thyreotropin (TSH)	Anregung der Schilddrüse zur Thyroxinausschüttung
	Corticotropin (ACTH)	regt Nebennierenrinde an
	Follikel stimulierendes Hormon (FSH)	Entwicklung von Ei- und Spermazellen; Östrogenbildung
	Luteinisierendes Hormon (LH)	Anregung der Progesteronbildung; Eisprung
	Adiuretin	Regelung des Wasserhaushalts
	Oxytocin	Auslösen der Wehen
2	Thyroxin	Steigerung des Grundumsatzes, Wachstum
3	Cortisol (in der Rinde)	Ab- und Umbau von Eiweißen zu Glucose
	Adrenalin (im Mark)	Glykogenabbau, Steigerung des Blutzuckerspiegels
4	Insulin	Senkung des Blutzuckerspiegels, Glykogenbildung
	Glukagon	Steigerung des Blutzuckerspiegels, Glykogenabbau
5	Östrogene	Ausbildung weiblicher Sexualorgane, Zyklusregelung
	Progesteron	Erhaltung der Schwangerschaft
6	Testosteron	Ausbildung männlicher Sexualorgane, Muskelzunahme

1 *Lage der Hormondrüsen und ihre Aufgaben*

Das endokrine System der *Hormone* ist neben dem Nervensystem ein zweites Nachrichtenübermittlungssystem. Da Hormone über das Blut verbreitet werden, können sie Nachrichten wesentlich langsamer übertragen als das Nervensystem. Koordiniert das Nervensystem z. B. die Muskelaktivität und die Reaktionen auf Reize aus der Umwelt, so wirkt das Hormonsystem koordinierend auf den Stoffwechsel des Organismus ein, wie z. B. auf Wachstum und Fortpflanzung (Abb. 1).

Hormongruppen

Für die Wirkzellen stellen die Hormone eine chemisch codierte Nachricht dar, auf die nur diese Zellen, nicht jedoch andere reagieren [Basiskonzept S. 380]. Bei dem molekularen Bau der Hormone der Wirbeltiere unterscheidet man verschiedene Gruppen: *Peptidhormone* sind lipidunlösliche Hormone, die eine Proteinstruktur besitzen. Zu ihnen gehören *Insulin* und *Glukagon*, sie bestehen aus Ketten von bis zu 100 Aminosäuren. Ähnlich aufgebaut sind die Aminosäurederivate wie *Adrenalin*. *Steroidhormone* leiten sich vom Cholesterin ab, sie sind deshalb gut fettlöslich. Zu ihnen gehören die Sexualhormone und die *Corticoide* der Nebennierenrinde. Aufgrund der Fettlöslichkeit können die Steroide im Gegensatz zu den Peptidhormonen und den Aminosäurederivaten die Zellmembran passieren und direkt an Rezeptoren in der Zelle binden. Die lipidunlöslichen Hormone binden ähnlich wie die Neurotransmitter an Rezeptoren der Zellmembran. Während die Transmitter jedoch auf Nerven- und Muskelzellen in direkter Nähe wirken, verbreiten sich Hormone im ganzen Körper und können somit auf verschiedene Gewebe Nachrichten übertragen. Hormone haben eine längere Lebensdauer. Außerdem wirken sie auch in sehr viel geringeren Konzentrationen.

A1 Vergleichen Sie das Nervensystem mit dem endokrinen System.

Signale nach außen

Einige Lebewesen geben Stoffe an die Umgebung ab. Auf diese Weise lockt die Bienenkönigin während des Hochzeitsfluges die Drohnen an. Diese Stoffe werden *Pheromone* genannt. Es sind flüchtige Stoffe, die in der Luft verteilt werden und auf Pheromonrezeptoren einwirken, wie man sie auf Antennen der Insekten findet. Pheromone dienen der Kommunikation.

Homöostase durch das Zusammenspiel mehrerer Systeme

Bei Vögeln und Säugetieren wird die Körpertemperatur in bestimmten Bereichen konstant gehalten, sie sind gleichwarm (homoiotherm). Zwar haben homoiotherme Tiere aufgrund der Wärmeabgabe an die Umgebung einen erhöhten Energieumsatz, jedoch hat die gleichbleibende Körpertemperatur auch Vorteile. So ist die Stoffwechselaktivität weitgehend unabhängig von der Außentemperatur.

Homöostase

Die Temperatur im Körper verändert sich nicht, wenn Wärmeabgabe und Wärmeproduktion sich entsprechen. Da die äußeren Temperaturen und auch die Wärmeproduktion variieren, muss für eine ausgeglichene Wärmebilanz die Wärmeabgabe ständig angepasst werden. Diesen Gleichgewichtszustand, der trotz wechselnder innerer und äußerer Faktoren durch einen Regelmechanismus konstant gehalten wird, nennt man *Homöostase*. Für das Einstellen dieses Gleichgewichtszustandes verfügen gleichwarme Tiere über verschiedene strukturelle und physiologische Mechanismen.

Bei erhöhter Außentemperatur oder vermehrter Wärmeproduktion durch körperliche Belastung werden die peripheren Blutgefäße geweitet und dadurch der Wärmetransport nach außen erhöht. Zudem werden die Schweißdrüsen aktiviert. Das Verdunsten von Schweiß entzieht der Umgebung und damit auch dem Körper Wärme. Ist die Wärmeabgabe größer als die Wärmeproduktion, wird die Wärmeabgabe durch eine verringerte Hautdurchblutung gesenkt. Gleichzeitig wird durch Muskelkontraktionen der Skelettmuskulatur, das Kältezittern, die Wärmeproduktion erhöht. [Basiskonzept S. 378]

A1 Nennen Sie weitere Faktoren des inneren Milieus, die im menschlichen Körper konstant gehalten werden.

Kontrolle durch den Hypothalamus

Durch eine TSH-Konzentrationserhöhung in den Wintermonaten werden vermehrt Schilddrüsenhormone ausgeschüttet. Der dadurch bedingte erhöhte Grundumsatz bedingt eine stärkere Wärmeproduktion. An der Regulation der Körpertemperatur sind das *somatische* und das *autonome Nervensystem* sowie das *endokrine System* beteiligt. Die Einflüsse aller drei Systeme auf die Körpertemperatur müssen koordiniert werden. Diese Aufgabe übernimmt der Hypothalamus. Für das Konstanthalten der Körpertemperatur werden Daten über die aktuelle Körpertemperatur benötigt. In der Haut, im Körperkern und im Rückenmark befindliche Thermorezeptoren messen ständig die Körpertemperatur. Es gibt *Kälte-* und *Wärmerezeptoren*, die über afferente Nervenfasern Signale an das Wärmeregulationszentrum im Hypothalamus weiterleiten. Dort erfolgt der Abgleich mit dem gespeicherten Sollwert. Stimmt der Istwert nicht mit dem Sollwert überein, werden die entsprechenden Stellglieder vom Hypothalamus aktiviert, bis der Istwert wieder dem Sollwert angepasst ist. [Basiskonzept S. 376].

Der Sollwert kann verstellt werden. Dieses geschieht beispielsweise bei Fieber oder bei Tieren, die Winterschlaf halten.

A2 Stellen Sie die Regulation der Körpertemperatur grafisch dar.

A3 Nennen Sie physiologische Eigenschaften, mit denen Winterschläfer den Sollwert einstellen können.

Erhöhung der Wärmeabgabe

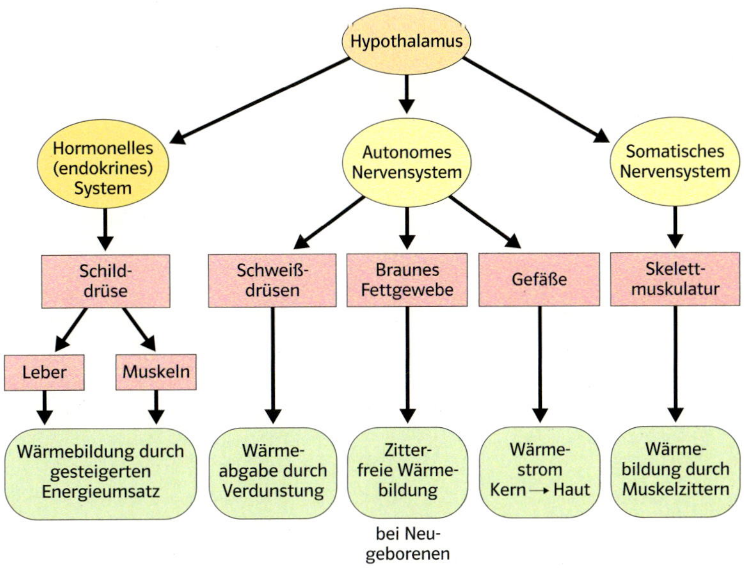

1 *Beeinflussung des Wärmehaushalts*

Hormonwirkung

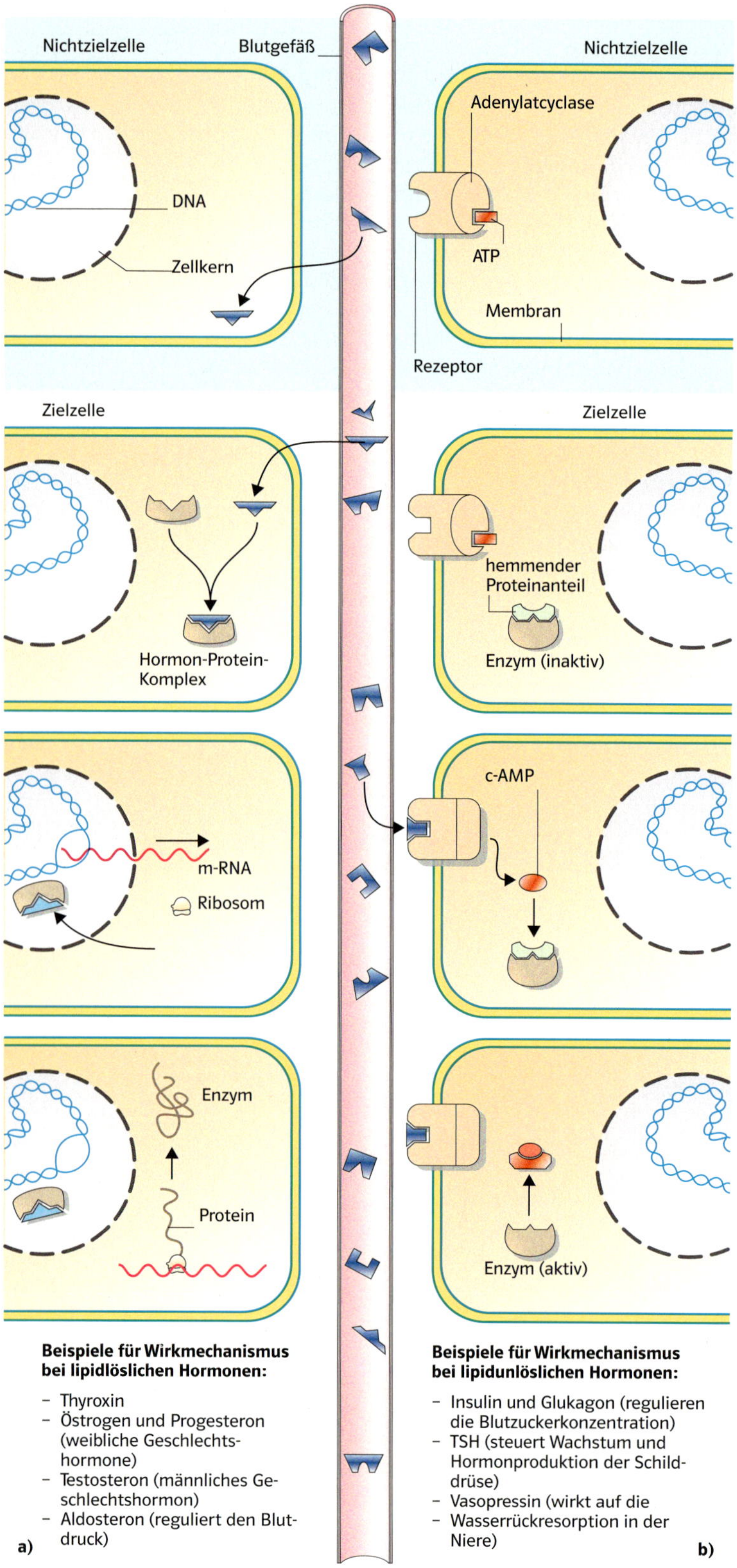

1 *Mechanismen der Hormonwirkung*

Hormone unterscheiden sich sowohl in ihrer stofflichen Natur als auch in der Art, wie sie ihre Wirkung entfalten.

Wirkungsmechanismen

Wenn sich aus Kaulquappen Frösche entwickeln, bedeutet dieses eine genetisch regulierte totale körperliche Umgestaltung *(Metamorphose)*, die durch das Hormon Thyroxin geregelt wird. In diesem Stadium enthalten die Schwanzzellen viele membranumhüllte Bläschen *(Lysosomen)*. Diese speichern Proteine spaltende Enzyme *(Proteasen)*, deren Konzentration bis zu 30-mal höher ist als im restlichen Gewebe. Die Proteasen bauen Proteine des Kaulquappenschwanzes ab. Fügt man zu Zellsuspensionen verschiedener Gewebe der Kaulquappen radioaktiv markiertes Thyroxin, lässt sich die Radioaktivität kurz darauf im Zellkern der Schwanzzellen, bei den übrigen Körperzellen aber nur im Cytoplasma, nachweisen. Das Thyroxin ist in den Schwanzzellen fast ausschließlich an ein spezifisches Protein gebunden. Es bildet einen Hormon-Proteinkomplex. Analysiert man die Proben einige Zeit später, so häuft sich die Radioaktivität in den Zellkernen der Schwanzzellen an.

Daraus kann man schließen, dass nur dieser Hormon-Proteinkomplex die Kernhülle passieren kann und im Zellkern spezifische Gene aktiviert. Die entsprechende m-RNA wird gebildet und im Cytoplasma werden die zugehörigen Enzyme synthetisiert, z.B. die Proteine abbauenden Enzyme der Lysosomen (Abb. 1a), welche die Auflösung der Schwanzzellen einleiten. Dieser Wirkmechanismus ist typisch für lipidlösliche Nichtprotein-Hormone, die Biomembranen passieren können.

Lipidunlösliche Hormonproteine können dagegen die Zellmembran nicht passieren. Die einzelnen Hormonmoleküle bilden mit speziellen Rezeptormolekülen in der Zellmembran einen Hormon-Rezeptorkomplex. Ein einziges Hormonmolekül, wie z.B. das Glukagonmolekül, kann innerhalb einer Zielzelle in Millisekunden eine deutliche Veränderung des Glucosestoffwechsels bewirken. Die Reaktion einer Zelle auf ein Hormon nennt man *Zellantwort*.

Online-Link
045407-0313

Signalverstärkung

Die extrem hohe Wirksamkeit einzelner Hormone des zweiten Typs lässt sich mit einem Verstärkungsmechanismus erklären. Durch die Veränderung des Rezeptormoleküls werden innerhalb der Zielzelle Substanzen freigesetzt, die man als *sekundäre Botenstoffe* bezeichnet. Ein Rezeptormolekül kann die Bildung einiger hundert Moleküle des sekundären Botenstoffes auslösen. Diese sind wiederum in der Lage, durch die Aktivierung von Enzymen viele Reaktionen auszulösen. Dieser Vorgang läuft in vier Teilschritten ab. Bei jedem Teilschritt aktiviert jedes aktivierte Enzymmolekül wiederum ca. 100 neue Enzymmoleküle. Eine solche Enzymkaskade führt zu einer 10^8fachen Verstärkung (Abb. 1). Diese kaskadenartigen Reaktionen bezeichnet man als *biochemische Signalverstärkung*. [Basiskonzept S. 376]

Das Prinzip dieser Signalverstärkung findet man nicht nur bei Hormonen, sondern auch bei Sinneszellen und Neuronen. In Synapsen lösen wenige Transmittermoleküle bereits ein Signal am weiterleitenden Neuron aus. Wenige Duftstoffmoleküle ermöglichen bereits die Wahrnehmung eines Geruches durch Auslösen einer Kaskade in den Riechsinneszellen.

Im Verhältnis zur Anzahl an Hormonen sind nur wenige sekundäre Botenstoffe an der Signalverstärkung beteiligt. Sekundäre Botenstoffe sind z. B. das c-AMP *(zyklisches Adenosinmonophosphat)* oder Calciumionen. c-AMP wird durch das Enzym Adenylatcyclase aus ATP hergestellt. Hormone reagieren nicht direkt mit der Adenylatcyclase, sondern über ein vorgeschaltetes Rezeptormolekül. Man fand zwei Typen von Rezeptormolekülen in der Zellmembran. Je nach Zielzelle wird die Adenylatcyclase stimuliert oder gehemmt. Die Hormone können dadurch indirekt die Enzyme in der Zielzelle aktivieren oder deaktivieren.

A1 Koffein verhindert den enzymatischen Abbau von c-AMP. Das c-AMP ist für die Adrenalinausschüttung verantwortlich. Nennen Sie Symptome des Koffeinkonsums und stellen Sie einen Zusammenhang zu der Wirkung auf zellulärer Ebene her.

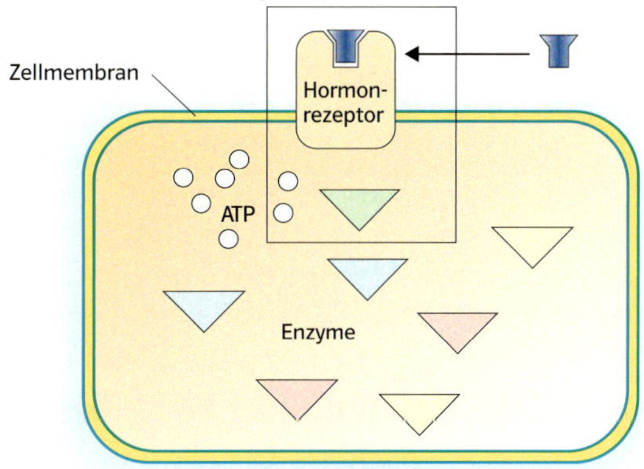

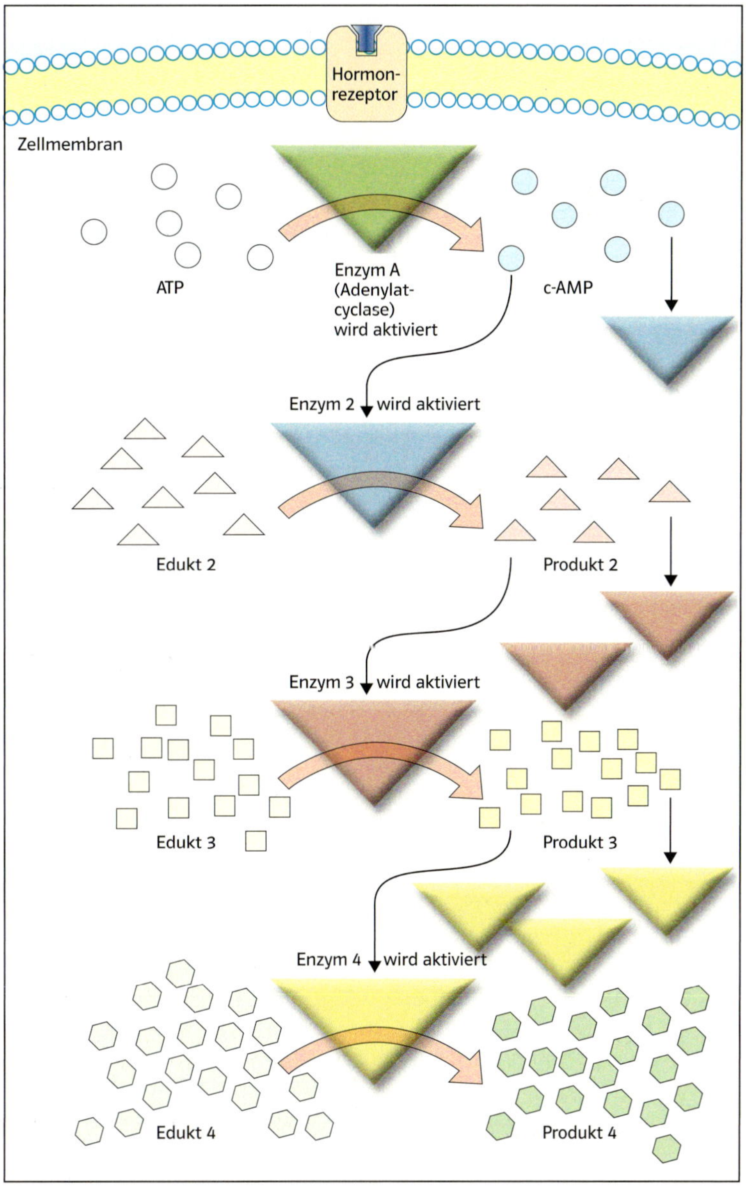

2 *Hormonwirkung durch Signalverstärkung bei einer Enzymreaktion*

Regulation des Blutzuckerspiegels

Blutzuckergehalt
Ein Blutzuckerwert von 90 entspricht 90 mg/dl = 900 mg/l Blut.

Überschlagsrechnung:
In rund 6 Litern Blut eines Erwachsenen sind 6 l · 900 $^{mg}/_{l}$ = 5,4 g Glucose enthalten.
180 g Glucose = 2836 kJ
5,4 g Glucose = 85 kJ

Energiebedarf beim Radfahren: 40 kJ/min. Der Energiegehalt des Blutzuckers reicht für ca. 2 min.

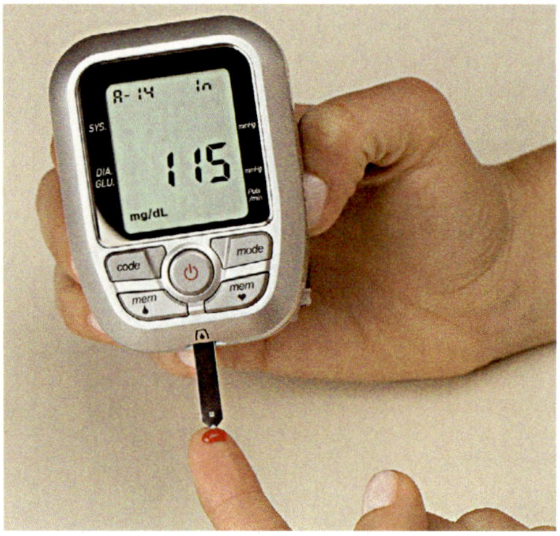

1 *Blutzuckertest*

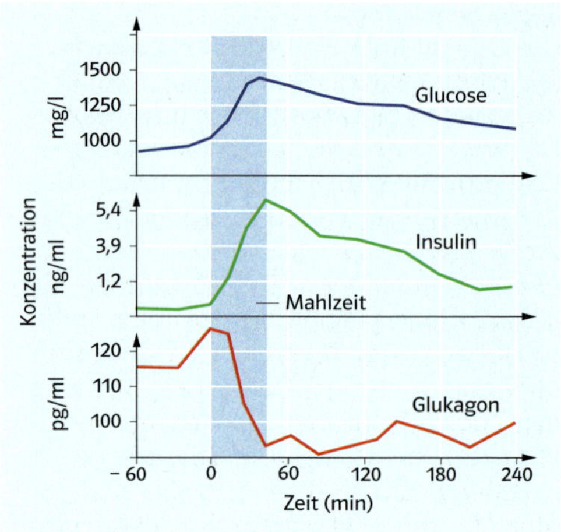

2 *Konzentrationsverläufe nach einer Mahlzeit*

Nervenzellen decken ihren Energiebedarf fast ausschließlich durch Glucose. Eine Unterversorgung kann eine Verminderung der Konzentrationsfähigkeit, in extremen Fällen einen Verlust des Bewusstseins zur Folge haben. Nervenzellen können selbst nur wenig Glucose speichern. Das Blut liefert ständig Glucose nach. Die Glucosemenge im Blut eines Erwachsenen beträgt ca. 5,4 g. Eine Überschlagsrechnung zeigt, dass diese Menge reicht, um 12 min ruhig zu sitzen oder 2 min Fahrrad zu fahren. Danach müsste erneut Nahrung aufgenommen werden.

Trotz periodischer Nahrungsaufnahme und unterschiedlichem Energiebedarf, je nach körperlicher Belastung, schwankt im Blut eines gesunden Menschen die Glucosekonzentration nur minimal. Daraus muss man folgern: Im menschlichen Körper gibt es ein Regulationssystem, das die Blutzuckerkonzentration konstant hält. [Basiskonzept S. 376]

Die Funktionsfähigkeit des Regulationssystems wird mit einem *Blutzuckerbelastungstest* überprüft. Verabreicht man einer Testperson 75 g in $^1/_4$ l Wasser gelöste Glucose, steigt der Blutzuckerspiegel bei einem gesunden Menschen auf maximal 140 mg/dl an. Bei einer krankhaften Insulinproduktion steigt der Wert auf mindestens 200 mg/dl.

Wirkungsweise des Insulins

Durch Nahrungsaufnahme kommt es zu einem Anstieg der Zuckerkonzentration im Blut. Dies löst die Ausschüttung eines Hormons aus, das ein Absinken des Zuckergehalts bewirkt (s. Abb. 2). Dabei handelt es sich um *Insulin*. Dieses wird von inselartigen Zellgruppen der Bauchspeicheldrüse, den *Langerhans'schen Inseln* gebildet. Jede Erhöhung des Glucosespiegels über den Sollwert (ca. 900 mg/l Blut) wird in speziellen Zellen, den β-Zellen, registriert. Sie geben dann Insulin ins Blut ab.

Die Wirkungsweise des Insulins ist vielfältig. Es fördert die Glucoseaufnahme durch Zellen, insbesondere in die Muskel- und Fettzellen. In den Leber- und Muskelzellen stimuliert es die Glykogensynthese und die Energieumwandlung durch den Glucoseabbau. Gleichzeitig hemmt es den Abbau von Glykogen. Die Synthese von Fetten und Eiweißen aus Glucose wird angeregt. Insulin senkt damit den Blutzuckerspiegel auf zweierlei Weise: Einerseits bewirkt es die Speicherung *(Speicherhormon)* von Glucose, andererseits fördert es deren Verbrauch.

Gegenspieler des Insulins

Der Energiebedarf bei körperlichen Leistungen, selbst der Grundumsatz, wird vom Organismus überwiegend durch die beim Glucoseabbau frei werdende Energie gedeckt. In den Zellen tritt ein Glucosemangel auf, der über das Blut sofort ausgeglichen wird. Als Folge sinkt der Glucosespiegel im Blut. Die Insulinabgabe aus den β-Zellen wird reduziert und, da Insulin in kurzer Zeit im Körper abgebaut wird, sinkt die Insulinkonzentration. Dadurch verringert sich auch seine Hemmwirkung auf die Freisetzung eines zweiten Hormons, des *Glukagons*, das in den α-Zellen der Langerhans'schen Inseln gebildet wird (Abb. 4). Glukagon fördert in der Leber den Glykogenabbau und damit die Glucosebildung. Auch Proteine und Fette werden für die Glucosesynthese abgebaut. Diese Prozesse führen zu einem Ansteigen der Glucosekonzentration im Blut. Häufig werden Insulin und Glukagon als Gegenspieler bezeichnet, weil sie ihre Freisetzung wechselseitig hemmen und entgegengesetzte Prozesse stimulieren.

Werden Größen in einem System so eingestellt, dass sie ungefähr auf dem gleichen Wert bleiben, spricht man von einer *Regelung* (Abb. 3). Die geregelte Größe ist die *Regelgröße*, in diesem Fall die Blutzuckerkonzentration. Die Änderung des Blutzuckergehaltes, z. B. durch Nahrungsaufnahme, ist die *Störgröße*. In den β-Zellen befinden sich Messstellen (*Fühler*), die eine exakte Messung der Glucosekonzentration im Blut ermöglichen. Die aktuelle Messgröße bezeichnet man als *Istwert*. Im Regler, hier dem Zwischenhirn sowie den α- oder β-Zellen, werden Sollwert und Istwert verglichen. Bei einer Differenz der beiden Werte wird der Blutzuckergehalt über die *Stellglieder* reguliert. Diese Stellglieder sind die Muskel- oder Leberzellen,

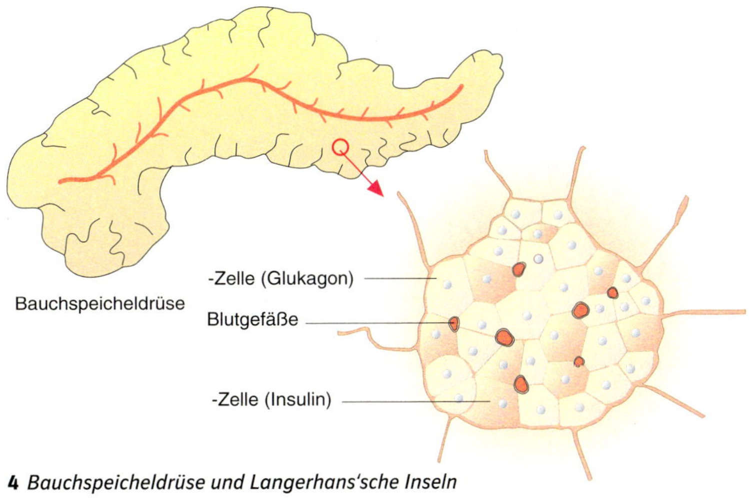

4 *Bauchspeicheldrüse und Langerhans'sche Inseln*

die Glucose aufnehmen oder abgeben. Diese Abgabe oder Aufnahme wird im Regelkreisschema als *Stellgröße* bezeichnet.

In außergewöhnlichen Belastungssituationen, wie Kampf, Flucht, aber auch in Stresssituationen, greift ein drittes Hormon, das im Nebennierenmark gebildete *Adrenalin*, ein. Es fördert über das sympathische Nervensystem im Gegensatz zum Glukagon den Glykogenabbau in der Leber und in den Muskeln. Es bewirkt auf diese Weise eine rasche Energiebereitstellung.

A1 Diabetiker haben nach einem Blutzuckerbelastungstest einen erhöhten Blutzuckerspiegel, da sie Glucose nicht oder nicht in ausreichendem Maße in Glykogen umwandeln können. Entwickeln Sie eine Hypothese, welche Defekte bei Diabetikern vorliegen können.

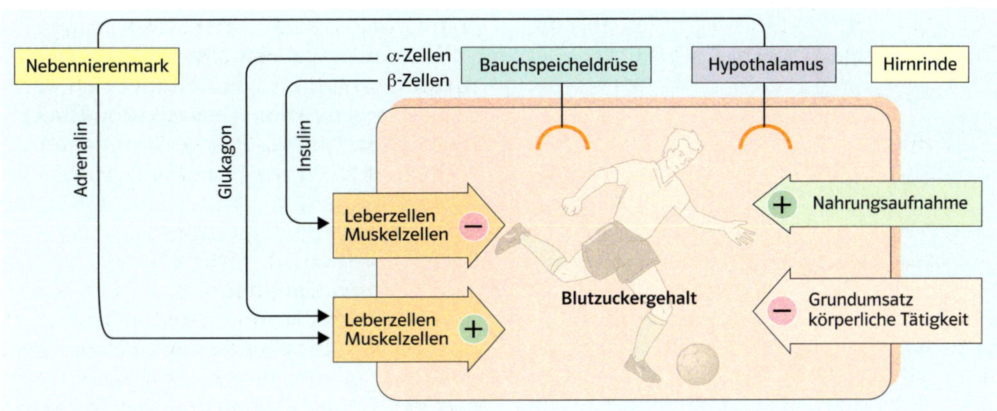

3 *Vereinfachtes Regelkreisschema*

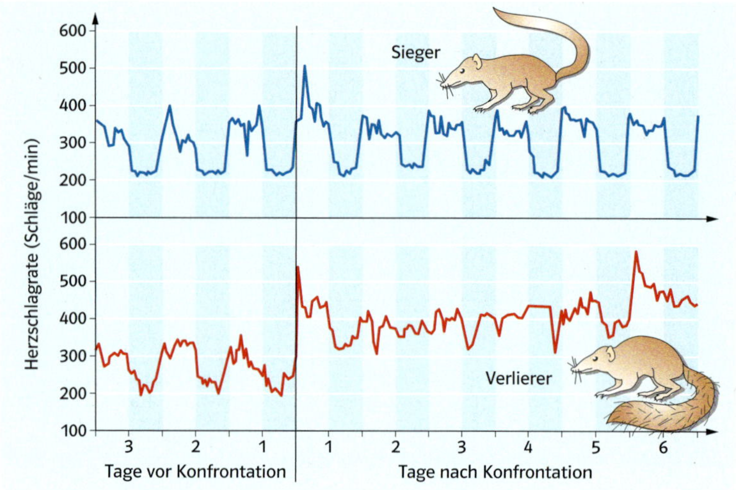

1 *Herzschlagraten bei Sieger und Verlierer*

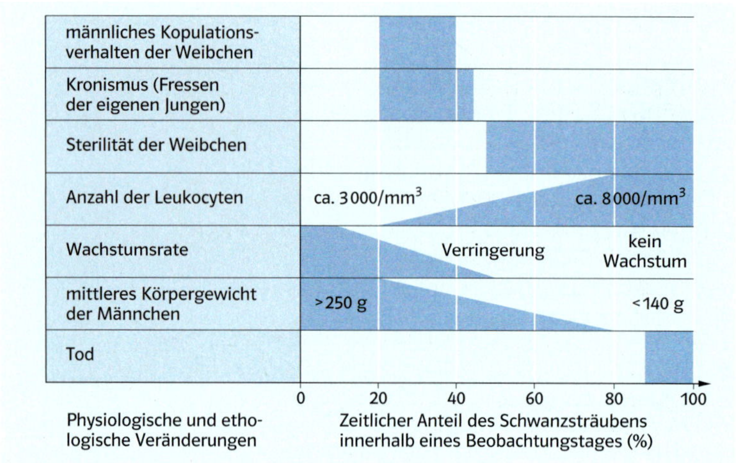

2 *Veränderungen durch dauerhafte Stresssituationen*

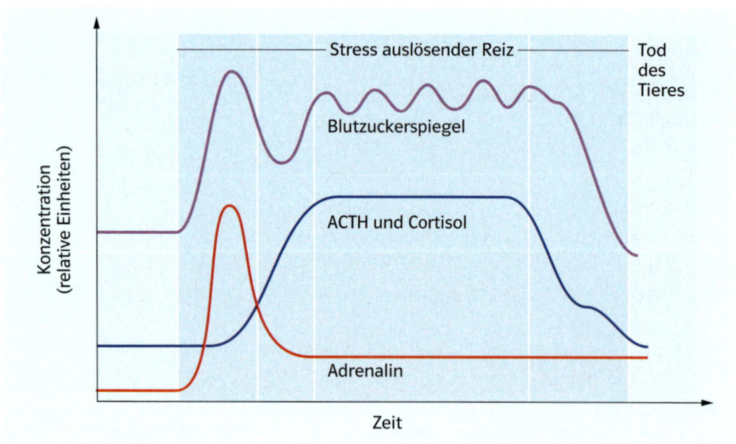

3 *Blutzucker- und Hormonkonzentrationen bei dauerhaftem Stress*

Tupajas (Spitzhörnchen) sind kleine, tagaktive Säugetiere der südostasiatischen Regenwälder. Dort leben sie einzeln oder paarweise in Revieren, die sie gegen Eindringlinge heftig verteidigen. Das Sekret einer Drüse *(Sternaldrüse)* dient bei Männchen zur Reviermarkierung, bei Weibchen zum Beduften der Jungen.

Innerartliche Stressreaktionen

Normalerweise sind die Schwanzhaare der Tupajas glatt angelegt. Begegnen sich jedoch zwei geschlechtsreife Männchen, werden die Haare fast senkrecht abgespreizt, es kommt zum Kampf. Trennt man die Tiere nach einem Kampf durch eine Holzwand voneinander, erholt sich der Verlierer ebenso schnell wie der Sieger. Man trennte zwei Kämpfer nur durch einen Maschendraht. Über implantierte Minisender zeichnete man die Herzfrequenzen der beiden Tiere auf. Parallel bestimmte man den prozentualen Zeitanteil, in dem die Schwanzhaare gesträubt waren. Beim Sieger sanken kurz nach dem Kampf beide Messgrößen auf ihre Normalwerte. Beim unterlegenen Tier führte der Anblick und vermutlich der Geruch des siegreichen Rivalen zu einer konstant erhöhten Herzfrequenz und zu fast ständig abgespreizten Haaren. Die Dauer des Schwanzsträubens ist ein sichtbares Maß für die innere Erregung des Tieres (Abb. 1).

Spitzhörnchen reagieren nicht nur auf fremde Männchen im gleichen Käfig mit Schwanzsträuben, sondern auch auf eine erhöhte Populationsdichte (sozialer Stress), auf plötzlich einsetzende Geräusche oder den Anblick eines fremden Individuums, also immer dann, wenn etwas Unbekanntes, Bedrohliches auf das Tier zukommt. Man sagt, es befindet sich in einer Stresssituation. DIETRICH VON HOLST beobachtete, dass derartige Situationen über einen längeren Zeitraum zu physiologischen, körperlichen und ethologischen Veränderungen führen (Abb. 2).

Fight-or-Flight-Syndrom

Durch Versuche konnten die physiologischen Vorgänge im Tier geklärt werden. Optische, akustische sowie Geruchs- und Geschmacksreize werden aufgenommen und im Großhirn verarbeitet (Abb. 4).

Von der Großhirnrinde gelangen Impulse zum *Hypothalamus*. Dieser erregt den sympathischen Teil des vegetativen Nervensystems. Im *Sympathicus* laufen daraufhin Impulse zum Herzen, zu den Blutgefäßen und zum Nebennierenmark. Die Herzschlagfrequenz steigt, der Blutdruck erhöht sich. Im Nebennierenmark wird verstärkt das Hormon *Adrenalin* freigesetzt, was u.a. zur Verengung der Blutgefäße, außer in der Skelettmuskulatur, führt. Dies wirkt blutdrucksteigernd. Die Mobilisierung von Glucose durch Glykogenabbau in Leber und Muskeln erhöht den Blutzuckerspiegel. Die biologische Bedeutung dieser Reaktionen besteht in der schnellen Aktivierung von Energiereserven bei Angriff oder Flucht, sodass Höchstleistungen möglich sind. Diese Anpassungen des Körpers bezeichnet man als *Fight-or-Flight-Syndrom*.

Allgemeines Anpassungssyndrom

Auf schädliche Einflüsse wie Kälte, Verletzungen oder psychische Belastungen kann sich der Körper einstellen und wird in den Stresszustand versetzt. Stress ist Anpassung und damit eine lebenserhaltende Reaktion auf die äußeren Belastungsfaktoren, die *Stressoren*.

Stressoren wirken über den Hypothalamus, der vermehrt Releasingfaktoren ausschüttet. Sie stimulieren die Hypophyse zur vermehrten Abgabe von ACTH (*adrenocorticotropes Hormon*), das seinerseits auf die Nebennierenrinde einwirkt. Die Nebennierenrinde gibt Hormone ab, darunter Glukokortikoide wie das Cortisol. Diese hemmen u.a. die Proteinbiosynthese und fördern den Proteinabbau in Muskeln, Knochen und lymphatischen Geweben. Dadurch gelangen vermehrt freie Aminosäuren ins Blut, die in der Leber zur Neubildung von Glucose eingesetzt werden, was zum Ansteigen des Blutzuckerspiegels führt. Durch die Hemmung der Proteinbiosynthese in den lymphatischen Organen wirken Glukokortikoide entzündungshemmend, da durch eine verringerte Antikörperproduktion die Abwehrreaktionen bei Infektionen verlangsamt sind. Alle diese Veränderungen, die sich erst nach längerer Zeit einstellen, bezeichnet man als *allgemeines Anpassungssyndrom (AAS)*.

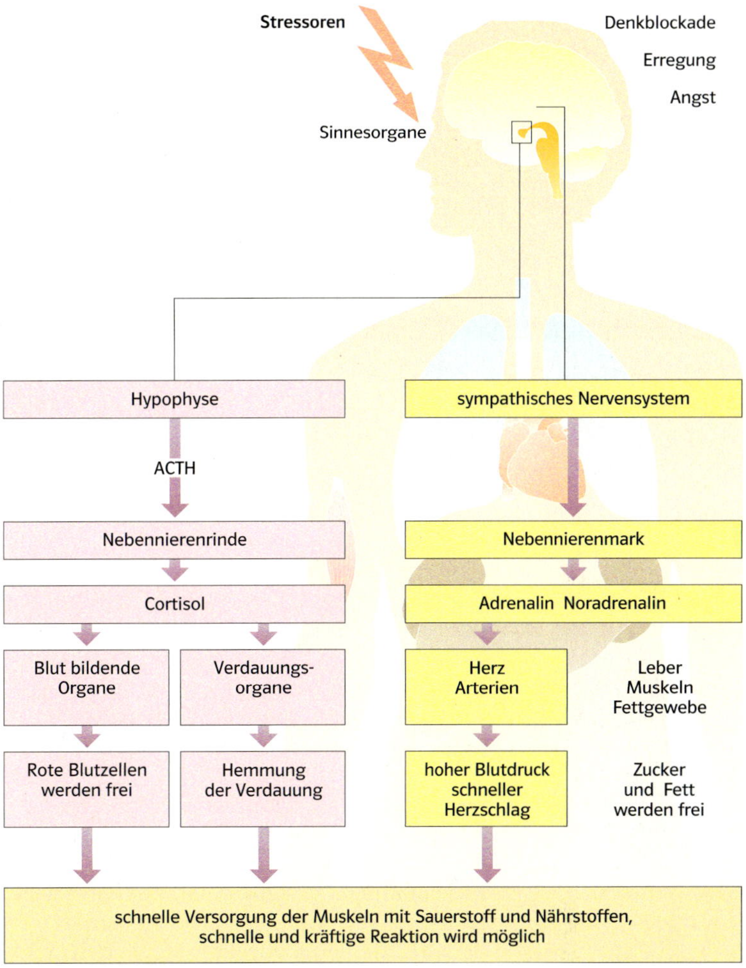

4 *Zusammenarbeit von Nerven- und Hormonsystem bei Eustress*

Gelegentlicher Stress mit entsprechenden Erholungsphasen kann die Widerstandskraft des Körpers steigern und wird als *Eustress* bezeichnet. Fehlen Erholungsphasen, wird der sich einstellende Dauerstress, auch *Distress* genannt, zur Gefahr für den Organismus. Auch ein ständig erhöhter Adrenalinspiegel bei häufig auftretendem Fight-or-Flight-Syndrom bewirkt eine erhöhte ACTH-Ausschüttung und damit Stress. Diese Dauerbelastung des Gesamtorganismus führt über Jahre hinweg zu Herz- und Kreislauferkrankungen.

Glukokortikoide
Hormone aus der Gruppe der lipidlöslichen Nichtproteine, z.B. Cortisol

A1 Nennen Sie Unterschiede und Gemeinsamkeiten von Fight-or-Flight-Syndrom und Stress.

A2 Beschreiben Sie die Unterschiede von hormoneller und neuronaler Verarbeitung am Beispiel der Stressreaktion.

5.6 Verhalten
Angeboren oder erlernt?

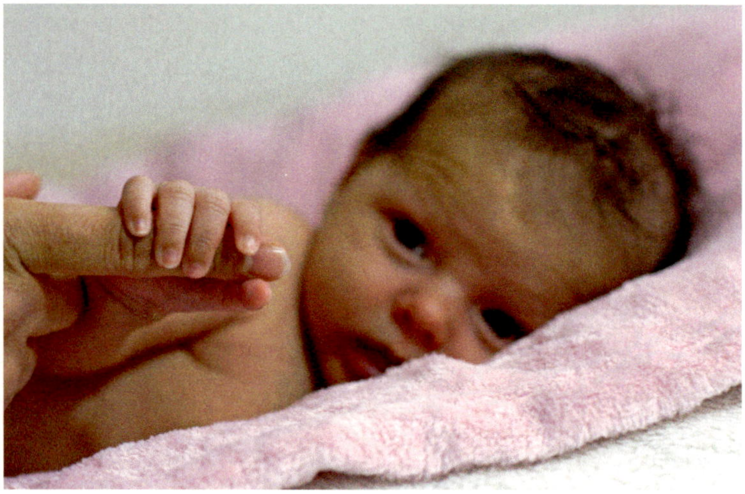

1 *Angeborenes Verhalten beim Neugeborenen*

Ein neu geborener Mensch — ein Wunder der Natur! Der erste laute Schrei nach der Geburt eines Babys ist noch sehr willkommen. Ein Neugeborenes ist mit einer Vielzahl von angeborenen Verhaltensweisen ausgestattet. Schreien gehört dazu!

Legt man in die Hand eines Babys einen Finger, so wird es den Finger fest umgreifen (Abb. 1). Diesen Greifreflex zeigt das Kind auch an den Füßen. Möglicherweise ist dieses Verhalten ein Erbe aus einer Zeit, als die neugeborenen Menschen sich noch ähnlich wie bei Affen am Fell ihrer Mutter festklammern mussten. Gleichfalls löst eine Berührung in der Mundregion ein Suchen nach der Brust aus, an der dann sofort gesaugt wird.

Frühkindliche Reflexe gehen bis zu einem Alter von etwa 18 Monaten vom Rückenmark und Stammhirn aus und sichern die gesunde Geburt und das Überleben in den ersten Lebensmonaten.

Da bereits während der Entwicklung im Mutterleib und im Verlauf des ganzen Lebens Lernvorgänge stattfinden, wird es immer schwieriger zu entscheiden, ob ein bestimmtes Verhalten eines Menschen genetisch bedingt ist oder erlernt wurde. Es gibt verschiedene experimentelle Hinweise, um festzustellen, ob ein bestimmtes Verhalten erbbedingt ist.

- Beobachtungen von taubblind geborenen Kindern zeigen, dass diese Menschen lachen (Abb. 2), schmollen, zürnen und weinen wie Kinder mit funktionsfähigen Augen und Ohren. Da sie keine Möglichkeiten haben, dies auf optischem und akustischem Weg zu lernen, ist dieses Ausdrucksverhalten vermutlich genetisch programmiert.
- Attrappenversuche decken z. B. auf, dass das Erkennen von Gesichtern und Mimiken auf ganz einfache Grundstrukturen zurückzuführen ist.
- Der Kulturenvergleich zeigt auf, dass Menschen verschiedener Kulturen das Bestreben haben, sich von ihren Nachbarn abzugrenzen und deshalb eigene Stammesdialekte, Trachten und Sitten entwickeln. Verhaltensweisen, die bei allen Menschen weltweit übereinstimmen, konnten deshalb nicht verändert werden, da sie vermutlich genetische Grundlagen besitzen. Ausdrucksbewegungen des Grüßens, Lachens, Flirtens, der Abwehr und der Verachtung stimmen überein (Randspalte).
- Mensch-Tier-Vergleiche zwischen Menschenaffen und Menschen zeigen Übereinstimmungen im Begrüßungs-, Aggressions- und Versöhnungsverhalten, die auf gemeinsame Abstammung zurückzuführen sein dürften (Verhaltenshomologie).

A1 Sammeln Sie weitere Beispiele für angeborene Verhaltensweisen beim Menschen und stellen Sie ihre Bedeutung heraus.

2 *Lächeln eines taubblinden Kindes*

Kaspar-Hauser-Experimente — Aufzucht unter Erfahrungsentzug

Dass bestimmte Verhaltenselemente genetisch bedingt sind, ist immer dann zu vermuten, wenn alle Individuen einer Art vergleichbares Verhalten zeigen, aber auch, wenn die Verhaltenselemente schon von Geburt an fehlerfrei ablaufen.

Ob es sich z. B. beim Nestbauverhalten von Ratten um eine angeborene Verhaltensweise handelt, kann die Methode des *Kaspar-Hauser-Experiments* zeigen. Hierzu werden weibliche Ratten isoliert in Käfigen aufgezogen, in denen es keine Objekte gibt, die als Nistmaterial dienen könnten. Den Tieren bietet man im Folgenden als Nistmaterial Papierstreifen an. Daraufhin bauen die Tiere ein Nest, das sich nicht von denen normal entwickelter Tiere unterscheidet.

In einem charakteristischen Kaspar-Hauser-Experiment werden die zu untersuchenden Tiere immer unter Erfahrungsentzug aufgezogen. Den Versuchstieren muss die Gelegenheit genommen werden, von ihren Artgenossen die zu überprüfende Verhaltensweise abzuschauen und dadurch zu erlernen. Weiterhin darf das Versuchstier keine Möglichkeit haben, mit Materialien spielerisch die zu untersuchende Verhaltensweise lernen zu können. Bei einer isolierten Aufzucht kann eine Verhaltensstörung des Versuchstieres nie ganz ausgeschlossen werden, vor allem, wenn es unter normalen Bedingungen ein sozial lebendes Tier wäre.

Genetisch bedingte Verhaltensweisen
Der Fadenwurm *(Rhabditis inermis)* ist ein Saprophyt (Destruent), der von Käfern zu Dunghaufen transportiert wird. Von ihm existieren zwei Unterarten, die sich im Verhalten ihrer Larven unterscheiden. Die einen warten unbeweglich auf den zufälligen Kontakt mit einem Käfer, die anderen führen pendelnde Bewegungen aus, sie „winken" und erhöhen so die Wahrscheinlichkeit des Zusammentreffens mit dem Käfer. Werden reinerbige Vertreter beider Unterarten gekreuzt, so zeigen alle Individuen der F_1-Generation das Winkverhalten. Die Individuen der F_2-Generation spalteten sich in „winkende" und „nicht winkende" Individuen im Verhältnis 3 : 1 auf.

Info-Box: Kaspar Hauser — ein Name wird zum Begriff

Am Pfingstmontag des Jahres 1828 erschien in Nürnberg ein ca. 16 Jahre altes Findelkind, das einer ganzen Richtung verhaltensbiologischer Versuche den Namen geben sollte. In zwei Schriftstücken, die der Junge bei sich trug, hieß es: *„Das Kind ist schon getauft sie Heist Kasper in Schreib name misen sie im selber geben . . ." und „. . . dieser Knabe ist mir [vor die Tür] gelegt worden, 1812 den 7. Oktober, . . . und habe ihm Zeit 1812 Keinen Schritt weit aus dem Haus gelassen daß kein Mensch nicht weiß von wo Er auferzogen ist worden, und Er selber weiß nichts, wie mein Haus heißt [wie ich heiße] und daß Ort weiß er auch nicht . . ."*

Ein Polizeiprotokoll, das bei seinem Auffinden angefertigt wurde, berichtete: *„. . . das ihm gereichte Brot und Wasser verschlang er mit Hast — wies alle ihm angebotenen Nahrungsmittel sich schüttelnd zurück. Sein Zustand glich dem eines halbwilden Menschen, der auf alle Fragen 'des weiß ih net' antwortete." Er konnte aber seinen Namen niederschreiben: Kaspar Hauser.*

Eingehende Untersuchungen veranlassten den Stadtgerichtsarzt Dr. PREU 1830 zu der Aussage, der Knabe habe
„lange Zeit des Einflusses des Tageslichts und der Einwirkung des Tageslebens auf die Sinne entbehrt. . . . Er ist ferner durch viele Jahre von aller menschlichen Gesellschaft entfernt und der gewöhnlichen Lebensweise anderer Menschen . . . fremd geblieben. . . . Er hat lange Zeit seine geistigen Kräfte gar nicht geübt, nicht einmal so viel, als das tägliche Leben unter Menschen selbst beim Mangel jeder Erziehung fordert."

Später berichtet Kaspar Hauser selber über seine jahrelange Gefangenschaft: „Das Gefängnis, in dem ich bis zu meiner Befreiung leben mußte, war ungefähr 6 bis 7 Schuh' lang, 4 breit und 5 hoch. . . . An der Vorderseite waren zwei kleine Fenster, mit Holz zugeschichtet . . . Auf den Boden war Stroh gelegt, worauf ich zu sitzen und zu schlafen pflegte. Ich konnte nicht gehen und wusste nicht, dass ich aufstehen könnte, weil mich das Gehen niemand gelehrt hatte. Ich hatte zwei hölzerne Pferde und einen Hund, mit denen ich mich immer unterhalten habe."

Nach den Angaben des Findelkindes habe gelegentlich ein Mann „das Loch" betreten und ihm beigebracht, das Alphabet sowie die Zahlen von 1 bis 10 zu schreiben. KASPAR HAUSERS geistige Entwicklung blieb zeitlebens begrenzt.

Nach einem Attentat starb KASPAR HAUSER am 17. Dezember 1833 an den Folgen der Stichwunde, die ihm drei Tage vorher in Ansbach von einem unbekannten Täter beigebracht worden war. Das Verbrechen wurde niemals aufgeklärt.

Bisher wurde vermutet, dass HAUSER aus dem Geschlecht des badischen Herrscherhauses stammt. Dies konnte durch DNA-Analysten seines eingetrockneten Blutes jedoch weder bewiesen noch ausgeschlossen werden.

Instinkthandlung

1 *Erdkröte*

Die klassische Ethologie wurde zu Beginn des 20. Jahrhunderts im Wesentlichen durch Oskar Heinroth und Konrad Lorenz begründet. Aus ihr entwickelte sich die *Theorie des Instinktverhaltens*. Ihre Anhänger vertraten die Ansicht, dass zahlreiche Verhaltensweisen genetisch bedingt sind und bei allen Vertretern einer Art formkonstant ablaufen. Diese *Erbkoordinationen* galten als Teil der Instinkthandlungen, die eine vergleichende Verhaltensforschung erlaubten. Tiere mit von der Norm abweichendem Verhalten wurden von Lorenz als nicht relevant betrachtet. Das Instinktverhalten unterscheidet sich nach diesem Denkansatz von einfachen Reflexen. Instinkthandlungen stellen komplexere angeborene Reaktionen dar, bei denen mehr als eine Synapse und einige Muskeln beteiligt sind. Ein weiterer Unterschied ist das Vorhandensein eines inneren Antriebs. So werden Instinkthandlungen nur dann ausgelöst, wenn eine entsprechende innere *Handlungsbereitschaft* bzw. *Motivation* vorliegt.

Beutefangverhalten der Erdkröte

Am Beutefangverhalten einer Erdkröte kann man gut die Faktoren erkennen, die zum komplexen Instinktverhalten gehören (Randspalte). Sie durchstreift ihren Jagdbezirk und begibt sich in Wartestellung. Sowie sich in der Umgebung eine mögliche Beute bewegt, wendet sich die Erdkröte dem Objekt zu oder schleicht es an. Dann wird es mit beiden Augen fixiert, bevor die klebrige Zunge blitzschnell vorschnellt. Das Beutetier wird ergriffen, in den Mund gezogen und verschluckt. Anschließend kommt es häufig zu Wischbewegungen, so als würde die Schnauze gesäubert. In diesem Ablauf lassen sich drei Abschnitte feststellen:

- Das scheinbar richtungslose Umherlaufen und Warten, das als Suchen nach Beute interpretiert werden kann *(ungerichtetes Appetenzverhalten).*
- Das Annähern an die Beute *(gerichtetes Appetenzverhalten, Taxis).*
- Das Fixieren und Zuschnappen als stereotypes Verhaltenselement, das stets in der gleichen Weise auftritt *(formstarre Endhandlung).*

Die Endhandlung läuft, wenn sie einmal ausgelöst ist, unausweichlich und in stets der gleichen, starren Bewegungsfolge ab. Falls die Beute entflieht, nachdem die Erdkröte sie fixiert und das Zuschnappen eingesetzt hat, so setzt sich der Vorgang des Zungenschlages unverändert fort. Er ist genetisch programmiert und nicht mehr beeinflussbar.

Appetenzverhalten ist dagegen sehr variabel und stark durch Außenreize und Erfahrungen beeinflusst. Es besteht manchmal nur in erhöhter Bewegungsaktivität des Tieres. Appetenz, Taxis und die erbkoordinierte Endhandlung werden gemeinsam als Instinkthandlung bezeichnet.

Das Reizmuster, das die Taxis und die Endhandlung auslöst, wird als Schlüsselreiz, falls es von einem Artgenossen ausgeht, als Auslöser bezeichnet. Es gibt eine zugehörige nervöse Funktionseinheit, die den Schlüsselreiz erkennt und das Verhalten in Gang setzt. Sie wird als *Angeborener Auslösemechanismus (AAM)* bezeichnet. Wo dieser lokalisiert ist und wie er funktioniert, ist ungeklärt. Das Auftreten einer Instinkthandlung ist also neben der Stärke des Schlüsselreizes auch von inneren Faktoren abhängig. Sie werden unter dem Begriff Handlungsbereitschaft zusammengefasst. Dieses Phänomen, dass sowohl äußere Reize als auch endogene Faktoren zusammen wirken müssen, wurde von Konrad Lorenz als „Prinzip der doppelten Quantifizierung" bezeichnet.

A1 Stellen Sie die Unterschiede zwischen einer Reflex- und einer Instinkthandlung heraus.

Innere und äußere Faktoren

Sowohl im Ernährungs- als auch im Fortpflanzungsverhalten sind eindeutige Zusammenhänge zwischen inneren (endogenen) Faktoren und äußerlich sichtbarem Verhalten bekannt und können beispielsweise über den Glucosespiegel im Blut oder durch die Bestimmung von Hormonkonzentrationen analysiert werden.

Beim Männchen des Weißkehlammerfinken, der in Alaska brütet und in Kalifornien überwintert, wurde die Konzentration der Geschlechtshormone im Blut in Bezug zum Fortpflanzungsverhalten untersucht (Abb. 1). Dieses und viele andere Beispiele belegen, dass langfristige Verhaltenstendenzen, wie z. B. Wandertrieb oder Brutpflege bei Vögeln durch Hormone beeinflusst sind. Im Gegensatz zur kurzfristigen, lokalen Wirkungsweise des Nervensystems werden Hormone im gesamten Organismus verteilt, sie wirken deshalb auch länger anhaltend.

Dabei gilt grundsätzlich, dass ein veränderter Hormonspiegel lediglich Auswirkungen auf die Handlungsbereitschaft hat. Nicht der Ablauf einer Verhaltensweise wird durch Hormone gesteuert, sondern nur die Häufigkeit und Intensität ihres Auftretens.

Wie aber erklärt man sich den Zug der Weißkehlammerfinken in einem eng begrenzten Zeitraum des Jahres oder die großen Wanderungen der Huftierher den? Untersuchungen zu diesen Fragen aus der *Chronobiologie* betreffen auch den Menschen. Fliegt der Mensch über mehrere Zeitzonen hinweg, stellen sich Tagesmüdigkeit und schlaflose Nächte ein (Jetlag). Es dauert mehrere Tage, bis sich der „innere Zeitmesser" wieder den neuen Verhältnissen angepasst hat.

Der Mensch besitzt wie alle höheren Lebewesen eine biologische Uhr, die dafür sorgt, dass zahlreiche physiologische Vorgänge in einem Rhythmus von ungefähr 24 Stunden ablaufen (circadiander Rhythmus). Für jahreszeitliche (circaannuale) Zyklen gibt es viele weitere Beispiele, wie etwa Winterschlaf, Wechsel zwischen Sommer- und Winterfell. Die Biorhythmen werden durch bestimmte äußere (exogene) Reize beeinflusst, die auch als *Zeitgeber* bezeichnet werden und normalerweise aus der Umwelt kommen. Die wichtigsten derartigen Reize sind das Licht, Mondphasen, Temperaturschwankungen oder Gezeitenwechsel.

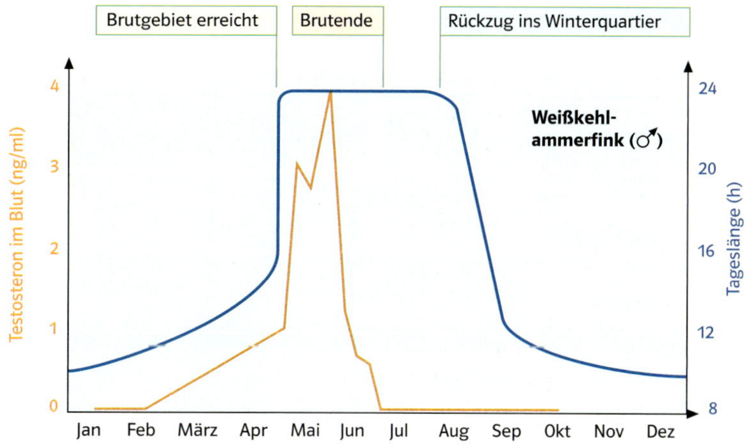

1 *Brutverhalten und Hormone*

A1 Während der Balz trägt das Zebrafinkenmännchen einen kurzen Balzgesang vor. Dessen Häufigkeit ist ein gutes Maß für die Handlungsbereitschaft zur Balz. Einer Gruppe von Tieren wurden operativ die Hoden entfernt. Bei einer Kontrollgruppe führte man nur eine Scheinoperation durch. Anschließend verglich man die Balzaktivität beider Gruppen.
a) Beschreiben und deuten Sie den in Abb. 2a dargestellten Befund.
b) Die kastrierten Tiere erhalten viermal in kurzer Folge Testosteron. Interpretieren Sie das Ergebnis aus Abb. 2b.

lat. *circa* = ungefähr
lat. *dies* = Tag
lat. *annus* = Jahr

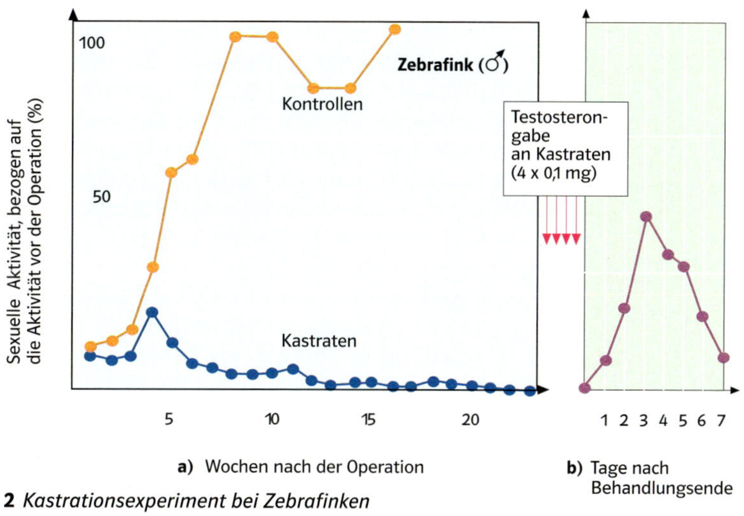

2 *Kastrationsexperiment bei Zebrafinken*

Konzepte der klassischen Ethologie

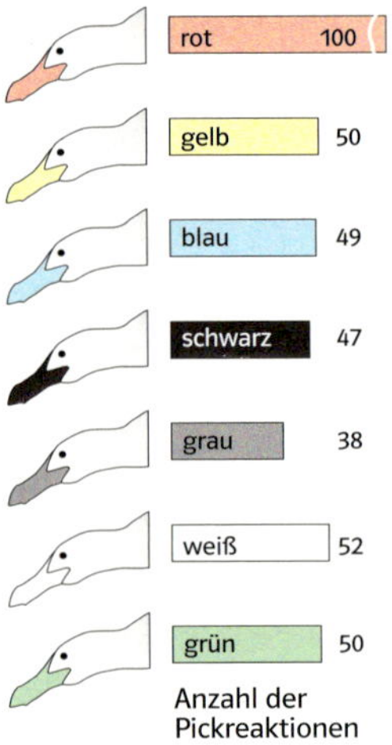

Versuch 1
Schnabelfarbe

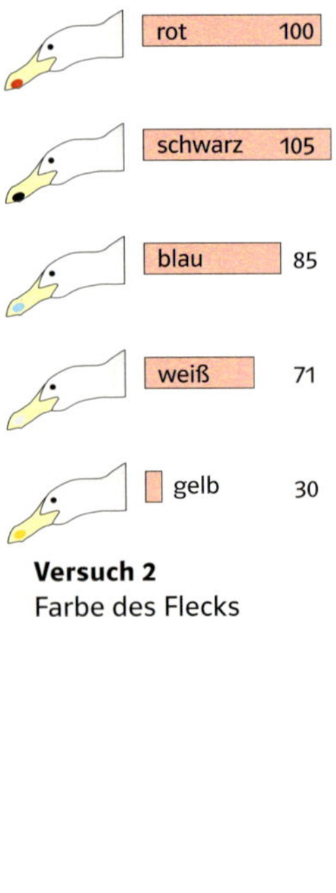

Versuch 2
Farbe des Flecks

1 *Silbermöwe fütternd*

2 *Attrappenversuch*

In Silbermöwenkolonien kann man folgende Teile des Brutpflegeverhaltens beobachten: Altvögel landen in der Nähe des Nestes und stoßen einen langgezogenen Ruf aus. Antworten die frisch geschlüpften Küken, nähern sich die Altvögel dem Nest und würgen halbverdaute Nahrung auf den Boden. Einige kleinere Brocken werden zwischen den Schnabelspitzen den Jungen präsentiert. Der Altvogel steht dabei mit nach unten geneigtem Kopf. Am gelben Schnabel besitzt die Silbermöwe einen roten Fleck. Das Küken pickt nach der Schnabelspitze. Das Picken gegen die Schnabelspitze, kann auch vor dem Hervorwürgen der Nahrung erfolgen.

Aus diesen Beobachtungen im Freiland ergaben sich für Nikolaas Tinbergen und seine Mitarbeiter zahlreiche Versuchsserien, die klären sollten, ob der rote Fleck auf dem gelben Schnabel ein *Schlüsselreiz* für die *Instinkthandlung* des Futterbettelns ist. Den jungen Küken bot man unterschiedliche Pappscheiben als Kopfattrappen, die Pickreaktionen wurden registriert und die Mittelwerte für jede Attrappe gebildet (s. Randspalte, Versuch 1 und 2).

Die Experimente von Tinbergen wurden von anderen Forschern wiederholt. Dabei zeigten sich weniger eindeutige Ergebnisse. Insbesondere durch die Versuche von Ursula Eypasch 1983 und die Veröffentlichungen von Hanna-Maria Zippelius 1993 ergaben sich Zweifel, ob hier tatsächlich ein Schlüsselreiz einen angeborenen Auslösemechanismus (AAM) anspricht und eine Erbkoordination auslöst (s. Seite 323). Vielmehr scheinen die Küken sehr schnell durch die Futtergabe bestimmte Reizkonstellationen zu lernen.

Der rote Fleck auf der Schnabelspitze der Möwe kann durchaus eine Reaktion auslösen, muss aber nicht der Schlüsselreiz für die Instinkthandlung sein. Ebenso können *endogene Faktoren* wie Erfahrungen, Ernährungs- und Entwicklungszustand, genetische Grundlagen oder die hormonelle Situation und darüber hinaus *exogene Faktoren*, wie eine besondere Aufmerksamkeit erzeugende Reizkonstellation, auslösende Reize für ein bestimmtes Verhalten sein. Dieses Verhalten kann sich auch ändern. Somit erhalten die ursprünglichen Konzepte zunehmend eine andere Bedeutung.

Nicht nur durch diese Versuche gerieten das *Schlüsselreizkonzept* und das *Instinktkonzept* ins Wanken. Neurophysiologische Untersuchungen zeigen, dass Organismen keineswegs automatenhaft auf ihre Umwelt reagieren. Das Verhalten ist viel flexibler und stärker von äußeren Umständen oder inneren Faktoren abhängig als es die klassische Ethologie nahelegte.

A1 Eine rote Schnabelattrappe, die am Ende weiß geringelt ist, weist mehr Pickreaktionen auf als eine naturgetreue Attrappe. Erklären Sie dies aus ethologischer und evolutionsbiologischer Sicht.

Instinktlehre — in die Kritik geraten

Konrad Lorenz und die Instinktlehre regen seit mehr als 50 Jahren die Verhaltensbiologen zu ausgedehntem Widerspruch und einer Fülle von Untersuchungen an.

Der Instinktbegriff

Der Begriff „Instinkt" ist emotional besetzt und wird in vielfältiger und unpräziser Weise benutzt. Das „instinktiv richtige Reagieren" des Autofahrers in einer Gefahrensituation entbehrt ebenso jeder Grundlage wie die Behauptung, dass Tiere aufgrund ihrer Instinkte „automatisch richtig" reagieren. Schon früh wurde daher auch in der Ethologie nicht von dem *Instinkt*, sondern von dem *Instinktverhalten* gesprochen. Es beschreibt einen genetisch bedingten Verhaltensablauf, der aus einer Orientierungskomponente (Taxis) und einer Bewegungskomponente (Endhandlung) besteht. Die Taxis ist z. B. das gezielte Annähern an eine Beute, die Endhandlung das Zuschnappen.

Heute verzichtet man weitgehend auf den Begriff „Instinkt", da die Begriffe angeboren und erlernt nicht notwendigerweise einen Widerspruch darstellen.

Der Schlüsselreiz

Der Begriff leitet sich von dem Konzept ab, dass ein *angeborener auslösender Mechanismus (AAM)* die eingehenden Reize filtert und das Muster, das die genaue Passform hat, erkennt. Soziale *Schlüsselreize*, die einer unmissverständlichen Kommunikation dienen, wurden als Auslöser bezeichnet und bevorzugt mit *Attrappenversuchen* analysiert. Mit zunehmend genaueren Untersuchungsmethoden konnte einerseits gezeigt werden, dass nicht ein einzelner Reiz, sondern komplexe Reizmuster und Reizkonstellationen Handlungen auslösen. Andererseits sind die neuronalen Mechanismen der Informationsverarbeitung zwar noch nicht vollständig aufgeklärt, sicherlich aber flexibler als eine einfache Schlüssel-Schloss-Beziehung.

Handlungsbereitschaft

Der von Lorenz für die Motivation eingeführte Begriff der *aktionsspezifischen Energie* forderte insbesondere im Zusammenhang mit dem psychohydraulischen Modell die Kritiker heraus.

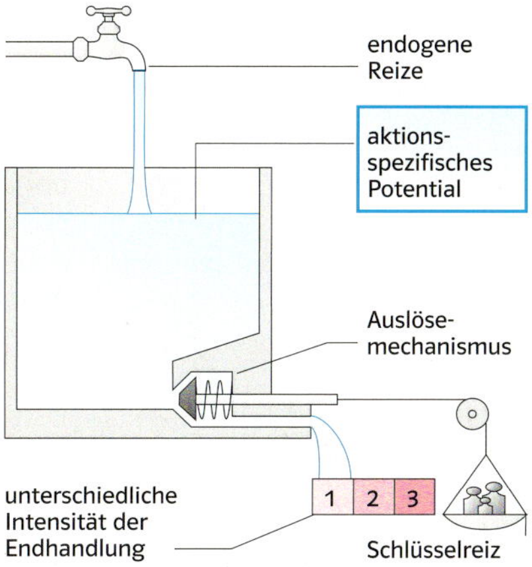

Eine Erregung sollte durch innere oder äußere Faktoren solange anwachsen, bis schließlich die Schwelle des zugehörigen angeborenen Auslösemechanismus überschritten wird oder ein Schlüsselreiz einwirkt, der die Endhandlung auslöst. Die Qualität des auslösenden Reizes und die inneren Zustände sollten die Handlungsintensität bestimmen *(Gesetz der doppelten Quantifizierung)*.

Zahlreiche verhaltensbiologische und neurophysiologische Versuche konnten ein entsprechendes Instinktzentrum im Gehirn jedoch nicht nachweisen. Die Wahrscheinlichkeit, dass ein bestimmtes Verhalten ausgeführt wird, ist u. a. von der Tages- oder Jahreszeit, der endogenen Rhythmik, der Hormonsituation, dem Versorgungs- und Gesundheitszustand, dem Alter des Tieres, ökologischen Bedingungen und vor allem von den bereits gemachten Erfahrungen abhängig.

Die Leerlaufhandlung

Führt ein Tier eine Handlung lange nicht aus, soll durch Anstauen von Handlungsbereitschaft ein zunehmend schwächerer Reiz zu ihrer Auslösung notwendig werden, bis schließlich auch ohne Einwirken eines Reizes die sogenannte *Leerlaufhandlung* auftritt. An einem Star, den Lorenz im Haus aufzog, beobachtete er, dass „der Vogel gespannt nach der weißen Decke des Zimmers blickte, als ob dort Insekten flögen, dann abflog, in der Luft zuschnappte, auf seine Warte zurückkehrte, die Bewegung des Totschüttelns von Beute vollführte, schluckte und danach in Ruhe verfiel". Die Übertragung dieser Vorstellung auf andere Verhaltensweisen, insbesondere auf die *Triebtheorie der Aggression*, hielt jedoch wissenschaftlichen Nachprüfungen nicht stand. Man kennt haltungsbedingte Bewegungsstereotypien z. B. bei Zootieren, die Bewegungen unter gleichbleibenden Bedingungen immer wieder ausführen, sodass sich ein starres und für den Beobachter sinnloses Bewegungsmuster einschleift.

Übersprunghandlung

In manchen Konfliktsituationen treten Verhaltensweisen auf, die einem Beobachter unpassend oder deplatziert erscheinen: Hähne aller Haushuhnrassen unterbrechen gelegentlich ihren Kampf und zeigen Pickbewegungen, obwohl keine Nahrung vorhanden ist. Austernfischer stecken beim Anblick ihres Spiegelbildes ihren Schnabel ins Gefieder und beginnen zu „schlafen".

Wissen Katzen in Konfliktsituationen keinen Ausweg, fangen sie oftmals an, sich zu putzen. Derartige scheinbar unsinnige Handlungen wurden als *Übersprungbewegungen* interpretiert, d. h. durch die gegenseitige Hemmung gleichstarker Antriebe für zwei Verhaltensweisen sollte eine dritte möglich werden. Neuere Modelle gehen davon aus, dass das gezeigte Verhalten für das Tier durchaus eine Bedeutung haben kann, wenn damit etwa sein Kampf- oder Reproduktionserfolg erhöht wird.

Klassische Konditionierung

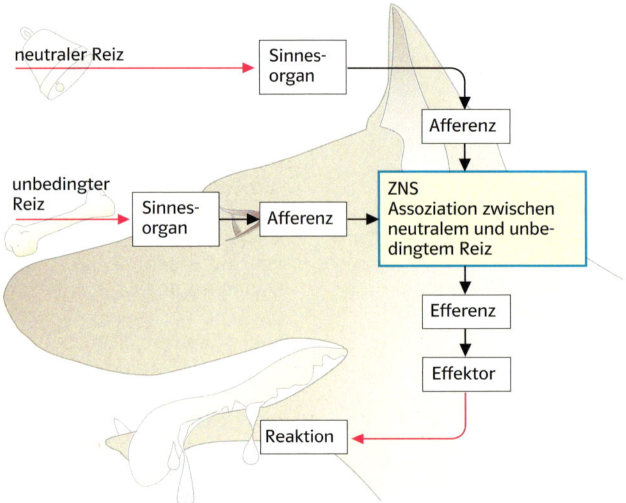

1 *Funktionsdiagramm zur klassischen Konditionierung*

Kontiguität
lat. *contiguus*: berührend, angrenzend

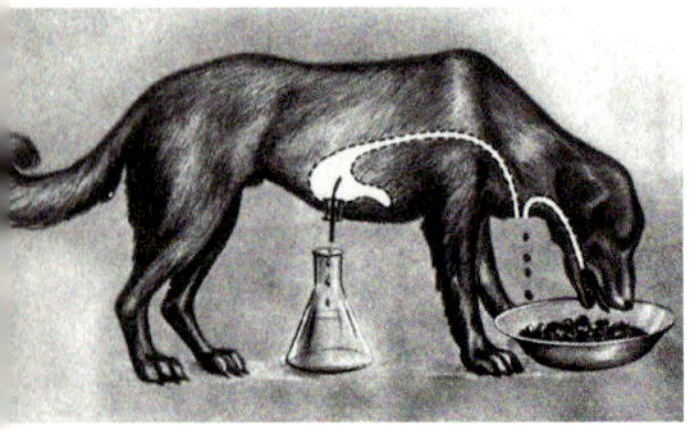

Iwan P. Pawlow (1849—1936) erhielt 1904 für seine Erkenntnisse über Verdauungsorgane den Nobelpreis für Medizin. Bei seinen Untersuchungen bei Hunden entdeckte er, dass diese bereits beim Anblick des Pflegers Speichel absonderten, ohne dass sie dabei Futter sahen.

In einer ersten Versuchsreihe zeigte Pawlow einem hungrigen Hund Futter. Sofort reagierte dieser mit Speichelfluss. Um den Speichelfluss exakt zu messen, leitete er den Speichel über ein Röhrchen aus dem Mund nach außen ab (siehe Randspalte). Bei wiederholten Versuchen trat unmittelbar auf diesen Reiz stets die gleiche Reaktion auf. Sie beruht auf einem genetisch vorprogrammierten Reiz-Reaktions-Zusammenhang, einem *unbedingten Reflex*. Der Anblick bzw. der Geruch des Futters stellt für den Hund einen *unbedingten Reiz* dar, auf den er sofort ohne Lernprozess reagiert. Auf einen anderen *neutralen Reiz*, z. B. das Läuten einer Glocke ohne Fütterung, floss kein Speichel.

In einer zweiten Versuchsreihe erklang kurz vor dem Futterangebot jedes Mal eine Glocke. Auch in diesem Fall wurde, auf den unbedingten Reiz (Futter) hin, immer Speichel abgesondert. Diesen Tieren wurde nach mehreren solchen Versuchen nur noch der Glockenton geboten. Er allein löste nun den Speichelfluss aus. Die Tiere hatten also durch die mehrfache Kombination von neutralem Reiz (Glockenton) und unbedingtem Reiz (Futter) aufgrund der gleich bleibend engen zeitlichen Beziehung *(Kontiguität)* immer stärker einen Zusammenhang zwischen beiden Reizen hergestellt. Zwischen der afferenten Nervenbahn, die den ehemals neutralen Reiz „Glockenton" meldet, und den zentralnervösen Instanzen, die den Speichelfluss steuern, bildet sich eine immer stärkere Verknüpfung heraus (s. Abb. 1). In der *Lernphase* wird der *neutrale Reiz* immer mehr zum *bedingten Reiz*, der bereits für sich allein ohne den unbedingten die genetisch programmierte Verhaltensweise auslöst. In der *Kannphase* ist der Speichelfluss zuverlässig immer durch den bedingten Reiz allein auslösbar. Aus dem unbedingten Reflex der Speichelabsonderung wurden durch den Glockenton ein *bedingter Reflex*. Eine derartige Lernform bezeichnet man als *klassische Konditionierung*.

In den Versuchen wurde die Speichelsekretion eines festgegurteten Hundes gemessen. Ein frei beweglicher Hund würde zur Glocke laufen, das angebotene Futter fressen und dabei den Glockenton mit der Belohnung Futter assoziieren. Heute bezeichnet man daher den Lernprozess als *bedingte Appetenz*, da sich eine Verhaltensänderung infolge positiver Erfahrung auf eine Reizsituation ergibt. Folgt auf eine zuvor neutrale Situation eine schlechte Erfahrung (z. B. Bestrafung), wird diese Situation anschließend gemieden. Die angeborene Aversion gegen Schmerz wurde mit einem vorher neutralen Reiz verknüpft. Man nennt diese Lernform *bedingte Aversion*. Sie kann häufig auf nur eine schlechte Erfahrung zurückgehen.

Bietet man einem Hund mehrfach den Glockenton, ohne dass der unbedingte Reiz Futter folgt, so werden Appetenzverhalten und Speichelfluss immer schwächer. Man spricht von *Extinktion* (Auslöschung) im Unterschied zum passiven Vergessen. [Basiskonzept S. 380]

A1 Bienen zeigen Blütentreue, d. h. sie fliegen zu einer bestimmten Zeit nur Blüten einer Art an, bis dieser Nektarvorrat erschöpft ist. Interpretieren Sie dieses Verhalten.

Operante Konditionierung

Burrhus F. Skinner (1904 — 1990) führte Lernversuche u. a. mit Ratten in standardisierten Versuchsanordnungen durch. Diese bestanden aus Käfigen, in denen sich ein Hebel und eine Futterschale befanden *(Skinner-Box)*. Setzte man z. B. eine hungrige Ratte in die Skinner-Box, so orientierte sie sich und suchte nach Nahrung. Drückte sie dabei zufällig auf den Hebel, so fiel ein Futterkorn in die Schale. Nach einigen Wiederholungen führte die Ratte die Handlung in immer kürzeren Abständen aus (Abb. 1). Sie hatte gelernt, dass einer — zunächst zufälligen — Handlung (Hebeldrücken) eine Belohnung (Futterkorn) folgte. Heute bezeichnet man dieses Verhalten als *bedingte Aktion*. Zwei Voraussetzungen sind dabei erforderlich: Ratten beriechen, beäugen und betasten eine neue Umgebung immer *(Erkundungsverhalten)*. Außerdem müssen sie hungrig sein. Der Lernerfolg ist dabei umso höher, je größer die Handlungsbereitschaft ist.

Die Futterkörner sind für Ratten eine *positive Verstärkung*, da das Futter eine Belohnung darstellt. Wenn dagegen das Drahtgitter am Käfigboden unter Strom steht und die Ratte dies durch Hebeldrücken abstellen kann, lernt sie diese Reaktion, weil sie den Stromschlag vermeiden will. Der Stromschlag ist eine negative Verstärkung. Unter einer Verstärkung verstand Skinner also alle Reize, welche die Wahrscheinlichkeit des Auftretens einer Verhaltensweise erhöhen.

Wird eine Verhaltenweise stets von negativen Folgen begleitet, so wird das Verhalten auf Dauer unterdrückt. Man spricht man von *Lernen aus schlechter Erfahrung* oder *bedingter Hemmung*. Die Lernform, bei der eine zufällige Handlung eine nachfolgende Verstärkung oder Hemmung bedingt, bezeichnete Skinner als *operante* bzw. *instrumentelle Konditionierung*.

Art der Erfahrung / erlernt	Klassische Konditionierung	Instrumentelle/ operante Konditionierung
	Auslösende Reizsituation	Verhaltenselement
Belohnung	Bedingte Appetenz	Bedingte Aktion
Bestrafung	Bedingte Aversion	Bedingte Hemmung

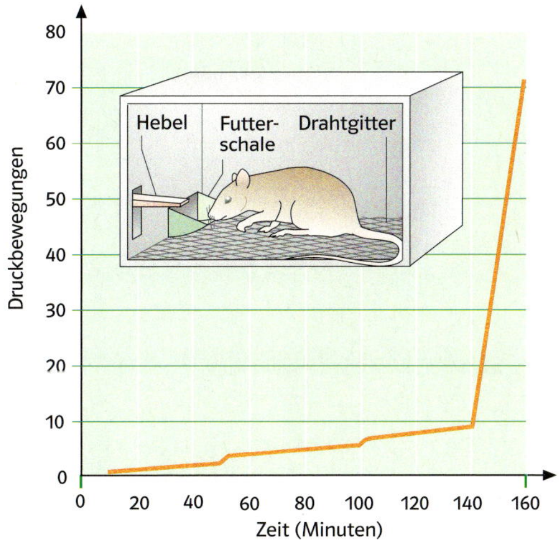

1 *Operante Konditionierung einer Ratte*

Will man einer Ratte durch Konditionierung eine Abfolge von Handlungen beibringen, muss der Lernvorgang in mehrere Teilstücke zerlegt werden, z. B. Hebeldrücken und eine Treppe ersteigen: In einer auf zwei Etagen ausgeweiteten Skinner-Box drückt die Ratte zufällig auf den Hebel in der oberen Ebene und erhält dort in einer Schale Futter als Belohnung. Durch mehrfaches Wiederholen lernt sie die Handlung. Danach installiert man den Hebel in der unteren Drahtgitterebene, die Futterschale bleibt oben. Die Ratte wiederholt das Hebeldrücken mehrmals. Hebt man sie danach vor die Futterschale und lässt sie fressen, so beginnt die Ratte zögernd, dann aber gezielt, nach jedem Hebeldrücken die Treppe zur Futterschale nach oben zu laufen. Das Lernen der Handlungsfolge „Hebeldrücken — Treppensteigen" wurde durch Verstärkung der einzelnen Handlungen erreicht.

A1 Erstellen Sie eine Dressuranleitung, um einer Ratte beizubringen, dass sie nur auf einen runden Hebel, nicht aber auf einen eckigen drückt.

A2 Überlegen Sie sich zu den vier Konditionierungsarten der nebenstehenden Tabelle anschauliche Beispiele.

Komplexes Lernen

1 *Orang-Utan im Kastenexperiment*

2 *Waschender Rotgesichtsmakake*

Kognitiv
lat. *conescere* = erkennen, erfahren, kennen lernen

Früher nahm man an, dass komplexere Lernleistungen dem Menschen vorbehalten sind. Inzwischen kennt man aber einige Beispiele für solche Fähigkeiten bei Tieren.

Werkzeuggebrauch

Schimpansen wurden in der Natur dabei beobachtet, wie sie Termitenhügel mit den Fingern aufkratzen und dann einen festen Halm oder Stock mit den Zähnen für den Gebrauch herrichten. Sie halten den Stock in das Loch, bis sich Termiten daran festgebissen haben, ziehen das Werkzeug heraus und fressen die Termiten. Andere tauchen durchgekautes Laub wie einen Schwamm in wassergefüllte Astlöcher und trinken dann, indem sie die Flüssigkeit heraussaugen. Auffällig ist, dass die Tiere diese Techniken nur zeigen, wenn sich ihnen ein entsprechendes Problem stellt. Davon zu unterscheiden sind Fälle von Werkzeuggebrauch, die genetisch bedingt sind. So verwenden Spechtfinken kleine Zweige, um Insektenlarven unter der Baumrinde zu erreichen. Jungtiere nehmen solche Gegenstände selbst dann auf, wenn die Larven frei zugänglich sind.

Schimpanse stochert nach Termiten

Kognitives Lernen

Wolfgang Köhler beschrieb 1917 ein Experiment mit Schimpansen, die sich in einem Raum befanden, an dessen Decke für sie unerreichbar eine Banane hing. Im Raum standen einige Holzkisten. Zuerst versuchten die Tiere, das Ziel im Sprung vom Boden aus zu erreichen. Ein Schimpanse gab das bald auf, ging unruhig umher, blieb kurz vor den Kisten stehen, ergriff sie und stapelte sie unter der Banane aufeinander, so dass er an das Obst kam. Der Vorgang dauerte nur wenige Sekunden. Er schien dazu in Gedanken die Lösung des Problems durchgespielt zu haben, ehe er den Lösungsweg auf einmal ausführte. Dies wird als Lernen durch *Einsicht* oder als *Kognitives Lernen* bezeichnet (s. Abb. 1). Wesentliches Kriterium ist dabei nicht die Komplexität des Problems, sondern dass die Lösung ohne entsprechende Vorerfahrungen und nicht durch Versuch und Irrtum gefunden wird. Als äußere Anzeichen gelten, dass Planungs- und Handlungsphase deutlich voneinander abgegrenzt und häufig durch eine Pause getrennt sind. Die Handlung erfolgt dann rasch und zielstrebig.

Soziales Lernen und Tradition

Rotgesichtsmakaken wurden auf einer japanischen Insel über längere Zeit beobachtet. 1953 sah man erstmals, wie ein Jungtier Süßkartoffeln in einem Fluss wusch und sie so von Sand befreite. Zuerst ahmten Gleichaltrige das Verhalten nach, später wuschen nahezu alle Tiere der Gruppe die Kartoffeln vor dem Fressen. Auch Tiere der nachfolgenden Generationen zeigten dieses Verhalten (s. Abb. 2). Das *Lernen durch Nachahmung* führt zum Entstehen von Traditionen, die ihrerseits Bestandteil einer Kultur sind.

Weitere Lernformen

Menschen und Tiere lernen in vielerlei Hinsicht sehr ähnlich. Versuche unter anderem mit Menschenaffen, Nagetieren und auch verschiedenen Vogelarten zeigten deutliche Parallelen zu dem menschlichen Erkenntnisgewinn und Lernverhalten.

Kognitives Lernen

Erste Versuche zur Kognition hatten BERNHARD RENSCH und JÜRGEN DÖHL 1986 mit einer Schimpansin gemacht. Sie musste mit einem Magneten, den sie in der Hand hielt, einen flachen Eisenring durch ein Ganglabyrinth bewegen, nachdem sie gelernt hatte, sich mit dem Ring Futter zu besorgen. Das Ganglabyrinth war durch eine Plexiglasscheibe abgedeckt und ließ nach dem Startpunkt keine Korrektur mehr zu. Es konnte zunehmend schwieriger gestaltet werden. Bei den komplexen Aufgaben setzte sich die Schimpansin zunächst bis zu 75 s lang vor die Versuchsanordnung, führte Blick- und Kopfbewegungen aus und zog dann in weniger als 61 s den Magnet über die richtige Strecke. Studenten benötigten durchschnittlich etwa die Hälfte der Zeit. Später durchgeführte Versuche mit fünf- und sechsjährigen Menschen zeigten große Unterschiede in den Strategien.

1 *Schimpansenkind beim Problemlösen*

Abstraktion und Generalisieren

Um das Unterscheidungsvermögen von Ratten zu überprüfen, bot man ihnen in einem Experiment jeweils drei Klappen mit unterschiedlichen Streifenmustern an. Zwei Muster stimmten überein, das dritte wich ab. Hob die Ratte die Klappe mit dem abweichenden Muster an, wurde sie belohnt. Wiederholte man den Versuch mit anderen Mustern, aber entsprechender Wahlsituation, so entschied sich die Ratte überwiegend für das abweichende Muster, da dies verstärkt wurde.

2 *Abstraktionsverhalten*

Man deutet das Verhalten der Ratte so, dass sie nicht auf ein konkretes Reizmuster konditioniert ist, sondern auf das Merkmal „abweichend von den mehrfach vorhandenen Mustern" *(Abstraktion)*. Sie wendet dieses Prinzip beim Wahlverhalten in weiteren Versuchen ebenfalls an *(Generalisation)*. Das gemeinsame Merkmal „abweichendes Muster" wird in Form eines Bildes oder Schemas zu einem Begriff *(averbale Begriffsbildung)*.

Averbale und verbale Begriffe

OTTO KOEHLER bot einer Dohle mehrere Futterschüsselchen, die mit Deckeln verschlossen waren, und von denen jede eine unterschiedliche Anzahl von Punkten aufwies, an. Die Dohle lernte, den Deckel desjenigen Schälchens abzuheben, bei dem die Anzahl der Punkte mit der Vorgabe der Anweisertafel übereinstimmte. Nur in diesem Schälchen wurde sie mit Futterkörnern belohnt. Die Dohle konnte bei bis zu 8 Punkten auf der Anweisertafel die Anzahl bildlich erfassen *(averbale Zahlbegriffe)*. Die verbale Begriffsbildung bleibt Menschen vorbehalten; sie können Begriffe in einem Denkvorgang bilden und in Worten (z. B. Zahlen) ausdrücken.

3 *Dohle öffnet Futterschüssel*

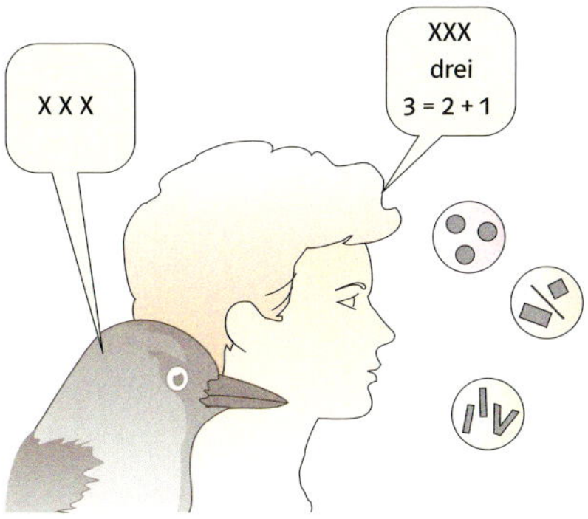

4 *Averbale und verbale Begriffsbildung*

Spielverhalten

Spielverhalten besitzt keinen erkennbaren äußeren Zweck, beinhaltet aber viele Bewegungen, die zielgerichtet erscheinen. Junge Katzen schleichen sich in typischer Körperhaltung an Artgenossen an und packen sie mit Bewegungen, die dem Fangen und Töten der Beute ähneln. Sie fügen ihren Artgenossen dabei zwar keine ernsthaften Verletzungen zu, das Spiel ist aber trotzdem mit Energieaufwand verbunden. Das junge Tier übt so Verhaltensweisen „für später" ein und perfektioniert sie. Sind die Tiere geschützt und versorgt, trainieren sie so ihre Muskulatur und stärken ihr Herz-Kreislauf-System.

Selbsterkenntnis

5 *Schimpanse erkennt sich*

Gibt man Schimpansen die Möglichkeit, sich in einem Spiegel zu sehen, so manipulieren sie an sich und entfernen Farbflecken, die man im Schlaf aufgetragen hatte. Die Schimpansen erkennen also das Spiegelbild als ihr Abbild. Das Verhalten zeigt, dass Menschenaffen über einen *averbalen Ich-Begriff* verfügen. Dies wirft die Frage auf, ob sie ein Bewusstsein im menschlichen Sinne haben.

Lernverhalten

Blaumeise

Viele genetisch bedingte Verhaltenselemente werden im Verlauf der Individualentwicklung verändert und ergänzt. Dieses Zusammenwirken von genetischem und erfahrungsbedingtem Verhalten nannte KONRAD LORENZ Instinkt-Dressur-Verschränkung. Heute wird Lernen als eine auf Erfahrung basierende *Modifikation des Verhaltens* bezeichnet. Der angeborene Auslösemechanismus (AAM) wird zu einem durch Erfahrung ergänzten *EAAM*.

Vogelkundler in England beobachteten 1821 erstmals Blaumeisen, wie sie die Verschlüsse von Milchflaschen aufpickten und von der Rahmschicht nippten. Offensichtlich hatte eine Meise zufällig einen Verschluss geöffnet, wie Blaumeisen auch bei der Beutesuche Rinde anheben. Da sie Nahrung fand, wiederholte sie das Aufpicken an den glänzenden Folien. Durch das Lernen wird eine sinnvolle Anpassung des individuellen Verhaltens an spezielle Umweltgegebenheiten ermöglicht. Es ist für die Meise vorteilhaft, jedoch nicht lebensnotwendig *(fakultatives Lernen)*.

Jedes Eichhörnchen muss die geeignete Sprengtechnik für Nüsse notwendigerweise erlernen. Nur so kann es im Winter von dem zuvor versteckten Futter leben. In diesem Fall ist Lernen lebensnotwendig *(obligatorisches Lernen)*, die Technik des Öffnens einer Haselnuss jedoch ist fakultativ (Info-Box).

Eine neu aufgestellte Vogelscheuche löst zunächst Fluchtverhalten aus. Bald jedoch nimmt die Reaktion auf den immer gleich bleibenden Reiz ab und bleibt schließlich völlig aus. Ein anderer Reiz, z. B. ein lauter Knall, vermag dann aber wieder das Fluchtverhalten mit der ursprünglichen Intensität auszulösen. Die Abnahme der Reaktionsintensität lässt sich also nicht mit einer Ermüdung der benötigten Muskeln erklären. Auch eine zu geringe Handlungsbereitschaft für Fluchtverhalten ist ausgeschlossen. Da die Vogelscheuche keine positiven oder negativen Folgen hat, lernt das Tier, sein Antwortverhalten anzupassen. Eine derartige Abnahme der Reaktionsintensität auf einen wiederkehrenden Reiz hin nennt man *Gewöhnung* bzw. *Habituation*. Sie ist reizspezifisch.

Lässt man Tauben in Käfigen aufwachsen, in denen sie das Fliegen nicht üben können, so fliegen sie später genauso wie ihre Artgenossen, die in freier Natur aufgewachsen sind. Die Fähigkeit des Fliegens hängt nicht vom Erproben der Flugmuskulatur, sondern von der *Reifung* neuromuskulärer Strukturen ab.

Info-Box: Abwandlung genetisch bedingter Reaktionen durch Lernen

Gibt man einem zwei Monate alten unerfahrenen Eichhörnchen *(Kaspar-Hauser-Tier)* zum ersten Mal eine Haselnuss, so benagt es diese sofort nach allen Richtungen. Erst später versucht es, die Nuss mit den Nagezähnen aufzuhebeln. Nussgroße Ton- und Holzkügelchen werden ebenfalls von allen Seiten benagt. Die Abbildung zeigt eine so benagte Nuss von der Basis (a) bzw. von der Spitze (b) her gesehen.

Für das Aufbrechen der ersten Nüsse benötigt ein Eichhörnchen viel Zeit. Die Nagespuren, die zu Beginn wahllos über die gesamte Nuss verteilt sind, werden erst allmählich, etwa nach der 12. Nuss (c), parallel zur Faserung der Nuss ausgerichtet, wodurch sich auch die Zeit bis zur Nahrungsaufnahme verkürzt. Erfahrene Eichhörnchen nagen sofort ein bis zwei Längsfurchen oder ein Loch an der Spitze oder der Basis der Nuss auf, ehe sie die Nuss mit ihren Nagezähnen aufhebeln oder aufbrechen. Je nach der Art der angewendeten Bewegungen lassen sich bei erfahrenen Eichhörnchen drei Techniken unterscheiden: Die Spreng-, die Lochnage- und die Lochsprengtechnik (d, e, f).

Jedes Eichhörnchen verfügt also über die genetisch bedingte Fähigkeit, nussgroße Gegenstände zu benagen und erlernt ergänzend seine eigene Öffnungstechnik.

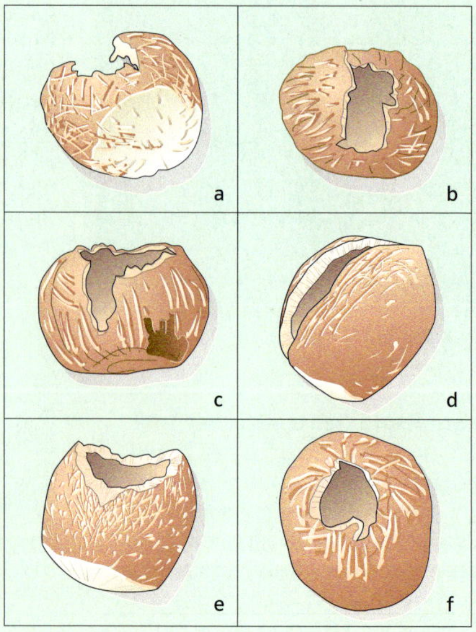

Material
Karawanenbildung bei Spitzmäusen

HANNA MARIA ZIPPELIUS beschreibt, dass junge Haus- und Feldspitzmäuse, wenn sie aus dem Nest geraten sind oder der Unterschlupf gewechselt werden muss, durch die Mutter zur Karawanenbildung angeregt werden. Die Mutter fordert ihre wimmernden Jungen, je nach Situation mit abgestufter Intensität, zur Karawanenbildung auf. Dazu beißt sie ein Junges in das Nackenfell und hebt es kurzzeitig an (s. Abb.).

Die Jungen beißen sich entweder am Fell der Mutter in der Nähe der Schwanzwurzel oder an dem des letzten Karawanenmitglieds, also eines Geschwisters, fest. Mit der Karawane von Jungen, die ihr folgen, macht sich die Mutter dann auf den Weg (s. Abb. rechts).

Attrappen- und Austauschversuche

Dass der Bildung einer solchen Karawane eine Verständigung der beteiligten Tiere zugrunde liegt, setzte man voraus. Wissen wollte man aber, ob das zur Karawanenbildung erforderliche Verhalten der Jungen genetisch festgelegt oder erfahrungsbedingt ist. Die folgenden Beobachtungen geben näheren Aufschluss:

- Lässt man eine junge Spitzmaus isoliert von den Artgenossen durch eine artfremde Amme, die die Karawanenbildung nicht initiiert, aufziehen, beißt sie sich ab dem 6. Lebenstag im Fell der Amme oder eines Nestgeschwisters fest.
- Fordert man sie in diesem Alter zum Zubeißen und Mitlaufen auf, so folgt sie auch einer Attrappe (z. B. Felle von Waldspitz- oder Hausmäusen, von Gartenschläfern oder Wildlederlappen (s. Abb. unten), aber auch gerade getöteten Haus- und Spitzmäusen).
- Lässt man eine 8—14 Tage alte Hausspitzmaus, die auf nicht artgemäße Attrappen auch nach der stärksten Aufforderung nicht mehr reagiert, kurz an einer lebenden Hausspitzmaus riechen, so zeigt sie das bekannte Wimmern und beißt anschließend bei jeder ihr gebotenen Attrappe zu.
- Bietet man in dieser Zeit eine durch ätherische Öle geruchlich veränderte Hausspitzmaus, wird diese nicht als solche erkannt und ist als Objekt für das Zubeißen unwirksam.
- Zwischen dem 8. und 14. Lebenstag wendet sich die Hausspitzmaus spontan von jeder nicht artgemäßen Attrappe ab, akzeptiert diese jedoch nach vorheriger Darbietung des arteigenen Geruches.
- Vom 15. Lebenstag an beißt eine Spitzmaus nur noch bei der Mutter oder bei Geschwistern zu, fremde Attrappen werden angedroht.
- Gibt man ein Tier von 4—5 Tagen zu einer Amme, z. B. zu einer Hausmaus, zeigt die junge Spitzmaus vom 6. Tag an die Verhaltensweise des Verbeißens nach Aufforderung, auch bei verschiedenen Attrappen. Vom 10. Tag an erfolgt diese Reaktion zwar gegenüber einer getöteten Hausmaus, jedoch nicht gegenüber der Spitzmausmutter.
- Ab dem 15. Tag beißt die Jungspitzmaus nur noch bei der Amme oder den Stiefgeschwistern zu, weder bei anderen Hausmäusen noch bei der Mutter oder den Geschwistern.
- Setzt man eine junge Spitzmaus, die von einer Hausmaus-Amme aufgezogen wurde, am 15. Lebenstag zur Mutter zurück, wird sie wieder gesäugt. Das Jungtier reagiert aber auf deren Aufforderungen nicht mehr, verbeißt sich jedoch sofort in das Fell der Amme, wenn sie in deren Nest zurückkommt. Bis zum 21. Tag, mit dem das Verbeißen und Mitlaufen auch normalerweise erlischt, ändert sich daran nichts mehr.

A1 Beschreiben Sie, wie sich die Reaktion herangewachsener Spitzmäuse bei Aufforderungen zur Karawanenbildung entwickelt.

A2 Leiten Sie aus den Versuchen ab, inwieweit man bei der Karawanenbildung der Spitzmäuse von Lernen durch Prägung sprechen kann.

A3 Erläutern Sie die biologische Bedeutung der dargestellten Verhaltensweise.

Übungen
Neurobiologie

Kurzgefasst
Lebewesen nehmen je nach Ausstattung der Sinnesorgane unterschiedlichste Informationen aus der Umwelt auf. Diese sind sowohl für den Räuber als auch für die Beute von großer Bedeutung. Eine angemessene schnelle Reaktion entscheidet häufig über das Überleben in der Natur. Dazu müssen die aus der Umgebung gewonnenen Informationen in kurzer Zeit ausgewertet werden.

Lebewesen verfügen über unterschiedlichste Sinnesorgane, die jeweils auf adäquate Reize reagieren. Der Reiz löst in den Sinneszellen ein elektrisches Signal aus, welches aufgrund der Signalverstärkung häufig stärker ausfällt als der eigentliche Reiz. Im Ruhezustand misst man bei Nervenzellen eine Spannung zwischen Innen- und Außenseite der Membran. Eine unterschiedliche Ionenverteilung positiver und negativer Ionen führt zu einem Ladungsunterschied. Bei einem Aktionspotential ändert sich die Permeabilität der Ionenkanäle. Natriumionen strömen in das Innere des Axons der Nervenzelle. Es kommt zu einer *Depolarisation*. Diese Veränderung des Membranpotentials führt zur Öffnung benachbarter spannungsabhängiger Kanäle. Der elektrische Impuls wird weitergeleitet. An Verbindungsstellen zwischen zwei Neuronen, den *Synapsen*, wird die Information durch Transmittermoleküle auf chemischen Weg übertragen. Neuroaktive Stoffe können die Informationsweitergabe an den Synapsen beeinflussen.

Im Gehirn werden die Informationen der Sinnesorgane interpretiert und bewertet. Außerdem dient das Gehirn als Speicherorgan. Wissen und motorische Fähigkeiten können im Gedächtnis abgespeichert werden. Zusätzlich übernimmt das Gehirn Steuerfunktionen.

Lebewesen können trotz wechselnder innerer und äußerer Bedingungen bestimmte Faktoren konstant halten. An der Erhaltung des Gleichgewichtszustands, der *Homöostase*, sind sowohl das Nerven- als auch das Hormonsystem des Körpers beteiligt. *Hormone* sind chemische Botenstoffe, die über das Blut im Körper verteilt werden. Der *Hypothalamus* ist die übergeordnete Instanz des hormonellen Regelsystems. Er koordiniert aber auch das Zusammenspiel von autonomem und somatischem Nervensystem und dem Hormonsystem bei Vorgängen wie der Regulation der Körpertemperatur oder der Stressreaktion.

1 Potentiale bei Pflanzenzellen

Auch bei Pflanzenzellen kann man Membranpotentiale messen. So hat z. B. die Armleuchteralge *Nitella* (Abb. 1) ein Ruhepotential von −90 mV, das durch unterschiedliche Ionenverteilung an der Membranaußenseite und -innenseite zustande kommt. Bei Reizung treten Aktionspotentiale auf. Das Ruhepotential soll laut älteren Literaturangaben vor allem auf dem Ausstrom vom K^+-Ionen und das Aktionspotential auf dem Einstrom von Ca^{2+}-Ionen beruhen. Neuere Untersuchungen widersprechen zum Teil dieser Hypothese. Nachfolgende Tabelle gibt die neuesten Messergebnisse über die Ionenverteilung an der Membranaußenseite und -innenseite der Armleuchteralge *Nitella* an.

1 *Armleuchteralge Nitella*

Ionensorte	Membranaußenwand (mmol/l)	Nitella-Zellsaft (mmol/l)
Cl^-	0,9	90,7
Mg^{2+}	0,8	27,7
Ca^{2+}	0,8	10,2
Na^{2+}	0,2	10,0
K^+	0,04	54,3
organische Anionen	–	vorhanden

A1 Erläutern Sie mithilfe der angegebenen Ionenverteilung in der Tabelle die möglichen Ionenvorgänge, die bei der Armleuchteralge das Ruhepotential und das Aktionspotential hervorrufen.

A2 Stellen Sie begründet fest, welcher Teilaspekt der früheren Hypothese in diesem Fall angezweifelt werden muss. Beurteilen Sie die frühere Hypothese.

2 Postsynaptische Hemmung

Bei der Verschaltung der Neuronen gibt es die Phänomene der *prä-* und der *postsynaptischen Hemmung* der Erregungsleitung. Abbildung 2 zeigt ein Beispiel einer postsynaptischen Hemmung.

A3 Erklären Sie die postsynaptischen Potentiale auch auf molekularer Ebene.

A4 Stellen Sie den Verlauf der Aktionspotentiale im weiterleitenden Axon grafisch dar und erläutern Sie ihn.

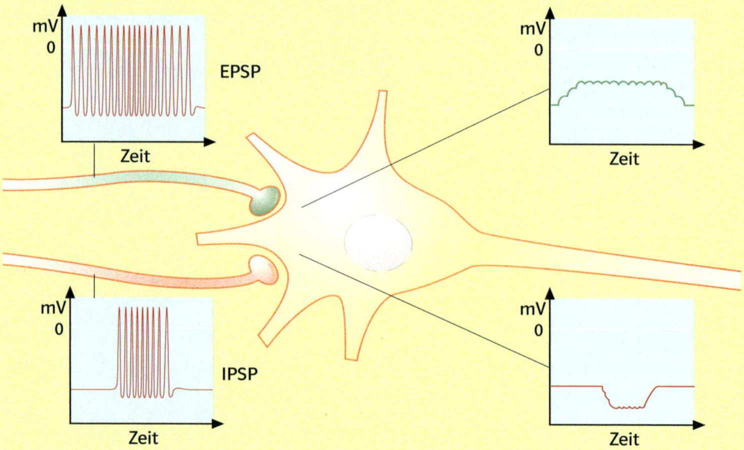

2 *Postsynaptische Hemmung*

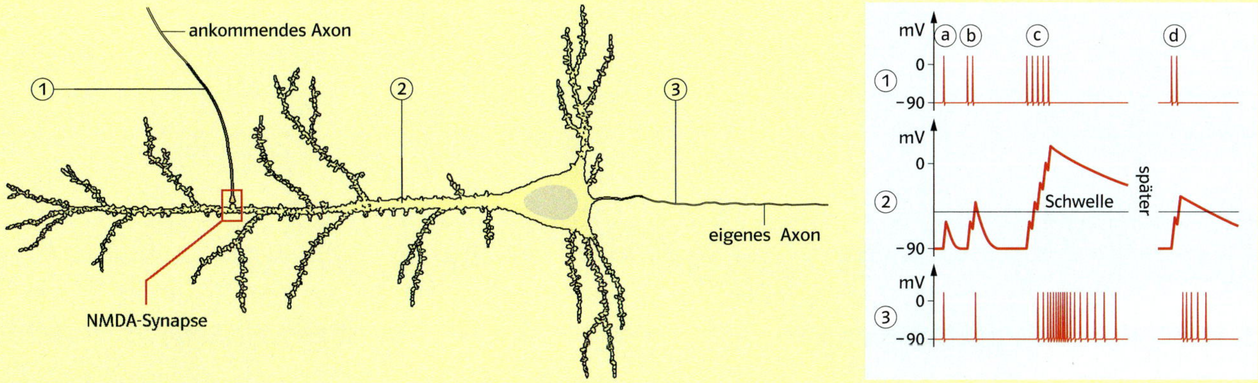

3 *Messungen an einer NMDA-Synapse*

3 Myasthenie (Myasthenia gravis)

Charakteristisch für diese Krankheit ist eine abnorme, belastungsabhängige Muskelschwäche. Zu den Symptomen gehört beispielsweise Atmenot. Nach Ruhepausen bessern sich die Symptome. Die *Myasthenie* kommt in allen Altersgruppen vor und wird zunehmend häufiger im höheren Alter diagnostiziert.

Die häufigste Form ist wahrscheinlich eine Autoimmunkrankheit und wird durch Antikörper gegen die eigenen Acetylcholinrezeptoren an den motorischen Endplatten hervorgerufen, sodass die Rezeptoren gestört werden. Bei betroffenen Personen können dadurch deutlich weniger Rezeptoren aktiv sein als bei gesunden Personen.

Neostigmin war die erste Substanz, die zur Behandlung der MG-Symptome eingesetzt wurde. Neostigmin konkurriert kompetitiv und reversibel mit dem Transmitter Acetylcholin um das Enzym Acetylcholinesterase, das ACh in Acetat und Cholin zerlegt.

A5 Beschreiben Sie, warum Neostigmin normalerweise ein Gift darstellt und wie sich Vergiftungen äußern müssten.

A6 Erklären Sie die Zusammenhänge, warum Neostigmin ein sinnvolles Medikament bei der Behandlung der Myasthenie darstellt.

4 Langzeitpotenzierung

Lernen erfolgt auf neuronaler Ebene u.a. durch Veränderung der Synapsenanzahl. Daneben kennt man aber auch einen Mechanismus, der *Langzeitpotenzierung* („long-term potentiation", LTP) genannt wird. LTP kennt man vor allem von Neuronen mit dornförmigen Dendriten. Dies sind besondere Ausstülpungen der Dendritenmembran, auf denen bevorzugt Synapsen enden. Als Transmitter tritt meistens *Glutamat* (Glu) auf. Diese Synapsen werden NMDA-Synapsen genannt, denn sie besitzen neben den üblichen Ionenkanälen in der postsynaptischen Membran spezielle Calcium-Kanalrezeptoren, die durch Magnesiumionen (Mg^{2+}) blockiert sind. Ohne Magnesiumionen kann leicht ein anhaltender Ca-Einstrom (Ca^{2+}) in den Dendriten erfolgen. Untersuchungsergebnisse zur LTP an derartigen Dendriten zeigt Abbildung 3.

A7 Beschreiben Sie die vier Versuchsteile (3a—d) und ihre Messergebnisse.

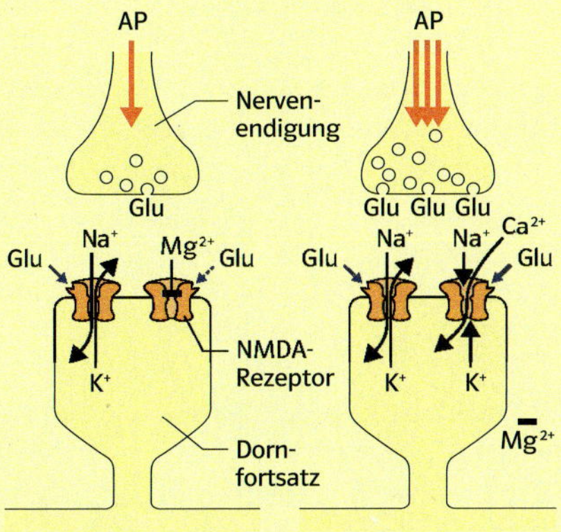

4 *Langzeitpotenzierung (LTP)*

A8 Erklären Sie den Effekt der LTP anhand der Versuchsergebnisse. Stellen Sie dabei auch eine Hypothese auf, was LTP bewirken müsste.

A9 Erklären Sie unter Einbeziehung von Abbildung 4, inwieweit sich in LTP Lernen ausdrückt.

5 Homöostase

Auf den Seiten 314 und 315 wird die Regulation des Blutzuckerspiegels beschrieben.

A10 Erläutern Sie am Beispiel des Blutzuckerspiegels des Menschen, dass Homöostase ein Ergebnis von Regelungsvorgängen ist. Erläutern Sie in diesem Zusammenhang die Bedeutung der negativen Rückkopplung für die Stabilität in physiologischen Systemen.

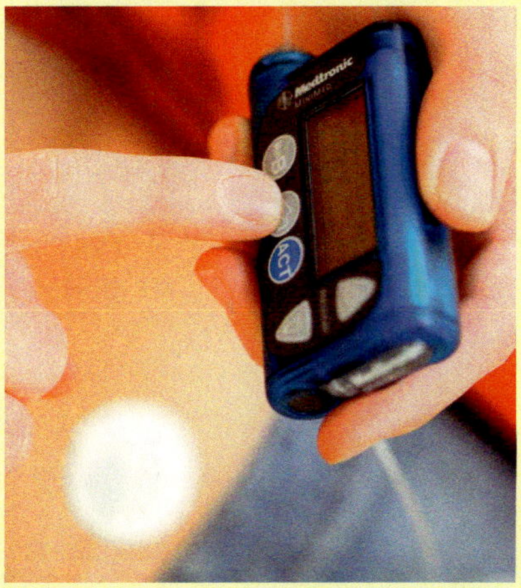

5 *Insulinpumpe*

6 Evolution

Seit über dreieinhalb Milliarden Jahren gibt es Leben auf der Erde. Erdgeschichtliche Untersuchungen dokumentieren, dass sich aus ersten einfachen Lebewesen bis heute eine erstaunliche Vielfalt entwickelte. Alle Veränderungen, durch die das Leben auf der Erde von seinen ersten Anfängen bis zu seiner heutigen Vielfalt gelangt ist, bezeichnet man als *Evolution*.

Dabei geht es nicht nur um die Vielfalt der Arten, sondern auch um die Vielfalt innerhalb einer Art. Diese Variabilität ist letztlich auch das Ausgangsmaterial der Evolution. Auch der Mensch macht sich Rassen und Sorten für die Züchtung von Nutztieren und Kulturpflanzen zunutze. Die Erhaltung der Vielfalt der Lebewesen gilt als wichtigstes Ziel in der globalen Entwicklung, aber erhalten kann man nur, wenn man auch versteht, wie diese Vielfalt entstanden ist, wodurch sie beeinflusst oder möglicherweise bedroht wird.

DARWIN erkannte die Bedeutung der Variabilität, ohne etwas über ihre Ursachen zu wissen. Erst die Erkenntnisse aus der molekularen Genetik und der

Populationsgenetik ließen eine Vertiefung von DARWINS Idee zur Synthetischen Evolutionstheorie zu. Mutationen und Rekombination des genetischen Materials führen zu den beobachteten abgestuften Ähnlichkeiten unter Individuen. Neue Arten bilden sich durch Aufspaltung vorhandener Arten. Auf der Grundlage der Verwandtschaft der Arten lässt sich ein Stammbaum konstruieren.

Das Denken und Forschen in Fragestellungen der Evolution ist heute zum Leitmotiv der meisten biologischen Arbeiten geworden.

Synthetische Evolutionstheorie

Mit den Fortschritten der Populationsgenetik in den 1930er- und 1940er-Jahren wurden vor allem der *Darwinismus* und der *Mendelismus* in Einklang gebracht. Dieser Einklang bestand darin, dass man die genetische Basis für die Variabilität und für die natürliche Selektion erkannte und mit weiteren Wissenschaftsdisziplinen wie beispielsweise der Mathematik, der Verhaltensbiologie, der Biogeografie und der Paläoontologie verknüpfte. Das Ergebnis dieser Verknüpfungen ist die sogenannte *Synthetische Evolutionstheorie*. Grundlage der Evolution sind Veränderungen im Genpool einer Population. Sie besteht aus Individuen einer Art, die aufgrund von unterschiedlichen Selektionsfaktoren eine genetische Vielfalt aufweisen (s. Abb., mittlerer Ring). Der einzige Selektionsfaktor, der diese Vielfalt einschränkt und der zur Anpassung von Populationen an ihre Umwelt führt, ist die *natürliche Selektion*. Dieses Denken in Populationen gehört zum Kern der Synthetischen Evolutionstheorie und unterscheidet sich vom Denken in Arten von CHARLES DARWIN. Dabei ruht das Gebäude der Synthetischen Evolutionstheorie auf den folgenden fünf Säulen:

Variabilität

Oft erscheinen uns die Individuen einer Art weitgehend ähnlich oder nahezu gleich. Aber bei näherer Betrachtung gibt es keine zwei Individuen, die sich völlig gleichen. Selbst bei eineiigen Zwillingen oder Klonen lassen sich Unterschiede finden. Diese Unterschiedlichkeit von Angehörigen einer Population oder Art wird Variabilität genannt. Arten bestehen also aus Populationen, die sich jeweils aus einzigartigen Individuen zusammensetzen. Diese phänotypische Vielfalt ist zu einem großen Teil Ausdruck der genetischen Vielfalt einer Population, deren *Genpool* die Allele sämtlicher Genorte aller Individuen umfasst.

Die genetische Variabilität einer Population entsteht durch *Mutation* und *Rekombination*. Dabei verändern Mutationen die Gene und erzeugen neue Allele. Rekombination dagegen greift auf die im Genpool vorhandene Vielfalt der Allele zurück. Die Nachkommen in einer sich sexuell fortpflanzenden Population tragen neue Kombinationen von Allelen *(Genotypen)*, die zu neuen *Phänotypen* führen können. [Basiskonzept S. 382]

Natürliche Selektion

Individuen sind in der Regel so fruchtbar, dass sie mehr Nachkommen hinterlassen als für den Ersatz der Elterntiere ausreichend wäre. Würden alle Individuen überleben, würden die Populationen exponentiell wachsen. Dem steht allerdings die allgemeine Beobachtung entgegen, dass die Populationsgröße über längere Zeit mehr oder minder gleich bleibt. Ressourcen stehen nicht unbegrenzt zur Verfügung, sondern sind knapp. Die Individuen einer Population konkurrieren entsprechend um die knappen Güter, und das Überleben sowie die Fähigkeit, sich fortzupflanzen, hängen von den individuellen Merkmalen ab.

Vorteilhaft sind jene Merkmale, die zu den jeweiligen Umweltbedingungen besser passen als andere. Individuen mit solchen Merkmalen sind für diese Umwelt geeigneter als andere Individuen und überleben bevorzugt *(survival of the fittest)*. Handelt es sich um erbliche Merkmale, hinterlassen sie Nachkommen mit den gleichen Merkmalen, ihr Fortpflanzungserfolg ist größer als der von Artgenossen mit weniger geeigneten Merkmalen. Durch Umweltfaktoren werden also Individuen ausgewählt. Dieser Prozess der natürlichen Selektion führt zu Organismen, deren Merkmale zu bestimmten Umweltverhältnissen passen. Bei der *sexuellen Selektion* sorgen dagegen Geschlechtspartner für die Auswahl von Individuen, die zur Fortpflanzung kommen [Basiskonzept S. 372]. In jedem Fall setzt die Selektion an den individuellen Unterschieden an.

Zufallseffekte

Größere Katastrophen und andere Ereignisse mit zufälliger Auswahl der sterbenden Individuen können die Allelhäufigkeiten verändern *(Gendrift)*, auch ohne dass eine Selektion stattfindet. Dies gilt besonders für kleinere Populationen. So untermauern beispielsweise neue mathematische Klimamodellrechnungen die

Hypothese, wonach der gewaltige Vulkanausbruch des Toba auf Sumatra vor ca. 74 000 Jahren viele Individuen von Homo sapiens, vor allem in Europa und Asien, vernichtete. Einzige Ausnahme bildete der Kontinent Afrika. [Basiskonzept S. 384]

Isolation und Artbildung
Zwischen isolierten Teilpopulationen einer Art findet kein genetischer Austausch mehr statt. Die Genpools der getrennten Populationen verändern sich dann unabhängig voneinander und werden sich nach einiger Zeit unterscheiden. Auf diese Weise können sich Arten aufspalten. Oft ist dafür zunächst eine räumliche Isolation entscheidend, anschließend wird die genetische Isolation durch ökologische, ethologische, morphologische und andere Mechanismen aufrechterhalten.

Gemeinsame Abstammung
Alle heutigen Lebewesen stammen von gemeinsamen Vorfahren ab. Neue Arten entstehen im Wesentlichen durch Verzweigungs- und Umwandlungsprozesse. Durch das Anhäufen vieler kleiner Veränderungen können große Unterschiede entstehen. Dies kann je nach den Umweltbedingungen allmählich über längere Zeiträume geschehen *(graduell)* oder in relativ kurzer Zeit *(punktuell)*.

A1 Ein einzelnes Individuum besitzt immer nur einen Teil der Allele, die in einer Population insgesamt vorkommen. Bestätigen Sie diese Aussage mithilfe der Blutgruppenallele (Informationen aus dem Internet sammeln) und mithilfe der Sichelzellallele (s. Seite 236).

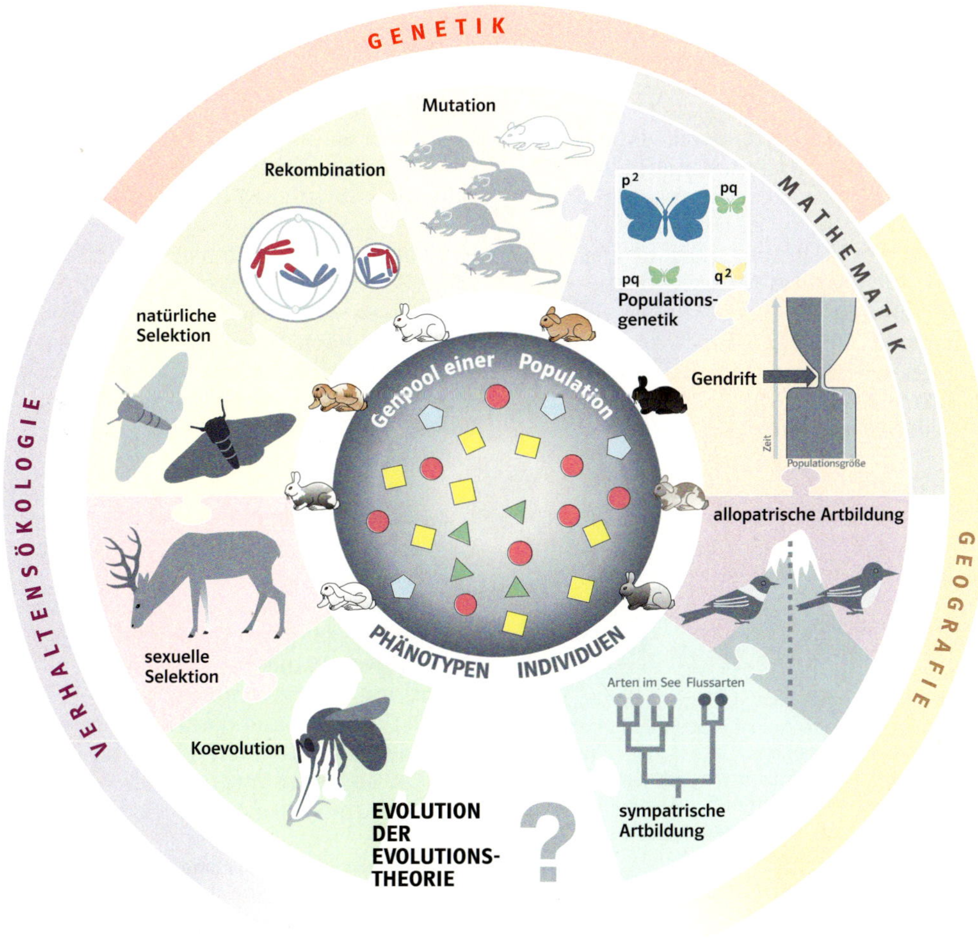

Historische Evolutionstheorien

1 *Charles Darwin (1809—1882)*

CHARLES DARWIN gilt als Vater der bis heute anerkannten *Evolutionstheorie*. ALFRED RUSSEL WALLACE (1823—1913), ein Zeitgenosse DARWINS, hat eine ähnliche Theorie erdacht und mit DARWIN korrespondiert.

Darwin und seine Theorie

DARWIN fügte mehrere Ideen, von denen die meisten zuvor schon bekannt waren, zu einem Theoriegebäude zusammen. 1859 veröffentlichte er sein bahnbrechendes Werk „On the Origin of Species by Means of Natural Selection or the Preservation of Favoured Races in the Struggle of Life". Sein Werk löste eine intellektuelle Revolution aus, weil es das vorherrschende Weltbild von Grund auf veränderte. [Basiskonzept S. 384]

Ausgangspunkt war die Evolutionstheorie im engeren Sinne: Populationen und Arten sind veränderlich. DARWIN konnte vor allem auf sein Belegmaterial, das von seiner Forschungsreise stammte, zurückgreifen. Er erkannte, dass typologisches Denken seinen Erfahrungen beim Sortieren dieser Sammlungen widersprach. Die einzelnen Exemplare waren niemals genau identisch. Populationen zeigen also *Variation*. Dies bestätigten ihm auch Tier- und Pflanzenzüchter, für deren Arbeit sich DARWIN interessierte. Weiterhin postulierte er die Abstammung aller Lebewesen von gemeinsamen Vorfahren. Durch fortdauernde Verzweigungen im Evolutionsprozess hat sich die Anzahl der Arten vermehrt. Dabei ist die biologische Vielfalt entstanden. Glanzstück seines Theoriegebäudes ist die *Selektionstheorie*. Damit wurde die Frage nach den Ursachen der Evolution beantwortet und ein naturwissenschaftlicher Mechanismus für die Entstehung von Arten beschrieben. Es handelt sich dabei um einen Zweischritt aus der Entstehung von Variationen in Populationen und dem nicht zufälligen Überleben und Fortpflanzen der unterschiedlich tauglichen Individuen.

Am Beispiel der Giraffen erläutert DARWIN: „So werden (...), als die Giraffe entstanden war, diejenigen Individuen, die die am höchsten wachsenden Zweige abweiden und in Zeiten der Dürre auch nur einen oder zwei Zoll höher reichen konnten als die anderen, häufig erhalten geblieben sein."

Darwins Kenntnisstand

DARWIN kannte noch keine Theorie der Vererbung, obwohl er die erbliche Bedingtheit von Merkmalen voraussetzen musste. Erst die Chromosomentheorie der Vererbung und die Kenntnis der Mutations- und Rekombinationsprozesse ergänzten viel später das Theoriegebäude. Es ist deshalb nur verständlich, dass DARWIN auch eine Vererbung erworbener Eigenschaften für möglich hielt.

A1 Erläutern Sie die Abbildung in der Randspalte kritisch im Sinne der Selektionstheorie.

Info-Box: Intentionales Denken

Wenn wir etwas Kompliziertes, wie z. B. eine Uhr, einen Computer oder ein Auto vor uns haben, sind wir davon überzeugt, dass solche Dinge nicht zufällig entstanden sein können, sondern Ergebnis einer Tätigkeit sind, die planvoll und absichtlich (intentional) durchgeführt wurde. Mit Blick auf so komplizierte Dinge wie Lebewesen liegt daher der Gedanke nahe, dass ein höheres Wesen (Gott) die Organismen erschaffen hat. Aus naturwissenschaftlicher Sicht ist diese Erklärung unbefriedigend, weil Kräfte und Mechanismen herangezogen werden, die naturwissenschaftlich nicht prüf- und widerlegbar sind. DARWIN hingegen hat eine Erklärung gegeben, die ohne die Intention eines höheren Wesens auskommt. Selbst die Intentionen der Individuen sind für seine Evolutionstheorie entbehrlich. Evolution ereignet sich nicht deshalb, weil die Individuen Veränderungen anstreben. Vielmehr hat DARWIN einen nicht intentionalen Mechanismus beschrieben, der zur Evolution führt.

1 *Jean Baptiste de Lamarck (1744 — 1829)*

Lamarcks Vorstellungen

JEAN BAPTISTE DE LAMARCK hatte schon ein halbes Jahrhundert vor DARWIN eine Evolutionstheorie aufgestellt, die aber zu seiner Zeit wenig beachtet wurde. LAMARCK hatte vor allem Muschel- und Schneckengehäuse untersucht. Er war beeindruckt von deren Unterschiedlichkeit wie auch deren abgestufter Ähnlichkeit mit allerlei Übergängen, die eine klare Abgrenzung zwischen nahestehenden Arten schwierig machen. LAMARCK war überzeugt von der Veränderlichkeit der Arten. Er war auch der Erste, der einen Stammbaum aufgestellt hat. [Basiskonzept S. 384]

LAMARCK nahm an, dass alle Lebewesen auf natürliche Weise auf dieser Erde hervorgebracht wurden. Durch Urzeugung seien an günstigen Orten und unter günstigen Umständen einige wenige pflanzliche und tierische Urwesen entstanden. Im Verlauf genügend langer Zeiträume sollte nach LAMARCK die ganze Vielfalt der heutigen Lebewesen entstanden sein.

Veränderungen der Bedürfnisse und Folgen

Den dabei wirkenden Mechanismus erläuterte LAMARCK an den Tieren. Beträchtliche und anhaltende Veränderungen in den Umweltverhältnissen von Tieren bewirkten eine Veränderung der Bedürfnisse. Dies machte neue Tätigkeiten notwendig, um die neuen Bedürfnisse zu befriedigen und führte zu neuen Gewohnheiten. Entweder führe der häufigere und stärkere Gebrauch eines Organs zu der entsprechenden Entwicklung bzw. Vergrößerung, oder es werde der Gebrauch neuer Organe notwendig, die durch Anstrengung des inneren Gefühls entstünden. Anders verhalte es sich bei Nichtgebrauch eines Organs — dieses werde unmerklich schwächer und verschwinde schließlich ganz.

Lamarcks Belege für seine Annahmen

Um die Wirkungen der Gewohnheiten zu belegen, führte LAMARCK die Giraffe an, die „in Gegenden lebt, wo der beinahe trockene und kräuterlose Boden sie zwingt, das Laub der Bäume abzufressen und sich beständig anzustrengen, dasselbe zu erreichen. Infolge dieser seit langer Zeit angenommenen Gewohnheit sind bei den Individuen ihrer Rasse die Vorderbeine länger als die Hinterbeine geworden, und ihr Hals hat sich (...) verlängert."

Bei den Pflanzen gibt es keine Tätigkeiten und damit auch keine Gewohnheiten. Dennoch führten Veränderungen der Umweltverhältnisse zu Veränderungen in der Entwicklung der Teile. LAMARCK erwartete, dass Pflanzen bei veränderten Umweltverhältnissen Abänderungen zeigen.

Alle durch vorherrschenden Gebrauch oder konstanten Nichtgebrauch erworbenen Abänderungen sollten dann an die Nachkommen vererbt werden. LAMARCK behauptete damit die Vererbung erworbener Eigenschaften.

A1 Erläutern Sie die Abbildung rechts im Sinne der Lamarck'schen Evolutionstheorie.

A2 Vergleichen Sie tabellarisch die Theorien von LAMARCK und DARWIN am Beispiel der Entstehung des Giraffenhalses.

A3 Erläutern Sie, inwieweit man die Theorie LAMARCKS als intentional kennzeichnen kann.

Info-Box: Finales Denken

„Die Grabbeine des Maulwurfs haben sich entwickelt, damit er besser graben kann." Solche oder ähnliche Aussagen erscheinen zunächst plausibel. Allerdings wird hier ein zukünftiges Ereignis (besser graben) als Ursache für ein bereits vorhandenes Objekt (Grabbeine) benannt. Dies ist wissenschaftlich nicht haltbar, denn Ursachen müssen den Wirkungen vorangehen.

Impulse
Evolution — Tatsachen, Theorien und Geschichte

Die *Evolutionstheorie*, wie wir sie heute kennen, verdankt ihr Entstehen der wissenschaftlichen Arbeit vieler Naturforscher: Das Verständnis der Mannigfaltigkeit und der Entstehung neuer Arten wandelte sich im Verlauf der Zeit, wurde erweitert und immer wieder verfeinert.

Jean Baptiste de Lamarck
(1744 — 1829)

Evolution der Evolutionstheorie

Neben LAMARCK und DARWIN waren und sind an der Entwicklung der Evolutionstheorie noch viele Forscher beteiligt. Solche, die aus heutiger Sicht einen wichtigen Beitrag geleistet haben, werden auf einer Zeitleiste mit ihren wesentlichen Beiträgen eingeordnet.

Astronomen betrachten es als eine Tatsache, dass die Erde um die Sonne kreist. Biologen betrachten in ähnlicher Weise die natürliche Entstehung und Veränderung der Arten als Tatsache.

- Nennen Sie mögliche Methoden, wie sich ein langsam ablaufender Vorgang beobachten lässt, und schätzen Sie deren Verlässlichkeit kritisch ein.

Alles nur Theorie?

Unter Evolution kann man sowohl die historische Tatsache der Artentstehung und des Artenwandels verstehen als auch einen ursächlichen Mechanismus. Im letzeren Falle handelt es sich um eine Theorie. Manche Menschen sagen dann abwertend, dass es sich ja „nur um eine Theorie" handele. „Theorie" wird dann umgangssprachlich im Sinne von etwas schnell Ausgedachtem, einer bloßen Idee oder einer Vorstellung gebraucht.

In den Naturwissenschaften spricht man zunächst von einer wissenschaftlichen *Hypothese*, wenn begründet ein Zusammenhang zwischen Tatsachen hergestellt wird. Bestätigt sich diese Hypothese wiederholt und in verschiedenen Zusammenhängen, dann sprechen immer mehr Wissenschaftler von einer *Theorie*. Theorien haben erklärenden Charakter.

- Nennen Sie Theorien aus der Biologie. Überprüfen Sie, ob die Evolutionstheorie den Anforderungen an eine Theorie entspricht.

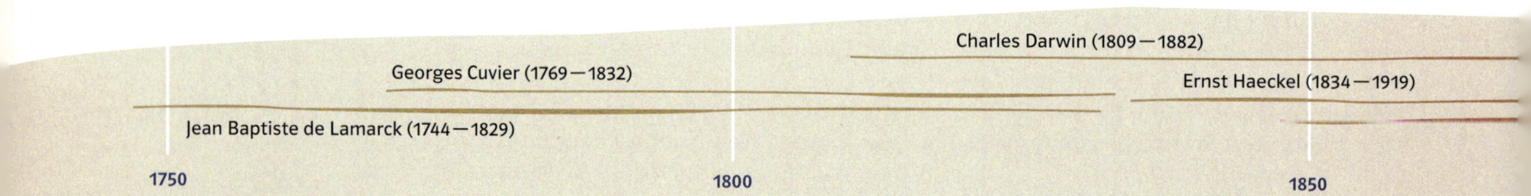

Charles Darwin
(1809 — 1882)

Georges Cuvier

Georges Cuvier erforschte die geologischen Schichten im Pariser Becken. Er fand zahlreiche Fossilien, die er als Reste von Lebewesen erkannte. Er stellte fest, dass verschiedene geologische Schichten unterschiedliche Fossilien aufwiesen. Als Erklärung diente ihm seine Katastrophentheorie: Naturkatastrophen vernichteten in größeren Zeitabständen die Lebewesen in einem Gebiet. Aus der Umgebung wanderten sie wieder ein. Cuvier war ein Anhänger der Artkonstanz.

Alfred Russel Wallace

Alfred Russel Wallace erforschte die geografische Verbreitung von Lebewesen. Im Juni 1858 erhielt Darwin ein Manuskript von Wallace: „On the tendency of varieties to depart indefinitely from the original type". Darin beschrieb er bereits das Prinzip der natürlichen Selektion. Darwin erkannte die Bedeutung dieser Arbeiten und am 1. Juli 1858 veröffentlichte er den Artikel von Wallace und einen eigenen Aufsatz von 1844. Wallace gilt als Mitbegründer der Selektionstheorie.

Evolution und Gesellschaft

Der Philosoph Herbert Spencer (1820 — 1903) wandte evolutionäre Vorstellungen auf die Gesellschaft an. Er lehnte jede Form gesellschaftlicher Sozialfürsorge ab und hielt den Kampf ums Dasein und die natürliche Auslese für die grundlegenden gesellschaftlichen Kräfte. Darwin übernahm die Begriffe „struggle for life" und „survival of the fittest" von Spencer.

In der Biologie erwiesen sich diese Begriffe als erkenntnisfördernd — wohl auch, weil Darwin immer wieder deren metaphorischen Charakter betonte. Gerade wegen ihrer Nützlichkeit in der Biologie erlangten diese Begriffe für gesellschaftliche und wirtschaftliche Entscheidungen Bedeutung. Mit dem „Kampf ums Dasein" und dem „Überleben des Stärkeren" wurden Kriege, soziale Ungerechtigkeiten und Rassismus gerechtfertigt. Ein solcher Schluss vom Sein in der Natur auf das Sollen in der Gesellschaft wird als *naturalistischer Fehlschluss* bezeichnet.

- Welche Bedeutung haben die angeführten Begriffe in der Biologie?
- Nennen Sie Beispiele für den naturalistischen Fehlschluss.

Silber und Silbermöwen

Reines Silber ist überall auf der Welt dasselbe Material. Wir erkennen Silber an seinen (unveränderlichen) Eigenschaften. Auf den ersten Blick scheint dies auch für Silbermöwen zuzutreffen.

- Erörtern Sie, ob z. B. bei Silbermöwen eine Aufzählung der Eigenschaften genügt, um diese als eine biologische Art zu kennzeichnen. Erläutern Sie den Unterschied, der zwischen der Zuordnung zu einer Klasse physikalischer oder chemischer Objekte besteht.

- Übersetzen Sie die Aussage von Dobzhansky (siehe unten) in einen treffenden deutschen Satz. Erläutern Sie den Satz an verschiedenen Beispielen.
- Begründen Sie, ob die weitere Evolution vorhersagbar ist.
- Ist die Evolutionstheorie unveränderlich oder entwickelt sie sich auch weiterhin?
- Entwerfen Sie fiktive Streitgespräche zwischen den verschiedenen Wissenschaftlern, die Beiträge zur Evolutionstheorie geleistet haben.
- Diskutieren Sie, ob solche Streitgespräche im wissenschaftshistorischen Sinne den Leistungen der Wissenschaftler gerecht werden.
- Entwerfen Sie ein Fabelwesen, das auf einem anderen Planeten entstanden sein könnte, aber keinem Lebewesen auf der Erde ähnlich ist, und begründen Sie Ihren Entwurf aufgrund der angenommenen Umweltbedingungen.

Ernst Mayr (1904 — 2005)

Theodosius Dobzhansky (1900 — 1975)

Alfred Russel Wallace (1823 — 1913)

1900 — 1950 — 2000

Ernst Haeckel

Ernst Haeckel gilt als der entschiedenste Vertreter der Evolutionstheorie in Deutschland. Er formulierte 1866 die „Biogenetische Grundregel". Bereits vor Darwin unternahm er den für die damalige Zeit wagemutigen Versuch, die Evolutionstheorie auch auf den Menschen zu übertragen. Darwin selbst veröffentlichte sein zweites Hauptwerk „Die Abstammung des Menschen und die genetische Zuchtwahl" dann erst im Jahre 1871.

Theodosius Dobzhansky

Theodosius Dobzhansky war Zoologe und Genetiker in Leningrad, Pasadena und New York. Er leistete Beiträge zur Populationsgenetik und war zusammen mit Ernst Mayr und anderen einer der Architekten der Synthetischen Evolutionstheorie. Ihm gelang die Vereinigung der Mendelgenetik mit der Darwin'schen Selektionstheorie. Bekannt wurde er vor allem mit dem Satz: „Nothing makes sense in biology, except in the light of evolution."

Ernst Mayr

Ernst Mayr arbeitete als Ornithologe. Er hat 26 neue Vogelarten beschrieben. Mayr zeigte, wie neue Arten durch geografische Trennung von Populationen entstehen können. Zusammen mit seinem Kollegen Theodosius Dobzhansky hat Ernst Mayr das Konzept der genetischen Art entwickelt. Dieser genetische Artbegriff ist ein wichtiger Beitrag zur Synthetischen Evolutionstheorie, an deren Aufstellung und Darstellung Mayr maßgeblich beteiligt war.

Kritische Positionen

Info-Box: Die christlichen Kirchen

„Naturwissenschaftler analysieren Wirkweisen, Religionen suchen nach Sinn und Zweck des Lebens … Die jüdisch-christliche Tradition befasst sich mit Lebensfragen. Sie überliefert Antworten früherer Generationen. Deren Schöpfungsgeschichten sagen, die Welt sei aus der Liebe Gottes hervorgegangen. Alles, was geschieht, habe eine hintergründige Bedeutung, also einen Sinn. Die Fragen von Glaube und Naturwissenschaft sind so unterschiedlich, dass sich ihre Antworten nicht wirklich widersprechen können." (Burkhard Weitz, Redakteur bei dem evangelischen Online-Magazin Chrismon, 2002)

„… Die überragende Stellung des Menschen über der ganzen Kreatur beruht also gerade nicht auf seiner höheren Geburt, sondern einzig und allein auf dem einzigartigen Verhältnis, in das Gott zu ihm tritt."
(K. Heim, Theologe)

„Durch die Seele unterscheidet sich der Mensch durch eine Welt vom Tier. Sie ist nicht eine Art Aura des Hirns, die mit diesem steht und fällt, sondern umgekehrt, sie ist eine geistige Realität, in deren Dienst das Gehirn in einer undurchdringlich-geheimnisvollen Einheit steht. Sie ist durch keine Entwicklung von unten erklärbar. Wer behauptet, der Mensch sei nur ein „Tier unter Tieren" und prinzipiell nicht mehr als wohlorganisierte Materie, der tritt mit dem Glauben in einen unversöhnlichen, häretischen Gegensatz." (Andreas Laun, Weihbischof von Salzburg, 1996)

„Auch die Evolution können wir nur deshalb entziffern, weil sie in den vernünftigen Buchstaben der Schrift Gottes geschrieben ist. Zweifellos gibt es Evolution, zweifellos gibt es in der Natur die Mechanismen der Evolution, sie machen Sinn, sie sind sinnvoll, wir können sie in ihrem Sinn entdecken, weil sie vom Schöpfer in der Schöpfung eingeschrieben sind. Ich würde es deshalb so sagen: Gott bedient sich auch der Evolution, um das Werk der Schöpfung zu bilden. Aber ich würde hinzufügen: Gott bedient sich nicht nur der Evolution, sie ist ein Element in seinem großen Werk. In dieser Sicht braucht sich der Glaube nicht gegen die Naturwissenschaft abzuschotten." (Christoph Schönborn, Kardinal, Wien, 2000)

Info-Box: Kreationisten

„Die wörtliche, vollständige Inspiration der Bibel stellt in den Augen mancher vielleicht die radikalste Sicht dar und doch ist sie die einzige, die sich biblisch einwandfrei begründen lässt. Wenn wir fair und ohne Vorurteile an die Bibel herangehen und sie selbst zu Wort kommen lassen, gibt es keine andere Möglichkeit, als sie als die vollständig und wörtlich inspirierte schriftliche Offenbarung Gottes an uns Menschen anzuerkennen."
(Till Biskup, Botaniker, 2002)

„Es gibt keinen Sinn im Leben, wenn wir als Tiere im Kampf ums Dasein dargestellt werden. So etwas schafft Hoffnungslosigkeit und Selbstzweifel und führt zu Leid, Mord und Freitod."
(Marc Looy, Gruppe „Answers in Genesis", Kansas, 1999)

„[Die Evolutionstheorie] … ist beispielsweise nicht imstande, experimentell vorzuführen, wie Leben aus unbelebter Materie entstanden sein soll." (Hansruedi Stutz, Mitarbeiter bei Pro Genesis, 1999)

Die *Evolutionstheorie* versucht, die Entwicklung der Lebewesen allein durch natürliche Vorgänge zu erklären. Dieser *Naturalismus* ist auf gegenwärtige und vergangene Ursachen bezogen und verzichtet auf ein zukünftiges Entwicklungsziel. Dies schließt menschliche Evolution mit ein und gesteht ihm keine Sonderrolle zu. Dies wird vielfach als Verletzung menschlicher Würde gesehen und widerspricht dem gewohnten Selbstverständnis, denn in einer Entwicklung auf ein Ziel hin wird vielfach ein Sinn gesehen und der Weg dorthin kann dann nicht auf Zufall gegründet sein. Die Evolutionstheorie gerät damit leicht in Konflikt mit der Religion. Die großen christlichen Kirchen sehen sich auf einer anderen Ebene als die Naturwissenschaften. Insofern besteht heutzutage kein Widerspruch zur Evolutionslehre, solange die Wissenschaft ihre materielle Domäne und die Theologie ihre geistige nicht verlassen.

Zu den Anhängern des *Kreationismus* genannten Richtung gehören am einen Ende Vertreter, die an einer wörtlichen Bibelauslegung festhalten und in der Evolutionslehre eine Bedrohung sehen. Am anderen Ende sind die Vertreter des Intelligenten Designs, die die Evolution zum Teil akzeptieren, aber dennoch in Teilbereichen übernatürliche Ursachen annehmen. Viele Vertreter versuchen, Ergebnisse der Evolutionsforschung zu widerlegen oder zumindest abzuschwächen.

Ein häufiger Vorwurf lautet, dass die Evolution nicht sicher bewiesen sei. Dies zielt eigentlich auf den Hypothesencharakter aller naturwissenschaftlichen Theorien. *Theorien* sind prinzipiell nicht positiv beweisbar, nicht verifizierbar. Die Forderung nach völliger Sicherheit ignoriert also den Hypothesencharakter und kann generell nicht eingelöst werden. Theorien sollten aber widerspruchsfrei *(interne Konsistenz)* und überprüfbar sein, und die Prüfung sollte auch negativ ausfallen können. Ein positives Ergebnis ist aber kein Beweis, sondern „nur" eine bestandene Bewährungsprobe. Die Evolutionstheorie hat sich schon in vielen Prüfungen bewährt. Die „Schöpfungslehre" dagegen ist prinzipiell nicht überprüfbar.

Weiterhin ist Naturwissenschaft und damit auch die Evolutionsforschung eine menschliche Tätigkeit. Als solche enthält sie menschliche Schwächen (z. B. die Möglichkeit des Irrtums). Ferner ist sie unfertig, nicht abgeschlossen. In dieser Situation führen aber neue Erkenntnisse und kritische Prüfung zu ständiger Verbesserung. Die Forderung nach völliger Sicherheit und Abgeschlossenheit übersteigt menschliche Fähigkeiten und ist insofern unredlich. Dies gilt auch für die häufig als Widerlegung angeführten Lücken z. B. in Fossilreihen. Andere Kritiker akzeptieren allgemein die Naturwissenschaften, nehmen aber die Evolutionstheorie davon aus. Dies widerspricht der Tatsache, dass die Evolutionstheorie als biologische Theorie in den Zusammenhang anderer Naturwissenschaften eingebettet ist und mit ihnen nicht im Widerspruch steht *(externe Konsistenz)*. Wenn man z. B. die ermittelten Zeiträume der Erdgeschichte nicht akzeptiert, lehnt man mit der Methode der Zeitmessung auch die physikalischen Grundlagen über den Atombau und den radioaktiven Zerfall ab.

Ein häufiges Argument gegen die Evolutionstheorie stammt aus Wahrscheinlichkeitsberechnungen zum Beispiel mit den Aminosäureabfolgen in Proteinen. Die Theoretiker des *Intelligenten Designs* gehen von ähnlichen Überlegungen aus und sehen z. B. hinter einer komplizierten Struktur eines Organismus den Plan eines Designers. Diese Überlegungen ignorieren jedoch, dass die Entstehung z. B. eines solchen Proteins nicht in einem Schritt geschehen sein muss. Selektionsvorteile sind immer relativ und ein Organismus, der z. B. ein besseres Protein besitzt, ist im Vorteil gegenüber anderen, die dieses nicht besitzen.

Diese angesprochenen Diskussionspunkte stellen für viele Naturwissenschaftler gar keine Probleme dar, sie sehen ähnlich wie die großen christlichen Kirchen keinen Widerspruch. Die Faszination der Natur einschließlich der Evolution kann daher für sich allein beeindruckend sein oder als großartiger Plan eines Schöpfers angesehen werden. Dies schließt sich nicht aus.

Info-Box: Wahrscheinlichkeitsargumente

„Das Hämoglobinmolekül besteht aus vier Proteinen, 2 α-Globinen und 2 β-Globinen. Das β-Globin besteht aus 146 Aminosäuren. Die Anzahl möglicher Anordnungen von 20 Aminosäuren in einer Kette mit 146 Gliedern ist unvorstellbar groß, nämlich 20^{146} bzw. 10^{190}! Das Alter des Weltalls wird auf 13,7 Mrd. Jahre geschätzt, das sind etwa $4 \cdot 10^{18}$ Sekunden. Selbst wenn pro Sekunde 1 Milliarde Möglichkeiten ausprobiert worden wären, hätte die gesamte Zeit der Welt nicht ausgereicht, durch Zufall β-Globin entstehen zu lassen. Die Wahrscheinlichkeit dazu ist praktisch gleich null."
(Argumentationsbeispiel wie viele ähnliche)

Info-Box: Theorie des Intelligenten Designs

„Der Evolutionstheoretiker glaubt, dass die Entstehung und Entfaltung des Lebens durch natürliche Prozesse erklärbar ist, und darauf aufbauend versucht er Wissenschaft zu betreiben. Schöpfungstheoretiker bauen ihre Rekonstruktion der Geschichte des Lebens auf dem geoffenbarten Wort Gottes." (REINHARD JUNKER, Studiengemeinschaft Wort + Wissen, Mitautor eines kreationistischen Biologie-Schulbuches, 1998)

„Biochemische Vorgänge, die Basis-Funktionen von Lebewesen aufrechterhalten, sind zum Teil so komplex in sich verknüpft, dass die Abwesenheit nur eines Elementes zum Totalzusammenbruch führt. Solche Strukturen können nicht schrittweise entstanden sein und die Anzahl der bekannten Systeme und ihre Komplexität schließen jeden Zufall aus."
(REINHARD JUNKER)

Info-Box: Naturwissenschaftler

„Ich finde Gott in meinen Forschungen, aber nur, weil er mich zuvor schon gefunden hat. Er schenkte mir, dass ich an ihn glaube, und dieser Glaube bestimmt mein ganzes Leben und besonders meine Forschung. Ich habe nie versucht, ihn durch Forschen zu finden."
(PATER G. V. COYNE, Direktor der Sternwarte des Vatikan)

„Was bei unseren Forschungen herauskam, war, verkürzt gesagt, die Erkenntnis, dass in der Natur alles optimal geregelt ist. Man kann das natürlich auch theologisch erklären und sagen „Das ist eben Schöpfung". Naturwissenschaftler sind ja nicht unbedingt gottlos. Aber wir sagen, wenn Gott das Leben geschaffen hat, dann hat er es nach den Regeln der Naturgesetze getan. Er wird keine Naturgesetze hervorbringen, um sie dann wieder zu umgehen. Also muss sich die Entstehung des Lebens irgendwie erklären lassen. Wir stellen also nicht die Frage, ob Gott es war oder ob es Gott gibt, sondern wir schauen uns an, wie die Lebensprozesse ablaufen."
(MANFRED EIGEN, Nobelpreisträger)

A1 Zeigen Sie, an welchen Stellen der Texte auf verschiedenen Ebenen argumentiert wird und wo Überschreitungen der Domänengrenzen erfolgen.

6.2 Artbildung
Artenvielfalt und Variabilität

In einer Schafherde sehen für ungeübte Personen alle erwachsenen Schafe gleich aus (Abb. 2). Der Schäfer kann die Tiere in seiner Herde auseinanderhalten, er kennt die individuellen Unterschiede.

2 *Schafherde*

Vielfalt im doppelten Sinn
Nicht nur bei Schafen, sondern bei allen Lebewesen findet man individuelle Unterschiede. Sie unterscheiden sich in vielen Eigenschaften, wie z. B. Form und Größe, Färbung, Stimme, Schnelligkeit, Stoffwechselfähigkeiten, Blatt- und Blütenanzahlen und vieles andere mehr. Alle Individuen sind verschieden.

Europäische Kohlmeise

Japanische Kohlmeise

Unterschiede findet man nicht nur innerhalb einer Art. Ein Blick auf eine Wiese oder in den Wald zeigt auch eine immense Vielfalt an unterschiedlichen Lebewesen. Allein in Mitteleuropa leben sehr viele verschiedene Arten. Einige davon fallen kaum auf, da sie zu klein sind oder verborgen leben. Die Vielfalt wird besonders deutlich, wenn man einmal in ferne Länder reist und dort unbekannten Pflanzen und Tieren begegnet. Vielfalt existiert demnach in zweierlei Hinsicht. Zum einen gibt es die Artenvielfalt, zum anderen aber auch eine Vielfalt innerhalb jeder Art. [Basiskonzept S. 382]

Evolutionsforschung
Die Evolutionsforschung beschäftigt sich mit der Untersuchung dieser Vielfalt. Dabei stehen zwei Fragestellungen im Vordergrund. Zum einen geht es darum, gegenwärtig wirkende Mechanismen zu finden, die Arten verändern oder neu entstehen lassen. Die Mechanismen müssen dabei überprüfbar sein. Auch aus plausiblen Annahmen entwickelte Modellvorstellungen dienen der Klärung dieser Fragestellung.

Zum anderen enthält Evolutionsforschung eine historische Sicht, indem sie den tatsächlichen Ablauf der *Evolution* aufzudecken versucht. Dieser ist einmalig und vergangen, kann also nicht direkt beobachtet werden. Man versucht daher, ihn mithilfe bekannter Mechanismen zu rekonstruieren. Dabei werden auch naturwissenschaftliche Gesetzmäßigkeiten aus Physik, Chemie und Geologie berücksichtigt.

Was ist eine Art?
Jeder aufgeschlossene Beobachter kann in seiner heimatlichen Umgebung Pflanzen- und Tierarten eindeutig identifizieren. Man orientiert sich dabei am Aussehen, wie z. B. an Gestalt und Färbung, an Stimme, Aktivitätszeiten und anderen Merkmalen. Auch unter Berücksichtigung der Unterschiede zwischen den Geschlechtern oder zwischen Jung- und Alttieren bleiben die Unterschiede zwischen den Arten deutlich. Auf diese Kriterien stützt sich der *morphologische Artbegriff*: Eine Art ist eine Gruppe von Lebewesen, die in allen

1 *Artenvielfalt*

wesentlichen Merkmalen untereinander und mit ihren Nachkommen übereinstimmen.

Für die Bestimmung von Organismen im Gelände ist dieser morphologische Artbegriff unverzichtbar. Viele Arten kommen jedoch in weiten Teilen ganzer Kontinente sowie darüber hinaus vor, und in entfernter gelegenen Regionen findet man dann auch Individuen, deren Merkmale dem gewohnten Bild nicht mehr ganz entsprechen (s. Randspalte Seite 342). Dann muss die Frage nach der Artzugehörigkeit anders beantwortet werden.

Hierzu kann man sich vorstellen, dass es zwischen allen Individuen einer Art auch indirekte genetische Verbindungen gibt. Anlagen für ein Merkmal können im Laufe vieler Generationen durch Genaustausch überall hin verbreitet werden, wo Individuen dieser Art leben. Die Urahnen mancher Individuen können dann auch weit voneinander entfernt gelebt haben. Alle Individuen einer Art gehören damit derselben *Fortpflanzungsgemeinschaft* an. Darauf gründet der *genetische Artbegriff*: Alle Individuen aus Populationen, die sich unter natürlichen Bedingungen potenziell untereinander kreuzen können, gehören derselben Fortpflanzungsgemeinschaft und damit derselben Art an; ihre Gene bilden einen gemeinsamen Genpool, der von den Genpools anderer Arten isoliert ist.

A1 Erläutern Sie, was unter „Vielfalt im doppelten Sinn" zu verstehen ist. Gehen Sie dabei auf den Artbegriff und den Begriff des Genpools ein.

Wie viele Arten gibt es?

Bisher kennt man etwa 300 000 Pflanzen- und 1,5 Millionen Tierarten. Die genauen Artenanzahlen sind aber unbekannt. Dies gilt vor allem für Arten, die an schwer zugänglichen Orten wie z. B. den Tiefen der Ozeane oder den Wipfeln tropischer Baumriesen vorkommen. Weiterhin sind Arten mit großen Individuen leichter zu entdecken als Arten mit kleinen. Auch hat die Wissenschaft den Arten in gemäßigten Zonen die meiste Aufmerksamkeit geschenkt. Für globale Angaben gibt es Schätzungen, die die vermutete Anzahl unbekannter Arten einbeziehen.

Eine mögliche Schätzmethode geht von den bekannten Artenanzahlen aus. In den gemäßigten Breiten wurden Arten eher und intensiver untersucht als in anderen Regionen der Erde. Hier kommen etwa $^2/_3$ der 1,5 Millionen bekannten Tierarten vor. Von großen Tierarten weiß man, dass in den Tropen doppelt so viele Arten existieren wie in den gemäßigten Breiten. Wenn man das für alle Tierarten unterstellt, kommt man auf 3 Millionen Tierarten; andere Schätzverfahren führen zu 3,5 bis maximal 100 Millionen Arten.

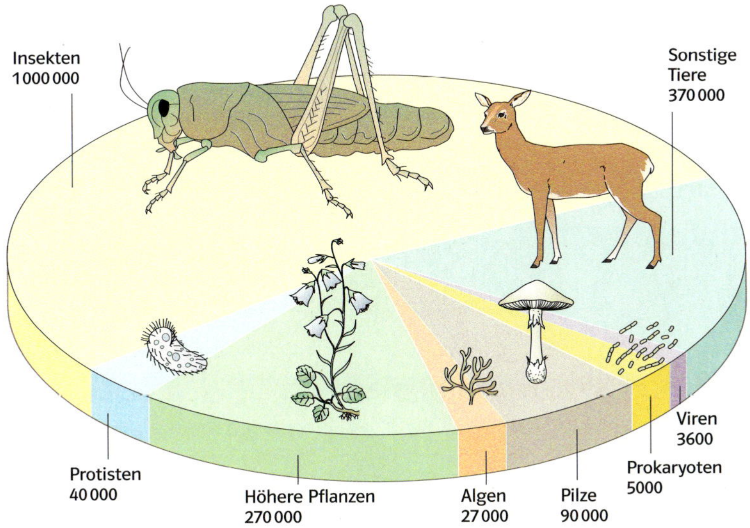

3 *Anzahlen bekannter Arten*

Genpool
Gesamtheit aller Allele in einer Population

Population
Gruppe von Individuen einer Art in einem bestimmten Gebiet

morphologische Art
Gruppe von Lebewesen, die in wesentlichen Merkmalen untereinander und mit ihren Nachkommen übereinstimmen

genetische Art
Gruppe von Individuen, die eine Fortpflanzungsgemeinschaft bilden und von anderen Gruppen genetisch isoliert sind

Material
Die Birkenspanner in England

Helle und dunkle Birkenspanner

Birkenspanner sind nachtaktive Schmetterlinge. Tagsüber sitzen sie meist bewegungslos auf der Borke von Bäumen, insbesondere von Birken und Eichen.

Bis zur Mitte des 19. Jahrhunderts gab es in England, abgesehen von seltenen Einzelfunden, ausschließlich die helle Form dieser Schmetterlingsart. Im Jahr 1848 wurden erstmals einige wenige dunkle Exemplare entdeckt. Bestandsaufnahmen aus den 60er-Jahren des 19. Jahrhunderts belegen, dass sich die Zusammensetzung der Birkenspannerpopulation gravierend verändert hatte. In weiten Teilen Großbritanniens herrschte die dunkle Form vor, in anderen war nach wie vor die helle Form häufiger zu finden.

Die Hypothese von Kettlewell

KETTLEWELL untersuchte die Veränderung der Birkenspannerpopulation und entwickelte folgende Erklärung: Die dunkle Flügelfarbe ist auf eine Mutation zurückzuführen, die eine verstärkte Produktion des Farbstoffs *Melanin* bewirkt. Dabei ist das Allel für Melanismus dominant.

In den industriefernen Gebieten waren die Stämme der Birken und Eichen mit hellen Flechten bewachsen. Mit zunehmender Industrialisierung starben diese empfindlichen Organismen in den Wäldern nahe der Industriezentren ab, da der Gehalt an Schwefeldioxid in der Luft stieg. Zusätzlich schwärzten Staub und Ruß die Borken. Die hellen Birkenspanner, die auf den hellen flechtenbewachsenen Baumstämmen tagsüber kaum zu entdecken waren, fielen auf den rußverschmierten braun-schwarzen Rinden bereits von weitem auf. Dagegen waren die dunklen Falter auf dem veränderten Untergrund hervorragend getarnt. Sie konnten Nachkommen hervorbringen, während die hellen Formen meist von den Vögeln erkannt und gefressen wurden, bevor sie geschlechtsreif waren.

Experimente und Ergebnisse

KETTLEWELL belegte seine Hypothese in mehreren Freilandexperimenten. Dazu markierte er Birkenspanner durch kleine Farbtupfer auf der Flügelunterseite und setzte sie in Wäldern u.a. in der Nähe von Birmingham aus. In den nachfolgenden Nächten wurden die ausgesetzten Falter durch Lichtfallen wieder angelockt. Anhand von Filmaufnahmen konnte KETTLEWELL belegen, dass die natürlichen Fressfeinde Blaumeisen, Singdrosseln, Rotkehlchen und Gartenrotschwänze nur wenige Tage brauchen, bis sie die bis dahin „unbekannten", nicht getarnten Schmetterlinge erkennen und blitzschnell fangen können.

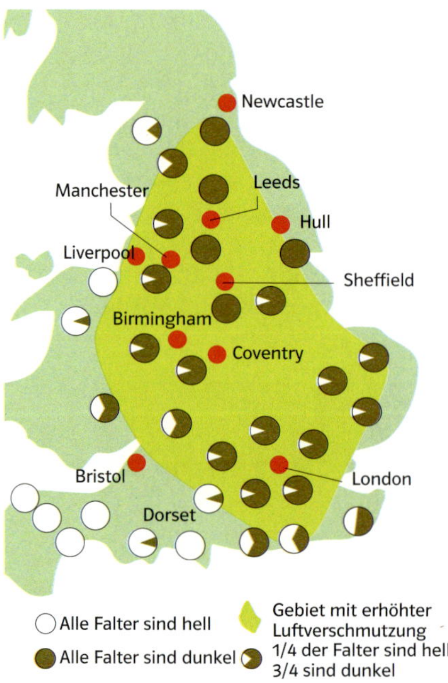

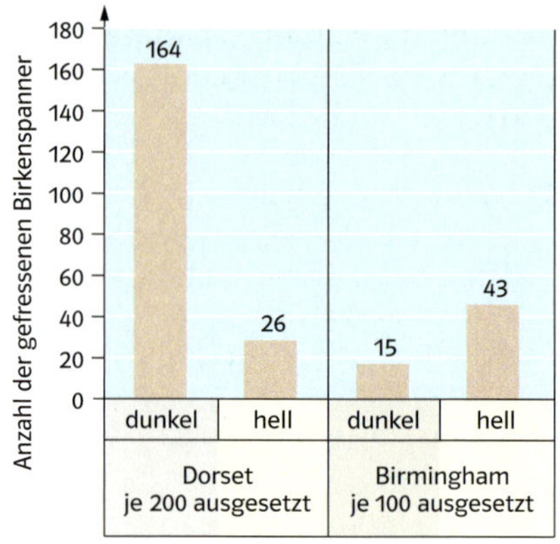

Die Auswirkungen der Veränderungen

Anhand der Körperfarbe der Birkenspanner wird das Wirken der natürlichen Auslese *(Selektion)* deutlich. Die dunklen Falter waren in den Industriegebieten besser getarnt als die hellen. Damit waren sie an die veränderten Umweltbedingungen besser angepasst und bekamen im Vergleich zu den hellen Spannern mehr Nachkommen. Dunkle Birkenspanner besaßen so in den Industriegebieten eine höhere *reproduktive Fitness* als helle. Im Laufe der Generationen nahm ihr Anteil an der Gesamtpopulation zu, der der weniger gut Angepassten sank.

1898 hatten 99% der Birkenspanner in den Industriegebieten dunkle Flügel. Die Evolution der Schmetterlinge war so rasch verlaufen, weil sich die Umweltbedingungen so schnell verändert hatten und Schmetterlinge eine Generationsdauer von nur einem Jahr haben. Auf viele andere Populationen treffen diese Voraussetzungen oft nicht zu. Deshalb verlaufen evolutive Prozesse häufig langsamer.

A1 Beschreiben Sie ein geeignetes Rückfangexperiment und begründen Sie, wie das Ergebnis tendenziell aussehen könnte.

A2 In den vergangenen 30 Jahren hat man in den Industriegebieten Englands den Umweltschutz vorangetrieben. Beobachtungen belegen, dass die Häufigkeit der hellen Birkenspanner zugenommen hat. Erläutern Sie den Zusammenhang.

A3 Begründen Sie, warum die geschlechtliche Fortpflanzung gegenüber der ungeschlechtlichen bei sich ändernden Umweltbedingungen Vorteile hat.

Populationsgenetik

In einem Gedankenexperiment kann man annehmen, dass sich die Häufigkeiten genetisch bedingter Merkmale nicht ändern.

Die ideale Population
Populationen, in denen die folgenden fünf Bedingungen vorherrschen, werden als ideal bezeichnet:
- keine Selektionsnachteile bestimmter Genotypen;
- es kommen keine Mutationen vor;
- keine Migration zwischen verschiedenen Populationen;
- vollständige genetische Mischung der zu betrachtenden Population *(Panmixie)*;
- keine Zufallseffekte: Die Population muss so groß sein, dass die Häufigkeiten den Wahrscheinlichkeiten entsprechen.

Unter diesen Annahmen lassen sich die Allelfrequenzen innerhalb eines Genpools für Organismen mit sexueller Fortpflanzung berechnen. [Basiskonzept S. 372]

Das Hardy-Weinberg-Gesetz
Unter den oben beschriebenen idealen Bedingungen kann man mit dem Gesetz des britischen Mathematikers GODFREY HARDY und des deutschen Physikers WILHELM WEINBERG die Allelhäufigkeiten berechnen *(Hardy-Weinberg-Gesetz)*. Dabei soll im Folgenden angenommen werden, dass das zu betrachtende Gen in zwei Allelen vorkommt. Unter idealen Bedingungen sind die Allelhäufigkeiten konstant. Die Formel hierfür lautet:

$p + q = 1.$

Die Häufigkeiten der Genotypen ergeben sich dann aus den Wahrscheinlichkeiten der möglichen Kombinationen, wie man sie aus Kreuzungsquadraten kennt (Abb. 1):
- Die Häufigkeit von AA beträgt p^2, im Beispiel 0,36 oder 36 %.
- Die Häufigkeit von Aa bzw. aA beträgt 2 pq, im Beispiel 0,48 oder 48 %.
- Die Häufigkeit von aa beträgt q^2, im Beispiel 0,16 oder 16 %.

Nicht ideale Populationen
Die Beispiele Birkenspanner und Lactoseintoleranz zeigen, dass sich die Allelzusammensetzungen in einem Genpool meist verändern. Die Gründe für diese Veränderungen sind vor allem Selektion, aber auch Mutation und Gendrift (s. Seite 346).

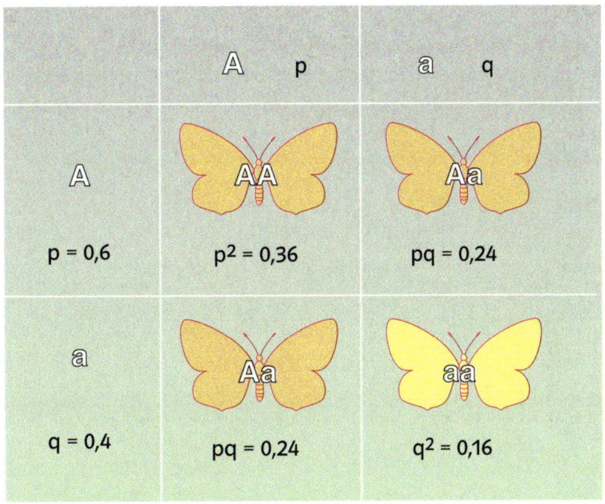

1 *Genotypen-Häufigkeiten*

Ferner sind die weiteren idealen Bedingungen (s. oben) oft nicht erfüllt und beeinflussen somit die Zusammensetzung des Genpools.

Evolution lässt sich verstehen als jede Veränderung der Allelhäufigkeiten im Genpool. Die *Populationsgenetik* beschäftigt sich mit den Gesetzmäßigkeiten solcher Veränderungen. Kennt man in einer Population den Genotyp, der durch Selektion benachteiligt ist, so kann man die Gleichungen um den Selektionseinfluss erweitern. Man kann so Selektionsstärken im Modell variieren und Einflüsse nachvollziehbar machen (Abb. 2).

Hardy-Weinberg-Gesetz
Genotypenfrequenz:
$p^2 + 2\,pq + q^2 = 1$

Allelfrequenz:
$p + q = 1$

A1 Die Unverträglichkeit von Milchzucker von Geburt an wird im Gegensatz zur physiologischen Lactoseintoleranz rezessiv vererbt. In Norddeutschland sind etwa 9 % aller Personen betroffen. Berechnen Sie die Häufigkeiten der Allele und Genotypen.

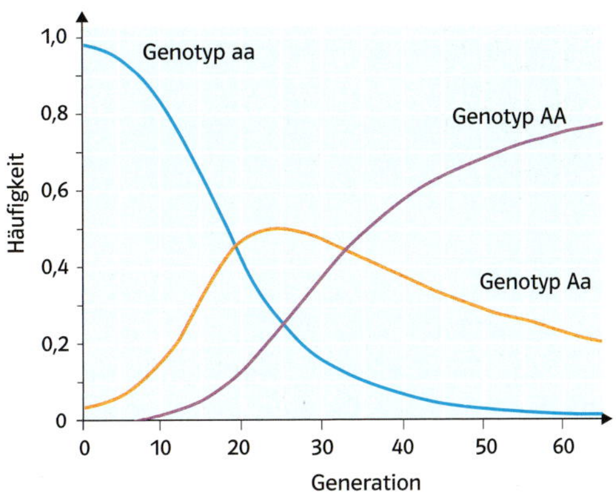

2 *Häufigkeit in Abhängigkeit von den Generationen*

Der Zufall verändert Populationen

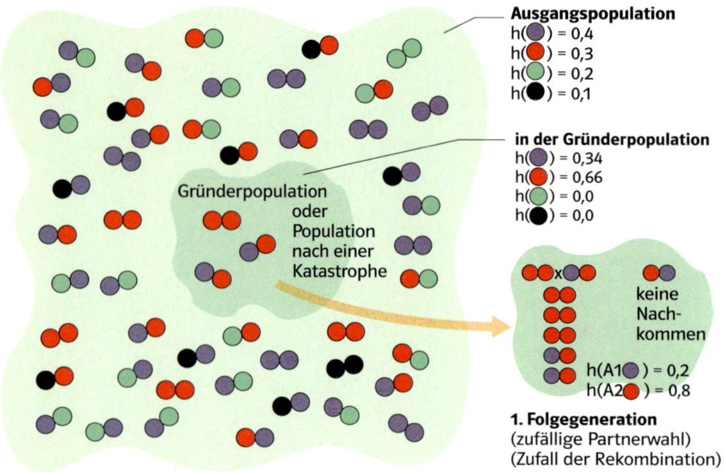

1 *Analogie zum Flaschenhalseffekt*

2 *Seitenfleckenleguane*

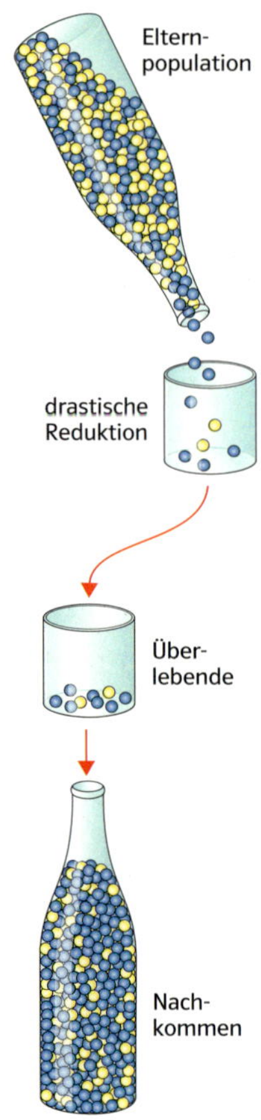

Flaschenhalseffekt

Seitenfleckenleguane sind Reptilien, die vorwiegend im Westen Nordamerikas vorkommen. Auf einigen Inseln im Golf von Kalifornien leben kleine Populationen, die im Gegensatz zu den bräunlichen Individuen auf dem Festland dunkelgrün gefärbt sind. Deutlich heben sie sich vom hellen Untergrund ab. Da diese Tiere für Fressfeinde gut sichtbar sind und die Färbung bei der Balz keine Bedeutung zu haben scheint, ist Selektion als Erklärung für ihr auffälliges Erscheinungsbild auszuschließen. Biologen gehen davon aus, dass es unter den getarnten Festlandsindividuen immer wieder einzelne grünliche Leguane gegeben hat, die allerdings aufgrund ihrer Auffälligkeit eine vergleichsweise geringe *reproduktive Fitness* besaßen. Sind kleine Gruppen dieser grünlichen Individuen zufällig auf Inseln gelangt, wo sie keine Feinde hatten, konnten sie sich vermehren. Tiere mit diesem Erbgut sind also in den Inselpopulationen viel häufiger vertreten als in denen auf dem Festland. Derartige Veränderungen des Genpools durch Zufallsereignisse bezeichnet man als *Gendrift*. [Basiskonzept S. 382]

Gründereffekt

Bei den Seitenfleckenleguanen unterscheiden sich die Genpools der Insel- und Festlandpopulationen, weil kleine, nicht repräsentative Teilpopulationen ausgewandert sind und neue Lebensräume besiedelt haben. Diese Form der Gendrift nennt man *Gründereffekt* (Abb. 1). Gründerpopulationen besitzen eine geringere genetische Variabilität als die Ausgangspopulation (s. Randspalte).

Flaschenhalseffekt

Kleine Populationen kommen nicht nur auf Inseln, in Bergtälern und Oasen vor, sie entstehen auch nach Katastrophen, Seuchen, Waldbränden oder der Zunahme der Feinde. Bei einer drastischen Reduktion der Populationsgröße kann sich die Zusammensetzung des Genpools durch Zufall verändern. Manche Allele nehmen in ihrer Häufigkeit zu, andere ab, dritte gehen ganz verloren. Diese Form der *Gendrift* bezeichnet man als *Flaschenhalseffekt* (s. Randspalte).

Die Verringerung einer Populationsgröße führt in der Regel zu einer Abnahme der Variabilität, da einzelne Allele nicht mehr vertreten sind. Diese genetische Verarmung wird häufig durch Inzucht und den Zufall bei der Rekombination weiter verstärkt (Abb. 1). Beispielsweise wurden Geparden durch Dürreperioden während der letzten Eiszeit, durch Krankheiten und durch Bejagung fast ausgerottet. Die Populationen sind extrem gefährdet. An Veränderungen der Umwelt werden sie sich kaum noch anpassen können.

A1 Erläutern Sie, welche Auswirkungen der Flaschenhalseffekt auf die Angepasstheit der Gepardenpopulation hat.

Material
Simulationen zur Gendrift

Es treten überall dort Gendrift-Effekte auf, wo es einer sehr kleinen Gruppe von Individuen gelungen ist, ein neues, entfernteres Gebiet zu besiedeln. Diese *Gründerpopulationen* leben daher isoliert von ihrer ursprünglichen *Gesamtpopulation*.

Evolution der Dunker

Im Jahre 1708 gründete sich im Rheinland eine kleine Baptistensekte, die Dunker. Zwischen 1709 und 1729 wanderten etwa 50 Familien dieser Gruppe nach Amerika aus. Sie ließen sich in Pennsylvania nieder. Abgesehen von ihrer etwas altmodischen Kleidung entspricht ihre Lebensweise der der übrigen Amerikaner: Ihre Kinder gehen auf normale Schulen, die medizinische Versorgung ist gut und sie essen typisch amerikanische Speisen. Trotzdem ist es zu keiner echten Integration der Dunker gekommen, da es zu ihren religiösen Vorschriften gehört, ihre Ehepartner ausschließlich aus ihrer Religionsgemeinschaft auszuwählen.

Anfang der 1950er-Jahre untersuchte H. B. GLASS die Häufigkeit der *Blutgruppenallele* des MN-Systems. Dieses Blutgruppenmerkmal ist vergleichbar mit dem AB0-System, seine Vererbung ist kodominant. Die Untersuchungen von GLASS basierten auf so großen Stichproben, dass kleine Unterschiede in den Allelhäufigkeiten von Bedeutung sind.

	Allelhäufigkeiten	
	h(M)	h(N)
Dunker	0,66	0,34
Rheinländer	0,55	0,45
Amerikaner	0,54	0,46

A1 Ein Ehepaar besitzt die Genotypen MM bzw. MN. Bestimmen Sie die Wahrscheinlichkeit, dass
a) ihr erstes Kind den Genotyp MM hat.
b) vier Kinder alle den Genotyp MM haben.

A2 Vergleichen Sie die in der Tabelle angegebenen Häufigkeiten der Allele des MN-Systems und deuten Sie das Ergebnis.

Simulation zur Dunker-Evolution

Experimentell lassen sich Zufallsprozesse in Populationen nicht überprüfen. Die Simulationen solcher Vorgänge sind demzufolge eine wichtige wissenschaftliche Methode, um die möglichen Abläufe genauer zu analysieren.

Material:
100 Spielmarken: Sie symbolisieren die Genotypen der einzelnen Individuen in den verschiedenen Populationen.
Urnen, Würfel und folgende Spielmarken

Farbe	Genotyp	Anzahl der Spielmarken
weiß	MM	25
grau	MN	50
schwarz	NN	25

Durchführung der Simulation
1. Spielabschnitt
Bildung der Gründerpopulation in der Gesamtgruppe:
Legen Sie die 100 Spielmarken in die Urne (Ausgangspopulation). Ziehen Sie mit geschlossenen Augen 16 Spielmarken (Gründerpopulation).

2. Spielabschnitt
Bildung der Folgegenerationen:
Legen Sie 16 Marken entsprechend der oben gebildeten Gründerpopulation in die Urne. Ziehen Sie 4-mal 2 Marken (4 Elternpaare); geben Sie die restlichen 8 Marken zum Vorrat. Ermitteln Sie für jedes „Elternpaar" nach folgender Regel 4 Nachkommen:
- MM x MM → 4-mal MM
- NN x NN → 4-mal NN
- MM x MN und NN x MN → Die Genotypen der Nachkommen sind wegen des 2. Elternteils nicht bestimmbar, das zweite Allel (M oder N) muss für alle 4 Nachkommen ausgewürfelt werden (Vorschlag: ungerade Augenzahl des Würfels: M; gerade Augenzahl des Würfels: N).
- MN x MN → Für alle vier Nachkommen muss ausgewürfelt werden, welches Allel sie vom „Vater" und welches sie von der „Mutter" bekommen.

Alle „Nachkommen" werden in die Urne gelegt, sie bilden die Folgegeneration.

A3 Bestimmen Sie die Allelhäufigkeiten der Ausgangs-, der Gründer- und der 1. Folgegeneration.

A4 Wiederholen Sie den 2. Spielabschnitt 7-mal und bestimmen Sie die Allelhäufigkeiten aller Folgegenerationen. Stellen Sie Ihr Ergebnis grafisch dar.

A5 Vergleichen Sie Ihre Simulation mit den in der Population der Dunker vermutlich abgelaufenen Prozesse.

Ausbreitung der Fruchtfliege

Die Fruchtfliegenart *Drosophila subobscura* ist in Europa sowie in Nord- und Südamerika weit verbreitet. Ihre DNA wurde genauer untersucht. Dabei wurden vor allem Chromosomeninversionen verschiedener Teilpopulationen im Jahre 1998 miteinander verglichen. Man weiß, dass sich diese Art im Jahre 1978 ausgebreitet hat.

A6 Recherchieren Sie, was man unter einer *Inversion* versteht.

A7 Begründen Sie, weshalb die beiden *Drosophila*-Populationen in Nord- und Südamerika eine deutlich geringere Anzahl an Inversionen aufweisen als die europäische *Drosophila*-Population (s. Abb. unten).

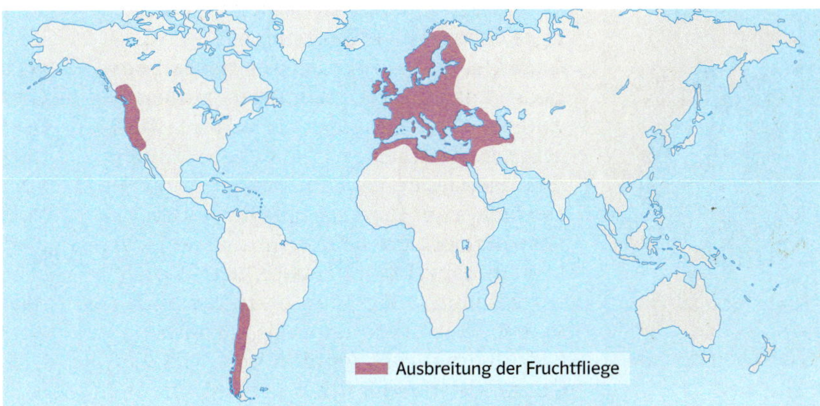

Allopatrische Artbildung

1 *Grünspecht und Grauspecht*

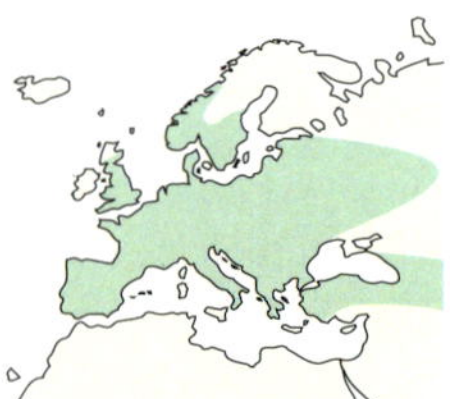

Grünspecht

Grauspecht

Vorkommen in Europa

Buntspecht

Unter *allopatrischer Artbildung (allos* = anders; *patria* = Heimat) versteht man den Prozess, bei dem sich aus einer Stammart durch eine physikalische Barriere zwei (oder mehrere) neue Arten entwickeln. Zu diesen Barrieren zählen u. a. Kontinentaldrift, Meeresspiegelveränderungen, Eiszeiten und Klimaveränderungen. Wie effektiv dabei eine solche Barriere ist, hängt sowohl vom Ausmaß der Barriere als auch von der Größe und der Mobilität der entsprechenden Art ab. Für Tiere, die beispielsweise nicht schwimmen können, stellen bereits Wassergräben eine solche Barriere dar. Für Vögel oder windbestäubende Pflanzen gelten entsprechend andere Barrieren als wirkungsvoll.

Grün- und Grauspecht im Vergleich

Grünspechte und Grauspechte leben in ähnlichen Habitaten und besitzen ähnliche ökologische Nischen. Während Grünspechte sich fast ausschließlich am Boden aufhalten und Ameisen fressen, ernähren sich Grauspechte von Insekten und deren Larven aus morschen Bäumen. Zwischen beiden Spechtformen sind Paarungen äußerst selten. Die beiden *Genpools* gelten als getrennt. Grünspecht und Grauspecht stellen deswegen zwei verschiedene Arten dar. Dennoch findet man viele Ähnlichkeiten in Körperbau, Färbung und Verhaltensweisen (Abb. 1). Die Ähnlichkeiten führt man auf ähnliche Erbanlagen zurück und diese wiederum darauf, dass beide Spechtarten von gemeinsamen Vorfahren abstammen. Ein solches Verhältnis wird (in Anlehnung an individuelle Beziehungen) *Verwandtschaft* genannt. Grünspecht und Grauspecht sind nach diesem Verständnis sehr nahe verwandte Arten.

Für die Entstehung beider Arten nimmt man folgenden Ablauf an: Zuerst existierte eine Urart, die in den Wäldern Mitteleuropas verbreitet war. Mit Beginn der letzten Eiszeit vor ca. 100 000 Jahren breiteten sich Eismassen über Mitteleuropa aus. Damit verschwanden die Wälder, und die Spechte wichen in die verbliebenen Waldbestände im Südwesten und Südosten Europas aus. Während die Spechte ursprünglich ein zusammenhängendes Verbreitungsgebiet besaßen, existierten nun zwei getrennt vorkommende Gruppen. [Basiskonzept S. 384]

Genpool während der Isolation

Diese *geografische Isolation* hatte für die weitere Entwicklung entscheidende Folgen, denn der Genpool der ursprünglichen Spechtart wurde durch die Barriere in zwei Teile getrennt. Allgemein können sich vorteilhafte Mutationen durch Rekombination im Verlauf vieler Generationen in einer Population ausbreiten. Dies geht aber nur soweit, wie der sexuelle Kontakt der Individuen reicht. Mutationen bleiben darum innerhalb eines Genpools und können nicht auf andere überspringen. In den Verbreitungsgebieten der getrennten Populationen herrschten unterschiedliche Bedingungen. Die Genpools beider Teilpopulationen entwickelten sich stetig auseinander und mit zunehmender Dauer der Trennung wurden sie immer unähnlicher.

Die Situation nach der Eiszeit

Mit dem Rückzug der Gletscher am Ende der Eiszeit breiteten sich die Wälder in Mitteleuropa wieder aus und mit ihnen die Spechte beider Teilpopulationen. Die erneute Begegnung beider Teilpopulationen brachte jedoch keine gemeinsamen Nachkommen hervor, da die genetische Distanz zu groß geworden war. Vor allem Balzfärbung und Balzgesang unterscheiden sich deutlich. Auch andere Mechanismen kommen für die endgültige Trennung zweier Teilpopulationen (und damit für die Artentstehung) in Frage (s. Seite 350). Damit gibt es noch heute zwei endgültig getrennte *Genpools* dieser beiden Spechtarten.

Blaukehlchen nach der Eiszeit

Blaukehlchen (Luscinia suvecica) existieren in zwei äußerlich unterschiedlichen Formen. Die eine Gruppe besitzt auf ihrer blauen Brust einen weißen Fleck *(Weißsterniges Blaukehlchen, L. s. cyanecula)* oder einen roten Fleck *(Rotsterniges Blaukehlchen, L. s. suvecica)*. Die Blaukehlchen kommen heute in Europa und im nördlichen Asien vor.

Bei diesen Blaukehlchen, die ebenfalls in die oben beschriebenen beiden Teilpopulationen während der Eiszeit aufgeteilt waren, gibt es häufig Paarungen zwischen Individuen der ehemals getrennten Populationen, die zu fruchtbaren Nachkommen führen [Basiskonzept S. 372]. Balzgesang und Balzfärbung scheinen also hier keine Isolation zu verursachen. Daher sind Weißsterniges und Rotsterniges Blaukehlchen zwei unterschiedliche Rassen derselben Art Blaukehlchen.

Diese Art besitzt eine große Vielfalt, denn sie vereinigt die genetischen Variabilitäten zweier ehemals getrennter Populationen. Das Rotsternige Blaukehlchen lebt vorwiegend in Tundragebieten und alpinen Hochlagen, seltener im Tiefland, während das Weißsternige Blaukehlchen das Tiefland bevorzugt.

Die Verwandtschaft bei Arten

Ohne geografische Isolation treffen mögliche Paarungspartner aus getrennten Teilpopulationen immer wieder aufeinander. Sie können problemlos Nachkommen zeugen. Eine Auseinanderentwicklung ist dann nicht möglich. Man nimmt darum vielfach an, dass bei der Entstehung von Arten eine geografische Isolation beteiligt gewesen sein muss, dass also Artbildung vorwiegend allopatrisch geschieht. Die *allopatrische Artbildung* ist daher der entscheidende Elementarschritt für die Entstehung der Artenvielfalt. Das Ausmaß der Ähnlichkeit von Arten bildet dabei ein Maß der verwandtschaftlichen Nähe und beschreibt indirekt auch den Zeitpunkt der Auseinanderentwicklung: Je weiter dieser zurückliegt, desto weniger verwandt und desto unähnlicher sind die betrachteten Arten. Beispielsweise besitzen Grün- und Grauspecht auch Ähnlichkeiten mit dem Buntspecht. Die Unterschiede zum Buntspecht sind jedoch deutlich größer als zwischen den beiden Arten. Sie sind daher untereinander näher verwandt als mit dem Buntspecht. [Basiskonzept S. 384]

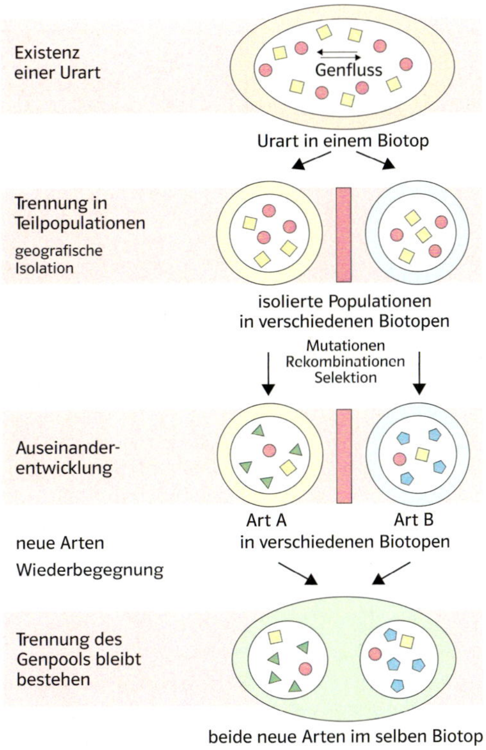

2 *Schema der allopatrischen Artbildung*

A1 In Westeuropa ist die Rabenkrähe beheimatet, während man in Osteuropa und Asien eine nahe verwandte Form der Rabenkrähe, die Nebelkrähe, vorfindet. Diese beiden Populationen vermischen sich nur selten und dieses nur in einem engen Grenzgebiet *(Hybridzone)*. Diese Überschneidungszone breitet sich aber nicht weiter aus.
Entwickeln Sie unter Berücksichtigung der reproduktiven Fitness eine Hypothese, weshalb sich diese Zone nicht weiter vergrößert.

allopatrisch
gr. *allos* = anders
lat. *patria* = Heimat

nicht im selben Gebiet vorkommend

Blaukehlchen

Isolationsmechanismen

1 *Maulesel (Eltern: Eselstute und Pferdehengst) und Maultier (Eltern: Pferdestute und Eselhengst)*

Liger

Jeder Mechanismus, der die Geburt fruchtbarer Nachkommen über die Artgrenzen hinweg verhindert und die Genpooltrennung aufrechterhält, stellt einen *Isolationsmechanismus* dar. Man unterscheidet prinzipiell die Isolation, die vor einer potenziellen Befruchtung einer Eizelle bzw. Zygotenbildung wirksam wird *(präzygotische Isolation)*, sowie die Isolation, die erst danach wirkt *(postzygotische Isolation)*.

Präzygotische Isolation

Bei der präzygotischen Isolation unterscheidet man folgende Barrieren:
- *Geografische (räumliche) Isolation:* Durch die Besetzung unterschiedlicher Habitate wird die Begegnung potenzieller Partner verhindert.
- *Zeitliche Isolation:* Viele Lebewesen weisen eine nur sehr kurze Fortpflanzungszeit auf. Überschneidet sich diese Tages- bzw. Jahreszeit nicht, so ist auch keine Fortpflanzung möglich.
- *Mechanische Isolation:* Vor allem bei Insekten gibt es oft artspezifische Begattungsorgane, die sich in Größe und Bau unterscheiden. Die Übertragung des Spermas auf ein artfremdes Weibchen ist dann nicht möglich.
- *Gametische Isolation:* Kommt es zu einer Verpaarung, kann die Zygotenbildung unterbleiben, wenn die Spermien kein passendes chemisches Signal aussenden. Dadurch können sie sich nicht an die Eizelle anheften bzw. in diese eindringen.
- *Ethologische Isolation:* Die Individuen einer Art lehnen den Partner ab oder aber erkennen ihn erst gar nicht als potenziellen Partner (Beispiel: Balzgesänge bei nahe verwandten Vogelarten).
- *Reproduktive Isolation:* Bei Pflanzen, die von Insekten bestäubt werden, erfolgt die Isolation durch die Blütentreue vieler Insekten.

Postzygotische Isolation

Bei der postzygotischen Isolation unterscheidet man drei Barrieren:
- Anomalie der Hybrid-Zygoten: Sind die Genome der Eltern stark unterschiedlich, so reifen entweder die Hybrid-Zygoten erst gar nicht heran oder die Nachkommen sterben früh.
- Unfruchtbarkeit der Hybriden *(Bastardsterilität)*: Obwohl die Genome der Eltern hier recht ähnlich sind und die Nachkommen normal heranreifen, sind diese doch unfruchtbar (Beispiel: Bastarde aus Pferd und Esel, s. Abb. 1).
- Verringerte Lebensfähigkeit der Hybriden *(Bastardsterblichkeit)*: Hierbei haben die erzeugten Hybride weniger Nachkommen als die Ausgangsarten.

A1 Sogenannte Liger kommen nicht in der freien Natur vor, sondern werden ausschließlich in Gefangenschaft gezüchtet. Sie sind eine Kreuzung aus Tiger und Löwe (s. Randspalte). Die männlichen Tiere können zudem keine Nachkommen zeugen, da sie unfruchtbar sind. Erläutern Sie, welche Isolationsmechanismen hier wirken.

Material
Evolution der Baumläufer

Baumläufer gehören zur Gattung *Certhia*. In Europa kommen die beiden Arten *Gartenbaumläufer (C. brachydactyla)* und *Waldbaumläufer (C. familiaris)* vor, die sich in vielen Merkmalen gleichen. Sie leben in Gebieten mit größerem Baumbestand. Ihr Gefieder ist fleckig braun, unterseits etwas heller bis weißlich. Äußerlich unterscheiden sich die Geschlechter der Baumläufer nicht. Ihre Nahrung besteht aus kleinen Samen und Spinnen, die in den Ritzen der Borke leben. Ihr Nistplatz ist eine Halbhöhle meist in durch Zweigen geschützten Astgabeln oder Baumvertiefungen. Die Eier werden 14 bis 15 Tage bebrütet. Die Jungvögel verlassen das Nest nach 14 bis 18 Tagen. Baumläufer bewegen sich an Baumstämmen immer nur aufwärts und fliegen anschließend wieder herunter.

Wegen der großen Ähnlichkeiten bezeichnet man solche Arten als *Zwillingsarten*. Man nimmt bei den Baumläufern eine gemeinsame Abstammung aus einer Stammart an, die vor der Eiszeit in Mitteleuropa existierte. Daneben gibt es auch einige Unterschiede (s. Abb.).

Die Schnabellängen der beiden Baumläuferarten sind unterschiedlich und zwar besonders markant in Mitteleuropa, wo beide Arten nebeneinander vorkommen. Geht man von der Hypothese einer gemeinsamen Stammart aus, sollte man, wie bei vielen anderen Merkmalen auch, eine größere Ähnlichkeit erwarten. Man nennt diese besondere Unterschiedlichkeit in Gebieten des gemeinsamen Vorkommens *Kontrastbetonung*. Auch die Gesänge zeigen eine Kontrastbetonung, sie sind sehr klar unterscheidbar.

A1 Stellen Sie eine begründete Hypothese über die Artbildung von Gartenbaumläufer und Waldbaumläufer auf. Erklären Sie in diesem Zusammenhang auch die heutigen Unterschiede im Vorkommen.

A2 Erklären Sie das Zustandekommen der Kontrastbetonungen bei den Schnabellängen. Vergleichen Sie dazu Mitteleuropa mit Regionen, in denen nur eine der beiden Arten vorkommt.

A3 Stellen Sie eine begründete Hypothese zur Lösung der Frage auf, wie die ökologischen Unterschiede innerhalb jeder Art entstanden sein könnten.

A4 Erklären Sie die Bedeutung des Gesangs bei Singvögeln für Auseinandersetzungen und Partnerwahl. Erklären Sie das Zustandekommen der Kontrastbetonungen beim Gesang.

Gartenbaumläufer
Habitat in Mitteleuropa: Laubmischwälder, Gärten, Parks, seltener Kiefernwälder, insgesamt häufiger im Flachland als im Gebirge
Habitat: in Spanien auch Nadelwald, in Nordafrika häufig auch immergrüne Wälder

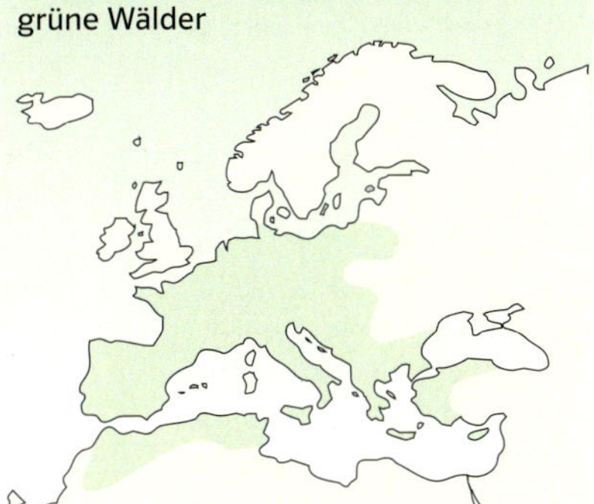

Vorkommen

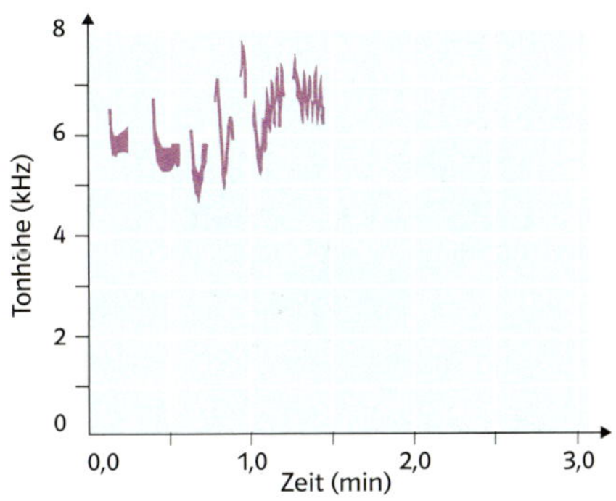

Gesang (Sonogramm)

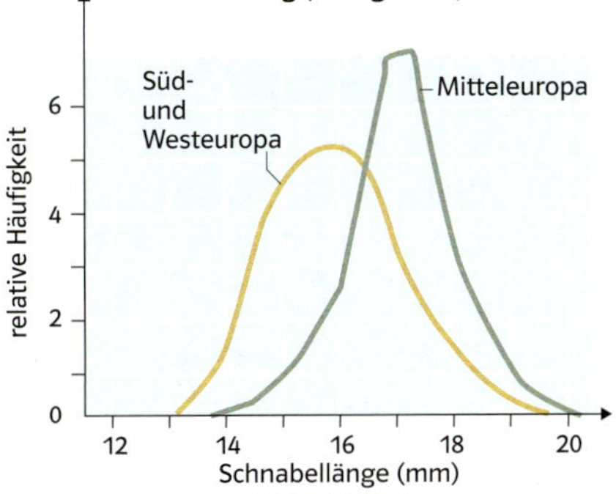

Schnabellänge

Waldbaumläufer
Habitat in Mitteleuropa: dunkler Nadelwald (meist Fichten oder Tannen) im Flachland und im subalpinen Gebirge
Habitat: in Asien Birkenmischwälder, auf den britischen Inseln auch Laubwald und sogar Parks und Gärten

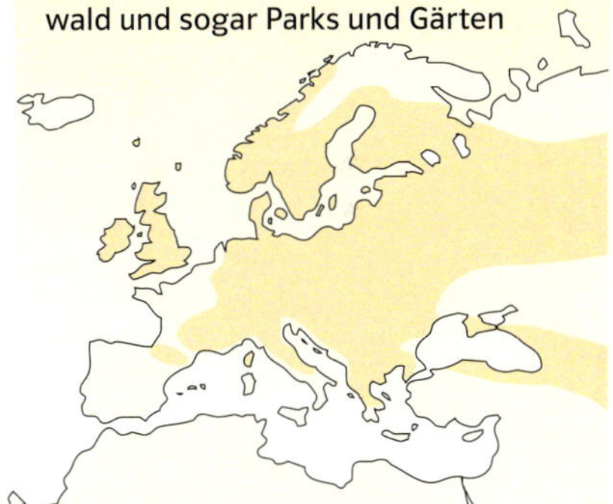

Vorkommen

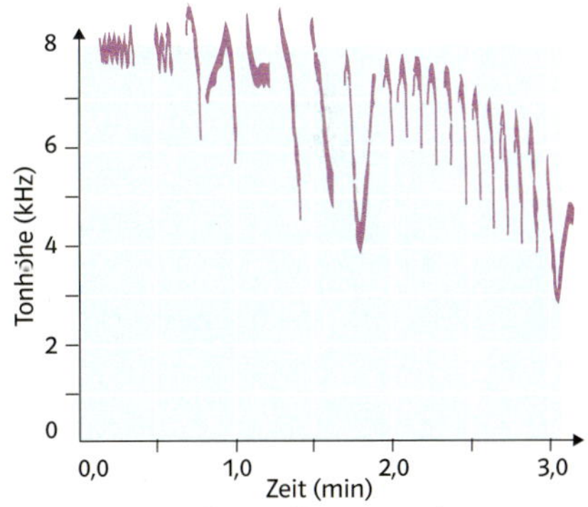

Gesang (Sonogramm)

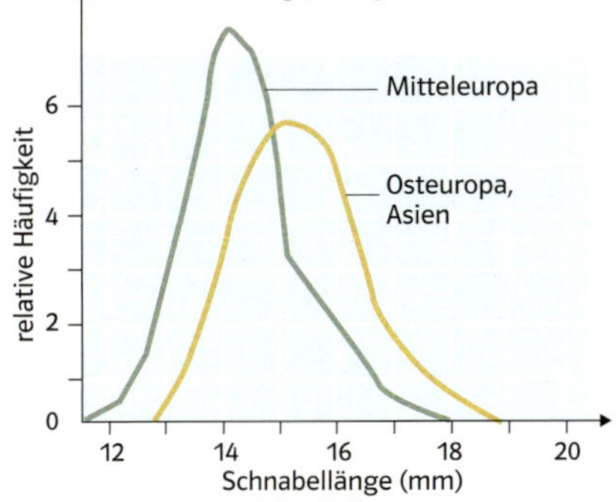

Schnabellänge

Adaptive Radiation

Endemiten
Pflanzen- und Tierarten, die nur in einem eng begrenzten Gebiet vorkommen

Auf seiner Forschungsreise erreichte CHARLES DARWIN 1835 die Galapagos-Inseln. Dieses Archipel liegt 1000 km westlich des südamerikanischen Kontinents im Pazifischen Ozean. Es besteht aus 14 unterschiedlich großen Inseln. Vor 1 bis 5 Mio. Jahren ist die gesamte Inselgruppe durch unterseeische Vulkanausbrüche entstanden. Landkontakt zum Festland bestand nie.

DARWIN erkannte sehr bald, dass auf den Inseln im Vergleich zum Festland nur wenige Vogelarten lebten und Gruppen wie Meisen, Baumläufer, Spechte sowie Fliegenschnäpper völlig fehlten, dagegen aber finkenähnliche Kleinvögel in einer erstaunlichen Vielfalt vorkamen. Trotz der Größenunterschiede ähnelten sich diese Vögel in Bezug auf Körper- und Flügelform sowie Gefieder sehr. Auffallend waren die Unterschiede in Form und Größe ihrer Schnäbel. Diese sind so unterschiedlich wie die von Kernbeißer, Specht und Sperling. Heute kennt man 13 verschiedene Finkenarten auf Galapagos. Sie kommen nur dort vor, sind also *Endemiten*.

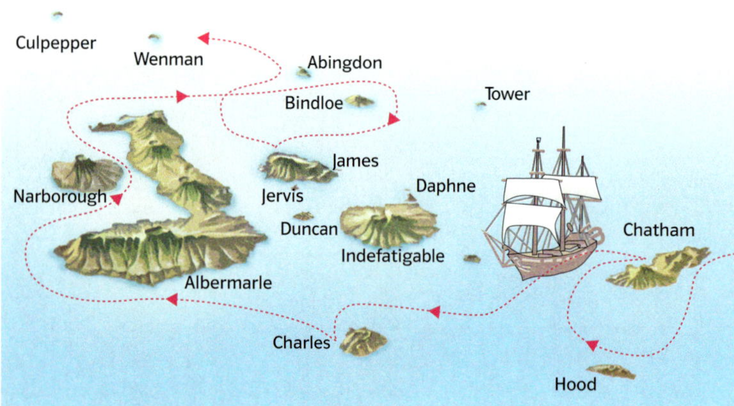

1 *Galapagos-Inseln mit Darwins Route 1835*

Einnischung

Unter dem Einfluss des kalten Humboldtstromes ist das Klima kühler und trockener, als man es für tropische Inseln erwartet. Die Küstenregionen sind meist wüstenhaft, mit zunehmender Höhe fällt mehr Regen, die Vegetation wird reichhaltiger, in den Mittellagen der großen Inseln mit ihren Regenwaldzonen ist sie sogar üppig. Diese Vielfalt an Lebensräumen bietet ein breit gefächertes Nahrungsangebot. So ernähren sich *Kaktusfinken* überwiegend vom Nektar und Fruchtfleisch der Kakteen. *Sängerfinken* picken mit ihrem spitzen Schnabel Insekten von der Borke der Bäume. *Spitzschnabel-Grundfinken* – oft als *Vampirfinken* bezeichnet – haben ein ungewöhnliches Verhalten entwickelt. Sie setzen sich auf die Rücken

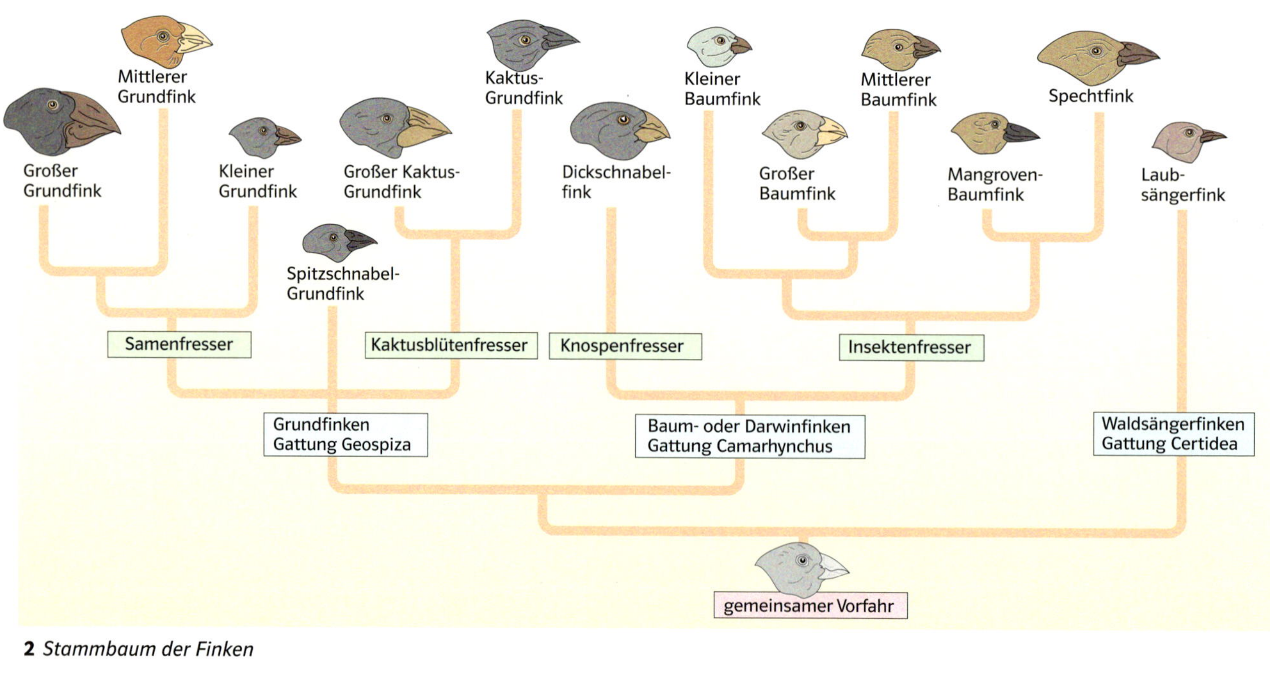

2 *Stammbaum der Finken*

Online-Link
045407-0353

Art	Regenwald	Kakteen	offenes Gelände und lichter Wald	
	pflanzliche und tierische Nahrung		derbe Samen	Beeren, Sämereien
1 Großer Grundfink			A, T, W	
Mittlerer Grundfink 2			A, H	
3 Kleiner Grundfink				A, H
Spitzschnabel-Grundfink 4	A	W, C		T, C, W
5 Gr. Kaktus-Grundfink		T, H	C	
Kaktus-Grundfink 6		A		
A = Albermarle T = Tower		W = Wenman	C = Culpepper	H = Hood

3 *Vorkommen und Nahrung einiger Grundfinken*

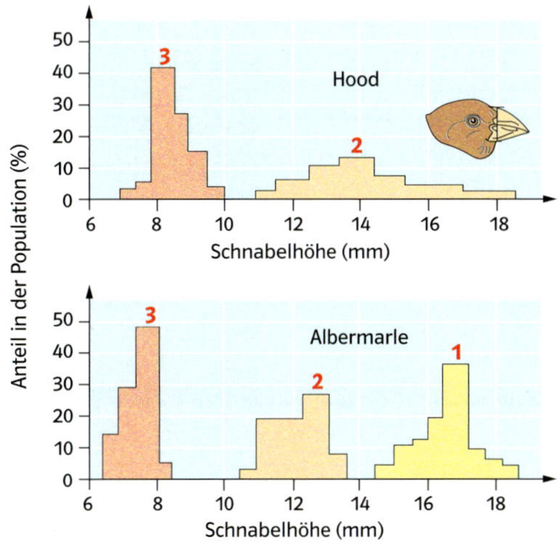

4 *Variation der Schnabelhöhe von 3 Finkenarten*

von Echsen, hacken auf deren Haut ein, bis Blut fließt, und trinken davon. *Spechtfinken* besitzen im Gegensatz zu unseren Spechten keine lange Zunge und keinen meißelförmigen Schnabel. Mithilfe eines Kaktusstachels gelingt es ihnen aber, Insektenlarven aus kleinen Bohrlöchern im Holz der Bäume herauszuholen. Jede der Finkenarten hat ihre eigene ökologische Nische (Abb. 3). Sie kann auf den verschiedenen Inseln unterschiedlich sein (Abb. 4). Leben zwei Arten sympatrisch und konkurrieren um ähnliche Nahrungsquellen, kommt es zu einer verstärkten Spezialisierung *(Kontrastbetonung)* und damit zu Konkurrenzvermeidung (Abb. 3, 4).

Der Radiationsvorgang

Bereits DARWIN war davon überzeugt, dass alle 13 Finkenarten aus einer Ursprungsart hervorgegangen sind (Abb. 2). Die Analyse der mitochondrialen DNA bestätigt diese Vorstellung. Man geht heute davon aus, dass vor mehr als 1 Mio. Jahren eine kleine Gruppe von Finken, vielleicht auf einem Floß von Baumstämmen, auf eine der Inseln verschlagen worden ist. Bei ihrer Ankunft waren viele ökologische Planstellen frei. Die Gründerpopulation konnte sich rasch vermehren. Aufgrund von Mutation, Rekombination und Selektion kam es zur Bildung verschiedener Rassen.

Neue Arten sind jedoch ausschließlich als Folge geografischer Isolation entstanden: Gelangte eine kleine Gruppe von Finken auf eine der Nachbarinseln, wiederholten sich im Prinzip die Evolutionsprozesse, die bei der Erstbesiedlung der Ausgangsinsel abgelaufen waren. Allerdings waren die ökologischen Bedingungen auf den einzelnen Inseln unterschiedlich. Dementsprechend zogen derartige Unterschiede auch divergente Selektions- und Einnischungsprozesse nach sich. Es kam somit bei jeder längeren Isolation zu *allopatrischen Artbildungsprozessen* (s. Seite 348). Kamen Populationen, die lange Zeit isoliert waren, wieder in Kontakt miteinander, waren sie möglicherweise so verschieden, dass sich ihre Genpools nicht mehr vermischten. Neue Arten waren entstanden, die nun nebeneinander koexistieren konnten, ohne direkte Konkurrenten zu sein.

Diese Vorgänge der Neubesiedlungen, der Einnischung und der Rückwanderung haben sich vermutlich vielfach wiederholt und dazu geführt, dass sich aus einer Gründerart 13 Finkenarten entwickelt haben. Eine solche Aufspaltung einer Stammart in zahlreiche neue Arten unter Anpassung an verschiedene ökologische Bedingungen bezeichnet man als *adaptive Radiation*. [Basiskonzept S. 384]

A1 1000 km nordöstlich der Galapagos-Inseln liegt die Kocos-Insel. Sie bietet viele verschiedene Lebensräume. Erläutern Sie, warum es auf dieser Insel nur eine Finkenart gibt.

Kleiner Baumfink

Vampirfink

Spechtfink

Kleiner Grundfink

6.3 Ähnlichkeit und Verwandtschaft
Paläontologie

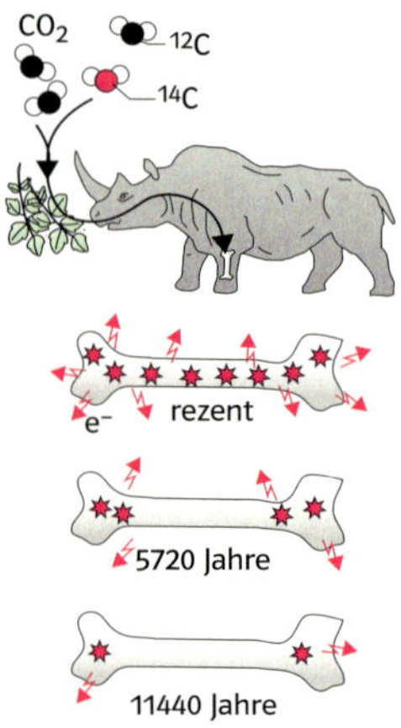

Datierung mithilfe der Radiocarbonmethode

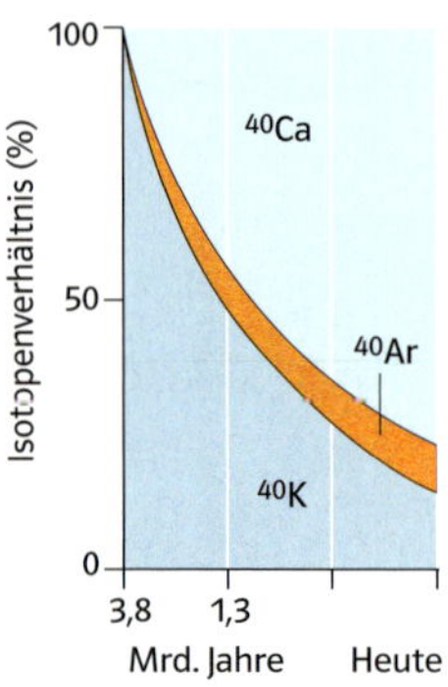

Datierung mithilfe der Kalium-Argon-Methode

Urzeitäffchen „Ida"

Wenn man den historischen Ablauf der Evolution untersuchen will, benötigt man die Dokumente der Evolutionsgeschichte. Sie bestehen aus Überresten und Spuren von Lebewesen in den Gesteinen früherer Perioden der Erdgeschichte, den Fossilien. Deren Untersuchung ist für die Rekonstruktion dieser ehemaligen Lebewesen mit ihrer damaligen Umwelt von besonderer Bedeutung. Die *Paläontologie* ist diejenige Wissenschaft, die sich damit näher beschäftigt. [Basiskonzept S. 384]

Fossilien

Nachdem ein Lebewesen gestorben ist, wird sein Körper im Regelfall rasch von Aasfressern zerlegt und von Destruenten abgebaut. Bei einem Fossil wurde der Körper schnell eingebettet, meist in Sand oder Schlamm, was den Abbau verhinderte. Auch Sauerstoffmangel in Tiefenschichten oder Mumifizierung in extrem trockenen Gebieten können dieses verhindern. Insgesamt sind die Bedingungen für die Entstehung eines Fossils eher selten. *Fossilien* können nach ihrer Entstehung durch geologische Prozesse umgeformt oder durch Erosion wieder zerstört werden.

Eine große Schwierigkeit besteht darin, dass Fossilien meist unvollständig überliefert sind. Ferner liegen die Teile von Fossilien selten so, wie sie im ehemaligen Lebewesen zusammengehörten. Paläontologen rekonstruieren daher das Fossil durch anatomische Vergleiche mit schon bekannten Fossilien oder heute lebenden Organismen. Ein neues Fossil kann dann in die bekannte Systematik eingeordnet oder an neuer Stelle angegliedert werden. Für Fragen der Evolutionsgeschichte ist aber ebenso wichtig, wann das ehemalige Lebewesen gelebt hat.

Relative Datierung

Neue Sedimente, die z. B. ein Fluss heranschwemmt, lagern sich auf den alten ab. Die tieferen Schichten sind damit älter als die darüber liegenden. Für Gesteine bedeutet dies, dass die in tiefer gelegenen Schichten enthaltenen Fossilien älter sind als die darüber liegenden. Daraus ergibt sich die *relative Datierung*. Bei der zeitlichen Einordnung hilft hier die Tatsache, dass in allen Perioden der Erdgeschichte einige Arten sehr weit verbreitet waren. Sie werden daher *Leitfossilien* genannt. Ihr Erscheinen und Verschwinden setzt Zeitmarken zur Datierung einzelner Perioden (z. B. Kreidezeit).

Absolute Datierung

Für eine genauere Altersbestimmung benötigt man aber die *absolute Datierung*. Sie beruht auf der Messung radioaktiver Elemente und ihrer Zerfallsprodukte (Abb. Randspalte). Bei vielen Elementen kommen mehrere Sorten von Atomkernen vor. Diese Varianten eines Elementes werden *Isotope* genannt (gleiche Anzahl an Protonen, nicht aber an Neutronen). Die Kerne einiger Isotope sind instabil und zerfallen in Kerne anderer Elemente. Die Zerfallsgeschwindigkeit hängt von der Art des Isotops ab. Jedes Isotop besitzt seine eigene Halbwertzeit. Misst man mit einem Massenspektrographen die vorhandenen Atomsorten, so kann man aus dem Mengenverhältnis des Isotops zu seinen Zerfallsprodukten die Zeit berechnen, die seit der Entstehung eines Gesteins verging.

Eine wichtige Methode, die für vulkanische Gesteine geeignet ist, ist die *Kalium-Argon-Methode*. Sie beruht auf dem Zerfall von Kalium-40. Kalium-40 zerfällt zu Calcium-40 (89 %) und Argon-40 (11 %). Aus heißer Lava, die austritt, entweicht sämtliches Argon. Die Kaliumatome werden dagegen im Gestein eingebunden. Dies eicht den Startpunkt. Durch späteres Aufschmelzen bei der Analyse können das nach dem Zerfall übrig gebliebene Kalium-40 und das inzwischen gebildete und im Gestein eingeschlossene Argon-40 gemessen werden (Halbwertzeit: 1,3 Mrd. Jahre). Für Sedimentgesteine, die zwischen zwei vulkanischen Ablagerungen liegen, lässt sich so ein maximales und minimales Alter angeben.

Eine weitere Methode verwendet den Zerfall von radioaktivem Kohlenstoff (^{14}C). Seine Halbwertzeit beträgt 5730 Jahre; daher eignet es sich nur für Zeiträume, die nicht so weit in die Vergangenheit reichen wie die meisten erdgeschichtlichen Epochen. Hier ist der Startpunkt der Tod eines Lebewesens, denn während es Stoffwechsel betreibt, werden ^{14}C und ^{12}C im natürlichen Verhältnis eingebaut. Nach dem Tod jedoch ändert sich das Verhältnis der Isotope durch den Zerfall der ^{14}C-Atome.

A1 Das Urzeitäffchen „Ida" ist trotz seines erstaunlichen Alters von 47 Mio. Jahren sehr gut und vollständig erhalten. Es ist in der Nähe von Darmstadt, in der Grube Messel, gefunden worden. Erklären sie diese sehr gut erhaltene Versteinerung.

A2 Für Paläontologen ist die Abgrenzung von fossilen, nicht rezenten Arten besonders schwierig. Begründen Sie dies.

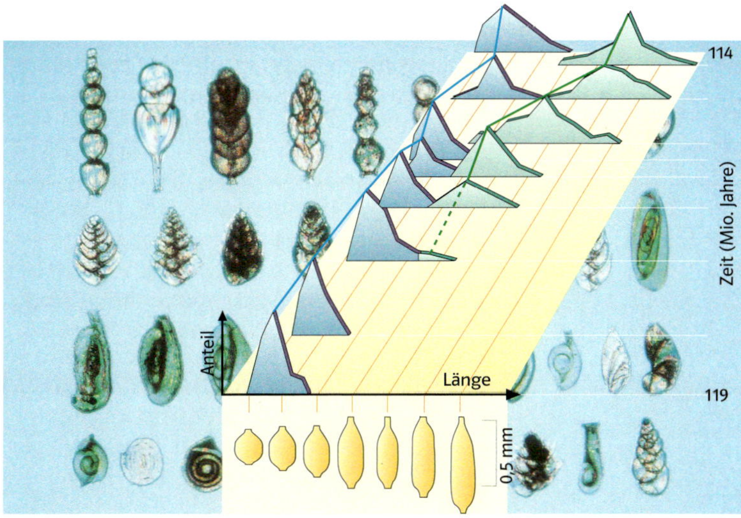

1 *Evolution von Lagena (Oberkreide)*

Mikrofossilien

Viele Fossilien wurden als Einzelexemplare gefunden, selten entdeckt man mehrere Individuen der gleichen Art. Zwar lassen sich damit Entwicklungslinien aufzeigen, aber der Einfluss der Selektion auf die Variabilität einer Population bleibt im Dunkeln. Bei *Mikrofossilien* ist dies aber anders. Mikrofossilien stammen meist aus Meeressedimenten und sind überwiegend Gehäuse von Einzellern, wie z.B. Foraminiferen (z.B. Lagena, siehe Abb. 1). Diese findet man in großer Zahl in Steinbrüchen und bei Bohrkernen erhält man sie sogar aus sonst unzugänglichen Tiefen. Die daraus erhaltenen *fossilen Populationen* enthalten Gehäuse aus mehreren Jahrzehnten. An ihnen lassen sich Selektionsvorgänge und Artbildungsprozesse zeigen. Abbildung 1 zeigt einen Ausschnitt aus der Evolution der Foraminiferengattung *Lagena*. Die Fossilien stammen aus mehreren Bohrkernen, die man bei der Suche nach Erdöl aus Gesteinen der Kreidezeit in Niedersachsen erhielt.

Besondere Fossilien

Einige heute lebende Organismen gleichen sehr stark Fossilien. Sie scheinen Millionen Jahre relativ unverändert überdauert zu haben. Solche Organismen bezeichnet man als *lebende Fossilien*. Ein Beispiel ist der *Quastenflosser*, der bereits im Devon lebte. Er galt als ausgestorben, bis man 1938 im Indischen Ozean gefangene Fische als heutige Vertreter identifizierte. Die Lebensweise von *Nautilus* half zu verstehen, wie seine ausgestorbenen Verwandten, die Goniatiten, Ceratiten und Ammoniten, wahrscheinlich lebten. Zu den ersten echten Bäumen gehörte der *Ginkgo*, der heute in Asien vorkommt.

Im Altmühltal wurde 1861 ein ca. 150 Mio. Jahre altes Fossil geborgen, das Merkmale von Reptilien und Vögeln in sich vereinigt. Dieses *Archaeopteryx* genannte Fossil wird als möglicher Urvogel angesehen, aus dem sich die Vögel entwickelten. Solche Organismen, die Zwischenstufen verdeutlichen, werden *Brückentiere* genannt.

2 *Quastenflosser-Fossil und Latimeria*

Divergenz und Konvergenz

Die gegenwärtige Wirkung der Evolutionsfaktoren lässt sich an vielen Beispielen zeigen. Es gibt Wege und Prinzipien, die die Entstehung der heutigen Organismenvielfalt erklärbar machen. Dies beantwortet die Frage nach den Mechanismen der Evolution. Es bleibt die zweite Frage zu beantworten, wie die Entwicklung historisch tatsächlich abgelaufen ist, ob sich also die Verwandtschaft von Organismen und damit ihre gemeinsame Abstammung einsichtig machen lässt. Dies erfordert weitere Methoden, die der historischen Sicht gerecht werden. [Basiskonzept S. 384]

Vergleicht man zwei Organismen, so stellt man anfangs vielleicht mehr oder weniger große Ähnlichkeiten fest. Das heißt, dass es z. B. Merkmale gibt, die bei beiden Organismen übereinstimmen bzw. sich unterscheiden. Diese Ähnlichkeit lässt sich auf zwei gegensätzliche Weisen interpretieren (Abb. 1).

Die beiden Arten können einerseits einen gemeinsamen Ursprung haben und verwandt sein, wie dies im Beispiel der Spechte der Fall ist. Dann sind die Übereinstimmungen älter und beruhen auf ähnlicher genetischer Information, die von der gemeinsamen Abstammung herrührt. Ältere Merkmale nennt man auch *ursprünglich*, die neueren *abgeleitet*. Die Entwicklung läuft auseinander zu größeren Unterschieden hin. Eine solche Entwicklung ist *divergent* und Merkmale, deren Ähnlichkeit auf Herkunftsgleichheit beruht, nennt man homolog bzw. bezeichnet sie als *Homologien*.

Andererseits kann eine bestimmte Form in einer speziellen Umwelt oder für eine Funktion besonders gut geeignet sein. Dies gilt z. B. für die Stromlinienform, die in Luft und Wasser vorteilhaft ist (Abb. 1). Im Verlauf der Entwicklung haben sich dann jeweils die Individuen besser behauptet, die dieser Form ähnlicher waren. Die Unterschiede sind bei dieser Interpretation alt und auf die verschiedenen Ausgangsformen zurückzuführen, während die Übereinstimmungen neu sind. Die Entwicklung läuft aufeinander zu *(konvergent)* und damit hin zu größerer Ähnlichkeit (Abb. 1). Die Übereinstimmungen bezeichnet man in solchen Fällen als *analog* bzw. als *Analogien*. Diese sind nicht auf einen gemeinsamen Ursprung zurückzuführen. Für die Entscheidung, wie Ähnlichkeiten zu beurteilen sind, braucht man eine geeignete Methode, mit der man Verwandtschaft belegen und zwischen Homologie und Analogie unterscheiden kann. [Basiskonzept S. 382]

A1 Beschreiben Sie Abbildung 1 mit eigenen Worten.

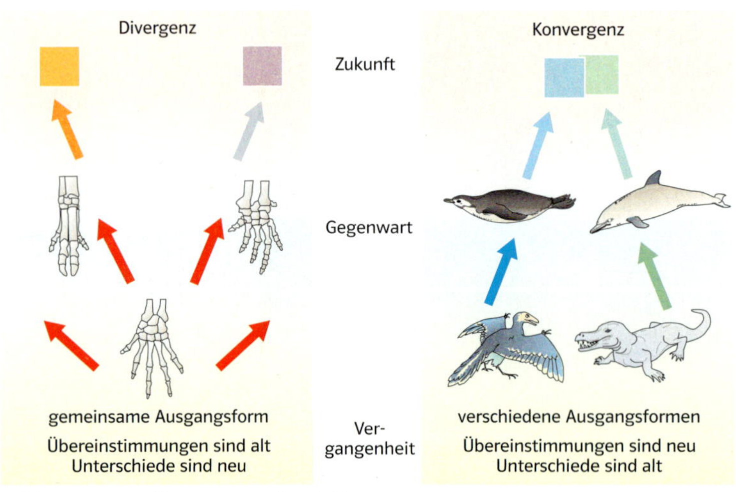

1 *Divergente und konvergente Entwicklung*

Homologiekriterien

Bei homologen Strukturen wird vorausgesetzt, dass ihre Ähnlichkeit durch einen gemeinsamen Ursprung bedingt ist. Zur Entscheidung, ob Verwandtschaft bzw. Homologie vorliegt, werden drei *Homologiekriterien* herangezogen:

Findet man einzelne Strukturen stets in gleicher Lage im komplexen Gefüge aller anderen Strukturen, so geht man von deren gemeinsamer Abstammung aus. Dies ist das *Kriterium der Lage*. Mithilfe dieses Kriteriums lassen sich die Knochen der Vorderextremitäten von Wirbeltieren als homolog kennzeichnen. Dies gilt auch dann, wenn ihre Funktionen sehr unterschiedlich sind, wie z. B. bei Laufbeinen und Flügeln.

Wenn im Evolutionsverlauf starke Veränderungen entstanden sind oder Teile fehlen, ist die Lage von Strukturen schwer zu beurteilen. Vielfach wird durch Zwischenformen ein stetiger Übergang erkennbar. Die Zwischenformen können sich bei anderen Organismen finden, bei Fossilien oder bei Embryonalstadien. Dies ist das *Kriterium der Stetigkeit*.

In anderen Fällen findet man bei äußerlich wenig ähnlichen Strukturen einzigartige Merkmale. Dies ist das *Kriterium der spezifischen Qualität*. Die Hautschuppen eines Hais und Zähne zeigen in diesem Sinn einen gleichartigen Bau aus spezifischen Substanzen.

Analogiebeispiel Flosse

Vergleicht man die Schwanzflossen von Walen und Fischen, so fällt die ähnliche Form auf. Wale und Fische stammen jedoch nicht von einem gemeinsamen Vorfahren mit derartiger Flosse ab, denn durch Anwendung der Homologiekriterien lässt sich keine Verwandtschaft bzw. Herkunftsgleichheit nachweisen. Die beiden Flossenformen sind unabhängig voneinander durch konvergente Entwicklung aufgrund gleicher Umweltbedingungen entstanden. Solche Analogien, die nicht als Zeichen von Verwandtschaft gedeutet werden dürfen, treten häufiger auf.

Homologie
Ähnlichkeit infolge gemeinsamer Abstammung

Analogie
Ähnlichkeit infolge gleicher Funktion ohne gemeinsame Abstammung

Info-Box: Homologie beim Insektenbein

Schmetterlinge, Käfer, Heuschrecken — die meisten Insekten lassen sich auch vom Laien sofort als solche identifizieren, denn sie zeigen deutliche Übereinstimmungen im Körperbau. Insekten besitzen drei Beinpaare an den Brustabschnitten, die je nach Art der Fortbewegung abgewandelt sein können, aber erkennbar den gleichen Grundbauplan aufweisen. Es handelt sich damit nach dem Kriterium der spezifischen Qualität und dem Kriterium der Lage um homologe Organe.

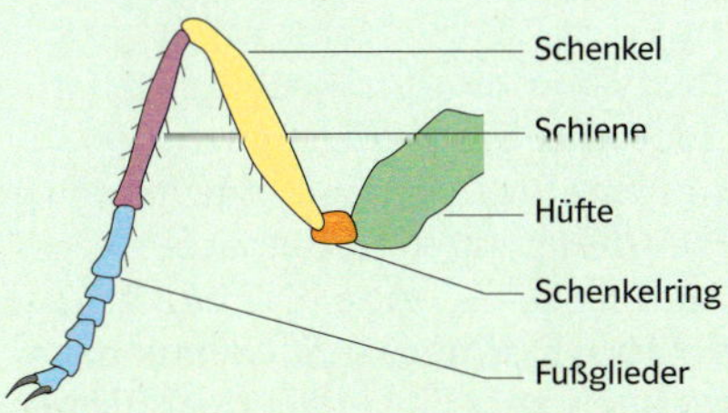

Der Grundbauplan eines Insektenbeins besteht aus fünf Gliedern: Hüfte, Schenkelring, Schenkel, Schiene und Fußglieder, das Fußende kann Krallen oder Haftbläschen aufweisen. Die Form der einzelnen Glieder unterscheidet sich aber bei Lauf-, Grab-, Spring- oder Schwimmbeinen.

A1 Ein Sonderfall sind Fangbeine. Fertigen Sie eine Zeichnung an, in der Sie die Vorderbeine der Gottesanbeterin mit dem Grundbauplan homologisieren.

Heuschrecke

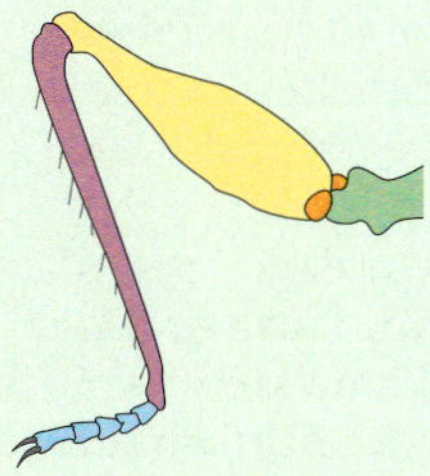

Maulwurfsgrille

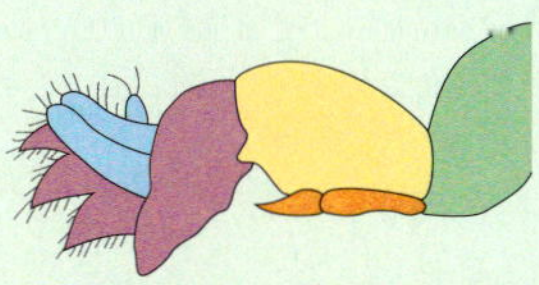

Gelbrandkäfer

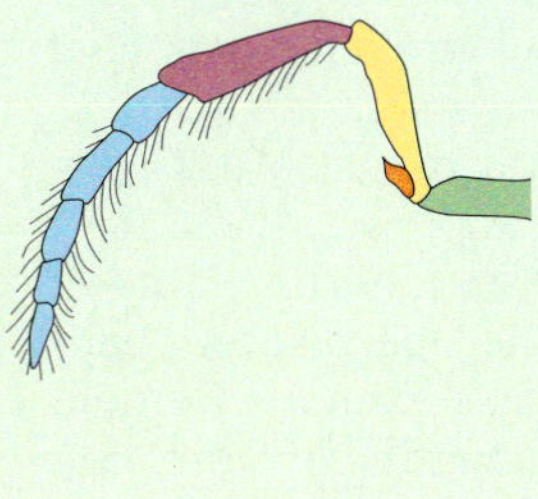

Merkmale und Merkmalsprüfungen

1 *Fledermaus und Taube sowie Schema der Vorderextremität*

Taxon (Plural: Taxa)
Gruppe von Lebewesen mit gemeinsamer evolutiver Herkunft, z. B. Art, Gattung, Ordnung, Klasse

Schon ein Kleinkind erkennt auf Anhieb, dass Dogge und Dackel Hunde sind. Kinder orientieren sich vor allem am Gebell von Hunden, aber auch am Schwanzwedeln. Diese Verhaltensmerkmale haben alle Hunde gemeinsam und sie fehlen bei anderen Säugetieren. Kein geeignetes Merkmal ist dagegen die Größe des Hundes (sehr variabel).

Nicht immer gelingt die richtige Zuordnung mit dem ausgewählten Merkmal. Das zeigt z. B. die umgangssprachliche Benennung des Wales als „Walfisch". Die Schwanzflosse des Fisches enthält jedoch Skelettelemente, die Fluke des Wales besteht aus Bindegewebe. Schwanzflosse und Fluke üben lediglich die gleiche Funktion aus. Es handelt sich also um analoge Merkmale, die über die verwandtschaftliche Beziehung nichts aussagen.

Dogge und Dackel

Merkmalsüberprüfung
Auch Wissenschaftler müssen bei der Klärung von Verwandtschaftsbeziehungen geeignete von ungeeigneten Merkmalen unterscheiden. In der langen Liste morphologischer, ethologischer, embryologischer, biochemischer oder genetischer Merkmale suchen sie im ersten Schritt nach Ähnlichkeiten. Analoge Ähnlichkeiten täuschen eine Verwandtschaft allerdings nur vor, sie gehören nicht in diese Liste. Für die Überprüfung der *Homologie-Vermutung* stehen die Homologiekriterien zur Verfügung (s. Seite 356).

Aber nicht alle homologen Ähnlichkeiten eignen sich für die Unterteilung von Verwandtschaftsgruppen. Die Haare von Dackel und Hauskatze sind zwar ein gemeinsames homologes Merkmal, trotzdem ist ein Dackel keine Katze. Auch Feldmäuse und Fledermäuse haben Haare, es handelt sich um ein *ursprüngliches Merkmal*, das diese vier Arten von einem gemeinsamen Vorfahren übernommen haben. Solche gemeinsamen, ursprünglichen, homologen Merkmale sind zwar zur Charakterisierung höherer Taxa (Klasse Säugetiere) geeignet, nicht aber für eine feinere Unterteilung. Dafür braucht man vielmehr *abgeleitete Merkmale*, die von der gemeinsamen Stammart der betrachteten Untergruppe „erfunden" wurden. Solche „evolutiven Neuheiten" *(Apomorphien)* fehlen außerhalb des betrachteten Taxons. Ein gemeinsames abgeleitetes homologes Merkmal der Nagetiere sind die Nagezähne, bei den Fledermäusen die Flügel. Um zu erkennen, ob ein Merkmal abgeleitet ist, kontrolliert man, ob es auch außerhalb der Gruppe vorkommt *(Außengruppenvergleich)*. [Basiskonzept S. 384]

Flügel findet man z. B. nicht nur bei Fledermäusen, sondern auch bei der Taube. Gibt es also eine gemeinsame Stammart? Die Flügel von Fledermaus und Taube sind aus den gleichen Knochenelementen konstruiert, als Vorderextremität sind sie deshalb als homolog anzusehen (Abb. 1). Vergleicht man die Fledermäuse jedoch anhand weiterer Merkmale mit Arten aus der Außengruppe („Flügellosen"), stellt man fest, dass man Milchdrüsen oder Gebiss nicht nur bei Fledermäusen, sondern auch bei „Flügellosen" findet. Bei einer Einteilung in „Flügeltiere" und „Flügellose" müssten diese mehrfach konvergent entstanden sein. Es ist die einfachste Erklärung, wenn man den Flügel als Merkmal einstuft, das sich bei Vogel und Fledermaus unabhängig voneinander, wenn auch aus einem homologen Merkmal entwickelt hat. Es gibt keinen Verwandtschaftskreis der Flügeltiere, eine Unterteilung in die Gruppierungen Säugetier und Vogel wird bevorzugt.

A1 Analysieren Sie die wesentlichen Schritte der Merkmalsprüfung.

Morphologische Rekonstruktion von Stammbäumen

Geeignete taxonomische Einheiten
Die *phylogenetische Systematik* strebt an, ein natürliches System so aufzustellen, dass jedes Taxon einen Verwandtschaftskreis darstellt, also eine so genannte *monophyletische Gruppe* bildet. *Para-* und *polyphyletische Gruppen* dagegen versucht man aufzulösen, da sie ungeeignete taxonomische Einheiten darstellen. Ausgangspunkt ist eine Merkmalstabelle. Merkmale, die bei vielen Taxa auftauchen, stehen hier weiter oben (Abb. 1a). In den Stammbäumen markieren die farbigen Punkte das erste Erscheinen des neuen Merkmals (Abb. 1b). Häufig gibt es dafür mehrere Möglichkeiten: So könnten Vögel und Säugetiere eine monophyletische Gruppe der „Gleichwarmen" bilden. Damit hätten sie dann die *Homoiothermie* von einer gemeinsamen Stammart übernommen. Dann müssten aber die Merkmale „Mahlmagen" und „vier Fußzehen" der Krokodile und Vögel konvergent entstanden sein *(Außengruppenvergleich)*. Es führt zu weniger Widersprüchen (Prinzip der einfachsten Erklärung/Sparsamkeitsprinzip), wenn man Krokodile und Vögel als monophyletische Gruppe einstuft und die Homoiothermie als konvergentes Merkmal betrachtet (Abb. 1b).

Das Taxon Reptilien
Der Stammbaum zeigt ferner, dass die gemeinsame Stammart von Schildkröten, Eidechsen, Schlangen und Krokodilen auch Vorfahr von Vögeln und Säugetieren ist. Das typologische und bekannte Taxon „Reptilien" bildet demnach keine *monophyletische*, sondern eine *paraphyletische Gruppe*, weil sie nicht alle Abkömmlinge der Stammart enthält.

Heute werden sowohl morphologische als auch molekulargenetische Merkmale herangezogen (s. Seite 214 ff.). Widersprüche vor allem zwischen diesen Merkmalen lenken dabei das Augenmerk auf bisher nicht erkannte *Konvergenzen*.

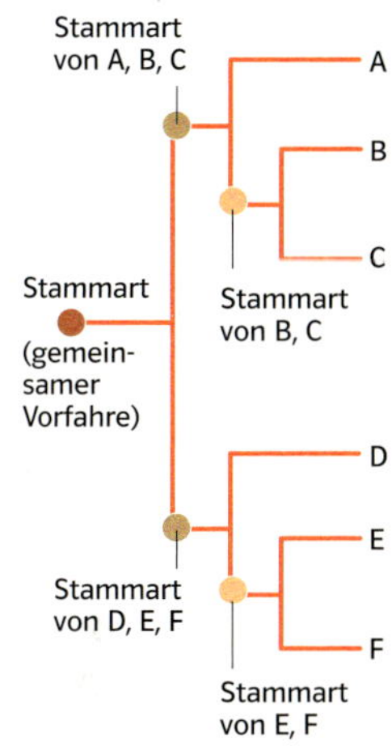

A1 Skizzieren Sie den im Text als weniger wahrscheinlich vorgestellten Stammbaum. Als Vorlage dient Ihnen der Stammbaum in Abb. 1.

a)

	Taxon, Merkmal	Amphibien	Schildkröten	Eidechsen und Schlangen	Krokodile	Vögel	Säugetiere
1	vier Extremitäten	+	+	+	+	+	+
2	Eihülle (Amnion)	–	+	+	+	+	+
3	Schläfenfenster	–	–	+	+	+	+
4	vier Fußzehen	–	–	–	+	+	–
5	Mahlmagen	–	–	–	+	+	–
6	Homoiothermie	–	–	–	–	+	+
7	nackte Haut	+	–	–	–	–	–
8	Panzer	–	+	–	–	–	–
9	Häutung	–	–	+	–	–	–
10	3faches Augenlid	–	–	–	+	–	–
11	Federn	–	–	–	–	+	–
12	Milchdrüsen	–	–	–	–	–	+

b)

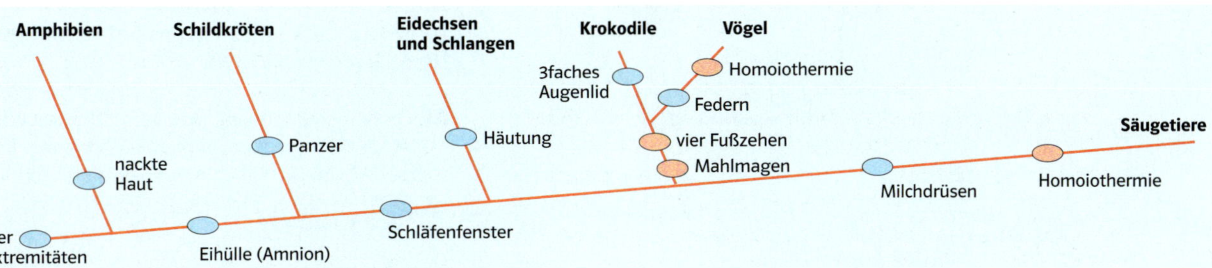

1 *Stammbaum der vierfüßigen Wirbeltiere (Tetrapoda)*

6.4 Evolution des Menschen
Der Mensch ist ein Primat

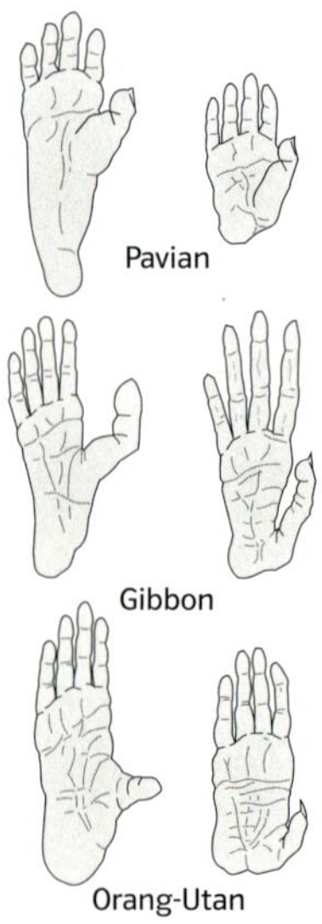

Die Aussage der *Evolutionstheorie*, dass der Mensch von tierischen Vorfahren abstamme, war lange umstritten. Trotz zahlreicher neuer Erkenntnisse ist die Evolution des Menschen auch heute noch längst nicht bis in alle Details geklärt. Unstrittig ist, dass aufgrund seiner vielen Säugetiermerkmale der Mensch dieser Klasse der Wirbeltiere zuzuordnen ist. Als vor 65 Mio. Jahren die Dinosaurier ausstarben, breiteten sich die Säugetierarten ca. 9 Mio. Jahre später stark aus. Heute gibt es ca. 4500 verschiedene Säugetierarten. Weshalb die enorme Ausbreitung nicht unmittelbar nach dem Aussterben der Dinosaurier stattfand ist derzeit nicht bekannt. In einer erdgeschichtlich kurzen Zeitspanne entstanden die Vorfahren aller heute noch lebenden Säugetierordnungen und besiedelten die frei gewordenen Lebensräume. Vor 80 Mio. Jahren tauchten die ersten *Primaten* auf. Sie sind Teil der adaptiven Radiation der Säugetiere. [Basiskonzept S. 384]

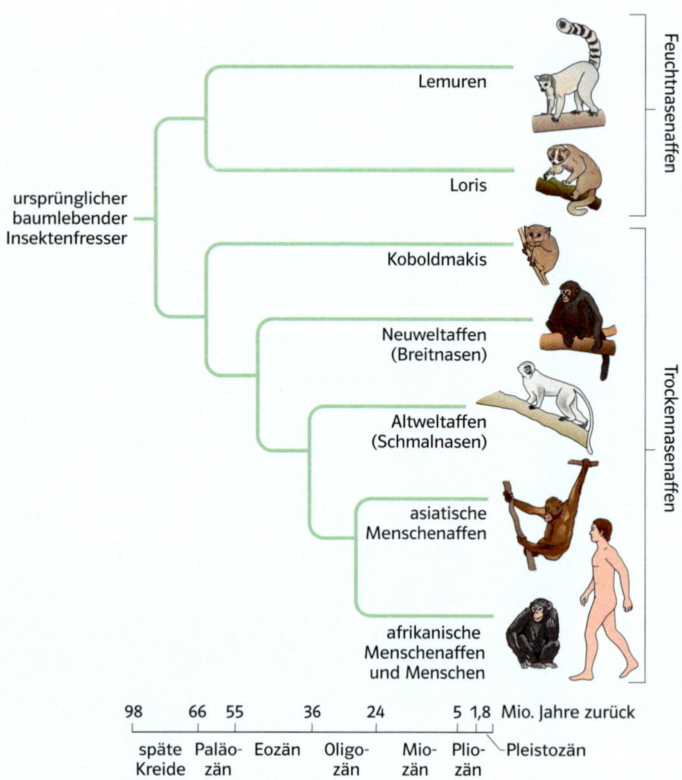

1 *Stammbaum der Primaten*

Unterschiede bei Primatenarten
Primaten (die Menschen nicht mit einbezogen) besiedeln heute Südamerika, Afrika und Asien. Ihre kleinsten Vertreter, wie der Mausmaki auf Madagaskar, wiegen knapp 50 g, männliche Gorillas dagegen 250 kg.

Man unterscheidet bei den Primaten die *Halbaffen* von den *Affen*. Die bekannteste Gruppe der Halbaffen sind die *Lemuren*, die auf Madagaskar isoliert vom afrikanischen Kontinent eine unabhängige Entwicklung durchliefen. Die echten Affen unterteilt man in *Alt-* und *Neuweltaffen*. Die Altweltaffen besiedeln Afrika und Asien. Zu ihnen gehören die Meerkatzen, die Menschenaffen sowie der Mensch. Ihre kennzeichnenden Merkmale sind die kommaförmigen Nasenlöcher und die schmale Nasenscheidewand. Die in Südamerika lebenden Neuweltaffen (z. B. Kapuzineraffen) besitzen dagegen runde Nasenöffnungen und eine breite Nasenscheidewand.

Primaten und andere Säugetiere
Primaten sind anhand von morphologischen (die Gestalt betreffenden) Merkmalen schwierig zu definieren: Die meisten besitzen an das Greifen angepasste Hände und Füße und ein im Verhältnis zu anderen Säugern großes Gehirn. Verbunden ist damit eine relativ gut ausgebildete Intelligenz und eine entsprechende Flexibilität im Verhalten.

Die Lebenserwartung ist hoch, die Fortpflanzungsrate gering und die Brutpflege intensiv. Statt Krallen wie die anderen Säuger besitzen Primaten Plattnägel. Hautleisten auf der Handinnenseite und den Fußsohlen erhöhen die Tastempfindlichkeit. Durch die nach vorn stehenden Augen überdecken sich die Gesichtsfelder, so ist ein gutes räumliches Sehen möglich. [Basiskonzept S. 370]

A1 In jüngerer Zeit geht man vermehrt davon aus, dass Werkzeugbenutzung bei Primaten eher eine Folge der Intelligenzentwicklung war als eine Ursache. Entwickeln Sie zur Erklärung eine Hypothese.

Unsere nächsten Verwandten

Bis vor wenigen Jahrzehnten hat man den Menschen aufgrund morphologischer und anatomischer Merkmale in eine eigene Familie eingeordnet und sie den großen Menschenaffen gegenübergestellt (der Mensch als „Krone der Schöpfung"). Neuere Forschungsergebnisse korrigieren dieses Bild. [Basiskonzept S. 384]

Die DNA-Hybridisierung nach Sibley und Ahlquist hat die verwandtschaftlichen Zusammenhänge weiter aufgeklärt. Bei dieser Methode werden die DNA-Doppelstränge zweier zu vergleichender Arten erhitzt. Die Wasserstoffbrücken zwischen den komplementären Basen brechen auf, die Doppelstränge „schmelzen" zu Halbsträngen. Kühlt man diese Gemische wieder ab, paaren sich komplementäre Fragmente. Je näher zwei zu vergleichende Arten verwandt sind, desto ähnlicher ist ihre DNA, d. h. umso mehr komplementäre Bereiche gibt es. Der ΔT_{50}H-Wert, also die Differenz der Schmelzpunkte artreiner und Hybrid-DNA, ist ein Maß für verwandtschaftliche Nähe. Je kleiner dieser Wert ist, desto höher ist der Schmelzpunkt der Hybrid-DNA.

Auf der Basis der ΔT_{50}H-Werte kann man Stammbäume *(Dendrogramme)* entwickeln, die die verwandtschaftlichen Beziehungen veranschaulichen. Zur Erstellung derartiger Schemata setzt man voraus, dass aus einem gemeinsamen Vorfahren durch Aufspaltung zwei neue Arten entstanden sind, die sich ihrerseits später in neue Arten trennen. Je geringer der ΔT_{50}H-Wert, desto kürzer ist der bis heute verstrichene Zeitraum seit der Artaufspaltung. Dabei entspricht ein ΔT_{50}H-Wert von 1 einem Zeitraum von 4 bis 4,5 Mio. Jahren. Die DNA-Hybridisierung belegt, dass der Schimpanse mit dem Menschen näher verwandt ist als mit Gorilla und Orang-Utan.

A1 Begründen Sie, warum bei der DNA-Hybridisierung die nicht markierte DNA der Art B im Überschuss zugesetzt wird.

A2 Entwickeln Sie ein Dendrogamm für Menschenaffen und Menschen auf der Basis der ΔT_{50}H-Werte.

Info-Box: DNA-Hybridisierung nach Sibley und Ahlquist

Die DNA der zwei zu vergleichenden Arten wird isoliert und durch Enzyme in Fragmente von 500 Basenpaaren zerlegt. Die DNA der Art A wird radioaktiv markiert, die der anderen bleibt unmarkiert, wird aber in 1000fachem Überschuss zu der DNA von A zugegeben. Das Gemisch wird auf 95 °C erhitzt. Danach kühlt man es auf 60 °C ab und bewahrt es mehrere Stunden bei dieser Temperatur auf.

Das Gemisch gibt man auf eine Trennsäule, die Doppelstränge bindet und Einzelstränge passieren lässt. In Schritten von 2,5 °C erhöht man die Temperatur der Säule und „wäscht" die jeweils neu entstandenen Einzelstränge aus. Die Temperatur, bei der sich 50 % der Hybrid-DNA wieder getrennt hat, bezeichnet man als *Schmelzpunkt*.

In einem Parallelversuch wird ausschließlich die DNA von A verwandt. Die Differenz der beiden Schmelzpunkte bezeichnet man als ΔT_{50}H-Wert.

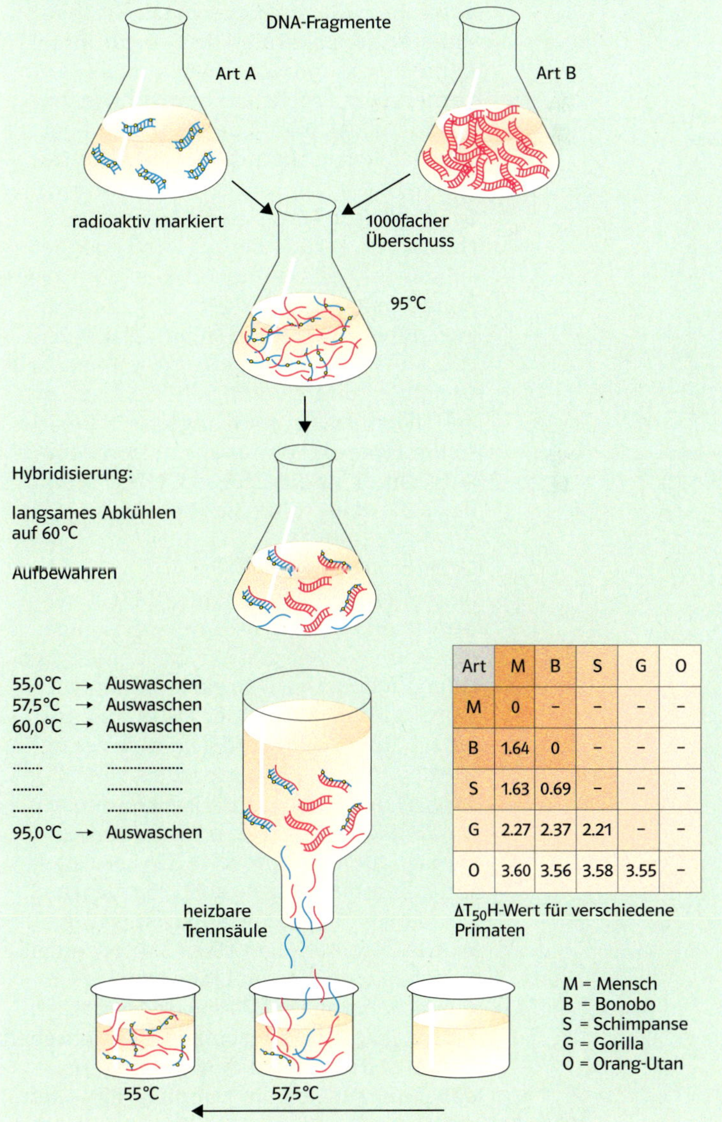

Art	M	B	S	G	O
M	0	–	–	–	–
B	1.64	0	–	–	–
S	1.63	0.69	–	–	–
G	2.27	2.37	2.21	–	–
O	3.60	3.56	3.58	3.55	–

ΔT_{50}H-Wert für verschiedene Primaten

Mensch und Schimpanse — ein Vergleich

Schimpanse

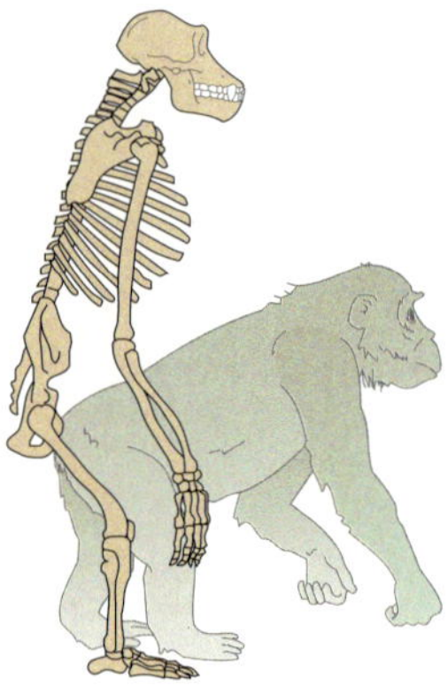

Mensch

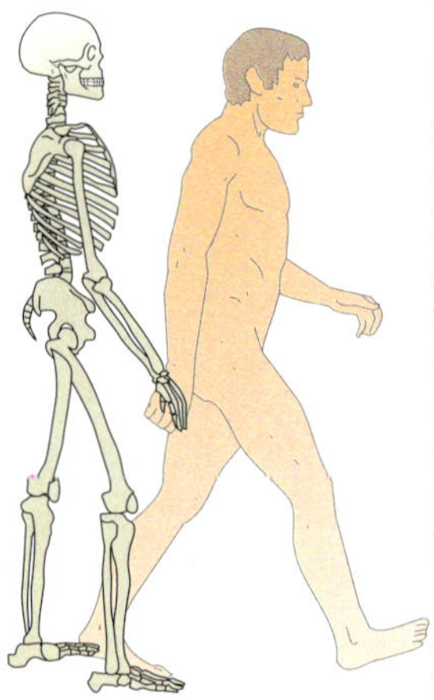

Mit den Erkenntnissen aus der modernen Evolutionstheorie wandelte sich das Bild vom Menschen grundlegend. Vergleichende Untersuchungen zeigen, dass Schimpanse und Mensch nah miteinander verwandt sind. Es gibt aber auch anatomische und genetische Unterschiede.

Fortbewegung und Gang
Das Skelett des Menschen mit seinen im Vergleich zu den Armen längeren Beinen ist an den aufrechten, zweibeinigen Gang angepasst. Der Fuß ist gewölbeförmig, was stabilisierend bei Druckbelastung wirkt. Die Kniegelenke sind so gebaut, dass sie hohe Belastungen durch den ständigen aufrechten Gang abfedern. Die Wirbelsäule ist doppelt-S-förmig gekrümmt und kann Druck und Scherbelastungen gut aufnehmen. Der Brustkorb ist breit, hat dafür eine geringe Tiefe. Dadurch liegt sein Schwerpunkt auf der Körperachse.

Schimpansen leben als Waldbewohner im tropischen Afrika. Beim Klettern stellen sie sowohl den Daumen als auch die große Zehe den anderen Fingern bzw. Zehen gegenüber. So können sie mit Händen und Füßen Äste umgreifen *(Greifhand* und *Greiffuß)*. Dadurch sind Schimpansen an das Leben auf Bäumen angepasst. Relativ selten erheben Schimpansen sich zum aufrechten, zweibeinigen Gehen *(Bipedie)*, beispielsweise wenn sie Früchte tragen.

Gebrauch der Hand
Beim Menschen sind Arme und Hände universell einsetzbare Greifwerkzeuge, die einen vielseitigen Werkzeuggebrauch ermöglichen. Der Unterarm ist um seine Längsachse drehbar. Der Daumen kann jedem Finger der Hand gegenübergestellt werden. Auf diese Weise ist ein *Präzisionsgriff* möglich. Das Hautleistenmuster mit den darunter liegenden Sinneszellen ermöglicht eine sehr feine Dosierung der Kraft, mit der zum Beispiel ein Gegenstand oder Werkzeug gehalten werden kann. Kleinere Gegenstände werden von Schimpansen, wie von Menschen, zwischen Daumen und Zeige- und Mittelfinger gefasst. Im Unterschied zum Menschen halten Schimpansen den Gegenstand dabei nur seitlich am Daumen, nicht mit der Daumenkuppe.

Schädel und Gebiss
Schimpansenschädel besitzen eine deutlich ausgebildete Schnauze. Der Gehirnschädel hat ein Volumen von ca. 350 cm^3. Die Stirn ist fliehend, die Augen sind durch Überaugenwülste vor Verletzungen geschützt. Beim heutigen Menschen dagegen ist keine ausgeprägte Schnauze erkennbar. Der Gesichtsschädel liegt weitgehend unter dem großen Gehirnschädel, dessen Volumen etwa 1450 cm^3 groß ist.

Intelligenz, Sozialverhalten und Sprache
Der Mensch besitzt im Verhältnis zu seiner Körpermasse das größte Gehirn unter den Primaten. Es stellt die Voraussetzung dar für die typisch menschlichen Fähigkeiten, z. B. die ausgeprägte Lernfähigkeit, das komplexe Sozialverhalten und die Kommunikation durch Sprache sowie die sich daraus ergebende enorme Flexibilität und Anpassungsfähigkeit. Auch Schimpansen zeigen herausragende Fähigkeiten: Sie kommunizieren intensiv über Mimik, Gestik und Laute. Sie besitzen zwar ein einfaches Sprachverstehen, für eine artikulierte Sprache fehlen ihnen jedoch die anatomischen Voraussetzungen.

A1 Zeigen Sie die hier genannten Beispiele für das Basiskonzept Struktur und Funktion auf.

Chromosomale Unterschiede
Die nahe Verwandtschaft zeigt sich bereits beim Vergleich der *Karyogramme*: Die Chromosomen von Mensch und Schimpanse gleichen sich in Form, Größe und Bandenmuster. Im Unterschied zum Schimpansen ($2n = 48$) besitzt der Mensch nur $2n = 46$ Chromosomen. Die verringerte Chromosomenanzahl ist auf eine Fusion von Chromosom 2 und 3 zurückzuführen. In der Reihung entspricht Chromosom 21 des Menschen daher Chromosom 22 des Schimpansen. Aus der nahen genetischen Verwandtschaft von Schimpanse und Mensch kann man schließen, dass beide gemeinsame Vorfahren haben.

Unterschiede bei den Strukturgenen
Der genetische Vergleich zwischen Mensch und Schimpanse ergibt insgesamt eine Übereinstimmung von knapp 99 %. In diesen veränderten ca. 30 Mio. Basen gilt es, die entscheidenden Veränderungen

herauszufiltern. Gefahndet wird mithilfe von Biostatistikern und entsprechenden Computerprogrammen.

Wissenschaftler untersuchen derzeit vor allem genetisches Material von Zellen des Gehirns, da sie hier aufgrund der unterschiedlichen Komplexität der Gehirne, der Feinmotorik (v. a. Gesicht, Mund und Hände) und der Sprache die größten genetischen Unterschiede innerhalb verwandter Gene *(Genfamilien)* vermuten. Aber auch innerhalb der Gene, die bei der Verdauung eine Rolle spielen, wurden Unterschiede entdeckt (s. Seite 214).

Beim *FOXP2-Gen*, ein Gen, das für die Sprachentwicklung eine entscheidende Rolle spielt, gab es in ca. 70 Mio. Jahren seit der Trennung von Maus und Schimpanse nur eine Aminosäureänderung infolge einer Punktmutation, während es in den letzten 6 Mio. Jahren (Zeitraum seit der Trennung von Mensch und Schimpanse) dort immerhin zwei weitere Aminosäureveränderungen gab. Dies ist ein Hinweis auf eine positive Selektion. Man vermutet derzeit, dass dieses menschliche FOXP2-Gen für eine deutliche Verfeinerung der Mund- und Gesichtsmotorik verantwortlich ist. [Basiskonzept S. 382]

Unterschiede in der Genexpression

Bereits wenige Mutationen, die z. B. ein Regulationsgen betreffen, führen zum Teil zu starken Veränderungen im Zellstoffwechsel, denn diese Gene steuern das Zusammenspiel von mehreren Strukturgenen. Ein Beispiel hierfür ist das sogenannte *HAR1-Gen (human accelerated region 1* = beschleunigt veränderte Region Nr. 1). Bei diesem 118 Basen umfassenden Gen handelt es sich um ein Regulationsgen, das in Neuronen eines bestimmten Nervenzelltyps aktiv ist, die während der Embryonalentwicklung für die Furchungen der Großhirnrinde verantwortlich sind.

Treten auf diesem Gen Veränderungen auf, so ist die sensible genetische Balance gestört. Eine meist tödlich verlaufende Erkrankung ist die Folge, bei der die Furchenbildung während der Embryonalentwicklung im Mutterleib nicht mehr abläuft *(Lissenzephalie* = glattes Gehirn).

Die Ergebnisse des Sequenzvergleichs zwischen Mensch, Schimpanse und Huhn zeigt Abbildung 1. Aus der Anzahl der Unterschiede kann man Rückschlüsse auf die Dauer der Getrenntentwicklung ziehen. Der evolutive Abstand zwischen Huhn und Primatenvorfahren wird mit 300 Mio. Jahren angegeben, während der zwischen Schimpanse und Mensch nur 6 Mio. Jahre beträgt. [Basiskonzept S. 384]

Unterschiede in der Genkopien-Anzahl

Nicht nur in der Qualität bestimmter Gene sind Unterschiede zu finden, sondern auch in der Quantität. Vor allem Kopien von Genen *(Duplikationen)*, welche die Hirnfunktion steuern, liegen beim Menschen in deutlich höherer Anzahl vor als beim Schimpansen (s. Seite 215).

A2 Werten Sie die DNA-Sequenzen der drei Lebewesen in Abbildung 1 aus. Erklären Sie, weshalb die Sequenz des Huhns ebenfalls analysiert wurde.

A3 Zeichnen Sie anschließend hierfür ein Dendrogramm und beschriften Sie es.

Mensch

T	G	A	A	A	**C**	G	G	A	G	G	A	G	A	**C**	**G**	T	T	A	C
A	G	C	A	A	**C**	**G**	T	**G**	T	C	A	**G**	C	T	G	A	A	A	T
G	A	T	**G**	G	G	**C**	G	T	A	G	C	C	**G**	C	A	**C**	G	T	C
A	G	C	**G**	G	**C**	G	G	A	A	A	T	**G**	G	T	T	T	C	T	A
T	C	A	A	A	A	T	**G**	A	A	A	G	T	**G**	T	T	T	A	G	A
G	A	T	T	T	T	C	C	T	C	A	A	**G**	T	T	T	C	A		

Änderungen in der Humansequenz relativ zu der des Schimpansen

Schimpanse

T	G	A	A	A	T	G	G	A	G	G	A	G	A	A	A	T	T	A	C
A	G	C	A	A	T	T	T	A	T	C	A	A	C	T	G	A	A	A	T
T	A	T	A	G	G	T	G	T	A	G	A	C	A	C	A	T	G	T	C
A	G	C	A	G	T	**G**	G	A	A	A	**T**	A	G	T	T	T	C	T	A
T	C	A	A	A	A	T	T	A	A	A	G	T	A	T	T	T	A	G	A
G	A	T	T	T	T	C	C	T	C	A	A	A	T	T	T	C	A		

Veränderungen in der Schimpansenfrequenz relativ zu der des Huhns

Huhn

T	G	A	A	A	T	G	G	A	G	G	A	G	A	A	A	T	T	A	C
A	G	C	A	A	T	T	T	A	T	C	A	A	C	T	G	A	A	A	T
T	A	T	A	G	G	T	G	T	A	G	A	C	A	C	A	T	G	T	C
A	G	C	A	G	T	A	G	A	A	A	C	A	G	T	T	T	C	T	A
T	C	A	A	A	A	T	T	A	A	A	G	T	A	T	T	T	A	G	A
G	A	T	T	T	T	C	C	T	C	A	A	A	T	T	T	C	A		

1 *Sequenzvergleich beim HAR1-Gen*

Hominisation

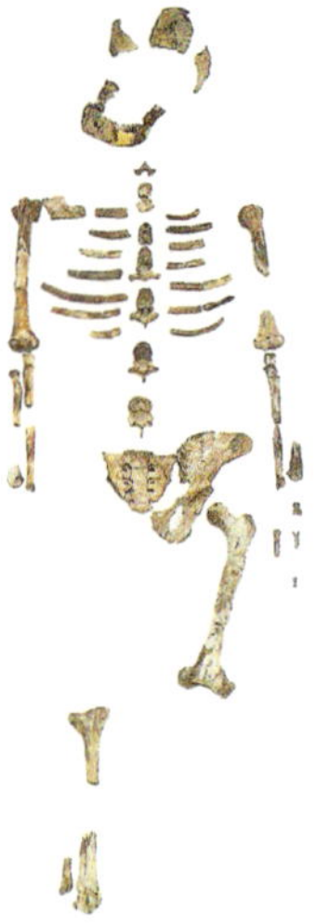

gefundene Skeletteile von Lucy

Rekonstruktion von Lucy

Unter Hominisation fasst man die Vorgänge zusammen, die im Verlauf der Evolution zur Entstehung des modernen Menschen geführt haben. [Basiskonzept S. 384]

Die Australopithecinen
Einer der bedeutendsten Funde menschlicher Vorfahren im Wüstengebiet des Afar-Dreiecks im südlichen Äthiopien war ein Schädel und weitere Knochen, welche von einem weiblichen Skelett stammten. Die Forscher nannten den Fund *Lucy* (nach einem Beatles-Song). Dieser Fund wurde auf etwa 3,3 Mio. Jahre datiert und wird heute der Art *Australopithecus afarensis* zugeordnet, dem wahrscheinlichen Vorfahren aller nachfolgenden *Hominiden*. Als Hominiden werden alle Arten zusammengefasst, die zu der zum Menschen führenden Entwicklungslinie gehören. Lucy gilt als Vertreter einer Art, die den ersten Schritt zur Menschwerdung vollzogen hatte: Der Körper der Australopithecinen (z. B. Kniegelenk und Becken) war schon an den aufrechten Gang angepasst, aber ihre Schädel zeigten noch eine Reihe ursprünglicher Merkmale. Das Gehirnvolumen lag bei ca. 400 bis 550 cm^3. Eine kräftige Nackenmuskulatur hielt den Kopf im Gleichgewicht. Neuere Untersuchungen der Extremitätenknochen zeigen aber auch, dass Australopithecinen noch gut klettern und sich auf allen vier Gliedmaßen auf dem Boden fortbewegen konnten.

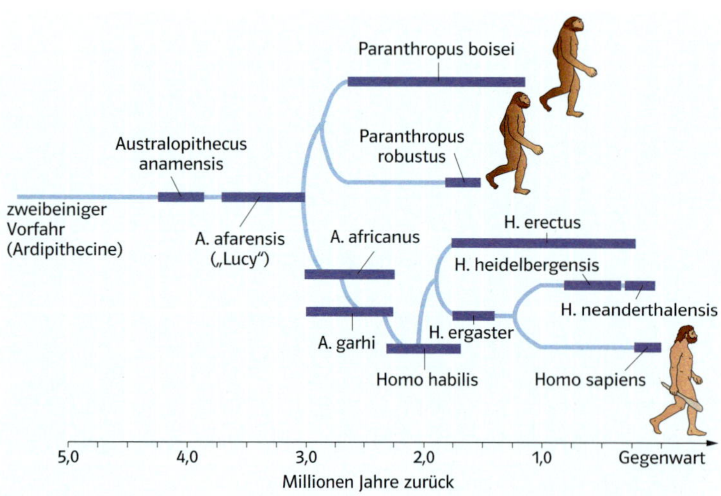

1 *Phylogenie von Homo sapiens nach gegenwärtigem Stand der Forschung*

Zu Beginn der Entwicklung der Menschenartigen gab es verschiedene Arten der Gattung *Australopithecus* (Abb. 1). Sie alle entstanden in Afrika und verbreiteten sich nicht darüber hinaus. Die Herstellung von Werkzeugen konnte für sie bisher nicht nachgewiesen werden. Alle Australopithecinen starben später wieder aus.

Die Hominiden
Auslöser für die Entstehung der Hominiden waren wahrscheinlich geologische Ereignisse, die klimatische und ökologische Veränderungen in Ostafrika zur Folge hatten. Vor etwa 20 Mio. Jahren begann sich das mehr als 6000 km lange ostafrikanische Grabensystem zu bilden. Entlang dieser geologisch aktiven Zone kam es zu Vulkanismus und Gebirgsauffaltungen. Dadurch geriet Ostafrika allmählich in den Regenschatten von Gebirgen. Die Regenwälder verschwanden und es bildeten sich vielgestaltige Savannenlandschaften. So entstanden zwei Regionen mit völlig andersartigen ökologischen Bedingungen, in denen unterschiedliche Evolutionsfaktoren wirkten. In der westlich des Grabenbruchs liegenden feuchten Regenwaldregion entwickelten sich aus einem gemeinsamen Vorfahren die Menschenaffen, in Ostafrika mit seinen trockeneren Savannen die Vorfahren der Menschen.

Im freien Gelände der Savannen ermöglichte die aufgerichtete Körperhaltung eine weitaus bessere Übersicht. Zweibeiner konnten dadurch Raubtiere, Beute oder Nahrungspflanzen viel früher entdecken und besaßen somit gegenüber vierbeinigen Lebewesen entscheidende Selektionsvorteile. Die Hände wurden frei für die Benutzung von Werkzeugen. Mögliche Nahrungsquellen unserer Vorfahren waren in der Savanne über weite Gebiete verstreut. Die Überwindung großer Distanzen war notwendig. Die Hände konnten außerdem zum Transport von gesammelter Nahrung über größere Entfernungen eingesetzt werden.

A1 Nennen Sie die Selektionsvorteile durch den aufrechten Gang bei den Hominiden.

A2 Die Abbildung 1 wird als „gegenwärtige" Abbildung bezeichnet. Begründen Sie, weshalb diese Titulierung gewählt wurde.

Die Herkunft des heutigen Menschen

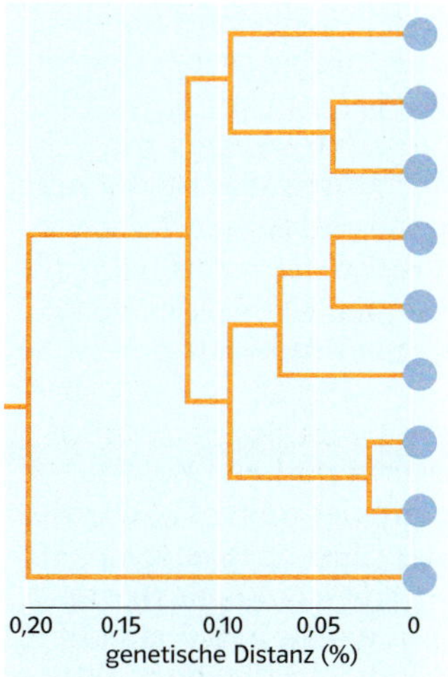

1 *Unterschiede in der mt-DNA (vereinfacht)*

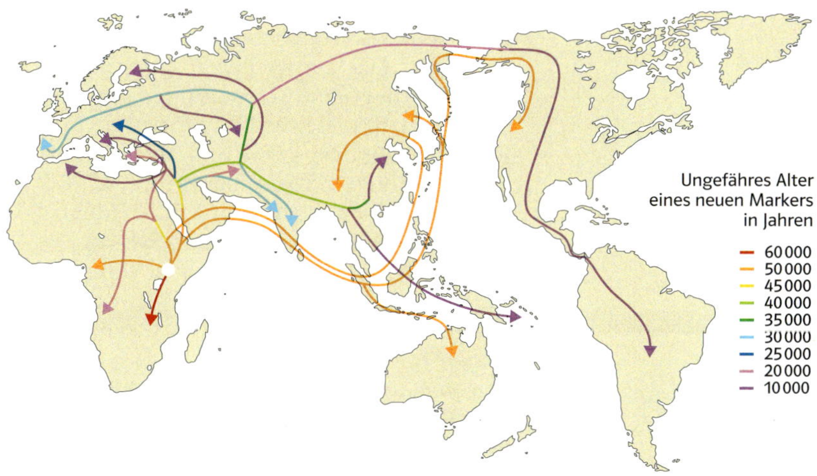

2 *Ausbreitung des Y-Chromosoms (Analyse verschiedener genetischer Marker)*

Woher kommen wir und wie wurden wir, was wir sind? Das ist nicht nur eine philosophische Frage. Viele Forscher vertreten auf der Basis der räumlichen und zeitlichen Verteilung von Fossilfunden das *„Out of Africa"-Modell*. Danach entstand der moderne *Homo sapiens* vor weniger als 200 000 Jahren in Afrika, von wo er sich etwa 100 000 Jahre später über die ganze Erde ausbreitete und dabei die bereits ansässigen Hominiden *(Neandertaler)* verdrängte. [Basiskonzept S. 384]

Das „Out of Africa"-Modell wird durch molekulargenetische Befunde gestützt: Man vergleicht weltweit die DNA des Y-Chromosoms (viele Millionen Nucleotide lang) und die DNA der Mitochondrien (mt-DNA, ca. 16 000 Nucleotide). Weil Letztere hauptsächlich von der Mutter vererbt wird, entfällt die genetische Rekombination weitgehend; mt-DNA-Unterschiede beruhen somit fast ausschließlich auf Mutationen. Man nimmt an, dass die genetische Distanz, ausgedrückt in Basenpaarunterschieden, proportional zur Zeit seit der Trennung der Populationen ist. Die Eichung dieser *molekularen Uhr* erfolgte anhand von gut datierbaren anthropologischen Zeugnissen aus Papua-Neuguinea und Australien. Danach entspricht einem Zeitraum von 100 000 Jahren eine mittlere Veränderung der DNA von 0,2 bis 0,4 %. Mithilfe der Ergebnisse konnte man ein Dendrogramm erstellen und die Ausbreitungswege rekonstruieren. Die genetische Distanz zwischen Afrikanern und allen übrigen Menschen ist am größten, beträgt aber auch nur 0,2 % (100 000 Jahre).

Kritiker wenden ein, das die Schlussfolgerungen aus der Untersuchung der mt-DNA auf zum Teil ungesicherten Annahmen beruhen. Sie meinen, die Mutationsrate muss nicht für den gesamten Zeitraum gleich groß gewesen sein und eine spätere Vermischung der Linien sei möglich. Neben dem „Out of Africa"-Modell ist daher das *multiregionale Modell* der Menschwerdung in der wissenschaftlichen Diskussion. Es geht davon aus, dass in mehreren Gebieten Afrikas, Europas und Asiens unabhängig voneinander aus *Homo erectus* bzw. *Homo ergaster* der moderne *Homo sapiens* entstanden sein soll. Intensiver Genfluss zwischen den Populationen soll dann dafür gesorgt haben, dass *Homo sapiens* heute eine einzige Art bildet. Dieses Modell ist jedoch sehr umstritten.

A1 Erklären Sie, warum sich mt-DNA besonders gut für Stammbaumanalysen eignet.

A2 Vergleichen Sie das Dendrogramm (Abb. 1) mit dem in Abb. 2 dargestellten Ausbreitungsweg.

A3 Stellen Sie die wichtigsten Aspekte des „Out of Africa"-Modells und der Hypothese von der multiregionalen Entwicklung gegenüber. Begründen Sie, nach welcher der Theorien die gemeinsame Wurzel aller Menschen weiter zurückliegt.

Ursprünge menschlichen Verhaltens

Evolutive Ursprünge menschlichen Verhaltens finden sich bei baumbewohnenden Primaten. Aus Vergleichen mit ähnlich lebenden heutigen Arten können wir vermuten, dass sie für Fluchten in den Baumkronen über gutes und räumliches Sehen verfügten. Grundbaustein war wahrscheinlich die Mutter-Kind-Einheit. Da Jungtiere getragen wurden, war es nur möglich, 1 bis 2 Junge gleichzeitig zu bekommen. [Basiskonzept S. 372]

Soziale Intelligenz

In den Anforderungen, im artenreichen Regenwald Nahrung zu finden, vermuten einige Forscher den Ursprung der *Intelligenz*. Dafür spricht, dass Affen, die die allgegenwärtigen Blätter fressen, in Tests geringere Intelligenzleistungen erbringen als Affenarten, die ein räumlich und zeitlich wechselndes Angebot von Blüten oder Früchten nutzen. Andere Wissenschaftler sehen in den Problemen, in einem komplizierten Sozialsystem zu leben, den *Selektionsdruck*, der *soziale Intelligenz* herausbildete. Verwandtschaft innerhalb der Gruppe konnte einerseits über Verwandtenselektion die Ausbildung *altruistischer Verhaltensweisen* fördern, andererseits ermöglichte die Gedächtnisleistung zusammen mit individuellem Kennen ausgeprägtes Helfen auf Gegenseitigkeit.

1 *Lebensbild von Australopithecinen (Modellvorstellung)*

Werkzeuggebrauch in doppeltem Sinne

Verhaltensforscher beobachteten während ihrer Studien, dass Schimpansenmännchen vor Auseinandersetzungen mit Ranghöheren durch freundliches Verhalten versuchten, möglichst viele Gruppenmitglieder „auf ihre Seite zu bringen". Sie benutzten die Gruppe als soziales Werkzeug zum Erreichen ihrer Ziele.

Zunehmende soziale Intelligenz ermöglichte einsichtiges Verhalten und die Entwicklung technologischer Fähigkeiten. Bei verschiedenen Schimpansengruppen entdeckte man unterschiedliche Formen von Werkzeugbenutzung und -herstellung. Diese werden durch Vorbild, Beobachtung und Nachahmung von Jungtieren übernommen, d.h. tradiert.

Bei Schimpansen liegt ein Ansatz von Arbeitsteilung der Geschlechter vor. Die Männchen jagen häufiger Beutetiere, wie z.B. kleine Wildschweine oder Colobusaffen, und teilen mit den Weibchen, die sich stärker durch Sammeln von Früchten ernähren.

Probleme bei der Nahrungsbeschaffung

Vorläufer der Australopithecinen standen im östlichen Afrika vor 5 bis 8 Millionen Jahren vor dem Problem, dass Trockenperioden zu einem langsamen Waldverlust führten. Es entstand ein *Selektionsdruck* zur Anpassung an die nun vorherrschenden Steppenbedingungen. Abnutzungsspuren der Zähne zeigen, dass sie hauptsächlich Früchte, Blätter und härtere Pflanzenteile fraßen. Die komplizierte Suche nach unterirdischen Knollen, Früchten und tierischer Nahrung förderte die Ausbildung der Intelligenz.

Da auch heute noch bei tropischen Naturvölkern der Nahrungsgrundbedarf durch Pflanzen gedeckt wird, wird wohl auch in der Vergangenheit die Jagd nur eine untergeordnete Rolle gespielt haben. Erst der *Homo erectus* dürfte die Fähigkeit zur Großwildjagd erreicht haben.

A1 Beschreiben Sie die auch für den Menschen typischen Verhaltensweisen zahlreicher Schimpansenpopulationen.

Kulturelle und biologische Evolution im Vergleich

Kultur entsteht in der Auseinandersetzung des Menschen mit seiner Umwelt. Zu den Kulturgütern gehören Sprache, Religion, Ethik, Kunst, Recht, Staat, Geistes- und Naturwissenschaften sowie die Umsetzung von Erkenntnissen in der Technik. Ihre Entwicklung und Weitergabe ist ein Artmerkmal des Menschen.

Die Voraussetzungen

Die *kulturelle Entwicklung* vollzog sich im Vergleich zur biologischen Evolution des *Homo sapiens* innerhalb von etwa 10 000 Jahren. Ursache hierfür sind unter anderem:
- ein stark entwickeltes *Großhirn*, das lebenslanges Lernen und Kreativität ermöglicht,
- die Fähigkeit des *Kehlkopfs*, differenzierte Laute zu bilden als Voraussetzung zur sprachlichen Kommunikation,
- die *Greifhand* mit dem opponierbaren Daumen, die es erlaubt, Werkzeuge herzustellen und zu gebrauchen.

Ungerichtete und zielgerichtete Evolution

Der Geschwindigkeitsunterschied zwischen *biologischer* und *kultureller Entwicklung* ist gewaltig. Dies zeigt, dass unterschiedliche Mechanismen wirksam sind. Während die Evolution mit einem ungeheuren Aufwand an Material und Zeit über Mutation und Selektion zufällig hin und wieder neue, für ihren Träger geeignetere Eigenschaften hervorbringt, können Menschen zielgerichtet für Erweiterung und Weitergabe ihres Wissens sorgen. Jede Generation schöpft aus dem Vorrat an Erfahrungen und Kenntnissen ihrer Vorfahren. Dieser Informationsfluss wird durch die vergleichsweise lange Jugendzeit und die engen Beziehungen zwischen mehreren Generationen begünstigt. Je besser die Möglichkeiten zur Informationsspeicherung und -verbreitung wurden, umso schneller haben sich die Kenntnisse vermehrt und verbreitet. Als besonders einschneidende Ereignisse auf diesem Weg sind die Erfindung des Buchdrucks im 15. Jahrhundert und die Entwicklung der Mikroelektronik in neuester Zeit zu bewerten. Mithilfe solcher Medien werden Kenntnisse, die der Einzelne im Laufe seines Lebens erwirbt, unter Umgehung des genetischen Systems in nachfolgende Generationen eingebracht. So betrachtet, verläuft die kulturelle Entwicklung teilweise nach Lamarck'schen Gesetzen. Die Folge ist, dass ein einschneidender kultureller Wandel innerhalb einer einzigen Generation auftreten kann.

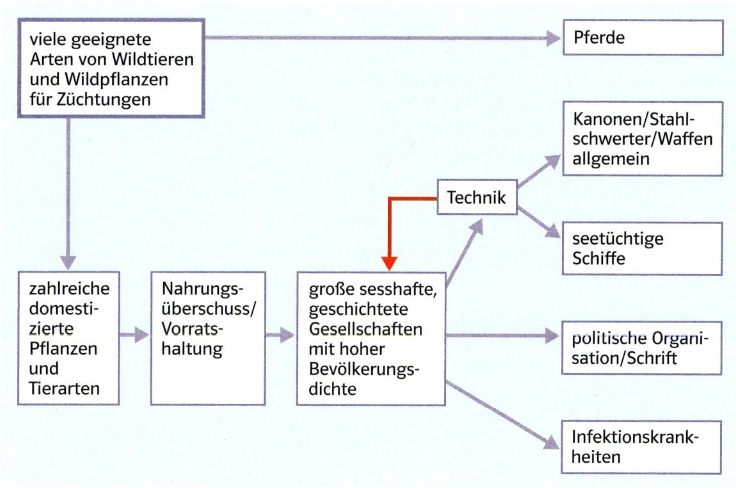

1 *Kulturelle Entwicklung beim Menschen*

Kulturgüter unterliegen der Selektion

Als Merkmale unterliegen auch Kulturgüter der Selektion. Im Gegensatz zur biologischen Evolution werden die Merkmale selbst und nicht ihre Träger, die Individuen, selektiert. Der Computer z. B. ersetzt heute in vielen Fällen die Schreibmaschine. Das liegt an den Vorteilen des Geräts, jedoch nicht daran, dass Computerbenutzer mehr Nachkommen hätten.

Umkehrung und Folgen

Durch Technik und Medizin macht sich der Mensch teilweise von den natürlichen Selektionsbedingungen unabhängig. Oft werden ursprüngliche Verhältnisse ins Gegenteil verkehrt. Nicht die Umwelt bewirkt die Anpassung des Menschen, sondern mithilfe der Technik wird die Umwelt in kürzester Frist den Bedürfnissen des Menschen entsprechend verändert. Dies hat oft für die Umwelt negative Folgen, die sich letztendlich auch auf den Menschen negativ auswirken.

A1 Der Soziobiologe DAWKINS spricht, in Analogie zum Gen-Begriff, von dem Begriff „Mem" als Replikationseinheit der kulturellen Evolution. Nennen Sie Beispiele hierfür.

Kurzgefasst
Die gesamte belebte Umwelt ist das Ergebnis einer ca. 4 Milliarden Jahre andauernden Evolution. Sich dieses Ausmaß zu vergegenwärtigen, bedeutet in der Konsequenz, sämtliche biologischen Prozesse einschließlich aller stoffwechselphysiologischen Prozesse und aller Verhaltensweisen von Individuen genauestens auf ihre evolutive Bedeutung hin zu untersuchen (vgl. dazu: T. DOBZHANSKY, Seite 339).

War bis ca. 1800 noch die Vorstellung einer Konstanz aller Arten vorherrschend, so wurde diese zum ersten Mal von LAMARCK um 1809 mit seinem Konzept der Veränderung der Formen der Arten korrigiert. Unverändert blieb jedoch auch bei LAMARCK die Vorstellung der konstanten Organismenlinien von Anfang an. Dies änderte sich erst mit der Veröffentlichung der Evolutionstheorie von DARWIN im Jahr 1859. Sie besagt u. a., dass nicht alle Arten von Anfang an existierten, sondern sich aus einer Ursprungsform entwickelten. Diese Ursprungsform spaltete sich in verschiedene neue Formen auf. Die Grundpfeiler seiner Theorie lauten: Variation, Mutation, Erblichkeit, Ressourcenmangel / Konkurrenz und Selektion. Das Ergebnis der Selektion ist die Angepasstheit *(Adaptation)*. Folge dieser Anpassungsvorgänge ist die Radiation, eine andere das Aussterben.

Die heutige sogenannte Synthetische Evolutionstheorie verbindet moderne genetische und mathematische Erkenntnisse mit DARWINS Evolutionstheorie. Hierzu zählen vor allem das Denken in Populationen mit individueller Vielfalt, das Berücksichtigen von Zufall und Wahrscheinlichkeit sowie das Denken in Bezug auf die biologische Gesamtfitness eines Individuums. Zur Ermittlung dieser Fitness werden häufig *Kosten-Nutzen-Analysen* herangezogen.

Die *Synthetische Evolutionstheorie* kann man daher auch als „Individualselektion“ bezeichnen. Diesem Prinzip sind sowohl anatomische und physiologische Merkmale als auch Merkmale des Verhaltens unterworfen.

Die *kulturelle Evolution* des Menschen unterscheidet sich aufgrund der enormen Geschwindigkeit und ihrer Zielgerichtetheit fundamental von der *biologischen Evolution*. Es bleibt allerdings festzuhalten, dass auch der Mensch trotz großer, gewonnener Unabhängigkeiten letztendlich von seiner Umwelt abhängig ist.

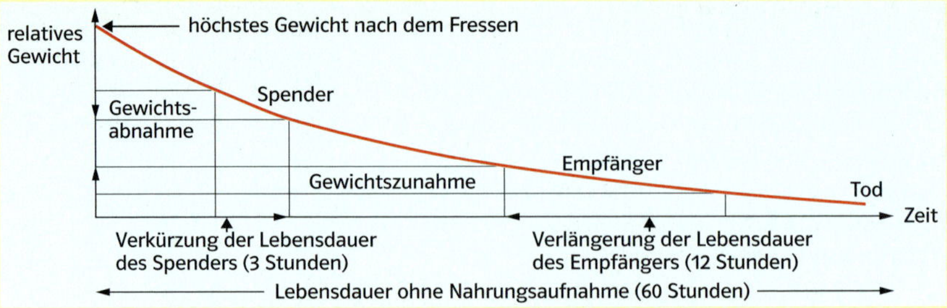

1 *Gewichtsveränderungen bei satten und hungrigen Vampirfledermäusen*

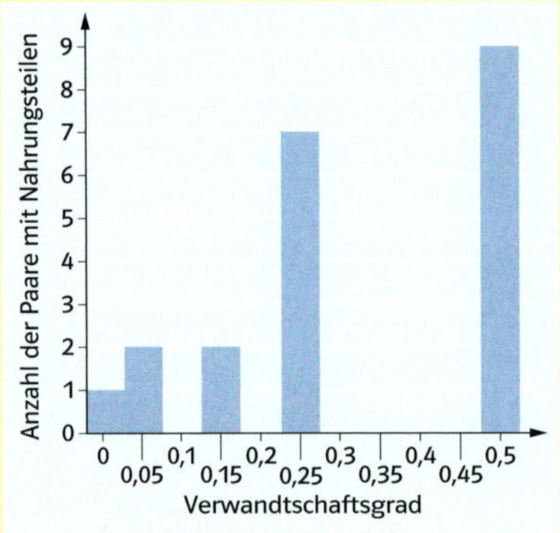

2 *Rolle der Verwandtschaft*

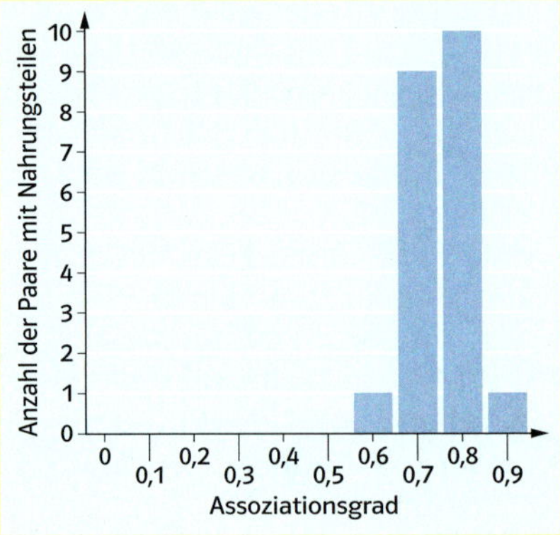

3 *Rolle der Vertrautheit*

1 Ursachen der Variabilität

Der *Polarfuchs* ist in Sibirien und Kanada beheimatet. Sein sehr dichtes Fell zeigt zwei Farbvarianten: Die „Weißfüchse“ besitzen im Winter ein fast reinweißes Fell, die „Blaufüchse“ sind silbrig-blau. Im Sommer zeigen beide Farbvarianten keine augenscheinlichen Unterschiede, aber eine große Variabilität von grau über braun bis fast braunschwarz. In der ursprünglichen geografischen Verbreitung gab es ebenfalls geringfügige Unterschiede: Die Weißfüchse kamen häufiger auf den Inseln vor, während die Blaufüchse die kontinentalen Gebiete besiedelten. Intensive Bejagung und Ansiedlung aus ökonomischen Gründen (aus Pelztierfarmen freigekommene Tiere) haben dies aber geändert. Im Freiland überwiegen in schneereichen Gegenden die weißen Tiere. Blaufüchse werden intensiver bejagt. Die beiden Varianten können sich paaren. Ihre Nachkommen sind zu einem Teil reinweiß, der größere Teil aber wird zu Blaufüchsen.

A1 Ermitteln Sie, weshalb man Weiß- und Blaufüchse als Farbvarianten und nicht als verschiedene Arten bezeichnet.

A2 Stellen Sie die Vor- und Nachteile der Farbvarianten des Eisfuchses dar.

A3 Analysieren Sie die Rolle des Menschen in Bezug auf mögliche Veränderungen des Genpools der Eisfüchse.

2 Vampire teilen sich die Nahrung

Vampirfledermäuse leben vom Blut, das sie bei nächtlichen Nahrungsflügen von Großtieren (Pferde, Esel oder Rinder) erbeuten. Die Weibchen bilden feste Verbände, die z. B. in hohlen Bäumen ihre Tagesquartiere haben. 30 % der Jungtiere, aber nur 7 % der Alttiere kehren erfolglos von der Jagd zurück. Dabei ist nicht vorhersehbar, wer keine Nahrung findet. Bekommen Vampire länger als zwei Nächte kein Futter, verhungern sie. Hungrige Tiere betteln am Schlafplatz ihre Nachbarn an. Diese sind häufig Verwandte.

In Experimenten ließ man einzelne Tiere hungern und setzte den Ausgehungerten dann zu unterschiedlich engen Verwandten (bzw. zu nicht verwandten, aber vertrauten Tieren), welche satt waren und von den Hungernden angebettelt wurden. Den Vertrautheitsgrad hatte man daran gemessen, wie häufig die Vampire einen Schlafplatz gemeinsam nutzten.

A4 Vergleichen Sie Gewichtszunahme und -verlust sowie Zeitgewinn und -verlust für die beteiligten Partner und erläutern Sie, welche Vor- bzw. Nachteile für sie entstehen.

A5 Erläutern Sie die Vor- und Nachteile für verwandte und nicht verwandte Individuen mit den Begriffen von Fitnessgewinn und Fitnessverlust.

A6 Begründen Sie, weshalb Vampire nur an sehr vertraute Nichtverwandte Futter spenden.

3 Radiation der Kamele / Koevolution

Die vier heute vorkommenden Arten aus der Familie der Schwielensohligen Wiederkäuer *(Kamelartige)* leben auf drei Kontinenten verteilt. Von ihnen abgeleitete Nutztierformen dienen den Menschen auf unterschiedliche Weise als Nutztiere: als Fleisch- und Milchlieferanten, zur Erzeugung von Wolle und als Lasttiere. Die ältesten Fossilien von Verwandten der heutigen Kamelartigen wurden in Nordamerika gefunden. Ihr Alter wird mit ca. 2 Mio. Jahre angegeben.

A7 Erklären Sie anhand des Materials die Verbreitung, Verwandtschaft und Entstehung der vier Arten.

A8 Alle vier Arten werden von sehr ähnlichen Läusearten parasitiert. Stellen Sie eine mögliche Hypothese zur Erklärung auf.

A9 Nehmen Sie Stellung zu der Aussage, die Evolution der Parasiten verlaufe langsamer als die der Wirte.

Trampeltier Camelus bactrianus	Dromedar Camelus dromedarius	Guanako Lama guanicoe	Vicunja Lama vicugna
2 Höcker	1 Höcker (2. Rudiment)	keinen Höcker	keinen Höcker
Rückenhöhe mit Höcker 190 bis 230 cm	Rückenhöhe mit Höcker 180 bis 220 cm	Rückenhöhe 90 bis 130 cm	Rückenhöhe 70 bis 110 cm
Gewicht bis ca. 650 kg	Gewicht bis ca. 600 kg	Gewicht ca. 70 kg	Gewicht ca. 50 kg
lebt in Trockengebieten mit extremen Temperaturunterschieden (+ 50 °C bis − 27 °C)	lebt in heißen Trockengebieten	lebt in Steppen, Mittel- und Hochgebirge	lebt in Steppen, Mittel- und Hochgebirge
langes Winterfell	Fell überwiegend kurz	langes Winterfell	langes Winterfell
kann mehrere Tage dursten	kann mehrere Wochen dursten	trinkt täglich	trinkt täglich

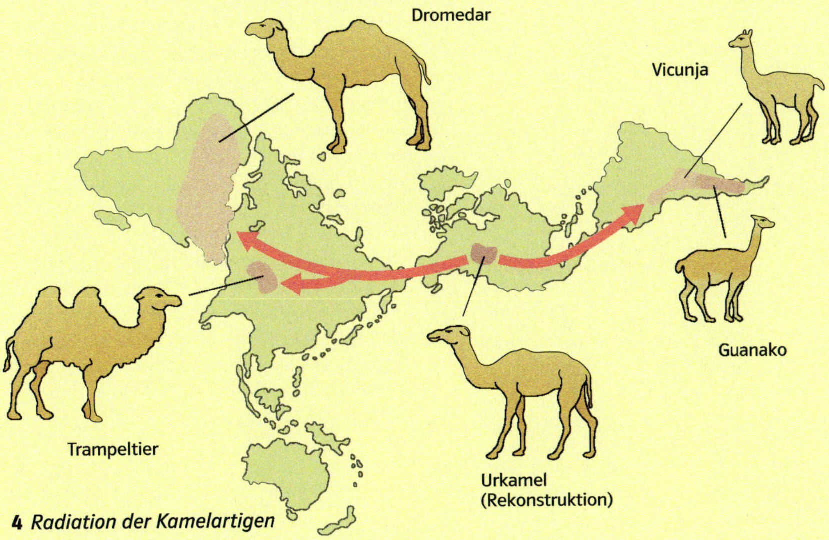

4 *Radiation der Kamelartigen*

4 Kulturelle und biologische Evolution

Die kulturelle Evolution des Menschen vollzieht sich völlig anders als seine eigene biologische Evolution. Nicht die Umwelt bewirkt hier seine Anpassung, sondern mithilfe der Technik wird die Umwelt in kürzester Zeit seinen Bedürfnissen angepasst. Dies ist häufig allerdings nicht zum Nutzen der Umwelt und hat letztendlich auch für den Menschen negative Folgen. Die Anfänge dieser Entwicklung waren Viehzucht und Ackerbau. Sie ermöglichten Sesshaftigkeit und Arbeitsteilung und schafften damit die Voraussetzungen für alle weiteren kulturellen Leistungen des Menschen.

Vorkommen der 8 Pflanzenarten, die für die frühe Züchtung von Kulturpflanzen eine zentrale Bedeutung hatten:

Pflanzenarten	Vorderasien	andere Regionen
Emmerweizen	+	–
Einkornweizen	+	–
Gerste	+	+
Linse	+	–
Erbse	+	–
Kichererbse	+	–
Linsenwicke	+	–
Flachs	+	+

Züchtungsregionen der wichtigsten Großsäugetierarten mit ihren Zeitpunkten (bis 4000 v. Chr.):

Großsäugetierart	Zeitpunkte (v. Chr.)	Regionen
Hund	10 000	Vorderasien, China, Nordamerika
Schaf	8000	Vorderasien
Ziege	8000	Vorderasien
Schwein	8000	Vorderasien, China
Kuh	6000	Vorderasien, Nordamerika
Pferd	4000	Ukraine
Esel	4000	Ägypten

A10 Erläutern Sie mithilfe der beiden Tabellen, weshalb die Region des fruchtbaren Halbmondes (Vorderasien) als Ursprungsgebiet der Landwirtschaft gut geeignet war.

Basiskonzepte
Struktur und Funktion

Lebewesen zeichnen sich unter anderem dadurch aus, dass die meisten Strukturen und Lebensprozesse eine funktionale Bedeutung haben. Sieht man eine Vogelfeder oder eine Blüte, ist die Frage nach der biologischen Funktion sinnvoll. Betrachtet man Salzkristalle oder Gesteinsformationen, ist dies nicht der Fall. Den Zusammenhang von Struktur und Funktion gibt es in der Natur nur bei den Lebewesen. Er lässt sich durch den Evolutionsprozess, dem die Organismen unterliegen, erklären und anhand verschiedener Prinzipien erkennen.

Abwandlungsprinzip

Alle Organismen bestehen aus Zellen. Sie sind die kleinsten lebens- und vermehrungsfähigen Einheiten und zeigen ähnliche Grundbaupläne. Unterschiedliche Differenzierung führt zu vielfältigen Variationen. So verdeutlicht der Bau der Nervenzelle anschaulich ihre Funktion. Strukturen, wie die Grabhände des Maulwurfs oder der Maulwurfsgrille, können aber auch so abgewandelt sein, dass sie trotz eines ursprünglich unterschiedlichen Aufbaus gleichartige Aufgaben wahrnehmen *(analoge Organe)*.

Porphyrinring

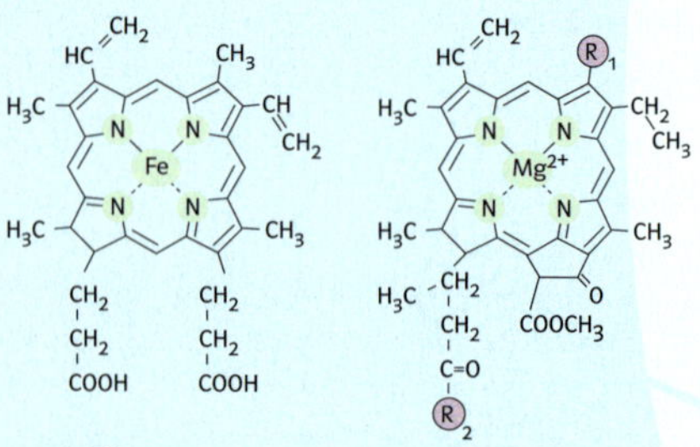

mit Eisen
Häm

mit Magnesium
Chlorophyll

Bausteinprinzip

Makromoleküle sind meist aus identischen oder ähnlichen Grundeinheiten zusammengesetzt: Einfachzucker, Aminosäuren und Nucleotide legen die zum Teil hochspezifische Struktur der Polysaccharide, Proteine und Nucleinsäuren fest. Kleinste Veränderungen können dazu führen, dass bestimmte Funktionen nicht mehr möglich sind. Umgekehrt aber können auch Kombinationen von ähnlichen Grundbausteinen nach geringfügigen Abwandlungen völlig andersartige Funktionen wahrnehmen. Beispiele sind das Porphyrinsystem im Häm, Cytochrom und Chlorophyll oder ATP als Energieträger bzw. in der AMP-Form als Bestandteil der DNA oder RNA.

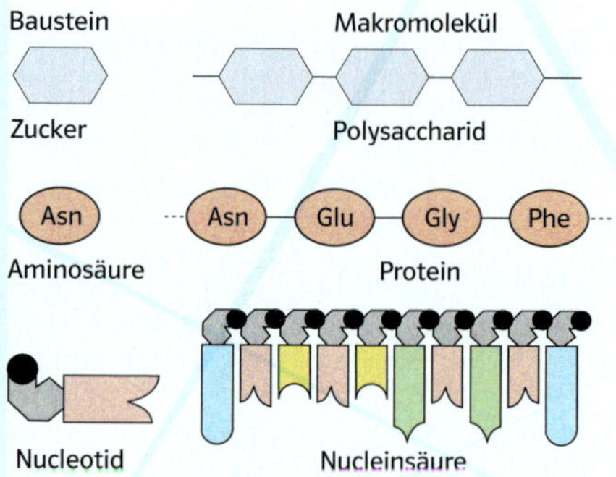

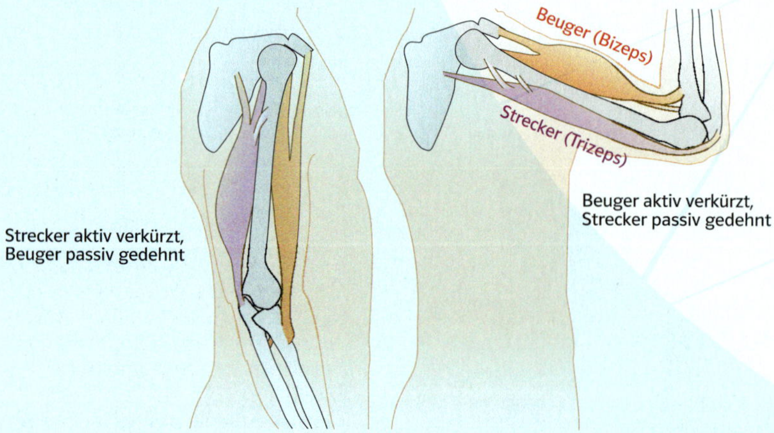

Prinzip des Gegenspielers

Beuge- und Streckmuskeln oder Muskel und dehnbare Sehne sind *Antagonisten*, durch deren Wechselwirkung Bewegungen möglich werden. Vergrößerung und Verkleinerung der Pupille durch die Irismuskulatur folgen ebenso dem antagonistischen Bewegungsprinzip. Kontraktion als aktiver Prozess und Dehnung als passiver Prozess stehen einander gegenüber und sind aufeinander abgestimmt. Im Nervensystem findet man *Sympathicus* und *Parasympathicus* als Gegenspieler bei der Steuerung von Organfunktionen, auf stoffwechselphysiologischer Ebene wirken z. B. Insulin und Glukagon antagonistisch.

Gegenstromprinzip

Dieses Prinzip dient der Rückführung oder Konzentrierung von Stoffen oder Wärme. Es arbeitet auf der Basis der Diffusion bzw. Wärmeleitung und wird durch einen möglichst steilen Gradienten zwischen den Transportmedien aufrechterhalten. Ein Beispiel: Aus peripheren Bezirken zurückfließendes, kaltes Blut umfließt in venösen Gefäßnetzen die zu diesen Bezirken führenden Arterien. Das arterielle Blut wird abgekühlt, das venöse angewärmt. So erreicht die Gans auf dem Eis in den Füßen fast den Gefrierpunkt und verliert dabei nur wenig Wärmeenergie.

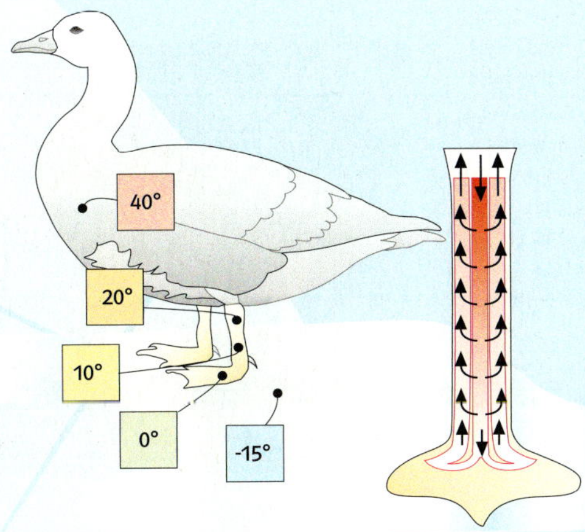

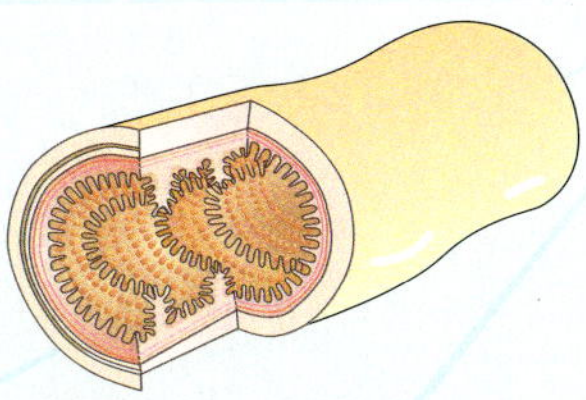

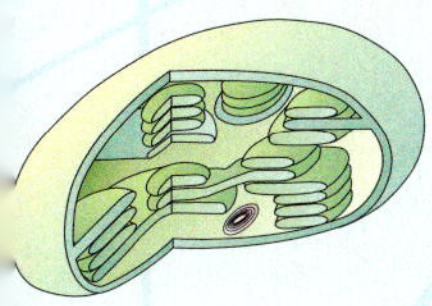

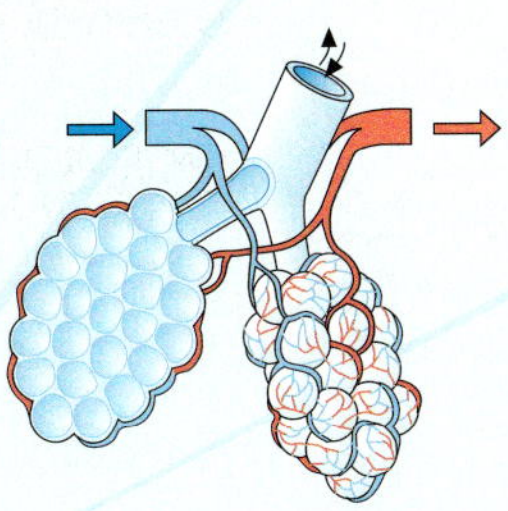

Prinzip der Oberflächenveränderung

Die innere Membran von Mitochondrien und Chloroplasten enthält Enzyme in einer festen räumlichen Anordnung. Diese Membran ist bei beiden Organellen stark gefaltet. Dadurch wird die Membranfläche beträchtlich vergrößert und die Stoffwechselleistung gesteigert. Dies gilt auch für Organe: Die zahlreichen Bläschen der Lunge und die große Anzahl von Faltungen, Einstülpungen und Zotten im Darm erhöhen die Austauschfläche pro Volumeneinheit.

Schlüssel-Schloss-Prinzip

Jeder Organismus verfügt über eine Vielzahl von Molekülen, die eine spezifische Struktur besitzen. Sie treten mit räumlich passenden Molekülen in *Wechselwirkung*. Dieses *Schlüssel-Schloss-Prinzip* gilt beispielsweise für die Passung zwischen Enzym und Substrat sowie für die Bindung von Transmittern an ihre Rezeptormoleküle. Die Passgenauigkeit der betreffenden Molekülpartner lässt sich auf Aufbau, Form und die Verteilung der elektrischen Ladungen zurückführen. Sie bedingen die Spezifität der Wechselwirkungen.

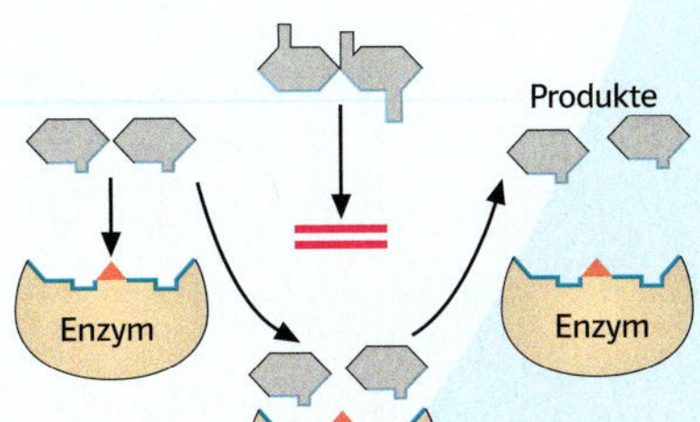

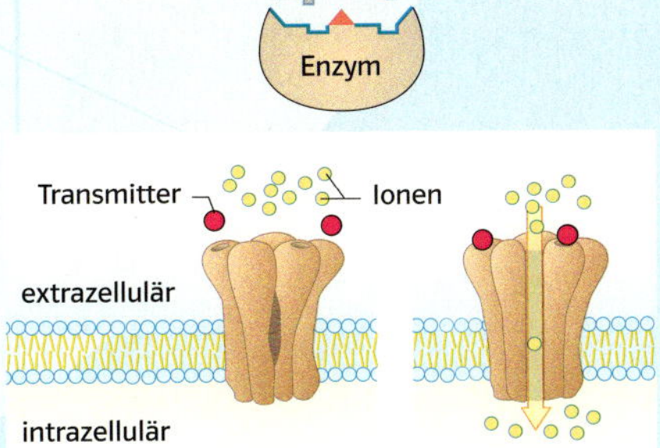

A1 Informieren Sie sich über Kakteen und deuten Sie strukturelle Besonderheiten hinsichtlich der Funktion unter den Bedingungen des Lebensraumes.

A2 Die organischen Basen Adenin und Thymin sowie Cytosin und Guanin liegen in der DNA gepaart vor. Über Wasserstoffbrücken stehen sie miteinander in Wechselwirkung. Analysieren Sie die Unterschiede in Bezug auf Struktur und Funktion im Vergleich zu einem Enzym-Substrat-Komplex oder zu den molekularen Wechselwirkungen zwischen Transmitter und Rezeptor.

A3 Gegeneinander gerichtete Effekte gibt es auch bei Stoffwechsel-, Wachstums- und Entwicklungsprozessen. Erläutern Sie den Antagonismus für jeden der genannten Aspekte an einem Beispiel.

A4 Bei Hunden, Schafen und anderen Säugetieren findet man ein sogenanntes Wundernetz, das durch Aufspaltung der Kopfarterien in Hunderte parallel verlaufender Gefäße entsteht. Es durchzieht eine blasenartig aufgetriebene Vene, die Blut aus der Nasen- und Mundschleimhaut führt. Hasen hingegen besitzen kein Wundernetz. Erläutern Sie, dass der Hund den Hasen zu Tode hetzen kann.

Basiskonzepte
Reproduktion

Unter *Reproduktion* versteht man im Verlagswesen das Abbilden und Vervielfältigen von Büchern oder Bildern durch Drucktechniken, in der Kunst die Nachbildung eines Originals, in der politischen Ökonomie die Erneuerung im Produktionsprozess, im Unterricht die Wiedergabe von Gelerntem. In allen Fällen wird etwas „wieder hervorgebracht" oder „wieder erzeugt" und für die Reproduktion ist stets eine äußere Instanz nötig.

Im biologischen Bereich wird der Begriff „Reproduktion" als Synonym für Fortpflanzung benutzt. Lebewesen haben im Gegensatz zur unbelebten Natur die Fähigkeit zur Selbstvervielfältigung: Leben erzeugt Leben. Durch die individuell begrenzte Lebenszeit resultiert daraus eine Abfolge von Generationen, die die Möglichkeit zur Veränderung und damit auch zur Evolution schafft. Dazu tragen verschiedene Mechanismen bei, in die der Mensch mehr und mehr durch Gentechnik und Reproduktionsmedizin eingreifen kann.

Rekombination und Mutation

Die „identische Replikation" der DNA ist nicht immer ein perfektes Kopieren: Geringfügige Fehler der Polymerase, die die Nucleotide komplementär zum Originalstrang anlagert, führen zu Punktmutationen, andere Fehler etwa zu Rasterverschiebungen, Abbrüchen oder Nonsense-Sequenzen. Trotz der weitgehenden Beibehaltung der genetischen Information können auf diese Weise Varianten erzeugt werden, die „Spielmaterial" für die Evolution darstellen.

Ungeschlechtliche Fortpflanzung

Einzeller teilen sich, Pflanzen bilden Ausläufer, Brutknospen oder Tochterzwiebeln. Eine derartige *asexuelle Fortpflanzung* ist bei höheren Tieren äußerst selten, jedoch können genetisch identische Organismen künstlich durch Klonen auch bei Säugetieren hergestellt werden. Ungeschlechtliche Fortpflanzung — in der keine Neukombination der Erbanlagen möglich ist — darf nicht verwechselt werden mit eingeschlechtlicher Fortpflanzung *(Parthenogenese)*, die z. B den Blattläusen eine Massenvermehrung ermöglicht.

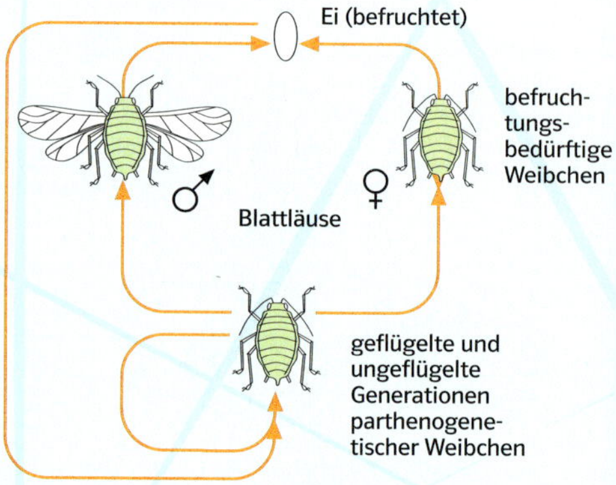

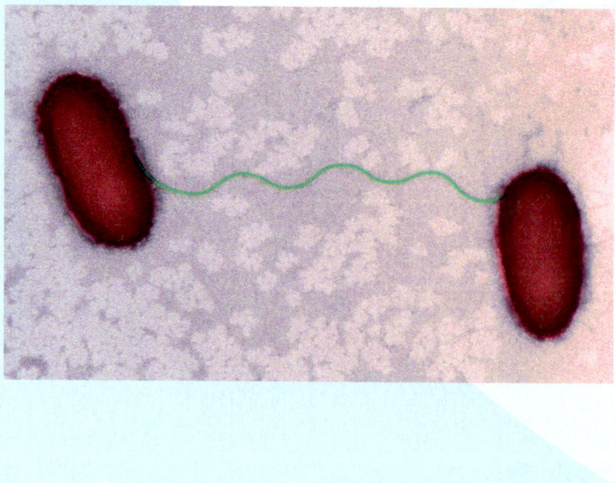

Rekombination und Vielfalt

Im Verlauf der Meiose werden die elterlichen Erbanlagen durch die zufallsgemäße Verteilung der homologen Chromosomen neu kombiniert. Innerhalb der Chromosomen können die Gene infolge des Stückaustausches umgruppiert werden. Bakterien erreichen Ähnliches durch die sogenannten parasexuellen Vorgänge der *Transformation, Transduktion und Konjugation*. In allen Fällen resultiert daraus eine größere Vielfalt an Genotypen, die durch Selektion zu einer besseren Angepasstheit der Organismen an ihre Umwelt führt.

Fortpflanzungsstrategien

Eltern investieren in ihren Nachwuchs. Bestimmte Verhaltensstrategien gewährleisten einen effektiven Einsatz der begrenzten Kapazitäten. So bekommt eine Elefantenkuh maximal zehn Junge in ihrem Leben. Arten, die sich im Verlauf ihres Lebens selten fortpflanzen, investieren meist viel in die Nachkommen, z. B. Brutpflege. Andere Arten haben mit weniger Aufwand viele Nachkommen.

Agaven kommen in trockenheißen Lebensräumen vor und vermehren sich ungeschlechtlich. Blüten- bzw. Fruchtbildung erfolgt nur in außergewöhnlich niederschlagsreichen Jahren, sodass Samen erfolgreich keimen können.

Sexualität

Bei der *sexuellen Fortpflanzung* wird eine große, stationäre, weibliche Keimzelle von einer kleinen, beweglichen männlichen Keimzelle befruchtet. Die Anzahl der lebensfähigen Fortpflanzungseinheiten (Spermien bzw. fertile Pollen, Eizellen bzw. keimfähige Samenanlagen) bestimmt die *reproduktive Effizienz* der Organismen. Die Selektion legt dagegen den *reproduktiven Erfolg* fest, also die Anzahl der überlebenden Nachkommen. Dadurch verändert sich die Häufigkeit der Allele verschiedener Gene *(reproduktive Fitness)*. Auch helfende Geschwister haben eine reproduktive Fitness.

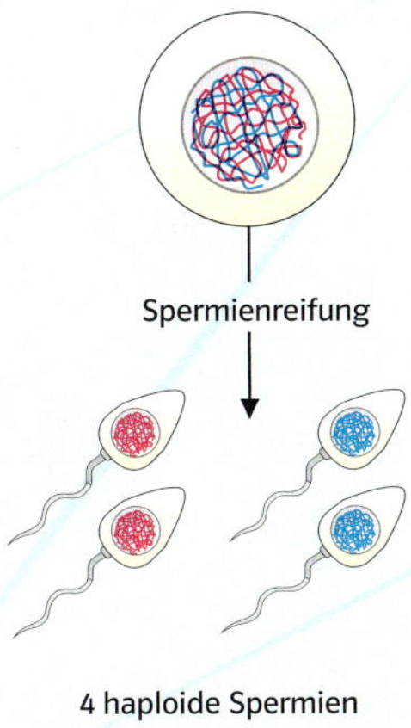

Geschlechtsbestimmung

Normalerweise wird das Geschlecht bei der Befruchtung der Eizelle irreversibel festgelegt *(genotypische Geschlechtsbestimmung)*. In seltenen Fällen können Außenfaktoren wie die Temperatur ausschlaggebend sein. Für den Igelwurm ist es der Kontakt des Larvenstadiums mit einem Weibchen, der die Entwicklung zum Männchen festlegt. Bei der Korallengrundel sind es ökologische Faktoren: Im Great Barrier Reef vor der australischen Küste findet dieser Fisch nur schwer geeignete Korallenstöcke, die das paarweise Brüten erlauben. Jungfische bleiben daher geschlechtsneutral. Frei werdende Brutplätze besetzen Fische sofort und der Partner nimmt dann jeweils das andere Geschlecht an.

A1 Die sogenannte *Big-Bang-Strategie* wird z. B. von einigen Bambusgewächsen verfolgt: Die Organismen durchlaufen über mehrere Jahre nur vegetative Wachstumsphasen, investieren dann ihre gesamte Energie in eine einzige sexuelle Reproduktionsphase und sterben danach ab. Nennen Sie die Vor- und Nachteile.

A2 Beim Pazifischen Lachs zehren die Männchen und Weibchen während der Wanderung zum Paarungsort von ihrem Körpervorrat und gehen nach dem Ablaichen zugrunde. Beschreiben Sie Kosten und Nutzen dieser Strategie.

A3 Die verschiedenen Formen der ungeschlechtlichen (vegetativen) Fortpflanzung gewährleisten, dass ein Individuum Kopien aller seiner Gene weitergibt. Stellen Sie die Vor- und Nachteile im Vergleich mit der geschlechtlichen Fortpflanzung dar.

A4 Fitness im Sinne DARWINS wird nicht an der Anzahl der Nachkommen gemessen, sondern daran, wie viele von ihnen überleben und selbst wieder Nachkommen haben. Daraus ergeben sich unterschiedliche Fortpflanzungsstrategien. Erläutern Sie die Zusammenhänge.

Basiskonzepte
Kompartimentierung

Lebende Systeme bestehen aus abgegrenzten Reaktionsräumen. Diese *Kompartimente* (frz. *compartiment* = Abteil, Fach) sind innerhalb einer Zelle von Membranen umschlossen. Durch die Abgrenzung wird es möglich, dass auf- und abbauende Stoffwechselprozesse in derselben Zelle zur gleichen Zeit stattfinden können, Substanzen und Energie gespeichert werden und auch die Erbsubstanz unbeschadet bleibt.

Membranen sind aber nicht nur Grenzen: Für einige Substanzen stellen sie unüberwindliche Barrieren dar, andere lassen sie passiv durchtreten oder transportieren sie aktiv in eine bestimmte Richtung. Nervenzellen ermöglichen z. B. durch Aufrechterhaltung eines Konzentrationgradienten den Transport von Informationen.

Das Prinzip der Unterteilung eines Systems in Teilräume ist jedoch nicht auf Zellen beschränkt. Jedes Lebewesen ist gegen seine Umgebung durch Strukturen abgegrenzt, die den Stoffaustausch beeinflussen und Energieverluste minimieren. Ebenso gibt es in der unbelebten Umwelt „Kompartimente“: Mauern umgrenzen Wohnräume oder Straßen umgeben Wohngebiete.

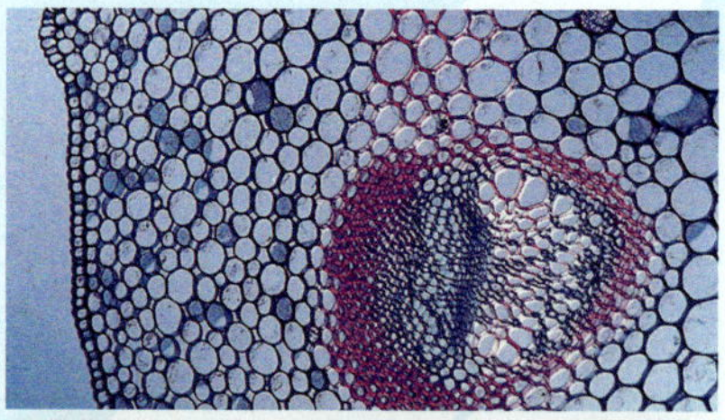

Spezialisierung

Jede Eukaryotenzelle ist durch Membranen in mehrere ineinander geschachtelte Reaktionsräume unterteilt. Jedes Kompartiment besitzt charakteristische Enzyme und nimmt besondere Aufgaben wahr. So sind z. B. Mitochondrien für die Energiegewinnung durch die Zellatmung zuständig und Chloroplasten für die Fotosynthese.

Die spezialisierten Kompartimente stehen aber untereinander in Kontakt: ER, Golgi-Apparat und die Plasmamembran sind z. B. durch Abschnürungs- und Fusionsprozesse verbunden. Man spricht von *Membranfluss*. *Endo-* und *Exocytose* zeigen beispielhaft, wie damit Substanzen transportiert werden.

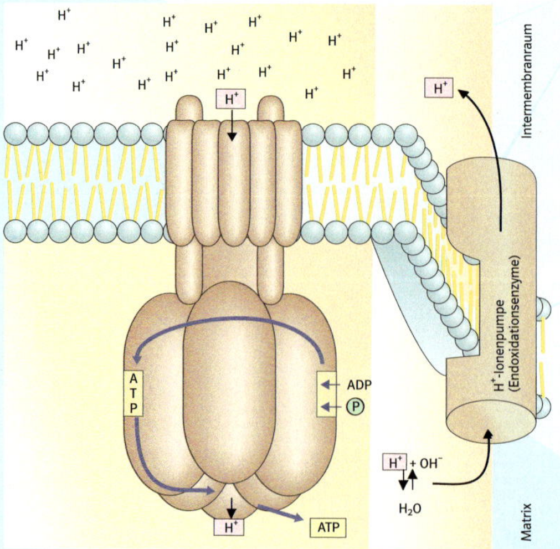

Baukastenprinzip

Jede Zelle wird von einer Membran umschlossen, die den Ein- und Austritt von Stoffen kontrolliert. Bei Einzellern übernimmt eine einzige Zelle alle Lebensfunktionen, bei Vielzellern teilen die Zellen die Arbeit untereinander auf. Ähnlich spezialisierte Zellen sind wie die Teile eines Baukastens zu Zellverbänden *(Geweben)* und diese wiederum zu Organen zusammengeschlossen.

Auch der Körper vieler Tiere ist bausteinartig in Kompartimente untergliedert. Die Segmente des Regenwurms sind in Bau und Funktion mehr oder weniger ähnlich. Bei Gliederfüßern wie Insekten oder Spinnen sind die Segmente spezialisiert und zu Gruppen mit unterschiedlichen Funktionen vereinigt.

Energiespeicherung

Molekulare Pumpen wie die Natrium-Kalium-Pumpe in der Membran der Nervenzellen helfen, Potentiale aufrechtzuerhalten. Sie gewährleisten dadurch nicht nur das Ruhepotential, sondern spielen z. B. auch bei der Wiederherstellung von Ionen-Konzentrationsunterschieden an der Membran der Nervenzellen oder bei der Energiespeicherung in Form von H^+-Ionenpumpen eine Rolle. Dabei werden in der Atmungskette Elektronen- und H^+-Ionentransportsysteme an spezifische Membranen gekoppelt.

Ökosysteme

Die *Biosphäre* umfasst den gesamten von Lebewesen besiedelten Bereich der Erde. Eingebettet darin sind Ökosysteme, die durch Stoffkreisläufe und Energieflüsse verbunden sind. Die vielfältigen Strukturen in den Ökosystemen sind die Grundlage der Biodiversität: Die unterschiedliche Verteilung von Ressourcen oder Ausprägung von abiotischen Faktoren (z. B. Temperatur) erlauben Spezialisierungen auf unterschiedliche Bereiche des Lebensraums. Daraus resultiert eine Abgrenzung, welche die Konkurrenz vermindert und die Vielfalt erhöht.

In den verschiedenen Flussregionen entstehen z. B. durch die unterschiedlichen Eigenschaften des Gewässers die Lebensbedingungen für charakteristische Fischarten.

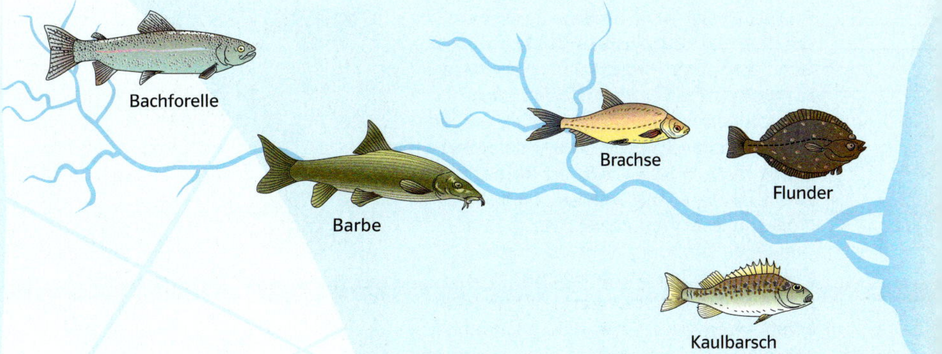

Schutz

Abgrenzungen durch Membranen, Sekretionsprodukte oder spezifische Abschlussgewebe halten schädigende Einflüsse von den Organellen, Zellen oder Individuen fern. Beispiele sind unsere Haut, die Zellwand der Pflanzenzellen oder die Schleimkapseln von Bakterien.

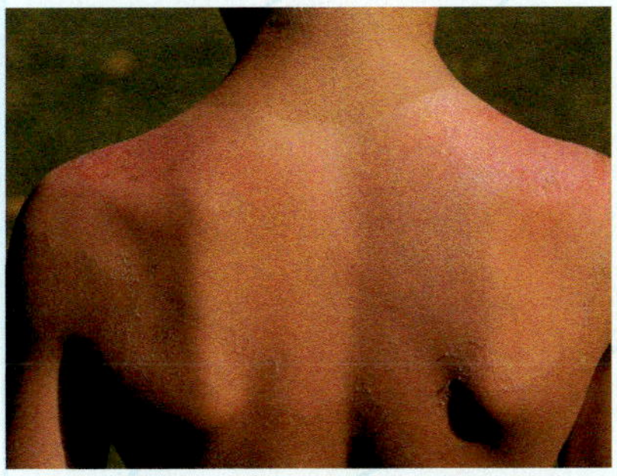

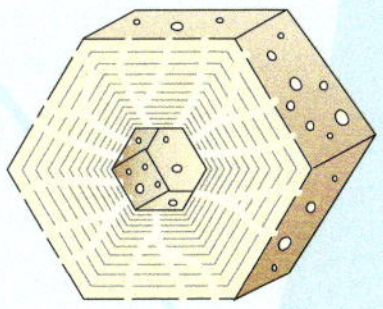

Stoffanreicherung

Ein auffälliges Beispiel für eine Stoffanreicherung sind die Vakuolen der Pflanzenzellen: Zahlreiche Substanzen werden dem cytoplasmatischen Stoffwechsel entzogen und entweder als Vorrat zur weiteren Verwendung oder als Abfall gespeichert. Sie können aber auch, wie verschiedene Giftstoffe zeigen, zur Abwehr von Fressfeinden dienen. Die Stoffanreicherung kann durch spezifische Moleküle in der Membran oder ähnlich dem Ionenfallenprinzip erfolgen.

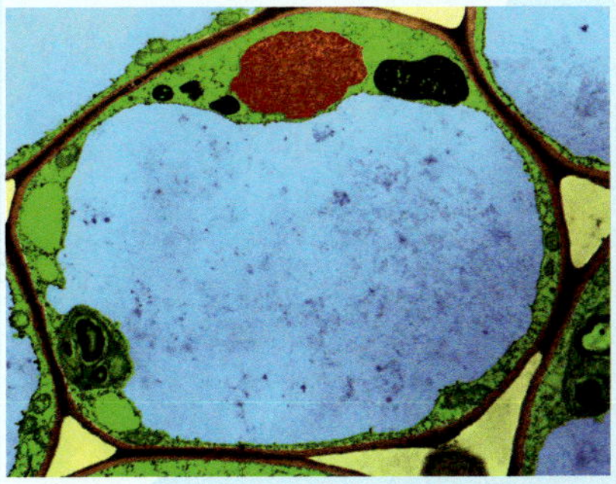

A1 Erläutern Sie die Vorteile der Kompartimentierung.

A2 „Die Identität eines Zellkompartiments beruht im Wesentlichen auf spezifischen Proteinbestandteilen seiner Membran." Begründen Sie diese Aussage.

A3 Stellen Sie kurz den Beitrag, den die Endosymbiontentheorie für die Entstehung der Zellkompartimentierung liefert, dar.

A4 Mitochondrien und Plastiden sind Zellorganellen. Zeigen Sie die dort gegeneinander abgetrennten Reaktionsräume auf und erläutern Sie kurz die darin ablaufenden Prozesse.

A5 Vom Biotop zur Biosphäre lässt sich ebenso wie von der Zelle bis zum Organismus eine „Einschachtelung von Kompartimenten" verschiedener Organisationsstufen sehen. Erläutern Sie dies und nennen Sie Beispiele.

Basiskonzepte
Steuerung und Regelung

Organismen und Lebensgemeinschaften halten viele Zustandsgrößen in engen Grenzen, auch wenn innere oder äußere Faktoren sich kurzfristig erheblich ändern. Durch *Regelung* wird erreicht, dass diese Zustandsgrößen in einem funktionsgerechten Rahmen bleiben. In Anlehnung an die technische Kybernetik wird der dabei angestrebte Wert als *Sollwert* bezeichnet. Für bestimmte Vorgänge ist es möglich, diesen Sollwert gegebenen Veränderungen anzupassen. Während durch die Regelung ein Zustand aufrechterhalten wird, kann durch Steuerung die Intensität oder Richtung von Vorgängen geändert werden.

Typisch für die Regelung ist die negative Rückkopplung. Regelkreismodelle in Form von Blockdiagrammen verdeutlichen dies durch verschiedene Komponenten. Sie werden für physiologische Prozesse verwendet und sind meist komplex. Pfeildiagramme sind einfacher und werden häufig in der Populationsökologie eingesetzt.

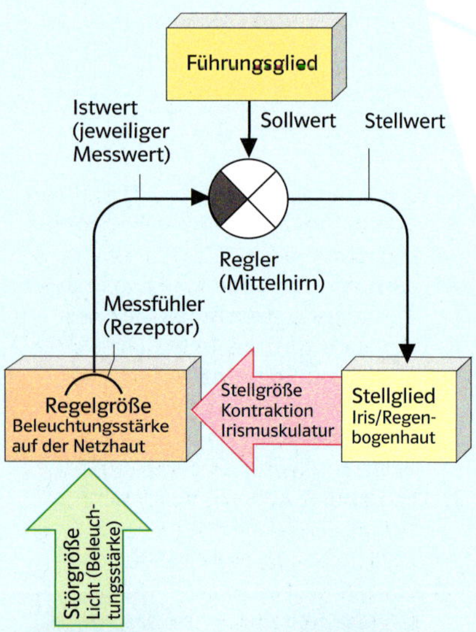

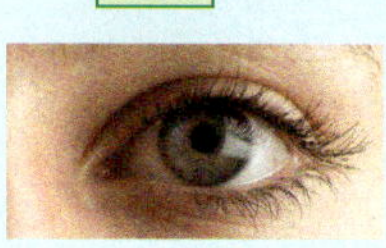

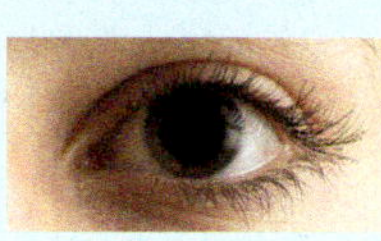

Körpertemperatur

Vögel und Säugetiere sind in der Lage, ihre Körpertemperatur in engen Grenzen konstant zu halten. An dieser Regelung sind zwei ganz verschiedene *Stellglieder* beteiligt: die Muskulatur zur aktiven Erwärmung und Schwitzen bzw. Hecheln zur aktiven Abkühlung.

Bei wechselwarmen Tieren übernehmen Verhaltensänderungen teilweise die Stellgliedfunktion: Reptilien im Hochgebirge oder in der Steppe regulieren ihre Körperwärme durch Sonnenbäder am Tag bzw. das Aufsuchen geschützter Höhlen in der Nacht.

Blutzuckerspiegel

Zur Regelung des Blutzuckerspiegels greifen mehrere Regelkreise ineinander *(vernetzte Systeme)*. Der Zuckergehalt des Blutes wird ständig gemessen und in einem Bereich von 60 — 120 mg Glucose pro 100 ml Blut gehalten. Daran sind zwei Hormone der Bauchspeicheldrüse (Insulin, Glukagon) beteiligt. Deren Aktivität wird wiederum von weiteren Organen, Nervensignalen und Hormonen beeinflusst. Faktoren wie Stress, Nahrungsaufnahme, Muskeltätigkeit oder Ruhe wirken als *Störgrößen*.

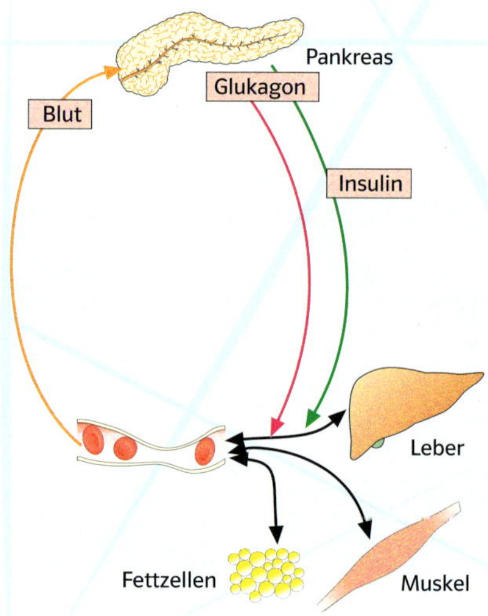

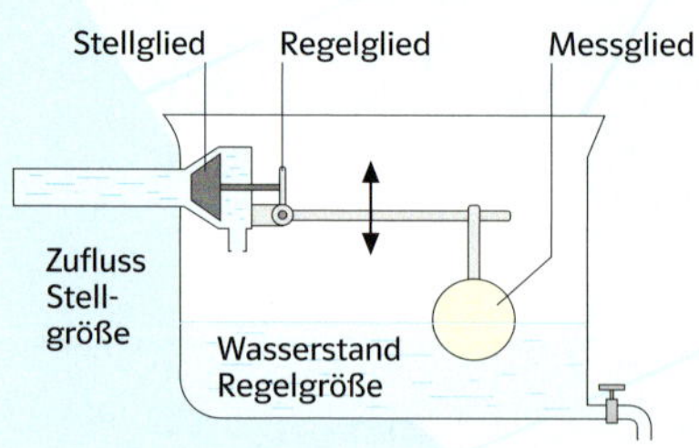

Automatische Wasserstandsregelung

Pupillenreaktion

Der Pupillenreflex ist ein Beispiel einer Proportionalregelung: Bei verstärktem Lichteinfall verkleinert sich die Pupille, bei vermindertem Lichteinfall vergrößert sie sich jeweils entsprechend der augenblicklichen Regelabweichung.

Im Unterschied zur einfachsten Form des Regelkreises enthält dieses System bereits ein Führungsglied. Es ermöglicht eine Verstellung des Sollwerts. Vereinfachend lässt sich dies mit einer Wasserstandsregelung vergleichen.

Technische Beispiele

Regelkreismodelle orientieren sich an der Technik: Heizkörper- bzw. Kühlschrankthermostate oder Regler am Bügeleisen halten voreingestellte Temperaturen konstant. In Industrie und Technik spielen aber auch andere Regelungsprinzipien seit dem Bau der ersten Dampfmaschine eine Rolle: Der 1788 von JAMES WATT (1736—1819) entwickelte Fliehkraftregler ermöglichte eine gleichmäßige Leistung der durch heißen Wasserdampf angetriebenen Maschinen. Kühlwasserregelsysteme in Kraftfahrzeugen sind z. B. mit Rohrsystemen gekoppelt, die eine möglichst große Austauschfläche besitzen.

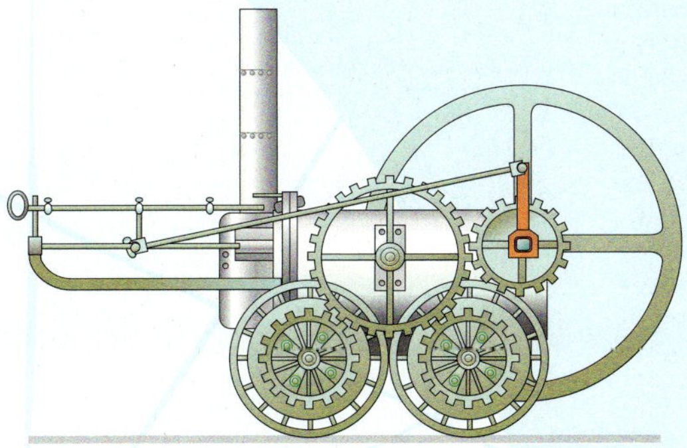

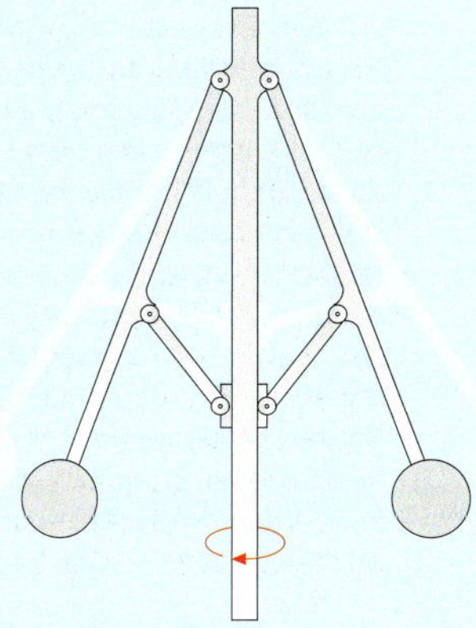

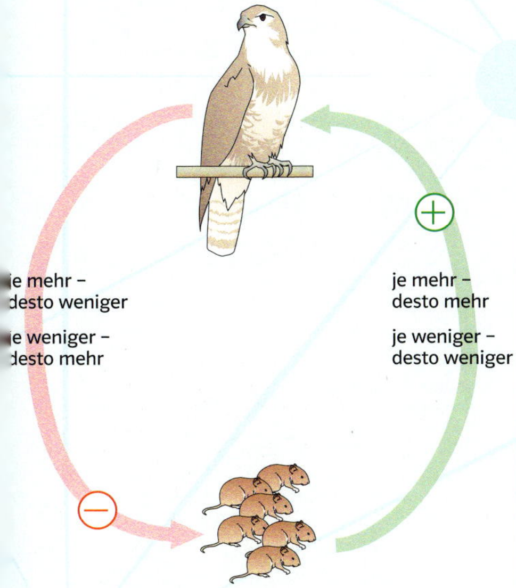

Populationsgröße

Die Populationsgrößen verschiedener Arten einer Lebensgemeinschaft stehen miteinander in Wechselbeziehungen. Durch *Rückkopplungen* werden nur vorübergehend stabile Verhältnisse erreicht, die sich aber schnell entsprechend neuer Umweltbedingungen ändern können. Einen festgelegten Sollwert gibt es nicht.

Eine Zunahme der Individuenzahl verstärkt z. B. die innerartliche Konkurrenz um Ressourcen, führt zu einem Überangebot für Räuber oder Parasiten und zu einer erhöhten Gefahr der Ausbreitung von Infektionskrankheiten.

Gen- und Enzymaktivität

Endproduktrepression und Substratinduktion sind Beispiele für eine *negative Genregulation*, da sie durch Rückkopplung der Repressorproteine gesteuert werden. *Positive Genregulation* wird durch die Anlagerung von Aktivatorproteinen an eine Kontrollregion vermittelt. Bei beiden Vorgängen spielen allosterische Proteine eine Rolle. Diese können ihre räumliche Struktur durch Anlagerung von Effektoren ändern *(Konformationsänderung)*.

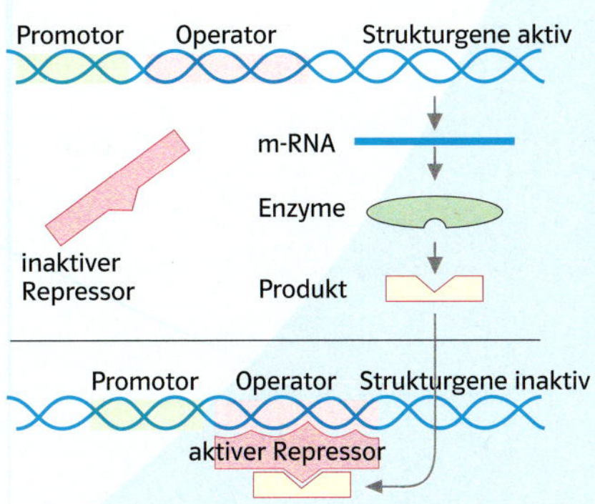

A1 Das Prinzip der negativen Rückkopplung beruht darauf, Abweichungen von einem Sollwert durch Gegenwirkungen zu verringern oder vollständig zu kompensieren. Andere Modelle sind mechanische Gleichgewichte, Überlaufsysteme, chemische Pufferung oder „feed-forward-Systeme". Informieren Sie sich darüber und erläutern Sie die Unterschiede.

A2 Erläutern Sie die technische Funktionsweise des in der Abbildung dargestellten Wasserstandsreglers.

A3 Positive Rückkopplung verstärkt sich selbstständig. Suchen Sie nach je einem Beispiel in Biologie und Technik. Erläutern Sie jeweils die Zusammenhänge.

A4 Informieren Sie sich über den Bohr-Effekt beim Hämoglobin und erläutern Sie an diesem Beispiel, wie auf molekularer Ebene eine Regulation des Sauerstofftransportes erfolgt.

Stoff- und Energieumwandlung

Lebewesen können nur existieren, indem sie ihrer Umwelt ständig Stoffe und Energie entnehmen, diese umwandeln und in anderer Form wieder abgeben. Es sind offene Systeme in einem Fließgleichgewicht. Dabei sind die meisten natürlichen Prozesse darauf abgestimmt, keinen „Abfall" zu erzeugen und — angetrieben durch die Energie der Sonne — „rückstandsfrei" zu arbeiten. Viele Produktionsverfahren der Menschen bauen mit Energieaufwand Rohstofflager ab und setzen sie — wiederum unter großem Energieaufwand — in Konsumgüter um, die dann zumindest teilweise auf Müllhalden landen.

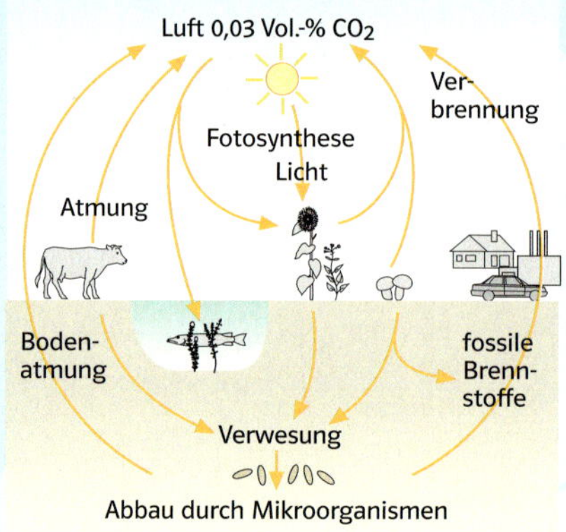

Nachhaltigkeit

Das „Prinzip der Nachhaltigkeit" bezog sich im 19. Jahrhundert nur auf die Forstwirtschaft. Es bedeutete, dass nur soviel Holz geerntet werden sollte, wie in dem jeweiligen Anbaugebiet nachwächst. Der Begriff steht heute für die Nutzung eines Ökosystems, ohne dessen Ressourcen zu erschöpfen. Da der Mensch dieses Prinzip häufig in bedrohlicher Weise verletzt, wurde erstmals 1992 auf der Umweltkonferenz in Rio de Janeiro eine „nachhaltige Entwicklung" *(sustainable development)* eingefordert. Entsprechend der später formulierten Agenda 21 werden damit Produktionsmethoden bezeichnet, die neben sozialen und ökonomischen Aspekten auch an einem schonenden Umgang mit den Ressourcen der Erde orientiert sind, wozu auch die Vielfalt der Arten gehört.

Speicherung

Wird mehr Energie bereitgestellt als verbraucht wird, kann der Organismus energiereiche Verbindungen als Vorrat für schlechte Zeiten anhäufen. ATP als die „universelle Energiewährung" im Zellstoffwechsel gewährleistet dabei die Übertragung zwischen Energie bereitstellenden und Energie benötigenden Reaktionen. Fette stellen häufig die Speicherform dar. Sie ermöglichen beispielsweise verschiedene Strategien zum Überleben kalter Jahreszeiten: Winterschläfer besitzen braunes Fettgewebe. Pflanzenkeimlinge nutzen Vorratsstoffe im Samen, Frühblüher die Vorräte in Wurzelstock und Zwiebel.

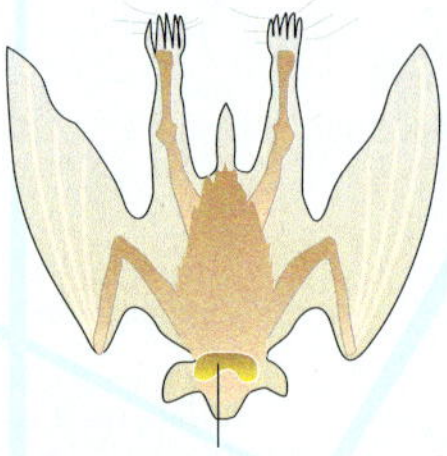

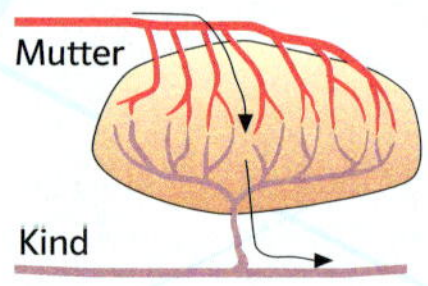

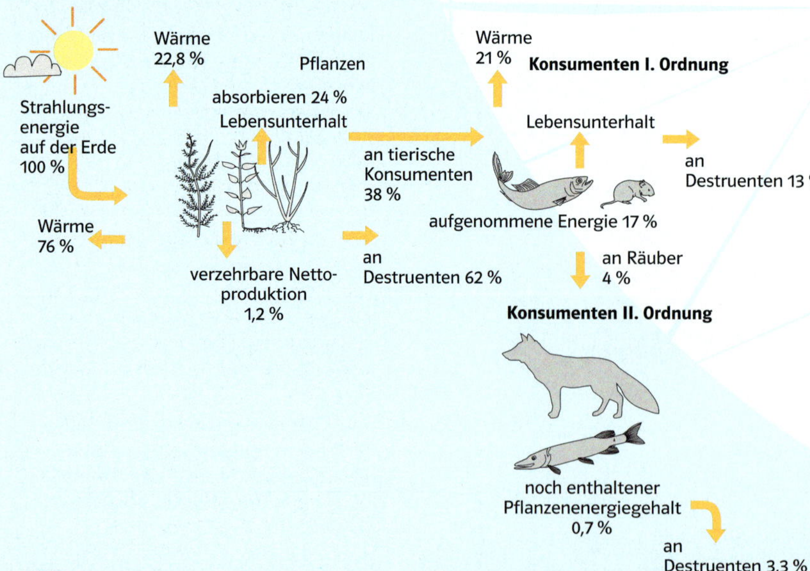

Energieentwertung

Der Energiegehalt von einem mol Glucose kann in der Zelle maximal zu 40 % genutzt werden. Ein Benzinmotor arbeitet mit einem Wirkungsgrad von 20 %. Nach den Hauptsätzen der *Thermodynamik* können Lebewesen Energie weder neu erschaffen noch vernichten. Sie setzen eine Energieform nur in eine andere um. Da stets Wärme an die Umgebung abgegeben wird, ist der Wirkungsgrad deutlich kleiner als 100 %.

Assimilation und Dissimilation

Ohne die Fotosynthese gäbe es auf der Erde kein Leben in der uns bekannten Form. Der Aufbau energiereicher organischer Verbindungen aus energiearmen anorganischen Molekülen mithilfe des Sonnenlichts ist aber nur eine Form der *Assimilation*. Hierunter versteht man allgemein die Überführung körperfremder Ausgangsstoffe in körpereigene Substanzen. Alle Lebewesen beziehen die für die Lebensprozesse notwendige Energie aus der *Dissimilation*, die durch den schrittweisen Abbau der organischen Verbindungen mithilfe von Enzymen gekennzeichnet ist. „Baustoffwechsel" und „Betriebsstoffwechsel" sind durch gemeinsame Zwischenprodukte vernetzt.

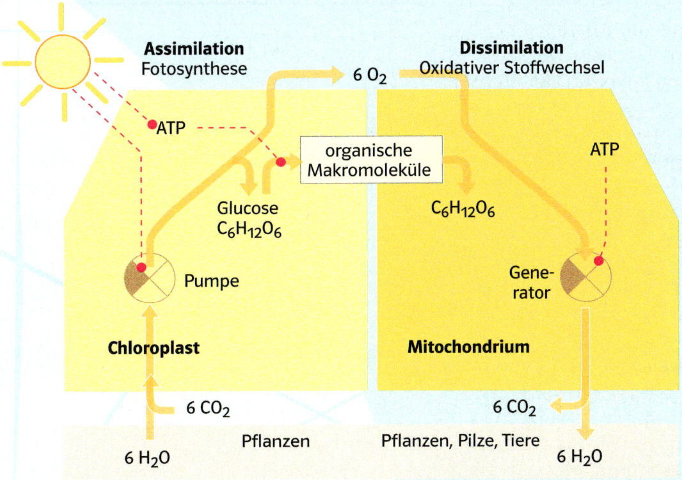

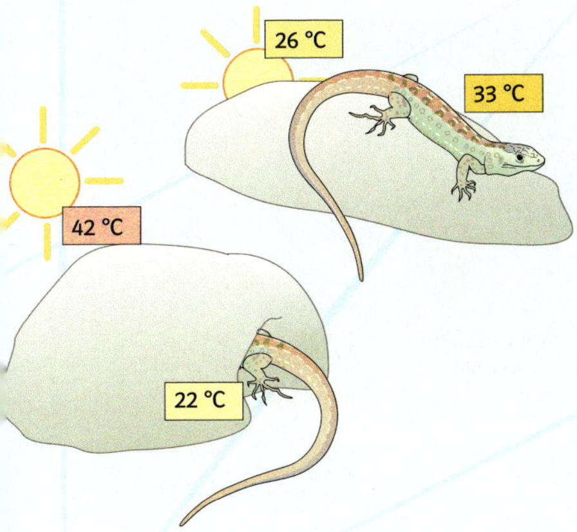

Prinzip der Zuweisung

Jedem Organismus steht nur eine beschränkte Energiemenge zur Verfügung, die er in verschiedene Prozesse oder Verhaltensweisen investieren kann. *Konformer* wie Heuschrecken, Krabben oder Amphibien können mehr Energie in Wachstum und Reproduktion investieren als *Regulierer*, die hohe Energieanteile zur Aufrechterhaltung der individuellen Anpassungsprozesse nutzen. Offensichtlich lohnt sich aber diese Investition und ermöglicht die Besiedlung klimatisch ungünstiger Bereiche.

Fließgleichgewichte

Organismen zeigen *Fließgleichgewichte* in Bau- und Energiestoffwechsel. Auch ein ausgewachsener Mensch benötigt eine fortwährende Nährstoffzufuhr. Durch die Energieaufnahme stellen sich dann Fließgleichgewichte ein, denen Energie zur Verrichtung von Arbeit entnommen werden kann und die steuerbar sind. Seine Masse bleibt konstant. Fließgleichgewichte gibt es auf molekularer, zellulärer und organismischer Ebene und auf der Ebene von Ökosystemen.

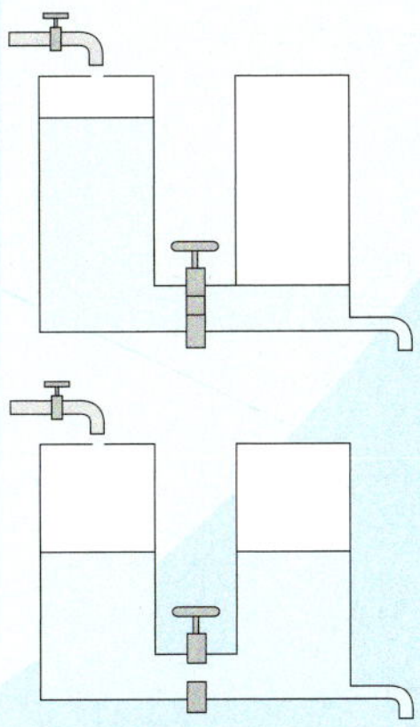

A1 Die Reaktionsgeschwindigkeit-Temperatur-Regel (RGT-Regel) besagt, dass durch eine Temperaturerhöhung um 10 °C die Reaktionsgeschwindigkeit um das 2- bis 4fache steigt. Belegen Sie die Gültigkeit dieser Regel an Beispielen aus der Biologie.

A2 Analysieren Sie die Glykolyse unter dem Aspekt der Vernetzung mit anderen Stoffwechselwegen.

A3 Auf den ersten Blick erscheint es energetisch günstiger, ein Konformer zu sein. Auch in die ungeschlechtliche Fortpflanzung scheinen Organismen weniger Energie investieren zu müssen. Trotzdem sind zahlreiche Tierarten Regulierer bzw. pflanzen sich erst nach aufwändiger Partnersuche fort. Beurteilen Sie dies.

A4 Informieren Sie sich über Möglichkeiten von pflanzlichen und tierischen Lebewesen, lange Zeiträume ohne Nahrungsaufnahme überdauern zu können und erläutern Sie diese.

Basiskonzepte
Information und Kommunikation

Lebewesen nehmen Informationen auf, speichern und verarbeiten sie und kommunizieren miteinander. Voraussetzungen sind eine gemeinsame Sprache und geeignete Aufnahme-, Speicher- und Abgabemechanismen.

Das Wort „Information" wird im Alltag unterschiedlich benutzt: Objekte wie z. B. eine CD enthalten Informationen und Organismen erhalten *Informationen*. In der Biologie kann man Information definieren als eine Mitteilung, die aus einer räumlichen oder zeitlichen Folge von Signalen besteht und beim Empfänger eine bestimmte Reaktion hervorruft. *Kommunikation* ist eine wechselseitige, aufeinander abgestimmte Informationsübertragung. Sie kann sowohl zwischen Organismen als auch innerhalb eines Organismus und in der Zelle stattfinden.

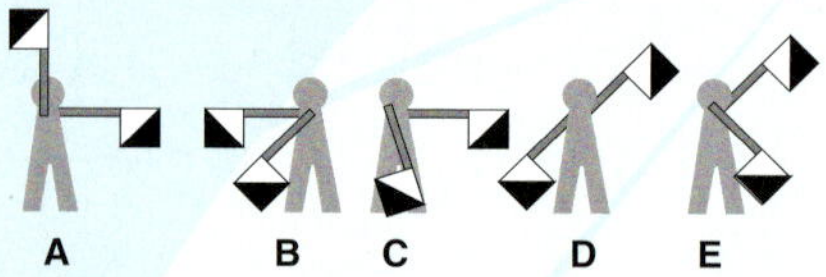

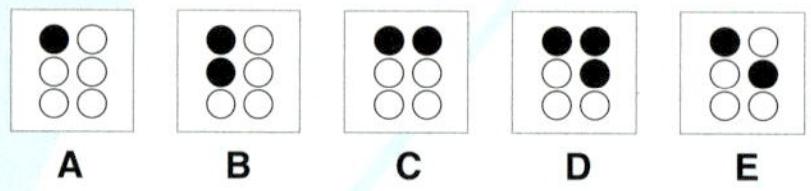

Codierung / Decodierung

Ein *Code* ist eine eindeutige Vorschrift zur Umwandlung von Information aus einer Sprache in eine andere. Morsealphabet, die Verschlüsselung von Texten in Bits und Bytes oder das Telefon illustrieren dies. Mit dem genetischen Code z. B. wird die Information aus der „Sprache der Nucleinsäuren" in die „Sprache der Aminosäuren" übersetzt.

Mit einer Codierung kann eine Informationsübertragung auch sicherer gemacht werden. Nervenzellen senden frequenzcodiert und rechnen amplitudenmoduliert.

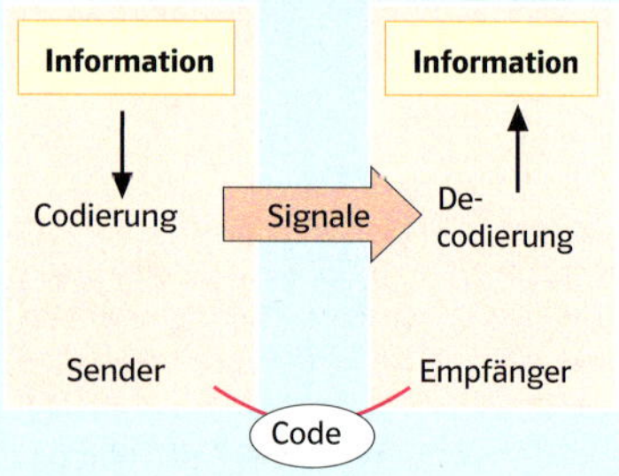

Sender und Empfänger

In einer Kommunikationskette geht vom Sender das verschlüsselte Signal aus, das beim Empfänger nicht nur ankommen, sondern auch entschlüsselt werden muss, d. h. Signale und Verarbeitungsmechanismen müssen aufeinander abgestimmt sein. Ein Beispiel dafür sind *Pheromone*. Diese Signalstoffe dienen der Kommunikation zwischen Individuen einer Art. *Bombykol* — der Sexuallockstoff des Seidenspinners — wird von den Weibchen produziert. Die entsprechenden chemischen Rezeptoren in den großen Antennen der männlichen Schmetterlinge reagieren noch auf äußerst geringe Konzentrationen der Substanz.

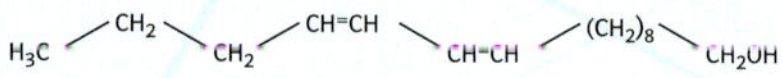

Strukturformel von Bombykol

Redundanz

Der aus der Informationstheorie stammende Begriff der *Redundanz* (von lat. *redundantia* = Überfülle) beschreibt die informative Überbestimmtheit einer Nachricht. In der Nachrichtentechnik bietet eine hohe Redundanz wirksamen Schutz vor Übertragungsstörungen.

In der Genetik und Evolution ist Redundanz das mehrfache Vorliegen gleichartiger Signalstrukturen. So wird Sicherheit und Stabilität erzeugt. Entsprechend dem Ökonomie-Prinzip wird dies mit einer minimalen Anzahl beteiligter Faktoren erreicht. Nur fünf chemische Elemente bauen die DNA auf, vier Basen codieren die gesamte Artenfülle und etwa zwanzig Aminosäuren bauen alle Proteine auf.

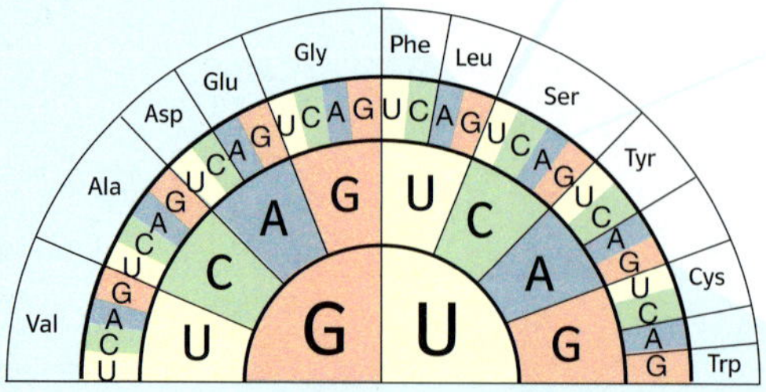

Nerven- und Hormonsystem

Das Nervensystem dient der schnellen und gezielten Kommunikation. Außer elektrischen Signalen werden an den Synapsen chemische Signale benutzt. Im Zusammenspiel afferenter und efferenter Bahnen gewährleisten Rückkopplungsmechanismen den Informationsfluss. Neben den schnell wirksamen Informationen des Nervensystems werden über die Blutbahn Hormone zur längerfristigen Kommunikation eingesetzt. Sie setzen an passenden Rezeptoren der Zielorgane an.

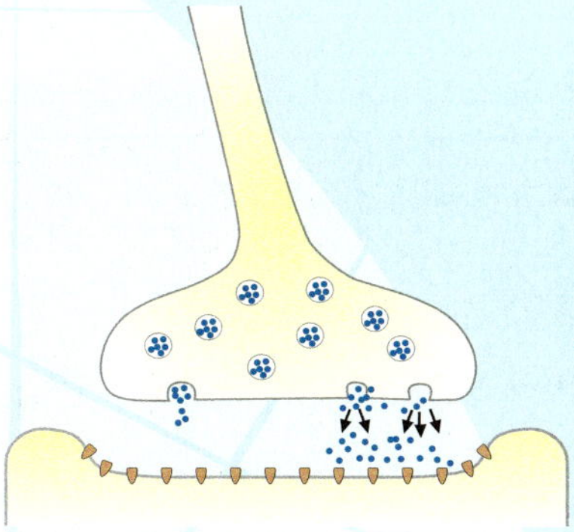

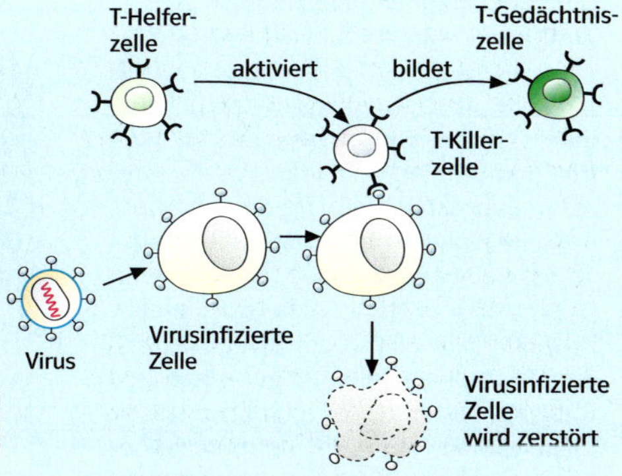

Verständigung

Der Begriff „Sprache" bezieht sich im engeren Sinn nur auf die verbale Kommunikation zwischen Menschen. Im weiteren Sinn versteht man darunter auch die Symbolsprache (Zeichensprache) oder die Sprache der Tiere (z. B. Bienentanz oder Ausdrucksverhalten). In Sozialverbänden sind optische und akustische Signale zur Verständigung wichtig für den Zusammenhalt oder für gemeinsame Aktivitäten. Auch Pflanzen kommunizieren untereinander oder mit Tieren, wenn z. B. Alarmsubstanzen bei Schädlingsbefall abgegeben werden.

Zellulärer Informationsfluss

Innerhalb jeder Zelle erfolgt eine ständige Informationsübertragung von Organell zu Organell durch verschiedene chemische Substanzen. Aber auch benachbarte Zellen eines Gewebes können miteinander kommunizieren. Spezielle Zell-Zell-Kontakte ermöglichen den Austausch kleinerer Moleküle. Bei der Immunabwehr kommunizieren verschiedene Zellen entweder über Signalstoffe oder durch direkte Zellkontakte.

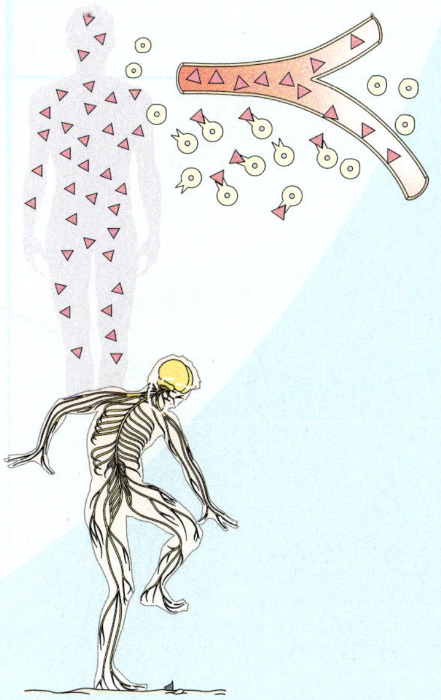

A1 Stellen Sie für je ein Beispiel aus der Neurophysiologie, Stoffwechselbiologie und Genetik dar, wie Sender und Empfänger aufeinander abgestimmt sind.

A2 Stellen Sie die verschiedenen Codierungsmechanismen bei der Informationsübermittlung in Nervensystemen dar.

A3 Bücher, Filme, eine CD oder DVD sind Beispiele für technische Speichermedien. Vergleichen Sie diese Datenträger mit den biologischen Informationsträgern hinsichtlich der Art der Information, ihrer Speicherung und Weitergabe.

A4 Begründen Sie die Aussage, dass Nucleinsäuren sowohl der Informationsspeicherung als auch der Informationsübertragung dienen.

A5 Nennen Sie Gemeinsamkeiten und Unterschiede zwischen Nerven- und Hormonsystem. Vergleichen Sie diese Form der Informationsübertragung mit der zellulären Kommunikation bzw. der Kommunikation zwischen Individuen.

Basiskonzepte
Variabilität und Angepasstheit

Betrachtet man die Gliedmaßen der Wirbeltiere und ihren Körperbau, so ergeben sich meist eindeutige Hinweise auf Lebensraum und Lebensweise. Eine derartige Beziehung zwischen Bau, Funktion und Umwelt gilt für alle Lebewesen. Als *Angepasstheit* wird sie dann bezeichnet, wenn eine Struktur und die damit verbundene Funktion das Überleben der Organismen fördert. Ein Beispiel ist der Hase, der sich eng an den Boden drückt und durch seine Fellfarbe gut getarnt ist. Dieser im Verlauf der Evolution erreichte Zustand wird häufig von dem Prozess der *Anpassung* unterschieden. Damit ist nicht eine schrittweise genetische Veränderung über mehrere Generationen gemeint, sondern die individuelle Anpassung, wie sie z. B. das Chamäleon demonstriert bzw. wie sie durch Modifikationen hervorgerufen wird.

Angepasstheit wird durch *Variabilität* ermöglicht und durch Selektion bewirkt. Variabilität bedeutet, dass sich Individuen, Zellen, Programme, Funktionen, Strukturen oder Strategien unterscheiden. Einige dieser Varianten erfüllen die Anforderungen der Lebensbedingungen besser als andere. Ist dies genetisch fixiert, unterliegen sie der Selektion und bleiben bevorzugt erhalten oder sterben aus. Dadurch entsteht – im Verlauf vieler Schritte bzw. Generationen – die Angepasstheit bezüglich der augenblicklichen Umwelt.

Polymorphismus

Polymorphismus bedeutet, dass die Individuen in einer Population genetisch bedingt ein unterschiedliches Erscheinungsbild zeigen, aber keine Unterarten oder Rassen darstellen. Zwischen den verschiedenen Phänotypen muss es keine kontinuierlichen Übergänge geben, wie z. B. der *Farb-Polymorphismus* bei Schnirkelschnecken zeigt. Einige Pflanzen des Weißklees setzen z. B. Blausäure als Reaktion auf Pflanzenfresser frei, schützen sich aber dort nicht, wo wenig Schnecken vorkommen. Blausäure freisetzende Pflanzen sind empfindlicher gegenüber Frost und Infektionen.

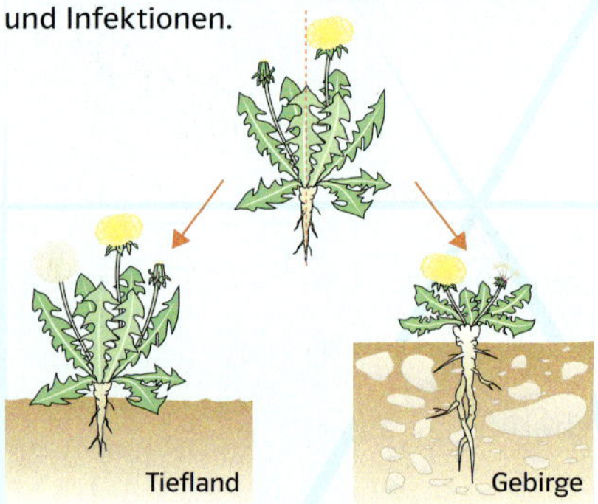

Plastizität

Der Fähigkeit von Lebewesen zur individuellen Anpassung liegen Genotypen zugrunde, die abhängig von der Umwelt unterschiedliche Phänotypen entstehen lassen (im Gegensatz zum genetisch fixierten Polymorphismus). Dadurch entstehen sichtbare *Modifikationen*. Auch das Nervensystem passt sich anatomisch an gemachte Erfahrungen an *(Neuroplastizität)*. Unter ökologischen Gesichtspunkten ist die Plastizität die Fähigkeit der Organismen, in bestimmten Bereichen eines oder mehrerer Umweltfaktoren über längere Zeit zu existieren *(Reaktionskurve)*.

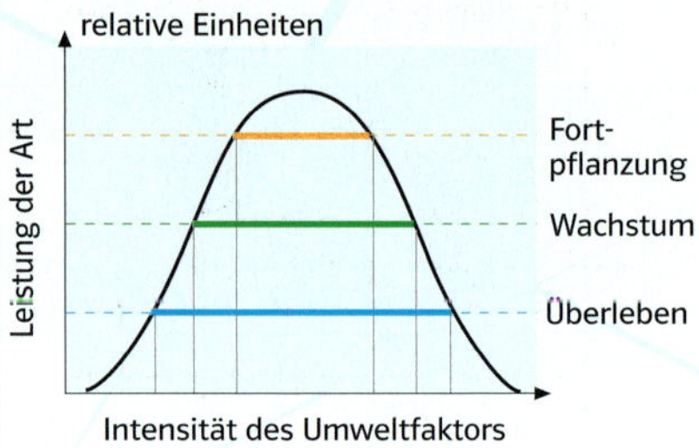

Gestalt und Umwelt

Durch eine ähnliche Lebensweise können unabhängig von der Verwandtschaft der Arten weitgehende Übereinstimmungen in der Form und Gestalt des Körpers oder einzelner Organe entstehen. Ein bekanntes Beispiel für diese *Konvergenz* ist die strömungsgünstige Körperform verschiedener Wirbeltierarten. Umgekehrt können sich aber auch – wie die Darwinfinken zeigen – Gründerpopulationen in zahlreiche neue Arten auffächern, wenn die Umwelt dies zulässt *(adaptive Radiation)*. Frösche oder Insekten verändern sich im Verlauf der Individualentwicklung *(Metamorphose)*.

Klonselektion im Immunsystem

Das Immunsystem stellt unermesslich viele B-Zellen her, von denen jede einen anderen Antikörper bilden kann. Nur die Zelle, die ein Antigen erkannt hat, vermehrt sich und stellt als Plasmazelle den passenden Antikörper in großen Mengen her. Dadurch findet eine selektive Produktion von jenen Antikörpern statt, die der Bekämpfung der Eindringlinge dienen.

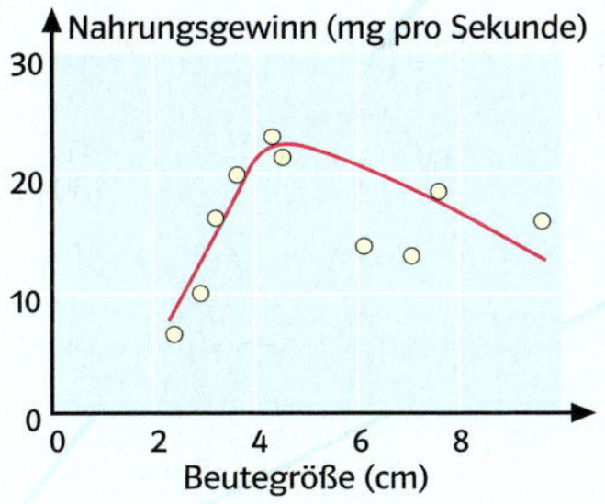

Optimierung

Ziel einer Optimierung kann es sein, mit einem Minimum an Aufwand äußerst komplexe Leistungen zu erreichen und unter dem Aspekt der Wirtschaftlichkeit die Ressourcen zu schonen. Biologen untersuchen ähnlich wie Wirtschaftswissenschaftler Gewinn und Verlust, in der Biologie aber bezogen auf Kosten und Nutzen der in der Evolution entstandenen Angepasstheiten. Als Kosten gelten die Energiemengen, die investiert werden; der Nutzen bezieht sich z. B. auf das Verhalten im Sinne von Fitnessmaximierung *(Adaptationswert)*.

Biochemische Anpassung

Organismen können die meisten Stoffwechselprozesse veränderten Umweltbedingungen anpassen und dann auf dieser Basis durch Regulation wieder konstant halten. Menschen, die in großer Höhe leben, sind z. B. an ein vermindertes Sauerstoffangebot durch erhöhte *Hämoglobinkonzentrationen* angepasst. Insekten und Amphibien produzieren bei extrem niedrigen Temperaturen *Gefrierschutzproteine*, die Eisbildung in der Körperflüssigkeit verhindern. Im Gehirn der Regenbogenforelle variiert die Acetylcholinesterase-Konzentration in Abhängigkeit von der Temperatur. Auch die verstärkte Ausbildung von Muskeln bei häufigem Gebrauch kann auf biochemische Prozesse zurückgeführt werden.

A1 Man sagt, die Selektion arbeitet nach dem Schrotschussprinzip. Erläutern Sie dies.

A2 Suchen Sie nach je einem Beispiel für genetisch fixierten Polymorphismus, balancierten Polymorphismus sowie Plastizität und vergleichen Sie die Beispiele.

A3 Durch die Evolution lässt sich einerseits die hohe Diversität der Lebensformen erklären, andererseits aber auch die Tatsache, dass alle Organismen gemeinsame Kennzeichen des Lebendigen aufweisen. Begründen Sie dies.

A4 In der medizinischen oder industriellen Forschung wird ein Ausgangsstoff in kleinen Schritten gezielt oder zufällig verändert und dann auf Wirksamkeit geprüft. Vergleichen Sie dies mit der biologischen Evolution.

Basiskonzepte
Geschichte und Verwandtschaft

"Nothing in biology makes sense except in the light of evolution." Dieser Satz von THEODOSIUS DOBZHANSKY (1900 — 1975) verdeutlicht, dass alle Beobachtungen in der Biologie letztlich durch die Evolutionsprozesse erklärt werden können. Alle heute existierenden Arten einschließlich des Menschen haben einen gemeinsamen Ursprung. Über die Zeit betrachtet ist nur die Dauer der gemeinsamen Entwicklung unterschiedlich. Das Maß für diese gemeinsame Geschichte ist der Verwandtschaftsgrad.

Die heute zu beobachtende Vielfalt der Lebewesen lässt sich aus der Geschichte und Verwandtschaft erklären, die wiederum in enger Verbindung zu den Konzepten von „Variabilität und Angepasstheit" und „Reproduktion" stehen.

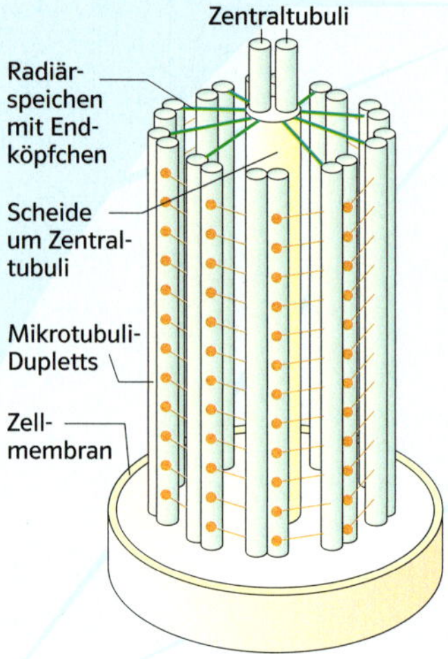

Zufallsprinzip

Mutationen sind ebenso zufällig wie die Tatsache, dass sich ausgerechnet fünf Finger oder sieben Halswirbel entwickelt haben. Trotzdem unterschieden sich diese „Zufälle": Für einige — die objektiv zufälligen Entwicklungen — lassen sich keine Ursachen und für andere — subjektiv zufälligen — keine Erklärungen in Form von Angepasstheiten finden. Die Zahl der Mikrotubuli bei Geißeln und Wimpern in einer 9 x 2 + 2-Anordnung an sich scheint zufällig, das Vorhandensein bei allen Eukaryoten wird aber durch Abstammung von einer gemeinsamen Urform erklärt.

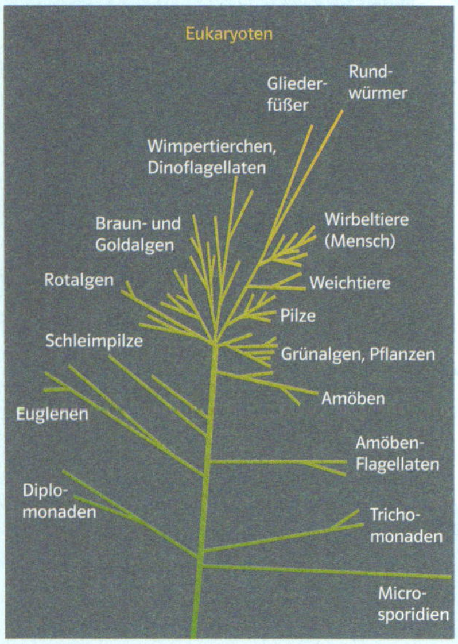

Systematik

Verwandtschaften können z. B. in Form eines Stammbaums aufgezeigt werden. Bei jeder neuen Erkenntnis müssen diese Stammbäume angepasst werden. So rücken zur Zeit *Archaebakterien* aus heißen Quellen oder schwarzen Rauchern — das sind Minivulkane am Grund der Tiefsee — zunehmend ins Zentrum der Forschung. Diese *Extremophilen* bevorzugen hohe Temperaturen oder Schwefelkonzentrationen, Erdöl oder Salzseen. Der innere Aufbau der Archaebakterien stellt sie zwar in die Nähe der bisher bekannten Bakterien, ihre Biochemie weist aber so viele Besonderheiten auf, dass Systematiker ihnen eine Sonderstellung geben.

Kennzeichen des Lebendigen

Stoffwechsel, zelluläre Organisation, Wachstum, Fortpflanzung, Reizbarkeit, Regulationsfähigkeit, Bewegung und Angepasstheit sind Kennzeichen des Lebendigen. Diese wenigen Kriterien charakterisieren — wenn alle zusammen zutreffen — ein Lebewesen. Sie sind seit der Entstehung der Organismen stabil. Daraus hat sich eine hohe Diversität der Lebensformen auf allen Organisationsebenen entwickelt.

Wechselseitige Beziehungen

Blüten und ihre Bestäuber zeigen, dass der Bau einer Blüte genau an die Tierart angepasst sein kann, welche die Pollen transportiert. Derartige wechselseitige Beziehungen zwischen verschiedenen Arten führen zu Spezialisierungen auf beiden Seiten. Diese *Koevolution* gilt für Symbiosen, Räuber-Beute-Systeme oder Parasit-Wirt-Beziehungen. Dringen Arten in fremde Ökosysteme vor, fehlt der wechselseitige Anpassungsprozess. Aussterben oder Massenvermehrung der Eindringlinge kann die Folge sein. Werden einzelne Gruppen wie z. B. Inselpopulationen vom Prozess abgeschnitten, können neue Arten entstehen.

Einmaligkeit

Ein naturwissenschaftliches Experiment führt im Allgemeinen unter gleichen Voraussetzungen bei einer Wiederholung zum gleichen Ergebnis. Der Ablauf der Evolution des Lebens auf der Erde ist hingegen ein historisch einmaliger Prozess, der sich selbst bei gleichartigen Anfangsbedingungen nicht identisch wiederholen könnte. Da er nicht reproduzierbar ist und sich gängigen experimentellen Methoden verschließt, sind nur indirekte Schlüsse, etwa aus *Fossilien* möglich. Obwohl Arten und Individuen als solche einmalig sind, zeichnen sie sich durch gemeinsame Bau- und Funktionsprinzipien bei allen Lebewesen aus.

Funktionale Fragen

Die Angepasstheiten der Lebewesen an ihre Umwelt sehen so auffällig nach gezielter Gestaltung aus, dass sie bis zur Formulierung des Prinzips der natürlichen Selektion als Beweis für die Existenz Gottes galten. Während in anderen Naturwissenschaften die Fragen „Was?", „Wie?" und „Warum?" bearbeitet werden, auf die es nur beschreibende und kausal begründende Antworten gibt, stellt die Biologie auch die funktionale Frage nach der biologischen Bedeutung: „Wozu?". Ohne Antwort auf diese Frage sind die Eigenschaften der Lebewesen nicht zu verstehen. In allen anderen Naturwissenschaften ist diese Frage sinnlos.

A1 „Der genetische Code ist universell und redundant." Erläutern Sie diese Behauptung und den Bezug zum vorliegenden Thema.

A2 Gilt das Zufallsprinzip auch für die Koevolution? Diskutieren Sie mögliche Zusammenhänge.

A3 Suchen Sie nach je einem Beispiel für „Zweckmäßigkeit" aus den Bereichen Biologie, Medizin und Technik. Zeigen Sie dabei Ihre Kriterien auf.

A4 Lebewesen besitzen im Unterschied zu nicht lebenden Systemen ihr eigenes, über Millionen Jahre optimiertes, genetisches Programm. Betrachten Sie mögliche Auswirkungen der Gentechnik unter evolutionären Gesichtspunkten.

A5 Analysieren Sie die besonderen Einflüsse, denen Inselpopulationen ausgesetzt sind, unter genetischen und evolutionsbiologischen Aspekten.

A6 Das Aktualitätsprinzip wurde von C. Lyell (1797—1875) formuliert. Er versuchte, in der Vergangenheit abgelaufene Prozesse nur durch solche Kausalfaktoren zu erklären, die auch heute analysierbar und wirksam sind. Benennen Sie die Evolutionsfaktoren, die zur biologischen Vielfalt geführt haben, und begründen Sie Ihre Auswahl.

Lösungen zu den Übungsseiten

Lösungen zu Seite 64/65

A1 siehe Tabelle unten

A2 Erkennbar sind:
1) Kernplasma/Cytoplasma des Zellkerns
2) Chromatin (im Kernplasma)
3) Doppelmembran
4) Nucleolus (Kernkörperchen)
5) Kernpore

A3 Mitochondrien erreichen durch ihre zahlreichen tiefen Einfaltungen der Innenmembran (Cristae) eine sehr große Oberfläche. Diese Fläche wäre deutlich kleiner, wenn es diese tiefen Einfaltungen nicht gäbe. Die Oberfläche der Innenmembran hätte dann annähernd die Fläche der Außenmembran. In diesem Fall wäre auch der Intermembranraum entsprechend klein.

A4 Außer der Phospholipiddoppelschicht enthält die Biomembran noch
1) integrale Proteine (z.B. Tunnelproteine oder Enzyme),
2) Cholesterolmoleküle (weisen nach innen) und
3) Kohlenhydratketten (liegen auf den Proteinen und zeigen nach außen).

A5 Die polaren hydrophilen „Köpfe“ der Moleküle können mit dem ebenfalls polaren Wasser beiderseits der Lipiddoppelschicht in Wechselwirkung treten. Die unpolaren hydrophoben „Schwänze“ bilden im Inneren eine wasserabweisende Schicht. Damit werden zwei Komponenten getrennt.

A6 Die Abbildungen zeigen, dass in der Membran eingelagerte Proteine am Prozess der Informationsweitergabe beteiligt sind. Abbildung 2 zeigt eine Pore zum Durchlassen bestimmter Teilchen. An Abbildung 3 oben erkennt man einen Rezeptor für ein Signalmolekül. Es muss dazu die Membran nicht durchdringen, sondern nur an das Rezeptorprotein andocken, das die Folgereaktion auslöst. Die Abbildungen verdeutlichen weiter, dass Membranproteine auch an der Energieumwandlung beteiligt sein können. Abbildung 3 unten zeigt, dass durch die Einlagerung von Proteinen in die Membran die Partner chemischer Reaktionen zusammengebracht werden.

A7 Die Grundsubstanz der Mitochondrien (oder Chloroplasten) bleibt bei einer Teilung immer vom Cytoplasma getrennt. Durch Phagocytose entstehende Vesikel können mit Lysosomen verschmelzen, wodurch unterschiedliche Kompartimente verschmelzen. Trotzdem bleibt in beiden Fällen die Kompartimentierungsregel erhalten, d.h. stets grenzt eine Membran eine plasmatische Phase von einer nicht plasmatischen Phase ab.

A8 Die Mitochondrien der Leberzellen der Ratte weisen einen hohen Anteil am Zellvolumen auf. Auch das raue und glatte ER ist relativ stark ausgeprägt. Die Leberzelle hat demzufolge einen hohen Energiestoffwechsel (Mitochondrien) und eine hohe (Protein-) aktivität (ER-gebundene Ribosomen).

A9 Insekten sind wechselwarme Tiere und kühlen langsam aus, wenn die Umgebungstemperatur sinkt. Aufgrund der RGT-Regel laufen aber (bio-) chemische Vorgänge bei geringeren Temperaturen langsamer ab. Dies drückt sich äußerlich in Trägheit aus. Die Tiere können dies zum Teil beeinflussen, indem sie ihre Muskulatur kräftig nutzen. Die dabei frei werdende Wärmeenergie wird dann zum Aufwärmen des Körpers genutzt, sodass alle Vorgänge schneller ablaufen können.

A10 Die Schutzhülle ist notwendig, da durch die Magensäure der Mageninhalt angesäuert wird. Proteinhaltige Medikamente könnten durch die dabei stattfindende Denaturierung in ihrer Wirksamkeit eingeschränkt werden. Außerdem würden sie durch Proteasen verdaut.

A11 Die Blindprobe läuft genauso schnell durch das Versuchsgefäß wie die Probe mit Amylase; dies bedeutet, dass Amylase das Hühnereiweiß nicht zersetzen kann.
Da das Eiweiß allerdings bei Zugabe von Pepsin schneller durch das Rohr läuft, hat dieses die sperrigen Proteinketten in kleinere Einheiten zerlegt. Diese passen besser durch das Röhrchen, was den schnelleren Durchstrom erklärt.
Dieser Zersetzungsvorgang verläuft in den ersten Sekunden recht schnell, verlangsamt sich dann aber von Sekunde zu Sekunde. Dies bedeutet, dass das Pepsin nahezu alle Möglichkeiten ausgeschöpft hat, die an Schnittstellen durch das Eiweiß angeboten werden. Eine weitere Zersetzung ist nun nicht mehr möglich.
Insgesamt belegt der Versuch das Schlüssel-Schloss-Prinzip, demgemäß ein Enzym nur ganz bestimmte Substrate umsetzen kann: Pepsin kann Eiweiße zerlegen, Amylase aber nicht.

Membrantyp	Funktion
Zellorganellen mit doppelter Membran	
Zellkern	DNA-Replikation, Transkription (damit: Steuerung und Regelung der zentralen zellulären Prozesse)
Mitochondrien	Zellatmung, Energiegewinnung („Kraftwerke der Zelle“)
Chloroplasten	Ort der Fotosynthese
Zellorganellen mit einfacher Membran	
ER	Synthese von Eiweißen, Transport
Dictyosom, Golgi-Apparat	Speicherung und Transport von Eiweißen, Fetten etc.
Peroxisomen	Speicherung von Enzymen (u.a. von Peroxidasen, die der Zellentgiftung dienen; der Name stammt daher)
(Zellsaft-) Vakuole	Abbau, Ablagerung, Speicherung von Stoffen
Lysosomen	Speicherung von Enzymen, die Zellmaterial abbauen (lysieren; (der Name stammt daher)
Zellorganellen ohne Membran	
Ribosomen	Ort der Proteinsynthese
Biomembran	
Aufgaben allgemein	selektiver Durchlass von Stoffen, Kompartimentierung, Osmoregulation, Barrierefunktion

Lösungen zu Seite 114/115

A1 In das abgeschlossene Gefäß kann keine neue Luft eindringen. Durch die Fotosynthese-Aktivität beider Pflanzen sinkt daher recht schnell die CO_2-Konzentration rapide ab. Nach 6 Stunden wirken beide Pflanzen noch gesund. Wenn die Konzentration des CO_2 weiter absinkt, kann man erkennen, dass die Bohne zu welken beginnt, während der Mais wächst. Dies bedeutet, dass die Bohne kein weiteres CO_2 für die Fotosynthese aufnehmen kann, der Mais aber sehr wohl. Da die Bohne aber zur Aufrechterhaltung ihrer Lebensvorgänge Zellatmung betreiben muss, gibt sie somit auch CO_2 in die Glasglocke ab. Dieses kann vom Mais zur Fotosynthese genutzt werden, da der Mais als C_4-Pflanze CO_2 auch in deutlich geringeren Konzentrationen ausnutzen kann, als die Bohne (C_3-Pflanze) dies kann. Der Mais ernährt sich also auf Kosten der Bohne.

A2 Das Verhalten ermöglicht das Überleben aller Pinguine im kalten Klima der Antarktis. Nur diejenigen Tiere, die am Rand der Herde stehen, sind mit einem Großteil ihrer Oberfläche den Umgebungstemperaturen unmittelbar ausgesetzt. Alle anderen sind von den deutlich wärmeren Tieren umgeben. Die relative Oberfläche aller Pinguine sinkt also deutlich ab, verglichen mit dem Zustand, wenn sie einzeln in der Eiswüste stünden. Dies ermöglicht das Einsparen von energiereichen Substanzen und bietet einen Schutz gegen die Witterung. Da die Tiere regelmäßig wechseln, profitieren alle davon.

A3 Bei allen Partialdrücken ist das fetale Hämoglobin stärker mit Sauerstoff gesättigt als das mütterliche. Es hat also eine höhere Affinität zu Sauerstoff und kann dem mütterlichen Blut dadurch Sauerstoff entziehen. Dies ist gerade in der Phase von Wachstum und Entwicklung überlebenswichtig.

A4 Sauerstoff oxidiert in der Endoxidation $NADH + H^+$ zu NAD^+. Dabei wird Energie freigesetzt. Ohne Sauerstoff kann diese Reaktion allerdings nicht stattfinden. Daher steht dem Organismus zunehmend weniger NAD^+ zur Verfügung (und $NADH + H^+$ reichert sich an). NAD^+ wird aber in der Glykolyse zwingend zur Oxidation benötigt. Ohne NAD^+ kann daher die Glykolyse und damit der erste Teil der Glucose-Zerlegung nicht ablaufen. Die Versorgung des Körpers mit energiereichen Stoffen wäre dann nicht mehr gewährleistet. Die Gärung ist eine Angepasstheit daran, da durch Bildung von Ethanol oder Milchsäure NAD^+ regeneriert wird. Dazu reagiert Brenztraubensäure mit dem vorhandenen $NADH + H^+$.

A5 Je größer das pH-Gefälle zwischen dem Stroma und dem Inneren des Thylakoids ist, desto mehr ATP wird gebildet. Dies lässt sich erschließen, da im Konzentrationsunterschied der H^+-Ionen letztlich die Energie aus dem Licht steckt. Die ATP-Synthase nutzt die darin steckende Energie zur Herstellung des energiereichen Stoffes ATP (aus seinen in der Zelle vorkommenden Vorgänger-Molekülen ADP und Phosphat).

A6 Laubblatt: flächiges Blatt; typischer Querschnitt mit Kutikula, oberer Epidermis, Palisadengewebe, Schwammgewebe, unterer Epidermis mit Stomata, Kutikula
Heidekraut: Blatt kreisartig gebogen; Querschnitt zeigt nach außen eine Kutikula mit Palisadengewebe. Im Inneren des Blattes findet sich Schwammgewebe. Die Spaltöffnungen sind deutlich versenkt; in der Vertiefung, die sich vor den Spaltöffnungen befindet, können Haare erkannt werden.

A7 Heidekraut wächst auf trockenen Böden, gleichzeitig zeigt die Heidelandschaft wenig höheren Bewuchs wie Büsche oder gar Wälder. Daher ist das Heidekraut tagsüber der direkten Sonnenstrahlung ausgesetzt. Die Besonderheiten im Blattaufbau des Heidekrautes stellen eine Angepasstheit bezüglich dieses trockenen und warmen Standorts dar. Das gekrümmte Blatt weist eine geringere Oberfläche verglichen mit dem typischen Laubblatt auf. Die Transpiration des Heidekrauts fällt daher geringer aus als bei Pflanzen mit typischen Laubblättern. Dieser Effekt wird noch verstärkt durch die versenkten Stomata, vor deren Öffnung sich Haare befinden. Austretender Wasserdampf wird so zurückgehalten und kann nicht so leicht nach außen diffundieren, was den durch Transpiration entstehenden Wasserverlust zusätzlich senkt.

A8 Beide Pflanzen sind an die an ihren Standorten vorherrschenden Bedingungen gut angepasst.
Wasserknöterich: großflächige und dünne Blätter ermöglichen in Kombination mit einer hohen Dichte an Stomata, die auch noch aus dem Blatt hervorragen, eine hohe Diffusion. Der dabei entstehende Wasserverlust ist wegen des feuchten Lebensraumes unproblematisch. Vielmehr wird durch den ständigen Wassernachstrom der Transport von Mineralstoffen durch die Pflanze gewährleistet.
Feigenkaktus: Dicke, Wasser speichernde Blätter, die mit einer dicken (wachsartigen) Kutikula überzogen sind, hemmen die Transpiration beträchtlich. Dies wird durch die geringe Dichte an Stomata noch verstärkt.
In trockenen Gegenden ist dies ein Überlebensvorteil.

A9 Durch Oxidation der genannten recht energiereichen Verbindungen zu Sulfat oder Nitrat könnte (ähnlich wie bei anaerob lebenden Bakterien) Energie freigesetzt werden und in zelleigenen energiereichen Stoffen gespeichert werden. Diese könnten dann zur Bildung von energiereichen Zuckern aus CO_2 genutzt werden. Das entspricht dem Prinzip der Chemosynthese.

Lösungen zu Seite 182/183

A1 Der Verlauf der Vitalität entspricht im Wesentlichen dem Verlauf der Enzymaktivität. Hier liegt eine direkte Abhängigkeit vor.
Beispiel: Wenn keine enzymatischen Reaktionen erfolgen, ist die Vitalität des Mehlkäfers null. Das trifft für sehr tiefe Temperaturen zu, bei denen chemische Reaktionen extrem langsam ablaufen, und ebenso für sehr hohe, bei denen die Stabilität der Enzyme zu gering ist und sie denaturieren. Maximale Enzymaktivität ist der Grund für optimale Vitalität.

A2 Die Einlagerung von gefrierpunktserniedrigenden Substanzen ermöglicht es manchen Gliederfüßern, auch bei Temperaturen knapp unter 0 °C zu überleben. Durch die Schwarzfärbung der Außenhaut verbunden mit einem Sonnenbad eines Tieres, z. B. bei dunkel gefärbten Schmetterlingen, erhöht sich die Körpertemperatur des poikilothermen Tieres gegenüber der Außentemperatur.

A3 Isolation durch Fettgewebe und Luftpolster (Fell, Gefieder), Reduzierung des Blutflussvolumens an der Körperperipherie sind Wege, die einen Wärmeverlust verringern. Vergrößerung der Körperoberfläche, beispielsweise durch Freistellen der Ohren oder Abspreizen der Flugschwingen, begünstigen die Wärmeabgabe.

A4 Die Wechselbeziehung von Parasit und Wirt ist durch einen einseitigen Vorteil für den Parasiten gekennzeichnet. Endoparasiten nutzen ihren Wirt nicht nur als Nahrungsressource, sondern überlassen auch die Temperaturregulation ganz dem Wirt. Damit erreichen Endoparasiten in gleichwarmen Wirten einerseits eine für den Stoffwechsel optimale Körpertemperatur. Andererseits stimmt ihre maximale Stoffwechselrate mit der des Wirts überein, sodass der Zeitpunkt der größten Nahrungsbereitstellung durch den Wirt mit dem der höchsten Nahrungsaufnahme durch den Parasiten übereinstimmt.

A5 r-Strategen profitieren von periodisch schwankenden Nahrungsressourcen und reagieren auf ein entsprechendes Nahrungsangebot mit starkem Populationswachstum. Kennzeichen dieser Angepasstheit kann unter anderem die Poikilothermie sein, da bei Tieren dieses Regulationstyps Nahrungsangebot und Stoffwechselmaximum zeitlich übereinstimmen. In Phasen mit temperaturbedingt geringem Nahrungsangebot liegt auch eine reduzierte Stoffwechselleistung vor.

A6 Beim Übergang von einem kleinen zu einem großen Tier nimmt der Wert des Volumens stärker zu als der der Oberfläche. Damit haben große Tiere im Vergleich zu kleinen eine auf das Volumen bezogen kleinere Austauschfläche für Wärme. Das stellt einen Vorteil in kalten Erdgegenden dar.

A7 Die Maus verliert über ihre verhältnismäßig große Körperoberfläche (bezogen auf das Volumen) viel Wärme. Diese kann durch eine hohe Stoffwechselrate (Energieumsatz pro Zeit und Körpermasse) nachgeliefert werden. Der Wärmeaustausch mit der Umgebung ist beim Rind mit seiner verhältnismäßig kleinen relativen Körperoberfläche reduziert. Eine Stoffwechselrate wie bei der Maus würde zur Überhitzung des Gewebes führen. Insofern ist bei aller gewollten Übertreibung der Aussage zuzustimmen.

A8 Aus dem zu A7 Gesagten ergibt sich für die Maus, die eine Rinder-Stoffwechselrate hätte, das Problem der geringen Wärmenachlieferung. Als passive Schutzeinrichtung müsste eine sehr dicke Fettschicht und /oder ein massiver Fellbesatz vorliegen.

A9 In dieser Symbiose profitiert der Pilz von der Syntheseleistung der Pflanze. Diese beliefert ihn mit Kohlenhydraten aus der Fotosynthese. Die Pflanze profitiert von der Absorptionsleistung der Pilze. Dadurch werden ihr verstärkt Mineralstoffe des Bodens zugeführt.

A10 Die Oberfläche der Pilzhyphen ist der Ort der Mineralstoffaufnahme. Durch die Mykorrhiza erhält die Pflanze damit indirekt eine höhere Austauschfläche mit dem Boden. Das ermöglicht ihr die Besiedlung von Böden mit geringen Mineralstoffgehalten.

Lösungen zu Seite 266/267

A1 Die Proteine der Phagenhüllen enthalten die Aminosäure Cystein mit ^{35}S, die Phosphatgruppen der Phagen-DNA enthalten ^{32}P.

A2 In Versuchsreihe A werden Bakterien in einem Reagenzglas mit Phagen gemischt, die zuvor mit radioaktivem Schwefel markiert wurden. Nach 10 Minuten wird die Lösung zentrifugiert, wobei sich die Bakterien absetzen. Die Radioaktivität befindet sich im Überstand. In Versuchsreihe B wurden die Phagen mit radioaktivem Phosphor markiert. Die Radioaktivität befindet sich nach der Zentrifugation im Sediment. Die Proteinhüllen der Phagen mit dem radioaktiven Schwefel bleiben außerhalb der Bakterienzellen, die leeren Hüllen werden von den Bakterien abgelöst und befinden sich nach der Zentrifugation im Überstand. Der radioaktive Phosphor wurde mit der Phagen-DNA in die Bakterienzellen injiziert. Dies beweist, dass die genetische Information in der DNA enthalten ist und nicht im Protein.

A3 Ein Onkogen ist ein mutiertes Gen, das wichtige Kontrollinstanzen der Zelle ausschaltet. Es kann die Zellteilungsrate der Zelle steigern, sodass sie zur Tumorzelle entartet, oder die Einordnung in ein Gewebe stören, sodass sich die Zelle absondert, in die Lymph- bzw. Blutbahnen einwandert und Metastasen bildet, wenn auch ihre Teilungsrate gestört ist. Andere Onkogene können Abwehrmechanismen des Körpers betreffen, sodass die Reparatur von Mutationen gestört ist und Zellen daher häufiger von somatischen Mutationen betroffen sind oder das Immunsystem beeinträchtigen, sodass die Abwehr von Tumorzellen nicht mehr in vollem Umfang erfolgt. Insgesamt gilt aber, dass eine einzige Mutation nicht ausreicht, um Krebszellen entstehen zu lassen.

A4 Eine Antisense-RNA lagert sich komplementär an die betreffende m-RNA an, gegen die sie entwickelt wurde. Daraus resultiert eine RNA mit einem Doppelstrang-Stück. Ribosomen können eine solche RNA nicht translatieren, es werden also krebserregende Proteine oder wichtige Proteine für die Vermehrung von Viren nicht aufgebaut. Die Krankheit bricht daher nicht aus. Außerdem wird die Doppelstrang-RNA von den Zellen als fehlerhaft und gefährlich erkannt (manche Viren benutzen Doppelstrang-RNA, in menschlichen Zellen kommt sie nie vor) und abgebaut.

A5 Die Genaktivität wird durch den Operator und den Promotor gesteuert. Der Promotor gibt der RNA-Polymerase die Startstelle für die Transkription an und lagert sie an, sodass das Gen abgelesen werden kann. Der Operator kann die Anlagerung der Polymerase begünstigen, aber auch blockieren, wenn er durch einen aktiven Repressor besetzt ist. Der Repressor wird durch einen Effektor aktiviert (Genrepression stoppt die Transkription) oder inaktiviert (Geninduktion setzt die Transkription in Gang).

A6 Man könnte den Promotor durch Anlagerung einer komplementären Antisense-RNA inaktivieren. Sie lagert sich an die DNA an und verhindert, dass sich die RNA-Polymerase anlagern kann. Dies verhindert die Transkription des gefährlichen Gens.

A7 Wenn eine Erkennungssequenz verändert wird, kann z. B. ein Exon übersprungen werden. Das Globin wird kürzer. Es können aber auch neue Splicing-Signale in Introns entstehen, sodass zusätzliche Exons entstehen. Das Globin wird länger.

A8 Mutationen ohne Auswirkungen sind stumme Mutationen: Eine Base wird durch eine andere ersetzt, das Triplett codiert aber für die gleiche Aminosäure, das Protein wird nach der Mutation ohne jede Veränderung gebildet. Kryptische Mutationen führen zwar zu einer anderen Aminosäure im Protein, aber diese ist der ursprünglich eingebauten in den chemischen Eigenschaften sehr ähnlich und verändert daher die Raumstruktur und damit die Funktion des Proteins kaum. (Übrigens ist der genetische Code so „raffiniert konstruiert", dass eine sehr große Zahl von Mutationen in diese Kategorien fällt und Mutationen daher für ein Lebewesen tragbar bleiben.)

A9 Chorea Huntington-Patienten weisen mehr als 35 CAG-Wiederholungen auf. Die Schwere der Krankheit nimmt mit zunehmender Wiederholungszahl zu. Zudem erkrankt die Person auch früher.

A10 Viele Menschen erkranken erst nach bzw. im gebärfähigen Alter mit ca. 20 bis 50 Jahren. Die Gene werden so weitergegeben.

A11 siehe Abbildung

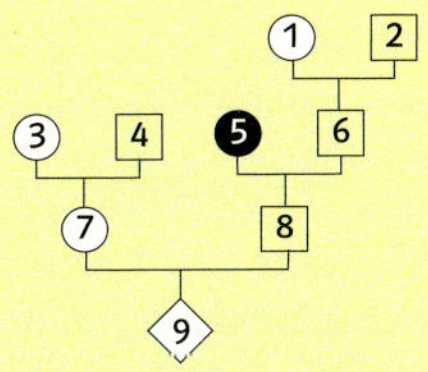

1: aa, 2: aa, 3: aa, 4: aa, 5:AA oder Aa, 6: aa, 7: aa, 8: Aa oder aa

A12 *Fall 1: Genotyp Aa: Wahrscheinlichkeit 50 %*

	A	a
a	Aa	aa
a	Aa	aa

Fall 2: Genotyp aa: Wahrscheinlichkeit 0 %

	a	a
a	aa	aa
a	aa	aa

Gesamtwahrscheinlichkeit 25 %

A13 Geeignete Restriktionsenzyme: Pst I, Sal I und Bam I, da sie in Bereichen von Antibiotika-Resistenzgenen schneiden, sodass eine spätere Selektion möglich ist.

A14 Mit dem Verfahren der Gel-Elektrophorese lassen sich verschieden lange DNA-Fragmente ihrer Länge nach auftrennen. Die DNA wandert je nach Fragmentlänge unterschiedlich schnell in einem Agarose-Gel. Da die DNA negativ geladen ist, wandern die Fragmente zum Pluspol, wobei kürzere Moleküle diesen schneller erreichen.

A15 Skizze siehe Abb. 1
Man gewinnt Fremd-DNA aus menschlichen Zellen und Plasmide aus Bakterienzellen. Das Plasmid wie auch die Fremd-DNA wird mithilfe von Restriktionsenzymen, z. B. Bam I, geschnitten. Beide Fragmente werden dann mithilfe von Ligase zu einem Hybridplasmid zusammengefügt (siehe auch Abbildung 255.3).

A16 Das Hybridplasmid besitzt nun ein intaktes Antibiotikaresistenzgen für Ampicillin. Das Resistenzgen für Tetracyclin wurde durch den Einbau der Fremd-DNA zerstört. Man gibt zuerst die Bakterien auf ein Nährmedium mit Ampicillin. So kann man diejenigen Bakterien aussortieren, die kein Plasmid aufgenommen haben. Danach fertigt man mit einem Samtstempel eine Kopie des Koloniemusters an und drückt diese Kopie auf eine Nährplatte mit Tetracyclin. Die Bakterien, die das Hybridplasmid aufgenommen haben, können hier nicht wachsen. Durch Vergleich mit der Ausgangsplatte lassen sich diese identifizieren und gezielt vermehren.

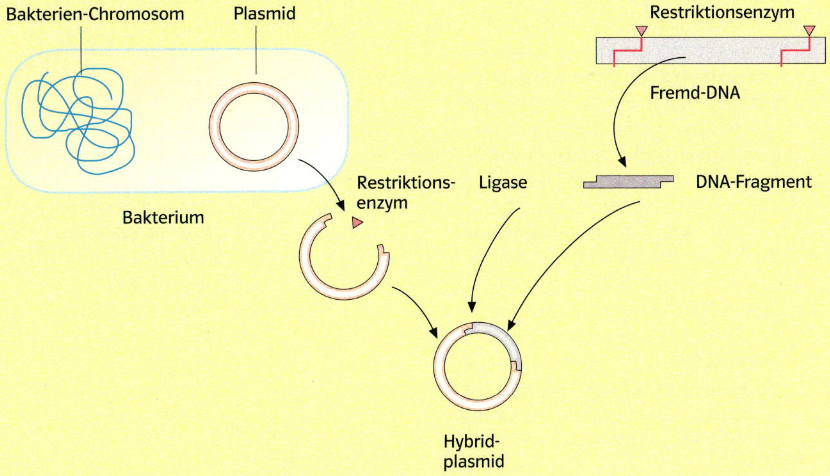

1 *Gentechnische Veränderung von Bakterien*

Lösungen zu Seite 330/331

A1 Alle aufgelisteten Kationen könnten das Ruhepotential hervorrufen. Das Ruhepotential entspricht wohl im Wesentlichen dem Kaliumgleichgewichtspotential, da hier der größte Konzentrationsunterschied vorliegt. Kaliumionen strömen aufgrund des Konzentrationsunterschiedes nach außen. Der Ausstrom von Chloridionen aufgrund ihres Konzentrationsunterschiedes ruft ein Aktionspotential hervor.

A2 Das Aktionspotential kann nicht auf dem Einstrom von Calciumionen beruhen. Diese strömen aufgrund des Konzentrationsgradienten auf die Membranaußenseite.

A3 Die (untere) Synapse muss die hemmende Synapse sein, da hier am Zellkörper keine Depolarisation, sondern eine Hyperpolarisation ausgelöst wird (IPSP). Dies lässt sich über unterschiedliche Transmitter erklären, die jeweils die Öffnungswahrscheinlichkeit der spezifischen Ionenkanäle erhöhen. Durch die Transmitter der erregenden (oberen) Synapse steigt die Öffnungswahrscheinlichkeit der Na^+-Ionenkanäle, durch die Transmitter der hemmenden Synapse die Öffnungswahrscheinlichkeit der Cl^--Ionenkanäle.

A4 Das Messergebnis am weiterleitenden Axon zeigt eine geringere Aktionspotentialfrequenz der weitergeleiteten Aktionspotentiale im Vergleich zu denen, die an der erregenden Synapse eintreffen. Im Zeitbereich der IPSP treten keine weitergeleiteten Aktionspotentiale auf. Dies lässt sich damit erklären, dass das von dem am Zellkörper vorhandenen Potential bedingte elektrische Feld auf die spannungsabhängigen Na^+-Ionenkanäle am Axonhügel wirkt. Erst eine bestimmte Depolarisation löst ein Aktionspotential am Axon aus, da genügend Na^+-Ionenkanäle geöffnet vorliegen müssen. Durch die Hyperpolarisation über die hemmende Synapse wird die Wirkung auf die spannungsabhängigen Na^+-Ionenkanäle so verringert, dass die Öffnungswahrscheinlichkeit gering ist. Hierdurch fehlen in diesem Zeitraum die Aktionspotentiale.

A5 Neostigmin vermindert den Abbau von Acetylcholin, das länger im synaptischen Spalt verweilt. Es kommt zu einer Dauererregung der Muskelzelle, die Muskulatur verkrampft (tödliche Wirkung durch Lähmung der Atemmuskulatur).

A6 Bei Myasthenie hat das Neostigmin eine positive Wirkung. Die erhöhte Acetylcholinkonzentration gleicht die geringe Anzahl aktiver Rezeptoren aus, die Muskelzellen können ausreichend erregt werden. Jedoch muss die Dosierung beachtet werden, da ansonsten Vergiftungen auftreten können.

A7 Beschreibung:
a) Ein Aktionspotential ruft ein unterschwelliges postsynaptisches Potential hervor.
b) Zwei Aktionspotentiale bewirken, dass die Schwelle knapp überschritten wird, sodass ein Aktionspotential entsteht.
c) Mehrere Aktionspotentiale treffen ein. Die Schwelle wird für eine längere Zeit überschritten. Viele Aktionspotentiale werden ausgelöst.
d) Es treten auch nur zwei Aktionspotentiale auf, die Schwelle wird aber deutlicher und länger überschritten als bei b). Demzufolge werden auch mehr Aktionspotentiale ausgelöst.

A8 Die Synapse reagiert empfindlicher auf ankommende Aktionspotentiale, ausgelöst durch eine Serie von Aktionspotentialen. Die Magnesiumionen, die den Kanal blockieren, werden entfernt. Dadurch können mehr Calciumionen einströmen. Es entsteht ein stärkeres und längeres postsynaptisches Potential.

A9 Durch die Aufhebung der Blockierung der Kanäle wird die Verbindung zwischen ankommendem und nachfolgend erregtem Neuron intensiver, wie die verstärkte Entstehung von Aktionspotentialen auf der postsynaptischen Seite zeigt. Die Verbindung wurde „gelernt".

A10 Der Blutzuckerspiegel wird weitgehend konstant gehalten. An der Homöostase sind im Wesentlichen zwei Hormone beteiligt: Insulin und Glukagon. Insulin bewirkt die Senkung des Blutzuckerspiegels und Glukagon fördert den Glykogenabbau und damit die Glucosebildung und Freisetzung. Die negative Rückkopplung sorgt dafür, dass ein Wert konstant gehalten werden kann.
Je höher die Blutzuckerkonzentration, desto höher die Insulinausschüttung.
Je höher die Insulinkonzentration, desto geringer ist die Blutzuckerkonzentration.
Je niedriger der Blutzuckerspiegel, desto höher die Glukagonausschüttung.
Je höher die Glukagonausschüttung, desto höher der Blutzuckerspiegel.
Bei einem erhöhten Blutzuckerspiegel wird die Insulinausschüttung der Bauchspeicheldrüse erhöht (je höher, desto mehr). Dadurch wird vermehrt Glucose abgebaut, die Blutzuckerkonzentration sinkt (je mehr, desto weniger).

Lösungen zu Seite 368/369

A1 Da keine gravierenden morphologischen Unterschiede vorliegen und sich beide Formen fruchtbar miteinander fortpflanzen können, handelt es sich um Angehörige einer Art.

A2 In schneereichen Gegenden kann der Eisfuchs weder von seinen Feinden noch beim Anschleichen von seiner Beute besonders gut wahrgenommen werden. Das ursprüngliche Vorkommen im Bereich der Inseln lässt außerdem den Schluss zu, dass diese Farbvariante auch auf Eis derartige Vorteile hat. Vergleichbares gilt für die Blaufüchse in den (weniger schneereichen) kontinentalen Gebieten.

A3 Durch die Bejagung wird das ursprüngliche Zahlenverhältnis verändert, da die Blaufüchse intensiver bejagt werden. Entkommen Tiere aus den Pelztierfarmen, so kann ebenfalls der Genbestand der wild lebenden Populationen verändert werden. Anmerkung: Gezüchtete Tiere sind meist größer und haben bei Nahrungsmangel eine höhere Sterberate. Zusätzlich wurden Eisfüchse auf solchen Inseln ausgesetzt, auf denen der Eisfuchs von Natur aus nicht vorkam („freie Eisfuchszucht").

A4 Vampirfledermäuse können ohne Nahrungsaufnahme 60 Stunden überleben. Ein Spender gibt Nahrungsreserven ab und verkürzt seine potenzielle Lebensdauer dadurch um rund drei Stunden. Dieselbe übergebene Nahrungsmenge verlängert dagegen die Lebensdauer des Empfängers um rund 12 Stunden. Diese Zeitunterschiede sind dadurch zu erklären, dass das hungernde Tier seinen Stoffwechsel drosselt und so mit der Spende länger auskommt. Durch die Spende erreicht der Empfänger mit großer Wahrscheinlichkeit die nächste Nacht und kann dann auf Nahrungssuche gehen.

A5 Überleben verwandte Tiere, gleicht dies eigene Fitnessverluste zum Teil wieder aus, dies umso mehr, je näher die Tiere mit dem Spender verwandt sind. Bei Nichtverwandten entstehen nur bei wechselseitger Hilfe Vorteile.

A6 Nur bei sehr vertrauten Nichtverwandten ist es möglich, zu kontrollieren, ob die Partner nicht betrügen, sodass Fitnessverluste durch Blutspenden durch Empfang einer Spende zu einem späteren Zeitpunkt ausgeglichen werden.

A7 Nachfahren des Urkamels wanderten über die Behringstraße nach Europa und von dort nach Nordafrika und Asien bzw. über Mittelamerika nach Südamerika. Die beiden geografisch isolierten Teilpopulationen entwickelten sich unterschiedlich. Es entstanden die Ausgangsformen der Gattungen Camelus und Lama. Bei beiden Gattungen fand nachfolgend jeweils eine weitere Aufspaltung in zwei getrennte Arten statt. Die Lebensräume von Dromedar und Trampeltier sind weit voneinander entfernt. Nach erneuter geografischer Isolation sind unterschiedliche Angepasstheiten an den Lebensraum entstanden (z. B. die Felllänge beim Trampeltier als Schutz gegen die zum Teil extreme Kälte).
Die Lebensräume von Guanako und Vicunja überschneiden sich.
(Anmerkung: Durch die unterschiedlich bevorzugten Höhenlagen ergeben sich aber Unterschiede in der ökologischen Nische, sodass man von ökologischer Isolation ausgehen kann.)

A8 Wenn das Urkamel bereits von einer „Urlaus" parasitiert wurde, kann diese bei der Aufspaltung in beiden Gattungen nahezu unverändert erhalten geblieben sein. Es könnte sich aber auch um konvergente Entwicklung der Läuse aufgrund starker Ähnlichkeit der ökologischen Nische handeln. Da sich die Lebensräume von Vikunja und Guanako überschneiden, kann es sich auch um Lausrassen mit vermindertem Genfluss handeln.

A9 Die ökologische Nische des Parasiten ändert sich nur langsam bzw. wenig, wenn nicht extreme Mutationen (z. B. Fellverlust) eintreten. Bei Anpassung des Wirtes an kälteres Klima z. B. ändert sich dessen Haarlänge. Das führt dazu, dass sich die Umgebungstemperatur für die Laus im Fell in Hautnähe nur wenig ändert. Ebenso bleibt die Nahrungsquelle die gleiche, während sich der Wirt unter Umständen an andere Nahrungspflanzen anpasst.

A10 Die Region um den fruchtbaren Halbmond war als Ursprungsgebiet der Landwirtschaft gut geeignet, weil hier viele Pflanzenarten vorkamen, die für die Züchtung von Kulturpflanzen gut geeignet waren bzw. eine zentrale Bedeutung hatten. Dies war in anderen Regionen nicht der Fall.
Auch wenn man die Züchtungen von Großsäugetieren betrachtet, zeigt sich, dass fast alle zur Züchtung geeigneten Arten in Vorderasien vorkamen (Ausnahme: Esel und Pferd), während sie in anderen Regionen in der Kombination fehlten. Die Voraussetzungen für Sesshaftwerdung und Nahrungsmittelproduktion waren also in dieser Region optimal.

Glossar

abiotisch
durch die unbelebte Natur bedingt (siehe *Umweltfaktor)*

Adaptation
Anpassung, speziell von Sinnesorganen oder Rezeptoren an unterschiedliche Reizintensitäten, z. B. beim Auge durch Veränderung der Iris bzw. Netzhaut

Adenosintriphosphat
siehe *ATP*

aerob
werden Stoffwechselprozesse genannt, die nur in Gegenwart von Sauerstoff ablaufen bzw. die Lebensweise in sauerstoffhaltiger Umgebung (vgl. *anaerob)*

Agglutination
Zusammenballung von Blutzellen oder Bakterien unter dem Einfluss von Brückenmolekülen (z. B. Antikörpern)

AIDS (Acquired Immune Deficiency Syndrom)
durch das menschliche Immunschwäche-Virus *(HIV)* ausgelöste Immunschwäche-Krankheit, die bis zum Jahr 2009 weltweit 28 Millionen Todesopfer forderte; eine Infektion erfolgt vor dem Ausbruch der Krankheit beim Infizierenden über den direkten Kontakt von Körperflüssigkeiten

Aktionspotential
während der Erregung des Axons gemessener zeitlicher Verlauf des Membranpotentials; pflanzt sich über das Axon durch Veränderung der Ionenkanäle fort

Aktivierungsenergie
der Mehrbetrag an Energie, der zusätzlich zum durchschnittlichen Energiegehalt der kleinsten Teilchen eines Stoffes notwendig ist, um eine chemische Reaktion zwischen ihnen auszulösen

Allel
eine von mehreren möglichen Ausführungen eines Gens. Diploide Körperzellen enthalten zwei Allele, haploide Keimzellen nur ein Allel.

Allel, dominantes
Allel, das bei heterozygoten Lebewesen zur Ausprägung eines Merkmals führt (siehe *Erbgang)*

Allel, rezessives
Eigenschaft eines Allels, bei heterozygoten Lebewesen nicht ausgeprägt zu werden (siehe *Erbgang)*

Antikörper
Moleküle in den Körperflüssigkeiten der Wirbeltiere, die spezifisch andere Moleküle (Antigene) binden können

Art
Man unterscheidet zwei verschiedene Sichtweisen, die beide je nach Zusammenhang sinnvoll sind:
morphologische Art: eine Gruppe von Lebewesen, die in wesentlichen Merkmalen übereinstimmen
genetische Art: alle Individuen, die unter natürlichen Bedingungen derselben Fortpflanzungsgemeinschaft angehören und von anderen getrennt sind

Atmung
äußere Atmung: Sauerstoff- und Kohlenstoffdioxidaustausch mit der Umgebung; *innere Atmung bzw. Zellatmung:* aerobe Stoffwechselvorgänge zur Energiefreisetzung in Zellen

Atmungskette
Kette von Redoxreaktionen in Mitochondrien, bei der Elektronen von wasserstoffhaltigen Verbindungen auf Sauerstoff übertragen werden; aufgrund des entstehenden H^+-Konzentrationsunterschieds wird ATP gebildet (siehe *Endoxidation)*

ATP (Adenosintriphosphat)
wichtigster Energiespeicher und -überträger des Stoffwechsels, entsteht aus ADP und Phosphat unter Energieaufnahme; setzt beim Zerfall 30,5 kJ/mol frei und treibt dadurch endergonische Reaktionen an oder macht durch Übertragung von Phosphat andere Stoffe energiereicher und damit reaktionsfähiger

Autotrophie
Ernährungsweise, bei der nur anorganische Stoffe benötigt werden (Fotosynthese, Chemosynthese; vgl. Heterotrophie)

Axon
bis 100 cm langer Ausläufer einer Nervenzelle, über den die Erregungen vom Zellkörper zu den Synapsen geleitet werden

Bakterium
Angehöriger einer systematischen Gruppe von einzelligen, zellkernlosen (prokaryotischen) Kleinstlebewesen; man unterscheidet echte Bakterien *(Bacteria)* von den Archaebakterien *(Archaea)*

Biosphäre
der vom Leben erfüllte Raum der Erde

biotisch
durch Lebewesen bedingt oder beeinflusst (siehe *Umweltfaktor)*

Biotop
Lebensraum einer Lebensgemeinschaft

Biozönose
Lebensgemeinschaft aller Organismen in einem Lebensraum

blotten
Basismethode der Molekularbiologie, mit der Moleküle (Proteine, Nucleinsäuren) aus Elektrophorese-Gelen zur weiteren Bearbeitung in gleicher Anordnung auf Membranen übertragen und damit isoliert werden

Brown'sche Molekularbewegung
durch Kollisionen und Schwingungen in Geschwindigkeit und Richtung ständig wechselnde Bewegungen kleinster Teilchen

Bruttoprimärproduktion
die gesamte durch *Fotosynthese* oder *Chemosynthese* gebildete Biomasse in einer bestimmten Zeit (siehe *Nettoprimärproduktion)*

Calvinzyklus
zyklische Reaktionsfolge, die der lichtabhängigen Reaktion der *Fotosynthese* nachgeschaltet ist, bei der CO_2 fixiert und Glucose gebildet wird

Carrier
integrales Protein in der Biomembran, das einen Transport spezifischer Substanzen durch die Biomembran ermöglicht; Transportproteine, Translokatoren

Chemosynthese
Form der *autotrophen* Lebensweise, bei der anorganische Verbindungen für die Gewinnung von Reduktionsäquivalenten und ATP oxidiert werden

Chromatographie
Verfahren zur Auftrennung von Stoffgemischen, das die unterschiedliche Beweglichkeit von Stoffen in einem Strom aus Trägersubstanz (Flüssigkeit oder Gas) ausnutzt

Chromosom
Hauptträger der Erbinformation in einer Zelle; Chromosomen (DNA) enthalten Gene in spezifischer Anordnung und können identisch verdoppelt werden *(Replikation)*. Bei Eukaryoten werden sie vor allem bei der Zellteilung lichtmikroskopisch sichtbar. Im erweiterten Sinne wird auch die ringförmige DNA der Prokaryoten als (Bakterien-) Chromosom bezeichnet.

Chromosomenmutation
Veränderung der Erbinformation, die durch Bruch und Fusion zum Umbau eines Chromosoms führt; dabei können Teile eines Chromosoms verloren gehen *(Deletion)*, an eine andere Stelle verlagert werden *(Translokation)*, verdoppelt werden *(Duplikation)* oder um 180° gedreht wieder eingebaut werden *(Inversion)*

Citronensäurezyklus
wichtigste, zyklisch verlaufende Reaktionsfolge zum oxidativen Endabbau von Kohlenstoffverbindungen (siehe *Tricarbonsäurezyklus)*

Code, genetischer
verschlüsselte Anweisung für die Proteinsynthese, nach der die genetische Information der DNA (Basensequenz) in die Aminosäuresequenz der Proteine übersetzt wird

Codon
aus 3 *Nucleotiden* bestehender m-RNA-Abschnitt (Basentriplett), der für eine Aminosäure codiert

Coenzym
Hilfsmolekül bei Enzymen, das Elektronen, Protonen oder Substratbestandteile bei enzymatischen Reaktionen vorübergehend übernimmt (auch *Cosubstrat* genannt)

Crossingover
wechselseitiger Austausch von Chromosomenstücken zwischen homologen Chromosomen während der Meiose; ein Crossingover führt zur *Rekombination* der Erbinformation, d.h. Gene, die zuvor auf dem gleichen Chromosom lagen, können auf verschiedene Chromosomen verteilt werden oder ehemals getrennte Gene können auf das gleiche Chromosom gelangen

Cytokinese
Zellteilung nach der Kernteilung (siehe *Mitose)*

Denaturierung
durch Hitze, organische Lösungsmittel, pH-Wert-Änderungen oder Salze verursachte Konformationsänderung von *Nucleinsäuren* oder *Proteinen*; Denaturierung ist in der Regel mit Funktions- oder Aktivitätsverlust verbunden

Dendrogramm (evolutionärer Stammbaum)
Darstellung der Verwandtschaft von Lebewesen in einem baumartigen Schema; der Begriff wird vor allem für Stammbäume benutzt, denen genetische Merkmale zugrunde liegen

Diffusion
Konzentrationsausgleich durch Vermischung verschiedener Teilchen aufgrund der Brown'schen Molekularbewegung

Divergenz
beschreibt das Auseinanderlaufen verschiedener evolutiver Entwicklungslinien zu größeren Unterschieden hin (vgl. *Konvergenz)*

Diversität
Mannigfaltigkeit in einem Ökosystem; sie berücksichtigt die Artenzahl, deren Häufigkeitsverteilung und ihre genetische Vielfalt; eine gängige Maßeinheit ist der Diversitätsindex nach SHANNON

DNA = DNS (Desoxyribonucleinsäure)
schraubig gewundene, zweisträngige Kette von *Nucleotiden* (besteht aus dem Zucker Desoxyribose, Phosphat und einer der 4 Basen Adenin, Thymin, Guanin und Cytosin); die Reihenfolge der Nucleotid-Typen in einem Nucleinsäurestrang verschlüsselt die genetische Information einer Zelle

efferent
durch Nerven vom *Zentralnervensystem* wegleitend zu Erfolgsorganen (wie Muskeln oder Drüsen)

Elektrophorese
Methoden, mit denen Moleküle *(Proteine, Nucleinsäuren)* in einem Gleichspannungsfeld nach ihrer Masse und Ladung aufgetrennt werden

Elterninvestment
Fürsorgeaufwand, den Eltern in die Aufzucht von Nachkommen investieren, der die Überlebenswahrscheinlichkeit erhöht, aber die Eltern teilweise daran hindert, weitere Nachkommen zu produzieren

Endosymbiontentheorie
gut belegte Theorie über den Ursprung der Eukaryotenzelle *(Eucyte)*; demnach ist die Eucyte aus einer symbiotischen Gemeinschaft von Zellen hervorgegangen; *Mitochondrien* entstanden aus bakterienartigen Zellen, Plastiden aus cyanobakterienartigen Zellen

Endoxidation
Übertragung von Elektronen im aeroben Stoffwechsel von wasserstoffhaltigen Verbindungen auf Sauerstoff unter Bildung von Wasser in den Mitochondrien zur Gewinnung von ATP (siehe *Atmungskette)*

Enzym
Protein, das als Biokatalysator wirkt und dadurch die chemische Umsetzung bei Stoffwechselprozessen beschleunigt

Erbgang
statistisch-gesetzmäßiges Auftreten von Merkmalen in den Nachkommengenerationen; beim *rezessiv-dominanten Erbgang* bestimmt das Allel von nur einem Elternteil die Ausprägung des Phänotyps in der mischerbigen Filialgeneration, beim *kodominanten Erbgang* dagegen zwei Allele. Beim *intermediären Erbgang* findet man eine abgeschwächte Ausprägung des Merkmals in der mischerbigen Filialgeneration

Eucyte
Zelltyp; Grundbaustein aller *Eukaryoten;* unterscheidet sich u.a. durch den Besitz von Zellkern *(Nucleus), Mitochondrien* und die reiche Kompartimentierung von der *Procyte*

Eukaryoten (auch Eukaryonten)
ein- und vielzellige Lebewesen, deren Zelltyp die Eucyte ist; dazu gehören Protisten, Pflanzen, Pilze und Tiere

eurypotent
Fähigkeit eines Lebewesens, starke Schwankungen eines bestimmten Umwelteinflusses zu tolerieren

Eutrophierung
Anreicherung eines Gewässers mit Mineralstoffen („Überdüngung")

Evolution
alle Prozesse, die zur Entstehung des Lebens in seiner heutigen Vielfalt geführt haben

Exon
codierender Abschnitt gestückelter eukaryotischer Gene (siehe *Intron)*

Fingerabdruck, genetischer
Verfahren zur Analyse von DNA aus Haaren, Blutflecken und anderem Material zur Identifizierung von Personen, fachsprachlich auch *DNA-Typisierung* oder *DNA-Profiling* genannt

Fitness, reproduktive
Maß für den reproduktiven Lebensfortpflanzungserfolg eines Individuums, d.h. die Fähigkeit, seine Gene in der Folgegeneration zu verbreiten

Flaschenhalseffekt
Form von *Gendrift*, die sich aus einer drastischen Verkleinerung einer Population, z.B. durch eine Naturkatastrophe, ergibt

Fließgleichgewicht
Zustand gleicher Konzentrationen von Stoffen in einem offenen System bei dauerndem Zu- und Abfluss von Stoffen und Energie

Fluoreszenz
Aufleuchten von Stoffen bei Bestrahlung mit Licht, wobei das ausgesandte Licht eine größere Wellenlänge aufweist als das absorbierte

Fortpflanzung
Kennzeichen des Lebens, wobei durch die Weitergabe genetischer Information artgleiche, eigenständige Individuen entstehen. Zur geschlechtlichen *(sexuellen)* Fortpflanzung gehört die Befruchtung von Keimzellen. Bei der ungeschlechtlichen *(asexuellen)* Fortpflanzung entstehen neue Lebewesen aus einem Teil des Elternorganismus. Fortpflanzung ist meistens mit einer *Vermehrung* verbunden.

Fotosynthese
wichtigste Form der *autotrophen Assimilation*, bei der mithilfe des Chlorophylls unter Einwirkung des Sonnenlichtes aus CO_2 und Wasser Glucose und Sauerstoff entstehen

Fundamentalnische
Ansprüche einer Art an ihre Umwelt unter Laborbedingungen ohne Einfluss von biotischen Faktoren wie Konkurrenz oder Räuberdruck (siehe *Realnische, ökologische Nische)*

Furchung
erste Phase in der Entwicklung eines Mehrzellers, bei der aus der Zygote durch aufeinander folgende Zellteilungen eine mehrzellige Kugel *(Blastula)* entsteht; bei dotterarmen befruchteten Eizellen wird das gesamte Plasma aufgeteilt *(totale Furchung)*, bei dotterreichen nur ein Teil *(partielle Furchung)*

Gamet (Geschlechtszelle, Keimzelle)
haploide Ei- oder Spermienzelle, die sich im Gegensatz zur *Spore* erst nach einer Befruchtung zu einem mehrzelligen Organismus weiterentwickelt; in diploiden Organismen entstehen Gameten in spezialisierten Organen *(Gonaden)* durch eine besondere Zellteilung *(Meiose)*, in haploiden Organismen durch *Mitose*

Gärung
anaerobe Form der Energiefreisetzung; je nach Gärungstyp entstehen Endprodukte wie Ethanol und CO_2 oder Milchsäure

Gastrulation
zweite Phase in der Entwicklung eines Mehrzellers, bei der aus einer Hohlkugel *(Blastula)* durch Einstülpung oder Einwanderung von Zellen ein Becherkeim *(Gastrula)* entsteht

Gedächtnis
Speicher für erworbene Informationen im Gehirn, die als Erinnerung wieder abrufbar sind; man unterscheidet das *deklarative* und das *prozedurale Gedächtnis*.

Gen
Funktionseinheit der Erbinformation, die auf einem *Chromosom* liegt und aus DNA besteht; ein Gen ist nach heutiger Auffassung der DNA-Abschnitt, der für ein RNA-Molekül codiert

Gendrift
durch Zufallsereignisse bedingte, sprunghafte Veränderung von Gen- bzw. Allelhäufigkeiten, die in kleinen Populationen von Bedeutung sind *(Gründereffekt, Flaschenhalseffekt)*

Generalist
Lebewesen, das unter sehr unterschiedlichen Lebensbedingungen existieren kann; ein Nahrungsgeneralist etwa zeigt ein breites Nahrungsspektrum (vgl. *Spezialist)*

Generationswechsel
Entwicklungszyklus einer Art, bei der sich Generationen mit unterschiedlicher Form der *Fortpflanzung* abwechseln

Genexpression
Vorgang der Merkmalsausbildung, in dem eine Zelle die Information eines Gens nutzt; alle Gene werden dabei zunächst transkribiert (m-RNA-Bildung), codieren sie für Proteine, findet auch Translation statt

Genom
Gesamtheit des genetischen Materials (codierende DNA-Abschnitte) eines Organismus im einfachen Chromosomensatz

Genommutation
Mutation, die zu einer Veränderung der Chromosomenanzahl in einer Zelle führt; es können entweder einzelne Chromosomen hinzukommen oder verloren gehen, oder der ganze Chromosomensatz kann vervielfacht oder halbiert werden

Genotyp
Beschreibung der Gesamtheit der Gene eines Organismus

Genpool
Gesamtheit aller Gene in einer Population zu einem bestimmten Zeitpunkt

Genregulation
Regulation der Proteinsynthese in einer Zelle durch Genaktivierung bzw. -hemmung

Gensonde
kurzkettiges, markiertes DNA- oder RNA-Einzelstrang-Molekül zum Aufspüren komplementärer Basensequenzen

Gentechnik
Verfahren zur gezielten Veränderung des Genoms einer Zelle durch Übertragung oder Entfernung definierter DNA-Abschnitte zu Forschungs-, Heilungs- oder Produktionszwecken

Gentherapie
medizinische Behandlung von Patienten durch gentechnische Veränderung von Zellen: Bei der *somatischen Gentherapie* werden Gene von Körperzellen des Patienten ersetzt, ergänzt oder entfernt. Eine *Keimbahntherapie* beim Menschen, also die gentechnische Veränderung von Keimzellen, ist in Deutschland aus ethischen Gründen verboten.

Gentransfer
Methoden, mit denen man DNA *(Gene)* beliebigen Ursprungs in Zellen einbringen kann (siehe *Plasmid)*

Glykolyse
erster Teil des Glucoseabbaus bis zur Brenztraubensäure

Gründereffekt
Form von *Gendrift*, die auf die Besiedlung eines neuen Lebensraumes durch eine kleine Anzahl von Individuen (Gründerpopulation) zurückzuführen ist, die sich von einer großen Ausgangspopulation abgespalten hat

Gruppe, prosthetische
Nichteiweißanteil eines Proteids (= *Protein* + prosthetische Gruppe), der wichtig für dessen Funktion ist, z. B. als metallhaltiger Molekülanteil eines Enzymkomplexes

Habitat
von einer einzelnen Art bevorzugter Lebensraum

hemizygot
trotz Diploidie mit nur einem Allel für ein bestimmtes Merkmal ausgestattet; dies gilt z. B. für viele Allele auf den Geschlechtschromosomen

Hemmung, kompetitive
Hemmung der Enzymfunktion durch mit dem Substrat konkurrierende, ähnlich strukturierte Substanzen an der Substratbindungsstelle

Heterotrophie
Ernährungsweise, bei der organische Nahrungsstoffe als Energie- und Kohlenstoffquellen aufgenommen und in körpereigene Verbindungen umgewandelt bzw. abgebaut werden

heterozygot (mischerbig)
mit zwei verschiedenen *Allelen* für ein bestimmtes Merkmal ausgestattet (vgl. *homozygot)*

HIV (Human Immunodeficiency Virus)
RNA-Virus, das durch die Infektion von Immunzellen die Immunschwächekrankheit *AIDS* beim Menschen auslöst

homoiotherm (gleichwarm)
Temperaturkonstanz von Organismen, die ihre Körpertemperatur stoffwechselphysiologisch unabhängig von den Außenbedingungen innerhalb enger Grenzen regeln; homoiotherm sind Säugetiere und Vögel

Homologie
Ähnlichkeit in Gestalt oder anderen Merkmalen, die sich auf Verwandtschaft bzw. gleiche Herkunft und damit ähnliche genetische Ausstattung gründet (vgl. *Analogie)*

homozygot (reinerbig)
mit zwei identischen Allelen für ein bestimmtes Merkmal ausgestattet (vgl. *heterozygot)*

Hormon
in Drüsen gebildeter Signalstoff, der physiologische Veränderungen hervorruft

Hybridisierung
molekularbiologisches Verfahren; komplementäre Einzelstränge von *Nucleinsäuren* unterschiedlicher Herkunft lagern sich nach gemeinsamer Erhitzung bei anschließender Abkühlung bei hinreichender Ähnlichkeit zusammen (siehe *Gensonde)*

Hyperzyklus
System, das zu Selbstvermehrung, Stoffwechsel und Mutation befähigt ist

Infantizid
Tötung von Jungtieren der eigenen Art (meist durch die Männchen)

Intron
nicht codierender Abschnitt gestückelter eukaryotischer Gene; der entsprechende m-RNA-Abschnitt wird beim *Spleißen* entfernt (siehe *Exon)*

Isolation
trennender Mechanismus, der den Genaustausch von Individuen unterbindet; man unterscheidet *präzygote Mechanismen*, die vor der Befruchtung einer Eizelle wirken, und *postzygote Mechanismen*, die die Entwicklung der Zygote zu einem fruchtbaren Individuum verhindern. *Isolation* trennt verschiedene Genpools bzw. Arten und ermöglicht dadurch deren eigenständige Entwicklung

Karyogramm
aufreihende Darstellung der gefärbten Metaphase-Chromosomen eines Organismus; ermöglicht eine Unterscheidung nach Größe, Gestalt und Muster

Keimbahn
Zellenfolge bei Tieren, die von der befruchteten Eizelle bis zu den Keimzellen führt

Klimax
bestimmter Reifezustand eines Ökosystems; Abschluss einer Sukzession vor der Zerfallsphase

Klonen
Vervielfältigung genetisch identischer Zellen; nicht zu verwechseln mit „klonieren", der Vervielfältigung einzelner Gene (siehe *PCR)*

Koevolution
gegenseitige Beeinflussung der Evolution zweier oder mehrerer Arten, die miteinander in Wechselbeziehungen stehen durch Anpassung bzw. Gegenanpassung

Kompartimentierung
Unterteilung des Zellinhaltes in Reaktionsräume, die durch Membranen abgegrenzt sind; wird auch für ökologische Nischen und Ökysysteme verwendet

Kompensationspunkt
jener Zustand, bei dem die Sauerstoffproduktion durch die *Fotosynthese* genau so groß ist wie der Sauerstoffverbrauch durch die *Atmung*; bestimmende Größe ist die Beleuchtungsstärke (Lichtkompensationspunkt)

Komplementsystem
Teil des Immunsystems; es besteht aus ca. 20 Plasmaproteinen und wirkt unspezifisch auf Fremdzellen, die es selbst zerstört oder für den Abbau durch *Makrophagen* vorbereitet

Konjugation
Zusammenlagerung von Protozoen oder Bakterien mit nachfolgendem Austausch von Erbgut

Konkurrenz
gegenseitige Einschränkung von Lebewesen durch die Nutzung gleicher begrenzter Ressourcen

Konkurrenzausschlussprinzip
Verschiedene Arten in einem Lebensraum können auf Dauer nicht koexistieren, wenn sich ihre ökologischen Nischen bezüglich der genutzten knappen Ressourcen gleich bzw. zu ähnlich sind.

Konvergenz
beschreibt eine im Verlauf der Evolution zunehmende Ähnlichkeit von Individuen oder Organen bei verschiedenen Entwicklungslinien; Ursache ist meist ein ähnlicher Selektionsdruck (vgl. *Divergenz)*

K-Stratege
Lebewesen, das seine Biomasse und Energie vorwiegend in die Sicherung der eigenen Existenz investiert und dadurch konkurrenzstark und langlebig ist (vgl. *r-Stratege)*

Kultur
Gesamtheit aller über Lernvorgänge von Generation zu Generation weitergegebenen technischen Fähigkeiten sowie moralischen, künstlerischen und religiösen Vorstellungen; in der Mikrobiologie: Gruppe gezüchteter Mikroorganismen oder Zellen

Leitfossil
Fossil, das für eine bestimmte erdgeschichtliche Zeit charakteristisch ist und damit eine zeitliche Einordnung von Gesteinen bzw. anderen Fossilien ermöglicht

Lernen
Verhaltens- oder Wissensveränderung infolge individueller Erfahrung auf der Grundlage veränderter neuronaler Strukturen

Ligase
genetischer „Kleber"; Enzym, das DNA-Fragmente miteinander verknüpfen kann (Basiswerkzeug der Gentechnik, siehe *Restriktionsenzym)*

Makrophage
differenzierte Zelle des Immunsystems, die auf die *Phagocytose* spezialisiert ist, also den Abbau meist körperfremder Zellen und Stoffe

Marker
Substanz oder Struktur, die der Auffindung von Produkten, Stoffwechselreaktionen oder genetischen Veränderungen dient

Meiose
zweischrittige Kern- und Zellteilung im Rahmen der geschlechtlichen Fortpflanzung; die Meiose führt zur Bildung von Keimzellen mit einem einfachen Chromosomensatz aus Urkeimzellen mit einem doppelten Chromosomensatz. Die genetische Information wird neu kombiniert.

Membranpotential
elektrische Spannung über die Zellmembran, hervorgerufen durch eine unterschiedliche Verteilung von Ionen; wechselt am Axon zwischen *Ruhepotential* und *Aktionspotential*

Metamorphose
hormongesteuerter Gestaltwandel während der Entwicklung eines Tieres über ein oder mehrere Larvenstadien und ggf. Puppenstadium

Mitose
Kernteilung, bei der die zwei Chromatiden eines Chromosoms auf die beiden neu entstehenden Tochterzellen verteilt werden; die Chromosomenzahl bleibt erhalten. Der Kernteilung folgt in der Regel die Zellteilung (siehe *Cytokinese)*.

Modifikation
umweltbedingte Veränderung im Erscheinungsbild *(Phänotyp)* eines Organismus, die nicht vererbt wird

Mutagene
Substanzen, die in einem DNA-Molekül Veränderungen der Erbinformation *(Mutationen)* auslösen können

Mutation
spontan oder durch *Mutagene* verursachte qualitative oder quantitative Veränderung des genetischen Materials; in Abhängigkeit vom Ausmaß unterscheidet man *Gen-*, *Chromosomen-* und *Genommutationen*

Nachhaltigkeit
Konzept der dauerhaft umweltgerechten Entwicklung, bei dem soziale, ökologische und ökonomische Bezüge zu berücksichtigen sind

NAD$^+$
Nicotinamid-Adenin-Dinucleotid; ein in allen Zellen vorhandenes, bei Redoxreaktionen Wasserstoff und Elektronen übertragendes Coenzym (Cosubstrat); reduzierte Form NADH + H^+

NADP$^+$
Nicotinamid-Adenin-Dinucleotid-Phosphat; Wasserstoff und Elektronen übertragendes Coenzym (Cosubstrat) bei Redoxreaktionen, vor allem Reduktion beim Stoffaufbau in der Fotosynthese; reduzierte Form NADPH + H^+

Nahrungskette
Abfolge von Organismen, die sich jeweils voneinander ernähren und damit Biomasse und Energie an das folgende Glied weitergeben; sie beginnt vielfach mit Pflanzen als *Produzenten* und führt weiter zu *Konsumenten* und *Destruenten*

Nahrungsnetz
netzartige Verknüpfung von Nahrungsbeziehungen *(Nahrungsketten)* in einem *Ökosystem*

Nahrungspyramide
Darstellung der Trophieebenen eines Ökosystems; oft sind in tiefer liegenden Trophieebenen mehr Organismen vorhanden, die den Organismen höherer Ebenen als Nahrung dienen; die Abfolge lässt sich daher als Pyramide darstellen

Natrium-Kalium-Pumpe
ATP verbrauchender Transportmechanismus in der Zellmembran, der auch gegen einen hohen Konzentrationsunterschied Na^+- gegen K^+-Ionen austauschen kann; wichtig für das Ruhepotential, vor allem an Muskel- und Nervenzellen

Nerv
ein Bündel von Nervenfasern (Axone mit Hüllzellen), von Bindegewebe umgeben; er dient der Leitung elektrischer Erregungen (siehe *Aktionspotential)*

Nettoprimärproduktion
die in einer bestimmten Zeit durch Foto- oder Chemosynthese gebildete Biomasse nach Abzug des von den Pflanzen selbst verbrauchten Anteils (siehe *Bruttoprimärproduktion)*

Neuron (Nervenzelle)
spezialisierter Zelltyp, der elektrische Erregungen bildet bzw. leitet

Nische, ökologische
Gesamtheit der Ansprüche, die eine Art an ihre Umwelt stellt; die Ansprüche werden durch den Einfluss von Umweltfaktoren und durch die Nutzung von lebensnotwendigen Ressourcen bestimmt. Die ökologische Nische kann auch als Gesamtheit der ökologischen Potenzen beschrieben werden.

Nucleinsäure
aus *Nucleotiden* aufgebautes Makromolekül, das als DNA oder RNA Erbinformation speichert bzw. überträgt

Nucleotid
aus Zucker, Phosphat und einer stickstoffhaltigen Base zusammengesetzter Baustein der Nucleinsäuren bzw. der Coenzyme ADP, NAD$^+$ und NADP$^+$

Ökofaktor
Faktor, der das Wachstum von Populationen beeinflusst; man unterscheidet *dichteabhängige Faktoren*, deren Wirkung davon abhängt, wie viele Individuen bereits vorhanden sind (z. B. bei der Konkurrenz um Ressourcen) und *dichteunabhängige Faktoren*, die generell wirken (z. B. Wetter, Katastrophen).

Ökosystem
dynamisches Beziehungsgefüge aus *Biozönose* (Lebensgemeinschaft) und *Biotop* (Lebensraum), das durch Stoffkreisläufe und Energiefluss gebildet wird

oligotroph
arm an Mineralstoffen (besonders Phosphat), was bei Stillgewässern meist mit hohem Sauerstoffgehalt einhergeht; im Gegensatz zu eutroph: hoher Gehalt an Mineralstoffen (siehe *Eutrophierung)*

Onkogene
Gene, die an der Auslösung von *Krebs* beteiligt sind; sie entstehen in Zellen aus Genen, die das Zellwachstum kontrollieren *(Proto-Onkogene)* und kommen in Viren vor

Ontogenese
Individualentwicklung; Entwicklung eines Lebewesens von der befruchteten Eizelle bis zum erwachsenen Lebewesen

Operon
Funktionseinheit von Genen des Bakteriengenoms, die eine bedarfsgerechte Synthese der darin codierten Enzyme bewirkt

Organell
abgrenzbare Bau- und Funktionseinheit im Cytoplasma der Zelle

Osmose
Diffusion zwischen zwei durch eine *semipermeable Membran* getrennten Lösungen, bei denen nur die Lösungsmittelteilchen, nicht aber die Teilchen des gelösten Stoffes die Membran passieren können

Oxidation
Elektronenabgabe einer Substanz; in biologischen Systemen meist einhergehend mit der Abgabe von Wasserstoff oder der Aufnahme von Sauerstoff *(vgl. Reduktion)*

Panmixie
gleiche Paarungswahrscheinlichkeit für jedes Individuum einer Population mit jedem anderen des anderen Geschlechts; damit vollständige genetische Durchmischung der Population

Parasitismus
Beziehung zwischen Lebewesen unterschiedlicher Arten, bei der das eine (der *Parasit)* auf Kosten des anderen (des Wirtes) lebt, indem er sich von diesem ernährt; im Gegensatz zum Räuber tötet der Parasit seinen Wirt meist nicht

Parthenogenese (Jungfernzeugung)
Fortpflanzungstyp, bei dem aus unbefruchteten Eizellen Nachkommen hervorgehen; bei Insekten recht häufig (z. B. Drohnen der Honigbiene)

PCR (Polymerasekettenreaktion)
engl. *polymerase chain reaction*; Verfahren zur gezielten Vervielfältigung bestimmter DNA-Abschnitte (Basismethode der Molekularbiologie)

Phagocytose
Anlagerung, Einverleibung und Verdauung körperfremder Materialien, insbesondere durch Zellen des Immunsystems; alle Weißen Blutzellen phagocytieren (siehe *Makrophage)*

Phänotyp
Gesamtheit der Merkmale eines Organismus (vgl. *Genotyp)*

Pheromon
chemischer Botenstoff, welcher der Kommunikation mit Artgenossen dient

Phylogenese
Evolutionsgeschichte einer Art oder Verwandtschaftsgruppe

PID (Präimplantationsdiagnostik)
Verfahren, bei dem einzelne Zellen eines mehrzelligen Embryos entnommen und auf genetische Schäden untersucht werden, bevor der Embryo in den Mutterleib übertragen und ausgetragen wird; *PID* ist in Deutschland aus ethischen Gründen verboten (Gefahr der Selektion von Embryonen nach nichtmedizinischen Kriterien)

Plankton
im Wasser lebende, meist kleine Organismen, die sich nur in geringem Maße aktiv fortbewegen können und vorwiegend von Strömungen verdriftet werden; man unterscheidet pflanzliches *(Phytoplankton)* und tierisches Plankton *(Zooplankton)*

Planstelle, ökologische
Struktur eines Ökosystems, die für bestimmte Arten Lebensmöglichkeiten bietet; Arten mit gleichen ökologischen Nischen nutzen in verschiedenen Regionen gleiche ökologische Planstellen

Plasmid
ringförmiges DNA-Molekül, das unabhängig vom übrigen Genom einer Zelle ist; Plasmide kommen hauptsächlich in Bakterien vor, Bakterien können sie an andere weitergeben; sie werden zum Gentransfer genutzt (siehe *Vektor)*

Plasmolyse
Abgabe von Wasser aus der Zellvakuole aufgrund osmotischer Vorgänge, bis sich der Protoplast von der Zellwand löst; Umkehrung: *Deplasmolyse*

Plastid
in Pflanzenzellen und verschiedenen Algen vorkommendes, von zwei Membranen umgebenes, formenreiches Zellorganell mit eigener *DNA* und 70 S-Ribosomen; wichtigster Typ sind die *Chloroplasten*; außerdem kommen Chromoplasten und Leukoplasten vor

poikilotherm (wechselwarm)
Organismen, deren Körpertemperatur weitgehend von der Umgebungstemperatur abhängt

Polygenie
Beeinflussung eines Merkmals durch zwei oder mehrere Gene

Polymorphismus
genetisch bedingte Variabilität innerhalb einer Art, z. B. Gestalt- oder Farbvariationen

polyploid
Organismus mit mehr als zwei kompletten homologen Chromosomensätzen in den Zellen

Population
Gruppe von Individuen einer Art in einem bestimmten Gebiet, die eine Fortpflanzungsgemeinschaft bilden

Populationsgenetik
befasst sich mit den Häufigkeiten von Genen und Phänotypen in einer Population; auch die Gesetzmäßigkeiten möglicher Veränderungen der Häufigkeiten gehören dazu

Potenz, ökologische
Reaktionsbreite einer Art gegenüber einem Umweltfaktor; sie wird quantitativ als Vitalität (Überlebensfähigkeit, etwa Biomassenzuwachs, Überlebensrate etc.) in Abhängigkeit von diesem Umweltfaktor beschrieben

Prädisposition
Merkmal, das unter veränderten Umweltbedingungen eine zusätzliche oder andere Funktion hat als vorher und dadurch einen Selektionsvorteil darstellt

Präferenzbereich
Bereich eines Umweltgradienten, der durch einen Organismus bzw. eine Art bevorzugt wird

Präzipitation
Zusammenballung von Molekülen unter dem Einfluss von Brückenmolekülen (z. B. Antikörper)

Primer
engl. Starter; kurze, einsträngige Nucleotidkette, die basenkomplementär zu einer Matrize (z. B. DNA) ist; dient als Ausgangspunkt für die Synthese des Komplementärstranges durch Polymerasen (siehe *PCR, Replikation)*

Procyte (Protocyte)
Zelltyp der Prokaryoten, der keinen Zellkern besitzt (vgl. *Eucyte)*

Prokaryot (auch Prokaryont)
einzelliges, aus einer *Procyte* (auch *Protocyte)* bestehendes Lebewesen; zu den Prokaryoten gehören Eubakterien, und Archaebakterien (vgl. *Eukaryot)*

Promotor
DNA-Abschnitt am Anfang eines Gens, der als Startsequenz für die DNA-Polymerase dient, die m-RNA herstellt (siehe *Transkription)*

Proteinbiosynthese
Herstellung von *Proteinen* nach den Informationen der DNA mit den beiden Teilschritten *Transkription* und *Translation*

Protisten
eukaryotische Einzeller bzw. einfache Mehrzeller, die nicht zu den Pilzen, Pflanzen und Tieren gehören; Reich der Lebewesen neben Prokaryoten, Tieren, Pflanzen und Pilzen; Beispiele: Kieselalgen, Grünalgen, Amöben

Protonengradient
Unterschied in der Protonenkonzentration zwischen zwei durch eine Membran abgegrenzten Räumen in Zellen oder Organellen, z. B. in *Mitochondrien* oder *Chloroplasten*; z. B. wichtig bei der ATP-Synthese

Punktmutation
Austausch oder Verlust einer einzelnen Base in einem DNA-Molekül (siehe *Mutation)*

Quotient, respiratorischer (RQ-Wert)
Verhältnis von CO_2-Abgabe zu O_2-Aufnahme durch ein lebendes System; ein Maß für Art und Anteil der Nährstoffe, die abgebaut werden

Radiation, adaptive
Aufspaltung einer Ursprungs- (Stamm-) Art in zahlreiche abgeleitete Arten durch evolutive Anpassung an verschiedene ökologische Bedingungen in meist unbesetzten Lebensräumen in einem geologisch kurzen Zeitraum

Reaktion, lichtabhängige
erste Schrittfolge der Fotosynthese, in der unter Nutzung der Lichtenergie *ATP* und *NADPH + H⁺* gebildet werden sowie Sauerstoff freigesetzt wird; Reaktionsorte sind die Thylakoidmembranen der *Chloroplasten*

Reaktion, lichtunabhängige
Teil der Fotosynthese, in dem CO_2 fixiert und mithilfe der Produkte der *lichtabhängigen Reaktion* zu Glucose reduziert wird (= Dunkelreaktion, siehe *Calvinzyklus)*

Reaktionsnorm
in der Genetik: Bandbreite von Phänotypen, die sich auf denselben Genotyp zurückführen lassen; abhängig von den Umweltbedingungen können sich Lebewesen trotz übereinstimmender genetischer Information in ihrem Erscheinungsbild voneinander unterscheiden;
Verhaltenslehre: Bandbreite des Reagierens eines Tieres auf richtungsgebende Reize

Realnische
Ansprüche einer Art an ihre Umwelt unter Freilandbedingungen (vgl. *Fundamentalnische; Nische, ökologische)*

Redoxpotential
Maß für die Bereitschaft zur Aufnahme oder Abgabe von Elektronen von einem bzw. an einen anderen Stoff

Reduktion
Elektronenaufnahme durch eine Substanz; in biologischen Systemen meist verbunden mit der Anlagerung von Wasserstoff bzw. Abgabe von Sauerstoff (vgl. *Oxidation)*

Redundanz
Begriff aus der Nachrichtentechnik; bedeutet teilweise Wiederholung einer Nachricht oder „überflüssige Information"; kann beabsichtigt sein, um die fehlerfreie Übertragung sicherzustellen (z. B. liegen Gene in mehrfachen Kopien im Genom vor); auch Codierung von Aminosäuren durch unterschiedliche Basentripletts

Reflexbogen
Kette von Prozessen und Stationen *(Rezeptoren, afferenten* und *efferenten* Nervenbahnen, *Synapsen*, Reflexzentrum und *Effektoren)*, die für den Ablauf eines *Reflexes* verantwortlich sind

Refraktärzeit
Zeit, in der an einer erregbaren Membran (z. B. eines Axons) nach einer Erregung aufgrund der Inaktivität bestimmter Ionenkanäle trotz einer Depolarisierung keine neue Erregung ausgebildet werden kann

Regelkreis
kybernetisches Modell zur Darstellung einer *Regelung* in Form von Blockschaltbildern oder Pfeildiagrammen

Regelung
Aufrechterhalten eines bestimmten Zustandes gegenüber verändernd wirkenden Einflüssen; der Ausgleich von Störungen und die Einstellung eines Gleichgewichts erfolgen meist durch negative Rückkopplung

Reiz
Umwelteinfluss, der auf einen Organismus einwirkt und an spezifische Zellen *(Rezeptoren)* Erregungen auslösen kann; Reizaufnahme und -verarbeitung sind ein Kennzeichen des Lebens

Rekombination
Um- und Neukombination des genetischen Materials, z. B. im Rahmen der *Meiose*; die *Rekombination* führt zur genetischen Variabilität einer Art und ist ein wichtiger Evolutionsfaktor

Replikation
identische Verdopplung der DNA, die vor jeder Zellteilung *(Mitose* und *Meiose)* stattfindet; der DNA-Doppelstrang wird getrennt und die elterlichen Einzelstränge dienen jeweils als Vorlage für einen Tochterstrang

Resistenz
erblich bedingte Widerstandsfähigkeit gegenüber Krankheiten, Klima, Giften, Medikamenten u. a.; Resistenz ist abzugrenzen von der erworbenen Widerstandsfähigkeit (siehe *Immunität)*

Resorption
Stoffaufnahme durch lebende Zellen, im Allgemeinen aktiver Transportprozess ins Zellinnere bzw. ins Blut

Ressource
Bestandteile der Umwelt, die ein Organismus braucht bzw. verbraucht und die dadurch anderen Organismen nicht mehr zur Verfügung stehen (Nahrung, Wasser, Raumbedarf); ist die Ressource knapp, führt das zu Konkurrenz

Restriktionsenzym
Enzym, das doppelsträngige DNA an einer spezifischen Basensequenz schneiden kann; Basiswerkzeug der Gentechnik (siehe *Ligase)*

Reverse Transkriptase
Enzym, das nach der Vorlage eines RNA-Moleküls DNA aufbaut

Rezeptor
Sinnesphysiologie: Zone, an der durch spezifische Reize Erregungen ausgelöst werden; Molekularbiologie: meist membrangebundenes Molekül, das spezifische Moleküle bindet und damit Prozesse im Zellinneren auslöst

RNA (Ribonucleinsäure)
im Vergleich zur DNA kurze Kette von *Nucleotiden*, bestehend aus dem Zucker Ribose, einem Phosphatrest und einer der vier Basen Adenin, Uracil, Guanin und Cytosin; man unterscheidet messenger-RNA, transfer-RNA und ribosomale RNA; m-RNA dient der Transkription, t-RNA der Translation und r-RNA ist Bestandteil der Ribosomen; außerdem Erbsubstanz der *Retroviren*

r-Stratege
Lebewesen, das Energie vorwiegend in Fortpflanzungsprodukte investiert; es hat zahlreiche, konkurrenzschwache Nachkommen (vgl. *K-Stratege)*

Rückkopplung
Ein Zustand oder Vorgang übt eine Wirkung aus, die ihn selbst wieder positiv (Aufschaukelungskreis) oder negativ *(Regelkreis)* beeinflusst.

Ruhepotential
elektrische Spannungsdifferenz zwischen Innen- und Außenseite einer erregbaren Membran im nicht erregten Zustand, z. B. an Nerven- oder Muskelzellen

Schlüssel-Schloss-Prinzip
räumliches Passen zweier Moleküle zueinander, z. B. Enzym und Substrat

Sedimentation
das Absetzen von Partikeln aus Flüssigkeiten oder Gasen aufgrund der Dichte

Selektion (Auslese)
natürliche Selektion (natürliche Auslese): beruht auf dem unterschiedlichen Fortpflanzungserfolg verschiedener Phänotypen, der auf die Wechselbeziehungen zwischen den Organismen und ihrer Umwelt zurückzuführen ist
künstliche Selektion (künstliche Zuchtwahl): Auswahl von Haustieren und Kulturpflanzen entsprechend der menschlichen Zuchtziele
sexuelle Selektion (geschlechtliche Zuchtwahl): Auswahl durch den Geschlechtspartner; beruht auf der Variabilität der sekundären Geschlechtsmerkmale, verstärkt den Geschlechtsdimorphismus

Selektionsfaktoren
Faktoren, die den unterschiedlichen Fortpflanzungserfolg verschiedener *Phänotypen* bewirken; man unterscheidet *abiotische Selektionsfaktoren* (z. B. Kälte, Dunkelheit) und *biotische Selektionsfaktoren* (z. B. Räuber, Parasiten)

Selektionstypen
aufspaltende Selektion: Individuen am Rande des phänotypischen Spektrums werden gegenüber denen in der Mitte begünstigt. Folge: Im ursprünglichen Maximum der Häufigkeitskurve entsteht ein Minimum.
gerichtete Selektion: Individuen eines Teils des phänotypischen Spektrums werden begünstigt. Folge: Häufigkeitsverteilung verschiebt sich in die Richtung der begünstigten Teilpopulation
stabilisierende Selektion: Individuen in der Mitte des phänotypischen Spektrums werden gegenüber denen am Rande begünstigt. Folge: Häufigkeitsverteilung bleibt konstant

semipermeabel
Membraneigenschaft: durchlässig für das Lösungsmittel und undurchlässig für gelöste Stoffe; führt bei Membrankontakt unterschiedlich konzentrierter Lösungen zu Osmose

Sinneszelle
Zelle, an der spezifische Reize neuronale Erregungen auslösen

Spezialist
Lebewesen mit enger *ökologischer Potenz*; an diese wenig schwankenden Umweltbedingungen ist es besonders gut angepasst (siehe auch *Generalist)*

Spleißen
Entfernen von Abschnitten *(Introns)* aus der Prä-m-RNA, die dann als reife m-RNA den Zellkern einer Eukaryotenzelle verlässt

Stammzelle
nicht ausdifferenzierte, teilungsfähige Zelle im Gewebe von Mehrzellern, die Wachstum und Erneuerung von Geweben ermöglicht

stenopotent
Kennzeichen eines Lebewesens, das nur in einem engen Bereich eines Umweltfaktors überlebt (vgl. *eurypotent)*; wenig tolerant gegenüber einem Umwelteinfluss

Steuerung
im Unterschied zur *Regelung* die Beeinflussung der Richtung oder Intensität von Größen oder Vorgängen

Stoffkreislauf
Zirkulation von Stoffen bzw. chemischen Elementen, wie Kohlenstoff oder Stickstoff, in einem Ökosystem; ein Kreislauf besteht aus Speichern (z. B. Biomasse, Atmosphäre, Ozeane, Gesteine) und Flüssen (z. B. Assimilation, Zersetzung, Fossilisierung). *Produzenten* binden in ihrer Biomasse Elemente aus den Speichern Atmosphäre und Boden. Konsumenten bzw. *Destruenten* setzen sie meist in die gleichen Speicher wieder frei.

Stress
Summe der Reaktionen eines Organismus auf erhöhte Anforderungen aus der Umwelt

Sukzession
natürliche Abfolge von Ökosystemen, z. B. bei der Wiederbewaldung einer Brachfläche oder der Verlandung eines Gewässers

Symbiose
Abhängigkeit zwischen zwei Arten mit gegenseitigem Nutzen

Synapse
Kontaktstelle zur Erregungsübertragung zwischen Nervenzelle einerseits und Nerven-, Muskel- oder Drüsenzelle andererseits

System
Einheit mit festgelegten Grenzen, bestehend aus Teilen *(Elementen)* und deren Beziehungen *(Relationen)*

Toleranzbereich
Bereich eines bestimmten Umweltfaktors, in dem ein Lebewesen existieren kann

Transduktion
in der Genetik: Einschleusen von Fremd-DNA in eine Bakterienzelle mithilfe von *Phagen*;
in der Sinnesphysiologie: Auslösen von elektrischen Erregungen durch *Reize* in *Sinneszellen*

Transformation
Übertragung von DNA in eine beliebige lebende Zelle

transgen
Lebewesen, denen mit gentechnischen Methoden artfremde Gene übertragen wurden; auch über Art- und Gattungsgrenzen hinweg

Transkription
Synthese von m-RNA-Molekülen am codogenen DNA-Strang; Teil der *Proteinbiosynthese*

Translation
Polypeptid-Synthese anhand einer m-RNA an Ribosomen; Teil der Proteinbiosynthese

Transmitter
Überträgersubstanz, die an einer *Synapse* die Übertragung der Erregung von der prä- auf die postsynaptische Seite bewirkt

Transpiration
bei Pflanzen: regulierbare Wasserdampfabgabe über die Spaltöffnungen *(stomatäre Transpiration)* und die nicht regulierbare Wasserdampfabgabe über die Kutikula *(kutikuläre Transpiration)*
bei Tieren: Abgabe von Schweiß zur Thermoregulation

Tricarbonsäurezyklus
der auch als *Citronensäurezyklus* bezeichnete, in Mitochondrien ablaufende Abbauprozess der Brenztraubensäure im Anschluss an die *Glykolyse*; Teilprozess der *Zellatmung*

Triplett
aus drei *Nucleotiden* bestehende Informationseinheit der DNA bzw. RNA (siehe *Codon)*

Trophiestufe
Ausmaß des Mineralstoffangebots in Gewässern und Böden: oligo-, meso-, poly- oder eutroph (siehe *Eutrophierung)*

Turgor
osmotisch bedingter Innendruck von Zellen mit stabiler Zellwand

Umweltfaktor
Einfluss, der von außen auf ein Lebewesen wirkt; zu unterscheiden sind *abiotische* und *biotische* Faktoren

Ursache, proximate
genetischer, physiologischer, wie z. B. hormoneller oder jeglicher andere direkte Einfluss, der die Ausbildung eines Merkmals bewirkt

Ursache, ultimate
selektionstheoretischer Grund für die Ausbildung eines Merkmals, bei dem die Funktion des Merkmals und deren Selektionswert herangezogen werden

Variabilität
die Erscheinung, dass die Individuen einer Population ungleich sind; dies kann genetisch bedingt *(genetische Variabilität, Polymorphismus)* oder durch Umweltunterschiede hervorgerufen sein *(modifikatorische Variabilität)*

Vektor
„Genfähre"; DNA-Molekül, in das man eine Fremd-DNA einbauen kann (siehe *Restriktionsenzym, Ligase)* und das in einer Wirtszelle vervielfältigt werden kann (siehe *Plasmid)*

Verhaltenspolymorphismus
liegt vor, wenn Tiere mehrere unterschiedliche Verhaltensweisen mit derselben Funktion ausführen können (z. B. Taktiken)

Zellatmung
Energiefreisetzung in der Zelle durch Oxidation von energiereichen chemischen Verbindungen unter Sauerstoffaufnahme

Zelle
kleinste, mit allen Merkmalen des Lebens ausgestattete Bau- und Funktionseinheit aller Lebewesen; Zellen entstehen aus Zellen. Die Zelle kommt als *Procyte* (auch *Protocyte)* und *Eucyte* vor. Aus Eucyten bestehende Lebewesen können ein-, mehr- oder vielzellig sein.

Zelle, diploide
Zelle mit zwei homologen Chromosomensätzen (2n), von denen einer von der Mutter und einer vom Vater stammt

Zelle, haploide
Zelle mit einem einfachen Chromosomensatz (n), z. B. Keimzelle

Zellzyklus
regelmäßige Abfolge von Zellteilung sowie Protein- und DNA-Synthese in einer Zelle; der Zellzyklus wird in Phasen untergliedert und sein Ablauf durch verschiedene Steuer- und Regelmechanismen kontrolliert

Zone, trophogene / tropholytische
Die oberste Schicht in Gewässern erhält genügend Licht, sodass eine Nettoproduktion der Pflanzen vorhanden ist *(trophogen)*. Mit zunehmender Tiefe nimmt das Licht ab, bei der Kompensationstiefe wird der *Kompensationspunkt* erreicht. Darunter beginnt die *tropholytische Zone*.

Zygote
befruchtete Eizelle; Produkt der Verschmelzung von Eizelle und Spermium

Register

C

D

E

F

G

J

K

L

M

N

O

P

Q

R

S

W

X

Y

Z

Bildnachweis

U1.1 FOCUS (Dr. Torsten Wittmann/SPL), Hamburg; **U1.2** Mauritius RF (imagebroker/Kurt Möbus), Mittenwald; **4.1** Okapia (Biophoto Ass./Science Source), Frankfurt; **4.2** Klett-Archiv (Aribert Jung), Stuttgart; **5.1** FOCUS (EOS/Meckes/MPI), Hamburg; **5.2** Corbis (M. Mehlig), Düsseldorf; **6** Fotosearch Stock Photography (Stock Disc), Waukesha, WI; **7** Corbis (Douglas P. Wilson, Frank Lane Picture Agency), Düsseldorf; **8.1** Mauritius Images (imagebroker/Egmont Strigl), Mittenwald; **8.2** VISUM Foto GmbH (Andreas Reeg), Hamburg; **8.3; 8.7** vario images GmbH & Co.KG (foto-begsteiger), Bonn; **8.4** Getty Images RF (Stockbyte), München; **8.5** Avenue Images GmbH (PhotoAlto RF/Alix Minde), Hamburg; **9.2** Avenue Images GmbH (Maskot), Hamburg; **9.3** STOCK4B GmbH RM, München; **9.4** Argus (Mike Schroeder), Hamburg; **9.5** Rainer Weisflog Fotografie, Cottbus; **10.1** STOCK4B GmbH RM, München; **12.1** Fotex GmbH (Picture Partners), Hamburg; **12.2** VISUM Foto GmbH (Thomas Langreder), Hamburg; **14** iStockphoto (Chris Schmidt), Calgary, Alberta; **15.1** Getty Images (Stone/Bernhard Lang), München; **15.2** Getty Images (Absodels), München; **16** Kolvenbach, Michael, Meerbusch; **17.1** Alamy Images (charistoone-images), Abingdon, Oxon; **17.2** iStockphoto (Thomas Shortell), Calgary, Alberta; **18** Klett-Archiv (Aribert Jung), Stuttgart; **19.1** Getty Images (Riser/P.E. Reed), München; **19.2** shutterstock (Laurence Gough), New York, NY; **19.3** Corbis RF (Image Source), Düsseldorf; **21.1** Okapia (F. Gohler), Frankfurt; **22.2** iStockphoto (Klaas Lingbeek van Kranen), Calgary, Alberta; **26.1** Fotolia LLC (Veronica Lindhurst), New York; **28.1** Reinhard-Tierfoto, Heiligkreuzsteinach; **28.2** Klett-Archiv (Ekkehard Schmale), Stuttgart; **28.3** Klett-Archiv (Aribert Jung), Stuttgart; **29.1** Klett-Archiv (Horst Schneeweiß), Stuttgart; **29.2** Wiki-media Foundation Inc. (BMC Cell Biology 2009, 10:88, http://creativecommons.org/licenses/by/2.0/deed.de), St. Petersburg FL; **32.2** Okapia (NAS/Biophoto Associates), Frankfurt; **32.3** FOCUS (Sinclair Stammers/SPL), Hamburg; **32.5** Kleinig, Prof. Dr. Hans, Freiburg; **33.1** Okapia (Castano/Overseas), Frankfurt; **33.3** Okapia (NAS/Dr. D. W. Fawcett), Frankfurt; **34.1** Okapia (Biophoto Ass./Science Source), Frankfurt; **34.2** Okapia (NAS/Biophoto Associates), Frankfurt; **35.2** Getty Images (Visuals Unlimited/Dr. John D. Cunningham), München; **36.3** FOCUS (Burgess/SPL), Hamburg; **36.6** Okapia (NAS/Bill Longcore), Frankfurt; **37.1** Okapia (Biophoto Associates/Science Source), Frankfurt; **37.3** Mauritius Images (Photo Researchers), Mittenwald; **37.4** FOCUS (Biomedical Imaging Unit, Southampton General Hospital/SPL), Hamburg; **38.1** Action Press GmbH (Jörg Eberl), Hamburg; **39.3** Ullstein Bild GmbH (Grabowsky), Berlin; **40.1** Corbis (Chris Mattison/Frank Lane Picture Agency), Düsseldorf; **40.5** Picture-Alliance (dpa/PA), Frankfurt; **41.1** FOCUS (Dr Torsten Wittmann/SPL), Hamburg; **41.2** FOCUS (Thomas Deerinck, Ncmir/SPL), Hamburg; **41.4** Corbis (Dennis Kunkel Microscopy, Inc./Visuals Unlimited), Düsseldorf; **42.3** Mauritius Images (Biophoto Associates/Photo Researchers, Inc.), Mittenwald; **42.4** Okapia (Kwangshin Kim/NAS), Frankfurt; **43.2** FOCUS (SPL/Prof. P.M.Motta & F.M.Magliocca), Hamburg; **44.1** Klett-Archiv (Nature + Science AG/Mangler), Stuttgart; **44.2** Quedens, Georg, Norddorf-Amrum; **44.3** Okapia (Dr. Eckart Pott), Frankfurt; **44.4** Okapia (D. Scharf/Peter Arnold, Inc.), Frankfurt; **44.5** creativ collection Verlag GmbH, Freiburg; **44.6** Okapia (Ca. Biological/Phototake), Frankfurt; **44.7** Reinhard-Tierfoto, Heiligkreuzsteinach; **44.8** Okapia (Lond. Sc. Films/OSF), Frankfurt; **44.9** Fuchs, Gerhard (Gerhard Fuchs), Flein; **46.1** Corbis (Owen Franken), Düsseldorf; **46.2; 46.3** Seilnacht, Thomas, Bern; **47.1; 47.2** Klett-Archiv (Nature + Science AG/Mangler), Stuttgart; **49.1** Fotolia LLC (kw-on), New York; **49.2** FOCUS (Walker/Photo Researchers), Hamburg; **49.4** Wikimedia Foundation Inc. (Sardon, http://creativecommons.org/licenses/by-sa/3.0/deed.en), St. Petersburg FL; **50.2** FOCUS (Fawcett/SPL), Hamburg; **52.3** Max-Planck-Instiut für biophysikalische Chemie (Dr. Helmut Grubmüller), Göttingen; **53.1** Corbis (Dennis Kunkel Microscopy, Inc./Visuals Unlimited), Düsseldorf; **59.1** WILDLIFE Bildagentur GmbH (NWU), Hamburg; **62.1** Okapia (Hans Reinhard), Frankfurt; **62.2** Ullstein Bild GmbH (Wodicka), Berlin; **62.4** Das Fotoarchiv (Thomas Mayer), Essen; **62.5** Picture-Alliance (ZB), Frankfurt; **63.1** Picture-Alliance (Martin Rütschi), Frankfurt; **63.2** Mauritius Images (Mitterer), Mittenwald; **63.3** iStockphoto (CarlssonInc), Calgary, Alberta; **63.4** Getty Images (Lonely Planet Images/Doug McKinlay), München; **63.5** Mauritius Images (AGE), Mittenwald; **64.2** Mauritius Images (Biophoto Associates/Photo Researchers, Inc.), Mittenwald; **65.1** YOUR PHOTO TODAY (HSC), Taufkirchen; **65.2** MEV Verlag GmbH, Augsburg; **66.1** Mauritius Images (age), Mittenwald; **66.2** Mauritius Images (Image Source), Mittenwald; **67.1** Getty Images RF (C. Sherburne/PhotoLink), München; **67.2** Mauritius Images (Matthias Schlief), Mittenwald; **68.1** Thermografie W. Schlosser, Altenkirchen-Fluterschen; **68.2** Fotolia LLC (Nicolas Larento), New York; **70.1** Okapia (Jürgen Lichtenberger), Frankfurt; **73.3** Kage Mikrofotografie, Lauterstein; **74.2** Okapia (Biophoto Ass./Science Source), Frankfurt; **77.4** Imago (biky), Berlin; **80.2; 80.3** Prof. Dr. Wolrad Vogell, Erkrath (aus "Unterricht Biologie", April 1978, Heft 20); **81.8** Fotolia LLC (Monkey Business), New York; **88.3** Fotolia LLC (momanuma), New York; **90.2; 90.4** Kage Mikrofotografie, Lauterstein; **93.5** Bildagentur Schapowalow (Robert Harding), Hamburg; **94.2** Okapia (Hans Reinhard), Frankfurt; **95.1** Okapia (W. Prinz), Frankfurt; **95.2** Okapia (C. Brown/PR Science Source), Frankfurt; **96.1** Fotolia LLC (Trevor Slauenwhite), New York; **96.2** MPI-Fotoservice, Stuttgart; **99.2** Wikimedia Foundation Inc. (public domain), St. Petersburg FL; **101.2** Fotolia LLC (Volker Wille), New York; **109.2** Corbis (Bettmann), Düsseldorf; **114.3** Okapia (Fritz Pölking/SAVE), Frankfurt; **115.1** blickwinkel (R. Linke), Witten; **115.2** blickwinkel (F. Hecker), Witten; **115.5** FOCUS (P. Rona/OAR/National Undersea Research Program/NOAA/SPL), Hamburg; **115.6** FOCUS (Dr. Ken MacDonald/SPL), Hamburg; **115.8** Picture-Alliance (dpa/S. Puijman), Frankfurt; **115.9** iStockphoto (Lokibaho), Calgary, Alberta; **116.1** Picture-Alliance (dpa/Axel Häsler), Frankfurt; **116.2** blickwinkel (A. Held), Witten; **117.1** blickwinkel (R. Linke), Witten; **117.2** Mauritius Images (age), Mittenwald; **118.2** Pott, Dr. Eckart, Stuttgart; **118.3** Okapia (T. Tilford), Frankfurt; **119.1** Wikimedia Foundation Inc. (Lene, http://creativecommons.org/licenses/by-sa/3.0/legalcode), St. Petersburg FL; **119.2** blickwinkel (McPHOTO), Witten; **119.3** Okapia (Bernard Castelein), Frankfurt; **120.1** Tierbildarchiv Angermayer (Hans Reinhard), Holzkirchen; **120.2** Okapia (Barbara Rios/NAS), Frankfurt; **122.2** Naturfotografie Frank Hecker, Panten-Hammer; **123.3** Okapia (Joe McDonald), Frankfurt; **125.1** shutterstock (ying), New York, NY; **125.3** FOCUS (Duncan Smith/SPL), Hamburg; **125.4** Bayerisches Landesamt für Umwelt (Joachim Nittka), Augsburg; **127.1** Harald Lange Naturbild, Bad Lausick; **127.3** Okapia (Eric A. Soder), Frankfurt; **127.4** Okapia (Stefan Meyers), Frankfurt; **127.5** Okapia (Dr. Eric Dragesco), Frankfurt; **127.6** Okapia (Patrick Da-Costa), Frankfurt; **129.2** WILDLIFE Bildagentur GmbH (D.Harms), Hamburg; **129.5** Okapia (BIOS), Frankfurt; **130.2** Okapia (Sven Halling/Naturbild), Frankfurt; **130.3** shutterstock (Andrew Taylor), New York, NY; **131.3** Voller Ernst (Berndt Fischer), Berlin; **132.1** Danegger, Manfred, Owingen; **132.2** Tierbildarchiv Angermayer (Tierpark Hellabrunn), Holzkirchen; **133.2** Fotolia LLC (hfox), New York; **134.1** Corbis (Steve Terrill), Düsseldorf; **134.2** creativ collection Verlag GmbH, Freiburg; **135.2** Manfred Pforr Naturbild-Archiv, Langenpreising; **136.3** PantherMedia GmbH (Ernst-Peter Schulz), München; **137.1** FOCUS (Kinsman/Photo Researchers),

Hamburg; **138.1** blickwinkel (M. Hoefer), Witten; **138.2** Okapia (Robert Henno, Wildlife Pict.), Frankfurt; **138.3** iStockphoto (Mark Goddard), Calgary, Alberta; **138.4** Okapia (Stouffer), Frankfurt; **138.5** Tierbildarchiv Angermayer, Holzkirchen; **139.2** FOCUS (John Mitchell/Photo Researchers), Hamburg; **140.3** FOCUS (Tom & Pat Leeson/NatureSource), Hamburg; **142.2** Okapia (Cattlin/Holt Studios), Frankfurt; **143.3** Tierbildarchiv Angermayer (Hans Reinhard), Holzkirchen; **144.1** FOCUS (Steve Gschmeissner/SPL), Hamburg; **144.2** König, Dr. Rudolf, Preetz; **145.2** Bellmann, Dr. Heiko, Lonsee; **147.2** Reinhard-Tierfoto, Heiligkreuzsteinach; **148.2** Heitkamp, Prof. Dr. Ulrich, Gleichen-Diemarden; **149.3** Fotolia LLC (Sebastian Hehn), New York; **150.3** Naturfotografie Frank Hecker (F. Sauer), Panten-Hammer; **151.1** Naturfotografie Frank Hecker (F. Sauer), Panten-Hammer; **152.4** Fotolia LLC (Olga D. van de Veer), New York; **152.5** Fotolia LLC (Ariel Bravy), New York; **153.1** Klett-Archiv (Aribert Jung), Stuttgart; **153.2** Okapia (Darlyne A. Murawski/P. Arnold, Inc.), Frankfurt; **153.3** MEV Verlag GmbH, Augsburg; **157.2; 157.3; 157.5** Dieter Schmidtke, Schorndorf; **160.1; 160.2** Klett-Archiv (Bernhard Knauer), Stuttgart; **162.1** Fotosearch Stock Photography, Waukesha, WI; **162.2** Intro (Stefan Kiefer), Berlin; **164.1** Rehfuess, Prof. Dr. Karl Eugen, Pöcking; **165.3** Uwe Lochstampfer FloraFoto (Jürgen Wirth), Langenhagen; **166.1** Corbis (Yann Arthus-Bertrand), Düsseldorf; **167.1** Mauritius Images (imagebroker/Sabine Lubenow), Mittenwald; **168.1** Fotolia LLC (Bernhard Lux), New York; **168.2** TOPICMedia, Ottobrunn; **168.3; 168.4** ZELMI, TU Berlin (Prof. Hafner), Berlin; **168.5; 168.6** Kottke, Prof. Dr. Ingrid, Tübingen; **168.7; 168.8; 168.9** Büro für Forstökologie/Hooge Horst, Gleichen-Benniehausen; **169.2** Okapia (Kjell-Arne Larsson), Frankfurt; **172.2** Klett-Archiv (Bärbel Knabe), Stuttgart; **173.4** Klett-Archiv, Stuttgart; **174.1** Fotolia LLC (sunset man), New York; **174.2** Imago (Siering), Berlin; **176.1** Picture-Alliance (ZB), Frankfurt; **177.1** Juniors Bildarchiv, Ruhpolding; **177.2; 177.3; 177.4** blickwinkel (Hecker/Sauer), Witten; **177.5** Okapia (Nigel Cattlin/Holt Studios), Frankfurt; **178.1** VISUM Foto GmbH (Aufwind-Luftbilder), Hamburg; **178.2** blickwinkel (Hecker/Sauer), Witten; **181.1** Ullstein Bild GmbH (Jörg Böthling), Berlin; **181.2** FOCUS (Dr. Davidhall/SPL), Hamburg; **182.2** WILDLIFE Bildagentur GmbH (D. Harms), Hamburg; **183.3** Wikimedia Foundation Inc. (TheAlphaWolf, http://creativecommons.org/licenses/by-sa/3.0/deed.de), St. Petersburg FL; **183.4** FOCUS (Nishinaga/SPL), Hamburg; **184** YOUR PHOTO TODAY (HAG), Taufkirchen; **185.1** FOCUS (SPL/Maxine Adcock), Hamburg; **185.2** Corbis RF (image100), Düsseldorf; **185.3** FOCUS (SPL), Hamburg; **186.3** YOUR PHOTO TODAY (B.S.I.P.), Taufkirchen; **190.3** Arco Images GmbH (W. Layer), Lünen; **190.5** Okapia (Norbert Lange), Frankfurt; **190.6** Okapia (Ed Reschke/P. Arnold, Inc.), Frankfurt; **191.1; 191.3; 191.4; 191.5; 191.6** Lieder, Johannes, Ludwigsburg; **192** Klett-Archiv (Aribert Jung), Stuttgart; **193.1** Tierbildarchiv Angermayer (H. Pfletschinger), Holzkirchen; **193.3; 193.5** K. V. Hinrichsen (Hrsg.): Humanembryologie. Springer Verlag Berlin Heidelberg 1990, Kapitel 29.6 (Autor: Bodo Christ) Zelltod und Extremitätenentwicklung, S. 849 — mit freundlicher Genehmigung von Springer Science and Business Media; **195.2** FOCUS (T. Kakefuda/SPL), Hamburg; **202.2** FOCUS (Dr. Elena Kiseleva/SPL), Hamburg; **203.1** PantherMedia GmbH (Walter J. Pilsak), München; **206.2** DSMZ — Deutsche Sammlung von Mikroorganismen und Zellkulturen GmbH; **215** Fotolia LLC (Martina Berg), New York; **218.3** Okapia (Hans Reinhard), Frankfurt; **219.2** Picture-Alliance (Robert Thompson/NHPA), Frankfurt; **219.4** Interfoto (mova/Alfred Schauhuber), München; **219.5** Naturfotografie Frank Hecker, Panten-Hammer; **220.1** shutterstock (Gheorghe Roman), New York, NY; **220.2** Picture-Alliance (Hippocampus Bildarchiv/Frank Teigler), Frankfurt; **220.3** blickwinkel (R. Bala), Witten; **221.2** YOUR PHOTO TODAY (Hans-Peter Luchs), Taufkirchen/München; **222** Okapia (Klaus von Mandelsloh), Frankfurt; **223.2** mediaskill OHG Bildmaschine (www.BilderBox.com), Berlin; **225.2** Ruhr-Universität Bochum, Medizinische Fakultät (Prof. Dr. Klaus Hägele), Bochum; **226** Mauritius Images (Stolz), Mittenwald; **228.1** iStockphoto (CEFutcher), Calgary, Alberta; **228.2** Okapia (NAS, T. McHugh), Frankfurt; **229.3** FOCUS (SPL), Hamburg; **230.1** FOCUS (AJ/SPL), Hamburg; **233** Wikimedia Foundation Inc. (David Gaya, http://creativecommons.org/licenses/by-sa/3.0/), St. Petersburg FL; **235.2** Corbis (Mika/zefa), Düsseldorf; **235.3** Okapia (Sovereign/ISM), Frankfurt; **237.2** FOCUS (Eye Of Science), Hamburg; **243.1** FOCUS (Lawrence Berkeley/SPL), Hamburg; **244.2** Scanpix (Lennart Nilsson), Stockholm; **245.1** Okapia (Rainer Förster/Natur im Bild), Frankfurt; **245.2** Wirth; **245.4** Okapia (Wolfgang Pölzer), Frankfurt; **245.5** creativ collection Verlag GmbH, Freiburg; **246.1** vario images GmbH & Co.KG (Cultura), Bonn; **248.3** Okapia (NAS), Frankfurt; **248.4** Jastrow, Dr. Holger, Essen-Heidhausen; **249.4** Fotex GmbH (Susa), Hamburg; **251.1** laif (Wolfgang Volz), Köln; **252.1** Ullstein Bild GmbH (CARO/Blume), Berlin; **253.2** Okapia (Rolf Fischer), Frankfurt; **256.1** Imago (imagebroker), Berlin; **256.2** iStockphoto (Daniela Schraml), Calgary, Alberta; **257.1** Söhl, Dr. Goran, Bonn; **260.2** Okapia (NAS/H. Morgan), Frankfurt; **262.1** vario images GmbH & Co.KG (Bernhard Classen), Bonn; **262.2** Picture-Alliance (dpa-Zentralbild/Peer Grimm), Frankfurt; **262.3** Getty Images (picturegarden), München; **262.4** Monsanto Company Public Affairs, St. Louis, MS; **262.5; 262.6** WILDLIFE Bildagentur GmbH (D.Harms), Hamburg; **263.3** Gust, Dietmar, Berlin; **263.4** plainpicture GmbH & Co. KG (Arcangel), Hamburg; **264.1** FOCUS (James King-Holmes/SPL), Hamburg; **264.2** FOCUS (Science Source/Photo Researchers), Hamburg; **264.3** FOCUS (SPL), Hamburg; **264.4** FOCUS (A. Barrington Brown/SPL), Hamburg; **265.1** FOCUS (US National Library of Medicine/SPL), Hamburg; **265.2** FOCUS (Philippe Plailly/Eurelios/SPL), Hamburg; **265.3** Wikimedia Foundation Inc. (gemeinfrei), St. Petersburg FL; **265.4** Ullstein Bild GmbH (Riedmiller), Berlin; **265.5** Picture-Alliance (Marijan Murat dpa/lsw), Frankfurt; **268** Picture-Alliance (Sven Simon), Frankfurt; **269.1** Corbis (Sagel & Kranefeld/zefa), Düsseldorf; **269.2** Okapia (John Allison/P. Arnold), Frankfurt; **269.3** Prof. Dr. Heinz Wässle, MPI für Hirnforschung, Frankfurt/M.; **270.3** FOCUS (Furness/SPL), Hamburg; **271.2; 271.4** Lieder, Johannes, Ludwigsburg; **271.3** Cajal Legacy. Instituto Cajal, Madrid; **271.5** Okapia (Manfred & Christina), Frankfurt; **277.2** MPI- Medizinische Forschung (Bert Sakmann, Ernst Neher), Heidelberg; **280.3** Okapia (Fawcett, Friend/Science Source), Frankfurt; **281.2** FOCUS (Science Pictures Limited/SPL), Hamburg; **282.2** Okapia (Ernst Schacke, Naturbild), Frankfurt; **282.3** FOCUS (Dr. Gary Gaugler/SPL), Hamburg; **282.4** Okapia (John Mitchell/OSF), Frankfurt; **284.3** Kage Mikrofotografie, Lauterstein; **288.2** Imago (INSADCO), Berlin; **289.4** Mauritius Images (Dennis Kunkel/Phototake), Mittenwald; **292.1** Okapia (NAS/Omikron), Frankfurt; **293.1; 293.2** Okapia (NAS/Omikron), Frankfurt; **302.1** FOCUS (Alexander Tsiaras, Science Photo Library), Hamburg; **302.3** FOCUS (AJ/SPL), Hamburg; **303.3** iStockphoto (pokergecko), Calgary, Alberta; **304.1** Bildagentur-online (TETRA Images), Burgkunstadt; **304.2** Mauritius Images (Josef Kuchlbauer), Mittenwald; **304.3** Bulls Press (Bill Watterson), Frankfurt; **305.2; 305.3** Max-Planck-Institut für Neurobiologie (Bonhoeffer), Martinsried bei München; **306.1** National Institute on Drug Abuse (Michael J. Kuhar), Baltimore, USA; **306.3** Mauritius Images (Zak), Mittenwald; **306.4** YOUR PHOTO TODAY (BSIP), Taufkirchen; **311.1** Mauritius Images (imagebroker), Mittenwald; **314.1** iStockphoto (FreezeFrameStudio), Calgary, Alberta; **318.1** Fotolia LLC (PerlenVorDieAugen), New York; **318.2; 318.3; 318.5** I. Eibl-Eibesfeldt, Liebe und Hass, Piper-Verlag

1970, Zeichnungen nach Aufnahmen aus Filmen des Autors; **318.4** Argum (Thomas Einberger), München; **319** AKG, Berlin; **320.1** Mauritius Images (Fritz Rauschenbach), Mittenwald; **322.1** Quedens, Georg, Norddorf-Amrum; **322.2** Mauritius Images (imagebroker/Justus de Cuveland), Mittenwald; **323.2** Uli Stein/Catprint Media GmbH, Langenhagen; **323.3** Dreamstime LLC (Lenka Sosolíková), Brentwood, TN; **324.2** doc-stock GmbH (Medicus/Sammlung Rauch), Stuttgart; **326.1** Lethmate, Prof. Dr. Jürgen, Ibbenbüren; **326.2** Photoshot (NHPA/ORION PRESS), Berlin; **326.3** WILDLIFE Bildagentur GmbH (P. Ryan), Hamburg; **327.3** Okapia (Daniel Hubacher), Frankfurt; **327.4** Lethmate, Prof. Dr. Jürgen, Ibbenbüren; **328.1** ARDEA London Limited (Brian Bevan), London; **329.1; 329.2; 329.3** Zippelius, Hanna-Maria, Mechernich; **330.1** Picture-Alliance (dpa), Frankfurt; **331.3** YOUR PHOTO TODAY (PHN), Taufkirchen; **332** Photothek.net Gbr (Thomas Koehler), Radevormwald; **333.1** ddp images GmbH (Niedersaechsisches Landesmuseum Hannover), Hamburg; **333.2** vario images GmbH & Co.KG (imagebroker), Bonn; **333.3** all images direct (Jiri Hubatka), Deisenhofen; **336.2** Wikimedia Foundation Inc. (George Richmond/gemeinfrei), St. Petersburg FL; **337.1** Deutsches Museum, München; **338.1; 338.4** Deutsches Museum, München; **338.2** AKG, Berlin; **338.3** PIXTAL, New York NY; **339.1** Juniors Bildarchiv, Ruhpolding; **339.2** Corbis (Rick Friedman), Düsseldorf; **339.3** Deutsches Museum, München; **339.4** FOCUS (SPL), Hamburg; **342.1; 342.7** Okapia (Hans Reinhard), Frankfurt; **342.2; 342.5** Tierbildarchiv Angermayer (Rudolf Schmidt), Holzkirchen; **342.3** Klett-Archiv, Stuttgart; **342.4** Okapia (H. Farkaschovsky), Frankfurt; **342.6** Okapia (J. L. Klein, M. L. Hubert), Frankfurt; **342.8** Okapia (Institut Pasteur, CNRI), Frankfurt; **343.2** Corel Corporation Deutschland, Unterschleissheim; **343.3** Okapia (Klaus von Mandelsloh), Frankfurt; **343.4** Okapia (Karl Gottfried Vock), Frankfurt; **343.5** Fotosearch Stock Photography, Waukesha, WI; **343.6** creativ collection Verlag GmbH, Freiburg; **344.2; 344.3** Okapia (NAS/Michael Tweedie), Frankfurt; **346.2** TOPICMedia (Lane), Ottobrunn; **346.3** Photoshot (NHPA), Berlin; **348.1** blickwinkel (McPHOTO), Witten; **348.2** Arco Images GmbH (NPL), Lünen; **348.4** Tierbildarchiv Angermayer (Rudolf Schmidt), Holzkirchen; **349.2; 349.3** Reinhard-Tierfoto, Heiligkreuzsteinach; **350.1** Fotolia LLC (jeanma85), New York; **350.2** Arco Images GmbH (NPL), Lünen; **350.3** © www.splashnews.com (Marianne Armshaw), London; **351.2** Tierbildarchiv Angermayer (Rudolf Schmidt), Holzkirchen; **351.3** Arco Images GmbH (K. Wothe), Lünen; **353.3** Pott, Dr. Eckart, Stuttgart; **353.4** blickwinkel (F. Pölking), Witten; **353.5; 353.6** Okapia (Alan Root), Frankfurt; **354.3** Franzen JL, Gingerich PD, Habersetzer J, Hurum JH, von Koenigswald W, et al. (2009) Complete Primate Skeleton from the Middle Eocene of Messel in Germany: Morphology and Paleobiology. PLoS ONE 4(5): e5723. doi:10.1371/journal.pone.0005723; **355.2** Bayerische Staatsammlung für Paläontologie, München; **355.3** Mauritius Images (Gerard Lacz), Mittenwald; **357.2** laif (Varin Visage/Jacana Janjac), Köln; **357.3** Pott, Dr. Eckart, Stuttgart; **357.5** Tierbildarchiv Angermayer (Hans Pfletschinger), Holzkirchen; **357.6** Klett-Archiv (Aribert Jung), Stuttgart; **358.2** Okapia (Michael Leach/OSF), Frankfurt; **358.3** Okapia (Joe McDonald), Frankfurt; **358.4** Okapia (Rolf Bender), Frankfurt; **358.5** Klett-Archiv (Michael Ludwig), Stuttgart; **364.1** FOCUS (SPL/John Reader), Hamburg; **366** FOCUS (Mauricio Anton/SPL), Hamburg; **370.1** Reinhard-Tierfoto, Heiligkreuzsteinach; **370.2** Okapia (Dr. Frieder Sauer), Frankfurt; **372.1** Okapia (Ulrich Zillmann), Frankfurt; **372.3** Corbis (Dennis Kunkel Microscopy, Inc./Visuals Unlimited), Düsseldorf; **373.1** TOPICMedia (Volkmar Brockhaus), Ottobrunn; **373.2** Corel Corporation Deutschland, Unterschleissheim; **373.4** TOPICMedia (Fleetham), Ottobrunn; **374.1** Okapia (Norbert Lange), Frankfurt; **374.2** Corbis (Lester Lefkowitz), Düsseldorf; **374.4** Okapia (NAS/Bill Longcore), Frankfurt; **375.3** TOPICMedia (Janicek), Ottobrunn; **375.4** Wirth, Prof. Jürgen, Dreieich; **375.6** FOCUS (J.C. Revy, ISM/SPL), Hamburg; **376.1** Tilman Wischuf Tier- und Naturfotografie, Stabbestad; **376.5; 376.6** Okapia (Ulla Spiegel), Frankfurt; **378.2** Okapia (Hussenet/BIOS), Frankfurt; **378.4** Okapia (NAS/Thomas D. W. Friedmann), Frankfurt; **380.2** FOCUS (Science Photo Library/SPL), Hamburg; **380.3; 380.4** Tierbildarchiv Angermayer (Hans Pfletschinger), Holzkirchen; **381.2** Corbis (Barton), Düsseldorf; **382.1** TOPICMedia (Gerhard Kalden), Ottobrunn; **382.5** Dreamstime LLC (Harald Bolten), Brentwood, TN; **383.4** Mauritius Images (imagebroker), Mittenwald; **383.5** Mauritius Images (ANP Photo), Mittenwald; **384.4** FOCUS (Thierry Berrod, Mona Lisa Production/SPL), Hamburg; **385.3** Okapia (Fritz Hanneforth), Frankfurt

Sollte es einmal nicht gelungen sein, den korrekten Rechteinhaber ausfindig zu machen, so werden berechtigte Ansprüche selbstverständlich im Rahmen der üblichen Regelungen abgegolten. Die Positionsangabe der Bilder erfolgt je Seite von oben nach unten, von links nach rechts.